作者简介

蔡玉良，男，全国工程勘察设计大师、中央企业劳动模范、享有国务院特殊津贴、江苏省"333"工程培养的首批中青年科技领军人才。1988年毕业于南京化工学院硅酸盐工程热物理专业，师从胡道和教授，获硕士学位，毕业后分配到南京水泥工业设计研究院（现中国中材国际工程股份公司），长期在生产一线从事水泥工程及相关领域内新工艺、新技术的研发、应用、调试、评估等一系列开拓性的工作。先后主持并承担完成了国家和省市重大科技支撑及工程应用项目等7项；建立了"模拟优化控制设计"系统技术，为快速实现系统个性化设计奠定了基础。获国家和省部级科学技术进步类奖5项，工程设计与咨询类奖7项，其中"水泥窑预热器、预分解系统集成优化与工程应用"荣获2004年度国家科技进步二等奖。参与编著《气固过程工程学及其在水泥工业中的应用》等图书五部。

水泥工程技术与实践

SHUINI GONGCHENG JISHU YU SHIJIAN

蔡玉良　编著

化学工业出版社

·北京·

图书在版编目（CIP）数据

水泥工程技术与实践/蔡玉良编著．—北京：化学工业出版社，2012.2
ISBN 978-7-122-12448-7

Ⅰ．水… Ⅱ．蔡… Ⅲ．水泥-工程技术-文集 Ⅳ．TQ172.6-53

中国版本图书馆 CIP 数据核字（2011）第 200923 号

责任编辑：常　青　　　　　　　　　装帧设计：韩　飞
责任校对：吴　静

出版发行：化学工业出版社（北京市东城区青年湖南街 13 号　邮政编码 100011）
印　　刷：北京永鑫印刷有限责任公司
装　　订：三河市万龙印装有限公司
787mm×1092mm　1/16　印张 47½　彩插 1　字数 1188 千字　2012 年 7 月北京第 1 版第 1 次印刷

购书咨询：010-64518888（传真：010-64519686）　售后服务：010-64518899
网　　址：http：//www.cip.com.cn
凡购买本书，如有缺损质量问题，本社销售中心负责调换。

定　　价：198.00 元

改革开放以来，尤其是21世纪刚刚过去的十年，水泥工业经历了两个"飞跃"（产能和产业结构）和五个"转变"（生产技术和装备等），生产面貌发生了巨大的变化。人们在对比了过去的水泥厂和现代化的日产万吨级大厂，都会有"震撼"的感受。人们不禁要问：这种令人振奋的进步缘于何方？

　　阅读了这本文集，可以清晰地看到进步的脉络。正是像作者们这样一批老中青科技人员组成的一支支技术研发、生产与管理团队，不畏艰辛，夜以继日，用他们的汗水和智慧，揭示了水泥生产技术中的某些规律，提高了认识水平，掌握并开拓创新了某些核心技术，才使行业走出了长期以来引进、模仿和亦步亦趋国外技术的困境。

　　就内容而言，该书有如下特点。

　　第一，将水泥预热预分解技术从"技艺"逐步上升到"工程"的科学水平。应用现代化工理论，尤其是气固相之间的"三传一反"理论与水泥生产长期积累的经验相结合筛选了合理的过程模型；并充分利用已有的应用商业软件，通过学习、掌握、移植、嫁接，巧妙地加以链接，建立了预热预分解过程的专业性计算程序，体现了多学科的综合运用，从而提高了设计工作的"工程化"科学水平，为摆脱纯经验的"技艺"操作模式创造了条件。

　　第二，初步实现了优化设计，为创新之路打下基础。运用数学模拟计算，预测设计过程中各种参数的变化，为优化设计服务。改变过去固定原、燃料使用要求以适应系统需要的习惯做法，转化为拓展系统技术性能，以适应不同原、燃料的特性。如NC预热器和分解炉的开发以及燃无烟煤和难燃煤技术创新等。这些内容凸显出科学理论对生产实践的指导作用。

　　第三，拓宽了先进技术的适用规模。书中内容多来源于生产，成果理论性比较强，可合理放大，转化为生产力。如运用研究成果开发的NC预热预分解系列不同规模生产线等，其中不少日产5000～10000t熟料的项目已成功投入生产，并取得巨大经济效益和社会效益，在国内外承包项目中占据了很大的市场份额。

　　第四，前瞻性。该书集中介绍了如处理城市垃圾、节能减排、生物制能等技术，尤其是废弃物处理技术，这些内容对资源再利用和环境保护都有重要意义。该书还对未来水泥工业将转化为以消纳社会各类废弃物和自身能源再开发为主、水泥产品为辅的生产模式进行了描绘，更具新意。

上述特点使该书具有较高的参考和借鉴价值。

除此之外，蔡玉良及其团队在研发工作中有一套规范、制度、要求、风气、习惯、传统等，在当前繁杂的氛围下他们能甘于寂寞、数十年如一日，长期拼搏在第一线。这种独特的"团队文化"也许是更值得赞扬的吧！

水泥行业还有诸多技术难题亟待解决，需要付出更大的努力，人们期待他们新的成果。

正所谓"成果累累，期望殷殷"，是为序。

明道和

2011 年 12 月于北京

过去的十年，是我国水泥行业大变化、大发展、大进步辉煌的十年！

在国内，不仅水泥产能有了超常的增长（由 5.8 亿吨到 18.7 亿吨），而且在产业结构上也有了巨大的飞跃（新型干法水泥产能占总产量由 10% 上升到 80% 以上）。正是这两个"飞跃"，保证了十年间国民经济的飞速发展、GDP 的稳步增长，从而使我国的基本建设和人民生活也有了创历史的改观。作为基本建设主打的建筑材料，水泥功莫大焉！

在国外，由于我们服务方式的改变，而使水泥建设工程业务也打开了局面。近些年来，以中东地区为突破口，我们已为六十余个国家改造和建设了各种规模的水泥生产线（2000～10000t/d），至今已承揽国外水泥工程项目的生产线多达百条以上，其中半数以上已建成投产，并交付业主，得到了业主的赞誉并取得验收证书。在短短的十年间，中材料集团水泥工程总承包已在国际上树立了自己的品牌（Sinoma），并以技术可靠、建设周期短、成本低、技术指标先进等特点享誉世界，屡次在商业竞标中拔得头筹，已连续多年世界市场份额居全球首位。

骄人的成绩来源于核心竞争力——具有自主知识产权的先进技术和优越的服务方式。

水泥工业技术的进步依赖于传承与持续创新，蔡玉良所带领的研发团队作为我国水泥行业年轻一代的重要主力军之一，在继承中创新、发展，做出了巨大的贡献，取得了卓越的成就。今天他们将具有代表性的成果整理出版，是一件大好事。

从论文主题分布来看，该书既包括了当代新型干法水泥生产核心技术的理论研究和实践内容，又涵盖了以水泥生产系统作为末端处置系统，接纳各类废弃物和城市生活垃圾技术的基础实验研究、装备开发等创新内容，符合当今节能、降耗、循环经济发展的要求；另外还总结了一些具体的技术研究方法与思路，并对我国水泥工业未来的走向和发展趋势做了一些畅想，想必会给行业内科技工作者和广大读者带来一些有益的启发和帮助。

当前，我国水泥工业又进入了新的发展阶段，未来水泥工业将转向以消纳社会各类废弃物和自身资源再开发利用为主、水泥产品为辅的生产模式。在以后的技术创新中，要以提高资源利用效率和环境保护、低碳经济为主线，使水泥工业的发展符合循环经济原则和可持续发展的战略要求。为此，期望蔡玉良和他的研发团队，联同水泥行业的同仁们继续努力，在水泥工业系统优化、节能、降耗、内外部资源的开发利用和提高资源利用率等方面，创出新路子，为推动我国水泥工业向生态友好型和污染物控制型工业的转变提供有力的技术支持。

2011 年 12 月于北京

21世纪之初的十年，是我国水泥工业飞速发展的十年，无论在水泥产能和产业结构，还是在水泥生产技术及其装备上均发生了翻天覆地的变化。

在水泥产能和产业结构调整方面：十年里新型干法水泥产能由 2000 年不到 0.55 亿吨（当年全国水泥总产量约 5.8 亿吨）提高到 2010 年的 15.8 亿吨（当年全国水泥总产量约 18.7 亿吨），平均每年约以 40% 的速度增长（全国水泥总产能每年以 12% 的速度增长），使得新型干法窑的产能从十年前占总产量的 10% 提高到当前的 80% 以上；水泥产业结构从过去以立窑生产为主到以新型干法窑生产为主，实现了产能与产业结构调整的双飞跃。

在生产技术和装备方面：十年里实现了从技术引进、消化、吸收、仿制到独立研发、集成、创新的"工程化"转变；从资源适应型到系统适应型、从局部优化到全局优化设计理念的转变；从简单复制、套用到有针对性的个性化快速设计方法的转变；从选择性资源利用到资源合理搭配以提高资源利用率观念上的转变；从自身环境指标控制到步入循环经济增强社会环境控制能力的转变。

在技术服务管理方式方面：十年里实现了从单一化工程设计服务到工程总承包服务管理方式的变化和从满足国内需求到大规模高端技术输出国外市场的变化，实现了国内先进到国际领先的目标要求。

十年跨越式大发展中的每一点进步，无不凝聚了老一代人为之精心策划，无私奉献；中年人为之奋勇攀登，开拓创新；年轻人好学钻研，传承发扬所付出的智慧和汗水。为了巩固现已取得的成果和地位，我们必须坚持不断地在系统优化、节能、降耗、提高环境控制能力、合理利用外部资源和开拓自身资源利用等方面，继续开创新局面，走出水泥工业科学发展的新路子。随着我国大规模基础设施建设的完成和将来的减缓，未来水泥工业的功能和目标将会发生转移，即以水泥为主要产品的生产模式转化为以消纳社会各类废弃物和自身资源开发利用为主、水泥产品为辅的生产模式。

本人有幸经历了我国水泥工业技术从引进、消化、吸收、仿制、改进、完善、提高到独立研发、集成、创新、形成自主知识产权技术的全过程；也和众多水泥业界的同仁一样，在技术研发、设计、工程建设、生产、管理等方面为该领域的发展做了一些有益的工作。但是我更为有幸的是在踏上工作岗位之前，遇到了引领我进入行业之门的胡道和教授以及那些循循善诱、诲人不倦的老师们，是他们为我充实了步入社会的资本，使我跨上了一个高起点的工作平台，有机会得到行业内许多资深领导和一流专家的指点与教诲；在后来的工作中又有幸遇到了一个高瞻远瞩、支持创新的领导团队，是他们的信任和呵护，使我能有一个良好的工作氛围；在具体的工作过程中，又遇到了一群敢于吃苦、乐于奉献的同事，使我所在的团队稍稍有了一些成绩。近来在领导和同事们的多次鼓励下，我将过去20多年来团队的奋斗"足迹"编排整理、集结成册，献给共同见证过这一过程的同仁们，同时也希冀能为继往开来者提供一些有益的参考。

经筛选本书收集了论文80余篇，分成如下三个主题：

第一，新型干法水泥烧成系统的理论及实践；

第二，废弃物资源化利用，从观念创新、基础实验、装备开发等方面，阐述了利用新型干法水泥窑协同处置废弃物的研究成果。

第三，水泥工程设计理念与技术创新的思考。

本书在整理过程中，得到了我的导师胡道和教授的大力支持和多次指教，她在忍受病痛的情况下通读了稿件，不仅提出了许多建设性的修改意见，并为之欣然提笔，浓情作序。中材料集团谭仲明董事长在百忙之中抽出宝贵的时间，为文集的出版写了序言，给予了很高的评价。在此感谢以谭仲明董事长为首的集团和公司领导给予的关心、支持和鼓励；感谢与我朝夕相处的同事们，是他们与我共同完成了一项项生产任务，才留下了这些印迹。

由于时间的关系，书中存在不妥和不足之处，希望读者给予指正。

蔡玉良

2011 年 11 月于南京

目录

第一部分　水泥新型干法烧成系统的理论与实践　1

■ 第三篇　减排技术过程研究　154

■ 第四篇　工程实践　196

■ 第一篇 工艺过程研究 305

■ 第二篇 基础实验研究 400

第三部分　技术装备过程开发研究　513

第五部分　英文论文 677

水泥新型干法烧成系统的理论与实践

第一篇 基础研究

预热器系统分离效率参数分布的探讨

蔡玉良

纵观当前水泥工业中预热预分解工艺研究领域，探讨比较多的是以下三个方面的课题：
① 热力学方面的研究（气固换热及反应的效率和可行性问题）；
② 动力学方面的研究（气固换热及反应的速率问题）；
③ 高温设备单体工作机理的研究（设备结构的合理性问题）。

对于系统的性能研究，因其动态变化因素复杂，难度较大，目前国内研究者不多。以系统工程的观点来看，在满足生产工艺要求及单体合理设计的基础上，研究各单体的组合特性或者对已知的组合系统，探讨最优的操作状态是非常必要的；不考虑组合系统的最优，只一味追求单体的最优，往往达不到最终的目的。为了适应水泥工艺发展的需要，开展这方面的工作，探索一条预热器系统组合性能研究的路子，显得非常必要。为此，本文根据某些引进厂的预热器系统的结构特点，以系统的技术经济指标为目标函数，采用非线性规划、函数的映射变换及系统工程的理论，探讨系统的分离特性对其压降、热效率的综合影响，以求为实际工程系统的设计提供理论参考。图 1 所示为两种 4000t/d 双系列四级预热器系统流程。

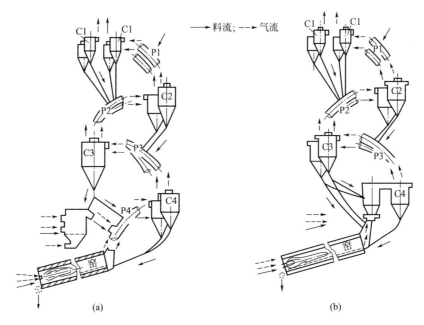

图 1　4000t/d 双系列四级预热器系统流程示意

一、方法概要

1. 方法

通常,系统的压降取决于子系统的结构($\vec{K}$)及操作状态($\vec{\theta}$),而系统又是由若干个子系统构成,对预热器系统来说是由旋风筒阻力(Δp_C)和管道阻力(Δp_P)组成,因此,系统的压降Δp可以描述如下:

$$\Delta p = \Delta p_C + \Delta p_P = \sum_{i=1}^{n} \Delta p_{Ci}(\vec{K}_{Ci}, \vec{\theta}_{Ci}) + \sum_{j=1}^{m} \Delta p_{Pj}(\vec{K}_{Pj}, \vec{\theta}_{Pj}) \tag{1}$$

同理,旋风筒的分离效率(η_{Cis})及热效率(η_t)可以描述如下:

$$\eta_{Cis} = \eta_{Cis}(\vec{K}_{Ci}, \vec{\theta}_{Ci}) \tag{2}$$

$$\eta_t = \eta_t(\vec{K}, \vec{\theta}, \vec{S}_P) \tag{3}$$

对于已知组合方式的系统,当生产能力及所用原燃料一定时,相应地$\vec{\theta}$、$\vec{S}_P$参数已定,那么η_{Cis}、Δp、η_t均是$\vec{K}$的函数,为了确定η_{Cis}与Δp_{Ci}的映射关系,本文采用如图2所示方法加以变换。

在一系列的符合实际的约束条件下,采用DSFD方法完成了上述的变换过程,即η_{Cis}^*与Δp_{Ci}^*不是一一对应关系,经上述处理后,则η_{Cis}^*与Δp_{Cimin}^*成为映射关系。其中"*"表示特定值。关于η_t与$\vec{\theta}$、$\vec{K}$、$\vec{S}_P$的关系有关文献已作了详细的讨论,本文在此只作引用。

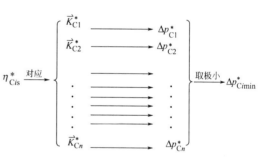

图 2 变换关系示意

2. 符号说明

① η:无因次效率。

② Δp:压力损失(mmH$_2$O,1mmH$_2$O=9.80665Pa)。

③ $\vec{K}$:由结构参数构成的向量。

④ $\vec{\theta}$:由操作状态参数构成的向量。

⑤ $\vec{S}$:由物性参数构成的向量。

字母符号的下标:C表示旋风筒;P表示管道;i,j表示级别序数;t表示热的;s表示分离的;n,m表示旋风筒和管道级数。不带下标的符号代表全集,带下标的为子集。

二、结果分析

在上述变换处理的基础上,同时考虑到为了减少电收尘器的负荷,整个系统的排尘量必须满足一定的要求等特点,经过大量的计算处理后,绘制成如图3~图5所示的分析曲线。

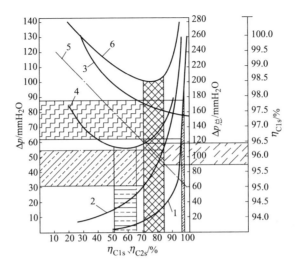

图 3　η_{C2s} 对系统压降的影响

表 1　图 3 中各曲线说明

曲线序号	关　系	坐　标
曲线 1	Ⅰ级旋风筒分离效率与其压降最小值的关系	η_i 与 Δp
曲线 2	Ⅱ级旋风筒分离效率与其压降最小值的关系	η_i 与 Δp
曲线 3	Ⅱ级旋风筒分离效率与管道系统压降的关系	η_i 与 Δp
曲线 4	Ⅱ级旋风筒分离效率与其压降最小值加管道系统压降的关系	η_i 与 $\Delta p_{总}$
曲线 5	保证 C1 出口浓度不变，η_2 的变化对 η_1 要求的关系	η_i 与 η_1
曲线 6	η_2 与Ⅰ级、Ⅱ级旋风筒压降最小值和管道系统压降之和的关系	η_i 与 $\Delta p_{总}$

注：为了方便，η_{Cis} 用 η_i 代替，下同。

　　图 3 所示为Ⅱ级旋风筒的分离效率 η_{C2s} 对系统压降的影响，各曲线说明见表 1。从图 3 中可以看出：对于Ⅰ级旋风筒来说，当 $\eta_{C1s}>95\%$ 时，η_{C1s} 与 Δp_{C1min} 的关系近似直线关系，η_{C1s} 提高一点，相应的压力降变化较大，即处于急剧上升区段；当 $\eta_{C1s}<95\%$ 时，处于缓慢变化区段。同理可以看到，当 $\eta_{C2s}>85\%$ 时，η_{C2s} 的波动对 Δp_{C2min} 的影响也处于急剧变化区段；$\eta_{C2s}<85\%$ 时，处于缓慢变化区段。由曲线 4 可知，当只考虑管道系统和Ⅱ级旋风筒的压降时，η_{C2s} 在 $55\%\sim65\%$ 之间变化，（$\Delta p_{C2min}+\Delta p_P$）最低。但是，当 $\eta_{C2s}<65\%$ 时，由曲线 5 可知，要保证Ⅰ级旋风筒出口含尘浓度适中（0.0864kg/kg 熟料），这就要求Ⅰ级旋风筒的分离效率 $\eta_{C1s}>96.7\%$，从曲线 1 可以看到，此时的压降在 85mmH_2O 以上。因此，取 $\eta_{C2s}<65\%$，无论是从压降上，还是从换热的角度上考虑，都是不合理的。曲线 6 是关于 η_{C2s} 对Ⅰ级、Ⅱ级旋风筒和管道系统压降总和的影响，从图中可以看到，η_{C2s} 在 $70\%\sim84\%$ 之间变化，压降处于最低区域内。但是，一般情况下，从 NSP 窑系统整体来考虑，在操作过程中，η_{C2s} 应该靠近上限，事实正是如此（反求值为 84.5%）。η_{C2s} 的提高有利于系统热效率的提高，也有利于降低系统的压降，这可以从图 4 中看出，当 η_{C2s} 靠近上限时，在保持正常的生产情况下，相应第三级旋风筒的压降就比 η_{C2s} 靠近下限时低一些。因此，η_{C2s} 的取值在 $80\%\sim84\%$ 之间最为合理。

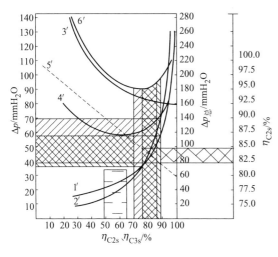

图 4　η_{C3s} 对系统压降的影响

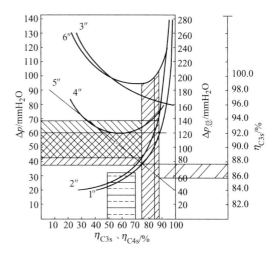

图 5　η_{C4s} 对系统压降的影响

图 4 所示为 η_{C3s} 对系统压降的影响，图中的各曲线关系见表 2。同理从图 4 中的曲线 6′ 可以看出，η_{C2s} 在 70%～87% 之间变化，压降最低。同上，为了兼顾第四级旋风筒压降最低、系统热效率高这一特点，设计时，一般 η_{C3s} 靠近上限区段取值，这样可以使得系统压降最低，根据文献提供的资料，Ⅲ级和Ⅳ级旋风筒的分离效率对系统热效率影响最为明显。因此，一般情况下，$\eta_{C3s} > \eta_{C2s}$，其意义就在于此，通常 η_{C3s} 取在 82%～86% 之间最为合理。

表 2　图 4 中各曲线说明

曲线序号	关　系	坐　标
曲线 1′	Ⅲ级旋风筒分离效率与其压降最小值的关系	η_i 与 Δp
曲线 2′	Ⅱ级旋风筒分离效率与其压降最小值的关系	η_i 与 Δp
曲线 3′	Ⅲ级旋风筒分离效率与管道系统压降的关系	η_i 与 Δp
曲线 4′	Ⅲ级旋风筒分离效率与其压降最小值加管道系统压降的关系	η_i 与 $\Delta p_{总}$
曲线 5′	在保持正常生产时，η_3 的变化对 η_2 要求的关系	η_i 与 η_2
曲线 6′	η_3 与Ⅱ级、Ⅲ级旋风筒压降最小值和管道系统压降之和的关系	η_i 与 $\Delta p_{总}$

图 5 所示为 η_{C4s} 对系统压降的影响，图中各曲线说明见表 3。图 5 中的曲线 6″ 表明，在压降最低时，η_{C4s} 的取值范围为 50%～89%，较宽，但是，考虑到 η_{C3s} 的取值在 82%～86% 之间变化，系统压降最低，从而通过曲线 5″ 可得 η_{C4s} 的取值范围为 85%～88%，已落在 50%～89% 的范围内。又由于 η_{C4s} 的波动对系统的收尘效率几乎没有什么影响，所以 η_{C4s} 取值下限可以放低些，即 η_{C4s} 取值为 83%～88%。

表 3　图 5 中各曲线说明

曲线序号	关　系	坐　标
曲线 1″	Ⅲ级旋风筒分离效率与其压降最小值的关系	η_i 与 Δp
曲线 2″	Ⅳ级旋风筒分离效率与其压降最小值的关系	η_i 与 Δp
曲线 3″	Ⅳ级旋风筒分离效率与管道系统压降的关系	η_i 与 Δp
曲线 4″	Ⅳ级旋风筒分离效率与其压降最小值加管道系统压降的关系	η_i 与 $\Delta p_{总}$
曲线 5″	保持正常生产时，η_1 的变化对 η_3 要求的关系	η_i 与 η_3
曲线 6″	η_1 与Ⅲ级、Ⅳ级旋风筒压降最小值和管道系统压降之和的关系	η_i 与 Δp 总

综合以上分析，为了保证系统出口含尘浓度小于某一数值，以减少外循环量，一般情况下，一级旋风筒的分离效率控制在 95％左右，其他各级旋风筒分离效率的分布应以系统的压降最小、热效率较高为原则，其分布见表 4。

表 4　NSP 系统中分离效率的合理分布　　　　　　　　　　　　　单位：％

η_1	η_2	η_3	η_4	备　注
94.5～96.5	80.0～84.0	82.0～86.0	83.0～88.0	本文建议
95.0	85.0	85.0	83.0	PC-N-MFC 系统
95.0	90.0	88.0	92.0	其他系统

在设计过程中，采用本文建议的分离效率分布趋于合理，能使系统压降保持最低，热效率较高。

表 4 中还列举了其他资料中提出的分离效率的分布情况。其中，PC-N-MFC 系统分离效率分布的设计值与本文建议值比较吻合，从而说明本文建议值有一定的适用性。

三、结论

通过上述分析可得到如下三点结论。

① 对于四级预热器系统，为了保证系统的压降最低，热效率较高，建议分离效率的合理分布如下：η_1 为 94.5％～96.5％，η_2 为 80.0％～84.0％，η_3 为 82.0％～86.0％，η_4 为 83.0％～88.0％。

② 本文结果为生产操作、控制、管理提供了理论参考。

③ 在设计研究中，为组合系统中单体结构参数的设计计算提供了基础，为组合系统的性能研究探索了一种研究方法。

旋风预热器结构优化设计的探讨

——最优化方法在水泥工业工程设计中的运用

蔡玉良

最优设计是近几十年发展起来的，并已在其他工业设计研究中得到充分运用，取得良好经济效果的设计方法。在水泥工业工程设计中，目前国内外在这方面也做了一些工作，并取得了初步的运用效果。作为水泥工业工程设计改革中的一个重要方面，势必要求借鉴其他行业运用的成功经验，把最优设计方法运用到实际设计工作中去，为推进水泥工业技术进步做出贡献。为此，本文拟以国内引进的 4000t/d 水泥厂的原始设计资料和现实生产记录资料为依据，在预热器旋风筒单体数字模型开发研究的基础上，以旋风筒的经济指标为目标函数，以技术参数及相互匹配的性能要求为约束条件，对每级旋风筒进行尝试性的优化设计。同时与原设计结构进行比较，试图探索一种可行的最优设计过程，为把最优设计方法成功地运用到水泥工业工程设计中做好必要的准备工作。

一、方法概要

1. 最优设计的一般模式

最优设计属于最优理论（最优设计、最优控制、最优管理）的静态优化问题，用数学的方法描述如下。

目标函数：$f(X)$，$X \in E^n$

结束条件：$g_i(X) > 0$，$i = 1, 2, \cdots p$

$\qquad\qquad h_i(X) = 0$，$i = p+1, p+2, \cdots m$

式中，X 是由设计变量构成的向量，$f(X)$ 是收益函数也称目标函数，所有函数 $g_i(X)$ 和 $h_i(X)$ 的集合构成了求极值的约束条件。

当 $f(X)$，$g_i(X)$，$h_i(X)$ 为线性函数时，则为线性规划，否则为非线性规划。对水泥工艺设计来说，无论是工艺过程的优选，还是设备结构的优化设计，大多是非线性问题。关键是如何选择和建立 $f(X)$，$g_i(X)$，$h_i(X)$ 的函数关系。

2. 目标函数

目标函数的选择对系统的最优设计结果有直接关系。在不同的要求和不同的条件下，目标函数的选择是不同的。1972 年，Leith 和 Mehta 在做旋风除尘器的结构最优设计时，提出了以 $\dfrac{\eta}{\Delta p}$ 达到最大值为目标函数。它只适用于旋风除尘器的单体优化设计，对于 NSP 窑系统中的旋风筒来说是不适用的。因为预热器比除尘器功能多，且技术经济方面的要求也比较严格。即使 $\dfrac{\eta}{\Delta p}$ 达到最大，但 η、Δp 具体值也未必都能满足 NSP 窑系统中旋风筒性能匹配关系的要求。因此，本文针对 NSP 窑系统的结构特点，以大量实验规律为依据，在满足预热器性能匹配关系的基础上，从设备投资、基建、能耗等方面综合考虑，选择与气体接触的设备内表面积最小为目标函数。因为，设备内表面积小，所需金属材料少，体型小，相应的建设费用就会降低，同时表面散热损失也相应减少，系统热效率有可能提高。

图 1 所示为引进 4000t/d 水泥厂的旋风筒结构示意。

利用几何关系得到与气体接触的设备内表面积的表达式（字母含义见图 1）如下。

$$\mathrm{obj} = \pi(D_c \times H + d_e \times S) + \dfrac{\pi}{4} \times (D_c^2 - d_e^2) +$$

$$\dfrac{\pi}{4}(D_c + c) \times \sqrt{(D_c - c)^2 + 4 \cdot L^2} -$$

$$a \times b \times \dfrac{\pi}{360} \times \arctan\left(\dfrac{\sqrt{D_c^2 - (D_c - 2 \times b)^2}}{D_c - 2 \times b}\right)$$

式中，obj 为目标函数值。

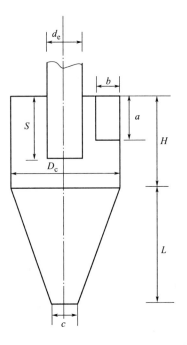

图 1　旋风筒结构示意
a、b—旋风筒进口高度和宽度；
c—旋风筒下料口直径；
d_e—内筒直径；D_c—旋风筒直径；
S—内筒长度；
H—旋风筒圆柱段长度；
L—旋风筒锥体长度

3. 约束条件

在设计时为了满足工艺上的要求，对各级旋风筒的有关参数应有所约束，具有这样所设计的单体在今后的生产中才能够稳定协调正常地运行。

本文从 NSP 窑系统中的旋风筒的结构特点及大量的实验结果出发，参考有关文献资料提出如下的设计约束条件。

（1）入口形状

实践证明，就分离能力而言，长边平行轴线的矩形入口比其他形状略好。这是因为在面积相同的情况下，这种形状可使粒子的沉降距离（即外层旋涡厚度）最小。因此，该截面应该是长边与轴线平行，即 $a > b$。

（2）入口截面的宽度

为了避免入射气流撞击在排气管的外壁上，并避免在入口内造成死角，显然必须满足：$b \leqslant \dfrac{1}{2}(D_c - d_e)$。

（3）排气管插入深度

实验证明，在 $\dfrac{S}{d_e} < 1.0$ 时，S 变化对分离效率的影响很大，在 $\dfrac{S}{d_e} = 1.0$ 时分离效率最高，$\dfrac{S}{d_e} > 1.0$ 以后效率又缓慢下降，综合考虑的结果，对 $\dfrac{S}{d_e}$ 的取值作如下的选择。

Ⅰ级筒主要用于除尘，因此，对Ⅰ级筒其约束条件为：

$$0.8 < \frac{S}{d_e} < 1.25$$

其他各级筒则：

$$0.6 < \frac{S}{d_e} < 1.25$$

（4）气体入口截面的高度

对于 I 级筒，因为要求分离效率高，为了避免入射气流的短路，内筒插入深度 S 应该略大于入口截面的高度 a，即：$\frac{S}{a} > 1$。

（5）气体处理能力

气体处理能力必须满足既定要求的最大值，则必须满足：$\frac{d_e}{D_c} = 0.5 \pm 0.03$。

（6）锥体角度

为了保证物料在锥体部分不致结拱，其锥体斜坡夹角（θ）必须满足一定的要求，即：θ 大于物料在热态情况下的休止角 $65°$，也即：$\tan\theta = \frac{2L}{D_c - c} > \tan 65°$。

（7）排料口大小

为了避免气流在最大切线速度处进入出料口，产生"底吹"现象，以及防止底部由于旋涡流的稳定性问题，而导致旋涡中心在排料口内摆动，同时考虑物料能及时排出，取排料口直径应小于最大切向速度面的直径。

（8）压降

考虑到 NSP 窑系统的压降最低，则必须对每级旋风筒的压降予以限定，即：

$$\Delta p(\vec{K}, \vec{\theta}) < \Delta p^*$$

式中　Δp——旋风筒的压降；

Δp^*——限定压降；

$\vec{K}$——旋风筒无因次结构矢量$\left(\vec{K} = \frac{L}{D_c}, \frac{H}{D_c}, \frac{D_c}{D_c}, \frac{d_e}{D_c}, \frac{S}{D_c}, \frac{a}{D_c}, \frac{b}{D_c}, \frac{c}{D_c} \right)$；

$\vec{\theta}$——状态矢量(气体处理量，工作温度，压降，分离效率，等效颗粒径)。

（9）分离效率

考虑到 NSP 窑系统中分离效率分布对系统压降、热效率的影响，各级分离效率应有一个合理的分布。因此，对每级旋风筒分离效率必须加以限制，以满足这一分布值的要求，即：

$$\eta(\vec{K}, \vec{\theta}) > \eta^*$$

式中　η——旋风筒的分离效率；

η^*——各级旋风筒要求的分离效率。

（10）结构尺寸要有意义

为了保证在迭代过程中结构参数不出现负值，结构尺寸要求有意义，即：$\vec{K} > 0$。

二、旋风筒的结构设计及分析

旋风筒的结构设计合理与否，直接影响 NSP 窑系统的工作性能。过去在设计工作中，一些工艺参数往往是根据经验选取，或做些粗略的计算，因此，只考虑了某些主要的因素，而忽视了其间的交互影响，因而是不全面的。本文根据设计的特点和需要，建立目标函数和多约束条件的设计方法，以克服上述缺点。

对于复杂的工程优化设计问题，数学模型往往是非线性的，且具有非凸函数的特性，常常给定一个初始点所求出的局部最优解，并不能代表全局最优。为了能够获得全局范围中较好的解，同时减少计算工作量，在约束条件构成的自由空间域，按照旋风筒各尺寸与其直径的比例的倍数 K 散布优化设计的初始点，然后根据目标函数的大小寻找接近全局的最优解作为追求的目标。在设计计算时，状态参数（$\vec{\theta}$）的取值见表1。

表 1 状态参数

系统	θ_{ij}	流量/(m³/s)	工作温度/℃	压降/mmH₂O	分离效率/%	等效粒径/μm
C1	θ_{11}	43	345	73	95	28
	θ_{12}	37	345	73	95	28
C2	θ_{21}	105	545	63	84	28
	θ_{22}	93	545	63	84	28
C3	θ_{31}	130	743	66	86	28
	θ_{32}	110	743	66	86	28
C4	θ_{41}	147	894	76	88	28
	θ_{42}	119	894	76	88	28

注：1mmH₂O＝9.80665Pa，下同。

表1中：θ_{ij} 为状态矢量，$i=1$，2，3，4，即旋风筒级数；$j=1$ 代表原设计参数状态，$j=2$ 代表目前实际操作参数（平均值）状态。采用适当的规划方法，在满足上述一系列条件的情况下，最优设计计算结果见表2～表5（表中结构参数符号见图1）。

表 2 Ⅰ级旋风筒结构设计

状态参数	初始点符号	结构参数/m								目标函数值(obj)
		L	H	D_c	d_e	S	a	b	c	
设计状态 θ_{11}	原设计值	7.849	3.516	4.600	2.200	2.650	2.190	1.010	0.400	145.60
	2K	7.992	3.269	4.230	2.242	2.802	2.271	0.979	0.385	132.71
	3K	8.450	2.811	4.269	2.262	2.724	2.214	1.000	0.389	130.64
	4K	8.463	2.802	4.232	2.240	2.801	2.240	0.994	0.385	129.90
	5K	6.614	4.634	4.226	2.240	2.799	2.239	0.993	0.385	141.01
	6K	7.243	4.006	4.225	2.239	2.799	2.240	0.993	0.385	137.04
	7K	8.442	2.806	4.225	2.239	2.799	2.240	0.993	0.385	129.55
	8K	5.829	5.498	4.432	2.249	0.465	2.216	1.041	0.402	152.51
	9K	5.838	5.412	4.225	2.239	0.799	2.240	0.993	0.385	149.95

状态参数	初始点符号	结构参数/m								目标函数值(obj)
		L	H	D_c	d_e	S	a	b	c	
设计状态 θ_{12}	2K	8.051	1.986	4.232	2.181	1.982	1.900	1.025	0.375	110.11
	3K	7.328	2.707	3.875	2.050	2.194	2.092	0.912	0.352	104.93
	4K	5.896	3.987	3.747	1.990	2.422	2.172	0.881	0.341	109.26
	5K	7.428	2.461	3.714	1.968	2.461	2.194	0.873	0.338	100.09
	6K	7.425	2.462	3.716	1.969	2.461	2.193	0.873	0.338	100.12
	7K	5.522	4.358	3.722	1.973	2.466	2.191	0.874	0.339	110.79
	8K	6.046	3.841	3.719	1.971	2.464	2.191	0.874	0.339	107.83
	9K	8.502	1.790	4.450	2.218	1.790	1.790	1.116	0.381	115.40

从表 2 可以看出，I 级旋风筒在原设计状态 θ_{11} 下，初始点为 4K、7K 时，目标函数值最小，但初始点为 2K 时，最优设计值与实际结构比较吻合，其目标函数值却略大于初始点为 4K、7K 的情况，这对工程设计来说，也是可以理解的，相反可知，原设计结构接近约束空间中的某一极值点，是比较合理的，但并不是最好、最有效的结构形式。在操作状态 θ_{12} 下，初始点为 5K、6K 时，目标函数值最小，且无论初始点取在什么位置，其结构均比原设计来得小。这就说明，在现有生产情况下，该设备尚具有一定的富裕能力，有待于进一步改进和提高。

表 3 所示为 II 级旋风筒在不同工况下，不同初始点的最优设计值，从中可以看到，无论在哪一种状态下（θ_{21}，θ_{22}），初始点为 5K 时，目标函数值最小，在原设计状态 θ_{21} 下，初始点为 7K 时，目标函数值比较接近，除了 L、H 两个结构尺寸外，其他结构尺寸基本相符合，导致 L、H 有差异的原因是由于目标函数的性质决定的，在总高度（$L+H$）保持基本不变的情况下，H 值越小，所需材料越少。由此可见目标函数的选取是相当重要的。

表 3　II 级旋风筒结构设计

状态参数	初始点符号	结构参数/m								目标函数值(obj)
		L	H	D_c	d_e	S	a	b	c	
设计状态 θ_{21}	原设计值	6.900	4.800	7.000	3.500	3.510	3.750	1.600	0.600	263.45
	2K	10.803	2.812	7.420	3.915	2.349	3.564	1.753	0.673	269.14
	3K	10.435	3.110	7.800	4.134	2.480	3.389	1.833	0.711	289.74
	4K	7.958	5.568	8.080	4.280	2.570	3.270	1.899	0.736	333.74
	5K	11.986	2.026	6.593	3.377	2.026	4.027	1.608	0.580	227.53
	6K	9.483	4.061	8.373	4.412	2.647	3.162	1.974	0.758	329.44
	7K	11.209	2.382	7.430	3.938	2.363	3.561	1.747	0.677	364.79
	8K	7.675	6.049	6.839	3.623	2.174	3.882	1.608	0.623	377.82
	9K	7.919	5.625	7.831	4.150	2.490	3.375	1.840	0.713	321.59
设计状态 θ_{22}	2K	7.523	3.678	7.257	3.846	2.308	2.982	1.705	0.661	243.33
	3K	7.919	3.405	6.367	3.374	2.024	3.412	1.496	0.580	204.13
	4K	8.118	3.321	5.995	3.173	1.904	3.636	1.411	0.545	189.50
	5K	9.536	1.903	5.974	3.166	1.900	3.650	1.404	0.544	176.00
	6K	8.557	2.693	6.760	3.583	2.150	3.206	1.589	0.616	212.24
	7K	9.414	1.962	6.619	3.269	1.962	3.527	1.450	0.562	153.23
	8K	9.250	2.056	6.448	3.418	2.051	3.367	1.515	0.587	194.16

表 4 和表 5 分别是Ⅲ级筒和Ⅳ级筒的结构设计值。从表 4 中可以看到，在操作状态下进行设计，所得结果均比原设计结构小，进一步说明了 NSP 窑系统中，每级预热器的设计均有一定的富裕能力。而在原设计参数状态下的最优设计结构与原设计结构相比，基本接近，从而说明了该方法具有一定的可行性。

表 4　Ⅲ级旋风筒结构设计

状态参数	初始点符号	结构参数/m								目标函数值(obj)
		L	H	D_c	d_e	S	a	b	c	
	原设计值	8.850	4.600	9.000	4.600	3.025	3.700	1.930	0.800	370.45
设计状态 θ_{31}	4K	12.517	3.552	8.051	4.267	2.560	3.447	1.892	0.733	340.31
	5K	11.315	4.812	8.712	4.531	2.719	3.180	2.087	0.799	392.21
	6K	9.248	6.843	8.349	4.385	2.631	3.319	1.981	0.754	397.83
	7K	13.183	2.842	8.937	4.738	2.842	3.105	2.100	0.814	378.06
	8K	12.079	3.965	8.338	4.419	2.651	3.328	1.959	0.759	360.41
	9K	10.823	5.226	8.743	4.618	2.771	3.191	2.050	0.794	399.29
	10K	8.242	8.102	6.840	3.625	2.175	4.078	1.607	0.623	328.12
	11K	9.618	6.410	8.633	4.575	2.745	3.214	2.029	0.786	408.64
	12K	10.013	6.229	7.137	3.782	2.270	3.900	1.677	0.650	323.73
设计状态 θ_{32}	4K	8.156	5.497	8.146	4.318	2.591	2.877	1.914	0.724	337.99
	5K	7.894	5.659	8.103	4.277	2.562	2.880	1.913	0.735	336.27
	6K	8.734	5.519	8.324	4.411	2.647	2.816	1.956	0.758	347.72
	7K	8.919	4.740	8.146	4.312	2.587	2.880	1.914	0.714	328.32
	8K	8.188	5.469	7.973	4.226	2.535	2.939	1.874	0.726	328.54
	9K	8.306	5.389	7.596	4.012	2.407	3.084	1.792	0.689	308.33
	10K	8.048	5.622	7.751	4.107	2.465	3.026	1.820	0.706	318.99
	11K	11.373	4.920	4.374	2.312	1.387	5.765	1.028	0.397	174.73
	12K	8.618	5.179	6.783	3.595	2.151	3.462	1.594	0.618	266.77

表 5　Ⅳ级旋风筒结构设计

状态参数	初始点符号	结构参数/m								目标函数值(obj)
		L	H	D_c	d_e	S	a	b	c	
	原设计值	9.250	5.150	7.400	3.700	2.800	4.210	1.700	0.700	309.27
设计状态 θ_{41}	5K	9.986	6.928	8.517	4.513	2.708	3.080	2.001	0.776	420.65
	6K	9.993	6.974	8.435	4.440	2.664	3.105	1.997	0.763	416.57
	7K	9.823	7.087	8.587	4.551	2.731	3.057	2.017	0.782	426.99
	8K	9.994	7.030	7.785	4.126	2.476	3.370	1.829	0.709	379.30
	9K	9.988	6.884	9.247	4.901	2.941	2.840	2.173	0.842	464.84
	10K	9.990	3.903	8.775	4.650	2.790	2.990	20.62	0.799	435.84
设计状态 θ_{42}	4K	8.530	5.194	8.246	4.370	2.622	2.569	1.938	0.751	340.26
	5K	7.919	5.799	7.973	4.224	2.534	2.654	1.875	0.726	333.44
	6K	8.524	5.208	8.098	4.290	2.574	2.617	1.902	0.737	332.73
	7K	7.933	5.790	8.136	4.312	2.587	2.603	1.912	0.741	342.11
	8K	7.155	7.048	6.059	3.026	1.924	3.514	1.425	0.551	253.58
	9K	14.997	1.460	4.349	2.305	1.383	5.172	1.022	0.396	153.10
	10K	15.000	1.514	4.331	2.295	1.378	5.200	1.018	0.394	153.15

总之，本文初步开发出来的最优设计过程，能够参与实际过程设计，希望对水泥工业工程设计计算方法的改革起一点作用。设计过程中的约束条件还有待于在生产实践的基础上进一步补充修订。经过努力，若能由单目标决策发展成为适用于水泥工业设计计算的多目标决策的设计方法，则可达到进一步完善并能应用于实际的目的。

三、几点看法

① 把最优技术运用到水泥工业工程设计中去是水泥工业工程设计改革的必然发展趋势，经初步应用，证明是可行的。

② 本文提出的水泥工业预热器结构设计计算方法，其结果与实际基本吻合，如今后在实际过程中不断修正和补充，将可达到完善和实用的目的。

③ 应用最优化方法来提高水泥工业工程的设计质量有着光辉的前景，希望有更多的水泥工业工程设计人员从各个不同的角度有目的地把最优化方法运用到实际工程设计中去，以期提高整个水泥工业工程的设计质量。

④ 通过优化设计和引进厂实际数据对比，可知目前国内引进的 4000t/d 水泥工艺生产线预热器系统尚有一定的富裕能力，有待在生产过程中改进、提高，充分发挥其实际生产的能力，以提高经济效益满足社会的需求。

➜ 参考文献

[1] 陈明绍等. 除尘技术的基本理论与应用. 北京：中国建筑工业出版社，1981.
[2] 周理. 旋风分离器基本理论与最佳设计. 化工炼油机械，1979，46.
[3] David Leith，Dilip Mehta. Cyclone Performance and Design. Atmo. Enviro. 1973，7(5).
[4] P. W. Dietz. Collection Efficiency of Cyclone Separators. AICHE Journal，1981，27(6).
[5] 蔡玉良. 预热器系统分离效率参数分布的探讨. 水泥·石灰，1989，2.

窑外分解窑系统技术参数的反求

蔡玉良　张有卓　胡道和

自 1971 年第一台窑外分解窑（PC 窑）在日本投产以来，因为它的一系列特殊优点使之成为当今世界水泥生产发展的主导方向。

我国为了加速水泥工业的发展，自 1979 年起先后从国外一些水泥公司引进了一系列水泥生产技术、设备与生产线。因此，加强对引进技术的消化、吸收是科研设计单位的重要工作之一。

对引进技术的消化、吸收可借助于新兴的反求工程学。反求是一种特殊的科学研究方法，其特点是在实践的基础上，借助反求工程方法探索原始设计的基本指导思想、原理和方法以及调节控制操作的条件和波动范围，以便更深入地掌握系统中各主要设备的性能和相互间的匹配关系，为调节、控制、稳定生产服务。

本文拟以从国外引进的 MPC 和 NSF-PC 两个系统为研究对象，进行某些隐性技术参数（难测或不常测的技术参数）的反求计算，以期为这一工作的开展探索一条可行之路。

一、方法概要

系统的设计总是遵循一定的指导思想来完成的，而这一指导思想往往通过一些特殊参数及相关系数来反映。因此，要了解这些特殊的技术参数，首先必须建立能够合理反映系统中各参数间关系的数学模型。为了作初步探索，本文以 N 厂的 MFC-PC 系统（图 1）和 J 厂的 NSF-PC 系统（图 2）为研究对象，进行了一系列隐性技术参数如分离效率、分解率、热效率等的反求。

1. 系统的划分

为了分析问题的需要。根据系统的结构特点将图 1 及图 2 所示系统划分为不同的子系统，具体见表 1。

表 1　系统的划分

类别	系 统 编 号									
	1	2	3	4	5	6	7	8	9	10
MFC-PC 系统	C1	P1	C2	P2	C3	P3	C4	P4	MFC	窑
NSF-PC 系统	C1	P1	C2	P2	C3	P3	C4	NSF	窑	—

2. 系统模型建立的假设条件

① 生料在预热器系统内按下述过程发生物理化学变化：

a. 生料中的物理水（毛细水、吸附水）及有机物的分解脱除在 P1 内进行；

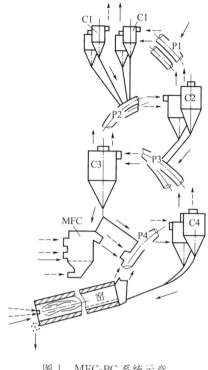

图 1 MFC-PC 系统示意

——→ 料流；- - - 气流

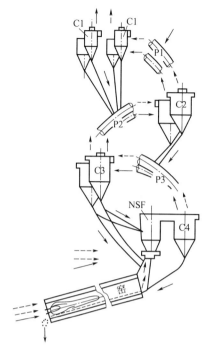

图 2 NSF-PC 系统示意

——→ 料流；- - - 气流

b. 生料中的化合水均在 P2 内脱去；

c. 生料中的碳酸盐（$CaCO_3$、$MgCO_3$）的分解分别在 P3、P4、MFC 或 NSF 分解炉和窑内进行，其分解所占的比例是反求的量。

② 全系统中多个旋风筒并联使用时，在操作的情况下完全对称。

③ 在平衡计算时，双系列合成一体，不加区别。

3. 经验数据的准备

在建立系统反求模型之前，有关物性参数如比热容（c_p）及综合散热系数（α）与温度（T）的关系必须拟合成计算机能够查用的公式。

（1）c_p 与 T 的关系

根据文献［4］提供的数据拟合如下：

$$c_p = a_0 + a_1 T + a_2 T^2 \tag{1}$$

物性曲线系数见表 2。

表 2 物性曲线 $c_p = a_0 + a_1 T + a_2 T^2$ 的系数

类　别	a_0	a_1	a_2	相关系数
生料	0.815	8.335×10^{-4}	-4.820×10^{-7}	0.9963
粉煤灰	0.808	3.252×10^{-4}	-7.917×10^{-8}	0.9884
熟料	0.752	3.290×10^{-4}	-6.709×10^{-8}	0.9895
煤	1.095	1.634×10^{-4}	-5.852×10^{-8}	0.9999

类　　别	a_0	a_1	a_2	相 关 系 数
烟气	1.375	2.452×10^{-4}	-3.731×10^{-8}	0.9998
CO_2	1.639	8.485×10^{-4}	-2.645×10^{-7}	0.9982
空气	1.287	1.123×10^{-4}	-9.447×10^{-9}	0.9978
水蒸气	1.476	1.947×10^{-4}	3.994×10^{-8}	0.9974

（2）动静态热力设备综合散热系数与温度、风速的关系

热力系统设备的散热主要是通过自然风形成的对流散热和辐射散热，因此其综合散热系数是温度和风速的函数，即：

$$\alpha=\alpha(\Delta T,W) \tag{2}$$

式中　α——综合散热系数，$kJ/(m^2 \cdot h \cdot ℃)$；

ΔT——设备表面平均温度与环境温度之差，℃；

W——自然风速，m/s。

根据预热器和管道是静止的特点及计算精度要求拟合成具体的形式：

$$a=a_0+a_1\Delta T+a_2\Delta T^2+a_3\Delta T^3+b_1W+b_2W^2+b_3W^3 \tag{3}$$

式中，a_i 和 b_i 及式（4）中的 c 均为拟合系数。

回转窑、回转冷却机或回转烘干机等动态热力设备，考虑其动态特性，拟合时增加了 ΔT 与 W 一次交互项对散热系数的影响，其具体形式为：

$$a=a_0+a_1\Delta T+a_2\Delta T^2+a_3\Delta T^3+b_1W+b_2W^2+b_3W^3+c(\Delta T,W) \tag{4}$$

根据文献［4］提供的数据，经拟合处理得各系数（表3）。

表3　散热系数 $\alpha=\alpha(\Delta T,W)$ 的拟合系数

设备类别	a_0	a_1	a_2	a_3	b_1	b_2	b_3	c	相关系数	最大误差
静态设备	21.67	2.382×10^{-1}	6.111×10^{-4}	-2.082×10^{-8}	27.484	-3.561	0.2088	—	0.9999	$<5\%$
动态设备	27.65	2.974×10^{-1}	5.079×10^{-4}	-2.571×10^{-8}	33.064	0.2424	0.1013	-6.211×10^{-3}	0.9960	$<4\%$

由表3可见，相关系数均在0.990以上，具有高度的相关性，且与统计点的最大误差小于5%，已能满足工程计算的需要。

（3）各子系统散热损失的计算

预热器和管道属静态热力设备，其散热损失可按下式计算：

$$Q=\alpha(T-T_0)\frac{A}{M} \tag{5}$$

式中　Q——各静态子系统散热损失，kJ/kg 熟料；

T，T_0——设备表面的平均温度与环境温度，℃；

A——相应子系统散热面积，m^2；

M——系统的生产能力，kg 熟料/h。

回转窑是动态热力设备，表面温度通常采用行走式高温辐射计监测，因此，在稳定操作下，易于形成温度（T）与位置（X）的对应关系，具体表达如下：

$$T=F(X)=a_0+\sum_{i=1}^{n}a_iX_i \tag{6}$$

式中 n 可以根据计算的精度要求通过模拟实验后选取。继而可采用式（7）计算出回转窑筒体的散热损失。

$$Q = \frac{\pi D_k}{M} \int_0^{L_x} \alpha (T - T_0) \, dx$$

$$= \frac{\pi D_k}{M} \int_0^{L_x} \alpha \left(a_0 + \sum_{i=2}^n a_i X_i - T_0, W \right) \left(a_0 + \sum_{i=2}^n a_i X_i - T_0 \right) dx \quad (7)$$

式中　D_k——回转窑的筒体外径，m；

　　　　L_x——回转窑的筒体长度，m；

　　　　dx——回转窑长度方向的微元，m。

4. 模型建立

根据上述的假设条件建立各子系统的化学反应方程式、物料平衡方程式、热量平衡方程式，找出未知数后，经整理形成矩阵方程：

$$A \cdot X = B \quad (8)$$

式中　A——系数矩阵；

　　　　B——常向量；

　　　　X——需要反求的未知数构成的向量。

A、B 均是各子系统进口出处记录温度、原燃料化学成分、燃料热值等的函数。

对于 MFC-PC 系统，则 X 的构成为：

$X_{\text{MFC-PC}} = $（各子系统进出口的物料流量，各子系统物料的分解率，燃料的分配比）^{T}

对于 NSF-PC 系统，则 X 的构成为：

$X_{\text{NSF-PC}} = $（各子系统进出口的物料流量，各子系统物料的分解率，燃料的分配比，窑体散热热量）^{T}

若已知各子系统进出口的温度、原燃料的化学成分、燃料的低位热值等，则 A、B 已确定，从而可以解得 X，进而可以求得分离效率、分解率、热效率等。

二、反求计算结果、分析和验证

根据上述建立的数学模型，编制计算机程序，输入相应系统的生产记录值或热工标定数据，在 DUAL-68K 计算机上进行反求计算，所得结果见表 4 及表 5。

表 4　MFC-PC 系统反求计算结果

类　别	子系统								MFC	窑
	C1	P1	C2	P2	C3	P3	C4	P4		
料流/(kg/kg 熟料)	0.087	1.852	0.262	0.215	0.215	1.596	0.173	1.427	0.896	0.184
气流(标准状态)/(m³/kg 熟料)	1.495	1.495	1.412	1.344	1.344	1.344	1.309	1.309	0.701	0.548
出料/(kg/kg 熟料)	1.765	—	1.428	1.381	1.381	—	1.255	—	—	1.000
热损失/(kJ/kg 熟料)	12.415	11.077	13.083	11.620	11.620	24.787	23.824	17.890	17.890	197.129
热效率/%	41.720	39.33	38.92	4018	4018	40.57	37.49	34.20	68.08	56.75
分离效率/%	95.31	—	84.52	86.52	86.52	—	87.91	—	—	—

续表

类 别	子系统								MFC	窑
	C1	P1	C2	P2	C3	P3	C4	P4		
空气过剩系数	1.302	—	1.226	1.172	1.172	—	1.134	1.309	0.982	1.227
分解率/%	0.000	0.000	0.000	0.000	0.000	0.920	0.000	17.550	66.540	14.990
其他	窑燃料比率＝13.00%，物料比率＝9.53%									

表 5　NSF-PC 系统反求计算结果

类 别	子系统							NSF	窑
	C1	P1	C2	P2	C3	P3	C4		
料流/(kg/kg 熟料)	0.108	1.913	0.266	2.029	0.243	1.760	0.190	1.535	0.297
气流(标准状态)/(m³/kg 熟料)	1.699	1.699	1.603	1.603	1.514	1.514	1.446	1.446	0.477
出料/(kg/kg 熟料)	1.804	—	1.573	—	1.517	—	1.344	—	1.000
热损失/(kJ/kg 熟料)	36.157	13.878	7.190	5.727	13.460	5.977	13.836	25.999	190.73
热效率/%	39.26	37.78	38.72	42.97	37.80	38.33	36.87	59.24	40.34
分离效率/%	94.33	—	85.52	—	86.17	—	87.60	—	—
空气过剩系数	1.330	—	1.263	—	1.194	—	1.124	1.124	1.119
分解率/%	0.000	0.000	0.000	0.000	0.000	0.620	0.000	85.780	13.600
其他	熟料＝0.9808kg，窑燃料比率＝38.04% 通过第二种计算方法得到的热损失＝200.331(kJ/kg 熟料)								

1. 物料流量

正常生产情况下，PC 系统的废气含尘量为 80～120g/kg 熟料，针对 MFC 预分解炉系统统计的结果为 82.5～135g/kg 熟料，统计平均值为 99g/kg 熟料。本文反求的结果，MFC-PC 系统为 87g/kg 熟料，NSF-PC 系统为 108g/kg 熟料，均在此范围内，结果是合理的。

回转窑飞灰量（窑尾）与窑尾风速有关。一般认为窑尾飞灰量为入窑物料量的 12%～15%。本文计算得 MFC-PC 系统为 14.7%；NSF-PC 系统为 22.0%，稍高，这是由 NSF-PC 系统结构及操作条件决定的。

对 MFC-PC 系统，燃料分配比的实际值为 43.26%（回转窑），本文的反求值为 43.00%；对 NSF-PC 系统，实际生产值为 38.00%，反求值为 38.04%，吻合很好。

对于 NSF-PC 系统，出窑熟料设定值为 1.000kg，本文反求计算结果为 0.9808kg（相对误差为 1.92%）。

回转窑体散热采用两种计算方法，第一种方法如同 MFC-PC 系统计算法，第二种方法是将回转窑体散热作为未知数（见 X）进行反求，结果分别如下：Q_{s1}＝190.733kJ/kg 熟料，Q_{s2}＝200.331kJ/kg 熟料，两种方法求得的结果相对误差为 4.9%。

2. 关于碳酸盐分解量的评论

碳酸盐在 800℃ 左右已开始分解，从实际的记录数据可见，出 Ⅳ 级筒的气体温度在 800℃ 以上，因此在 P3 管道内碳酸盐就有分解，此时分解的主要是碳酸镁及少量的碳酸钙。根据反求结果，对 MFC-PC 系统（N 厂）碳酸盐在 P3 中分解 0.92%，在 P4 中分解 17.55%，在 MFC 中分解 66.54%，在回转窑内约有 14.99% 分解，即物料入窑前已有 85% 分解。对 NSF-PC 系统（J 厂），生料中的碳酸盐在 P3 管道中分解 0.62%，在 NSF 分解炉中碳酸盐分解 85.78%，在回转窑内分解 13.60%，即入窑物料已有 86.40% 分解。

产量相同时，燃料分配比基本一致，生料在 MFC 内的分解量没有在 NSF 内的高。但物料在 MFC 和垂直烟道内的分解量总和（17.55%＋66.54%＝84.09%）与物料在 NSF 内的分解量（85.78%）基本相等。MFC-PC 系统较 NSF-PC 系统而言，MFC 分解炉的工作温度（800～850℃）较 NSF 炉（840～900℃）的低，减少了结皮，使生产得以稳定；NO_x 排放浓度（391×10^{-6}，即 391ppm）较 NSF-PC 系统（503×10^{-6}，即 503ppm）的低，减少了对环境的污染。但 MFC-PC 系统由于垂直烟道的存在，使得散热损失（35.78kJ/kg 熟料）高于 NSF-PC 系统（26.00kJ/kg 熟料），同时由于 MFC 分解炉需要流化空气，使得 MFC-PC 系统的电耗较其他系统高 0.7kW·h/t 熟料。

3. 气体流量

一般情况下，生料悬浮预热器的废气量（标准状态）约为 1.4～1.5m³/kg 熟料，本文反求结果：MFC-PC 系统为 1.495m³/kg 熟料，在此范围内，NSF-PC 系统为 1.669m³/kg 熟料，比较高。对 NF-PC 系统的实测结果也证明了这一点，这是系统不同操作的结果所致。

4. 空气过剩系数

如表 4 及表 5 所示，值得注意的是分解炉内的空气过剩系数，MFC 内为 0.982，NSF 内为 1.124，比较可知，工作条件是不同的，原因在于两个系统存在着较大的差别。

对 MFC-PC 系统，分解炉和回转窑采用并联的形式（图 1），经过回转窑内的气体不直接经过 MFC 分解炉，为了提高入窑生料的分解率，在窑尾废气温度不能过高的情况下，只有提高分解炉的燃料比例。但为了保持 MFC 分解炉的工作温度适中，只有将一部分燃料再移至窑尾的垂直烟道内燃烧。根据 N 厂的实际生产记录可知，MFC 分解炉在缺氧的条件下工作（空气过剩系数为 0.8～1.0），产生还原性无焰燃烧，保持 MFC 在适当温度（800～850℃）下操作，使部分分解产生的可燃气体被气流带入垂直烟道，并与来自回转窑的过剩空气进一步燃烧，燃烧所产生的热量可以完全用于生料的分解，从而达到提高入窑物料分解率的目的，相应地也提高了窑外分解系统的生产能力。

对 NSF-PC 系统，分解炉与回转窑采用串联的方式（图 2），经过回转窑的气体也经过分解炉，因此分解炉内的空气过剩系数必须大于 1，燃烧才比较充分，生料的分解也比较完全，从而使得生料在 NSF 炉内的分解率明显比在 MFC 分解炉内的分解率高。

5. 旋风筒分离效率的分布

由表 4 及表 5 可知，两个系统的旋风筒分离效率的分布是一致的，即 $Se_1 > Se_4 > Se_3 > Se_2$。过去人们在设计中常采用 $Se_1 > Se_2 > Se_3 > Se_4$，理论分析与计算结果都表明，这是不合理的，因其未考虑到 PC 系统的耦合关系和压降、热效率的综合影响。

可以认为，为了减少整个系统的压力损失，一般情况下，Se_1 为 95% 左右，这一点在设计中至关重要。其他各级旋风筒分离效率的大小顺序是由系统压降最低、热效率较高两个因素综合作用的结果，关于各级旋风筒的分离效率对系统压降的影响，文献 [6] 已有详细论述，从 PC 系统的热效率来看，分离效率对系统热效率影响程度的次序为：C1＜C2＜C3≈C4。

由此可见，Ⅲ级、Ⅳ级旋风筒的分离效率的提高将比Ⅰ级、Ⅱ级旋风筒分离效率的提高对系统热效率的贡献大，因此，上述分离效率的分布是合理的。

三、运用前景

反求、消化、吸收的最终目的在于开发运用。目前国内引进的几种类型的 PC 系统在线显示参数还不够全面，因而控制不够及时。反求所得一些隐性参数是非常重要的，其中有些参数，厂里采用定时人工取样分析，不仅工作量较大，而且需时较长、滞后严重。因此，可以利用本文中提供的方法，采用如图 3 所示的系统实现隐性参数分布群的在线显示及控制。

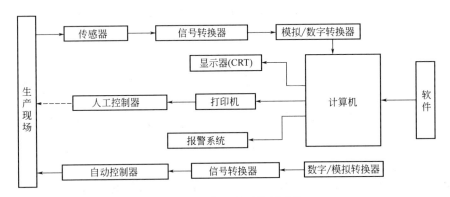

图 3　PC 系统的监测控制系统

通过 CRT 可以显示如下几幅画面。

① 表格型监视画面（表 4 及表 5）。

② 图表型监视画面。图 4 所示为各级旋风筒分离效率的图示法，其优点是一目了然，便于观察。表 4 及表 5 中各参数的分布均可用这种方法表示。

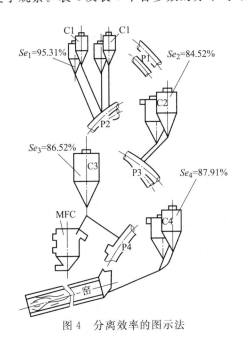

图 4　分离效率的图示法

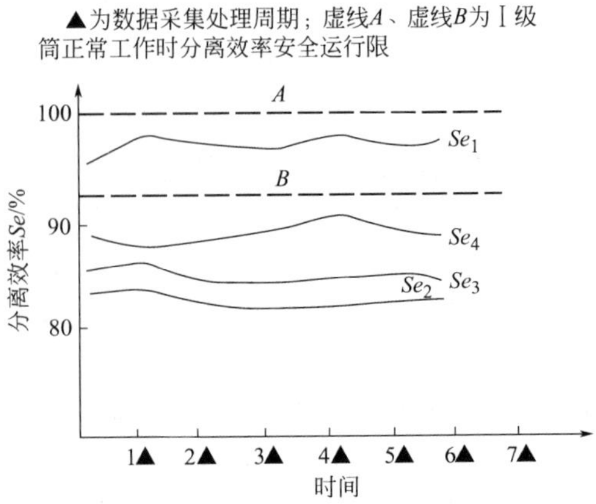

图 5　分离效率的时控显示

③ 时控型监视画面。图 5 所示为分离效率分布的时控型监视画面，如果 Se_1 的值低于虚线 B 以下或更低，Ⅰ级筒下料管有可能被堵或者漏气过于严重，可通过警报器或 CRT 获得信息后立即采取相应的措施，使其恢复正常。该显示法的优点是，能了解各参数的前后变化情况，有利于系统的控制操作。同样，其他各参数也可用这种方法显示。

四、结论

① 反求工程方法是消化、吸收现有引进技术设备生产系统的有效方法，可为设计意图的反求提供论证的依据。

② 利用反求结果可实现引进生产系统中某些重要参数的在线显示，增加监视画面，便于系统的控制和管理。

③ 利用反求工程方法可为实际生产系统的评价补充更丰富的数据资料。

④ 利用反求工程方法可为进一步优化设计的探讨、系统模拟软件的开发打下基础。

参考文献

［1］ 胡道和. 反求工程——消化吸收引进技术的新方法. 水泥·石灰，1989，10（4）.

［2］ 夏禹龙. 反求工程. 光明日报，1983-4-1.

［3］ 张有卓，胡道和. 预分解窑系统的计算机模拟数学模拟和最优化方法在水泥工业中的应用. 南京化工学院学报，1987，11（4）.

［4］ GB 4179—84 水泥回转窑热平衡、热效率综合能耗计算方法.

［5］ 徐德龙，胡道和. 稀相输送床中气固两相运动及换热特征. 硅酸盐学报，1987，15（4）.

［6］ 蔡玉良. 预热器系统分离效率参数分布的探讨. 水泥·石灰，1989，12（2）.

（张有卓，广州暨南大学；胡道和，南京工业大学）

4000t/d 带流化分解炉窑系统参数模拟研究

蔡玉良　王　伟

　　模拟实验研究是建立在生产实践的基础上，采用数学仿真手段，通过计算机改变其中部分参数考察对其他各参数的影响，并找出其变化规律的方法。该方法较其他常规实验研究方法有如下优点：一是可以节约大量的实验费用，见效快，有着优越的经济性；二是便于修改参数，寻求最佳的设计方案，具有很大的灵活性；三是借助模拟实验可解决一些常规实验方法难以测量的结果，有较好的适用性；四是便于研究系统中某些参数的稳定性和灵敏度，为实际工作提供可靠的信息；五是可以同时考察多变量对某一参数的交互影响。

　　本文利用模拟方法在前期工作的基础上，针对国内引进的 4000t/d 带有 MFC 分解炉的窑外分解窑系统的结构特点，选择有代表性的重要参数来讨论它们之间的关系，以此为开发设计与生产调试提供参考依据。

一、过程简介

　　图 1 所示为带 MFC 分解炉窑系统结构的流程。

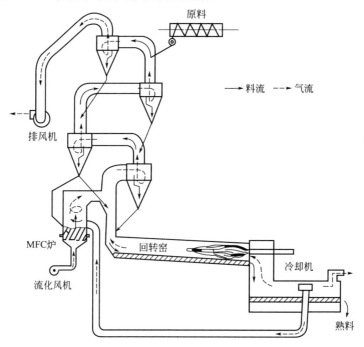

图 1　带 MFC 分解炉窑系统结构流程

根据文献资料提供的数学模型 $A \cdot X = B$ 和程序,在确保产量和系统热耗不变的情况下作出如下的假设:一是在模拟实验研究过程中,生料的化学组成不变;二是整个预热器系统在正常的操作情况下工作,即温度参数在正常范围内波动;三是系统的散热按常规计算,在模拟实验研究中保持不变;四是系统的漏风量不随其他参数的变化而变化;五是燃料的组成及特性参数随实验内容作出合适的变化。

在上述假设条件下,改变 A、B 内的各主要参数,通过 $A \cdot X = B$ 方程来探讨对其他各参数的影响。其各实验内容如下。

① 燃料的分配率 $\left(E_{xk} = \dfrac{窑用燃料量}{总燃料量}\right)$、入窑物料的分解率 (E_t) 及窑尾废气温度 (t_k) 之间的模拟关系。

② 燃料的分配率、窑头二次空气温度 (t)、入窑物料的分解率以及煤粉热值 (Q_{dw}) 之间的模拟关系。

③ MFC 炉内物料的分解率 (E_{MFC})、MFC 炉二次空气温度 (t_{MFC2})、燃料分配率以及燃料(煤粉)热值之间的模拟关系。

④ 燃料分配率、入窑物料分解率及煤粉热值之间的模拟关系。

⑤ 燃料分配率、出窑熟料温度 (t_s) 及入窑物料分解率之间的模拟定量关系。

二、模拟实验及结果分析

1. 燃料分配率、 入窑物料分解率及窑尾废气温度之间的关系

图 2 所示为燃料分配率 (E_{xk})、入窑物料分解率 (E_t) 及窑尾废气温度 (t_k) 之间的定量关系模拟图。

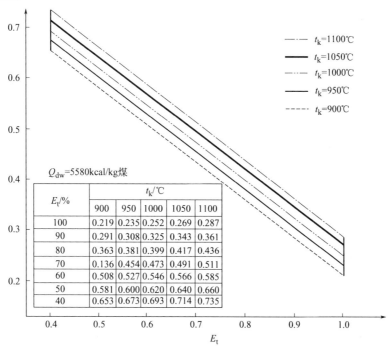

图 2　E_{xk}、E_t、t_k 之间的关系

1cal＝4.18J

从图 2 中可以看到：当窑尾废气温度控制在 1050℃ 且入窑物料的分解率达 100% 时，回转窑内所加入的燃料率最低，约为 27%，这部分燃料用于熟料的烧结作用。在实际生产中，一般入窑物料分解率不要求达到 100%。据 B. Vosteen 的计算表明：分解率达到 100% 时会带来许多的问题，如分解时间较长（为分解率为 90%～95% 时的 2～3 倍），且分解炉的容积要增加 1～2 倍。入窑物料分解率愈高，分解越慢，吸热愈少，物料就越易过热，引起结皮、堵塞等故障，废气温度也将会相应地提高，增加热耗。实际上，把少量的粗颗粒内部的分解留给回转窑负担是合理的。因为物料在窑内有足够的停留时间，而且分解吸热量也不大，对于回转窑操作没有什么影响。针对引进厂的实际生产情况，窑头加煤量为 43%，从图 2 中可得其入窑物料分解率约为 80%。从图 2 中还可获得一些变化关系：

① 在燃料分配率一定时，窑尾废气温度每升高 50℃ 左右，入窑分解率将会提高 2.5% 左右；

② 当窑尾废气温度一定时，燃料分配率每降低 5%，入窑真实分解率提高 7.5% 左右；

③ 当入窑物料分解率一定时，窑尾废气温度每升高 50℃ 时，窑头加煤量增加 2.0%。

从上述分析可知，降低燃料分配率、提高窑尾废气温度都能提高入窑物料的分解率。但是，为了维护窑的正常运转，窑尾废气温度不能过高（一般在 950～1050℃）。要提高入窑物料的分解率，只有增加窑尾的喂煤量，即降低燃料分配率，但为了保持 MFC 分解炉的工作温度（835～870℃）适中，只有把一部分燃料再移至窑尾的垂直烟道内进行。实际生产过程中，MFC 炉内的空气过剩系数为 0.80～0.95，炉内氧气供应不充分，在炉内形成无焰燃烧，这样既能保持 MFC 分解炉在适中的工作温度下操作，又能使部分没有燃烧的煤被气流带入垂直烟道，使之与回转窑来的过剩空气进一步燃烧，以提高窑尾废气的温度，达到提高入窑物料分解率，从而提高该系统生产能力的目的。

2. 燃料分配率、窑头二次空气温度、入窑物料分解率及煤粉热值之间的关系

图 3 所示为燃料分配率（E_{xk}）、窑头二次空气温度（t）、入窑物料分解率（E_t）以及煤粉热值（Q_{dw}）之间的关系。

从图 3 可以看到：窑头加煤量为 13% 左右时，窑头二次空气的温度约为 880℃（$E_t = 80\%$），这与实际情况基本符合。从图 3 还可看出：

① 当窑头二次空气温度和入窑物料分解率一定时，燃料的热值愈低，窑头煤粉的加入量就愈多（即 E_{xk} 愈高），煤粉热值每降低 500kcal/kg 煤，则相应地燃料分配率就要提高 5.5%。其原因是要保证回转窑内熟料的烧结及部分物料分解所需的热量。但是煤粉热值不宜太低，这样在保持同样发热量的情况下，不利于组织燃烧，从而影响烧成制度。

② 当燃料分配率和窑头二次空气温度一定时，煤粉的热值每增加 500kcal/kg 煤，则入窑物料的分解率就会相应地提高 5% 左右，产量也会得到一定的提高且便于组织燃烧和控制烧成制度。但是在生产中常不采用这种方法来提高入窑物料的分解率和窑的产量，对于整个系统保证有一个稳定的生产状态是必要的。在维持产量一定时，回转窑内的烧结所需要的热量也就一定，这样，在保证燃料分配率不变，提高煤粉热值会带来一系列的问题。如：液相

量过多、出现"红窑"甚至导致耐火材料脱落等问题，严重时还会影响生产。同时，通过提高煤粉热值来提高入窑物料的分解率和产量也是一种极不经济的方法，因此在生产中常常不予采用。

③ 当燃料热值和窑头二次空气温度一定时，分解率每提高 5% 左右，E_{xk} 就要降低 3.8%，但是 E_{xk} 降低不是无止境的。在保证入窑物料分解率 100%，E_{xk} 不能超过最低的理论要求（27%）。一般 E_{xk} 控制在 35%～65%，当 $E_{xk}=100\%$ 时，系统则由 NSP 系统转变成 SP 系统。而当 E_{xk} 过低时，则会出现"跑生料或烧不透"等现象，同时也不利于 C_2S 吸收 f-CaO 形成 C_3S，使得 f-CaO 过高，严重时会影响水泥熟料的质量。

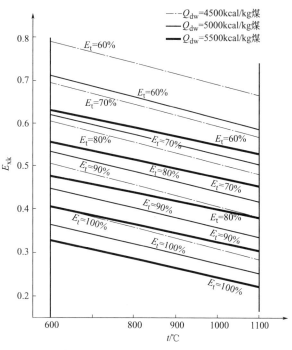

图 3　E_{xk}、t、E_t、Q_{dw} 之间的关系

④ 当 E_{xk} 和 Q_{dw} 一定时，t 每增加 100℃，E_{xk} 就会降低 2%；若产量和入窑物料分解率一定时，窑尾加煤量也已确定，因而可以节约 2% 的燃料消耗，因此提高冷却机的冷却效率对于节能有很大的意义。

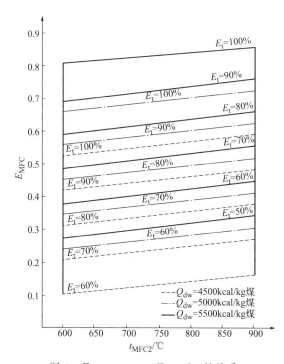

图 4　E_{MFC}、t_{MFC2}、E_{xk}、Q_{dw} 的关系

3. MFC 炉内生料分解率、二次空气温度、燃料分配率及燃料热值之间的关系

图 4 所示为 MFC 炉内生料分解率（E_{MFC}）、MFC 炉的二次空气温度（t_{MFC2}）、燃料分配率（E_{xk}）以及燃料热值（Q_{dw}）之间的定量关系。根据引进厂家的实际操作记录，MFC 炉的 $t_{MFC2}=750℃$，$E_{xk}=43\%$ 左右，入窑物料分解率约为 80% 时，物料在 MFC 炉内的分解率为 63%，另有 17% 的物料是在垂直烟道以及Ⅲ级筒入口管道内进行分解的（即采用两步到位的分解方案）。由此可见，窑外分解窑系统具有单元操作特性，这一点为其系统的单体设备设计提供了重要的指导作用。例如：旋风筒主要起气固分离作用，在设计时总要以提高分离效率，降低压降为目的。管道是一个有效的气固换热单元，

在设计时要以换热快、效率高为目的，管道内加散料器就是出于这一要求。分解炉是一个有效的反应器，怎样设计才能使其在低燃耗、高分解率下工作，这是水泥设计工作者一直追求的目标；对于回转窑来说，其主要作用是烧结，能否缩小回转窑的规格，或采用其他煅烧设备，也一直引起国内外水泥工作者的关注。如：有人曾提出利用沸腾煅烧技术解决回转窑传热慢、散热损失大、动力消耗高等问题。一旦这一技术成功，将是水泥煅烧技术的一大飞跃。

从图 4 还可得到：

① 当 E_{xk}（或 E_t）、Q_{dw} 一定时，t_{MFC2} 每升高 50℃，物料在 MFC 炉内的分解率就相应提高 2% 左右，因此 t_{MFC2} 的提高有利于物料的分解和分解炉热效率的提高。

② 当 E_{MFC}、E_{xk}（或 E_t）一定时，t_{MFC2} 每升高 50℃，可以利用热值降低 50kcal/kg 煤的煤，即 t_{MFC2} 提高有利于使用劣质煤作为燃料。

4. 燃料分配率、入窑物料分解率及煤粉热值之间的关系

图 5 所示为探讨燃料分配率（E_{xk}）、入窑物料分解率（E_t）、煤粉热值（Q_{dw}）之间的定量关系的实验。从图 5 可以看到煤的热值愈低，从窑头加入的煤粉比例就愈大，相应地入窑物料的分解率就愈低。图中所示的范围为实际生产的操作范围。从图中可以进一步理解，在不改变燃料分配率的情况下，达到同样的入窑物料的分解率，势必增加热耗，燃料热值每降低 1%，热耗将上升 0.28%。

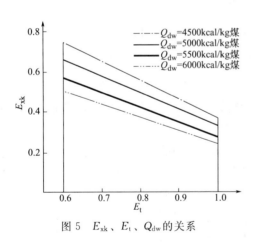

图 5 E_{xk}、E_t、Q_{dw} 的关系

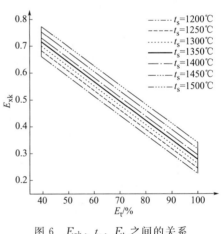

图 6 E_{xk}、t_s、E_t 之间的关系

5. 燃料分配率、出窑熟料温度及入窑物料分解率之间的关系

图 6 所示为燃料分配率（E_{xk}）、出窑熟料温度（t_s）、入窑物料分解率（E_t）之间的关系。从图 6 可以看出，当燃料分配率一定时，出窑熟料每波动 50℃，则分解率将会波动 2.2%，当入窑物料的分解率一定时，燃料的分配率将要变动 1.7% 左右。

三、结束语

对于水泥工业来说，进行一系列技术参数的模拟研究是必要的，也是可行的，把该项工作与实际生产结合起来，对进一步地开发设计、生产调试具有重要的指导意义，本文通过对国内引进的 MFC 流化分解炉窑系统的模拟分析后，得到一系列的定量关系，并绘制成图，希望能对设计工作者在可比的条件下进行开发设计、生产调试起点作用。

➡ 参考文献

［1］ 李启兴等. 化学反应工程数学模拟法. 北京：人民教育出版社，1982.

［2］ 陈敏恒，袁渭康. 化学反应工程中的模拟方法. 化学工程，1980（1）：1-12.

［3］ Cai Yuliang，Zhang Youzhou，Hu Daohe. Back calculation of technological parameters for pc system. BISSC. 1989，1（8）：5.

［4］ 张有卓，胡道和. 分解窑系统的计算机模拟——数学模拟和最优化方法在水泥工业中的应用. 南京化工学院学报，1987（4）.

［5］ B. Vostecn. Die thermische wirksamkeit von zementtrohmehl—vorwarmern. ZKG，1971.

［6］ Zhang Youzhuo，Cai Yuliang，Hu Daohe. Multi—objective decision making method in dynamic interactive decision support systern. EPMESCⅢ. 1990，5（8）：1-3.

［7］ 王伟，蔡玉良. 对邗江型五级预热器系统热效率的研究——系统计算机热态优化模拟及单体冷态模型试验结果的分析. 中国建材装备，1989（3，4）.

流化分解炉冷模实验研究

——淮海水泥厂技改技术研究报告

蔡玉良　王　伟　王超群　郑启权　王文平

3000t/d 的淮海水泥厂是 1978 年由罗马尼亚引进设备建设的 SP 窑生产系统，建成后，由于系统存在一系列技术问题，生产能力始终达不到设计指标。为此，我院应淮海厂的邀请，对该厂生产系统存在的问题进行调查研究，提出了一系列技改方案。最后经原国家建材局多次组织的技术论证会评定，认为在原系统基础上就其中一列增设流化分解炉，降低窑头热负荷，提高窑的运转率，使其生产能力达到 3500t/d 是切实可行的。为了配合淮海厂技改方案的实施，我院经过大量调研工作后，认为若采用第三代流化分解炉（MFC-3），因国内没有该种炉型的负压操作经验，并且国外技术保密缺少有关资料，故没有十分把握。考虑淮海技改工程的具体条件，必须保证一次成功，最后决定采用第二代流化分解炉。通过实验研究和理论分析反求该技术的设计指导思想，并结合淮海水泥厂的具体条件开发设计出适合技改要求的流化分解炉。

一、实验流程及测试手段

为了技术改造的顺利进行，特拟定下列实验计划开展实验室的冷模实验工作。

1. 模型及实验流程设计

为了能够模拟分解炉的主要工作特性，在模型设计时，把确定空间大小的主要几何尺寸按 1∶16 的比例缩小，其内部（布风板）结构设计则按照模拟实物模型工作参数不变的情况下进行设计，这样才能保证主要模拟量和模拟过程与实物模型的一致性，达到模拟实际情况的目的。由相似原理可知，主要遵循下列相似规则：

① 主要几何尺寸相似；

② 内部结构的工作状态相似。

根据实验要求，特设计成如图 1 所示的实验装置。

2. 实验内容

根据 Willelm 和郭慕孙归纳利用的费鲁德准数（F_{rmf}）区别气固两相流的形态。该实验过程中，浓相区（床层表面与三次风口以下区段）属于聚式流态化过程（鼓泡床：$F_{rmf} >$ 1.3）；三次风口以上的稀相区段属于快速流态化过程。因此，其各项特性应该具有各自过程的特征，为了分析比较，特拟定如下的各项测试内容：

① 测定流化分解炉特性参数；

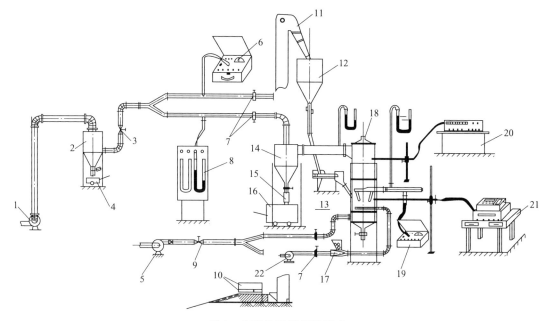

图1　实验装置及流程示意

1—排风机；2—袋收尘器；3—截止阀；4—小推车；5—鼓风机；6—热球风速仪；7—闸板；8—U形压力计；9—截止网；10—小推车；11—斗式提升机；12—料包；13—电子皮带秤；14—旋风收尘器；15—软管；16—气密小推车；17—供料器；18—流化分解炉模型；19—热球风速仪；20—浓度测定仪（光导原理或消光原理）；21—五孔探针测定仪；22—小风机

　② 测定流化分解炉流场；

　③ 测定流化分解炉内物料分布特性；

　④ 测定流化分解炉内物料停留时间。

3. 实验所用仪器

根据以上实验内容选定下列测试仪器：

　① 智能化多维流场测定仪；

　② 透射式点浓度测定仪；

　③ 透射式停留时间测定仪；

　④ 热球电风速仪及笛型测速管；

　⑤ 自动控制喂料系统等。

其他各辅助设备和仪器见图1。

二、实验测试结果及分析

1. 流化分解炉空载特性参数的测定及分析

流化分解炉空载特性研究内容包括：流化分解炉阻力特性，三种风的配比关系及流场的实验研究。

（1）流化分解炉阻力特性及三种风配比关系的实验研究

流化分解炉的阻力特性决定于流化分解炉的自身结构和工作状态。对其进行研究的最终目的是确定合理的结构及最优工作状态，以选择合理匹配的外围设备。据此我们对流化分解炉的布风板、炉子的阻力及各种风量的匹配关系进行了实验，其结果分别如下。

① 流化分解炉布风板阻力。由于实际流化分解炉布风板的工作环境与冷模实验相当，在保证 $Eu_{原型}＝Eu_{模型}$ 时，其冷模实验结果完全可以用于实际生产过程。

根据实验结果，为了保证热态水泥生料完全流态化，且不至于产生噎塞和死床，流化空气嘴小孔喷出风速为 $35～60m/s$（宁国水泥厂设计值为 $49m/s$，实际操作为 $36m/s$ 左右）。有关资料提出：生料粉合适的小孔风速范围为 $40～53m/s$。据此，淮海水泥厂流化分解炉的设计值为 $49m/s$，操作位可以控制在 $40～53m/s$ 范围。为了加强煤粉的扰动和混合作用，对粗煤粉，可以适当提高喷嘴风速，加强混合和挥发分的析出与燃烧。从图 2 可以看出：在此情况下布风板的阻力为 $1863～3236Pa$。若煤粉比较细，可以适当放低流化风速，以适当降低布风板的阻力，减少系统电耗。但是，其喷嘴风速最低不得低于 $31m/s$，否则床层会产生强烈的沟流现象，同时也存在死床的危险（详见带料实验）。

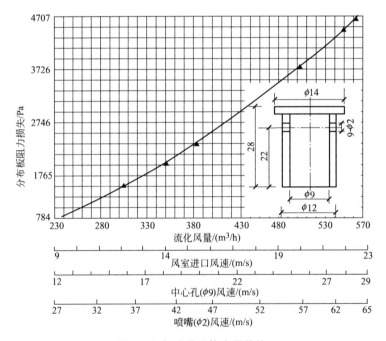

图 2　空气喷嘴流体力学特性

② 炉进出口阻力特性。流化分解炉进出口阻力特性，对系统设计及生产操作有很大的影响，也是流化分解炉操作控制的重要参数之一。

为了保证炉内燃料的正常燃烧和热物料的传输，必须保证三次风的顺畅引入，而这一过程是靠炉子出口处有一定的负压来保证的。实际设计过程考虑到三次风管内不致积灰，最佳的风速范围为 $18～22m/s$，从图 3 可以看出，相应的阻力为 $588～853Pa$。由于实际过程气体温度为 $650℃$ 左右，进行密度校正后，相应阻力为 $196～275Pa$。再考虑炉内物料的传输增加的能耗和三次风管的阻力消耗及冷却机与三次风管连接处的阻力损失，其热态工作状态下，保证炉出口负压为 $784～981Pa$ 是能够满足生产要求的。

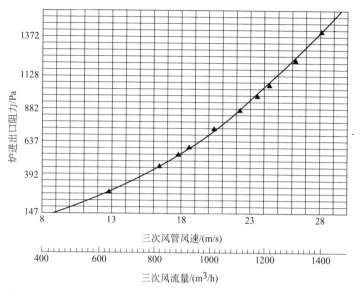

图3 三次风速与炉出口阻力的关系（环境温度10℃、大气压力）

③ 空气室压力。空气室压力大小具有一定的叠加性（图4），如三次风量为 900m³/h 时，且流化风占总风量的 30% 时，则空气室的压力 $\Delta p = -883 + 2324 = 1441$（Pa）。若流化风量占 25% 时，空气室压力 $\Delta p = -883 + 1324 = 441$（Pa）。若流化风量占 21% 时，空气室压力 $\Delta p = 0$，零压面已降到空气室内，这是不合理的，此时喷嘴风速只有 28m/s，远比最低要求风速 31m/s 小，易于造成噎塞及死床现象。为此，零压面应该控制在布风板以上，以确保合适的喷嘴风速。

④ 流化风量对其压力的影响。如图 5（a）所示，当流化风量占 30% 时，$\Delta p_{空气室} = 1441Pa$，与图 4 叠加的结果是一致的，说明空气室的压力具有一定的叠加性。

从图 5（a）还可以得出两点推论：

a. 在保证悬浮段风速不变的条件下，降低流化风所占的比例达 21% 时，空气室压力将可能降低为零。

b. 空气室压力减去相应布风板阻力等于相应状态下布风板上的压力，如当流化风为 30% 时，则布风板上的压力为 1441 − 2324 = −883（Pa），说明布风板

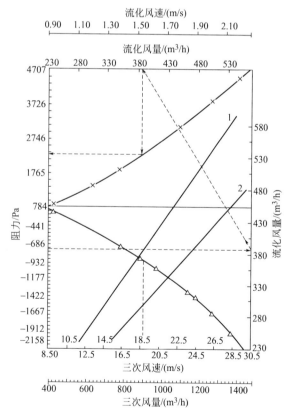

图4 空气室压力（环境温度10℃、
大气压力 1.0×10^5 Pa）
1—流化风量30%；2—流化风量25%

上已因炉出口负压造成了 883Pa 的抽力，加强了流态化作用。

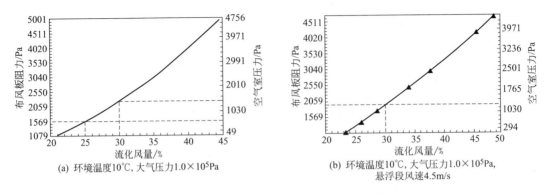

(a) 环境温度10℃，大气压力1.0×10⁵Pa

(b) 环境温度10℃，大气压力1.0×10⁵Pa，
悬浮段风速4.5m/s

图 5　流化风量与布风板阻力和空气室压力的关系

⑤ 测试精度。根据模拟实验，当流体进入自模化区后，则相应的 Eu 数应为常数。但是由于实验波动性和读数造成的误差，则可以从 Eu 数的变化中看出，图 6 所示为保证流化风量为 30％和 25％时悬浮段 Re 数与 Eu 数的关系，从图 6 可以看出，其最大的波动偏差也分别为 6％和 4.6％，这一误差已满足工程实验研究的要求。

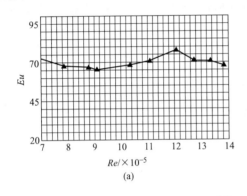

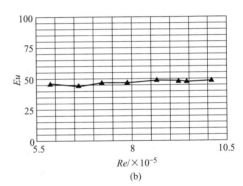

图 6　悬浮段 Re 数与布风板 Eu 数的关系

（2）流化分解炉流场的测试及分析

流化分解炉内部流场的测定是探讨其内部气流运动规律的重要手段之一，也是研究设备结构合理性及工作机理的有效途径。据此，我们借助于智能化气体多维流场测定仪对流化分解炉流场进行了全面的测试（测定条件：流化风量为 30％），其结果绘制成流场图见图 7，从整个流场变化情况来看，可以把流化分解炉分成四个区域，即接近布风板区域的底层基层区、三次风管入口处旋流区、旋流以上的渐变近柱塞流区以及出口处的湍流区。

图 7(a) 所示为经轴线并与炉出口垂直的剖面的切向速度场分布，从图中可以看出，在底层基层区，切向速率较小，越接近布风板处其切向速率也就越小，这一趋势有利于流化层的稳定和布风的均匀性。

在旋流区，由于三次风的割向导入，加强了该区域的气流旋转，并影响到底层基层区。在旋流区内由于存在着涡流，有利于物料、燃料和一次空气、二次空气的混合及燃料中挥发分的析出与燃烧。旋转动量矩随着割向半径的增加而增大，鉴于该区域内混合、燃烧的需要，同时又不至于因旋转流造成物料分布的不均匀性，气流割向半径的变化有一个合理的范

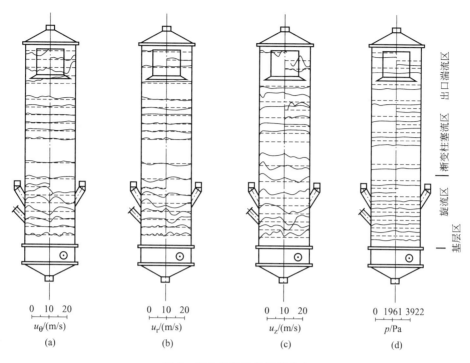

图 7 流化分解炉的流场分布

围，这一合理范围是通过三次风导入角度、风速及流化层的状态等因素决定的。据国内外技术资料，其导入的速率在 18m/s 左右，导角与水平的夹角为 60°时，其割向半径为炉径的1/3，在此情况下旋流区的最大切向速率约为轴向速率的 1.4~1.8 倍。从物料运动规律来看，该区是物料存在返混的主要区域，有利于燃料的燃烧、分解反应的进行和分解率的提高。

在渐变近柱塞流区内，切向速率逐渐缩小，形成了渐变近栓塞流区。在这一区域内物料分布得比较均匀，局部存在回流区，造成局部物料的返混。

在炉子出口湍流区，由于风量集中从出口处排出，加强了该区域内的湍流脉动，从流场测试中可以看到，该区域内形成了半边左旋，半边右旋假象。

图 7(b) 所示为径向速度场分布，从图中可以看出，也相应存在四个区域。在底层区接近风板处径向速率几乎为零，说明布风板布风较均匀。向上由于受三次风的影响，形成了旋涡，中心近似汇流区，边壁近似源流区，在纵向（轴向）存在旋涡。

在底层基层区的现象［图 7(b) 右半部分］是旋涡底部造成的结果，但其速率值相对其轴向速率约 0.2 倍左右。

在旋流区域内，由于三次风的导入，在中心一半处形成了汇流，边壁形成了源流区，在三次风入口下端形成了一个环形的旋涡流。该环形旋涡是物料返混的主要区域，有利于炭粒的燃烧、混合、传热和碳酸盐的分解反应的进行。

在渐变近栓塞流区，径向速率较小，局部有些波动，说明该区域只存在局部不稳定的旋涡。

在炉子出口处内，由于炉子缩口的作用，在此形成了强烈的涡流，在炉子出口底部形成了源流区，而在出口处由于涡流的存在，形成了源汇流共存的区域。

图 7(c) 所示为轴向速度场分布，在底层基层区，气流速率分布得比较均匀。向上由于三次风的导入，气流轴向速率有所变动，在旋流区内其变动较大，到渐变近栓塞流区内，速

率逐渐平稳，约 5～6m/s，形成了平稳的近似柱塞流。在炉子出口处，由于流体集中排出造成此处有较大的变化。

图 7(d) 所示为炉子的内部压力场分布。从整个炉子来看，压力场较为稳定，且整个炉内压力基本相等，其值约在 $-981Pa$ 左右。

2. 荷载情况下流化分解炉特性的测定及分析

（1）实验所用物料及颗粒级配

实验所用生料为南京工程兵水泥厂的干生料，其物理水分小于 0.5%，颗粒级配见表 1。

表 1　实验用生料颗粒级配

粒径/μm	125	105	90	80	74	63	48	40	38.5	32	<32
筛余/g	5	0.5	4	2	8	11	10	2	44	10	54
筛余累计/g	5	5.5	9.5	11.5	19.5	30.5	40.5	42.5	86.5	96.5	150.5

注：试样重 150g，重量平均径 d_p 为 37μm。

（2）床层膨胀与流化风速的关系

床层膨胀特性反映了粉体充气的性能，对于水泥生料粉，由于其颗粒较细，平均粒径约 $37\mu m$，按照 Geldert 分类法，水泥生料粉流属于 A、C 两类粒子的交界处，具有两类颗粒流化的特性。图 8 所示为流化风速与床层膨胀之间的定量关系，随着气流速率的增加，床层逐渐膨胀，当流化风速达到 $0.61m/s$ 时，流化床膨胀系数为 1.6，爆泡率加快，并逐渐转入气力输送状态，此时床层就无明显的界面。由于水泥生料粉颗粒分布较广，其流态化速率操作范围比较宽，便于流化操作。

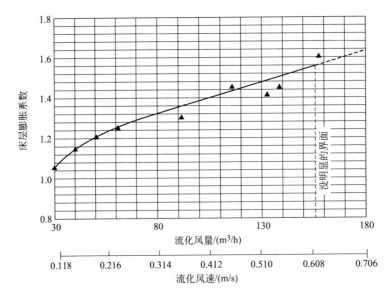

图 8　流化风速与床层膨胀的关系

（3）气流速率与床层阻力的关系

在固定床到流化床的过渡过程中，床层阻力随着气流速率增加而增加且成线性关系，到了流化区后，床层阻力将不再随着气流速率的变化而变化。实际测得结果见图 9。当气流速率在 0.2～0.3m/s 时，床层阻力较高，这可能是由于水泥生料粉发生兼并作用所造成的结果。随着气流速率逐渐增加而变得平稳。但是，值得注意的是，当流化速率小于 0.15m/s 时流化床内将产生严重的沟流现象；当流化速率在 0.15～0.20m/s 时渐变成完全流态化；当气流速率达到 0.2m/s 以上时沟流现象完全消失。而淮海水泥厂流化分解炉的设计，流化风速为 0.21m/s，若考虑到床层温度的影响，其流化速率远大于 0.21m/s，因此可以断定淮海水泥厂流化分解炉的流化风速设计是合理的，不会产生沟流现象。鉴于上述两个实验并考虑温度的影响可得合理的流化风速范围为 0.19～0.25m/s。在这一范围内，床层不至于出现不利于混合、传热、燃烧过程的严重沟流现象，同时还可以保持有个明显的流化层存在，以保持床层的压力和布风的稳定。

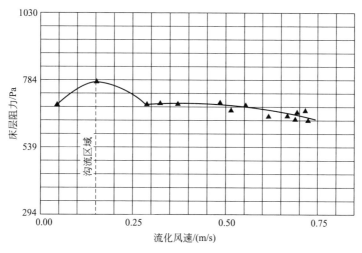

图 9　床层阻力与流化风速的关系

（4）**流化分解炉内物料停留时间分布**

流化分解炉内物料停留时间的分布，也是衡量流化分解炉的特性参数之一，其大小及分布情况，表明物料在炉内的返混程度。但就模型实验而言，无法解决原型炉子的停留时间的大小，而仅能描述其分布特征。为此，借助透射式测定仪，分别对断面风速为 5m/s 和 4.5m/s 的两种情况下物料停留时间进行测定，其结果见图 10。从图 10 可以看出，该种炉型的物料停留时间显示出延续流出的特征，且与悬浮段风速有关，当气流速率为 5m/s 时，固体停留时间 $\tau_s=2.36s$，固气停留时间之比 $K_\tau=7.0$；当悬浮段风速为 4.5m/s 时，$\tau_s=$

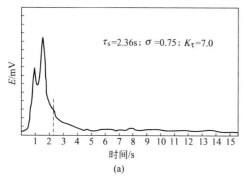
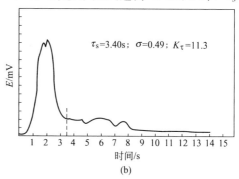

图 10　停留时间分布示意

3.40s，$K_\tau=11.3$。实际过程由于受温度场的影响，其底部风速小于模型模拟风速，因此实际过程的 K_τ 要比模型的 K_τ 来得大，更有利于物料的返混和劣质煤的燃烧。文献提供现场测定的数据，实际用于生产的流化分解炉，物料的停留时间 $\tau_s=84s$，气体的停留时间 $\tau_g=$ 3.1s，$K_\tau=\dfrac{\tau_s}{\tau_g}=27.1$，可见两者的差别较大，但是该种炉型较其他类型的分解炉来说，具有较长的停留时间，物料返混比较严重，这就为低温（850℃）炉内劣质煤的燃烧提供了充足的时间条件。从图10还可以看出，返混度（σ）为 0.49～0.75，说明模型炉内存在一定的返混现象，导致物料分批连续流出。因此，淮海水泥厂流化分解炉的设计较宁国水泥厂的炉子高 2m 左右，在操作条件基本相近的情况下，其物料的停留时间也约在 85s 左右，足以满足煤粉的燃烧和既定碳酸盐分解过程所需要的时间。该种炉型有利于炭粒（特别是劣质煤）的完全燃烧和气固换热及碳酸盐的分解。

（5）流化分解炉内部物料的分布

流化分解炉内部物料分散均匀性是影响炉内混合、传热、传质、反应、燃烧等一系列物理化学过程的重要因素。但是，由于工艺过程的复杂性，又将不可避免地造成局部的不均匀性。为全面地了解这一特性，运用透射式点浓度测定仪对流化分解炉内部物料的分布进行了测试和观察，其浓度分布见图 11（悬浮段风速 3m/s，流化风量 30%，加料速率为 35kg/min）。图 11（a）是根据这一观察结果设想的物料分散过程的物理模式。从图 11（b）中可以看出物料明显存在两个区，即浓相区和稀相区。但是在稀相区内由于边壁效应和旋转气流造成了边壁浓度高于中心浓度，从测试的结果来看，其差别没有浓、稀相区那么明显，各区间没有明显的界面而是一个渐变的过程。根据上述的测试和观察结果，把其划分为如图 11（a）所示的三区域物理模式，即底层的浓相区、上层的环形稀相区和中心稀相区。从固相颗粒运动来看，边壁环形稀相区及底层的浓相区是物料返混的主要区域。正是由于物料的返混才使物料在该种炉型内的固气停留时间之比 K_τ 为 20～30（实物模型约为 7～12）。从传热的计算来看，燃料的燃烧及碳酸盐的分解过程主要是在上部稀相区域内完成的。

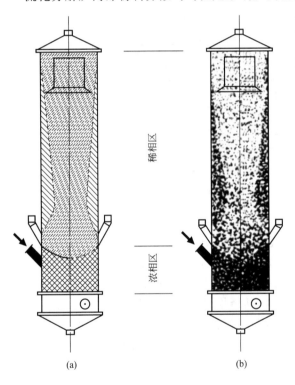

图 11　物料浓度分布示意

▨ 中心稀相区；▧ 边壁稀相区；▩ 浓相区

三、结论

从流化分解炉冷模实验研究结果可得如下几点结论。

① 为了保证物料的正常流态化，不至于产生噎塞和死床，空气喷嘴风速必须控制在 35～60m/s（相应风帽上端风速为 0.169～0.289m/s），最低不得低于 31m/s（风帽上端风速不得低于 0.149m/s），否则将产生沟流现象，影响布风的均匀性，不利于混合、燃烧、传热作用，严重时造成死床。又在实际操作过程中为了保证有一定厚度而又稳定的床层，其床面上气流速率不要超过 0.61m/s，考虑到温度的影响，风帽上端风速最好控制在 0.19～0.25m/s（相当于喷嘴风速为 39～52m/s），此时布风板的阻力为 1863～3236Pa。

② 为了保证炉内物料的正常传输和三次风的引入，在流化分解炉的操作过程中，必须保证炉子出口有一定的负压，其值为 784～981Pa。

③ 根据流场测定结果及流体运动形态，流态化分解炉流场变化存在四个区域，即：底层准稳定流区、旋流区、渐变柱塞流区和出口的涡湍流区，各区的作用是不相同的。

④ 流化分解炉内压力的变化较小，其值大约 784～981Pa，在靠近布风板风嘴上端处，压力的变化梯度较大，有利于布风的均匀性和物料的流化。

⑤ 流化分解炉内物料具有一定的返混作用，其返混主要发生在底层准稳定流区和旋流区以及柱塞流区的近壁处，为在低温（820～850℃）下劣质煤的燃烧和碳酸盐的分解提供了充分的条件，由于实际过程存在温度场的影响，其固气停留时间之比比模型测出的结果大到 3 倍左右。

参考文献

[1] 《化学工程手册》编辑委员会. 化学工程手册. 北京：化学工业出版社，1989.

[2] D. Geldart. Types of gas fluidization. Powder Technology，1973，7 (5).

流化分解炉内部热态过程的计算及分析

蔡玉良　王　伟

鉴于流化分解炉冷模实验的局限性，在某些方面还不能满足研究和讨论的要求，因此，有必要在冷模实验研究的基础上，进行热态过程的理论研究和分析，以弥补冷模实验的不足。为此，针对我院开发设计的淮海水泥厂流化分解炉的具体情况和 A、C 两类粉体的运动特征及热物理性质（毕欧准数 $Bi<0.1$），对流化分解炉内部的混合、燃烧、传热、传质及反应过程的进程进行分析和讨论，以便了解流化分解炉内部的工作状态及影响炉内碳酸盐分解率低的主要原因，为系统的开发设计提供必要的依据。

一、设计参数和假定条件

1. 设计参数

（1）状态参数

淮海水泥厂流化分解炉设计状态参数见表1。

表 1　流化分解炉设计状态参数

类　别	煤风	三次风	流化风	煤粉（改后）	生料（改后）	生料中 CO_2 当量
风量（标准状态）/（m³/h）	1840	30540	10500			
料量/（kg/s）				2	32.4	8.2
温度/℃	20	650	20	30	700	
比热容（标准状态）/[kJ/（m³·℃）]	1.293	1.365	1.298	1.072 [kJ/（kg·℃）]	1.164 [kJ/（kg·℃）]	

（2）基本参数

$\rho_m=2500\text{kg/m}^3$（生料粒子）；

$\rho_c=1650\text{kg/m}^3$（煤粉粒子）；

$d_{mo}=37\times10^{-6}\text{m}$（生料粒子平均径）；

$d_c=50\times10^{-6}\text{m}$（煤粉粒子平均径）。

（3）煤粉成分及热值

煤粉的化学成分及热值见表2。

表 2　煤粉化学成分及热值

C^y/%	H^y/%	N^y/%	O^y/%	S^y/%	A^y/%	W^y/%	总和/%	Q_{dw}/（kJ/kg）
60.10	3.96	0.97	7.91	0.35	25.71	1.0	100	23408

2. 假设条件

为了分析问题的方便，根据冷模试验结果特作如下几点假设。

① 流化分解炉内气固运动为一维的轴向流动（其他各向运动只对混合起作用）。

② 整个流化分解炉是在绝热情况下进行的。

③ 基准以单位时间所处理物质的量（即通量）为计算单位。

④ 根据其主要物理化学过程将整个过程沿流化分解炉从底至上分成如下几个阶段：

a. 第一次混合换热段（流化风、煤风、热物料、煤粉的混合换热）；

b. 挥发分燃烧及物料升温至 $CaCO_3$ 分解段；

c. 挥发分继续燃烧、物料升温及碳酸盐分解段；

d. 第二次混合及炭粒燃烧段；

e. 炭粒继续燃烧、物料和气体升温及碳酸盐分解段；

f. 炭粒燃烧完毕及碳酸盐降温分解段。

⑤ 计算燃烧速率、分解速率、传热速率分别采用平均氧分压、CO_2 分压及平均温度进行。

3. 符号说明

A、A^y：Geldert 关于粉体的分类或式（1）的中间变量、燃料中的应用基灰分（％）。

B_1、Bi：式（1）的中间变量、毕欧准数。

C、C_1：Geldert 关于粉体的分类级、式（1）的中间变量。

C^y：燃料中的应用基碳含量（％）。

d_c、d_p：煤粉颗粒的平均粒径、固体颗粒的平均粒径（μm 或 m）。

E：辐射率。

G_s、G_c：固体颗粒流量、煤粉颗粒流量（kg/s）。

H^y：燃料中的应用基氢含量（％）。

K：热导率 $[J/(s \cdot m \cdot K)]$。

N^y、Nu：燃料中的应用基氮含量（％）、努塞尔准数。

O^y、P_L：燃料中的应用基氧含量（％）、炉子内部的压力（Pa 或 atm）。

P_{CO_2}、P_{O_2}：炉子内部 CO_2 的分压、炉子内部 O_2 的分压（Pa 或 atm）。

Pr、P_g：气体的普朗特准数、气体压力（Pa 或 atm）。

Q、ΔQ：状态热焓、热量（kJ）。

q：传热速率（kJ/s）或燃烧速率 $[g/(cm^2 \cdot s)]$。

Q_{dw}：燃料中的应用基低位热值（kJ/kg 煤）。

S、S^y：颗粒的表面积或粉体的表面积（m^2）、燃料中的应用基硫含量（％）。

Re、Re_p：雷诺准数、颗粒雷诺准数。

T、ΔT：温度、温度差（K）。

t_g、t_{gs}：气体的温度、气固的混合温度（℃）。

t_s、t_c：固体颗粒的表面温度、煤粉颗粒的表面温度（℃）。

U_t、U_g：颗粒的滑移速率、气体的速率（m/s）。

V、V_1、V_{01}：烟气速率、气固相对速率、初始状态下气固相对速率（m/s）。

V_{CO_2}、V_{N_2}、V_{O_2}：烟气中 CO_2、N_2、O_2 的量（标准状态）（m^3/s）。

V_{H_2O}、V_{SO_2}：烟气中 H_2O、SO_2 的量（标准状态）（m^3/s）。

W^y、W_1：燃料中的应用基水蒸气的量（%）、式（1）的中间变量。

τ、τ_s、τ_g：时间变量、固体颗粒的停留时间、气体的停留时间（s）。

ρ_m、ρ_c：物料颗粒粒子的密度、煤粉颗粒粒子的密度（kg/m^3）。

ρ_s、ρ_g：固体粒子的密度、气体的密度（kg/m^3）。

ν、μ：气体的运动黏度（m^2/s）、气体的动力黏度（$Pa \cdot s$）。

ε_0：物料的空隙率。

ε、ε_i：碳酸盐在不同阶段相应粒子的分解率（$i=1, 2, 3, 4, 5 \cdots n$）。

α、α_r：对流传热系数、辐射传热系数 [$J/(s \cdot m^2 \cdot K)$]。

σ：斯蒂芬常数，$\sigma = 5.67 \times 10^{-8} J/(m^2 \cdot s \cdot K^4)$。

二、基本计算

1. 第一次混合换热段

（1）混合温度

热物料通过对流和辐射将热量传递给流化风、煤风和煤粉，经平衡计算，其混合后可能达到的平均混合温度为 618℃。

（2）煤粉完全燃烧后的气体组成及 CO_2 分压

$V_{CO_2} = 1.12 m^3/kg$ 煤（标准状态）；

$V_{O_2} = 0$；

$V_{N_2} = 5.36 m^3/kg$ 煤（标准状态）；

$V_{H_2O} = 0.46 m^3/kg$ 煤（标准状态）；

$V_{SO_2} = 0.0245 m^3/kg$ 煤（标准状态）（此项略去）；

$P_L = 101325 - 80 \times 9.8 = 100541 Pa$（80mm$H_2O$ 为炉内平均操作压力）；

$P_{CO_2} = \dfrac{V_{CO_2}}{V_Z} \cdot P_L = 16225.5 Pa$（$V_Z$ 为烟气的量，m^3/s）。

（3）颗粒在第一混合区段传热速率的计算

计算分以下三步进行。

① 颗粒的运动（加速段）时间及行程。有关文献已提出颗粒在加速运动段（垂直管）所需的时间及经过的距离如下。

$$\tau = \frac{1}{4AC_1} \times \ln\left[\frac{W_1(V_1 + B_1 + C_1)}{V_1 + B_1 - C_1}\right] \tag{1}$$

$$L = \frac{1}{4A} \times \ln\left[\frac{W_1\left(V_1^2 + 2B_1V_1 - \dfrac{g}{2A}\right)}{V_{01}^2 + 2B_1V_{01} - \dfrac{g}{2A}} \times \frac{W_1(V_1 + B_1 + C_1)}{(V_1 + B_1 - C_1)^{\frac{U_g + B_1}{C_1}}}\right] \tag{2}$$

其中，$A = \dfrac{3\rho_g}{4d_p\rho_g}$；$B_1 = \dfrac{6\nu}{d_p}$；$C_1 = \sqrt{B_1^2 + \dfrac{g}{2A}}$；$W_1 = \dfrac{V_{01} + B_1 - C_1}{V_{01} + B_1 + C_1}$。

在此区段内计算颗粒运动时，采用该区段内的平均温度参数 [$t = (618 + 20)/2 = 320℃$]，即：$\rho_g=0.5953\text{kg/m}^3$，$\mu_{320℃}=3.032\times10^{-5}\text{Pa}\cdot\text{s}$，$\nu=5.152\times10^{-5}\text{m}^2/\text{s}$，经计算，加速运动段所需要的时间 $\tau=0.0398\text{s}$，行程 $L=0.01554\text{m}$。

② 颗粒的滑移速率。在第一混合换热的浓相区段内，气体的平均温度为320℃，此时气体的平均速率 $U_g=0.513\text{m/s}$，故颗粒在该段内平均假想终端速率：

$$U_t=\frac{2\mu}{\rho_g\cdot d_p}\cdot\left(\sqrt{9+\rho_g\cdot P_g\cdot g\cdot\frac{d_p^3}{6\mu^2}}-3\right)=0.06123\ (\text{m/s})\tag{3}$$

因而可知，颗粒群的滑移速率，最大时为 0.513m/s，等速时为 0.06123m/s。

③ 传热速率的计算。根据修正的 Ranz 和 Marshall 传热计算式：

$$Nu=2\varepsilon_0+0.6(\varepsilon_0Re_p)^{\frac{1}{2}}\cdot Pr^{\frac{1}{3}}\tag{4}$$

据文献测定的结果，颗粒在第一混合换热段的平均空隙率 $\varepsilon_0=0.73$；由 $Re_p=\rho_g\cdot U_t\cdot\frac{d_p}{\mu}$ 计算可得：$Re_p=0.372671$，$Re_{pmin}=0.044481$（即：加速段开始时 $Re_p=0.372671$，加速段终了时 $Re_{pmin}=0.044481$）。

把上述参数代入修正的 Ranz 和 Marshall 公式，经计算得：

$$Nu_{max}=2\varepsilon_0+0.6(\varepsilon_0Re_p)^{\frac{1}{2}}\cdot Pr^{\frac{1}{3}}=1.73774$$
$$Nu_{min}=2\varepsilon_0+0.6(\varepsilon_0Re_p)^{\frac{1}{2}}\cdot Pr^{\frac{1}{3}}=1.5560$$

相应的：

$$\alpha_{max}=Nu_{max}\cdot\frac{K}{d_p}=2141.64\ [\text{J/(s}\cdot\text{m}^2\cdot\text{K)}]$$
$$\alpha_{min}=Nu_{min}\cdot\frac{K}{d_p}=1917.66\ [\text{J/(s}\cdot\text{m}^2\cdot\text{K)}]$$

热辐射成分（按最大辐射量计算）：

$$\alpha_r=\sigma\cdot\frac{T_1^4-T_2^4}{T_1-T_2}=74.12\ [\text{J/(s}\cdot\text{m}^2\cdot\text{K)}]$$

设在第一混合换热段内，热物料与一次空气、二次空气均匀混合，不考虑煤粉的影响，则冷气体与热物料的接触面积 $S=\frac{6G_s}{\rho_p}\cdot d_p=2102\ (\text{m}^2)$，相应传热速率为：

$$q_{max}=S\cdot(E\cdot\alpha_r+\alpha)\cdot\Delta T=1.5783\times10^6\ (\text{kJ/s})$$
$$q_{min}=S\cdot(E\cdot\alpha_r+\alpha)\cdot\Delta T=1.4182\times10^6\ (\text{kJ/s})$$

而一次、二次空气及煤粉由 20～30℃提高到平均混合温度（618℃）所需要的热焓，经计算为3971kJ，故混合传热所需要的时间：

$$\tau_{min}=\frac{\Delta Q}{q_{max}}=0.00252\ (\text{s})$$
$$\tau_{max}=\frac{\Delta Q}{q_{min}}=0.0028\ (\text{s})$$

比较可知达到混合平均温度所需要的时间远比物料加速段需要的时间短，即在煤粉没有燃烧前热物料与冷气体在达到平均混合温度时，关键是其间的混合和布风的均匀性。

2. 挥发分燃烧、放热和物料、气体吸热达到 $CaCO_3$ 分解反应温度

（1）挥发分的燃烧和放热

由于煤种不一，挥发分的成分较复杂，其析出及燃烧过程也较复杂，但是对于平均粒径

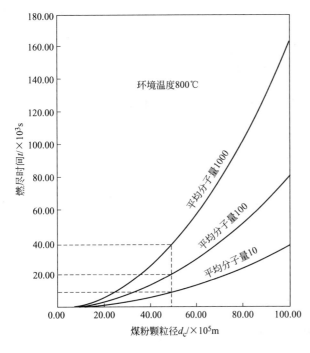

图 1 煤粉粒径与挥发分析出及燃尽时间

为 $50\mu m$ 的煤粉来说，其挥发分的析出可以认为是瞬时可以完成的，而主要过程是挥发分的燃烧，根据挥发分的燃烧计算结果绘制成图（图 1），从图 1 可以看出，当挥发分的平均分子量为 10、100、1000 时，其燃尽时间分别为 0.01s、0.02s、0.04s，因此可以认为挥发分的燃烧不是过程的控制因素。

根据设计值，标准状态下，流化风量＋燃料风量＝$12340m^3/h$，而理论空气量为 $43823m^3/h$，在流化层内只有 $\frac{12340}{43823}=28$（％）空气被燃烧消耗掉。根据淮海水泥厂 1987～1989 年期间燃料的工业分析可知：其平均挥发分占可燃物的 27.66％（即挥发分为 21.405％，可燃固定碳为 55.9825％）。显然可以设想在此区段内，28％的空气仅能供 21.5％的挥发分燃烧，其放热量为 13108.48kJ。

（2）气体吸热

气体吸热达到 $CaCO_3$ 分解反应温度的计算分以下四步。

① $CaCO_3$ 分解反应的起始温度。根据 Müller 关于 $CaCO_3$ 分解反应的动力学方程，即：

$$P_{CO_2}=1.39\times10^{12}\times\exp\left(-\frac{1.6\times10^5}{RT}\right) \tag{5}$$

$$K=3.053\times10^6\times\exp\left(-\frac{171850}{RT}\right) \tag{6}$$

$$\tau=\frac{d_p}{2K}\cdot P_{CO_2}\cdot\frac{P^0_{CO_2}}{P^0_{CO_2}-P_{CO_2}}\times(1-\sqrt[3]{1-\varepsilon}) \tag{7}$$

可得其 $CaCO_3$ 分解反应的起始温度必须满足 CO_2 饱和分压 $P^0_{CO_2}>P_{CO_2}$，在考虑挥发分完全燃烧时所形成的气氛影响后，经计算则：$T=105K$，$t=781℃$。

② 达到碳酸盐分解反应温度（781℃）时升温热焓。经热平衡计算，物料及气体由 618℃ 达到 $CaCO_3$ 分解反应的起始温度（781℃）时，所需热焓：$\Delta Q=9446.8kJ$，而挥发分的燃烧放热为 13108.48kJ，相应还有 3661.68kJ 热量用于进一步提高物料及气体的温度，使部分碳酸盐（$CaCO_3$）分解。

③ 温度由 618℃ 提高到 781℃ 时的传热速率与传热时间。设想挥发分的燃烧放热瞬间被炭粒吸收，而后把热量逐渐传递给周围的环境。同理，在考虑轴向速率、物性参数随温度变化的影响后，计算如下：

$$Nu=1.698,\ \alpha=Nu\cdot\frac{K}{d_p}=3031.2\ [J/(s\cdot m^2\cdot K)],\ \alpha_r=210.06\ [J/(s\cdot m^3\cdot K)],$$

$$S=\frac{6G_c}{\rho_c}\cdot d_p\ (m^2),\ 则：$$

$$q=S\cdot(\alpha_r\cdot E+\alpha)\cdot\Delta T=7.6373\times10^4\ (kJ/s)$$

物料、气体由 618℃ 提高到 781℃ 时所需热量（ΔQ）经计算为 7423.68kJ，故相应的时间：

$$\tau=\frac{\Delta Q}{q}=0.0972\ (s)$$

颗粒的行程距离 $L=V\cdot\tau=(U_g-U_t)\cdot\tau=0.0972\times(0.8417-0.0452)=0.0774$ （m）。

④ $CaCO_3$ 的分解。根据 $CaCO_3$ 分解热力学平衡方程及生产规模要求可得：$CaCO_3$ 在流化分解炉内分解所耗热量为 23449.8kJ，物料及气体升温耗热经计算为 $\Delta Q=45.98\times t-35270.84$ kJ，由此可得方程组及相关结果如下：

$$P^0_{CO_2}=1.39\times10^{12}\times\exp\left[-\frac{1.6\times10^5}{8.314\cdot(273+t)}\right]$$

$$K=3.053\times10^6\times\exp\left[-\frac{171850}{8.314\cdot(273+t)}\right]$$

$$\tau=\frac{d_p}{2K}\cdot P_{CO_2}\cdot\frac{P^0_{CO_2}}{P^0_{CO_2}-P_{CO_2}}\times(1-\sqrt[3]{1-\varepsilon})$$

$$23449.8\varepsilon+45.98t-35270.84=3661.68$$

$$\tau=\frac{3661.68}{7.63477\times10^4}=0.048\ (s)$$

由于开始时 $CaCO_3$ 分解率（ε）很小，因此不考虑 ε 对 P_{CO_2} 的影响，则采用迭代法解上述方程组，初始 $t_0=843$℃，经迭代计算结果 $\varepsilon_1=0.00829$，$t_0=842.5$℃，可见物料几乎没有分解。

3. 第二次混合前 $CaCO_3$ 继续分解

考虑到三次风（四个入风口）引入造成的受限射流的影响及流化风料的向上运动，假想的第二次混合界面见图2，碳酸盐（$CaCO_3$）由 842.5℃ 再次分解直至第二次混合前，在这段行程过程中，由于 $CaCO_3$ 分解不断进行，因此，在气量处理的过程中，按本段的理论空气量和烟气量的平均值计算，流化层的平均气体量（标准状态）$Q_V=3.68m^3/s$。

炉子的截面积为 14.515m^2。当气体的温度为 618℃ 时，相应处的气流速率 $V=0.8275m/s$。当气体的温度为 842.5℃ 时，相应处的气流速率 $V=1.0351m/s$。

该段的平均气流速率 $V=0.9313m/s$，考虑过程的重叠性其行程 $L=0.1725m$。

物料及气体由 842.5℃ 的初始温度开始继续分解，经 $\tau=2.4-\dfrac{0.5+0.1725}{0.9313}=1.855$ （s）后，其气体温度

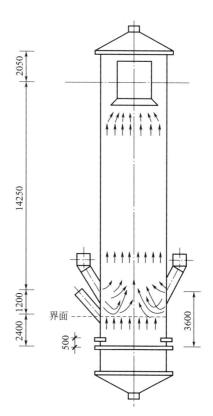

图2 假想的混合界面

为 $t℃$（未与三次风混合前），则气体组成（完全燃烧没有剩余空气，标准状态）：

$$V_{CO_2}=1.12×2×28\%+0.00829×8.2/1.964=0.6618（m^3/s）;$$

$$V_{N_2}=5.36×2×28\%=3.0016（m^3/s）;$$

$$V_{H_2O}=0.46×2×28\%=0.2576（m^3/s）;$$

$$P_{CO_2}=0.6618/3.921×100542=16970（Pa）。$$

物料、气体由 842.5℃降至 $t℃$ 时，放热为 $37536.4-44.3916t$（kJ），由此根据能量平衡可得方程：

$$23449.8·(1-0.00829)·ε_2=37536.4-44.3916·t$$

再加上式(5)、式(6)、式(7) 经迭代求解，其结果为：$ε_2=0.07745$，$t=805℃$。

在不考虑第一次分解造成的粒径变化时，则其分解率 $ε=ε_1+ε_2≈8.574\%$，相应颗粒缩减到：$d_p=d_p^0·\sqrt[3]{1-ε}=36×10^{-6}$（m），$d_p^0$ 为 $CaCO_3$ 颗粒的初始粒径。

4. 第二次混合情况下传热及分解的计算

（1）混合温度的计算

物料、气体（805℃）与三次风（650℃）混合，经计算其混合后的平均温度为 775℃。

（2）传热速率的计算

设想其混合过程如下：首先气体与气体混合达到混合温度，而后固体颗粒反向传热给生料颗粒群。仅气体混合其温度为 709℃，而物料温度为 805℃，物料将热量传给气体，以达到混合平衡温度（775℃）。在此区段内由于气体的混入（三次风），故物料的空隙率 $ε_0=0.98$（其物性参数取平均温度 775℃状态，按其成分加权平均计算的物性值），则：$μ=4.2881×10^{-5}$ Pa·s，$ν=1.7252×10^{-4} m^2/s$。

同理得：$ρ_g=0.3415kg/m^3$，$K=6.81×10^{-2} J/(s·m·K)$，此时气体的速率 $U_g=3.37m/s$。

经计算，颗粒的终端滑移速率 $U_t=0.0434m/s$，颗粒的 $Re_p=ρ_g·U_t·\dfrac{d_p}{μ}=0.0128$，$Pr=0.707$，则由式(4) 计算得：$Nu=2.0$，$α=Nu·\dfrac{K}{d_p}=3815[J/(s·m^2·K)]$。

辐射热部分：$α_r=5.67×10^{-8}×\dfrac{T_1^4-T_2^4}{T_1-T_2}=162 [J/(m^2·K·s)]$。

此时物料与气体的接触面积：$S=\dfrac{6[G_s(1-ε)+2×0.25]}{ρ_p}·d_p=2008.1（m^2）$，故：

$$q=S·(E·α_r+α)·ΔT=3.81785×10^8（J/s）$$

达到混合温度（775℃）时，物料将放出热量：$ΔQ=1237.28$（kJ），$τ=\dfrac{ΔQ}{q}=0.003245$（s）。

在此期间内 $CaCO_3$ 的分解计算如下：

当 $t=\dfrac{775+805}{2}=790(℃)$ 时，$P_{CO_2}^0=19077(Pa)$，$P_{CO_2}=18438(Pa)$，$K=0.010763[J/(s·m·K)]$，则经计算在 $τ=0.003247(s)$ 内分解掉的碳酸盐其分解率 $ε=5.20×10^{-6}$，因此，在此期间内 $CaCO_3$ 的分解可以略去不计。

（3）炭粒的燃烧计算

由于三次风的引入，析出挥发分的炭粒开始燃烧，其炭粒的燃尽时间及炭粒与周围环境的温度差计算如下。

① 炭粒开始燃烧的环境及气氛。由于已燃烧掉 28% 的理论空气，同时 $CaCO_3$ 在此之前也已分解掉 0.08574（8.574%），故混合后燃烧前的理想气氛（标准状态）构成如下：

$V_{CO_2} = 1.12 \times 2 \times 28\% + 0.008574 \times 8.2/1.964 = 0.98518$（$m^3/s$）；

$V_{N_2} = 5.36 \times 2 \times 28\% + 0.79 \times 8.483 = 9.7032$（$m^3/s$）；

$V_{O_2} = 0.21 \times 8.483 = 1.78143$（$m^3/s$）；

$V_{H_2O} = 0.46 \times 2 \times 28\% = 0.2576$（$m^3/s$）；

$V_Z = 12.73$（m^3/s）；

$P_{CO_2} = \dfrac{V_{CO_2}}{V_Z} \cdot P_L = 7841.58$（Pa）；

$P_{O_2} = \dfrac{V_{O_2}}{V_Z} \cdot P_L = 14069.7985$（Pa）。

由于三次风量与燃气混合的传热时间为 0.003247s，很短，因此可以略去在混合传热过程中炭粒的燃烧过程。

② 炭粒的燃烧计算。根据炭粒的燃烧机理构成数学模型，在计算机上进行数值求解，并绘制成图 3。

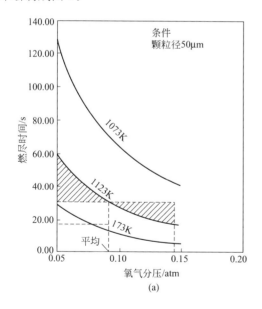
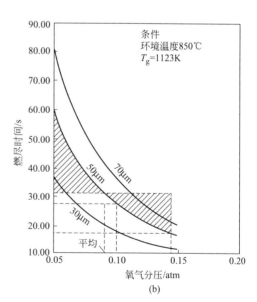

(a) (b)

图 3 氧气分压与燃尽时间的关系

1atm=101325Pa

从图 3 可以看出，当氧气分压 $P_{O_2} = 0.145$atm 时，对于 $50\mu m$ 煤粉颗粒，其燃尽时间为 18s 左右。

图 4 所示为颗粒（炭）表面温度在不同条件与氧气分压的关系，从图中可以看到，炭颗粒的表面温度较周围气体环境的温度高，其差大约为 6~21℃。

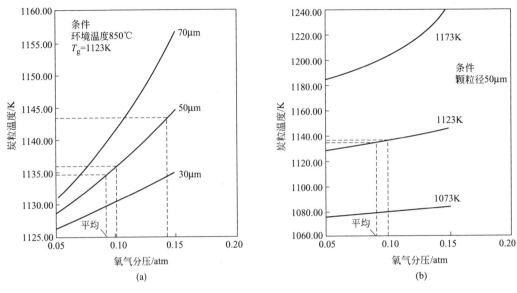

图 4　氧气分压与炭粒表面温度之间的关系

图 5 所示为炭燃烧速率与氧气分压的关系，从图中可以看到，在平均氧气分压的情况下，炭的燃烧速率 $q = 1.05 \times 10^5 \, g/(cm^2 \cdot s)$。

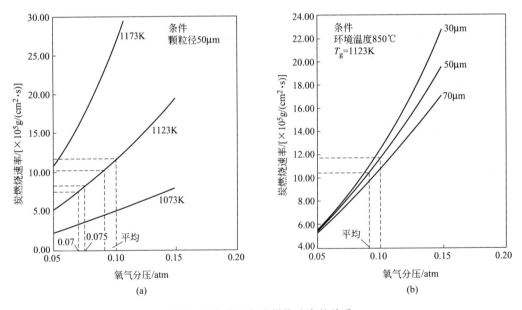

图 5　氧气分压与炭燃烧速率的关系

5. 碳酸钙的分解

碳酸钙的分解首先是靠热传递的过程来保证的，因此在传热处理方面，为了方便特作如下两种假设。

① 由于炭粒浓度低，燃烧产生的热量很快传递给气体，使气体和炭粒混合相的温度高于物料相，在此两相内发生了燃烧、传热、分解及传质过程，即气相中的炭粒的燃烧、气固相间的热量传递、固相中的分解和固气相间的传质。

② 炭粒作为高温热源，物料和气体作为混合低温热源，在此两相内同样发生上述反应。

（1）**按第一种假设方式计算**

在流化分解炉内，最大可能燃烧产生的烟气量（标准状态）$V_Z = 6.94 \times 2 = 13.88 \text{m}^3/\text{s}$；最大理想的 $CaCO_3$ 分解形成的 CO_2 量（标准状态）为 $8.2 \div 1.964 = 4.17515 \text{m}^3/\text{s}$。最终燃烧形成的 CO_2 量（标准状态）为 $2.24 \text{m}^3/\text{s}$，当 $CaCO_3$ 分解率为 ε 时，相应 CO_2 分压为：

$$P_{CO_2} = \frac{4.1752 \cdot \varepsilon + 2.24}{13.88 + 4.1752 \cdot \varepsilon} \cdot P_L \tag{8}$$

在快速输送段（稀相区），由于物料温度变化较小，且相对颗粒的滑移速率很小，颗粒雷诺数（Re_p）也相应较小，此项可以略去不计，$\varepsilon_0 = 0.98$ 左右，考虑略去 Re_p 项的影响，取 $\varepsilon_0 = 1.0$ 作为略去 Re_p 的补偿，故由式（4）得 $Nu = 2.0$，考虑烟气的组成后，其气体的热导率 $K = 6.7984 \times 10^{-3} \text{J}/(\text{s} \cdot \text{m} \cdot \text{K})$，鉴此：

$$\alpha = Nu \cdot \frac{K}{d_p} = 3777 [\text{J}/(\text{s} \cdot \text{m}^2 \cdot \text{K})]$$

$$\alpha_r = \sigma \times \frac{T_1^4 - T_2^4}{T_1 - T_2} = 137 [\text{J}/(\text{s} \cdot \text{m}^2 \cdot \text{K})]$$

又因 $S = \frac{6G_s}{\rho_p} \cdot d_p = 1975 (\text{m}^2)$，相应的传热速率：

$$q = S \cdot (E \cdot \alpha_r + \alpha) \cdot (t_g - t_s) = 7703.09 \cdot (t_g - t_s) (\text{J}/\text{s})$$

① 有热源分解。根据相间的能量平衡规则可得下述两个方程：

$$7703.09 \cdot (t_g - t_s) = 37.62 \times (t_s - 775) + 23449.8 \times (1 - 0.08574) \frac{\varepsilon_3}{\tau}$$

$$18.392 \times (t_g - 775) + 7703.09 \times (t_g - t_s) = Q_q$$

上式中，Q_q 项为炭燃烧放热速率，其值为 5033.97kJ/s。

考虑余下的炭粒量为 $2 \times 72\% = 1.44 \text{kg}/\text{s}$，相应的热量为 33707.5kJ/s，则能够维持燃烧的时间 $\tau = 6.696 \text{s}$，再加上式（5）、式（6）、式（7）、式（8）通过迭代计算，其结果如下：

$$t_s = 837.772 ℃$$

$$t_g = 838.27 ℃$$

$$\varepsilon_3 = 0.4712$$

$$P_{CO_2 平均} = 22519.35 \text{Pa}$$

$$P_{CO_2 min} = 18345.75 \text{Pa}$$

$$P_{CO_2 max} = 26693.86 \text{Pa}$$

至此物料的分解率 $\varepsilon = 1 - (1 - \varepsilon_1 - \varepsilon_2)(1 - \varepsilon_3) = 0.5165$；相应颗粒的粒径缩减到：$d_p = d_p^0 \cdot \sqrt[3]{1-\varepsilon} = 37 \times 10^{-6} \times \sqrt[3]{1 - 0.5165} = 29 \times 10^{-6} (\text{m})$。此时相应气体（标准状态）的成分如下：

$V_{CO_2} = 1.12 \times 2 \times 28\% + 0.5165 \times 8.2/1.964 = 4.3965 (\text{m}^3/\text{s})$；

$V_{N_2} = 5.36 \times 2 = 10.72 (\text{m}^3/\text{s})$；

$V_{H_2O} = 0.46 \times 2 = 0.92 (\text{m}^3/\text{s})$；

$V_Z = 16.0365 (\text{m}^3/\text{s})$；

$P_{CO_2} = 4.3965/16.0365 \times P_L = 27564 (\text{Pa})$。

② 无热源分解（降温分解）。分解前后状态变化热熔经计算为 $50231.06 - 59.4814t$。由

能量平衡得方程：
$$50231.06 - 59.4814t = 23449.8(1 - 0.5165) \cdot \varepsilon_4$$

再加上式(5)、式(6)、式(7)、式(8)，给定时间系列，进行迭代计算，当时间 $\tau = 7.2s$ 时，其分解率 $\varepsilon_4 = 0.13614$，此时碳酸盐分解形成 CO_2 分压已达到饱和，分解已经终止，此时混合温度 $t = 832℃$。

最终 $CaCO_3$ 的分解率 $\varepsilon = 1 - (1 - \varepsilon_1 - \varepsilon_2) \times (1 - \varepsilon_3) \times (1 - \varepsilon_4) \approx 58.24\%$。

最终 $CaCO_3$ 分解后的粒径 $d_p = d_p^0 \cdot \sqrt[3]{1-\varepsilon} = 27.65 \times 10^{-6}$ （m）。

（2）按第二种假设方式计算

① 有热源分解。同上述：
$$\alpha = Nu \cdot \frac{K}{d_p} = 2719 \ [J/(s \cdot m^2 \cdot K)]$$
$$\alpha_r = 142 \ [J/(s \cdot m^2 \cdot K)]$$
$$S = \frac{6G_s}{\rho_p} \cdot d_p = 104.7 \ (m^2)$$

故相应的传热速率：
$$q = S \cdot (E \cdot \alpha_r + \alpha) \cdot (t_c - t_{gs}) = 298.06 \cdot (t_c - t_{gs})$$

同样根据能量平衡得：
$$298.06 \cdot (t_c - t_{gs}) = 56.179(t_{gs} - 775) + 23449.8 \times \frac{(1 - 0.08574)\varepsilon_3}{\tau}$$
$$2.174 \times (t_c - 775) + 298.06 \cdot (t_c - t_{gs}) = 5033.974$$

同理，考虑余下炭粒的燃烧时间 $\tau = 6.696s$，再加上式(5)、式(6)、式(7)、式(8)，通过迭代计算，其结果如下：
$$t_c = 858.6744℃$$
$$t_{gs} = 836.0773℃$$
$$\varepsilon_3 = 0.4547204$$
$$P_{CO_2平均} = 22357.88Pa$$
$$P_{CO_2 min} = 18345.74Pa$$
$$P_{CO_2 max} = 26371.12Pa$$

则相应分解率 $\varepsilon = 1 - (1 - \varepsilon_1 - \varepsilon_2) \times (1 - \varepsilon_3) = 0.5015$；相应颗粒的粒径缩减到：$d_p = d_p^0 \cdot \sqrt[3]{1-\varepsilon} = 29.34 \times 10^{-6}$ （m）。

② 无热源分解（降温分解）。继上述分解后，气体（标准状态）成分如下：
$$V_{CO_2} = 1.12 \times 2 + 0.5015 \times 8.2/1.964 = 4.3338 \ (m^3/s);$$
$$V_{N_2} = 5.36 \times 2 = 10.72 \ (m^3/s);$$
$$V_{H_2O} = 0.46 \times 2 = 0.92 \ (m^3/s);$$
$$V_Z = 15.974 \ (m^3/s);$$
$$P_{CO_2} = \frac{4.3338}{15.974} \times 100542 = 27278 \ (Pa)。$$

分解前后状态变化热焓为 $51174.86 - 59.176t$。故由能量平衡得方程：
$$51174.86 - 59.176t = 23449.8 \times (1 - 0.50155) \cdot \varepsilon_4$$

再加上式(5)、式(6)、式(7)、式(8)，给定时间系列，进行迭代计算，当时间 $\tau = 7.2s$

时，其分解率 $\varepsilon_4 = 0.1973$，此时碳酸盐分解形成 CO_2 分压已达到饱和，分解已终止，此时混合温度 $t = 825.81℃$。

最终 $CaCO_3$ 分解率 $\varepsilon = 1 - (1 - \varepsilon_1 - \varepsilon_2) \times (1 - \varepsilon_3) \times (1 - \varepsilon_4) = 0.59985 \approx 60\%$。

最终 $CaCO_3$ 分解后的粒径 $d_p = d_p^0 \cdot \sqrt[3]{1 - \varepsilon} = 27.265 \times 10^{-6}$ （m）。

由上述计算可知，在流化分解炉内，气体和物料温度基本相当，气体温度比物料温度高出 1℃ 左右，煤粉温度高于气体和物料温度大约 20℃ 左右，这和炭粒的燃烧计算基本一致（图 4），由此可见，第二种假设更接近实际。

从整个计算来看，物料平均温度控制在 840℃ 时，经过大约 18s 的时间，其分解率可达 58%～60%，若维持该温度不变，则相应延长物料在炉内的停留时间，已失去了意义（分解率不会再提高），这主要是因为烟气中的 CO_2 分压已达到了该温度下 CO_2 的饱和压力。

三、小结

根据以上对流化分解炉内的热态混合、燃烧、传热、传质、反应过程的计算和分析，可得如下几点结论。

① 在流化分解炉内炭粒的燃烧速率和碳酸盐分解速率同等重要，是整个过程的控制因素，对于该种炉型传热已不是过程的控制因素。从因果关系上来看，炭粒的燃烧速率对碳酸盐分解速率还有一定的制约作用。

② 从计算结果可以看出，要达到 60% 以上的分解率，除了受炉内温度的控制外，还受相应温度下 CO_2 饱和压力的影响，因此，在许可的条件下，提高炉温比延长炉内物料的停留时间更为重要。

③ 对于该种炉型，碳酸盐的分解主要发生在料管入口以上的稀相区内，其分解量占炉内分解率的 90% 左右，在入料口以下的浓相区内，分解量仅占 10% 左右。

④ 当炉用燃料占总燃耗（指 NSP 系统）的 50%～60% 时，对于挥发分较高（20% 以上）、发热量较大（22990kJ/kg 煤）的优质煤种，物料在炉内的停留时间大约为 16～20s，就达到了 CO_2 的饱和压力，此时碳酸盐的分解率为 58%～68%。而物料在该种炉型内的平均停留时间为 1.5～2min，这一停留时间有利于劣质煤的燃烧，因此，在生产过程中应该发挥这一特性，对于劣质煤能够适应的程度还有待于结合操作情况进一步研究。

⑤ 流化分解炉对煤种的适应性主要依赖于物料在炉内的返混程度，返混程度较高的，相应的停留时间也较长，低燃速率的劣质煤，必须要有较长的物料停留时间，才能达到既定的碳酸盐的分解率。

⑥ 为淮海水泥厂设计的流化分解炉，在给定的条件下，完全能够满足技术改造的需要，其炉内物料（$T_{平均} = 840℃$）的真实分解率可达 60% 左右。

旋风预热器分离效率的间接测定与估算

蔡玉良　苏姣华

旋风预热器系统中各级旋风筒实际分离效率是考核旋风预热器性能的重要指标之一。它不仅与旋风筒的结构有关，而且还与工作状态有关。设计中为控制各单体的分离效率以满足系统的要求，往往借助基于一定理论导出的各种理论的或半理论半经验的数学模型进行估算或通过冷模试验进行测定而获得。这些方法虽在设计中起到一定的作用，但在考核旋风筒实际进行效果时，还有相当的差距。当然，实测是最准确的方法，可是，目前除了能准确测定第一级旋风筒出口含尘浓度外，至少国内尚无有效测定处于高温区各旋风筒进、出口含尘浓度的具体方法。鉴于现状，本文提出了利用间接可测参数，建立一定的数学模型，通过计算机迭代求解，得出各级旋风筒分离效率的方法。

一、方法概要

1. 参数的选择

在目前的测试手段和条件下，为使计算结果具有可信性，在与旋风筒预热器分离效率有关的状态量中，选择物料流烧失量作为参数，这样既方便又灵活，一般工厂均可实现，且它是物料的强度性质，与料流量无关，不失为易测参数。

对于应用基生料来说，其烧失量包括物理吸附水（毛细水、自由水）、有机物、化学结合水及碳酸盐分解放出的 CO_2 四部分。在旋风预热器系统中，生料烧失量的逸出受系统温度分布的影响，分阶段逐步进行。而且由于各级旋风筒并不是百分之百将生料分离下来，将有一小部分随气流进入上一级旋风筒。这样，各级旋风筒生料烧失量将随之产生波动。例如：当某级旋风筒分离效率下降时，则其上一级旋风筒物料的烧失量随之减少，反之亦然，据此，从各级旋风筒物料烧失量可反求其分离效率。

2. 数学模型建立的条件

根据淮海水泥厂旋风预热器的结构特点（图 1），将系统划分为不同的子系统（表 1）。

表 1　系统的划分

类　　别	子系统名称				
	1	2	3	4	5
NSP 系列（即 NFC 系列，以"1"表示）	C1＋P1	C2＋P2	C3＋P3	C4＋P4	NFC
SP 系列（以"2"表示）	C1＋P1	C2＋P2	C3＋P3	C4＋P4	

以下叙述中，所有 NSP 系列（1）及 SP 系列（2）均以"j"表示；各子系统 1、2、3、

4、5 均以"i"表示。另根据实际需要，为方便反求工作特作如下假设。

① 生料中物理水和有机物在第一个子系统内脱除。其量为 $ml_{(1,j)}$，单位为 kg/kg 熟料。

② 生料中化合水的脱除在第二个子系统中进行。其量为 $ml_{(2,j)}$，单位为 kg/kg 熟料。

③ 生料中碳酸镁的分解在第三个子系统内进行。其分解放出的 CO_2 量为 $ml_{(3,j)}$，单位为 kg/kg 熟料。

④ 生料中部分碳酸钙在第四个子系统和第五个子系统内分解。其分解放出的 CO_2 量为：第四个子系统是 $ml_{(4,j)}$，第五个子系统为 $ml_{(5,j)}$，单位均为 kg/kg 熟料。

3. 数学模型的建立

考虑到淮海水泥厂实际生产情况，两系列加料不平衡，设加入 j 系列物料的比例为 $k_{(j)}$，则：

$$k_{(j)} = \frac{m_{(0,j)}}{m_{(0,1)} + m_{(0,2)}}$$

同时又考虑到窑尾上升烟道中的物料分配的不均衡性，设出 NFC 炉进入窑尾烟道的料分配到 NSP 系列的分配系数为 $FB_{(1)}$；分配到 SP 系列的分配系数为 $FB_{(2)}$；出 SP 系列 C3 料进入窑尾烟道分配给 NSP 系列的分配系数为 $FS_{(1)}$；分配给 SP 系列的分配系数为 $FS_{(2)}$。

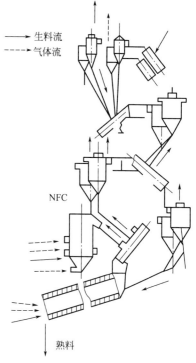

→ 生料流
- - - → 气体流

NFC

熟料

图 1　淮海水泥厂预热器流程示意

依据上述假设条件，建立各子系统的物料平衡方程式、烧失量平衡方程式，整理可得如下数学模型。

对第一、二、三子系统（图 2），其数学模型如下。

$$\omega_{(i+1,j)} = \frac{ml_{(i,j)}[1 - L_{(i,j)}]}{L_{(i+1,j)} - L_{(i,j)}} + \frac{ml_{(i-1,j)}[L_{(i,j)} - L_{(i-1,j)}]}{L_{(i+1,j)} - L_{(i,j)}}$$

$$m_{(i,j)} = m_{(i-1,j)} + \omega_{(i+1,j)} - ml_{(i,j)} - \omega_{(i,j)}$$

$$\eta_{(i,j)} = 1 - \frac{\omega_{(i,j)}}{m_{(i-1,j)} + \omega_{(i+1,j)} - ml_{(i,j)}}$$

若为第四个子系统（图 3），其数学模型如下。

$$m_{(j)} = FB_{(j)} \times \omega_{(5,1)} \times \frac{1 - L_{(5,1)}}{1 - L_{(4,1)}} + FS_{(j)} \times \omega_{(5,2)} \times \frac{1 - L_{(5,2)}}{1 - L_{(4,j)}}$$

$$\omega_{(j)} - FB_{(j)} \times \omega_{(5,1)} + FS_{(j)} \times \omega_{(5,2)}$$

$$\omega_{(6,j)} = \frac{1 - L_{(4,j)}}{L_{(6,j)} - L_{(4,j)}} \times [m_{(j)} - \omega_{(j)} + ml_{(4,j)}]$$

$$\eta_{(4,j)} = 1 - \frac{\omega_{(4,j)}}{\omega_{(j)} + \omega_{(6,j)} - ml_{(4,j)}}$$

对第五个子系统（图 4），其数学模型如下。

$$\omega_{(5,j)} = m_{(3,j)} \times \frac{L_{(3,j)}}{L_{(5,j)}} + \frac{ml_{(5,j)}}{L_{(5,j)}}$$

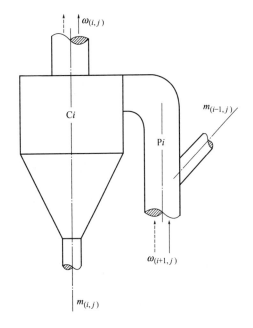

图 2   第一、二、三个子系统

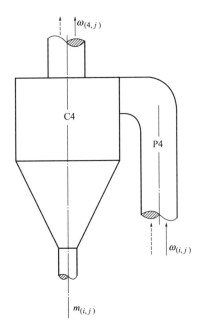

图 3   第四个子系统

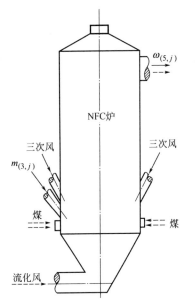

图 4   NFC 炉

对 SP 系列（因该系列为不带分解炉列）有：$ml_{(5,j)}=0$，$L_{(5,2)}=L_{(3,2)}$。

若已知旋风预热器各子系统物料的烧失量、出第一级旋风筒的气流量和含尘浓度、台时产量、原燃料化学成分、煤的工业分析及低热值、熟料热耗、入预热器生料、熟料及煤灰的化学全分析等常规工艺技术参数，则可求得各级旋风筒的分离效率。

4. 符号说明

$ml_{(i,j)}$ 为生料在 j 系列第 i 子系统的烧失量逸出量（kg/kg 熟料）。

$m_{(0,j)}$ 为 j 系列的生料投料量（t/h）。

$\omega_{(i,j)}$ 为 j 系列第 i 子系统的气体带走飞灰量（kg/kg 熟料）。

$m_{(i,j)}$ 为 j 系列第 i 子系统旋风筒的下料量（kg/kg 熟料）。

$L_{(i,j)}$ 为 j 系列第 i 子系统物料的烧失量。

$\eta_{(i,j)}$ 为 j 系列第 i 子系统旋风筒的分离效率（%），也可表示为 η_i。

ω_j 为分配给 j 系列第四子系统的物料量（kg/kg 熟料）。

m_j 为分配给 j 系列第四子系统的物料量（以第四子系统的烧失量为基准，kg/kg 熟料）。

$\omega_{(6,j)}$ 为窑尾上升烟道烟气夹带飞灰量分配给 j 系列的量（kg/kg 熟料）。

$L_{(6,j)}$ 为窑尾上升烟道烟气夹带飞灰烧失量（%）。

$mz_{(4)}$ 为第四级旋风筒下料的总和（kg/kg 熟料）。

$\omega z_{(6)}$ 为窑尾上升烟道烟气夹带飞灰总量（kg/kg 熟料）。

二、方法的可靠性与稳定性实验研究

对于一种方法，首先要保证其理论的合理性，也要考虑其采集参数的准确、方便性，同时还要研究方法的稳定性和可靠性、方法的使用条件及注意事项，并应用于实践，从运算结果与实际的吻合性来论证方法的实用性。

1. 模拟实验及其稳定性问题

为保证上述数学模型计算结果有一定的意义，必须对测定的原始数据进行分析判断。各系统物料烧失量必须满足如下两个条件：

① 各子系统烧失量有一定的大小顺序，即 $L_{(0,j)} > L_{(1,j)} > L_{(2,j)} > L_{(3,j)} > L_{(5,j)} > L_{(4,j)} > L_{(6,j)}$；

② 必须小于其理论烧失量，所谓理论烧失量，即指各级旋风筒的分离效率为 100％时在常规操作温度下的计算烧失量。

结合淮海水泥厂实际操作情况，NSP 系列加料比例为 0.56（占总加料量比），熟料热耗为 3687kJ/kg 熟料，NFC 炉加煤比例为 35％，入窑生料水分为 0.2％，出 C1 旋风筒飞灰损失：经测定 SP 系列为 0.0608kg/kg 熟料，NSP 系列为 0.0430kg/kg 熟料，其他各参数见表 2 和表 3。在 compaq-386 计算机上进行计算机模拟实验，在保证各子系统工作温度范围和真实分解率不变及物料分配系数不变的情况下，使某子系统物料烧失量在满足上述两个条件的范围内变化，其他各子系统物料烧失量不变。计算结果见图 5～图 12。

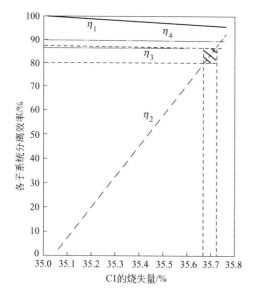

图 5 NSP 系统 C1 物料烧失量的变化
对各子系统分离效率的影响

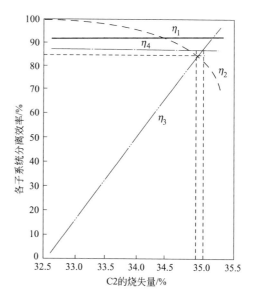

图 6 NSP 系统 C2 物料烧失量的变化
对各子系统分离效率的影响

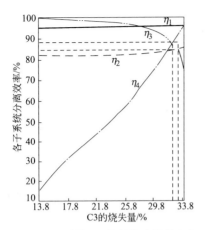

图 7 NSP 系统 C3 物料烧失量的变化
对各子系统分离效率的影响

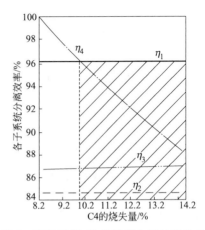

图 8 NSP 系统 C4 物料烧失量的变化对
各子系统分离效率的影响

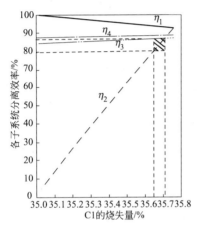

图 9 SP 系统 C1 物料烧失量的变化
对各子系统分离效率的影响

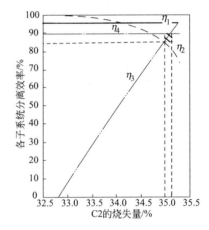

图 10 SP 系统 C2 物料烧失量的变化
对各子系统分离效率的影响

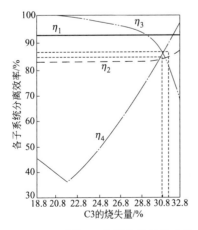

图 11 SP 系统 C3 物料烧失量的变化
对各子系统分离效率的影响

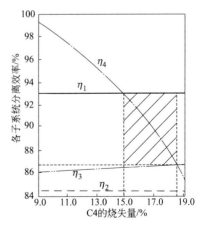

图 12 SP 系统 C4 物料烧失量的变化
对各子系统分离效率的影响

表2　熟料、生料及煤灰化学全分析

名　　称	化学分析/%					
	烧失量	CaO	SiO_2	Al_2O_3	Fe_2O_3	MgO
熟料	0.21	64.45	21.5	6	3.7	2.68
生料	35.84	43.06	13.23	3.47	2.11	1.28
煤灰		8.31	50.32	23.7	8.68	1.36

表3　煤的工业分析

项　　目	W^f/%	A^f/%	V^f/%	C^f/%	Q_{dw}/(MJ/kg)
数　　值	2.00	24.06	27.03	46.91	23.10

　　由图可以看出：旋风筒的分离效率与各子系统物料的烧失量有着明显的函数关系。当某子系统物料烧失量上升，则其分离效率将下降，而下一子系统的分离效率线性地显著增大。反之亦然。对其上一子系统或再下一子系统的分离效率影响较小。同时也可看到：从第一个子系统到第四个子系统，烧失量的变化对下一子系统旋风筒分离效率的影响逐渐减小，对本子系统旋风筒分离效率影响逐渐增大。这与我们理论上所推测的相吻合。

　　另外，从图中阴影部分对应的各子系统分离效率及烧失量，还可以看出各子系统旋风筒的最佳工作范围。若实测烧失量落在此范围之外，说明系统还未处于最佳工作状态，需适当调整各操作工艺参数，有必要时对旋风筒结构进行技术改造，使旋风预热器系统中各旋风筒处在最佳工作状态，减小内、外循环，使旋风预热器的压力损失达最优值。

2. 方法的可靠性研究

　　同样，利用淮海水泥厂实际操作参数，NSP系列加料比例为0.56，熟料热耗为3687kJ/kg熟料，NFC炉加煤比例为35%，入窑生料水分为0.2%，出C1旋风筒的飞灰损失：SP系列为0.0608kg/kg熟料，NSP系列为0.0430kg/kg熟料，其他各参数见表2和表3，结合实测的物料烧失量（表4），利用上述数学模型编制计算机程序，在compaq-386计算机上迭代求解，结果见表5。

表4　实测的物料烧失量　　　　　　　　　　　　　单位：%

实测位置	C1	C2	C3	C4	NFC炉	窑尾烟道
NSP系列	35.71	35.05	32.82	13.54	24.87	8.06
SP系列	35.70	34.98	32.55	18.04		8.06

表5　非对称双系列余热器系统反求计算结果

类别	NSP系列				SP系列			
	η_1/%	η_2/%	η_3/%	η_4/%	η_1/%	η_2/%	η_3/%	η_4/%
结果	96	85	87	88～90	93	84	87	86～91

类别	$FB_{(1)}$		$FS_{(1)}$		$mz_{(4)}$ /(kg/kg熟料)		$\omega z_{(6)}$ /(kg/kg熟料)		$mz_{(4)} - \omega z_{(6)}$ /(kg/kg熟料)
结果	0.5～0.6		0.3～0.5		1.1917～1.3632		0.0447～0.1984		0.9643～0.9644

　　由表5可以看出，NSP系列和SP系列都有同样的规律，即$\eta_1 > \eta_4 > \eta_3 > \eta_2$，与设计相

符合，与淮海水泥厂实际情况相吻合。

从物料分配系数看：出 NFC 炉物料按 0.5～0.6 比例分配给 NSP 系列，SP 系列的 C3 级物料按 0.3～0.5 比例分配给 NSP 系列。这与淮海水泥厂的实际生产情况相一致。实际生产中，两列排风机的转速几乎相同，出 NFC 炉气体与窑尾废气混合后几乎平均分配给两列旋风预热器系统。但加入到旋风预热器系统的物料量 NSP 系列总是多于 SP 系列，而出一级旋风筒气体温度却是 NSP 系列高于 SP 系列，这就是因为物料分配不均造成的，又是其本身工艺布置所决定的，因出 NFC 炉的风料是正面以 90° 进入窑尾上升烟道，出 SP 系列的 C3 物料从靠近 SP 系列的侧面加入到窑尾上升烟道，其物料在气流中的分散性不好。另外，从入窑生料和窑尾废气夹带飞灰量 $\omega z_{(6)}$ 差值的灼烧基分析：淮海水泥厂在 0.9643～0.9644kg/kg 熟料的范围波动。其实际操作中，窑头加煤量占熟料总需煤量的 65% 左右。设其煤灰以 100% 沉降在窑内，可以计算出理论入窑生料灼烧基为 0.9750kg/kg 熟料，考虑有 ±10% 的波动，则为 0.9910～0.9590kg/kg 熟料，显然反求结果落在此范围内。

总之，这种方法的计算结果稳定，同时又与实际情况相吻合。因此这种间接测定和估算旋风预热器各旋风筒分离效率的方法既稳定可靠，又简单易行，是行之有效的方法。

（苏姣华，原武汉工业大学北京研究生部）

无内筒旋风筒的性能研究

宋海武　蔡玉良　黄义大　李建华

目前对水泥工厂预热器系统最下一级旋风筒是否需内筒，人们的认识还不尽一致。这是因为最下一级旋风筒长期处于高温状态，其内筒易受腐蚀变形。而内筒的更换、修复工作量大，困难多，故可不设内筒。另一种观点担心该级旋风筒如不设内筒会使分离效率下降。为了强化对这一课题的认识，我们对国外某水泥公司一 3000t/d 预热器窑系统的最下一级无内筒旋风筒与第三级设内筒旋风筒的模型进行了性能对比试验，供国内设计、改造工作参考。

一、实验模型、 装置与材料

1. 实验模型

所有实验模型均采用有机玻璃制作，并按实物的几何相似原理缩小。其中 C1 为最下一级旋风筒模型，C2 为参考模型，C3 为第三级旋风筒模型。模型尺寸见图 1 及表 1。

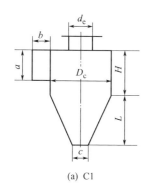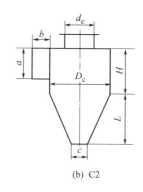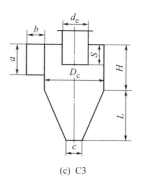

(a) C1　　　　　　　　(b) C2　　　　　　　　(c) C3

图 1　旋风筒模型示意

表 1　旋风筒模型尺寸

类别	D_c/mm	d_e/mm	H/mm	L/mm	S/mm	a/mm	b/mm	c/mm	d_e/D_c	S/a
C1	429	156	350	385	0	219	143	67	0.363	0
C2	429	235	350	385	0	219	143	67	0.524	0
C3	429	200	350	385	150	219	143	67	0.466	0.68

三种模型的差异仅在于排风筒的直径与插入深度，C3、C2 无内筒，排风管径 d_e 与筒体直径 D_c 之比分别为 0.363、0.524。C1 的 $\dfrac{d_e}{D_c}$ 小于一般设计值，C3 模型的 $\dfrac{d_e}{D_c}$ 为 0.466，并设

$\dfrac{S}{D_e}=0.35$ 的内筒为旋风预热器的一般形式。

2. 实验装置

模型实验在常温下进行，图 2 所示为实验装置。为全面研究旋风筒的阻力特点，需对模型进出口静压差 ΔP_{ab} 及排气管的静压差 ΔP_{bc} 分别进行测试。三种模型均采用同一排风管道，以增加实验的可比性。管道风速的测定采用均速管风速仪。

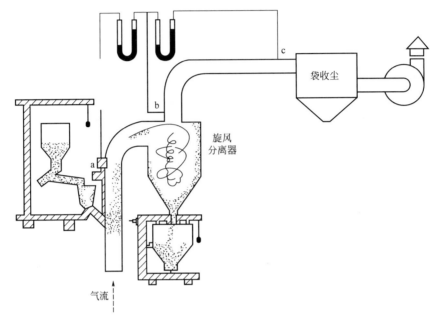

袋收尘

旋风
分离器

气流

图 2　实验装置示意

3. 实验材料

实验采用南京水泥厂预热器窑生料，特性如下：水分 0.4%，粒度分析见表 2。

表 2　生料颗粒级配

粒径/μm	0~32	32~38	38~45	45~63	63~74	74~80	80~90	90~105	105~200	>200
频率/%	43.13	5.51	8.87	22.5	6.64	4.89	1.01	2.64	3.52	4.29

二、结果与讨论

1. 压力损失

实验在空载条件下测定了旋风筒模型进出口静压差 ΔP_{ab} 及排气管的静压差 ΔP_{bc}，由于进出口截面积相差较大，因此测定压力需经换算才为实际压力损失，换算公式为：

$$\Delta P_{筒}=\Delta P_{ab}+\frac{u_a^2-u_b^2}{2g}\rho$$

式中　$\Delta P_{筒}$——旋风筒的压力损失；

$\quad\quad u_a$、u_b——测点 a、b 处的平均风速；

$\quad\quad\quad\rho$——空气密度；

$\quad\quad\quad g$——重力加速度。

由于 a、c 两点的管径相同，因此管道阻力 $\Delta P_{管}$ 的换算公式为：

$$\Delta P_{管} = \Delta P_{ab} + \Delta P_{bc} - \Delta P_{筒}$$

测试及计算结果见表 3～表 5。

表 3　C1 模型的空载阻力

编号	进口风速/(m/s)	ΔP_{ab}/mmH$_2$O	ΔP_{bc}/mmH$_2$O	$\Delta P_{筒}$/mmH$_2$O	$\Delta P_{管}$/mmH$_2$O	ΔP_{ac}/mmH$_2$O
1	14.3	114	116	120	110	230
2	13.2	100	92	105	87	192
3	12.0	82	77	86	73	159
4	10.8	63	57	66	54	120
5	9.9	53	54	56	51	107
6	9.3	46	45	48	43	91

注：1mmH$_2$O=9.80665Pa，下同。

表 4　C2 模型的空载阻力

编号	进口风速/(m/s)	ΔP_{ab}/mmH$_2$O	ΔP_{bc}/mmH$_2$O	$\Delta P_{筒}$/mmH$_2$O	$\Delta P_{管}$/mmH$_2$O	ΔP_{ac}/mmH$_2$O
1	13.6	33	180	60	153	213
2	13.0	25	160	50	135	185
3	12.0	20	125	41	104	145
4	9.8	15	95	29	81	110

表 5　C3 模型的空载阻力

编号	进口风速/(m/s)	ΔP_{ab}/mmH$_2$O	ΔP_{bc}/mmH$_2$O	$\Delta P_{筒}$/mmH$_2$O	$\Delta P_{管}$/mmH$_2$O	ΔP_{ac}/mmH$_2$O
1	12.6	65	140	86	119	205
2	12.0	60	126	79	107	186
3	10.8	56	100	71	85	156
4	9.3	37	77	48	66	114

将测试结果绘制成压力损失随进口风速变化的曲线，见图 3、图 4。

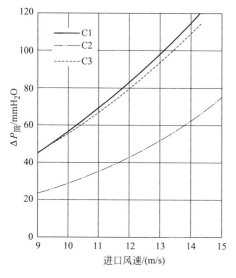

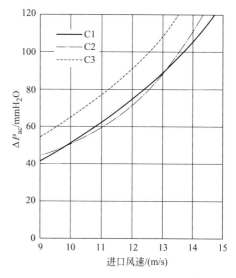

图 3　筒体阻力 $\Delta P_{筒}$ 与进口风速 V_1 的关系　　　图 4　测试系统阻力 ΔP_{ac} 与进口风速 V_1 的关系

根据以上测定结果，可以总结得到以下结论。

① C1 旋风筒尽管未设内筒，但仍然有较高的压力损失，如进口风速为 14.3m/s 时，筒体阻力达 120mmH$_2$O，管道阻力也高达 110mmH$_2$O（大部分管道的内径为 150mm，长度约 2m，进口风速 14.3m/s 时，管道风速为 25.4m/s）。而排气管径的影响十分显著，当 $\frac{d_e}{D_c}$ 由 0.366 提高到 0.524（即 C2 旋风筒）时，筒体阻力大幅度下降。由图 3 可以看到，进口风速为 12～14m/s 时，筒体阻力可分别降低 45～55mmH$_2$O，但同时值得注意的是，排风管道的阻力则随着 $\frac{d_e}{D_c}$ 的提高而大幅度增加，导致两者的测试系统总阻力 ΔP_{ac} 相近。

② C1 与排风管径扩大到 $\frac{d_e}{D_c}$ 为 0.466，并与设有内筒的 C3 旋风筒比较，各种风速下两者的压力损失相近，但后者的排气管道阻力提高 20～30mmH$_2$O。

从以上实验结果可进一步作如下分析。

a. C1 旋风筒由于排气管径很小，致使筒体内部外旋流区扩大。最大切向速度面的半径 r_c 减小，筒体阻力提高。

据理论推导，旋风筒阻力与 r_c 的关系为：

$$\Delta P_{筒} = \frac{ab}{a^2 H^2 \frac{r_w}{r_D}} \left(\frac{1}{r_c^2} - \frac{1}{r_w^2} \right) \frac{\rho V_1^2}{2}$$

式中，r_D、r_w 分别为旋风筒内筒半径、外筒半径。

与此相反，C2 旋风筒排风管径较大，外旋流区域较小，更重要的是气流短路现象加剧，因此筒体阻力很小。

b. 受旋风筒内部强制涡流的影响，排气管道的气流在很大范围内仍然为旋转流场，因此提高了气流与气流之间，气流与管壁之间的摩擦阻力，致使旋风筒排风管道具有远大于一般通风管道的阻力。排风管径越大，外层旋流场区域越小，因此最大主流速率中最大切线速率也越大，排气管道内部的切线速率也相应增大。另外，本实验装置中，C1 旋风筒排风管道中存在一突然扩大的过程，可能有利于旋转流场的整流，因此，在排气管道相同条件下，C2 具有较 C1 更大的管道阻力。

应该指出，当进口风速 13m/s 以上时，实验测得的管道阻力达 100mmH$_2$O 以上，但实际预热器系统中的上升烟道阻力却很小，这与烟道中生料粉浓度很高、有利于整流、烟道长度相对较短等因素有关。而最上一级旋风筒出口至排风机的风管一般较长，很大程度上仍为旋转流，故其阻力较高。我们曾测定这种风管阻力达 100mmH$_2$O 左右，据此，有必要采取整流降阻措施。

2. 分离效率

无内筒旋风筒作为预热器末级分离设备其分离效率最为令人关注。为全面考察分离性能，实验在较大的固气比❶范围内对三种模型的分离效率进行了测试，结果见表 6～表 8。图 5～图 7 所示为各旋风筒分离效率与固气比的关系。

根据实验结果可总结得到以下结论。

① $\frac{d_e}{D_c}$ 为 0.363 的 C1 旋风筒虽未设内筒，但在固气比大于 0.1 的条件下，分离效率达 90%

---

❶固气比的固态物单位为 kg，气态物单位为 m³，下同。

表6 C1 模型的分离效率

编号	进口风速 14.3m/s		进口风速 13.2m/s		进口风速 13.1m/s	
	固气比	分离效率/%	固气比	分离效率/%	固气比	分离效率/%
1	0.038	78.6	0.290	91.4	0.024	82.4
2	0.052	87.1	0.350	94.9	0.088	87.0
3	0.087	92.9	0.582	93.7	0.132	87.3
4	0.124	93.1	0.676	95.1	0.157	88.9
5	0.275	93.1	—	—	0.253	91.7
6	0.513	90.7	—	—	0.385	92.9
7	—	—	—	—	0.488	92.4

表7 C2 模型的分离效率

编号	进口风速 13.7m/s		编号	进口风速 13.7m/s	
	固气比	分离效率/%		固气比	分离效率/%
1	0.065	76.2	4	0.482	83.9
2	0.128	85.3	5	0.518	86.4
3	0.275	84.4			

表8 C3 模型的分离效率

编号	进口风速 14.3m/s		进口风速 12.6m/s		编号	进口风速 14.3m/s		进口风速 12.6m/s	
	固气比	分离效率/%	固气比	分离效率/%		固气比	分离效率/%	固气比	分离效率/%
1	0.202	88.6	0.033	84.6	5	0.603	91.3	0.255	90.0
2	0.325	93.8	0.083	86.0	6	—	—	0.366	93.2
3	0.494	91.3	0.106	93.5	7	—	—	0.492	92.1
4	0.562	92.7	0.160	90.8					

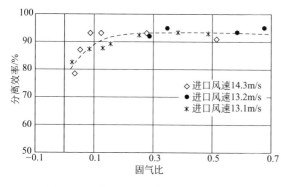

图5 C1 模型分离效率与固气比的关系

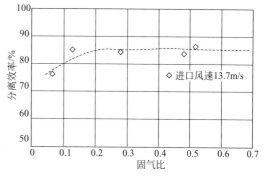

图6 C2 模型分离效率与固气比的关系

以上。排气管径扩大后，分离效率显著下降。同样条件下，C2旋风筒的分离效率仅为84%～86%，C3旋风筒的分离效率与C1相近，并未因内筒的设置而使分离效率有明显增加。

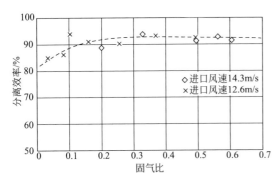

图 7 C3 模型分离效率与固气比的关系

② 在实际操作范围内（即固气比为 0.2～0.5），各旋风筒分离效率随固气比变化很小，并且在进口风速 12～14m/s 范围内（实际操作 C1 的工况风速为 14m/s），分离效率也较稳定。这一结果对于生产控制有直接意义。

③ 固气比降低到 0.1 以下时，各旋风筒的分离效率下降明显。排气管径较小的无内筒旋风筒在固气比较高的条件下仍具有较高的分离效率。其原因可分析如下。

旋风筒内颗粒的分离过程虽然复杂，但可简化为下列三阶段完成：一是初始分离；二是颗粒反弹返回气流；三是二次分离。旋风预热器区别于普通旋风除尘器在于粉尘处理量大，固气比高，主要的分离过程是颗粒惯性作用下的初始分离，而颗粒反弹返回气流的概率相对较少。从有机玻璃模型中可以发现，含尘气流进入 C1 旋风筒后经初始分离迅速分成明显的外层浓相区与内层稀相区，而且外层浓相区颗粒密布，宽度很小（图 8），进入浓相区的颗粒基本被迅速收集。分析可知，无内筒旋风筒易产生的短路现象总是存在于靠近排风口的内层稀相区，因此，排风管径越小，短路对分离效率的影响越小。反之，分离效率显著下降。

最后应该指出，旋风筒内壁的光滑程度对分离效率影响很大，本模型均用有机玻璃制作，内壁极其光滑，颗粒反弹返混的机会极少，而实际旋风筒内壁均为耐火材料，较为粗糙。因此模型的分离效率必然高于实际旋风筒。但这并不会对性能对比研究的结果有重大影响。

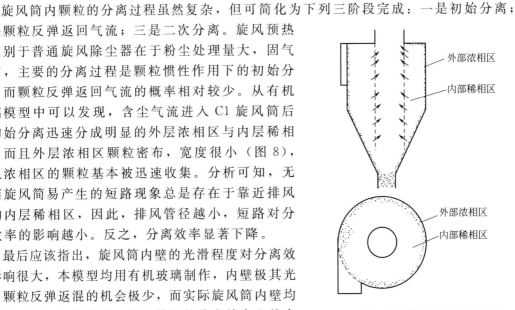

图 8 C1 旋风筒颗粒浓度分布示意

三、结论

① $\dfrac{d_e}{D_c}$ 为 0.363 的 C1 无内筒旋风筒与 $\dfrac{d_e}{D_c}$ 为 0.466 的设内筒的 C3 普通旋风筒压力损失相近；旋风筒排气管道由于内部气流为旋转流，其阻力远大于一般通风管道的阻力。

② C1 无内筒旋风筒模型在实际操作范围（固气比为 0.2～0.5）内具有 90％以上的分离效率，并不因未设内筒而使分离效率低于 C3 旋风筒。因此，设计合理的无内筒旋风筒完全可作为预热器系统的末级分离设备，从而彻底避免了末级旋风筒内筒变形而引起的一切不利因素。

数据处理方法对无烟煤燃烧动力学参数求解结果的影响

汤升亮　蔡玉良　俞　刚　董益名

我国生产水泥所用燃料主要以煤为主。近年来，我国新建和改造了许多水泥新型干法窑，使水泥生产对煤的需求量大大增加。为了降低生产成本，适应市场竞争，越来越多的水泥厂开始重视使用挥发分较低的无烟煤或难燃煤。由于无烟煤及难燃煤产地各异，地质形成年代不同，所以燃烧性能上差异很大。如何提高其燃烧效率是水泥工业劣质煤高效化利用的关键所在。

为保证无烟煤及难燃煤的合理使用，就必须了解它的燃烧特性。常规的煤粉工业分析显然已满足不了这种需要，鉴于热分析动力学获得的结果（反应机理、活化能 E 及指前因子 A）可作为工业生产中反应器的设计和最佳工艺条件评定的重要参考，因此在过去几十年里，国内外的研究人员对其进行了广泛的研究。但由于影响动力学的因素（如煤的种类、形成地质条件、颗粒粒度、实验方法、数值处理方法等）很多，使得反应机理的研究难以深入，所得到的动力学规律也存在较大的差异。即使对于同一体系，采用不同的方法，计算出来的活化能也可能相差很大。这使得人们在利用热分析的结果时难以抉择，也使得热分析动力学参数难以被应用到工程实际中去。因此，对煤燃烧反应动力学参数计算方法的比较研究显得尤为重要。

本文采用不定温热重分析技术，对几种无烟煤的燃烧动力学进行了研究。着重考察了单速率扫描法中数学处理方法对无烟煤燃烧动力学参数计算结果的影响，讨论了数值处理过程引入的误差及其所得结果的可靠性；提出了通过比较拟合所得动力学参数反算特征曲线与实验特征曲线的相符程度，来确定机理函数的方法，并结合多速率扫描法 Popescu 对其进行了验证。

一、实验部分

1. 实验原料

实验选取了 3 种无烟煤，分别为大地无烟煤、大田无烟煤和功源无烟煤。其粒度分布如图 1 所示。其工业分析结果和平均粒度见表 1。

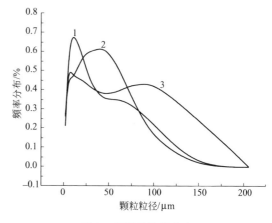

图 1　煤样的粒度分布

1—大地无烟煤；2—大田无烟煤；3—功源无烟煤

表 1　实验用煤样的工业分析及体积平均粒径

煤　样	工业分析					体积平均粒径 $D_{vmd}/\mu m$
	$M_{ad}/\%$	$A_{ad}/\%$	$V_{ad}/\%$	$FC_{ad}/\%$	$Q_{net,ad}/(kJ/kg)$	
大地无烟煤	2.25	26.41	6.88	64.46	23.28	19.48
大田无烟煤	5.80	21.67	8.66	63.87	23.05	17.95
功源无烟煤	1.82	32.86	7.16	58.16	21.05	26.39

2. 实验仪器及方法

实验仪器采用美国 TA 公司生产的 SDTQ600 同步热重分析仪。测温范围为 $0\sim1300℃$，升温速率最高为 $100℃/min$。

实验方案：将煤样均通过研磨过筛控制在 $50\mu m$ 左右，取 $10mg\pm0.5mg$ 置于氧化铝坩埚中，空气气氛，气体流量 $100mL/min$，在 $20℃/min$ 的升温速率下，将煤样从室温加热到 $1000℃$；另在 $5℃/min$、$10℃/min$、$15℃/min$ 及 $30℃/min$ 四种升温速率下，将大田无烟煤、功源无烟煤从室温加热到 $1000℃$。

3. 动力学参数求解数据处理方法介绍

单个扫描速率法是通过在同一扫描速率下，对反应测得的 TA 曲线的数据点进行动力学分析的方法。该方法通过将动力学方程的微分表达式［式（1）］和积分表达式［式（2）］进行各种重排或组合，最后得到不同形式的线性方程，然后采用"模式配合法"尝试将各种动力学模式函数的微分式 $f(\alpha)$ 和积分式 $G(\alpha)$ 代入，所得直线的斜率和截距，然后确定动力学参数，在采用代入方法计算时，选择能使方程获得最佳线性者即为最概然机理函数。

$$微分表达式：\frac{d\alpha}{dT}=\frac{1}{\beta}A\exp(-\frac{E}{RT})f(\alpha) \tag{1}$$

$$积分表达式：G(\alpha)=\int_0^T\frac{A}{\beta}\exp(-\frac{E}{RT})dT=\frac{AE}{\beta R}P(u) \tag{2}$$

式中　α——转化率，%，$\alpha=\dfrac{m_0-m_t}{m_0-m_f}$；

$\quad m_0$——样品起始质量，g；

$\quad m_t$——某时刻的样品质量，g；

$\quad m_f$——反应达到稳定时的样品质量，g；

$\quad T$——反应温度，K；

$\quad E$——表观活化能，kJ/mol；

$\quad A$——指前因子，min^{-1}；

$\quad R$——气体常数，$8.314kJ/(mol \cdot K)$

$\quad \beta$——升温速率，K/min；

$P(u)$——温度积分。

上述两种方法各有利弊：微分法不涉及难解的温度积分的误差，但要用到精确的微商实验数据，如 $\dfrac{d\alpha}{dT}$，积分法则是 $P(u)$ 温度积分的难解及其由此提出的种种近似方法的误差。

为了对微分法及积分法动力学参数拟合结果差异进行比较，本文选用多种数值处理方法。以下主要介绍其中具有代表性的 Achar 微分法及 Coats-Redfern 积分法。其基本方程如式（3）和式（4）所示。

Achar 微分法：

$$\ln\left[\frac{d\alpha}{dT \cdot f(\alpha)}\right] = \ln\frac{A}{\beta} - \frac{E}{RT} \tag{3}$$

Coats-Redfern 积分法：

$$\ln\left[\frac{G(\alpha)}{T^2}\right] = \ln\left(\frac{AR}{\beta E}\right) - \frac{E}{RT} \tag{4}$$

由热重实验数据（α、T、$\frac{d\alpha}{dT}$）计算不同机理函数的 $f(\alpha)$ 和 $G(\alpha)$ 值，分别代入式（3）和式（4）中，以 $\ln\left[\dfrac{\frac{d\alpha}{dT}}{f(\alpha)}\right]$ 和 $\ln\left[\dfrac{G(\alpha)}{T^2}\right]$ 对 $\frac{1}{T}$ 作图，并对曲线进行线性回归，再根据所得直线斜率和截距求得动力学参数 E、A，其结果见表 3～表 5。常用机理函数请参见文献 [1]。

多重扫描速率 Popescu 法判定反应机理最大的特点是：在确定最概然机理函数时，没有引入 Arrhenius 公式，这样就同时避免了此公式的适用性和补偿效应问题，也不存在求解温度积分的问题，不用考虑近似处理所带来的误差。因此，该方法在几乎没有任何假设的前提下确定反应机理函数，得到的结果具有较强的可信度。测定不同 β 下的一组 TG 曲线，采集不同温度下所对应的 α，做 $G(\alpha)$ 与 $\frac{1}{\beta}$ 关系曲线，若所对应的机理函数是通过坐标原点的直线，则其为反映真实化学过程的动力学机理函数。动力学模式函数的积分形式 $G(\alpha)$ 和微分形式 $f(\alpha)$ 的表达式与反应机理见表 2（由于篇幅有限，这里仅列出了 6 种）。

表 2　反应机理函数

函数序号	函数名称	机　理	积分形式 $G(\alpha)$	微分形式 $f(\alpha)$
6	Jander 方程	三维扩散	$[1-(1-\alpha)^{\frac{1}{3}}]^2$	$\frac{3}{2}(1-\alpha)^{\frac{2}{3}}[1-(1-\alpha)^{\frac{1}{3}}]^{-1}$
15	Avrami-Erofeev 方程	随机成核和随后生长，$n=\frac{3}{4}$	$[-\ln(1-\alpha)]^{\frac{3}{4}}$	$\frac{4}{3}(1-\alpha)[-\ln(1-\alpha)]^{\frac{1}{4}}$
18	Avrami-Erofeev 方程	随机成核和随后生长，$n=2$	$[-\ln(1-\alpha)]^2$	$\frac{1}{2}(1-\alpha)[-\ln(1-\alpha)]^{-1}$
28	反应级数	$n=\frac{1}{4}$	$1-(1-\alpha)^{\frac{1}{4}}$	$4(1-\alpha)^{\frac{3}{4}}$
29	收缩球体(体积)	相边界反应，$n=\frac{1}{3}$	$1-(1-\alpha)^{\frac{1}{3}}$	$3(1-\alpha)^{\frac{2}{3}}$
31	收缩圆柱体(面积)	相边界反应，$n=\frac{1}{2}$	$1-(1-\alpha)^{\frac{1}{2}}$	$2(1-\alpha)^{\frac{1}{2}}$

二、结果与讨论

1. 热重分析

实验测得煤样在 20℃/min 升温速率下的热失重曲线如图 2 所示，DSC 曲线如图 3 所示。图 4 及图 5 分别为大田无烟煤和功源无烟煤在不同升温速率下的热失重曲线。由图 2 可知，在同样的实验条件下，三个煤样的燃烧活性依次为功源无烟煤＞大地无烟煤＞大田无烟煤。由图 4、图 5 可知：对于同一煤样，其着火温度受升温速率的影响不大，这是因为挥发分在较低的温度下就可以析出燃烧并使煤焦着火。反应开始后，在相同的温度下，反应的转化率随升温速率的增加而降低；反应结束时，燃尽温度随升温速率的增加而增高。这是由于升温速率越大，热滞后现象就越严重，使得反应进程落后于炉膛温度所造成的。

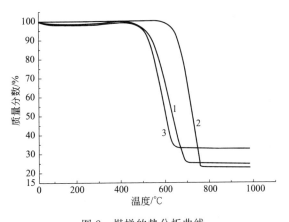

图2　煤样的热分析曲线

1—大地无烟煤；2—大田无烟煤；3—功源无烟煤

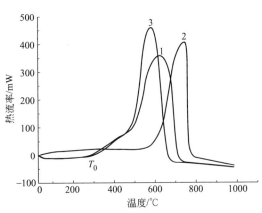

图3　煤样的DSC曲线

1—大地无烟煤；2—大田无烟煤；3—功源无烟煤

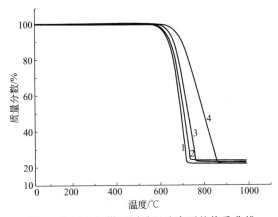

图4　大田无烟煤不同升温速率下的热重曲线

1—5℃/min；2—10℃/min；
3—20℃/min；4—30℃/min

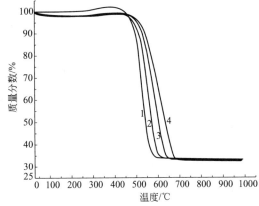

图5　功源无烟煤不同升温速率下的热重曲线

1—5℃/min；2—10℃/min；
3—20℃/min；4—30℃/min

2. 煤粉燃烧反应机理的确定

从表3~表5煤样动力学拟合结果可以看到：对于机理函数的判断，若单凭采用微分法或积分法很难判断，因为在众多机理函数中总有多个机理函数的线性相关性差异不大，见表3~表5中函数序号18、28、29、31。

表3　大地无烟煤微分法及积分法计算结果

函数序号	微分法（Achar-Brindley-Sharp）				积分法（Coats-Redfern）			
	$E/(kJ/mol)$	lnA	R^2	SD	$E/(kJ/mol)$	lnA	R^2	SD
6	308.6	37.95	0.987	0.624	341.9	42.67	0.979	0.894
15	107.0	13.19	0.9714	0.326	127.4	15.9	0.9825	0.301
18	342.6	45.37	0.9913	0.567	363.0	48.1	0.9849	0.795
28	136.6	15.65	0.9894	0.250	166.3	19.7	0.9786	0.436
29	130.8	15.04	0.9884	0.251	163.8	19.6	0.977	0.450
31	119.1	13.64	0.9808	0.295	159.7	19.5	0.973	0.476

表4　功源无烟煤微分法及积分法计算结果

函数序号	微分法(Achar-Brindley-Sharp)				积分法(Coats-Redfern)			
	$E/(\text{kJ/mol})$	$\ln A$	R^2	SD	$E/(\text{kJ/mol})$	$\ln A$	R^2	SD
6	307.3	39.92	0.982	0.632	359.2	47.49	0.979	0.806
15	106.5	14.03	0.963	0.320	189.5	25.94	0.986	0.343
18	361.2	50.53	0.991	0.529	392.7	54.99	0.987	0.684
28	129.5	15.68	0.983	0.259	176.6	22.47	0.979	0.388
29	120.2	14.51	0.976	0.284	172.8	22.14	0.977	0.404
31	101.6	12.01	0.943	0.382	165.8	21.40	0.971	0.436

表5　大田无烟煤微分法及积分法计算结果

函数序号	微分法(Achar-Brindley-Sharp)				积分法(Coats-Redfern)			
	$E/(\text{kJ/mol})$	$\ln A$	R^2	SD	$E/(\text{kJ/mol})$	$\ln A$	R^2	SD
6	471.5	54.4	0.989	0.57	516.2	60.18	0.980	0.883
15	172.5	20.0	0.968	0.37	196.5	25.28	0.978	0.324
18	345.6	43.6	0.972	0.483	387.6	50.62	0.975	0.653
28	215.1	23.7	0.994	0.20	254.6	28.98	0.983	0.442
29	205.8	22.8	0.995	0.182	250.7	28.68	0.979	0.443
31	187.1	20.6	0.988	0.250	243.5	28.08	0.976	0.471

对于这种情况，文献[11]提出了选择合理动力学参数及最概然机理函数的5条判据：

① 用微分法及积分法所求得的动力学参数 E 和 A 值，应在材料的反应动力学参数范围之内，即活化能 E 值为80～250kJ/mol，指前因子 A 的对数值为7～30；

② 用微分法及积分法计算结果的线性相关系数 R^2 要大于0.98；

③ 用微分法及积分法计算结果的标准偏差 SD 应小于0.3；

④ 根据上述原则选择的机理函数 $f(\alpha)$ 应与研究对象的状态相符；

⑤ 与多速率扫描法 Kissinger 法、Ozawa 法求解的动力学参数值尽量一致。

但其部分判据是针对特定材料得出的，其普适性还需验证。同时，也可以看到，即使采用上述判据排除了部分机理函数(表3～表5中函数序号6、18等)，但还是很难从剩余的机理函数中做出判断，而且微分法和积分法求解的结果有时很难同步(如线性相关系数 R^2)。实际上，即使是良好的线性关系也未必能保证所选机理函数的合理性，多数学者将其归结于动力学补偿效应。但除此之外是否还存在其他原因呢？本文下面将试图从另一角度来讨论这个问题。

为了验算所得机理函数的可靠性，现以大地无烟煤为例，将采用 Achar 微分法拟合所得动力学参数进行反算，即采用式(5)反算 $\dfrac{\mathrm{d}\alpha}{\mathrm{d}t}$ ，然后以时间 t 对实验数据 $\dfrac{\mathrm{d}\alpha}{\mathrm{d}t}$ 及反算数据 $\dfrac{\mathrm{d}\alpha}{\mathrm{d}t}$ 作图进行比较。各机理函数反算结果如图6所示。

$$\frac{\mathrm{d}\alpha}{\mathrm{d}t} = A\exp\left(-\frac{E}{RT}\right)f(\alpha) \tag{5}$$

由图6可知，在进行动力学参数拟合时，并不是因为某机理函数拟合成直线时的线性相关系数 R^2 越高，则反应机理函数的适用性就越好、 $\dfrac{\mathrm{d}\alpha}{\mathrm{d}t}$ 反算结果与实验数据 $\dfrac{\mathrm{d}\alpha}{\mathrm{d}t}$ 就越接近。

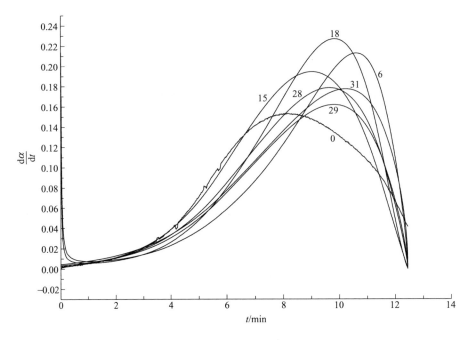

图 6　动力学参数反算 $\dfrac{\mathrm{d}\alpha}{\mathrm{d}t}$ 曲线

0—实验曲线；6、15、18、28、29、31—相应的机理函数曲线

如采用机理函数 15、18 拟合时，其线性相关系数 R^2 分别为 0.991、0.990，但用其拟合所得动力学参数反算 $\dfrac{\mathrm{d}\alpha}{\mathrm{d}t}$ 的结果却与实验数据相去甚远。从这一点上讲，可以进一步排除这两个机理函数。

究其原因，可对拟合过程数据追踪探究。在采用 Achar 微分法进行动力学参数拟合时，我们通过对式(6)两边求对数，将其变换为式(7)，然后通过线性最小二乘法拟合直线，由直线斜率及截距求解动力学参数。

$$\frac{\mathrm{d}\alpha}{\mathrm{d}Tf(\alpha)}=A\exp\left[-\frac{E}{RT}\right] \tag{6}$$

$$\ln\left[\frac{\mathrm{d}\alpha}{\mathrm{d}Tf(\alpha)}\right]=\ln\left[A\exp\left(-\frac{E}{RT}\right)\right]=\ln A-\frac{E}{RT} \tag{7}$$

将转化率所对应的实验值 $\dfrac{\mathrm{d}\alpha}{\mathrm{d}t}$ 及反应机理函数值代入 $\dfrac{\mathrm{d}\alpha}{\mathrm{d}Tf(\alpha)}$，令其值为 A_i、$\ln\left[\dfrac{\mathrm{d}\alpha}{\mathrm{d}Tf(\alpha)}\right]$ 值为 C_i，将拟合所得活化能及指前因子值代入 $A\exp\left(-\dfrac{E}{RT}\right)$，令其值为 B_i、对数值为 D_i，则通过比较 $\Delta A_iB_i=(A_i-B_i)$、$\Delta C_iD_i=(C_i-D_i)$ 与 0 的偏离来考察计算过程引入的误差大小。由图 7 可以看出，尽管 ΔA_iB_i 偏差较大，局部甚至达到了 +2000，但其对数值偏差 ΔC_iD_i 却控制在了 ±5 之间，这说明计算过程引入对数方法时平缓了式（6）两边值的差异，使得线性拟合直线后的线性度增大，反之则说明：由于取对数的关系，使得数值的非线性关系被大大掩盖，造成了线性的假象，从而得到了线性拟合度非常好的直线。从这一点来说，拟合直线的线性相关系数不能作为判断机理函数的唯一标准，还必须把标准偏差作为参考依据，即 R^2 值应尽可能大，SD 值还应尽可能地小为好。实际上，利用粉煤 TGA 所有的数据不可能回归出一条直线，以大地无烟煤为例，其不同机理函数的拟合曲线如图 8 所示。

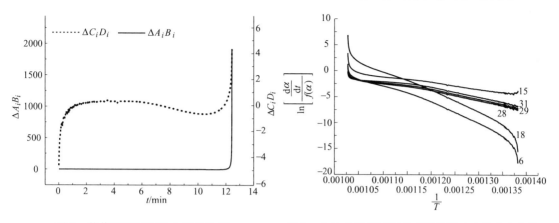

图 7　数值处理过程引入误差比较　　　图 8　大地无烟煤不同机理函数数动力学拟合曲线

从图 8 可以看到，在高温拟合段，其数据点偏离拟合直线较大，这可能是在反应后期，其反应并非简单的动力学燃烧控制，随着反应界面的深入、反应层的增厚，内扩散急剧减慢，反应向内扩散区转移，因此，则此反应不能简单以单一模型处理。多数文献采用去头截尾的方法来处理数据，实际上，即使是使用去头截尾法对 TGA 实验数据进行回归，也存在着不可忽视的误差。加上热天平本身进行实验分析其传质传热就很复杂，同样的样品在不同热天平上的分析结果有可能存在着 10% 左右的系统偏差。因此，可以认定采用上述热天平动力学参数拟合方法，所得动力学参数只是表观参数，并不能反映其真实性质，但用其作为各个煤样之间的纵向比较还是可行的。同时也可以看到，采用机理函数 29 和机理函数 28 拟合出来的动力学参数相差不是很大。

由表 6、表 7 多速率 popescu 法拟合结果可知，采用机理函数 28 和机理函数 29 时，其

表 6　大田煤不同温度段各种机理函数拟合直线的线性相关系数 R^2

函数序号	$T/℃$							
	590～600	600～610	610～620	620～630	630～640	640～650	650～660	660～670
6	0.9061	0.9086	0.9123	0.9158	0.9089	0.9143	0.9124	0.9131
15	0.983	0.986	0.986	0.983	0.989	0.986	0.988	0.987
18	0.951	0.952	0.955	0.956	0.955	0.954	0.953	0.951
28	0.987	0.988	0.988	0.985	0.989	0.987	0.987	0.985
29	0.987	0.988	0.988	0.985	0.989	0.986	0.987	0.985
31	0.987	0.988	0.988	0.985	0.989	0.986	0.987	0.984

表 7　功源煤不同温度段各种机理函数拟合直线的线性相关系数 R^2

函数序号	$T/℃$							
	430～450	450～470	470～490	490～510	510～530	530～550	550～570	570～590
6	0.970	0.968	0.960	0.943	0.936	0.960	0.966	0.975
15	0.978	0.981	0.990	0.995	0.994	0.999	0.988	0.975
18	0.965	0.951	0.928	0.925	0.976	0.586	0.926	0.951
28	0.998	0.998	0.998	0.990	0.988	0.999	0.993	0.993
29	0.998	0.998	0.998	0.991	0.989	0.999	0.988	0.978
31	0.998	0.998	0.998	0.992	0.993	0.991	0.943	0.805

各个温度段拟合直线后的线性相关系数最高。因此，由 popescu 方法判定所测试煤焦的最可能的燃烧动力学机理函数为相界面收缩球体或收缩圆柱体，但对于它们进一步区分也同样比较困难。且不难看到：在反应后期，直线的相关系数越来越低，这也进一步说明了煤粉在燃烧后期其反应机理确实发生了变化。

对于函数序号为 28 号、29 号机理函数拟合结果的这种相近性，可以通过比较其机理函数微分式和积分式的表达式可以看出（表 2），其形式大致相同，因此，对于表观动力学参数求解来说，严格区分这两种机理去求解是没有必要的。

基于上述分析，在进行单速率扫描法机理函数推断时，对于复杂情况，在进行常规方法推断困难时，除了参考文献所提到的方法外，建议使用反算的方法验算，通过偏差大小来进行推断最合理的机理函数，在上述方法均难以达到效果时，就不必严格区分表达式形式相近的机理。

3. 不同数值处理方法求解动力学参数的比较

从表 3～表 5 还可以看到：积分法求解的动力学参数值普遍要比微分法求解的参数值大。为进一步考察不同处理方法对其动力学参数拟合结果的影响，本文采用目前常用的多种方法对同一机理函数进行了计算比较，其结果见表 8。

表 8　不同数学处理方法对煤样计算结果的影响（假定机理函数序号为 29）

方法	大地无烟煤		大田无烟煤		功源无烟煤	
	$E/(kJ/mol)$	$\ln A$	$E/(kJ/mol)$	$\ln A$	$E/(kJ/mol)$	$\ln A$
Achar	130.8	15.04	205.8	22.8	120.2	14.51
微分方程法	105.8	10.42	187.4	19.87	156.9	18.10
Coats-Redfern	163.8	19.6	250.3	28.58	170.4	21.79
Gorbachev	164.3	19.8	250.7	28.70	172.8	22.21
Li-Chung-H	164.3	19.8	250.7	28.70	170.9	21.94
Agrawal	164.4	19.8	250.7	28.70	170.9	21.94
冉全印-叶素	164.3	19.8	250.7	28.70	170.9	21.94
Satava	169.0	20.6	252.7	28.96	176.9	22.91
一般积分法	164.5	19.8	251.1	28.79	171.0	21.97
普适积分法	106.1	10.5	160.1	16.00	131.2	14.85
Madhusudan-an	164.2	19.8	250.6	28.69	170.9	21.93

由表 8 可知，除了部分计算方法所得结果较为接近外，其他计算方法所得结果不尽相同，这主要是因为不同的方法做了不同的假设和近似，如微分方程法及普适积分法，其动力学参数拟合结果受 T_0（DSC 曲线偏离基线的始点位置）取值的影响较大，而 Coats-Redfern 法则涉及机理函数 $f(\alpha)=(1-\alpha)^n$ 假设的问题。这也正是造成不同学者动力学参数求解结果差异较大的部分原因。因此，对于各个方法的选用，应根据具体情况进行分析比较选择。

三、建议

通过实验研究和分析，可以得到以下结论：

① 所测试的各种无烟煤燃烧反应的可能燃烧机理应为相边界反应的收缩球体模型或收缩圆柱体模型；

② 不同数学处理方法所得的动力学参数不同，在选用时应弄清其应用前提，根据具体情况进行分析比较选择；

③ 数学处理过程不可避免地引入了较大的误差，所得动力学参数为表观参数，但用其作为各个煤样之间的纵向比较还是可行的；

④ 在进行单速率扫描法机理函数推断时，对于复杂情况，在进行常规方法推断困难时，除了参考文献所提到的方法外，建议使用反算的方法验算，通过偏差大小来推断最合理的机理函数。

参考文献

[1]　G. Hakvoort，J C. Schouten，et al. The determination of coal combustion kinetics with thermogravimetry. Journal of Thermal Analysis，1989（35）：335-346.

[2]　王志刚，张海，陈昌和等. 煤焦反应动力学参数对电站锅炉燃烧影响的数值研究. 中国电机工程学报，2007（2）：20-25.

[3]　傅维镳，郑双铭，张百立. 煤焦燃烧反应动力学的通用规律研究. 工程热物理学报，1994，15（4）：435-440.

[4]　谢峻林，何峰，宋彦保. 水泥分解炉工况下煤焦的燃尽动力学过程研究. 燃料化学学报，2002（03）：223-228.

[5]　徐朝芬，张鹏宇，夏明等. 实验条件对煤燃烧特性影响的分析. 华中科技大学学报：自然科学版，2005（5）：73-78.

[6]　M. E. Brown，M. Maciejewski，et al. Computational aspects of kinetic analysis PartA：The ICTAC kinetics project-data，methods and results. Thermochimica Acta，2000（300）：125-143.

[7]　刘建忠，冯展管，张保生等. 煤燃烧反应活化能的两种研究方法的比较. 动力工程，2006，（01）：121-124.

[8]　胡荣祖，史启祯等. 热分析动力学. 北京：科学出版社，2008.

[9]　Joseph. H，Flynn. The 'Temperature Integal'-Its use and abuse. Thermochimica Acta，1997，300：83-92.

[10]　Popescu C Integral method to analyze the kinetics of heterogeneous reactions under non-isothermal conditions：a variant on the Ozawa-Flynn-Wall method Thermochim. Acta，1996，285（2）：309-323.

[11]　Hu. R. Z，Yang. Z. Q，Ling. Y. J. The Determination of the Most Probable Mechanism Function and Three Kinetic Parameters of Exothermic Decomposition Reaction of Energetic Materials by a single Non-isothermal DSC Curve Thermochim. Acta，1988，123：135-151.

[12]　Koga，N. Review of the mutual dependence of Arrhenius parameters evaluated by the thermoanalytical study of solid-state reactions：the kinetic compensation effect. Thermochim Acta，1994（244）：1-220.

[13]　Gabor Varheyi，et al. Least squares criteria for the kinetic evalution of thermoanalytical experiments. Examples from a char reactivity study. Journal of Analytical and Applied Pyrolysis，2001，57（2）：203-222.

原燃料特性对烧成热耗的影响分析

潘立群　蔡玉良　许　刚

众所周知，我国是世界水泥生产第一大国，水泥又是耗能大户，水泥熟料煅烧过程热耗高低是衡量生产系统性能和考核操控水平优劣的重要经济指标之一。如何最大限度地降低能耗，实现水泥工业的可持续发展是每个水泥工作者孜孜不倦的追求。水泥烧成系统的热耗主要与原、燃料的原矿形成过程和加工状态、系统装备水平、操作控制过程等有关，本文就原、燃料来源和加工过程对水泥烧成系统热耗的影响进行讨论。多年的实践与研究发现，原、燃料地质形成过程及特性的差异，对水泥熟料煅烧过程的热耗有一定的影响。因此，在条件许可的情况下，通过合理地选择原、燃料来源，改变它们的加工要求，以期实现低能耗煅烧水泥熟料的愿望。

水泥熟料煅烧过程也是矿物的再造过程，与自然成矿过程基本相同，只是为满足某种目的，人为地添加了许多条件。在水泥煅烧的过程中，人为提供的高温、低压和短时间的条件，使得各种矿物出现了重组性结构变化并伴随着一定的热效应。

原料矿物的形成过程、存在形态的不同，导致其所处的能态也不相同，经过再加工实现统一能级的目标产品的能态之差也应不同，即理论耗能亦不同，这也就为选择原、燃料矿物实现节能降耗目标提供了充分条件和空间。

一、矿物的来源与成因

1. 石灰石成因影响分析

众所周知，生产水泥用石灰岩的形成过程主要有海相沉积与陆相沉积两种方式，我国绝大部分石灰石矿为海相沉积，海相沉积又可分为浅海沉积和深海沉积。

浅海沉积灰岩因海浪运动能量高，氧气充足，适合生物生长。珊瑚、贝类生物大量吸收 $CaCO_3$ 形成完善的生物骨架，以抵抗风浪，在此过程中进行生物分异，吸收了 $CaCO_3$，排出了无需的 SiO_2、Al_2O_3、Fe_2O_3 等杂物，在生物死亡后堆积在一起，形成纯的生物化学碎屑沉积的石灰石，此类石灰石晶格完善，故分解温度偏高。

深海因氧含量不足，不适宜生物生长，$CaCO_3$ 与杂物 SiO_2、Al_2O_3、Fe_2O_3 等形成的混合化学胶体，其结晶缺陷大、易分解，其中的 SiO_2 较细，同时 SiO_2、Al_2O_3、Fe_2O_3 等受到地质的压熔和熔合作用，使其具有较强的自身反应活性，易于煅烧，易烧性较好，能耗降低。水泥煅烧热耗中仅石灰石分解一项的理论吸热为 1985.5kJ/kg，几乎占热耗的一半，足见石灰石特性的重要。据文献研究发现，用低品位石灰石比使用纯的高品位石灰石煅烧水泥熟料，其热耗一般低 10%～15%。

同品位的石灰石与浅变质石灰石，由于浅变质过程中破坏了 $CaCO_3$、$CaO \cdot Al_2O_3$ 等矿物结构，使其更易分解；对于结晶完整的大理岩，由于晶格完善，分解温度相对较高，使用过程中将直接导致热耗升高，这也是大理岩一般不用作石灰质原料的原因。

选择石灰质原料时并不需要一味地追求高品位，应该在其他组分允许的情况下尽可能选择低品位石灰石，既可以最大限度地综合利用有限的矿山资源，又能在满足生产优质水泥的同时最大限度地节能降耗，这是水泥企业在矿山选择时需要正视的一个误区。

2. 燃料煤的成因影响分析

按照主流的煤岩沉积成因说，地表上各类型植物在地质构造活动中被掩埋于地表之下，经过复杂的地质作用，原有的炭质结构被压实、碳化，逐渐形成可燃烧的煤岩。

成煤系统周围的地质状况、水、温度等都是成煤的重要外在要素。成煤后地质构造的变化、围岩的性质等都将影响煤的成分和性质。陆相沉积的煤岩碳的氧化程度高，灰分中 SiO_2 含量高且颗粒较粗；海相沉积的煤杂质碎屑细，氧化程度低。不同的煤岩结构导致煤的燃烧性能有所差异，如树木全胶凝化形成的镜炭发热量高；暗煤掺入了较多的杂质，灰分高、发热量低；氧化程度较高的丝炭发热量低但易燃。各种煤岩的特性见表 1。

表 1 各种煤岩特性

特　　性	煤炭名称			
	镜　煤	亮　煤	暗　煤	丝　炭
发热量/(kJ/kg)	>27170	25080~20900	20900~14630	16720~8360
灰分含量/%	0~10	10~20	30~40	5~15
对烧成的影响	发热量高	易燃烧	着火慢、燃烧慢	易燃，但燃烧慢

难燃的煤，如石煤，由于燃烧特性较差，不易充分燃烧，会给系统带来一定的干扰，对系统稳定运行不利；另外高灰分高含水量的泥煤因影响水泥熟料煅烧品质，使用它们均会变相地增加系统的热耗，因此在燃煤选用过程中要予以应有的关注。

3. 辅助原料成因影响分析

自然界矿物种类主要有三类：沉积岩、岩浆岩和变质岩。在水泥行业大量应用的是沉积岩和变质岩。

（1）沉积岩

黏土、页岩、泥质岩、粉砂岩、煤矸石等是常见的水泥辅助原料，它们都属于沉积岩。

黏土是地质岩石经过自然风化，由不稳定的矿物形态逐渐转换为最稳定形态的矿物。最稳定的状态也是能量最平衡的状态，要改变它需要提供更高的能量。黏土的熔点一般高达 $1500 \sim 1700 ℃$，从这一点也可以看出，使用黏土耗能也较高，认为黏土土质疏松、易于煅烧的认识值得商榷。

页岩、泥质岩等为黏土沉积后，在低温低压条件下经压熔、热熔等地质能量运动产生的不稳定矿物，一般含有能量矿物 C、FeO、FeS、FeS_2、PbS、ZnS 等，具有低熔点特性，易烧性好，耗能较黏土低。

黏土和常见沉积岩的熔点见表 2。

表 2　黏土和常见沉积岩的熔点　　　　　　　单位:℃

黏土熔点	沉积岩熔点						
	砾　岩	粗砂岩	中砂岩	细砂岩	粉砂岩	泥质岩	页　岩
1500～1705	1450～1550	1450～1750	1400～1650	1350～1550	1300～1450	1250～1400	1250～1350

　　石英砂岩主要由石英矿物组成,其富含 Si—O 架状结构的 SiO_2,难以解聚,熔点高,难以粉磨,应尽量避免使用。

　　选用黏土不仅会减少人类赖以生存的土地资源,破坏自然环境,且热耗较高,宜优先选择页岩、粉砂岩、泥质岩等硅铝质矿物。

　　(2) 岩浆岩

　　岩浆岩是高温岩浆上升过程中冷却结晶而成的岩石,一般以 SiO_2 含量多少分类,常见有流纹岩、安山岩和玄武岩等,详见表 3。

表 3　岩浆岩的分类与成分、特性

成分、特性		种　类			
		酸性岩浆岩 (SiO_2 含量>65%)	中型岩浆岩 (SiO_2 含量53%～65%)	基性岩浆岩 (SiO_2 含量45%～53%)	超基性岩浆岩 (SiO_2 含量<45%)
成因类型	深成岩类	花岗岩、闪长花岗岩、辉长花岗岩、花岗斑岩	闪长岩、正长粗面岩、响岩	辉长岩、辉绿(玢)岩	橄榄岩
	喷出岩类	流纹岩	安山岩	玄武岩	玻基橄榄岩
一般平均成分/%		SiO_2:65～75; Al_2O_3:12～16; Fe_2O_3:2～7; CaO:0.5～4; MgO:0.5～1.5	SiO_2:55～65; Al_2O_3:15～18; Fe_2O_3:4～7; CaO:2～4; MgO:2～3	SiO_2:45～53; Al_2O_3:14～20; Fe_2O_3:10～20; CaO:5～10; MgO:4～6	SiO_2:27～49; Al_2O_3:1～3.5; Fe_2O_3:7～15; CaO:0.5～15; MgO:15～45
熔点/℃		1200～1300,SiO_2 含量高,熔点高	1100～1200	1050～1150	980～1070,SiO_2 含量低,熔点低
烧水泥用途		深成岩一般不用,喷出岩用于配料	用于配料	用于配料	一般不配料,MgO 过高

　　岩浆岩冷却结晶时多富含玻璃质,硅酸盐矿物中复杂的 Si—O 结构被急冷破坏,熔点相对较低,易烧性变好。目前普遍对岩浆岩重视不够,应用也不是很普及。

　　(3) 变质岩

　　变质岩为地质岩石在地质热力、压力的条件下,经扩散、重组、固溶等形式的变质作用形成的岩石。变质岩至少经过两次以上的能量运动,因此它储存有更多的地质潜在能量。

　　变质岩中低分解点、低熔点的矿物多,矿物成分复杂,自身调节能力强,是烧制水泥的有利因素,也是最具节能降耗功效的原料岩种。

　　千枚岩、板岩、角闪石等是典型的变质岩,为众多的水泥企业带来了良好的经济效益,如海南某厂 5000t/d 水泥生产线使用千枚岩为原料,不仅热耗低而且熟料强度也很高。

　　目前被水泥工业大量使用的铜矿渣、铅锌尾矿、硫酸渣、水淬钢渣等各种工业废渣也可划归变质岩的一种,均经过高温煅烧具有很好的活性,能量矿物多,具有明显的降耗效应。

二、原料和燃料的加工要求

　　采用不同成因的原料、燃料烧制水泥,除了因自身特性直接影响烧成热耗外,它们的加工性能和要求也是影响能耗的重要因素之一，这也为加工环节的节能降耗提供了空间。

大量的实验研究表明，对于易烧性好的原料和易燃性好的燃料，其粉磨加工产品目标细度可适当放宽。过去一般水泥企业不论原料、燃料来源与构成，统一规定其粉磨细度控制在 $80\mu m$ 筛筛余小于 12%，有的甚至更低，势必造成不必要的浪费。因此在保证熟料煅烧质量的情况下，原燃料粉磨加工产品细度需根据它们自身特性和生产系统的适应能力合理选定，以达到节能降耗的目的。

有实验证明：对于生料中的石灰石（方解石）和石英，其粒度分别控制在 $125\mu m$ 和 $44\mu m$ 以下，对生料易烧性基本不产生影响。Christensend 实验统计经验计算公式如下：

$$易烧性指标 X = 0.33LSF + 1.8SM - 34.9 + 0.56 \times (>125\mu m 的方解石颗粒含量)$$
$$+ 0.93 \times (>40\mu m 的石英颗粒含量)$$

不难看出，对于含石英颗粒较少的生料，其生料的粉磨细度完全可以放宽，同时对含方解石和石英含量相对较多的生料，完全可以通过提高分解炉窑的停留时间和煅烧温度，来满足熟料煅烧质量的要求。如图 1 所示，随着粉磨加工细度的不断放宽，原燃料加工电耗将大大降低。每粉磨 1t 生料节电 $0.9kW \cdot h$，相当于 1t 熟料节电 $1.3kW \cdot h$。

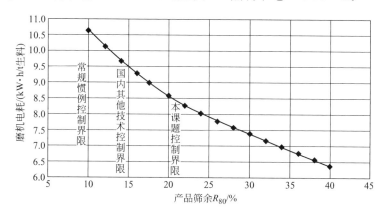

图 1　磨机电耗与产品细度相关示意

三、结束语

实践经验证明，原料矿物成因也是影响水泥生产能耗的重要因素之一，实际生产过程中应结合具体情况和条件对原燃料进行合理的选择并对其加工过程加以控制。

① 石灰石的选择并非完全是品位越高越好，合理地选用低品位石灰石有助于节能降耗。

② 黏土不宜作为辅料使用；变质岩，特别是人造变质岩——工业废渣，其中分解点低、熔点低的矿物含量高，自身调节能力强，最具节能降耗效果。

③ 选择燃料时需对其进行燃烧性能实验，掌握燃烧特性并据此合理确定烧成系统及操控方案。

④ 根据原料、燃料的特性，适当放宽粉磨加工细度控制指标，有利于节能降耗。

建议设计者与水泥企业在筹建新厂时，充分调查周边的原料、燃料资源，充分研究原料、燃料特性并根据其特性来选择适宜的配料设计方案，最大限度地实现降低能耗的目标，为水泥工业的可持续发展不断贡献力量。

➡ **参考文献**

［1］ 李坚利. 水泥工艺学. 武汉：武汉理工大学出版社，1999.

［2］ 秦至刚等. 水泥原料的成因与选择匹配. 四川水泥，2001，2.

［3］ 王拈生，傅圣勇，杨国建. 低品位石灰石烧制高强度水泥熟料的理论与实践. 四川水泥，2001，3.

［4］ 韩德馨. 中国煤岩学. 徐州：中国矿业大学出版社，1996.

［5］ 傅圣勇等. 烧成热耗的变因与优化. 四川水泥，2008，1.

氧化镁对水泥熟料煅烧和水泥水化的影响

贺　烽　蔡玉良　陈　蕾

　　水泥性能的优劣主要取决于熟料的质量。优质水泥熟料应该具有合适的矿物组成和良好的岩相结构。因此，控制水泥熟料的化学成分是水泥生产的中心环节之一。水泥熟料主要由 CaO、SiO_2、Al_2O_3、Fe_2O_3 四种氧化物形成的矿物组成，其总量超过 95%，其他少量氧化物 MgO、K_2O、Na_2O、SO_3 等的存在，也会不同程度地影响水泥熟料的煅烧和水泥产品性能，特别是熟料矿物中最多的次要组分 MgO，对水泥熟料煅烧、结粒、强度和水泥水化均会产生很大的影响。因此，研究和探讨 MgO 对水泥熟料煅烧和水泥水化的影响，对于优化生产控制，提高产品质量，节能降耗等诸多方面均有益处。

一、MgO 对水泥熟料煅烧的影响

　　MgO 在水泥熟料煅烧过程中，部分与熟料矿物结合，形成固溶体，还有一部分溶于液相之中。因此，水泥熟料中适量的 MgO，对降低水泥熟料的烧成温度，增加液相数量，降低液相黏度，改善水泥熟料的色泽，具有积极的作用。

1. MgO 对烧成温度的影响

　　物料在加热过程中，两种或两种以上组分开始出现液相的温度称为最低共熔温度，一些系统的最低共熔温度见表1。

表 1　一些系统的最低共熔温度

系　　统	最低共熔温度/℃
C_3S-C_2S-C_3A	1455
C_3S-C_2S-C_3A-Na_2O	1430
C_3S-C_2S-C_3A-MgO	1375
C_3S-C_2S-C_3A-Na_2O-MgO	1365
C_3S-C_2S-C_3A-C_4AF	1338
C_3S-C_2S-C_3A-Fe_2O_3-MgO	1300
C_3S-C_2S-C_3A-Na_2O-MgO-Fe_2O_3	1280

　　由于水泥熟料含有 MgO、K_2O、Na_2O、SO_3、Cl^-、P_2O_5 等微量元素，对降低共熔温度有一定的作用。在水泥熟料烧成过程中，MgO 可在 $1250\sim1350℃$ 范围内形成 $CaO \cdot MgO \cdot SiO_2$、$2CaO \cdot MgO \cdot SiO_2$、$3CaO \cdot MgO \cdot 2SiO_2$、$2CaO \cdot MgO \cdot 2SiO_2$、$7CaO \cdot MgO \cdot 2Al_2O_3$、$3CaO \cdot MgO \cdot 2Al_2O_3$、$MgO \cdot Al_2O_3$、$MgO \cdot Fe_2O_3$ 等过渡相矿物，当温度超

过 1400℃时，镁的化合物分解，MgO 从熔融物中析晶出来。MgO 使液相出现的温度降低，并作为助熔剂增加总的液相含量。在 C_3S-C_2S-C_3A-C_4AF 系统中，最低共熔点为 1338℃，加入 MgO 后，最低共熔温度降至 1300℃，相应烧成温度也可降低 38℃；在 C_3S-C_2S-C_3A-Na_2O-Fe_2O_3 系统中，由于 MgO 的加入，出现液相温度也相应降低 35℃，其助熔效果优于 Na_2O，仅次于 Fe_2O_3。MgO 与硫碱等组分结合，出现液相的温度可降至 1250～1280℃。因此，MgO 在水泥熟料的煅烧中起着助熔作用，能够降低水泥熟料的烧成温度，改善水泥熟料的煅烧质量。所以，高镁水泥熟料的岩相中，很少有 B 矿晶体在高温煅烧下的双晶条纹特征存在。

2. MgO 对液相量和液相黏度的影响

水泥熟料煅烧过程中，MgO 碱性较弱，能使更多的 Al_2O_3 离解为 Al^{3+}，使 1450℃ 的液相黏度从 0.16Pa·s 降至 0.13Pa·s，黏度和表面张力降低，离子移动性能增强，有利于 C_2S 吸收 f-CaO，促进 C_3S 的形成。液相量和烧结温度与液相中含有 Al_2O_3、Fe_2O_3、K_2O、Na_2O、MgO 及其含量高低有关，1400℃时液相量计算公式为 $L = 3Al_2O_3 + 2.25Fe_2O_3 + K_2O + Na_2O + MgO$，说明 MgO 含量高对液相量有一定的贡献。

在水泥熟料煅烧中，部分 MgO 进入 C_3S 和 C_4AF 的晶格中，与熟料矿物结合成固溶体，部分熔于液相中，使其从棕黑色转变为橄榄绿色，但 C_3S 和 C_4AF 对 MgO 的固溶量并非无限，MgO 含量超出固溶能力的总量越多，则以方镁石晶体存在的机会就越多。研究结果表明，MgO 在水泥熟料矿物中的固溶体总量只能在 1.5%～2.0%，所以，熟料中 MgO 的最佳含量为 1.5%～2.0%，过多的 MgO 相当于在水泥熟料中增加了 Fe_2O_3 含量，熔剂矿物相应增多，导致高镁熟料烧结范围变窄，在正常生产条件下，易造成窑内结长厚窑皮、结圈、结大球等问题，影响烧成系统的正常运行。

3. MgO 对水泥熟料结粒的影响

水泥熟料颗粒是在液相作用下形成的，液相在晶体外形成毛细管桥。液相毛细管桥一方面可以让水泥熟料颗粒结合在一起，另一方面使 CaO 和 C_2S 在熔融状态下扩散生成 C_3S 颗粒，扩散强度取决于毛细管桥的强度，而桥的强度随液相表面张力和颗粒直径的降低而增加，数量和颗粒直径的平方根成反比。所以，要获取好的熟料结粒，就必须有足够的液相量和液相内均匀分布的颗粒，以形成较高的表面张力和较低的液相黏度。

液相黏度与水泥熟料的成分和煅烧温度有关，随温度上升而下降（图 1）。水泥熟料的结粒随液相黏度的减少而容易，从 MgO-R_2O-SO_3 复合存在时液相等黏度线（图 2）来看，R_2O 含量增加，液相黏度增大，不利于结粒。SO_3 含量增加，液相黏度降低，但 SO_3 的黏度值较 R_2O 的低，因此 SO_3 存在时，结粒有所改善，当 R_2O、SO_3 均存在时，MgO 含量增加，液相黏度值大大降低，有利于水泥熟料的结粒。

液相表面张力与熟料结粒直接有关，熟料颗粒大小与液相表面张力呈良好的线性关系（图 3），液相表面张力增大熟料结粒容易，由于 Mg、Al 等元素的表面张力值较 K、Cl、S 的要高，因此，MgO 有利于熟料结粒，这也可从表 2 所见。

4. MgO 对水泥熟料矿物形成的影响

MgO 在水泥熟料矿物中的主要分布有：

① 以固溶体的形式存在于 C_4AF 中，约占 1%～3%；

② 固溶于玻璃相中，约占 4%～5%；

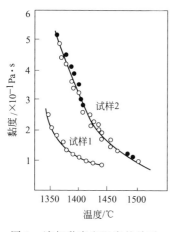

图 1 液相黏度和温度的关系

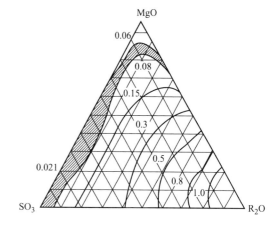

图 2 MgO-R$_2$O-SO$_3$ 复合存在时液相等黏度线示意

表 2 MgO 及其他微量元素对液相黏度和表面张力的影响

氧化物	掺加量/%	液相黏度/Pa·s	液相表面张力/(N/m)
不掺加		0.16	0.580
MgO	1.0	0.15	0.573
K$_2$O	1.0	0.18	0.455
K$_2$O	2.0	0.24	0.350
SO$_3$、K$_2$O	1.93	0.16	0.135

③ 存在于阿利特（C$_3$S）中，约占 1.5%；

④ 存在于贝利特（C$_2$S）中，约占 0.5%；

⑤ 存在于 C$_3$A 中，约占 2.5%；

⑥ 以游离的方镁石晶体存在。

MgO 的存在可抵消 SO$_3$ 和 Al$_2$O$_3$ 阻碍 C$_3$S 形成的不利影响，适量的 MgO 可改善生料的易烧性，促进 f-CaO 的吸收和 C$_3$S 及 C$_4$AF 两种主要矿物的形成。MgO 在熟料矿物中的固溶体总量适合时，水泥熟料颜色正常，为深灰色，随着 MgO 含量的增加，熟料颜色并无明显变化。对 MgO 含量为 2% 左右水泥熟料进行岩相检测分析时，几乎没有发现方镁石晶体的存在，而 MgO 含量为 2.6% 或更高时，普遍会发现有较多的方镁石晶体（图 4）。正常熟料大多为均质细晶结构特征（图 5），高镁

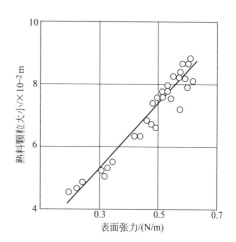

图 3 回转窑内水泥熟料颗粒大小与液相表面张力的关系

水泥熟料的微观结晶结构恶化，A 矿和 B 矿的结晶不清晰，A 矿呈不规则颗粒形状，形成粗大的颗粒。

熟料中多余的 MgO 将替代部分 CaO 参与同 SiO$_2$ 的反应，在 SiO$_2$ 总量不变的情况下，高 MgO 熟料中，f-CaO 升高，硅酸盐矿物因此减少。

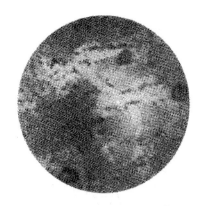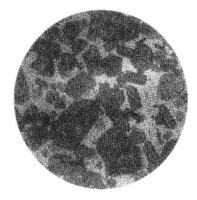

图 4　高镁水泥熟料中的方镁石晶体（×250）　　　　图 5　正常水泥熟料晶体特征（×250）

二、MgO 对水泥水化的影响

1. MgO 的水化和膨胀机理

水泥熟料中 MgO 的固溶体总量可达 2%，多余的 MgO 呈游离状方镁石结晶析出，熟料中方镁石晶体的生长速度与镁矿物的分解温度有关，分解温度越低，方镁石晶体生长机遇越大。而方镁石结晶大小与熟料冷却速度有关，熟料急冷，方镁石结晶颗粒细小，水化缓慢，需几个月甚至几年才会明显起来，水化后生成 $Mg(OH)_2$，体积膨胀至 148%。其膨胀机理是 MgO（方镁石）与水反应生成水镁石导致体积膨胀，其化学反应式为：$MgO + H_2O \longrightarrow Mg(OH)_2$。

方镁石膨胀的程度与其含量、晶体尺寸等因素有关，方镁石晶体小于 $1\mu m$、含量为 5% 时，只引起轻微的膨胀，方镁石晶体 $5\sim7\mu m$、含量为 3% 时，会产生严重的膨胀。

2. MgO 膨胀性能在大坝工程中的应用

MgO 水化后的体积膨胀，被广泛应用于水工、大坝等大体积混凝土结构工程中，由于水泥水化放热使混凝土结构内部的温度比环境温度高出 $20\sim30\,^\circ\!C$，此热量不易散发，结果使得材料内部在冷缩时产生温度应力，引起材料贯穿性裂纹，造成坝体开裂，严重影响材料的性能。

温度应力问题的传统解决方法主要如下：
① 选取适当的材料来减少混凝土的发热量；
② 采用冷却水泥和砂石材料以降低混凝土的浇筑温度；
③ 分块分层浇筑以及埋设冷却水管使混凝土降温。

这三类方法工艺均较复杂，过程处理成本高，施工周期长，多不被采用。目前最经济有效的方法是采用化学膨胀以补偿温度收缩，达到解决大体积混凝土温度应力问题的目的。常用的化学膨胀有钙矾石相（AFt）的形成、CaO 和 MgO 的水化，其膨胀历程见图 6。

由于 AFt 形成和 CaO 的水化膨胀主要发生在混凝土温度上升阶段，不能有效地补偿随后的温度降低而引起的应力，常被认为不宜用于补偿大坝的温度应力。而 MgO 具有延迟膨胀的特性，所以，用来补偿温度收缩比较适宜。三峡大坝建设工程中采用的中热、低热水泥，都要求水泥熟料中含有 4.5% 的 MgO，而华新、葛洲坝、石门和峨胜等水泥厂在实际生产的中热、低热水泥中熟料 MgO 的含量大都控制在 4.3%～4.6%。

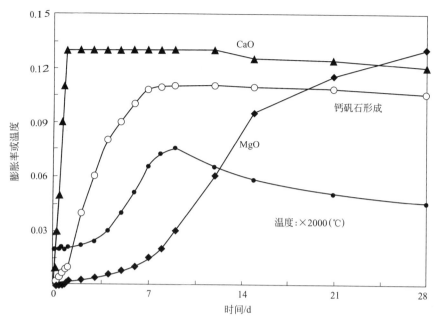

图6　MgO的膨胀历程和大坝温度过程示意

　　同样，混凝土收缩产生的拉应力是导致混凝土产生裂缝的主要因素之一，也是多年来国内外专家学者一直致力于解决的技术问题，其主要办法之一就是采用含有适量MgO的水泥，使混凝土在水化硬化过程中产生一定的微膨胀性能，以补偿水泥凝胶部分的化学减缩，达到减少收缩裂缝的目的。

三、采用高MgO原料生产优质水泥熟料的优化操作

1. 优化配料方案，加快窑速，避免结长厚窑皮

　　目前国内绝大多数水泥厂的预分解窑系统中，采用"两高一中"的配料方案，普遍的水泥熟料控制目标值为：KH=0.89～0.91，SM=2.50～2.80，IM=1.50～1.70。

　　当水泥熟料MgO超过2％时，就应考虑到MgO对煅烧的影响。随着MgO含量的升高，水泥熟料烧成液相的增加，易出现长窑皮和结大块、大圈现象，为了避免这种现象的产生，应适当降低烧成温度，控制液相形成，降低铁铝含量，以保证窑的正常生产。操作过程中也可适当地提高KH值和SM值，以减少Al$_2$O$_3$和Fe$_2$O$_3$含量，达到减缓MgO对液相量的影响，消除水泥熟料结大块、成大球的可能。随着KH值和SM值的增加，CaO、SiO$_2$的含量也会相应增加，促进了C$_3$S和C$_2$S的生成量，提高了熟料煅烧温度，有利于水泥熟料强度的提高。因此，采用高MgO原料生产时，配料设计中宜采用高硅低铁的配料方案，其熟料控制率值应调整为：KH=0.89～0.91，SM=3.00～3.30，IM=1.80～2.00。

　　在水泥窑的操作过程中，应该根据上述配料特点，适当地加快窑速，保证窑的高温薄料快烧状态，最大限度地降低窑内填充率，避免窑内结长厚窑皮、结圈、结大球等的可能性。

2. 适当降低分解炉和窑尾出口温度，以降低入窑分解率

　　煅烧高MgO水泥熟料时，液相容易过早出现，造成黏性物料在预热器、窑尾烟道、C5

及下料管道内结皮而引起堵塞，因此，应适当降低并严格控制分解炉和窑尾出口温度。正常生产时，分解炉出口温度一般控制在890℃左右，在煅烧高MgO熟料时，应控制在850～880℃，并将窑尾出口温度由通常的1050～1150℃降低至1000～1050℃，避免液相过早出现，减少结皮堵塞情况的发生，同时也可避免窑内结长厚窑皮、结圈等现象的出现，有利于提高回转窑的运转率。

适当降低入窑分解率时，要避免配料中因为提高SM、IM造成的窑内出现"飞砂"问题。入窑物料表观分解率宜控制在90%左右，最高不超过95%。高MgO水泥熟料生产操作，常因分解率过高（超过95%），生料预烧较好，液相量提前出现，窑内碳酸盐分解带缩短，固相反应带相应拉长，使化学反应产物活性降低，导致水泥熟料立升重降低，熟料质量相应会有所下降。

3. 优化冷却机操作

水泥熟料的冷却过程会对MgO晶体尺寸产生很大影响，熟料急冷，可使水泥熟料中阿利特、贝利特尤其β型C_2S晶形稳定，使液相来不及结晶形成更多的玻璃体，避免L（液相）$+C_3S \longrightarrow C_3A+C_2S$的转熔反应，促使方镁石晶体尺寸减小，以减小对水泥安定性和水泥熟料强度造成的负面影响，因此要强化水泥熟料冷却的过程控制，确保含MgO的水泥熟料中MgO结晶处于较小状态，以减小MgO水化过程中的膨胀影响，同时也有利于液相表面带来的料球固化，避免篦板过热受损。

对生产含有MgO微膨胀作用的中热、低热水泥，其冷却机的操作控制正好与之相反。应控制好水泥熟料的冷却速度，适当延缓冷却速度以获得方镁石晶体的析出，保证其水化后的膨胀效率。

4. 改善窑内通风，控制烧成带长度

烧成带过长，物料易在窑内提前黏结成球，当水泥熟料MgO较高时，更易于形成大球、大块，造成水泥熟料结粒不均，f-CaO升高，立升重降低。生产操作过程中，应根据工厂的原、燃料情况制定好生料配料方案，控制合适的煤粉细度，制定好与之相适应的热工煅烧制度，避免长焰后烧和液相的提前出现；同时还要控制好一次风量，调节好煤粉燃烧器内外用风比例，确保煤粉快速燃烧，减小火焰的长度，控制好烧成带的长度和温度，避免长厚窑皮、结圈、结大块的情况出现；除此之外，还要尽量减少窑内出现还原气氛，避免硫酸盐在还原气氛下的分解，造成窑尾后部结皮、结圈问题。

四、结束语

① MgO是水泥生产中不可忽视的次要组分，适量MgO的存在，可以改善水泥熟料煅烧，降低水泥熟料的烧成温度，增加液相数量，降低烧成黏度，改善水泥的色泽。因此，生产过程中在充分利用原料中高镁夹石来扩大资源利用的同时，还可以实现节能降耗，具有较好经济、社会和环境效益。

② MgO含量过高，将会对水泥安定性及强度产生不良影响；对窑外分解窑来说，过高的MgO含量将不利于现有回转窑系统的稳定操作和水泥产品质量的提高。因此，对于那些镁质石灰石资源丰富的地区，应在充分合理利用高镁石灰石资源的同时，制定好合理的配料方案，提出合理的原、燃料加工要求和适宜的热工煅烧制度，来确保生产过程的稳定和产品

质量。

③ 高 MgO 水泥在水化时，具有延迟微膨胀的特性。因此，在水工、大坝等大体积混凝土结构工程的施工中，利用高 MgO 水泥特有的后期微膨胀性能以补偿混凝土坝的收缩和温度变化带来的收缩问题，防止坝体产生裂缝而影响坝体的使用寿命，也是解决大坝施工中温控防裂问题最经济有效的措施。

→ **参考文献**

［1］ 南京化工大学等．水泥工艺原理．北京：中国建筑工业出版社，1980.

［2］ 沈威，黄文熙，闵盘荣．水泥工艺学．北京：中国建筑工业出版社，1986.

［3］ 胡宏泰，朱祖培，陆纯煊．水泥的制造和应用．济南：山东科学技术出版社，1994.

［4］ S.N 戈什（印度）．水泥技术进展．杨南如，闵盘荣译．北京：中国建筑工业出版社，1986.

生料中各成分的颗粒细度对熟料烧成质量影响的实验分析

李　坤　贺　烽　成　力　董益名　蔡玉良

　　熟料烧成质量和煅烧过程主要受生料的矿物组成、矿物形态和晶体结构及尺寸大小、生料的化学成分（率值）、微量组分、生料颗粒形状及接触状况、生料细度控制和粒度分布，热工煅烧制度等影响。由于生料颗粒细度的控制对水泥生产效率有较大影响，细度过小则会降低生料磨台时产量、增加电耗；细度过大则会降低生料易烧性、影响回转窑产质量。故而本文在参照国家和建材行业标准情况下，对不同粒度分布的石灰石和砂岩生料进行 TG-DTA、化学成分分析，然后按照常规硅酸盐水泥进行配料，研究不同粒度分布的石灰石和砂岩生料分别对水泥生料易烧性的影响，希望能为粉磨工艺方案制订和操作控制提供一些参考依据。

一、实验方案

1. 实验用生料及组成

　　本实验采用福建红火的石灰石，华润水泥的砂岩，广东翁源的粉煤灰和铁粉。通过套筛对石灰石生料进行粒度分级如下：$0\sim63\mu m$、$63\sim91\mu m$、$91\sim125\mu m$、$125\sim154\mu m$、$154\sim180\mu m$、$180\sim200\mu m$；对砂岩生料进行粒度分级如下：$0\sim45\mu m$、$45\sim63\mu m$、$63\sim74\mu m$、$74\sim91\mu m$；粉煤灰：$0\sim80\mu m$；铁粉：$0\sim80\mu m$。

2. 实验用仪器及标准

　　石灰石的 TG-DTA 用 TA 公司生产的 SDT Q600 仪器进行分析；生料各化学成分、游离氧化钙根据 GB/T 176—2008《水泥化学分析方法》进行；生料易烧性实验根据 JC/T 735—2005《水泥生料易烧性试验方法》进行。

二、实验结果与讨论

1. 石灰石 TG-DTA 分析

　　借助 TA 公司生产的 SDT Q600 仪器对各粒度段的石灰石进行 TG-DTA 分析，可检测出石灰石在加热过程中的分解吸热峰、失重起始与结束温度和失重量，见表1。

　　从表1可以看出，石灰石分解吸热峰从低到高排列顺序为①＜④＜②＜③＜⑥＜⑤，石灰石失重起始温度从低到高排列顺序为⑥＜④＜⑤＜③＜①＜②，石灰石失重结束温度从低到高排列顺序为①＜②＜④＜③＜⑤＜⑥，石灰石失重量从低到高排列顺序为①＜③＜②＜

表 1 各粒度段石灰石的分解吸热峰，失重起始与结束温度和失重量

石灰石试样编号	石灰石试样粒度 /μm	分解吸热峰 /℃	失重起始温度 /℃	失重结束温度 /℃	失重量 /%
①	0～63	808.19	739.91	820.70	41.85
②	63～91	815.52	741.14	825.77	43.64
③	91～125	816.13	738.57	831.15	43.58
④	125～154	813.73	734.66	826.24	45.09
⑤	154～180	818.14	735.93	832.56	44.64
⑥	180～200	817.94	731.11	836.11	44.25
平均值		814.94	736.89	828.76	43.84
标准偏差		3.69	3.72	5.56	1.13

⑥＜⑤＜④。石灰石分解吸热峰、失重起始与结束温度和失重量随着石灰石颗粒尺寸的增大没有什么规律。从标准偏差看出，各粒度段石灰石的分解吸热峰、失重起始与结束温度和失重量相差较大。$CaCO_3$ 热分解主要受到三种速率受控机理：

a. $CaCO_3$ 颗粒内部的传热；

b. 颗粒内部和离开颗粒后的 CO_2 的扩散；

c. $CaCO_3$ 的化学分解。

实验所选择的石灰石颗粒尺寸很小，产物层的物质扩散和热传递的影响很小，同时 TG-DTA 分析仪升温是一个较长的影响过程，所以石灰石的细度对其分解温度的影响并不大，主要受到化学反应因素的影响。

2. 化学成分分析

根据 GB/T 176—2008《水泥化学分析方法》分别对石灰石、砂岩、粉煤灰和铁粉的化学成分进行化学分析，结果见表 2～表 4。

表 2 各粒度段石灰石的化学成分

石灰石试样 粒度/μm	化学成分（质量分数）/%									
	烧失量	SiO_2	Al_2O_3	Fe_2O_3	CaO	MgO	K_2O	Na_2O	SO_3	Cl^-
0～63	43.15	1.78	0.56	0.25	50.78	2.86	0.09	0.06	0.14	0.008
63～91	43.44	1.76	0.92	0.25	50.00	3.94	0.07	0.06	0.14	0.007
91～125	43.58	1.50	0.76	0.25	50.30	3.69	0.06	0.06	0.14	0.008
125～154	43.61	1.37	0.76	0.25	50.11	3.82	0.06	0.07	0.13	0.007
154～180	43.60	1.44	0.71	0.25	50.70	3.34	0.06	0.06	0.14	0.006
180～200	43.57	1.39	0.75	0.25	50.21	3.68	0.05	0.05	0.15	0.006
平均值	43.49	1.54	0.74	0.25	50.35	3.56	0.06	0.06	0.14	0.007
标准偏差	0.18	0.18	0.12	0	0.32	0.40	0.02	0.01	0.01	0

注：表中各粒度段对应试样编号见表 1。

从表 2 可以看出，石灰石烧失量从低到高排列顺序为①＜②＜⑥＜③＜⑤＜④；石灰石主要化学成分 SiO_2 含量从低到高排列顺序为④＜⑥＜⑤＜③＜②＜①；石灰石主要化学成分 Al_2O_3 含量从低到高排列顺序为①＜⑤＜⑥＜③＝④＜②；石灰石主要化学成分 CaO 含

量从低到高排列顺序为②<④<⑥<③<⑤<①；观察各粒度段石灰石的主要化学成分规律，只有 SiO$_2$ 含量随着粒度的增大而逐渐变小，其他化学成分没什么规律。因为石灰石中结晶 SiO$_2$ 的硬度高于石灰石的硬度，微量的结晶 SiO$_2$ 在粉碎过程中从石灰石主体上剥落下来，所以石灰石粒度段越小，SiO$_2$ 含量越大。从标准偏差可以看出石灰石各粒度段的化学成分变化很小。

表 3　各粒度段砂岩的化学成分

砂岩试样编号和粒度 /μm	化学成分(质量分数)/%									
	烧失量	SiO$_2$	Al$_2$O$_3$	Fe$_2$O$_3$	CaO	MgO	K$_2$O	Na$_2$O	SO$_3$	Cl$^-$
⑦0~45	2.85	75.28	12.88	3.20	0.50	0.55	2.30	0.94	0.02	0.004
⑧45~63	2.14	81.56	10.37	2.22	0.35	0.49	1.80	0.97	0.02	0.003
⑨63~74	2.11	81.34	9.92	2.12	0.45	0.34	1.73	0.96	0.03	0.003
⑩74~91	1.39	86.44	7.64	1.45	0.24	0.32	1.42	0.86	0.02	0.003
平均值	2.12	81.16	10.20	2.25	0.39	0.43	1.81	0.93	0.02	0.00
标准偏差	0.52	3.96	1.86	0.62	0.10	0.10	0.32	0.04	0.00	0.00

从表 3 可以看出，砂岩烧失量从低到高排列顺序为⑩<⑨<⑧<⑦；砂岩主要化学成分 SiO$_2$ 含量从低到高排列顺序为⑦<⑨<⑧<⑩；砂岩主要化学成分 Al$_2$O$_3$ 含量从低到高排列顺序为⑩<⑨<⑧<⑦；砂岩主要化学成分 Fe$_2$O$_3$ 含量从低到高排列顺序为⑩<⑨<⑧<⑦；砂岩主要化学成分 CaO 含量从低到高排列顺序为⑩<⑧<⑨<⑦；观察砂岩各主要化学成分的规律，砂岩烧失量、主要化学成分 Al$_2$O$_3$、Fe$_2$O$_3$ 含量随着粒度的增大而逐渐变小，而 SiO$_2$ 含量随着粒度的增大逐渐增大。因为砂岩中主要化学成分结晶 SiO$_2$ 的硬度高于其他化学成分的硬度，少量的其他化学成分在粉碎过程中从砂岩主体上剥落下来，所以 SiO$_2$ 含量随着粒度的增大逐渐增大，其他化学成分 Al$_2$O$_3$、Fe$_2$O$_3$ 含量随着粒度的增大而逐渐变小。从标准偏差可以看出砂岩各粒度段的主要化学成分 SiO$_2$、Al$_2$O$_3$ 变化比较大。

表 4　铁粉和粉煤灰的化学成分

试样	化学成分(质量分数)/%									
	烧失量	SiO$_2$	Al$_2$O$_3$	Fe$_2$O$_3$	CaO	MgO	K$_2$O	Na$_2$O	SO$_3$	Cl$^-$
铁粉	9.72	21.7	3.11	61	0.63	0.68	0.56	0.07	1.53	0.001
粉煤灰	12.75	51.34	23.69	5.4	2.14	0.91	2.06	0.6	0.23	0.001

3. 原料配比

本实验生料以石灰石、砂岩为主要原料，铁粉和粉煤灰作为校正生料，按照配料率值 KH=0.890、SM=2.500、IM=1.600 进行配料，生料成分组成见表 5。

表 5　生料配合比　　　　　　　　　单位：%

石灰石		粉煤灰	铁粉	砂岩			
				0~45μm	45~63μm	63~74μm	74~91μm
0~63μm	80.222	5.689	2.032	12.056			
	80.222	8.017	2.109		9.652		
	80.126	8.245	2.107			9.522	
	80.122	9.603	2.124				8.151

续表

石灰石		粉煤灰	铁粉	砂 岩			
				0~45μm	45~63μm	63~74μm	74~91μm
63~91μm	80.940	3.655	2.119	13.286			
	80.939	6.221	2.204		10.636		
	80.832	6.474	2.201			10.492	
	80.828	7.971	2.220				8.982
91~125μm	80.470	4.300	2.072	13.158			
	80.470	6.841	2.156		10.534		
	80.365	7.091	2.153			10.391	
	80.360	8.573	2.172				8.895
125~154μm	80.458	4.152	2.062	13.328			
	80.457	6.726	2.148		10.670		
	80.350	6.980	2.145			10.525	
	80.346	8.480	2.164				9.010
154~180μm	80.230	4.557	2.069	13.145			
	80.229	7.095	2.153		10.523		
	80.125	7.345	2.150			10.381	
	80.120	8.825	2.169				8.886
180~200μm	80.422	4.237	2.063	13.278			
	80.421	6.801	2.148		10.630		
	80.315	7.054	2.145			10.486	
	80.311	8.549	2.164				8.976

4. 易烧性

在上述配料计算的基础上按照 JC/T 735—2005《水泥生料易烧性试验方法》进行了易烧性实验。对所选定的试样在 1350℃、1400℃ 和 1450℃ 三个温度下煅烧 30min 的熟料试样中残存的游离氧化钙（f-CaO）的测定结果见表 6。

表 6　各配料方案游离氧化钙的测定结果

石灰石粒度/μm	温度/℃	f-CaO/%			
		砂岩 0~45μm	砂岩 45~63μm	砂岩 63~74μm	砂岩 74~91μm
0~63	1450	0.10	0.18	0.29	1.29
	1400	0.44	1.21	1.48	3.65
	1350	1.30	3.07	4.45	7.23
63~91	1450	1.50	2.61	3.00	4.66
	1400	3.25	3.95	4.93	7.48
	1350	5.48	6.81	7.48	11.02
91~125	1450	4.74	4.72	4.72	5.75
	1400	5.33	5.57	6.20	8.94
	1350	8.09	8.31	8.94	11.03

石灰石粒度/μm	温度/℃	f-CaO/%			
		砂岩 0～45μm	砂岩 45～63μm	砂岩 63～74μm	砂岩 74～91μm
125～154	1450	5.06	6.78	8.55	8.12
	1400	8.00	8.23	9.47	12.28
	1350	10.15	10.49	12.50	13.51
154～180	1450	9.23	7.70	11.03	9.75
	1400	10.83	12.32	12.03	11.74
	1350	14.48	12.73	14.76	16.40
180～200	1450	7.86	9.93	10.74	12.76
	1400	13.06	14.16	13.57	17.81
	1350	23.77	25.85	31.64	29.87

在表 6 中，f-CaO≤1.5% 的那部分已经圈出，当石灰石粒度为 0～63μm 时，煅烧温度为 1450℃，砂岩粒度可以放大到 74～91μm，而当煅烧温度为 1400℃，砂岩粒度可以选择 63～74μm；而当砂岩粒度为 0～45μm 时，煅烧温度为 1450℃，石灰石粒度可以放大到 63～91μm。

从表 6 可以看出，1350℃、1400℃ 和 1450℃ 的实验结果在变化趋势上显示出一致的规律：对于某一粒度段的石灰石，随着砂岩粒度的增加，f-CaO 含量逐渐增大；同样，对于某一粒度段的砂岩，随着石灰石粒度的增加，f-CaO 含量逐渐增大；对于某一组配料方案，随着煅烧温度的增加，f-CaO 含量逐渐减小。

上述表格中的数据，仅能用来查阅参考，为了能够便于分析计算，将上述实验结果按双因次参数进行拟合，即对某一煅烧温度条件，其游离氧化钙的含量主要与方案对应的石灰石粒度和砂岩粒度有关，因此，可将游离氧化钙含量表示为石灰石粒度和砂岩粒度的函数，可拟合成：

$$f(x,y) = a_0 + a_1 x + a_2 x^2 + b_1 y + b_2 y^2 + cxy$$

式中　　　　　$f(x, y)$ ——游离氧化钙含量；

　　　　　　　x ——石灰石粒度；

　　　　　　　y ——砂岩粒度；

a_0，a_1，a_2，b_1，b_2，c ——系数项。

根据最小二乘法原理，对于一组 x_i，y_i，$f(x_i, y_i)$（$i = 1, 2, 3 \cdots\cdots 24$）而言，误差为：$a_0 + a_1 x_i + a_2 x_i^2 + b_1 y_i + b_2 y_i^2 + c x_i y_i - f(x_i, y_i)$，所以对于所有的采样点有误差平方和为：

$$E = \text{sum}[a_0 + a_1 x_i + a_2 x_i^2 + b_1 y_i + b_2 y_i^2 + c x_i y_i - f(x_i, y_i)]^2 \ (i = 1, 2, 3 \cdots\cdots 24)$$

对 E 分别求对 a_0，a_1，a_2，b_1，b_2，c 的偏导数，偏导数等于 0 时有最小值，并把相应的数据代入，可以得到 1350℃、1400℃、1450℃ 煅烧温度下，游离氧化钙含量与石灰石和砂岩粒度的函数，其中系数项和相关系数见表 7。

表 7 1350℃、1400℃、1450℃煅烧温度下 a_0，a_1，a_2，b_1，b_2，c 系数项和相关系数

温度/℃	a_0	a_1	a_2	b_1	b_2	c	相关系数 (R^2)
1350	6.7131	−0.11004	0.0010625	−0.083331	−0.000040528	0.0015498	0.984
1400	−0.70208	0.048715	0.00016609	−0.059086	−0.00012465	0.0011842	0.997
1450	−0.71433	0.042471	0.000037757	−0.05194	0.00024001	0.00060087	0.995

对于相关温度下的拟合函数，其相关系数都很高，已能满足工程计算的需要。

另一方面，考虑到所选生料的化学性质，配料的均匀性、煅烧温度和保温时间，实验室条件等与实际生产相比存在较大差异，在实际生产中熟料中的游离氧化钙含量将与易烧性实验中的数值有一定的差异。同时，易烧性仅反映生料烧成过程中 CaO 的吸收程度，要体现配料方案的好坏还必须对各方案烧成的熟料进行相关物理性能的测试。

三、结论

① 石灰石的细度对其分解温度的影响并不大，主要受到化学反应因素的影响。

② 石灰石各粒度段的主要化学成分 SiO_2 含量随着粒度的增大而逐渐变小，其化学成分含量变化也很小；砂岩各粒度段的主要化学成分烧失量、Al_2O_3、Fe_2O_3 含量随着粒度的增大而逐渐变小，而 SiO_2 含量随着粒度的增大逐渐变大，其中 SiO_2、Al_2O_3 含量变化较大。

③ 对于某一粒度段的石灰石，随着砂岩粒度的增加，f-CaO 含量逐渐增大；对于某一粒度段的砂岩，随着石灰石粒度的增加，f-CaO 含量逐渐增大；对于某一组配料方案，随着烧成温度的增加，f-CaO 含量逐渐减小。

④ 在一定的煅烧温度条件下，对于采用石灰石和砂岩配制的生料，其游离氧化钙含量与石灰石和砂岩的粒度间的拟合函数关系具有较高的相关性，可以作为评估生料易烧性的依据。

参考文献

[1] 赵介山. 水泥生料易烧性实验研究与评价. 广东建材，2001 (3)：23-27.

[2] 童大懋，梅炳初. 率值对生料易烧性的影响. 武汉工业大学学报，1991，(1)：8-13.

[3] 周勇敏，周松林，王雅琴. 生料颗粒接触状况对 f-CaO 吸收的影响. 水泥工程，2000，(5)：8-9.

[4] T R Seshadri，D B N Rao. The adverse effects of particle size distribution of kiln feed on pyroproeessing. World Cement，1990 (6)：245-247.

[5] S.N 戈什（印度）. 水泥技术进展. 杨南如，闵盘荣译. 北京：中国建筑工业出版社，1986.

[6] 齐庆杰，马云东等. 碳酸钙热分解机理的热重试验研究. 辽宁工程技术大学学报，2002，21 (6)：689-692.

第二篇　数值模拟分析研究

对邗江型五级预热器系统热效率的研究

——系统计算机热态优化模拟及单体冷态模型实验结果的分析

王　伟　蔡玉良

由日本水泥有限公司引进设备建设的邗江水泥厂小型五级预热器熟料烧成系统自1987年底投入运行以来，取得了良好的技术经济效果，各项主要技术指标都达到或超过了合同规定的指标。这一项目的成功为在我国推广适合国情的中小型预热器窑提供了有益的经验。

为了认真消化吸收这项新技术，解释这套预热器系统有较高热效率及工作稳定性的原因，我们探索性地开展了一些实验研究。本文拟从理论与实验结合的角度，重点阐述在系统热效率研究方面所做的部分工作。

一、对预热器系统计算机热态优化模拟实验

很显然，要对邗江型预热器系统（以下简称NHPS）的系统热效率作探讨，首先碰到的一个问题是如何在优化的基础上对系统热态运行过程参数及其交互关系作定量的描述，或曰建立分析体系。第二个问题是怎样使新建立的分析体系应用于NHPS，从而获得对NHPS的过程计算机模拟，为分析、论证问题奠定基础。研究的基本作法如下。

1. 方法概要

通过建立热态数学模型，利用电子计算机，在满足工艺条件的前提下，以系统的热效率最高为目标，采用非线性规划理论的处理方法，探讨NHPS工艺参数的合理分布情况，为邗江型五级预热器技术的反求，最终为提高NHPS系统的设计质量提出评价意见。

最优化方法是近二三十年来迅速发展的研究方法，它以数学规划理论为基础，建立设计的目标及必须满足约束条件的数学表达式，用数学语言可描述为：

目标函数：$f(X)$，$X \in E^n$

约束条件：$g_j(X) \geqslant 0$，$j = 1, 2, \cdots p$

$\qquad\qquad h_j(X) = 0$，$j = p+1, \cdots m$

其中，$f(X)$为最大收益函数（目标函数），所有$h_j(X)$和$g_j(X)$的集合构成了对$f(X)$求极值的约束条件，称为约束函数。

然后选用适当的最优设计方法，用计算机来确定设计方案。这样，可以缩短设计周期，提高设计质量。

2. 热态工艺参数优选的准备

在对五级预热器进行热态工艺参数模拟优选之前，首先必须做好如下基础工作。

（1）物性参数的拟合

在进行热态模拟之前，固体物料及气体介质的比热容与温度的关系必须拟合成方程：

$$c_p = a_0 + a_1 \cdot T + a_2 \cdot T^2$$

式中　a_0，a_1，a_2——拟合系数；

　　　　c_p——比热容；

　　　　T——温度。

（2）系统的划分

为分析问题方便，将 NHPS 划分为 10 个子系统（图 1）。

（3）假设条件的提出

根据工艺特点和参考有关文献，作出如下几条合理的假设：

① 原料中的物理结合水在第一级管道（C2 和 C1 之间管道）里完全脱出。

② 原料中的化学水在第二级管道中完全脱出。

③ 原料的 $CaCO_3$ 分解分别在第三、四、五级预热器系统及回转窑中进行，其分解所占的比例是优选设计的求取量。

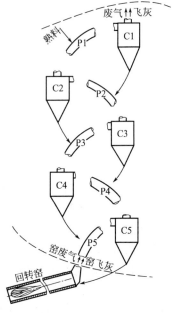

图 1　NHPS 的 10 个子系统示意

3. 目标函数的选择

显然，在开发设计中，如何提高新系统的热效率是设计所追求的目标之一。在本工艺参数优选模拟中，选择 NHPS 的系统热效率为目标，其数学表达如下：

$$\mathrm{obj} = O(c_p, \vec{T}, \eta, \vec{D_r}, \vec{C_c}, \vec{S_c}, \vec{S_p})$$

式中　obj——目标函数值；

　　　　η——分离效率（数据组），$\eta = f_1(\vec{S_p}, \vec{S_c}, \vec{T})$；

　　　　$\vec{D_r}$——分解率，$\vec{D_r} = f_2(\vec{C_c}, \vec{S_p}, \vec{T})$；

　　　　$\vec{S_p}$——操作状态参数，$\vec{S_p} = f_3(\vec{M}, \vec{V}, C_{co}, Y)$；

　　　　$\vec{M}$——料流量（矢量）；

　　　　$\vec{V}$——气流量（矢量）；

　　　　c_p——比热容（数据组）；

　　　　$\vec{T}$——温度（矢量）；

　　　　$\vec{C_c}$——组合形式（矢量）；

　　　　$\vec{S_c}$——单体结构（矢量）；

　　　　Y——产量；

C_{co}——原、燃料化学组成及燃料热值（数据组）。

当各单体结构和系统的组合形式一定，产量和原、燃料性质也一定时，目标函数可简化为：

$$\text{obj} = O\ (\vec{T},\ \eta,\ \vec{D_r},\ \vec{M},\ \vec{V})$$

也就是在满足工艺约束的条件下，问题简化为操作参数（$\vec{T}$，η，$\vec{D_r}$，$\vec{M}$，$\vec{V}$）如何选取才能使得系统的热效率最高。

4. 约束条件的提出

任何系统设计及工艺参数的选取，都必须符合工艺的合理性及可能性，这种合理性和可能性构成的自由空间就是约束条件。本文从水泥工艺原理、传递过程、化学反应过程的原理出发，对参数的选取提出如下的约束条件。

① 物料平衡约束条件。在确定生产能力的情况下，当作物料衡算时，采用从窑尾界面量出发逐级向上计算和从确保顶级筒飞灰量小于一定值出发逐级向下计算，并使两组计算结果的误差小于某一给定值（确保精度）的基本方法，来保证每个子系统物料的收支平衡。

② 每个子系统的收支热量应该相当，即 $|Q_支 - Q_收| \leqslant \varepsilon$，$\varepsilon$ 为给定计算精度。

③ 每级预热器的分离效率必须小于 100%，即 $\eta_i < 100\%$。

④ 每个子系统的热效率必须小于 100%，即 $\varphi < 100\%$。

⑤ 根据换热原理，每个子系统进出口气体温度应大于或近似等于相应固体物料的温度。

⑥ 每个独立的优选参数必须具有一定的物理意义，即不能出现负值，同时考虑到收敛的速度，对部分参数提出上限约束。

⑦ 窑尾飞灰与窑尾的风速有关，本文中窑尾飞灰占入窑物料的量在 $12\% \sim 15\%$ 范围随机选取。

5. 方法的选择

针对本问题，通过计算实践认为，在优选参数计算时，方法的选择必须适合下面几点要求：

① 对非线性规划函数的性质适应性要强，不求导；

② 初始点的选择不影响参数优选计算的进行；

③ 计算速度要快。

据此，本文认为选用 DSFD 方法能够适应本问题工艺参数的优选。

工艺参数的优选过程可以参考图 2（限于篇幅，计算过程略，仅提供程序框图）。

6. 计算结果及初步分析

在进行若干次计算的结果中，都分别从已知参数（原、燃料的化学组成，系统热耗及其系统入口界面参数）出发，在约束条件均满足的条件下，给出了预热器系统内部参数的优化分布情况，见图 3（其中的一组分布参数）。

在这一组分布参数的计算中，煤耗 $X = 0.198\text{kg/kg}$ 熟料，煤的热值 $Q_{dw}^y = 5000 \times 4.18\text{kJ/kg}$，所得到的模拟 NHPS 热效率为 57.15%，特别需要说明的是，这一计算结果的置信度（广义）是以计算出的入窑物料的分解率来讨论的，显然，其结果与邗江厂五级预热器窑的实际运转数据是一致的。据此，可以认为这次计算的相关性是较好的。

分析上述模拟参数分布的计算结果，很明显地发现：

① 在保证工艺合理的前提下，若要使 NHPS 有较高的系统热效率，必须要使各级预热

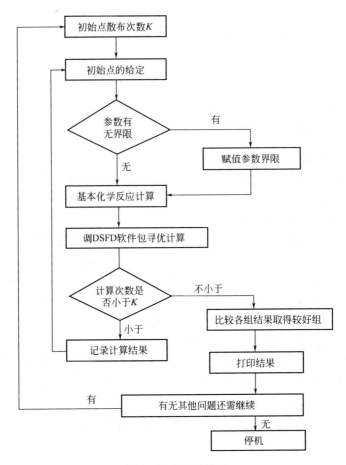

图 2　程序框图示意

器的分离效率设计得很高。

②　各级旋风筒理想的分离效率对热效率的影响幅度顺序是由下向上的，即越接近高温区的预热器，分离效率对系统热效率的影响越大（最上一级旋风筒除外，因为其呈现的高分离效率数值是由控制飞灰损失生料量的工艺要求这个初始条件——约束条件决定的）。

由上述结果分析可以引出两点推论：

①　邗江型预热器在旋风筒设计上强调了提高效率，其独特的旋风筒下部扩大的结构设计不仅仅是解决堵料问题，而更重要的是为了提高分离效率，进而提高系统热效率。

②　若要使 SP 窑有较高的窑尾系统热效率，努力提高高温区旋风筒的分离效率应该是问题的重点。这对热工制度稳定的预热器系统是有可能做到的（这一结果不完全适用 NSP 窑），换句话说，窑运行工况的稳定与预热器性能设计本身有着互为因果的关系。

另一方面，文献［2］的研究表明"末级筒的分离效率越高，单位热耗越低，废气温度也越低"；而文献［3］中指出，因为证明了"$\left(\dfrac{\partial \varphi}{\partial \eta_1}\right)\Big/\left(\dfrac{\partial \varphi}{\partial \eta_2}\right)>1$，揭示了提高 η_1（顶上的旋风筒效率）对增加热效率的作用比提高 η_2"大。可见，大家的意见是有分歧的。

为了更具体地获得有关邗江型预热器的特性资料，判断上述推论的正误，笔者在上述模拟计算的基础上，对日本水泥公司的邗江型旋风筒作了进一步的实验研究。

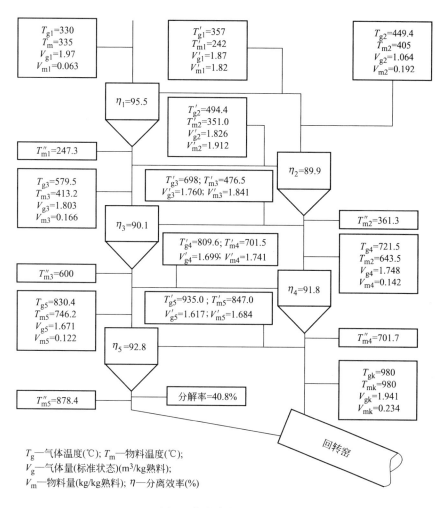

T_g—气体温度(℃)；T_m—物料温度(℃)；

V_g—气体量(标准状态)(m³/kg熟料)；

V_m—物料量(kg/kg熟料)；η—分离效率(%)

图3 优化参数分布示意

二、对预热器单体的冷态模型实验

1. 实验测定分离效率

我们依照邗江型旋风筒（第三级，以下简称C3）按一定比例制作了有机玻璃模型，采用定量称重的方法，在模拟实验装置上测定了C3在模拟工况边界条件下的分离效率特性，将所得数据绘成如图4所示的效率曲线。

从实测结果可得到如下主要结论。

① 邗江型预热器总的说来有较高的分离效率，其工况条件下，C3（中间级）的分离效率应在85%～90%。而事实上，目前通常的作法往往是设计中间级预热器的分离效率比上下两端的预热器稍低一些。

② 在预热器单体效率特性方面，随着

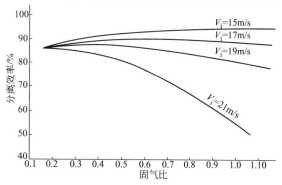

图4 分离效率曲线

入口风速的增高，总的分离效率是下降的趋势，且固气比与单体分离效率的变化曲线变得越来越"软"，由图4可见，操作上最好将入预热器的进口风速 V_i 控制在19m/s以下。

③ 从实验对比中发现，由于邗江型预热器下部结构上的特殊设计，使物料下卸的流动性明显改善，如果下料量（处理物料量）不过大（指固气比呈明显不合理），其防堵塞性能明显好于没有"扩大段"的普通预热器。必须指出的是，实验表明：如果预热器卸料段有漏风或非正常回流（气流倒窜入预热器卸料口），则预热器卸料情况将明显恶化。这种恶化和堵塞与普通旋风筒不同的是，一旦"漏风"克服，物料不需任何外力即可很快恢复卸料。观察发现，由于设计有"扩大段"，使其中气流量较一般旋风筒大且旋转强烈。物料呈"流化状态"，这可能是卸料顺畅的重要原因，这一优点对小型旋风筒显得至关重要。

2. 流场测定与分析

鉴于旋风筒的基本功能是分离，因而在探讨邗江型旋风筒内气固分离过程时，首先应该阐明其内部的流体动力学特征，笔者利用五孔探针测速装置，辅之以计算机作数据采集和处理，测定了C3内部三维速度场的分布，并试图据此简要分析邗江型旋风筒结构特征下的流场特征对单体分离效率的影响，图5所示为C3模型上速度和压力分布的计算机打印结果。

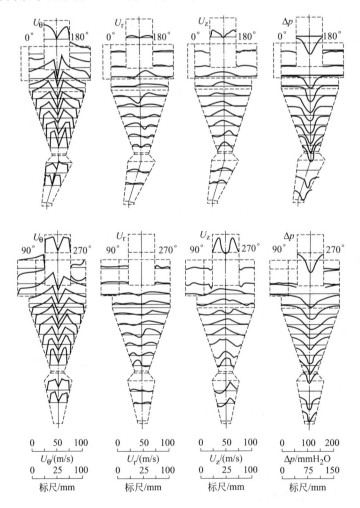

图5 模型的速度和压力分布示意

关于流场测定，这里提出几点初步分析。

（1）关于切向速率 U_θ

由邗江型预热器（以下简称 NHP）的测定，证明了主流向三个分速率中数值最大的是切向速率 U_θ。其值的大小表征了气流承载固体质点运动的能力以及对所承载质点形成离心效应的能力。由图 5 可见，切向速度分布由核心部分的刚性旋转和外部准自由涡两部分组成。据文献[4]介绍，除旋涡流的核心部分外，其余部分作为准自由涡，可以用以下经验式来表达。

$$U_\theta \cdot r^n = C(常数)$$

综合许多研究人员的报告所提出的 n 值，均在 $0.5\sim0.9$ 范围，而其中较早的报告接近 0.5，较晚的偏向取稍大的值。

对 NHP 测定即 n 值测算结果见表 1。

表 1 n 值测算结果（势流区）

侧面位置	0°,3	0°,4	0°,5	0°,6	90°,3	90°,4	90°,5	90°,6	180°,3	180°,4	180°,5	180°,6	270°,3	270°,4	270°,5	270°,6
n 值	0.70	0.72	0.92	0.78	0.77	0.72	0.96	0.90	0.60	0.68	0.68	0.65	0.62	0.532	0.524	0.50

注：侧面位置中的数字代表测点位置。

由表 1 可见，大部分 n 的测值分布在 $0.6\sim0.8$ 之间，其平均值相对前人研究报告的 $0.5\sim0.9$ 范围偏低。根据笔者推导的旋风筒特性数学模型的分析可发现：n 值的大小对旋风筒单体阻力和分离效率的影响是不同的，对旋风筒阻力及减小临界分离粒径、提高分离效率来说，希望 n 值小点为好。NHP 设计中 n 值取中间值，是适当考虑了提高分离效率，进而提高热效率的。

但从另一方面说，如果用目前国际上单体性能最好的旋风筒来做比较，NHP 在分离效率及阻力方面又显得尚有潜力可挖，那么日本公司在抓系统热效率时是否还有别的考虑呢？测定表明，在改善卸料功能上日本专家给予了更大的关注。

旋风筒阻力公式：

$$\Delta p = \frac{\rho}{2}V_i^2\left\{[(K_1 K_2)^{-2n}-1]+\frac{4\pi f K_2^2 S}{d_e(K_1^{-2}-1)}\right\}$$

旋风筒临界分离粒径公式：

$$d_c = \sqrt{\frac{36ab(1-K_1)\mu}{\pi V_i(\rho_s-\rho)[(K_1 K_2)^{-2n}-1]H_c}}$$

式中　Δp——旋风筒压力损失，Pa；

ρ——气体密度，kg/m^3；

V_i——旋风筒入口风速，m/s；

K_1——旋风筒内筒（出口风管）无因次直径，$K_1=\dfrac{d_e}{D}$；

K_2——蜗壳无因次直径，$K_2=\dfrac{d_a}{d_e}$；

d_e——内筒直径，m；

d_a——旋风筒流场中所测得的兰金蜗壳直径，m；

D——柱体直径，m；

n——流场分布速度方程指数；

f——范宁摩擦系数，0.005；

S——内筒插入深度，m；

ρ_s——物料密度，kg/m^3；

μ——气体黏度，$Pa \cdot s$；

H_c——旋风自然长。

（2）关于"扩大段"的径向和轴向速度分布

由图5可见，NHP扩大段中的径向速度在其上半段呈半边类汇流、半边类源流分布，下半段均为有利于收下物料的类源流分布。而特别值得提出的是：对分离效率高低至关重要的轴向速度分布在"扩大段"里呈非对称流型，半边轴向速度 U_z 方向指向上，另外半边 U_z 指向下，这样物料不但在落入"扩大段"后在较大切向速度作用下向边壁运动（而不易经"瓶颈口"再返回旋风筒内），而且会在作旋转运动的同时，作上下方向的翻动，这在有机玻璃模型里看得非常清楚。其总体运动状态好似物料呈流化状，使物料的下卸变得流畅。流场的测定与分析证实了前述推论。

小型预热器卸料性能的改善从根本上保证了高分离效率的有效性，从工程的意义上说，这比单纯强调分离效率的提高（即热效率的提高）具有更重要的意义。

（3）关于与流场分布有关的"旋风自然长"的问题

考察旋风自然长，可分析是否合理地选择了筒体长度，从而控制不良径向流动。文献[5]指出：在一定限度内增加筒体长度（无论是增加圆柱部分的长度还是减少圆锥的倾角）都会提高分离效率、增大处理量而不增加压力降。为此，Alexandar 把内筒底端而到旋风仍保持自然旋转处的距离称为"旋风自然长"，并提出如下经验式：

$$H_c = 2.3 d_e \left(\frac{D_c^2}{ab}\right)^{\frac{1}{3}} = 7.3 r_e \left(\frac{r_c^2}{A_i}\right)^{\frac{1}{3}}$$

式中　H_c——旋风自然长；

d_e、D_c——旋风筒内筒直径、筒体直径；

r_e、r_c——旋风筒内筒半径、筒体半径；

A_i——旋风筒入口截面积；

a、b——旋风筒进气口高、宽。

如果筒体总长小于旋风自然长，旋涡流受到壁面过分干扰，使不良径向、轴向流动及次级流动得到增强，从而加剧粒子的返混程度，缩短颗粒停留时间，降低分离效率。

利用旋风自然长经验计算式求得 NHP 的旋风自然长值见表2。

表2　旋风自然长计算值

项　　目	C1	C2	C3	C4	C5
H_c/m	4.70	4.55	4.55	4.92	4.92
$\dfrac{H_c}{H_1}$	1.0	1.24	1.24	1.13	1.13
$\dfrac{H_c}{H_2}$	0.4	1.02	1.04	1.04	0.88

注：H_1 为包括"扩大段"在内的旋风筒总高，H_2 为笔者曾测定的1500t/d NSP窑预热器总高。

由表2可看出，NHP 是将旋风筒筒体扣除内筒长以外的长度设计成与旋风自然长相等或稍高（相对大型厂设计得高一些），即防止了旋风的"尾巴"伸入灰斗深处，搅起粉尘并带入上升气流中（这对小型旋风筒保证效率及下料顺畅尤为重要），又不至于将筒体做得过长。

由此推论，邗江型预热器的设计是将保证收尘效率及下料顺畅放在首位，没有特别强调降低高度。这是保证系统热效率这个总目标所要求的。

3. 撒料器的效果测定及分析

系统热效率高的另一个特别本质的问题是物料能否在预热器之间的换热管道里获得充分的分散。由流场、压力场图（图 5）中可以发现，在旋风筒出风管道里，边缘与中心存在着高达几百毫米水柱的压差，由 U_r 分布图可见，在出风管断面上有近 1/2 的区域（中心部分）U_r 是指向中心的，另一方面在轴向速度分布上，出风管中心区 U_z 有一个很低速率的区域。所有这些，都表明来自上一级预热器的物料在进入下一级换热管道后，分散条件不十分理想，因此合适的撒料装置的使用是一个不容忽视的问题。

在 NHPS 中，配备有特殊结构的插入式撒料板，其撒料（物料分散）效果如何，模型实验提供了观察结果，对于料流"短路"的问题，情况见表 3。

表 3　撒料效果

旋风筒进口风速/(m/s)	9	10	11	12	13	14
装撒料板	▲	△	△	△	△	△
未装撒料板	▲	▲	▲	▲	▲	△

注：▲为料流短路，△为无料流短路。

对于物料分散的问题，采用 4000 幅/s 的高速摄影技术对撒料过程作了观察，结果表明（以 14m/s 出口风速下摄影结果为例），加入撒料器以后，物料在整段换热管上呈均匀分布（撒料器方向要作适当调整），物料颗粒群与旋风筒顶盖之间明显地有一段距离（高速摄影胶片上可见明显的界面），稍有不同的是，当固气比小时，高速摄影记录到的情景如图 6 所示，图 7 所示为固气比大（正常下料量）时的情景。

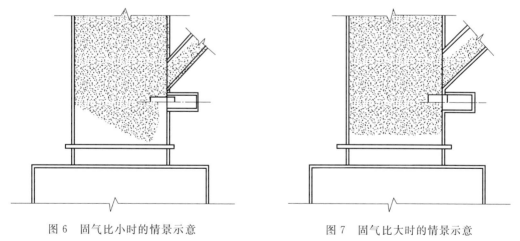

图 6　固气比小时的情景示意　　　　图 7　固气比大时的情景示意

研究表明，良好的分散是各级热效率高的重要保证。

三、结论

对邗江型预热器系统的研究和分析得出如下初步结论。

① 计算机模拟表明，邗江型预热器要有高的热效率，必须有高的旋风筒分离效率做

保证。

②冷模实验证实了邗江型预热器在系统及单体结构设计上，重点保证了旋风筒的分离效率，以此来保证系统的热效率。

③邗江型旋风筒的特殊"扩大段"设计主要是改善了卸料功能，以良好的近似流化状卸料功能来保证单体分离效率的有效性，改善了系统运行条件，稳定了系统的热工制度。

④特殊的撒料器结构使换热管道获得了理想的气固分散、混合的物理条件（即使是在低风速下）。这是系统换热效果好的本质条件。

⑤作为一种设计思想的探讨，日本公司在小型 SP 窑系统设计上似乎对改善运行状况（如解决下料问题）比对单体设备的静态性能（如系统阻力、设备高度）等更为关心，在二者难以兼顾时，优先保证后者。邗江型预热器系统是以抓住管道换热效果，保证收尘，特别是卸料功能、稳定操作及热工制度来实现预热器系统有较理想的热效率的。

参考文献

[1] 张有卓，胡道和. 预分解窑系统的计算机模拟数学模拟和最优化方法在水泥工业中的应用. 南京化工学院学报，1987，11（4）.

[2] 陈全行，孙庆时. 采用数学模型确定旋风筒加立筒预热器的热经济性. 水泥，1982，4.

[3] 徐德龙，陈惠霞. 粉体预热器热效率的理论研究. 西安建筑科技大学学报：自然科学版，1986，4.

[4] 清华大学热能工程系. 流体力学. 北京：机械工业出版社，1982.

[5] 周理. 旋风分离器基本理论与最佳设计. 化工炼油机械，1979，46（5）.

[6] Alexander，R. M. Fundamentals of cyclone design and operation. Proc. Austral. Inst. Min. Met，1949，152.

预分解系统单体模拟与实践应用

蔡玉良　丁苏东　叶旭初　胡道和

一、概述

本文从工程应用的角度出发，采用 CFD 技术对新型干法水泥熟料生产技术中主要的单体设备旋风预热器和分解炉进行数值模拟计算，取得相应预测结果以指导工程的个性化设计。

1. 数值模拟技术的发展概况

自 20 世纪 60 年代后期以来的 40 年中，在理论流体力学的基本规律和概念指导下，计算流体力学解决了流体运动过程中的许多疑难问题，解决了三维空间内的流体流动的技术问题。采用方程组离散和迭代的计算方法，突破了求解非线性偏微分方程组的困难，使得流体力学数值计算技术日趋成熟，并在工程技术研究领域得到广泛的应用。

在欧美等发达国家，计算流体力学已得到了广泛的应用。这主要得益于在实验研究的基础上，建立了大量能够反映流体运动客观规律的数学模型，如湍流模型、爆轰模型、弹塑性流体模型、心血管流模型等，这些反映流体运动规律的模型再与反映工程实际过程的化学反应模型（燃烧、爆炸、传热、凝固、多相反应）相耦合或结合，逐步形成了以 CFD 技术为基础的 CAE（Computer Aided Engineering）软件库，这些基础研究工作为工程技术的研发和应用奠定了一定的基础。

目前，在计算流体力学技术应用方面，各国工程界倾向于尽量利用大型、高速计算机来处理问题。一方面，许多学者一直在努力地编写着能够反映流体运动和传热过程的精细而又复杂的通用计算程序，无论是在经济性上还是在软件的可靠性和适应性上均获得了成功。另一方面，随着计算机技术的发展，在求解流动和传热问题时，可以根据工程计算容量和规模的大小，选择和利用并行处理系统的超级计算机（CRAY、IBM、SGI 等）进行计算，也可以在 PC 级工作站上完成，使得 CFD 技术的应用更为普及。

我国在计算流体力学领域的研究，始于 20 世纪 60 年代中期，与国外的发展历程基本相同，伴随计算机技术的发展而发展。由于国防的需要，推动了计算流体力学的发展。与国防相关的航天工业和核工业等部门所属的高等院校、研究院和试验基地是我国计算流体力学发展的重要支柱单位。近年来，CFD 技术已经被我国的工业界逐渐接受，作为一种研究与开发的辅助工具，已经被广泛地应用于各种工业过程研发和应用的技术预测中，推动了研究方法的革新和技术的进步，创造了一定的经济效益。

2. 数值模拟在预分解系统技术研发中的作用和意义

新型干法水泥熟料烧成系统，是现代水泥生产技术的发展主流，其过程的研发和设计，在水泥工程技术研发活动中占有重要的地位。预分解系统在烧成系统中占有重要的地位，其设计的好坏直接影响烧成系统的技术性能。因此对其进行全面的技术研究是非常有意义的工作。预分解系统是由多级旋风筒构成的悬浮预热器、分解炉及相关的组件构成。各级旋风筒和分解炉又是这一系统的关键装置。旋风筒是构造悬浮预热器技术的基本单元，从根本上改变原水泥生产过程中粉料预热传热状态，将回转窑内物料堆积态的预热和分解过程，分别移至预热器和分解炉内呈悬浮状态进行。分解炉是新型干法预分解窑系统中的重要热工设备，它汇集了复杂反应过程，既有燃料燃烧，又有气固相换热和碳酸盐的分解，甚至有少量的中间矿物的合成反应，因此，承担着气固两相输送、混合、分散、换热和化学反应的复杂任务，并且伴随颗粒粒径、气固流量及温度、压力等复杂的变化。而上述功能和各种物理化学过程又是彼此相互关联、相互作用和相互制约的。目前国际上用于预分解系统的分解炉形式多达三十余种，但从原理上和结构形式无非是喷腾炉、流化炉、涡旋式炉和管道式分解炉及其相互组合，不同形式的分解炉适应于不同的环境和条件。总之，现代分解炉的结构均表现出了多种分解炉的复合性，研发设计出一种新型高效的分解炉并非易事，有必要利用现代化学工程理论从各个方面综合分析、实验研究，最后通过实践反复改进和优化才能实现。

随着生产系统的大型化，对单体设备的研究不可能采用全尺寸模型模拟，目前一般采用小型冷态模拟实验方式，而通过冷模实验获得的数据并不能够完全反映模型放大后的真实过程。在冷态实验、热态采集数据和模型校正的基础上，利用现有模拟方法，完全可以经校正的模型进行数值模拟，使预分解系统的研究手段有了较大的拓宽，利用该技术可以完成预分解系统真实工况下的虚拟实验，并根据所得的数据，对模拟的系统进行技术性能评价，以指导设备的设计与改进工作。

利用数值模拟技术对旋风预热器进行分析，一般情况下可以得到以下几个方面的信息：

① 中心涡的稳定性及其与锥部器壁的相互作用，相应的颗粒返混情况；

② 撞击某处器壁的颗粒数目，以及相应的碰撞能量，根据这些信息可以较好地理解颗粒在旋风筒内的磨蚀和沉积；

③ 可以得到给定设计参数和操作参数下的压降；

④ 旋风筒的分离效率与换热效率。

利用数值模拟技术对分解炉进行分析，可以得到整个模型的流场、温度场以及各种组分的标量场；计算燃料的燃尽率与生料分解率；结合实验测得的燃料反应动力学参数，可以预测分解炉的性能，从而指导分解炉的设计，做到分解炉的个性化设计，以满足客户要求。

然而传统的工程研究方法大多采用模型实验的研究方法，这种方法不仅投资大，周期长，耗费人力、财力和物力，而且实验结果误差大，重复性差，与工程实际之间的差距也很难弥合。近年来，随着计算机技术、计算方法和计算流体动力学的不断发展，使得采用计算机模拟工程问题成为可能。与传统研究手段相比，计算模拟的方法具有投资省、周期短的优点。

3. 本课题研究的范围和目标

本研究的对象是中材国际南京水泥研究设计院自主研发的 5000t/d 烧成系统用喷旋管道式分解炉和与之相配套的旋风预热器。该类型的分解炉具有旋风式分解炉和喷腾式分解炉的双重特点，在分解炉内部，三次风和煤粉由分解炉底部向下切向进入分解炉，使炉内的气体和物料形成旋流运动，因而具有旋风式分解炉的特点；同时，窑尾烟气从分解炉的底部沿轴向喷入分解炉，使炉内形成喷腾运动，因而具有喷腾式分解炉的特点。该分解炉的另一个特点就是加长了气流管道，使物料在分解炉中具有充分长的停留时间，有利于煤粉的燃烧及生料的分解。

为了充分掌握分解炉的性能，并为优化设计提供依据，本研究主要探讨了以下几个方面的问题：

① 生料细度对分解炉内燃烧、分解率的影响规律；

② 喷煤口位置对分解炉内燃烧、分解率的影响规律；

③ 具有不同燃烧动力学参数的煤粉对分解炉内燃烧、分解率的影响规律。

为了深入分析我院独特的偏心、大蜗壳、短柱体、歪锥旋风预热器的低压损特性和显著的防堵特性，通过计算不同入口速率情况下的旋风预热器的压力损失以掌握其压损特性，通过捕捉歪锥处的涡流来分析其防堵原理和功效。

二、预分解系统数值模拟研究的模型选择

1. 旋风预热器的计算模型

生产实践证明，预热器系统各级旋风筒的主要作用是气固分离，气固流动是其主要过程，因此，在旋风筒物理场模拟过程中，不考虑内部可能发生的微量化学反应和温度的变化，仅对其内部的物理场进行模拟。

（1）气相方程

气相方程包括连续性方程和动量方程：

$$\frac{\partial \rho}{\partial \tau} + \nabla \cdot (\rho U) = 0$$

$$\frac{\partial}{\partial \tau} \rho U + \nabla \cdot (\rho U \otimes U) - \nabla \cdot (\mu_{\text{eff}} \nabla U) = -\nabla p' + \nabla \cdot [\mu_{\text{eff}} (\nabla U)^{\text{T}}] + B$$

式中　ρ——流体的密度；

τ——时间；

U——流体的速度；

μ_{eff}——有效黏度，$\mu_{\text{eff}} = \mu + \mu_{\text{T}}$；

μ——流体的黏度；

μ_{T}——湍流黏度，对于 $k\text{-}\varepsilon$ 模型，假定 $\mu_{\text{T}} = C_\mu \rho \dfrac{k^2}{\varepsilon}$；

C_μ——常数；

k——湍流动能；

ε——湍流耗散率；

p'——修正压力；

B——体积力。

在湍流模型选择方面，由于普通的 $k\text{-}\varepsilon$ 模型是在涡扩散各向同性的假设基础上建立的，在描述旋风筒内流体强旋流动时，受到了较大的限制。因此，涡扩散各向异性的 Reynolds 应力模型（RSM）是描述旋风筒内部湍流流动的合适选择。

（2）Reynolds 湍流应力模型（RSM）

$$\frac{\partial \rho \overline{U'U'}}{\partial \tau} + \nabla \cdot (\rho \overline{U'U'}U) - \nabla \cdot \left[\rho \frac{C_3}{\sigma_{RS}} \frac{k}{\varepsilon} \overline{U'U'}(\nabla \overline{U'U'})^T\right] = P + \Pi - \frac{2}{3}\rho \varepsilon \boldsymbol{I}$$

$$\frac{\partial \rho \varepsilon}{\partial \tau} + \nabla \cdot \left(\rho \frac{C_3}{\sigma_\varepsilon} \frac{k}{\varepsilon} \overline{U'U'}\right)\nabla \varepsilon = C_1 \frac{\varepsilon}{k}P - C_2 \rho \frac{\varepsilon^2}{k}$$

式中，U' 为脉动速度；P 为湍流剪力；Π 为湍流浮力。

模型中相应常数见表1。

表 1　RSM 湍流模型常数

C_1	C_2	C_3	σ_ε	σ_{RS}
1.8	0.6	0.22	1.375	1.0

2. 分解炉的计算模型

在分解炉的物理场模拟计算过程中，除了气固的流动，还存在着燃烧和气固反应。因此，在模型的选择上，除了上述通用的连续性方程、动量方程外，描述分解炉的其他特征模型如下。

在分解炉的模拟计算过程中，与旋风预热器不同，采用涡扩散各向同性 $k\text{-}\varepsilon$ 湍流模型较为合适，具体如下。

（1）能量方程

$$\frac{\partial \rho H}{\partial \tau} + \nabla \cdot \left[\rho UH - \left(\frac{\lambda}{c_p} + \frac{\mu_T}{\sigma_H}\right)\nabla H\right] = \frac{\partial \rho}{\partial \tau} + Q_R$$

式中　H——流体的焓；

　　　c_p——定压比热容；

　　　Q_R——流体中发生的化学反应的反应热。

（2）$k\text{-}\varepsilon$ 湍流模型

相应的湍流动能 k 和湍流耗散率 ε 的定义式分别为：

$$\frac{\partial}{\partial \tau}\rho k + \nabla \cdot (\rho Uk) - \nabla \cdot \left[\left(\mu + \frac{\mu_T}{\sigma_k}\right)\nabla k\right] = P_k + G - \rho \varepsilon$$

$$\frac{\partial}{\partial \tau}\rho \varepsilon + \nabla \cdot (\rho U\varepsilon) - \nabla \cdot \left[\left(\mu + \frac{\mu_T}{\sigma_\varepsilon}\right)\nabla \varepsilon\right] = C_1 \frac{\varepsilon}{k}[P_k + C_3 \max(G, 0)] - C_2 \rho \frac{\varepsilon^2}{k}$$

式中，P_k 和 G 的定义分别为：

$$P_k = \mu_{eff}\nabla U[\nabla U + (\nabla U)^T] - \frac{2}{3}\nabla \cdot U(\mu_{eff}\nabla \cdot U + \rho k)$$

$$G = G_{buoy} + G_{rot} + G_{res}$$

式中，G_{buoy}、G_{rot} 和 G_{res} 分别代表浮力、旋转力和阻力的作用。方程中各常数的值见表2。

表 2　$k\text{-}\varepsilon$ 湍流模型常数

C_μ	C_1	C_2	σ_k	σ_ε
0.09	1.44	1.92	1.0	1.3

无论在旋风筒颗粒场描述，还是分解炉内颗粒场描述中，均采用 Lagrange 跟踪法。

（3）双挥发反应模型

煤粉燃烧采用双挥发反应模型。双挥发反应模型认为：挥发反应分两步进行，采用两个具有不同速率常数和挥发分产率的反应方程对煤粉的裂解进行描述。第一个方程适用于温度较低的阶段，得出一个较低的挥发分产率 Y_1；第二个方程适用于温度较高的阶段，得出一个较高的挥发分产率 Y_2，最终的挥发分产率 Y 取决于颗粒升温过程，并随着温度的增加而增大，但 Y 值介于 Y_1 和 Y_2 之间。

根据该模型，单位质量的煤粉颗粒经过 τ 时间以后，其中未反应的煤粉质量为 C_0；已经生成的焦炭质量为 C_{ch}；颗粒中的灰分质量为 A；显然，C_0 的初始值为 $(1-A)$。上述两个反应过程的速率常数 k_1 和 k_2 决定了未反应煤粉的转化速率：

$$\frac{\mathrm{d}C_0}{\mathrm{d}\tau} = -(k_1+k_2)C_0$$

挥发分的产生速率为：

$$\frac{\mathrm{d}V}{\mathrm{d}\tau} = (Y_1 k_1 + Y_2 k_2)C_0$$

焦炭的产生速率为：

$$\frac{\mathrm{d}C_{ch}}{\mathrm{d}\tau} = \left[(1-Y_1)k_1 + (1-Y_2)k_2\right]C_0$$

k_1 和 k_2 由 Arrhenius 公式定义，表达式为：

$$k_1 = A_1 \exp\left(-\frac{E_1}{RT}\right)$$

$$k_2 = A_2 \exp\left(-\frac{E_2}{RT}\right)$$

式中，Y_1、A_1 和 E_1 由煤粉工业分析实验测定，Y_2、A_2 和 E_2 由高温干馏实验测得。

（4）石灰石分解模型

$$\frac{\mathrm{d}X}{\mathrm{d}\tau} = \frac{3M_{CaCO_3}}{r_p \rho_p} \cdot k \cdot (p_{e,CO_2} - p_{CO_2})(1-X)^{\frac{2}{3}}$$

式中　　X——碳酸钙分解率（无量纲）；

　　　　τ——反应时间，s；

M_{CaCO_3}——碳酸钙摩尔质量，kg/mol；

　　　r_p——碳酸钙颗粒的半径，m；

　　　ρ_p——碳酸钙颗粒的密度，kg/m³；

　　　k——反应常数，mol/(m²·s·atm)；

　p_{CO_2}——炉内环境中 CO_2 气体的分压，atm（1atm＝101325Pa）；

　p_{e,CO_2}——当地温度 CO_2 气体的平衡分压，atm。

三、计算结果分析与讨论

1. 旋风预热器模拟结果与分析

NC-3 型大蜗壳旋风筒是我院预分解系统的核心组成单元，与 NC 型喷旋管道式分解炉共同构成我院预分解系统的核心技术。NC-3 型旋风筒在结构设计上，采用了多心大蜗壳、短柱体、等角变高过渡连接、偏锥防堵设计、内用挂片式内筒、导流板、整流器、尾涡隔离等技术，使旋风筒单体具有低阻耗、高分离效率、低返混度、良好的防结拱堵塞性能和空间布置性能。

（1）网格系统

现就我院 5000t/d 预分解系统的 C4 旋风筒为例进行研究。其三维几何模型和结构如图 1 所示。网格系统采用非结构四面体网格，并在旋风筒壁面添加壁面层，以提高计算的准确度。图 2 为 C4 旋风筒网格示意，可以看出在出气管的壁面上附着 3 层边界网格（三棱柱体网格）。

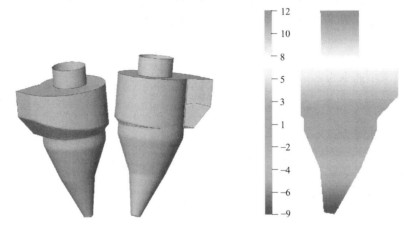

图 1　C4 旋风筒几何模型（不同视角及模型 z 轴标尺）

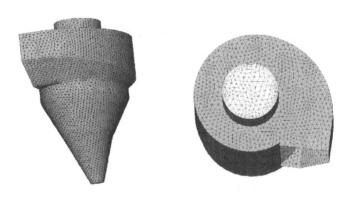

(a) 模型表面网格　　　　(b) 旋风筒顶盖与出气口的网格

图 2　C4 旋风筒网格示意

（2）边界条件

采用工况情况下的边界条件，以预测该旋风筒在工作状态下的阻力值，具体见表 3。

表 3　C4 旋风筒计算边界条件

入口风速	出口负压	流体组成	气体温度
17m/s	2460 Pa	分解炉烟气	805℃

假设旋风筒器壁是光滑壁面，进口气流的湍流强度为中等强度（5%），采用 TRANS（非稳态）方案进行计算，时间步长为 0.05s，计算时间宽度为 2s。

（3）结果分析

① 阻力损失。由于采用瞬态计算方式，C4 旋风筒进出口压力差随时间而变化，图 3 所示为其变化过程。在计算过程中，开始阶段的时间步长（0～0.6s），总压降随时间呈增长趋势，在 0.6s 之后，压力降稳定在一个伪稳态值，即 600Pa 上下波动，因此，C4 旋风筒在给定的边界条件下其压力损失为 600Pa。此外，从计算的变化过程还可以看出，旋风筒的流动模式是伪稳态的，在小时间尺度内表现为非稳态特性。根据压降，可计算出该旋风筒的阻力系数为 12.9。实际生产标定结果，相应 C4 旋风筒压降为 640Pa，二者误差为 6.25%。误差原因可能来自标定过程中所测定压降包含其进出口相应管道的压力损失，此外，本计算中仅限于旋风筒自身，而且包含气体裹挟颗粒对压降的影响。

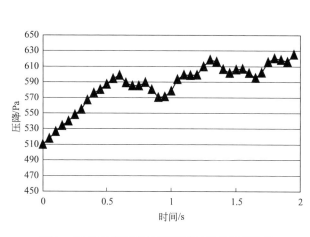
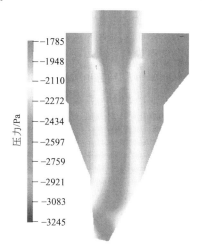

图 3　C4 旋风筒压降计算值随时间的发展趋势　　　图 4　C4 旋风筒主纵向剖面压力

图 4 所示为 1.1s 时刻旋风筒纵向主截面上的压力分布，可以看出，在旋风筒中心存在一个较低压力区，这个低压区的压力与旋风筒外围的压力差值就是产生中心涡流的原动力。

② 流场分析。图 5 所示为 C4 旋风筒涡流面，图 6 是 C4 旋风筒内流线。图 7 所示为 C4

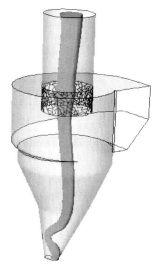

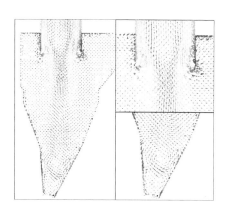

图 5　C4 旋风筒涡流面　　　图 6　C4 旋风筒内流线　　　图 7　C4 旋风筒流场矢量

旋风筒纵向主截面的速度矢量,左图是整个截面速度矢量图,右上图是旋风筒出气管处的流场放大图,右下图是歪锥处的流场放大图,从图7可以看出:就旋风筒内的流体流动来看,呈现外围旋转向下,中心汇流向上,但也小部分流体直接通过出气管流出旋风筒,该部分少量气体裹挟少量细粉料,逃离旋风筒,这就说明了当旋风筒分离效率达到一定程度后,再难以进一步提高的原因。由于歪锥壁面对流体的作用,在歪锥底部形成了两个不同旋向涡,构成物料的翻动,阻碍了该处汇集物料的静止结拱。这一现象不难从图7的右下图看出。

图8所示为$z=8m$截面上的切向与轴向速度沿半径方向的分布曲线,此位置处于旋风筒的出气管上,由切向速度曲线可知,出气管中的气流仍属于强制涡,结合轴向速度曲线可知,靠近管壁的气流速度较中心高得多(几乎是3倍于中心轴向速度),呈双峰分布。

图9所示为$z=4m$截面的切向与轴向速度的曲线,$-2\sim2m$是内筒所处的半径范围,从图中看出,虽然旋风筒内筒内部与外部的轴向速度相反,但是其切向速度方向相同,即内筒中的刚性涡的旋转方向与外部的准自由涡的旋转方向相同,轴向速度也呈双峰分布。

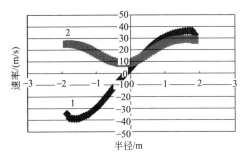

图8 $z=8m$ 截面的切向速度和轴向速度
1—切向速度;2—轴向速度

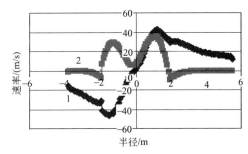

图9 $z=4m$ 截面的切向速度和轴向速度
1—切向速度;2—轴向速度

图10、图11所示为旋风筒柱体和锥体截面的切向与轴向速度曲线,二者的切向速度分布方式相同,最大切向速度值达到40m/s,相对于轴向速度大得多。二者的轴向速度与出气管中的双峰分布方式不同,为是单峰分布方式。

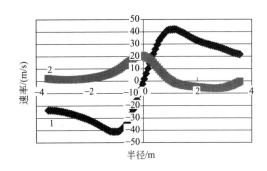

图10 $z=1m$ 截面的切向速度和轴向速度
1—切向速度;2—轴向速度

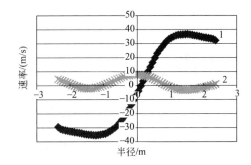

图11 $z=-3m$ 截面的切向速度和轴向速度
1—切向速度;2—轴向速度

图12所示为不同截面的静压分布曲线,从图中可以看出,刚性涡中心的压力较外围低得多,这是产生中心刚性涡流的原因。

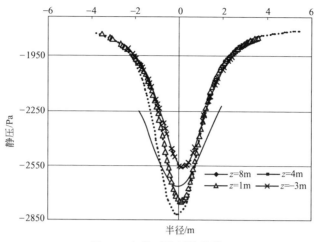

图 12　各截面静压值曲线

2. 分解炉单体模拟结果与分析

实际工程应用中，直接影响分解炉性能的因素有生料、燃料（煤粉）的特性，以及生料与煤粉喷入点的相对位置等。为了从理论上定量地分析这些问题，采用数值模拟技术对其进行研究，以指导分解炉系统的个性化设计。

（1）网格系统

在模拟我院 5000t/d 喷旋管道式炉的计算过程中，基于喷旋管道炉的结构特征和提高非规则区域单元体内的计算精度要求。特选择采用六面体结构分块网格划分技术，对分解炉进行细致的网格划分，生成高质量的网格贴体坐标下的六面体结构化网格系统。不同区域的网格形式分别如下：图 13 所示为分解炉计算域网格方案，图 14 所示为三次风管周围的网格划分方案，图 15 所示为喷旋管道炉主体部分横截面网格。

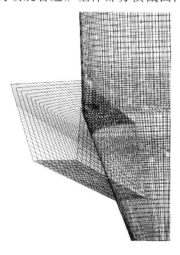
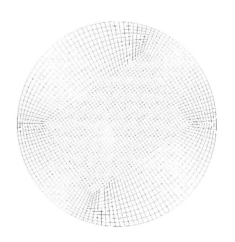

图 13　分解炉计算域　　图 14　三次风管网格划分方案　　图 15　主体横截面网格方案
　　　　网格方案

（2）边界条件

在分解炉的模拟计算过程中，所用数据均采用我院研发的 5000t/d 喷旋管道式分解炉，以保证与生产实际运行数据的一致性。具体数据见表4。

表 4　NC5000 型喷旋管道炉设计参数

类别	熟料产量/(t/d)	窑尾风量（标准状态）/(m³/kg 熟料)	三次风量（标准状态）/(m³/kg 熟料)	煤风量（标准状态）/(m³/kg 熟料)	窑尾温度/℃	三次温度/℃	空气过剩系数 α
量值	5500	0.46	0.46	0.35	1100	880	1.1

（3）结果分析

① 燃用烟煤时的场量分析。图 16 所示为燃用烟煤时分解炉内各种物理场量分布。

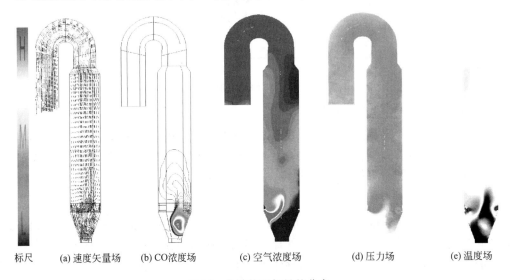

| 标尺 | (a) 速度矢量场 | (b) CO浓度场 | (c) 空气浓度场 | (d) 压力场 | (e) 温度场 |

图 16　各种物理场量的分布

图 16(a) 所示为分解炉中心剖面上的速度矢量场，从分解炉锥部的流场图中不难看出，由于喷旋两股气流的相互作用，形成底部的强湍流场，有利于强化物料的分散、换热过程的进行，同时也不难看出，由于三次风的引入，喷腾床轴向风速单峰分布发生了偏移，当气流超过三次风入口后进入柱体时，气体风速仍呈现中心高的特征，但随着气流进入柱体段后，在旋流的作用下，很快发展成活塞流特征，使主体炉段呈现出均匀的物理场特征，这些不难从图 16(a) ～图 16(e) 所示各物理场的实际分布中得到验证。

图 16(b) 所示为 CO 浓度场，从图中不难看出，CO 的浓度主要集中在燃烧嘴喷出的有限空间内，且靠近底部，有利还原和控制窑尾烟气中 NO_x 含量，当气流进入柱体后，在一定过剩空气（α 为 1.05～1.10）环境下，CO 接近消失，这也不难从图 16(c) 所示的空气浓度场中得到验证，主炉体段下部分布着一定浓度的空气，进一步燃烧后，使出炉的空气量大约在主炉体一半处降到最低，低部三次风口的空气含量最高。

图 16(d) 所示为分解炉的压力场，从图中不难看出整个分解炉的压力场分布是均匀的。

图 16(e) 所示为分解炉的温度场，从图中不难看出，炉底温度较高，主要是窑尾废气温度（≤1150℃）和煤粉燃烧形成的气体温度（≤950℃）偏高的缘故，当两股混合后的高温气流进入主炉段后，与大量来自上游的预热生料混合和分解，控制了气流温度的进一步上升，最终使分解炉的温度控制在 860～900℃ 之间。从图中不难看出炉内的温度的均匀性。这些为分解炉的稳定操作奠定了基础。

② 燃用无烟煤时的场量分析。为了拓展喷旋管道式分解炉燃用各种煤质的适应性，尤其是燃用各种品质的无烟煤，通常采用的方法是控制燃烧区和生料混入区重叠范围。也即通过调节燃烧嘴与生料入点之间的距离或相对位置，以适应燃用不同品质的无烟煤。图 17 所示为燃烧嘴与生料入点之间不同间距情况下的温度分布。

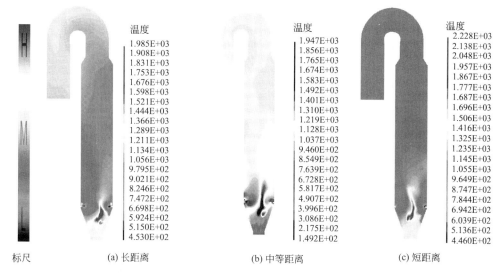

图 17　不同调节距离情况下的温度分布

通过比较不难看出，同种煤种不同间距，其燃烧的高温区域的长短和炉温存在着差异。对于难燃的福建无烟煤，燃烧嘴与入料点间距越长，煤粉高温区域段，有利于煤粉的充分燃烧和碳酸盐的分解，当间距较短时，燃烧高温区域将深入主炉体内，当间距缩短到一定的距离后，由于生料的加入和分解，控制了分解炉的炉温，同时也抑制了难燃煤的继续燃烧，导致炉温偏低。因此，在实际生产过程，要根据无烟煤的不同品质和粉磨细度，确定合适的位置关系，以保证无烟煤的充分燃烧和碳酸盐的分解。

四、结论与展望

1. 结论

① 通过模拟计算，可以精确地捕捉到了旋风筒内部的涡，由于 NC 旋风筒的歪锥对流体的作用，使得旋风筒锥部流场呈现复杂的复合旋流运动，说明了歪锥旋风筒具有防堵特性的原因。

② 旋风筒内的流动不是稳态的流动模式，而是一种伪稳态的流动，流动模式周期性地围绕某个状态上下波动。

③ 以工程应用中的实际参数为边界条件，可以较为准确地得到旋风筒的压损。

④ 通过对分解炉的数值模拟，可以准确地得到分解炉内部的各种物理量的分布，预测分解炉系统的性能，根据实际的原燃料条件，业主的特殊要求进行个性化设计。

⑤ 在工程实际中，采用数值模拟技术来研究、预测预分解系统性能，使得我们可以在系统投入商业运行之前，对其性能具有充分的掌握，此外，针对特殊的原燃料特性（例如无烟煤的燃烧），进行个性化的设计，以确保系统运行稳定且高效。

2. 展望

① 预测分解炉性能的所面临的挑战是生料分解动力学与煤粉燃烧动力学参数的确定，为了取得实际原燃料的动力学参数，需要建立一套标准的试验平台，来建立相关的反应动力学模型。

② 目前的工作一般集中在单体设备的模拟计算，随着计算机的性价比的逐渐提高，使得对整个系统集成计算成为可能。下一步工作将集中在系统模拟计算的平台搭建上，在同一个平台上对整个烧成系统进行模拟，从而为系统的优化提供指导。

参考文献

[1] 岑可法，樊建人. 工程气固多相流动的理论及计算. 杭州：浙江大学出版社，1990.

[2] 小川明. 气体中颗粒的分离. 北京：化学工业出版社，1991.

[3] Suhas V. Patankar，Numerical Heat Transfer and Fluid Flow. McGRAW-HILL BOOK COMPANY，1980.

[4] Joel H. Ferziger，Milovan Peric，Computational Methods for Fluid Dynamics. Springer，2001.

[5] C. A. Montavon eta. MATHEMATICAL MODELLING AND EXPERIMENTAL VALIDATION OF FLOW IN A CYCLONE，BHR Conference on cyclone technologies，2000.

[6] P J Witt，Validation of a CFD Model for Predicting Gas Flow in a Cyclone. CHEMECA99，1999.

[7] 周力行. 湍流两相流动与燃烧的数值计算. 北京：清华大学出版社，1991.

[8] 岑可法，姚强等. 高等燃烧学. 杭州：浙江大学出版社，2002.

（叶旭初　胡道和，南京工业大学）

喷旋管道式分解炉内燃烧和分解过程的 CFD 模拟研究

叶旭初　李祥东　刘　民　蔡玉良　丁苏东

　　现代分解炉的结构表现出了多种分解炉的复合性，研制和开发一种能够符合各种工业要求的高效分解炉确非易事，有必要利用现代工程理论知识从各个方面综合分析、试验研究，最后通过实践反复改进和优化才能实现。到目前为止，人们对分解炉的认识也仅是停留在感性和经验的基础之上。近年来，计算流体力学（CFD）和数值模拟方法在工程研究中的应用得到了长足的发展，该技术在水泥生产的工业过程中取得了初步的应用。

　　本研究在引进的煤粉燃烧通用计算软件 CFX-4 的基础上，采用用户接口软件，二次开发出适合于模拟研究分解炉内煤粉燃烧、生料分解现象的工程通用应用软件。以南京水泥工业设计研究院开发的 5500t/d 喷旋管道炉为研究对象，给出了该炉内实际操作工况条件下的湍流、温度、组分场、煤粉燃烧、生料分解等的变化规律，理论研究与实际工程在线的检测和热工标定值基本吻合，为进一步的优化设计提供了基础。

一、基本原理

1. 气相方程组

　　气相方程组包括连续性方程、动量方程及湍流模型方程，分别为：

$$\frac{\partial \rho}{\partial \tau} + \nabla \cdot (\rho U) = 0 \tag{1}$$

$$\frac{\partial}{\partial \tau} \rho U + \nabla \cdot (\rho U \otimes U) - \nabla \cdot (\mu_{\mathrm{eff}} \nabla U) = -\nabla p' + \nabla \cdot [\mu_{\mathrm{eff}} (\nabla U)^{\mathrm{T}}] + B \tag{2}$$

式中　ρ——流体的密度；

　　　U——流体的速度；

　　μ_{eff}——有效黏度，其定义式为 $\mu_{\mathrm{eff}} = \mu + \mu_{\mathrm{T}}$；

　　μ_{T}——湍流黏度，对于 $k\text{-}\varepsilon$ 模型，假定 $\mu_{\mathrm{T}} = C_\mu \rho \dfrac{k^2}{\varepsilon}$；

　　　B——体积力。

对于气体湍流 $k\text{-}\varepsilon$ 模型，湍流动能 k 和湍流耗散率 ε 的定义式分别为：

$$\frac{\partial}{\partial \tau} \rho k + \nabla \cdot (\rho U k) - \nabla \cdot \left[\left(\mu + \frac{\mu_{\mathrm{T}}}{\sigma_k} \right) \nabla k \right] = P_k + G - \rho \varepsilon \tag{3}$$

$$\frac{\partial}{\partial \tau} \rho \varepsilon + \nabla \cdot (\rho U \varepsilon) - \nabla \cdot \left[\left(\mu + \frac{\mu_{\mathrm{T}}}{\sigma_\varepsilon} \right) \nabla \varepsilon \right] = C_1 \frac{\varepsilon}{k} [P_k + C_3 \max(G, 0)] - C_2 \rho \frac{\varepsilon^2}{k} \tag{4}$$

其中，P_k 和 G 的定义分别为：

$$P_k = \mu_{\text{eff}} \nabla U [\nabla U + (\nabla U)^{\text{T}}] - \frac{2}{3} \nabla \cdot U(\mu_{\text{eff}} \nabla \cdot U + \rho k) \tag{5}$$

$$G = G_{\text{buoy}} + G_{\text{rot}} + G_{\text{res}} \tag{6}$$

式（6）中，G_{buoy}、G_{rot} 和 G_{res} 分别代表浮力、旋转力和阻力的作用［式（1）～式（6）中相关字母的含义见本书"预分解系统单体模拟与实践应用"一文］。

2. 化学组分平衡方程组

设组分 X_i（$i=1$、2、$\cdots N_s$）间发生一系列化学反应，其中的第 j 个化学反应式可以表达为：

$$\alpha_{\text{r1}j} X_1 + \alpha_{\text{r2}j} X_2 + \cdots \Longleftrightarrow \alpha_{\text{p1}j} X_1 + \alpha_{\text{p2}j} X_2 + \cdots$$

式中，$\alpha_{\text{r}ij}$ 和 $\alpha_{\text{p}ij}$ 分别表示反应物和生成物的化学计量数，则其差值 $n_{ij} = \alpha_{\text{r}ij} - \alpha_{\text{p}ij}$ 便是组分 i 在第 j 个化学反应中的全局化学计量系数。

设 Y_i 表示反应过程中组分 i 的质量分数，则组分 i 的质量平衡关系式为：

$$\frac{\partial}{\partial \tau} \rho Y_i + \nabla \cdot \left[\rho U Y_i - \left(\Gamma_i + \frac{\mu_{\text{T}}}{\sigma_i} \right) \nabla Y_i \right] = S_i \tag{7}$$

$$Y_i = \frac{W_i [X_i]}{P_{ij}} \tag{8}$$

$$S_i = \sum_{j=1}^{N_R} n_{ij} R_j \tag{9}$$

式中　W_i——物质 i 的分子质量；

　　$[X_i]$——分子浓度；

　　P_{ij}——组分 i 在反应 j 中的产率；

　　Γ_i——各组分的扩散系数；

　　S_i——质量源项；

　　N_R——发生反应的反应数量；

　　R_j——反应常数，$R_j = \dfrac{1}{n_{ij}} P_{ij}$。

3. 焓方程

对反应流的能量描述需要考虑化学反应的影响，焓方程表达式如下：

$$\frac{\partial}{\partial \tau} \rho H + \nabla \cdot \left[\rho U H - \left(\frac{\lambda}{c_p} + \frac{\mu_{\text{T}}}{\sigma_{\text{H}}} \right) \nabla H \right] = \frac{\partial p}{\partial \tau} + Q_{\text{R}} \tag{10}$$

$$Q_{\text{R}} = - \sum_{1}^{N_R} R_j \Delta H_{\text{R}_j} \tag{11}$$

式中　H——焓；

　　λ——传热系数；

　　c_p——定压比热容；

　　Q_{R}——化学反应热源项，受化学反应类型的影响。

4. 煤、生料颗粒运动与化学反应

煤、生料颗粒运动的动力学模型采用随机轨道模型，煤燃烧过程中挥发热解采用双挥发反应模型，炭粒燃烧采用 Gibbs 方法，该方法考虑了氧气在焦炭颗粒的孔隙中的扩散，比较符合实际情况。对于生料颗粒分解反应，考虑到生料成分的复杂性，采用综合分解率来表达，如：

$$1-(1-X)^{\frac{1}{3}}=\frac{M}{r_p\,\rho}[p_e(T_0)-p_0]\cdot k\cdot\tau \tag{12}$$

式中　X——分解率；

　　　M——生料混合摩尔质量，kg；

　　　r_p——颗粒半径，m；

　　　ρ——颗粒密度，kg/m³；

　　　k——反应常数，mol/(m² · s)；

$p_e(T_0)$——温度 T_0 时 CO_2 气体的平衡分压，atm（1atm＝101325Pa）；

　　　p_0——炉内环境中 CO_2 气体的分压，atm；

　　　τ——反应时间；

　　　k——反应常数，$k=A\exp\left(-\dfrac{E}{RT}\right)$。

5. 分解炉数值模拟的思路

与单纯的煤粉燃烧不同，分解炉内同时存在煤粉和生料颗粒，要对此过程进行模拟研究，就必须在计算过程中将两种颗粒进行识别，描述各自与气流之间的质量、动量和能量的交换量。为了利用通用软件解决工程问题的能力与经验，尽可能提高对分解炉数值模拟研究的水平，本研究以引进的只能计算煤粉燃烧过程的 CFX-4 通用软件为基础，采用外接子程序的方法，具体是：

① 在 CFX-4 中引入若干个子程序，对从不同入口处的煤粉和生料颗粒的物理性质、化学性质、反应进程通过轨道跟踪方法分别存储；

② 所有颗粒运动过程的数值模拟计算仍采用 CFX-4 软件来处理；

③ 化学反应、热焓以及气体组分等采用自编的子程序分别处理，并替换 CFX-4 软件中相关方程的源项内容，以此分别实现对燃烧与分解过程的数值模拟；

④ 最终的方程求解、输出、分析等仍采用通用软件的各项功能。

二、物理模型及工况条件

喷旋管道式分解炉物理模型的基本尺寸及外形如图 1 所示。将炉内计算区域采用分块网格技术进行六面体划分，划分方案是根据结构化网格系统的要求以及炉的结构特点制定的，它要求每个单元体都具有六面体结构，且尽可能地与三维坐标下质量、动量以及能量的传输方向一致，使其具有良好的初始网格结构（图 1），再在此基础上进行细致的网格划分，生成具有较高网格质量的贴体坐标下的六面体拼块式结构化网格系统，如图 2 所示，本研究中的内网格总数为 863496 个。

计算条件是根据南京水泥工业设计研究院提供的实际工况操作参数，具体见表 1。

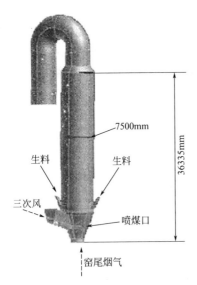

图 1　喷旋管道式分解炉外形

图 2　计算域分块网格方案

表 1　喷旋管道炉的计算参数

熟料产量/(t/d)		5500	空气过剩系数		1.1
窑尾废气	风量(标准状态)/(m³/kg 熟料)	0.45934	煤粉 1	热值/(kJ/kg 煤)	23470
	温度/℃	1150		用煤量/(t/h)	16.5
三次风	风量(标准状态)/(m³/kg 熟料)	0.457758		温度/℃	50
	温度/℃	880	生料	生料量/(kg/kg 熟料)	1.3544
煤风量(kg 空气/kg 煤)		0.35～0.5		温度/℃	745

三、研究结果与讨论

计算是在 Dell 450 Precision™ Work Station 工作站上完成的，颗粒迭代总次数为 30 次，计算结束时，质量平衡最终的相对误差是 0.61％，表明数值结果的收敛性较好。

1. 煤粉燃尽率、生料分解率沿分解炉高度方向的变化规律

图 3 所示为煤粉燃尽率、生料分解率沿分解炉高度方向上的分布曲线，从图中可以看出，煤粉燃尽率在达到 80％之前，煤粉颗粒处于挥发快速燃烧段，对应的分解炉的轴向高度约为 13m，燃尽率从 80％增加到 90％的区段内，主要对应于炭粒的燃烧，需要的轴高度约为 10.5m。而生料的分解率，其分解特性的变化规律基本与煤相同，

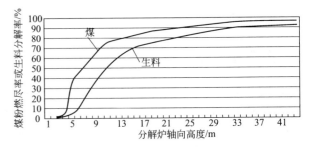

图 3　煤粉燃尽率、生料分解率沿分解炉轴向的分布曲线

只是滞后了一段距离。从图 3 还可以看出：煤粉的最终燃尽率达到了 98％左右，生料分解率达到了 92％左右，该值与热工标定结果相吻合。

2. 速度场分布

图 4 所示为窑废气、三次风、喷煤口、生料入分解炉处的中心剖面上的速度场分布。从图 4 可以看出，在生料入炉附近的区域内，由于撒料板的存在及生料的下滑作用下，在该区域内产生了两个明显的旋涡，且靠三次风管一边的旋涡偏大。另外，窑尾烟气和三次风撞击处，也形成了一个旋涡。所有这些旋涡的存在，都有利于颗粒的分散及气体之间的混合。该区域内的最大速率为 35m/s 左右，一般情况下的速率为 7～10m/s。数值结果表明：在分解炉的上部，分解炉内的气流速度较均匀，基本表现为整体向前推进的流动（管道流），平均速率在 10m/s 左右。

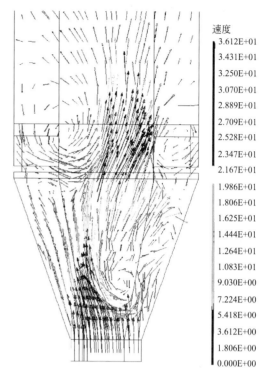

图 4　入分解炉处中心剖面的速度场分布

3. 分解炉中心线上温度分布规律

图 5 所示为分解炉中心线上的温度分布规律，从图中可以看出：温度变化规律是从初始接近窑尾废气的温度（1159℃）逐步下降到接近三次风温度（880℃），其后，随着煤粉的着火燃烧，烟气温度回升，最高温度达到了 1648℃。在生料入炉口的附近，由于生料的突然集中分解，烟气温度急剧下降到 859℃ 左右。再往下游，当轴向高度为 29m 时，此后的烟气温度达到了煤粉燃烧与生料分解的"供热、吸热基本平衡"阶段，烟气温度趋于稳定，接近出口处的温度值为 857℃，而在线热检测的温度为 861℃，两者基本吻合。

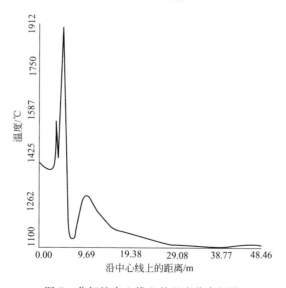

图 5　分解炉中心线上的温度分布规律

4. 高温区的空间位置

在分解炉内的主燃烧区内出现高温区，对煤粉的燃烧是有利的，它是保证煤粉稳定着火，提高燃烧效率的重要因素，特别在燃烧无烟煤时，该点更为重要。但是，现有的生产经验表明，分解炉内出现"下雨"，高温是主要原因之一，如果生料颗粒落在高温区内的停留时间太长，就有可能产生熔融，熔融颗粒在随机运动过程中，与其他颗粒相撞，就会产生黏附，黏附颗粒不断长大，最终因沉降速度过高而出现"下雨"。由此可见，对分解炉内的高温区的掌握，是分解炉优化设计的重要组成部分。图6所示为温度大于1300℃的高温区域在炉内的空间位置，可以看出：高温区所处的位置从喷煤口的下方一点开始向上延伸，基本是处于分解炉的中心位置，离分解炉壁面最近的距离接近2.0m。高温区的形状

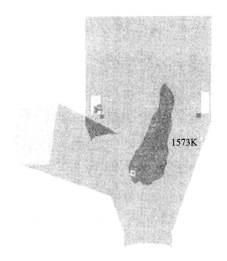

图6　温度大于1300℃的高温区域
在炉内的空间位置

近似呈锥体，锥体底部的直径约为2.1m，高约为5.8m。数值结果表明，高温区中的最高温度值约为1670℃。实际生产结果表明，炉内的高温区确实存在。

5. 空气组分、颗粒体积浓度分布规律

图7所示为空气组分浓度在轴向高度为7m、10m、15m对应的水平剖面上的分布曲面（图中显示了水平剖面的位置）。从图中可以看出：在7m的剖面上，方框（A）的位置是在三次风管内，对应的浓度值为100%，而炉内剖面上的空气浓度分布出现较明显的峰值，对应的峰值浓度为85%左右，另外，剖面上最黑的部分是在三次风进口的对面上，空气组分浓度值偏低；在10m的剖面上，空气浓度峰值已不存在，分布曲面趋于平坦，但是，剖面上仍存在较明显的低浓度区；在15m的剖面上，相应的空气浓度分布情况得到部分改善。

图7　空气组分浓度在一定轴向高
度对应的水平剖面上的分布曲面

图8　颗粒体积浓度在一定轴向高度
对应的水平剖面上的等值线

图8所示为颗粒体积浓度在轴向高度为7m、10m、15m对应的水平剖面上的等值线

（每个封闭曲线上的体积浓度值相等），等值线密度愈高。表示当地的颗粒体积浓度愈高。从图中可以看出：在7m的剖面上，颗粒浓度最高处是在下料口的下方（撒料板上），中心区域几乎没有颗粒；在10m和15m的剖面上，颗粒浓度分布已趋于均匀，表示颗粒的分散能力较好，但是，在边壁附近，颗粒体积浓度偏高。数值结果表明：在15m的剖面上，大部分区域的体积浓度值是处在 $2.456 \times 10^{-5} \sim 1.46 \times 10^{-4}$ 之间。

四、结论

① 本研究以国际通用软件CFX-4为基础，采用外接子程序，开发出模拟分解炉内煤粉燃烧、生料反应过程的数值计算软件，为评价分解炉的特性、优化设计提供了一种新的途径。

② 对于本研究的实际分解炉和操作条件，煤粉的最终燃尽率达到了98%以上，生料分解率达到了92%左右，该值与热工标定结果相吻合。

③ 在窑尾废气、三次风、喷煤口、生料入分解炉处的中心剖面上，存在三个明显的旋涡。在分解炉的上部，分解炉内的气流速率较均匀，平均速率在10m/s左右，表现出管道流的特征。

④ 在分解炉的下段，炉内存在大于1300℃的高温区域，呈锥体形状，所处的位置是从喷煤口的下方开始向上延伸，离分解炉壁面最近的距离接近2.0m，锥体的底部直径约为2.1m，高约为5.8m；高温区中的最高温度值约为1670℃。

⑤ 在炉内的部分区域内，空气浓度在剖面上的分布均匀性仍有待于提高，而颗粒的分散情况良好。

▶ 参考文献

[1] 陈全德. 全国第四届悬浮预热和预分解窑技术经验交流会论文集. 北京：中国建材工业出版社，2000，5-11.

[2] 赵蔚临，吴波. 分解炉内湍流流场数学模型的建立. 山东建材学院学报，2002，3，15（1）：26-29.

[3] 黄来，陆继东等. 旋喷结合分解炉内的流场模拟. 燃烧科学与技术，2003，9（3）：274-279.

[4] 吴君棋，陆继东等. 旋喷结合分解炉的流场模拟. 硅酸盐学报，2002，3（6）：702-706.

[5] 吴君棋，陆继东等. 旋喷结合分解炉的流场模拟. 中国水泥，2000，34-37.

[6] Giddings D.，Eastwick C. N.，Picketing S. J.，Simmons K. Computational fluid dynamics applied to a cement precalciner. Proceedings of the Institution of Mechanical Engineers，Part A：Journal of Power and Energy. 2000，214（3）：269-280.

[7] Cortroy. Geoffrey H. Industrial application and results of low NOx precaleiner systems. IEEE Cement Industry Technical Conference（Paper）1997. IEEE，Piscataway. NJ. USA. 97CH36076：297-318.

[8] Koh，P. T. L.，Nguyen，T. V.，Jorgensen，F. R. A. Numerical modelling of combustion in a zinc flash smelter，Applied Mathematical Modelling，Volulne：22，Issue：11，November，1998，941-948.

[9] 叶旭初，胡道和. 气固多相双通道同轴射流湍流场的数值模拟. 南京化工大学学报，1998，20（2）：26-28.

[10] Johnson，James Lee. Kinetics of coal gasification. New York：Wiley. 1979.

[11] L. Gibb.，David T. Pratt. Pulverized-coal combustion and gasification. New York：Plenum Press，1979.

[12] 张立东，李椿萱. 结构型网格分块生成技术. 计算物理，2001，18（4）：325-328.

（叶旭初　李祥东　刘　民，南京工业大学）

数值虚拟实验在水泥烧成系统技术创新中的应用

丁苏东　蔡玉良　潘　洞　孙德群

本文从工程实践与应用角度出发，采用以计算流体动力学（CFD）技术为基础的数值虚拟实验研究分析手段，对开发的低 NO_x 分解炉和旁路放风系统进行预测研究，并结合实践经验，采用该技术对所研发的系统进行了分析和优化，有利于而且保证工程应用的可行性和可靠性，提高了工程应用风险的控制能力，达到控制工程应用风险的目的。

近年来，随着计算流体力学技术发展和推广应用，工程界已倾向于尽量利用大型、高速计算机来处理众多的实际工程问题。许多学者和软件开发商一直致力于开发能够真实地反映流体运动和传热过程的精细而又复杂的计算程序。无论在经济上还是在软件的可靠性与适应性方面均获得了成功。另一方面，随着计算机技术的发展，在求解流动和传热问题时，可以根据工程计算容量和规模的大小，选择和利用并行处理系统的超级计算机进行计算，尤其是目前流行用 PC 集群构建高性能计算平台，极大地促进了 CFD 技术的工程应用。

传统的模型实验工程研究方法，虽然是最直接的方法，但终因投资大，周期长，人力、财力和物力耗费大，且实验结果误差相对较大，重复性差，往往因检测手段的精确度、灵敏度以及模型缩放效应，造成与实际工程之间的差距很难弥合。随着计算机技术、计算方法、计算流体动力学的不断发展以及对工艺过程的充分认识，使得计算机模拟工程问题成为可能，与传统研究手段相比，计算模拟的方法具有投资省、周期短、可模拟研究的范围宽等优点，已成为国际工程应用研究领域用于预测和评估工程技术问题的重要工具，得到了工程界的认可。在水泥工程中，CFD 技术，作为一种研究气固多相流流动和反应的重要工具，被广泛接受，带动了行业技术研究方法的变革和创新，加快了工程应用技术研究的步伐。

一、低 NO_x 分解炉的开发

近年来，我国水泥工业工程技术研究的进步，为提升我国新型干法水泥生产总量奠定了基础，并促进了我国水泥工业的蓬勃发展，生产规模飞速扩大。水泥工业作为耗能大户，每年都要燃烧大量的矿物燃料。这些燃料在燃烧过程中放出大量 SO_x、NO_x、粉尘和碳氢化合物等，若不加以控制，将会对大气造成严重影响，严重时会威胁赖以生存的环境。新型干法水泥熟料烧成系统，是现代水泥生产技术的发展主流，其过程的研发和设计，在水泥工程技术研发活动中占有重要的地位。为了实现水泥工业的可持续发展，将水泥企业建设成环境友好型企业，对于降低烧成系统 NO_x 排放新技术与装备的需求，日益急迫。

随着我国水泥工程服务参与国际市场竞争，在排放指标的控制上提出了非常高的要求，尤其在欧美国家，当地的法律规定了苛刻的指标。而且随着国内对环境保护的重视，国家也在大幅度地提高水泥工业污染物排放指标的控制要求。我院为了适应和满足这一日益增长的

需求，早已致力于低 NO_x 燃烧器、分解炉以及相关技术的研发和应用工作。

1. 分解炉 NO_x 生成与脱除机理模型

在燃用矿物燃料的工业窑炉系统中 NO_x（NO、NO_2）的产生一般有两种方式：其一是来自于空气中的氮与氧化合的结果，称为热力 NO_x；其二是来自于燃料中的氮与空气中氧化合的结果，称为燃料 NO_x。两者的比例随燃料的含氮量和燃烧条件而异。

关于热力 NO_x 的生成，按照捷里道维奇（Zeldovich）机理理论，空气中的 N_2 在高温下氧化，是通过下列一组不分支的链式反应进行的。

$$N_2 + O \longrightarrow NO + N \tag{1}$$

正向反应平衡常数为 k_1，反向反应平衡常数为 k_1'。

$$N + O_2 \longrightarrow NO + O \tag{2}$$

正向反应平衡常数为 k_2，反向反应平衡常数为 k_2'。

按照化学反应动力学，可以写出：

$$\frac{d[NO]}{dt} = k_1[N_2][O] - k_1'[NO][N] + k_2[N][O_2] - k_2'[NO][O] \tag{3}$$

N 原子是中间产物，在短时间内，可假定其增长速率与消失速率相等，即其浓度不变：

$$\frac{d[N]}{dt} = 0 \tag{4}$$

由式（1）和式（2）可得：

$$\frac{d[N]}{dt} = k_1[N_2][O] - k_1'[NO][N] - k_2[N][O_2] + k_2'[NO][O] = 0 \tag{5}$$

因此

$$[N] = \frac{k_1[N_2][O] + k_2'[NO][O]}{k_1'[NO] + k_2[O_2]} \tag{6}$$

将式(6)代入式(3)，整理后可得：

$$\frac{d[NO]}{dt} = 2\frac{k_1 k_2[O][O_2][N_2] - k_1' k_2'[NO]^2[O]}{k_2[O_2] + k_1'[NO]} \tag{7}$$

与 $[NO]$ 相比，$[O_2]$ 很大，而且 k_2 和 k_1' 属于同一数量级，因此可以认为 $k_1'[NO] \ll k_2[O_2]$。这样，式(7)可简化为：

$$\frac{d[NO]}{dt} = 2k_1[N_2][O] \tag{8}$$

如果认为氧气的离解反应 $O_2 \longrightarrow O + O$（正向反应平衡常数为 k_3，反向反应平衡常数为 k_3'）处于平衡状态，则可得 $[O] = k_0[O_2]^{\frac{1}{2}}$，其中，$k_0 = \frac{k_3}{k_3'}$，代入式(8)，可得

$$\frac{d[NO]}{dt} = 2k_0 k_1[N_2][O_2]^{\frac{1}{2}}$$

其中，$2k_0 k_1$ 按 Zeldovich 的实验结果：$K = 2k_0 k_1 = 3.1 \times 10^{14} e^{\frac{-54200}{RT}}$，式中，$R$ 为通用气体常数 $[J/(mol \cdot K)]$，T 为绝对温度（K）。

上式说明热力 NO_x 的生成量与反应区域的 O_2 浓度、温度及反应物在反应区域的停留时间有关，其中尤以温度的影响最强烈，具有强烈的温度依存性。

对于 NO_x 脱除模型，主要是在分解炉中，在生料的催化作用下通过 NO_x 的再燃而降低 NO_x 的排放量。反应过程简单描述如下：

$$CH_i + NO \longrightarrow HCN(i = 1, 2, 3)$$

$$HCN \xrightarrow{\text{催化剂}} N_2，CO，CO_2，H_2O$$

$$NH_3 \xrightarrow{\text{催化剂}} N_2，H_2$$

$$NH_3 + NO \longrightarrow N_2，H_2O$$

$$HCN + NO \longrightarrow N_2，CO，CO_2，H_2O$$

$$NH_3 + O_2 \longrightarrow NO，N_2，H_2O$$

$$HCN + O_2 \longrightarrow NO，N_2，CO，CO_2，H_2O$$

2. 分解炉计算原型

基于我院喷旋管道式分解炉（图 1），延伸分解炉窑气上升烟道长度，将传统的分解炉锥部送煤燃烧器移至上升管道上，用于形成还原性气氛，同时以分料的方式控制该还原气氛区域内的温度，以防止局部过热造成该区域的结皮，并形成 NO_x 再燃反应区域。本文针对 4000t/d 燃煤分解炉（图 2、图 3）进行数值虚拟实验，所用燃料工业分析和元素分析结果见表 1、表 2。

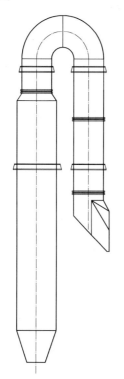

图 1　传统分解炉结构示意

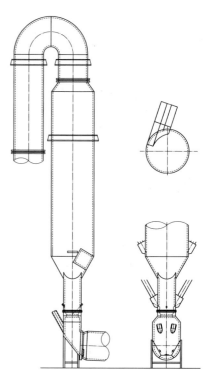

图 2　低 NO_x 分解炉结构示意

表 1　燃料的工业分析

项　目	$M_{ad}/\%$	$A_{ad}/\%$	$V_{ad}/\%$	$FC_{ad}/\%$	$S_{t,ad}/\%$	$Q_{net,ad}/(MJ/kg)$
燃料煤	2.36	7.61	34.83	55.20	0.96	30.299

表 2　燃料的元素分析

元　素	C	H	O	N	S
质量分数/%	75.53	5.07	6.96	1.50	0.96

3. 分析讨论与结论

以理论为指导，以实际生产经验为基础，设定模拟实验条件（边界条件和数学模型参数），对图 3 所示的几何模型进行离散化处理，然后对所有变量进行联立求解，其结果如下。

图 4 所示为分解炉内流场矢量图，图 5 所示为窑气和三次风的流动情况，从图中不难看出，气体在分解炉锥部入口处表现出强烈的喷腾作用，并在切向引入的三次风作用下，产生喷旋叠加的复杂流动模式，大大强化了混合效果，而气流在分解炉柱体段则以旋流为主的管流模式，流场均匀，充分体现了 NC 型喷旋管道式分解炉的特征。

图 6 所示为生料颗粒运动轨迹。从图 6 可以看出，生料的分解率随着颗粒运动轨迹的上升而增大，该分解炉出炉生料分解率达 95%。

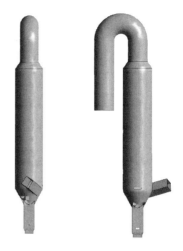

图 3　低 NO_x 分解炉计算空间模型双视图

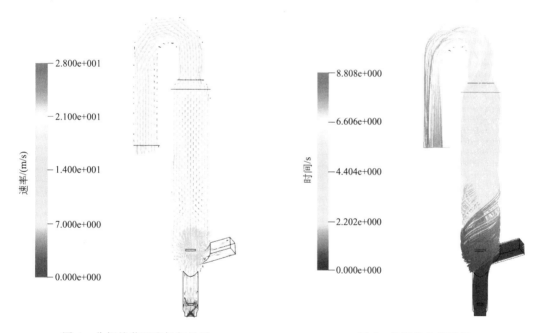

图 4　分解炉截面流场矢量图　　　　图 5　分解炉内流线图

图 7 所示为分解炉内部压力场分布的情况，不难看出，炉内的压力分布均匀，分解炉单体阻力较低，体现了 NC 型分解炉低阻耗的特征。

图 8 所示为分解炉内部温度场分布情况，从图中不难看出该分解炉温度分布均匀，热力强度均衡，虽在上升烟道处喷煤燃烧，但由于引入了部分生料，控制了上升烟道内温度，不会产生过热现象，更不会产生结皮问题。

图 9 所示为来自煤粉燃烧产物和生料分解释放出的 CO_2 气体的体积分数，从图中可以看出，低 NO_x 分解炉内部各种组分场的分布具有均匀特征。

图 10 所示为分解炉内部的 O_2 浓度分布，展现了煤粉颗粒的运动、渐进燃烧、氧含量逐渐降低的过程，在管道出口处氧含量（浓度）非常低，意味着煤粉已经燃烧完毕。

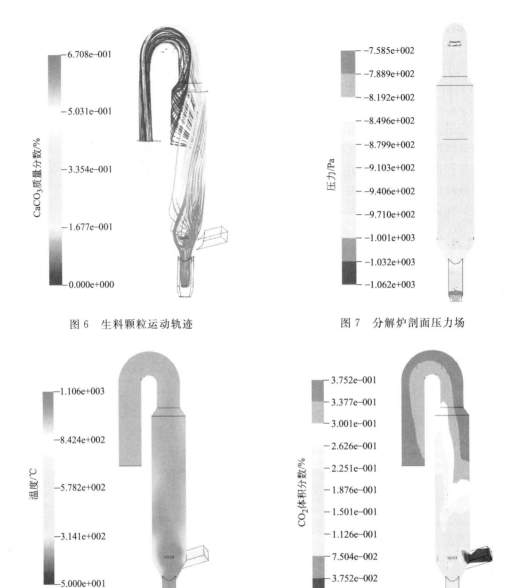

图 6　生料颗粒运动轨迹　　　　　　图 7　分解炉剖面压力场

图 8　分解炉温度分布　　　　　　图 9　分解炉 CO_2 体积分数分布

图 11 所示为煤粉喷入分解炉受热快速裂解产生的挥发分浓度分布，图 12 所示为 NO 的分布，从图中可以看出，NO 的脱除主要发生在煤粉喷入口的附近位置，根据前面所提到的反应机理，煤粉受热裂解产生的大量挥发分，在具有还原性的基团存在前提下，才能够实现 NO 的还原。

根据数值虚拟实验的详尽结果，该分解炉的脱 NO_x 性能可以被准确地预测。通过大量的实验，认为该分解炉的脱 NO_x 性能主要依赖于以下方面：

①　分解炉还原区域的温度，特别是初始燃烧温度；

②　燃料的种类及其挥发分和氮的含量，对于 NO_x 再燃，燃料挥发分含量越多越好；

③　进入分解炉的窑气中 NO_x 的含量，这需要低 NO_x 回转窑燃烧器来保证；

④　空气过剩系数，特别在燃烧的初始阶段。

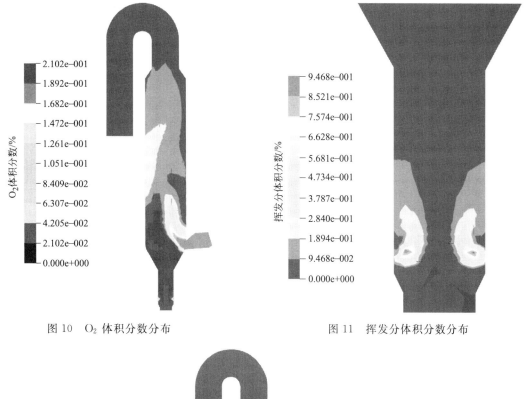

图 10 O₂ 体积分数分布　　　　　图 11 挥发分体积分数分布

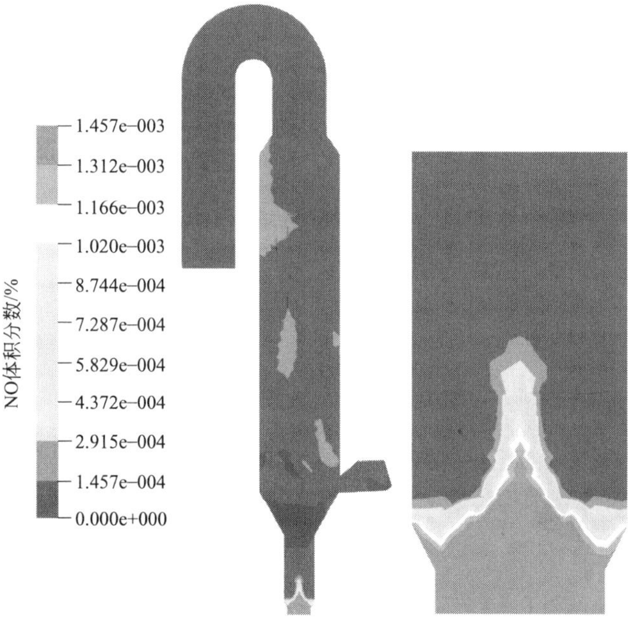

图 12 NO 体积分数分布及局部放大

从结果分析可得，该 4000t/d 级分解炉出口气体的 NO_x 含量降低到 $400mg/m^3$（标准状态，以 NO_2 计，$10\%O_2$），完全可满足国内乃至国际上比较苛刻的排放要求的限制。

二、旁路放风装置的开发

原燃料中钾、钠、硫、氯通称为新型干法生产工艺系统的干扰因素，其过量存在将会对新型干法水泥生产系统的运行稳定性带来严重的影响，主要表现为：这些挥发性组分易在窑尾及预热器的合适温度区域内形成闭路循环富集，引起窑尾或预热器相应位置出现结皮、堵塞，严重时影响烧成系统的稳定和正常运行。过量的钾、钠、氯成分进入熟料，一方面易发生碱-集料反应，缩短混凝土的使用寿命；另一方面还会腐蚀混凝土中的钢筋，影响其结构强度。因此采用旁路放风系统是解决原、燃料中过量钾、钠、硫、氯排出系统的有效措施，从而达到保证系统运行的稳定和产品质量的目的。

鉴于国内原燃料中钾、钠、硫、氯含量均能有效地控制在一定范围内，尚没有采用旁路放风装置的工程应用案例作为参考。迫于国际竞争的压力和需要，在缺乏工程实践经验的情况下，为了解决国外工程项目中采用的高含量挥发性组分原料的技术问题，必须借助国外生产经验，在已成功取得的分解炉和旋风预热器数值虚拟预测和评估经验的基础上，采用有效的工程技术手段快速开发出能够满足国外工程项目要求和自主知识产权的旁路放风装置和系统，实现了旁路放风装置的模拟研究、性能预测与评估工作，达到了控制和降低工程技术风险的目的，实现快速开发。

1. 混合室形式的比较

对于旁路放风系统来说，采用怎样的结构形式，才能有效地将含有高粉尘浓度有害成分的气体抽出，确保鼓入的冷空气与含有一定浓度的钾、钠、硫、氯高温气体充分有效混合，保证混合温度均匀，实现含有钾、钠、氯元素的物质快速冷凝，且不会在冷却室内产生结皮，同时要保证旁路放风的分流不会影响主流正常流动，这是研发设计的关键。为此，针对国外工程项目的需要，现提出了两种（图 13、图 14）混合室的结构形式，进行进一步性能预测、评估和优化。方案一（图 13）为短蜗壳设计方案，方案二（图 14）为长蜗壳设计方案。

 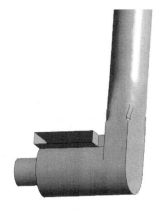

图 13 方案一（短蜗壳）　　　　　　　　图 14 方案二（长蜗壳）

判断一个放风急冷装置的性能，首先就是考察其混合效果，即出混合室气体温度的均匀性系数。

图 15、图 16 所示分别为方案一中冷却空气和高温烟气进入混合室后的内部流动轨迹。从图中不难看出，在蜗壳的作用下，气体均呈现强旋流模式，在旋转过程中强化了混合效果。当然旋流效果还与切向冷却空气风速和轴向高温窑气流速率密切相关，这些影响因素均可以采用数值虚拟实验方法得到，并进行相应的判断，以便优化相应的结构和工艺设计参数。

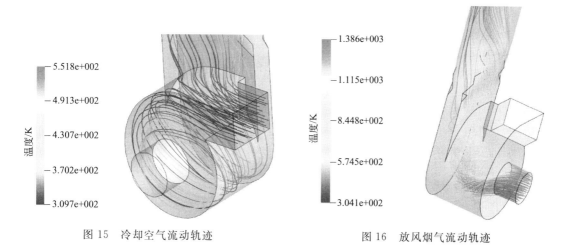

图 15 冷却空气流动轨迹   图 16 放风烟气流动轨迹

图 17 所示为不同温度等值面，表示混合室内两种气体的混合过程，从图中可以看出，高温烟气内核，在冷却风包裹下旋转，逐渐地混合和冷却。同时还可发现，温度较低的冷却风，将高温烟气严密地裹挟，从而可以避免高温烟气中的颗粒与器壁接触，使得冷却的同时不易形成团聚成块或接触器壁产生结皮，造成结皮堵塞。同时也降低了碱性物料对器壁的磨蚀，有利于延长其使用寿命。

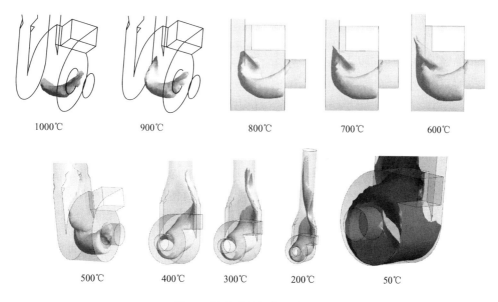

图 17 混合器内气体混合过程

方案二为了延长两股气流的混合时间可采用长蜗壳。图 18、图 19 所示分别为放风烟气的流线图和烟气中颗粒运动轨迹。从图中不难看出，其中心高温烟气内核的衰减速率没有方案一的快，造成混合效果有些不理想，导致了局部温度偏高现象，这不难从图 20 所示的混合室出口处的温度分布图中看出。从图中还可以看出，在出口处均有部分较高温度的混合气体与其器壁接触，存在结皮的可能。这为设计过程提供了指导性意见，以便采取清堵措施加以解决。

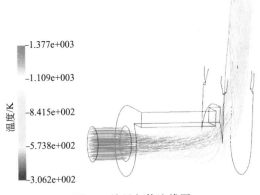

图 18　放风气体流线图

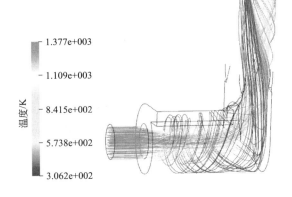

图 19　放风颗粒轨迹

2. 分析与结论

通过以上两种方案的分析和比较，可以得出如下结论：

① 通过旁路放风，将 K^+、Na^+、Cl^- 放出，可打破内部循环富集，有利于稳定系统操作，保证熟料质量。

② 方案一有较好的混合效果，因此，在工程项目得到了相应的应用。

③ 通过蜗壳切向引入冷却空气，对于混合室蜗壳部位的防结皮能力来说，是非常有利的形式。

三、展望

本文仅通过低 NO_x 分解炉和旁路放风装

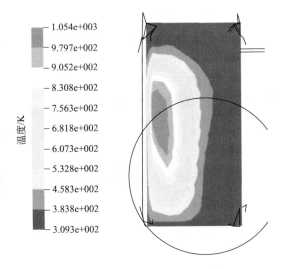

图 20　出口温度分布

置的开发过程，充分地展示了我院数值虚拟实验在工程开发中的应用与实践。从上述的分析可知，利用该项技术能够有效地规避某些工程技术因盲目使用而导致的风险。

此外，通过采用数值虚拟实验能够在较短时间内，实现敏捷开发设计，以满足技术市场的紧迫需求。

当然，数值虚拟实验也存在局限性，由于某些物理化学现象的数学模型描述不准确，也必将导致实验结果的偏差。对于已经有完备的理论模型，及相应准确的实验检测数据的修正，采用该方法是非常有效的。

烧成系统旁路放风装置的过程研究与开发设计

丁苏东　蔡玉良　潘　洞　孙德群

　　原燃料中钾、钠、氯、硫是新型干法窑能否稳定生产和产品质量的干扰因素，其过量存在将会对新型干法水泥生产系统的运行稳定性带来严重的影响。其主要表现为：这些挥发性组分易在窑尾及预热器的合适温度区域内形成闭路循环富集，引起窑尾或预热器相应位置出现结皮、堵塞，严重时影响烧成系统的稳定和正常运行。过量的钾、钠、氯成分进入熟料，一方面易发生碱-集料反应，缩短混凝土使用寿命；另一方面还会腐蚀混凝土中的钢筋，影响其结构强度。因此采用旁路放风系统是解决原燃料中过量钾、钠、氯排出系统的有效措施，从而达到保证系统运行的稳定和产品质量的目的。而目前解决高含量硫的原燃料的使用问题，尚有一定的争议，除了控制合适的硫碱比外，还可以采用控制气氛和温度的办法，其含硫允许量要视工艺过程及其原燃料状况而定，这种情况不在本文讨论范围之内。

　　鉴于国内原燃料中钾、钠、硫、氯含量均能有效地控制在一定范围内，尚没有采用旁路放风装置的工程应用案例作为参考。迫于国际竞争的压力和需要，在缺乏工程实践经验的情况下，为了解决国外工程项目中采用的高含量挥发性组分原料的技术问题，借助国外生产经验，采用计算流体动力学（CFD）技术，在开源代码 OpenFOAM 的基础上，进行二次开发，以此手段快速开发出能够满足国外工程项目要求和自主知识产权的旁路放风装置和系统，实现旁路放风装置的模拟研究、性能预测与评估工作，达到控制和降低工程技术风险的目的，实现快速开发。目前，利用该项技术研发出的旁路放风装置已经应用到中材国际承接的 SPCC、RCC、CCC 和 SCC 国际工程之中，前三个项目已经顺利投入运行，最后一个项目正处于建设阶段。

一、流动计算数学模型

1. 气相方程

气相方程包括连续性方程和动量方程。

$$\frac{\partial \rho}{\partial \tau} + \nabla \cdot (\rho U) = 0 \tag{1}$$

$$\frac{\partial}{\partial \tau} \rho U + \nabla \cdot (\rho U \otimes U) - \nabla \cdot (\mu_{\text{eff}} \nabla U) = -\nabla p' + \nabla \cdot [\mu_{\text{eff}} (\nabla U)^{\text{T}}] + B \tag{2}$$

式中　ρ——流体的密度；

　　　U——流体的速度；

　　　τ——时间；

　　　μ_{eff}——有效黏度，其定义式为 $\mu_{\text{eff}} = \mu + \mu_{\text{T}}$；

μ——流体黏度；

μ_T——湍流黏度，对于 $k\text{-}\varepsilon$ 模型，假定 $\mu_T = C_\mu \rho \dfrac{k^2}{\varepsilon}$；

C_μ——常数；

B——体积力。

2. 能量方程

$$\frac{\partial \rho H}{\partial \tau} + \nabla \cdot \left[\rho U H - \left(\frac{\lambda}{c_p} + \frac{\mu_T}{\sigma_H} \right) \nabla H \right] = \frac{\partial \rho}{\partial \tau} + Q_R \tag{3}$$

式中　H——流体的焓；

　　　Q_R——流体中发生的化学反应的反应热。

3. $k\text{-}\varepsilon$ 湍流模型

相应的湍流动能 k 和湍流耗散率 ε 的定义式分别为：

$$\frac{\partial}{\partial \tau} \rho k + \nabla \cdot (\rho U k) - \nabla \cdot \left[\left(\mu + \frac{\mu_T}{\sigma_k} \right) \nabla k \right] = P_k + G - \rho \varepsilon \tag{4}$$

$$\frac{\partial}{\partial \tau} \rho \varepsilon + \nabla \cdot (\rho U \varepsilon) - \nabla \cdot \left[\left(\mu + \frac{\mu_T}{\sigma_\varepsilon} \right) \nabla \varepsilon \right] = C_1 \frac{\varepsilon}{k} \left[P_k + C_3 \max(G, 0) \right] - C_2 \rho \frac{\varepsilon^2}{k} \tag{5}$$

其中，P_k 和 G 的定义分别为：

$$P_k = \mu_{\text{eff}} \nabla U [\nabla U + (\nabla U)^{\mathrm{T}}] - \frac{2}{3} \nabla \cdot U (\mu_{\text{eff}} \nabla \cdot U + \rho k)$$

$$G = G_{\text{buoy}} + G_{\text{rot}} + G_{\text{res}}$$

式中，G_{buoy}、G_{rot} 和 G_{res} 分别代表浮力、旋转力和阻力的作用。方程中各常数值见表 1。

表 1　$k\text{-}\varepsilon$ 湍流模型常数

C_μ	C_1	C_2	σ_k	σ_ε
0.09	1.44	1.92	1.0	1.3

计算过程中的颗粒场描述采用 Lagrange 跟踪法。

二、分析与比较

对于旁路放风系统来说，采用怎样的结构形式，才能有效地将含有高粉尘浓度及有害成分的气体抽出，确保鼓入的冷空气与含有一定浓度的钾、钠、氯高温气体充分有效混合，保证混合温度均匀，实现含有钾、钠、氯元素的物质快速冷凝，且不会在冷却室内产生结皮，同时要保证旁路放风的分流不会影响主流正常流动，这是开发设计的关键。

判断一个放风急冷装置的性能，首先就是考察其混合效果，即出混合室气体温度的均匀性系数。混合效果主要受混合装置内的气流流动模式影响，而流动模式又由装置的几何结构形式决定。需要参数化考虑的因素如下：

① 蜗壳的长度；

② 窑气进口的速率，或进口的尺寸；

③ 冷却空气进口速率；

④ 混合气体出口风速的控制；

⑤ 蜗壳内部表观风速的控制。

为优化设计方案，设计了三种型式气体混合室，利用数值模拟计算分析进行对比，从而得出优化参数。根据进出气流的流动方向，分为折流式和直流式混合装置，具体方案为：

型式一为折流式短蜗壳设计方案，如图 1 所示；

型式二为折流式长蜗壳设计方案，如图 2 所示；

型式三为直流式设计方案，如图 3 所示。

 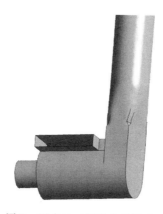 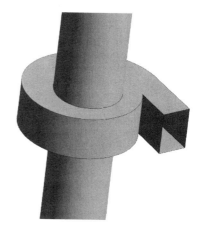

图 1　型式一（折流式短蜗壳）　　图 2　型式二（折流式长蜗壳）　　图 3　型式三（直流式）

1. 低入口风速、高出口风速设计

针对型式一的结构形式，采用低入口风速、高出口风速的工艺方案，设计参数见表 2。

表 2　型式一结构采用低入口风速、高出口风速工艺方案的放风装置几何参数①

放风入口直径	0.395	旁路入口风速	1.875
柱体直径	1	柱体风速	1
出口面积	0.245	出口风速	4.000
冷却风入口面积	0.192	冷却风入口风速	3.000

① 表中所有数据都是相对于柱体直径和柱体风速的当量数据，下同。

图 4 所示为冷却空气在混合装置内部的流动轨迹，图 5 所示为高温放风窑气的流线。从图 4 和图 5 可知，在蜗壳的作用下，气体都呈现强旋流模式，气流在旋转过程中强化了混合效果。旋流效果还与切向冷却空气风速和轴向高温窑气速率有着密切的联系。

图 6 所示为不同温度等值面，表示混合室内两种气体的混合过程。从图 6 可以看出，高温烟气内核，在冷却风包裹下旋转，逐渐地混合和冷却。另外可发现，温度较低的冷却风，将高温烟气严密地裹挟，从而可以避免高温烟气中的颗粒与器壁接触，使得冷却的同时，不易形成团聚成块或接触器壁产生结皮，造成结皮堵塞；同时也降低了碱性物料对器壁的磨蚀，有利于延长其使用寿命。

图 7 所示为放风窑气中颗粒被气体裹挟时的流动轨迹，从图 7 可以发现，由于颗粒在旋转时候产生较大的惯性，在离心力的作用下，有部分颗粒被甩向器壁，但是由于器壁附近

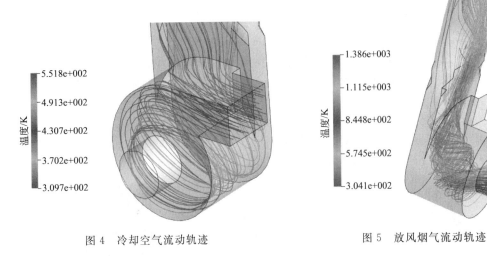

图 4　冷却空气流动轨迹　　　　　图 5　放风烟气流动轨迹

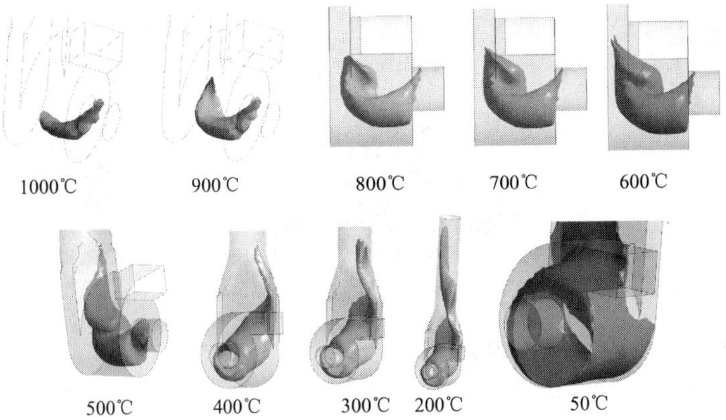

1000℃　　900℃　　800℃　　700℃　　600℃

500℃　　400℃　　300℃　　200℃　　50℃

图 6　混合器内气体混合过程

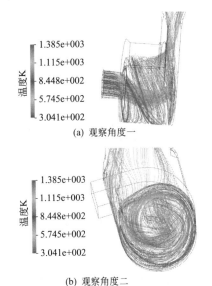

(a) 观察角度一

(b) 观察角度二

图 7　放风颗粒轨迹

被温度较低的冷却空气所占据，致使颗粒在甩向器壁的过程中被迅速冷却降温，这样便不会产生颗粒粘壁问题。

　　图 8 所示为放风装置主剖面的温度分布，图 9 所示为混合装置出口截面的温度分布。从图中可以看出，整个混合装置的混合效果是比较满意的，出口处只有较小部分出现 417℃的温度区。

　　图 10 所示为混合装置主剖面的压力分布。从图 10 中可以发现，该方案（高出口风速）中，压力的急剧变化发生在出口处。此外由于引入了旋流冷却风，在混合室蜗壳中心产生低压涡核区域。

　　图 11 所示为混合室主体区域的温度切片分布。从图 11 中可以清晰地观察混合装置内部的温度分布，判断高温核心区的分布情况。

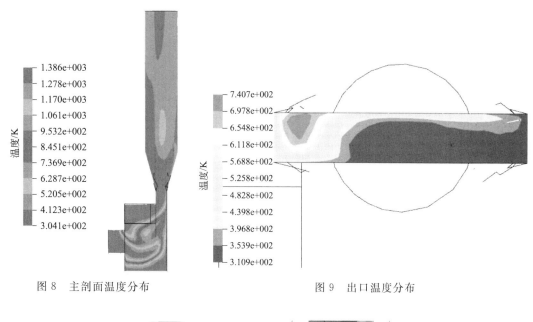

图 8 主剖面温度分布   图 9 出口温度分布

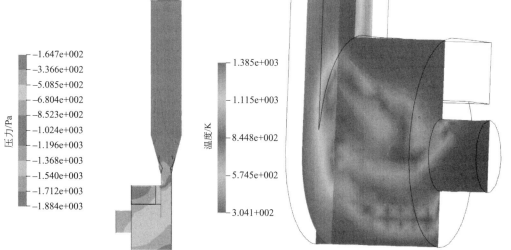

图 10 主剖面压力分布   图 11 混合室温度切片

2. 低入口风速、低出口风速设计

针对型式一的结构形式，采用低入口风速、低出口风速的工艺参数方案，设计参数见表3。

表 3 型式一结构采用低入口风速、低出口风速工艺方案的放风装置几何参数

放风入口直径	0.395	旁路入口风速	1.875
柱体直径	1	柱体风速	1
出口面积	0.326	出口风速	3.000
冷却风入口面积	0.192	冷却风入口风速	3.000

图 12 所示为混合装置中的放风窑气的流线，图 13 所示为放风气体中颗粒的轨迹。

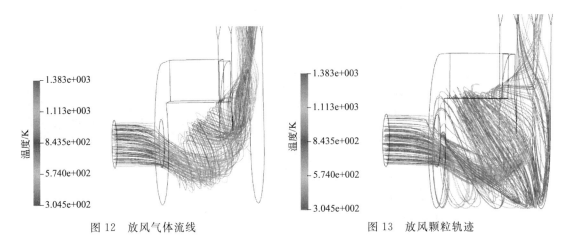

图 12　放风气体流线　　　　　　　　图 13　放风颗粒轨迹

图 14 所示为混合室主剖面的温度分布，图 15 所示为出口截面的温度分布。由图可知，出口截面的最高温度为 519℃，且低温区域的面积较低入口风速、高出口风速工艺方案的小。因此可以得出：该参数方案的混合效果较低入口风速、高出口风速工艺方案的差。

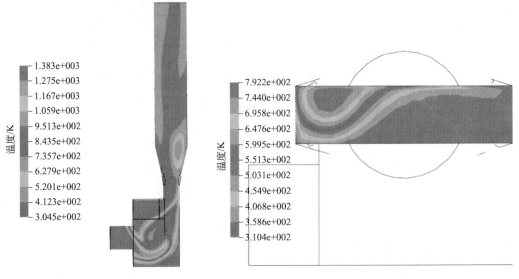

图 14　主剖面温度分布　　　　　　　图 15　出口温度分布

图 16 所示为压力分布，图 17 所示为器壁温度分布，从这两个图中可以发现，在器壁的边角处将会出现粘壁现象。

3. 高入口风速、低出口风速设计

针对型式一的结构形式，采用高入口风速、低出口风速的工艺参数方案，设计参数见表 4。

图 18 所示为该方案的放风气体流线，图 19 所示为放风颗粒轨迹，图 20 所示为混合室主剖面温度分布，图 21 所示为放风装置出口截面温度分布。与前述两种工艺方案相比较，可知，该方案的烟气混合冷却效果也较低入口风速、高出口风速工艺方案的差。

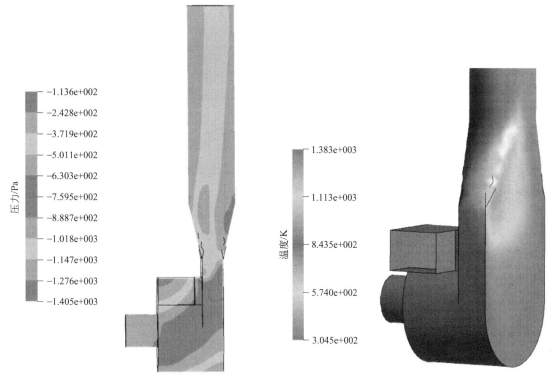

图 16　主剖面压力分布　　　　　　　图 17　壁面温度分布

表 4　型式一结构采用高入口风速、低出口风速工艺方案的放风装置几何参数

放风入口直径	0.312	旁路入口风速	3.000
柱体直径	1	柱体风速	1
出口面积	0.326	出口风速	3.000
冷却风入口面积	0.192	冷却风入口风速	3.000

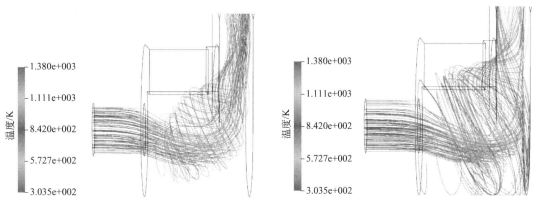

图 18　放风气体流线　　　　　　　图 19　放风颗粒轨迹

4. 长蜗壳折流式混合器

型式二混合器为了延长两股气流的混合时间采用长蜗壳。如图 22、图 23 所示分别为放

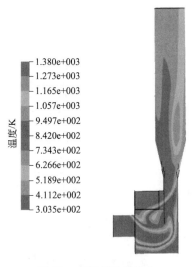

图 20　主剖面温度分布

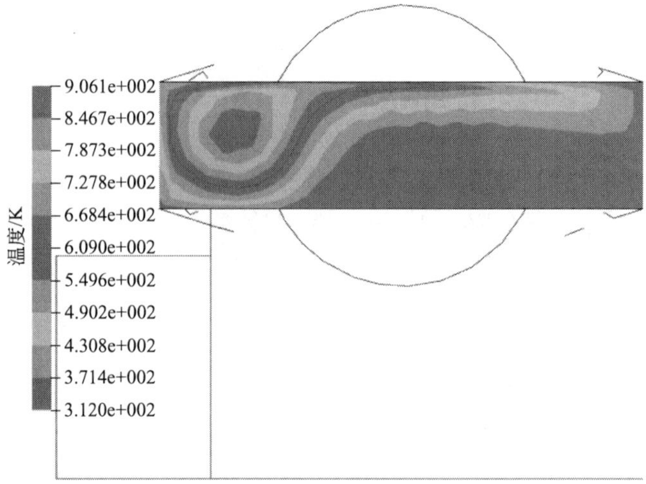

图 21　放风装置出口温度分布

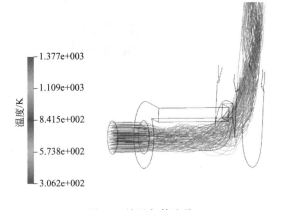

图 22　放风气体流线

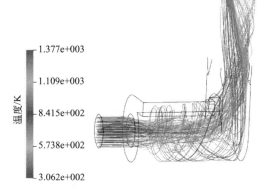

图 23　放风颗粒轨迹

风烟气的流线和烟气中颗粒运动轨迹。从图中不难看出，其中心高温烟气内核的衰减速率没有低入口风速、高出口风速工艺方案的快，造成混合效果有些不理想，导致了局部温度偏高现象，这不难从如图 24 所示的混合室出口处的温度分布看出。从图中还可以看出，在出口处均有部分较高温度的混合气体与其器壁接触，存在结皮的可能。

5. 直流式放风装置

通过对上述设计方案的分析，发现短蜗壳的优越性，但是都具有一个共同的缺点：在混合室出口处，由于折流的存在，总有部分高温区域或多或少地与器壁接触，长期运行时，这样必然造成在这些地方结皮，影响系统的操作与性能。

为了克服这种不利因素，采用直流式放风装置（即型式三），对其进行分析，结构型式如图 3 所示，混合气体的出口与入口是在一条直线上的，而冷却空气和折流式的设计一样，从切向进入混合室（蜗壳）。

图 25 所示为主剖面温度分布，图 26 所示为蜗壳截面温度分布，从图中可以看出，温度较高的放风窑气，在蜗壳内完全被冷却空气包裹，没有机会接触器壁。这样从根本上解决了

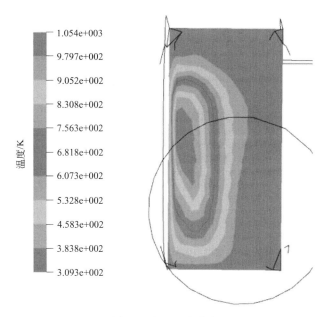

图 24 出口温度分布

在混合室出口处物料粘壁结皮问题。从图中还可以看出，高温烟气的冷却混合强度没有前面的设计方案强烈，需要较长的混合时间。此外，由于蜗壳的强涡流作用，有部分冷的空气进入热风进口管道，这样也势必造成该区域的结皮问题。这个问题一定要在以后系统的实际运行时加以重视，工程装置设计时可以考虑此处安装空气炮予以清堵。

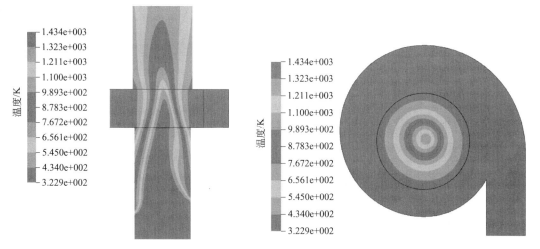

图 25 主剖面温度分布　　　　　　　　　图 26 蜗壳截面温度分布

图 27 所示为混合室主剖面速度矢量，图 28 所示为蜗壳截面速度矢量，从图中可以看出，由于蜗壳的作用，在蜗壳中心存在一个速度较高的涡核区域。

图 29 所示为主剖面压力分布，图 30 所示为蜗壳截面压力分布，从图 29 可以看出，由于蜗壳的旋流作用，蜗壳中心区存在较强的低压区。

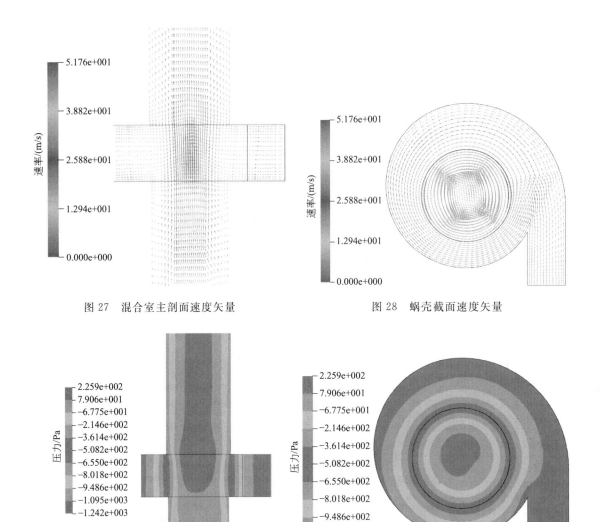

图 27　混合室主剖面速度矢量　　　　　图 28　蜗壳截面速度矢量

图 29　主剖面压力分布　　　　　　　图 30　蜗壳截面压力分布

三、结论与展望

本文通过对折流式放风装置的参数化研究，以及与直流式混合室的对比研究，得出以下结论：

① 对于折流式放风装置，根据出口温度分布可以看出，低入口风速有利于提高冷却效果；

② 对于折流式装置，出口面积的大小影响装置的阻力，用来调整系统平衡，根据具体情况确定尺寸；

③ 细长形蜗壳折流式混合室的冷却风混合效果不如短蜗壳好；

④ 折流式放风存在一个共同的缺点，在出口处会有部分高温区域与器壁相接触，可能会造成结皮堵塞；

⑤ 直流式装置可以克服折流式的上述缺点，但是在进口处也会存在这个问题，而且混合强度没有折流式的强烈，需要较长的混合距离，在有布置空间的情况下，可以使用，但必须注意相关清堵措施。

本文的研究没有考虑有害气体成分在颗粒以及器壁表面的沉积行为，在以后的工作中，可以引入有害气体的沉积模型，可以更加准确地预测出结皮位置。

参考文献

[1] 蔡玉良，丁苏东等. 预分解系统单体模拟与实践应用. 中国水泥，2005，7.

[2] Weller，H. G. and Tabor，G. and Jasak，H. and Fureby，C. A tensorial approach to computational continuum mechanics using object orientated techniques. Computers in Physics，1998，Vol12，6.

[3] 胡宏泰，朱祖培等. 水泥的制造和应用. 济南：山东科学技术出版社，1994.

立磨机内部气固两相流的模拟分析

朱永长　　陈　翼　吴建军　刘志国　戴世民　蔡玉良

立磨是一种理想的大型粉磨设备，广泛应用于水泥、电力、冶金、化工、非金属矿产加工等行业。它集破碎、干燥、粉磨、分级输送于一体，生产效率高，可将块状、颗粒状原料磨成要求的粉状物料。由于其内部流动与换热过程复杂，其中包括湍流、漩涡以及相变等现象，目前对其内部具体流动和换热尚不完全清楚。实验研究虽能较准确地核定立磨的能力、出磨成品细度和水分，但无法获得其内部各物理场细节及相关的参数。如果用实验的方法研究，不仅费时，而且需要大量的实验研究经费，实施过程相对困难。随着计算流体力学和计算机技术的发展，使得立磨系统模拟研究已成为可能。立磨内部过程的合理性研究，能够较准确模拟出内部各物理场的细节，有助于对磨内流动现象的认识，有助于磨机的操作和系统的改进工作。

一、立磨结构及工作原理

立磨具体结构见图1。入磨物料由喂料导槽送入磨盘中心，物料在离心力的作用下，甩到磨辊下被碾压粉碎，经粉碎的物料在离心力的作用下移至盘边沉入到喷口环内，并依靠高速风将其吹起、吹散，金属、大块的重矿石将沉降到喷口环底部集料槽内，然后送至出口排出。细粉被气流带到立磨上部空间，随气流进入分离器进行分选，成品随同气体进入后续的收尘器收集，粗粉又循环到磨盘中部再次粉磨。粗粉、粗颗粒被抛起，随着风速的降低，使其失去依托，沉降到盘面上，靠离心力进入压磨轨道进入新一轮的循环碾压。在多次循环碾压中，颗粒与气体之间传热使水分蒸发。

二、立磨模型及求解方法

1. 立磨类型和模型简化

本课题拟以 NRM56.4 辊式磨为研究对象。

在立磨运行过程中，运动部件有磨盘、磨辊和笼形转子选粉机。入磨物料经磨辊碾压之后，在磨盘离心力的作用下向磨机的环缝运动，此过程是物料运动过程，为简化模型和计算，假设物料均匀静止地分布在环缝上；磨盘、磨辊在碾磨物料的过程中也是运动的，假设磨盘和磨辊也是静止的；笼形转子选粉机既规范了立磨内部的气流场，又有效地分选了粗细颗粒。因此，本模型的运动部件假设仅有选粉机。

磨辊是圆台型的，本研究简化为长方体，便于网格的划分。

2. 模型尺寸

模型的具体尺寸按照 NRM56.4 辊式磨选取，部分尺寸圆整，单位 mm，见图2。

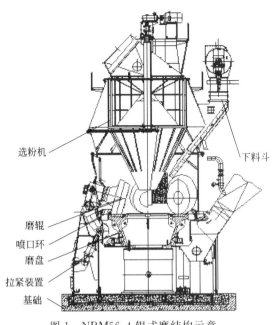

选粉机

下料斗

磨辊
喷口环
磨盘
拉紧装置
基础

图 1 NRM56.4辊式磨结构示意

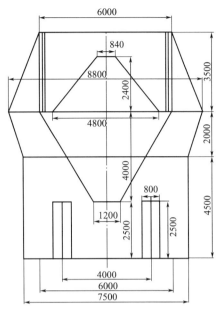

图 2 模型尺寸

3. 求解工具

Gambit 是专用的 CFD 前处理器，Fluent 系列产品皆采用 Fluent 公司自行研发的 Gambit 前处理软件来建立几何形状及生成网格，具有超强组合建构模型能力的前处理器，然后再由 Fluent 进行求解。Fluent 软件设计基于 CFD 软件群的思想，从用户需求角度出发，针对各种复杂流动的物理现象，Fluent 软件采用了不同的离散格式和数值方法，以其在特定的领域内使计算速度、稳定性和精度等方面达到最佳组合，从而高效率地解决了各领域的复杂流动计算问题。

4. 模型建立

立磨的空间是由多个空心圆柱体和圆台构成，但由于内部有 4 个磨辊，因此把圆柱体和圆台分割成四等分，在每一等分中，沿着磨辊向上建立一定比例的长方体，以便采用Cooper命令生成六面体网格，保证网格有好的质量。利用 Gambit 生成计算网格，采用结构化和非结构化六面体网格，网格数 87 万左右。经 EquiAngle Skew 检查，在 Lower 为 0、Upper 为 0.85 的情况下，所建模型合格率为 100%，符合本模型计算要求。其 3/4 模型如图 3 所示。

5. 求解方法

① 算法：选择非耦合求解法和隐式算法，定常流动，使用带有标准壁面函数的 k-ε 湍流模型，数值求解算法采用经典的 SIMPLE 算法。

② 流体边界：给定进口热空气速率为 61m/s，与径向成 75°夹角，与径向的切线方向成 63°夹角，密度为

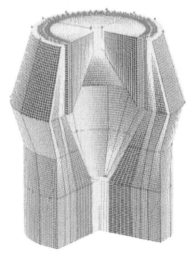

图 3 Gambit 建模

0.746kg/m^3，动力黏度为 $2.6 \times 10^{-5}\,\text{Pa} \cdot \text{s}$；立磨出口设置为自由出口；转笼转速为 72r/min。

③ 离散相边界：入口和出口边界均为 Escape，磨盘和下料斗为 Trap，其他壁面为 Reflect，壁面反射系数取 1；颗粒采用 DPM 模型，粒径采用 Rosin Rammler 分布，跟踪颗粒为碳酸钙，其密度为 2800kg/m^3，颗粒质量为 420t/h。颗粒的直径分布见表 1。

表 1 颗粒的直径分布

颗粒直径/μm	0~40	40~80	80~140	140~200	200~300	300~400	400~600	600~800
质量分数/%	10	10	14	14	18	15	11	8

三、计算结果分析

选取了几个有代表性的截面进行分析研究，各截面相对位置见图 4：截面 1 至截面 6 分别是沿 Z 轴正方向上不同高度的截面，它们与底部进风口截面的距离分别为 0、1500mm、3500mm、5500mm、7500mm、9500mm；截面 7 至截面 9 是沿着 Y 轴正方向上不同距离的截面，它们与 X 轴 Z 轴平面的距离分别为 0、1000mm、3000mm。

图 5 所示为截面 1 至截面 6 的速度分布。流体经过环缝旋转进入磨机内之后（图 6），由于侧面磨辊的阻挡，在磨辊向磨机轴线处形成低速度区，即此处的流体较少，物料在此处很难被流体扫略，仅仅在磨盘的旋转形成的离心力作用下向环缝运动，而流体则集中在磨辊和立磨壳体之间，形成更大的风速，有利于物料的吹送、烘干。

磨辊上方的流动空间变大，更多的流体流向圆心，导致流体速度减小。下料斗近壁面处流体速度最小，下料斗中流体速度由上至下降低，中心形成旋流区域，便于被转笼分选下大颗粒重物料下落。

由于导向叶片和转子叶片密集，既要保证网格的合理划分，又要保证流体在导向叶片和转子叶片之间的合理过渡。由图 7 可知，导向叶片外侧流体呈周向旋流分布，经导向叶片之后，流体稍微偏向圆心旋转流入，进入转子的旋转区域，其流动状态分布合理。

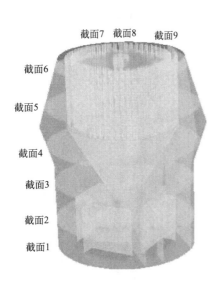

图 4 各截面相对位置示意

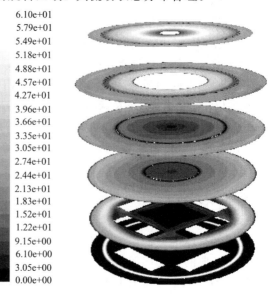

图 5 截面 1 至截面 6 速度分布

图 6　环缝进口速度局部放大　　　　　　　图 7　截面 5 的局部放大

图 8 所示为截面 7 至截面 9 的速度分布。流体通过窄的喷口环以较高的速度旋流进入立磨内的大空间，在入口处形成小的回流区域，磨盘中心区域流体流速较小，便于磨盘通过旋转的离心力将磨盘上堆积的物料抛向喷口环处。下料斗中心区域流体流速很低，两侧的流体旋流向下运动，将转笼分选下来的物料送到磨盘上。

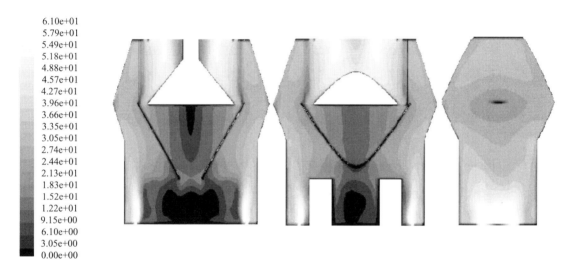

图 8　截面 7 至截面 9 速度分布

喷口环处的旋流流体撞击到选粉机的下料斗壁面，部分流体继续向上流动，部分流体向下运动，受磨辊的阻挡，在磨辊的上方形成一个回流区，在磨辊与磨机中心线之间，几乎无流体通过，这样有利于流体集中在喷口环处以较大的流量吹散物料，该流动状态较好的符合流体运动规律。

图 9 所示为立磨内流体的流线，可以直观地了解气流的流动状态。

图 10 所示为颗粒群运动轨迹，由图中可知，颗粒在喷口环处被螺旋上升的气流托起，迅速进入立磨上部空间。由于颗粒的密度比空气的密度大，受离心力的作用也就大，颗粒偏移流线的轨迹，沿壳体壁面旋转运动，部分颗粒随气流经过导向叶片进入选粉机，细粉被气流带出立磨，粗粉直接被叶片碰撞，重新落回磨内。

通过 Fluent 的 Particle Tracks 命令，得到出口 Escape 的颗粒质量为 26.21kg/s，约为进口颗粒总质量的 22.47%；表 1 中，80μm 以下的颗粒占总颗粒质量的 20%，结合由 Report 命令得到的图 11 可知，出口的颗粒约 94% 都是小于 80μm，即 80μm 以下的颗粒经过选粉机分选之后全部 Escape，而表 1 中大于 80μm 的粗颗粒则继续在磨内循环碾压，与立磨实际运行工况相符合。

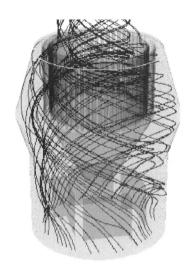
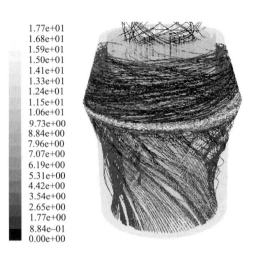

图 9　立磨内流体的流线　　　　　　　　　　　图 10　颗粒群运动轨迹

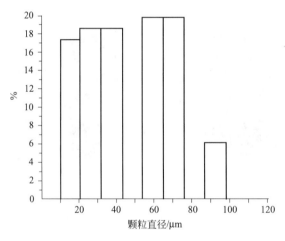

图 11　出磨颗粒分布

四、结束语

　　本文通过对 NRM56.4 辊式立磨模型的简化，利用 Gambit 建模工具生成结构化和非结构化六面体计算网格，应用 Fluent 模拟软件对模型进行迭代计算，得到不同典型截面的速度分布图，检验模型建立的合理性和六面体网格的质量，分析了颗粒在立磨内部的运动状态，为以后立磨机内的气固两相流动分析，进一步研究粉磨效率以及选粉特性运算提供了一些可供参考的数据。

参考文献

［1］ 刘志江. 新型干法水泥技术. 北京：中国建材工业出版社，2005.

［2］ 王福军. 计算流体动力学分析——CFD 软件原理与应用. 北京：清华大学出版社，2004.

卧式旋风筒的数值模拟分析

宁建根　蔡玉良　丁苏东　吴建军

旋风筒被广泛应用于水泥工业预热器系统和其他工业除尘系统中，预热器是由多级旋风筒构成，卧式旋风筒较立式旋风筒在预热器系统构成设计方面有着一定的优势，其单体结构并不复杂，但其单体性能却影响着系统的技术性能。为此，开展单体旋风筒的性能研究和结构优化显得十分必要。本文借助数值模拟计算方法，针对 Sinoma 研发的卧式旋风筒的结构特征，对其内部的各物理场及颗粒运动轨迹等进行了详细分析研究，以期为新型旋风筒的设计及构建无塔架预热器技术提供参考。

一、数学模型的选择

旋风筒内部颗粒运动是典型的气固两相流过程，本文在模拟分析计算过程中，采用 Eulerian-Lagrangian 方法，即气相流动采用 Eulerian 方法，颗粒相采用的 Lagrangian 颗粒轨道模型。本文气相湍流模型采用标准 $k\text{-}\varepsilon$ 模型，颗粒轨道模型采用随机轨道模型。在颗粒轨道模型中，假设颗粒是离散体系，即不考虑颗粒间的相互作用，此模型适用于小颗粒、低浓度（体积分数<10%）的多相流问题。其基本方程分别如下。

1. 流体连续性方程及动量方程

流体连续性方程：

$$\frac{\partial \rho}{\partial \tau} + \nabla \cdot (\rho U) = 0 \tag{1}$$

式中　ρ——流体的密度；

　　　U——流体的速度。

雷诺平均 N-S 方程：

$$\frac{\partial}{\partial \tau}(\rho U_i) + \frac{\partial}{\partial x_j}(\rho U_i U_j) = -\frac{\partial \rho}{\partial x_i} + \frac{\partial}{\partial x_j}\left[\mu\left(\frac{\partial U_i}{\partial x_j} + \frac{\partial U_j}{\partial x_i} - \frac{2}{3}\delta_{ij}\frac{\partial U_l}{\partial x_l}\right)\right] + \frac{\partial}{\partial x_j}(-\overline{\rho U_i' U_j'}) \tag{2}$$

2. 标准 $k\text{-}\varepsilon$ 湍流模型方程

湍流黏度：

$$\mu_{\mathrm{T}} = \rho C_\mu \frac{k^2}{\varepsilon} \tag{3}$$

湍流动能 k 和湍流耗散率 ε 可由下式表示：

$$\frac{\partial}{\partial \tau}(\rho k) + \frac{\partial}{\partial x_i}(\rho k U_i) = \frac{\partial}{\partial x_j}\left[\left(\mu + \frac{\mu_{\mathrm{T}}}{\sigma_k}\right)\frac{\partial k}{\partial x_j}\right] + G_k + G_{\mathrm{b}} - \rho\varepsilon - Y_{\mathrm{M}} + S_k \tag{4}$$

$$\frac{\partial}{\partial \tau}(\rho\varepsilon) + \frac{\partial}{\partial x_i}(\rho\varepsilon U_i) = \frac{\partial}{\partial x_j}\left[\left(\mu + \frac{\mu_T}{\sigma_\varepsilon}\right)\frac{\partial\varepsilon}{\partial x_j}\right] + C_{1\varepsilon}\frac{\varepsilon}{k}(G_k + C_{3\varepsilon}G_b) - C_{2\varepsilon}\rho\frac{\varepsilon^2}{k} + S_\varepsilon \qquad (5)$$

式中　　　G_k——速度梯度作用项；

　　　　　G_b——浮力作用项；

　　　　　Y_M——脉动扩散在可压缩湍流内对整体耗散率的影响；

　　　σ_k、σ_ε——模型常数；

　　　S_k、S_ε——用户自定义源项；

$C_{1\varepsilon}$、$C_{2\varepsilon}$、$C_{3\varepsilon}$——常数，取经验值 $C_{1\varepsilon}=1.44$，$C_{2\varepsilon}=1.92$，$C_{3\varepsilon}=0.09$，$\sigma_\varepsilon=1.3$。

3. 颗粒的运动方程

$$\frac{du_p}{dt} = F_D(u - u_p) + \frac{g_x(\rho_p - \rho)}{\rho_p} + F_x \qquad (6)$$

式中　　$F_D(u - u_p)$——拖曳力；

　　　$\dfrac{g_x(\rho_p - \rho)}{\rho_p}$——重力；

　　　　　F_x——其他力。

4. 颗粒与连续相之间的质量和动量交换

质量交换：

$$M = \frac{\Delta m_p}{m_{p,0}}\dot{m}_{p,0} \qquad (7)$$

式中　　Δm_p——颗粒的质量变化量；

　　　$m_{p,0}$——颗粒的初始质量；

　　　$\dot{m}_{p,0}$——颗粒的质量流量。

动量交换：

$$F = \sum\left[\frac{18\mu C_D Re}{\rho_p d_p^2\,24}(u_p - u) + F_{other}\right]\dot{m}_p\Delta t \qquad (8)$$

式中，F_{other} 为其他作用力，与颗粒运动方程中的 F_x 相对应，在忽略其他力的情况下为 0。

二、几何模型构造及网格划分

本文是在实验装置物理模型的基础上，放大 10 倍建立其模拟研究对象，为减少简化模型带来的影响，在数值模拟过程中取消了喂料装置，在进风管上设置喂料入口，其入口的形状面积与原喂料管和进风管相交的截面相同，物理模型效果见图 1、图 2。

考虑到该模型没有对称性，结构比较复杂，在网格划分上，把整个计算区域划分成许多个体。对规则的柱体采用六面体网格；对不规则形状体则采用四面体网格。其目的，一方面可减少网格数量，提高计算速度；另一方面可方便跟踪网格质量，将质量差的网格移至流动情况简单区域，从而提高收敛速度。为提高计算精度，计算用网格总数达到了 61 万。另外对内筒及隔板导槽设置成无壁厚壁面，不仅简化了模型，提高了收敛性，而且基本不会给计算结果带来影响。

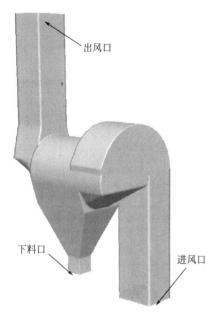

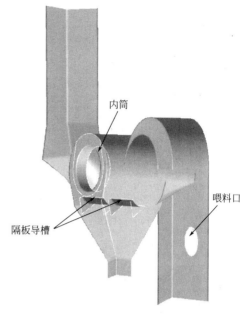

图 1　数值模拟简化图　　　　　　　　　　图 2　数值模拟简化图内部结构

三、边界条件及计算方法

旋风筒的进出口边界条件见表 1。需要注意的是，由于取消了喂料装置，所以在喂料口的速率设定上取根据喂料斗高度下落的拟合值。

表 1　进出口边界条件的设置

边界面	边界类型	面积/m²	设定值	备　注
进风口	速率进口	2.82	13～19m/s	
喂料口	Wall-jet	0.6586	7.715m/s	速率为根据喂料斗高度下落拟合值
出料口	壁面	0.5476	—	壁面可通过颗粒而不能通过气体
出风口	压力出口	2.576	0(表压)	

旋风筒内颗粒假设为以碳酸钙颗粒为主的粉体，其粒径分布服从 Rosin-Rammler 分布，其分布参数见表 2。

表 2　颗粒参数的设置

颗　粒	Rosin-Rammler 参数				
	平均粒径/μm	最大直径/μm	最小直径/μm	均匀性指数	组数
生料粉(以碳酸钙为主)	56.8	120	1	2.18	12

在计算方法过程中采用了有限体积法将湍流运动方程变成差分方程，差分格式采用一阶迎风格式，压力速度耦合采用经典的 SIMPLE 数值算法求解湍流运动方程组。

四、结果和分析

1. 流场

图 3 所示为卧式旋风筒各截面的速度矢量。从图中可以看出气体的主要流动情况：气体

自进风口进入，经由垂直管道进入大蜗壳体，经过大蜗壳体的旋转加速后进入中心圆柱区，在圆柱区内气体一方面在以 Y 为轴作圆周运动，一方面在向 Y 轴负方向运动，最终通过内筒，经由垂直管道从出风口排出。从图3(a) 中可以看出，气体在下落区的速率较小；而从图3(d) 中可以看出，气体在内筒内壁面附近速率较大。

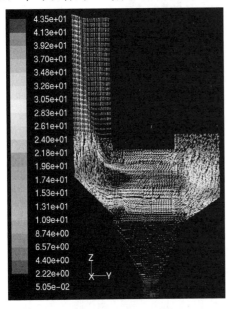

(a) 横向中心截面速度矢量图

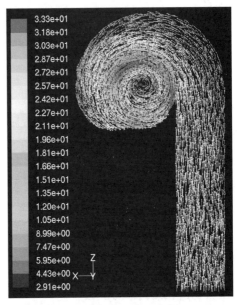

(b) 进风管处纵向截面速度矢量图

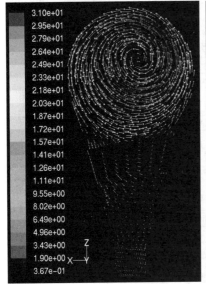

(c)纵向中心截面速度矢量图

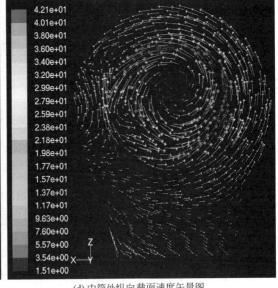

(d) 内筒处纵向截面速度矢量图

图3　卧式旋风筒各截面速度矢量

2. 压力场

图4所示为各截面压力，从图中可以看出，旋风筒内筒中心轴线为负压梯度中心分布区，全流场的压力梯度中心位于内筒下端面附近，这个低压区的压力与旋风筒外围的压力差值就是构成中心涡流的原动力。

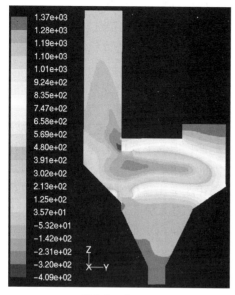

(a) 横向中心截面压力

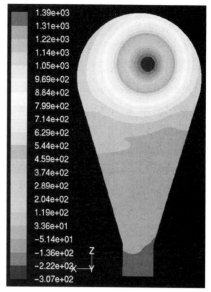

(b) 纵向中心截面压力

图 4　各截面压力

3. 颗粒轨迹

图 5 所示为用颗粒速率表示的颗粒运动轨迹，从图中可以看出：隔板导槽的作用明显，不仅起到旋流加速的作用，而且对颗粒起到了明显的分离作用。

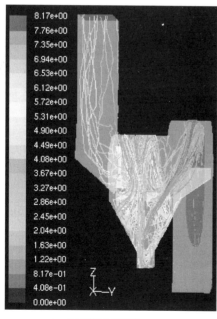

(a) 颗粒全局轨迹

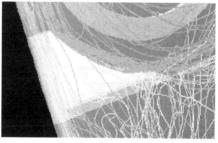

(b) 隔板导槽处颗粒轨迹

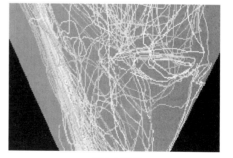

(c) 锥部颗粒轨迹

图 5　用颗粒停留时间表示的颗粒轨迹

从整个分析来看：

① 颗粒从喂料口进入后，与从进风口进入的气流接触，由于颗粒速度方向与气流方向

不一致，两者在垂直管道内发生混合作用，混合后生料颗粒由气体携带进入大蜗壳体。

② 经过大蜗壳体的旋转加速后，大颗粒受离心力的作用大于气体的束缚力，被甩至大壳体壁面附近；小颗粒由于离心力小于气体束缚力，并没有甩至边壁附近，则继续被气流携带做圆周运动。

③ 在边壁处的大颗粒受到气流向 Y 轴负方向的作用力，由惯性作用进入下落区上部；另一方面小颗粒继续受气流的作用向 Y 轴负方向运动。

④ 由于圆柱区半径比大壳体小，小颗粒受到的离心力增大，有一部分相对较大的小颗粒被分离出甩至边壁，由隔板导槽引入下落区上部，因为下落区上部气流速率较小，这些进入下落区上部的颗粒，一部分速率小的由于重力的作用而向下运动，最终从出料口排出，还有一部分由于本身速率比较大，在此区域由于气相速率比较小所受气体束缚力也就小，在与壁面碰撞后，有一部分颗粒会反弹至漩流区，另外一些反弹不回漩流区的又进入不了出料口的则有可能进入死循环而留在旋风筒内；剩下的小颗粒由于难以挣脱气体的束缚，随气流经过内筒从出风口随风排出。

4. 宏观特性参数的模拟分析

旋风筒的压损是指流体经过它所产生的全压降，主要与系统结构、内部状态（风速）和气体密度有关，由于旋风筒结构复杂，无法通过理论推导获得可靠的计算公式，一般均依靠实验数据来归纳经验公式，其通用形式为：

$$\Delta p = \zeta \frac{u^2}{2} \rho \qquad (9)$$

式中　ζ——阻力系数；

　　　　u——进口风速，m/s；

　　　　ρ——气体密度，kg/m³。

表 3 为卧式旋风筒宏观特性参数模拟结果，借助 Origin 软件拟合成式（9）的形式，便可得出卧式旋风筒阻力系数约为 5.29，与文献 [1] 的立式旋风筒相比明显偏低。图 6 所示为压损与进口风速的关系。

表 3　数值模拟结果

进口风速 /(m/s)	进风口压力 /Pa	出风口压力 /Pa	颗粒质量/kg			分离效率 /%	压损 /Pa
			出风口①	出料口①	进料口		
13	672.3	130.3	0.4933	1.208	2	71.00	542.0
14	773.0	151.4	0.4812	1.215	2	71.63	621.6
15	879.4	174.2	0.4543	1.255	2	73.43	705.2
16	996.8	198.4	0.4289	1.268	2	74.72	798.4
17	1123.9	224.0	0.4184	1.307	2	75.75	899.9
18	1258.9	251.1	0.3927	1.288	2	76.63	1007.8
19	1394.2	280.0	0.3635	1.242	2	77.35	1114.2

① 数值因跟踪颗粒不同而不同。

注：表中数值为六次跟踪值的平均值，可以看出有约 15% 的颗粒未从计算区域出去，在计算分离效率时未计入此部分颗粒。

影响旋风筒分离效率的因素很多，比如：旋风筒结构、工作状态（风速）、气相性质参

数、颗粒粒径等，从图 7 不难看出：该旋风筒的分离效率随进口风速的增大而增大，与文献
[2] 的立式旋风筒效率相比偏低。

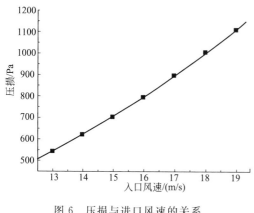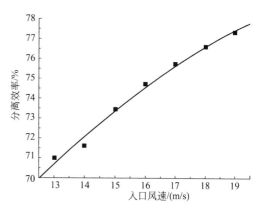

图 6 压损与进口风速的关系   图 7 分离效率与进口风速的关系

五、几点改进建议

为了保持卧式旋风筒的低阻特征，同时提高其分离效率，根据数值模拟结果建议如下：

① 下落区改为圆台形状或四个弧形面。从颗粒轨迹图中发现，有很大一部分颗粒从下落区反弹回圆柱的，下落区改为圆台形状，可以使颗粒尽量沿圆台向下滑动，最终从下料口卸出。

② 在两侧均要设置隔板导槽。在旋风筒背部增加隔板导槽，一方面可加强气体的螺旋运动，另一方面在一定程度上可阻止下落区颗粒反弹回入圆柱区。

参考文献

[1] 蔡玉良，丁苏东，叶旭初等. 预分解系统单体模拟与实践应用. 中国水泥，2005，(7)：43-48.
[2] 张佑林，刘伟华，谢尔宾纳. 旋风预热器气固两相流场的数值模拟. 中国水泥，2006，(8)：45-47.

第三篇 减排技术过程研究

水泥工业二氧化碳减排及资源化技术初探

蔡玉良　汤升亮　卢仁红

大气"温室效应"导致的地球变暖将是 21 世纪全人类所面临的最大环境问题。在二十余种所谓的"温室气体"中，最重要的是二氧化碳（CO_2）、臭氧（O_3）、甲烷（CH_4）、氧化亚氮（N_2O）及人造的氟氯碳化物（CFCs）。虽然大部分温室气体的温室效应皆比二氧化碳强，但因二氧化碳含量最高，因此对全球暖化的影响以二氧化碳为最大，约占 55% 左右。作为主要的温室效应气体，其减量技术的研究已是刻不容缓。同时，CO_2 作为现代工业的重要基础原料，广泛应用于冶金、钢铁、石油、化工、建材、食品、医疗等领域，具有重要的战略地位和经济意义。工业废气中的二氧化碳经分离、增浓或提纯，可以获得特定浓度的二氧化碳，用于合成多种工业原料，既可减少二氧化碳排放量，又可获得较大的社会经济效益。因此，其减排和资源化技术引起了世界各国特别是工业发达国家的普遍关注。水泥工业作为 CO_2 的产生和排放大户（排放总量约占工业 CO_2 总排放量的 5%），其应承担的社会责任和蕴含的减排、资源化空间同样是巨大的。为此，本文根据水泥工业 CO_2 排放特点，着重探讨其可能的减量和资源化技术途径，为水泥工业的可持续发展、践行低碳和循环经济提供潜在的技术路线。

一、我国水泥工业 CO_2 排放现状

2009 年我国水泥产量为 16.6 亿吨，占世界水泥总产量的 55%，二氧化碳排放量超过 9 亿吨，约占我国工业二氧化碳排放总量的 13%，其比重相比 1992 年的 5.68% 已大幅度提升。2010 年水泥产量则达到了 18.7 亿吨，增幅 12.7%，目前在建、待建水泥产能还有几亿吨，也就是说两到三年后我国水泥年产量将突破 20 亿吨。

水泥工业 CO_2 的产生主要来源于矿物燃料的燃烧和原料碳酸盐的煅烧分解。以熟料料耗 1.5t 生料/t 熟料、热耗 740×4.18kJ/kg 熟料计算，每生产 1t 熟料，大约排放 0.83t 的 CO_2。按目前水泥行业的发展趋势，水泥行业将超过钢铁行业成为第二大 CO_2 排放行业。尽管我国目前对水泥行业 CO_2 的排放还未给予足够的重视、作为发展中国家也没有减排义务，但随着人们认识的不断提高以及节能减排、低碳经济和循环经济的发展需要，作为"CO_2 排放的巨人——水泥工业"，必将走上风口浪尖。而且与其他两大 CO_2 排放大户钢铁（12%～15%）、火电（10%～15%）行业相比，水泥行业废气中的 CO_2 浓度（20%～33%）相对较高（其波动主要受原燃料组成、操作状态等因素的影响），从理论上讲，更能凸显回收利用的价值或效益。因此，若能在减排的基础上，将其升华到资源化利用的高度，对未来水泥行业的发展又可增添动力。

二、水泥工业 CO_2 减量途径

水泥工业 CO_2 的产生主要来源于生料中碳酸盐的煅烧分解和燃料煤的燃烧，其中，碳酸盐分解排放的 CO_2 占总排放量的 2/3，煤燃烧产生的 CO_2 约占 1/3。因此，水泥工业从生产源头角度减排 CO_2 技术不外乎从以下方面着手：

① 减少碳酸盐用量，如选用不含碳或含碳量少的替代原料，或者掺杂混合材降低水泥产品中熟料的用量；

② 降低水泥熟料烧成热耗，采用含碳量低的燃料但能提供同样热量的替代燃料；

③ 开发高强度的水泥或者替代水泥的材料以降低水泥的使用量，达到降低水泥行业 CO_2 减排的要求。

对于新型干法水泥生产线而言，近年来由于技术改进，熟料热耗已明显降低，进一步优化空间有限，其 CO_2 减量潜力不大。同样，焚烧废弃物（如垃圾等）以替代部分燃煤的技术比标准煤燃烧排放的 CO_2 的量仅低 13.33%，因此使用替代燃料虽然充分物尽其用，在 CO_2 减排方面虽有效果，但也难成为 CO_2 减排控制的主流。以工业高含钙质废弃物电石渣作为替代原料代替部分石灰质原料和尽可能多地使用混合材，即用超细粉磨矿渣、钢渣、粉煤灰等废渣代替部分熟料，可较大幅度减少原料中的石灰石的用量，另外，改变水泥熟料的配方，在保证水泥熟料机械性能的情况下，降低烧成温度，减少烧成热耗，这些方法可直接实现源头 CO_2 减排的控制目的。余热发电、高效粉磨设备的应用可进一步降低生产电耗，减少动力煤的用量，从而间接降低水泥工业 CO_2 的排放量。但仅仅依靠这些措施，很难从根本上大幅度改变水泥工业"排放巨人"的局面。

三、水泥工业 CO_2 捕获利用技术

近年来，世界各国都在积极探索解决上述问题的途径，研究新工艺，发展新产品，工业烟气中 CO_2 的捕集回收利用技术取得了长足的进步（图1），尤其是资源化所带来的潜在巨大经济效益的认识，为捕集回收利用水泥工业烟气中 CO_2 的发展开辟了广阔的前景。

1. 利用钙基吸收剂捕集烟气中的 CO_2

近年来，燃煤 CO_2 减排技术中，基于 CaO 碳化/煅烧循环的 CO_2 分离技术，即 CCRs（carbonation/calcinations reactions）技术引起了各国学者的极大兴趣和广泛关注。该方法采用价格低廉、分布广泛的石灰石和白云石作为 CaO 或 MgO 的母体，将其热解形成的 CaO、MgO 作为烟气中低浓度 CO_2 的吸附剂，在吸收反应器中控制一定的温度和压力，使其与 CO_2 反应生成 $CaCO_3$、$MgCO_3$，再将生成的 $CaCO_3$、$MgCO_3$ 加热煅烧使其分解生

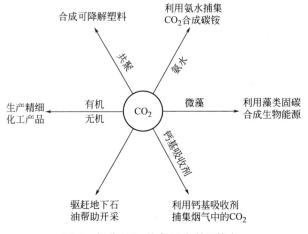

图 1 部分 CO_2 捕集回收利用技术

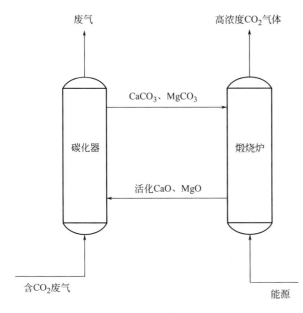

图 2　CaO、MgO 吸收 CO_2/$CaCO_3$、$MgCO_3$ 煅烧再生过程

成循环使用的 CaO、MgO 和高浓度的 CO_2。其主要生产过程见图 2。

该方法理论上相对于现阶段的胺吸收法有一定的经济优势，但钙基吸收剂在经过了多次煅烧/碳酸化循环反应后，CO_2 捕捉能力会发生明显的衰退：在 $CaCO_3$、$MgCO_3$ 分解成 CaO、MgO 的过程中，一方面 CaO、MgO 表面积减少，另一方面 CaO、MgO 晶粒内部微小晶体聚合使小孔减少大孔增加，再加上烟气中的煤灰及 SO_x 的侵蚀降低 CaO、MgO 的含量和纯度，最终使吸收剂的吸收能力和循环稳定性随煅烧/碳酸化循环次数的增加而减少。因此，为了保持吸收能力，需要不断用新鲜吸附剂替代失活的吸附剂。尽管到目前为止，有关钙基吸收剂法的研究还处于实验室阶段，但鉴于该项技术在水泥行业的应用具有以下优势：一是 CO_2 回收能耗比其他化学吸收方法低，CaO、MgO 碳酸化过程中释放的热能可部分补偿碳酸钙热解所需的热能，二是失活钙基吸收剂可用来代替部分石灰石进行水泥生产配料，但可能引起尾排废气中 SO_2 超标，所以，系统研究水泥生产系统对失活吸附剂的接纳能力是水泥行业应用该技术下一阶段研究的重点。

2. 利用藻类固碳合成生物能源

借助植物光合作用吸收 CO_2 生产生物质能源，既可减量 CO_2，又能生产清洁能源，是一项低碳环保的新技术。目前利用藻类养殖技术减排 CO_2 的研究，在火力发电领域受到欧洲、美国和日本等发达国家的广泛关注，并取得很大进展，其中已有一些项目投入应用（图 3、图 4），同时一些较大规模的工程化应用也已提上日程，代表性的有生物柴油、生物乙醇及生物制气等化石能源替代品的生产。国内新奥公司建立了一条藻类养殖中试装置用于处理煤化工过程中产生的 CO_2 的吸收问题，曾得到国内外有关领导人的关注。由于目前采用该项技术生产出的产品其生产成本较高，其价值尚得不到显现。利用微藻吸收高浓度的 CO_2 烟道气尚处于实验室研究阶段。

现有养殖藻类减排 CO_2 项目的气源均是来自火电厂烟气，而水泥厂排出烟气相比电厂，其 CO_2 含量更高，同时对藻类生长有害的 SO_x 含量较低，且烟气的温度可根据藻类生长需要调节，提供给藻类生长的条件相对火电厂更加优越，因此，理论上讲，水泥厂排放的烟气比电厂更适合养殖藻类。长期以来，生物制燃料技术由于占地面积大、工艺复杂、设备投资大、运行费用高等问题，其经济性一直受到质疑。但随着化石资源的枯竭、燃料价格的不断飙升、低碳经济的发展需要、政府财政支持及技术的不断改进，在规模生产的条件下，其成本将有可能大大减低，竞争力将不断提升，可望形成一种新兴的高新技术产业，为水泥行业的节能减排带来希望。

图 3　Cyanotech 公司在夏威夷的藻类养殖场

图 4　Seambiotic 公司在阿什克隆
建立的试验性海藻农场

3. 利用氨水捕集 CO_2 合成碳铵

氨法固碳合成碳铵技术可望成为 CO_2 的减排、副产农用化肥协同脱硫、脱硝有成效的方法之一，已受到国际社会的广泛关注。该技术采用浓氨水喷淋烟气吸收 CO_2 并生产碳酸氢铵肥料，最早是由美国能源部化石燃料办公室的专家提出，但由于普通碳铵不稳定，挥发损失大，吸收的碳易分解重返大气，削弱了 CO_2 的固定效果。为此，近年来，通过添加氨稳定剂——双氰胺（DCD）将烟气中 CO_2 转化为稳定的长效碳铵技术成为该技术的重点研究方向。

长效碳铵施入土壤后分解为 NH_4^+ 和 HCO_3^-，NH_4^+ 是植物生长所需的营养成分，HCO_3^- 则可能存在如下 3 种转化途径：

① 深入地下深层或含水层中，并与其中的碱土化合物结合生成不溶性碳酸盐 $CaCO_3$、$MgCO_3$ 等；

② 被植物直接或间接吸收利用，并成为植物组织的一部分；

③ 分解释放出 CO_2 并重返大气。

可以看出，若转化途径①、②占主导地位，则可实现理想的固碳效果，若以转化途径③为主，则固碳效果明显减弱，同时，土壤的性质和耕作制度对碳素转化途径具有重要影响。因此，以长效碳铵为载体固定烟气中的 CO_2 固碳性能，主要取决于长效碳铵施入土壤后其碳素的迁移转化特性，碳素去向的不确定性是制约该技术发展的瓶颈。

目前该项技术虽已取得一些研究成果，但与工业化应用还有一定距离，但作为一种潜在的低碳技术应加大关注力度。

4. 生产精细化工产品

在无机化工行业，废气中的 CO_2 可用于生产轻质 $MgCO_3$、Na_2CO_3、$NaHCO_3$、$CaCO_3$、K_2CO_3、Ba_2CO_3，以及碱式 $PbCO_3$、Li_2CO_3、MgO、白炭黑、硼砂等基本化工原料（图 5）。在有机化工行业，通过催化转化将 CO_2 转化为小分子产品（图 6）和其他具有更高附加值、更有市场潜力的产品无疑将是最具有市场潜力、应用前景最为看好的一个途径。这也是近年来关于 CO_2 的催化转化研究不断升温的主要原因。现在和今后一段时间将

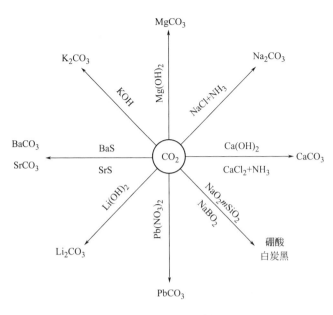

图 5　CO₂ 无机化学转化途径

是 CO_2 催化转化研究的高峰期，科学的 CO_2 产业链也会逐步形成，因此从长远发展来看，将成为 CO_2 资源利用的一大方向。

5. 合成可降解塑料

二氧化碳降解塑料属完全生物降解塑料类，可在自然环境中完全降解，可用于一次性包装材料、餐具、保鲜材料、一次性医用材料、地膜等方面，因其能高效利用二氧化碳并解决塑料的"白色污染"问题而备受世界关注，已成为当今世界瞩目的研究开发热点。

自 20 世纪 90 年代起，中科院广州化学所、浙江大学、兰州大学、中科院长春应化所相继开展了二氧化碳固定为可降解塑料的研究，并取得可喜进展。

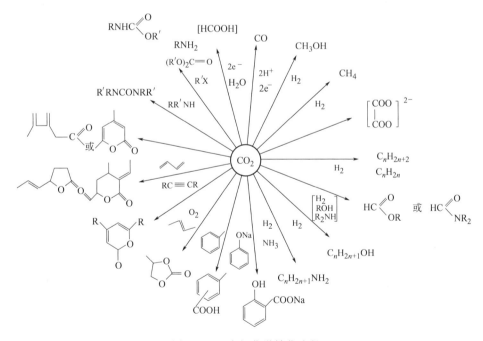

图 6　CO₂ 有机化学转化途径

从水泥窑尾气中提取二氧化碳，通过一系列工艺将其制备成食品级纯净度，再作为原料用于全降解塑料生产，这项具有独立知识产权，国内首创的全生物降解二氧化碳共聚物技术，已由内蒙古蒙西高新技术集团开发成功并投入实际应用，用此技术建立了年产 3000t 全生物降解二氧化碳共聚物示范生产线。

德国南方化学工业公司、韩国 LG 化学等也在计划进行相关的工业化生产线的建设工作。但目前这类材料在成本和性能上仍然与聚烯烃有较大的差距，离大规模工业化的基本要求还存在相当大的距离。目前我国在二氧化碳基聚合物研发领域中占据绝对优势，为其产业化发展提供了良机。但受制于产能和成本等因素，二氧化碳基塑料目前主要应用于高附加值的医用材料（药品包装泡罩、医用敷料、输液瓶）和高端食品包装材料（牛奶低温保鲜膜、肉制品保鲜膜）两个方面。

将工业废气二氧化碳制成对环境友好的可降解塑料，不仅避免了传统塑料产品对环境的二次污染，而且在一定程度上对日益枯竭的石油资源是一个补充。因此，二氧化碳降解塑料的生产和应用，无论从环境保护，还是从资源再生利用角度看，都具有重要的意义。

6. 驱赶地下石油， 帮助开采

利用 CO_2 提高石油采收率（CO_2-EOR）是近年来石油开采领域的一项研究重点。该项技术是目前公认的碳捕捉和存储技术中比较有潜力的技术方案。

CO_2-EOR 技术是利用高温高压下，二氧化碳和石油混合形成低黏度、低表面张力的流体，这使得石油更容易与沙粒分开并析出，并且二氧化碳还能够入侵并占据很多之前水无法到达的细小缝隙，这也有助于驱赶出更多的石油，它能够将石油的开采率进一步提高到 $60\% \sim 70\%$。到目前为止，全世界已经有上千个油田建立了 CO_2-EOR 系统，每天向地下埋藏的二氧化碳多达几十万吨，帮助原油产量每天提高 27 万多桶。

但受技术、成本控制、封存风险的科学不确定性等因素的影响，CO_2-EOR 技术还有待从以下方面进一步改进。

① CO_2 捕捉成本高。北美多数利用二氧化碳提高石油采收率项目使用的 CO_2 主要来自天然 CO_2 气藏，只有少量项目的 CO_2 来自人工捕获的 CO_2，且主要是来自石油炼制行业，这些行业排放的二氧化碳浓度高、压力大，捕集成本并不高，而排放量最大的燃煤电厂所排放的二氧化碳则恰好相反，捕集能耗和成本较高，现阶段的碳捕集技术还无法解决这一问题。

② 对 CO_2 的需求量非常大。对于大部分地区而言，低浓度气源 CO_2 的捕集因规模较小，远远无法满足石油回采的需要。

尽管目前工业废气中 CO_2 的捕集成本较高，CO_2-EOR 技术代价较大，但随着技术的不断改进，石油价格的不断攀升，该技术有望在提高石油采收率方面得到大规模应用推广。

四、分离回收方法

目前工业上采用的 CO_2 分离回收方法主要有：膜分离法、变压吸附法、溶剂吸收法和富氧燃烧技术等。这些方法在经济性、选择性以及适用性等方面都存在各自的特点。

1. 膜分离法

膜分离法是基于混合气体中 CO_2 与其他组分透过膜材料的速率不同而实现 CO_2 与其他组分的分离。膜分离法具有投资低、操作方便、能耗低等优点，装置成本约为吸收法的一半，因此是发展非常迅速的一项节能型气体分离技术，目前已成功应用于从天然气和石油开采中回收 CO_2。但由于膜本身或膜组件材料的耐热性较差，限制了它的应用范围。目前许多研究者都在开发高温烟气不预冷直接分离出 CO_2 的硅石、沸石和碳素膜等无机膜。例如日本 Yamaguchi 大学某研究小组制造了一种沸石矿物膜，用于过滤电厂烟气中的 CO_2，在

$200℃$ 下，CO_2 通过膜的速率是 N_2 的 100 倍。

膜分离法的缺点是很难得到高纯度的 CO_2，若要得到高浓度的 CO_2，可将膜分离法与吸附法结合起来，前者做粗分离，后者做精分离。另外膜分离前要对分离气进行预处理，包括脱水、过滤等，操作比较繁琐。现阶段膜分离法用于烟气的分离主要处于实验室研究和小规模二氧化碳分离应用阶段。

2. 变压吸附法

变压吸附的基本原理是利用吸附剂（活性炭、天然沸石、分子筛、活性氧化铝和硅胶等）对不同气体在吸附量、吸附速率、吸附推动力等方面的差异以及吸附剂的吸附容量随压力的变化而变化的特性，在加压时完成混合气体的吸附分离，在降压条件下完成吸附剂的再生，从而实现气体分离及吸附剂循环使用的目的，是近十几年来应用比较广泛的一种脱碳工艺。该法具有能耗相对较低、适用性好、自动化程度高、吸附剂使用周期长等优点，但一次性投资较高。该法用于气体中 CO_2 含量在 $30\%\sim60\%$ 的情况时比较经济。

3. 溶剂吸收法

溶剂吸收法分为物理吸收法和化学吸收法。在我国，吸收法已在合成氨厂变换气脱碳工艺中广泛采用，是一种已经成熟应用的脱碳方法。

物理吸收法由于 CO_2 在溶剂中的溶解服从亨利定律，因此仅适用于 CO_2 分压较高的条件。

化学吸收法目前工业中应用比较广泛的有热碳酸钾法和醇胺法。化学吸收法可得到高纯度的 CO_2，处理量大，但存在溶液的再生循环使用问题，操作上比较繁琐，对含 SO_x、NO_x、H_2S 等酸性气体较多的原料适用性不强，需要复杂的预处理系统，而且设备腐蚀和环境污染问题也比较严重，一些关键设备的材质要求很高，加大了设备的投资。

4. 富氧燃烧技术

从常规燃烧方式产生的烟气中捕集 CO_2 的主要困难在于 CO_2 含量较低，这样使得在较低的压力下从以氮气为主要成分的混合气体中分离较低浓度的 CO_2 气体的难度很大，分离设备复杂，成本较高。富氧燃烧技术可大幅度地提高燃烧产物中的 CO_2 浓度，进而降低回收成本，但是在热回收利用方面却会带来负面影响，尤其是对于依赖风量冷却熟料的冷却机，目前该技术在水泥行业还不成熟。

五、结语

水泥工业作为 CO_2 排放大户，其未来的减排压力和蕴含的碳资源挖掘潜力巨大，捕集回收利用水泥工业废气中的 CO_2 生产生物燃料、农用化肥、精细化工产品及可降解塑料，不仅在经济和环保上具有吸引力，而且对缓解全球碳资源危机也有战略性意义。但是，我们依然面临极大的挑战，如何提高技术的可操性、极小化成本及开发新的分离回收利用技术是我们努力的方向。国家的政策引导和资金扶持对水泥行业拓展新型产业的发展至关重要。绿色水泥、低碳水泥让人期待！

参考文献

[1] 胡道和，蔡玉良. 中国水泥工业的畅想曲. 水泥工程，2010 (2).

［2］ JC Abanades，EJ Anthony，D Alvarez，et al. Capture of CO_2 from combustion gases in a fluidized bed of CaO. AICHE Journal，2004，50（7），1614-1622.

［3］ Adina Bosoaga，Ondrej Masek，John E，et al. CO_2 capture technologies for cement industry. Energy Procedia，2009，1：133-140.

［4］ 蔡宁生，房凡，李振山. 钙基吸收剂循环煅烧/碳酸化法捕集 CO_2 的研究进展. 中国电机工程学报，2010，30（26）：35-43.

［5］ 蔡玉良，俞刚，赵宇等. 水泥工业与生物能源生产及应用技术初探. 中国水泥，2009（5）.

［6］ Sheehan J，Dunahay T，Benemann J，et al. A look back at the U. S. Department of Energy's Aquatic Species Program-Biodiesel from Algae. National Renewable Eenergy Laboratory，1998.

［7］ Bai H，Yeh A C. Removal of CO_2 greenhouse gas by ammonia scrubbing. Ind Eng Chem Res，1997，36（6）：2490-2493.

［8］ 杨林军，张霞，孙露娟等. 以长效碳铵为载体固定电厂烟气中二氧化碳的技术进展. 现代化工，26（9）：12-15.

［9］ Koutinas A，Yianoulis，P，Lycourghiods A，et al. Industrial scale modeling of the thermochemical energy storage system based on $CO_2 + 2NH_3 \Longrightarrow NH_2COONH_4$ Equilibrium. Energy Converion Management，1983，23-55.

［10］ Arakawa et al. Chem. Rev，2001，101：953-996.

［11］ Coates G W，Moore D R. Angew Chem Int Ed，2004，43（48）：6618-6639.

［12］ 二氧化碳合成可降解塑料的国内外进展. 国际新能源网. http：//www. info. plas. hc360. com/2010/06/290851139085. shtml.

［13］ IPCC. Carbon dioxide capture and storage. U. K.：Cambridge University Press，2005.

［14］ 高慧梅，何应付，周锡生. 注二氧化碳提高原油采收率技术研究进展. 特种油气藏，2009，16（1）：6-12.

［15］ Guntis Moritis. More CO_2-EOR projects likely as new CO_2 supply sources become available. Oil and Gas Journal，2009，107（45）.

［16］ Kohl AL. Gas Purification. 5th Edition. Houston：US Gulf Publishing. Company，1997.

［17］ P. H. M. Feron，A. E. Jansen. The production of carbon dioxide from flue gas by membrane gas absorption. Energy convers. Mgmt，1997，38：93-98.

［18］ Gomes Vincent G，Yee Kevin. Pressure swing adsorption for carbon dioxide sequestration from exhaust gases. Separation and Purification Technology，2002（28）：161-171.

［19］ Chakraborty A k，Astarita G，Bischoff K B. CO_2 absorption in aqueous of hindered Amines . Chem Eng Sci，1986，41（4）：997-1003.

燃料氮在高温悬浮态反应生成 NO 的特性研究

肖国先　蔡玉良　吴建军　董益名

　　燃煤的污染物是我国大气污染物的主要来源，燃煤所释放的 NO_x 占到全国总排放量的 67％，如何减少煤利用过程中 NO_x 的排放，已经成为目前的研究热点。水泥生产过程中涉及到高温燃烧过程，高温形成是依靠燃料（主要为煤）的化学热来完成的。水泥生产过程中 NO_x 产生来自两个方面：一是燃料氮直接转化生成；二是高温燃烧状态下空气中的氮热力转化。本文在自行研发的高温悬浮实验台上就燃料氮转化 NO_x 的情况进行实验研究分析，研究分析了煤种及其煤焦变化对氮氧化物生成率的影响，揭示了不同煤种和相应煤焦燃烧的 NO_x 释放特性，并根据实验结果计算新型干法水泥窑系统燃料氮转化成 NO_x 的排放浓度。研究结果对新型干法水泥窑系统选择与应用 NO_x 减排技术有一定的指导意义。

一、实验设备及实验方法

　　高温气固悬浮态实验台见图1，主要由自动控制高温悬浮炉、气体流量控制系统、入实验系统的气体、多通道气体成分分析仪等组成。把实验所用气体经配气混合后进入预热器，被加热到所需高温后，从下部送入反应器，反应后的气体从反应器的顶部流出。粉体试样从上部加料口加入，用微量氮气通过电子阀控制喷入炉腔，在布风板的上端形成悬浮状态，实

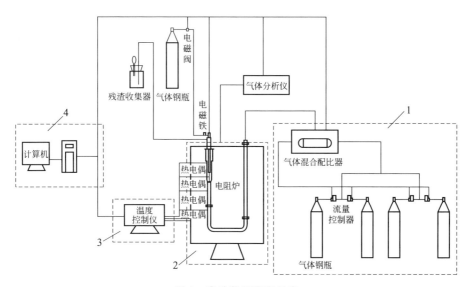

图 1　实验装置流程示意

1—供气系统；2—高温炉系统；3—控制系统；4—数据采集系统

验完毕，加大气流使灰渣从后端另一敞口排出。

二、实验数据处理方法

大量的实验证明，燃料氮在 $200 \sim 900℃$ 的范围内主要生成 NO，仅有少量 NO_2，其含量仅在 1% 以内，可以不予考虑。因此，在实验数据的处理方面主要以 NO 为主，考虑燃料氮的转化问题。将出炉气体烟气分析仪检测到的气体成分变化对反应时间的关系，转化为体积流速对反应时间的关系。根据反应器内和反应器出口 NO 含量的平衡关系，通过公式可计算求解试样燃烧生成 NO 程度与时间的关系曲线。采用燃料氮转化成 NO 的转化率 α（即实际生成的 NO 与理论上燃料氮全部转变成 NO 之比）表征燃料燃烧后的 NO 排放特征。

$$V_p \cdot C_0 + V_m(t) = [V_p + V_m(t)] \cdot C(t)$$

$$V_m(t) = \frac{V_p \cdot [C(t) - C_0]}{1 - C(t)}$$

单位燃料生成 NO 气体量 $m_u = \dfrac{\displaystyle\int_0^{t_\infty} V_m(t)\,\mathrm{d}t}{m}$

$$\alpha = \frac{\displaystyle\int_0^{t_\infty} V_m(t)\,\mathrm{d}t}{V_\infty} \times 100\%$$

式中　V_p——进炉气体体积流速，L/s；

　　　C_0——入炉气体 NO 初始浓度，%；

　$V_m(t)$——t 时刻 NO 体积流速，L/s；

　$C(t)$——t 时刻释放 NO 的体积分数，%；

　　　t_∞——燃烧完成时间，s；

　　　m——入炉试样量，g；

　　　V_∞——燃料氮全部转变成 NO 而得到的 NO 最大值，L。

三、实验结果分析与讨论

1. 煤中氮分布特征

本实验所用煤样来自河南确山龙达水泥有限公司。煤样经球磨机粉磨、烘干、筛分制得 $200 \sim 300\mu m$ 的煤样。煤焦是将所制煤样放入带盖坩埚在 900℃马弗炉中脱除挥发分后的剩余部分。煤及煤焦的含氮用 ISO 332.81 标准化实验方法测定，相关分析结果见表1。

表 1　煤样成分

试样	$M_{ad}/\%$	$A_{ad}/\%$	$V_{ad}/\%$	$FC_{ad}/\%$	$Q_{net,ad}/(MJ/kg)$	煤中氮/%	煤焦中氮/%
龙潭煤	2.56	7.42	6.28	83.74	28.87	0.405	0.412
禹县煤	0.65	27.70	13.27	58.38	24.16	1.273	0.956
西安煤	2.00	18.54	28.00	51.46	25.58	0.599	0.411

煤中含氮量因产地不同也会引起含氮量有很大差异，根据实验煤样的挥发分含量、含氮量和煤焦含氮量，可计算出煤中氮在挥发分和煤焦中的分布特征，结果见表2。

表 2　煤中氮分布特征（质量分数）

试样	煤分类	氮在煤中含量/%	其中挥发分内含氮/%	其中煤焦内含氮/%	总氮在煤中分布情况	
					氮在挥发分中/%	氮在煤焦中/%
龙潭煤	无烟煤	0.405	0.019	0.386	4.66	95.34
禹县煤	低挥发分煤	1.273	0.444	0.829	34.87	65.13
西安煤	烟煤	0.599	0.303	0.296	50.60	49.40

从表 2 可看出：煤样中氮在挥发分和焦炭中的分布规律性较强。不同煤种的氮分布不同，煤的挥发分高，煤焦中含氮量低，基本上随着挥发分比例增大，其所含氮比例也在增加。

2. 煤和煤焦燃烧产生 NOx 规律特征

为了解西安煤及其对应煤焦在空气中燃烧生成 NO_x 的特性，参照分解炉燃烧的环境温度，实验设定温度 820℃，向悬浮炉内通入 10L/min 空气，以保证煤和煤焦的充分燃烧，试样喂入量 320mg 左右，注入悬浮态炉中的试样开始燃烧后，利用快速灵敏的烟气分析仪对其烟气中的 NO、NO_2、CO、CO_2 及 O_2 进行跟踪分析。燃料（煤和煤焦）燃烧时气体各成分随时间的变化曲线见图 2。实验中测得的烟气中 NO_x 主要成分为 NO 和 NO_2，其中 NO_2 含量极低（$3 \times 10^{-6} \sim 4 \times 10^{-6}$，即 3～4ppm），相对可以略去不计。

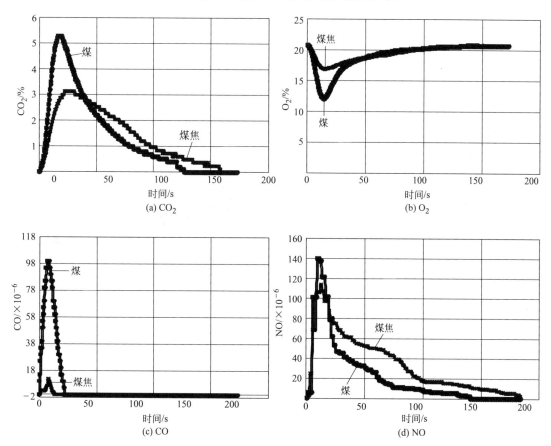

图 2　西安煤和西安煤形成的煤焦燃烧时生成气体成分随时间变化规律

如图 2 所示，依据 CO_2、O_2 及 CO 随时间的变化曲线的规律不难看出，煤燃烧可分为挥发分析出、快速燃烧和缓慢的焦炭燃烧三个过程。当煤粉喂入高温炉内，煤中含有大量的挥发分迅速析出燃烧，形成较低氧气氛环境。煤在燃烧过程的初期出现 CO 峰，而煤焦在燃烧中基本上没有 CO。煤种挥发分含量越高，燃烧过程中析出的挥发分也越多，而参与反应的氧气有限，燃烧产生的还原性气氛越强，析出的 CO 浓度越高，对 NO 还原能力越强。煤析出的 CO 浓度水平很高，但煤焦析出 CO 的浓度低。

在煤粉燃烧过程中，NO 是在不断产生与还原过程中形成的。煤中氮生成 NO 可分为两个阶段，即挥发分均相生成阶段和焦炭异相生成阶段。在挥发分析出阶段，析出的氮主要以 HCN、NH_3 和 CN 的形式从煤中释放出来并大量氧化成 NO；在焦炭燃烧阶段，焦炭中的氮被氧化成 NO_x。根据图 2(d) 中 NO 含量随时间变化曲线积分，计算求得单位西安原煤生成 NO 量为 2.16g/kg 煤，燃料氮转化 NO 的转化率仅为 16.86%，表明煤中氮没有全部转化为 NO，因此在烧成系统 NO_x 的控制指标确定时，应通过实验确定 NO 生成量。同理，单位西安煤焦生成 NO 量为 2.02g/kg，煤焦中有 49.14% 的氮转化生成 NO。由于煤焦燃烧时基本上没有 CO 生成，过程中产生的 NO 基本未被还原，致使煤焦的氮转化成 NO 的转化率大于原煤中氮转化成 NO 的转化率。

3. 不同煤种和煤焦燃烧过程中 NO_x 排放特性比较

为研究煤种及其煤焦变化对氮氧化物生成的影响，通过调换煤种及其煤焦，考察不同燃料对烟气中氮氧化物产生的影响。

在 820℃实验温度下，向悬浮炉内通入 10L/min 空气，在不同煤和煤焦充分燃烧后，监测到烟气中 NO_x 产生量随时间变化情况如图 3 所示。

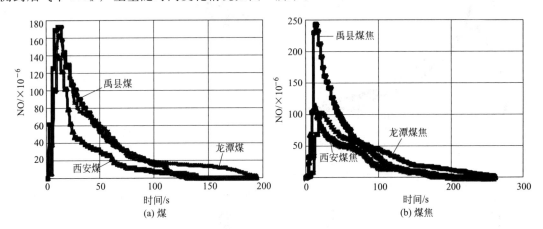

图 3　不同煤及其对应煤焦燃烧时产生 NO 量随时间变化情况

图 3(a) 和图 3(b) 分别为不同煤种及其对应煤焦在相同实验条件下的 NO 生成曲线，比较两图可以明显发现，不同燃料生成的 NO 规律基本相似，但生成 NO 量存在一定差异。将图 3 中的数据进行积分处理，可得单位原煤与单位煤焦生成 NO 的量及其对应转化率情况（表 3）。随煤挥发分增加，煤中氮转化 NO 的转化率降低。煤焦中的氮转化成 NO 的转化率增大。煤中挥发分含量的不同将对燃料氮在挥发分和焦炭中的分配产生影响。高挥发分煤（西安煤）着火燃烧速率快，烃类物质 CH_i 及含氮中间产物 HCN、NH_3 析出量高，且剧烈燃烧的煤粉颗粒周围还原性气氛较强，利于中间产物向 N_2 的转化。可见挥发分含量越高，

燃料氮转化率越低；挥发分含量越低，燃料氮转化率越高。据此可以推出，在燃料氮含量相同情况下，分解炉燃烧无烟煤排放的 NO_x 量高于燃烧烟煤的情形，烧烟煤有利于 NO_x 减排。由此可见，在没有采用其他脱氮措施的情况下，燃料煤中挥发分的高低，直接反映出燃料燃烧后 NO_x 产物的高低。

表3 不同煤种和煤焦在 820℃ 燃烧生成 NO 量及转化生成 NO 的程度

类型	试样	试样氮含量/%	单位燃料燃烧生成 NO 量/(g/kg)	燃料氮转化为 NO 的转化率/%	燃料挥发分/%
原煤	龙潭原煤	0.405	4.91	56.58	6.28
	禹县原煤	1.273	5.67	20.77	13.27
	西安原煤	0.599	2.16	16.86	28.00
相应煤焦	龙潭煤焦	0.412	5.66	64.14	0.00
	禹县煤焦	0.956	3.30	34.55	0.00
	西安煤焦	0.411	2.02	49.14	0.00

4. 水泥烧成系统中燃料氮转化成 NO_x 量的评估

水泥生产系统中 NO 的产生来自两个部分。一部分是由燃料中的氮转化而来，一部分是由于高温空气带入的氮直接转化而来。基于前面的分析计算，不难获得现行新型干法水泥生产系统中由燃料氮转化生成 NO 的量。其计算基准：烧成系统热耗为 $740 \times 4.18 kJ/kg$ 熟料、出 C1 预热器的氧含量（O_2）为 3.5%，其相应不同性质的原煤在烧成系统中因燃料氮产生的 NO 计算结果见表4。

表4 水泥窑系统采用不同煤种时燃料氮燃烧生成 NO_x 浓度

试样	煤分类	试样含氮量/%	C1 出口 NO_x 浓度(3.5%O_2，标准状态)/(mg/m³)	C1 出口 NO_x 浓度(10%O_2[①]，标准状态)/(mg/m³)
龙潭煤	无烟煤	0.405	400.3	493.7
禹县煤	低挥发分煤	1.273	535.6	660.5
西安煤	烟煤	0.599	194.8	240.2

① 按国家标准，以 10%O_2 为基准。

如表4所示，由于煤种的不同，煤中挥发分含量、氮含量、热值等均存在差异，造成燃料氮转化成 NO_x 浓度不同。三种燃料的窑尾气体 NO_x 平均值（10%O_2，标准状态）达 $464.8 mg/m^3$，接近 NO_x 国家排放浓度标准（$800 mg/m^3$）的 58.1%，表明水泥窑系统中，由燃料氮转化成 NO_x 的浓度较高，如果再考虑回转窑内形成的热力 NO_x，水泥窑全系统的 NO_x 排放浓度可能会超出国家标准排放要求，尤其对采用无烟煤的窑系统。为了便于比较不同煤种对 C1 出口 NO_x 浓度的影响，将三种煤的含氮量均设为 1%，计算窑尾气体中燃料氮转化为 NO_x 的浓度，结果见表5。

表5 不同煤种燃料氮均为含 1% 时燃烧生成 NO_x 浓度

试样	煤分类	V_{ad}/%	1%燃料氮的 C1 出口 NO_x 浓度(10%O_2，标准状态)/(mg/m³)
龙潭煤	无烟煤	6.28	1219
禹县煤	低挥发分煤	13.27	519
西安煤	烟煤	28.00	401

由表 5 可知，不同煤种燃料氮转化 NO_x 的浓度大小次序为：无烟煤＞低挥发分煤＞烟煤，即在相同工艺和装备条件下，燃烧挥发分高的煤有利于降低 NO_x 排放浓度。由于燃料氮不可避免地被燃料带入烧成系统，降低水泥生产过程中 NO_x 的主要途径应尽可能减少热力氮转化，如通过使用低 NO_x 燃烧器来减少窑头空气过剩系数、适当降低烧成温度等手段减少窑系统排放 NO_x 的浓度，但减排幅度有限，往往难以使 NO_x 排放达到国家排放标准。为此，应根据燃料挥发分含量、含氮量大小，选择分解炉分级燃烧还原气氛法、非催化选择还原法（将尿素或氨水喷入分解炉）等技术措施，使水泥窑烧成系统废气 NO_x 排放达到国家现行标准。

四、结论

① 原煤中的氮在挥发分和焦炭中分布不同。煤的挥发分含量高，煤焦中含氮量低，基本上随着挥发分比例增大，其所含氮比例也在增加。

② 在水泥生产系统中，原煤中的挥发分和煤焦燃烧后，其产生的 CO 过程不同，因此形成的 NO 也不同，基本上不产生 NO_2。

③ 煤或煤焦燃烧时，燃料中氮不会全部转化生成 NO。煤焦中的氮转化成 NO 的转化率高于煤中的氮转化成 NO 的转化率。煤挥发分增加，燃烧时形成 CO 量大，煤中氮生成 NO 的转化率降低。

④ 在水泥窑系统中，煤种和燃料含氮量对 NO_x 排放浓度有较大影响，燃烧高挥发分煤有利于降低 NO_x 排放浓度；为使水泥窑系统废气排放 NO_x 达到国家标准或更高控制标准的要求，需要采取分解炉分级燃烧、非催化选择还原法等技术措施加以控制，以满足更高标准要求。

参考文献

[1] 朱建国，吕清刚，牛天钰，宋国良，那永洁. 煤粉高温空气燃烧与氮氧化物生成特性. 工程热物理学报，2009，30 (8)：1411-1414.

[2] 朱建国，牛天钰，吕清刚. 循环流化床燃烧在高过剩空气下的 NO_x 排放. 化学工程，2008，36 (4)：17-21.

[3] 周永刚，邹平国，赵虹. 燃料特性影响燃料 N 转化率试验研究. 中国机电工程学报，2006，26 (15)：63-67.

[4] 刘汉涛，王永征，路春美等. 混煤燃烧过程中 NO_x 排放特性试验研究. 锅炉技术，2005，36 (4)：43-46.

[5] 刘豪，邱建荣，吴昊，董学文. 生物质和煤混合燃烧污染物排放特性研究. 环境科学学报，2002，22 (4)：484-488.

[6] 姜秀民，邱建荣，李巨斌等. 超细化煤粉低温燃烧的 NO_x、SO_x 生成特性研究. 环境科学学报，2000，20 (4)：431-434.

低 NO_x 型分解炉内部过程的数值模拟研究

丁苏东　孙德群　蔡玉良

近年来，随着我国水泥工业工程技术研究的不断进步，加快了水泥工业结构的调整步伐，为提升我国新型干法水泥生产总量奠定了基础，满足了国家基础设施建设的需要，但是也给环境带来了一定的负面影响。水泥工业作为耗能大户，每年消耗掉大量的矿物燃料产生 SO_x、NO_x 和粉尘，若不加以控制，势必对人类的健康和安全带来严重的威胁。新型干法水泥熟料烧成系统，是现代水泥生产技术的发展主流，其过程的研发和设计，在水泥工程技术研发活动中占有重要的地位。为了实现水泥工业的可持续发展，将水泥企业建设成环境友好型企业，对于降低烧成系统 NO_x 排放新技术与装备的需求，日益急迫。

随着我国水泥工程服务参与国际市场竞争，在排放指标的控制上提出了非常高的要求，尤其在欧美国家，当地的法律规定了苛刻的指标。而且随着国内对环境保护的重视，国家也在大幅度地提高水泥工业污染物排放指标的控制要求。为了适应和满足这一日益增长的需求，我院致力于整个烧成系统的 NO_x 排放技术的研究，其中，低 NO_x 型的分解炉是控制 NO_x 排放的一个重要环节。

本文针对 4000t/d 低 NO_x 型分解炉技术要求，对其过程参数进行一系列的数值研究。

一、物理模型

1. 分解炉 NO_x 生成与脱除机理

在燃用矿物燃料的工业窑炉系统中，NO_x（NO，NO_2）的产生一般有两种方式：其一是来自于空气中的氮与氧直接化合的结果，称为热力 NO_x；其二是来自于燃料中的氮与空气中的氧化合的结果，称为燃料 NO_x。两者的比例随燃料的含氮量和燃烧条件而异。

关于热力 NO_x 的生成，按照捷里道维奇（Zeldovich）机理理论，空气中的 N_2 在高温下氧化，是通过下列一组不分支的链式反应进行的。

$$N_2 + O \underset{k_1'}{\overset{k_1}{\rightleftharpoons}} NO + N \tag{1}$$

$$N + O_2 \underset{k_2'}{\overset{k_2}{\rightleftharpoons}} NO + O \tag{2}$$

按照化学反应动力学，可以写出：

$$\frac{d[NO]}{dt} = k_1[N_2][O] - k_1'[NO][N] + k_2[N][O_2] - k_2'[NO][O] \tag{3}$$

N 原子是中间产物，在短时间内，可假定其增长速率与消失速率相等，即其浓度不变：

$$\frac{d[N]}{dt} = 0 \tag{4}$$

由式（1）和式（2）可得：

$$\frac{d[N]}{dt} = k_1[N_2][O] - k_1'[NO][N] - k_2[N][O_2] + k_2'[NO][O] = 0 \tag{5}$$

因此

$$[N] = \frac{k_1[N_2][O] + k_2'[NO][O]}{k_1'[NO] + k_2[O_2]} \tag{6}$$

将式(6)代入式(3)，整理后可得：

$$\frac{d[NO]}{dt} = 2\frac{k_1 k_2[O][O_2][N_2] - k_1' k_2'[NO]^2[O]}{k_2[O_2] + k_1'[NO]} \tag{7}$$

与 $[NO]$ 相比，$[O_2]$ 很大，而且 k_2 和 k_1' 属同一数量级，因此可以认为 $k_1'[NO] \ll k_2[O_2]$。这样，式(7)可简化为：

$$\frac{d[NO]}{dt} = 2k_1[N_2][O] \tag{8}$$

如果认为氧气的离解反应 $O_2 \underset{k_3'}{\overset{k_3}{\rightleftharpoons}} O+O$ 处于平衡状态，则可得 $[O] = k_0[O_2]^{\frac{1}{2}}$，其中，$k_0 = \frac{k_3}{k_3'}$，代入式(8)，可得：

$$\frac{d[NO]}{dt} = 2k_0 k_1[N_2][O_2]^{\frac{1}{2}} \tag{9}$$

$2k_0 k_1$ 按 Zeldovich 的实验结果：

$$K = 2k_0 k_1 = 3.1 \times 10^{14} e^{\frac{-54200}{RT}} \tag{10}$$

式中　R——通用气体常数，J/(mol·K)；

　　　T——绝对温度，K；

　　　t——时间，s。

说明热力 NO_x 的生成量与反应区域的 O_2 浓度、温度及反应物在反应区域的停留时间有关，其中尤以温度的影响最强烈，具有强烈的温度依存性。

对于 NO_x 脱除模型，主要是在分解炉中，在生料的催化作用下通过 NO_x 的再燃或者采用喷氨而降低 NO_x 的排放量。反应过程简单描述如下：

$$CH_i + NO \longrightarrow HCN(i=1,2,3)$$

$$HCN \xrightarrow{\text{催化剂}} N_2, CO, CO_2, H_2O$$

$$NH_3 \xrightarrow{\text{催化剂}} N_2, H_2$$

$$NH_3 + NO \longrightarrow N_2, H_2O$$

$$HCN + NO \longrightarrow N_2, CO, CO_2, H_2O$$

$$NH_3 + O_2 \longrightarrow NO, N_2, H_2O$$

$$HCN + O_2 \longrightarrow NO, N_2, CO, CO_2, H_2O$$

2. 流动模型

（1）气相方程

气相方程包括连续性方程和动量方程：

$$\frac{\partial \rho}{\partial \tau} + \nabla \cdot (\rho U) = 0 \tag{11}$$

$$\frac{\partial}{\partial \tau} \rho U + \nabla \cdot (\rho U \otimes U) - \nabla \cdot (\mu_{\text{eff}} \nabla U) = -\nabla p' + \nabla \cdot [\mu_{\text{eff}}(\nabla U)^{\text{T}}] + B \tag{12}$$

式中 ρ——流体的密度；

U——流体的速度；

μ_{eff}——有效黏度，其定义式为$\mu_{eff}=\mu+\mu_T$；

μ——流体黏度；

μ_T——湍流黏度，对于k-ε模型，假定$\mu_T=C_\mu\rho\dfrac{k^2}{\varepsilon}$；

C_μ——湍流模型常数；

B——体积力。

（2）能量方程

$$\frac{\partial\rho H}{\partial\tau}+\nabla\cdot\left[\rho U H-\left(\frac{\lambda}{c_p}+\frac{\mu_T}{\sigma_H}\right)\nabla H\right]=\frac{\partial\rho}{\partial\tau}+Q_R \tag{13}$$

式中 H——流体的焓；

λ——传热系数；

c_p——定压比热容；

Q_R——流体中发生的化学反应的反应热。

（3）k-ε湍流模型

相应的湍流动能k和湍流耗散率ε的定义式分别为：

$$\frac{\partial}{\partial\tau}\rho k+\nabla\cdot(\rho U k)-\nabla\cdot\left[\left(\mu+\frac{\mu_T}{\sigma_k}\right)\nabla k\right]=P_k+G-\rho\varepsilon \tag{14}$$

$$\frac{\partial}{\partial\tau}\rho\varepsilon+\nabla\cdot(\rho U\varepsilon)-\nabla\cdot\left[\left(\mu+\frac{\mu_T}{\sigma_\varepsilon}\right)\nabla\varepsilon\right]=c_1\frac{\varepsilon}{k}[P_k+c_3\max(G,0)]-c_2\rho\frac{\varepsilon^2}{k} \tag{15}$$

其中，P_k和G的定义分别为：

$$P_k=\mu_{eff}\nabla U[\nabla U+(\nabla U)^T]-\frac{2}{3}\nabla\cdot U(\mu_{eff}\nabla\cdot U+\rho k) \tag{16}$$

$$G=G_{buoy}+G_{rot}+G_{res} \tag{17}$$

式(17)中G_{buoy}、G_{rot}和G_{res}分别代表浮力、旋转力和阻力的作用。方程中各常数值见表1。

表1 k-ε湍流模型常数

c_μ	c_1	c_2	σ_k	σ_ε
0.09	1.44	1.92	1.0	1.3

分解炉内颗粒场描述采用Lagrange跟踪法。

（4）双挥发反应模型

煤粉燃烧采用双挥发反应模型。双挥发反应模型认为：挥发反应分两步进行，采用两个具有不同速率常数和挥发分产率的反应方程对煤粉的裂解进行描述。第一个方程适用于温度较低的阶段，得出一个较低的挥发分产率Y_1；而第二个方程适用于温度较高的阶段，得出一个较高的挥发分产率Y_2。最终的挥发分产率Y取决于颗粒的升温过程，并随着温度的增加而增大，但Y值介于Y_1和Y_2之间。

根据该模型，单位质量的煤粉颗粒经过 τ 时间以后，其中未反应的煤粉质量为 C_0；已经生成的焦炭质量为 C_{ch}；颗粒中的灰分质量为 A；显然，C_0 的初始值为 $(1-A)$。上述两个反应过程的速率常数 k_1 和 k_2 决定了未反应煤粉的转化速率：

$$\frac{dC_0}{d\tau} = -(k_1 + k_2)C_0$$

挥发分的产生速率为：

$$\frac{dV}{d\tau} = (Y_1 k_1 + Y_2 k_2)C_0$$

焦炭的产生速率为：

$$\frac{dC_{ch}}{d\tau} = [(1-Y_1)k_1 + (1-Y_2)k_2]C_0$$

k_1、k_2 由 Arrhenius 公式定义，表达式为：

$$k_1 = A_1 \exp\left(-\frac{E_1}{RT}\right)$$

$$k_2 = A_2 \exp\left(-\frac{E_2}{RT}\right)$$

上式中，Y_1、A_1 和 E_1 由煤粉工业及动力学分析实验测定；Y_2、A_2 和 E_2 由高温干馏实验测得。

二、分解炉计算原型

基于南京院 NC 型喷旋管道式分解炉（图 1），延伸分解炉底部窑气上升烟道长度，将

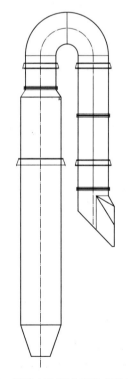

图 1　传统 NC 型分解炉结构示意

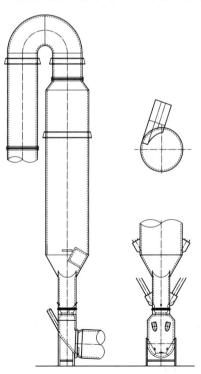

图 2　低 NO_x 分解炉结构示意

传统的分解炉锥部送煤燃烧器移至上升管道上，用于构成一段还原性气氛空腔，采用分料的方式来控制还原气氛区域内的温度，以防止局部过热造成区域结皮，同时，达到消减 NO_x 的目的，图2、图3所示分别为4000t/d燃煤分解炉的二维和三维结构。

模拟过程中采用的燃料是工业用煤，具体数据见表2、表3。

表2 燃料的工业分析

燃料类型	$M_{ad}/\%$	$A_{ad}/\%$	$V_{ad}/\%$	$FC_{ad}/\%$	$St_{ad}/\%$	$Q_{net,ad}/(MJ/kg)$
燃料煤	2.36	7.61	34.83	55.20	0.96	30.299

表3 燃料的元素分析

元素	C	H	O	N	S
质量分数/%	75.53	5.07	6.96	1.50	0.96

三、模拟实验结果分析与讨论

以理论为指导，以实际生产经验为基础，设定模拟实验条件（边界条件和数学模型参数），对图3所示几何模型进行离散化处理，然后对所有变量进行联立求解，其结果如下。

图4所示为分解炉内流场矢量图，图5所示为窑气和三次风的流动情况，从图中不难看出，气体在分解炉锥部入口处表现出强烈的喷腾作用，并在切向引入的三次风作用下，产生喷旋叠加的复杂流动模式，大大强化了混合效果，而气流在分解炉柱体段则以旋流为主的管流模式，流场均匀，充分体现了NC型喷旋管道式分解炉的特征。

图6所示为生料颗粒运动轨迹，从图中可以看出，生料的分解率随着颗粒运动轨迹的上升而增大，数值计算结果显示出分解炉生料的分解率可达95%以上。图7反映了分解炉内部压力场分布的情况，不难看出，炉内的压力分布均匀，分解炉单体阻力较低，体现了NC型分解炉低阻耗的特征。

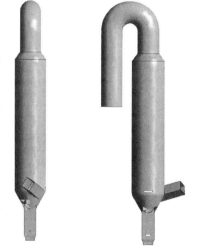

图3 低 NO_x 分解炉计算
三维空间模型

图8所示为分解炉内部温度场分布，从图中不难看出该分解炉温度分布均匀，热力强度均衡，虽在上升烟道处喷煤燃烧，但由于引入了部分生料，控制了上升烟道内温度，不会产生过热现象，更不会产生结皮问题。图9所示为煤粉燃烧和生料分解产生的 CO_2 气体体积分数，从图中不难看出，低 NO_x 分解炉内部各种组分场的分布具有均匀特征。

图10所示为分解炉内部的 O_2 浓度分布，该图展现了煤粉颗粒的运动、渐进燃烧、氧含量逐渐降低的过程，在管道出口处氧含量（浓度）非常低，意味着煤粉已经燃烧完毕。图11所示为煤粉喷入分解炉后受热快速裂解产生的挥发分浓度分布。图12所示为NO的分布。从图中可以看出，NO的脱除主要发生在煤粉喷入口的附近位置，根据前面所提到的反应机理，煤粉受热裂解产生的大量挥发分，在具有还原性的基团存在前提下，才能够实现NO的还原。

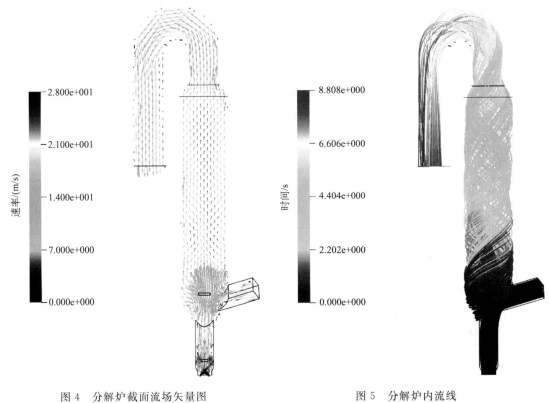

图 4　分解炉截面流场矢量图

图 5　分解炉内流线

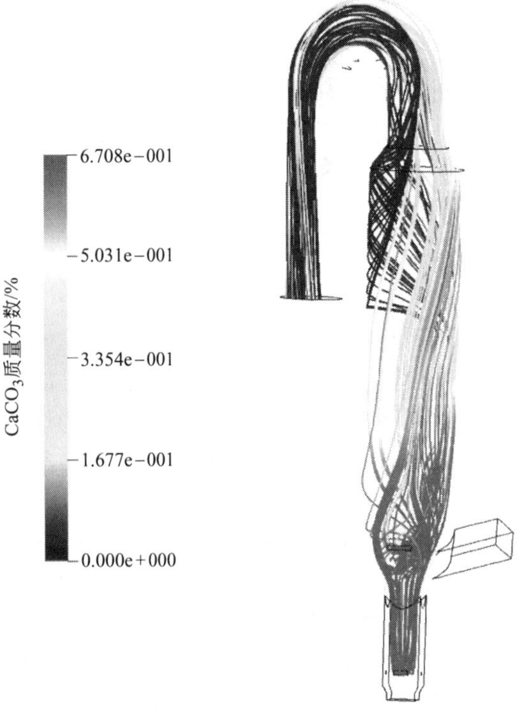

图 6　生料颗粒轨迹

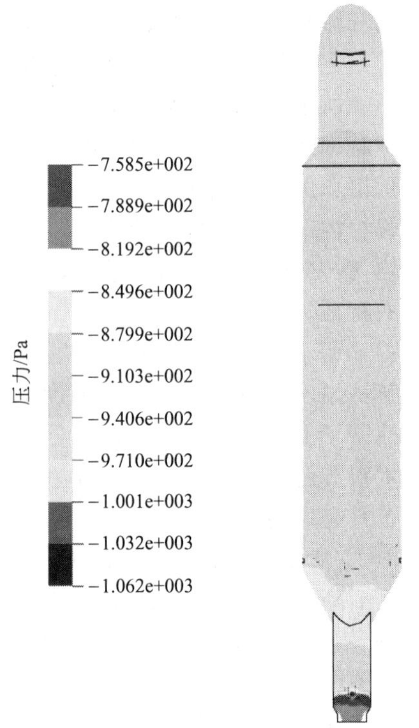

图 7　分解炉剖面压力场

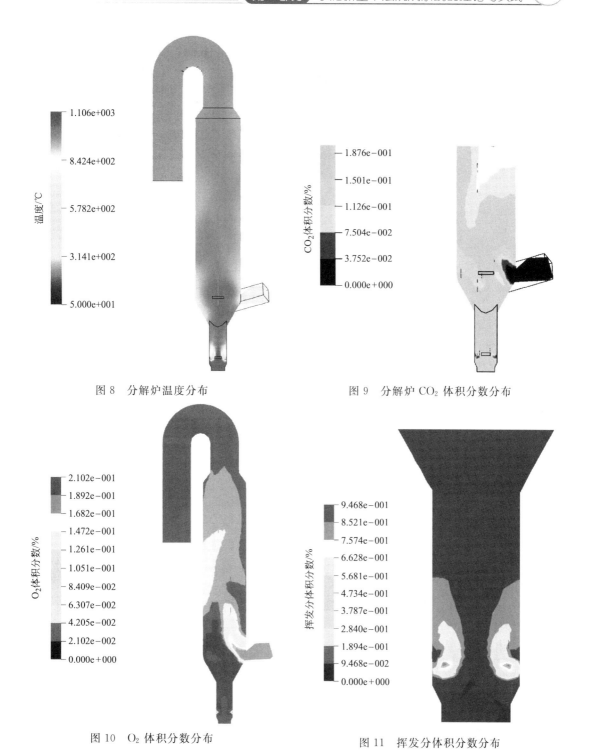

图 8　分解炉温度分布　　　　　　　　图 9　分解炉 CO_2 体积分数分布

图 10　O_2 体积分数分布　　　　　　　图 11　挥发分体积分数分布

基于数值虚拟实验的详尽结果，数值模拟实验可以准确预测该区段的 NO_x 的脱除过程。通过大量的实验结果显示，分解炉的脱除 NO_x 过程主要取决于：

① 分解炉还原区域内的温度，尤其是初始燃烧温度；

② 燃料的种类，以及挥发分和氮的含量，对于 NO_x 再燃，燃料挥发分含量越多越好；

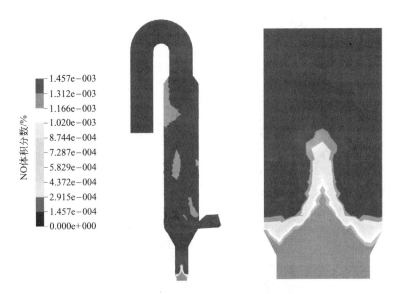

图 12　NO 体积分数分布及局部放大

③ 大量的 NO_x 是在窑内产生的，在保证窑内合适的煅烧温度情况下，采用低 NO_x 燃烧器和降低窑内煅烧温度是有效的措施；

④ 空气过剩系数，尤其在高温情况下，其值高低的影响较大，空气过剩系数越大，NO_x 产生的相对较多。

从结果分析可得，该分解炉出口气体的 NO_x 含量，降低到 $400mg/m^3$（以 NO_2 计，$10\%O_2$，标准状态），完全可满足国内，乃至国际上比较苛刻的排放标准。

四、结果与展望

本文结合低 NO_x 型分解炉的数值研究，综合分析了分解炉内各物理场量的分布情况及其变化过程，并对 NO_x 产生的过程和脱除过程及其分布特征进行了专门分析，其结果表明：

① 各物理场量的分布均匀，没有局部过热、过浓、偏料等现象的存在，确保了分解炉工作的有效性；

② 采用炉底增加还原区段，可以有效地脱除回转窑内产生的 NO_x，使其控制在标准要求的范围内；

③ 采用还原区内均匀分料的方式，是有效控制该区域内产生局部高温、导致结皮的关键。

另外，在已有实践经验的基础上，采用数值模拟对比分析方法，可以有效地拓展现有的实践经验，加快个性化研究过程，满足和响应市场对技术研发的快速化需求。将数值模拟分析和已有的实践经验有机地结合起来，可以相互弥补各自的不足。

参考文献

［1］　蔡玉良，丁苏东等. 预分解系统单体模拟与实践应用. 中国水泥，2005，7.

［2］　Weller, H. G. and Tabor, G. and Jasak, H. and Fureby, C. A tensorial approach to computational continuum mechanics using object orientated techniques. Computers in Physics，1998，Vol12，6.

［3］ Thomsen，K.，Jensen，L. S.，Schomburg，F. FLS-Fuller ILC-lowNOx calciner. commissioning and operation at Lone Star St. Cruz in California. ZKG International，October 1998，542-550.

［4］ 岑可发等. 高等燃烧学. 杭州：浙江大学出版社，2002.

［5］ GB 4915—2004 水泥工业大气污染物排放标准.

［6］ Feng Guo，Willian C. Hecker，Kinetics of NO reduction by char：effects of coal rank，twenty seventh symposium (international) on combustion/The combustion institute，1998.

［7］ Elmer B. Ledesma，Peter F. Nelson，John C. Mackie，An experimental and kinetic modeling study of the reduction of NO by coal volatiles in a flow reactor. Proceedings of the Combustion Institute，Volume 28，2000.

预分解系统分级燃烧技术的数值模拟和
工程脱氮效果实验研究

吴建军　蔡玉良　嵇　磊　于　洋　丁苏东　俞　刚

氮氧化物排放量已被国家列入"十二五"规划的控制性目标，要求 2015 年氮氧化物排放总量比 2010 年下降 10%。目前，水泥厂一般执行的是 GB 4915—2004 水泥工业大气污染物排放标准，水泥窑 NO_x 排放量（标准状态）应小于 800mg/m³（折算为 NO_2，以 10% 氧含量为基准）。新建水泥厂项目的设计控制标准为 GB 50259—2008，该标准规定水泥厂焚烧废弃物 NO_x 排放量（标准状态）应小于 500mg/m³（基准同上），已经达到了欧盟 2000/76/EC 标准规定的要求。此外，工业和信息化部发布的《水泥行业准入条件》（工原［2010］第 127 号）中也提到，"对水泥行业大气污染物实行总量控制，新建或改扩建水泥（熟料）生产线项目须配置脱除 NO_x 效率不低于 60% 的烟气脱硝装置"。因此，水泥企业因氮氧化物排放问题正面临着严峻的考验。

一般情况下，在不采取任何 NO_x 控制措施时，我国新型干法水泥厂的 NO_x 排放浓度（标准状态）为 $418×10^{-6}$～$850×10^{-6}$（3.5% O_2 基准），相当于 540～1097mg/m³，个别企业高达 $1250×10^{-6}$（3.5% O_2 基准）。在不同地区，无论 NO_x 排放已满足怎么样的标准，只要有 NO_x 排放，都要缴纳排放罚款 500～1500 元/吨 NO_x。因此目前各级环保部门每年对水泥企业征收的 NO_x 排放费逾 10 亿元，占水泥企业缴纳排污费的 70%。NO_x 的排放给自然环境、人类生活和身体健康带来了严重的威胁，同时也严重影响了水泥工业的可持续发展。因此，降低已有水泥生产系统的氮氧化物排放量是十分必要和紧迫的工作。

目前水泥窑 NO_x 控制技术主要包括低 NO_x 燃烧器、还原气氛法（分级燃烧）、选择性催化还原法（SCR）和非选择性催化还原法（NSCR）。低 NO_x 燃烧器目前在国内已被广泛应用，但其效果受操作控制水平和窑工况影响较大，一般 NO_x 的排放量不能达到预期效果或效果不明显。据资料，应用 SCR 和 NSCR 法可以控制水泥厂的 NO_x 排放量（标准状态）在 200～500mg/m³，但因其增加的设备投资和运行费用较大，目前多半设施没有投入使用。还原气氛法是在分解炉底部设置欠氧燃烧的 NO_x 还原区，利用分级燃烧原理和司料温控技术，使煤粉在缺氧燃烧下产生 CO、CH_4、H_2、HCN 和固定碳等还原剂，将窑内产生的 NO_x 还原成 N_2 等无污染气体的方法。与其他几种方法相比，还原气氛法更经济有效。

国外公司已有一些应用的成功经验，脱氮效果较理想，但多因操作控制不当影响脱氮效果，其主要原因有两方面，首先是窑内通风过大，高达 6.5% 的氧含量降低了窑尾还原区的脱氮效果，其次因窑尾烟室或还原区内煤灰的贴壁运行造成烟室或还原区堵塞，影响系统正常生产而被迫停止使用。

一、国外还原气氛法的应用效果和存在问题分析

本文借助数值模拟的方法，针对国外已有的还原气氛法脱氮技术进行了研究，即对其系统的流场、温度场和颗粒运行轨迹等做了对比分析，结合具体工程应用中存在的问题，分析其原因并提出了相应的改进方案。TL-DMFC 型和 ZY-DGPC 型还原气氛脱氮法的工程应用情况见表 1，两种类型的脱氮系统的喷煤口位置和数目各不相同，TL-DMFC 型的脱氮效果较好，但造成的烟室结皮问题比较严重；ZY-DGPC 型的脱氮效果一般，也存在结皮等影响影响系统正常运行的因素。

表 1　还原气氛法脱氮的工程应用情况

类别	TL-DMFC 型	ZY-DGPC 型
具体结构		
喂煤点	靠窑面及其背面四喷嘴对冲	对冲窑气流
还原区煤粉用量/%	100	10(最大)
还原区温度控制方式	分料控制	无
控制效果　工况/×10^{-6}	230(3.0%O_2)	630(2.82%O_2)
控制效果　标准状况(10%O_2)/(mg/m³)	289	783
存在问题	4 个还原区燃烧器上端出现结皮,靠窑侧的两个燃烧器上部结皮相对较多,其背面相对较轻	效果较差,偶尔出现结皮

还原燃烧区内包括湍流流动、气固两相流、煤粉燃烧等复杂物理化学过程。为耦合这些过程并确保数值模拟结果的可靠性，数值模拟研究严格按照具体工程应用的结构建立几何模型，并结合具体工程生产数据设定相关边界条件。本文选用了标准 k-ε 湍流模型以模拟还原燃烧区的湍流流动、离散项模型以模拟两相流问题、双竞争挥发模型以模拟挥发分的析出、动力/扩散表面反应模型反映固定碳的燃烧、非预混模型考虑各种组分的输运过程等。经过模拟研究得到 TL-DMFC 型和 ZY-DGPC 型还原燃烧区的流场、颗粒轨迹和温度场等，数值模拟结果见图 1～图 5。

从图 1～图 5 可以看出以下几点。

① 首先是还原燃烧区的流场，窑气从窑到烟室，气流方向发生了改变，导致气流速率

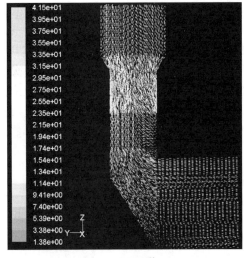
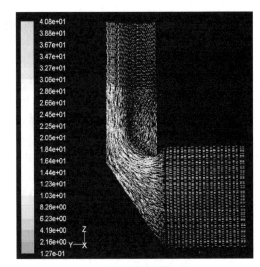

(a) TL-DMFC型 　　　　　　　　　　　　　　(b) ZY-DGPC型

图 1　流场

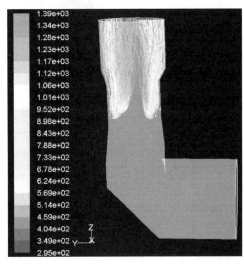
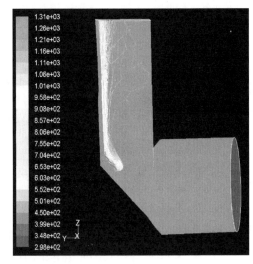

(a) TL-DMFC型 　　　　　　　　　　　　　　(b) ZY-DGPC型

图 2　颗粒轨迹 (1)

在其法向面上分布不均匀。靠近窑一侧速率较小，另一侧速率相对较大，并且在靠近窑一侧形成了明显的涡流。与 TL-DMFC 型相比，ZY-DGPC 型还原燃烧区气流速率的不均匀分布更明显。

②　从颗粒轨迹可以看出：TL-DMFC 型还原燃烧区不同位置煤粉进口的颗粒轨迹是不相同的。在靠近窑一侧由于旋流的存在，该区域的颗粒轨迹相对集中并靠近壁面，分散度较差，另一侧煤粉颗粒分散度较好。而 ZY-DGPC 型的煤粉进入方向正对窑的来流方向，煤粉颗粒在窑气的作用下大部分沿烟室壁面向上运动，颗粒的分散度较差。

③　从其温度场可以看出：煤粉进入还原区后，经历加热、挥发分析出和燃烧等过程，

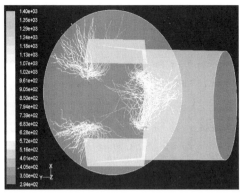
(a) TL-DMFC型

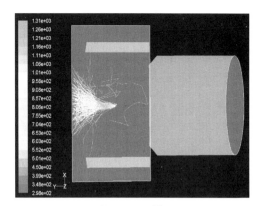
(b) ZY-DGPC型

图 3　颗粒轨迹（2）

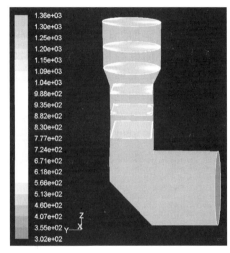
(a) TL-DMFC型

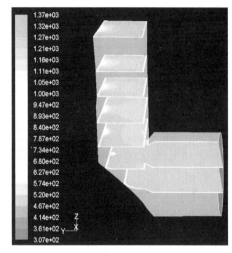
(b) ZY-DGPC型

图 4　温度场（K）

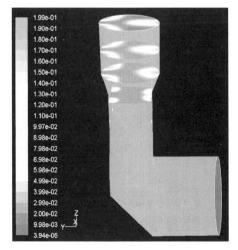
(a) TL-DMFC型

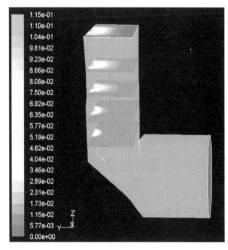
(b) ZY-DGPC型

图 5　CO 浓度场（%）

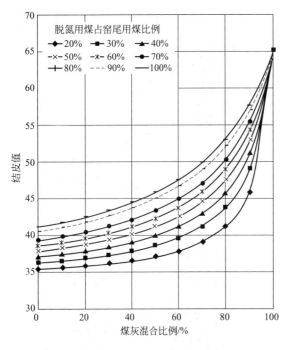

图 6　煤灰混合比例对结皮的影响

由于窑尾烟气的氧含量较低，其燃烧反应较慢且大部分为还原反应，这些过程没有增加该区域的温度。

④ 从 CO 的浓度场可以看出：TL-DMFC 型还原燃烧区内的 CO 分布情况优于 ZY-DGPC 型的，能形成更有效的还原区，这与 TL-DMFC 型采用煤粉多点进入、其分散效果较好的情况相一致。

经以上分析，并结合表 1 中提到的两种还原气氛法脱氮运行过程中存在的问题可以判断，还原气氛法的效果和不利影响与还原燃烧区煤粉的运动轨迹紧密相关。煤粉在靠近壁面处运动时，一方面易产生煤灰和炭焦的低温共熔物，并在壁面处黏结发育聚集，最终造成结皮堵塞。有关煤灰对结皮的影响见图 6，当用煤比例一定时，增加煤灰比将导致结皮值的快速增加。另一方面因煤粉分散度差，降低了还原性物质与 NO_x 发生还原反应的可能性，这是现有脱氮系统的致命弱点，导致脱氮效果不理想。

二、系统的改造方案设计

目前，对于新建的水泥生产线，可以采用 Sinoma 公司设计的专门脱氮还原区及相关技术，以降低水泥生产过程中的 NO_x 排放。但是对于 2009 年以前设计的工程项目均未设置分级燃烧所需的脱氮还原区。如何针对这些无脱氮还原区的系统，在其有限的空间里开展分级燃烧脱氮的技术改造，以最大限度地降低烧成系统的 NO_x 排放量，这是 Sinoma 公司一直关心的问题。为此，本文针对现有窑尾系统，在烟室分别选取了不同的喷煤口位置和不同煤粉喷入速率作数值模拟对比研究，为改造方案的设计提供参考依据。

1. 不同位置

在烟室底部选择不同的喷煤点位置如图 7 所示，保持同一速率进行内部流场及颗粒轨迹模拟，比较分析结果如下。

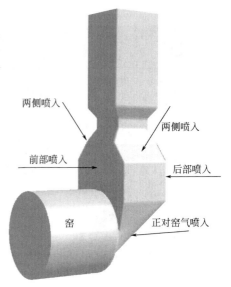

图 7　烟室模型及煤粉喷入位置示意

（1）正对窑气喷入

其煤粉颗粒的轨迹如图 8 所示，由于煤粉进口速度方向正对窑气的来流方向，在窑气的作用下，颗粒很快被带到壁面附近并聚集，煤粉分散度较差。

（2）后部喷入

其煤粉颗粒的轨迹如图 9 所示，通过 3 个方向颗粒轨迹的分析可以看出，该工况下颗粒轨迹在 x 方向上的分散较好，但在 y 方向上由于窑气的作用还存在一些贴壁现象。

（3）前部喷入

其煤粉颗粒的轨迹如图 10 所示，煤粉颗粒的轨迹在三个方向的分散度均较好。

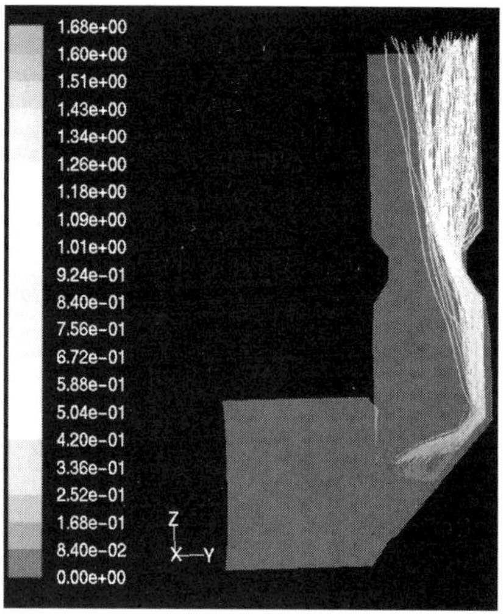

图 8　正对窑气喷入的煤粉颗粒轨迹

（4）两侧喷入

其煤粉颗粒的轨迹如图 11 所示，在 x 方向上分散度较好，在 y 方向上略偏向于窑一侧。

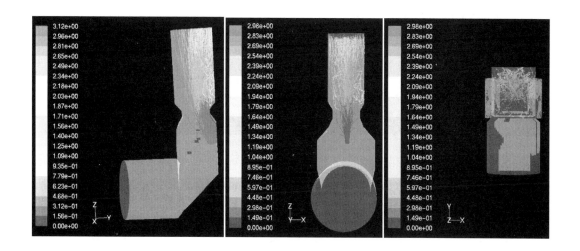

图 9　后部喷入的煤粉颗粒轨迹

综上所述，通过比较不同喷煤口位置的煤粉颗粒轨迹可以看出：煤粉从烟室前部或两侧喷入，煤粉颗粒能够到达烟室的中心并且充分散开，且运动轨迹远离壁面，其结皮可能性相对较小，该方案已申请相应的专利。

2. 不同速率

煤粉喷入速率分别采用低速、中速和高速时，喷入系统内的煤粉颗粒的运动轨迹如图 12 所示。通过比较可以看出，低速喷入时煤粉颗粒的分散度较差，大部分颗粒在烟室两侧沿壁面运动；中速喷入时除较小的颗粒因气流跟随性好，很快跟随气流沿壁面运动外，大部

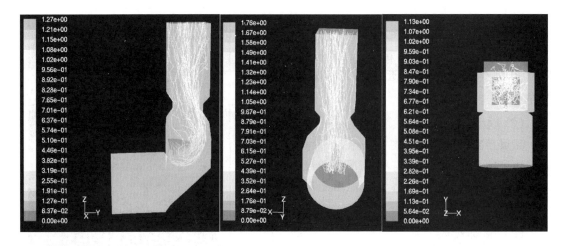

图 10　前部喷入的煤粉颗粒轨迹

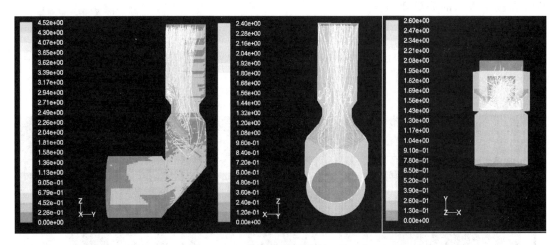

图 11　两侧喷入的煤粉颗粒轨迹

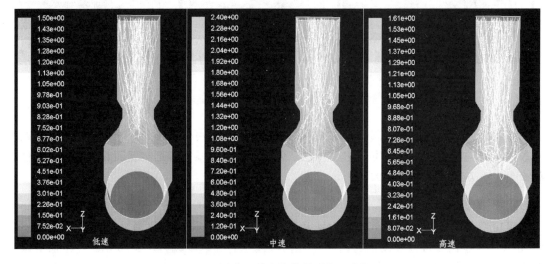

图 12　不同喷入速率的煤粉颗粒运动轨迹

分煤粉颗粒具有足够大的动量到达烟室中心并充分散开，降低了结皮的可能性；而高速喷入时煤粉颗粒同样能够远离壁面并有较好的分散效果，能够形成有效的还原区，同时还能避免具有较高结皮值的煤灰在近壁处形成结皮，造成系统堵塞的可能。

三、工业实验研究

1. 实验流程

在以上分析结果的基础上，结合现场的布置空间和已有设备等条件，在广西某企业已建成的 5000t/d 新型干法水泥生产线上开展了利用还原气氛法降低 NO_x 排放的改造实验研究工作。选取烟室两侧为煤粉喷入点，煤粉喷入速率设计为中速，其流程见图 13，即在现有的分解炉送煤管路上，增加一个煤粉分配器。煤粉经煤粉分配器后按一定比例（分解炉分配管路流通面积约占 75％，烟室约占 25％）分成两路，一路仍按原有的分解炉送煤管路进入分解炉内燃烧；另一路煤粉经煤粉增速器加速到合适的速率，均布到烟室内，保证煤粉到达烟室中心位置并充分散开。

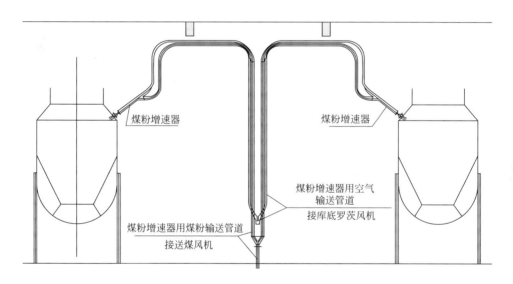

图 13　窑尾脱氮装置流程

煤粉增速器是利用喷射器的原理开发设计的专利产品，通过补充尽可能少的高压风以提高煤粉输送管路出口的速率，煤粉增速器及现场的布置见图 14。

2. 实验结果

还原气氛法脱氮的实验结果见图 15～图 17。

从图 15 可以看出，实验前 C1 出口 NO_x 排放量较高，其平均值（标准状态，下同）为 913.4mg/m³，当打开烟室送煤管道阀门开度至 25％时，NO_x 排放量开始下降，其平均值降到 833.8mg/m³。增加阀门开度至 50％，NO_x 排放量进一步下降，其平均值降到 777.8mg/m³，比实验前下降了 14.8％。停止实验后，继续检测发现 NO_x 排放量有上升趋势。实验前后，喂料量、烟室温度和窑电流都比较稳定，烟室压力也在正常波动范围之内。

图 14　煤粉增速器及现场布置

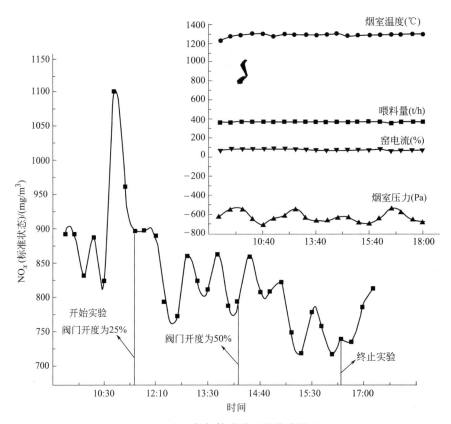

图 15　C1 出口各气体成分的变化曲线之一

从图 16 可以看出，实验前 C1 出口 NO_x 平均值为 800.0mg/m³，当烟室送煤阀门开至 50%时，NO_x 平均值降到 715.4mg/m³，当烟室送煤阀门开至 100%时，NO_x 平均值为 725.9mg/m³，排放量没有呈现继续下降的趋势。实验前后，烟室温度和压力、窑电流都比较稳定。

如图 17 所示，当窑内氧含量较高时，在实验过程中 NO_x 没有明显的变化。实验期间在烟室附近测得的气体成分分析见表 2，其氧含量高达 6.79%，远大于 0.8%~1% 的理想值。

表 2　烟室气体成分分析

$O_2/\%$	$CO/\times 10^{-6}$	$NO_x/\times 10^{-6}$
6.79	260	1024

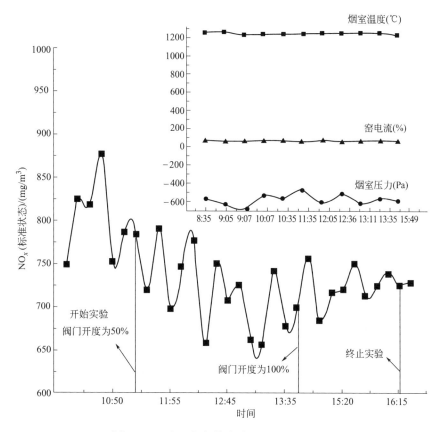

图 16　C1 出口各气体成分的变化曲线之二

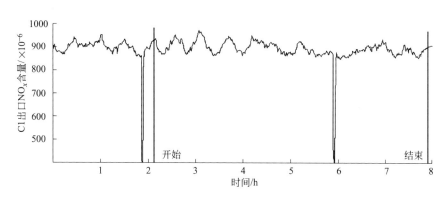

图 17　实验过程中 C1 出口 NO_x 的变化曲线

根据还原气氛法脱氮的原理，NO_x 被转化为 N_2 只有在还原气氛下才能实现，但窑尾氧

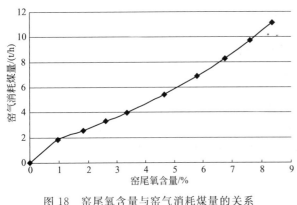

图 18　窑尾氧含量与窑气消耗煤量的关系

含量的增加，阻碍了烟室内还原气氛的产生。5000t/d 水泥熟料生产系统窑尾氧含量与窑气消耗煤量的关系见图 18，从图中可知窑尾氧含量为 6.79% 时，为在烟室内形成还原气氛，首先需要喂入 7.5t/h 煤才能消耗窑气中的氧，要在烟室形成还原气氛还必须在 7.5t/h 的基础上再增加喂煤量，才能达到有效脱氮的目的。而该脱氮实验装置设计的烟室最大喷煤量为 6.5t/h，在该生产工况下不具备产生还原气氛的条件。此外，窑尾的高氧含量必然导致烟室内风速增加，减少了煤粉在烟室的停留时间，进一步降低了还原反应的效率。因此，在该生产工况下，利用还原气氛法难以实现降低 NO_x 排放的目标。

四、结论与展望

① 本文列出了国外公司在新型干法水泥生产线应用还原气氛法技术降低 NO_x 排放的运行效果及运行过程中的存在问题，运用数值模拟方法分析研究了影响脱氮运行效果及系统稳定运行的因素。煤粉颗粒在近壁面处运动，难以形成有效的还原区域，且易产生煤灰和炭焦的低温共熔物，在壁面发育形成结皮，最终影响系统的正常运行。

② 利用数值模拟的方法，针对在 5000t/d 原有系统上增加分级燃烧的改造项目，分别选取了不同的喷煤口位置和煤粉喷入速率，比较烟室内的流场和煤粉颗粒的轨迹。经比较得出，煤粉从烟室前部或两侧高速喷入烟室内部，煤粉颗粒能够到达烟室的中心并且充分分散，形成有效的还原区域，且煤粉运动轨迹远离壁面，避免产生结皮而造成系统的堵塞。这些研究成果，为后续改造方案的设计奠定了基础。

③ 还原气氛法在工业改造项目中的实验结果表明，该方法可以在基本不增加运行成本的基础上降低 NO_x 的排放，在部分窑尾用煤喷入烟室产生还原气氛时，其最好效果使水泥生产 NO_x 的排放量下降了近 15%。但该方法的脱氮效果受操作状况的影响较大，为保证还原气氛法的脱氮效率，窑尾氧含量需控制在 0.8%～1%。

参考文献

[1]　GB 4915—2004　水泥工业大气污染物排放标准.

[2]　GB 50295—2008　水泥工艺设计规范.

[3]　Thomsen, K., L. S. Jensen, and F. Schomburg. FLS-Fuller ILC-low NO_x calciner commissioning and operation at Lone Star St. Cruz in California. ZKG International，October 1998：542-550.

[4]　朱永礼. 枞阳海螺万吨线脱氮装置运行效果. 四川水泥，2009，(2)：50-52.

[5]　黄来，陆继东，任合斌，胡芝娟，王世杰. 双喷腾分解炉中燃烧和分解耦合数值的模拟. 硅酸盐学报，2004，(10)：1271-1275.

水泥窑燃用少量水煤浆降低 NO_x 尝试性实验研究

嵇　磊　蔡玉良　吴建军　朱忠民　于　洋

工业上常用的水煤浆是由煤粉、水和少量添加剂混合的非均相液固悬浮液体，是一种清洁燃用的液态燃料。当喷入炉膛后，其燃烧方式和燃料油相似，即通过特殊结构的喷嘴将其雾化成合适的液滴，在高温烟气中蒸发汽化，并形成一定浓度的 CO 分布区域，然后氧化燃烧，其燃烧时的火焰温度峰值比常规煤粉燃烧器的降低 $100\sim150℃$。由于 CO 的存在，将对氮氧化合物（NO_x）的产生有一定的抑制作用，有利于烧成系统 NO_x 的减量控制。目前，将水煤浆燃烧器直接用于新型干法水泥窑中的相关报道尚不多见。若能将该项技术移植到水泥窑用三通道喷煤管中，则会对改进回转窑燃烧器高温性能，降低 NO_x 产生起到重要作用。为此，在现有新型干法水泥窑用三通道喷煤管的基础上，根据其结构特点，开发出了适合替换的水煤浆喷枪，以解决在现有燃烧器的基础上，实现低 NO_x 控制目标的改造要求。

一、水煤浆脱氮的基本原理

水煤浆经雾化喷射进入水泥回转窑的瞬间，一般会经历三个过程，即水分蒸发、挥发分析出和焦炭燃烧。水分在蒸发的过程中需要吸收热量，这在一定程度上降低了燃烧器的火焰温度，避免火焰温度过高，能抑制热力型 NO_x 的产生。在挥发分的析出和焦炭燃烧过程中，部分碳元素会与水发生一系列复杂的化学反应，其中主要的化学反应有：

$$C+H_2O \rightleftharpoons CO+H_2 \tag{1}$$

$$C+0.5O_2 \rightleftharpoons CO \tag{2}$$

$$C+CO_2 \rightleftharpoons 2CO \tag{3}$$

$$H_2+0.5O_2 \rightleftharpoons H_2O \tag{4}$$

$$CO+0.5O_2 \rightleftharpoons CO_2 \tag{5}$$

从上述反应方程式可以看出，反应产物多为具有化学还原性质的气体（CO、H_2），这些气体能在一定条件下将 NO_x 转化为无污染的 N_2，主要发生的化学反应见式(6) 和式(7)，从而达到控制 NO_x 产生的目的，同时，上述反应多为吸热反应，也能在一定程度上降低火焰温度，从而进一步抑制热力型 NO_x 的产生。

$$4CO+2NO_2 \rightleftharpoons N_2+4CO_2 \tag{6}$$

$$4H_2+2NO_2 \rightleftharpoons N_2+4H_2O \tag{7}$$

二、水煤浆燃烧器的结构

1. 喷枪结构

水煤浆燃烧器由喷枪和 Y 形喷嘴组成。喷枪为环形套管结构，内管通过若干钢支架固定于外管内部，以保证内外管同心。外管通水煤浆，内管通压缩空气，出口端安装 Y 形水煤浆喷嘴。水煤浆燃烧器的喷枪长度为 13.5m，喷枪外径 50mm，内管外径 28mm，设计流量为 1000kg 水煤浆/h（设计煤粉质量浓度为 50%），其外形结构见图 1，整个喷枪放置于三通道喷煤管的点火油枪管道内。

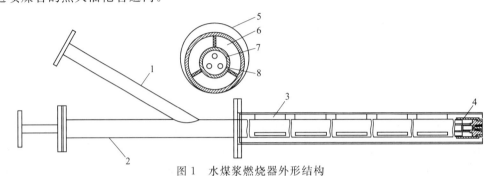

图 1 水煤浆燃烧器外形结构

1—水煤浆进浆管；2—进气管；3—支架；4—水煤浆雾化喷嘴；5—点火油枪管道内壁；

6—水煤浆通道；7—压缩空气通道；8—混合雾化通道

2. 喷嘴结构

Y 形水煤浆喷嘴是目前应用最广泛的煤浆喷嘴之一，其基本结构见图 2。它是由一股煤浆和一股高速气流以一定的角度成 Y 形相交、冲击而将煤浆雾化。根据喷枪的尺寸结构以及水煤浆的物化性质，设计出了与喷枪配套的 Y 形雾化喷嘴，它由本体和外壳两大主要部件组成，喷嘴本体有三组孔，即三个浆孔，三个气孔，本体与喷枪的内管相连接，外壳与喷枪外管相连接，其三维效果图见图 3。

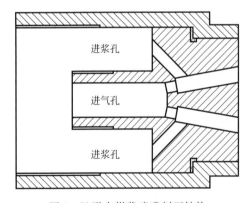

图 2 Y 形水煤浆喷嘴剖面结构

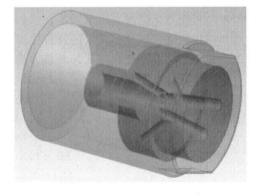

图 3 Y 形水煤浆喷嘴三维效果

设计加工好的水煤浆燃烧器在正式实验之前，先用水和空气作为介质，对喷枪和喷嘴进行了运行测试：控制喷枪进口水压为 0.5～2MPa，水流量 500～2000kg/h，压缩空气进口压力为 0.2～0.8MPa。测试结果显示，当喷枪入口水压为 0.8MPa、水流量为 1000kg/h、压缩空气压力为 0.68MPa 时，喷射和雾化效果较好，主要表现在：

① 喷射距离远，可达 8.8m 左右；

② 雾化角度适中，约 45°；

③ 喷射动量大；

④ 雾化液滴细微。

实验效果照片见图 4。

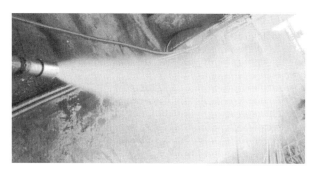

图4　水、空气体系雾化调试效果

三、计算机模拟结果

利用商业软件 FLUENT 对水煤浆燃烧器应用于 $\phi4874mm$ 水泥回转窑的情形进行了计算机模拟：设定水煤浆质量浓度为 50%，质量流量为 $1t/h$；选用标准 k-ε 湍流模型以模拟还原燃烧区的湍流流动，离散项模型以模拟两相流问题，双竞争挥发模型以模拟挥发分的析出，多重表面反应模型反映固定碳的燃烧；模拟过程中考虑到的化学反应见式（1）～式（5）。比较了有水煤浆与无水煤浆两种情况下，窑内的 CO 和 H_2 的浓度分布状况，模拟结果见图5和图6。从图中可以看出，与不使用水煤浆燃烧器相比，使用水煤浆燃烧器后窑内 CO 和 H_2 的分布区域较长，分布范围较广，高浓度区的面积更大，这从理论上证明了使用水煤浆燃烧器更有利于 NO_x 的消除。

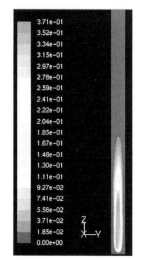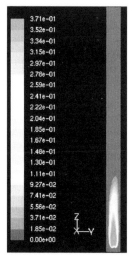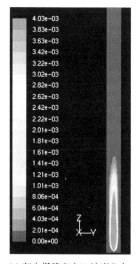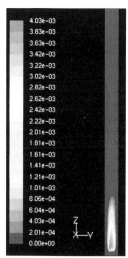

(a) 有水煤浆窑内CO浓度分布　(b) 无水煤浆窑内CO浓度分布　　(a) 有水煤浆窑内H₂浓度分布　(b) 无水煤浆窑内H₂浓度分布

图5　水煤浆对窑内 CO 浓度分布的影响　　　图6　水煤浆对窑内 H_2 浓度分布的影响

四、水煤浆对烧成系统 NO_x 的影响

1. 实验流程及配套设备

水煤浆燃烧器1台（自行设计加工）；搅拌罐两台（现场焊接），规格为 $1.5m^3 \times 2$ 台；高压螺杆泵1台，型号 XG040B08ZA；隔膜阀5个；压缩空气由现场空气压缩机提供。整个

实验设备布置在窑头燃烧器操作平台上，水煤浆燃烧器置于三通道喷煤管点火油枪管道内，实验流程见图 7。实验过程中，NO_x 的监测点设置在窑尾 I 级筒出口，由中央控制室跟踪检测数据。

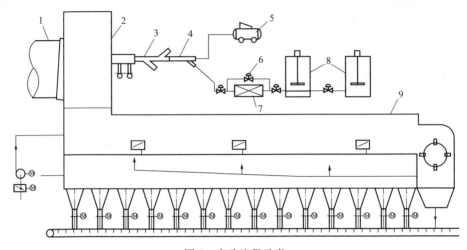

图 7　实验流程示意

1—回转窑；2—窑头罩；3—喷煤管；4—水煤浆燃烧器；5—空压机；
6—隔膜阀；7—水煤浆螺杆泵；8—水煤浆搅拌；9—篦冷机

2. 实验结果与分析

（1）水煤浆浓度 10%

在搅拌罐中将水煤浆质量浓度调配至 10%，控制其输送流量为 1000kg/h，输送压力为 2MPa，水煤浆燃烧器用压缩空气压力 0.68MPa，总运行时间为 60min，实验结果见图 8。

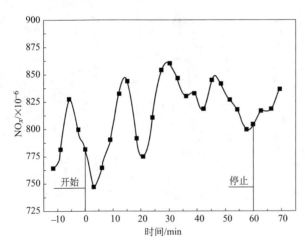

图 8　水煤浆浓度为 10% 时 C1 出口 NO_x 排放量

从图 8 可以看出，实验未运行前 15min，窑尾预热器 C1 出口 NO_x 排放量为 $760 \times 10^{-6} \sim 825 \times 10^{-6}$（C1 出口平均氧含量为 2.5%～3%，下同），在实验运行的 60min 内，NO_x 排放量为 $730 \times 10^{-6} \sim 860 \times 10^{-6}$，$NO_x$ 排放量的变化不大，几乎没有降低，这可能是水煤浆的浓度偏低，窑内通风过大，氧含量过高所致，以至于产生不了足够的还原气氛，从而导致 NO_x 排放量变化不大。

（2）水煤浆浓度 20%

将水煤浆质量浓度增加至 20%，控制其输送流量为 1000kg/h，输送压力为 2MPa，水煤浆燃烧器用压缩空气压力 0.68MPa，总运行时间为 60min，实验结果见图 9。从图 9 可以看出，实验未运行前 15min，窑尾预热器 C1 出口 NO_x 排放量为 $760 \times 10^{-6} \sim 830 \times 10^{-6}$，在实验开始运行后的 10min 内，$NO_x$ 排放量有上升趋势，但很快又下降至 760×10^{-6} 左右，随着实验的进行，NO_x 排放量一直在

$840×10^{-6}$以下,最低时为$720×10^{-6}$,与实验开启前的最低值相比,下降幅度约5%。整个实验过程中,虽然在某个时间段NO_x排放量出现了较低的水平,但未能持续稳定在低水平状态,这可能由于水煤浆未进行乳化,造成沉淀,再加上窑内通风较大所造成的。

（3）水煤浆浓度25%

将水煤浆质量浓度增至25%,控制其输送流量为1000kg/h,输送压力为2MPa,水煤浆燃烧器用压缩空气压力0.68MPa,总运行时间为60min,实验结果见图10。从图10可以看出,实验未运行前20min,NO_x排放量在$780×10^{-6}$~$870×10^{-6}$。实验开始后,NO_x排放量逐渐降低,运行到30~45min时,NO_x排放量有所上升,但之后又迅速下降,最低降至$700×10^{-6}$,与实验未运行前的最低值相比,下降幅度约10%。实验结束后,NO_x排放量有开始上升的趋势。在整个实验过程中,出现了明显的低排放时间段,但未能长时间持续稳定在低水平状态,其主要原因除了上述水煤浆未经乳化造成沉淀外,还可能与生产过程中烧成系统的操作运行不稳定有关,例如实际生产过程中,二次风、三次风的风量比例偏高,烟室氧含量偏高（3%~5%）,生料成分波动等。拟进一步增加水煤浆的浓度继续实验,但当水煤浆浓度增加至30%时,由于黏度增大,固含量变大,出现了堵塞喷嘴喷孔的状况,影响喷射和雾化效果,故未利用更高浓度的水煤浆进行实验。

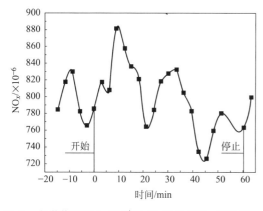

图9 水煤浆浓度为20%时C1出口NO_x排放量

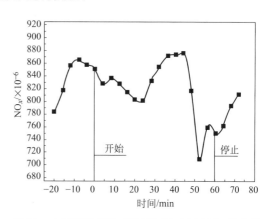

图10 水煤浆浓度为25%时C1出口NO_x排放量

（4）对烧成系统的影响

考察当水煤浆浓度为25%时,整个实验过程对烧成系统的影响,结果发现:

① 火焰形状略有些发散,见图11和图12,窑头飞砂略有增加;

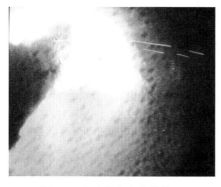

图11 实验前窑头火焰情况

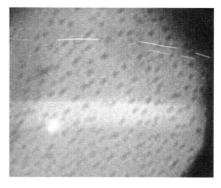

图12 实验时窑头火焰情况

② 实验开始后 10min，二次风温从 1050℃ 下降至 980℃，但之后又逐步恢复到 1050℃ 左右；

③ 实验前后的熟料游离氧化钙含量和立升重指标都在正常范围之内，见表 1。

表 1　实验前后 f-CaO 含量和立升重

熟料指标	实验前	实验后
f-CaO 含量/%	1.24	1.52
立升重/(g/L)	1280	1230

3. 小结与展望

无论从理论分析计算还是实际生产观察，在高温燃烧过程中，煤粉中的水分高低对烧成系统 NO_x 浓度均有一定的影响。在火焰中心喷一股适量的水煤浆，一方面可以达到控制火焰温度峰值，使得火焰或火炬的温度分布趋于均匀，有利于 NO_x 的降低；另一方面在高温火焰根部发生水煤气反应还可以产生大量的 CO 和 H_2，以控制 NO_x 的形成。实验证明，在向火焰中心喷入高浓度的水煤浆时，能够降低 NO_x 的生成，但是降幅未达到预期的效果，主要基于如下两个方面的原因。

① 在实验过程中，由于条件的限制，水煤浆不能长时间持续供应，且未经过乳化处理的水煤浆易于形成沉淀，导致煤粉固含量降低，使其喷入火焰中心的水煤浆浓度难以保证，从而降低了预期的实验效果。

② 在水泥窑的操作过程中，由于窑内通风过大，助燃空气中氧含量超过规定要求（窑尾氧含量应控制在 0.8%～1.5%），实际操作过程实测窑尾氧含量高达 5%～8%，削弱了采用水煤浆降低 NO_x 的效果。

大量的研究表明，利用水煤浆降低水泥窑系统的 NO_x 是有条件的，具体操作条件和要求如下：

① 严格按照要求控制和调制水煤浆并补充一定的稳定剂防止煤粉沉淀，达到水煤浆均匀混合和稳定浓度的目的；

② 延长水煤浆注入烧成系统的实验时间，在条件许可的情况下，应选择不同的煤种（无烟煤和烟煤）加以对比实验；

③ 严格控制回转窑内的通风量，保证窑内的氧含量控制在 0.8%～1.5%。

根据现有理论分析和实验研究，不难得出以下定论：

第一，设计并加工的新型干法水泥工业用水煤浆燃烧器，其外管通水煤浆、内管通压缩空气，外管外径 50mm，内管外径 25mm，喷枪长 13.5m，设计流量 1000kg/h（设计质量浓度 50%），出口端接三孔式 Y 形雾化喷嘴。利用水、空气系统对其进行雾化测试显示有着良好的喷射与雾化效果。

第二，计算机模拟结果显示使用水煤浆燃烧器时，窑内还原性气体 CO 和 H_2 的高浓度区域分布范围比不使用水煤浆燃烧器时更宽。

第三，分别使用质量浓度为 10%、20% 和 25% 的水煤浆进行脱氮实验，发现当浓度为 10% 时，C1 出口 NO_x 排放量没有明显变化；当浓度为 20% 时，最高降幅为 5% 左右；当浓度为 25% 时，最高降幅为 10% 左右，但都未能连续维持在低水平状态。

第四，在利用质量浓度为 25% 的水煤浆进行脱氮实验时，窑头飞砂略有增加；实验前后二次风温变化不大，熟料游离氧化钙含量和立升重指标都在正常范围之内。

参考文献

［1］ 岑可法，姚强，骆仲泱等．高等燃烧学．杭州：浙江大学出版社，2000.

［2］ 孙晋涛．硅酸盐工业热工基础．武汉：武汉工业大学出版社，1991.

［3］ 岑可法，姚强，曹欣玉等．煤浆燃烧、流动、传热和气化的理论与应用技术．杭州：浙江大学出版社，1997.

第四篇　工程实践

淮海水泥厂预热器系统局部结构改造

——防止系统堵塞的一些措施

蔡玉良

目前预热器系统常因多种原因造成堵塞，主要有：机械设备失灵造成的堵塞；热力作用造成系统的堵塞；操作不当造成系统的堵塞以及系统中局部设计不合理造成的堵塞等。这些堵塞往往是相互产生的，对此，有关文献给出了较详细的原因分析，并提出了相应的防堵措施及其处理方法。

淮海水泥厂预热器系统的堵塞也不外上述种种原因所致。据统计，1989年因预热器系统堵塞造成的停窑率为9.57%，这一现象严重地影响了窑系统的稳定性和生产能力。为了解决这一问题，我院与淮海水泥厂进行了必要的技术合作。经派出的工程技术人员到现场进行调查研究后，认为该预热器系统除了人为的堵塞原因外，系统自身结构形式也存在着问题。在此，本文不对操作过程中的主观因素作出任何分析和评价，仅就预热器自身结构上的问题作出分析，提出相应的改造措施加以实施。

一、问题的分析与研究

1. 粉体流动特性

粉体类似于流体，也具有一定的流动性。而粉体的流动性可以用综合反映粉体流动特性的参数Carr（流动性指数）来评价，有关文献把Carr指数值从0～100划分成不同范围来评价粉体的流动质量（表1）。

表1 粉体流动质量

流动性质量	流动性指数(Carr)	流动性质量	流动性指数(Carr)
最良好	90～100	不太好	40～59
良好	80～89	不良	20～39
相当良好	70～79	非常差	0～19
一般	60～69		

据有关文献的测定结果，水泥厂生料粉的Carr指数一般为18～29，该参数是冷粉体流动特性参数，而预热器系统内的物料，由于温度的影响，其Carr指数可能更低，从表1的范围来看，预热器内部的生料是处于流动性质量非常差和流动性不良的交界处，这就给出一个信息，一旦预热器内物料流有脉动现象，产生强料流，物料就来不及流动而产生堵塞现象。

2. 对旋风筒口径的分析

旋风筒内物料一旦来不及流动，出现静止物料层，就有可能产生结拱现象，导致结拱堵塞。根据粉体力学原理可导出旋风筒或料管（类似料仓）可能结拱的最大口径 D_{max} 为：

$$D_{max} = \frac{2 \cdot f}{\rho_p g} \sin 2(\alpha + \varphi_\omega) \tag{1}$$

式中　f——粉体开放屈服强度，Pa；

　　　ρ_p——堆积密度；

　　　α——锥壁与垂直面的夹角，（°）；

　　　φ_ω——粉体的壁摩擦角，（°）。

根据 Walker 的设想，$\alpha + \varphi_\omega = 45°$，则式(1) 简化为：

$$D_{max} = \frac{2 \cdot f}{\rho_p g} \tag{2}$$

再据文献提供的数据，冷态水泥生料粉的屈服强度 $f = 15.4$ kPa，$\rho_p = 1320$ kg/m³，计算 $D_{max} = \frac{2 \times 15.4 \times 1000}{1320 \times 9.8} = 2.38$（m），而旋风筒的锥体口径及料管径的设计值大都小于 1m，因此，料在旋风筒锥部及料管内，一旦出现静止流动现象，就可能出现结拱，造成堵塞。高温物料旋风筒自身压损均有助于这一现象的产生。

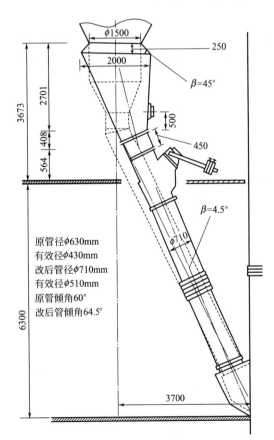

图 1　淮海水泥厂Ⅲ级筒料管改造示意

3. 预热器系统设计的不足之处

经过现场调查分析研究后认为，淮海水泥厂预热器系统存在下列问题：

① 系统内Ⅰ级筒、Ⅱ级筒料管双板阀失灵，Ⅲ级筒、Ⅳ级筒料管无密封阀，再加上主观原因造成系统不稳定，经常停窑保温，于是在没有投料的情况下，气体经过料管短路，因燃料中含较高的碱、硫，它们在没有燃烧完炭粒的作用下，就造成各级管内结皮，致使料管的有效直径减小，导致料管堵塞，特别是Ⅲ级筒这一现象更为严重。

② 由于闸板失灵和料管无闸板，内部串风严重，生产的随机波动，依靠料封难以克服内部的串风问题，从而导致旋风筒内瞬时料流过大。另外在保温过程中料管会结皮，使有效流通面积减小，集料速率大于卸料速率，这样，势必结块成拱，造成料管堵塞，使生产更不稳定，从而这种波动就更大，堵塞的可能性就更严重。

4. 预热器系统设计存在问题的理论分析

为了给人以直观的了解，下面结合堵塞比较频繁的Ⅲ级筒为例进行分析，如图 1 所示，虚线表示原有结构，实线表示改后结构。

为了进一步分析，确定改造的主导思想，现定义流距比的概念，在单位粉体流出管路的时间内，管内集料柱高与实际管长比称为流距比（Ψ），当 $\Psi \geqslant 1$ 时，物料就会来不及流动，造成系统的结拱和堵塞。在综合考虑了系统的生产能力、物料的循环、料管内高温固气流动特征及旋风筒操作压损的影响后，经计算：改前 $\Psi = 0.53$，改后 $\Psi = 0.34$。从中可以看出，未改之前，若没有因料管串风产生强料流和管内结皮，仍不会出现堵塞现象，由此可见，其主要问题就是料管内串风和料管内的结皮问题。由于生产的波动和料管内气体短路造成的结皮，料管内会在瞬间出现强料流，促使管内物料流量为 79kg/s 左右（正常生产时为 42kg/s），或者管道内因串风和保温时气体短路造成的管内结皮，使管内有效畅通径由原来的 ϕ430mm 降至 ϕ313mm 时，均会导致 $\Psi \geqslant 1$，而产生结拱堵塞。改造后，因扩大管径和倾角，使得物料在料管内的流动得到了改善，即改造后出现结拱（$\Psi \geqslant 1$）的瞬间料流量可为 123kg/s，因结皮管径可减小为 ϕ298mm。可见改后堵塞问题得到了很大改善，但从理论上讲仍存在着堵塞的可能，为此，为克服管道内结皮和因料管内串风造成的瞬间脉冲强料流过

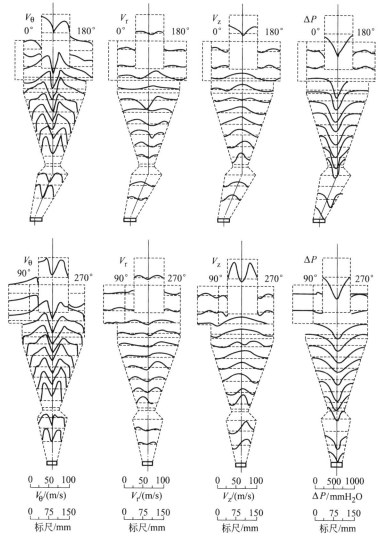

图 2 NHP 型旋风筒三维速率与压力分布

大的现象，在管径放大，增加料管的倾角的同时，在料管上又增设了既能保证物料均匀连续流动，又能克服内串风的单板阀及自动控制吹扫系统，用于克服内串风和破坏结皮的再生。除此之外，旋风筒筒体与料管连续处由原来的圆形料斗变成倾斜扩张式料斗，一是便于扩大料管倾角（60°增至 64°30′）；二是用以造成扭曲对称的旋转流场（图 2），使旋风筒出口处形成一个不对称的压力场分布和流场分布，以破坏料拱的形成，同时也避免了旋风尾涡进入料斗内造成二次飞扬。实验证明，这一结构有助于物料的流畅。

二、改造方案的实施与效果

经过分析研究后，对该系统原Ⅰ级筒、Ⅱ级筒料管使用的双板阀进行更换，以灵活方便能够保证连续料流的单板阀取而代之。对Ⅲ级筒作出如图 1 所示的全部改造，克服了原设计存在的不足。经过一年来的使用说明，效果很好，达到了预期的目的，这一改造保证了预热器系统的稳定性，提高了系统的运转率，为全系统进一步改造打下了可靠的基础。

参考文献

［1］ 钮一民. 预热器与分解炉窑的堵塞和结皮. 水泥技术，1989，(6)：2-6.
［2］ 《化学工程手册》编辑委员会. 化学工程手册 (5). 北京：化学工业出版社，1989.
［3］ 韩仲琦. 水泥厂中粉体物料的流动性和结拱. 水泥技术，1989，(3)：32-36.
［4］ 清华大学热能工程系. 流体力学. 北京：机械工业出版社，1984.

立筒预热器技术改造的意见

蔡玉良　王　伟

我国于 1969 年首先在杭州水泥厂建成了 Krupp 型 $\phi2.4m/2.6m\times41m$ 立筒预热器生产线。至今，已陆续建成了不同类型的立筒预热器窑上百台。最大的窑 $\phi4m\times60m$，设计能力为 35.8t/h；最小的窑 $\phi1.9m/1.6m\times32.5m$，设计能力为 3.5t/h。但是，由于在建设过程中，对其性能及工作原理尚不十分清楚，以及操作上的原因，使相继投产的厂家普遍存在热耗较高、生产能力达不到设计要求的问题。有些厂家即使在立筒内采用了各种有利于物料分散传热的措施，效果也不明显。因此，有必要找出问题的根本原因所在，结合目前引进技术的特点及近 10 年来对立筒预热器的研究成果，对立筒预热器提出必要的改造意见，以期解决目前各立筒预热器厂家存在的热耗高、产量达不到指标的问题。为此，我院组织了力量对立筒预热器系统进行技术改造，提出了几种技术改造意见和改造方案，以供国内立筒预热器厂家改造时参考或选用。

一、立筒预热器普遍存在的问题

分析目前国内立筒预热器的结构特点及生产现状，普遍存在着如下几个方面的技术问题。

① 旋风筒和立筒的性能匹配关系较差，系统的分离效率低，外循环负荷较高，降低了系统的热效率，影响了系统的产量。

② 各连接点密封性能不好，漏风量较大，从而严重影响了旋风筒的分离效率和换热条件。

③ 旋风筒处理的浓度较高（与 NSP 窑比较），旋风筒卸料性能较差，致使二次扬起较为严重。

④ 立筒预热器自身结构不合理，物料分散不均匀，传热条件不好，影响了热交换和气、固分离，导致产量达不到设计的既定要求。

⑤ 燃烧装置大多采用单通道，使得窑内的燃烧效果不理想。有必要改造为三通道喷煤燃烧器，以求获得较好的燃烧条件。

⑥ 冷却机热效率较低，二次风温较低，不利于热的回收和窑内的燃烧。

⑦ 预热器系统耐火材料隔热效果不好，热损失较大。

总之，就立筒预热器系统而言，无论是结构的不合理，匹配关系较差；还是漏风严重，分离效率低，卸料不畅通，燃烧条件不好等，最终影响的仍是系统的热效率，并由此导致入窑物料的分解率较低（8%～20%），限制了窑生产能力的提高。为此，我们在立筒预热器系统的改造上就必须针对上述几点，改造旋风筒和立筒的自身结构及性能的相互匹配关系，减少系统的漏风和改善系统的物料分散性能，提高分离效率，优化卸料性能及燃烧条件。

二、立筒预热器系统存在问题的理论分析

1. 旋风筒和立筒性能的匹配

旋风筒和立筒之间的性能匹配是考核系统性能的重要指标之一。

以图 1 所示的 $\phi2.4\text{m}\times40\text{m}$ 窑的 ZAB 型立筒预热器系统（或称泾阳型）为例，设想在正常、合理的生产情况下，其生料消耗量为 1.53kg/kg 熟料，出预热器飞灰损失要小于 0.120kg/kg 熟料。根据理论分析，将立筒和旋风筒之间的合理匹配关系经大量计算处理（包括物料的煅烧反应）绘制成如图 1 所示曲线，图 1 右侧为给定条件下的料流分布。

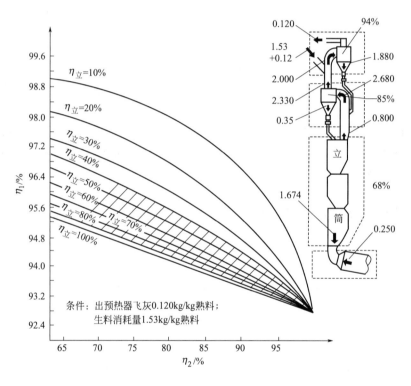

图 1　分离效率匹配关系及系统料流分布

从图 1 可以看到，要想保证系统的飞灰损失小于 0.120kg/kg 熟料，在立筒预热器自身沉降率（$\eta_{立}$）为 40%～80%，Ⅱ级筒的分离效率在 80%～90% 之间变化时，则Ⅰ级筒的分离效率必须达到 93.6%～95.6%。对立筒来说，因沉降率较低，致使Ⅱ级筒的入口浓度（标准状态）高达 1.5kg/m^3，而且由于漏风的影响，要想使第二级旋风筒的分离效率达到 85% 以上比较困难。因此，为了保证飞灰损失小于 0.120kg/kg 熟料，第一级筒分离效率必须设计在 95% 以上，要想达到这一分离效率，除了结构设计比较合理外，尚需要克服严重的漏风问题。除此之外，还可以从改善Ⅱ级筒的工作条件（即提高立筒的沉降率）考虑，然而，提高立筒的 $\eta_{立}$，似乎与要求生料在立筒内有较好的分散性有所矛盾。为了克服这一矛盾，ZAB 型立筒的三个钵体在设计时应有所侧重，即第一钵体重点放在提高立筒的沉降

率上，下面两个钵体重点放到物料分散、换热及分解上，这就能解决立筒沉降率低的问题，从而降低Ⅱ级筒入口物料的浓度。在减少Ⅱ级筒漏风的情况下，使得Ⅱ级筒的分离效率能达到85％以上，甚至高于90％，从而保证出口飞灰小于0.120kg/kg熟料。关于三个钵体的改造、设计，尚需进行大量的实验研究工作。为了便于分析比较，在此给出飞灰损失达0.300kg/kg熟料时系统分离性能的匹配关系（图2，右侧为给定条件下的料流分布）。

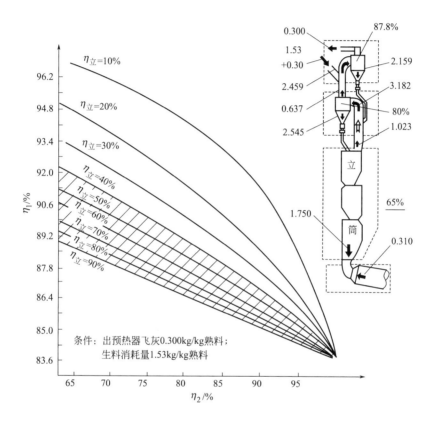

图2　分离效率匹配关系及系统料流分布

从图2可以看到，$\eta_{立}$为40％～80％、η_2为80％～90％时，则η_1为85.5％～88.0％。假设第一级筒出口飞灰已被加热到400℃，那么，比飞灰为0.120kg/kg熟料时飞灰损失的物料将多带走的热损失为：

$$(0.300 \times 0.27 \times 4.18 - 0.120 \times 0.27 \times 4.18) \times 400 = 81.26(kJ/kg 熟料)$$

同时，这一物料的循环相应地提高了系统的电耗，加大了输送物料带入系统的冷空气等，对提高系统的热效率极为不利。

2. 旋风筒的性能及分析

鉴于分析问题的需要，现设想其产量和热耗有两种情况，即现实生产能力为4.77t/h和设计能力为7t/h；现实热耗为1626×4.18kJ/kg熟料和理想设计热耗950×4.18kJ/kg熟料。其系统的空气过剩系数和温度分布见图3。

旋风筒的性能与其结构和工作状态有关，为考核旋风筒的处理能力，按上述两种假设条件进行计算如下。

（1）系统中燃烧烟气量及空气量计算

由下式近似计算因燃料燃烧产生的烟气量（标准状态，下同）和需要的空气量（标准状态，下同）：

$$V_{smk} = \left(\frac{0.892Q_{dw}}{1000} + 1.65 \right) x$$

$$V_{air} = \left(\frac{Q_{dw}}{1000} + 0.5 \right) x$$

式中　V_{smk}——燃烧产生的烟气量，m^3/kg 熟料；

　　　V_{air}——燃料燃烧需要的理论空气量，m^3/kg 熟料；

　　　Q_{dw}——燃料的低位热值，kcal/kg 熟料；

　　　x——燃料消耗量，kg/kg 熟料。

当热耗为 1626×4.18 kJ/kg 熟料，燃料发热量 $Q_{dw} = 5000 \times 4.18$ kJ/kg 时，各处的烟气量计算如下：

$$V_{smk} = \left(\frac{0.892Q_{dw}}{1000} + 1.65 \right) \times \frac{1626}{5000} = 1.987 (m^3/kg \text{ 熟料})$$

$$V_{air} = \left(\frac{Q_{dw}}{1000} + 0.5 \right) \times \frac{1626}{5000} = 1.789 (m^3/kg \text{ 熟料})$$

当 $\alpha_3 = 1.20$ 时，则 $V_{smk} = 2.345$ （m^3/kg 熟料）；

当 $\alpha_2 = 1.35$ 时，则 $V_{smk} = 2.614$ （m^3/kg 熟料）；

当 $\alpha_1 = 1.45$ 时，则 $V_{smk} = 2.792$ （m^3/kg 熟料）。

当热耗为 950×4.18 kJ/kg 熟料时，计算如下：

$$V_{smk} = \left(\frac{0.892Q_{dw}}{1000} + 1.65 \right) \times \frac{950}{5000} = 1.161 \text{ （} m^3/kg \text{ 熟料）}$$

$$V_{air} = \left(\frac{Q_{dw}}{1000} + 0.5 \right) \times \frac{950}{5000} = 1.045 \text{ （} m^3/kg \text{ 熟料）}$$

当 $\alpha_3 = 1.20$ 时，则 $V_{smk} = 1.370$ （m^3/kg 熟料）；

当 $\alpha_2 = 1.35$ 时，则 $V_{smk} = 1.527$ （m^3/kg 熟料）；

当 $\alpha_1 = 1.45$ 时，则 $V_{smk} = 1.631$ （m^3/kg 熟料）。

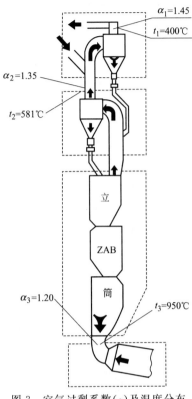

图 3　空气过剩系数（α）及温度分布

考虑 $CaCO_3$ 分解所产生的 CO_2 量后，其各处烟气量计算见表 1，在计算过程中，产量用"Y"表示，热耗用"Q"表示，高的标记用"h"表示，低的标记用"l"表示（例如：$Y_h Q_l$ 表示产量为 7t/h、热耗为 950×4.18 kJ/kg 熟料的情况）。

表 1　不同状态下烟气量　　　　　　　　　　　　单位：m^3/s

状态	Ⅰ级筒（a_1）	Ⅱ级筒（a_2）	Ⅲ级筒（a_3）
$Y_l Q_h$	8.11	9.92	12.76
$Y_h Q_l$	6.95	8.51	10.92

表 2 为 ZAB 型立窑预热器系统中Ⅰ级、Ⅱ级旋风筒（设计能力 7t/h）的结构参数，图 4 所示为其结构示意。

表2 立窑预热器中Ⅰ级、Ⅱ级旋风筒结构参数 单位：m

级数	a	b	c	d_e	D_c	S	H	L
Ⅰ级	0.850	0.400	0.400	1.040	1.800	1.200	2.734	3.600
Ⅱ级	0.887	0.840	0.400	1.040	2.400	0.800	2.040	2.260

各种不同状态下旋风筒进出口风速见表3。就旋风筒大小而论，利用有关资料提供的计算式 $D=\sqrt{\dfrac{4\times V_{smk}}{\pi\cdot\omega}}$ 对其结构大小作一简单评判。一般情况下，ω 为 3.5～4.0m/s。故各级旋风筒的直径应满足下列要求：

图4 旋风筒结构示意

$$1Y_lQ_h=\sqrt{\frac{4\times8.11}{2\pi\times3.5}}=1.21\,(\mathrm{m})$$

$$D1Y_hQ_l=\sqrt{\frac{4\times6.95}{2\pi\times3.5}}=1.125\,(\mathrm{m})$$

$$D2Y_lQ_h=\sqrt{\frac{4\times9.92}{\pi\times3.5}}=1.900\,(\mathrm{m})$$

$$D2Y_hQ_l=\sqrt{\frac{4\times8.51}{\pi\times3.5}}=1.76\,(\mathrm{m})$$

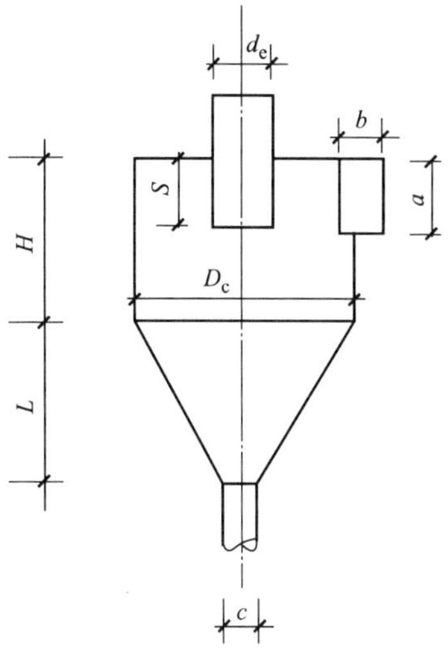

比较可知：Ⅰ级、Ⅱ级旋风筒大小就处理能力足以满足实际生产的要求。但各级旋风筒的高温分离性能如何？尚需进一步讨论。

表3 不同状态下各级旋风筒进出口风速 单位：m/s

状态	Ⅰ级筒(二个)进出口风速		Ⅱ级筒进出口风速	
	进口	出口	进口	出口
Y_lQ_h	11.93	4.78	13.32	11.68
Y_hQ_l	10.22	4.09	11.42	10.02

（2）旋风筒的高温分离性能

根据文献提供的关于旋风筒分离临界粒径的理论计算式：

$$d_{pc}=\left\{\frac{83\mu\cdot a^3\cdot\left[\left(\frac{D_c}{2}\right)^{1-n}-\left(\frac{d_e}{2}\right)^{1-n}\right]}{b\cdot(1-n)\cdot\rho_k\cdot u_i}\times\frac{\left(\frac{D_c}{2}\right)^n\cdot\left[\left(\frac{D_c}{2}\right)^{1-n}-\left(\frac{d_e}{2}\right)^{1-n}\right]}{\pi\cdot(2\cdot H+L)}\right\}^{\frac{1}{2}}$$

式中　ρ_k——生料颗粒密度，kg/m³；

　　　u_i——进口风速，m/s；

　　　μ——烟气的动力黏度，Pa·s；

　　　n——旋涡指数（0.66）。

其他各符号见表2和图4，从而可算得各级旋风筒分离的临界粒径如下。

Ⅰ级筒：
$$d_{pc1}=\frac{1.065\times10^{-4}}{\sqrt{u_i}}$$

Ⅱ级筒：
$$d_{pc2}=\frac{1.667\times10^{-4}}{\sqrt{u_i}}$$

则：
$$d_{pc1Y_lQ_h} = 30.83\mu m$$
$$d_{pc1Y_hQ_l} = 33.31\mu m$$
$$d_{pc2Y_lQ_h} = 40.68\mu m$$
$$d_{pc2Y_hQ_l} = 49.33\mu m$$

水泥生料粉的颗粒分布一般服从 Ro-sion 分布，采用普通水泥生料粉经过实验分析后，拟合成如下的颗粒频度函数：

$$f(d_p) = 2.26245 \times d_p^{0.156671} \times \exp[-0.01956 \times d_p^{1.15667}]$$

文献提供的单粒级分离效率的计算式，进行积分处理后，即可得总体分离效率：

$$\eta = 1 - e^{-4.082 \times \left(\frac{d_p}{d_{pc}}\right)^{1.054}}$$

$$\eta_{总} = \int_0^\infty \eta \times f(d_p)dd_p$$

$$= \int_0^\infty \left[1 - e^{-4.082 \times \left(\frac{d_p}{d_{pc}}\right)^{1.054}}\right] \times f(d_p)dd_p \leqslant \left(1.00 - \frac{0.01956}{A + 0.01956}\right)$$

其中 $A = \frac{4.082}{d_{pc}^{1.054}}$，故由此可计算出各种工作情况下旋风筒的分离效率：

$$\eta_{总1Y_lQ_h} \leqslant \left(1.00 - \frac{1.956 \times 10^{-2}}{A + 0.01956}\right) = 84.91\%$$

$$\eta_{总1Y_hQ_l} \leqslant \left(1.00 - \frac{1.956 \times 10^{-2}}{A + 0.01956}\right) = 83.83\%$$

$$\eta_{总2Y_lQ_h} \leqslant \left(1.00 - \frac{1.956 \times 10^{-2}}{A + 0.01956}\right) = 78.80\%$$

$$\eta_{总2Y_hQ_l} \leqslant \left(1.00 - \frac{1.956 \times 10^{-2}}{A + 0.01956}\right) = 77.41\%$$

由此可见各级旋风筒分离效率设计均满足不了匹配关系的要求，影响了系统的热效率和入窑物料的分解率。

对Ⅰ级筒，要想使分离效率 $\eta_{总1}$ 达到 95%，在旋风筒结构一定时（表2）则必须使进口速度满足一定的要求，即：

$$\eta_{总1} = 1.00 - \frac{1.956 \times 10^{-2}}{A + 0.01956} = 95\%$$

从而算得 $A = 0.37164$，相应得 $d_{pc1} = 9.715\mu m$，再由 $d_{pc1} = \frac{1.065 \times 10^{-4}}{\sqrt{u_i}}$ 可以计算进口风速为 $u_i = \left(\frac{1.065 \times 10^{-4}}{9.715 \times 10^{-6}}\right)^2 = 120.17$（m/s），由于系统压损的限制，这一进口气体速率是不可能实现的。当进口速率为 12.1m/s 时，则 $\eta_{总1} = 85\%$；当进口风速为 18m/s 时，则 $\eta_{总1} = 87.5\%$，这些情况能够实现，但是远不能满足设计的要求。因此，对Ⅰ级筒来说，虽然设计时其处理能力达到了要求，但高温分离能力远远满足不了设计要求。因此说，其结构设计得不甚合理，必须加以改进。同理，Ⅱ级筒也是如此。

如果按照现有生产线进行生产，其各参数分布如图5所示，从中可见飞灰损失相当严重，系统中的物料循环较高，严重破坏了系统的换热条件，在这种情况下保证 7t/h 的生产能力几乎是不可能的，这一结论不难从系统的能量平衡计算中看出。

3. 立筒预热器自身存在的问题

由于客观条件的限制，至今始终没有解决立筒预热器内物料分散传热与气、固逆向运动之间的矛盾，这势必给立筒预热器系统带来许多问题，具体如下。

（1）立筒预热器内气、固换热不良

在立筒内，物料只有靠结块成团，才有可能逆气流运动通过立筒的缩口，然而在冲过缩口时，可能有部分成团物料被冲散带入上一个钵体内，汇聚新来的物料再次堆积成团，而绝大部分物料冲入下一个钵内，气、固换热速率最快的过程是发生在缩口周围的较大滑移速率且为大温差气、固接触区段内，然而，物料在这一区段内却结成了大块料团，无法完成换热，甚至料团直冲至窑尾，失去了换热的机会，从而限制了热效率的提高和入窑物料分解率的提高，最终影响了系统的产量。

（2）适应不了原燃料成分的波动

目前，国内立筒预热器大都用于设计能力为 50～800t/d 范围的小厂，由于小厂缺乏必要的原燃料均化设施和检测控制措施，难以缩小原燃料成分的波动，给立筒预热器系统的操作带来较大困难，势必影响系统的热效率和产量的提高，造成了低产的恶性循环。

（3）对操作工的技术素质要求较高

要想使立筒预热器发挥其应有的预热效果，必须严格控制操作参数范围，稳定热工制度。而这些对于监测系统较差和原燃料波动较大及可供参考数据较少的工厂来说，就必须要求有较高技术素质的操作工，根据长期积累的经验来进行及时的调整，以适应原燃料波动带来的影响，稳定系统，避免进入恶性循环。

4. 系统的能量衡算及产量低的原因

（1）预热器系统各项收支

对预热器系统来说，各项收支如下。

① 飞灰带出系统的热量为 $0.9614 \times 0.394 \times 400 = 151.5$ kJ/kg 熟料。

② 生料中的化学水和物理水脱除并蒸发所耗热量（高岭土脱水所耗 73.57kJ/kg 熟料，蒸发水耗热 146kJ/kg 熟料）共计 219.5kJ/kg 熟料。

③ 废气带走的热量损失为 $1.588 \times 2.79 \times 400 = 1772.7$ kJ/kg 熟料。

④ 碳酸盐分解所需要热量为 $1.53 \times (7.09 \times 44 + 7.06 \times 1.8) \times 4.18 = 2077.5$ kJ/kg 熟料，设想有 20% 的碳酸盐在预热器系统中分解掉，则需要热量为 $497 \times 20\% \times 4.18 = 415.5$ kJ/kg 熟料。

⑤ 出预热器系统的入窑物料带出的热量为 $0.9614 \times 1.674 \times t_m = 1.609 t_m$（$t_m$ 为入窑物料温度）。

⑥ 进预热器系统冷气体与物料（煤）带入热量为 $0.8778 \times 2.213 \times 40 + 0.311 \times 0.585 \times$

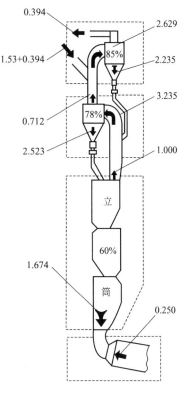

图 5　现有系统生产时料流分布

40＝84.98kJ/kg 熟料。

⑦ 生成偏高岭土所放热量为 28.42kJ/kg 熟料。

⑧ 窑尾进预热器气体与飞灰带入的热量为 $0.3 \times 1.05 \times t_尾 + 2.28 \times 1.735 \times t_尾 = 4.27 \times t_尾$（kJ/kg 熟料）（$t_尾$ 为窑尾的温度）。

⑨ 预热器系统散热损失为 418kJ/kg 熟料。

由预热器系统平衡关系得：

$$4.27t_尾 + 84.98 + 28.42 = 418 + 151.5 + 219.5 + 1772.7 + 1.609t_m + 415.5$$

$$t_尾 = 671 + 0.385t_m$$

要使碳酸盐有 20% 在预热器内分解，则 t_m 为 750～810℃，故 $t_尾$ 为 953～976℃。

（2）回转窑各项收支

对回转窑来说，各项收支如下。

① 矿物形成放出的热量为 376.2kJ/kg 熟料。

② 回转窑内液相形成所需要的热量为 209kJ/kg 熟料。

③ 假设出窑熟料带出热量的 50%，又被二次空气重新带入窑内。

④ 入窑一次空气带入的热量为 $0.8778 \times 0.37 \times 40 = 13.00$kJ/kg 熟料。

⑤ 机械不完全燃烧所损失的热量为 27.09kJ/kg 熟料。

⑥ 化学不完全燃烧损失的热量为 151.3kJ/kg 熟料。

⑦ 煤粉带入的显热为 11.3kJ/kg 熟料。

⑧ 回转窑体总散热损失为 1045kJ/kg 熟料。

由回转窑热平衡关系得：

$$1200 \times 1.033 + 1045 + 2077.5 \times 80\% + 209 + 27.09 + 151.3 + 4.27t_尾$$

$$= 13.00 + 50\% \times 1200 \times 1.033 + 1.609t_m + 376.2 + 11.3 + Q_{热耗}$$

$$Q_{热耗} = 3313.69 + 4.27t_尾 - 1.609t_m = 6178.0 \ (\text{kJ/kg 熟料})$$

由上述计算结果可知热耗为 6178kJ/kg 熟料，远高于设计要求的 1200×4.18kJ/kg 熟料。原设计的回转窑和煤燃烧装置是针对 7t/h 的产量设计的，整个燃烧装置的发热能力也就确定了，要想在这种情况下达到 7t/h 是不可能的。原设计的发热能力为 $1200 \times 4.18 \times 7000 = 3.51 \times 10^7$kJ/h［发热强度为 1.94×10^5kJ/(h·m³)］，因此，在目前这种热耗情况下，要想烧成合格的熟料，其产量实际上只有 $\dfrac{3.51 \times 10^7}{6178} = 5681$kg/h＝5.68t/h。

从上述计算分析可知，要想保证原设计产量为 7t/h，必须对立筒进行彻底的改造，以提高预热器的热效率和入窑物料的分解率，从而提高系统的生产能力。这是改善和提高该种窑型生产能力的技术关键。

三、技术改造方案

1. 方案一——保留部分立筒

根据上述的分析论证可知，由于立筒预热器存在着许多的缺点，而分散传热和分离的矛盾是立筒预热器自身难以克服的主要问题，因此，在改造中首先必须加强该系统的分散传热和提高分离效率，其次是改善密封装置及卸料功能。这样可望使 ϕ2.4m×40m 立筒预热器窑生产能力达到 8t/h，热耗达到原设计指标 1200×4.18kJ/kg 熟料。该方案的特点如下。

① 仍然利用原有的预热器框架，只需对平台稍加改造即可满足系统改造的需要，以减少系统改造的费用。

② 利用特制的旋风筒代换立筒最上端的一个钵体，以提高组合后的立筒预热器的分离效率，减少外循环负荷，加强立筒预热器的分散传热能力，改善立筒与旋风筒之间的性能匹配现状，缓解分散传热与系统分离性能的突出矛盾。

③ 采用我院新近开发设计的翻板阀，以加强筒体与筒体之间连接管的密封性以及高卸料的连续性。

④ 改造各级旋风筒下料锥体的结构，以加强卸料和提高分离效率。

⑤ 改原单通道燃烧器为三通道燃烧器，以改善窑内的燃烧条件。

2. 方案二——准五级预热器

在上述改造的基础上，继续利用特制的旋风筒取代立筒的第二个钵体（保留第三个钵体）。使其构成两级旋风筒、两级特制旋风筒、一级立筒混合成准五级预热器的结构形式，从而进一步改善分散传热与系统分离的矛盾，使得物料的分解率进一步提高，从而使其产量达到 9t/h，热耗由原设计的 1200×4.8kJ/kg 熟料降至 4598kJ/kg 熟料。其他辅助改造如同方案一。

3. 方案三——标准型五级预热器

方案三是采用我院新开发设计的 NH 型五级预热器对立筒进行彻底改造，使其产量达到 12.5t/h，热耗降至 4180kJ/kg 熟料以内，该方案已在鸡西水泥厂预热器改造中获得成功，其各项技术指标均达到和超过设计要求。

四、结束语

由于方案三增产幅度大，涉及系统改造面广，改造费用较高，根据改造的程度不同，大约在 400 万元，因此，各厂家未必都能采用五级预热器对立筒预热器系统进行彻底的改造。对于资金较少的厂家，选择方案一、方案二进行改造是比较现实的，可以收到投资少、停产时间短、基本不涉及配套设备改造、收益明显的效果。这两种方案的总投资匡算为 30 万～50 万元，主要用于窑头燃烧系统的改造、立筒钵体的更换及锁风阀的更换等。

从目前的发展来看，把立筒进行旋风化，是彻底解决立筒预热器系统存在问题的快而有效的途径。当然，也可以采用其他补救措施（如窑尾加把火等）来提高系统的生产能力，降低系统的热耗，但没有从根本上解决立筒预热器自身的矛盾。

参考文献

[1] 《水泥厂工艺设计手册》编写组. 水泥厂工艺设计手册（上册）. 北京：中国建筑工业出版社，1977.

[2] 陈明绍等. 除尘技术的基本理论与应用. 北京：中国建筑工业出版社，1981.

白马山水泥厂再改造工程介绍

蔡玉良

于 1988 年 6 月动工，1990 年 8 月点火试产的白马山水泥厂 2 号窑节能技改工程是我国"七五"计划期间湿法改造成半干法的节能示范项目之一。该项工程耗资 3137.82 万元，关键技术设备为 FLS 公司产品，这次技改虽然取得了一定效果，但尚未达到预期目的，有些指标与技改设计指标有一段距离。为此，该厂于 1994 年 8 月正式委托我院，对该系统实施改造。再改造工程仅耗时两个多月（施工），耗资 1484.45 万元（总投资），于 1995 年 5 月中旬点火生产，至今整个系统运行状况良好，产量最高达 880t/d，全部技术指标均达到或超过了再改造工程的既定目标（表 1）。本文就该 2 号窑系统再改造工程作一介绍。

表 1   2 号窑两次技改技术指标比较

项　目	首次技改设计指标	首次技改后实际指标	再改造设计指标	再改造后实际指标
熟料热耗/（×4.18kJ/kg）	960	1143	1030	980
熟料产量/（t/d）	850	687	800	855
运转率/％	82	约 60	82	84.90
出旋风收尘器废气温度/℃	200	200～235	200±10	185～195

一、再改造前系统现状分析及潜力探讨

1. 系统现状分析

再改造前，该系统主要的生产技术指标和停窑因素统计分析见表 2。

从表 2 统计资料及现场设备观察分析如下。

① 供料系统压滤机故障造成的停窑事故，随着工人对其操作维护经验的积累逐年下降，至 1994 年仅占停窑事故的 1.25％，故无须进行改造。

② 第一次改造后，篦冷机内部结构、布风、布料及配置等诸多问题日趋突出，停窑率呈上升趋势，1994 年高达 10.79％，成为达产达标和提高系统生产能力的严重障碍，必须进行彻底改造。

③ 随着产量增加烘干破碎机造成的停窑率，呈逐年上升趋势，特别是三道锁风阀失灵和机壳长期处于不正常生产情况下导致的变形和裂缝，使系统漏风量大大增加，影响了烘干破碎机的能力和系统正常通风要求。再加上锤子和叶片已扭曲变形，亦已成为提高生能力和设备运转率的障碍，应该进行改造。

表 2 再改造前系统生产指标和故障因素统计

项 目		时间					备注
		1990 年 10～12 月	1991 年	1992 年	1993 年	1994 年	
停窑因素	压滤机/%	25.80	17.00	18.90	5.10	1.25	
	篦冷机/%	1.10	1.70	3.80	9.27	10.79	
	烘干破碎机及三道锁风阀/%	0.996	1.60	0.64	1.12	1.93	
	回转窑耐火衬砌/%	0.05	16.96	15.47	5.88	5.16	
	其他问题/%	6.52	7.989	8.48	11.75	8.83	包括电气及漏风
平均停窑率/%		34.47	45.25	47.31	33.12	27.96	
运转率/%		55.53	54.25	52.69	66.88	72.06	
平均日产量/(t/d)		226	247	348	377	415.13	
有效运行日产量/(t/d)		406.98	451.00	660.47	563.69	576.21	

④ 虽然电收尘器没有直接造成停窑，但电收尘器极板已严重变形，无法投入运行，影响通风和收尘效率，物料飞灰损失较大，且污染环境，必须进行改造。另在第一次改造中，未充分考虑旋风收尘器进口风管热膨胀量的吸收，造成与旋风收尘器连接处也严重变形，导致其倾斜并移位达 150mm 左右，存在着严重的安全隐患，必须进行修复。另外为了改善窑内燃烧状况，此次再改造时必须更换燃烧器，以改善窑内的燃烧。同时，原回灰处理系统中转点过多，增加了系统故障和工人劳动强度，严重时也造成停窑，因此亦需做相应的改造。

⑤ 其他综合因素（电气、系统漏风等）也严重影响了系统的正常生产，亦需进行改造工作。至于因耐火衬砌脱落和热震损坏引起的停窑，会随系统运行稳定性的提高得以改善。但因预热器系统内部的内串风造成内部物料流分布湍动较大，严重影响了气-固两相流的换热，造成窑尾周期性（0.5～1 次/min）"喷灰"或"喘气"，故也成为再改造的内容之一。

2. 系统潜力探讨

（1）系统烧成热耗

该系统各种生产配置规模下烧成系统理论热平衡计算结果见表3。

表 3 各配置规模烧成系统理论计算热耗

热量支出 /×4.18kJ/kg 熟料	配置规模/(t/d)			热量收入 /×4.18kJ/kg 熟料	配置规模/(t/d)		
	650	850	1000		650	850	1000
系统散热损失	223.00	171.00	145.00	熟料形成热	92.00	92.00	92.00
$CaCO_3$ 分解耗热	443.50	443.50	443.50	二次风带入热量	167.00	197.34	197.34
废气带走热量	218.10	178.00	141.00	煤粉带入显热	2.46	2.44	2.40
滤饼水分蒸发热	202.00	202.00	202.00	生料饼带入显热	21.43	21.43	21.43
出预热器飞灰带走热	8.89	8.21	8.14	漏入冷风带入显热	4.08	4.02	4.01
出窑熟料带走热	303.60	303.60	303.60	燃料燃烧热	1156.00	1032.68	970.00

注：650t/d 时冷却机热效率为 55%，出预热器废气温度 220℃；850t/d、1000t/d 时冷却机热效率为 65%，出预热器废气温度 220℃。

从表 3 可知，三种配置规模的窑系统熟料烧成热耗分别为 1156.00×4.18kJ/kg 熟料、1032×4.18kJ/kg 熟料、970×4.18kJ/kg 熟料。比较表 1，在不对 2 号窑烧成系统进行彻底改造情况下，显然第一次技改热耗设计指标（960×4.18kJ/kg 熟料）偏高。但综合分析表 1 和表 3 认为，其熟料烧成热耗可望在第一次改造基础上进一步下降。

（2）回转窑能力

2 号窑系统与国内外同直径、不同窑长和不同窑尾配置生产能力比较见表 4。

表 4　φ3.5m 回转窑不同配置所能达到的生产能力

项　目	窑长/m				φ3.5m×88m 2 号窑再改造前现状况
	145	88	54	47	
生产方式	湿法	干法	半干法	半干法	半干法
厂家	华新	金山	英德报价	英德报价	白马山
设备提供厂商	国内	丹麦 Smidth	丹麦 Smidth	德国 KHD	LSF
窑尾配置		4 级预热器	2 级预热器	3 级预热器	2 级预热器
有无分解炉		无分解炉	喷腾式分解炉	管式分解炉	无
分解率/%		35～40	90～95	85	15±5
入窑料温/℃	25	830～840	860	855	800±10
斜度/%	3.5	3.5	3.5	3.5	3.5
转速/(r/min)	1.5	2.0	3.50	3.50	1.50
生产能力/(t/d)	600	950～1000	1750	1700	687

分析表 4，认为：再改造时通过对 2 号窑系统的动力和传动装置及窑尾配置进行不同程度的改造，其窑产量完全能够满足 1000t/d 规模的改造要求，如果窑尾及窑头变动较大，还可以进一步提高。

（3）预热器能力

不同规格生产线的旋风筒工作状况见表 5。

表 5　旋风筒工作状态比较

项　目	白马山厂		金山厂		英德厂丹麦报价	
产量/(t/d)	850		1000		900～1050	1750
热耗/(×4.18kJ/kg 熟料)	1050		980		850	790±28
下面两级断面风速/(m/s)	C1 6.05	C2 7.14	C1 6.719	C2 7.925	C3 7.25	C4 7.823	C2 5.88	C3 6.28

注：白马山厂 C1、C2 旋风筒和上海金山厂 C3、C4 旋风筒结构完全相同。

从表 5 可知，白马山水泥厂 2 号窑预热器在两种规模条件下，其断面风速都比英德厂丹麦 Simdth 公司报价资料高，而与上海金山水泥厂预热器断面风速基本相同。分析认为：在不对预热器进行彻底改造的前提下再改造就以 1000t/d 生产规模为上限。

（4）其他设备能力

再改造前该系统的其他主机设备的主要技术指标见表 6。

表6 其他主机的技术指标

设备名称	技术 指 标	
压滤机(2台)	压滤时间/卸饼时间/[min/(次·台)]	22.60/20.70
	更换滤布时间(min/次)	10~15(每天每台更换4~5块)
	更换密封圈时间(min/根)	10~15(每月一次,折合每天3~4根)
	冲洗压滤机时间[h/(d·台)]	4(每天1次)
	单机生产能力[t/(次·台)]	35(每天压滤25次,滤饼含水18%)
	实际生产能力(t/d)	1750(两台35×25×2=1750t/d,折合干基1435t/d)
	实际料耗/[kg生料(干)/kg熟料]	1.573
烘干破碎机	生产能力(出料含水均小于3%)/(t/d)	进口水分30%	65
		进口水分18%	81
		进口水分10%	100
	烘干时需要热量/(kJ/h)	81t/h时	$15.5 \times 4.18 \times 10^6$
		70t/h时	$13.4 \times 4.18 \times 10^6$
	进烘干机气体温度/℃	700±20
	出烘干机气体温度/℃	200±20
	可供热量/(kJ/kg)	$14.68 \times 4.18 \times 10^6$
主排风机	处理风量/(m³/h)	172200
	全压/×9.8Pa	900
	功率/kW	630

注:压滤机指标为1994年1~8月统计结果。

据表6,系统的潜能分析如下。

① 压滤机:两台压滤机总的生产能力为1435t干生料/d,若料耗为1.573kJ/kg熟料,可以满足912t熟料/d的熟料用料要求,但尚满足不了1000t/d的熟料用料要求。如果进一步地加强两台压滤机的管理,有可能使系统达到1000t/d。

② 烘干破碎机:当进料含水18%、出料含水3%时,产量81t/h,需要烘干热熔为$15.5 \times 4.18 \times 10^6$kJ/h,产量为70t/h,需要烘干热熔为$13.4 \times 4.18 \times 10^6$kJ/h。就系统能够提供的废气热熔约为$14.68 \times 4.18 \times 10^6$kJ/h,完全能够满足烘干机70t/h产量的要求,但难以满足81t/h产量要求,也即只能满足熟料1000t/d的熟料烘干破碎生料的要求。

③ 主机风机:从处理风量来看,当进排风机的空气过剩系数为1.45时,1000t/d熟料规模要求处理的风量为167387~170847m³/h,据排风能力(172200m³/h),该风机将处于满负荷运行。

二、再改造工程技术方案比较与确定

1. 技术方案比较

通过对再改造前原系统的现状分析及潜力探讨,认为此次再改造工程的产量上限为1000t/d。在此基础上,我院提出了3个再改造工程技术方案,各方案比较见表7。

方案2和方案3烧成窑尾部分改造见图1。

表 7 再改造工程技术方案比较

方案核心		方案 1	方案 2	方案 3
		该方案对系统进行修复,对部分有关设备进行必要改造和更换	窑尾增加一台小型在线分解炉见图 1(a),其他见方案 1	窑尾增加一台 ϕ3.4m×38m 在线喷腾管式分解炉,见图 1(b),其他同方案 2
指标	热耗/(×4.18kJ/kg 熟料)	1070～1030	1030～980	980～940
	产量/(t/d) 保证值	800(750)	850	950
	产量/(t/d) 力争值	850	900	1000
	入窑物料分解率/%	10～15	22～28	38～45
	入窑物料温度/℃	765～800	800～825	815～835
	分解炉用燃料比	10～15	25～27	38～45
	运转率/%	>80	>80	>80
	出旋风收尘器废气温度/℃	200±20	195±15	180～190
措施		① 篦冷机:采用本院技术,按生产规模要求和现场条件彻底改造 ② 燃烧器:改换单通道燃烧器,以三通道取而代之,并对其计量装置进行相应地改造 ③ 回转窑转速:通过改变齿轮传速比,提高最大转速,核算驱动功率,校正窑位;方案 1 的转速由 1.5r/min 提高至 1.8r/min,方案 2 转速由 1.5r/min 提高至 2.0r/min,方案 3 转速由 1.50r/min 提高至 2.8r/min ④ 窑头与窑尾密封:改造窑头和窑尾的密封装置,对预热器系统进行堵漏 ⑤ 预热器:加强防堵性能,加强内部锁风,增加撒料板,适当调整系统内部物料分配,提高系统换热效率 ⑥ 主排风机:方案 1 仅限于修复;方案 2 更换电机采用液耦调速;方案 3 更换电机,采用液耦,在条件许可情况下提高电机转速 5% ⑦ 烘干破碎机:修补或更换局部漏风管道;修复三通锁风阀;更换烘干破碎机转子;采用管道喷水进行事故降温保护 ⑧ 电收尘器:更换极板,修复电收尘器及相应的控制设备 ⑨ 回灰系统:改造回灰系统及入料点,具体为增加回灰搅拌系统;采用喷浆技术,以增加喂料量;提高原料磨产量或提供外援物料 ⑩ 电气及其他:修复并更换部分电气设备		
备注		方案 1 的产量指标,三天考核按 800t/d 熟料,由于在一期改造时拟扩建的生料磨没有能够实施,若长期按 800t/d 熟料要求,生料供应将不足,故月平均产量保证 750t/d		

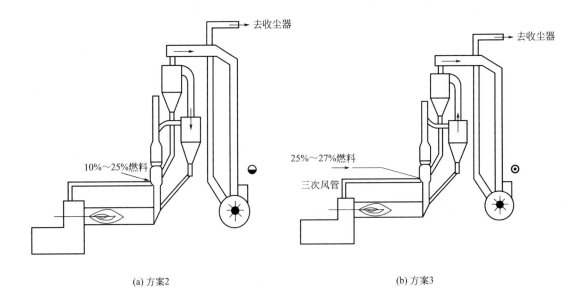

(a) 方案2   (b) 方案3

图 1 窑尾部分改造示意

2. 方案的选择

技改方案的选择与评估，主要取决于技改可能投入的资金、改造方案的可靠性及可能存在的风险、改造后的经济效益。从当前的技术进步来看，无论采用哪一种方案就技术而言都不存在问题。就改造后的经济效益，我院曾作过大量的比较和分析，认为采用分解炉方案（方案3）优于前者。但经过厂院反复讨论，限于资金的投入，最终选择了耗资较少的修复与改造相结合的方案。

三、再改造工程的实施效果

白马山水泥厂2号窑再改造耗时两个多月，改造后烧成系统主机配置见表8，各项技术指标见表9。

表 8　再改造后烧成系统主要配置

设备名称		规　格	备　注
回转窑	直径/m	3.5	转速由 1.5r/min 提高到 2.0r/min
	有效直径/m	3.1	
	长度/m	88	
	斜度/%	3.5	
	转速/(r/min)	0.5～2.0	
	电机功率/kW	2×75	
旋风收尘器	直径/mm	400	锥部管道进行了改造
预热器	直径/mm	C14000	增加了膨胀仓、撒料板，并进行了内部结构的整修
		C24000	
燃烧器	型号	NC-8 型三通道喷煤管	用南京院技术更换了原单通道喷煤管
	能力/(t/d)	8	
喷煤风机	型号	RE-200 罗茨风机	新加
一次风机	型号	9-19№8D	新加
喂煤设备	型式	FK 螺旋泵	新加
	型号	H200-100×75	
	输送能力/(m³/h)	30	
篦冷机	型号	LBT24135	用南京院技术更换了原篦冷机
	型式	推动篦式冷却机	
	规格/m	2.4×13.5	
	产量/(t/d)	1000	
1号风机	型号	9-19№16D	
	风量/(m³/h)	21539	
2号风机	型号	9-16№16D	
	风量/(m³/h)	25614	
3号风机	型号	9-26№14D	
	风量/(m³/h)	35099	

续表

设备名称		规　格	备　注
4 号风机	型号	G4-73№11D	
	风量/(m³/h)	43900	
5 号风机	型号	9-26№12.5D	
	风量/(m³/h)	36086	
主排风机	风量/(m³/h)	172200	加液耦调速,并更换电机
	全压/mmH₂O	900	
烘干破碎机	型号	ET250×225	修复三道锁风阀及出口管道,增加管道喷水装置
	能力(含 0.5％水分干基物料)/(t/h)	72～81	

由表 8 可知,该 2 号窑技术再改造工程比首次技改工程耗资少,耗时短,且技术指标均达到和超过首次改造。

表 9　两次技改对比

项　目		首次改造	再改造
改造时间		1988 年 6 月开工,1990 年 4～8 月完成	1995 年 4～6 月
改造停产耗时/d		115	75
耗资/万元		3137.82	1484.45
正常生产时段		1990 年 8 月 20 日～1995 年 3 月	1995 年 6 月 18 日至今
共产熟料/万吨		57.06	13.79
平均产量/(t/h)		22.73	31.30
平均运转率/％		62	＞80
最高日产量/(t/d)			880(1995 年 9 月 27 日)
平均热耗/(×4.18kJ/kg 熟料)		1150	≤980
熟料平均强度/MPa		60.20	63.30
热工标定	热耗/(×4.18kJ/kg 熟料)	1143[1]	980[2]
	产量/(t/d)	687[1]	855[2]
	出旋风收尘器废气温度/℃	200～235[1]	180～195[2]

[1] 1992 年 3 月由合肥水泥研究设计院和白马山水泥厂联合标定。

[2] 1995 年 10 月由白马山科利水泥有限公司和我院联合标定,设计指标获得了良好的技改经济效益。

2000t/d 超短窑烧成系统的操作

蔡玉良　　赵小亮　　杨德建

中国水泥厂 2000t/d 生产线是继新疆水泥厂和山西水泥厂之后国内投入生产的第三条超短窑水泥熟料生产线。该线烧成系统由德国 KHD 公司提供，并由 KHD 公司进行生产调试和系统指标保证。该线回转窑规格为 $\phi 4m \times 43m$，窑尾由 PYROCLON-R 低 NO_x 分解炉和配以大蜗壳、短柱体及偏锥旋风筒预热器系统构成，是 KHD 公司专有技术产品。该线于1996 年 8 月正式点火投料进入调试阶段，同年 11 月底窑喂料量稳定在 130～145t/h。本文就该生产线投产调试各阶段的具体操作情况作一简介。

一、点火烘窑及提温投料

该烧成系统点火前的准备工作及点火操作过程与其他类型的预分解窑大同小异，其操作关键是必须按烘窑热工制度曲线（图 1）严格控制升温速率，否则升温过快将会导致耐火砖的破裂和脱落。例如该厂 1996 年 8 月中旬第一次点火烘窑期间，调试人员以窑尾氧含量作为主要控制依据，窑尾拉风不足，烘窑升温速率曾高达 120℃/h，导致烧成带耐火砖部分剥落。同年 8 月 29 日第二次点火升温，严格按烘窑热工制度曲线控制点火、提温和投料，耐火砖与窑皮情况良好，并于 8 月 31 日正式投料烧出合格熟料。由此可见，升温速率在烘窑阶段应予以高度重视。

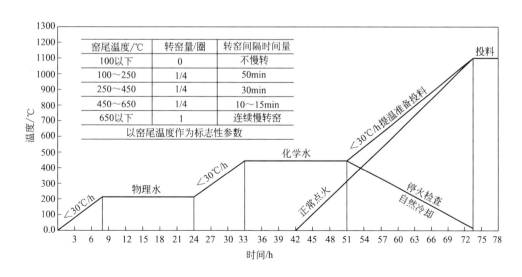

图 1　烘窑热工制度曲线

二、投料方案的实施和操作参数的控制

1. 烧成系统投料曲线

系统投料标志着生产的开始，从投料到稳定达产，这一过程的完成需经历若干个平衡状态的跃迁。其跃迁得是否顺利，取决于整个系统的风、煤、料及窑速间的平衡关系，因此进程情况取决于实际操作。为此，我们拟定了理论上的风、煤、料及窑速的平衡关系（图2），供投料时参考。

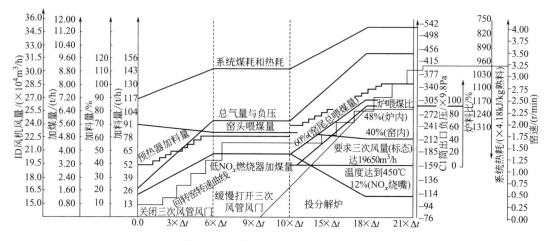

图2 风、煤、料、窑速四者的关系

实际操作时可根据具体的情况依据理论投料曲线进行阶梯式投料、提风、加煤和加窑速。由一个平衡状态到达另一个平衡状态所需的时间长短（Δt），取决于窑功率的变化情况、熟料的质量（立升重和f-CaO含量）、窑尾或预热器出口的O_2和CO含量、预热器系统各参数（特别是分解炉出口温度和窑尾温度）等的变化情况。对于超短窑来说，响应时间一般为$10\sim20$min，每进行一次调整需经过$20\sim30$min的稳定和观察，应确认稳定后再进行加料调整，以实现系统的稳步过渡。

2. 操作参数及其偏离分析

系统操作稳定与否是通过系统参数的变化来判断和掌握的。就烧成系统来说，最重要的监视和控制的参数有：窑功率或窑主电机工作电流；窑尾和C1筒出口的O_2和CO含量；分解炉出口温度和C5筒排料温度；各点压力及温度等。

（1）窑功率或窑主电机工作电流的变化

窑功率或窑主电机的工作电流的变化在整个投料过程中必须严格监视。操作上每改变一次窑喂料量、窑速或其他工艺参数之前，都应注意该参数的变化情况。从窑主电机的工作电流变化趋势可以作出相关问题的判断，见图3。

（2）窑尾和C1筒出口的O_2含量、CO含量及窑、炉风量平衡

窑尾和C1筒出口的O_2及CO含量高低预示着窑内、分解炉内及预热器内燃烧及通风情况，决定着整个系统用风量是否需要调整。一般情况下在投料初期或过渡阶段，C1筒出口的O_2含量控制在$6\%\sim8\%$，生产稳定后应控制在$3.5\%\sim5\%$。该烧成系统调试时发现

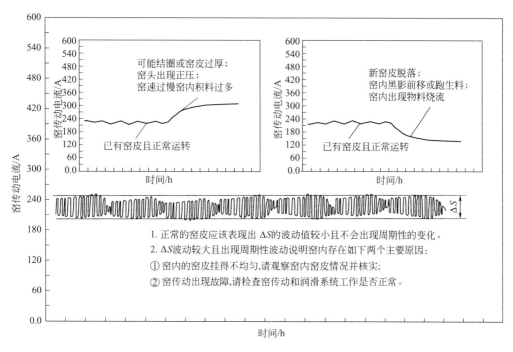

图 3 窑主电机电流变化趋势及其判断

当投料量为 $135\sim145t/h$，尽管 ID 风机转速为 $900r/min$，C1 筒出口负压达 $-5.5kPa$，O_2 含量为 $6\%\sim7\%$，若将出 C4 筒的物料全部经三次风管送入分解炉，因三次风管内风速太低无法承载送入的大量物料，很短时间内三次风管和分解炉的连接弯管就会堵塞，导致整个烧成系统只能运行在 SP 状态。清堵后将出 C4 筒约 85% 物料经窑尾上升烟道送入分解炉，只有约 15% 物料经三次风管送入分解炉，系统才基本稳定。整个烧成系统窑和分解炉两路风量分配明显不平衡，即炉风偏小，窑风偏大，造成经三次风管入分解炉喂煤量、喂料量均上不去，影响入窑生料分解率。

（3）分解炉出口温度和 C5 筒排料温度

分解炉出口温度和 C5 筒排料温度过高易引起旋风筒结皮堵塞；温度过低，则影响入窑物料的分解率，易导致超短窑内跑生料。一般情况下，分解炉出口温度控制范围为 $880\sim910℃$，C5 筒排料温度为 $845\sim865℃$。

（4）窑筒体温度

窑筒体温度正常时为 $200\sim350℃$，最高不得超过 $400℃$。中国水泥厂回转窑正常工作时筒体表面温度为：距窑口前 23m 内最高温度不超过 $270℃$，在 $24\sim30m$ 内温度最高（$350\sim380℃$），其后 13m 温度有所下降。该厂实际窑皮长为 21.6m，厚约 $230\sim310mm$，尚有约 $5\sim6m$ 的镁铬砖暴露在窑气和粉料中，耐火砖已部分剥落，因此该段筒体表面温度最高。

（5）各级旋风筒锥部压力和料管温度的变化问题

各级旋风筒锥部压力的变化情况除了能够反映出各级旋风筒的堵塞情况外，其波动范围的大小还能够反映出下料的均匀性和内部串风问题。当生产正常时，各级旋风筒的锥部压力和温度基本上围绕着各自的某一数值上下波动，且波动幅度不大；当某级旋风筒下料管出现堵塞时，其锥部压力将急剧下降，同时温度上升，此时必须采取快速且安全的处理措施，以免预热器堵塞；若压力波动幅度较大且温度变动较小，表明该旋风筒下料不均匀或存在着内部串风问题，应该作出相应处理，以确保系统的安全运转。图4所示为旋风筒锥部压力及其判断。

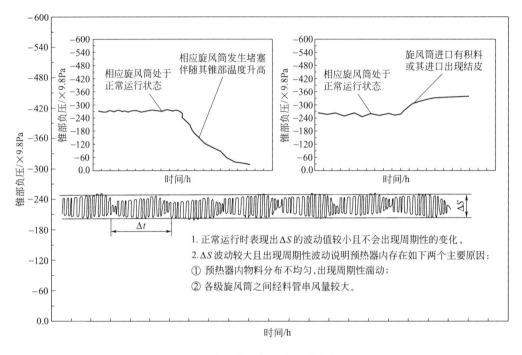

图4　旋风筒锥部压力及其判断

三、短窑操作和长窑操作的差别及注意事项

经过长期的生产实践，人们对窑外分解窑系统已总结出"高度集中，反应快捷，减少事故，稳妥积极，快速过渡，薄料快烧"等一系列操作经验。对于超短窑窑外分解系统，上述经验同样适用，但由于该系统回转窑较短，因此操作上还应采取相应的技术措施。

① 由于超短窑烧成系统对操作参数响应灵敏，响应时间一般为10～20min，这就要求操作人员反应敏捷，判断准确，动作迅速，以防系统运行偏离正常运行的要求，或导致责任事故影响生产。例如窑温度过低，窑内黑影前串较快时，若不及时采取措施，很可能导致回转窑内跑生料或出现生烧。

② KHD公司提供的超短窑烧成系统，窑尾采用了较长的PYROCLON-R分解炉，加之分解炉和垂直烟室各有一个燃烧喷嘴，为SP系统稳定过渡到NSP系统提供了可靠的技术条件。但窑尾温度较一般的长窑（$\frac{L}{D}$为15～16）要高出100～200℃，因此要注意窑尾烟室结皮的发生、回转窑窑尾密封及后窑筒体的"红窑"等问题。

③ 窑前温度较高，应注意三通道喷煤管的位置和火焰形状的调节，使窑前形成合理的煅烧环境，既要防止熟料生烧和夹生现象，又要防止窑前温度过高造成熟料过烧或烧溜。

④ 在生产操作过程中，应密切注意对分解炉出口温度的控制，以稳定入窑生料的分

解率，减少窑内热负荷。分解炉出口温度及分解炉的加煤量宜实施自动控制回路对其跟踪控制。

⑤ KHD 公司提供的烧成系统窑尾烟道上均不设调节闸门。但鉴于中国水泥厂烧成系统明显存在着窑和分解炉两路风量分配不平衡问题（窑风偏大、炉风偏小），在由 SP 系统过渡到 NSP 系统的过程中必须考虑这一特殊情况。需控制出 C4 筒大部分物料经窑尾上升烟道入分解炉，以增加物料在上升烟道被气流再提升产生的阻力，改善窑炉风量平衡，并注意出 C4 筒物料和窑尾两路燃料的稳步分配及过渡，否则易导致三次风管和分解炉连接弯管处的堵塞。若该处发生塌料堵塞，则三次风管上压力会很快变成零压或微负压，且分解炉出口温度异常升高。这时必须快速将料、煤全部切回到窑尾上升烟道，然后减料减煤，以防堵料过多。

⑥ 由于超短窑烧成系统较一般长窑烧成系统对原料、燃料的波动反应灵敏，因此，应加强对原料、燃料制备车间生产指标的控制和管理，以避免因原料、燃料成分出现较大波动而影响烧成系统的操作。

⑦ 加强冷却机的管理和控制，以免造成二次、三次风量和风温出现较大波动而影响窑内的煅烧。

四、实际生产效果

1. 实际操作参数的变化情况

该系统实际生产主要数据变化趋势汇总见图 5。

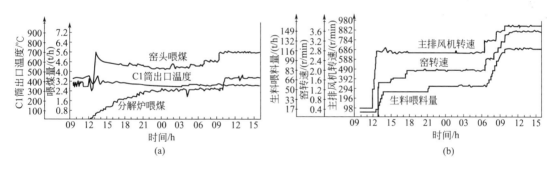

图 5　主要工艺参数的变化趋势

2. 超短窑预分解系统的参数分布

中国水泥厂预分解系统正常运行时的参数分布见图 6。从图 5、图 6 不难看出，该系统虽已能够稳定生产，但还未达到最优工作状态，系统操作参数及部分结构参数有待进一步优化。

3. 实际生产结果

表 1～表 3 分别为煤的工业分析、水泥性质及熟料强度、生料和熟料的化学成分与率值。

表 1　煤的工业分析

$SiO_2/\%$	$Al_2O_3/\%$	$Fe_2O_3/\%$	$CaO/\%$	$MgO/\%$	$V_{ad}/\%$	$A_{ad}/\%$	$M_{ad}/\%$	$Q_{net \cdot ad}/(kJ/kg)$
50.06	24.67	6.26	14.65	2.24	31.94	24.51	1.44	23826

表2 水泥性质及熟料强度（1996年9～12月平均值）

凝结时间		比表面积 /(cm²/g)	安定性	抗折强度/MPa			抗压强度/MPa		
初凝	终凝			3d	7d	28d	3d	7d	28d
1：55	2：50	3570	合格	6.0	7.3	9.1	32.0	42.6	58.3

表3 生料和熟料的化学成分、率值及其他指标（1996年10月平均值）

项目	SiO₂ /%	Al₂O₃ /%	Fe₂O₃ /%	CaO /%	MgO /%	K₂O /%	Na₂O /%	SO₃ /%	KH	SM	IM	f-CaO /%	立升重 /(g/L)
生料	21.00	4.87	2.88	67.66	1.4				0.997	2.71	1.69		
熟料	21.86	5.49	3.17	65.02	1.42	0.95	0.04	1.12	0.902	2.50	1.74	0.71	1243

五、系统操作参数的优化及建议

① 窑头加煤和窑尾加煤比为（70%～65%）：（30%～35%），远未达到窑头加煤45%～40%，窑尾加煤55%～60%的设计要求。其主要原因在于烧成系统窑、炉两路风量分配明显不平衡。若窑尾加煤过多，则分解炉出口温度升高，且煤粉燃烧不完全，易造成分解炉炉膛及预热器高温黏结或堵塞。同时因入窑生料分解率偏低，为保证生产出合格的熟料，窑头加煤必须增加，且因窑风偏大窑内热重心后移，造成尾部温度过高，给整个系统参数的优化带来一定的困难。因此，建议尽快在窑尾烟室上做一合适的缩口，增加一定的阻力，实现窑炉风量平衡，从而实现系统的优化操作。

② 出预热器的O₂含量在6%～8%之间波动，显然偏高。待窑尾烟室缩口改造完毕系统稳定后，可通过调整通风能力及控制系统漏风量，将C1筒出口的O₂含量控制在3.5%～5%，从而减少系统热损失，同时也可避免窑尾温度过高。

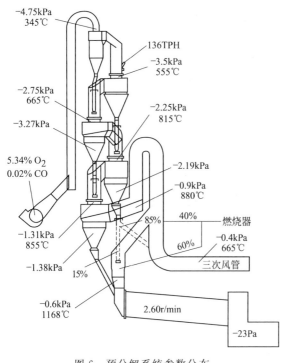

图6 预分解系统参数分布

③ 鉴于回转窑烧成带镁铬砖段砌筑较长、抗剥落砖段较短的情况，建议烧成带镁铬砖的长度应根据窑皮实际长度来砌筑，以免暴露在高温气体和粉料中的镁铬砖脱落，既影响回转窑筒体的使用寿命，又增加系统的散热损失，不利于系统参数的优化。

④ 由于超短窑系统操作参数的变化比较灵敏，不仅参数调整后响应快，某些随机因素也易导致一些参数偏离正常范围，因此，对操作员的技术要求更高。

（杨德建　南京长江水泥集团公司）

英德水泥厂5号窑生产质量控制与分析

蔡玉良

生产过程中各环节控制水平的高低，最终都反映到所生产的产品质量上。本文结合英德水泥厂5号窑生产调试阶段产品质量的统计和分析，就生产质量控制和分析作如下介绍，仅供参考。

一、生产控制过程的统计与分析

1. 熟料矿物组成与熟料强度的关系

图1是根据英德厂1997年5～8月的生产结果绘制而成。从图1(a)可以看出，随着C_3S含量逐渐增加，熟料的3d、7d、28d的强度均逐渐增加，但从生料配制和物料煅烧的难易程度分析，当C_3S含量高于一定数值后，势必给原料的选择和热工制度的控制带来一定的困难。从图1(b)可以看出，随着C_2S含量的逐渐增加，熟料3d和7d强度逐渐降低，28d强度则在C_2S含量为13%～25%时是随C_2S的增加而稍有增加，当C_2S>25%时，则强度随C_2S含量的增加而降低。针对英德水泥厂的原料情况和煅烧技术水平，为确保熟料的强度，C_3S和C_2S含量分别控制在52%～57%和17%～24%比较适宜。

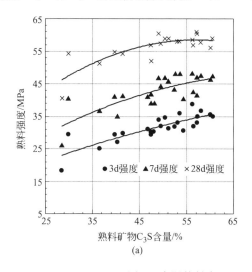
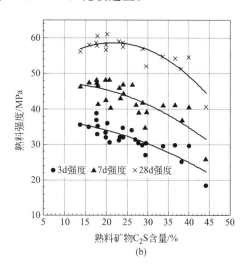

图1 水泥熟料中C_3S、C_2S含量与熟料强度的关系

2. 生料的配制及其成分波动的控制情况

分析表明，生料各组成原料成分的少量波动，对熟料氧化物含量影响不大，而对熟料潜

在矿物组成波动影响较大。一般情况下，CaO 含量波动 1%，C_3S 含量波动为 10%～14%。因此为了保证熟料矿物组成的稳定性，必须严格控制燃料和生料成分的波动。尽管目前国内对波动范围大小尚无统一的控制指标要求，但国内一些重点企业均有适合本企业生产的内控指标（表 1）。

表 1 国内重点水泥企业对生料成分及熟料率值的内控指标

类 别	生料成分/%				熟料率值			
	SiO_2	Al_2O_3	Fe_2O_3	CaO	KH	KH^-	IM	SM
内控波动指标	±0.25	±0.2	±0.15	±0.3	±0.02	±0.02	±0.1	±0.1

图 2 所示为英德厂 1997 年 5～8 月生料成分月平均绝对波动值、相对波动值的统计分析。从图 2(a) 可看出，生料成分中绝对值波动较大的是 SiO_2，其次是 CaO，烧失量的波动则从属于 CaO 和 MgO 的波动。从潜在矿物组成的计算式中可知，SiO_2 与 CaO 的成分波动对 KH 值影响最大，因此为使 KH 的波动满足要求，必须严格控制原料、燃料中 SiO_2 与 CaO 成分波动。从图 2(b) 可看出，Fe_2O_3、Al_2O_3、SiO_2 及 MgO 相对波动值较大，均超过生产控制要求。而相应三个率值中，IM 波动最大，其次为 SM 和 KH，如此之大的波动是不合适的，应进一步加强生料波动的控制，将其成分波动值限制在合理的范围。

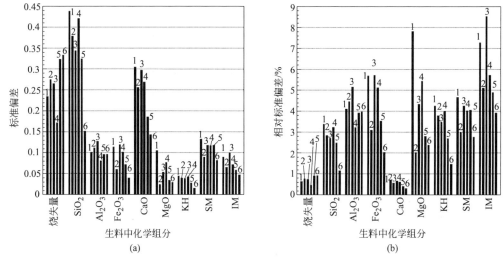

图 2 生料成分绝对波动值和相对波动值的大小比较

1—各月平均；2—5 月；3—6 月；4—7 月；5—8 月；6—考核期间

表 2 是根据英德水泥厂内控指标要求对生料成分合格率的检测情况。

表 2 生料成分合格率检测情况

类 别	生料成分合格率/%			
	SiO_2	Al_2O_3	Fe_2O_3	CaO
5 月 7 日～7 月 20 日	35.82	95.52	77.61	67.16
相对 5 月份平均样	67.00	100.00	100.00	89.00
相对 6 月份平均样	55.00	85.00	80.00	75.00
相对 7 月份平均样	44.74	100.00	86.84	81.58
相对 8 月份平均样	59.26	100.00	100.00	85.19
相对考核期间平均样	90.91	90.91	100.00	100.00

从表 2 可以看出，生料中 SiO_2 和 CaO 合格率太低，主要原因是在调试期间该地区雨量较大，使砂页岩磨头仓内的物料流动性较差，加上新线在调试阶段的管理和对岗位控制要求不明确等一系列问题，导致出磨料浆成分波动较大所致，势必影响到熟料的理化性能。随着生产逐步稳定和控制水平的提高，生料成分波动情况有所好转，特别是在考核期间，生料成分合格率大有提高，为考核工作的顺利进行奠定了基础。

另外，随着烧成系统可靠性及稳定性不断提高，单位熟料热耗下降（稳定在某一合理的数值），煤灰的带入量相应减少，因此配料时应予以适当调整。

3. 水泥熟料的成分控制和操作问题

一般情况下，水泥熟料的成分波动值较生料成分的波动值更大。图 3(a) 为熟料中各主要化学成分的绝对波动值，与图 2(b) 相比，其波动值较之生料成分波动值要大许多倍。熟料成分绝对波动值大小顺序依次为 CaO、SiO_2、Al_2O_3、Fe_2O_3，而率值波动的大小顺序为 SM、IM、KH。在生料成分波动的基础上，熟料化学成分的波动主要是由于煤粉灰分化学成分的波动和操作状态的波动引起的。

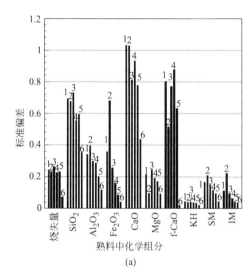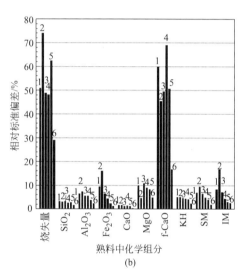

图 3　水泥熟料成分波动值的控制情况

1—各月平均；2—5 月；3—6 月；4—7 月；5—8 月；6—考核期间

从图 3(b) 不难看出，波动最大的是 f-CaO 和烧失量，而 f-CaO 和烧失量主要集中反映了热工制度的控制和操作水平，即对窑前的火焰力度和窑速的操作上。因此中控室操作人员应根据化验室的测试结果适时作相应的调整和控制，以获得低 f-CaO 的高质量熟料产品。

表 3　熟料率值的合格率情况

类　别	率值合格率/%			
	KH	KH⁻	IM	SM
5 月 7 日～7 月 20 日	36.00	32.00	64.00	48.00
相对 5 月份的平均样	46.00	53.85	30.77	30.77
相对 6 月份的平均样	37.50	33.40	79.17	63.16
相对 7 月份的平均样	42.10	34.20	86.84	71.05
相对 8 月份的平均样	51.85	44.44	100.00	70.37
相对考核期间平均样	63.64	63.64	100.00	100.00

从表 3 可看出，生产初期熟料率值是相当低的，随着系统操作状况的不断改善，在原料成分波动较大的情况下，其合格率有所提高。熟料率值的波动主要来自原料中 SiO_2 和 CaO 的波动及煤灰分化学成分的变化，因此，应加强供料系统的物料均化和搅拌，同时要充分考虑煤耗和煤灰化学成分的变化。

4. 水泥熟料的强度发展与系统的操作与控制

图 4 所示为英德水泥厂 5 号窑熟料各个龄期的强度与相应波动值的情况。随着系统工作状态及操作熟练程度的不断提高，熟料强度有了较大的改善，其波动值也愈来愈小。但目前水泥强度波动仍然较大，且 28d 的强度距要求（58.5MPa）还差 2～5MPa。综合前面的分析，问题主要源于如下两个方面：一是生料的配料成分波动较大，已超出常规的生产控制值的要求，给煅烧及热工制度的稳定带来了一定的困难；二是操作上未能随时根据生料成分波动的特点和煅烧过程 f-CaO 高的问题，适时调整窑速和窑前的火焰力度，以确保 C_2S 吸收 f-CaO 形成 C_3S，从而影响了熟料强度。

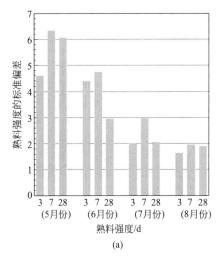 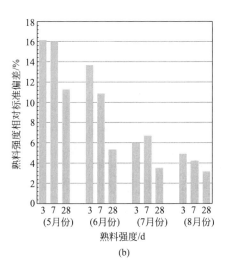

图 4　熟料强度及其波动值情况

5. 水泥熟料矿物组成的比较与分析

表 4 为英德水泥厂 5 号窑调试期间生产数据与国内外水泥企业相关统计数据的比较。

表 4　英德水泥厂 5 号窑与国内外大中型水泥企业相关数据比较

类　别	化学组成/%				率值				矿物组成/%				
	SiO_2	Al_2O_3	Fe_2O_3	CaO	KH	KH^-	SM	IM	C_3S	C_2S	C_3A	C_4AF	f-CaO
国外水泥企业（23 个）	21.22	4.80	3.01	64.13	0.895		2.73	1.61	57	20	8	10	0.92
国内新型干法窑（20 个）	22.00	5.29	3.44	64.39	0.877		2.53	1.54	53	24	8	10	0.96
国内重点水泥企业（56 个）	21.14	5.59	4.44	64.74	0.889		2.12	1.27	54	20	7	14	1.14
英德厂考核期间统计情况	21.65	5.06	3.61	65.27	0.907	0.896	2.50	1.41	56.54	19.63	7.32	10.98	0.703
标准偏差（$n=11$）	0.368	0.117	0.043	0.438	0.022	0.021	0.047	0.038	4.531	4.521	0.326	0.132	0.209
英德厂最好强度情况的平均值	21.17	5.36	4.04	64.60	0.908	0.889	2.62	1.34	53.67	20.20	7.38	12.28	1.12
标准偏差（$n=15$）	0.460	0.329	0.448	0.517	0.027	0.023	0.146	0.131	4.873	4.597	1.037	1.360	0.615
英德厂 5 月 8 日至 7 月 20 日平均值	21.71	5.29	3.80	64.35	0.886	0.867	2.40	1.40	48.82	25.34	7.57	11.57	1.34
标准偏差（$n=76$）	0.694	0.342	0.36	1.033	0.045	0.042	0.168	0.116	9.226	8.487	0.915	1.089	0.808

注：n 为样本数。

由表 4 可见，国外水泥熟料各率值均高于国内水平（相应 C_3S 含量也高于国内），这就要求有较高的煅烧和操作控制水平与之相适应。而目前国内的水泥生产企业，不管是新型干法厂还是重点国有企业，熟料成分的控制范围非常接近。英德厂 5 号窑在考核期间（≥58MPa）熟料矿物组分的平均值已达到和超过了目前国内的技术水平，但就总体情况来看，当时英德厂 5 号窑尚处在试生产调试阶段（如生料成分的波动较大、操作过程的控制尚在摸索之中等）。随着系统可靠性的不断提高以及操作控制水平的提高，在严格控制原燃料成分波动的条件下，完全能够达到和超过预期的设计目标。

6. 生产过程中其他参数的控制情况

表 5 为英德厂生产过程中煤粉、滤饼质量控制数据和 f-CaO 的统计情况。从表 5 可以看出，燃料和滤饼的质量也存在着较大的波动。这势必给系统的操作和质量控制带来不可忽视的影响，因此也应予以足够的重视。

表 5　煤粉、熟料和滤饼质量控制数据

| 项　目 | 煤的工业分析 | | | | | 原煤水分/% | 煤粉水分/% | 煤粉细度/% | 熟料f-CaO/% | 滤饼CaO/% | 滤饼Fe_2O_3/% | 滤饼水分/% |
	M_{ad}/%	V_{ad}/%	A_{ad}/%	FC_{ad}/%	Q_{net}/(kcal/kg)							
平均值	2.267	23.919	24.669	49.109	5603.031	11.982	2.134	10.152	1.261	44.014	1.925	20.139
最小值	0.500	22.020	21.820	44.160	5483.280	8.400	0.400	3.800	0.190	43.200	1.710	16.530
最大值	5.200	26.150	28.560	51.940	5802.080	18.000	6.200	15.800	4.720	44.840	2.230	24.800
标准偏差	0.866	0.755	1.425	1.465	120.620	1.6045	1.365	2.600	0.993	0509	0.105	0.953
相对偏差	38.20	3.156	5.776	2.983	2.183	13.391	63.964	25.611	78.747	1.156	5.455	4.732
试样数	71	71	71	71	36	199	199	196	217	183	183	183

注：1997 年 5 月 5 日至 7 月 20 日统计数据。1cal＝4.18J。

图 5 所示为煤粉工业分析各参数值的波动情况。从图 5(a) 可以看出，绝对值波动最大的是煤粉细度和水分（原煤和煤粉），其次是固定碳、灰分和热值，相比国内其他大型生产企业的生产指标，这一波动是相当大的。同样从图 5(b) 也可看出，相对波动量较大的是煤粉中的水分、煤化学分析水分和煤粉细度。总之，这些参数的波动对系统的操作和控制都

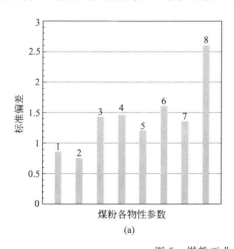
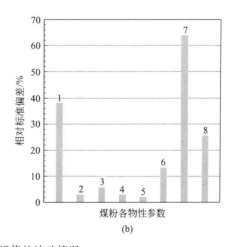

(a)　　　　　　　　　　　　　　(b)

图 5　煤粉工业分析值的波动情况

$1—M_{ad}(\%)$；$2—V_{ad}$；$3—A_{ad}$；$4—FC_{ad}(\%)$；$5—\dfrac{Q_{dw}}{100}$；6—原煤水分(%)；7—煤粉水分(%)；8—煤粉细度(%)

是不利的，为此建议厂方应充分利用现有的均化堆场，采用不同的放料方式，加以调配和均化处理，以达到煤粉生产要求指标控制的目的。

二、结论及分析意见

① 从调试期间英德厂生料化学成分及率值的波动情况来看，远已超过生产要求的控制范围，势必对整个系统的操作控制过程和水泥熟料质量带来较大的影响，应严加管理和控制。

② 熟料矿物中各主要成分及率值的波动，较生料的相应成分波动要大得多，这一方面源于生料成分的波动，另一方面则源于煤灰化学成分的波动，加之操作过程中存在的某些问题所致。建议在生料成分控制合理的情况下，应适时根据煤灰化学组成及系统操作状态的变化，随时对生料的成分进行必要的调整。热工制度的操作与控制应以低熟料中 f-CaO 含量和烧失量为目的，烧出合格的熟料产品。

③ 建议熟料矿物组成的控制范围：C_3S 为 $52\% \sim 58\%$，C_2S 为 $17\% \sim 22\%$，C_3A 为 $7.5\% \sim 8\%$，C_4AF 为 $10\% \sim 12\%$。另外鉴于该厂物料易烧性较好，因此 KH 控制应适当放高些，以有利于 C_3S 的生成和含量的提高。

➡ 参考文献

王文义. 我国目前水泥实物质量水平的分析. 水泥工程，1997，(3)：3.

5000t/d 烧成系统的开发设计及技术指标控制

蔡玉良　孙德群　潘　洞　郑启权

水泥熟料烧成系统，是由预分解系统、回转窑、冷却机、燃烧器，配以合理可靠的动力装置构成，一个好的烧成系统，必须具备如下三个方面的特点：

① 较低的动力消耗；

② 较低的系统能耗；

③ 对原燃料及生产操作控制过程要有较宽的适应性。

除此之外，对于燃烧无烟煤的烧成系统，还必须针对无烟煤的具体情况，进行特殊设计，以满足燃烧无烟煤的要求。

系统的动力消耗是指为了维系系统正常生产所必须的电耗。对于以气固两相流为依托的生产系统，其功耗主要表现在系统处理的气体流量和结构造成的压力降两个方面。因此，对于预分解系统，要降低系统的动力消耗，最为直接的方法是降低系统的阻力损耗和气体流量，其次是降低机械传动消耗，才能达到降低功耗的目的。系统的能耗取决于系统内部的混合和"三传一反"过程，最为直接有效的方法是强化燃料的充分燃烧和系统内气固两相流的混合，确保系统各物理场的均匀性；提高系统对原燃料的适应性和操作参数的控制范围，主要在保证上述过程有效性的基础上，通过适当延长固体物料的停留时间、减少系统内固体物料的返混程度、增强气体的湍流强度等措施加以解决；对于利用工业废料作为原料和燃无烟煤的烧成系统，在开发设计过程中，必须全面检测分析各种工业废料的物理化学性能与过程行为以及无烟煤的燃烧特性，针对其可能的过程进行特殊的结构设计，实现整体性设计目标要求。

要实现上述目标要求，还必须针对烧成系统各单机设备和系统的匹配两个方面综合考虑，进行深入研究和探讨，达到控制整体技术性能的目的。各单体技术性能的把握和控制，不只是停留在压力降、分离效率、停留时间等诸多概念上，而应该深入地从与之有关的宏观技术指标和微观现象综合考虑与控制，才能最终达到设计目标要求。另外在系统的设计过程中，要注意单体设计最优化必须服从总体最优设计这一要求，以便实现总体最优的目的。本文结合我院 5000t/d 烧成系统的开发设计过程进行具体分析阐述。

一、预分解系统设计应注意的技术控制

为了能够更好地控制和把握预分解系统的技术性能，我院在预分解系统的开发设计方面主要从 15 个方面入手，下面结合 5000t/d 预分解系统开发设计的具体工作分别讨论如下。

1. 压力损失问题

压力损失是气体介质在流经旋风预热器过程中形成的，是动量传递的结果，旋风预热器的压力损失大小直接影响生产过程的成本和经济效益。开发设计时，在保证其他性能指标和技术参数的条件下，应尽可能设计得最低。压力损失取决于旋风筒内部结构及操作状态和所处理的介质性能，用压力降 Δp 表示，其数学模型的通用关系如下：

$$\Delta p = \Delta p(\vec{K}, \vec{\theta}, \vec{G}) \cdot f(c_i) = \xi(\vec{K}, \vec{\theta}) \cdot \rho \cdot \frac{u^2}{2g} \cdot f(c_i)$$

式中　$\vec{G}$——物性和介质常数构成的集合数群；

　　　ρ——介质密度；

　　　$\vec{K}$——旋风筒结构参数群构成的集合；

　　　$\vec{\theta}$——操作参数群构成的数组集合；

　　　u——某一特征工作风速（一般用进口风速）；

$f(c_i)$——物料浓度对压力损失的修正函数，$f(c_i) = 1.0 - 0.4\sqrt{\dfrac{c_i}{1000\rho g}}$。

$\xi(\vec{K}, \vec{\theta})$ 为不同结构的旋风筒在空载状态下的压力损失系数。众多的研究者分别在转圈理论（1932年）、筛分理论（1956年）、边界层理论（1972年）的指导下，与实践相结合建立了达几十种之多的数学模型。在相应的应用范围内，这些模型已能得到近似的描述和估算。但为了更好地适用于用作预热器的旋风筒，我院针对用作预热器的旋风筒结构及实际技术指标，对现有的模型进行了大量的筛选计算和修正后，认为采用如下的模型更能够反映实际情况：

$$\xi(\vec{K}, \vec{\theta}) = \left(\frac{1.82}{K_1}\right)^{2n} - 1 + \left(\frac{A_i}{A_o}\right)^2 \cdot \frac{3(1 - K_1^2)}{3 - K_1^2} + 4\pi f\left(\frac{S}{d_e}\right) \cdot \frac{1}{K_1^{2n}} +$$

$$\frac{4\pi f S[1 + K_1^{2(1-n)}]}{a(1 - K_1^2)} + \frac{4\pi f(H + L - S)}{a(1 - K_1^2)}$$

式中　A_i——进口面积；

　　　A_o——出口面积；

　　　f——范宁系数；

　　　n——旋涡指数，可根据实测统计，也可用 $n = 1 - (1 - 0.673 D_c^{0.14}) \cdot \left(\dfrac{t}{283}\right)^{0.3}$ 估算；

　　　K_1——$\dfrac{d_e}{D_c}$。

综合以上分析，我院开发设计的铜陵海螺 5000t/d 烧成系统中各级旋风筒的压力损失最终计算模型如下：

$$\Delta p = \xi(\vec{K}, \vec{\theta}) \cdot \rho \cdot \frac{u^2}{2g}\left(1.0 - 0.4\sqrt{\frac{c_i}{1000\rho g}}\right)$$

计算见表1。

表 1 预分解系统的估算阻力与现场实际阻力情况对照

类 别	C1	P1	C2	P2	C3	P3	C4	P4	C5	P5	炉	窑	总和
理论阻损/Pa	625	185	553	165	535	158	508	155	491	145	650	325	4495
实际阻损/Pa	765		694		665		643		628		616	244	4255

注：相应旋风筒管道指出口管道，相应的压力损失是指 5000t/d 生产能力情况的计算指标。

2. 分离效率问题

预分解系统内各级旋风筒的分离效率直接影响系统内的物料分布和换热效率，因此在设计过程中，必须进行严格的把握和控制。经过大量的理论研究，其分离效率主要取决于结构、操作参数的控制和粉体的特性，用数学语言描述为：

$$\eta_{总} = \int_0^{d_{p\infty}} \eta_p(\vec{K}, \vec{\theta}, d_p) \cdot f(d_p) \cdot \mathrm{d}d_p$$

式中 $\eta_{总}$——总体分离效率，%；

$\eta_p(\vec{K}, \vec{\theta}, d_p)$——单颗粒径的分离效率，%；

  $f(d_p)$——颗粒分布频率函数；

  d_p——颗粒径；

  $d_{p\infty}$——粉体中涉及的最大颗粒径。

$\eta_p(\vec{K}, \vec{\theta}, d_p)$ 为旋风筒单颗粒分离效率表达式，由于其过程描述较复杂，有兴趣的可参考有关旋风筒的相关技术资料。但在研究分离效率的过程中，要注意用于除尘的旋风筒和用作预热器的旋风筒之间存在如下三点差别：

① 预热器所处理的粉尘浓度远大于旋风分离器，标准状态下达 1kg 料/m³ 气体；

② 预热器所处理的气固系统的温度远高于分离器，达 700～1000℃；

③ 用作预热器的旋风筒往往是多级串联操作。

鉴于上述原因，一些用于旋风除尘器的分离效率估算式，不适用于水泥行业用的旋风筒，在引用时应该结合水泥行业用旋风筒的特点和工作条件，进行必要的修正，才能满足预热器中各级旋风筒分离效率的估算要求。

预分解系统中各级旋风筒的分离效率对其系统的热效率贡献是不相同的，在综合考虑预热器系统的压力损耗最低、热效率最高、用材最省、框架布置最合理、工艺过程顺畅的基础上，利用非线性规划的方法，得出各级旋风筒分离效率的分布为 $\eta_1 > \eta_5 > \eta_4 > \eta_3 > \eta_2$。关于分离效率对系统热效率的影响，西安建筑科技大学作了大量研究工作，具体情况见图 1。从图中可看出，随着固气比和分离效率的提高，系统的热效率逐渐增大。经过计算分析，我院开发设计的各级旋风筒的分离效率控制范围见表 2。

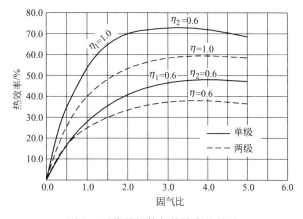

图 1 预热器级数与热效率的关系

表 2　预分解系统中各级旋风筒分离效率的控制范围

类　别	C1	C2	C3	C4	C5
分离效率/%	94～96	85～87	86～88	87～89	88～90

3. 气、固停留时间与固气停留时间之比

气体或固体的停留时间（τ_g 或 τ_s）是指气体（固体）流经反应器时所需的平均停留时间，由于气相中的固体受到重力场、惯性力场、流体湍动等影响，在反应器内，固体粉料的停留时间往往较气体的停留时间长（$k_\tau = \dfrac{\tau_s}{\tau_g} \geqslant 1$），气固停留时间的长短及其分布特性主要取决于设备结构和操作状态。图 2 所示为预分解系统中某级旋风筒的停留时间分布特性曲线，纵坐标为反映物料出旋风筒的浓度信号，横坐标为物料在容器中的停留时间。从图 2 可以看出，物料在旋风筒内的停留时间分布，基本上是一种单峰的概率分布，其峰值的幅度越窄，则物料的返混度也越小，相应就有高的分离效率和热交换效率。对于用作预热器的旋风筒，主要是用来完成气固分离，对其气固的停留时间长短不作特殊要求。

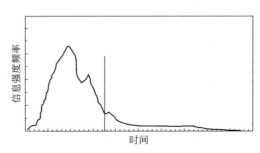

图 2　物料出旋风筒的概率分布

对于分解炉，主要用于完成燃料的燃烧、物料的均匀分散、碳酸盐的分解等综合任务，因此在分解炉的设计过程中，要针对燃料的燃烧特性和碳酸钙的分解特性，确定分解炉的进风、进煤、进料方式和内部旋流度大小、结构形式，确保在结构和操作参数合理的情况下，有足够的物料停留时间，满足燃料的燃烧和碳酸钙的分解要求。表 3 为我院开发设计的 NC-S&S-P 型分解炉的物料停留时间与国内有关机构于"七五"期间对国内各种炉型检测结果的比较。

表 3　各种分解炉内粉体物料停留时间的比较

厂　别		冀　东	宁　国	淮　海	柳　州	万　年	铜陵海螺
规模/(t/d)		4000	4000	3500	3200	2000	5000
炉型		NSF	MFC	NFC	SLC	RSP	NC-S&S-P
固气停留时间之比 k_τ	冷试	5.50	15.60	11.30	2.70	4.60	4.2
	实测	3.68	27.10	26.26	4.76	1.45	3.5～4.5
τ_s/s		10.40	84.00	62.50	11.75	5.60	17.5～22.5

从表 3 不难看出，我院开发设计的喷旋管道式分解炉，具有停留时间长、适应范围宽的特点。

4. 返混度和固体粉料停留时间分布特性

返混度反映了物料在流经容器（分解炉或旋风筒）时停留时间的离散程度，返混度常用方差 σ_τ^2 的无因次参数表示，即：

$$\sigma = \frac{\sigma_\tau^2}{\tau} = \frac{\int_0^\infty (\tau - \bar{\tau}) \cdot E(\tau) \cdot d\tau}{\int_0^\infty \tau \cdot E(\tau) \cdot d\tau}$$

式中　$E(\tau)$——以物料浓度为特征的反馈信号值；

τ、$\bar{\tau}$——物料的停留时间和平均停留时间。

我院针对 5000t/d 预分解系统开发设计要求，进行了大量的实验研究工作，图 3 所示为分别用于构成预分解系统的各级旋风筒（从上至下：C1，C2、C3，C4、C5）冷模实验检测结果，即旋风筒进口风速与物料在其内部的停留时间和返混度的关系，从图中不难看出，固气停留时间比 $\left(k_\tau = \dfrac{\tau_s}{\tau_g}\right)$ 和返混度随进口风速的增加而增大，且变化的梯度也越来越大。旋风筒在预热器系统内的主要任务就是完成气固分离，其换热量仅占总换热量的 20% 左右，特别随着管道换热理论与技术的不断发展，这一比例逐渐减小。因此，对于反映分离效率的另一个因素，返混度应该越小越好，这样才能保证物料同时进入、同时排出的概率，对于不同的旋风筒，由于组合性能设计的需要，致使结果有所差别。表 4 为预分解系统中各级旋风筒返混度的实际测定结果与建议值。

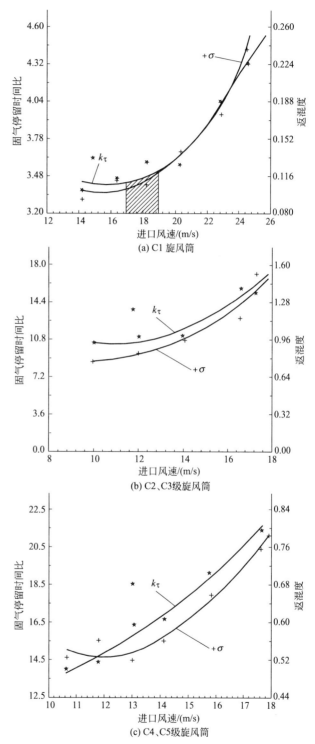

图 3　各旋风筒进口风速与物料在其内部的停留时间和返混度的关系

表 4　预热器系统中各级旋风筒返混度的情况

类　别	C1	C2	C3	C4	C5
界限	<0.45	<1.20	<1.0	<0.9	<0.9
一般范围	0.05~0.3	0.8~1.0	0.6~0.9	0.45~0.8	0.45~0.8

对于不同形式的分解炉，虽具有相同的容积，但由于工作原理、结构形式和操作状态有着较大的差别，因此，固体粉料在其内部的停留时间的分布和平均停留时间长短，也存在着较大的差异（图4）。从图4不难看出，与其他炉型相比，喷旋结合管道式分解炉更趋于活塞流，因此可以推断物料在炉内的返混度相对其他炉型要小。

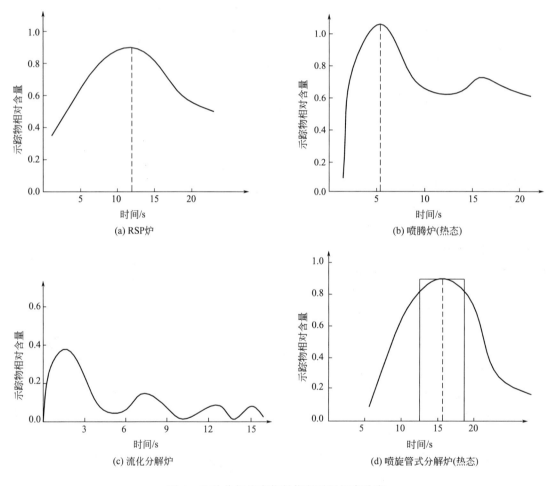

(a) RSP炉　　　　　　　　　　(b) 喷腾炉(热态)

(c) 流化分解炉　　　　　　　　(d) 喷旋管式分解炉(热态)

图 4　几种分解炉内物料停留时间概率分布

在保证较大固气停留时间之比 k_τ 的条件下，应尽可能降低物料在炉内的返混度 σ。因为，较高的 k_τ，相应的颗粒与气流间的滑差速率较大，有利传热和物质的扩散以及分解反应的进行；而较低的返混度能保证物料在炉内有均衡的停留时间，使得已分解的物料能够及时排出，没有分解的物料保持相同的炉内停留时间，以避免产生过早地逃离或滞留现象存在。总之，k_τ 的增大和 σ 的降低有利于分解炉内"三传一反"过程的进行和完成。

5. 漏风对其性能的影响问题

预分解系统中各级旋风筒锥部料管的内串漏风和外漏风，均会对系统造成不利的影响，因此必须进行严格的控制。料管内串风或外漏风会导致系统内物料循环量的增加，导致系统内部不均匀的物料分布，严重时会造成系统内部流体的湍动和塌料问题，直接影响系统的换热效率。图 5 所示为我院针对 5000t/d 烧成系统开发设计的各级旋风筒料管内串漏风对其性能影响的实验结果。从图 5(a) 不难看出，由于 C1 筒的特殊作用和设计（筒体较长，内部采用了尾涡隔离技术等），因此具有较其他旋风筒稍强的抗漏风能力。漏风对阻力的影响也不难从图中看出，随着漏风量的不断增大，旋风筒的阻力逐渐减少，当漏风量≤1.85％时，阻力降低得比较缓慢，当漏风量＞1.85％时，阻力下降得比较快。对于分离效率来说，当漏风量≤1.2％时，随着漏风量的增加，相应的分离效率也有所改善，当漏风量＞1.2％时，随漏风量的不断增加，其分离效率降低的梯度也越来越大，当漏风量＞8％时，分离效率降为零。另外随着进口风速的降低，漏风量的影响程度相对于高进口风速有所降低。图 5(b) 和图 5(c) 所示分别为 C2、C3 旋风筒和 C4、C5 旋风筒的实验结果，比较可知，在抗漏风性能方面，C4、C5 旋风筒较 C2、C3 旋风筒稍强，这主要基于个体性能设计服从整体性能控制所致。因此，为了能够达到控制预热器系统内部物料分布，确保系统的换热效率，加强预热器系统各料管的锁风是相当重要的。图 6 所示为我院开发设计的无缺口料管单板阀锁风装置，轴板采用箱外无弹子滑动轴承，具有密封性能好、使用寿命长、自动卸料灵活等特点。

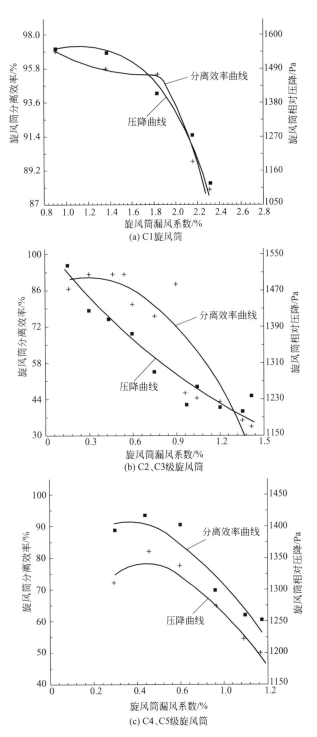

图 5　各旋风筒料管漏风量与分离效率和压降的关系

企业在生产的过程中往往为了减少系统的检查和维护，忽视预热器系统锁风阀的重要性，常使锁风阀处于吊起停滞工作状态，从而导致预热器换热效率降低，出口废气温度升高。

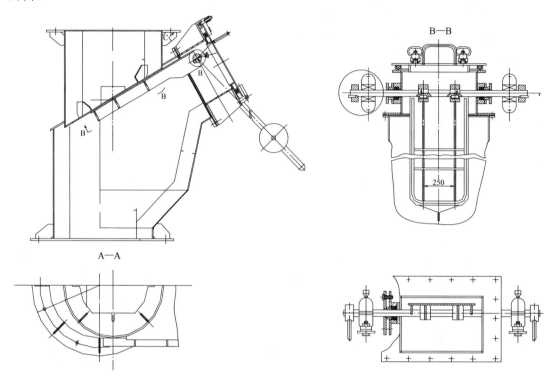

图 6　单板阀结构示意

6. 流场对其影响问题

无论是构成预热器的旋风筒还是分解炉，其宏观特性或特征参数，均源于其内部的微观状态。为了更好地分析、把握旋风筒和分解炉的基本性能，我院在 5000t/d 预分解系统的研究方面，从实际模拟检测和 CFD 计算机模拟两个方面入手，对其内部流场的分布进行了全面研究和比较。图 7(a) 所示为新开发的大蜗壳短柱体旋风筒的三维流场速度分布。图 7(b) 所示为利用计算机算得的旋风筒的 CFD 流场矢量。这些工作为进一步改善和提高旋风筒的技术性能提供了分析判断的依据。

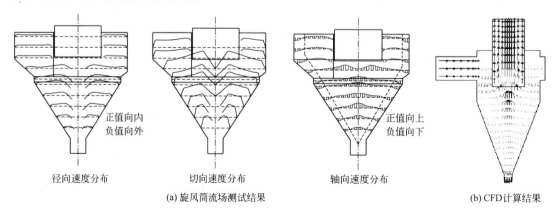

图 7　旋风筒三维流场与 CFD 计算的矢量场

对分解炉来说，其内部流场分布得是否合理，将直接影响到分解炉的技术性能。流场的不均匀将会导致其他物理场的不均匀，如压力场、浓度场、温度场的不均匀，甚至造成分解炉内部存在强烈的回流区，导致局部积料和温度场不均匀等问题，给操作和控制带来许多难以逾越的技术问题，因此，一个结构合理的分解炉必须具备如下的特点：① 气流场及压力场分布应均匀合理，不应产生强旋和大区域回流区，从而增加炉内物料的返混；② 浓度场分布应趋于均匀，不应在炉内形成过浓和过稀相区，更不应该产生局部堆料或死区；③ 反映化学反应过程和传热能势的温度场应均匀，不应产生局部高温和过热问题。

对于如何把握分解炉的各场特性，关键在于对流场和温度场的把握上。对流场的把握，一方面可以利用现代化的仪器进行测试（图 8），另一方面也可以借助 CFD 技术进行计算和

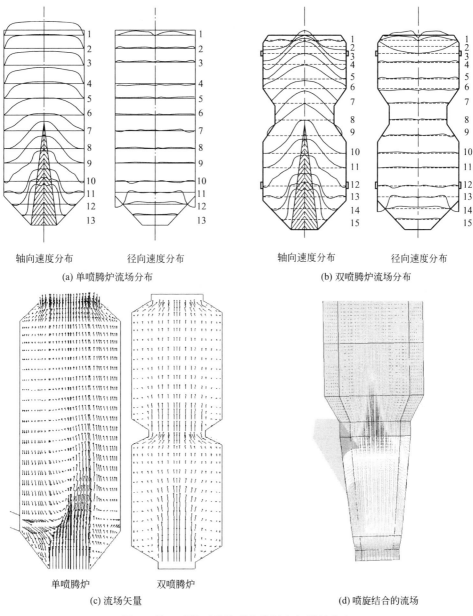

(a) 单喷腾炉流场分布　　　　　　　　(b) 双喷腾炉流场分布

单喷腾炉　　　双喷腾炉

(c) 流场矢量　　　　　　　　　　　　(d) 喷旋结合的流场

图 8　单双喷腾两种炉型的流场和矢量场分布

显示。对温度场的把握，除借助流场分析外，更为有效的办法就是借助 CFD 技术进行分析。对于浓度场，只要炉内不产生强旋和强回流区造成的物料离析，一般浓度场的分布是能够满足工程的需要。图 8 所示为单双两种喷腾炉型的流场和矢量场分布，可以看出在喷腾区底部均存在着较大区域的回流区，从图 8(c) 不难看出，由于在锥体上部引入物料，导致流场有较大的不均匀，使得回流区域加大，从而可以推断，由于物料的引入会导致分解炉内部的流场乃至浓度场、温度场的不均匀，这是设计所不希望的。为了使分解炉内有均匀的流场分布，三次风的引入采用旋切方式，构成喷旋结合的流场，达到均匀流场的目的 [图 8(d)]。

另外为了避免因燃烧和反应的不均匀性造成的局部过热问题，除分解炉结构设计合理外，分解炉用燃烧器的结构形式、烧嘴数量及其合理布局也是相当重要的，如何使燃料在炉内合理分布、混合、扩散和燃烧，是保证炉膛内温度分布均匀的关键。

7. 固气比的问题

对于一定结构的预分解系统，其系统的固气比的波动范围是有限的。一般情况（标准状态）下在 0.8～1.8 之间变化，影响气固比变化的因素有以下四个方面：

① 操作状态的影响（即系统的用风量）；

② 系统的密封性能；

③ 系统的热耗；

④ 系统的内循环量控制。

对于系统阻力损失来说，不同的部位其影响的过程是不一样的。对于旋风筒，由于固气比的增加，影响了旋风筒内流体流动特性，导致阻力损失有所降低。而对于换热管道，固气比的增加，增加了管道内流体的阻力。

研究表明，系统的换热效率是随固气比的增加而提高，但由于系统内部某级旋风筒分离效率的降低而造成内部循环料量的增加，反而会影响系统热效率的提高。采用特殊技术措施来提高固气比（如采用交叉分流预热器系统）可以有效地提高系统的换热效率，但必须全面地分析由此带来的其他技术问题（如增加系统的复杂性、造价以及系统的阻力等）。图 9 所示为在不同的实验条件下测定的各级旋风筒的固气比与压力降之间的关系，不难看出，随着固气比的增大，阻力损失逐渐减少，但当进口风速较大时，其降低的梯度也较大，当进口风速较小时，变化的梯度也较小。

8. 物料的助流问题

对于诸如旋风筒锥部、料仓锥部等设施，在排料的过程中往往因为物料静止流动而产生结拱，导致物料堵塞，根据粉体力学的结拱条件，对称性锥体内部可能产生结拱的最大孔径为：

$$D_{max} = \frac{2f}{\rho_p g} sin2(\alpha + \varphi_w)$$

式中　f——粉体开放性屈服强度，Pa；

　　　α——锥壁与垂直面的夹角，(°)；

　　　φ_w——粉体壁摩擦角，(°)；

　　　ρ_p——物料密度，kg/m³。

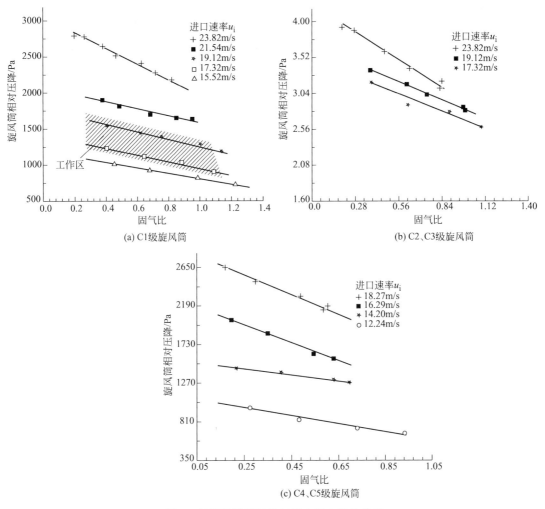

图 9　各旋风筒固气比与压力降之间的关系

根据 Walker 的设想，$\alpha + \varphi_w = 45°$，$f = 15.4\text{kPa}$，$\rho_p = 1320\text{kg/m}^3$，代入上式经计算可得 $D_{max} = \dfrac{2 \times 15.4 \times 1000}{1320 \times 9.8} = 2.38$（m），不难看出，对于旋风筒和料仓的锥部，在粉状物料静止流动的情况下，可能的结拱区在直径 2.38m 以下的区域。因此我院在旋风筒的开发设计过程中，为了避免和消除旋风筒内部因为操作和控制问题，形成短期的强料流脉冲，造成瞬间料流出现静止状态，导致结拱问题，在设计时往往在 3m 直径以下，采用不对称的歪锥（图 10）设计，一方面造成锥部不对称的流场设计，另一方面克服锥部粉体结拱所需的力学对称条件，防止旋风筒锥部的结拱堵塞。各种粉体物料流动特性数据见表 5。

表 5　各种粉体物料的流动特性数据

物料名称	平均径/μm	密度/(g/cm³)	附着力/kPa	内摩擦角/(°)	f 值/kPa
熟料灰	70	1.51	0	41	0
铁粉	68	1.23	0.75	38	3.08
粉煤灰	38	0.84	1.75	34	6.58
煤粉	70	0.7	3.25	31	11.49
水泥	25	1.44	4.5	27	14.69
生料	58	1.32	5.0	24	15.4

9. 旋风自然长问题

在旋风筒的设计过程中，为了克服"龙卷风"的风尾进入旋风筒的锥部集料管口处，将收集下来的物料再次卷起，随着中心汇核风带出旋风筒，造成旋风筒分离效率降低，一般情况下常常采用如下的技术措施加以解决：

① 使得旋风筒的长度（L）大于旋风自然长（l），避免二次卷吸问题；

② 在旋风筒锥部采用隔离膨胀仓技术；

③ 在锥部合适的位置采用隔离板技术。

采用何种技术克服旋风筒内部"龙卷风"造成的二次卷吸问题，主要取决于各旋风筒的工作条件。

旋风筒内的旋风自然长与旋风筒的结构有关，人们经过大量的测定和统计，其旋风自然长度的计算公式：$l = 7.3 \cdot \dfrac{d_e}{2} \cdot \left(\dfrac{D_c}{4S}\right)^{1/3}$。我院在 5000t/d 旋风筒的设计过程中，各级旋风筒进口中心线到排料口的长度均大于旋风自然长（图 11），其中部分低温区的旋风筒采用了隔离板技术，确保了旋风筒的分离效率。

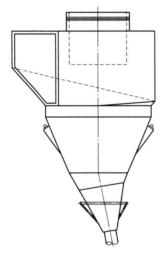

图 10　歪锥示意

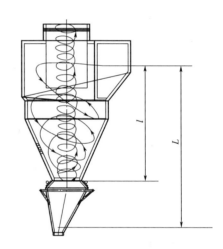

图 11　旋风自然长示意

10. 旋流强度和旋转动量矩

旋流强度和旋转动量矩是衡量流体旋转强弱的重要参数。在分解炉、旋风筒和燃烧器的设计过程中，在以管道流、喷射流为基本流型的基础上，引入一定量的旋流，可以调整和改善分解炉、旋风筒、燃烧器的技术性能，是重要的调整手段。旋流强度通常采用旋流数 $\left(S_n = \dfrac{u_t}{u_z}\right)$ 和速度保持系数 $\left(x = \dfrac{u_t \cdot r}{u_i \cdot R_g}\right)$ 与旋转动量矩（$\Omega = \rho \cdot u_t \cdot R_g$）来表征。

在旋风筒的设计过程中，为了保证各旋风筒有较高的分离效率，其进口气体动量矩 Ω 必须达到一定的要求。降低旋风筒进口风速，是降低旋风筒阻力的有效途径，因此在可能的空间内，必须增大旋风筒的蜗壳，才能保证进旋风筒气体的旋转动量矩不变，从而实现降阻的目的。这就是采用大蜗壳旋风筒概念的由来。

在分解炉的设计过程中，三次风的引入常采用多流股切线或割线引入方式，可以在适当提高 k_τ 的同时，调整分解炉内部的浓度场分布，以提高分解炉的适应能力。分解炉内旋流强度设计要适度控制，过大，易造成气固的严重分离和边壁积料问题；过小，起不到应有的调节作用。我院开发设计的旋喷管道式分解炉（NC-S&S-P）就是在喷腾炉的基础上，下旋切方向引入三次风，用以克服单一喷腾形成的流场缺陷（即边壁速率过低、导致回流区问题），实现四场（流场、浓度场、压力场、温度场）均匀分布。

在燃烧器的设计过程中，旋流风的引入主要用以调整火焰的形状，控制烧成带的温度分布。随着回转窑规格的增加和燃烧煤粉量的增大，适当增加燃烧器的旋流强度，有利于大型回转窑燃烧过程的调整和控制。

11. 炉内的湍流度场

湍流度 ε 表征了流体的湍动程度。ε 值越大，流体脉动程度越高，越有利于燃烧过程中混合、扩散和分解反应的进行。而一般的工业管道其 ε 值仅为 $5\%\sim7\%$。我院开发设计的喷旋管道式分解炉经测混合燃烧区 ε 值约为 25%，稳定管流区 ε 值约为 10%。

12. 海拔的考虑

大气环境压力直接影响烧成系统内的燃烧、换热和气相扩散过程。为了确保烧成系统的可靠性，对于海拔高度超过 $600\mathrm{m}$ 以上的烧成系统，必须进行海拔高度校正，以适应大气压力变化的要求。其校正关系见表6。

表6 海拔气压校正式

类　别	校　正　式	类　别	校　正　式
气压校正/Pa	$P=101325\times(1-0.02257H)^{5.256}$	密度校正/(kg/m³)	$\rho=\rho_0\times(1-0.02257H)^{4.256}$
温度校正/℃	$T=T_0-6.5H$	氧气分压/Pa	$P_{O_2}=21\%\times(P-P_{炉内})$

注：H 为海拔高度（km）。

13. 适应性的考虑

为了使设计的预分解系统能够更好地适应原燃料的要求，在系统的开发过程中还必须结合具体的工程设计条件，对原燃料进行全面的研究。首先在预分解系统内燃料必须完全燃烧，具体过程如下。

（1）煤粉的燃烧

煤粉的燃烧过程较复杂，基本经历预热→干燥→挥发分析出→挥发分着火→炭粒预热与着火→燃料的燃烧。煤粉的挥发分均为长碳链碳氢化合物，其燃烧速率非常快，在燃烧的过程中常伴有链式反应。挥发分的燃烧放出的热量用于提升温度，为炭粒着火提供条件。

根据扩散控制下的挥发分膜燃烧理论不难导出，煤粉挥发分燃尽时间为：

$$\tau_b=\frac{82.05TV^r\rho_{coal}\rho_0D_0}{MV_{air}\rho_{air}}\times\left(\frac{T}{T_0}\right)^{0.75}\times\left[\left(\frac{d_p^0}{2}\right)^2-\left(\frac{d_p}{2}\right)^2\right]$$

$$d_p^0=d_p\left(\frac{82.05T\rho V^r}{M}+1\right)^{\frac{1}{3}}$$

式中　ρ_0——参考温度 T_0 下的空气密度，g/cm³；

$\quad\quad V^r$——工业挥发分量，%；

$\quad\quad D_0$——参考温度 T_0 下的氧气扩散系数，cm²/s；

M——挥发分的平均分子量；

V_{air}——根据元素分析计算的理论空气量（标准状态），m^3/kg 煤；

ρ_{air}——标准条件下空气的密度，g/cm^3；

ρ_{coal}——煤的密度，g/cm^3；

T——燃烧温度，K；

d_p^0——煤粒的起始径，cm；

d_p——煤粒的直径，cm。

经计算，对于 $V^r=25\%$ 左右的煤，当挥发分的分子量为 1000 时，其 T_b 仅为 0.04s，因此，在分解炉内挥发分的燃烧是最快的，挥发分燃烧放出的热量为炭粒继续着火燃烧创造了条件。

（2）炭粒的着火温度与着火

对于分解炉来说，要想使得挥发分燃烧后留下的炭粒连续稳定地着火，只有当炉温达到

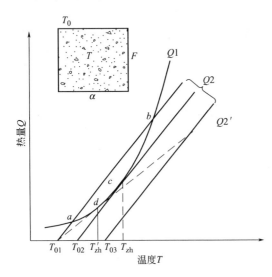

图 12　着火过程控制示意

炭粒的着火温度后才能着火燃烧，且其放热速率应大于吸热源造成的散热速率（图 12），经推导，炭粒的着火温度为：

$$T_{zh}=\frac{E}{2R}\Big(1-\sqrt{1-\frac{4R}{E}\cdot T_0}\Big)$$

从上式不难看出，炭粒的着火温度，不是燃烧物的固有特性，而是随着分解炉（反应器）的壁温（T_0）的变化而变化。

从上式不难得出如下结论。对于挥发分低、燃烧活化能大的无烟煤，在强烈吸热源的存在下，不利于炭粒的着火和燃烧。因此在分解炉的设计过程中，要针对煤种的不同，采用合理的结构设计来加以控制，如对于燃烧活性较好及易燃烧的煤种，为了防止燃烧嘴附近出现局部过热问题，在分料的过程中，要及早地在燃烧区引入吸热源——生料，以控制燃烧速率。对于煤质较差和燃烧活性较低的煤种，为了能够让其连续稳定地燃烧，必须控制生料不能过早地进入燃烧区，以确保燃烧过程稳定。

（3）炭粒的燃烧与强化过程

炭粒的燃烧过程可以利用热化学反应式表达如下：

$$C+O_2 \longrightarrow CO_2+406957kJ/kmol$$
$$2C+O_2 \longrightarrow 2CO+123092kJ/kmol \qquad 一级反应$$
$$2CO+O_2 \longrightarrow 2CO_2+283446kJ/kmol$$
$$CO_2+C \longrightarrow 2CO-162406kJ/kmol \qquad 二级反应$$

$$\left.\begin{array}{l} C_xO_y+O_2 \longrightarrow 2CO_2 \\ C_xO_y \end{array}\right\} \longrightarrow mCO_2+nCO$$

m、n 决定于燃烧过程和条件（碳氧结合比 $\beta = \dfrac{m+n}{m+\dfrac{n}{2}}$）。

炭粒的燃烧过程也是燃烧物的消耗过程，可以利用单位时间单位内氧的消耗量（q_{O_2}）或炭的消耗量（q_C）来表示。

从化学反应角度考虑，反应速率方程：$q_{O_2} = K_s c_{O_2}$，$K_s = K_0 \exp\left(-\dfrac{E}{RT_s}\right)$。

从氧扩散角度考虑，反应速率方程：$q_{O_2} = \alpha(c_{O_2\infty} - c_{O_2})$，$\alpha = \dfrac{24\varphi D}{d_p R' T_m}$，$D = D_0 \times \left(\dfrac{T_m}{T_0}\right)^{1.75}$。

两式合并经整理后得：
$$q_{O_2} = \frac{c_{O_2\infty}}{\dfrac{1}{K_s} + \dfrac{1}{\alpha}}$$

式中　　　q_{O_2}——氧消耗量，$kg/(m^2 \cdot s)$；

c_{O_2}，$c_{O_2\infty}$——反应物炭表面浓度和远处的氧浓度（可用氧气分压 P_{O_2} 代替）；

$\quad K_s$——化学反应速率系数，$kg/(m^2 \cdot s \cdot Pa)$；

$\quad \alpha$——扩散系数，$kg/(m^2 \cdot s \cdot Pa)$；

$\quad K_0$——频率因子，$kg/(m^2 \cdot s \cdot Pa)$；

$\quad \varphi$——反应机理因子，当 $\varphi = 2$ 时，表面产物为 CO_2，当 $\varphi = 1$ 时，表面产物为 CO；

$\quad D_0, D$——参考温度 T_0 和任意温度下的氧在气流中的扩散系数，m^2/s；

$\quad T_m$——气流温度和炭颗粒温度的平均值，K；

$\quad T_s$——颗粒表面温度，K；

$\quad T_0$——参考温度，K；

$\quad E$——炭粒燃烧的活化能，$kJ/kmol$；

$\quad R, R'$——通用气体常数，$R = 8.314 kJ/(kmol \cdot K)$，$R' = 0.2868 kJ/(kg \cdot K)$。

从而不难得出炭的消耗量如下：
$$q_C = \beta \cdot q_{O_2} = \frac{\beta c_{O_2\infty}}{\dfrac{1}{K_s} + \dfrac{1}{\alpha}} = \frac{\beta \cdot P_{O_2\infty}}{\dfrac{1}{K_s} + \dfrac{1}{\alpha}}$$

式中　q_C——炭的表面燃烧速率，$kg/(m^2 \cdot s)$；

$P_{O_2\infty}$——远处气流中的氧分压，Pa；

$\dfrac{1}{K_s}$——燃烧反应阻力；

$\dfrac{1}{\alpha}$——扩散控制阻力。

当 $K_s \ll \alpha$ 时，$q_C \approx \beta K_s \cdot P_{O_2\infty} = \beta K_0 \cdot \exp\left(-\dfrac{E}{RT_s}\right) \cdot P_{O_2\infty}$，为燃烧反应控制过程（也

称动力控制过程）。

当 $K_s \gg \alpha$ 时，$q_C \approx \beta \cdot \alpha \cdot P_{O_2 \infty}$，为扩散反应控制过程。

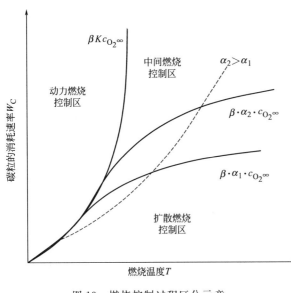

图 13　燃烧控制过程区分示意

当 $K_s \approx \alpha$ 时，为中间控制过程，或者过渡控制过程。

由上述分析并参见图 13 不难得出如下结论。

① 当 $\dfrac{\alpha}{K_s} > 10$ 时，为动力燃烧区，在动力燃烧控制区内，强化燃烧最有效的措施是提高燃烧温度，不难根据 $K_s = K_0 \cdot \exp\left(-\dfrac{E}{RT}\right)$ 确定。

② 当 $\dfrac{\alpha}{K_s} < 0.1$ 时，为扩散燃烧控制过程，在扩散控制的燃烧区内，强化燃烧最有效的措施是增加空气流与炭粒间的相对速率，以提高氧与炭粒的接触概率或氧的含量。

③ 当 $\dfrac{\alpha}{K_s}$ 为 0.1～10 时，为中间状态，采用上述两种方式均可提高炭粒的燃烧速率。

我院在分解炉的开发设计中，经过大量煤粉热检测分析，发现国内大部分无烟煤种中的炭粒燃烧均为动力控制燃烧，因此提高初始燃烧的环境温度是加快煤粉燃烧最为有效的途径。

（4）炭粒的燃烧燃尽时间

炭粒的表面燃烧速率可以由下式计算得出：

$$q_C = \dfrac{-\dfrac{\mathrm{d}}{\mathrm{d}\tau}\left(\dfrac{\pi d_p^3}{6} \cdot \rho_{coal}\right)}{\pi d_p^2} = -\dfrac{\rho_{coal}}{2} \cdot \dfrac{\mathrm{d}d_p}{\mathrm{d}\tau}$$

从前面的分析中炭粒的比表面积燃烧速率的另外一种表达式如下：

$$q_C = \dfrac{\beta \cdot c_{O_2 \infty}}{\dfrac{1}{\alpha} + \dfrac{1}{K_s}}$$

由上述两式经整理写成积分的形式：

$$-\int_0^\tau \dfrac{\beta \cdot c_{O_2 \infty}}{\rho_{coal}} \cdot \mathrm{d}\tau = \int_{d_p^0}^{d_p} \left(\dfrac{1}{\alpha} + \dfrac{1}{K_s}\right) \cdot \mathrm{d}d_p$$

将相应的 α 和 K_s 的表达式代入，并令炭粒的燃尽率为 $B = 1 - \left(\dfrac{d_p}{d_p^0}\right)^3$，经整理后则炭粒的燃烧时间：

$$\tau_c = \dfrac{\rho_{coal}}{2\beta \cdot c_{O_2 \infty}} \left\{ \dfrac{\left[1 - (1-B)^{\frac{2}{3}}\right] \cdot R' \cdot T_m \cdot (d_p^0)^2}{48\varphi D} + \dfrac{\left[1 - (1-B)^{\frac{1}{3}}\right] \cdot d_p^0}{K_0 \exp\left(-\dfrac{E}{RT_s}\right)} \right\}$$

相应炭粒的燃尽率 $B=100\%$ 时，炭粒的燃尽时间：

$$\tau_{C0} = \frac{\rho_{coal}}{2\beta \cdot P_{O_2\infty}}\left[\frac{R' \cdot T_m \cdot (d_p^0)^2}{48\varphi D} + \frac{d_p^0}{K_0 \exp\left(-\dfrac{E}{RT_s}\right)}\right]$$

式中，d_p^0、d_p 为炭颗粒起始径和中间状态径（m）。

由此不难根据煤粉和炭粒的实验测试数据（炭粒的活化能、炭粒的平均粒度、炭粒着火时的温度），计算出炭粒燃烧完成时所需要的时间。

根据铜陵海螺厂煤粉的实测数据，采用上式计算出煤粉燃尽所需时间为 1.27s，具体数据见表 7。

表 7　铜陵海螺厂煤粉的活性与燃尽时间

类别	K_0 /[kg/(m²·s·Pa)]	E /(kJ/kmol)	ρ_{coal} /(kg/m³)	$P_{O_2\infty}$ /Pa	d_p^0/m	φ	D_0 /(m²/s)	τ_C/s
参数	209.39	58465.8	1400	2.464	5×10^{-5}	1.333	3.53×10^{-4}	1.27

从上述表达式不难看出，炭粒的燃尽时间除了取决于炭粒活化能、密度、氧分压外，还受到炭粒的粒度大小影响，对于燃烧活性较差的煤种或挥发分较低的无烟煤，常常采用细磨的方法来改善炭粒的燃烧性能。图 14 所示为煤粉的挥发分含量与要求细度之间的关系。也可以根据煤粉的均匀性指数 n 和煤粉的挥发分（V_{daf}）进行计算控制，见表 8。

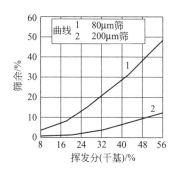

图 14　煤粉细度加工控制示意

表 8　煤粉粉磨细度控制

筛余控制	无烟煤、贫煤、烟煤	劣质煤
R_{80}/%	$4+0.5nV_{daf}$	$5+0.35V_{daf}$

（5）碳酸盐的分解

水泥生料中，碳酸盐的主要成分为 $CaCO_3$ 及 $MgCO_3$。其反应过程：$CaCO_3 \xrightarrow{\text{加热}} CaO + CO_2\uparrow$；$MgCO_3 \xrightarrow{\text{加热}} MgO + CO_2\uparrow$。其分解反应的速率主要与碳酸盐矿物形成的地质年代和形态、碳酸盐物料的加工过程和程度（如细度、形状、级配等）以及分解炉内的气氛有关。根据碳酸盐分解反应的缩核模型和热力学条件，不难推导出碳酸盐分解反应所需的时间如下：

$$\tau = \frac{d_p}{2k} \cdot \frac{P_{CO_2} \cdot P_{CO_2}^0}{(P_{CO_2}^0 - P_{CO_2})} \cdot (1 - \sqrt[3]{1-\Phi})$$

式中　　τ——碳酸盐分解反应的时间，s；

k——碳酸盐分解反应的动力学常数，$k = k_0 \exp\left(-\dfrac{E_a}{RT}\right)$；

d_p——碳酸盐颗粒平均径，m；

P_{CO_2}、$P_{CO_2}^0$——反应器内 CO_2 的分压和饱和分压，Pa；

Φ——碳酸盐缩核分解率，%；

R——气体常数，8.314kJ/kmol；

T——碳酸盐分解反应的反应温度，K。

从上式不难看出，强化碳酸盐分解的有效措施有如下三个方面：

① 提高炉内反应温度；

② 降低二氧化碳的分压或浓度；

③ 提高生料的粉磨细度。

表 9 给出了一般情况下碳酸盐的动力学反应常数，不难根据表中的有关数据计算出在 880℃情况下，平均粒径为 $35\mu m$ 的碳酸盐的真实分解率为 95% 时的分解时间为 5.7s，如果颗粒平均径为 $30\mu m$，其他条件不变，则需要 4.9s，因此，分解炉有足够的物料停留时间，有利于稳定窑系统的操作。

表 9　碳酸盐分解反应动力常数

类别	$k_0/(m/s)$	$E_a/(kJ/kmol)$	P_0/Pa	$E_b/(kJ/kmol)$
参数	3.053×10^6	1.72×10^5	1.39×10^{12}	1.60×10^5

综合上述过程不难看出，要提高分解炉对原燃料物理化学性能和其加工性能的适应性，拓宽系统的操作范围，首先必须结合生产企业周围可能存在的资源变化情况，给予充分的考虑，以满足未来企业生产控制的要求。

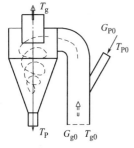

图 15　换热单元参数图示

14. 加强管道换热

在预分解系统中，管道内的换热占有重要的位置，一般情况下，管道换热占整个换热量的 80% 左右，而旋风筒内的换热仅占 20% 左右，因此在考察单元换热效率方面，常将旋风筒及其进口管道作为一个换热单元考虑。如图 15 所示，其换热效率定义如下：

$$\Psi = \frac{回收粉体获得的热量}{进入系统的总热量} = \frac{\eta C_P G_{P0}(T_P - T_{P0})}{C_P G_{P0} T_{P0} + C_g G_{g0} T_{g0}}$$

式中　G_{P0}，G_{g0}——进入换热单元中固体粉料和气体的质量流率，kg/s；

C_P，C_g——相应温度下的比热容，kcal/(kg·℃)；

T_P，T_g——相应状态下固体粉料与气体的温度，℃；

η——相应旋风筒的分离效率，%。

为了更好地强化管道内气固之间的换热，首先必须强化管道内的物料分散。为此我院经过大量的工程实验研究，开发设计的扩散式撒料箱（图 16）具有两个方面的优点：一是由于采用倾斜导向弧板结构，能够均匀有效地将物料分散到整个管道内，达到提高换热效率的目的。二是由于开口较大，倾斜弧板绕流作用，具有防堵功能。

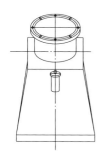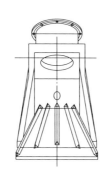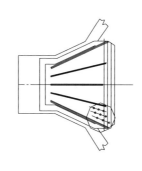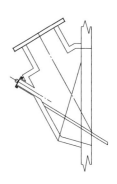

图 16　撒料箱的结构示意

15. 组合和匹配问题

（1）非线性规划的应用与系统组合设计

在预热器系统的组合性能方面，为了确保系统的设计最优，采用非线性规划的方法进行了尝试性的控制设计，具体如下。

目标函数：

$$M = f(\vec{K}_1, \vec{K}_2, \cdots \vec{K}_m) \rightarrow \min$$

$$\Delta P = \Delta P_C + \Delta P_P = \sum_{i=1}^{n} \Delta P_{Ci}(\vec{K}_{Ci}, \vec{\theta}_{Ci}) + \sum_{j=1}^{m} \Delta P_{Pj}(\vec{K}_{Pj}, \vec{\theta}_{Pj}) \rightarrow \min$$

$$\eta_{Ci} = \eta_{Ci}(\vec{K}_{Ci}, \vec{\theta}_{Ci}) \rightarrow \max$$

$$\Psi_{i,j} = \Psi_{i,j}(\vec{K}_{i,j}, \vec{\theta}_{i,j}, \vec{S}_p) \rightarrow \max$$

式中　M——构造系统的总设备的重量；

$\vec{K}_i$——设备结构参数构成的向量（$i=1, \cdots m$）；

i——旋风筒级数；

j——换热管道级数；

ΔP_C——旋风筒的压力降；

ΔP_P——换热管道的压力降；

$\vec{S}_p$——物性参数构成的集合；

η——旋风筒分离效率；

Ψ——换热单元的热效率。

上式中下角标 C 代表旋风筒，下角标 P 代表换热管道。

约束条件：

① 为了保证预热器系统局部结构不发生积料和堵料问题，需要特殊的结构约束，如为了保证物料的顺畅流动，其带料管道的倾斜角要大于物料的休止角等。

② 对于旋风筒筒体，为了延长内筒的使用寿命，减少含尘气体对内筒的直接冲刷磨损，其进口内侧要避开内筒。

③ 为了保证预热器和换热管道结构合理，符合一定的经验要求，尚有一系列经验的结构控制参数要求。

④ 系统内热交换过程的一系列准则，如能量传递准则、动量传递准则、质量传递准则和化学反应准则等。

⑤ 参数群的意义准则，如在计算过程中，所有结构参数、操作状态参数等应该有意义。

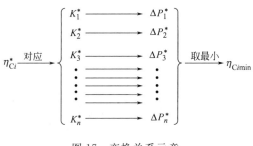

图 17　变换关系示意

上述的过程实际上是一个多目标、多约束的非线性规划问题。为了更好、更形象地讨论问题，下面结合映射变换的方法，对其处理如下。

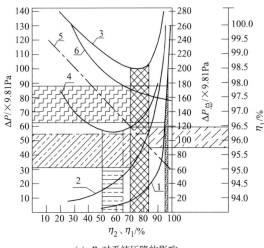

(a) η_2 对系统压降的影响

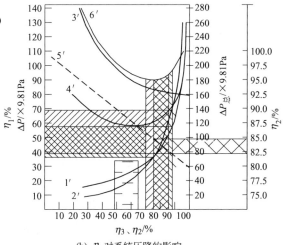

(b) η_3 对系统压降的影响

对于一个预分解系统来说，其系统内各级旋风筒的分离效率（η）、各子系统压降（ΔP）和热效率（Ψ）均受结构参数（$\vec{K}$）和操作参数（$\vec{\theta}$）的影响与制约，当组合方式、生产能力及所用原燃料一定时，相应的 $\vec{\theta}_{Ci}$，$\vec{S}_p$ 参数已定，那么 Ψ_{Ci}，ΔP_C，η_{Ci} 均为 $\vec{K}_{Ci}$ 的函数，为了确定 Ψ_{Ci} 与 ΔP_{Ci} 的映射关系，采用了如图 17 所示的变换方法加以变换，采用非线性规划的方法不难完成上述的变换过程，即 η_{Ci} 与 ΔP_C 不是一一的对应关系，经过上述变换后，则 η_{Ci} 与 ΔP_{Cimin} 成为映射关系。其中"＊"符号表示特定值。

采用上述方法，可以得出各参数相互

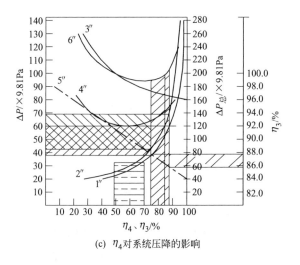

(c) η_4 对系统压降的影响

图 18　η_2、η_3、η_4 对系统压降的影响

影响的定量关系，见图 18（图中曲线含义见本书"预热器系统分离效率参数分布的探讨"一文），根据图中所示数据实现系统低阻高效的设计思想。

（2）预热器整体框架的布置与优化设计

根据预热器系统设计的控制指导思想，不难获得理想的预分解系统设计。然而，理想的预分解系统是全方位的，除了技术性能控制外，还涉及预热器框架的优化设计，在布置的过程中，如何为预热器框架的结构设计创造条件，也是装备技术开发工作的重要方面。为此在框架的设计控制上，采用多立柱（12根立柱）、精简梁（梁的最大跨距小于7.8m）的设计方案，在增加框架稳定性的同时，达到节约框架用材的目的。

为了能够全面了解预热器系统与框架设计的具体情况，特比较如表10所示，不难看出，我院开发设计的5000t/d预分解系统的结构框架用钢量在同种规模中最省，用钢量尚不到900t。达到最优设计的目的。

表10 预热器框架用钢量比较

类别	华新厂	珠江厂	宁国1线	冀东1线	铜陵1线	冀东2线	江南小野田	铜陵2线
设备来源	FLS公司与南京院	FLS公司与南京院	三菱公司与天津院	石川岛与天津院	FLS公司与天津院	天津院	小野田	南京院
预热器级数	5	5	4	4	5	4	5	5
设计规模/(t/d)	4000	4000	4000	4000	4000	4000	4000	5000
生产规模/(t/d)	5050	4500	4500	4600	4600	4500	4000	5600
框架用钢/t	1100	1115	904	714	1113	875	1100	>900

（3）整体性能预测

预热器系统的空气功率可以由 $N=\dfrac{\Delta P\cdot Q}{367200}$ 计算得出，其中阻力损失可由系统中各单体的阻力计算得出：

$$\Delta P_{出}=\sum_{i=1}^{5}(\Delta P_{Ci}+\Delta P_{Pi}+\Delta P_{mi})+\Delta P_{窑}$$

出预热器系统的气体流量（Q）可以根据出系统的空气过剩系数（α）、燃料发热量（Q_{dw}）、出口废气温度（t）、系统产量（M）和整个系统的热耗（Q_{H}）由下式计算而得：

$$Q=\left[(\alpha-1)\times\left(\frac{1.01Q_{dw}}{1000}+0.5\right)+\left(\frac{0.89Q_{dw}}{1000}+1.65\right)+0.26\right]\times\frac{Q_{H}}{Q_{dw}}\times M\times\frac{10336}{10336-\Delta P_{出}}\times\frac{t+273}{273}$$

为了便于分析，经计算绘制成如图19所示，从图中不难看出，当出预热器系统废气的氧含量为3%时，出预热器的废气量（标准状态）为1.35m³/kg熟料。

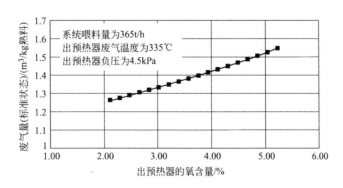

图19 出预热器氧含量与废气量的关系

图 20 所示为预热器出口负压与空气功率的关系。从图中不难看出，当预热器系统出口负压为 480mmH$_2$O（1mmH$_2$O = 9.81Pa），其空气功率为 980～1000kW，相对于 600mmH$_2$O 的出口压力，可节约 250kW 的空气功率。如果考虑风机效率、电机效率和液力耦合器的传递效率，估计当产量为 5500t/d 时，其实际功耗为 2100kW 左右。

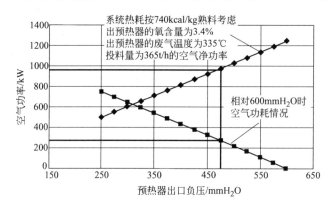

图 20 预热器出口负压与空气功率的关系

二、烧成窑中开发设计所注意的工艺技术问题

1. 回转窑

回转窑属重型热工机械设备，在开发设计过程中应注意的技术问题有如下几方面。

（1）要与已开发设计的预分解系统相匹配，合理确定回转窑规格

由于窑内"三传一反"过程的复杂性，过去在回转窑规格确定和能力核定过程中，常以生产实践经验为基础，采用统计方法进行控制确定。随着预分解技术、冷却机技术、燃烧技术的不断进步，目前已有的各种统计公式，用来核定和把握新开发的回转窑已不能满足要求。鉴此，本文依据相关资料对大型现代化干法回转窑进行了统计，得出产量与回转窑的窑径和窑长之间的定量关系为 $Q = D_i^{2.328} L^{0.6801}$。针对铜陵海螺 5000t/d 回转窑的配置（表11），不难根据统计关系式算出其平均产量为 4836t/d，显然有些偏紧，但从华新厂 $\phi 4.75m \times 74m$ 和京阳厂 $\phi 5.2m \times 61m$ 的实际使用经验不难得出，在强化预分解系统设计的情况下，利用 $\phi 4.8m \times 74m$ 的回转窑完全能够满足 5000t/d 烧成系统设计的需要。这不难从表 12 的比较得以证实。

表 11 $\phi 4.8m \times 74m$ 回转窑的基本技术参数

类别	规格/m	斜度/%	转速 /(r/min)	容积产量 /[kg/(m³·h)]	容积热负荷 /[kcal/(m³·h)]	断面热负荷 /[kcal/(m²·h)]	耐火砖厚 /mm
参数	$\phi 4.8 \times 74$	4	0.6～4.0	210	5.28×10⁶	7.0×10⁴	230

表 12 与国内回转窑技术参数的比较

类别	窑规格 /m	长径比	转速范围 /(r/min)	斜度/%	窑功率 /kW	实际熟料 产量/(t/d)	料负荷 /[kg/(h·m³)]	热力强度 /[MJ/(m²·h)]
铜陵海螺	$\phi 4.8 \times 74$	15.42	0.35～4.0	4	630	5615	211.3	5.13
珠江 1 线	$\phi 4.75 \times 75$	15.79	0.35～3.96	3.5	—	4600	177	4.54
湖北华新	$\phi 4.75 \times 74$	15.58	0.36～3.6	4	710	5050	208.5	4.80
镇江京阳	$\phi 5.2 \times 61$	11.73	0.3～3.2	3.5	2×440	5650	218.8	4.49

（2）设备开发设计所需的各种工艺技术参数的控制

回转窑的工艺控制参数包括：除了回转窑的规格参数外，还有回转窑内耐火衬砌及荷重分布、窑内物料的填充率及荷载分布、窑的斜度、调速范围、筒体内外温度分布等均是工艺开发设计的控制资料，合理地估算和给出上述的技术资料，有利于设备和结构两专业的优化设计。

（3）耐火材料的选择与衬砌要求

耐火砖的选择与砌筑，是除了施工和操作之外，影响回转窑耐火衬砌使用寿命的重要方面。对于窑径在 $\phi4.7\sim5.2m$ 之间的回转窑，目前国内已有多台套在生产运行中，长期生产实践过程，已经取得了许多成功应用经验。我院在 $\phi4.8m\times74m$ 回转窑耐火材料的配置方面，从窑口到窑尾分别采用了刚玉质耐火浇注料、高耐磨砖、直接结合镁铬砖、尖晶石砖、抗剥落高铝砖以及钢纤维耐火浇注料共六种耐火衬砌料。生产实践证明耐火材料的配置是安全可靠的，有利于回转窑长期稳定生产运行。

2. 窑头罩及三次风的抽风方式

为了降低二次风和三次风对熟料粉尘的裹挟能力，一般情况下，抽风口的风速应该控制在 5m/s 以下。目前在窑头罩的设计方面也出现了以下方案。

① 二次风、三次风共同从窑头罩抽取。该种取风方式简单，但随着规模的不断扩大，其窑头罩的轴向跨度也不断加大，对于 5000t/d 烧成系统，其窑头罩的跨度要在 7.5m 以上，才有可能保证取风口的风速控制在 5m/s 以下，如此大的跨距，增大了燃烧器悬臂端的长度，长期在高温情况下工作，易导致燃烧器悬臂弯曲变形，影响回转窑的操作和控制。

② 二次风从窑头罩抽取，三次风从冷却机抽取，虽然随着产量的增加，窑头罩跨度不会像共同抽取方案大，但为了避免三次风抽取过多熟料粉，常在抽风端设置沉降室进行分离，造成窑头平台布置和沉降室密封困难。

③ 二次风、三次风混合抽取方式见图 21。采用该种技术方案，在保证低返抽熟料粉的同时，即可减少窑头罩尺寸（5000t/d 轴向跨度为 5m 以内），由此可省掉在单独抽风时设立的三次风管沉降室，一方面避免燃烧器热端悬臂过长导致变形，另一方面可以简化窑头平台的布置处理工作。

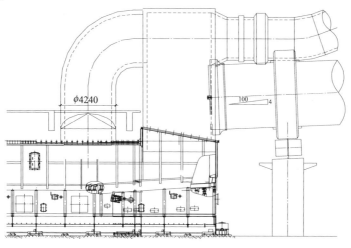

(a)

图 21

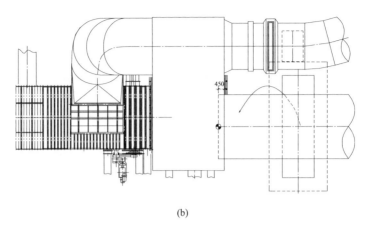

(b)

图 21　二次风、三次风混合抽取方案

3. 燃烧器

燃烧器是烧成系统组织燃烧的重要热工设备，其设计得好坏，直接影响烧成系统的稳定和操作。为此我院在 5000t/d 烧成系统用燃烧器的开发设计过程中，进行了大量计算机模拟研究（图 22）和实验研究工作，加上长期在生产实践中取得的成功经验，为 5000t/d 窑用燃烧器和炉用燃烧器的开发设计奠定了基础。

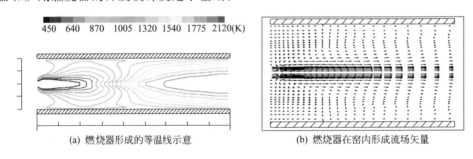

450　640　870　1005　1320　1540　1775　2120(K)

(a) 燃烧器形成的等温线示意　　　　　(b) 燃烧器在窑内形成流场矢量

图 22　燃烧器在窑内燃烧和流动 CFD 计算示意

无论是窑用燃烧器，还是炉用燃烧器均必须针对所用燃料特性和燃烧空间的结构大小及形状进行特殊设计，才能满足组织燃烧和控制的要求。对于 5000t/d 规模的窑外分解系统，炉用煤量占总用煤量的 55%～60%，窑用煤量占 45%～40%。为了强化炉内煤粉的混合燃烧，喷嘴的结构、数量和空间布置均有一定要求，在炉的横剖面内形成一定的旋度，在纵剖面内与高温气流形成对冲混合，最终使煤粉扩散到整个空间内，达到均匀燃烧的目的。对窑用多通道燃烧器，在工艺控制方面，要减少一次风用量（一次风占总燃烧风量的比例＜8%），提高一次风的喷出速率（使其风速达到 200m/s 以上），形成较大的二次风卷吸量，最终达到调节火焰形状的目的。在装备设计方面，要选用耐磨（煤粉通道）、耐高温、抗氧化、抗变形的材料，确保结构设计的可靠性。

三、推动篦式冷却机系统设计所考虑的工艺技术问题

通过对冷却机内部状态和过程的分析，不难看出，冷却机内部所发生的过程，主要是以气固两相间的机械移动和热传递（辐射、对流、传导）为主要过程。如何通过控制物料的机

械运动、气流的分配和流动，获得理想的冷却曲线，以提高二次风量和三次风的温度、减少余风的风量，获得低的熟料出口温度，这不单纯是一个操作的问题，更为重要的是如何在设计的过程中去把握的问题。由于入冷却机熟料的粒度、密实度变化较大，同时加上内部熟料的机械运动状态、冷却空气的运行状态及其分布情况比较复杂，到目前为止，尚没有真正能够描述冷却机内部两个过程机理的多参数化数学模型的解析解或数值解，这就给人们从理论上解决冷却机的过程优化设计问题造成了一定的困难。相反可以通过反复地实践，不断地总结经验，在实践中逐步逼近其优化的目标。

作为高温热交换设备的冷却机，在现代水泥工业技术中占有重要的地位，其主要作用有两个方面：一是通过骤冷提高熟料的活性和质量，避免慢性冷却带来的活性矿物晶体转变成非活性的矿物晶体，影响熟料的质量；二是在提高了系统热利用效率的同时，为系统的操作和控制、劣质煤的燃烧、回转窑内熟料的烧结反应创造了有利的条件。以控制流和阻力篦板为特征的第三代推动篦式冷却机，已经过了十多年应用和改进，现已趋于成熟。

冷却机的开发设计除了机械设计安全可靠外，在工艺操作和控制方面，还必须具备如下方面的要求和条件。

① 应满足熟料骤冷的要求，以便提高和改善熟料的活性和质量，避免活性 $\beta\text{-}C_2S$ 转化为惰性 $\gamma\text{-}C_2S$，防止熟料粉化（500℃左右）。在结构设计和工艺操作控制上，均能做到实现快速完成热交换的目的。

② 避免和防止因操作控制问题造成篦冷机内出现"红河"和"红坑"现象，从而导致冷却机效率降低的同时，造成温度场分布不均匀问题，必须合理地设计和控制篦板阻力与床层阻力的比例关系（篦板阻力/床层阻力≈2/3），在满足区域分风控制均匀稳定的同时，确保整个床层空间内各个断面的温度场均匀和稳定。

③ 在可能的情况下，尽可能降低冷却风的用风量和供风操作电耗，达到节能降耗的目的。

④ 稳定和改善窑炉的燃烧环境，提高冷却机的热回收效率，是冷却机开发设计的重要控制环节。

1. 推动篦式冷却机的换热速率与热效率

由于煅烧出的熟料受系统操作、过程控制、原燃料的变化等因素影响较大，因此入冷却机的熟料形态也会有较大的变化。由于冷却机内熟料的颗粒大小悬殊较大，很难对其热交换过程进行全方位计算。对小颗粒熟料当毕欧准数 $Bi<1$ 时，可以忽略颗粒内部导热过程对气固热交换的影响，其换热过程受颗粒外部对流和辐射过程控制，可采用集总参数法计算和分析研究。对大颗粒熟料当 $Bi>1$ 时，热量由固体熟料传给气体，不能忽略颗粒内部导热过程对气固热交换过程的影响，其换热受熟料颗粒内部的热传导过程的控制。一般情况下，熟料颗粒较大，Bi 在 10 的数量级以上，因此，其换热过程可以视为外部边界以对流和辐射两种传热方式为边界条件的非稳态球型散热过程。根据单颗粒非稳态传热研究，其单颗粒熟料的平均温度（$\overline{T}$）、冷却空气的起始温度（T_{air}），采用 Bi 来描述推动篦式流冷却机内熟料颗粒非稳态冷却方程如下：

$$\frac{\overline{T}-T_{\text{air}}}{T_0-T_{\text{air}}}=\sum_{n=1}^{n\to\infty}\frac{3Bi^2}{\left(\dfrac{Bi^2}{2}-Bi\right)\omega_n^2+2\omega_n^4}\exp(-\omega_n^2\tau)$$

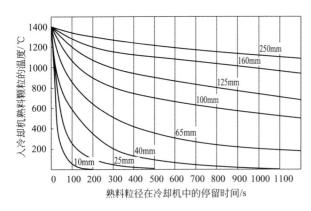

图 23　不同粒径的熟料停留时间与冷却效果

其中，$Bi = \dfrac{D_p \cdot h}{\lambda}$；$\omega_n$ 是方程 $\dfrac{\tan\omega}{\omega} = -\dfrac{2}{Bi-2}$ 的第 n 个解，由此可以根据熟料热导率和颗粒大小等物性参数算得 Bi，在一定的精度范围内进行级数求值计算，并将计算结果绘制成如图 23 所示（图中数值为颗粒大小），从图中不难看出，不同温度和粒径大小的熟料颗粒，冷却到要求的温度，必须在冷却机内停留足够的时间，才能满足熟料的冷却要求。

关于冷却机的热回收效率（η_t），目前国内应用较多的定义是冷却机回收的有用热焓与熟料带入冷却机内的热焓之比，即：

$$\eta_t = \frac{\text{冷却机回收的有用热焓}}{\text{熟料带入的热焓}}$$

目前我院开发设计的第三代推动篦式冷却机（LBT3652 型）的热回收效率为 75％ 左右。

由于上述定义的推动篦式冷却机的热回收效率与冷却过程和人们的操作习惯及操作参数的具体控制有关，为了避开人为的操作因素和具体的冷却过程的影响，从而定义出基准热回收效率（η_e），即利用单位熟料冷却介质量来定义：$\eta_e = 1 - e^{-\frac{M_g}{M_s}}$。

我院开发设计的 LBT36352 型推动篦式冷却机的 η_e 为 92％，η_t 与 η_e 之比称为基本热效率$\left(\eta_b = \dfrac{\eta_t}{\eta_e}\right)$。因此可以算得我院开发设计的 5000t/d 冷却机基本热效率 η_b 为 81.52％。图 24

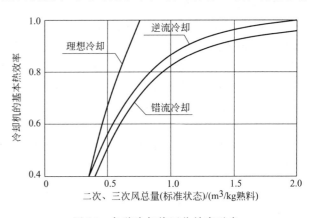

图 24　各种冷却热回收效率示意

所示为各种冷却的基本热效率与二次风用风量的关系，从图中不难看出，当二次、三次风的用量（标准状态）为 0.8m³/kg 熟料时，其基本热效率为 80％ 左右。

2. 冷却机供气系统设计及注意事项

冷却机供风系统的设计直接影响冷却机系统冷却效果和系统电耗，第三代篦式冷却机的两个显著特征就是 Karl Von Wedel 引进的阻力篦板的概念和可调的气流输送控制系统的应用。很显然，在供气系统中，阻力应该消耗在熟料床层中和篦板上，而不应该消耗在送气的管路中。根据国内外十多年的生产实践，供风系统阻力消耗应有 66％ 消耗在熟料床层中，33％ 消耗在冷却机篦板上。我院开发设计的凹槽型防漏篦板，其正常生产时的阻力消耗为 250mmH₂O，对于气体输送管路具有可控、密封、低阻、均衡的特点。

有关推动篦式冷却机篦床下压力可根据下式估算：

$$P_{篦室} = P_{篦板} + P_{料层}$$

$$P_{\text{篦板}} = \xi \cdot \frac{\rho_{\text{g}} \cdot v^2}{2 \cdot g}$$

式中　v——气体穿过篦缝的风速，m/s；

　　　ξ——篦板的阻力系数，取决于篦板的结构和形状，应根据具体结构进行计算或通过实验取得。

料床的阻力 $P_{\text{料层}}$ 可以根据 ERGUN 方程计算如下：

$$P_{\text{料层}} = \left[150 \frac{(1-\varepsilon_0)^2}{\varepsilon_0^3} \cdot \frac{\mu \cdot u}{(\varphi_{\text{s}} \cdot d_{\text{p}})^2} + 1.75 \frac{1-\varepsilon_0}{\varepsilon_0^3} \cdot \frac{\rho_{\text{f}} \cdot u^2}{\varphi_{\text{s}} \cdot d_{\text{p}}} \right] \cdot H$$

式中　ε_0——熟料床层的平均空隙率；

　　　μ——穿透床层气体的黏度；

　　　φ_{s}——颗粒的形状系数；

　　　u——穿过床层时气体的速率；

　　　ρ_{f}——穿过床层时气体的密度；

　　　d_{p}——熟料颗粒的直径；

　　　H——床层的高度。

借助上述 ERGUN 方程不难计算出气体穿过床层时造成的阻力损失。

一般情况下，风机的压头选取应根据如下的计算公式：

$$\Delta P = K(\Delta P_{\text{气体输送管路}} + \Delta P_{\text{输送需要动压}} + \Delta P_{\text{篦板}} + \Delta P_{\text{料层}})$$

式中，K 为安全控制系数，主要取决于风机的性能和设计控制水平。

在冷却机篦床的布风方面，采用了多台风机分区与鱼刺交叉混合供给方式，大大地改善了系统供风的均匀可调性。

3. 冷却机的基本控制参数及其关系

篦式冷却机内物料的运动状态比较复杂，主要决定于活动篦板的驱动方式、推动频率、篦板结构及内部物料的形状。熟料的向前移动是依靠活动篦板的往复运动，形成物料间歇式向前移动，并且在移动过程中物料还存在着上下翻动，不断地形成新的气体通道，为气固间的有效换热创造了有利条件。图 25 所示为 Vogel 和 Heinrich 于 1976 年根据篦冷机内篦板的运动情况，观察并描述冷却机内熟料颗粒群的运动及速率分布，不难看出，熟料在篦板回程运动过程中存在一定量的后移量。因此，熟料的平均输送速率（u_{c}）将会小于篦板平均推动速率（u_{b}），两者的比值 $\left(k = \dfrac{u_{\text{c}}}{u_{\text{b}}} \right)$ 定义为输送系数（$k < 1.0$）。

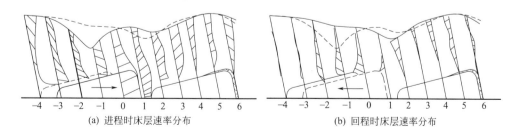

(a) 进程时床层速率分布　　　　　　　　(b) 回程时床层速率分布

图 25　篦板上熟料运动速率分布示意

根据篦式冷却机的工作特征及物料衡算不难得冷却机基本控制参数间的关系式如下：

$$H = \frac{M_s}{k\rho_s\omega WL} \quad \text{或者} \quad \tau = \frac{\dot{M}_s}{k\rho_s WLH}$$

式中　　M_s——单位时间的熟料流量，kg/h；

W、L、H——篦冷机内熟料层宽、长、高，m；

ρ_s——熟料的松散密度，kg/m³；

k——熟料的输送系数，$k < 1.0$；

τ——熟料在冷却机内的停留时间，s；

ω——推动频率，1/s。

表 13 为我院开发设计的 LBT36352（5000t/d）型推动篦式冷却机的相关参数，不难根据表列数据，计算出熟料在冷却机内的停留时间为 1.64～1.75h。从图 23 中不难看出，对 0.10m 以下的熟料，可以完全得到冷却，使其温度冷却到环境＋60℃，满足热回收的目的。由于该冷却机采用了控制流技术，大大减少了冷却机的用风量，使得操作状态下的冷却风用量（标准状态）控制在 2.0m³/kg 熟料以下，余风量较小，且温度低于 200℃，不仅提高冷却机的热回收率，而且为回转窑的稳定操作创造了条件。

表 13　冷却机的基本参数

参数类别	W/m	L/m	H/m	$M_s/(\text{kg/h})$	$\rho_s/(\text{kg/m}^3)$	k
参数值	3.6	35.2	0.8	2.0×10^5	2500	0.5～0.7

四、结束语

本文从理论出发，试图全面地分析和介绍我院 5000t/d 烧成系统的技术装备开发、设计与技术控制过程，一方面以期从理论的高度去理解和把握我院烧成系统技术装备开发的实质性问题，另一方面也为用户和读者提供一些观察和判断烧成系统技术开发设计的内涵。

我院在烧成系统的开发设计方面，始终坚持理论与实践相结合、继承与创新相统一的原则，在长期的生产实践中积淀了丰厚技术开发内涵，形成了独特的烧成系统开发设计风格，为我院的技术装备奠定了基础。实践证明，我院开发设计的 5000t/d 烧成系统，真正做到了低阻耗、高效率、适应能力强、操作范围宽的目的，一方面为业主提供了可靠的生产技术保证，另一方面也为我院打开稳定的技术市场奠定了基础。

铜陵海螺 5000t/d 烧成系统的技术配置与运行情况分析

蔡玉良　潘　洞　郑启权　孙德群

海螺集团是中国最大的水泥生产商，2001年的水泥产量为1300多万吨，除了目前在建项目外，已有十几条新型干法预分解窑生产线和一些传统生产工艺在运行，到2002年底，水泥的生产能力接近2000万吨。

铜陵海螺水泥有限责任公司是海螺集团的主要水泥生产企业之一，1996年建成投产的1号线，日生产能力为4000t，该线引进FLS公司技术及装备，鉴于各种原因，该线的投资高达14.8亿元，吨熟料年投资高达1230元，企业经营处于亏损的状态。为了扭转被动局面，集团公司在全面分析调查研究的基础上，于2000年底决定全部采用国产化的技术装备，在铜陵海螺再建设一条5000t/d生产线，其一为打造国内5000t/d技术装备提供机会和场所；其二是寻找一条高性能、低投资的可靠技术装备之路，以扭转铜陵海螺经营的被动局面；其三可借此机会遏制进口技术装备价格居高不下的局面，为推动我国水泥工业全面过渡到现代干法生产技术创造有利的条件。实践证明这一决策是完全正确的，国产化2号线的实际吨熟料年投资不到300元，开创了我国大型化水泥生产建设的新纪元。

我院承担了铜陵海螺首条5000t/d国产化生产示范线的主体工程设计任务，其中整个烧成系统全部采用我院首次开发设计的预分解系统、回转窑系统、冷却机系统、燃烧器系统等技术装备。该工程于2001年2月15日正式开工，10月全面进入机械设备安装阶段，2002年1月进入电控设备安装阶段。2002年3月中旬，工程建设基本完成，历时13个月。2002年3月18日，进入单机调试、联动试车、点火烘窑和待料阶段，在此期间内，主要的任务是检测各单机空载运行状况、检验控制系统运行程序及有关的保护连锁关系、烧成系统的耐火材料烘干等技术问题；4月22号正式进入投料试生产调试阶段，在此阶段主要集中在生料磨系统和配料站黏土仓下料问题的处理上。由于生料磨（MLS4531）采用了国内首次开发设计和生产的第一台大型立磨，因此在原料磨的生产调试过程中，出现了一些问题，如液压系统漏油、蓄能器的能力不足、磨机振动较大，导致减速机移位、辊皮脱落等，后经生产厂家和设备制造商的共同努力，采取措施进行改进，解决了问题。随后为了确保设备运行的安全、可靠性，在断断续续的运行中，对其内部的螺栓进行了反复的紧固，该阶段持续了一个多月，加上雨季雨水较多，黏土仓下料不畅，存在堵塞问题，导致生料合格率较低、粉磨能力远远满足不了烧成系统的喂料要求，此阶段烧成系统的喂料量根据生料磨系统的能力一般控制在80～320t/h之间，抑制了烧成系统无法满负荷运行，使烧成系统失去了与生料磨同步接受考验和调整的机会，此阶段持续到2002年7月初。由于前一阶段磨机振动较大，减速机的基础有所松动，随后进入磨机系统的整改阶段，此次整改持续月余，于8月8日恢复生产，经过整改后，除了基本的停磨紧固螺栓外，磨机系统运行基本正常，生料粉磨能力得到了大幅度的提高，为烧成系统的满负荷运行创造了条件。该阶段根据生料的变化情况，烧成系统的喂料量一般控制在 320～360t/h，有时也达到 380t/h 的投料量，在此阶段，由于系统产量的增加，存在窑系统和磨系统的协调平衡与控制以及冷却机控制与操作等问题，影响了系统能力的进一步发挥，此阶段持续到 10 月中旬。在本段生产过程中，我院对全系统进行了反复的监测分析，明确了影响系统操作和控制的主要问题，如窑磨系统的协调控制平衡、冷却机系统的控制以及生料磨系统的漏风等问题，提出了具体的整改意见和要求，并经过停产三天的整改，于 10 月 17 日点火，随后整个生产系统进入正常生产状态，烧成系统的喂料量为 380t/h（相当于日产水泥熟料 5600t）。系统经过一个月的正常稳定生产运行后，于 11 月 15～17 日对整个生产系统进行全面的热工标定，结果为各项技术指标均达到或超过了设计指标，具体情况见表 1。

表 1　铜陵海螺 2 号线生产情况汇总

时间	2002 年 8 月前	8 月	9 月	10 月	11 月	12 月	累计
产量/万吨	3	6	11	12	13.5	15.5	61

为了更好地把握现有生产系统的技术性能，结合我院 5000t/d 技术装备和生产调试情况，收集、分析、整理了一些技术资料，既有低产量的操作数据，又有高产量的技术指标，分别介绍给读者，目的是让读者或用户能够及时地了解我院开发设计的 5000t/d 烧成系统装备和生产情况，以便更好地与国内其他同等规模的实际生产系统进行比较，全面地把握好国内外 5000t/d 烧成系统技术情况，做好技术决策和选择。

一、烧成系统的流程及技术装备特点

海螺铜陵 2 号线 5000t/d 熟料烧成系统为我院首次开发设计的技术装备，也是国内首条国产化生产线，设备国产化率 100%（图 1）。

图 1　铜陵海螺 2 号线 5000t/d 熟料
烧成系统实景照片

1. 预分解系统及其结构特点

预分解系统由我院最新开发设计的低阻高效偏锥防堵旋风预热器［图 2(a)］、扩散式撒料箱［图 2(b)］、喷旋结合管道式分解炉［图 2(c)］等专有技术构成，使得系统具有如下技术特点。

① 在旋风筒的结构设计上采用了多心大蜗壳、短柱体、等角变高过渡连接、偏锥防堵结构、内加挂片式内筒、导流板、整流器、尾涡隔离等技术，使开发设计的旋风筒单体具有低阻耗（550～650Pa）、高分离效率（C2～C5：86%～92%；C1：95%以上）、低返混度、良好的防结拱堵塞性能和空间布置性能。

② 在撒料板结构设计上采用扩散式箱体、内加凸弧型多孔导料分布板技术，该种结构既具有防堵功能又确保了系统内物料分散的均匀性，有

利于提高系统的换热效率。

③ 在分解炉的结构设计上采用了旋喷混合结构和分散燃烧技术，使得分解炉内具有三场（流场、浓度场、温度场）均匀、低返混度、高湍流度的特点，拓宽了操作范围，提高了对原燃料的适应能力。

④ 在预分解框架结构设计（框架尺寸：17m×25.6m×87.55m）方面，充分发挥了旋风筒良好的空间叠加布置性能，实现了多立柱（12 根通天立柱）小跨度（<8.75m），做到了既保证框架结构的稳定性，又节约框架的用钢量（整框架用钢<900t），达到了优化框架结构的目的。

生产实践证明：我院开发设计的预分解系统真正实现了低阻耗（<4.8kPa）、高效率（废气温度<330℃）、高分解率（>92%）、适应范围宽（从烟煤到无烟煤等）、系统运行稳定可靠等技术特征。

2. 回转窑及技术控制指标

回转窑属重型热工设备（图3），铜陵海螺5000t/d 配置的回转窑规格为 $\phi4.8m×74m$，系我院首次开发设计的大型回转窑。其规格的确定与预分解系统以及冷却机系统的性能与配置均有关系，加上内部"三传一反"过程的复杂性，在回转窑的规格确定和能力的把握上，过去一贯采用统计控制法。随着预分解技术、冷却机技术、燃烧技术的不断进步，过去统计出的各种计算公式用来核定和把握新开发的回转窑已经不能满足要求。为此我院在收集和掌握了 30 多台现代化大型干法窑的基础上，经统计分析得出如下统计公式：

$$Q = 8.495 D_i^{2.328} L^{0.6801}$$

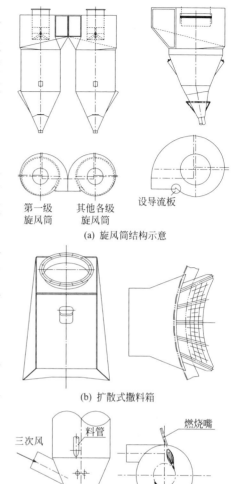

第一级旋风筒　　其他各级旋风筒　　设导流板

(a) 旋风筒结构示意

(b) 扩散式撒料箱

三次风　料管　燃烧嘴

(c) 喷旋结合式管道分解炉

图 2 防堵旋风预热器

式中，统计窑径范围为 3.75～6.20m；产量范围为 2000～12000t/d，相关性系数 R^2 为 0.9739。

利用此统计公式可算得 $\phi4.8m×74m$ 回转窑较理想的核定能力为 4836t/d，不难看出满足 5000t/d 要求显得有些偏紧，但华新厂（$\phi4.75m×74m$，实际能力 5000t/d）和京阳厂（$\phi5.2m×68m$，实际能力 6800t/d）的生产实践经验告诉我们，通过强化预分解系统以及相关系统的设计，完全可以实现 5000t/d 的生产要求。

图 3 回转窑筒体实物

海螺铜陵的实践证明，该种窑型已能长期满足 5600t/d 的生产要求，相应的技术参数比较见表2，从表2不难看出，无论从回转窑的料负荷还是热负荷设计，其技术指标都是先进的。

表 2　回转窑基本参数比较

厂 名	实际产量 /(t/d)	系统	窑直径 /m	窑长度 /m	窑砖厚 /m	窑总容积 /m³	容积产量 /(kg/(m³·h))	窑断面负荷/[kcal/(m²·h)]	容积热负荷/[kcal/(m³·h)]
日本伊佐水泥厂	9500	UNSP/4242	6.20	105	0.25	2679.35	147.81	4283533	40775
山东大宇	7000	2C6/Dopol	5.60	87	0.25	1777.25	164.19	4999710	57439
泰国 Tabkwang	9000	3C5/2SLC	6.00	96	0.25	2280.80	164.50	4421751	46037
泰国考翁水泥厂	10000	3C6/2SLC	6.00	105	0.25	2494.62	167.11	4913056	46767
韩国东洋	7680	2C6/Dopol	5.60	87	0.25	1777.25	180.14	5129880	58934
泰国 TPI 一线	7680	2C6/Dopol	5.60	87	0.25	1777.25	180.14	5129880	58934
宁国海螺水泥厂	4600	C4MFC	4.70	75	0.23	1058.97	181.09	4237403	56470
泰国暹罗京都厂	10000	3C5/2SLC	6.00	96	0.25	2280.80	182.78	4913056	51152
韩国三星 2	9100	3C5/N-MFC	5.80	94	0.25	2073.81	182.93	4814673	51194
珠江水泥厂	4800	2C5/SLC	4.75	75	0.23	1084.09	184.58	4319171	57560
美国 Colorado	5400	2C5/Dopol	5.20	70	0.25	1214.46	185.36	4028828	57526
铜陵水泥厂	4800	2C5/SLC	4.75	74	0.23	1069.64	187.07	4208423	56842
江南-小野田	4400	2C5/RSP	4.60	72	0.23	969.22	189.25	4087826	56747
大连华能	4400	2C5/RSP	4.60	72	0.23	969.22	189.25	4087826	56747
泰国 TPI 二线	8130	2C6/Dopol	5.60	87	0.25	1777.25	190.70	5430459	62387
冀东水泥厂	4800	1.5C4/NSF	4.70	74	0.25	1044.85	191.51	4421638	59722
韩国三星 1	5500	2C5/N-MFC	4.80	80	0.25	1183.48	193.74	4463698	55768
铜陵海螺 2 号线	5500	2C5/NST-I	4.80	74	0.23	1094.71	209.45	4525694	61127
泰国 TPI	9000	2C6/Dopol	5.60	87	0.25	1777.25	211.11	5702731	65515
华新水泥厂	5500	2C5/ILC-S	4.75	74	0.23	1069.64	214.36	4695252	63417

注：1cal＝4.18J，下同。

3. 燃烧器的设计及有关技术特征

烧成系统的燃烧器也是重要的热工设备，其设计的好坏直接影响系统的组织燃烧和回转窑的窑皮与耐火材料的使用寿命。图4所示为我院首次开发设计的大型燃烧器。其设计具有如下特点。

① 合适的出口气体喷出动量设计。喷出动量较小会影响卷吸高温风量以及与煤粉的充分混合和快速燃烧，导致局部还原气氛和煤粉的沉落，影响熟料的质量，甚至出现因煤粉的沉落造成的窑内前结圈问题，除此之外还会因为火焰刚度造成下游无回流区，进一步影响燃烧过程所需要的各种扩散。喷出动量过大会引起外回流较大，一方面挤占火焰下游的燃烧空间，降低火焰下游的氧浓度，同样会导致燃烧不完全问题，造成 CO 浓度升高。

(a) 离散喷嘴

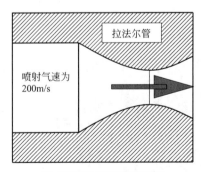

(b) 燃烧器外风喷嘴结构示意

图 4　南京院首次开发设计的大型燃烧器

② 外风采用拉法尔管式离散喷嘴结构，有效地避免传统的环行通道易变形及对称性难以控制问题。

③ 内旋流风利用小叶片、多片数目、大遮度的固定式旋流器，其旋流数（切向速率与轴向速率之比）在 0.6～0.8 之间，以稳定火焰，加强早期混合。

④ 较低的一次风率（一般为 6.0%～8.5%）和较高的一次风喷射速率（180～210m/s），由于采用较低的一次风利用率，相对于低动量老式燃烧器，热力 NO_x 的排放量大大降低。

总之在燃烧器的开发设计过程中，采用强湍流、强回流、强旋流，以体现强化燃料与空气混合、提高燃烧强度和降低局部高温以及降低 NO_x 含量的设计理念，达到技术先进、稳定可靠、便于调节的目的。另外三次风采用窑头与冷却机联合混抽的方式，以减少窑头罩尺寸，缩短燃烧器热端悬臂过长，避免燃烧器长期受热悬臂变形。

4. 冷却机的设计及其技术指标

冷却机采用我院开发设计的多项专有和专利技术，如可控分流密闭充气梁技术［图 5

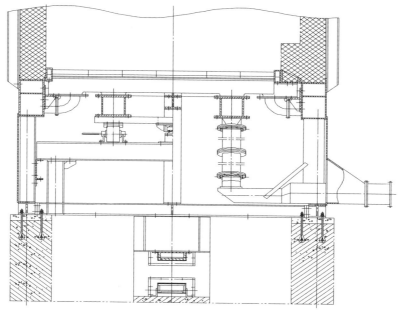

(a) 冷却机充气系统

(b) NC凹槽型防漏阻力篦板

(c) 柔性伸缩偏转装置

图 5 南京院开发设计的篦式冷却机

(a)］、NC 凹槽防漏无磨损阻力箆板技术［图 5(b)］、柔性伸缩偏转专利技术［图 5(c)］等，在结构上确保了箆式冷却机（LBT36352NC-Ⅲ型）具有技术上的可靠性和操作上的可控性及稳定性，在技术指标方面具有冷却效果好（低于环境温度＋60℃）、热回收效率高（＞72％）、冷却用风量少（标准状态下小于 2.0m³/kg 熟料）、能耗低（＜5.0kW·h/t 熟料）、损耗低、使用寿命长、检修和维护方便的特点。

5. 烧成系统的主机配置情况

整个烧成系统的主机装备情况见表3。

表 3　烧成系统主机配置情况

类别	基　本　参　数	技术指标
高温风机	型号:W6-2×38No31.5F;风量:853000m³/h;风压:7200Pa;功率:2500kW	装机:10.9kW/t 熟料
预热器	规格:C1 为 4-φ5000;C2 为 2-φ6900;C3 为 2-φ6900;C4 为 2-φ7200mm;C5 为 2-φ7200mm	阻力:4.5kPa
分解炉	规格:φ7500mm×3100mm+45000mm;形式:在线喷旋管道式分解炉	气体停留时间:5s
回转窑	规格:φ4.8m×74m;斜度:4%;功率:630kW;最大转速:4r/min	料负荷:211.3kg/(h·m³)
燃烧器	三通道喷煤管 NC15Ⅱ;能力:15t/h	燃料供给量:345GJ/h
一次风机	型号:JARF-300;风压:22500Pa;风量:170m³/min;功率:90kW	—
炉送煤风机	型号:JSE-250;风压:58.8kPa;风量:92m³/min;功率:132kW	—
窑送煤风机	型号:JSE-250;风压:58.8kPa;风量:80m³/min;功率:110kW	—
推动箆式	型号:LBT36356;有效面积:124.74m²;(传动+破碎)功率:293kW;风机功率:1700kW;风量(标准状态):447359m³/h	气量(标准状态):1.917m³/kg 熟料
窑头收尘	型号:34/12.5/3×10/0.4;处理能力:580000m³/h	—
窑头排风机	型号:X4-73-11No29.5F;处理能力:575000m³/h;风压:1500Pa;功率:450kW	—

从表 3 不难看出，烧成系统的主机配置技术指标均比较先进，有些已经达到和超过国际先进技术指标，如回转窑的料负荷现已配置到 210kg/(h·m³)［国际上一般控制在 200kg/(h·m³) 以内］；预热器系统的阻力已成功控制在 4.5kPa 以内，实现了真正的低阻结构设计；冷却用气量（标准状态）控制在 1.917m³/kg 熟料，与国际先进水平基本相当。

二、烧成系统的运行状况

1. 系统操作参数的统计与分析

在生产调试的期间，由于多种原因，生料磨系统尚不能长期满负荷运行，生料量难以维系烧成系统满负荷运行，致使烧成系统在很长一段时间内，处于待料半负荷运行状态。在此阶段内，烧成系统的喂料量由 80～380t/h 分若干台段（表 4）进行，每个台段的喂料量至少连续稳定运行在 3d 以上，从另一个侧面也充分说明了烧成系统在保证操作参数合理和稳定的情况下，能够适应各种生产规模的投料量要求，体现了烧成系统对投料量有较宽的生产适应性。为了能够更好地服务于生产企业，现将各阶段的生产数据进行分析统计，绘制成曲线，供国内同种规模的生产线在点火投料时参考。

图 6～图 9 所示为根据表 4 所列实际生产数据绘制的关系图。

表 4　各个时期和不同阶段烧成系统稳定运行的主要分布情况

生料喂料量/(t/h)		100	118.8	130	150	160	236	240	270	280	321	331	365	380.7
窑转速/(r/min)		1.05	1.2	1.2	1.5	1.5	2.24	2.34	2.45	2.62	2.63	3.16	2.9	3.16
窑喂煤量/(t/h)		9.37	11	10.2	11.4	10.5	9.3	8.8	9.31	9.3	10.9	12.4	11.9	12.8
炉喂煤量/(t/h)		3.09	3.7	6	5.9	8	12.2	12.6	14.5	15.9	17.9	17.2	17.1	18.83
预热器	C1A/℃	420	433	386	357	403	355	372	370	367	357	342	349	333
	C1B/℃	435	443	368	358	400	384	370	362	376	370	323	348	336
	C5A/℃	794	836	811	789	856	848	864	865	870	876	848	896	901
	C5B/℃	796	858	810	796	874	854	868	870	877	879	849	895	896
	炉口温度/℃	840	880	858	848	897	870	883	884	882	895	865	907	909
	窑尾温度/℃	1128	1125	1029	1157	1145	1176	1166	1168	1170	1183	887	1171	1179
	C1A/Pa	−1.2	−1.41	−2.2	−1.8	−1.8	−2.8	−2.7	−3.3	−3.6	−4.2	−5	−4.3	−4.47
	C1B/Pa	−1.3	−1.51	−2.4	−2	−2	−3	−3	−3.7	−4.1	−4.4	−5.5	−4.7	−4.88
高温风机	转速/(r/min)	455	481	547	523	585	656	674	703	736	782	807	779	806.9
	电流/A	101	100	118	116	129	159	164	180	194	214	219	219	233
	入口压力/Pa	−1.7	−1.9	−2.6	−2.2	−2.5	−3.2	−3.2	−3.9	−4.2	−4.6	−1.5	−4.8	−5.0
	入口温度/℃	278	431	261	240	276	369	367	365	373	363	256	346	337
	功率/kW	934.2	924.9	1091	1073	1193	1471	1517	1665	1794	1979	2026	2026	2155

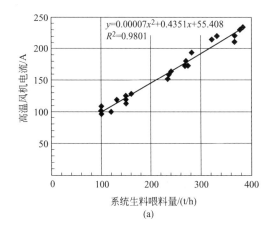
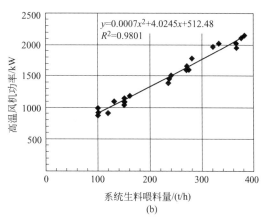

图 6　烧成系统生料喂料量与高温风机的电流和功率的关系

图 6 所示为烧成系统生料喂料量与高温风机的电流、功率之间的关系，从图中不难看出，当系统的生料喂料量为 380t/h（相当于 5615t 熟料/d）时，高温风机的实际功耗为 2100kW，而高温风机的额定功率为 2500kW，已经达到 84%，尚有 16% 的富裕量可供发挥，也可以补偿和缓解生产系统波动带来的超负荷问题。

图 7 所示为烧成系统的生料喂料量与窑速和总煤耗的关系，从图 7(a) 不难看出，随着系统生料喂料量的不断增加，窑速的增加速率不断地加快，当烧成系统的喂料量为 380t/h（相当于 5615t 熟料/d）时窑速已经达到 3.8r/min（最大为 4r/min）；图 7(b) 为生料喂料量与系统总煤耗的关系，从图中不难看出，随着生料喂料量的逐渐增加，喂煤量的增加逐渐变

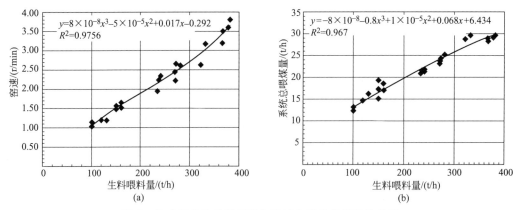

图 7 烧成系统生料喂料量与窑速和系统总煤耗的关系

缓，说明系统的热耗随着产量的增加逐渐降低。当喂料量为 380t/h 时，煤耗为 29.15t/h，相当于热耗为 710kcal/kg 熟料。

图 8 所示为预分解系统的 C1 筒出口负压与系统的喂料量和高温风机实耗功率的关系。从图 8(a) 中不难看出当烧成系统的生料喂料量为 380t/h 时，烧成系统 C1 筒的出口负压为 4.5kPa 左右，而此时的高温风机实际功耗为 2100kW 左右 [图 8(b)]，如果预热器出口负压为 6.0kPa 左右，相当于烧成系统的喂料量可达到 420t/h 以上（相当于 6200t 熟料/d），此时高温风机的实际功耗约为 2450kW 左右，也就是说，目前的低阻高效预分解系统所配风机在现有预分解系统的条件下，最大极限产量可达 6000t 熟料/d 的生产能力。从另一方面也不难看出，在确保 5600t 熟料/d 生产能力的基础上，我院开发设计的低阻耗预分解系统与目前国内同种规模的预分解系统（出 C1 负压为 6.0kPa）相比，至少可节电在 7200kW•h/d 以上（全年为 2304000kW•h 以上）。

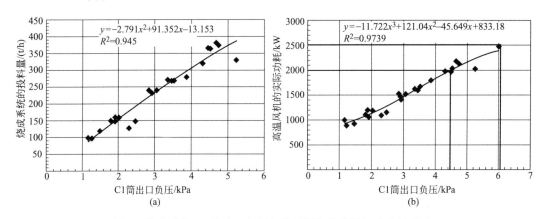

图 8 烧成系统 C1 筒出口负压与投料量和高温风机功率的关系

图 9 所示为烧成系统熟料产量与单位实际煤耗和高温风机的单位功耗之间的关系。从图 9(a) 中不难看出，随着烧成系统产量的不断增加，烧成系统的实际煤耗在逐渐减低，当熟料产量为 235t/h（5600t/d）时，其实物煤耗为 0.126kg/t 熟料，相当于热耗为 710kcal/kg 熟料。从图 9(b) 中可以看出，单位熟料的高温风机功耗随着烧成系统产量增加逐渐降低，但其降低过程是非线性的，这主要与实际操作过程和具体的操作指导思想有关，当烧成系统的产量为 235t 熟料/h 时，相应的高温风机实际功耗为 8.5kW•h/t 熟料。

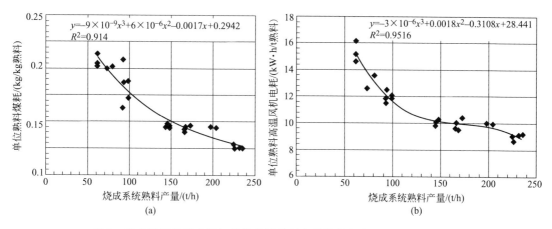

图 9 烧成系统熟料产量与单位熟料煤耗和单位熟料高温风机电耗的关系

以上是根据实际生产过程长期统计的结果,可供同种规模的水泥厂参考。

2. 烧成系统的阻力与电耗

从上述生产统计数据不难看出,我院开发设计的 5000t/d 烧成系统在低阻耗方面,由于采取了一系列技术措施,确保了真正的低阻耗特性,为了能够更好地证明这一点,特作出如下分析。

烧成系统的电耗主要集中在烧成窑尾高温风机、烧成窑中传动、烧成窑头冷却机及窑头收尘系统四个部分,具体主机装机量及烧成系统在 380t/h(相当于 5615t/d 的生产能力)投料情况下实际电耗见表 5。

表 5　烧成系统主机装机量

类别	高温风机	窑中传动	冷却机系统		窑头收尘与排风机		一次风机	合计
			传动+破碎	风机	收尘	排风机		
装机功率/kW	2500	630	292.6	1700	13.24	450	90	5676
装机功率所占比例/%	44.05	11.10	5.16	29.95	0.23	7.93	1.59	100
实际参数	227A 6000V	560A 660V	—		—		45A 6000V	152A 380V	—
功率因数($\cos\theta$)	0.89	直流	平均		平均		0.87	0.85	
实际功耗/kW	2100	370	160	1065	10	407	85	4197
实际功耗所占比例/%	50.04	8.82	3.81	25.54	0.24	9.70	2.03	100
实耗与装机比/%	84.00	58.73	54.68	62.65	75.53	90.44	94.44	—
单位熟料电耗/(kW·h/t 熟料)	8.98	1.58	0.68	4.55	0.043	1.74	0.36	1
总实耗与装机之比/%	4197/5676=73.94		相当于单位熟料电耗		4197/(5615/24)=17.94(kW·h/t 熟料)			

注:实际功耗的计算为 $N=\sqrt{3}\cdot I\cdot V\cdot\cos\theta/1000kW$,其中 I 为电机实际工作电流(A),V 为实际工作电压(V);表中数据不包括备用装机量。

从表 5 所列数据不难看出,在烧成系统中,高温风机的装机量占整个烧成系统表列装机量的 44.05%,而实际运行电耗占烧成系统表列总电耗的 50.04%,但就高温风机其能力已经发挥了 84.00%,尚有 16% 的富裕量有待发挥;烧成窑中装机量占整个烧成系统装机量的 11.10%,电耗占整个烧成系统表列电耗的 8.82%,其装机能力已经发挥了 58.73%;烧成窑头冷却机系统装机量占整个烧成系统表列装机量的 35.11%,其实际运行电耗占整个烧成系统表列电耗的 29.35%，其能力已发挥了 61.48%；窑头电收尘器与排风机装机量占整个烧成系统表列装机量的 7.93%，实际电耗占整个烧成系统表列电耗的 9.70%，其能力已经发挥了 90.02%。因此，对于整个烧成系统来说，要降低系统的电耗，应着眼于整个烧成系统的气路设计和结构控制，具体如下。

① 在设计过程中，应采取一切可以降阻的措施。对于预分解系统，在确保系统热效率的基础上，旋风筒单体应采用低风速、大旋转动量矩、外加导流板和整流装置的结构，使得现有 5000t/d 预分解系统的阻力在 380t/h（5600t 熟料/d）投料量的情况下，能够真正地控制在 4.8kPa 以内。对于冷却机气路管线的结构设计，除了考虑必要的阻力篦板消耗外，应避免一切不必要的阻损。

② 对于已经成型的技术装备，只有通过优化系统操作控制达到降阻降耗的目的；对于预分解系统，在确保窑炉两路燃烧充分（空气过剩系数为 1.05）的基础上，严格控制两路用风平衡且不过量，确保预热器出口氧含量在 3% 以内（相当于标准状态下烟气量为 1.30m³/kg 熟料）；对于冷却机系统，在确保熟料冷却效果的基础上，合理地控制冷却机的进风量和余风的排出量，达到降低烧成系统电耗的目的。

三、烧成系统其他技术指标

烧成系统的技术指标是衡量系统设计和操作好坏的重要标志，结合国内同种规模不同技术装备来源的生产数据对比见表 6，根据表中所列数据不难看出，我院开发设计的烧成系统，在生料细度较粗，生料配比和燃料的情况基本相当的情况下，其各项生产技术指标已完

表 6 同种规模的 5000t/d 烧成系统比较

生产条件参数分布情况								
类别	生料					煤粉		
	生料的率值				生料细度 (80μm)/%	煤粉细度 (80μm)/%	挥发分/%	灰分/%	煤粉热值 /(kcal/kg)
	KH	LSF	SM	IM					
铜陵厂	—	106	2.51	1.47	>22	13.08	29.15	25.65	5524
京阳厂	0.95	—	2.53	1.34	16.6	10.4	30.57	18.83	6102
华新厂	1.045	—	2.60	1.30	<12	<12	23.31	28.45	5150

系统操作参数分布情况									
类别	C1 筒出口				窑喂料量	系统喂煤量		窑尾		标定时间
	温度/℃	压力 /kPa	O₂/%	CO/%	生料 /(t/h)	炉/(t/h)	窑/(t/h)	温度/℃	负压/kPa	
铜陵厂	330	4.5	3.4	0.0	380	18.04	11.85	1180	0.30	2002 年 11 月 17 日
京阳厂	300	5.0	2.6	0.04	406	18.02	11.45	1004	0.37	2000 年 9 月 2 日
华新厂	334	4.5	3.8	0.1	340	15.8	13.8		0.28	1999 年 9 月 15 日

主要技术指标情况								
类别	生产规模 /(t/d)	废气量 (标准状态) /(m³/kg 熟料)	烧成热耗 /(kcal/kg 熟料)	冷熟料风 (标准状态) /(m³/kg 熟料)	烧成电耗 /(kW·h/t 熟料)	冷却机效率 /%	熟料 f-CaO 含量/%	入窑分解率 /%
铜陵厂	5615	1.319	720±15	1.908	54.5	72.22	<1.0	>93
京阳厂	5659	1.364	732	2.115	—	73.73	0.96	>90
华新厂	5050	—	721		—	73.3	0.76	95.5

全达到目前国际先进的技术水平。这充分说明我院在大规模烧成系统开发方面，完全掌握了烧成系统开发设计的关键技术，在开发设计的过程中，能够做到充分结合国内原燃料的情况，使开发设计的烧成系统技术更适合国情；在技术性能方面，完全可以与国外同规模技术装备相媲美，达到取代进口技术装备的目的，走出了我国大型干法生产技术装备开发的路子。

四、结束语

由我院开发设计的首条全国产化烧成技术装备生产线率先应用于铜陵海螺 2 号线 5000t/d 建设工程中，取得了成功，其各项技术指标均达到和超过了设计指标，特别在低阻耗预分解系统的开发设计和控制方面，达到了国际先进水平，实现了真正的低阻耗（5000t/d 时阻损≤4.0kPa；5500t/d 时阻损≤4.5kPa）的目的，相对于 6kPa 的预分解系统操作阻损，每年可节约电耗 2.304×10^6 kW·h 以上。经过上面的介绍和分析，不难得出如下的结论。

① 我院开发设计的烧成系统，在确保合理的操作参数情况下，能够适应各种投料（80～380t/h）规模要求，实现长期连续稳定运行，说明系统对喂料量有较宽的适应性，在保证窑运行的情况下，给生料磨系统提供充分的调整时间。

② 根据铜陵海螺的生产经验，烧成系统喂料量为 380t/d 时，生料粉细度（80μm 筛筛余）最粗时为 25%，一般情况下为 22%左右，熟料的煅烧情况仍然较好（f-CaO<1%），说明烧成系统对原燃料及其加工要求有着较宽的适应性。

③ 系统投产以来，烧成系统运行稳定，预分解系统从未发生过结拱堵塞问题，充分说明我院开发设计的预分解系统具有较强的防堵能力。

④ 根据统计分析，针对铜陵海螺具体原燃料的情况，从均化堆场至熟料入库，不包括矿山和原料进厂输送电耗，其熟料烧成电耗为 54.5kW·h/t，加上矿山开采和原料输送，估计熟料的综合电耗不会超过 57kW·h/t，真正实现了节能降耗的目的。

⑤ 我院开发设计的 5000t/d 烧成系统各项技术指标均达到或超过了设计指标，其中一些技术指标已达到国际先进技术水平。

⑥ 铜陵海螺 5000t/d 生产实践证明，我院开发设计的 5000t/d 烧成系统技术装备，在技术性能方面，完全可以与国外同等规模的技术装备相媲美，达到取代进口大型化技术装备的目的，为企业创造一个低投资、高回报的投资空间。

NC 系列窑系统热工测定的技术实践

陈汉民　蔡玉良　丁苏东　杨学权

近年来南京院开发的 NC 系列窑系统，以其性能指标先进、运行安全可靠取得了令同行称羡的业绩。在 NC 系列窑系统技术开发过程中，热工测定扮演着重要角色，一方面，它面对用户，是生产调试、产品和工程验收、操作优化和生产线安全运行不可或缺的手段；另一方面，它面对开发研究人员，是技术研发工作实现设计思想的工程验证和工程信息捕集反馈必不可少的工具。

窑系统是一个处理物料量庞大、影响因素多、过程信息滞后的高温反应器系统。使窑系统工艺过程进入稳定状态是其实现高效安全运行和正常操作的基本要求，也是开展热工测定工作的前提条件。在新窑系统投入生产后把较完整的系统热工测定工作放在调试期末进行常常是一种合理的选择，此阶段系统运行不仅度过了调试期内各种设备故障高发期，而且经过一个阶段的经验积累，已获得稳定操作窑系统的初步经验，为全系统热工测定提供了基本条件。一般情况下 72h 是生产线连续运行考核期，也是生产线进入常规运行和寻找优化作业途径的起点，一份内容翔实准确的系统热工测定报告，将为用户深入理解并不断改进自己的操作管理对象提供有价值的帮助。再者，作为结束调试工作标志的工程验收，用户也需要一份较清晰完整的操作实绩资料，对设备技术供应方的性能保证指标作出判断。

鉴于上述考虑，NC 系列窑系统热工测定工作在大部分场合均组织在 3d 考核期内与生料磨、煤磨的热工测定工作一起实施。一般由厂方和设计院方组成一个 10 人左右的联合工作小组，划分为 3~4 个工作单元，分别实施现场数据采集、中控室及化验室数据采集及取样等工作，在 3~4d 完成全部数据及试样采集工作。过去几年，得益于国产自动化仪表装备及控制技术的进步，水泥厂中控室屏幕显示数据的精度和可靠性均有大幅度提高，相当一部分热工参数，特别是窑尾部分的操作参数易于获取，使得标定校正工作得到了简化，现场数据采集的工作也已实现规范化，这些变化对提高测定工作的效率起到了重要的作用。窑系统测定的基本内容见表 1。

表 1　窑系统测点位置及测定内容

序号	测点位置	测定内容								备注
		气体温度	物料温度	气体压力	气体含尘量	气体成分	物料流量	气体流量	物料分解率	
1	C1 出口	√		√	√	√		√		
2	C2 出口	√	√	√			√			生料喂料
3	C3 出口	√		√						
4	C4 出口	√		√						
5	C4 下料管								√	取样

序号	测点位置	测定内容								备注
		气体温度	物料温度	气体压力	气体含尘量	气体成分	物料流量	气体流量	物料分解率	
6	C5 出口	√		√		√				
7	C5 下料管								√	取样
8	分解炉进口	√		√						
9	分解炉出口	√		√		√				
10	窑尾	√		√		√				
11	三次风管	√		√				√		
12	窑头	√	√	√						二次风温 熟料温度
13	一次风机			√				√		
14	煤磨风管	√		√				√		
15	冷却机用风	√		√				√		
16	冷却机余风	√		√				√		
17	冷却机出口		√				√			熟料产量
18	系统表面温度									
19	生料化学成分									
20	煤工业分析									
21	出Ⅰ级筒飞灰烧失量									
22	窑头用煤量		√				√			
23	分解炉用煤量						√			
24	送煤风机风量							√		
25	熟料化学成分									

　　热工测定工作的质量，在很大程度上取决于测量仪器和所采用的方法，这些年来国内水泥工业的技术进步，同样体现在它给热工测定工作带来的新面貌上。本文拟对我院近几年生产调试工作中窑系统热工测定的技术实践作一简要介绍。

一、气体流量测定

　　随着窑系统生产能力的增大，气体管径变得越来越粗，5000t/d 规模窑系统的进高温风机风管直径一般可达 4m 左右。用防堵毕托管测定管道气流动压计算风量的方法也变得越来越难以操作。用市场上可以买到的两段螺接式毕托管可以得到的最大悬臂长大致 3m 左右，在这种场合也只能测定半个断面，完成全断面的测定需要在管道两侧均开有测孔并架设相应的测定操作平台，同时在大悬臂、高风速下测定多个点的数据也成一项繁重的体力劳动。

　　我们在对 NC 系列窑系统热工测定的长期实践中，吸取国外先进经验，开发了一种称为均速管流量计的计量仪器和相应测试技术。这一仪器需按被测管道的管径专门制作，但制作技术较简单，可由工厂完成。在测定工作的准备阶段，工厂会根据提供的与待测管路匹配的测速管制作图完成探头的制作。

　　均速管探头的操作十分简单，具体见图 1。将其插入被测管道的确定位置，并让测速管的两组动压测孔位于管道中心轴的对称位置并面对气流，在信号引出端即能测得与气体温度、流速、压力相关的动压读数。均速管流量计的流量系数，即真实流量与其测定计算值的比值，随其规格和制作工艺而异，需要经实验标定工作确定。

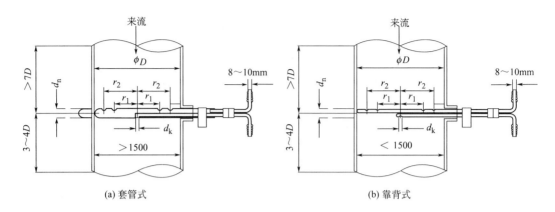

图 1　均速管流量计结构和安装

这一技术的使用经验告诉我们，在大窑型系统中的大管径、低长径比、含尘气体风管中风量的测定利用均速管流量探头代替毕托管有很大好处，测定数据稳定可靠，测定方法简单，测定误差较小，是一种值得推荐的技术。

二、粉体计量

窑系统的稳定操作是建立在生料和煤粉喂料量稳定且能合理匹配的基础上，因此，这些喂料系统的准确计量和稳流，是实现窑系统稳定操作和评价其技术性能的关键。近几年投产的大中型预分解窑生产线上，一般均配备有如图 2 所示的性能可靠、技术先进，并由称重仓进行料面控制、计量秤实现计量和反馈定值控制的粉料稳流串级计量系统。这些计量设备的静态标定或挂码标定只能对计量系统的电气性能和模拟状态下的计量值作出校正，而实际计量误差的消除，则只有通过实物标定来实现，因此，对生料和煤粉喂料计量系统的实物标定理应成为窑系统热工测定必须率先完成的一项重要工作内容，但这一过程也因计算机数据采集及处理系统的强大功能得以比较容易实现，过去这一传统意义上的标定是一件令人生畏的繁重劳动过程，现已可以通过在失重仓上加载和卸载约 1t 砝码（约 1t，有时可利用 20 名经预先称重的员工来代替更方便），进行计算机按键控制和数据处理。该方法可以在不影响窑系统连续运行的情况下轻松实施，并借助计算机的数据采集和趋势图记录功能，轻而易举地实现喂料系统计量误差标定工作。

现结合我院 NC 系列窑系统热工测定的经验，将其标定方法和数据处理过程介绍如下。

1. 方法一

（1）标定作业程序

标定前将喂料仓的料位控制在 80％ 以上，并作好计算机数据采集历史趋势图，停止称重仓喂料，标定

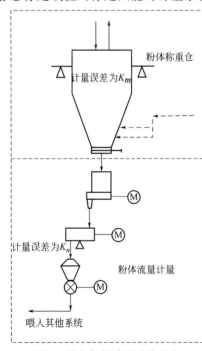

图 2　粉状物料计量系统示意

开始后，要恒定喂料量设定，按一定要求在称重仓上实施逐步加码，然后运行一定时间后，再实施逐步减码，最后可以根据计算机运行的历史趋势图完成标定。

（2）数据处理

在中控计算机上，调出标定作业期间的称重仓重量和粉料流量计相关数据历史趋势图（图3），据此不难根据误差的定义和趋势图中的相关数据，采用如下的方式确定其误差。

① 计量设备的标定误差 K。

$$K = \frac{(终了累计量显示值 - 开始累计量显示值) - 实际物料量}{实际物料量}$$

$$= \frac{终了累计量显示值 - 开始累计量显示值}{实际物料量} - 1$$

由图2可得：

$$K_m = \frac{m_1 - m_0}{m_1' - m_0'} - 1 = \frac{m_2 - m_1}{m_2' - m_1'} - 1 = \frac{m_3 - m_2}{m_3' - m_2'} - 1 = \frac{m_4 - m_3}{m_4' - m_3'} - 1$$

$$K_n = \frac{n_1 - n_0}{n_1' - n_0'} - 1 = \frac{n_2 - n_1}{n_2' - n_1'} - 1 = \frac{n_3 - n_2}{n_3' - n_2'} - 1 = \frac{n_4 - n_3}{n_4' - n_3'} - 1$$

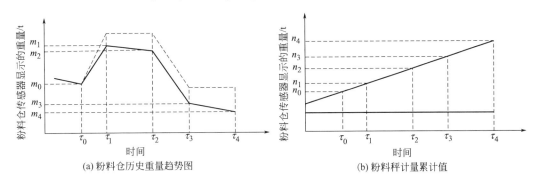

图 3　标定期间重量与计量随时间变化示意

式中加 "'" 的为相应阶段的真实物料累计量，由加码段和加码后的观察段上下计量装置的平衡关系得：

$$\frac{m_1 - m_0}{K_{m^+} + 1} - M = \frac{n_1 - n_0}{K_{n^+} + 1} \tag{1}$$

$$\frac{m_2 - m_1}{K_{m^+} + 1} = \frac{n_2 - n_1}{K_{n^+} + 1} \tag{2}$$

联立上述两方程后，其解为：

$$K_{m^+} = \frac{m_1 - m_0 - \frac{n_1 - n_0}{n_2 - n_1}(m_2 - m_1)}{M} - 1 \tag{3}$$

$$K_{n^+} = \frac{(n_2 - n_1)\frac{m_1 - m_0}{m_2 - m_1}(-1)^i - (n_1 - n_0)}{M} - 1 \tag{4}$$

其中，m_i，n_i 均可从趋势图中读出，代入上式即可以算出加码段的误差。

对于如图2所示的计量系统，可以在第一次加码的基础上，将砝码从粉料仓体上取下，称为减码段，减码量为 M，相应误差为 K_m^-、K_n^-。

在减码段和减码后观察段可得：

$$\frac{m_2 - m_3}{K_m^- + 1} - M = \frac{n_3 - n_2}{K_n^- + 1} \quad (5)$$

$$\frac{m_3 - m_4}{K_m^- + 1} = \frac{n_4 - n_3}{K_n^- + 1} \quad (5)'$$

解上述两个方程得：

$$K_m^- = \frac{(m_2 - m_3) - \frac{n_3 - n_2}{n_4 - n_3}(m_3 - m_4)}{M} - 1 \quad (6)$$

$$K_n^- = \frac{\frac{m_2 - m_3}{m_3 - m_4}(n_4 - n_3) - (n_3 - n_2)}{M} - 1 \quad (7)$$

两种方式标定的平均计量误差为：

$$\overline{K_m} = \frac{K_m^+ + K_m^-}{2} ; \quad \overline{K_n} = \frac{K_n^+ + K_n^-}{2} \quad (8)$$

一般情况下，加码误差和减码误差应该相等，不应该有差别，但是由于实际操作过程和传感器等特性，往往有所偏差，因此采用其平均值来衡量这个过程误差，为了更准确，也可以反复进行多次。

② 物料流率。利用上述误差进行校正，得出粉料流率真实值为：

$$R_m = \frac{\left(\frac{2m_1 - m_0 - m_4}{\overline{K_m} + 1} - 2M\right)}{\tau_4 - \tau_0} \times 60 \quad (\text{t/h})$$

$$R_n = \frac{\frac{n_4 - n_0}{\overline{K_n} + 1}}{\tau_4 - \tau_0} \times 60 \quad (\text{t/h})$$

且有 $R_m = R_n$。

（3）标定实例

A厂煤粉输送计量系统的煤粉荷重仓的总容量约为10t，正常生产时煤粉的输送量为3～4t/h，为了掌握该系统计量精度的准确数据，需对其进行标定，根据情况，采用共计2t的50kg的标准砝码对其进行标定，标定记录及计算结果见表2。

表2 标定实例

类别	1	2	3	4	5	平均流率/(t/h)
监控时间段/min	τ_0	τ_1	τ_2	τ_3	τ_4	
	0	8	16.5	24.5	31.5	
粉料仓重总量显示值/t	m_0	m_1	m_2	m_3	m_4	$R_m = 3.45$
	7.62	10.52	9.84	6.89	6.39	
计量误差 K_m	$K_m^+ = 0.18175$; $K_m^- = 0.2382$; $\overline{K_m} = 0.20998$					
粉体累计量显示值/t	n_0	m_1	m_2	m_3	m_4	$R_n = 3.45$
	2.88	3.25	3.65	4.04	4.38	
计量误差 K_n	$K_n^+ = -0.185$; $K_n^- = -0.158$; $\overline{K_n} = -0.1715$					

$$K_m^+ = \frac{10.52 - 7.62 - \dfrac{3.25 - 2.88}{3.65 - 3.25}(10.52 - 9.94)}{2} - 1 = 0.18175$$

$$K_n^+ = \frac{(3.65 - 3.25)\dfrac{10.52 - 7.62}{10.52 - 9.94} - (3.25 - 2.88)}{2} - 1 = -0.185$$

$$K_m^- = \frac{(9.94 - 6.89) - \dfrac{4.04 - 3.65}{4.38 - 4.04}(6.89 - 6.39)}{2} - 1 = 0.2382$$

$$K_n^- = \frac{\dfrac{9.94 - 6.89}{6.89 - 6.39}(4.38 - 4.04) - (4.04 - 3.65)}{2} - 1 = -0.158$$

$$\overline{K_m} = \frac{K_m^+ + K_m^-}{2} = \frac{0.18175 + 0.2382}{2} = 0.209975$$

$$\overline{K_n} = \frac{K_n^+ + K_n^-}{2} = \frac{-0.185 - 0.158}{2} = -0.1715$$

$$R_m = \frac{\left[\dfrac{(2m_1 - m_0 - m_4)}{\overline{K_m} + 1} - 2M\right]}{\tau_4 - \tau_0} \times 60 = \frac{\left[\dfrac{(2 \times 10.52 - 7.62 - 6.39)}{0.209975 + 1} - 2 \times 2\right]}{31.5 - 0} \times 60$$

$$= 3.48495 \; (\text{t/h}) \approx 3.45 \; (\text{t/h})$$

$$R_n = \frac{\dfrac{n_4 - n_0}{\overline{K_n^-} + 1}}{\tau_4 - \tau_0} \times 60 = \frac{\dfrac{4.38 - 2.88}{1 - 0.1715}}{31.5 - 0} \times 60 = 3.4495 \approx 3.45 \; (\text{t/h})$$

2. 方法二

方法一比较严谨，采集数据量较多，计算处理较繁琐，在称量系统稳定性良好的情况下可以采取简化的做法，具体如下。

（1）标定作业程序

标定作业程序同方法一。

（2）数据处理

数据处理可直接在屏幕拷贝上完成，下面用实例作出解释。

（3）标定实例

失重仓调节至高料位（约70t）后切断进料阀门，以355t/h喂料量作冲量流量计定值控制的自动作业。20名员工经称重后用作砝码加载于仓上，停留20s后卸载。打印这一过程的失重仓仓重历史趋势图，用于计算传感器对砝码的反应量及失重仓重量显示值的校正系数。

① 砝码重量 $G_0 = 1.3943$t。

② 标定期间的失重仓仓重历史趋势图见图4及图5。

③ 计算过程说明如下。

a. 由图4可见，AB 为加载前的失重曲线，BC 为加载过程，CE 为砝码负荷期，EF 为卸载期。鉴于 ABF 处于同一直线上，可以认定标定期间失重仓入窑喂料系统保持了良好的定值控制功能，由失重仓传感器信号测得的喂料量 Q_1 可由图5中（仓重＋物料）-时间曲线

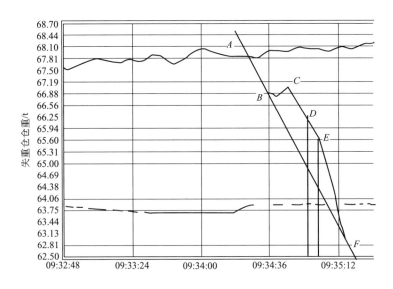

图 4　生料仓计量历史趋势

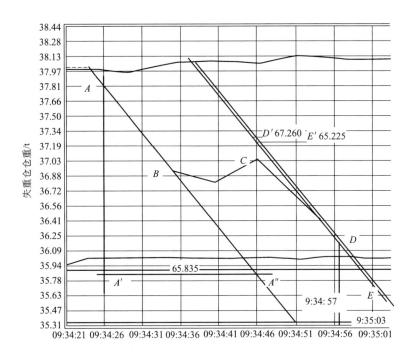

图 5　生料仓计量历史趋势图局部放大

ABA''的斜率求得：

$$Q_1 = \frac{AA'}{A'A''} = \frac{67.81 - 65.84}{20} = 98.50 \ (\text{kg/s}) = 354.6 \ (\text{t/h})$$

该值与标定期间冲量流量计传感器信号测得的喂料量 $Q_2 = 355$（t/h）相对偏差仅为 0.1%。

b. 砝码负荷期曲线 CE 呈微凸的形状，显示了失重仓-传感器系统对阶跃干扰量的滞后和振荡特性，它与曲线 AF 在同一时刻的 Y 轴坐标值之差即为砝码的仓重传感器反应量。在图 5 上取最大反应量点 D（时间为 9：34：57）和负荷期终点 E（时间为 9：35：03）进行计算得：

$$G_1 = D'A'' = 67.260 - 65.835 = 1.425 \text{（t）}$$
$$G_2 = E'A'' = 67.225 - 65.835 = 1.390 \text{（t）}$$

相应的仓重传感器的校正系数为：

$$\alpha_1 = \frac{G_0}{G_1} = 0.978$$

$$\alpha_2 = \frac{G_0}{G_2} = 1.002$$

④ 结论如下。

a. 在本次标定工况条件下：冲量流量计传感器信号 K_3 相对于仓重传感器在测定期 Δt 内失重信号 ΔK_2 的校正系数 $\beta = \frac{\Delta K_2}{K_3 \Delta t} = 1.00$；仓重传感器信号 K_2 相对于实际重量 K_1 的校正系数 $\alpha = \frac{K_1}{K_2}$，其值为 $0.978 \sim 1.002$。

b. 从仓重对砝码的响应曲线 $BCDEF$ 形状可知，20s 负荷期尚未达到响应的一个振荡周期，影响了计算点的正确选取。适当延长标定操作的负荷期可望获得更多信息，提高标定精度。

三、熟料计量

窑系统热工测定评价的一个重要基础是熟料产量，不仅因为它直接反映了生产设备最重要的一项技术性能，也因为生产设备的各项消耗指标都是以单位产品来衡量的，熟料产量测定误差会给窑系统热工性能评价造成重大扭曲。

工厂在进入正常运行期后，一般均能根据操作经验和生产统计数据建立每千克熟料生料消耗数值的准确估计，从而可以从喂料量估算窑产量，同时通过全厂物料量收支数据对料耗值做必要修整。但是用这种方法得到的熟料产量隐含误差较大，在工厂内部甚至也会引起争议。许多工厂多年来一直运行在对窑产量变动状况不很清楚的情况下，对工厂管理带来了消极影响。

调试期间的热工测定工作中，如果采用生料料耗来估算熟料产量，由于积累经验较少，存在着更大的误差风险。因此在一些工厂的热工标定中应客户要求，常采用在测定期内将某一时间段的熟料输送机上的熟料送入预先清空的次熟料库，然后排出这些熟料直接称重的做法。这种方法显然涉及相当大的熟料输送及称重工作量，由于次熟料库内测定前后存料量的变动，计量结果也隐含了一些不确定因素带来的误差。

我院技术开发人员提出了一个比较理想的解决方案。简而言之，这一方案是在熟料库顶设置一个熟料流量试样的取样装置，按一定作业制度，截取一个确定时间增量段内的入库熟料流，然后自动称重记录，数据经现场微机处理后可转换为某一时间段的平均产量结果，而被称重后的熟料，仍然被自动阀门导入库内。新方案仅涉及少量专用设施和少量被测熟料量，可全自动完成作业。其工作质量及所获得的流量样本所含的误差和标准偏差系基于在颗粒料取样理论指导下建立的取样作业制度和料流截取模式，因此可被严格控制在工艺和工厂管理要求的范围内。这一技术正期望着在那些更加对窑系统熟料产量变动状况关注的工程项目上获得应用。

四、其他

信息技术的飞速发展，给信息采集及处理方法带来了革命性的变化。现在，在热工测定工作中所用的气体压力、温度和成分的测量仪表中，传感器捕集的信息更精密，经模数转换后，数据处理得到的信息更准确。特别是废气成分测定（德国产 Testo-3000M-Ⅰ），新方法的快速、便捷和准确远非昔日的奥氏气体分析仪可以比拟。我们配备的一种智能热线风速仪（TSI 热膜分析仪）可以在 $0\sim60m/s$ 量程范围内对管道内纯净空气流的速率、温度作快速测定，对冷却机的风量测定特别有帮助。令人遗憾的是含尘量测定技术在过去的半个世纪中，无论国内或国外均未出现给人留下印象的进步。

燃无烟煤及其他难燃煤工程技术的
开发设计与应用实践

蔡玉良 潘 洞 孙德群 丁苏东 李 波

水泥工业用煤的选择和燃烧过程的组织是水泥工业建设和生产过程控制的重要课题。如何评判和把握水泥工业生产用煤问题，是水泥生产商们困惑的技术问题，也是水泥技术装备提供商们最为关心的技术问题之一。

水泥工业用原煤，经过粉磨选粉后达到一定的技术控制要求，形成了煤粉。煤粉的总体燃烧特性，并不完全由其挥发分含量决定，而是由其沉积的年代和煤岩的结构决定。我国工业用煤因工业过程的差异，对煤质特性要求也不相同。我国煤炭的分类方案，仅就煤的某些特征进行分类，不一定适合于各种工业对煤质的要求。对于水泥工业用煤，就必须针对水泥工业用煤的特征要求，加以选择和利用。世界各国在煤的分类中，均将煤中所含挥发分的高低作为主要的分类方案之一，无烟煤（挥发分$<10\%$）是这一分类中的一种。但对水泥工业来说，并非所有的无烟煤都难以燃烧和利用，同时对挥发分高于10%的烟煤也不是100%都能用于水泥工业生产。因此必须针对水泥工业的燃煤要求对其进行针对性的检测和分析，同时还要研究煤的燃烧特性与生料分解特性之间的匹配关系，才能做到合理利用。当然对那些难燃的高热值煤和挥发分已达到要求但热值低、燃烧活性差的劣质煤要特别给予关注。例如对于中晚期煤来说，虽然挥发分含量高（$10\%\sim30\%$），但绝对热值较低（$3500\sim4800$kcal/kg 煤，1cal＝4.18J），燃烧速率低（活性差），在水泥工业生产中是比较难以应用的。对于燃烧活性差的难燃无烟煤（挥发分$<10\%$），虽然热值较高，但是所需的着火和快速持续燃烧的环境温度较高，难与水泥生料的分解过程相匹配，在工程设计的过程如不采取适当的技术措施，同样在水泥工业生产中难以应用。

如何针对各种燃煤进行工程设计，满足不同用户的需要，保证不出现影响生产的技术问题，这是水泥工程装备过程不可回避的技术难题，也是技术提供商们开展个性化设计必须回答的问题。

在水泥生产过程中，煤粉的燃烧主要在分解炉和回转窑两种反应器中完成，从煤粉的燃烧条件和燃烧环境来看，煤粉在回转窑内的燃烧环境要比在分解炉中好得多，因此在烧成系统的开发、研究、工程设计和生产应用过程中，要想确保整个过程的顺利完成，必须回答如下四个方面的技术问题。

① 煤粉的燃烧特性如何？

② 生料的分解特性如何？

③ 煤粉、生料二者的匹配和协调性如何？

④ 系统设计如何有利于内部传热过程的完成，如何满足燃烧和分解过程所需的空间要

求，除此之外还要考虑系统的经济性。

煤炭的等级是根据其形成的地质年代确定和划分的，煤炭可分成不同的等级，煤的等级越高，其年龄越长。表1所示为我国煤种按挥发分高低分类的情况。

表1 我国煤种的分类

煤种	无烟煤	贫煤	瘦煤	焦煤	肥煤	气煤	弱黏煤	长焰煤	褐煤
挥发分/%	0～10	10～20	14～20	14～30	26～37	30～>37	20～37	>40	45～50

目前水泥工业中遇到的着火燃烧比较困难的煤种基本情况如下。

一般情况下，无烟煤是在石炭纪以前形成的，变质程度较深，含碳量高，最高达90%以上，可燃基氢含量较低（一般小于4%），加热和燃烧过程不产生胶质。难燃煤是无烟煤中的一种，沉积的年代更为久远，聚煤原生质多为菌藻类、浮游类、低栖微植物群以及海绵、腕足类动物尸体等，形成了腐泥煤积压沉积而成，起始着火温度（480～650℃）和燃尽终止温度（820～1000℃）均偏高，燃尽时间较长。除此之外，水泥工业中还常遇到灰分含量高、燃烧活性差和难以燃烧且热值较低（<4800kcal/kg煤）的劣质煤，这些煤的某些燃烧特性与无烟煤相当，但由于热值低，灰分高，较难形成所需的高温火焰，同时在熟料烧成阶段带入大量的灰分影响熟料的质量，因此要谨慎选用。图1所示为在实验室内利用热天平分析的结果，不难看出无烟

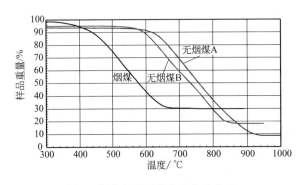

图1 烟煤与无烟煤的热失重曲线

煤与烟煤的热重燃烧特性之间存在着较大的差异。这些差异要求在预分解系统的设计时必须采取相应的措施和方案。

一、煤的研究分析方法

为了更好地了解煤的特性，首先应对煤的形成年代及过程有所了解。

1. 无烟煤的形成年代与原生质

我国的无烟煤聚煤期主要在石炭纪之前完成，也是中国地质史上早期聚煤模式的演变与煤岩形成的一个主要时期，主要分为以下几个阶段。

（1）早古生代（0.5亿～6亿年）以菌藻类为主的浅海相聚煤模式

第一聚煤期开始于震旦纪，到早古生代聚煤作用逐渐活跃，主要是菌藻类、浮游类、低栖微植物群以及海绵、腕足类动物尸体等作为成煤物质，形成了腐泥煤，又称为石煤，如在湘、鄂、粤、桂、赣、川、陕等地早古生代地层中常发现透镜状高变质的腐泥煤。

（2）晚古生代以蕨类植物为主的海滨过渡相聚煤模式

在晚古生代，因气候变化，海洋中的藻类向两个方向发展，即一支继续延续藻类繁殖，另一支则进化为陆生植物。

① 泥盆纪（距今3500万～4000万年）。中国泥盆纪出现的植物种群有：云南工蕨、石

松纲的刺镰蕨以及原始鳞木等。由于植物体矮小，茎细长，形态简单，分布比较稀疏，仅形成了炭质泥岩及厚度不大的薄层煤，为泥盆纪聚煤作用的开端。

② 中泥盆纪（距今 3350 万～3850 万年）。原始的石松类、楔叶类和真蕨类相继出现，更能适应陆地生长，刺镰蕨、原始鳞木类植物等的发展为滨海相及海湾、泻湖相聚煤创造了条件，如云南康滇古陆两侧、云南禄劝、云南华坪、四川攀枝花大麦地等。

③ 晚泥盆纪（距今 3500 万～3750 万年）。随着海水向东北方向浸漫，古地理景观有了新变化。晚泥盆纪含煤沉积分布较广泛，如：长江中下游地区有煤层出现，沉积环境以滨海三角洲为主。

④ 石炭、二叠纪（距今 2300 万～3500 万年）。进入石炭纪，植物的演化和繁殖，出现巨大的石松类和楔叶类（前者如鳞木及封印木，后者如芦木），真蕨类中也有高大的树蕨，这些为聚煤活动创造了原始的物质条件。华南早石炭纪承袭泥盆纪的地理景观，海水向东北方向浸漫，含煤层位也随之由西南向东北逐渐升高。到了晚石炭时期海浸达到了高潮，聚煤作用暂告结束。

2. 煤的燃烧性能检测与初步判定

如何选择和把握好水泥工业生产用煤及合理地选择好生产系统，使工程项目的建设成本得以合理控制，并为降低长期生产运行成本创造条件，这是水泥生产商们最为关心的问题。常规煤粉的工业分析，满足不了工程技术开发设计的需要。作为工程设计，在承接工程项目时还必须根据具体的工程项目和业主使用的原燃料情况进行一些实验检测和研究，以确保工程设计和实施的可靠性。通常需要对煤进行如下特性的测定：煤粉的可燃性指数、着火特性指标、活化能与指前因子、着火稳燃特性指标和煤粉的燃尽特性，还必须针对水泥工业的用煤特点和要求，分析研究生料的特性及其与原料、燃料间的相互匹配关系，具体将在后面内容一一阐述。

（1）可燃性指数

煤粉的可燃性指数（C）是利用热天平对煤粉进行 TGA 和 DTA 分析获得的，具体定义如下：

当 $T_{zh} < 500℃$ 时，$C = \dfrac{\left(\dfrac{dw}{d\tau}\right)_{80}}{T_{zh}^2}$

当 $T_{zh} > 500℃$ 时，$C = \dfrac{\left(\dfrac{dw}{d\tau}\right)_{80}}{T_{zh}^{\left(2 + \frac{T_{zh}-500}{1000}\right)}}$

式中　T_{zh}——煤的着火温度，K，$T_{zh} = \dfrac{E}{2R}\left(1 - \sqrt{\dfrac{4R}{E}T_0}\right)$，与煤粉自身特性和环境温度

有关；

$\left(\dfrac{dw}{d\tau}\right)_{80}$——最高燃烧速率区的平均速率，mg/min。

从上式中可以看出，C 值越大，煤粉越易着火燃烧；C 值越小，煤粉越难着火燃烧，具体情况见表 2。

（2）着火特性指标

着火特性指标（F_z）是基于炭粒表面反应的活化能为常数这一假设上提出的描述煤燃烧特

性的指标，仅与煤的工业分析数据有关，因此可以利用下式初步表述和把握煤着火的难易。

$$F_z = (V_{ad} + M_{ad})^2 \times FC_{ad} \times 10^{-4}$$

式中　V_{ad}——应用基挥发分，%；

M_{ad}——应用基煤结晶水，%；

FC_{ad}——应用基固定碳，%。

F_z 值越大，越易着火；F_z 值越小，着火越难，具体情况见表2。

（3）活化能与指前因子

燃烧化学反应速率，可以用炭的消耗速率来表示，也可以用氧气的消耗速率来表示。已知氧的消耗速率时，可按下式计算出炭的燃烧反应速率 q_C：

$$q_C = \varphi q_{O_2} = \varphi \cdot \frac{C_{O_2}}{\frac{1}{\alpha} + \frac{1}{K}} \quad [kg/(m^2 \cdot s)]$$

式中　φ——反应机理因子；

C_{O_2}——炭表面氧气浓度，kg/m^3；

K——化学反应速率常数，m/s；

α——扩散速率常数。

当 $K \ll \alpha$ 时，为燃烧反应控制过程（也称动力控制过程）；当 $K \gg \alpha$ 时，为扩散反应控制过程；当 $K \approx \alpha$ 时为中间控制过程，或者过渡控制过程。

根据上述分析可以得出：当 $\frac{\alpha}{K} > 10$ 时，为动力燃烧区，在动力燃烧控制区内，强化燃烧最有效的措施是提高燃烧起始的环境温度；当 $\frac{\alpha}{K} < 0.1$ 时，为扩散燃烧控制过程，在扩散控制的燃烧区内，强化燃烧最有效的措施是增加空气流与炭粒间的相对速率，以提高氧与炭粒的接触概率或氧的含量；当 $\frac{\alpha}{K}$ 为 0.1～10 时为中间状态，采用上述两种方式均可提高炭粒的燃烧速率。中材国际在分解炉的开发设计过程中，经过大量煤粉热检测分析，发现大部分无烟煤煤粉的初始燃烧均为动力控制燃烧，因此提高初始燃烧的环境温度，是加快煤粉燃烧最为有效的途径。

通过研究分析不难整理出炭粒的燃烧时间（τ）为：

$$\tau = \frac{\rho_{coal}}{2P_{O_2,\infty}} \left\{ \frac{[1-(1-\theta)^{\frac{2}{3}}]RT \cdot (d_p^0)^2}{48\varphi D} + \frac{[1-(1-\theta)^{\frac{1}{3}}]d_p^0}{K_0 \exp\left(-\frac{E}{RT}\right)} \right\}$$

式中　ρ_{coal}——煤的密度，kg/m^3；

θ——燃尽率，%，$\theta = 1 - \left(\frac{d_p}{d_p^0}\right)^3$；

d_p、d_p^0——炭粒的反应直径、初始直径，m；

T——炭颗粒温度的平均值，K；

φ——反应机理因子，当 $\varphi = 2$ 时表面产物为 CO_2，当 $\varphi = 1$ 时表面产物为 CO；

D——任意温度下氧在气流中的扩散系数，m^2/s，$D = D_0 \cdot \left(\frac{T_m}{T_0}\right)^{1.75}$；

K_0——频率因子，$kg/(m^2 \cdot s \cdot Pa)$。

从上式不难看出，炭粒的燃尽时间除了取决于其活化能、密度、氧分压，还受其粒度大小的影响。对于燃烧活性较差的煤种或挥发分较低的无烟煤，常采用细磨的方法来改善炭粒的燃烧性能。

（4）煤着火稳燃特性指标

煤着火稳燃特性指标（R_w）用于判断煤的稳燃特性，具体表述如下：

$$R_w = \frac{560}{T_{zh}} + \frac{650}{T_{1max}} + 0.27W_{1max}$$

式中，W_{1max} 和 T_{1max} 的意义见图 2，分别代表第一峰值（易燃峰）最大反应速率和当时的反应温度。

根据定义不难看出，R_w 值越小，越难稳定着火；R_w 值越大，越易稳定着火，具体情况见表 2。

（5）煤粉的燃尽特性

同样利用上述热失重速率曲线中第二峰值（难燃峰）下烧掉的燃料量 G_2、相应的温度 T_{2max} 及 τ_{98} 三个参数，再加上焦炭（即挥发分测定后的剩余物，经磨细使 100% 通过 200 目筛）在热天平内 700℃ 恒温条件下，使烧掉其中 98% 的可燃物质所需要的时间 τ'_{98}（min），这四个特征物理量最能反映煤的后期燃尽程度，用燃尽特征指数（R_j）表示如下：

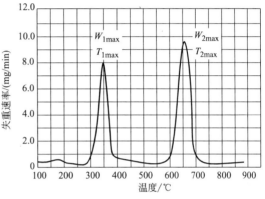

图 2 煤的热失重速率曲线

$$R_j = 0.159G_2 + 0.0209(T_{2max} + 273) - 0.797\tau_{98} - 0.125\tau'_{98} - 2.658$$

R_j 值越小，越难燃烧完全，即燃尽程度较低，也即燃尽所耗时间越长；R_j 值越大，越易燃尽，燃尽程度也越高，也即燃尽时间越短。R_j 值的分级标准见表 2。

表 2 煤粉燃烧特性分级

燃烧特性	燃烧特性分级				
	极难燃煤种	难燃煤种	中等难燃煤种	易燃煤种	极易燃煤种
C	$C \leqslant 1.0$	$1 < C \leqslant 1.5$	$1.5 < C \leqslant 2.0$	$2.0 < C \leqslant 2.5$	$C > 2.5$
F_z	$F_z \leqslant 0.5$	$0.5 < F_z \leqslant 1.0$	$1.0 < F_z \leqslant 1.5$	$1.5 < F_z \leqslant 2.0$	$F_z > 2.0$
R_w	$R_w \leqslant 4.0$	$4.0 < R_w \leqslant 4.65$	$4.65 < R_w \leqslant 5.0$	$5.0 < R_w \leqslant 5.7$	$R_w > 5.7$
R_j	$R_j \leqslant 2.5$	$2.5 < R_j \leqslant 3.0$	$3.0 < R_j \leqslant 4.4$	$4.4 < R_j \leqslant 5.7$	$R_j > 5.7$

3. 煤粉的加工与控制要求

无烟煤由于产地各异、地质形成年代不同，变质程度差异较大，其粉磨特性也存在较大差异。表 3 所示为中材国际实际工程应用中遇到的几种烟煤和无烟煤的哈氏易磨性指数。从表 3 可以发现，即使处于同一地区，但由于矿点不同，无烟煤的哈氏易磨性指数在 50～104 之间变化。可见，无烟煤的易磨性差异很大，特别是无烟煤最终燃尽温度对煤粉细度有特殊的依赖性要求。在设计或生产中，应根据无烟煤的易磨性实验结果进行磨机的优化设计和选型。同样的系统，在磨制不同的无烟煤时，其出率将发生很大的变化。

表 3 无烟煤和烟煤哈氏易磨性指数

水泥厂	无烟煤		水泥厂	烟煤	
	哈氏指数	挥发分/%		哈氏指数	挥发分/%
龙岩三德水泥厂	60	7.10	平顶山	96	25.00
永安翠屏山	104	2.36	淮北	80	15.90
永安漳平双洋	59	3.72	辽宁铁新	54	29.77
福建水泥	112	3.64	林口森泉	53	24.83
中材萍乡	71	6.45	四川德胜	75	28.52
华润陆川	70	6.8	江西万年青	63	21.80
中材罗定	68	6.75	伊犁庆华	106	25.75

无烟煤的粉磨加工必须满足如下两个目的：一是根据无烟煤的情况，提高煤粉的粉磨细度、增加比表面积、提高煤粉燃烧速率；二是根据煤粉的粉磨要求和煤的粉磨性能，选择合适的煤粉制备系统。

图 3 所示为同种煤种不同加工粒度的无烟煤煤粉的热失重曲线，曲线 1、曲线 2 和曲线 3 代表的同一煤粉筛余分别为 32.18%、40.25% 和 50.03%。从图 3 可以看出，煤粉的粉磨细度大小对其起始着火温度无明显影响，对煤粉的燃尽温度影响较大。煤粉细度越粗，煤粉的燃尽温度越高，燃尽时间也就越长，因此要提高煤粉的燃烧速率就需要提高无烟煤的粉磨细度。由于各个厂家所采用的燃料来源各不相同，为了保证燃烧器能够处于最佳的工作状态，确保回转窑内良好的热工状态，除燃烧器自身具有较好的适应性能和调节功能外，建议用户根据各自的燃料，对煤粉的细度进行必要的控制。

图 4 所示为建议的煤粉细度与挥发分含量的关系。如：选用煤的挥发分为 20% 时，从图中查到，煤粉 $80\mu m$ 筛的细度应控制在约 10%，$200\mu m$ 筛的细度应控制在约 3%；若煤的挥发分为 10%，煤粉 $80\mu m$ 筛的细度应控制在约 6%，$200\mu m$ 筛的细度应控制在 2% 左右。另外还可以采用煤粉的粉磨均匀性指数和 $80\mu m$ 筛、$200\mu m$ 筛筛余值共同控制。煤粉的粉磨均匀性指数是表征煤粉颗粒大小的指标，说明煤粉中大于及小于某一特定细度值的颗粒各有多少，其值一般为 0.8～1.3，值越大，表明煤粉均匀性越好。

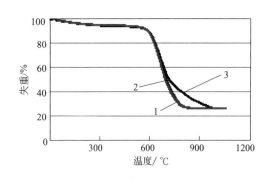

图 3 粒径对无烟煤燃烧过程的影响

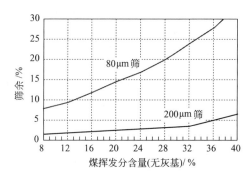

图 4 建议煤粉细度与挥发分含量的关系

二、分解炉内煤粉的燃烧与生料的分解

分解炉是预分解系统中的核心反应器。煤粉的燃烧、传热、传质和生料的分解，乃至部分中间矿物的形成，均在分解炉内完成。因此，研究分解炉内的反应过程对分解炉的设计具

有重要的指导意义。

1. 煤粉的燃烧实验特性及实际燃烧控制过程

长期的实验研究表明，不同产地无烟煤的燃烧性能差异很大。从表4的热重分析和差热分析结果可以清楚看出不同煤种、不同产地煤的燃烧性能的差异。无烟煤的起始燃烧温度和终止燃烧温度均比烟煤的高；不同产地的无烟煤燃烧起始温度和终止温度差异也很大。

表 4　烟煤与无烟煤差热分析和热重分析结果

样　品	差热分析结果/℃		热重分析结果/℃	
	起始温度	结束温度	起始温度	结束温度
A厂无烟煤 A	545	820	615	805
A厂无烟煤 B	555	815	630	820
A厂无烟煤 C	563	834	623	810
A厂无烟煤 D	568	839	631	840
B厂煤粉仓煤(烟煤)	430	630	415	600
B厂电收尘灰斗煤(烟煤)	420	620	410	590
B厂煤磨循环粗粉(烟煤)	430	650	440	625
C厂无烟煤	510	680	525	685
C厂预分解窑用烟煤	410	647	405	605
烟煤 A	435	685	430	645
烟煤 B	470	650	415	610

煤粉的燃烧主要包括挥发分的析出和燃烧、固定碳的燃烧。无烟煤中固定碳含量一般为 $70\%\sim80\%$，煤粉燃烧速率主要取决于固定碳的燃烧，而影响固定碳燃烧的因素除了煤粉自身特性、煤粉细度和炭粒子的孔隙率外，还有助燃空气温度、氧气分压等因素。

(1) 分解炉操作温度

煤粉燃烧时挥发分的析出和着火燃烧、固定碳的燃烧两个过程，都与燃烧环境的温度有关。研究表明，当煤中挥发分从 25% 降至 5% 时，挥发分初析温度将从约 $350℃$ 升高至约 $500℃$，其起始着火温度也将升高约 $200℃$。一般情况下，对于动力控制下的燃烧，固定碳的燃烧速率与温度的关系遵循阿仑尼乌斯公式（$r=ke^{-\frac{E}{RT}}$），固定碳着火燃烧后每当温度升高约 $70℃$ 时，固定碳燃烧速率将提高约一倍。无烟煤中挥发分含量低，故着火温度较高，煤粒燃烧较慢。在分解炉设计时，根据煤粉燃烧控制过程，确定喷煤的位置和燃烧方式。对于动力控制下的煤粉燃烧，在保证炉内不发生烧结的情况下，提高该区的操作温度，尽可能地将喷煤嘴的位置置于三次风和窑尾高温烟气的混合区，加快煤粉的燃烧速率，其操作控制见图5(a)。此外，中材国际还开发出了低 NO_x 燃无烟煤分解炉，见图5(b)。

(2) 分解炉中氧气浓度

煤粉燃烧本身是一个氧化反应，其反应过程和途径比较复杂，一般认为碳的燃烧反应为：

$$2C+O_2 \longrightarrow 2CO+406.96kJ/mol$$
$$C+O_2 \longrightarrow CO_2+123.09kJ/mol$$
$$2CO+O_2 \longrightarrow 2CO_2+283.45kJ/mol$$

由上式可见，煤的燃烧实际上主要是在高温条件下碳与氧的放热化学反应，而且是可逆反应，反应产物及中间产物均为 CO 及 CO_2，根据化学反应浓度积规则，欲使上述反应向右进行或加快速率，在其他条件不变情况下，必须增加反应物浓度，降低反应产物的浓度。在

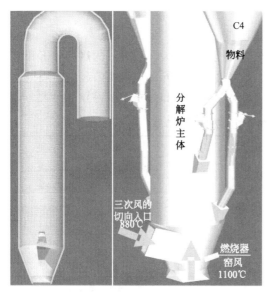 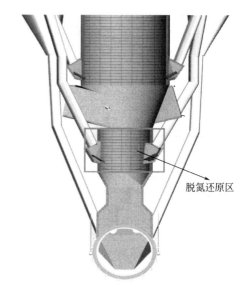

(a) 煤粉喷嘴位置示意 　　　　　　　(b) 低NO$_x$燃无烟煤分解炉

图 5　分解炉示意

分解炉内，可认为加入煤量是基本不变的，为了加速反应，则必须增加氧气的浓度，降低反应环境中 CO 及 CO$_2$ 的浓度。

（3）空气和煤粉的均匀混合

煤颗粒在空气中发生燃烧反应时，颗粒表面和氧气接触，首先在颗粒表面反应形成 CO、CO$_2$ 产物层（气化区），且向外面空气中扩散，外面的氧气则必须通过扩散进入产物层，与产物层中的 CO 继续反应生成 CO$_2$，或穿过产物层到煤粒表面，与碳反应生成 CO 和 CO$_2$。因此，碳的燃烧速率既取决于化学反应速率，也取决于气体的扩散速率。研究表明：对于窑头燃烧器，由于反应气体温度高，碳的燃烧主要受气体扩散速率控制；对于分解炉，由于反应气体温度不高，碳的燃烧速率主要受碳的化学反应速率控制。如果扩散速率较慢，煤粒上包裹的反应产物层较厚或浓度较大，阻碍了氧与煤粒的进一步接触，会使反应减慢。在分解炉中，煤粒悬浮于空气中，一面燃烧一面随气流做同流流动。在煤粉粒子刚进入炉子时，气流对粒子的曳力大于粒子所受的重力及阻力之和，粒子被加速，在这一阶段，气体与粒子的相对速率差较大，有利于粒子表面反应产物向气体中扩散；随着粒子速率的加快，其所受阻力也增加，最后粒子所受的曳力与重力、阻力之和相等，粒子处于等速运动，气体与粒子间速率恒定，相对速率差减小，扩散作用也减弱。在设计分解炉时，要考虑尽量使气体与煤粉间保持较高的相对运动速率和混合，促进气体扩散，加快煤粉燃烧。

（4）煤粉在分解炉内的停留时间

煤粉作为分解炉的燃料，必须在分解炉内充分燃尽，一方面能放出足够的热量，满足生料分解的要求，另一方面也避免未燃尽的煤进入旋风筒，造成堵塞。煤粉颗粒的点燃和燃烧乃至燃尽，需要一定的燃烧时间。燃烧时间的长短，除与煤粉粒径大小有关外，还与煤粉本身性能、反应温度、氧含量等因素有关（如前式所示）。无烟煤挥发分低，燃烧中挥发出的物质少，结构致密，其燃烧反应速率较慢，在其他条件相似的情况下，需要的燃尽时间也较长。研究表明，分解炉使用的煤粉细度为 $80\mu m$ 筛筛余 10% 条件下，煤挥发分从 26% 降至 5% 时，煤在炉内的停留时间要延长一倍以上。除此之外，还要考虑生料的吸热分解过程。因此，在燃无烟煤分解炉的开发设计时，要考虑适当延长煤粉和生料在炉内的停留时间，以保证煤粉充分燃烧和生料的分解过程的完成。

2. 生料的分解过程

水泥生料中，碳酸盐的主要成分为 $CaCO_3$ 及 $MgCO_3$ 两种。其反应过程如下：

$$CaCO_3 \xrightarrow{\text{加热}} CaO + CO_2 \uparrow$$

$$MgCO_3 \xrightarrow{\text{加热}} MgO + CO_2 \uparrow$$

分解反应的速率主要与碳酸盐矿物形成的地质年代和形态、碳酸盐物料的加工过程和程度（如细度、形状、级配等）以及分解炉内的气氛有关。根据碳酸盐分解反应的缩核模型和热力学条件，不难推导出碳酸盐分解反应所需的时间如下：

$$\tau = \frac{d_p}{2k} \times \frac{p_{CO_2} \cdot p_{CO_2}^0}{(p_{CO_2}^0 - p_{CO_2})} \times (1 - \sqrt[3]{1-\Phi})$$

式中　　k——碳酸盐分解反应的动力学常数，$k = k_0 \exp\left(-\dfrac{E_a}{RT}\right)$；

$\quad p_{CO_2}$——碳酸盐分解反应的分压，$p_{CO_2} = p_0 \exp\left(-\dfrac{E_b}{RT}\right)$；

$\quad\quad \tau$——碳酸盐分解反应的时间，s；

$\quad\quad d_p$——碳酸盐颗粒平均粒径，μm；

p_{CO_2}, $p_{CO_2}^0$——反应器内 CO_2 的分压和饱和分压，Pa；

$\quad\quad \Phi$——碳酸盐缩核分解率，$\%$；

$\quad\quad R$——气体常数，$8.314kJ/kmol$；

$\quad\quad T$——碳酸盐分解反应的反应温度，K。

从上式不难看出，强化碳酸盐分解的措施有如下三个方面：

① 提高炉内反应温度；

② 降低二氧化碳的分压或浓度；

③ 提高生料的粉磨细度。

图 6 所示为不同反应气氛下的生料热失重曲线。曲线 1 的实验条件为通入惰性气体 N_2，曲线 2 的实验条件为通入 8% 的 CO_2 和 92% 的 N_2，气体流量均为 $40mL/min$。从图 6 可以看出，反应气氛中 CO_2 浓度对生料的分解过程影响很大，生料的开始分解温度和完全分解温度均比无 CO_2 气氛下的温度高，从而证实了上式得出的结论。

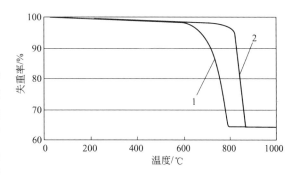

图 6　不同反应气氛下的生料热失重曲线

表 5 所示为一般情况下碳酸盐的动力学反应常数，根据表中的数据可以计算出在 $880℃$ 情况下，平均粒径为 $35\mu m$ 的碳酸盐真实分解率为 95% 时的分解时间为 $5.7s$，如果颗粒平均粒径为 $30\mu m$，其他条件不变，则需要 $4.9s$，因此，分解炉必须要有足够的物料停留时

间，以适应生料的变化，有利于稳定窑系统的操作。

表 5　碳酸盐分解反应动力学常数

类别	K_0/(m/s)	E_a/(kJ/kmol)	P_0/Pa	E_b/(kJ/kmol)
参数	3.053×10^6	1.72×10^5	1.39×10^{12}	1.60×10^5

综合上述不难看出，要提高分解炉对原燃料的适应性，拓宽系统的操作范围，必须结合生产企业周围可能存在的资源变化情况，给予充分的考虑，以满足生产控制的要求。

三、煤粉燃烧与生料分解两过程的结合与匹配

煤粉在分解炉内的燃烧过程除了受煤粉自身特性和粉磨细度、燃烧气氛等方面的影响外，还受分解炉内生料分解过程的影响。

1. 分解炉内生料与煤粉的分布

分解炉内生料与无烟煤煤粉的比例越高，生料分解吸热越大，越不利于难燃无烟煤的燃烧。特别是煤粉在分解炉底部燃烧时，若生料浓度较大，由于难燃无烟煤煤粉燃烧速率较慢，炉底部温度得不到迅速提高，从而大大削弱了煤粉的进一步燃烧，易造成煤粉在炉内燃烧不完全。因此在分解炉底部，煤粉燃烧初期，适当减少生料量，可以提高炉底部温度（即煤粉燃烧温度），保证煤粉实现快速燃烧的环境条件。针对难燃无烟煤，在带五级预热器的分解炉设计过程中，将来自四级旋风筒的生料分步加入分解炉的各个部位，以控制燃烧过程的吸热量，使炉温保持在一定的水平上，以满足煤粉持续快速燃烧的控制要求。

2. 分解炉内原燃料的匹配

在确定煤粉的燃烧活性后，还需要进一步确定煤粉与生料的热反应特性关系。如果煤粉选择不当，在可能的停留时间范围内，燃点和燃尽所需要的温度较高，超过生料吸热分解反应所需的温度，将会抑制分解炉内温度的进一步提高，达不到煤粉燃尽所需的温度条件，从而导致大量未燃尽的煤粉从窑尾进入窑内，造成窑尾温度偏高，产生后结圈，影响窑内通风。随着时间的推移，分解炉用煤量不断增加，窑头喂煤量不断减小，最终导致停窑。如果生料的分解反应过程接近或早于煤粉燃烧过程，控制不当将会造成两个极端问题：一是炉温过低，无法维持系统的正常运行；二是炉温过高，烧坏炉内的耐火材料，造成堵炉或炉内结皮堵塞，使得操作极不稳定，难以操作和把握。

图 7 所示为无烟煤和不同生料混合样的热流曲线。如果燃料的放热过程先于生料的吸热过程，也即煤粉的热失重在前，生料的热失重在后，如图 7（a）所示，那么预分解系统内的燃烧和分解反应就不存在问题，不需要增设预燃室。如果燃料的放热过程与生料的吸热过程有交叉，如图 7（b）所示，则需要考虑采取措施保证生产正常进行，比如可以调整生料和燃料的进口位置、增加预燃室等。如果生料的吸热过程先于燃料的放热过程，如图 7（c）所示，由于生料吸热很难保证煤粉燃烧所需的温度条件，因此需要通过增设预燃室、采用分步加料等措施来保证正常生产。总之，在开发设计系统之前确定燃料的燃烧特性与生料的分解特性的相互关系，是相当重要的准备工作，是确定系统设计成败的关键。

若无烟煤放热过程与生料吸热过程的关系如图 7（a）所示的情况，在分解炉的设计过程

中不需要采取特殊的结构措施，就能满足煤粉燃烧的需要。在图 7(c) 中，由于生料中掺加了 30% 的电石渣，因此生料的分解过程有两个吸热峰。由于电石渣的成分为 $Ca(OH)_2$，吸热分解温度较低，因此生料的第一个吸热峰在煤粉燃烧放热之前，如果电石渣用量较多，在分解炉的结构设计时就必须采取一定的特殊措施才能保证生产的正常进行。

　　对于常规生料和常规燃煤，在过程控制上不存在问题。但对于采用非常规燃料（难燃煤）和非常规生料，对两个过程的叠加加以控制就显得特别重要。具体操作和控制见图 8。

　　分解炉的主要任务是完成煤粉的燃烧和生料的分解，在同一分解炉内，这两个主要反应过程，在温度和时间的两个坐标上能否顺利进行，取决于两个过程发生的先后顺序、总体热效应、交互叠加的影响程度等。通常，煤粉燃烧在前，生料分解在后的情况，也即在共同区域内放热速率大于吸热速率的情况，易于进行；生料分解在前，煤粉燃烧在后的情况，即在共同区域内吸热速率大于放热速率的情况，难以进行；两种反应过程存在重叠，视情况调整，也可完成。中材国际开发的分解炉，可根据不

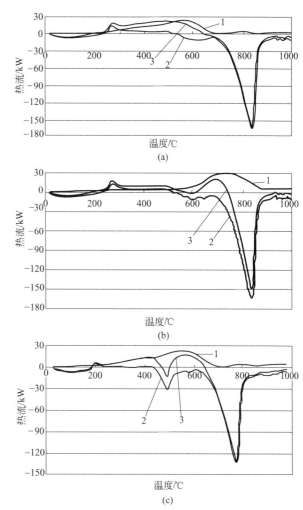

图 7　无烟煤与生料混合前后的热流曲线
1—无烟煤；2—烟煤；3—两者混合样

同煤种的燃烧特性，方便地选择合适的燃烧喷嘴及位置（图 8），易于燃烧的煤可用上部喷嘴，难以燃烧的煤可用底部喷嘴；并通过气流股、料流股的调整和喷旋动量比控制，从而实现分解炉内煤粉燃烧和生料分解两个过程的叠加控制。

四、实际工程应用情况

　　早在 20 世纪 80 年代中期，中材国际工程股份有限公司（原南京水泥设计研究院）就着手回转窑燃无烟煤生产水泥技术的研究，90 年代初又开始了新型干法预分解窑燃无烟煤技术工艺装备的研发工作。1997 年 8 月，国内首条 100% 燃无烟煤干法水泥生产线（2000t/d）在福建省龙岩市三德水泥厂顺利投产，该生产线由中材国际承担主体设计，开创了国内大中型水泥厂利用无烟煤生产水泥的工作。1998 年 8 月，中材国际又承担了福建水泥股份有限公司 3 号窑利用无烟煤代替烟煤生产水泥的技术改造，完成了煤粉制备、煤粉燃烧器、箅冷

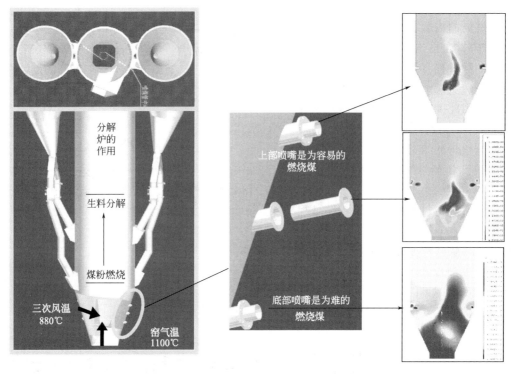

图 8 分解炉中原料、燃料匹配控制示意

（上、中、下三层喷嘴可根据煤的可燃特性进行必要调整和更换）

机和分解炉的技术改造，首次实现了回转窑、分解炉燃无烟煤技术装备的国产化，揭开了我国水泥企业燃用无烟煤自主研发完整技术的序幕。至今为止，中材国际开发设计投产的燃无烟煤生产线已近百条，均取得了良好的经济效益。

生产实践和实验研究表明，工业分析成分相近的无烟煤，其燃烧性能可能存在着较大的差异，对燃烧器和分解炉的设计要求也表现出较大的差别。因此，燃用无烟煤的水泥生产线应充分掌握特定燃煤的燃烧特性，以及与生料分解反应的相互匹配关系，据此对系统设备和工艺进行专门的优化设计。经过深入研究和长期生产实践总结，中材国际相继开发出适用于燃无烟煤的煤粉制备系统、预热预分解系统、燃烧器系统等，供不同建厂条件的水泥厂选用；同时也可以根据其不同资源的环境条件，实现快速化个性设计要求，满足客户的要求。

1. 无烟煤的煤粉制备系统

前面已经讨论，提高煤粉的粉磨细度，可以降低煤粉燃尽的终止温度。可见，提高煤粉的粉磨细度对于改善无烟煤中部分难燃煤是相当重要的手段。针对无烟煤燃烧性能研究表明，一般聚煤期较近的低挥发分易燃煤其易磨性也较好，聚煤期较早，成煤时间较长的低挥发性难燃煤，其易磨性相对较差，常选用管磨机粉磨比较合适。无烟煤作为新型干法预分解窑用燃料，必须有一整套的措施。对于煤粉制备系统，有其特殊的要求，而且分解炉、窑头燃烧器对煤粉制备的要求也不同。基于这些特点，中材国际对原有烟煤煤粉制备系统进行了系统研究，并将其改进优化，为满足无烟煤煤粉制备的特殊要求，提高粉磨效率，分别开发了由两级高效粗粉分离器、高效旋风收尘器、煤磨袋收尘器等组成的"磨外循环、两级分离"无烟煤煤粉制备系统和一级动态选粉机无烟煤煤粉制备系统。在设计或生产中可以根据煤的挥发分含量的高低和粉磨过程的粒度确定煤粉的粉磨细度，而磨机系统的选型和配置，取决于煤的易磨性，并根据具体的试验结果和长期的使用目的加以确定。

两级静态选粉机煤粉制备系统工艺流程见图 9。该系统操作灵活、调节方便，部分二级粗粉分离器的成品与部分细粉分离器成品混合后基本能满足窑头煤粉制备的要求，细粉分离器成品可以作为分解炉用燃料。既能保证窑头煤粉细度，也能保证分解炉煤粉细度。这种设计由于有效提高了粗粉分离器的分离效率，大大提高了磨机粉磨效率，提高磨机产量、降低磨机电耗。与常规磨机相比，煤磨台时产量增加约 20%，而电耗下降约 15%。该系统一般用于易磨性较差、燃烧活性较差、窑前、窑后煤粉燃烧细度有别且细度要求较高的生产线。

为简化流程，根据无烟煤煤粉制备的特点，中材国际又开发了一级动态选粉机无烟煤煤粉制备系统，其工艺流程见图 10。该系统的关键是开发设计了适合无烟煤制备的高效动态选粉机，从而大大简化了系统配置。由于该选粉机适合分选超细粉，且分离效率达 70%，

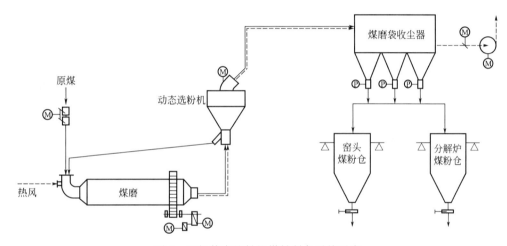

图 9 两级静态选粉机煤粉制备系统示意

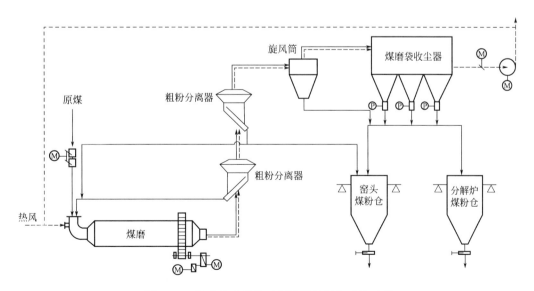

图 10 一级动态选粉机无烟煤煤粉制备系统示意

从而大大提高了磨机的生产能力，降低了粉磨电耗。其缺陷是难以调节窑头窑尾的煤粉细度。该系统一般用于细度要求不是很高的生产线。表6所示为中材国际部分已投产的燃用无烟煤生产线的煤粉制备系统。

表6 部分已投产的燃用无烟煤生产线的煤粉制备系统配置

厂名	规模/(t/d)	挥发分/%	热值/(kcal/kg)	提供设备	投产日期	煤粉制备
福建3号窑	1450	<5.0	6000	NCDRI	1999年3月	两级静态
福建5号窑	2000	<5.0	5600~6200	NCDRI	2001年4月	两级静态
福建4号窑	2300	<5.0	5600~6200	NCDRI	2001年9月	两级静态
福龙春池	1000	<5.0	5800	NCDRI	2001年7月	一级动态
柳州鱼峰	2000	<5.0	5800~6500	NCDRI	2001年12月	一级动态
新绛	1000	<8.0	5800	NCDRI	2001年	一级动态
腾辉	1000	<8.0	5800~6000	NCDRI	2002年	一级动态
海螺分宜	2500	<8.0	5600	NCDRI	2003年	一级动态
云浮天山	5000	<8.0	5171	Sinoma	2004年	一级动态
华润贵港	5000	<7.0	5004	Sinoma	2005年12月	一级动态
陕西安康	2500	<9.0	6339	Sinoma	2009年4月	一级动态
贵阳海螺	5000	<10.0	5632	Sinoma	2010年7月	一级动态
大田红狮	5000	<3.0	6197	Sinoma	2010年8月	一级动态

根据已投产的无烟煤煤粉制备系统的实际运行结果以及我们对系统成品颗粒级配的分析，表明该两种套型的煤磨系统工艺、设备以及技术指标均达到了设计及使用的要求。

2. 中材国际燃无烟煤预分解系统

中材国际经过了几十年的预分解窑研究设计，也曾采用过 MFC 型、RSP 型、喷腾型及 PYROCLON 型预分解系统，经过大量研发和实践，最终形成了自己的结构型式，一般对于难燃的无烟煤，因其着火困难，且燃烧很慢，因此对于燃无烟煤的分解炉主要任务是保证煤粉在分解炉内及时着火并完全燃烧。经过多年的理论研究和工程试验，中材国际相继开发了一系列熟料预分解生产线燃无烟煤用预分解系统，可根据燃煤的不同特性分别选用。中材国际承建的燃用无烟煤部分项目见表7，图11所示为其中几个项目所用无烟煤的热失重曲线。

表7 部分燃用无烟煤的项目

厂家	规模/(t/d)	分解炉	煤的工业分析				
			M_{ad}/%	A_{ad}/%	V_{ad}/%	FC_{ad}/%	热值/(MJ/kg)
福建顺昌4号窑	2300	离线喷腾	—	—	—	—	—
福建龙岩	1000	离线喷腾	7.08	13.29	3.45	76.18	25.66
广东梅州	2500	离线喷旋	6.33	31.65	3.29	58.73	19.07
福建永安(改造)	1450	离线	4.50	19.07	2.80	73.63	—
福建顺昌5号窑(改造)	2000	离线	—	—	—	—	—
福建南平(改造)	700	RSP	—	—	—	—	—
贵州腾辉	1000	带预燃室	1.62	21.17	8.69	68.52	25.60
江西分宜	2500	在线喷旋	1.39	30.01	7.72	60.88	23.03
广西鱼峰	2000	在线喷旋	2.41	24.02	10.60	62.97	24.23
宁波富达	2500	在线喷旋	1.91	23.09	8.11	66.89	24.71

续表

厂家	规模/(t/d)	分解炉	煤的工业分析				
			$M_{ad}/\%$	$A_{ad}/\%$	$V_{ad}/\%$	$FC_{ad}/\%$	热值/(MJ/kg)
四川双马	2500	在线喷旋	1.67	23.49	6.92	67.92	24.72
辽宁辽东	2500	在线喷旋	2.93	28.75	8.14	60.18	21.98
云浮天山	5000	在线喷旋	1.09	26.89	7.79	64.23	23.18
广东梅州	5000	在线喷旋	2.80	17.07	2.67	77.46	26.65
万年瑞金	5000	在线喷旋	4.78	16.44	2.58	76.20	25.78
瑞安腾辉	1000	在线喷旋	2.95	26.86	7.74	62.45	22.70
赤峰远航	2500	在线喷旋	2.70	27.75	5.63	63.92	22.55
福建安溪	5000	在线喷旋	7.41	19.24	3.11	70.24	23.21
福建塔牌	5000	在线喷旋	5.07	17.16	9.84	67.93	25.16
广东塔牌	5000	在线喷旋	2.00	23.48	4.38	70.14	24.61
陕西安康	2500	在线喷旋	2.64	35.04	8.21	54.18	26.54
广西华润贵港	5000	在线喷旋	0.79	33.31	6.46	59.44	20.95
贵阳海螺	5000	在线喷旋	1.16	18.28	8.58	72.02	26.97
贵定海螺	5000	在线喷旋	2.74	24.80	6.16	66.30	23.64
河南永安	5000	在线喷旋	2.23	30.79	5.66	61.32	21.65

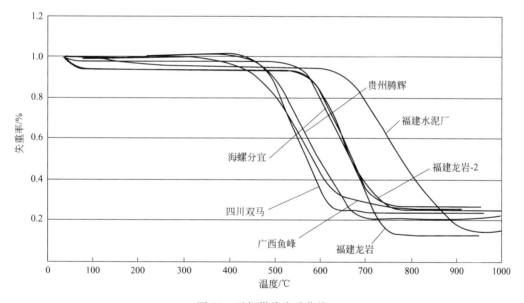

图 11　无烟煤热失重曲线

从图 11 可以看出，四川双马、广西鱼峰和贵州腾辉等生产线采用的无烟煤燃烧特性较好，在 650℃左右基本燃烧完全，所以燃用这种无烟煤在分解炉的设计过程中除了组织好燃烧过程外，一般不需要采用特殊的结构措施就可以确保生产正常进行。而福建水泥厂采用的无烟煤挥发分含量低，属于难燃煤，在分解炉的设计和组织燃烧方面必须进行特殊考虑。对于一些特别难燃煤，除调整分解炉用煤位置，还要控制入分解炉物料的情况，以脱开燃烧区和生料预热及分解区，保证煤燃烧所需的高温环境，达到完全燃烧和正常使用的目的。

迄今为止，国内投产的燃无烟煤的新型干法水泥生产线已很多（估计 2000～5000t/d 生产线高达 70 多条），中材国际占燃无烟煤市场的 90% 左右，生产规模从 700t/d 到 5000t/d，其中采用了三种炉型，即带预燃室、喷旋分解炉及 RSP 分解炉，表 8 所示为中材国际燃无烟煤预分解系统的情况。

表 8　燃无烟煤预热预分解系统运行情况

分解炉类型	燃无烟煤离线喷腾型	燃无烟煤带预燃室型	燃无烟煤离线双喷腾型	燃无烟煤在线型
配套预热器级数	4 级或 5 级预热器	4 级或 5 级预热器	4 级或 5 级预热器	4 级或 5 级预热器或 3 级湿磨干烧
技术特点	煤种适应性一般，点火较难，系统阻力较高；但投资低，布置方便，特别适合于技改项目	煤种适应性较好，点火较难，系统阻力偏高；但布置要求高，投资高，适合于特定条件的技改项目和新建项目	煤种适应性较好，点火较难，系统阻力较高；但布置要求适中，投资低，布置方便，适合于特定条件的技改项目和新建项目	煤种适应性一般，点火容易，系统阻力低，投资低，布置方便，适合于特定条件的技改项目和新建项目
对三次风温的要求	依赖性强，一般要求三次风温 >800℃	依赖性较强，一般要求三次风温 >700℃	依赖性强，一般要求三次风温 >800℃	依赖性较强，一般要求三次风温 >750℃
已投用的部分生产线及其设计规模（实际标定产量）	福建 3 号窑 1500t/d（1680t/d）熟料生产线	南平水泥厂 700t/d（720t/d）熟料生产线；贵州腾辉水泥厂 1000t/d 熟料生产线；福建武平、塔牌 2×5000t/d 熟料生产线	①福建 4 号窑 2300t/d（2730t/d）熟料生产线；②福建 5 号窑 2000t/d（2150t/d）熟料生产线；③福龙春池 1000t/d（1100t/d）熟料生产线	①柳州鱼峰 2000t/d（2200t/d）湿磨干烧水泥生产线；②分宜海螺 2500t/d 熟料生产线；③福建、两广地区大部分 5000t/d 生产线
配套的熟料冷却机规格型号	NC 型空气梁篦式冷却机，规格能力：1500t/d	①南平水泥厂：NC 型空气梁篦式冷却机，规格能力 700t/d；②贵州腾辉水泥厂：NC 型空气梁篦式冷却机，规格能力 1000t/d；NC42340 型篦冷机，规格能力为 5000t/d	①福建水泥 4 号、5 号窑：NC 型空气梁篦式冷却机，规格能力为 2000t/d；②福龙春池：NC 型空气梁篦式冷却机，规格能力 1000t/d	①柳州鱼峰：引进 FLS 公司 SF-Crossbar 冷却机，规格能力为 2200t/d；②分宜海螺：NC 型空气梁篦式冷却机，规格能力 2500t/d
配套的回转窑规格	ϕ4m×60m	①南平水泥厂：ϕ3m×48m；②贵州腾辉水泥厂：ϕ3.2m×60m；③福建塔牌：ϕ4.8m×74m	①福建 4 号窑：ϕ3.95m×56m；②福建 5 号窑：ϕ3.95m×56m；③福龙春池：ϕ3.2m×50m	①柳州鱼峰：ϕ4m×56m；②分宜海螺：ϕ4m×60m；③其他 5000t/d 项目：ϕ(4.8～5.2)m×(72～74)m
工况适应性	好	好	好	好
现用情况	除固有，不推荐	可用，不推荐	除固有，不推荐	大量推荐应用

注：括号中数据为标定的实际产量。

目前燃用无烟煤的技术方案有如下几种。

①　采用离线分解炉方案：基于无烟煤的燃烧受扩散过程的控制，提高分解炉的氧含量是提高无烟煤燃烧速率的主要手段。但是由于三次风温度较低，点火困难，需要采用燃油点火，燃烧过程控制较为困难，操作不当时易造成分解炉内塌料（开始投料或低温操作时）；中材国际早期在福建 3 号窑生产线中采用了这种型式分解炉。

②　采用离线双喷腾方案：燃无烟煤采用离线双喷腾型分解炉，由于采用了缩口，增加系统阻力的同时也增加了炉内物料的返混度；与在线喷腾型分解炉相比，仍然存在着开始点火时由于三次风温度较低从而导致点火困难的问题；中材国际早期在福建 4 号窑和 5 号窑以及福建龙岩生产线中采用的就是这种型式的分解炉。

③　采用预燃室方案：基于生料吸热分解过程先于无烟煤的燃烧放热过程时，两个过程的重叠和离散的好坏是决定整个过程进行是否顺利的先决条件。为了实现这一过程，逐步分

离和实施两个过程的隔离控制是可取的。该类型分解炉点火时仍然需要采用燃油；三次风从预燃室导入，整个系统结构相对于其他炉型较为复杂，阻力较其他炉型偏高；入炉物料还需要采用分料装置，装备过程和控制过程也复杂；中材国际在福建南平水泥厂和贵州腾辉以及后来的广东梅州、福建武平、塔牌等生产线采用这种带预燃室的分解炉。

④ 采用喷旋结合的管道式分解炉：基于无烟煤的燃烧受化学反应（动力）过程的控制，提高分解炉的操作起始温度是提高无烟煤燃烧速率的主要手段。可以根据燃煤的燃烧特性，通过调整喷嘴的位置和入窑物料的位置来协同满足不同性质的无烟煤的燃烧，系统阻力低，结构简单，操作较其他炉型方便；同时该种炉型也适应于扩散控制下的燃烧问题；中材国际在柳州鱼峰 2000t/d 湿磨干烧生产线和分宜海螺 2500t/d 生产线以及后来大批量在两广、福建市场上推广应用的 5000t/d 上采用喷旋结合的管道式分解炉。

中材国际自行设计开发的在线喷旋管道式分解炉，具有以下技术特点：

① 采用喷旋结合的方式，并适当延长了分解炉主管道，增加了燃料、物料在炉内的停留时间，使无烟煤和劣质烟煤在炉内得到充分的燃烧；采用喷旋结合，可使得窑尾烟气、三次风、物料和燃料在分解炉均匀混合，形成稳定的燃烧区，不产生局部过热和结皮问题。

② 由于喷旋结合，增加了炉内的湍流度（7%～9%），有利于炉内 O_2 分子的扩散、燃煤的着火和燃烧。

③ 合理的内部流场、浓度场和温度场，并对预热器下锥体采用不对称设计，使预热器的堵塞概率大大降低，避免了炉内存在死区和积料问题，相应的返混度低。

④ 分解炉底部预留了上、中、下各两个对称喷煤口，可根据燃煤的着火特性灵活调整应用，当煤挥发分较高或煤着火温度较低时，采用上部喷煤口，同时入炉物料向下部分配，使煤较早与物料混合，避免了炉内局部高温而结皮；若煤的挥发分中等或煤着火温度中等，采用中间的喷煤口，并根据情况调整入炉物料的分配比例；若煤挥发分较低或煤着火温度较高时，就采用下部喷煤口，同时有分料装置，将物料分布至上部喂料点，保证煤与物料混合前就有足够时间燃烧，从而确保煤在分解炉内燃尽，同时也增加了该炉对煤种的适应性。

⑤ 高效低阻的预热器与适应性较高的分解炉一起构成的新型预分解系统，确保入窑物料的（表观）分解率达到90%以上。

3. 燃烧器的开发与应用

煤粉燃烧器的设计与系统产量、热耗和环境保护等问题密切相关，是熟料烧成系统的关键组成部分之一。对于烟煤，其煤粉燃烧的速率较快，着火温度和实现快速燃烧的环境温度较低，对窑头二次风温高低依赖程度相对较弱。因此在燃烧器的设计时，只要保证其内外风的通道合适、内风叶片的旋流角度适中、通道阻力低即可。其火焰的形状，可以根据具体的需求加以调节即可实现。对于燃无烟煤的情况，由于其着火温度和达到快速燃烧的环境温度较高，除了要求窑头二次风温度高和通过风门可以实现的调整手段外，在燃烧器的设计过程中，还特别要求采用低一次风风量、高动量、高旋流强度的设计原则：低一次风风量可以降低煤粉气流的着火热；高动量，可以增加火焰卷吸高温烟气量，提高初始煤粉着火和燃烧速率；高旋流强度同样可以加强煤粉与二次风的初始混合强度。在燃烧无烟煤时，如果采用普通的燃烧器，将会导致火焰长，燃烧不集中，造成窑尾温度偏高，导致窑内煤粉的不完全燃烧或形成后结圈问题。总之，不同的煤种，要选择不同的燃烧器。在燃烧器的设计过程中，以形成合适的火焰形状和煤粉起始燃烧所需的燃烧环境为其着眼点。

对于分解炉燃用无烟煤，与窑头相比，其着火起燃的环境温度较低，速率较慢，燃烧器的位置和形状以及生料的喂入时机均会影响分解炉内无烟煤的着火和持续燃烧。对于离线无旋分解炉用燃烧器，为了强化煤粉与空气的充分混合，往往在燃烧器喷头内增设旋流片，使煤粉进炉后呈现喷旋状态，以加强煤粉和三次风的充分混合。对于在线喷旋式分解炉，由于分解炉内已存在旋流，煤粉燃烧器不需要设置旋流器，只要煤粉在适当的位置喷入炉内，即可实现煤、气充分混合和应有的燃烧条件；对于带预燃室的分解炉，由于预燃室内为下行气流，为了保证煤粉和热气流在预燃室内有足够的停留时间，除了气流需要有旋流外，燃烧器自身也需要构成强烈的旋流，以缓解预燃室内固气的快速前行，保证燃烧所需的时间。因此，该种炉型燃烧器设计和一般燃烧器不同，采用多通道逆旋方式，构成强烈的煤、气混合所需要的动量要求（图12）。

中材国际通过模型研究和计算机数值模拟计算，在已成功适合各种情况的燃烧器，并成功应用于国内近百家水泥生产线中的 NC 系列煤粉燃烧器的基础上，又开发出大速差三通道 JETFLAM 系列煤粉燃烧器（图13）。该种燃烧器利用同向协流大速差原理，对煤粉喷出速率和角度进行了调整，在燃烧器中心区域形成负压区，能促进高温二次风与煤粉的充分混合，使煤粉快速升温，达到着火温度并迅速燃烧。这种燃烧器具有以下特点：

① 对煤质的适应性强，可燃烧劣质煤（包括无烟煤、石油焦等）；

② 一次风量少（一般用风量约占理论燃烧空气量的 6%～8%）；

③ 煤粉与一次、二次风的混合充分，燃烧完全，可降低系统热耗；

④ 火焰形状调节灵活，能适应窑内熟料煅烧的需要等。

该燃烧器与传统燃烧器的根本区别是采用轴向喷射系统。在新型煤粉燃烧器中，轴向风通过分布在圆周上的几个圆形喷嘴喷出，由于它的喷射速度相当高，轴向喷射气流从周围吸进速度慢但温度很高的二次风，使燃料快速燃烧。多个喷嘴装在喷嘴盘上，出口角度及喷嘴截面可通过更换喷嘴以满足煅烧工艺要求。旋流风由中部带旋流片喷嘴喷出，该风可使煤粉与空气充分混合，调节火焰的粗细和长短，还可以通过更换旋流片以满足熟料烧成、延长耐火砖寿命等要求。在燃烧器的热端没有任何活动部件，因而燃烧器的寿命较长。

此外，为了满足水泥工业节能减排和循环经济发展的需要，中材国际还研发出了可燃废弃物燃烧器（图14）。该燃烧器不仅对煤质的适应性强，还有可燃废弃物拓展通道以及脱氮介质通道，可满足不同类型废弃物的焚烧要求，同时降低 NO_x 的产生量。

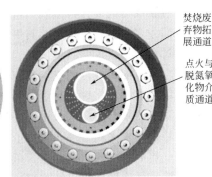

焚烧废弃物拓展通道

点火与脱氮氧化物介质通道

图 12　预燃室燃烧器端面　　　图 13　三通道 JETFLAM 系列煤粉燃烧器　　　图 14　可燃废弃物燃烧器端面

实际运行结果表明，上述各种燃烧器燃烧器着火快，对无烟煤、烟煤、难燃煤均能适应，在二次风温较低或刚开窑点火时，能迅速使烧成带达到正常操作水平，是燃无烟煤生产水泥技术中十分理想的专用设备（表9）。

表9　中材国际开发的新型煤粉燃烧器的型号和使用实例

序号	型号	规模/(t/d)	燃料挥发分/%	窑型	使用厂家	备注
1	NC-7ⅡA	1500	3～4	NSP	福建3号窑	早期
2		800	3～4	立波尔窑	福建1号、2号窑	
3	NC-7Ⅱ	2300	3～4	NSP	福建4号窑	
4	NC-6Ⅱ	2000	3～4	NSP	福建5号窑	
5	NC-10Ⅱ		23	氧化铝窑	中州铝厂	
6	NC-5Ⅱ	1000	4～5	NSP	福龙春池	
7	NC-5Ⅱ	1000	25	NSP	桐星、秀山	
8	NC-3A	700	3～5	NSP	南平	
9	NC-5Ⅱ	1000	8～9	NSP	腾辉、新绛	
10	NC-6A	2000	5～6	NSP	柳州水泥厂	
11	NC-15ⅡA	5000	25	NSP	铜陵海螺	
12	NC-7Ⅱ	2200	11～14	NSP	豫鹤公司	
13	NC-15	5000	—	NSP	福建塔牌	近期
14	NC-15	5000	7.79	NSP	云浮天山	
15	NC-15	5000	—	NSP	湖南云峰	
16	NC-15	5000	6.46	NSP	华润贵港	

五、结束语

我国煤炭资源分布极不均匀，特别是我国广大的南方地区，烟煤资源很少，无烟煤却很丰富。地处无烟煤的地区，应使用无烟煤，有利于降低水泥的生产成本，提高企业效益。因此，中材国际投入了大量的人力和物力着手回转窑燃无烟煤生产水泥技术的研究和新型干法预分解窑燃无烟煤技术装备的开发，并取得了丰硕的成果，在一些地区得到了广泛的应用。但是，由于无烟煤品质千差万别，着火性能和燃烧特性更有天壤之别。目前，成功投运的新型干法水泥生产线燃用的是品质较好，着火和燃尽性能俱佳的无烟煤，部分热值低于20000kJ/kg、挥发分小于6%、着火和燃尽性能很差的劣质无烟煤的使用效果还值得进一步研发。相信随着研究的不断深入，技术的不断进步和实践经验的不断积累，新型干法水泥生产线燃用难燃的劣质无烟煤的技术必将取得更大的发展。

➡ 参考文献

[1]　GB/T 5751—2009　中国煤炭分类.
[2]　韩德鑫.中国煤岩学.北京：中国矿业大学出版社，1996，8-23.
[3]　傅维标，张恩仲.煤焦非均相着火温度与煤种的通用关系及判别指标.动力工程，1993，3：34-42.
[4]　宋贵良.锅炉计算手册.沈阳：辽宁科学技术出版社，1999，373.
[5]　蔡玉良，孙德群，潘泂，郑启权.5000t/d烧成系统的开发设计及技术指标控制.水泥工程，2003，2：73.
[6]　林宗虎，徐通模.实用锅炉手册.北京：化学工业出版社，1999，25.

涡流空气选粉机分级性能模拟预测与实践结果比较

陈　翼　蔡玉良　肖国先　吴　涛

　　涡流空气选粉机作为第三代动态空气分级机，是粉体制备系统中非常重要的设备之一，在冶金、矿业、机械、建筑、食品、电子等行业得到了广泛应用。近些年来，国内外对涡流空气选粉机内的各物理场做了一些数值模拟研究，虽然提供了选粉机内部的一些信息，但均缺乏与实践结果的对比分析和评价。

　　本文在对水泥工业用具体选粉机实测分析基础上，利用 CFD 软件，并结合选粉机具体工作参数，对涡流空气选粉机内部气固两相流动过程进行数值模拟；定量分析了成品、粗粉粒度的分布，计算出了细粉回收率，同时绘制出了 Tromp 曲线及成品 R-R 粒度分布曲线，将其与实际标定结果进行比较，验证利用 CFD 技术研究涡流空气选粉机的有效性和提供信息的可靠性。

一、涡流空气选粉机结构及分级原理

　　图 1 所示为现实生产过程中涡流空气选粉机结构，物料由进料口 4 进入选粉机，通过撒料盘 11、缓冲板 12 充分分散，落入环形分级区 7；选粉气流主要由一次风 1、二次风 2，经导风叶片 8 进入环形分级区，三次风把粗粉落料中部分中细粉吹起，送入环形分级区；环形分级区内，粉料在离心力场及气流曳力作用下进行多次分选；最终细粉通过涡流叶片 9，从

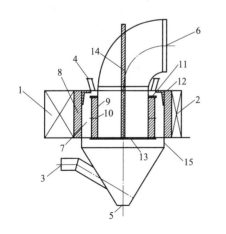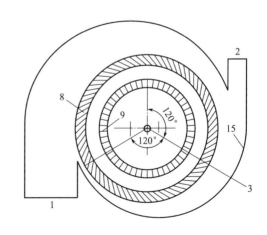

图 1　涡流空气选粉机结构示意

1—一次风；2—二次风；3—三次风；4—进料口；5—回料口；6—细粉出口；7—环形分级区；8—导风叶片；
9—涡流叶片；10—分格板；11—撒料盘；12—缓冲板；13—转子；14—主轴承；15—壳体

细料出口 6 出来，粗粉落入锥形斗，从回料口排出选粉机。

二、数值模拟计算

考虑涡流选粉机进出口温升较小，流速不高，所以把流体视为不可压缩气体，在求解不可压缩流体的 N-S 方程组，采用 CFD 经典 SIMPLE 算法来解决速度和压力的耦合问题。气流场达到一定收敛性后，再对颗粒轨迹进行跟踪。

1. RSM 湍流模型

由于涡流选粉机内流场是三维强旋流湍流，具有明显的各向异性，而 RSM 湍流模型的优点是可以准确地考虑各向异性效应（如浮力效应、旋转效应、曲率效应和近壁效应等），故数值计算中采用了复杂的雷诺应力湍流模型——RSM 模型。

2. 离散相模型

DPM 离散项模型可用于计算各类工程问题，如微粒的分散分级、喷雾干燥、煤粉燃烧等热点问题。其模型忽略颗粒间相互作用，要求颗粒相体积分数小于 10%，而涡流空气选粉机内料气体积比远小于 10%，故运用 DPM 离散相模型对颗粒运动轨迹进行跟踪。

颗粒相的受力比较复杂，在文中颗粒所受到的主要作用力为气流曳力、重力和离心力。

$$m_p \frac{du_p}{dt} = F_D + F_G + F_C$$

重力：
$$F_G = \frac{\rho_p \pi d^3 g}{6}$$

离心力：
$$F_C = \frac{\rho_p \pi d^3 u_t^2}{6r}$$

气流曳力：
$$F_D = \frac{1}{\tau_p} \frac{C_D Re_p}{24} m_g (u_g - u_p)$$

颗粒弛豫时间：
$$\tau_p = \frac{\rho_p d_p^2}{18\mu}$$

颗粒雷诺数：
$$Re_p = \frac{\rho_p d_p |u_g - u_p|}{\mu}$$

式中　m_p——颗粒质量，kg；

　　　d_p——颗粒直径，m；

　　　ρ_p——颗粒密度，kg/m³；

　　　u_p——颗粒速率，m/s；

　　　u_t——颗粒切向分速率，m/s；

　　　u_g——气流速率，m/s；

　　　C_D——曳力系数；

　　　μ——流体黏度，Pa·s。

假定喂料颗粒粒径符合 Rosin-Rammler 分布，数值计算中取最小粒径 $1\mu m$，最大粒径 $100\mu m$，根据表 2 喂料粒度分布，计算颗粒分布均匀性指数为 0.93，特征粒径为 $43\mu m$。

3. 网格划分与边界条件

借助 gambit 软件对 N1000 选粉机进行建模（图 2），模型作了如下简化：

① 略去撒料板、缓冲板部分，直接在环形分级区上方喂料；

② 选粉机在实际运行过程中没有三次风的加入，认为进入锥斗颗粒都是粗粉，计算设定环形分级区下方为粗粉出口。

其划分网格见图 3，采用六面体网格，局部复杂区域建立自适应网格，总网格数为68 万。

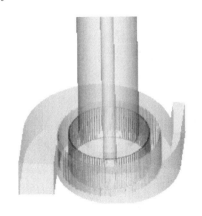

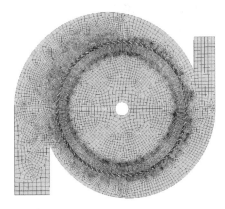

图 2　N1000 涡流空气选粉机模型示意　　　　　　图 3　网格划分示意

涡流选粉机内气固两相流场所需要设置的边界条件如下。

① 一次、二次风进口条件：速度进口；

② 细粉出口条件：压力出口；

③ 壁面边界：壁面采用无滑移边界条件；

④ 转子叶片壁面设置为旋转边壁，转子区域的旋转采用移动参考网格 MRF 方式处理；

⑤ 对于离散相，下料锥及粗粉出口设置成 trap，细粉出口设置为 escape，其他壁面设置为 reflect。

本文选用安徽海螺白马山项目中 4 号水泥磨配套的 O-Sepa N1000 型涡流空气选粉机为研究对象，所用数据为 2002 年针对该系统标定的结果。具体如下：表 1 所示为选粉机工作参数，表 2 所示为各物料的颗粒分布激光粒度仪数据。

表 1　选粉机工作参数

一次风/(m/s)	6.1	喂料量[①]/(kg/s)	20.43
二次风/(m/s)	4.36	成品出口压力/Pa	−2500
转子转速/(r/m)	280	回料比	2.05

① 100μm 以下物料喂料量。

表 2　选粉机喂料及回料的粒度部分分布（$\leqslant 100\mu$m）

粒径/μm	0.5	1	5	10	15	20	30	40	60	80	100
喂料/(kg/s)	0.42	0.75	2.90	1.96	1.60	1.20	2.55	2.0	3.2	2.4	1.44
回料/(kg/s)	0.08	0.13	0.55	0.23	0.11	0.12	0.28	0.61	1.84	1.88	1.43

4. 计算收敛性分析

经 16600 步迭代计算，残差收敛，监控值稳定，计算精度在 10^{-3} 数量级上，湍流耗散项在允许范围内波动，以下对计算结果进行分析。

三、计算结果分析

1. 速度场分析

导向叶片与转子叶片间的环形分级区是选粉机主要的分级区域，该区域速率分布的均匀性直接决定了涡流选粉机分级的性能，图 4 所示为同一截面不同转速下切向速率分布的比较，由图可知，实际工况转速下（280r/min），A 区气流扰动较大，速度分布极不合理，主要是蜗壳切向气流与一次风相互冲击引起的，适当提高转子转速可以缓解此处的涡流扰动；图中坐标负值表示切向速率顺时针方向（转子旋转方向相同），逆时针方向切向速率（正值）是由于气流漩涡造成的，随着转速加大，涡旋强度加大，并主要出现在图中B区。

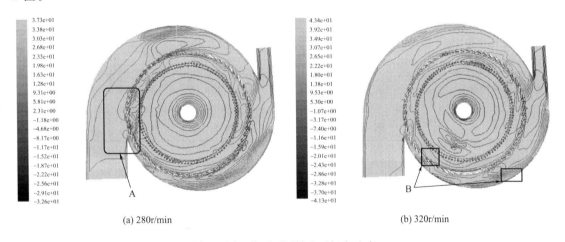

(a) 280r/min　　　　　　　　　　　(b) 320r/min

图 4　同一截面不同转速下切向速率

2. 颗粒运动轨迹

图 5 所示为涡流选粉机内颗粒运动轨迹，细粉作为成品被气流带走，粗粉落到环形分级区底部，作为粗粉收集。根据 Fluent 后处理软件导出后成品和粗粉颗粒，并分析各自粒度分布，具体见表 3。

表 3　成品及粗粉粒度分布

粒径/μm	0.5	1	5	10	15	20	30	40	60	80	100
成品/(kg/s)	0.40	0.74	2.89	1.92	1.53	1.13	2.20	1.13	0.96	0.46	0.21
回料/(kg/s)	0.01	0.01	0.02	0.04	0.06	0.07	0.35	0.91	2.24	1.93	1.23

3. 数值模拟与实际标定结果比较

（1）细粉收率

细粉收率表示某粒度下细粉累积量与喂料累积量的比值，不同粒度下模拟与标定的细粉收率见表 4，比较发现，模拟分析的细粉收率基本可以反映实际情况，40μm 下误差

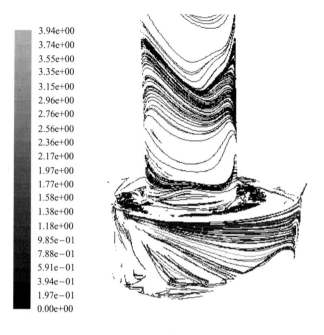

图 5　颗粒运动轨迹

为 5.7%。

表 4　不同粒度下模拟与标定的细粉收率

细粉收率/%	标定值		模拟值	
	$40\mu m$	$80\mu m$	$40\mu m$	$80\mu m$
	84.23	69.28	89.04	70.32

（2）Tromp 曲线法

Tromp 曲线法是用粗粉表示的部分分选法，它表示选粉机喂料中不同粒径的颗粒，有多少进入粗粉中。图 6 所示为根据选粉机模拟分析数据及标定数据绘制的 Tromp 曲线，总的来说，吻合性较好，而在粒度小于 20m，模拟分析与标定误差甚大，主要是计算模拟采用 DPM 离散相模型，把颗粒作为稀相，不考虑颗粒间的团聚碰撞，分级比较理想，而实际情况下，物料存在团聚现象，致使部分微颗粒附在大颗粒上，被带到回料中，最终影响了选粉机的分级性能。

（3）成品粒度 R-R 分布

图 7 所示为选粉机成品粒度 RRS 分布曲线，由图可知，计算结果与标定值吻合性较好。表 5 所示为成品的颗粒级配，水泥的颗粒级配对水泥强度起着至关重要的作用，比较公认的水泥最佳性能颗粒级配为：$3\sim32\mu m$ 的颗粒含量＞65%，＞$65\mu m$ 的颗粒最好为零，由表 5 可知，该厂水泥成品颗粒级配比较合理，数值模拟基本能反映真实情况。

表 5　成品颗粒级配

颗粒级配	D_{50}/%	$1\sim30\mu m$ 颗粒含量/%	＞$60\mu m$ 颗粒含量/%
数值模拟	13	71.22	4.92
标定值	15	67.65	3.87

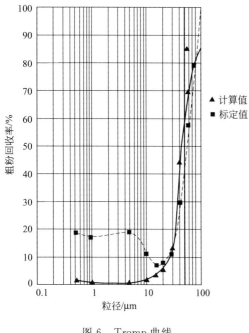

图 6 Tromp 曲线

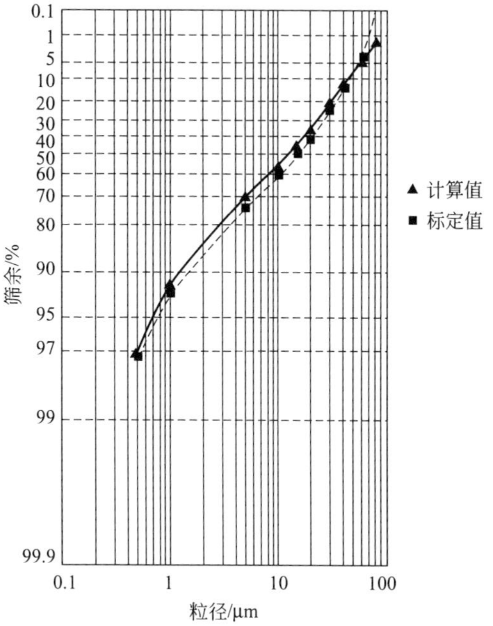

图 7 成品粒度 R-R 分布

4. 风量及转速对选粉机分级性能的影响

设定不同风量及转速，模拟预测涡流选粉机在不同工况下的分级性能。图 8、图 9 所示为不同风量、转速下选粉机成品的 R-R 粒度分布，由图可知，转子转速对成品细度的影响远大于风量对成品细度的影响，主要缘于选粉机切割粒径与风量的平方根成正比，与转速成反比。

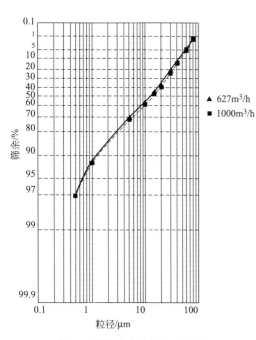

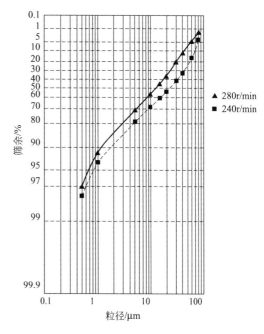

图 8 风量对成品细度的影响

图 9 转速对成品细度的影响

表 6 的数据更能说明以下观点：

① 同风量下，转速降低 14.3%，成品中大于 $60\mu m$ 粗颗粒增加 3.42 倍，由于成品中粗粉的成倍增加，细粉较粗，收率较高；

② 同转速下，风量增加 59.5%，成品中大于 $60\mu m$ 粗颗粒增加了 17.9%，细粉收率略微增加；

③ 转速及风量的调整对 $1\sim30\mu m$ 细颗粒的分级影响较小。

因此，转速能更有效地调整产品的细度，实际生产中应根据不同产品粒度的要求，加强对转速的调节和控制。

表 6 不同工况下选粉机的细粉收率和成品颗粒级配

不同工况条件		颗粒级配		
风量/(m³/h)	转速/(r/min)	$1\sim30\mu m$ 颗粒含量/(kg/s)	$>60\mu m$ 颗粒含量/(kg/s)	$<80\mu m$ 细粉收率/%
627	240	10.35	2.96	93.58
627	280	10.41	0.67	70.32
1000	280	10.49	0.79	74.59

四、结论与展望

本文利用 CFD 软件对水泥工业用选粉机内物料分级过程进行数值计算，研究风量及转速对选粉机分级性能的影响，并通过实际标定结果验证 CFD 技术在涡流空气选粉机研究过程中提供信息的可靠性，主要得出以下结论。

① 实际工况转速（280r/min）下，选粉机环形分级区域气流扰动较大，速度分布极不合理，适当提高转子转速，可以缓解此处的涡流扰动。

② 根据模拟预测粗粉及成品的粒度分布数据，采用不同方法（细粉收率法、Tromp 曲线法及成品 R-R 粒度分布曲线法）对选粉机性能进行评价，并同实际标定结果进行比较。结果表明：数值模拟结果与实际标定结果吻合性较好，由此验证了利用 CFD 技术研究涡流空气选粉机的有效性和提供信息的可靠性。

③ 转子转速对成品细度的影响远大于风量对成品细度的影响。同风量下，转速降低 14.3%，成品中大于 $60\mu m$ 粗颗粒增加 3.42 倍；同转速下，风量增加 59.5%，成品中大于 $60\mu m$ 粗颗粒增加了 17.9%。因此，在选粉机运行过程中应根据产品的要求，合理调节和控制转子速度。

参考文献

[1] Shapiro M，Galperin V. Air classification of solid particles：a review. Chemical Engineering and Processing，2005，44（2）：279-285.

[2] 陶珍东，郑少华. 粉体工程与设备. 北京：化学工业出版社，2003.

[3] 赵孝昆. 综合评价 O-Sepa 高效选粉机. 新世纪水泥导报，2004，（3）：22-24.

[4] Ning Xu，Guohua Li，Zhichu Huang. Numerical simulation of particle motion in turbo classifier. China particuology，2005，3（5）：275-278.

[5] 李洪，李双跃，李德勇. O-Sepa 型涡流选粉机结构特点与改进设计. 四川理工学院学报：自然科学版，2007，20（1）：15-19.

[6] 杨庆良，刘家祥. 涡流空气分级机内流场分析与转笼结构改进. 化学工程，2010，38（1）：79-83.

[7] 赵孝昆. 选粉机评价方法现存问题的探讨. 新世纪水泥导报，2003，6：26-28.

[8] 盖国胜. 超细粉碎分级技术. 北京：中国轻工业出版社，2000.

[9] 黄其秀，曹爱红. 水泥颗粒形貌和分布对水泥与混凝土性能的影响. 水泥技术，2007，5：31-33.

第二部分

废弃物资源化利用

第一篇 工艺过程研究

预分解系统技术在环保工程中的应用

孙德群　蔡玉良　陈汉民　潘　洞　郑启权

预分解系统的开发设计与其原燃料特性有较大的关系，预分解系统中个体结构以及总体方案的确定，与所涉及的工艺过程参数有关，而这些过程参数又与具体的原燃料的使用情况有着密切的联系，因此预分解系统的结构设计不是一劳永逸的，而是随着环境和原燃料条件的变化而变化，否则，所开发设计的生产系统将会存在许多技术问题，给以后的生产带来严重的后果。对于预分解系统技术在环保工程中的应用，更能体现出个性化设计的必要性。

无论采用何种原料配制的生料，经过预分解系统处理后，最终入窑的物料化学成分及其温度（850℃±10℃）应该大体相当，从而满足窑内水泥熟料成品煅烧的要求，然而这并不要求进预分解系统的生料的物理状态和矿物组成的一致性。由于预分解系统主要承担生料的预热、分解，因此生料中钙质原料的矿物组成和进入预分解系统生料的物理状态，主要是含水量的不同，对预分解系统的设计影响较大。

水泥生料中钙质原料的来源具有多样性，可以是 CaO、$Ca(OH)_2$、$CaCO_3$、$CaSO_4$ 或者其他含钙的化合物，只要经过预分解系统处理后，最终是 CaO 或者转化成水泥矿物的中间体即可，这就造成了采用不同钙质原料配制的生料在预分解系统内的过程和行为存在着很大差异，主要表现在：

① 在预热过程中，不同钙质原料其热效应存在很大的差异，这就造成了系统的热耗存在着差别。一般情况下，分解上述物料所需的热量大小依次为：

$$Q[Ca(OH)_2]<Q(CaCO_3)<Q(CaSO_4)$$

② 在预分解系统中不同钙质原料的行为存在很大的差异。由于产生的废气中含有大量的 CO_2，这种酸性气体在一定的温度段遇到 CaO 或 $Ca(OH)_2$ 后，就有可能部分生成新生态的 $CaCO_3$，对于原料中 $Ca(OH)_2$、$CaCO_3$、$CaSO_4$ 或者其他含钙的化合物，其分解温度的区间也差别较大，一般情况下：

$$T[Ca(OH)_2]<T(CaCO_3)<T(CaSO_4)$$
$$(450\sim550℃)\quad(750\sim850℃)\quad(1050\sim1150℃)$$

除此之外，还有钙质原料分解带来的气相成分及高温黏结行为，均存在着差异。

进入预分解系统物料的物理性质也存在着很大的差异性，包括含水量不同、物料呈粉状还是呈料饼状的不同。

上述这些差异，为预分解系统的开发设计提出了不同的要求和内容。显然，采用适合常规生料的预分解系统是不合适的，必须针对上述各种原料的情况和生料的具体热工行为进行个性化设计，才能在满足这种特殊要求的同时，保证系统最优。为了体现个性化设计的特殊要求，现结合我院环保工程项目中涉及的几种工业废料利用与预分解系统开发设计注意的问题分别介绍如下。

一、预分解系统在消解电石渣方面的运用

电石渣、废石灰、石灰石尾矿是合成化学工业的废料，目前在国内有一定的存量和产能，这些工业废料均可作为水泥工业的钙质原料。过去多年采用湿法回转窑将其煅烧，虽然减缓了部分环保方面的压力，但是采用该种工艺，还是存在许多问题：一是工艺落后，热耗较高，缺少利润空间，限制了电石渣的利用；二是消耗量满足不了增量的需要，仍然有一定量的排放污染了环境。鉴此，为了达到扩大电石渣、废石灰、石灰石尾矿等废料的消解和资源综合利用的目的，减少对环境的压力，走可持续发展的道路，开发设计出适合这一过程要求的预分解系统是十分必要的。我院于1999年率先在安徽皖维化纤化工股份有限公司实施了这一环保工程项目，取得了成功，成为国内第一条采用现代干法窑外分解技术处理电石渣的生产线。

皖维化纤化工股份有限公司是一家综合性的工业公司，除了生产维纶外，还自备了一定容量的火力发电机组。生产维纶产生的工业废渣和火力发电产生的粉煤灰的处理成了企业发展的痼疾，为此，我院受皖维化纤化工股份有限公司的委托，在大量实验研究、理论分析和技术方案论证的基础上，首期设计了1000t/d湿磨干烧生产线，每年消解电石渣、废石灰、石灰石尾矿、粉煤灰及焦炭粉等工业废料达40万吨/年以上，其中电石渣用量在5万吨/年左右，缓解了企业环保压力的同时，为企业的可续发展开辟了新的途径。

1. 工艺总体方案及其对应的预分解系统的选择

该项工程采用的原、燃料具有特殊性，以电石渣、废石灰、石灰石尾矿、粉煤灰及焦炭粉为原燃料，外加部分其他校正原料。

在上述5种废渣中，电石渣、废石灰、石灰石尾矿可作为生产水泥的钙质原料，粉煤灰则作为硅、铝质原料，焦炭粉和煤混合作为燃料使用。

在配料方案的设计过程中，尽量使用现有的5种废渣，具体的配料方案见表1。

表1 生料配料方案

原料名称	石灰石	石灰石尾矿	电石渣	石灰渣	砂岩	粉煤灰	硫酸渣	合计
配比(干基)/%	48.00	20.30	12.40	3.30	8.20	5.50	2.30	100
原料水分/%	2.00	8.00	65.00	1.00	10.00	70.00	15.00	40

由于电石渣是通过电石反应的结果，其颗粒相当细，同时也带来了另一个问题，即其黏附性及保水性极强，单独进行脱水其脱水率很低。电石渣经过浓缩池沉降后水分仍高达65%，加上配料中含水70%的湿排粉煤灰，最终物料的综合水分达40%。

如果采用全干法生产工艺处理上述废渣，必须对电石渣和粉煤灰进行脱水和烘干处理，以满足入磨物料水分的控制要求，在实际工程设计中，还必须增设两种物料的中间储存、配料、入磨等设施，增加了工艺工程的复杂性，不利于操作及生产控制。而采用湿磨干烧工艺技术，既充分利用了新型干法预分解技术的特点，又结合了湿排废料的特征，利用高效烘干打散技术，理应成为该项目的首选方案。

在原料的处理上，经过了一系列的对比和分析，采用压滤脱水工艺更适合混合料浆的脱

水处理，最终混合料浆的水分可控制在 23%～25%，较常规生料浆脱水后料饼的含水量高出 8%左右，利用现有烘干打散技术，完全能够达到烘干的要求。

2. 电石渣配料生料与常规配料生料的差异及其对预分解系统设计的影响

采用电石渣配料在新型干法生产线煅烧水泥熟料，在国内尚属首例，涉及一系列新问题，理论分析表明，900℃以下时电石渣配料与常规配料的差异如下。

（1）系统内主要的化学反应及发生反应的温度区域不同

电石渣的主要化学成分是 $Ca(OH)_2$，在脱水温度前，会吸收烟气中的 CO_2 生成难分解的 $CaCO_3$；当升温至 450～550℃左右，$Ca(OH)_2$ 开始分解；生成的 CaO 仍会吸收烟气中的 CO_2 生成难分解的 $CaCO_3$，直至 900℃以上的高温区域，$CaCO_3$ 分解的逆向反应才得到完全抑制，分解过程得以加速。

（2）分解形成 CaO 的过程不同

由于采用的钙质原料矿物组成不同，因而分解形成 CaO 的过程也不同。采用电石渣配料的生料与普通生料发生分解反应温度区域不同，分解反应提前在预热器中发生。电石渣配料的生料，其中的 $Ca(OH)_2$ 或其分解分解形成的 CaO，均有吸收 CO_2 生成 $CaCO_3$ 的现象，这部分 $CaCO_3$ 的分解温度还有所提高，在 900℃以后再分解，重新生成 CaO。

（3）熟料形成热不同

尽管存在着 $Ca(OH)_2$ 和新生态的 CaO 会吸收 CO_2 生成 $CaCO_3$ 并需重新分解的可能性，但在预热器系统中由 550℃上升到 850℃的物料与烟气的接触时间很短，只有少量的物料发生这种吸收反应。由于电石渣中的 $Ca(OH)_2$ 的分解温度及分解反应热均比 $CaCO_3$ 低，采用该工程配料的熟料形成热为 315kcal/kg 熟料（1cal＝4.18J），比普通生料的熟料形成热低。

经过对系统综合分析和平衡计算，烧成热耗应为 950～1000kcal/kg 熟料。其中：蒸发生料的物理水耗热 291kcal/kg 熟料，熟料形成热 315kcal/kg 熟料，出口废气温度按 200℃考虑时，废气带走的热 189kcal/kg 熟料。

基于上述差异，经过系统的综合平衡和热力学过程分析，该工程含水量较高的电石渣占 12%，粉煤灰为 5.5%，用两级预热器、一级烘干打散和一级收尘即四个换热单元和一个分解单元构成预分解系统比较经济，完全能够满足整个生产系统配套要求。但必须注意的是，随着电石渣量的增加，除需要较多的烘干热源外，分解炉的功能将会有所变化，因为 $Ca(OH)_2$ 的分解温度为 450～550℃，不是在分解炉内分解的，因此在分解炉设计和预热器设计过程中必须考虑这一影响，这是该种原料的特殊要求。

3. 实际生产情况

图 1 所示为皖维首期电石渣废料综合利用工程项目预分解系统的工作参数。从图 1 中的温度分布不难看出，$Ca(OH)_2$ 的分解只要是在 C2 筒出口管道、C1 筒、烘干打散设备进口管道构成的系统范围内完成，而 $CaCO_3$ 包括新生态的 $CaCO_3$ 仍然主要在分解炉内完成。经过测定和分析，其入窑物料的分解率已达 90%以上。该系统于 2001 年 5 月 22～25 日顺利通过达产达标考核。考核期间回转窑的产量为 1030t/d。系统平均热耗 940kcal/kg 熟料（料饼平均含水分为 23.5%），熟料平均立升重为 1308g/L，熟料中 f-CaO 含量平均为 0.20%。预热器系统出口平均负压为 4.6kPa（包括烘干破碎机和物料的提升），预热器出口温度为

170℃，完全达到或超过系统原有的设计指标。

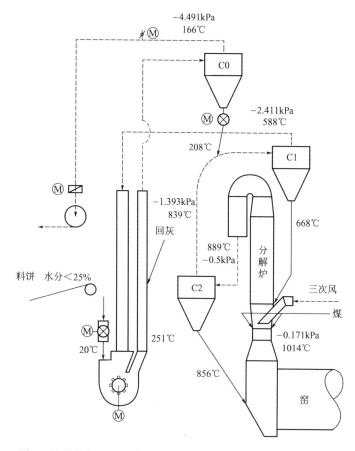

图 1　皖维首期电石渣废料综合利用工程预分解系统的工作参数

二、预分解系统在污泥处理方面的运用

1. 污泥的性质与处理

在日常生活和生产中，污泥的来源主要有：污水厂沉淀过滤、清理下水道或河道、湖底淤积等。由于污泥的来源不同，其中的有机质含量也不同，其气味也不相同。在农村，多用来作农家肥处理，在人口密积的经济发达地区，污泥特别是来自污水厂的污泥，应该集中进行焚烧处理，以免影响周围的环境。水泥工业的发展为污泥的处理提供了新的途径。一般情况下污泥中的水分和有机物总的含量在 20%～80%，范围较宽；在处理过程中还存在着气味扩散问题，影响周围的环境。利用水泥工业处理这一废料是最佳的选择，主要原因有：

① 可以利用水泥厂中产生的窑灰（碱性）混入污泥中以消除其中的腐质产生的气味。

② 对于污水处理厂中的污泥采用此法可以消除污泥中的细菌扩散。

③ 特殊工业产生的污泥，对其中可能含有的各类重金属产生固化作用，有利于解决二次污染问题。

④ 采用水泥生产工艺消解污泥其需求量大，且具有连续性。

鉴于这些优点，针对太湖流域河道淤积、河床和湖底抬高带来的航运和蓄洪能力减弱问题，位于太湖之滨的湖州达强水泥有限公司于 2001 年委托我院进行研究，采用太湖流域河道和太湖淤泥作为原料生产水泥，以缓解淤泥沉积带来的一系列问题，此外还可以解决开采黏土矿占用农田的问题，达到了可持续发展的要求。

表 2 所示为太湖淤泥的化学成分，采用石灰石、太湖淤泥及铁粉配料，原料配比（干基）分别为 85.11％、13.42％和 1.47％。

表 2　太湖淤泥的化学成分和烧失量　　　　　　　　　　　　　单位：％

烧失量	SiO_2	Al_2O_3	Fe_2O_3	CaO	MgO	K_2O	Na_2O	总计
6.07	68.52	11.72	4.42	2.70	1.92	1.82	1.39	98.56

一期 1000t/d 工程已于 2001 年底投产，二期 2000t/d 工程有望于年底或 2002 年初点火投产，这样两条线年消耗太湖污泥为 24 万吨（干基），同时太湖淤泥在很大的一片湖区范围内化学成分较稳定，颗粒级配较均匀，无需入磨粉磨，有利于降低生产成本。

2. 湿磨干烧工艺方案的选择

用太湖淤泥配料将对预分解系统的设计都会产生影响，为此，在工艺方案的设计过程中必须予以考虑。

① 由于太湖淤泥较细，比较均匀，已达到生料细度要求，无需入磨再粉磨，可直接泵送入库，从而实现节电的目的。石灰石和铁粉等其他原料采用湿磨方法粉磨后，将料浆注入库中，然后通过料浆池及混合库调节到要求的成分。

② 采用太湖淤泥作黏土质原料，其水分为 29％，并含有一定量的有机质，易产生一定的气味，单独烘干会影响环境，密封入库是最佳方案。如采用全干法，必须单独利用特殊装置进行烘干处理，增加周转环节。

③ 充分考虑公司原有 4 台湿法回转窑、配套的原料储存和生料粉磨、料浆储存及搅拌等设施的能力。

通过上述分析研究，采用湿磨干烧工艺处理该种原料是最佳方案。

3. 预分解系统的设计

在该工程的设计中，特别重视了有别于新型全干法及传统湿法工艺的预分解系统的设计，湿磨干烧预分解系统的设计特点，是将烘干破碎机作为预分解系统的一部分，利用出预热器的废气来烘干料饼，设计中着重考虑以下方面。

（1）预热器级数的确定

料浆实验结果表明，用太湖淤泥配料的料浆的过滤性能较好，采用盘式真空吸滤机来处理料浆，制成的料饼的含水量在 18％～20％。

预热器级数的确定原则是保证离开预热器烟气中的热量满足烘干物料所需的热量。由该工程烧成系统的配置、喂入物料的水分为 18％～20％及原、燃料等条件，根据热平衡计算，烧成系统设计热耗为 850kcal/kg 熟料。该工程预分解系统采用三级预热、一级收尘、烘干打散和分解炉构成，使得出 C1 筒废气温度为 500℃，以满足烘干水分的要求。经物料平衡和热平衡计算，出烘干破碎机的气体温度为 170℃，出 C0 旋风筒的气体温度为 120℃，这样既可保证物料烘干的需要，又降低了热耗。

（2）预分解系统中温度分布的影响

与新型全干法预分解系统比较，因进入 C1、C2 旋风筒的料温降低，C1、C2 旋风筒的温度也随之变化，相应 C2 旋风筒喂入分解炉物料温度比全干法低。针对上述特点，设计时，三次风及煤粉采用两股旋下切入炉，以确保炉内温度场、压力场及浓度场分布均匀，不会产生局部高温和结皮，同时炉内产生一定的旋流，加强了炉内物料的分散与气固的混合换热，有利于炉内换热与反应的进行。

4. 生产实践

生产实践证明，系统在 1200t/d 产量下稳定运行，预热器从未发生过堵塞问题，一期 1000t/d 各项技术指标均达到或超过原定设计指标。

实际生产时（料饼喂入量 115.2t/h，熟料产量 1350t/h）预分解系统参数分布见图 2。

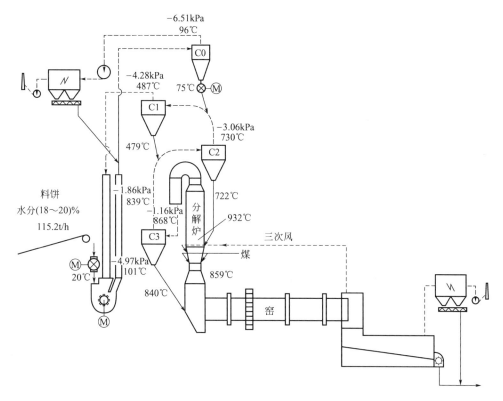

图 2　浙江三狮达强水泥厂预分解系统参数分布

三、预分解系统在熔渣综合利用工程中的运用

熔渣是炼铁产生的工业废渣，鞍钢集团年排放量 60 万吨，现存量在 200 万吨以上。

由于熔渣经慢冷或自然冷却的结果，不适宜直接用作水泥的混合材，但可作为水泥生产的原料，实现综合利用，减少或避免因其排放带来周围环境的污染问题，另外可以利用其自身的一些矿物特性和化学反应活性来达到降低能耗的目的，具有较好的经济和社会效益。但利用废渣配料有别于传统配料，废渣的掺入对工艺过程，特别是对预分解系统的影响需要认真细致的研究，只有这样，才能保证系统的可靠性。

由我院开发设计的鞍山冀东水泥有限公司利用"三废"资源生产水泥熟料工程，于2004年点火投产，其设计规模为4500t/d（可达5000t/d），主要原料采用鞍钢集团的熔渣，该原料可以实现取代黏土及部分石灰石的目的（表3～表5）。

表3　熔渣典型的化学成分　　　　　单位：%

SiO$_2$	Al$_2$O$_3$	Fe$_2$O$_3$	CaO	MgO	K$_2$O	总计
37.63	7.93	1.18	41.91	8.52	0.52	97.69

表4　原料配比

物料名称	石灰石	熔渣	瓦斯灰	粉煤灰
数量/%	72.01	21.72	2.06	4.21

表5　生料的化学组成和烧失量　　　　　单位：%

烧失量	SiO$_2$	Al$_2$O$_3$	Fe$_2$O$_3$	CaO	MgO	K$_2$O	Na$_2$O	SO$_3$	Cl$^-$	总计
29.55	14.76	3.16	2.15	45.6	3	0.6	0.09	0.25	0.01	99.17

用熔渣配料时，采用新型干法预分解系统，开发设计应注意以下几个方面的问题。

1. 烧成系统的热耗会有所降低

与常规配料相比，熔渣已经过高温处理，其中的钙质原料已经不可能以CaCO$_3$的形态存在于熔渣中，采用熔渣配料对烧成系统的热耗会产生一定的影响，具体体现在以下方面。

（1）熟料形成热降低

① 由于熔渣中CaO含量为41.9%，并以C$_2$AS、C$_3$S$_2$等矿物形式存在，采用21.7%的熔渣配料，这部分CaO可代替约19%石灰石中的CaCO$_3$，因此，每生产1kg熟料所需的CaCO$_3$的量降低，所需的总的热耗也会相应降低。

② 熔渣是经缓慢冷却而形成的结晶矿渣，化合物结晶时，放出一部分潜能，内部的潜热（热含量）比较低，因此熔渣中的低碱矿物对熟料形成热的影响可不予以考虑。经计算，对于该项目而言，这部分热耗可减少约为70kcal/kg熟料。

（2）生产单位熟料预热器出口废气带走的热损失减少

由于下面两个原因，生产单位熟料，预热器出口废气量减少。

① 生料中CaCO$_3$含量降低，相应废气中CO$_2$减少，生料中碳酸盐分解放出的CO$_2$（标准状态）由常规生料的0.26m^3/kg熟料降为0.21m^3/kg熟料。

② 单位熟料耗煤量减少，煤燃烧产生的烟气量减少。若热耗降低100kcal/kg熟料，煤燃烧产生的烟气量（标准状态）减少0.12m^3/kg熟料。

经分析计算，这部分热耗可减少约为20kcal/kg熟料。

（3）预分解系统及三次风管表面散热量降低

由于同规格预分解系统能力增加，设备表面散热量降低约3.5kcal/kg熟料。

根据理论分析，并结合该项工程的规模及有关厂家利用熔渣配料的生产实践，我们在该工程的预分解系统开发设计中，最终确定熟料的烧成系统热耗为650kcal/kg熟料。

2. 分解炉用煤比例的变化

由于热耗的降低主要由 $CaCO_3$ 分解所需的热量减少引起，而 $CaCO_3$ 分解主要在预分解系统中完成，因此设计分解炉用煤量与常规配料的 $55\%\sim60\%$ 不同，现仅有 $49\%\sim54\%$。这一点对分解炉和炉用喷煤管的设计是非常重要的。

3. 预分解系统中的温度分布

与常规配料不同，使用熔渣配料，理论料耗为 1.387t 生料/kg 熟料，同时预分解系统中气体量和气体成分也发生了一些变化。对于本工程而言，采用非线性规划方法确定了结构设计所需的温度分布，发现与常规配料相比，预分解系统各部分温度变化不大，一般不大于 $10℃$。虽然料量和气量的减少对温度变化的作用相互抵消了，不考虑料量和气体变化的影响，对本工程影响不大，但对不同的废渣及其掺量来说，这两者变化对利用废渣的预分解系统的设计影响是必须认真考虑的重要方面之一。

4. 预分解系统规格的确定

在适用于本工程项目的预分解系统开发设计过程中，其各结构的设计通常的作法是采用预分解系统各部分的温度分布、气体量等参数来确定的，因此，系统内部的各参数的分布的准确性和合理性是系统结构设计的关键，否则，不充分考虑热耗及气体量的变化的影响，过低风速设计，会引起旋风筒的分离效率降低、物料内循环增加、热效率下降以及塌料、堵塞等问题，同时还会增加设备重量及土建投资。

鞍山冀东水泥有限公司利用"三废"资源生产水泥熟料的生产线，每年可消解熔渣 39 万吨，一方面缓解环境的压力，另一方面也为企业带来了一定的经济效益，为其走上可持续发展的道路作出了一定的贡献。

四、结语

伴随经济的快速发展，各种工业废渣废料越来越多，为了实现经济的可持续发展的需要，保护环境，利用水泥工业消解废渣的优势，合理利用各种废渣，变废为宝，具有良好的经济和社会效益。

由于废渣的性能差异越来越大，在各种工业废渣的使用过程中，必须针对各种废渣物理、化学性质以及废渣物料在预分解系统中的物理化学变化过程特点及热力学特征进行研究，为预分解系统中的个体与总体配合设计提供依据，实现预分解系统的个性化设计，达到废渣利用的优化目标。

用预分解技术处理工业废渣的热化学过程分析与实践

——1000t/d 水泥熟料生产线烧成系统设计简介

潘　洞　蔡玉良　杨学权

在水泥生产技术的发展进程中，新型干法窑技术越来越被人们接受并得到快速推广及发展。为解决湿法窑的改造而发展起来的湿磨干烧技术，是利用湿法厂的湿法生料制备系统，采用一定的料浆脱水、烘干手段，使之成为干生料粉后用新型干法窑煅烧。通过这种改造可降低熟料的烧成热耗，提高劳动生产率。事实上，湿磨干烧技术更适合湿排工业废渣、污泥等的综合利用，以及对原料处理有特殊需求的新建项目。经工艺方案的优化既能达到治理环保的目的，又能获得优良的技术经济效益。本文介绍的皖维 1000t/d 水泥熟料生产线项目（以下简称皖维项目）就是湿排工业废渣综合利用的成功案例。

一、皖维项目的背景及特点

安徽皖维化纤化工股份有限公司是一国有控股的集化工、化纤、建材于一体的大型联合企业。该公司在采用电石法生产维纶的工艺过程中产生出电石渣、废石灰、石灰石尾矿、粉煤灰及焦炭粉等工业废渣，这些废渣的堆放不仅占用土地，也污染了周边地区的环境，尤其是电石渣易于流失扩散，碱化土地，污染江河并危及巢湖水域。

20 世纪 50 年代末，北京建材研究院曾对用电石渣生产水泥做了大量的实验研究，并在湿法生产线上的应用进行了实践、论证和推广。皖维公司为了减少污染，也曾建了一条湿法生产线以消耗电石渣等废渣，但由于生产方法落后，生产能力小，污染问题仍然严重。该公司为了落实安徽省政府制定的"1999 年底巢湖流域所有污染物必须达标排放"的环保政策，针对上述问题就其工业废渣综合治理技改项目进行了工程立项，并委托南京水泥设计研究院进行新工艺技术的研究和工程设计。经分析研究，确定建设规模为 1000t/d 水泥熟料生产线，不仅可以完全消耗公司排放的工业废渣，减轻环境保护的压力，还为公司创造相当利润，使公司走上持续发展的道路，很有意义。

该项目的投资建设具备了如下特点。

① 必须综合利用公司在生产过程中产生的全部废渣，以彻底解决公司对巢湖水系产生的污染，优化周边环境。

② 以综合利用废渣为中心，采用先进、成熟的生产工艺，变废为宝，生产高质量的水

泥，为公司创造产值。

③ 该生产线的工艺过程设计中，要兼顾所排各种废渣的物理、化学特性，采取相应的技术措施。

二、原料和燃料的特殊性

该项目主要利用的废渣有电石渣、废石灰、石灰石尾矿、粉煤灰及焦炭粉等。其化学成分见表1。

表 1   废渣的化学成分

废 渣		石灰石尾矿	电石渣	石灰渣	粉煤灰	焦炭灰
化学成分 /%	烧失量	39.06	22.96	1.60	6.62	
	SiO_2	7.26	4.30	1.80	54.18	56.20
	Al_2O_3	2.58	2.59	0.90	29.47	32.42
	Fe_2O_3	0.99	0.34	0.90	3.47	4.08
	CaO	48.72	68.36	92.00	1.44	3.08
	MgO	0.32	0.34	0.90	0.80	1.33
	K_2O	0.13	0.03	0.20	0.96	0.88
	Na_2O	0.03	0.03	0.05	0.48	0.50
	SO_3		0.07		0.05	0.70
	Cl^-	0.004	0.009	0.004	0.007	0.006
	总计	99.76	97.14	99.56	97.48	99.80

这些废渣的特殊性如下。

① 电石渣系电石水解后产生的残渣。其特点一是颗粒细，其细度为 0.08mm 方孔筛筛余小于 8%；二是水分高，刚排出时的水分在 90% 以上，经沉降池浓缩后，水分仍有60%～65%。电石渣的主要化学成分是 $Ca(OH)_2$，其含量在 90% 以上。

② 石灰石尾矿是生产石灰过程中排出的废渣，粒度小于 30mm，其中夹杂有泥土，品位要比石灰石原矿低。

③ 废石灰是生产电石过程中排出的废渣，粒度小于 5mm。

④ 粉煤灰是公司的供热、供汽、发电锅炉排出的废渣，排放方式是湿排，水分很大，经沉降池浓缩后，水分仍有 70%。

⑤ 焦炭粉是生产电石时筛选下来的细小颗粒的焦炭末。焦炭粉的工业分析见表2。

表 2   焦炭粉的工业分析

物料名称	工业分析				
	$M_{ad}/\%$	$A_{ad}/\%$	$V_{ad}/\%$	$FC_{ad}/\%$	$Q_{net,ad}/(kJ/kg)$
焦炭粉	0.07	12.71	1.76	85.46	29186.52

在以上5种废渣中，电石渣、废石灰、石灰石尾矿可作为生产水泥的钙质原料，粉煤灰则作为硅、铝质原料，焦炭粉和煤混合作为燃料使用。

三、电石渣的性能及其影响

由于在上述诸多废渣中电石渣的特点突出，给水泥生产带来的影响大，故对其进行重点研究。电石渣分散度很高，具有多孔状结构，保水性极强，脱水极为困难，经长期自然沉降浓缩后的含水率高达 65％以上。对其脱水方式的确定进行了实验研究，若采用吸滤会将滤网堵塞而使脱水率很低。采用压滤其效果优于吸滤。对纯电石渣的压滤实验结果其脱水率在 30％～40％。随着其他物料的含量增加，脱水率提高。换句话说，原料中随着电石渣含量的增加，原料的综合水分增加，且机械脱水的难度亦增加。这无论是采用半干法或全干法都是生产工艺上需解决的难点之一。

原料的初始水分愈大，烘干水分所需的热焓就愈大。烘干所需的热焓由三个部分组成，即：水分蒸发的耗热，蒸发出的水汽带走的热，烟气带走的热。

假设其他原料的综合水分为 4％，经过压滤后的电石渣水分为 40％，经过计算可以发现，随着电石渣的掺量增加，料耗是下降的，而水分和热耗将上升。如果用单位熟料耗热表示，则电石渣的掺入比例与单位熟料耗热关系见图 1。

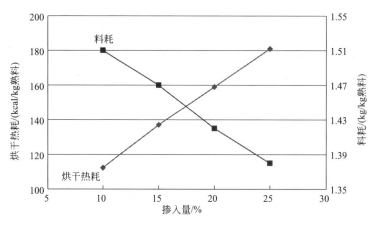

图 1　电石渣掺入量与料耗及单位熟料耗热的关系
1cal＝4.18J

四、电石渣配料与普通配料的差异及热化学分析

利用新型干法预分解窑煅烧以电石渣参与配料的水泥熟料生产工艺，在国内尚属首例，涉及一系列新的技术问题。理论分析表明，900℃以下时电石渣配料与常规配料的差异如下。

（1）**系统内主要的化学反应及发生反应的温度区域不同**

电石渣的主要化学成分是 $Ca(OH)_2$，在脱水温度前会吸收烟气中的 CO_2 生成难分解的 $CaCO_3$；当升温至 550℃左右，$Ca(OH)_2$ 开始分解；生成的 CaO 仍会吸收烟气中的 CO_2 生成难分解的 $CaCO_3$，直至 900℃以上的高温区域，$CaCO_3$ 分解的逆向反应才得到完全抑制，分解过程得以加速。电石渣生料在预热、煅烧过程中发生的主要化学反应如下：

$$Ca(OH)_2 + CO_2 \longrightarrow CaCO_3 + H_2O(气) \quad （放热反应） \tag{1}$$

$Ca(OH)_2$ 的反应热：$\Delta H^0_{298K} = -224.19 kcal/kg\ Ca(OH)_2$

$$Ca(OH)_2 \Longleftrightarrow CaO + H_2O(气) \quad （吸热反应） \tag{2}$$

$Ca(OH)_2$ 的正向反应热：$\Delta H^0_{298K} = 353.5 \text{kcal/kg } Ca(OH)_2$

$$CaCO_3 \Longleftrightarrow CaO + CO_2（气） \quad （吸热反应） \tag{3}$$

$CaCO_3$ 的正向反应热：$\Delta H^0_{298K} = 427.5 \text{kcal/kg } CaCO_3$

（2）熟料的形成过程不同

由于采用的原料其化学物质不同，因而熟料的形成过程也不同。从上面的化学反应也可以看出区别之一：采用电石渣配料的生料与普通生料发生分解反应温度区域不同，分解反应提前在预热器中发生。电石渣配的生料不论呈 $Ca(OH)_2$ 状态或呈分解后 CaO 的状态，均有吸收 CO_2 的现象，并在900℃以后再分解，重新生成 CaO，这部分物料的分解温度还有所提高。

（3）熟料形成热不同

尽管存在着 $Ca(OH)_2$ 和新生态的 CaO 会吸收 CO_2 生成 $CaCO_3$ 并需重新分解的可能性，而在预热器系统中由550℃上升到850℃的物料与烟气的接触时间很短，只有少量的物料发生吸收反应。而由于电石渣的分解温度及分解反应热降低，因此电石渣配料的熟料形成热，比普通生料的熟料形成热低。也就是说，随着电石渣掺量的增加，熟料的形成热会降低。图2所示为电石渣掺量与其配料生料的形成热关系。

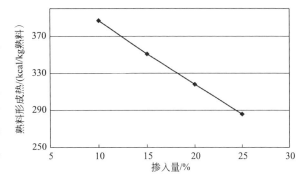

图2 电石渣掺量与其所配生料的形成热关系

若将电石渣配料与普通配料在整个熟料烧成过程做一比较，其反应温度区域与热效应对比的差异见图3。从图3可以看出，在900℃以前除在580℃前后电石渣有一独立吸热反应外，其余的热效应均小于或等于普通生料的。

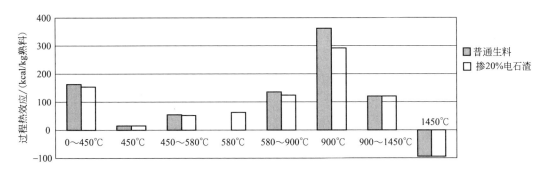

图3 电石渣配料与普通生料在整个熟料烧成过程中反应温度区域与热效应对比

五、电石渣配料在新型干法烧成系统中应注意的问题

① 热的平衡利用问题。根据上述分析以电石渣配料的生料，由于机械脱水困难，需利用烧成系统的烟气热焓来干燥，因此必须综合考虑热的平衡利用问题。在确定电石渣掺量时，既要考虑掺量增加水分增加需热量增加，而对烧成系统来说则是烧成热耗减少、废气量减少的因

素，另外还需兼顾原料磨系统的选型和烘干能力的问题，最终确定适合该系统的最佳掺量。

② 因电石渣的成分主要为 $Ca(OH)_2$，其分解反应的温度区域不同，并存在着吸收还原反应；分解反应的废气成分和废气量也与普通生料不同，部分物料的分解反应由原来的分解炉中移到了预热器中，系统各部位的热负荷发生了改变，增加了预分解系统内部热化学过程的复杂性，为预分解系统的开发设计带来了一定的难度，要对其各个过程及可能发生的阶段进行把握，才能做到预分解系统结构设计的合理性。

六、本工程生产方法的确定

本工程生产方法的确定应本着先进成熟、简单可行的原则，充分利用表 1 中几种废渣进行配料生产，所采用的配料方案见表 3。

表 3　生料配料方案

原料名称	石灰石	石灰石尾矿	电石渣	石灰渣	砂岩	粉煤灰	硫酸渣	合计
配比(干基)/%	48.00	20.30	12.40	3.30	8.20	5.50	2.30	100
原料水分/%	2.00	8.00	65.00	1.00	10.00	70.00	15.00	40

由此可见，物料的综合水分在 40% 上下，电石渣和粉煤灰经过浓缩池后水分仍然很高，干法生产比较困难，鉴此考虑到充分利用原有湿法生产设施的可能性，因此在该项目中首选湿磨干烧工艺方案。原料粉磨选用湿法开流磨，两种水分大的废渣配料可采用容积计量的方式进行。原料磨的用水就取自废渣排放时的废水并循环使用。湿物料的配料和废水排放的难题得到了较好的解决。

采用湿磨干烧工艺，原料浆的脱水处理采用了压滤脱水工艺，料浆水分可至 23%～25%，较普通生料脱水后的水分高出约 8%，即入烘干破碎系统的料饼水分为 23%～25%。

七、烧成系统设计方案介绍

脱水后的料饼经喂料设备喂入烘干破碎机进行烘干打散。料饼在进入烘干破碎机时先经过一烘干腔，经分散棒将物料分散在破碎机的打散断面上；高速旋转的锤头将料块进一步打散，并与来自窑和预分解系统的高温烟气充分混合换热，由于物料的不断分散、换热，其生料的水分迅速蒸发，而成为悬浮在烟气中的干生料粉。生料粉被烟气携带经旋风分离器分离后喂入预热器、分解炉系统进行预热、分解后，最终入窑煅烧。本项目采用的湿磨干烧技术就烧成系统而言，不仅是利用了新型干法窑的煅烧技术，而且还采用了高效烘干技术。

设计中针对料饼水分大的特点采取了三个措施：

① 提高入烘干破碎机的废气温度，通过对系统热平衡计算，要求用于烘干的烟气在 650℃ 左右，故窑尾选用了两级旋风预热器；

② 放大烘干腔的容积，并增设分散棒；

③ 估计到物料在烘干破碎机中停留时间的延长，对烘干破碎机的能力进行了重新核定。

烧成窑尾流程、参数及主要化学反应见图 4。

皖维电石渣配料的熟料形成热仅为普通生料熟料形成热的 3/4。经过对系统综合分析和平衡计算，烧成热耗应为 950～1000kcal/kg 熟料。其中蒸发生料物理水耗热 291kcal/kg 熟

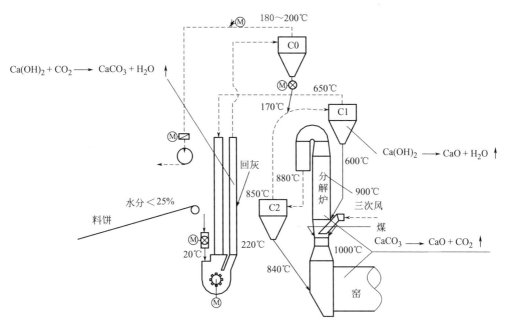

图 4 烧成窑尾流程、参数及主要化学反应

料，熟料形成热 315kcal/kg 熟料，废气温度按 200℃ 考虑时，废气带走热 189kcal/kg 熟料。采用两级预热器，入炉物料温度 600℃ 左右，入窑物料分解率按 88% 设计。窑头、窑尾的燃煤比例确定为 40：60。三次风从窑头罩抽取，温度为 750℃ 左右。烧成系统的主机规格见表 4，同时列出普通生料的 1000t/d 规模时湿磨干烧工艺的主机规格进行对比。

表 4 两种生料的烧成系统主机规格

序号	设备名称	本项目 1000t/d		普通生料的 1000t/d		备注
		规格、性能	装机/kW	规格、性能	装机/kW	
1	烘干破碎机	PCG2821；能力：70t/d(干基)；料饼水分<25%，成品水分<1%	450	PCH2817；能力：70t/d(干基)；料饼水分<20%，成品水分<1%	400	南京院设计
2	预热器	C1、C2：ϕ5.15m C0：ϕ4.6m		C2、C3：ϕ5.15m C1：ϕ4.9m C0：ϕ4.6m		南京院设计
3	分解炉	ϕ4.0m×23.5m		ϕ4.0m×22m		南京院设计
4	窑尾高温风机	风量：260000m³/h；风压：8500Pa；气体温度：180~250℃	900	风量：230000m³/h；风压：9500Pa；气体温度：180~250℃	800	
5	回转窑	ϕ3.2m×50m；斜度：4%；能力：1000t/d	160	ϕ3.2m×46m；斜度：4%；能力：1000t/d	160	南京院设计
6	箅冷机	LBT24135；箅床面积：29.16m²；能力：1000t/d	37	LBT24126；箅床面积：27m²；能力：1000t/d	30	南京院设计

煅烧电石渣的生料，采用新型干法比湿法有更多的优势，具体如下：

① $Ca(OH)_2$ 和新生态的 CaO 与烟气接触时间短，吸收产物 $CaCO_3$ 含量低；

② 烘干、预热、分解时的换热效率高，热耗明显下降；

③ 废渣的处理能力大大提高。

与同规模煅烧普通生料的烧成系统比，除减少了一级预热器、烘干破碎机的装机功率略有提高、高温风机的风量有所加大，其余设备规格可基本相同。

八、实际生产情况简介

该项目 2000 年 10 月开始调试，2001 年 5 月进行了 72h 的达标考核。考核结果：熟料产量为 1028.83t/d，烧成热耗为 944.15kcal/kg 熟料。考核期间的主要性能参数见表 5。

表 5　烧成系统主要性能参数

序号	内容	设计值	实际值	备注
1	熟料产量/(t/d)	1000	1028.83	72h 平均
2	烧成热耗/(kcal/kg 熟料)	950~1000	944.15	72h 平均
3	料饼水分/%	25	23.5	只冬季为 25%~26%
4	出 C1 筒的温度/℃	650	600	
5	出 C1 筒的 O_2 含量/%	5	3.9	
6	出 C0 筒的温度/℃	200	180	
7	出 C0 筒的压力/Pa	7000	4750	
8	入窑分解率/%	88	83.2	
9	窑头燃煤比/%	40	45	

从烧成系统的考核结果可以看出，该系统的设计参数与操作数据基本相符。生产线从考核以来系统一直运行正常，熟料产量稳定在 1000t/d 以上，熟料抗压强度 3d 均大于 30MPa，28d 均大于 60MPa。

九、结论

① 该项目选用"湿磨干烧"的生产方法简单可行，不仅解决了湿排废渣的利用问题和新生产线与原有湿法生产线原料交叉利用问题，烧成热耗比采用湿法生产降低 450kcal/kg 熟料，节约了能源。

② 在国内的水泥生产中，采用新型干法煅烧技术煅烧用电石渣配料的生料本项目尚属首例，通过本项目的工程实践证明，设计方案是可行的，并达到了设计目标，为电石渣生料的干法烧成技术探索了一条新途径，为高比例利用电石渣生料积累了经验。

③ 该项目的投资建设很好地解决了废渣的利用问题，既保护了环境又节约了资源，投产以来已取得了良好的经济效益和社会效益。

城市垃圾减容化和资源化的一种有效途径

——利用水泥熟料烧成系统处理城市垃圾的可行性研究

杨学权　蔡玉良　马祖生　成　力　邢　涛　陈汉民

城市垃圾一般是指城市居民的生活垃圾、商业垃圾、市政维护和管理中产生的垃圾，而不包括工厂所排出的工业固体废物。我国已积压下来的城市垃圾有 60 多亿吨，侵占土地面积达 5 亿平方米。绝大部分垃圾未经处理，堆积在城郊，滋生害虫，污染大气，污染周围的地表水体或渗透地下水，危害人体的健康。

目前，对城市垃圾的处理方法主要是填埋法、堆肥法和焚烧法。填埋法占地大，减容化、资源化程度低，容易产生二次污染。堆肥法规模小，周期长，质量不稳定。焚烧法可以达到垃圾处理的无害化、减容化、资源化的目标，但烟气中的有毒成分需要处理，增加了投资；如果烟气处理不净，就会污染大气，由垃圾的污染转变成大气的污染。

利用水泥熟料烧成系统处理城市垃圾是近年来水泥行业提出的一条新的垃圾处理途径。该途径一方面可以利用回转窑系统吸收垃圾焚烧过程中产生的有毒气体，另一方面垃圾焚烧后剩下的灰渣可以作为水泥的原料，将其中有毒的组分和重金属固化在水泥熟料中，真正做到垃圾处理的"三化"目标，使危害降到最小。

一、南京市生活垃圾处理现状及存在问题

1. 南京市生活垃圾处理现状

南京市的垃圾处理主要采用填埋法，基本实现了生活垃圾的无害化处理。目前全市有天井洼、水阁、轿子山三座大型垃圾填埋场，总面积超过 87 万平方米，总设计日处理能力为 3000t，使用年限 15～20 年。近年来，垃圾的处理开始由简单的无害化向减量化和资源化的综合利用方向发展，例如：水阁填埋场开展垃圾沼气发电示范试验工程，项目总装机容量为 5.2MW；黑墨营地区建立了一条处理能力为 600t/d 的生活垃圾气化处理试验工程，设备全部采用国产化，并在此经验的基础上南京市还将在浦口地区投资建设一套日处理量为 1000t/d 的垃圾气化发电厂。

随着南京市的经济发展和生活水平的提高，南京市的垃圾产生量也逐年增加。从图 1 可以看出，南京市生活垃圾产生量呈直线增长之势，2001 年每天的垃圾量为 2700t/d，2002 年每天的垃圾量为 2800t/d。面对增长如此迅猛的垃圾量，必须探求出一套切实可行的垃圾处理方案，以满足日益增长的处理要求。

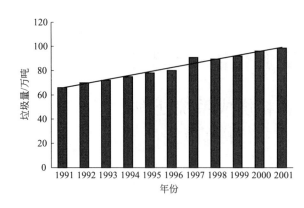

图 1　南京市历年生活垃圾产生量

表 1 所示为南京市有关部门完成的南京市城市垃圾成分分析，其中灰渣、砖瓦等无机物成分和以厨余物为主的易腐有机物的含量较高，高热值的可燃物和可直接回收的金属、纸等含量较低，垃圾的热值在 900～1450kcal/kg（1cal＝4.18J）。随着民用燃料向燃气化方向发展，城市垃圾中的有机组分和可回收废品将逐渐增多，煤灰等无机组分相应减少。另外，城市居民生活节奏的加快使得净菜市场受到广泛欢迎，厨余物的比例有所下降，垃圾的含水率下降，而热值增高。

表 1　南京市生活垃圾的组成成分

采样地点	金属/%	玻璃/%	塑料/%	纸类/%	织物/%	木竹/%	植物/%	动物/%	灰渣/%	砖瓦陶瓷/%	其他/%	容重/(kg/m³)	空隙率/%	含水率/%
转运站	0.28	2.17	8.0	4.0	0.8	2.1	19.6	8.1	30.7	5.2	18.5	404.5	58.3	33.1
垃圾场	0	0.52	13.0	4.5	0.14	3.2	14.4	3.0	58.5	2.6	0	524.1	51.3	50.4
机场	2.0	23	9.4	13.0	1.3	1.4	19.0	0	0	2.7	28.2	66.5	96.5	20.8
火车站	10.4	2.0	10.8	13.8	1.1	3.2	19.4	3.2	48.3	4.9	0	224.0	76.5	52.7
港口	0.83	0	6.2	3.7	2.3	2.6	43.3	7.4	33.6	0	0	280.5	68.7	28

2. 存在问题

南京市生活垃圾处理率已达 100％，但基本上只是无害化处理。随着城市经济的发展和人口的增加，生活垃圾的增长趋势不可遏制，垃圾处理也相应出现一些问题，具体如下。

① 设施老化，数量不足，垃圾采用混合式袋装收集，不利于垃圾的分类和回收再利用。

② 技术单一，垃圾处理基本上都是采用填埋法，占用了大量土地资源，如果还是依靠单一的填埋处置方式，必然要占用越来越多的土地。

③ 采用填埋法处理垃圾，虽然已经采取各种措施来防止二次污染，但是填埋场还是会对周围的水体和空气产生缓慢的影响。

④ 虽然已有填埋厂沼气发电和垃圾气化发电项目，但规模较小，垃圾的回收再利用率和资源化还处于低水平状态。

⑤ 南京市需要进一步采取措施，切实做到"谁污染，谁负担"，增强企业的环保意识，增加环保投资。

⑥ 充分利用周围的垃圾处理潜在条件，鼓励水泥厂在可能的情况下处理垃圾，满足日益增长的需要。

二、利用水泥熟料烧成系统处理南京市的城市垃圾

1. 水泥熟料烧成系统处理城市垃圾的技术特点

由于水泥回转窑内的高温工况和碱性燃烧环境，现代回转窑生产过程为其使用代用原料

和燃料提供了可能性，从而也为现代社会综合利用自然环境和保护环境提供了一条有效途径。我们通过对南京市周边地区垃圾的初步检测和分析，认为南京市城市垃圾中的无机组分能够用来替代水泥原料，有机组分可以作为燃料提供热能。因此可以通过对垃圾的预处理、原料成分配比控制和对水泥生产工艺流程的调整，实现对城市垃圾的综合利用。

利用水泥回转窑处理南京市的城市垃圾有以下一些特点。

（1）南京市周边有着良好的处理条件

由于南京市独特的地理环境和水泥生产企业的分布情况，为南京市垃圾处理减容化和资源化提供了无与伦比的自然条件。南京市周围地区 30 公里的范围内有多条现代化的水泥回转窑生产线，除此之外还有一定数量的湿法窑和立窑生产线在运行，另外还有些小型旋窑已经停产。对于现在正在生产的大型干法水泥厂可以通过适当的政府补贴或在垃圾处理量达到一定数量的情况下减负一定量的税收来鼓励水泥厂企业处理城市垃圾。表 2 所示为南京市周围的水泥厂概况，表中列出了根据垃圾焚烧后灰渣成分概算得出的垃圾可处理量范围（城市垃圾焚烧前后的质量比按实验分析得出的 100∶37 计算）。

表 2　南京周围地区的水泥厂

序号	厂名	规模/(t/d)	工艺类型	距市区距离/km	运行状况	理论可处理垃圾量/(t/d)	
						最小	最大
1	江南小野田	4000	干法窑外分解窑	20	正常运行	135	2082
2	中国水泥厂	2000	干法窑外分解窑	30	正常运行	59	907
3	金陵水泥厂	600	预热器窑	15	正常运行	12	456
4	龙潭水泥厂	2×600	预热器窑	30	正常运行	24	912
5	江宁青龙山水泥厂	600	预热器窑	20	正常运行	12	456
6	江北水泥厂	300		15	正常运行	6	228
7	南京水泥厂	300	预热器窑	15	停产	6	228
8	南京官塘水泥厂	200	回转窑	15	停产	4	152
9	海螺中国厂	5000	干法窑外分解窑	30	规划中	135	2082

从南京市周边水泥厂的分布来看，更有利于城市垃圾的分散处理，且潜在的处理能力远远大于南京市垃圾处理量的需求，为垃圾处理提供了一个有效的空间。

（2）采用水泥熟料综合处理技术具有投资少的优点

由于水泥生产工艺主体已经存在，只需投资建设一套垃圾堆放预处理及输送计量系统，再加上烧成系统的局部调整和改造，其费用远远小于新建焚烧厂的投资。也可以在新建一条水泥回转窑生产线的同时考虑垃圾处理过程，投资比建一套同等处理规模的焚烧发电厂要小得多。

（3）干法水泥回转窑焚烧垃圾的物理化学过程

根据现代新型干法水泥熟料煅烧工艺的技术特点，垃圾在烧成系统中的焚烧过程，可以分成三个区，如图 2 所示。从垃圾中分选出的有机物通过锁风喂料装置喂入窑尾烟室高温区（890～1150℃），高温下有机物和水分迅速蒸发和气化，随着烟气进入分解炉，并在运动过程中燃烧完毕（气体在炉内的停留时间为 8s，固体物料可达 30～60s）。有机物燃烧生成水

蒸气和 CO_2，部分氯和硫生成 HCl 和 H_2S，随即与 CaO 反应生成 $CaCl_2$ 和 $CaSO_4$，随后进入灼烧基物料中。如果微量的上述物质随气体进入增湿塔和除尘器，还可以通过增湿活化进一步吸收，使排出的气体达标无害。气体在该区内停留时间一般在30～60s。

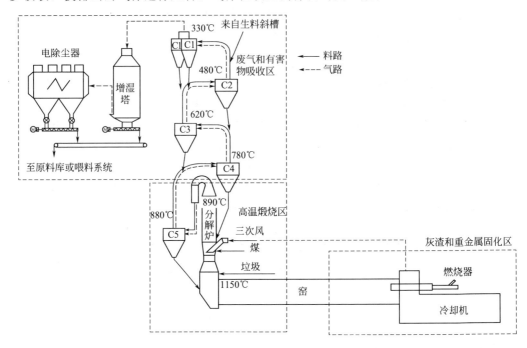

图 2　垃圾处理分区及过程示意

垃圾中的固体灰渣通过原料配料粉磨进入烧成系统，与其他原料进行高温固相反应生成复合矿物，其中一些微量重金属将形成矿物或被固化在水泥熟料中。此阶段物料的停留时间在 45min 以上，煅烧的气相温度高达 1800℃，熟料的固相温度为 1450～1500℃。

（4）处理量大

经实验分析，南京市城市垃圾经过焚烧后产生灰渣的重量约为原垃圾的 37% 左右，添加到水泥烧成系统中的垃圾量随着焚烧后灰渣中氯含量的不同和化学成分波动的程度而不同。一般，2000t/d 水泥熟料生产线在垃圾灰渣化学成分相对稳定和氯含量较低的情况下，最大处理量为907t/d（相当于掺入 342t/d 灰渣），但为了保证系统稳定运行，不至于因垃圾成分波动较大导致熟料质量的波动，相应加入量可以减至544t/d 左右（相当于掺入 205t/d 灰渣），占生料喂入量的 6.84%～11.40%。

（5）利用垃圾制造水泥可以降低水泥生产成本

垃圾可以部分替代水泥生产中的原料和燃料，降低了生产成本。垃圾的收集可以由有关部门直接送到水泥厂家，不需要企业增加成本，而且还可以根据用量的多少获取相应的补偿和政策减税。每生产 1t 熟料可以节约 21～35 元，另外还不包括因处理垃圾获得的政策性税收减免带来的效益。因此在现有的条件下，采用一定量的城市垃圾代替部分原燃料，既解决了垃圾增长的压力，为社会经济活动做出了贡献，也为企业节约了成本，提高了效益。

（6）可以减少对自然资源的开采

利用城市垃圾制造水泥可以减少对自然资源和不可再生能源的开采，达到垃圾处理的无害化、减容化和资源化的目标，实现资源的再利用和经济的可持续发展。

不难看出，利用水泥熟料烧成系统来处理城市垃圾，在工艺过程和经济上都是实际可行的，具有许多其它处理工艺不可替代的优点，因此只要在垃圾预处理和成分稳定控制方面采取一定的措施，必将成为缓解垃圾压力的有效途径。

由于利用城市垃圾做原料烧制水泥是一个新课题，虽然它的优点很突出，但也存在一定困难，主要源于城市垃圾中的含氯量和成分波动。首先，不同的城市和不同产业结构区，其氯含量是不同的，因此，在进行水泥煅烧工艺综合处理城市垃圾时要对其中的氯元素含量进行全面的分析，以便针对不同的氯含量采用不同的垃圾处理量搭配，更好地发挥系统处理垃圾的能力。不同的水泥煅烧工艺过程对氯的灵敏性是不同，特别是现代化的干法水泥生产线，过高的氯含量会导致在系统中 700℃ 的地方生成低温共熔物，易造成预分解系统结皮，严重时造成堵塞，因此必须控制垃圾中的 Cl^- 含量来解决结皮、堵塞问题。其次，垃圾的成分不稳定，波动较大，对垃圾成分的在线监测难度较大，生产过程中的调节控制滞后，对最终水泥成品的成分稳定性影响较大，因此要对垃圾进行预处理。另外，垃圾中的重金属对熟料的质量也存在影响，应在入窑前对垃圾进行分选。

2. 工艺流程

（1）垃圾的预处理过程

根据垃圾中不同组分在水泥生产中的不同作用，将垃圾分选为无机组分和有机组分，分别替代水泥生产中的原料和燃料。目前还没有切实可行的技术可以做到垃圾的彻底分选，所以根据南京市的垃圾组分特点，对垃圾分选过程提出初步设想，图 3 所示为垃圾进入水泥熟料煅烧系统前的预处理流程。垃圾进厂后堆放自然风干，并将其中一些大的废家具拆散；然后进行人工分选，将其中的大块混凝土、石块、铁和其他金属以及含氯的 PVC 塑料、废电缆等选出；再通过破袋机将成包的垃圾打散，打散后的垃圾进入锤式破碎机初步破碎，通过振动筛将垃圾中的灰渣和部分粒径较小的有机物筛分出来，送入原料仓进行配料粉磨；筛上物经过磁选后送入回转式剪切破碎机二次破碎，破碎后的垃圾通过立式风选将垃圾中的轻质

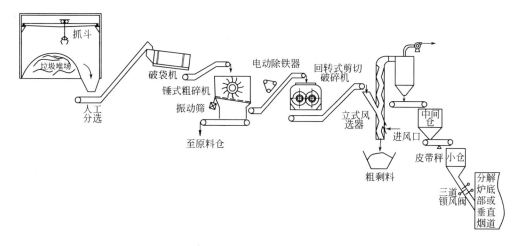

图 3　垃圾进入水泥熟料煅烧系统前的预处理流程

物料收集下来，再通过称重计量和锁风喂料装置送入分解炉或者垂直烟道进行焚烧。

（2）垃圾喂入系统的方式

利用水泥回转窑处理有机物垃圾的喂入方式有四种。

① 从窑尾上升烟道通过三道锁风阀装置将分选后的垃圾喂入窑内，该方式不需对分选后的垃圾进行处理，因此其垃圾的含水量可以适当的放宽，但是会增加系统的漏风量。

② 将垃圾破碎后通过喂料小仓和螺旋喂料锁风绞刀喂入分解炉内，垃圾必须经过破碎，工艺过程较复杂。

③ 将压制成块的垃圾料块从窑头罩投入窑内。这种方式因垃圾块的压实度和粘合度不同使垃圾落入回转窑的位置不同，从而影响垃圾焚烧的燃尽度，影响了灰渣的固相反应和熟料质量，限制了系统的垃圾处理量，同时在抛投的过程中，会影响窑头燃烧和气流场的稳定性，对规模较大的系统不宜采用。

④ 从通过主燃烧器喷入窑内，垃圾必须进行严格的破碎，其粒度必须达到一定的要求，垃圾物料不能含水过多。该方法多适用于热值较高的垃圾或轻质纤维垃圾。

3. 水泥厂原料接容垃圾灰渣的可行性分析

（1）垃圾成分分析

对于规模一定的水泥厂，掺入水泥生料中且能保证熟料质量的垃圾量主要取决于垃圾焚烧后灰渣的化学成分。为此，根据南京市城市垃圾灰渣的化学成分和中国水泥厂原料化学成分来分析水泥厂原料接容垃圾灰渣的可行性。南京市城市垃圾的元素分析见表3，国内典型城市和南京市城市垃圾煅烧后的灰渣成分见表4。从表中可以看出，南京市城市生活垃圾中灰分占了很大比例，煅烧后的灰渣成分与国内其他城市的生活垃圾灰渣成分相似，这一成分与水泥厂黏土质原料相似，可以部分或全部代替黏土质原料。

表3 南京市城市垃圾的元素分析

垃圾分析	分析水/%	灰分/%	全硫/%	碳/%	氢/%	氮/%	氧/%	高位发热量/(MJ/kg)	低位发热量/(MJ/kg)
空气干燥基	2.96	59.83	0.22	25.35	2.62	0.72	8.39	9.64	9.03

表4 城市垃圾灰渣的化学成分

化学成分		烧失量	SiO_2	Al_2O_3	Fe_2O_3	CaO	MgO	K_2O	Na_2O	SO_3	Cl^-
数据来源	南京		54.54	10.95	4.90	15.34	2.77	1.81	2.24	0.74	0.64
	文献	1.29	56.96	13.77	6.06	9.69	2.90	2.56	1.93		

图4所示为南京市城市垃圾的失重曲线，曲线1和曲线2是垃圾失重百分比值，曲线3和曲线4是垃圾失重速率值。从图中可以看出，在200～300℃之间垃圾失重较快，失重速率存在一个较大的峰值，这个区间主要是垃圾中有机物的气化碳化；从300℃至800℃主要是垃圾气化后剩下的碳分的燃烧过程；在800℃以后垃圾基本燃烧完全，质量不再减少。水泥窑内气相温度高达1800℃，固相温度高达1400℃以上，可以保证垃圾的充分燃烧，避免了产生二噁英的可能。与无烟煤的燃烧特性相比，垃圾更容易着火燃烧也更容易燃烧完全，这一特性为利用水泥窑处理城市垃圾提供了可能。

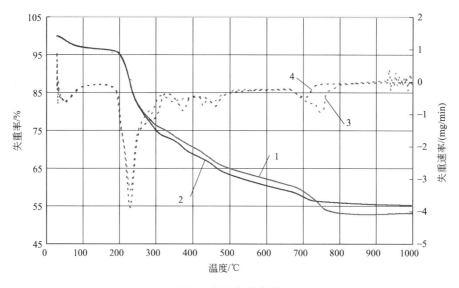

图 4　垃圾失重曲线

（2）配料计算

结合中国水泥厂的具体原燃料情况，在假设垃圾灰渣化学成分相对稳定的基础上，对水泥厂允许掺入垃圾量分析如下。中国水泥厂的原料成分和燃煤工业分析见表 5、表 6。

表 5　中国水泥厂原料成分

原料名称	原料成分/%									
	烧失量	SiO_2	Al_2O_3	Fe_2O_3	CaO	MgO	K_2O	Na_2O	SO_3	Cl^-
石灰石	40.16	6.18	1.40	0.64	50.03	0.62	0.31	0.03	0.11	0.005
黏土	5.48	69.43	15.45	4.26	1.50	1.29	2.30	1.26	0.00	0.011
硫酸渣	0	25.87	11.46	55.48	2.76	1.18	1.33	0.32	5.20	0.010
煤灰	0	54.95	30.00	3.86	2.95	0.81	0.86	0.39	1.45	0.017
灰渣	0	54.54	10.95	4.90	15.34	2.77	1.81	2.24	0.74	0.64

表 6　中国水泥厂的燃煤工业分析

燃料名称	工业分析					
	$M_{ad}/\%$	$A_{ad}/\%$	$V_{ad}/\%$	$FC_{ad}/\%$	$S_{t,ad}/\%$	$Q_{net,ad}/(J/g)$
烟煤	2.70	23.61	28.24	45.45		24285

在保证水泥熟料率值和不添加其他原料组分的情况下进行配料计算，从表 7 可看出，由于垃圾灰渣中的氯含量较高，计算得出的灰渣允许掺入量约为 2.28%（干基），相当于掺入了 180t 垃圾。同时由于用黏土配料，灰渣掺入将使熟料 IM 偏高，故灰渣掺入量无法进一步提高。表 7 所示为灰渣掺入量为 2.28% 时的生料和熟料成分。

灰渣中 SO_3 含量为 0.74%，按上述垃圾配比计算，熟料中硫碱比小于 1，符合水泥厂的生产要求。国外报道中 Cl^- 含量变化较大，南京市灰渣中 Cl^- 含量也不稳定，下面根据灰渣中不同的 Cl^- 含量计算灰渣在生料中的允许掺入量。表 8 中除了按中国水泥厂 3000t/d 生料计算得出的灰渣掺入量外，还有按金陵水泥厂 900t/d 生料和江南水泥厂 6000t/d 生料进行配料计算得出的灰渣掺入量。图5所示为灰渣中 Cl^- 含量与垃圾掺入量的关系，从图中可以看出垃圾掺入量随 Cl^- 含量的增加急剧减少，因此要严格控制垃圾中的氯含量，对垃圾进行分选，分拣出垃圾中含氯物质。

表7　配料计算

项目	化学成分/%										
	烧失量	SiO_2	Al_2O_3	Fe_2O_3	CaO	MgO	K_2O	Na_2O	SO_3	Cl^-	总计
生料	35.20	13.48	3.12	2.27	43.77	0.74	0.55	0.20	0.23	0.020	99.58
熟料		21.86	5.59	3.52	65.56	1.14	0.85	0.31	0.67	0.030	99.52

项目	原料配比/%					燃料热值 /(kJ/kg)	燃料消耗量 /(kJ/kg 熟料)
	石灰石	黏土	垃圾灰渣	硫酸渣	总和		
干基	86.40	9.12	2.28	2.20	100.00	24285	3178
湿基	85.63	9.72	2.43	2.22	100.00		

表8　不同 Cl^- 含量的垃圾灰渣在生料中的允许掺入量

厂名	掺入量	垃圾焚烧后灰渣中 Cl^- 含量/%					
		0.05	0.1	0.2	0.5	1	2
金陵厂 600t/d 熟料	灰渣/%	19.10	11.08	5.16	2.10	0.96	0.48
	灰渣/t	171.90	99.72	46.44	18.90	8.64	4.30
	垃圾/t	456	265	123	50	23	12
中国厂 2000t/d 熟料	灰渣/%	11.40	11.40	6.84	2.85	1.48	0.74
	灰渣/t	342	342	205.20	85.50	44.46	22.23
	垃圾/t	907	907	544	232	118	59
江南厂 4000t/d 熟料	灰渣/%	13.08	11.51	6.93	3.27	1.7	0.85
	灰渣/t	784.80	690.60	415.80	196.20	102.02	51.12
	垃圾/t	2082	1832	1103	521	271	135

注：生料中 Cl^- 含量允许值按 0.02% 计算；城市生活垃圾焚烧前后的质量比按实验分析得出的 100:37 计。

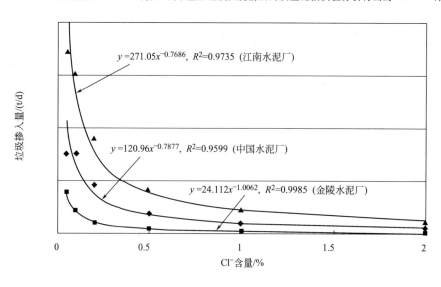

图5　灰渣中 Cl^- 含量与垃圾掺入量的关系

通过对中国水泥厂原料及垃圾灰渣成分的配料不难看出，南京市周边的水泥生产用原料具有较宽的垃圾灰渣接容量。鉴于垃圾成分变化给水泥厂带来的影响，可以使加入量相应地减少，这样也完全可以在现有条件下消耗日益增长的垃圾。

三、我院在固体废物综合利用方面已做的工作

我院从 1999 年开始正式立项，投资对利用水泥回转窑处理固体废物技术进行了较全面深入的探索和研究。一方面从工程角度进行开发，另一方面从机理上对废弃物的燃烧、有害气体的排放以及对水泥熟料产质量的影响进行研究。2001 年我院在浙江湖州达强水泥厂建成了利用太湖泥煅烧熟料的生产线；在安徽皖维水泥厂建成投产了处理废弃电石渣的水泥熟料生产线，电石渣占水泥原料的 25%～30%。2002 年我院在贵州腾辉水泥厂 1000t/d 熟料生产线上利用磷酸渣、电石渣和粉煤灰作为原料生产熟料，总用量占水泥原料的 50% 左右。另外我院还对利用水泥生产系统处理磷石膏废渣进行了大量的研究。

2001 年我院与国内有关单位合作在广东东莞完成了利用回转窑焚烧废塑料及废皮革发电项目的设计和建设工作，处理垃圾量为 150t/d。回转窑型焚烧炉（图 6）的燃烧机理与水泥回转窑相类似，主要由一倾斜的钢制圆筒组成，垃圾由入口进入筒体，并随筒体的旋转边翻滚边向前运动，垃圾的干燥、着火、燃烧、燃尽过程均在筒体内完成。为维持窑内的较高温度，常设一辅助燃烧器，送风和烟气流向与物料的走向可以是顺流或逆流。当垃圾含水量过大时，可在筒体尾部增加一级燃尽炉排，滚筒中排出的烟气，通过一垂直的燃尽室（二次燃烧室），燃尽室内送入二次风，烟气中可燃成分在此得到充分燃烧。

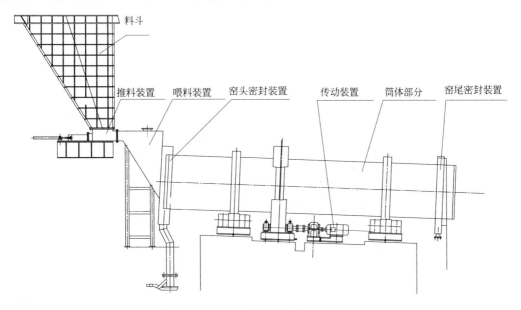

图 6　旋转窑炉

回转窑炉焚烧垃圾具有以下几个特点：

① 回转窑筒体内衬耐火砖，使筒体具有较大的热容量，有助于垃圾的干燥、着火；

② 焚烧的垃圾在窑内有较长时间的高温停留，翻动较大，使燃烧充分，利于消除有害物质；

③ 能适应各种形态的垃圾及工业废料（包括固态、液态、糊状的、河泥、废弃药物等）；

④ 不受垃圾成分、等级的影响，对医学废物的处理尤其有利。

但是，经该旋转窑焚烧后的灰渣和烟气尚需进一步处理，否则会带来二次污染。

四、结语

利用水泥厂熟料烧成系统处理城市垃圾是一条技术可行的途径。南京市的城市垃圾可以用作生产水泥的原料和燃料，具有良好的环境效益、经济效益和社会效益。为了不影响现有水泥厂的生产运行，当前可以利用已经破产或停产的水泥厂设备，经过适当地调整改造，来处理垃圾。这样可以取得一些实际应用的经验，为以后全面鼓励和实施"绿色水泥"垃圾处理计划提供第一手资料。鉴于垃圾采样的难度，目前仍然需要对南京市的城市垃圾进行进一步的分析统计，对利用水泥烧成系统处理城市垃圾的可行性进行进一步的研究。另外目前还没有现成技术可以做到垃圾的彻底分选，所以需要进一步提供社会的环保意识，从源头做起，做好垃圾的分类收集，降低垃圾的处理成本。

利用水泥回转窑处理城市生活垃圾

辛美静　杨学权

城市生活垃圾的日益增多给当今社会带来了巨大的压力。众所周知，生活垃圾的处置不善会带来诸如侵占土地、污染土壤水体和大气、影响环境卫生等一系列问题。而目前的处理方法主要以卫生填埋、堆肥和焚烧为主，但这些传统的处理方法都存在这样或那样的缺陷，如土地资源的浪费、二次污染等。

而利用水泥回转窑处理城市生活垃圾既可将垃圾作为原料，减少对矿山资源的耗费，又可充分利用水泥回转窑内的高温工况、碱性燃烧环境等优点，彻底将有害物质处理掉，真正实现垃圾处理的"三化"目标。预计在今后的几年内它必定会成为垃圾处理的最佳方式。

一、南京市城市生活垃圾现状

图 1 所示为南京市城市垃圾产生量与年份的关系，从中可以看出随着生活水平的提高垃圾的产生量也在迅猛增加，这势必会给社会带来巨大的压力，因此探索一条适合我国国情的垃圾处理道路已变得刻不容缓。

城市生活垃圾的成分因人口、生活习惯、消费水平、经济状况等多种因素而异。就总体而言，垃圾中无机物一般占 50%～70%，主要以燃料灰、煤灰为主；有机物占 30%～50%，主要以厨房垃圾为主。

表 1 所示为南京市 2001 年 5 月生活垃圾成分分析，相应的元素分析值与煅烧后灰渣的化学成分见表 2 和表 3。

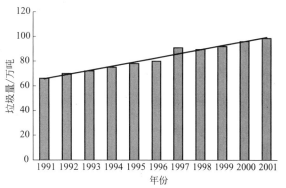

图 1　南京市历年生活垃圾产生量

表 1　南京市生活垃圾的组成成分

采样地点	金属/%	玻璃/%	塑料/%	纸类/%	织物/%	木竹/%	植物/%	动物/%	灰渣/%	砖瓦陶瓷/%	其他/%	容重/(kg/m³)	空隙率/%	含水率/%
转运站	0.28	2.17	8.0	4.0	0.8	2.1	19.6	8.1	30.7	5.2	18.5	404.5	58.3	33.1
垃圾场	0	0.52	13.0	4.5	0.14	3.2	14.4	3.0	58.5	2.6	0	524.1	51.3	50.4
机场	2.0	23	9.4	13.0	1.3	1.4	19.0	0	0	2.7	28.2	66.5	96.5	20.8
火车站	10.4	2.0	10.8	13.8	1.1	3.2	19.4	3.2	48.3	4.9	0	224.0	76.5	52.7
港口	0.83	0	6.2	3.7	2.3	2.6	43.3	7.4	33.6	0	0	280.5	68.7	28

表 2　南京市城市垃圾的元素分析

类别	分析水 /％	灰分 /％	全硫 /％	碳 /％	氢 /％	氮 /％	氧 /％	高位发热量 /（MJ/kg）	低位发热量 /（MJ/kg）
空气干燥基	2.96	59.83	0.22	25.35	2.62	0.72	8.39	9.64	9.03

表 3　城市垃圾灰渣的化学成分　　　　单位:％

数据来源	烧失量	SiO_2	Al_2O_3	Fe_2O_3	CaO	MgO	K_2O	Na_2O	SO_3	Cl^-
南京		54.54	10.95	4.90	15.34	2.77	1.81	2.24	0.74	0.64
文献	1.29	56.96	13.77	6.06	9.69	2.90	2.56	1.93		

二、利用水泥回转窑处理城市生活垃圾的可行性分析

生产水泥的天然原料主要为石灰质和黏土质两种，此外还有硅质校正原料和铝铁质校正原料。表 4 所示为部分厂矿黏土化学成分。

表 4　部分厂矿黏土化学成分

地区	厂矿名称	类别	化学成分/％						
			烧失量	SiO_2	Al_2O_3	Fe_2O_3	CaO	MgO	R_2O
华北、西北、黄河中下游	琉璃河厂	黄土	4.55	67.54	13.99	5.25	3.71	1.67	5.18
	邯郸厂	黄土	8.32	58.86	12.29	5.30	7.44	2.23	3.70
	永登厂	红土	13.50	50.29	13.43	4.71	13.15	2.39	—
东北	牡丹江厂	黏土	4.34	67.17	15.83	4.69	2.09	1.39	4.5/5.0
	大连厂	黏土	11.04	66.35	16.47	6.54	0.26	2.25	3.2/3.5
华东、中南、西南	江南厂	黏土	5.70	68.38	15.77	4.87	1.77	1.75	
	柳州厂	黏土	8.06	61.96	17.70	9.10	0.40	0.46	
	江山厂	黏土	6.18	63.16	20.74	7.86	0.48	0.16	

比较表 3 和表 4 可以看出，城市生活垃圾焚烧灰的成分与水泥生料黏土质的成分极为相似，完全可用来烧制水泥。

另外，利用水泥回转窑处理生活垃圾还具有其他处理方法不可比拟的优点，主要体现在以下几方面。

（1）处理温度高

水泥回转窑内的物料温度在 1450～1550℃，而气体温度则高达 1700～1800℃。在高温下，垃圾中有毒有害成分彻底的分解，一般焚毁去除率达到 99.99％。

（2）停留时间长

水泥回转窑筒体长，垃圾在回转窑高温状态下持续时间长。根据一般统计数据，物料从窑尾到窑头总的停留时间在 35min 左右，气体在大于 950℃ 以上的停留时间在 8s 以上，高于 1300℃ 以上的停留时间大于 3s，更有利于垃圾的燃烧和分解。

（3）焚烧状态易于稳定

水泥回转窑是一个热惯性很大、十分稳定的燃烧系统。它是由回转窑金属筒体、窑内砌

筑的耐火砖以及在烧成带形成的结皮和待煅烧物料组成，不仅质量巨大，而且由于耐火材料具有隔热性能，这样就不易因为垃圾投入量和性质的变化而造成大的温度波动，系统易于稳定。

（4）碱性环境气氛

生产水泥采用的原料成分决定了在回转窑内是碱性气氛，它可以有效地抑制酸性物质的排放，使得 SO_2 和 Cl 等化学成分化合成盐类固定下来，减少或避免了一般燃烧后产生二噁英的现象。

（5）没有废渣排出

在水泥工业的生产过程中，只有生料和经过煅烧工艺所生产的熟料，没有一般焚烧炉焚烧产生炉渣的问题；而且水泥回转窑使负压状态运转，烟气和粉尘很少外溢。

（6）固化重金属离子

利用水泥工业回转窑煅烧工艺处理垃圾（包括危险废弃物），可以将垃圾中的绝大部分重金属离子固化在熟料中，避免其再度渗透和扩散污染水质及土壤。据国内外研究结果显示，含有重金属的混凝土可以制作城市给水管道，重金属的浸出量低于地表水二级标准。

（7）焚烧处置点多，适应性强

整个水泥烧成系统具有多个不同的高温投料点，可适应各种不同性质和形态的垃圾。

三、国内外"垃圾水泥"的研究现状

如何充分利用目前已有的水泥回转窑设备，既能最大限度处理生活垃圾，又能部分解决原料与燃料消耗巨大的问题，是世界环保与水泥行业共同面临的一个新问题。目前解决这一问题的方法主要有日本和德国两种模式。

（1）日本模式

日本模式是先将城市生活垃圾焚烧，然后通过生料配比计算将其焚烧灰按比例加到水泥原料中，在水泥回转窑中烧制。1993 年日本秩夫小野田公司首次开展了用垃圾焚烧灰生产水泥的研究与设计工作，并建成了 50t/d 的试验生产线，其烧成温度为 1000～1300℃。由于该水泥原料中 60％为城市生活垃圾，故取名为"生态水泥"。图 2 所示为生态水泥的生产流程。这种处理方法不仅彻底消除了二次污染而且经试验证明，其水泥性能完全符合要求，但不足之处在于生活垃圾在进入回转窑之前还要先进行焚烧处理，工艺路线过长，设备投资太大。

（2）德国模式

以德国为首的欧美国家侧重于直接将生活垃圾送入回转窑中煅烧，这样回转窑既可将垃圾作为原料与燃料来烧制水泥又可兼并垃圾焚烧炉的双重作用。

早在 20 世纪 80 年代中后期，德国保利休斯、洪堡等公司已着手进行一系列工业性试验，研究在水泥窑预分解系统中对经过加工的垃圾、废轮胎及其他可燃性工业废弃物的利用问题，取得了一定的成功，并开始用于工业生产，1995 年汉堡附近的一台 4500t/d 水泥回转窑开始投产用来处理生活垃圾。但这种处理方式的主要缺陷为对垃圾的适应性较差，具有选择性，不能处理所有垃圾。

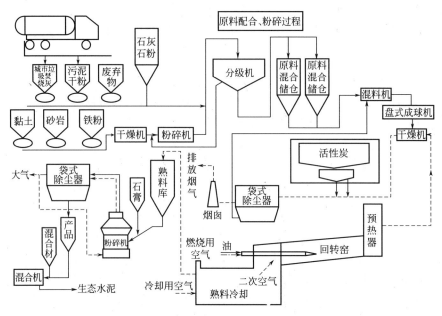

图 2 生态水泥的生产流程示意

（3）国内现状

我国从 20 世纪 90 年代开始利用水泥窑处理危险废弃物和城市生活垃圾的研究和实践工作，并已取得一定的成绩。上海万安企业总公司和北京水泥厂从 1996 年开始从事这项工作。南京水泥设计院作为水泥行业的领头羊从 1999 年就开始立项对该技术进行全面的论证与探索，2006 年全面实现该处理方法的工业化。

四、利用水泥回转窑处理生活垃圾应注意的问题

虽然在水泥窑中由于温度高，气体路线长，物料停留时间长，能彻底将有害物质处理掉，但也存在以下几个问题。

1. 氯

城市生活垃圾中含有大量的氯化物，而水泥窑对氯的含量是有限制的，通常生料中氯的含量应小于 0.015％，而垃圾灰中氯的含量大于 5％，是生料中允许含量的几百倍，它将会在系统中 700℃的地方生成低温共熔物，在窑尾、风管和排风机等气体通过的地方，附着结皮和造成堵塞。

另外如果氯含量超标，在水化时，垃圾水泥会溶出大量的氯离子，硬化体在养护和使用过程中也会释放出含氯水化物，这会对水泥中的钢筋等增强材料造成侵蚀。

为解决这一问题必须在入回转窑前做好垃圾的分选工作，降低入窑垃圾的含氯量。分选出来的塑料可以简易再生或者改性再生回收利用。一方面可以控制氯的含量，确保水泥生产过程的连续性和稳定性，另一方面也提供了塑料再生利用的可能。

2. 二噁英

水泥煅烧时的温度很高，超过了产生二噁英的温度范围，破坏了它的生成条件，所以水泥回转窑在焚烧废弃物时是不会产生二噁英的。但是在气体冷却过程中却有可能产生二噁

英，所以出窑废气在增湿塔里应该急速冷却到 250℃以下，以防止在 250～350℃的温度范围内二噁英重新生成。

五、结束语

　　解决日益增多的生活垃圾带来的一系列问题，利用水泥回转窑处理垃圾无疑是一条最行之有效的道路。城市生活垃圾既可用来作为水泥原料，又可发挥一部分燃料的作用，具有良好的环境效益、经济效益和社会效益。为了不影响水泥厂的正常运转和水泥质量，必须广泛调研，采取行之有效的方案，争取在现行回转窑的基础上进行最小的改造，探索出适合我国国情的处理路线。另外要在全民族中贯彻绿色环保意识，做好垃圾分类工作，减少垃圾处理的负担。

参考文献

[1] 杨学权，蔡玉良，邢涛，陈汉民．城市垃圾减容化和资源化的一种有效途径．中国水泥，2003，3：28-30．
[2] 李国鼎，金子奇．固体废物处理与资源化．清华大学出版社，13-17．
[3] 汪澜．水泥工程师手册．中国建材工业出版社，1997，6．
[4] 陈华奎．用城市垃圾做原料制造水泥．中国建材，1999，10：44-46．
[5] 王世忠．生态水泥——以城市废弃物为原料的环境协调型水泥，中国建材科技，1997，2：5-9．
[6] 刘春英，朱兵．综合处理城市垃圾，建立环保水泥产业．水泥技术，2001，1：25-28．

利用新型干法水泥窑系统处置城市垃圾

蔡玉良　杨学权　辛美静

　　城市生活垃圾处理，已日益成为世界范围内一个普遍关注的问题，是一项十分艰巨的综合性、系统性的工程。目前，世界上许多国家，尤其是一些先进国家，对城市生活垃圾的处理曾采用过多种办法，如：填埋法、堆肥法、热处理法、蠕虫法、细菌消化法、水载法、微波处理法等，其中主要的处理方法是填埋法、堆肥法和热处理法。从 20 世纪 60 年代起，西欧、日本等发达国家普遍使用焚烧炉处理垃圾。近年来我国也开始引进垃圾焚烧设备，也出现了生产焚烧设备的企业。焚烧法可使垃圾体积、重量减少，在降低垃圾对河流、地下水以及环境影响的同时，还可以产生蒸汽用于发电或者供热；经过高温燃烧和粉碎的垃圾灰渣虽能制成"新型墙体砖材"等，以提升垃圾处理过程中的经济价值，但从长远来看，这些建筑材料最终还会因为建筑物的失效，集中进入人们的生活环境中，达不到彻底处理的目的。除此之外，垃圾焚烧过程中二噁英（Dioxin）类物质的产生和污染问题，一直是人们关注的重要问题。

　　2001 年国际环保机构发表了《焚烧炉与人类健康》的报告，对二噁英与焚烧炉的关系作了进一步专门研究。报告说，在 20 世纪 80 年代至 90 年代初，焚烧炉特别是固体废物焚烧炉，已被发现是排放二噁英的主要源头，估计占各工业国二噁英排放总量的 40%～80%，而且实际数字可能更高。焚烧废物中含氯元素的物质（如聚氯乙烯）在适宜的条件下会产生新的含氯物质（如毒性极高的二噁英），并经焚化炉的烟气、灰烬及其他残余物排放出来。换句话说，焚化炉并不能解决废物中有毒物质的问题，而只是改变它们的形态，部分物质的毒性较原来的更高。事实上，很多国家已经认识到焚烧炉对人类健康和环境存在着严重的威胁，所以一方面从根本上着手，减少制造废物和实行废物循环再利用及再造，另一方面纷纷制定相应的标准加强垃圾焚烧炉的排放控制（表 1），而且从 20 世纪 80 年代就已开始停建或关闭焚烧炉。从 1985 年起，美国就已有超过 137 座焚烧炉兴建计划被取消；1996 年北美洲五大湖区 52 个焚烧炉结束运作；欧洲各国（如德国、荷兰、比利时）也相继颁布"焚烧炉禁建令"；日本于 1998 年末开始永久或短暂关闭了 2000 多座工业废物焚烧炉，到 2000

表 1　世界各国的二噁英控制标准

国别	标准要求/(ng-TEQ/m³)	检测基准/%	公布年限	国别	标准要求/(ng-TEQ/m³)	检测基准/%	公布年限
加拿大	0.14	$O_2 = 11$	1992	德国	0.10	$O_2 = 11$	1993
美国	0.14	$O_2 = 11$	1993	日本	0.10	$O_2 = 12$	1993
瑞典	0.10	$O_2 = 10$	1991	中国	0.5	$O_2 = 11$	2001
荷兰	0.10	$O_2 = 11$	1993				

年 7 月，全日本已有 4600 座垃圾焚烧设施被停止使用。而正当国外开始相继关闭焚烧炉的时候，我国焚烧炉的引进和建设大有方兴未艾之势，这与对国外环保发展趋势缺乏了解有关，令人担忧。

一、二噁英的理化特性

二噁英和呋喃是一类物质的混合体，包括多氯二苯并二噁英（PoIvChIorinaxed-Dibenzo-Dioxins，简称 PCDDs）和多氯二苯并呋喃（PolvChIorinated-Dibenzo-Furans，简称 PCDFs），它们分别有 75 种和 135 种同族异构体。由于两种同族异构体物质基本物理化学结构相似，采用统一的 PCDDs/Fs 表示，俗称二噁英，具体分子结构见图 1。该类混合型物质在常温下和酸碱环境中均较稳定，是一类难挥发、难溶于水的混合型（白色）固体物质，其熔点高，约为 300℃，分解温度一般在 700℃以上。由于该种物质具有较强的亲脂性，在脂肪、油类物质和非极性的溶剂中具有较高的溶解度，被生物吸入后聚集体内，促使机体促畸突变，诱发癌症。就其毒性来说，由于二噁英是由两种同族异构体的混合物构成，其毒性也因异构的不同而不同，据有关资料介绍，毒性最强的是 2，3，7，8-TCDD（Tetra-chlorodibenzo-P-dioxins），其毒性相当于氰化钾的 1000 倍，是目前世界上发现毒性最强的有机合成物质。

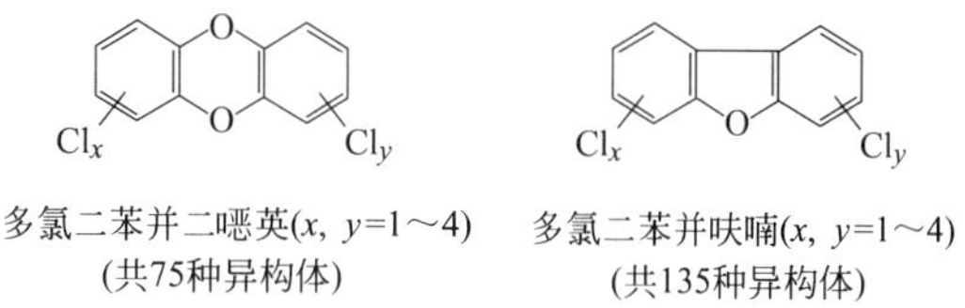

多氯二苯并二噁英(x, y=1~4)
（共75种异构体）

多氯二苯并呋喃(x, y=1~4)
（共135种异构体）

图 1　二噁英分子结构示意

二、二噁英产生的机理和条件

城市生活垃圾在焚烧处理过程中若处理不当极易产生二噁英，二噁英一般产生于垃圾焚烧过程和焚烧烟气的冷却过程。在生活垃圾焚烧过程中，垃圾中的含氯高分子化合物，如聚氯乙烯、氯代苯、五氯苯酚等均为二噁英类前体物，在适宜温度并伴有氯化铁、氯化铜的存在和催化作用，与 O_2、HCl 反应，通过重排、自由基缩合、脱氯等过程生成二噁英类物质，这部分二噁英类物质在高温下大部分会分解，如当烟气出炉温度高于 800℃、烟气在炉内停留时间大于 2s 时，约 99.9％的二噁英会分解。而在高温下分解的二噁英类前体物在烟气中的氯化铁、氯化铜等灰尘的催化作用下与烟气中的 HCl 在 300℃左右时又会迅速重新组合生成二噁英类物质。迄今为止，人们对于二噁英的产生机理进行了大量研究，现分别概括如下。

① 二噁英是由各种氯代前体物进一步转化而成。此类前体物多为含氯芳香烃族类化合物，如多氯联苯（PCBs）、氯苯和氯酚等，这些前体物在一定的温度、气氛下，通过降解、环化作用生成二噁英。

② De novo 合成法（从头开始），即二噁英是由一些不相关的有机物在合适的温度、气氛和部分金属催化下，经过一系列复杂的化学反应生成。这些不相关的有机化合物有：

a. 脂肪烃类化合物，如 2,3-二甲基-1-丁烯和丙烯；

b. 单环芳香烃类化合物，如苯、苯甲醛、苯甲酸、苯酚和甲苯；

c. 蒽醌类 $[C_6H_4(CH)_2C_6H_4]$ 物质；

d. 其他各类塑料有机物，如聚氯乙烯（PVC）等氯代物聚合塑料等；

e. 基本元素在特定条件下合成，如碳、氢、氧、氯或含有这些元素的物质合成。

众多的研究结果表明，无论二噁英的产生是哪一种机理，其产生过程都具有以下特点：一是 HCl、O_2、前体物的存在；二是生成温度不高，一般情况下为 $250\sim600℃$；三是特定的金属离子（Cu^{2+}、Fe^{2+}）对其形成过程的催化作用；四是燃烧过程不完全，有一氧化碳存在，烟气的含水量较高，燃烧过程产生蒸汽。

传统的城市生活垃圾焚烧处理过程具备生成二噁英的所有条件，因此焚烧炉出口烟气中的二噁英含量较高，尤其是在焚烧炉出口的飞灰中，实践证明一般垃圾焚烧炉出口飞灰中二噁英的含量为 $6\sim160ng\text{-}TEQ/g$。

三、水泥熟料烧成系统抑制二噁英排放的措施

为了抑制垃圾在焚烧过程中产生二噁英，必须针对二噁英产生的物质基础、环境条件和形成机理提出相应的削弱和抑制措施。在垃圾焚烧过程中，要求焚烧炉在技术上能够满足"3T＋E"控制要求：燃烧温度（Temperature）、烟气停留时间（Time）、搅动现象（Turbulance）和空气供给量（Excess Air），另外在焚烧过程中添加吸收剂或抑制剂以及从源头上控制进入焚烧炉垃圾的氯含量，实现二噁英类物质生成的控制过程，满足环保的控制要求。

一般情况下，要求燃烧温度大于 $800℃$，烟气在高温区的停留时间在 $1\sim2s$ 以上；保证垃圾与空气充分混合，实现完全燃烧。实验证明，二噁英的产生量与 CO 的含量成正比，因此保证垃圾的充分完全燃烧，降低 CO 的产生量，可有效地抑制和降低二噁英的产生。空气供给量是保证垃圾中的各种有机物能否彻底分解和有机物产生量多少的决定性因素之一，因此在垃圾焚烧炉内实际空气供给量要比理论值多，过剩空气比一般为 $1.5\sim2.0$。另外还要求从源头上控制含氯有机物和含氯成分高的物质进入焚烧炉，控制二噁英产生需要的氯源；添加适量的吸收剂或碱性抑制剂，消除垃圾焚烧过程产生的含氯元素的气体，抑制二噁英产生需要的元素成分；尽量缩短燃烧烟气在处理和排放过程中处于 $250\sim600℃$（尤其是 $300\sim400℃$）温度范围的时间，避免二次合成；焚烧后的灰渣尤其是焚烧过程产生的飞灰属于危险固体废物，应采取合理的处置方式（常用方法是二次焚烧或采用水泥固化处理），保证灰渣中的二噁英不会产生二次污染。城市生活垃圾的气化熔融焚烧技术因在焚烧炉内喷入了固硫、固氯剂，大部分硫和氯与添加剂反应形成稳定的化合物进入熔融渣中。由于炉内焚烧温度高，二噁英已被分解；高温熔融焚烧炉中的熔融渣和焚烧烟气也很难重新合成二噁英，故从焚烧炉排出的高温烟气中二噁英含量几乎为零。

本课题研究的内容实际上就是在水泥生产的同时借助水泥窑炉替代传统的垃圾焚烧炉，利用水泥窑炉的诸多优点弥补传统垃圾焚烧工艺的不足；生产水泥所用的原料就是固硫、固氯剂，而且系统内的固气比和气体温度远远超过气化熔融焚烧炉，处理过程不具备二噁英产生的条件，从而抑制了二噁英的产生。具体论述如下。

1. 从源头上减少二噁英产生所需的氯源

对于现代干法水泥生产系统，为了保证窑系统操作的稳定性和连续性，常对生料中干扰生产操作的化学成分（$K_2O＋Na_2O$，SO_3^{2-}，Cl^-）的含量进行控制。一般情况下，硫（SO_3^{2-}）碱（以 R_2O 计，即用 $50\%Na_2O$ 与 $100\%K_2O$ 的和当量碱）摩尔比接近于 1，保持 Cl^- 对 SO_3^{2-} 的比值接近 1；由垃圾带入烧成系统的 Cl^-（包括垃圾中有机氯高温分解产

生的无机 Cl^- ）和常规生料中的 Cl^- 的总含量低于 0.015％（国内一些水泥烧成系统可放宽至 0.02％）。这部分 Cl^- 在水泥煅烧系统内可以被水泥生料完全吸收，不会对系统产生不利的影响。而被吸收的 Cl^- 以 $2CaO \cdot SiO_2 \cdot CaCl_2$ （稳定温度 1084～1100℃）的形式被水泥生料裹挟到回转窑内，夹带在熟料的铝酸盐和铁铝酸盐的熔剂性矿物中被带出烧成系统，不会成为二噁英的氯源，使得二噁英失去了形成的第一条件。

2. 高温焚烧确保二噁英不易产生

生活垃圾中含有一定量的二噁英前体物，为了保证这部分前体物的彻底分解，以免在焚烧过程中转化为二噁英，必须提高垃圾的焚烧温度。大量的实验表明，二噁英族类物在 500℃时开始分解，到 800℃时 2,3,7,8-TCDD 可以在 2.1s 内完全分解，如果温度进一步提高，分解时间将进一步缩短。根据国家标准《生活垃圾焚烧污染控制标准》（GB 18485—2001）中规定的焚烧炉技术要求，烟气温度高于 850℃时，烟气在高温区停留时间应大于 2s，或烟气温度高于 1000℃时，高温区停留时间应大于 1s。

在利用水泥烧成系统处理城市生活垃圾时，生活垃圾需进行预处理，可燃物通过燃烧器从窑头喷入水泥回转窑内，窑内气相温度最高可达 1800℃，物料温度约为 1450℃，气体停留时间长达 20s，完全可以保证有机物的完全燃烧和彻底分解；或者直接喂入分解炉底部或下部的上升烟道中，此处温度约为 900～1100℃，且气体在分解炉内的停留时间高达 7s，固体物料的停留时间高达 20s 以上。喷入烧成系统的可燃物处于悬浮态，不存在潮湿不完全燃烧区域。高温下有机物和水分迅速蒸发和气化，随着烟气进入分解炉（出口温度一般为 860～900℃），在氧化气氛下燃烧完毕，而且在燃烧过程中高温气流与高温、高细度（平均粒径 35～40 μm）、高浓度（标准状态下固气比为 1.0～1.5）、高吸附性、高均匀性分布的碱性物料（CaO、MgO）充分接触，有利于 Cl^- 的吸收，控制氯源；可燃物燃烧生成水蒸气和 CO_2，硫转化成 SO_3^{2-}，随即与生料分解产生的活性 CaO 和 MgO 反应生成 $CaSO_4$ 和 $MgSO_4$；Cl^- 和 CaO 反应生成 $CaCl_2$，而后以水泥多元相钙盐或氯硅酸盐的形式进入灼烧基物料中，被可熔性矿物包裹进入熟料中。高碱性的环境可以有效地抑制酸性物质的排放，使得 SO_3^{2-} 和 Cl^- 等化学成分化合成盐类固定下来，有效地避免了二噁英、呋喃的产生。

3. 预热器系统内碱性物料的吸附

不可燃物随水泥生产常规原料一起进入原料磨，在原料磨里进行烘干、粉磨。原料磨的进口烟气温度约为 200℃，出口气体温度约为 90℃，因此在原料磨里不会产生二噁英，也不会出现二噁英的再合成。粉磨合格的物料经均化后进入窑尾预热器系统，窑尾一级预热器的进口气体温度约为 530℃，出口气体温度约为 330℃。因窑尾预热器系统内为气固悬浮换热，因此随着生料在进口气体管道中的喂入，气体温度在 0.2s 内迅速降至 350～400℃。不可燃物中的有机物在一级预热器内会燃烧，会产生少量的 Cl^-，进而与窑灰中的 CaO 反应转化为 $CaCl_2$。另外窑尾预热器中的固相为碱性，气体中含有大量的生料粉，生料粉的主要成分为 $CaCO_3$ 和 $MgCO_3$ 及飞灰夹带的少量 CaO 和 MgO，其中的 Fe 元素主要以 Fe_2O_3 形式存在，生料粉的平均粒径为 35～40 μm，浓度较高（标准状态下固气比为 1.0～1.5），因此燃烧产生的 Cl^- 与生料粉中 CaO 和 MgO 迅速反应，消除二噁英产生所需的氯离子，抑制了一级预热器内二噁英的生成。

4. 生料中硫组分对二噁英的产生有抑制作用

有关研究证明，燃料中或其他物料夹带的硫分对二噁英的形成有一定的抑制作用：一则由于硫分的存在控制了 Cl^-，使得 Cl^- 以 HCl 的形式存在；二则由于硫分的存在降低了 Cu^{2+} 的催化活性，使其生成了 $CuSO_4$；三则由于硫分的存在形成了黄酸盐酚前体物或含硫有机化合物（联苯并噻蒽或联苯并噻吩），阻止了二噁英的生成。

5. 烟气处理系统

现有水泥烧成系统的出口烟气一般要经过增湿塔、原料磨和除尘器等构成的多级收尘系统，收集下来的物料返回到烧成系统中，气体在该区内停留时间一般为 30～60s。该烟气处理系统类似于生活垃圾焚烧烟气的半干法净化工艺。增湿塔在粉尘收集、酸性气体净化等方面，具有增湿活化吸收的功能；从烧成系统排出的气体中含有一定的飞灰（含有 CaO 和 MgO），在增湿塔内气体中的酸性物质与水结合，并与飞灰发生反应；在增湿塔内，气体温度从 330℃ 左右急冷至 220℃ 左右。出增湿塔的气体进入原料磨，对入磨的原料进行烘干，并将粒度合格的生料带出原料磨；由气体带进的粉尘在原料磨内与生料进行混合，其中的酸性气体和有机物进一步被吸附，经收尘器收集后返回烧成系统。各级的收尘效率为：增湿活化收尘效率为 30%～50%、收尘器的效率约为 99.9%，从而使排放到大气中的废气成分满足国家环保排放标准要求。

6. 国外生产实践经验

国外生产实践证明，采用现代干法水泥窑系统处理城市废弃物，二噁英的排放浓度（标准状态）已完全控制在 0.1ng-TEQ/m^3 以下，达到国家规定的环保标准要求。图 2 所示为

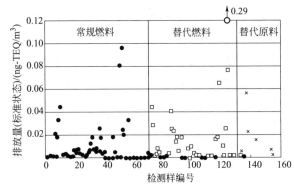

图 2　德国的实验结果（PCDDs/PCDFs）

德国某机构针对常规燃料、替代燃料和替代原料的多条水泥窑检测结果，从大量的检测结果中不难看出，在 160 个检测样中，除 1 例外，均在 0.1ng-TEQ/m^3 以内（标准状态，下同），大多数情况在 0.002～0.05ng-TEQ/m^3，其平均值约为 0.02ng-TEQ/m^3。另外，德国有关机构还专门针对一台燃用含 50～1000mg/kg 的多氯联苯的废油取代 10% 常规燃料的系统进行检测，结果完全能够燃尽，没有产生超标的 PCDDs/PC-DFs 问题。我国北京水泥厂的 2000t/d 水泥熟料生产线，在常规煅烧和焚烧危险废物（年焚烧量 1 万～1.5 万吨）时，据检测，二噁英排放浓度分别为 0.006ng-TEQ/m^3 和 0.007ng-TEQ/m^3。

综上所述，利用新型干法水泥窑炉系统焚烧城市生活垃圾可以有效地抑制二噁英的产生，再加上窑尾的废气处理系统，使废气排放达到国家规定的排放标准要求。

四、结束语

通过上述分析可以看出，利用现代新型干法水泥烧成系统焚烧城市生活垃圾比单独采用焚烧炉焚烧城市生活垃圾，在抑制二噁英产生方面有着无比的优越性。大量的对比分析和国外的生产实践消除了人们对利用水泥窑系统处置城市生活垃圾可能产生二噁英污染的疑虑。

利用水泥生产技术处置城市生活垃圾的经济运行过程分析

蔡玉良　辛美静　杨学权

近些年来，在经济迅猛发展的同时，城市生活垃圾的产生量也在急剧增加，而生活垃圾的处置不当又会带来一系列的环境问题，目前城市生活垃圾的处理已被列入当代世界各国共同关注并亟待解决的环境问题之一。目前城市生活垃圾的处理方法主要以卫生填埋、堆肥和焚烧为主，但这些传统的处理方法都存在这样或那样的缺陷，如处理成本高、土地资源浪费、二次污染严重等。

利用水泥回转窑处理城市生活垃圾既可将垃圾作为原料，减少对矿山资源的耗费，又可充分利用水泥回转窑内的高温工况、微细浓固相的碱性燃烧环境等优点，彻底将有害物质处理掉，真正实现垃圾处理的"三化"目标，实现水泥工业可持续发展和进入循环经济链上的作用。目前这种处理方法在经济发达国家均得到成功而被广泛应用，但在国内才起步，相对于其他处理方法而言，该项新技术尚需政府制定和出台相应的支持政策。本文的目的就是基于这一出发点，为企业和政府提出一项可供参考的评价方法，以期推进利用新型干法水泥技术处置城市垃圾工程项目的实施，早日解决日益增多的城市生活垃圾带来的环境问题。

一、基本概念的定义

城市生活垃圾成分复杂，按照水泥生产系统装置焚烧垃圾的综合利用要求，垃圾主要分为轻质可燃物、有机厨余物和无机混合物三大部分。轻质可燃物主要包括塑料、纸张、树枝、织物、橡胶等；有机厨余物主要指居民厨房中产生的各种蔬菜、剩饭残余、动物内脏等；无机混合物包括渣、土、石、玻璃、陶瓷等。

随着季节不同，垃圾中含水量差异较大。城市生活垃圾水分含量很大，一般为 $60\%\sim70\%$，这是影响垃圾有效利用的重要因素之一。总的来说，垃圾中水分主要分为两大类：物理水和化学水。物理水主要指各组分的游离水和毛细水，这部分水很容易脱除；化学水主要指结构水和结晶水，这部分水很难除去。不同组分含水量不同，具有的热值也不相同。

垃圾各组分中，轻质可燃物化学水含量很小，几乎可忽略不计，只含有少量的物理水和结构水，不易发酵，一般情况下无特殊异味，相应储存时间较长，热值较高，可进一步分选处理、回收，也可经加工作为燃料直接利用；有机厨余物含水量最大，约为 $75\%\sim90\%$，因而低位热值很小，极易发酵变质，产生异味，影响环境，有机厨余物中往往还含有不利于水泥生产的 K^+、Na^+、SO_3^{2-}、Cl^- 等有害元素成分，因此在利用前必须进行相应处理，如抑制发酵、烘干、脱氯等；无机混合物吸水一般较小，无特殊异味，除浸入的有机物液汁和可燃矿物外，自身热值很低，可作为填充骨料加以利用，也可作为水泥生产的替代原料。

1. 适用于水泥厂接收的垃圾分类

为了适应新型干法水泥生产系统接纳的条件要求，根据需要，现将城市生活垃圾的分类及组成绘制如图 1 所示，图中 m_n（$n=1\cdots 9$）为各组分在垃圾中的质量分数。

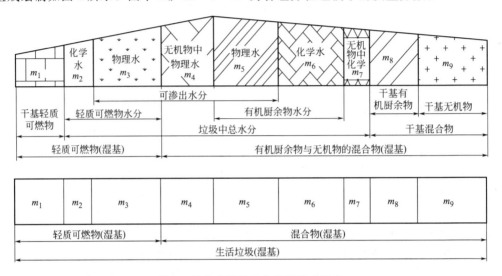

图 1　城市生活垃圾分类及组成示意

对水泥生产来说，若不考虑 K^+、Na^+、SO_3^{2-}、Cl^- 有害组分及灰渣化学成分波动等影响，干基轻质可燃物和干基有机厨余物（m_1+m_8）有益于水泥生产，对系统热能贡献较大，一般情况下，未经处理的垃圾 m_1 为 5%～25%，m_8 为 5%～10%，经过处理后干基轻质可燃物热值（Q_1）约为 28000kJ/kg，干基有机厨余物热值（Q_8）约为 14000kJ/kg。每处理 1kg 原生态生活垃圾，这两部分向系统贡献的热量（Q_e）为 $m_1\times Q_1+m_8\times Q_8$（kJ/kg 垃圾）。干基无机物（$m_9$）的主要成分与水泥生产用黏土质或页岩质原料十分接近（表 1），因此可作为替代原料使用，有利于资源的再利用。垃圾中的各种水（$m_2\sim m_7$）在生产过程中会因蒸发、升温而相应消耗（$q+c'\times\Delta t'$）$\times(m_2+m_3+\cdots+m_7)$（kJ/kg 垃圾）的热能（$Q_v$），因此在利用过程中，应针对含水的不同性质采用渗滤、压滤和烘干的方法将水脱除。

表 1　某地区垃圾灰渣与黏土化学成分比较　　　　　单位：%

名　称	SiO_2	Al_2O_3	Fe_2O_3	CaO	MgO
垃圾灰渣	54.54	10.95	4.90	15.34	2.77
黏土	68.38	15.77	4.87	1.77	1.75

从上述分析不难看出，单位垃圾向系统贡献热量的大小与垃圾的低位热值（Q_{dw}）有关，可燃物放热和不可燃物蓄热及水的升温、蒸发耗热之差：$\Delta Q=Q_e-Q_r-Q_v\approx Q_{dw}$。作为水泥生产企业，在焚烧垃圾时总是希望不会对水泥生产系统的稳定运行和产品质量带来任何不利影响，这样将会存在一个最低许可值 Q_{min}（kJ/kg 垃圾）。当 $\Delta Q>Q_{min}$ 时，表明垃圾

对系统有热量上的贡献，释放的热量能够满足系统垃圾燃烧及稳定性要求。当 $0 < \Delta Q < Q_{min}$ 时，为过渡状态，垃圾释放的热量大于吸收的热量，但热贡献不大，对系统的稳定运行有一定影响。当 $\Delta Q < 0$ 时，表明垃圾释放的热量小于吸收的热量，对系统无热量上的贡献。要想在不影响正常运行的情况下使系统能够接纳一定量的垃圾，必须对原生态垃圾进行预处理，如分选、脱水、烘干等，以提高垃圾的有效热值，满足替代燃料的要求。

2. 城市生活垃圾的基本评价指标

城市生活垃圾的产量 $M(t/d)$ 与垃圾产生地人口密度 $N(人/km^2)$、区域半径 $r(km)$ 和经济发展水平密切相关。

$$M = K_1 \times N \times \pi \times r^2 \times m / 1000$$

式中　K_1——生活质量系数；

$\quad\quad\quad m$——国民人均生活垃圾量，$kg/(人 \cdot d)$。

一般情况下，人口越多、经济水平越高，垃圾产生量越大，但生活用燃料主要为煤、经济水平相对落后的地区，垃圾中灰渣含量较多，垃圾产生量相应升高。

城市生活垃圾主要分为轻质可燃物和不可燃物两大部分（厨余物因含水较高，未脱水前归为不可燃物类），轻质可燃物湿基产量 $M_1 = K_2 \times M$，K_2 为轻质可燃物比例系数，与生活质量水平相关，生活水平越高，K_2 越大。

（1）可替代热能比例 P_{fm}

轻质可燃物对生产系统的贡献大小可用可替代热能比例 P_{fm} 评价，以水泥生产企业为中心，在半径 r 范围内，利用垃圾中可燃物部分作为替代燃料，其 P_{fm} 计算公式如下：

$$P_{fm} = \frac{K_1 \times N \times \pi \times r^2 \times m \times K_2 \times Q_{dw}}{G \times Q_c \times 1000} \times 100\% \tag{1}$$

式中　Q_{dw}——轻质可燃物低位热值，kJ/kg，取决于轻质可燃物的构成；

$\quad\quad\quad Q_c$——水泥生产系统热耗，kJ/kg 熟料；

$\quad\quad\quad G$——水泥生产能力，t/d。

根据目前国内外已有的经验，单纯轻质可燃物作为替代燃料，其比例一般情况下达 $35\% \sim 65\%$，国外最大的替代量可达到 80% 左右。实际运行时最大可替代热能比例 P_{fm}^0（饱和替代比）与生活垃圾具体组成、垃圾预处理状况、ΔQ 及水泥生产系统的接纳能力有关。P_{fm}^0 值随 ΔQ 增大而增大，应针对垃圾处理的不同情况，确定不同的 P_{fm}^0 值。当 P_{fm} 大于 P_{fm}^0 时，可燃物过多，现有水泥系统不能全部接纳；当 P_{fm} 小于 P_{fm}^0 时，现有水泥系统完全消纳可燃物。

（2）不可燃物的接纳比例 P_{rm}

生活垃圾中的不可燃物主要作为替代原料被水泥生产系统接纳，接纳量有一定的限制，最大接纳比例 P_{rm}（吨熟料消纳原生垃圾焚烧后灰渣量）主要取决于垃圾中所含物质的成分（尤其是垃圾中 K^+、Na^+、SO_3^{2-}、Cl^- 及垃圾灰渣成分的波动）。

$$P_{rm} = \frac{K_1 \times N \times \pi \times r^2 \times m \times K_3}{G \times 1000} \tag{2}$$

式中，K_3 为原生垃圾焚烧后的灰渣系数（kg 灰渣$/kg$ 垃圾），一般情况下为 $5\% \sim 25\%$。在有害成分不超标的情况下，P_{rm} 随着灰渣成分的稳定而增加；在某种有害成分超标后，P_{rm} 将会随着这种有害成分的增加而减小；在灰渣成分稳定且有害组分不超标的情况下，P_{rm} 能达到最大替代比例 P_{rm}^0。

当 $\dfrac{P_{rm}}{P_{rm}^0} \geqslant 1$，过饱和替代，不能全部接纳处理，若全部处理必将影响水泥产品质量和生产系统的正常运行；当 $0.8 < \dfrac{P_{rm}}{P_{rm}^0} < 1$，近饱和替代，系统可以接纳所有垃圾，但对水泥生产系统的稳定操作和垃圾均化要求过高，否则将会影响水泥产品质量；当 $\dfrac{P_{rm}}{P_{rm}^0} < 0.8$ 时，正常替代，系统可完全接纳消解掉生活垃圾，在垃圾均化处理的前提下，不会影响生产系统的正常操作和控制。

（3）两种垃圾的协同处理问题

就水泥生产企业而言，任何垃圾经过处理后均可分为轻质可燃物和不可燃物两部分，前者用作替代燃料，后者用作替代原料。利用水泥生产系统处理时，垃圾接纳量不能无限大，两者均存在饱和比例的限制问题。因此，对于已进行分类处理过的垃圾，应分别用相应的饱和比例加以限制，以控制其最大接纳量。对于原生垃圾，进厂后需进行预处理的，应按两个饱和比例相应的最大处理量中较小者作为控制依据，以确定原生垃圾的最大接纳量，通常采用不可燃物的饱和接纳量为判定依据。

二、接纳能力半径 r_c 与经济运行半径 r_e

接纳能力半径 r_c 是指在现有水泥生产规模下，水泥厂接纳垃圾量达到饱和时的处理半径；经济运行半径 r_e 是指当财务收支平衡时的处理半径。水泥厂能够接纳的垃圾处理范围是有限的，如何控制和操作是人们关心的问题。

水泥生产系统对接纳的垃圾量有一定的限制。最多可处理的轻质可燃物量（湿基）M_1' 见式（3），轻质可燃物最终处理量 M_{r1} 取决于 M_1 与 M_1' 中较小值；最多可处理的湿基不可燃物产量 M_2' 见式（4），最终处理不可燃物产量 M_{r2} 取 M_2 与 M_2' 中较小值。最终处理总垃圾量 $M_r = M_{r1} + M_{r2}$。

$$M_1' = \frac{P_{fm}^0 \times G \times Q_c}{Q_{dw}} \quad (t/d) \tag{3}$$

$$M_2' = P_{rm}^0 \times \frac{G}{K_3} \quad (t/d) \tag{4}$$

利用水泥生产系统处理城市生活垃圾，首先要将垃圾运输到水泥厂，同时要增加破碎、分选等设备，相应的人工费用、维修费用也会增加，因此会增加水泥企业的运营成本。另一方面，垃圾中的轻质可燃物可替代煤，节约燃料，政府还会给予相应的补贴，会给水泥企业带来一定的盈利空间。每天处理 $M_r t$ 生活垃圾的创收总额 F 见式（5）：

$$F = M_r \times (f_1 - f_3) + \frac{M_{r1} \times Q_{dw}}{Q_w} \times P_r - M_r \times \frac{2}{3} r \times f_2 \quad (元/d) \tag{5}$$

式中　f_1——政府支持力度，元/t；

　　　Q_w——燃料的热值，kJ/kg；

　　　P_r——燃料的现行市场价，元/t；

f_2——吨运输费用，元/(km·t)；

r——处理半径，km；

f_3——吨处理成本，元/t，包括人工工资、劳保、财务费、设备维护、生产运行等费用。

水泥生产系统对轻质可燃物的接纳能力远高于不可燃物。当系统能够全部消解垃圾中的不可燃物时，必将全部消解其中的轻质可燃物。因此接纳能力半径的计算以处理掉全部不可燃物为基准。由式(2)得：

$$r_c = \sqrt{\frac{P_{rm} \times G \times 1000}{K_1 \times N \times \pi \times m \times K_3}} \quad (\text{km}) \qquad (6)$$

当收支平衡时，由式(5)可得：

$$r_e = \frac{M_r \times (f_1 - f_3) + \dfrac{M_{r1} \times Q_{dw}}{Q_w} \times P_r}{\dfrac{2}{3} \times f_2 \times M_r} \quad (\text{km}) \qquad (7)$$

图2和图3所示为以水泥厂为中心，各种不同处理半径与 r_c 和 r_e 的关系。

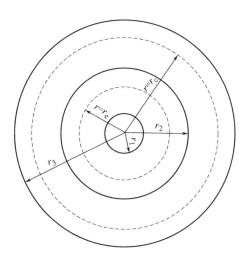

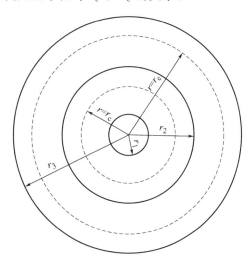

图2　经济运行半径小于接纳能力半径　　　　　图3　接纳能力半径小于经济运行半径

当处理能力半径大于经济运行半径，即 $r_c > r_e$（图2）时，表明水泥厂有足够的垃圾接纳容量，但是因政府没有出台相应政策制度或者支持力度不够，使得水泥生产企业无法发挥现有水泥生产系统接纳垃圾的最大能力，因此建议政府加大支持力度，提高水泥生产企业参与垃圾处理的热情，以解决长期困扰人们生活环境的垃圾问题。不同的经济运行半径处理状况也不相同，当处理半径 $r_1 < r_e$ 时，现有水泥生产线可将 r_1 范围的垃圾全部处理掉，且有盈利。$r_e < r_2 < r_c$，此时 r_2 范围的生活垃圾也可被现有水泥生产线全部处理掉，但由于政府的支持力度不够，处理 $r_e \sim r_2$ 范围的垃圾，将会导致企业亏损。当运行半径 $r_3 > r_c$ 时，$r_c \sim r_3$ 范围的垃圾超出了水泥生产线的最大处理能力，建议这部分垃圾采用焚烧、堆肥等其他处理方法，若市场和资源许可，也可考虑扩建水泥生产规模。

图3所示为处理能力半径小于经济运行半径的情况，即 $r_c < r_e$，表明政府支持力度已经到位，垃圾接纳能力受到企业自身因素的约束，此时建议水泥企业通过系统优化操作或加强垃圾预处理的控制，也可视水泥市场情况扩展水泥生产规模，以提高垃圾的接纳量。对于水

泥生产企业在接纳量方面实属已发挥至极致，应建议水泥企业以接纳可燃物为主，将厨余物分离出来发酵制气，制气后的残余物用来堆肥，采用这种联合处理方式以加大垃圾的处理量，满足污染物的控制要求。当处理半径 $r_1 < r_c$，此时现有水泥生产线可将 r_1 范围的垃圾全部处理掉，且盈利。当 $r_c < r_2 < r_e$ 时，此时尽管处理垃圾会有盈利，但鉴于系统接纳能力的限制，$r_c \sim r_2$ 范围的生活垃圾不能被全部处理掉。当运行半径 $r_3 > r_e$ 时，处理 $r_e \sim r_3$ 范围的垃圾同样会致使企业亏损，因此对于 r_e 以外的生活垃圾建议采用其他处理方法。

三、基本算例及分析

基于上述分析，现结合南京市的垃圾情况，以江南小野田水泥厂、海螺中国水泥厂为中心，考虑周边人口分布状况，分析计算见表 2。

水泥厂接纳能力主要取决于垃圾成分波动、有害成分、含水量以及预处理等多种因素。本计算是以大量采样检测分析及统计数据为依据保守计算的结果，目的在于提供一种测算方法。如果不作保守计算，对 K_1、K_2、K_3、f_1、f_2、f_3 等参数稍做调整，r_e 及 r_c 的计算结果将和保守计算结果相差很大。同时表 2 的计算结果是以水泥生产线设计规模为基准，若考虑现有水泥厂实际生产能力普遍大于设计规模，r_c 的计算结果将会增大。

表 2　江南小野田水泥厂、海螺中国水泥厂分析结果

条件	类　别	数值	条件	类　别	数值
现有水泥生产规模下接纳能力半径的计算	平均接纳能力半径 r_c/km	29.30	收支平衡时经济运行半径的计算	经济运行半径 r_e/km	67.44
	轻质可燃物产量(湿基)M_1/(t/d)	153.6		轻质可燃物产量(湿基)M_1/(t/d)	814.0
	轻质可燃物最大处理量 M_1'/(t/d)	1980.6		轻质可燃物最大处理量 M_1'/(t/d)	10495.9
	轻质不可燃物最大处理量 M_2'/(t/d)	1382.4		轻质不可燃物最大处理量 M_2'/(t/d)	7325.8
	最终处理轻质可燃物量 M_{r1}/(t/d)	153.6		最终处理轻质可燃物量 M_{r1}/(t/d)	814.0
	最终处理不可燃物量 M_{r2}/(t/d)	1382.4		最终处理不可燃物量 M_{r2}/(t/d)	7325.8
	最终处理原生态垃圾量 M_r/(t/d)	1536		最终处理垃圾量 M_r/(t/d)	8139.8
	可替代热能比例 P_{fm}/%	4.7		可替代热能比例 P_{fm}/%	4.7
	接纳比例 P_{rm}/%	2		接纳比例 P_{rm}	0.8
	创收总额 F/(元/d)	4882.5		创收总额 F/(元/d)	0

注：计算参数取值为 $K_1 = 0.8$，$K_2 = 10\%$，$K_3 = 20\%$，$f_1 = 100$ 元/t，$f_2 = 0.125$ 元/(km·t)，$f_3 = 80$ 元/t，$Q_{dw} = 15000$kJ/kg，$P_r = 500$ 元/t。

为更加宏观地把握水泥厂接纳能力半径与经济运行半径之间的相互关系，现将范围进一步扩大，以江苏省为例，分别对全省主要新型干法水泥厂垃圾处理情况进行分析，由于宜兴、溧阳、金坛地区的水泥厂分布较为集中，分析时将这三个地区的水泥厂作为整体，向外辐射。南京、徐州、扬州、苏州、东台等其他城市分别以各个水泥厂为中心进行分析。图 4 所示为这些水泥厂的规模及地理分布，接纳能力半径与经济运行半径的计算结果见表 3。

以上所述的计算结果均是以原生态垃圾为主，如果单就可燃垃圾来说，其接纳能力半径将会更大，远高于常规燃料的运输半径。如果考虑垃圾分选企业向水泥厂提供可燃物时要收取一定费用，则可燃物的接纳半径将变小，但最小也可与常规煤炭燃料的运输半径相当。对

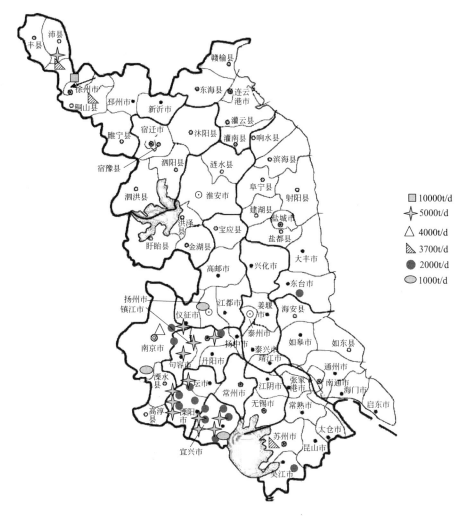

图4 江苏省新型干法水泥厂规模与地理分布示意

于离水泥厂较远的地方，可采用垃圾分选技术，将可燃垃圾分选出，送到水泥厂加以利用，余下的厨余物在剔除砖、瓦、玻璃、石块后，进行制气或堆肥，充分利用物质资源，走循环经济之路，达到环境综合治理的目的。

表3 江苏全省水泥厂经济分析

厂名	项目		垃圾产生量/(t/d)
	类别	数值	
江南小野田、海螺中国	接纳能力半径 r_c/km	29.3～37.8	1536～2560
	经济运行半径 r_e/km	67.44	8139.5
	现有水泥规模 G(t/d)	10000	
南京青龙山	接纳能力半径 r_c/km	6.5～8.4	96～160
	经济运行半径 r_e/km	67.44	10228.2
	现有水泥规模 G/(t/d)	1000	

续表

厂名	项　目		垃圾产生量/(t/d)
	类别	数值	
江苏磊达	接纳能力半径 r_c/km	17.6～22.7	480～800
	经济运行半径 r_e/km	67.44～	7087.3
	现有水泥规模 G(t/d)	2×2500	
苏州金猫	接纳能力半径 r_c/km	14.14～18.3	480～800
	经济运行半径 r_e/km	67.44	10920
	现有水泥规模 G/(t/d)	3000	
东吴水泥厂	接纳能力半径 r_c/km	17～22	480～800
	经济运行半径 r_e/km	67.44	7849.1
	现有水泥规模 G/(t/d)	2500	
徐州中联巨龙(淮海水泥厂)	接纳能力半径 r_c/km	20.21～26.1	835.2～1392
	经济运行半径 r_e/km	67.44	9296.7
	现有水泥规模 G/(t/d)	8700	
扬州旺龙建材公司	接纳能力半径 r_c/km	8.18～10.6	115.2～192
	经济运行半径 r_e/km	67.44	7823.7
	现有水泥规模 G/(t/d)	1200	
宜兴全市	接纳能力半径 r_c/km	51.31～66.2	3216～5360
	经济运行半径 r_e/km	67.44	5555
	现有水泥规模 G/(t/d)	33500	
溧阳全市	接纳能力半径 r_c/km	53.16～68.6	3600～6000
	经济运行半径 r_e/km	67.44	5793.6
	现有水泥规模 G/(t/d)	37500	
金坛全市	接纳能力半径 r_c/km	20.56～26.5	720～1200
	经济运行半径 r_e/km	67.44	7749.2
	现有水泥规模 G/(t/d)	7500	

四、分析与建议

城市生活垃圾成分较为复杂，经过分选后其中轻质可燃物热值较高，可作为替代燃料使用；无机混合物与水泥生产黏土质原料成分相似，可作为水泥生产替代原料使用。水泥生产系统能够处置城市生活垃圾的量取决于水泥生产规模、周围人口分布及经济状况；处置垃圾的盈亏情况又与政府支持力度密切相关。

当政府支持的经济运行半径小于现有水泥企业的接纳能力半径时（图2），表明水泥厂有足够的垃圾接纳容量，但因政府没有出台相应的政策制度或者支持力度不够，使得水泥生产企业无法发挥现有系统接纳垃圾的最大能力，因此建议政府加大支持力度，提高水泥企业参与垃圾处理的热情，以解决长期困扰人们生活环境的垃圾问题。当接纳能力半径小于经济运行半径时（图3），表明政府的支持力度已经到位，垃圾接纳能力受到企业自身因素的约束，此时建议水泥生产企业通过优化系统操作或加强垃圾预处理的控制，也可视水泥市场情况扩展水泥生产规模，以提高垃圾的接纳量。

利用新型干法水泥生产技术处置城市生活垃圾的基本操作与控制模式分析

蔡玉良　杨学权　辛美静

随着科学技术的飞速发展和人们生活水平的日益提高，社会生活的各个领域，如：工业、农业、城市居民生活等，均会产生种类繁多、数量巨大的各种垃圾，若得不到及时有效地处置和利用，不仅会严重影响人类的生存环境，也会浪费大量宝贵的自然资源。城市垃圾处理已日益成为世界范围内一个普遍关注的问题，是一项十分艰巨的综合性、系统性工程。虽然目前处理垃圾的技术方案多种多样，但最终追求的目标是一致的，即在不产生二次污染的情况下，尽量充分借用已有的工业装置，以最为经济的方法加以协同处理。由于水泥工业窑、炉内连续稳定的超细碱性固相悬浮高温氛围，为现代新型干法水泥生产系统充分接纳城市垃圾、控制二次污染提供了有利条件。国内外已有的生产实践证明，采用已有的新型干法水泥生产系统，联合处理城市垃圾，既不会产生新的二次污染，又不会影响水泥产品质量，达到城市垃圾有效处置的目的，为水泥企业有效综合利用自然资源、发挥其控制环境污染的能力、承担循环经济链接点作用、走可持续发展之路奠定了基础。

一、城市生活垃圾的分类与评价

城市生活垃圾成分复杂，按照水泥生产系统接纳和焚烧城市生活垃圾的综合利用要求，将其分为轻质可燃物、有机厨余物和无机混合物三大类（图1）。轻质可燃物主要包括塑料、纸张、枝叶、织物、橡胶等，含水量相对较低，不易发酵，燃烧后剩余的灰渣较少，热值较高；有机厨余物主要指居民厨房中产生的各种蔬菜、剩饭残余、动物内脏等，含水量相对较高，易发酵产生异味，含水量较低时有一定的热值；无机混合物包括渣土、石子、玻璃、陶瓷等，含水量相对较低，基本无异味产生，几乎无热值。随着季节不同，垃圾中含水量差异较大，一般约为 $60\% \sim 70\%$。垃圾中水分是影响其有效利用的重要因素之一，分为物理水和化学水两类。物理水是指各组分的游离水和毛细水，处理过程中相对容易脱除；化学水是指结构水和结晶水，较难脱除。不同组分含水量不同，低位热值也不相同，因而对系统热能的贡献也不相同。

二、城市生活垃圾量的确定与利用水泥生产系统接纳垃圾的基本评价模式

1. 城市生活垃圾量的确定

根据上述分类和定义，城市生活垃圾量 M(t/d) 与垃圾产生地区人口密度 N(人/

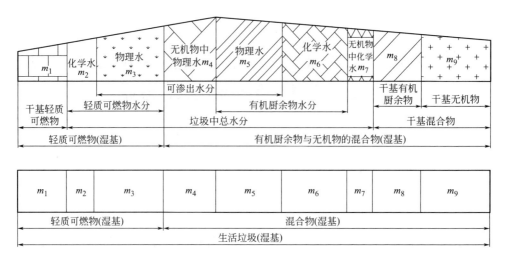

图1 城市生活垃圾分类及组成示意

km^2）、区域半径 $r(km)$、经济发展水平密切相关，其估算公式为：

$$M = K_1 \times N \times \pi \times r^2 \times \frac{m}{1000} \tag{1}$$

式中 K_1——生活质量系数；

m——国民人均生活垃圾量，kg/(人·d)。

一般情况下，人口越多、经济水平越高，垃圾产生量越大，但常用煤作燃料的相对落后地区，垃圾中灰渣含量较多，垃圾产生量相应增多。

相应垃圾中轻质可燃物量（湿基）为：

$$M_1 = K_2 \times M \quad (t/d) \tag{2}$$

式中，K_2 为轻质可燃物比例系数，与人们的生活质量水平相关，生活水平越高，K_2 越大。

对应的不可燃物量（湿基，包括含水量较高的厨余物）为：

$$M_2 = (1 - K_2) \times M \quad (t/d) \tag{3}$$

2. 水泥企业可接纳垃圾的判据

（1）可替代热能比及替代热能饱和比

能作为水泥生产能源的轻质可燃物对水泥生产系统的贡献大小可用可替代热能比 P_{fm}^Q 来评价，以水泥生产企业为中心，在半径 r 范围内，利用垃圾中可燃物部分作为替代燃料，P_{fm}^Q 估算式如下：

$$P_{fm}^Q = P_{fm}^m \cdot \frac{Q_{dw}}{Q_{dw}^{coal}} = \frac{M_1 Q_{dw}}{G \times Q_c} = \frac{K_1 \times N \times \pi \times r^2 \times m \times K_2 \times Q_{dw}}{G \times Q_c \times 1000} \times 100\% \tag{4}$$

式中 Q_{dw}——轻质可燃物低位热值，kJ/kg；

Q_c——水泥系统热耗，kJ/kg 熟料，5000t/d 规模烧成热耗为 730～740kJ/kg 熟料；

G——系统水泥熟料产量，t/d；

Q_{dw}^{coal}——常规燃料低位热值，kJ/kg；

P_{fm}^m——替代燃料量比，kg 替代燃料/kg 燃煤。

根据目前国内外已有的经验，单纯轻质可燃物作为替代燃料，其比例 P_{fm}^Q 一般情况为

$30\% \sim 65\%$。实际运行时最大可替代热能比例 P_{fm}^0（称饱和替代比）与生活垃圾具体组成、垃圾预处理状况、替代燃料的热值及水泥生产系统的接纳能力有关。P_{fm}^0 值随替代燃料热值的增大而增大，应针对垃圾处理的不同情况，确定不同的 P_{fm}^0 值。当 P_{fm}^Q 大于 P_{fm}^0 时，可燃物过剩，现有水泥系统不能全部接纳；当 P_{fm}^Q 小于 P_{fm}^0 时，现有水泥系统可完全消纳可燃物。

（2）原料替代比及替代饱和比

生活垃圾中的不可燃物主要作为替代原料被水泥生产系统接纳，接纳量也有一定的限制，最大接纳比 P_{rm}^0，即吨熟料消纳原生垃圾焚烧后灰渣量，主要取决于垃圾中所含物质的化学成分（尤其是垃圾中 K^+、Na^+、SO_3^{2-}、Cl^- 及垃圾灰渣成分的波动）。

$$P_{rm} = \frac{K_1 \times N \times \pi \times r^2 \times m \times K_3}{G \times 1000} \tag{5}$$

式中，K_3 为原生垃圾中不可燃物焚烧后的灰渣系数（kg 灰渣/kg 垃圾），一般情况下为 $5\% \sim 25\%$。

在有害成分不超标的情况下，P_{rm} 随着灰渣成分的稳定而增加；在某种有害成分超标后，P_{rm} 将会随着这种有害成分的增加而减小；在灰渣成分稳定且有害组分不超标的情况下，P_{rm} 能达到最大替代比例 P_{rm}^0。

当 $\dfrac{P_{rm}}{P_{rm}^0} \geqslant 1$ 时为过饱和替代，不可燃物过剩，若全部接纳必将影响水泥产品质量和生产系统的正常运行；当 $0.8 < \dfrac{P_{rm}}{P_{rm}^0} < 1$ 时为近饱和替代，此时系统可以接纳所有垃圾，但对水泥生产系统的稳定操作和垃圾均化要求较高，否则会影响水泥产品的质量；当 $\dfrac{P_{rm}}{P_{rm}^0} < 0.8$ 时为正常替代，系统可完全接纳生活垃圾中的不可燃物，在不可燃物均化处理的前提下，不会影响水泥生产系统的正常操作和控制。

（3）协同处理量的关系

就水泥生产企业而言，任何垃圾经过处理后，均可分为轻质可燃物和不可燃物两部分，前者用作替代燃料，后者用作替代原料。利用水泥生产系统处理时，垃圾接纳量不能无限大，两者均存在饱和比例的限制。因此，对于已分类处理过的垃圾，应分别用相应的饱和比例加以限制，以控制其最大接纳量。对于原生垃圾，进厂后需进行预处理，应按两个饱和比例相应的最大处理量中较小者作为控制依据，以确定原生垃圾的最大接纳量，一般情况采用不可燃物的饱和接纳比作为判定依据。

三、利用新型干法水泥生产系统处置城市生活垃圾的控制要求

1. 原燃料及城市生活垃圾中的重金属含量

大量的水泥生产统计数据（表 1）表明，水泥生料中各种重金属含量较低，且自然界中的重金属往往是以化合物的形式存在。长期的生产实践证明，这些重金属含量无论是对水泥煅烧过程，还是水泥产品的应用，都是安全合适的。在利用水泥生产系统处理城市生活垃圾时，无论是作为替代原料进入水泥生产系统，还是作为替代燃料进入水泥生产系统，其中各种重金属的综合含量均不应该超过安全生产的许可范围。实际生产过程中，原料、燃料中重

金属含量是随地理位置变化的，城市生活垃圾中重金属含量也因地区的不同而不同，因此在利用水泥生产系统处理城市生活垃圾时，要针对不同的区域，以综合的重金属含量安全许可极限为控制目标，来确定城市生活垃圾的处理能力。事实上，除了特殊的化工废渣，一般生活垃圾中的重金属含量（表2）与生料中的相应重金属的含量处在同一个数量级上，在替代原料时不会引起熟料中重金属含量的重大变化，仍处于常规范围内。

表1　水泥生料中重金属的含量

类别		重金属含量/(mg/kg 生料)									
		As	Be	Cd	Cr	Hg	Ni	Pb	Tl	V	Zn
生料	高	43.5	1.15	0.5	85.8	0.12	29.3	414	18.8	87.4	487
	中	22.7	0.58	0.12	49.3	0.04	21.1	204	9.32	53.8	399
	低	2.08	0.01	0.03	7.27	0.01	3.04	2.1	0.08	21.2	319

表2　城市生活垃圾的各种重金属含量

重金属元素	Pb	Hg	Cr	Cd	As	Cu	Ni	Mn	Zn
含量/(mg/kg 垃圾)	29	0.0524	105	0.00884	20	74	26	701	173

允许进入水泥生产系统的重金属含量，主要受随烟气和粉尘排放的许可浓度、水泥产品中的渗透许可量以及对烧成系统操作稳定性和产品质量的影响等限制。在处理过程中，允许进入环境中的重金属浓度主要根据其对环境和人类健康影响的不同进行限制，因此应对其进行必要的研究。

（1）重金属随烟气的排放

重金属矿物随烟气排放到大气中的浓度受其在粉尘中含量、挥发性以及在熟料中的固化率等影响，图2所示为水泥熟料对重金属的吸收率，表3所示为国标 GB 16297—1996《大气污染物综合排放标准》中规定的部分重金属排放标准。垃圾进入烧成系统后，其中难以挥发的重金属90％均能被生料吸收，形成无机矿物盐，如 As、Cr、Zn、Ni、Cu、Mn、Pb 和 Cd 等；其中即使有一定挥发性的重金属也只在窑和预热器系统内形成动态平衡的内循环，几乎无外循环量；Hg 和 Tl 在预热器系统内不能冷凝和分离出来，主要是随窑废气带出，形成外循环和排放；Tl 在 $450 \sim 500\,℃$ 的温度区冷凝，93％～98％都滞留在预热器系统内，其余部分可随窑灰带入回转窑系统，随

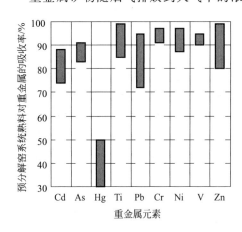

图2　预分解窑水泥熟料对重金属的吸收率

废气排放的约占 0.01％。

表3　重金属的排放标准

重金属元素	Cr	Pb	Hg	Cd	Ni	Sn	Be
排放浓度/(mg/m³)	0.080	0.90	0.015	1.0	5.0	10	0.015

根据生活垃圾中一般重金属的含量（表2），经综合配料形成生料，在生料中除一些挥

发性重金属外设想是均匀分布的，则可能随烟气排放进入大气的重金属含量见表4。比较表4和表3不难得出，随烟气排入环境的各重金属量完全能够达到环保标准的控制要求。

表4　随烟气进入大气的重金属浓度

类　　别		重金属浓度/(mg/m³)							
		Cr	Cu	Cd	Hg	Mn	Ni	Pb	Zn
烟气	低	0.004	0.0012	3×10^{-5}	7×10^{-6}	0.0038	0.0018	0.0028	0.1539
	中	0.03	0.02	0.00	0.00	0.01	0.02	0.10	0.19
	高	0.076	0.0447	0.0008	0.0013	0.0505	0.0229	0.3608	0.235

（2）固化和存留在水泥产品中的重金属在纯净水中的扩散与渗透

将含有微量重金属的水泥混凝土标准试块浸泡在纯净水中，各重金属渗透情况见图3，从图中不难看出除重金属Cr^{6+}外，其他各种重金属从水泥混凝土块中渗透到水中的量是非常低的，经过110d的去离子水浸泡的混凝土块中，仍然有99.5%的重金属留在混凝土块中。不同的重金属其扩散通量是不相同的，但其扩散通量随浸泡时间的延长，扩散通量逐渐变小。

表5所示为世界有关组织和国家饮用水标准规定的部分重金属极限含量。根据我院的重金属渗透实验结果，试块中重金属含量为常规水泥混凝土中的数十倍，若按照试验得出的重金属扩散通量进行估算，要从混凝土管道（ϕ450mm）中渗透出达到饮用水控制标准的重金属最少需要18d，多则几年的时间，而实际过程中饮用水在管道内的停留时间，往往只有几天的时间。因此，除了对一些扩散较快的重金属（如Cr^+）给予适当关注外，无需担心含有微量重金属水泥对饮水工程带来的影响问题。

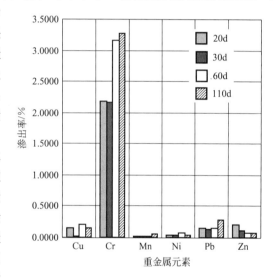

图3　含有微量重金属混凝土块在水中的扩散率

表5　世界有关组织和国家饮用水标准规定的部分重金属极限含量

国家或组织	重金属极限含量/(mg/L)						
	Cr	Zn	Cd	Pb	As	Hg	Tl
德国	0.05	5.00	0.005	0.04	0.01	0.0011	0.04
中国	0.05	1.00	0.01	0.05	0.05	0.001	—
中国台湾	0.05	5.00	0.01	0.05	0.05	0.002	—
美国	0.10		0.005				0.0005
欧共体	0.05	—	0.005	0.01	0.001	0.001	
世卫组织	0.05		0.003	0.01	0.001	0.001	

（3）重金属对烧成系统的影响

重金属对烧成系统的影响主要表现在重金属对熟料形成过程以及熟料质量等的影响。从

表2不难看出，垃圾中各重金属的含量相对较低，大量的实验研究表明，生料或垃圾中的微量重金属不会对水泥产品的质量和系统的稳定性带来不利的影响。相反有些重金属元素对熟料的煅烧过程是有利的，起到了助熔剂或者矿化剂的作用。熟料中的重金属含量只有达到一定值时，才会对熟料中 f-CaO 含量、熟料的化学组分和矿物组成以及水泥水化和强度产生影响。表6所示为 Zn、Ni、Cr 三种重金属对水泥性能的影响。

表6　Zn、Ni、Cr 三种重金属对水泥性能的影响

重金属元素	重金属含量变化	f-CaO 含量	熟料矿物组成变化	结合矿物	水化性能（含量>2.5%时）
Zn	升高	降低	—	C_3A C_4AF	延缓水化进程
Ni	升高	降低	—	$MgNiO_2$ C_4AF	对水化进程影响不大 稍微降低水化速率
Cr	升高	降低(Cr<0.5%) 升高(Cr>0.5%)	C_3S含量(%)降低 C_2S含量(%)升高	K_2CrO_4 $K_2Cr_2O_7$ C_2S	加速水化进程

通过比较不难看出，对熟料产品质量及烧成过程带来影响的重金属含量均是在百分数量级上，而前两种影响的含量均属微量，因此就目前综合分析比较来看，已不是影响烧成系统稳定性和产品质量的限制因素，应将重点放到随烟气排放和产品后期应用过程中的扩散控制上。应在三个限制条件中找出最小许可含量为进入水泥烧成系统的极限许可含量，要满足这一极限许可含量，必须从水泥生产常规原、燃料和城市生活垃圾的综合含量进行协调控制。若水泥原料中的某重金属含量较低，则可适当放宽其在垃圾中的含量。大量的检测分析数据表明，除了一些特殊工艺的废弃物（如电镀渣）外，来自城市生活垃圾的各种重金属含量已不是水泥工业处置城市生活垃圾规模的控制因素。

2. 城市生活垃圾中干扰水泥生产系统稳定的有害成分含量控制

（1）K^+、Na^+、SO_3^{2-}、Cl^- 的影响

城市生活垃圾中的干扰成分是除城市生活垃圾化学成分之外，对城市生活垃圾接纳量影响最大的因素之一。水泥烧成系统能够接纳的城市生活垃圾量，需要考虑最终混合型生料中的干扰成分的含量。原料中的 K_2O、Na_2O、SO_3^{2-}、Cl^- 是干扰现代新型干法系统正常稳定生产的重要因素。一般情况下，K_2O、Na_2O 和 SO_3^{2-} 单独存在时，对系统操作干扰较大；同时存在时，相对干扰减弱。但进入生料中的综合绝对含量应控制在 $K_2O+Na_2O<1.0\%$、硫碱比 S/R 为 0.6~1.0。而对 Cl^- 的综合含量的控制，国际上通用的阈值是 $Cl^-\leqslant0.015\%$（国内一些水泥烧成系统可放宽至 0.02%）。鉴于这一原因，必须在考虑常规生料固有硫、碱、氯的情况下，对城市生活垃圾中上述干扰物质的含量进行协同控制。

城市生活垃圾中的碱主要来源于渣土、厨余物和植物焚烧后剩下的灰烬等，含量约为 1.0%。SO_3^{2-} 主要来源于垃圾中的渣土和轮胎、皮具等橡胶制品，含量约为 0.3%，比水泥厂用的原煤含硫量小很多，在垃圾处理量较小时不会对水泥熟料质量产生影响。但是垃圾中氯含量比水泥原料中的氯含量要高很多，会使入窑生料中氯含量接近允许的最高限值。氯含量对城市生活垃圾处理能力影响很大，可能成为水泥生产系统接纳城市生活垃圾量的控制因素。随着氯含量的增加，水泥烧成系统处理垃圾的能力急剧减少，因此为提高城市生活垃圾

处理量，应尽量控制城市生活垃圾中的氯含量，或者采用氯放风技术。

（2）城市生活垃圾中综合含水量的影响及控制

城市生活垃圾经过处理后，大量的水分分布在不可燃物中，这部分水随不可燃物进入原料磨内进行烘干、蒸发，不会带入烧成系统，因此不会直接影响水泥烧成系统的操作。而原料磨对入磨物料综合含水量有限制，入磨物料含水量过高，则入磨的窑尾烟气无法将其烘干，出磨物料的含水量高于控制要求，容易造成生料库内结块、堵塞，从而影响生料均化库运行的稳定和连续。因此，在水泥生产常规原料的含水量基本确定的前提下，应通过挤压、脱水等手段控制不可燃物中的水分，确保入磨原料综合含水量的烘干要求低于原料磨和窑尾烟气的烘干能力。

随替代燃料进入烧成系统的水分主要为表面吸附水，在燃烧过程中较易脱除。由于替代燃料含有一定的水分，因此这部分水分蒸发和升温所需的热量抵消了部分替代燃料燃烧产生的热量，而且替代燃料的可替代热能比将会随含水量的增加而降低，燃用替代燃料对系统的贡献将减少。因此，在垃圾的预处理过程中，应尽量控制垃圾中的水分进入替代燃料，以免影响系统的燃烧和替代燃料的有效利用。

3. 城市生活垃圾成分波动对烧成系统的影响及控制

城市生活垃圾在进入烧成系统前，虽然经过了必要的储存和均化，但因其成分过于复杂，难免存在成分波动。现就我院设计的某5000t/d熟料生产线的各原料成分与当地城市生活垃圾成分为例进行配料计算分析，所设计的熟料目标率值分别为KH＝0.900、SM＝2.45、IM＝1.70，城市生活垃圾中不可燃物的掺入量约占原料总量的1.915％。表7所示为城市生活垃圾参与配料和不参与配料两种方案下，若垃圾成分考虑±50％波动时熟料率值的变化情况。由表7不难看出，在配料过程中若不考虑城市生活垃圾化学成分参与配料的影响，直接加入将会导致熟料率值偏离目标较大，合格率降低，满足不了要求，影响熟料质量的同时造成烧成系统运行的不稳定。若不考虑城市生活垃圾参与配料调整，同时又希望熟料质量能够控制在理想的范围内，则必须降低城市生活垃圾的处理量，才能确保水泥熟料质量达到控制要求。因此，为提高水泥生产系统处置城市生活垃圾能力、保证水泥熟料的煅烧质量和烧成系统运行的稳定性，在配料时除了考虑城市生活垃圾成分的影响外，还必须对其进行预均化处理。

表7 熟料率值随城市生活垃圾成分波动（±50％）的变化

率值	KH	LSF	SM	IM
目标值	0.900	—	2.450	1.700
参与配料	0.900	93.67	2.452	1.732
不参与配料	0.858	89.96	2.485	1.722

在考虑城市生活垃圾参与配料的情况下熟料率值随城市生活垃圾成分的波动情况见图4～图7，图中粗线为平均值，虚线为标准偏差线范围。从图中不难看出，KH值处于0.890～0.910之间的概率达100％，SM值处于2.40～2.50之间的概率达100％，IM值处于1.65～1.75之间的概率达100％。从计算结果可以看出，利用均化后的城市生活垃圾参与配料，即使成分发生±50％的波动，对熟料的烧成质量仍然不会带来不利的影响；而且在干扰成分含量满足生料质量控制要求的情况下，还可以进一步提高城市生活垃圾处理量。

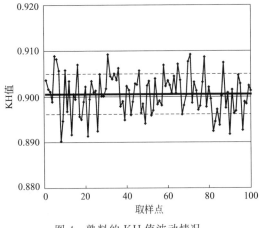

图 4　熟料的 KH 值波动情况

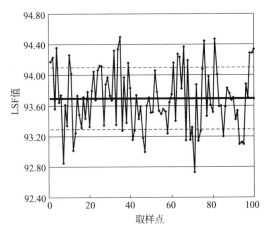

图 5　熟料的 LSF 值波动情况

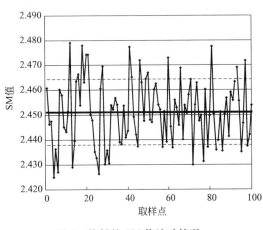

图 6　熟料的 SM 值波动情况

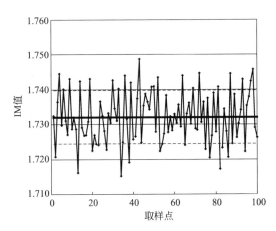

图 7　熟料的 IM 值波动情况

4. 城市生活垃圾燃烧过程对烧成系统的影响及控制

可用作替代燃料的垃圾主要为塑料、泡沫、橡胶、纸张、废油等可燃物，与水泥厂采用的常规燃料在热值、燃烧特性、燃烧产物等方面存有较大差别。从我院的实验研究结果发现，目前水泥烧成系统可利用替代燃料的燃烧活性基本都优于常规燃料，着火温度和燃尽温度均较低，因此更容易着火燃烧也更容易燃烧完全。由于替代燃料主要为碳氢化合物，因此燃烧产物主要为 CO_2 和 H_2O，燃烧灰分较少，燃烧热值较高。经初步计算发现，替代燃料使用量较少时，对烧成系统的烟气量变化影响较小；当替代燃料为塑料、纸张、泡沫，替代常规燃料比为 8.5% 时烧成系统的烟气变化量不到 0.5%；另外部分替代燃料中的钾、钠、硫、氯含量较高，会对烧成系统运行的稳定性和耐火材料的使用寿命等产生一定的影响。因此在使用各种替代燃料前，应对其进行详细的分析研究，做到替代物与被替代物之间的协同定量控制，以降低其对烧成系统的影响，提高其替代常规燃料的比例。

四、城市生活垃圾处理过程中二次污染的控制

1. 城市生活垃圾中厨余物发酵的控制

由于城市生活垃圾发酵后会产生恶臭气体及有毒黑水，若不采取相应的措施，在环境和

卫生方面必将造成许多隐患。因此，在城市生活垃圾预处理过程时，必须控制垃圾发酵问题，以避免因垃圾发酵带来的环境空气污染。

在城市生活垃圾中，易引起发酵的成分是厨余物（各类蔬菜、肉类、内脏等）。由于组分不同其发酵的特性不同。一般情况下，在微生物的作用下，有机厨余物的发酵可在好氧或厌氧状态下进行，发酵的主要产物为有机酸、醇、二氧化碳、氨、氢等，并伴有刺激性臭味。我院经研究发现一种廉价特效的细粉发酵抑制剂，在与厨余物混合后能有效抑制细菌和微生物的生长，达到控制厨余物发酵的目的。实验结果表明，发酵抑制剂的掺入量越大，抑制作用越强，掺入比为20％时厨余物在69h后开始发酵，掺入比达到50％时厨余物在80h后才开始发酵，这一抑制时间，足以完成垃圾处理全过程，实现无臭味的处理控制要求。

2. 城市生活垃圾处理过程中二次污染的控制

（1）气体污染物的控制

垃圾卸料车间、预处理车间及堆场均为封闭式，每天在设备运转结束后对卸料池和预处理设备进行打扫，防止卸料池和设备内部积料，防止垃圾发酵产生异味。垃圾堆场、垃圾预处理车间内喷洒杀菌剂和空气净化剂，避免滋生蚊蝇，消除异味气体对工人健康和周边环境的影响。另外在不可燃物中掺入具有吸附性的发酵抑制剂，减少垃圾中渗透出的水量，抑制垃圾的变质发酵，从而减少散发到空气中的异味气体量。

CO气体多数是由于燃料的不完全燃烧或在还原气氛下燃烧所致，在新型干法水泥生产系统中，一般情况下，其浓度（标准状态）可控制在$125mg/m^3$以下。对于SO_x气体来说，水泥生产系统本身就是一种脱硫装置，燃料燃烧产生的SO_x和生料中的碱性金属氧化物反应，生成硫酸盐矿物或固溶体，因此随气体排放到大气中的SO_x是非常低的，在现有新型干法水泥烧成系统的废气中还没有检测出含有SO_x气体。NO_x气体，主要来自于燃料本身带入和回转窑内高温煅烧反应生成，可采用新型的煤粉燃烧器和50％～60％的煤粉在分解炉内燃烧的新工艺来降低NO_x的排放浓度。

（2）污水排放的控制

城市生活垃圾预处理和储存过程中产生的污水引流收集到污水池。由于所处理的污水为当天收集、当天处理，而且都是城市生活垃圾在卸料和预处理过程中产生的，因此污水中的有机污染物浓度较低。收集的污水经污水处理系统处理后排放，排放的污水应满足《地表水环境质量标准》和《污水综合排放标准》，可作为厂区绿化的灌溉用水。污水处理产生的污泥除部分回流外，其余可混入水泥生产用黏土质原料中，一起入原料磨进行烘干、粉磨。

（3）可能产生的二噁英控制

为了抑制垃圾在焚烧过程中产生二噁英，必须针对二噁英产生的物质基础、环境条件和形成机理提出相应的削弱和抑制措施。其抑制二噁英产生的原理如下。

① 从源头上减少二噁英产生所需的氯源。对于现代干法水泥生产系统，为了保证窑系统操作的稳定性和连续性，常对生料中干扰生产操作的化学成分（K_2O+Na_2O，SO_3^{2-}，Cl^-）的含量进行控制。一般情况下，硫（SO_3^{2-}）碱（以R_2O计，即用50％Na_2O与100％K_2O的和作当量碱）摩尔比接近于1，保持Cl^-对SO_3^{2-}的比值接近1；由垃圾带入烧成系统的Cl^-（包括垃圾中有机氯高温分解产生的无机Cl^-）和常规生料中的Cl^-的总含量低于0.015％。而这部分Cl^-在水泥煅烧系统内可以被水泥生料完全吸收，不会对系统产生

不利的影响。被吸收的 Cl^- 以 $2CaO \cdot SiO_2 \cdot CaCl_2$ （稳定温度 $1084\sim1100℃$）的形式被生料裹挟到回转窑内，夹带在熟料的铝酸盐和铁铝酸盐的熔剂性矿物中被带出烧成系统，不会成为二噁英的氯源，使得二噁英失去了形成的第一条件。

② 高温焚烧确保二噁英不易产生。城市生活垃圾中含有一定量的二噁英前体物，为了保证这部分前体物的彻底分解，以免在焚烧过程中转化为二噁英，必须提高垃圾的焚烧温度。大量的实验表明，二噁英族类物在 $500℃$ 时开始分解，到 $800℃$ 时 $2, 3, 7, 8$-TCDD 可以在 $2.1s$ 内完全分解，如果温度进一步提高，分解时间将进一步缩短。根据国标 GB 18485—2001《生活垃圾焚烧污染控制标准》中规定的焚烧炉技术要求，烟气温度 $\geqslant850℃$，烟气停留时间 $\geqslant2s$，或烟气温度 $\geqslant1000℃$，烟气停留时间 $\geqslant1s$。正如前述，将垃圾进行预处理，分选出的可燃物通过燃烧器从窑头喷入水泥回转窑内，窑内气相温度最高可达 $1800℃$，物料温度约为 $1450℃$，气体停留时间长达 $20s$，完全可以保证有机物的完全燃烧和彻底分解；或直接喂入分解炉底部或下部的上升烟道中，此处温度约为 $900\sim1100℃$，且气体在分解炉内的停留时间长达 $7s$，固体物料的停留时间长达 $20s$ 以上；喷入烧成系统的可燃物处于悬浮态，不存在潮湿不完全燃烧区域。

高温下有机物和水分迅速蒸发和气化，随着烟气进入分解炉（出口温度一般为 $860\sim900℃$），在氧化气氛下燃烧完毕，而且在燃烧过程中，高温气流与高温、高细度（平均粒径为 $35\sim40\mu m$）、高浓度（标准状态下固气比为 $1.0\sim1.5$）、高吸附性、高均匀性分布的碱性物料（CaO、$CaCO_3$、MgO、$MgCO_3$、K_2O、Na_2O、SiO_2、Al_2O_3、Fe_2O_3）充分接触，有利于吸收 HCl 控制氯源；可燃物燃烧生成水蒸气和 CO_2，S^{2-} 生成了 SO_2^{2-} 或 SO_3^{2-}，随即与生料分解产生的活性 CaO、MgO 等反应生成 $CaSO_4$、$MgSO_4$、$CaSO_3$，Cl^- 和 CaO 反应生成了 $CaCl_2$；而后以水泥多元相钙盐 $Ca_{10}[(SiO_4)_2 \cdot (SO_4)_2](OH^-, Cl^-, F^-)$ 或氯硅酸盐 $2CaO \cdot SiO_2 \cdot CaCl_2$ 的形式进入灼烧基物料中，被可熔性矿物包裹进入熟料中。高温、高碱性的环境可以有效地抑制酸性物质的排放，使得 SO_2^{2-} 和 Cl^- 等化学成分化合成盐类固定下来，避免了二噁英、呋喃的产生。

③ 预热器系统内碱性物料的吸附。不可燃物与发酵抑制剂混合后参与配料，并随水泥常规原料一起进入原料磨，在原料磨内进行烘干、粉磨。粉磨合格的生料经均化后通过计量喂入窑尾预热器系统，窑尾一级预热器的进口气体温度约为 $530℃$，出口气体温度约为 $330℃$。不可燃物中的部分有机物在一级预热器内燃烧，可能会产生少量的 Cl^-，极易与预热器内大量的碱性固体粉料（主要成分为 $CaCO_3$、$MgCO_3$ 及夹带的少量 CaO、MgO，平均粒径 $35\sim40\mu m$，标准状态下固气比为 $1.0\sim1.5$）中 CaO 发生反应转化为 $CaCl_2$，消除二噁英产生所需的氯离子，抑制了一级预热器内二噁英的生成。

④ 国内外生产实践经验。国内外生产实践证明，采用现代干法水泥窑系统处理城市废弃物，二噁英的排放浓度（标准状态）已完全控制在 0.1ng-TEQ/m^3 以下，达到国际环保组织规定的环保标准要求。

图 8 所示为德国某机构针对常规燃料、替代燃料和替代原料的多条水泥窑

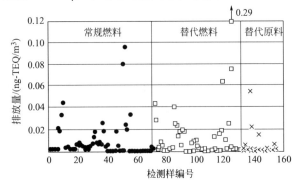

图 8　德国的实验结果（PCDDs/PCDFs）

检测结果（均为标准状态），从大量的检测结果中不难看出，在 160 个检测样中，除 1 例外，均在 0.1ng-TEQ/m³ 以内，大多数情况在 0.002～0.05ng-TEQ/m³，其平均值约为 0.02ng-TEQ/m³。另外，德国有关机构还专门针对一台燃用含 50～1000mg/kg 的多氯联苯的废油取代 10% 常规燃料的系统进行检测，结果完全能够燃尽，没有产生超标的 PCDDs/PCDFs 问题。

我国北京水泥厂的 2000t/d 水泥熟料生产线，在常规煅烧和焚烧危险废物时，检测的二噁英排放浓度（标准状态）分别为 0.006ng-TEQ/m³ 和 0.007ng-TEQ/m³。

综上分析可以看出，利用现代新型干法水泥烧成系统焚烧城市生活垃圾比单独采用焚烧炉焚烧城市生活垃圾，在抑制二噁英产生方面有着无比的优越性。大量的对比分析和国外的生产实践消除了人们对利用水泥窑炉系统处置城市生活垃圾可能产生二噁英污染的疑虑。

五、处理城市生活垃圾的基本运行控制模式

一定规模的水泥生产线处理垃圾的能力是有限制的，接纳能力半径 r_c 是指在现有水泥生产规模下，水泥厂接纳垃圾量达到饱和时的处理半径；经济运行半径 r_e 是指财务收支平衡时的处理半径。在水泥厂有限的接纳能力范围内，如何提高垃圾接纳量，实现有效的控制和操作是人们关心的问题。

1. 系统接纳能力覆盖范围与处理半径

水泥生产系统对接纳的垃圾量有一定的限制。最多可处理的轻质可燃物量（湿基）M_1'见式(6)，轻质可燃物最终处理量 M_{r1} 取决于 M_1［式(2)］与 M_1' 中较小值；最多可处理的湿基不可燃物量 M_2'见式(7)，最终处理不可燃物量 M_{r2} 取 M_2［式(3)］与 M_2' 中较小值。最终垃圾处理总量 $M_r=M_{r1}+M_{r2}$。

$$M_1'=\frac{P_{fm}^0\times G\times Q_c}{Q_{dw}}\quad(t/d)\tag{6}$$

$$M_2'=P_{rm}^0\times\frac{G}{K_3}\quad(t/d)\tag{7}$$

水泥生产系统对轻质可燃物的接纳能力远高于不可燃物。当系统能够全部消解垃圾中的不可燃物时，必将全部消解其中的轻质可燃物。因此接纳能力半径的计算以处理掉全部不可燃物为基准。由式(5)得：

$$r_c=\sqrt{\frac{P_{rm}\times G\times 1000}{K_1\times N\times\pi\times m\times K_3}}\quad(km)\tag{8}$$

2. 政府支持下的维持运行半径问题

利用水泥生产系统处理城市生活垃圾，首先企业需要一次性投资建立以分选、破碎为主的预处理系统，满足处置前的准备。在实际运行过程中，虽因垃圾中部分可燃物用以替代部分常规燃料，但还需要企业支付维持运行的工人工资、劳保费、设备维护费和运行消耗的动力费用等。作为以盈利为目的的企业是难以维持的，必须得到政府的支持。这一支持可以是给予持续不断的财政补贴，也可以是税收返还或制定相应的政策，协调垃圾产生者提供应有的处理费用，以维持必要的处理消耗，保证垃圾处理过程的持续有效性，同时也能给水泥企业带来一定的盈利空间。政府的支持力度越大，企业收支平衡的经济处理半径也就越大，也越有利于扩大垃圾处理的覆盖面和处理能力。

每天处理 M_r t 生活垃圾的创收总额 F 见式（9）：

$$F = M_r \times (f_1 - f_3) + \frac{M_{r1} \times Q_{dw}}{Q_{dw}^{coal}} \times p_r - M_r \times \frac{2}{3} r \times f_2 \quad （元/d）\qquad(9)$$

式中　f_1——政府支持力度，元/t，包括直接财政补贴、税收返还、垃圾产生者提供的处理费用总和；

　　Q_{dw}^{coal}——常规燃料的热值，kJ/kg；

　　p_r——燃料的现行市场价，元/t；

　　f_2——吨运输费用，元/(km·t)；

　　r——处理半径，km；

　　f_3——吨处理成本，元/t，包括人工工资、劳保、财务费、设备维护、生产运行等费用。

当收支平衡时，由式（9）可得：

$$r_e = \frac{M_r \times (f_1 - f_3) + \dfrac{M_{r1} \times Q_{dw}}{Q_{dw}^{coal}} \times p_r}{\dfrac{2}{3} \times f_2 \times M_r} \quad （km）\qquad(10)$$

3. 有关运行的倾向性分析

图9和图10所示为以水泥厂为中心，各种不同处理半径与 r_c 和 r_e 的关系。

当处理能力半径大于经济运行半径，即 $r_c > r_e$（图9）时，表明水泥厂有足够的垃圾接纳容量，但是因政府没有出台相应的政策制度或者支持力度不够，使得水泥生产企业无法发挥现有水泥生产系统接纳垃圾的最大能力，因此建议政府加大支持力度，提高水泥生产企业参与垃圾处理的热情，以解决长期困扰人们生活环境的垃圾问题。不同的运行半径处理状况也不相同，当处理半径 $r_1 < r_e$ 时，现有水泥生产线可将 r_1 范围内的垃圾全部处理掉，且有盈利。$r_e < r_2 < r_c$，此时 r_2 范围内的生活垃圾也可被现有水泥生产线全部处理掉，但由于政府的支持力度不够，处理 $r_e \sim r_2$ 范围内的垃圾，将会导致企业亏损。当运行半径 $r_3 > r_c$ 时，$r_c \sim r_3$ 范围内的垃圾超出了水泥生产线的最大处理能力，建议这部分垃圾采用焚烧、堆肥等其他的处理方法，若市场和资源许可，也可考虑扩建水泥生产规模。

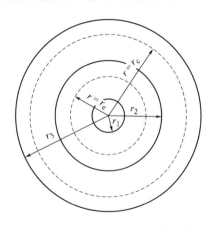

图9　经济运行半径小于接纳能力半径

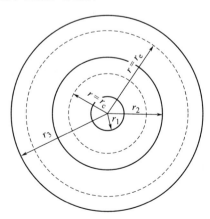

图10　接纳能力半径小于经济运行半径

图 10 所示为处理能力半径小于经济运行半径的情况，即 $r_c<r_e$，表明政府的支持力度已经到位，垃圾接纳能力受到企业自身因素的约束，此时建议水泥企业通过系统优化操作或加强垃圾预处理的控制，也可视水泥市场情况扩展水泥生产规模，以提高垃圾的接纳量。对于水泥生产企业在接纳量方面实属已发挥至极致，应建议水泥企业以接纳可燃物为主，将厨余物分离出来发酵制气，制气后的残余物用来堆肥，采用这种联合处理方式以加大垃圾的处理量，满足污染物的控制要求。当处理半径 $r_1<r_c$，此时现有水泥生产线可将 r_1 范围的垃圾全部处理且有盈利。$r_c<r_2<r_e$ 时，此时尽管处理垃圾会有盈利，但鉴于系统接纳能力的限制，$r_c\sim r_2$ 范围的生活垃圾不能被全部处理。当运行半径 $r_3>r_e$ 时，处理 $r_e\sim r_3$ 范围的垃圾同样会致使企业亏损，因此对于 r_e 以外的生活垃圾建议采用其他处理方法。

4. 基本算例及分析

基于上述分析，现结合南京市的城市生活垃圾情况，以江南小野田水泥厂、中国海螺水泥厂为中心，考虑周边人口分布状况，计算分析见表 8。

正如前述，水泥厂接纳能力主要取决于垃圾成分波动、有害成分、含水量以及预处理等多种因素。本计算是以大量采样检测分析及统计数据为依据保守计算的结果，目的在于提供一种测算方法。如果不作保守计算，对 K_1、K_2、K_3、f_1、f_2、f_3 等参数稍做调整，r_e 及 r_c 的计算结果将和保守计算结果相差很大。同时表 8 的计算结果是以水泥生产线设计规模为基准，若考虑现有水泥厂实际生产能力普遍大于设计规模，r_c 的计算结果将会增大。

表 8 江南小野田水泥厂、海螺中国水泥厂分析结果

条件	类别	数值	条件	类别	数值
现有水泥生产规模下接纳能力半径的计算	平均接纳能力半径 r_c/km	29.30	收支平衡时经济运行半径的计算	经济运行半径 r_e/km	67.44
	轻质可燃物产量(湿基)M_1/(t/d)	153.6		轻质可燃物产量(湿基)M_1/(t/d)	814.0
	轻质可燃物最大处理量 M_1'/(t/d)	1980.6		轻质可燃物最大处理量 M_1'/(t/d)	10495.9
	轻质不可燃物最大处理量 M_2'/(t/d)	1382.4		轻质不可燃物最大处理量 M_2'/(t/d)	7325.8
	最终处理轻质可燃物量 M_{r1}/(t/d)	153.6		最终处理轻质可燃物量 M_{r1}/(t/d)	814.0
	最终处理不可燃物量 M_{r2}/(t/d)	1382.4		最终处理不可燃物量 M_{r2}/(t/d)	7325.8
	最终处理原生态垃圾量 M_r/(t/d)	1536		最终处理垃圾量 M_{r1} M_r/(t/d)	8139.8
	可替代热能比例 P_{fm}/%	4.7		可替代热能比例 P_{fm}/%	4.7
	接纳比例 P_{rm}/%	2		接纳比例 P_{rm}	0.8
	创收总额 F/(元/d)	4882.5		创收总额 F/(元/d)	0

注：计算参数取值为 $K_1=0.8$，$K_2=10\%$，$K_3=20\%$，$f_1=100$ 元/t，$f_2=0.125$ 元/(km·t)，$f_3=80$ 元/t，$Q_{dw}=15000$kJ/kg，$P_r=500$ 元/t。

为了更加宏观地把握水泥厂接纳能力半径与经济运行半径之间的相互关系，现将范围进一步扩大，以江苏省为例，分别对全省主要新型干法水泥厂垃圾处理情况进行分析，由于宜兴、溧阳、金坛地区的水泥厂分布较为集中，分析时将这三个地区的水泥厂作为整体，向外辐射。南京、徐州、扬州、苏州、东台等其他城市，分别以各个水泥厂为中心，进行分析计算。接纳能力半径与经济运行半径的计算结果见表 9。

表 9 江苏全省水泥厂经济分析

厂 名	项 目		垃圾产生量/(t/d)
江南小野田、海螺中国	接纳能力半径 r_c/km	29.3～37.8	1536～2560
	经济运行半径 r_e/km	67.44	8139.5
	现有水泥规模 G/(t/d)	10000	
南京青龙山	接纳能力半径 r_c/km	6.5～8.4	96～160
	经济运行半径 r_e/km	67.44	10228.2
	现有水泥规模 G/(t/d)	1000	
江苏磊达	接纳能力半径 r_c/km	17.6～22.7	480～800
	经济运行半径 r_e/km	67.44～	7087.3
	现有水泥规模 G/(t/d)	2×2500	
苏州金猫	接纳能力半径 r_c/km	14.14～18.3	480～800
	经济运行半径 r_e/km	67.44	10920
	现有水泥规模 G/(t/d)	3000	
东吴水泥厂	接纳能力半径 r_c/km	17～22	480～800
	经济运行半径 r_e/km	67.44	7849.1
	现有水泥规模 G/(t/d)	2500	
徐州中联巨龙(淮海水泥厂)	接纳能力半径 r_c/km	20.21～26.1	835.2～1392
	经济运行半径 r_e/km	67.44	9296.7
	现有水泥规模 G/(t/d)	8700	
扬州旺龙建材公司	接纳能力半径 r_c/km	8.18～10.6	115.2～192
	经济运行半径 r_e/km	67.44	7823.7
	现有水泥规模 G/(t/d)	1200	
宜兴全市	接纳能力半径 r_c/km	51.31～66.2	3216～5360
	经济运行半径 r_e/km	67.44	5555
	现有水泥规模 G/(t/d)	33500	
溧阳全市	接纳能力半径 r_c/km	53.16～68.6	3600～6000
	经济运行半径 r_e/km	67.44	5793.6
	现有水泥规模 G/(t/d)	37500	
金坛全市	接纳能力半径 r_c/km	20.56～26.5	720～1200
	经济运行半径 r_e/km	67.44	7749.2
	现有水泥规模 G/(t/d)	7500	

以上所述计算结果均是以原生态垃圾为主，如果单就可燃垃圾来说，其接纳能力半径将会更大，基本与常规燃料的运输半径相当。对于离水泥厂较远的地方可采用垃圾分选技术，将垃圾中的可燃部分分选出来送到水泥厂加以利用，余下的厨余物在剔除砖、瓦、玻璃、石块后进行制气或堆肥，充分利用物质资源，走循环经济之路，达到环境综合治理的目的。

六、全国范围内新型干法水泥生产线覆盖下的垃圾处理容量分析

1. 全国新型干法水泥生产能力分布情况

全国新型干法水泥生产能力分布很不均衡，具有很强的地域性，主要缘于水泥生产必须的原料资源及市场需求。矿山资源比较丰富、经济建设水平较高的地区，新型干法水泥生产线相对较多。图 11 所示为全国各省份及直辖市新型干法水泥生产线熟料产量分布情况，从中可以看出，我国新型干法水泥厂主要分布在浙江、安徽、广东、江苏、山东等几个经济相对发达的地区，西部地区相对较少。全国范围内新型干法水泥生产线总的熟料生产能力约为 5.9 亿吨/年，尚不包括统计遗漏和增产的能力。

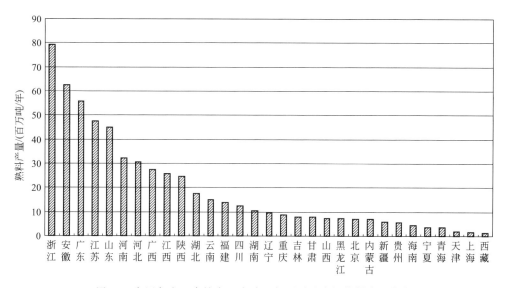

图 11　全国各省、直辖市、自治区新型干法水泥熟料产量分布

2. 全国新型干法水泥生产线垃圾接纳半径覆盖下的人口分布情况

图 12 所示为全国各省、直辖市、自治区以新型干法水泥生产线为中心、以其可能接纳垃圾的能力为半径估算和考虑其人口密度的覆盖情况，与图 11 相对应，总体上讲，水泥生产能力高的省份，覆盖的人口也相对较多，但由于各地人口密度有差别，有时会出现水泥厂少的地区覆盖人口反而较多，如江苏省覆盖人口超过浙江省。图 13 所示为全国各省、直辖市、自治区水泥生产系统的垃圾接纳半径内人口占所在省份人口总数的分布情况，与图 12 相比，由于各省不同地区人口密度和人口总量有差别，因此水泥厂垃圾接纳半径下的人口数占其所在省份人口总数的百分比差别较大。从图 13 可看出，云南省新型干法水泥厂垃圾接纳半径覆盖的人口数在全国范围只属中等水平，但其百分比却排在首位，这与云南省新型干法水泥生产线主要分布在人口集中的区域有关。全国范围新型干法水泥生产线接纳能力范围所覆盖的人口数为 0.7 亿～2.1 亿，解决了约 10% 的人口产生的生活垃圾污染问题。

3. 全国范围内城市生活垃圾处理容量的分布情况

基于上述评价方法和模式，不难对全国新型干法水泥生产线接纳和处理垃圾的情况进行计算分析，比较如下：P_{rm} 按最小值 0.5%、平均值 1%、最大值 1.5% 三种情况进行计算，

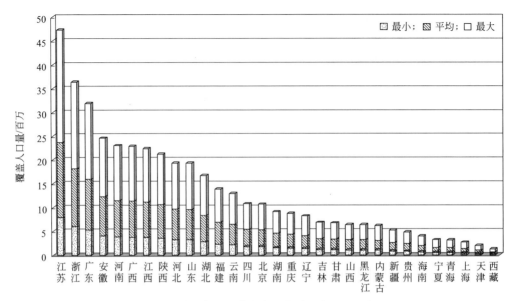

图 12　全国各省、直辖市、自治区水泥厂垃圾
接纳半径覆盖下的人口分布

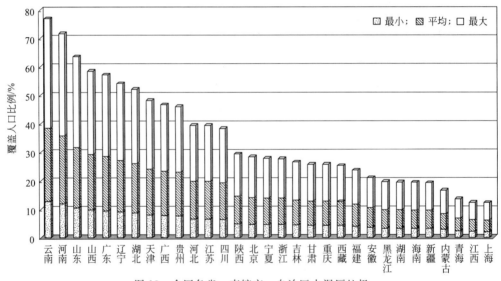

图 13　全国各省、直辖市、自治区水泥厂垃圾
接纳半径覆盖的人口分布

能处理的垃圾量见图 14。从中可以看出水泥厂较多的浙江、江苏等省可处理垃圾量也较大；水泥厂较少的西部地区，垃圾处理量相对较小。对图 14 中数据进行统计，可以得出全国新型干法水泥生产线可接纳和处理的城市生活垃圾总量：最小为 22.8 百万吨/年，平均为 45.7 百万吨/年，最大为 68.4 百万吨/年。而我国城市生活垃圾产生量已达 1.46 亿吨/年，并且以每年 9% 的速度递增，因此全国新型干法水泥生产线可接纳和处理我国 15%～47% 的城市生活垃圾。如果考虑现有新型干法水泥生产线的统计遗漏和大多数水泥生产线均存在 10%～20% 的增产和超设计能力运行，这个比例还将进一步提高。关键的问题是企业需要盈利，更需要政府的政策支持。

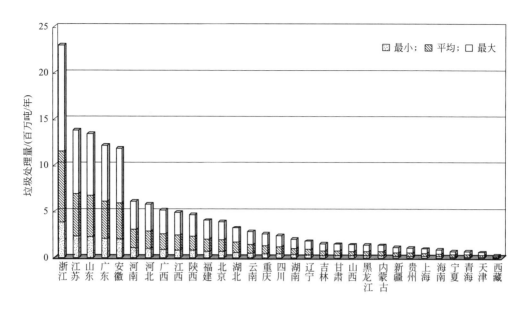

图 14 全国各省、直辖市、自治区垃圾处理量分布

七、结束语与期望

1. 结束语

优化结构，提高资源利用效率，降低消耗，发展循环经济，建立环境友好型、节约型社会，是"十一五"发展规划的重中之重。鉴于水泥工业的特点和处置废弃物的能力，已在工业链中发挥了重要作用，但在接纳城市生活垃圾方面尚有较大的潜力没有发挥，理应在"十一五"期间承担起城市生活垃圾处理的任务，增加循环经济链接点的亮点。利用新型干法水泥生产技术处置城市生活垃圾可以有效地改善城市城市环境，减少垃圾填埋用地，实现资源的综合利用，具有良好的社会、环境、经济效益。文中所涉及的一系列具体技术问题，均会在以后的生产实践中得到充实和完善。

2. 几点期望

利用新型干法水泥生产技术处置城市生活垃圾，既给企业带来经济效益，又能取得良好的环境效益。为了使这一技术能够得到推广和健康有序地发展，尚需要国家制定相应的法规和政策。

① 提高社会的环保意识和法制意识，引导城市居民的消费观念和环保观念，制定更加合理的收费制度，全面实行城市垃圾的分类收集，降低城市垃圾的处理难度，提高城市生活垃圾回收利用率，从源头上减少城市垃圾的产生量。

② 制定相应的财政扶持政策和税收优惠政策，鼓励和支持水泥企业处理城市垃圾，以发挥水泥工业处置各种城市垃圾的应有能力，同时政府应确保产生废弃物的各类企业和城市居民缴纳相应的废弃物处理费用，真正做到"谁排放，谁支付排放成本；谁治理，谁收益"。

③ 补充城市垃圾处理的相关标准，尤其是与水泥工业处置和利用城市垃圾有关的标准，如：处理城市垃圾的水泥生产系统气态排放物的排放标准、替代燃料和替代原料的相关质量控制要求，确保水泥生产过程的连续性和稳定性；制定相应的标准和制度，规范城市垃圾处

置市场，协调不同企业之间的利益，建立循环经济链，确保资金流和物料流的顺畅，以便更加稳定有效地利用水泥厂处理城市垃圾。

　　④ 制定城市垃圾预处理和水泥工业综合再利用的技术评估论证、处理企业的资质鉴定和城市垃圾处置许可制度，避免出现污染的转移，造成对环境的二次污染，促进城市垃圾处置能够得到有序的发展。

参考文献

［1］ M. Achternbosch, K. R. Brautigam, et al. Heavy Metals in Cement and Concrete Resulting from the Co-incineration of Wastes in Cement Kilns with Regard to the Legitimacy of Waste Utilisation. Umwelt Bundes Amt, 2003.

［2］ I. Serclerat, P. Moszkowicz. Retention mechanisms in mortars of the trace metals contained in Portland cement clinkers. Waste Management. 2000, 20 (2-3).

［3］ X. D. Li, C. S. Poon. Heavy metal speciation and leaching behaviors in cement based solidified/ stabilized waste materials, Journal of Hazardous Materials. 2001, 32 (3).

［4］ 乔龄山. 水泥厂利用废弃物的有关问题（二）——微量元素在水泥回转窑中的状态特性. 水泥，2002, 12: 1-8.

［5］ D. Stephan, et al. High intakes of Cr, Ni, and Zn in clinker Part I. Influence on burning process and formation of phases. Cement and Concrete Research. 1999, 29 (12).

［6］ D. Stephan, et al. High intakes of Cr, Ni, and Zn in clinker Part II. Influence on the hydration properties. Cement and Concrete Research. 1999, 29 (12).

［7］ G. Arliguie, J. Grandet. Influence de la composition d'un cement Portland sur son hydratation en presence de zinc. Cement and Concrete Research. 1990, 20 (4).

［8］ 乔龄山. 水泥厂利用废弃物的有关问题（三）——有害气体与放射性污染. 水泥，2003, 2: 1-7.

循环经济视角下水泥工业和垃圾处理产业的 "双赢" 选择

——利用新型干法窑处理城市生活垃圾

胡晶琼　江可申　蔡玉良

一、循环经济模式与水泥工业可持续发展

1. 循环经济模式与水泥工业可持续发展

循环经济模式，即以物质闭环流动为特征，运用生态学规律把经济活动重构组成一个"资源-产品-再生资源"的反馈式流程和"低开采-高利用-低排放"的循环利用模式。它要求合理利用自然资源和环境容量，以尽可能小的资源消耗和环境成本，获得尽可能大的经济效益和社会效益，从而使经济系统与自然生态系统的物质循环过程相互和谐，促进资源永续利用。

世界水泥工业的发展趋势是：以节能化、资源化、环境保护为中心，实现清洁生产和高效集约化生产，在保证高质量的前提下，加强水泥生态化技术的研究与开发，逐步减少天然资源和天然能源的消耗，提高废弃物的再循环利用率，最大程度地减少环境污染和最大限度地接收、消纳工业废弃物及城市垃圾，达到与生态环境完全相容、和谐共存，生产不影响人体健康的产品，在现有水泥工业接纳其他工业各类固体废弃物的基础上，进一步地扩大水泥加工制造业在"生态工业"系统中的作用，成为生态乐园中不可或缺的重要一员。不难看出，世界水泥工业的发展趋势，实质上是要求水泥工业的发展应遵行循环经济增长模式。就我国而言，由于水泥需求总体呈上升趋势，且世界水泥产业结构的调整使水泥制造业向中国转移，我国水泥制造业逐步与世界融为一体，成为世界制造基地，则进一步扩大了我国水泥生产需求。因此，以循环经济理论及方法为指导思想，提高和拓展我国水泥工业在循环经济工业链中的作用，顺应世界水泥工业发展趋势，实现可持续发展，必须转变独立的传统水泥生产发展模式，走联合生产的循环经济模式，进一步地降低生产成本，提高企业效益的同时，达到提高整体工业环境污染的控制能力的目的。

2. 新型干法技术是水泥工业发展循环经济的切入点

我国水泥生产工艺众多，包括预分解窑、预热器窑、立筒预热器窑、立波尔窑、湿法窑，带余热发电的干法窑，干法中空窑、立窑等。窑型较多，热耗差别也大，湿法窑约比窑外分解窑多耗能近1倍，中空窑能耗是新型干法窑的2～3倍，机立窑约比窑外分解窑多耗能3成，普立窑约比窑外分解窑多耗能近7成。以湿法窑、立窑为代表的传统水泥工艺虽然

存在着技术落后、资源利用率低等问题，但是仍在推广利用其他工业的固体废弃物来代替传统的矿物质原材料方面做出了很大的贡献。发展循环经济，必须以可持续发展技术为载体，而新型干法水泥生产技术正是水泥工业发展循环经济的技术载体。

所谓新型干法水泥技术是以干法生产过程为特征，以节能破碎与粉磨技术、预均化技术、预分解技术、自动化控制技术以及环境保护技术为基础内容的核心生产工艺过程。与传统水泥生产工艺相比，新型干法水泥生产工艺不仅能利用低品位资源，而且在降低水泥生产的热耗和能耗的同时，能最大限度地消纳工业废弃物及城市生活垃圾，并能有效地控制和减少生产过程中污染物的排放。因此，发展新型干法技术是实现我国水泥工业可持续发展重要而又关键的一步。

图1所示为中材国际南京水泥工业设计研究院提供的不同工艺水泥产量比较情况，从中可以看出，截至2003年之前，我国占总量70%多的水泥都是由落后的水泥工艺生产，导致高能耗、高污染现象极为严重。但是在2004年和2005年短短两年的时间里，能耗高的湿法窑大部分已停产或拆除，干法中空窑加快淘汰，机立窑等落后工艺水泥的扩张得到有效遏制，淘汰落后工艺水泥5000万吨以上。根据图1的数据不难计算出，新型干法水泥产量比重已由2000年的不足12%提高到2005年的40%，生产技术结构的调整印证了水泥行业贯彻循环经济指导思想的深入。

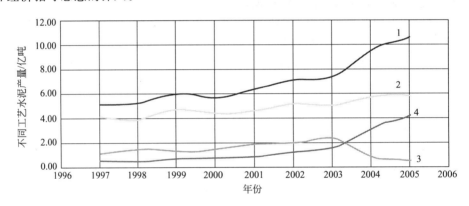

图1 不同工艺水泥产量比较示意

1—总产量；2—立窑产量；3—旋窑产量；4—新型干法产量

二、城市生活垃圾的危害和处理现状

1. 城市生活垃圾的危害

城市生活垃圾是城市居民在生活消费过程中产生的废弃物。有关统计数字表明，我国已积压下来的垃圾有60多亿吨，并且还在以每年8%～10%的速率递增，全国660多个城市中约有2/3陷入垃圾围城的困境。我国成了世界上垃圾包袱最重的国家之一。垃圾随意弃置，不仅侵占土地，而且破坏城市景观。更为严重的是，未收集和未处理的垃圾腐烂时会滋生传播疾病的害虫和昆虫；产生携带氨、氮、硫化物和甲烷等有害气体，形成恶臭，污染环境，散发热量；未经过有效处理的垃圾长期堆放容易发酵，产生大量的沼气，引发爆炸事件；产生大量的酸性和碱性有机污染物，溶解垃圾中的重金属，成为有机物、重金属和病原微生物集中的污染源，污染周围的地表水体或渗透至地下水，造成水资源的严重污染；垃圾中的干物质或轻物质随风飘扬，会对大气造成污染。如果未经过处理或严格处理的城市生活垃圾堆肥并用于农田，会破坏土壤的团粒结构和理化性质，使土壤保水、保肥能力下降，危害农业生态。因此，生活垃圾的处理问题，已经越来越受到人们的关注。

2. 城市生活垃圾的处理现状

据中材国际南京水泥工业设计研究院的研究表明，目前我国对城市生活垃圾处理方法主要有以下三种。

（1）填埋法

垃圾填埋法是我国垃圾处理的常规方法，最大的优点是消纳处理量大，操作工艺简便，进场及维持费用较低，适用范围广。但垃圾填埋还存在着严重的二次污染，有机物腐蚀过程中产生的渗滤液会对地下水及土壤造成严重的污染，垃圾堆放产生的臭气严重影响场地周边的空气质量，垃圾发酵产生的甲烷气体也是火灾及爆炸的重要隐患。同时该法浪费很多可回收资源，处理能力也有限，还占用了大量的土地，目前垃圾填埋场的使用期最长的也只是30年，随着城市生活垃圾量的不断增加，垃圾填埋场的使用年限还将会大大缩短，很难满足城市发展和建设的需要。

（2）堆肥法

垃圾堆肥法仅是垃圾中有机成分的处理技术，因此减容、减量及无害化程度低，垃圾处理量少，经筛选后不适合堆肥的垃圾还需要采用其他的方法加以解决。因此仅仅依靠堆肥处理仍然不能彻底解决垃圾问题。且生活垃圾堆肥量大，养分含量低，长期使用易引起土壤板结和地下水质变坏等二次污染问题。与填埋法相同，堆肥也同样存在着沼气爆炸、细菌交叉感染的问题。

（3）焚烧法

垃圾焚烧发电投资较大，还存在着潜在的二次污染问题。由于国内的垃圾是混合型。其成分复杂，而常随着地域和季节而变化，这就使得垃圾的热值很不稳定，给发电或供热系统带来许多问题，往往达不到预期的设计目的。为了维护系统的正常运转，很多燃用垃圾的发电厂常采用添加大量辅助燃料的方式进行补燃焚烧发电，使得运行成本大幅度提高，严重影响经济效益。同时，焚烧过程中产生的飞灰和残渣等污染物仍需采用填埋等方法进行二次处理，同时这些残渣中还存在着不完全燃烧物，还会形成二次污染。

填埋法、堆肥法和焚烧法只是实现了垃圾污染的转移，没有真正达到垃圾处理的"无害化、减容化、资源化、集约化"要求。根据物质不灭和能量守恒定律，城市生活垃圾只是原有生活消费品物质和能量形式的转换，它并没有消亡，只是物质循环和能量流动的一种形式。从生态环境角度看，垃圾是一种污染源，从资源角度来看，却是地球上唯一在逐日增长的一种潜在资源，是人类解决资源和能源短缺矛盾的有效途径。如果我们能改变垃圾包袱和垃圾灾害的传统观念，以循环经济思想为指导，使城市垃圾处理产业化，把"二次污染"变成垃圾的"二次利用"，就能实现垃圾的资源化。这样既能保护生态环境，又能发掘一个新的经济增长点，真正做到把经济增长和谐地融入到良性的生态循环中去。水泥工业新型干法窑处理生活垃圾就是这一思想的实际应用。

三、利用新型干法窑处理城市生活垃圾是发展循环经济的具体表现

1. 循环经济三原则

循环经济的三原则分别是：减量化、再利用、资源化。

① 减量化原则属于输入端方法，要求在生产和服务过程中，尽可能地减少资源消耗和废气物的产生，核心是提高资源的利用率。

② 再利用原则属于过程性方法，要求产品在完成其使用功能后尽可能地经过修复、翻新或再制造后重新变成可以重新利用的资源，防止其过早地成为垃圾。

③ 资源化原则属于输出端方法，是指废气物最大限度地转化为资源，变废为宝、化害为利，既可减少自然资源的消耗，又可减少污染物的排放。

这些原则构成了循环经济的基础思路，但它们的重要性并不是并列的，只有减量化原则才具有循环经济第一法则的意义。

2. 利用新型干法窑处理城市生活垃圾是发展循环经济的具体表现

新型干法水泥技术，利用生活垃圾中的可燃物作为水泥厂的燃料，燃烧后的灰渣作为水泥原料被加以利用，既实现了垃圾这一污染物的减排，又减少了单位经济产出的资源和能源的消耗，使减量化原则得到充分实践，是发展循环经济的具体表现。

表1所示为从占地、适用条件、产品、土壤污染、地表水污染、地下水污染、大气污染和垃圾处理费方面，将新型干法窑处理城市生活垃圾技术与填埋法、堆肥法和焚烧法进行比较的情况。以下以循环经济三原则为切入点，结合中材国际南京水泥工业设计研究院开发的项目——铜陵市利用水泥工业新型干法窑处置生活垃圾工程，进一步说明利用新型干法窑处理城市生活垃圾的优越性主要表现在资源和能源消耗减量化、环境影响最小化、生活垃圾资源化、经济最优化四个方面。

表1 垃圾处理方法比较

处理方式	卫生填埋	堆肥	焚烧	利用新型干法窑
占地	需较大面积	中等	小	小
适用条件	无机物>60%，含水量<30%，密度>0.56t/m³	从无害化角度，垃圾中可生物降解有机物≥10%；从肥效出发应大于40%	垃圾低位热值>3300kJ/kg时，可不添加辅助燃料	任何生活垃圾
产品	可回收沼气发电	能生产堆肥产品，但建立稳定的堆肥市场较困难	能产生热能或电能	提供燃料和水泥熟料
土壤污染	限于填埋场区	需控制堆肥制品中重金属含量	无	无
地下水污染	有可能，虽可采取防渗措施，但仍然可能发生渗漏	重金属等可能随堆肥制品污染地下水	灰渣中没有有机质等污染物，仅需填埋时采取固化措施可防止污染	无
地表水污染	有可能，但可采取措施减少	非堆肥物填埋时与卫生填埋同	炉渣填埋时有可能对地表水造成污染	无
大气污染	有大气污染，影响半径800~1200m	有轻微气味，影响半径<200m	可以控制，但二噁英等微量剧毒物质尚难控制	无
单位投资/[万元/(t·d)]	20万元左右，目前最高39万元	35万元左右，目前最高78万元	40万元左右，目前最高100万元	20万元左右
垃圾处理费/(元/t)	<29.8	>8.2	约100	约60

（1）资源、能源消耗减量化

传统的水泥生产工艺能耗大，吨水泥能耗远高于世界先进水平。以铜陵市利用水泥工业新型干法窑处置生活垃圾工程为例（以下简称铜陵市项目），该项目垃圾消解工艺的核心部分——熟料煅烧系统，借助采用双系列低压损型五级旋风预热器带分解炉组成的新型干法窑，其单位熟料热耗仅为 $720×4.182kJ/kg$，这一低热耗指标，在当前国内外众多水泥企业中为先进水平。

新型干法窑通过焚烧垃圾，可以利用垃圾的热量节省燃料和垃圾燃烧后的灰渣替代原料，有效节省矿物和土地资源。铜陵市现有的宝山生活垃圾填埋场，占地 2.7 公顷，高低落差达 70m，至今已使用约 20 年，占用了大面积的土地资源，且使用时间长，存在着严重的安全隐患。铜陵市项目建成后每年可以处理生活垃圾 21.9 万吨，可替代水泥生产中所需常规原料的 1.915%，可每年节约标准煤 1.2 万吨，节约土地约 50 亩（垃圾堆高按 10m 计）。可见，利用新型干法水泥生产技术来处理城市生活垃圾可以做到资源、能源消耗的减量化，达到彻底消纳城市生活垃圾的目的。

（2）环境影响最小化

与新型干法窑处理城市生活垃圾相比，填埋法和堆肥法不可能完全排除有机物腐蚀过程中产生的渗滤液对地下水及土壤污染的可能性，且垃圾中的重金属等危害物，无法得到合理处置，存在着潜在的危险。而垃圾焚烧炉的焚烧温度较低，多数只能达到 $600～800℃$，焚烧烟气中含有大量的有机物（也是二噁英和呋喃大量产生的温度区段），气体燃烧不完全，并且一般没有设置二次燃烧室进行强化烟气燃烧，焚烧炉后续焚烧尾气处理系统比较简单，对大气环境造成的污染严重。新型干法窑是在高温密闭的状态下作业，不仅能分解有机物，而且还可以将重金属等有毒成分固化在水泥熟料中，可完全避免二次污染，使环境的危害降到最小。

铜陵市项目的工艺设计中，采用密闭设备和密闭式的储仓、降低物料运转的落差，含尘气体经高效除尘设备净化后有组织的排放；各除尘系统所排放的废气中含尘浓度将低于国家标准，除尘器收下的粉尘将回到相应的工艺流程中，整个过程没有固体废弃物排出。与此同时，窑灰具有吸附性，且呈碱性，它不仅能吸收垃圾渗透出的水，而且可以抑制垃圾的变质发酵、吸附有机质发酵产生的异味气体，从而减少散发到空气中的异味气体量。此外，在新型干法水泥生产系统中，一般情况下，一氧化碳气体的浓度（标准状态）可控制在 $125mg/m^3$ 以下。对于二氧化硫气体来说，水泥生产系统本身就是一种脱硫装置，燃料燃烧产生的二氧化硫和生料中的碱性金属氧化物反应，生成硫酸盐矿物或固溶体，因此随气体排放到大气中的二氧化硫是非常低的，在现有新型干法水泥烧成系统的废气中还没有检测出含有二氧化硫气体。所以，该市水泥项目的工艺设计完全符合水泥生产工艺生态化要求，可以实现环境影响的最小化。

（3）城市生活垃圾减容化和资源化

新型干法窑焚烧垃圾，可以利用垃圾的热量节省燃料和垃圾燃烧后的灰渣替代原料，对城市生活垃圾进行最大限度的回收和综合利用，这样不需要再规划生活垃圾填埋用地，节约了土地资源，实现了城市生活垃圾的减容化和资源化，创建了具有良好经济效益的垃圾处理产业。铜陵市的生活垃圾产生量逐年递增，增长率在 7.5% 左右，目前铜陵市生活垃圾日产生量约为 320t。该项目建成后，可以完全消解铜陵市每天产生的生活垃圾，满足铜陵市

"十一五"规划的生活垃圾处理要求。此外，该项目的处理能力提升空间较大，若铜陵市生活垃圾的年增长率为 7.5%，则该处理线可以满足铜陵市生活垃圾未来 15 年的处理要求。

（4）经济最优化

从投资角度分析，由于水泥生产工艺的主体已经存在，只要投资建设一套垃圾堆放预处理系统，再对烧成系统的局部进行相应的调整和改造即可，其费用远远小于新建焚烧厂的投资。当然，也可以在新建一条水泥回转窑生产线的同时考虑垃圾处理过程，它的投资比建一套同等处理规模的焚烧发电厂要小得多。铜陵市项目是采用先进的城市生活垃圾预处理技术，并结合铜陵市海螺水泥有限公司 5000t/d 新型干法预分解生产线中的原料处理和高温煅烧工艺，建设的规模为 2×40t/h（8h 运转制）的城市生活垃圾处理线。

从产品成本分析，垃圾可以部分替代水泥生产中的原料和燃料，这样不仅为企业降低了生产成本，而且企业还可以根据用量的多少获取相应的补偿和减税。据统计，每生产 1t 熟料可以节约 21~25 元，这还不包括因处理垃圾获得的政策性税收减免带来的效益。因此，新型干法水泥企业，若能根据自己的生产规模，采用一定量的城市垃圾代替部分原燃料，不仅解决了垃圾增长和环境污染问题，而且也为企业节约了成本，提高了经济效益。

综上所述，利用新型干法窑处理城市生活垃圾，一方面，可以帮助水泥厂解决节能和降耗问题，减少对传统的不可再生燃料和自然资源的开采，减少对环境和资源的破坏，减少垃圾对社会环境的污染，避免了填埋、堆肥和焚烧等处理方式对环境可能造成的二次污染；另一方面，这种垃圾处理方式不仅可以降低水泥生产的能耗，降低生产成本，提高水泥厂的生产效益，而且还大大降低了垃圾处理的成本。因此，利用新型干法水泥技术处理城市生活垃圾是一种"双赢"的处理方式，有利于实现资源的再利用，是现代新型水泥工业发展循环经济的又一重要例证，是水泥工业实现生态化的"现身说法"。

四、结束语

利用水泥工业新型干法窑技术处理城市生活垃圾，是发展循环经济的具体表现，具有良好的环境效益、经济效益和社会效益，是实现水泥工业和垃圾处理产业"双赢"的有效途径。进而言之，新型干法窑技术推广对经济、社会以及环境的意义更为重大。因此，为了更好地推进这项工程的进程，建议如下。

① 增强全民族的环保和资源危机意识。应该通过教育、传媒宣传等手段，让广大民众充分了解目前环境污染和资源危机的严重性，务必树立"保护环境、节约资源、从我做起"的理念，使广大民众都能自觉地减少日常生活垃圾，投入到治理垃圾污染、美化环境的事业中去。

② 培育贯穿垃圾收集、分类、运输和处理全过程的产业链。做到从源头对垃圾进行分类收集，并与垃圾的运输、处理等环节紧密连接起来，建设"一条龙"式的产业链，以避免各环节脱节、掣肘和减少中间成本，提高垃圾产业规模化水平和效益。

③ 改变管理体制和运行机制。我国政府应该改变过去对垃圾处理实行独家经营的管理体制，实施政府管理和市场化的垃圾管理和垃圾产业化道路，尽快制定合理的垃圾产业政策，包括实行税收差异或优惠政策，激励企业积极主动处理生活垃圾，对垃圾处理产业的投资和信贷给予优惠优先政策等，以促进垃圾处理产业化进程。

④ 建立和健全垃圾管理的法律、法规体系。在垃圾处理产业化的同时，要借助政府的

行政和法律手段加强对垃圾的综合管理，以规范人们的垃圾处理方式，切实做到垃圾的减量化、无害化、资源化处理。

参考文献

[1] 马凯. 贯彻和落实科学发展观 大力推进循环经济发展. 中国能源，2005，(5)：4-5.

[2] 韩仲琦. 水泥工业发展的新阶段. 建材技术与应用，2005，(2)：8-11.

[3] 曾学敏. 水泥工业能源消耗现状与节能潜力. 中国水泥，2006，3.

[4] 牛建国. 中国水泥工业运行及产业政策走向. 中国水泥，2006，3.

[5] 董锁成，曲鸿敏. 城市生活垃圾资源化潜力与产业化对策. 生态环境与保护，2001，(6)：49-51.

[6] 冯之浚. 循环经济导论. 北京：人民出版社，2004.

[7] 杨学权，蔡玉良，邢涛，等. 城市垃圾减容化和资源化的一种有效途径（上）——利用水泥熟料烧成系统处理城市垃圾的可行性研究. 中国水泥，2003，(3)：28-30.

（胡晶琼　南京航空航天大学）

利用水泥烧成系统处置城市废弃物应该注意的问题

辛美静　杨学权　李　波　赵　宇　蔡玉良

伴随着全球经济的增长，城市废弃物大量出现，处置压力日趋严峻。世界各国一直在探寻可持续发展的废弃物处理工艺和装备，为城市废弃物的有效处置提供安全、可靠、经济的技术路线。随着全球对环境保护的日益重视，现有处置城市废弃物的填埋、单一焚烧技术带来的环境二次污染问题越来越受到民众的关注，一埋（烧）了之的废弃物处置方式满足不了人们对改善环境的要求。处置目标从"无害化、减量化"逐渐提高至"资源化、集约化"；处置技术从最初的简易填埋发展到卫生填埋，从简单堆肥发展到发酵制气与分选后堆肥的联合处置工艺，从无选择性气化发展到选择性气化，从单纯的焚烧了之发展到焚烧发电或制热，从单一技术发展到复合工艺的联合处理路线，从遗留污染物的二次处理发展到一次性、彻底地、无污染排放的联产复合工艺过程；采用分选、分类后针对性的联合处置工艺和技术越来越受到各国的青睐。水泥工业的烧成系统为分类后的废弃物处置提供了安全、可靠、经济的可行出路，可用于处理多种形态、可燃的或不可燃的废弃物。

一、废弃物的种类

制造水泥熟料的常规原料是石灰石（提供 CaO）、黏土或砂岩（提供 SiO_2 和 Al_2O_3）、铁矿石或硫酸渣（提供 Fe_2O_3）等，使用的常规燃料有煤、原油、重油、天然气及其他热值适宜的可燃物等。为了降低处置废弃物过程对烧成系统的影响，在利用水泥工业烧成系统处置城市废弃物前，必须对不同种类废弃物的成分进行分析，再根据分析结果选择确定其合适的处置方式。

根据废弃物的特性和水泥生产过程的工艺特点，可将废弃物分为水泥生产的替代原料（包括混合材）、替代燃料以及水泥厂不可接受的废弃物，如大量的垃圾渗滤液、医疗解剖剩余物和含有易扩散重金属的化工废料等。作为水泥生产替代原料的废弃物，其成分应与水泥生产所用常规原料的成分接近，表1所示为部分可作为水泥生产替代原料的废弃物。为了增加烧成系统利用替代原燃料的种类和数量，必须对废弃物的灼烧基成分及其波动进行分析，并参与配料计算和控制，以达到准确控制熟料矿物组成的目的。

部分城市废弃物含有较高的热值，可用作水泥生产的替代燃料。一些经济发达国家的水泥工业多年前就开始应用各种替代燃料，表2列出了部分用作替代燃料的废弃物及其热值。在替代燃料使用过程中，应根据废弃物的形态、成分、特性确定喂入区段、方式以及最大喂入量，以确保在不影响水泥生产系统正常稳定运行和产品质量的同时，废弃物能够得到完全消解且不再产生新的二次污染。

表 1　可作为替代原料（包括混合材）使用的废弃物

替代原料			混合材	
Ca 系	Si、Al 系	Fe 系	S 系	F 系
工业石灰、废弃石灰石	废弃的铸造砂	沸腾炉和转炉的炉渣	工业石膏	CaF_2
石灰矿泥	沙子	黄铁矿灰渣	—	过滤器污泥
碳化物矿泥	工业污泥	赤铁矿	—	—
电石渣	垃圾焚烧灰渣	赤泥	—	—

表 2　一些发达国家用作替代燃料的废弃物类型（危险和非危险废弃物）

替代燃料类型	热值/(MJ/kg)	替代燃料类型	热值/(MJ/kg)
木材、纸张、纸板	3～16	含碳的废弃物	20～30
纺织品	40(max)	农业废弃物(秸秆及农品残渣)	12～16
塑料	17～40	固态废弃燃料(如锯屑)	14～28
废弃物衍生替代燃料(RDF)	14～25	溶剂类废弃物	20～36
橡胶、轮胎	约 26	废油和油类废弃物	25～36
工业污泥	8～14	油页岩类燃料的混合物	9.5
城市下水道污泥	12～16	下水道污泥(含水量>10%)	3～8
动物骨粉、血粉、脂肪	14～18,27～32	下水道污泥(含水量0～10%)	8～13

二、处置废弃物工艺应注意的问题

水泥工业烧成系统可以处置废弃物，但不是所有废弃物都可以利用烧成系统进行处置。水泥企业必须对进厂的废弃物进行分析、控制，建立可追溯的记录，按质量控制要求对废弃物的成分进行连续监测。对于用作替代原料的废弃物，除对其所替代的原料化学成分进行测试外，还要对其所含的微量化学元素进行测试，尤其是钾、钠、硫、氯等干扰元素，以及易挥发的重金属。对于用作替代燃料的废弃物，需对其热值、燃烧特性、水分含量等进行测试和控制。采用水泥窑处置废弃物的所有分析、控制过程均应以不影响水泥生产系统正常稳定运行、不影响水泥产品质量、不再增加新的二次污染的三大目标为依据。

1. 废弃物的物理、化学特性及其产生污染物控制

（1）废弃物中水分的控制

在没有烘干、热解等预处理工艺，直接利用水泥窑处置废弃物的情况下，必须严格控制废弃物中的水分含量。为保证处置过程经济可行，废弃物作为替代燃料使用时，废弃物焚烧放出的热量必须大于自身水分蒸发及烟气升温消耗的热量。若废弃物中水分含量较高，燃烧放出的热量不足以满足自身消耗，为维持烧成系统的正常运行，势必要增加烧成系统的热耗；另一方面高水分含量的废弃物燃烧烟气量也必然很高，势必会影响预热器正常的物流、气流流动状态，甚至大幅降低系统产能来满足处置垃圾的要求。因此，必须对废弃物的水分含量加以严格控制。

以城市生活垃圾为例，系统可处理的最高含水量确定过程见表 3。从表 3 中示例 1 可以

表 3 废弃物最高含水量计算

类 别	示例 1	示例 2	示例 3	类 别	示例 1	示例 2	示例 3
水泥熟料产量/(t/d)	5000	5000	4500	增加烟气量/%	16.0	10.2	0.0
煤的热值/(kcal/kg)	5270	5270	5270	热耗增加值/(kcal/kg)	0.0	0.0	0.0
垃圾处理量/(t/d)	500	320	320	最大含水量/%	64.1	64.1	64.1
垃圾湿基热值/(kcal/kg)	800	800	800				

注：1cal＝4.18J。

看出，热值为 800kcal/kg（湿基）的城市生活垃圾，利用 5000t/d 的水泥生产线加以处置时，在不采用分类分选、烘干、气化等热预处理工艺，不增加烧成系统热耗的前提下，当处置量为 500t/d 时，垃圾最高允许含水量为 64.1%，此时烟气量增加了约 16%，而常规预热器设计富余系数在 10% 左右，为了处置上述生活垃圾，必须扩大预热器的规格，这显然是不可取的，否则将会影响系统的生产能力。综合考虑热值与产能两个方面的因素，在不采用烘干等预处理措施、不依靠补燃、烧成系统不减产的情况下，5000t/d 的熟料生产线每天最多只能处置含水量 64% 的垃圾 320t（表 3 中的示例 2），这种情况下，烟气量比不处置废弃物增加约 10%，系统不再有提产空间。由表 3 中的示例 3 亦可看出，若要求维持烧成系统内的气流场不变、烧成系统生产过程连续稳定、保持正常的提产空间，5000t/d 熟料生产线日处置 320t 含水量 64% 的垃圾时则可能导致水泥生产系统减产至 4500t/d。上述计算只是一个示例，在实际运用中，应结合水泥窑的规格、所处置物料的热值、水分含量等因素来确定最大的处置量，切忌不因地制宜、生硬照搬。

图 1 所示为采用 GC-MS 仪分析得到的生活垃圾渗滤液中含有的有机质谱图，表 4 为其

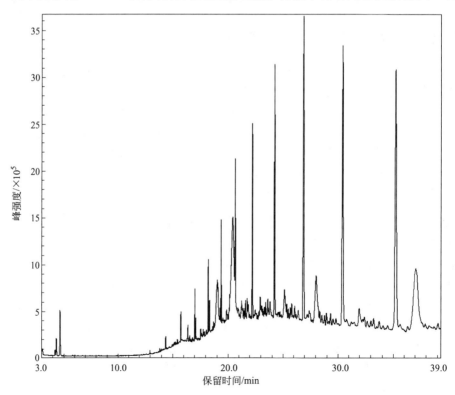

图 1 垃圾渗滤液有机质 GC-MS 谱图

定量分析结果，从中不难看出，垃圾渗滤液中含有大量的长链烷烃。而渗滤液是垃圾发酵过程中渗出的，因此可以推断原生态垃圾中有机质的长链烷烃含量必然很高，这些长链烷烃在裂解时会产生大量高热值的 CH_4、CO 和 H_2 等可燃气体，可用作替代燃料使用。

表 4　垃圾渗滤液有机质含量定性分析结果

组分序号	组分名称	组分相对含量/%	组分序号	组分名称	组分相对含量/%
1	二十一烷	52.45	7	甲苯	0.306
2	二十四烷	31.63	8	乙苯	0.196
3	二十烷	9.974	9	苯甲醛	0.029
4	十八烷	3.076	10	苯酚	0.021
5	苯乙烯	1.681	11	氯甲苯	0.014
6	二甲苯	0.615			

　　基于这个原理，近年来有机质废弃物热（裂）解制气的技术引起广泛关注。有机质热解过程中产生可燃气体的同时，废弃物中的水分也会被蒸发出，还有部分 CO 转换成 CO_2，这样热解后气体产物的主要成分为 CH_4、CO、H_2、CO_2 和 H_2O，其中可燃气体主要为 H_2、CH_4、CO，它们的热值（低位）分别为 $1.56 \times 10^3 MJ/kg$、$88MJ/kg$、$1.18MJ/kg$。目前，如何提高热解气体产物中可燃气体的含量是这一技术的关键。若废弃物自身水分含量过高，必然会降低热解气体的热品质。废弃物热解技术在与水泥生产技术相嫁接时，若直接将热解气体送入分解炉作为水泥生产的替代燃料使用，在分解炉内热解气体中的水蒸气加热到 $900℃$ 需消耗大量热，甚至会超过 CH_4、CO、H_2 燃烧放出的热，这显然是不利于烧成系统操作的，因此必须严格控制废弃物中的水分含量。表 5 所示为以城市生活垃圾为例对热解过程进行的计算，假设热解后气体温度为 $400℃$，分解炉中温度为 $900℃$，干垃圾热解产物中 CH_4、CO、H_2、CO_2 的比例分别按 15%、35%、5%、45% 考虑，从中可以看出，若垃圾中含水量超过 54.5%，热解产物中可燃气体比例低于 4.48%，热解气体放出的热量不足以将烟气从 $400℃$ 升温至 $900℃$，为维持烧成系统的正常运转必须增大系统常规燃料的消耗量；另一方面，由于系统中引入了大量低热值的含水蒸气的气体，除了增加烧成系统的热耗外，势必增加了排风系统的负担，削弱了水泥生产系统的产能。垃圾中的含水量，尤其是在夏季，远大于 54.5%。从上述计算与分析可以看出，热解制气直接用于水泥工业有待商榷。当然，对于含水量较低的高热值垃圾，其气化气体中的可燃成分比较高时，热解制气也应是一个补充方案。针对城市生活垃圾组分复杂、含水量高的特点，建议采用预处理技术，将垃圾中的灰渣、厨余物、塑料等分选出，分别进行不同的处理，这样可以解决采用单一技术的瓶颈问题。

表 5　垃圾热解计算

可热解垃圾含量/%	15	烟气升温需热/(kcal/t 垃圾)		1.84×10^5
热解后可燃气体量(标准状态)/(m³/t 干基)	400		CH_4	1.22
热解后温度/℃	400		CO	2.85
预热器中温度/℃	900	热解产物体积比例/%	H_2	0.41
垃圾中水分含量/%	54.5		CO_2	3.66
燃烧放热/(kcal/t 垃圾)	1.84×10^5		H_2O	91.86

（2）废弃物中氯、碱、硫、镁等有害成分的控制

氯、碱、硫、镁元素是影响水泥生产过程和产品质量的重要因素，换言之，水泥生产替代原料、燃料中这些元素含量不得过高。

在烧成系统中，氯、碱属高挥发性物质，在预热器底部和窑尾烟室内极易循环富集，造成预分解系统结皮堵塞，影响烧成系统的稳定运行；另一方面，氯、碱沉积在熟料中，会影响混凝土构件的使用寿命。原料、燃料带入的硫在高温过程中会生成 SO_2，并与 R_2O 结合形成气态的硫酸碱，极易在温度较低（如回转窑尾部和预热器）的表面凝聚形成低挥发性 R_2SO_4，在 SO_2 和 R_2O 含量比例合适时，大部分被裹挟在熟料中带出窑外，如果 SO_2 含量有富裕，超过控制指标要求，将会在窑尾引起循环富集，造成窑尾烟室结皮堵塞或窑内后圈，影响回转窑通风。表 6 所示为在上述干扰离子存在的情况下导致结皮的矿物形成情况。镁含量过高会导致水泥安定性不良，造成氧化镁膨胀性破裂。综上所述，无论采用何种替代性原燃料，均需对上述四种元素进行协同限量控制，以满足生产过程的稳定运行和产品质量的控制要求。鉴于目前国内的水泥生产系统均未采用旁路放风系统，使用时必须考虑这些因素带来的影响，即上述四元素的总体综合协同控制要求如下：$K_2O + Na_2O < 1\%$；Cl^- 为 $0.015\% \sim 0.020\%$；$\dfrac{S}{R}$ 为 $0.6 \sim 0.8$；$MgO < 4\%$。

表 6 结皮矿物的形成

化合物类别	矿物	形成温度段	化合物类别	矿物	形成温度段
硫的化合物	$3(CA)CaSO_4$	$900 \sim 1400℃$	碱的化合物	$Na_2Ca(CO_3)_2$	$780 \sim 830℃$
	$2(C_2S)CaSO_4$			$Na_2CO_3 \cdot 2Na_2SO_4$	
	$3(C_2S)CaSO_4$			$CaSO_4 \cdot 3Na_2SO_4$	
	$CaSO_4 \cdot 1.75SiO_2$			$2CaSO_3 \cdot K_2SO_4$	
	$2CaSO_4 \cdot K_2SO_4$			$K_2Ca(CO_3)_2$	
	$3Na_2SO_4 \cdot CaSO_4$				

（3）重金属的控制

废弃物中重金属的种类较为繁多，在处置过程中应针对不同重金属、不同机理给予不同的关注。由于水泥回转窑内的煅烧温度一般控制在 1400℃以上，大多数重金属均会发生化合反应，进入熟料相的矿物晶格内；易挥发性的金属元素则会随窑气进入预热器系统，到低温区后再冷凝成固态返回到窑内，形成动态平衡状态；只有极少部分的重金属以气相状态或附着在微细粉尘上，往复于系统间循环，仅有痕量随烟气排出。除了一些特殊行业的废弃物含有过量的重金属（如电镀污泥）外，一般城市废弃物中所含重金属量较低，在严格的控制之下，不会给水泥工业生产带来不利的影响。

重金属按其不同温度下挥发度分为不易挥发性、半挥发性和挥发性的重金属。废弃物中，Cr、Sb、Ba、As、Ni、V、Ti、Cr、Mn、Cu、Ag 这些重金属为不易挥发性重金属，可直接被熟料完全吸收进入熟料矿物的晶格中，不会扩散到大气中对人体产生危害。Sb、Cd、Pb、Se 均为半挥发性重金属，在 $700 \sim 900℃$ 形成硫酸盐或氯化物，在窑尾烟室和预热器内富集，形成内循环，最终可被熟料带出，形成内部动态平衡状态。Tl 和 Hg 两种重金属属于挥发性重金属。Tl 在 $450 \sim 550℃$ 形成化合物（如 TlCl），易在预热器顶部形成内循环；Hg 及其化合物可以气态的形式离开烧成系统，仅能被废气处理系统中的粉尘吸收，而

且与废气的温度有关。根据大量的实验研究和测试分析，上述的重金属含量均不会超过
1‰，因此不会对水泥熟料的煅烧过程带来明显的影响。

表7所示为德国规定的烟道气中重金属排放控制值。由于水泥原料中重金属含量很少，
而且我国利用水泥窑处置废弃物尚处于起步阶段，目前尚没有这方面的标准和规定。随着水
泥窑处置废弃物技术的推广和应用，相应的排放标准也应形成，建议参照国外相关标准，结
合我国的实际情况建立相应的控制体系，防止电镀污泥等化工废料混入城市生活垃圾进入水
泥烧成系统，造成不可挽回的环境污染问题。

表7 烟气中重金属允许排放值（德国）

金属	允许排放值(标准状态,干基)/(mg/m³)	金属	允许排放值(标准状态,干基)/(mg/m³)
Sb	<0.007~0.05	Ni	<0.008~0.075
As	<0.007~0.025	Hg	<0.005~0.12
Be	<0.004	Se	<0.008~0.02
Pb	<0.012~0.02	Te	<0.0017~0.015
Cd	<0.002~0.008	Tl	<0.005~0.03
Cr	<0.014~0.03	V	<0.007~0.075
Co	<0.012~0.015	Zn	<0.1~0.45
Cu	<0.011~0.095	Sn	<0.01~0.025
Mn	<0.007~2		

（4）PCDD/F 的排放控制

二噁英是多氯代二苯并噁英（PCDDs）和多氯代二苯并呋喃（PCDFs）的统称，该种
类混合型物质在常温下和酸碱环境中较稳定，是一类难挥发、难溶于水的混合型（白色）固
体物质，其熔点高，分解温度一般在 700℃以上，由于该种物质具有较强的亲脂性，在脂
肪、油类物质和非极性的溶剂中具有较高的溶解度，被生物吸入后聚集体内，促使机体促畸
突变，诱发癌症。就其毒性来说，由于二噁英是由两种同族异构体的混合物构成，其毒性也
因异构的不同而不同，据有关资料介绍，毒性最强的是 2,3,7,8-四氯二苯并噁英（2,3,7,8-
PCDD），其毒性相当于氰化钾的 1000 倍，是目前世界上发现的毒性最强的有机合成物质。
有机物在有氯和金属存在的情况下燃烧极易产生二噁英。

一般认为燃烧过程产生二噁英的途径主要有以下几点。

① 燃烧物自身含有二噁英直接进入环境。

② 多氯联苯、氯苯、氯酚等二噁英氯代前体物在一定的温度、气氛和部分金属
（Cu^{2+}、Fe^{2+}）催化下经燃烧转化而成。

③ De novo 合成法（从头开始），即二噁英是由一些不相关的有机物，在合适的温度、
气氛和部分金属催化下，经过一系列复杂的化学变化生成。这些不相关的有机化合物有：

a. 脂肪烃类化合物，如 2,3-二甲基-1-丁烯和丙烯；

b. 单环芳香烃类化合物，如苯、苯甲醛、苯甲酸、苯酚和甲苯；

c. 蒽 [$C_6H_4(CH)_2C_6H_4$] 醌类物质；

d. 其他各类塑料有机物，如聚氯乙烯（PVC）等氯代物聚合塑料等；

e. 基本元素在特定条件下合成，如碳、氢、氧、氯或含有这些元素的物质合成。

④ 在较低温度（250～600℃）下，二噁英前体物在飞灰催化作用下形成二噁英。

⑤ 在 200～300℃ 的低温下，氯化氢和单质氯在飞灰催化作用下与碳氢化合物反应形成二噁英。

不难看出，二噁英的产生是有条件的，无论哪一种机理，其大致的生成温度不高，一般情况下在 250～650℃ 之间；特定的金属对其形成过程有一定的催化作用；在焚烧垃圾的过程中产生二噁英多为在潮湿的条件下形成的不完全燃烧所致。

在利用水泥窑处置废弃物时，一定要针对系统过程的特点，控制二噁英的产生。坚持以 "3T" 原则为指引，参照垃圾焚烧标准，采取如下的措施来避免或控制 PCDD/F 的排放，将其排放值（标准状态）控制在 0.05～0.1ngPCDD/FI-TEQ/m³ 以下。

① 认真选择和控制替代原料、替代燃料的种类和成分，对有可能诱发二噁英产生的物质（如氯、铜、挥发性有机物等，尤其是含二噁英前体物的）应尤为关注。

② 控制或避免处置含有有机氯的废弃物，氯的存在是二噁英产生的必需条件之一，若能从源头上控制系统氯的含量，则二噁英的生成也会得到抑制；在焚烧之前，为了降低或减少氯源，可以采用分选方法将其中含有氯的有机物分选出来，达到控制有机氯进入系统的目的。

③ 二噁英族类物在 500℃ 时开始分解，到 800℃ 时，2,3,7,8-PCDD 可以在 2.1s 内完全分解，如果温度进一步提高，分解时间将进一步缩短。利用现代水泥干法烧成系统焚烧城市生活垃圾，其喂入口一般设在分解炉的底部和窑尾接口烟室处，此处的燃烧温度一般情况下高达 900～1100℃，且气体在分解炉内的停留时间高达 7s，固体物料的停留时间高达 20s 以上，可以遏制二噁英的产生。但预热器出口温度通常在 330℃ 左右，为防止已分解的二噁英二次合成，建议采取出口管道增湿或其他措施，将出窑尾预热器的废气温度快速降低至 200℃ 以下，尽量减少废气在 300～450℃ 之间的停留时间和氧含量。

（5）废弃物对设备的腐蚀性

废弃物的腐蚀性也是一个必须关注的问题。水泥生产过程中涉及很多机械设备，废弃物对其造成的危害可按照冷态腐蚀与热态腐蚀两部分进行分析。

所谓冷态腐蚀是指废弃物在进入烧成系统前，对于预处理系统设备的腐蚀控制问题，如输送、破碎、筛分等设备，在选择这些预处理设备时，必须针对要处理的废弃物的物理化学性质，选择相应的抗腐蚀性材料制造。

热态腐蚀是指在高温工况下，废弃物中所含的物质，经过高温煅烧后，会对预热器、分解炉、回转窑等热工设备的接触面产生腐蚀问题，因此在选择内衬材料时要注意废弃物燃烧烟气对内部接触材料的影响。目前水泥生产系统采用的耐火内衬主要为硅酸铝砖和碱性耐火砖（包括镁砖、白云石砖、镁铬砖等），耐火内衬材质的选择主要取决于位置、温度以及接触的主要物料特性等因素，不同材质的耐腐蚀性能不同，因此对进料的要求也不同，不可一概而论。在处理废弃物时，应预先对废弃物的酸碱特性进行研究，从而保证在废弃物的处理过程中满足耐火材料的最低防腐要求。

2. 废弃物处置过程的控制

（1）入窑废弃物质量稳定性的控制

为了减少废弃物处置过程对熟料烧成系统的影响，保证在不影响整个水泥生产系统正常稳定运行的前提下，尽量提高废弃物处理量，在废弃物处理过程中，除了上述提及的控制问题外，还应尽量减小入窑废弃物质量的波动。

水泥生产时，进料质量的稳定是烧成系统正常运转的基本条件之一。在利用水泥烧成系统处理废弃物时，无论废弃物是作为替代原料还是替代燃料使用，都要求进料点废弃物的质量能保持连续、稳定，以免由于成分（或者热值）特性波动，给烧成系统操作及产品质量带来负面影响。对于现代化水平较高的水泥厂，建议选用带有配料程序的高精度在线分析仪，连续监控进料情况；如果工厂的现代化程度不高，仍需采用常规的周期性采样分析控制方法。无论采用何种控制手段，最终目的是保证所处置废弃物质量稳定，避免给烧成系统的正常操作和产品质量带来不利影响，减少不合格熟料的产生。具体应根据喂入量大小及废弃物主要成分波动值控制，选择废弃物灰渣中主要控制成分的标准偏差和掺入比例的乘积作为控制目标，具体公式如下：

$$\Delta b_j = B \times \Delta x$$

式中　Δb_j——控制目标；

　　　Δx——主要掺入成分的标准偏差；

　　　B——废弃物掺入比例。

控制目标指废弃物灰渣中 Si、Al、Fe、Ca、Mg 的含量。从表 1、表 2 中可看出，利用水泥回转窑处置的废弃物多种多样，根据主要成分的差异可分别用于不同的用途，使用时作为控制目标的应是其主要成分。例如作为钙系使用的工业石灰，Ca 应作为控制目标，Si、Al、Fe、Mg 因其含量很少，可不做控制，当工业石灰中 Ca 的标准偏差较高时，说明进料质量不稳定，为降低系统波动，其掺入比例必须降低；反之当其标准偏差很低，说明进料质量均匀，掺入比例可适当提高。其他元素的控制均应按照上述原则进行。

（2）系统运行的操作与控制

系统能否稳定运行，除了与工艺设计、机械设备有关外，操作控制水平的高低也至关重要。

① 应根据烧成系统的工艺特点和操作过程确定合适的废弃物喂入点，以保证废弃物处置所需的温度和停留时间。水泥烧成是一个复杂的系统，废弃物可以加入到原料和燃料中，也可直接混入水泥产品中，若作为替代原燃料，从分解炉、烟室、窑门罩等部位投入系统，由于不同部位的温度、压力等参数存在较大差异，在处理废弃物时，应事先对其热力学特性进行研究，根据废弃物自身的特点来确定具体的投入位置及其他处理细节。在处置不同废弃物时，切忌不加区别地全部按照同样的方式进行处理。

② 若废弃物中含有易挥发的物质，应在分解带前的高温段喂入。

③ 废弃物处置过程中产生的烟气至少在 850℃ 下停留 2s，这一点是为了防止废弃物处置过程中产生二噁英。

④ 若危险废弃物中有机卤素（如氯）的含量超过 1%，则喂入点的烟气温度应不低于 1100℃。

⑤ 在烧成系统启动和停转过程中，若废弃物处置所要求的温度和停留时间无法得到保证，且为降低系统的波动，应暂停废弃物的处置。

（3）危险废弃物处置过程的安全管理

在危险废弃物的储存、喂料等过程中，应采用安全管理制度，如：根据废弃物的来源和种类，采用危险性跟踪的方法，对所处置的废弃物进行登记、检查、取样和测试。最终能够处置的废弃物必须满足上述的控制要求，以免不加分析、全部接纳，造成系统正常运行的中止，甚至释放出二噁英、重金属等有毒物质，给环境和人类健康造成危害。

三、小结

水泥烧成系统因其系统内部高温、高浓度、高活性、具有强烈吸附能力的碱性粉体环境的优势，已成为废弃物处置领域的一支生力军，它能保证在不影响水泥系统正常生产的前提下，处置大量废弃物。为避免盲目处置废弃物给水泥正常生产和环境带来危害，在处置过程中必须对本文所述细节加以关注，以实现废弃物"无害化、资源化、集约化"的处理目标。废弃物处置过程应遵循如下控制目标：

① 按照常规水泥生产时的指标，控制生料与废弃物中的氯、硫、碱、镁等有害组分的协同含量；

② 废弃物允许的最大水分含量应与废弃物自身的热值、处理量、水泥窑规模综合考虑，一般不建议气化制气直接引入烧成系统的作法，除非气化气热值较高的情况；

③ 应限制高氯废弃物的处置量，二噁英的排放浓度需控制在 $0.05 \sim 0.1ng$ 毒性当量范围；

④ 根据喂入量大小及废弃物主要成分波动值控制废弃物质量的稳定，当废弃物中主要成分的标准偏差较高时，其掺入比例必须降低。

参考文献

［1］ Draft Reference Document on Best Available Techniques in the Cement，Lime，Magnesium Oxide Manufacturing Industries，2009.2

［2］ 李水清. 生物质废弃物在回转窑内热解研究. 太阳能学报，2000，4.

加速配套制度建立 推进水泥工艺处理
城市生活垃圾的进程

辛美静　蔡玉良　杨学权

近些年来，经济迅猛发展的同时，城市生活垃圾的产生量也在急剧增加，而生活垃圾的处置不当又会带来一系列的环境问题，目前城市生活垃圾的处理已被列入当代世界各国共同关注并亟待解决的环境问题之一。目前城市生活垃圾的处理方法主要以卫生填埋、堆肥和焚烧为主，但这些传统的处理方法都存在这样或那样的缺陷，如土地资源的浪费、二次污染等。

利用水泥回转窑处理城市生活垃圾既可将垃圾作为原料，减少对矿山资源的耗费，又可充分利用水泥回转窑内的高温工况，碱性燃烧环境等优点，彻底将有害物质处理掉，真正实现垃圾处理的"三化"目标，目前这种处理方法在日本、德国得到了广泛的应用。由于这一技术比较新，目前国内尚没有与利用水泥烧成系统焚烧城市垃圾相关的、专门的环境标准，为做到有据可依，相关部门应及早拟定有关标准，同时也需要制定一系列完整的政策与之配套，以推进该技术的发展。

一、我国城市生活垃圾产生现状

随着国内经济的高速发展，城市生活垃圾产生量急剧增加，据不完全统计，目前全国一年产生的生活垃圾已达 1.5 亿吨，而且每年还在以 8%～9% 的增长率不断增加，少数大城市如北京已达到 15%～20%。由于场地、资金、技术等问题的制约，很多城市始终无法从根本上解决城市生活垃圾处理问题，每天都有数以万吨的垃圾不能得到有效的处理，许多生活垃圾便悄悄流向郊区，出现垃圾包围城市的局面。

城市生活垃圾产生量增加的同时，垃圾的组分及热值也在发生变化，表 1 所示为国内部分城市不同年份垃圾的主要组分对照情况，从中可以看出，随着时间的发展，垃圾中灰渣等无机物含量在逐渐减少，厨余物等有机物含量在逐年增加。国内城市生活垃圾中，灰渣、砖

表 1　国内部分城市不同年份垃圾主要组分统计　　　　　　单位：%

城市	对照年份	有机物	无机物	废纸	金属	塑料	玻璃	织物
重点城市	1995	54	30.7	8.8	1.6	1.97	1.44	1.71
	1998	51.5	24.8	14.0	2.54	2.14	2.29	2.74
	2000	48.0	18.9	19.4	3.48	3.34	3.15	3.73
中小城市	1995	23.9	68.5	2.72	0.74	1.39	1.23	1.0
	1998	54.0	30.7	8.8	1.6	1.97	1.44	1.71
	2000	51.5	24.8	14.0	2.54	2.14	2.29	2.74

石等无机物约占 50%；塑料、纸张、纤维、食品废物等有机物含量较少，约占 24.5%；玻璃、金属、陶瓷等废品约占 15%；水分占 7.5%；其他废物占 3%。

二、利用水泥回转窑处置城市生活垃圾的特点及应用情况

由于水泥回转窑具有温度高（物料温度为 1450~1550℃，气体温度为 1700~1800℃）、停留时间长（物料从窑尾到窑头总的停留时间在 35min 左右，气体在高于 950℃以上的停留时间在 12s 以上、高于 1300℃以上的停留时间大于 3s）、碱性环境氛围、燃烧过程充分等优点，在焚烧过程中可以将生活垃圾中的重金属牢牢地固化在水泥熟料的晶格中，同时也能完全有效地抑制酸性物质的排放，减少或避免了二噁英的产生，垃圾焚烧后产生的灰渣直接作为水泥熟料成分进入熟料，不需增加尾气净化处理装置和废渣处理装置，且处理过程不依赖于垃圾热值的高低。

在投资方面，利用水泥回转窑处理垃圾，由于水泥生产工艺主体已经存在，只需配套建设一套垃圾堆放、预处理及输送计量系统，再加上烧成系统的局部调整或改造，其费用大为节省。目前各种垃圾处理方法的投资情况比较见表 2，从中可以看出，利用水泥工艺的投资费用，垃圾处理的吨投资仅为 6.3 万~8.4 万元/t，垃圾处理量按 1000t/d 计算，总投资成本只需 7000 万元左右，远远低于在相同处理规模情况下填埋、堆肥和焚烧法的投资。

表 2　垃圾处理投资情况比较

处理方式	卫生填埋	堆肥	焚烧(国内技术)	焚烧(国外技术)	水泥生产工艺
投资费用/(万元/t)	8~10	12~18	20~28	60~70	6.3~8.4

国外发达国家在利用水泥回转窑处置城市生活垃圾方面已具有相当丰富的经验。早在 20 世纪 80 年代中后期，德国保利休斯、洪堡等公司已着手进行一系列工业性试验，研究在水泥窑预分解系统中对经过加工的垃圾、废轮胎及其他可燃性工业废弃物的利用问题，取得了一定的成功并开始用于工业生产，1995 年汉堡附近的一台 4500t/d 水泥回转窑开始投产用来处理生活垃圾，柏林水泥厂因焚烧大量的垃圾及有害物，实现了水泥产品的零成本。1993 年日本秩夫小野田公司首次开展了用垃圾焚烧灰生产水泥的研究与设计工作并建成了 50t/d 的试验生产线，由于该水泥原料中 60%为城市生活垃圾，故取名为"生态水泥"，目前日本全国共有 40 多家水泥企业，其中 50%以上的工厂均用于同时处理各种废弃物。

综上所述，现代新型干法水泥回转窑技术在处理城市生活垃圾方面具有技术先进、污染小、投资省的优点，既有利于实现资源的再利用，又可促进经济的可持续发展，无疑是目前最先进、最有发展前途的垃圾处理方法。

三、利用水泥回转窑处理垃圾需注意的几个问题

1. 重金属的影响及相应政策

生活垃圾中的重金属含量很少，甚至有的元素还远低于其在水泥生料中的含量，这些重金属在窑系统中经高温熔融后，被牢牢地固化在水泥熟料的晶格中。大量文献及试验数据都表明，"生态水泥"投入运用后，重金属的渗滤量完全达到饮用水的标准，不会发生二次污染的问题。但诸如电镀、印刷电路板等行业产生的废弃物，其重金属含量很高，这部分废弃

物若不经处理，直接用于生产水泥，很可能会影响水泥的产品质量，而且在经历长期的风吹雨淋后，很难保证不会发生二次污染问题。

为避免在后期使用过程中发生重金属污染问题，对于不同品种的水泥，应针对其具体性能、特征及使用要求，制定相应的标准，对重金属在水泥产品中的最高限量加以限制。为达到这一标准，水泥厂应以不影响水泥的使用性能为目标，积极主动地制定相关的水泥质量控制标准，特别是重金属接纳的最高限额标准。在具体的操作过程中，不同的水泥厂应分别根据原料和待处理废弃物中重金属的含量，制定出垃圾的最高接受标准，超过该标准的垃圾严禁直接送入水泥厂进行处理。

2. 氯离子的影响及相应政策

水泥回转窑对 Cl^- 含量要求比较严格，当 Cl^- 含量超过一定的标准后会引起回转窑结皮等不良反应，而生活垃圾中又含有大量的含氯塑料制品，若这部分塑料不经处理，直接进入回转窑中，势必会给水泥生产带来负面影响。因此，与焚烧工艺不同，利用现代新型干法水泥回转窑技术处理生活垃圾，必须增加一套分选设备，将不利于水泥生产的塑料制品等分选出来。

在政策制定上，应本着"源头控制"的原则，对含氯塑料产品加以控制。建议逐步取消塑料袋包装，减少大量塑料包装袋的污染，尤其要求取消聚氯乙烯薄膜塑料袋，以减少氯气对于大气的污染及降低后期的处理难度。

3. 垃圾处理费用的解决渠道及相应政策

尽管利用水泥回转窑处理垃圾的投资远远小于其他处理方法，但日处理垃圾规模按1000t计算，在破碎、分选等预处理方面需追加的投资也高达数千万元，考虑到环保事业的社会性，这部分投资费用最好能由政府拨款或通过长期无息贷款来解决，同时鼓励金融机构向垃圾处理活动注入资金。

向市民收取部分的垃圾处理费也可以成为另一个解决渠道。早在很多年前，国外一些发达国家就开始对垃圾实行收费制度，其收费方式多种多样，各有其特点，大致有如下三种方式：

① 从量制，即按垃圾排出量收费，例如，用指定的垃圾袋装垃圾，再按袋的大小拟定不同的收费标准；或者将专用的标签贴在自备的垃圾袋上，再按量收费。

② 定额制，即不管垃圾产出多少，都以户或人头为收费单位。

③ 量多收费制，即定量以下的垃圾免费，超出定量的部分则依量纳费。

向市民征收城市生活垃圾处理费符合"谁污染，谁治理"的原则，可以为生活垃圾的处理筹措一部分资金，更重要的是收费制度的建立能减少城市生活垃圾的排放量。如美国自从对1000多个市镇施行垃圾以袋、罐计算收费，垃圾的产量从1981年的每人1周3桶减少到1995年的每人1周1桶。国内的垃圾产生量大、处理费用有限是困扰国内垃圾处理的关键问题，而收费制度的建立恰恰可以同时解决这两个问题，垃圾收费势在必行。

为降低垃圾处理收费的成本，建议采取垃圾处理费与水、电、气、物业管理费相结合的方式，联合收取。

四、利用水泥处理垃圾需要的相关制度

1. 建立相关制度，提高水泥企业处理垃圾的热情

如何提高水泥企业的热情，使他们积极投入到垃圾处理的行业中来，也是一个亟待解决的问题。可用"谁治理，谁受益"的指导思想贯彻垃圾处理的整个过程，在经济上制定相关扶持政策，对于承担处置垃圾任务的水泥厂给予一定的奖励和补助，把政府的直接投资行为变成鼓励行为。参照目前垃圾焚烧发电补助情况，每处置 1t 垃圾可给予 100 元的补助。

参照国外情况，还可在税收上采取一些优惠政策。例如美国纽约州对使用 50% 再生原料的企业施行减税制度。瑞士 1996 年对垃圾焚烧建设免税的同时还增加补助金。国内目前的税法也对部分涉及资源利用的行业给予所得税和增值税减免政策，例如对垃圾焚烧发电在并网发电的同时，还给予减免税等支持。鉴于这种状况政府可对利用新型干法回转窑处理城市生活垃圾的水泥厂，在达到一定处理规模的前提下，允许免去增值税及部分所得税。

2. 建立相关制度，保证水泥厂有稳定的垃圾来源

由于历史的影响，垃圾处理已成为一部分人赖以谋生的手段，这部分人不愿意将垃圾送到水泥厂进行处理。为解决这一问题，需要制定相应政策，允许水泥厂对垃圾进行处理，并要保证水泥厂有稳定的垃圾来源。而且，水泥厂和政府机构的权责要划分清楚，场外垃圾的收集、运输等环节应由市政环卫部门承担，水泥厂只负责对运送到厂里的垃圾进行处理。

3. 建立垃圾处理集约化的评判标准

目前我国的垃圾处理主要强调减量化、无害化和资源化，集约化还没有提到日程上来。有的垃圾处理方法虽然在一定程度上能实现垃圾的资源化和无害化，但相应的投资巨大，给政府和社会带来了极大的压力，不符合国内经济现状。因此，国内在垃圾处理上很有必要建立集约化的评判目标，使我国的垃圾处理在提高无害化、资源化处理水平的同时，努力向低投资靠近。

今后的垃圾处理应向发电、供热、水泥工艺焚烧等方向靠拢，特别是应与水泥行业相结合，在回收热能的同时，让垃圾成为工业原料，既达到处理垃圾的目的又节约自然资源，充分体现垃圾处理的无害化、资源化、集约化要求。

4. 完善垃圾分类收集制度，减少垃圾处理费用

从上面的分析中可以看出，用回转窑处理生活垃圾主要难度及主要设备投资都集中在分选上，若前期的垃圾分类工作做的到位，后续的处理难度及费用势必会降低很多。

虽然目前上海、北京等大城市已在公共场所放置了垃圾分类收集箱，但收效甚微，这一方面是因为政府的宣传力度不够，市民相应的垃圾分类意识还没有形成，另一方面，有的分类箱上只是简单地区分可回收垃圾与不可回收垃圾，普通市民根本无法对手中的垃圾加以判断。

针对上述情况，政府应在借鉴国外经验的基础上，综合考虑我国的现状，完善分类制度。加强环境法制和环境政策的宣传工作，利用环境观、垃圾资源观、资源危机观等教育市民，让市民了解保护环境的重大意义，使他们在日常生活中能自觉地减少垃圾产生量，同时还要加强垃圾分类相关知识的教育，使分类收集的工作能落到实处。

5. 加强环保水泥的宣传

在做好上述工作的同时，还要加强"环保水泥"的宣传力度，经过碱性工况的高温处理，垃圾中的有害有毒物质被完全地分解吸收了，环保水泥与普通水泥产品一样，是无公害的。通过宣传让市民科学地看待焚烧垃圾产生的水泥产品，以免因偏见而影响"环保水泥"的销售，降低水泥厂处理垃圾的热情。

五、结束语

今后国内垃圾处理的指导原则是减量化、无害化、资源化、集约化，根本出路是走产业化发展道路，以市场为杠杆进行调解，引入竞争机制，将垃圾处理全面推向市场。利用新型干法水泥窑处理垃圾具有其他方法不可比拟的优势，对需新建的垃圾处理项目，在选择上，应优先考虑该工艺。同时，只有上述法律、法规及相应评价制度建立后，相关企业才会觉得有利可图，才会投入到垃圾处理的行业中来，在经济利益的驱动下，他们必定会加大投入，垃圾处理行业的技术装备、工艺过程的开发力度才会得到提高，国内的垃圾处理才会走上良性循环的道路。

参考文献

［1］ 吴怀民. 我国生活垃圾的现状、态势及其控制对策. 环境生活与开发，2000，(2)：42-43.

［2］ 施阳. 我国垃圾处理现状及 2010 年前发展的展望. 城建机械，2001，(9)：22-25.

［3］ 刘春英，朱兵. 综合处理城市垃圾，建立环保水泥产业. 水泥技术，2001，1：25-28.

［4］ 陈华奎. 用城市垃圾做原料制造水泥. 中国建材，1999，10：44-46.

［5］ 孙晓芹. 某些国家对控制城市生活垃圾的几种措施简介. 重庆环境科学，1999，(2)：40.

［6］ 章颢，辰生，孟峭. 国外生活垃圾处理概况及综合利用研究. 国外环保，1998，(3).

利用水泥窑协同处置城市生活垃圾技术

蔡玉良 杨学权 辛美静 李 波 赵 宇

随着人们生活水平的提高和城市化进程的不断推进，与人们活动息息相关的城市生活垃圾产量越来越大，也越来越集中，垃圾包围城市的问题越来越凸显。现有垃圾处理工艺难以彻底消除垃圾对环境带来的影响，与合理利用资源，实现环保无污染的控制目标要求尚有一定的差距，同时也给政府决策带来许多无形的压力。因此，寻求一种环保、有效、彻底、经济的垃圾处理方案是摆在政府和企业之间需亟待协调解决的问题。

垃圾这种人人都产生、人人都想远离的东西，由于其成分的复杂性、处理目标和方法的多样性，增添了方案选择和决策的难度。在环境保护的总体发展要求下，彻底解决城市生活垃圾处理难的问题，已成为我国"十二五"期间的工作目标之一。利用水泥窑协同处置城市生活垃圾技术，已有大量的有志之士呼吁了多年，国内也出现了一两个案例，但就整体状况来说仍处于难产时期，关键的问题是人们对该技术尚不了解，存在大量的疑虑。

利用水泥窑协同处置城市生活垃圾技术，既可将垃圾作为原、燃料，减少对资源的消耗，又可充分利用水泥回转窑内碱性微细浓固相的高温燃烧环境等优点，彻底将有害物质处理掉，真正实现垃圾处理的"无害化、资源化、集约化"的多元化目标要求，使水泥工业走上可持续发展的道路。本文的目的在于为企业和政府提供一些参考资料，以期促进水泥企业积极地利用水泥窑协同处置城市生活垃圾，政府能够制定相应的政策与支撑条件，以促进利用水泥窑协同处置城市生活垃圾技术的推广实施。

一、利用水泥窑协同处置垃圾的原则

在利用水泥窑炉协同处置城市生活垃圾的过程中，应根据垃圾的形态、成分、特性确定其处理方案，以确保在不影响水泥生产系统正常稳定运行和产品质量的同时，垃圾能够彻底地得到消解，且不产生新的污染，实现资源的合理利用和环境保护的控制目标要求。在水泥工业处置生活垃圾方面，必须遵守如下原则：

① 政府应在资源利用、利益分配等方面为水泥企业提供合适的政策支撑条件；

② 处理过程应不干扰水泥生产系统的正常稳定运行，也不影响水泥熟料产品质量；

③ 处理过程不造成新的二次污染（如重金属、二噁英、臭气、其他有毒有害物质等），水泥产品在后续使用、再生以及废弃处置过程中无重金属等渗透污染；

④ 水泥企业应根据生产系统的情况，确定合理的垃圾接纳量和接纳半径，并在处理过程中获得一定的经济利益；

⑤ 处置过程中的各项记录应具有可追溯性，不易被水泥生产过程固化的污染物需限制

其浓度；烧成系统启动和停窑等非稳态过程不得擅自处置废弃物。

二、Sinoma 的技术路线

由于我国城市生活垃圾为混合垃圾，为了不影响水泥熟料煅烧过程和产品质量，最大限度地提升水泥窑系统的接纳能力和过程控制能力，必须设置预处理系统。按水泥生产系统的接纳要求，将垃圾预处理分选，然后再进行精细化处理，在满足环境控制指标要求的同时，提高城市生活垃圾的利用价值和经济效益。

城市生活垃圾成分复杂，按照水泥窑协同处置垃圾综合利用要求，可将垃圾分为轻质可燃物、有机厨余物、无机混合物、渗滤液四大部分。轻质可燃物主要包括塑料、纸张、树枝、织物、橡胶等，经加工后用作原料；有机厨余物主要指厨房中产生的各种蔬菜、剩饭残余、动物内脏等，经过发酵抑制后低温烘干，用作原料、燃料使用；无机混合物包括渣土、石块、砖瓦、玻璃、陶瓷、废混凝土等，直接用作水泥原料；处置过程如有稍量的金属也将被单独分选回收；渗滤液经污水系统处理达标后，可直接排放或用于灌溉。Sinoma 利用新型干法水泥窑处理垃圾时的技术路线见图 1。

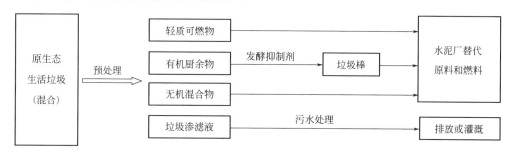

图 1　利用新型干法水泥窑处理垃圾技术路线

除此以外，如果城市周边没有水泥生产线，可将预处理过程进一步延伸，作精细化处置，以满足进一步利用的要求。

三、影响水泥窑系统稳定和产品质量的主要因素及其控制指标

大量的实验研究和生产实践证明：决定水泥窑接纳城市生活垃圾能力的关键因素不是垃圾中主要化学成分高低，而是垃圾中的含水量、干扰成分及其主要化学成分的波动幅度，以及解决这些问题的代价高低。

1. 含水量

随季节的不同，垃圾的含水量差异很大，一般为 40%～70%，这是影响垃圾有效利用的重要因素之一，应严格加以调整和控制。根据水泥生产系统余热量的利用情况，决定进入系统的垃圾含水量，必要时应采用补充方法，对垃圾厨余物进行脱水处理，否则将会对水泥生产系统带来较大的影响。Sinoma 在入窑垃圾含水量对窑系统稳定性的影响方面做了大量研究，结果表明：在控制水泥窑合适接纳量的情况下，其水分应控制在 30%以内。

2. 钾、钠、硫、氯等干扰成分

钾、钠、硫、氯是干扰现代新型干法系统正常稳定生产的重要因素，无论这些元素

来自原料，还是燃料，均应给予重视。这些元素在高温烧成系统中，会随着时间的推移而产生富集，造成预分解系统、回转窑系统结皮、堵塞，干扰系统正常稳定运行。由于碱、氯属于高挥发性物质，在富集过程中可采用旁路放风技术加以控制。硫在高温过程中会生成 SO_2，也易循环富集，引起窑尾烟室结皮堵塞或窑内后结圈。由于硫挥发度低、相转变较快，难以采用旁路放风技术解决，应对其严格控制。此外，过高的碱、氯、硫的化合物也会对回转窑耐火材料造成化学侵蚀。因此，必须对上述腐蚀元素进行协同限量控制，其要求如下所述：

① $K_2O + Na_2O < 1.0\%$；

② 硫碱比 $\dfrac{S}{R}$ 在 $0.6 \sim 1.0$；

③ Cl 为 $0.015\% \sim 0.020\%$（若有旁路放风系统，Cl 含量可适当放宽）。

垃圾中氯含量比水泥原、燃料中的氯含量要高许多，实验分析和实践证明，在垃圾的这些干扰元素中，氯是决定性的因素，因此为提高城市生活垃圾处理量，应尽量控制城市生活垃圾中的氯含量，有条件可采用氯放风技术。

3. 生活垃圾成分波动对烧成系统的影响及控制

如果考虑一个 5000t/d 的水泥厂接纳 450t/d 生活垃圾，熟料率值正常控制要求分别为 KH＝0.900、LSF＝93.29、SM＝2.60、AM＝1.60，生活垃圾焚烧后灰渣掺入量（干基）占原料的 3.770%。下面针对两种情况分析生活垃圾成分波动对熟料质量的影响。

（1）生活垃圾灰渣参与配料计算

在考虑生活垃圾掺入量不变的情况下，如果其焚烧后的灰渣成分产生 ±15% 波动时，熟料各率值的波动情况见图 2～图 5，图中粗线为平均值，虚线为标准偏差线范围。从图 2～图 5 不难看出，KH 值处于 0.890～0.910 之间的概率达 97%，SM 值处于 2.50～2.70 之间的概率达 100%，AM 值处于 1.50～1.70 之间的概率达 100%。表 1 为各率值的平均值和标准偏差。从上述分析可以看出，在配料时考虑垃圾灰渣参与配料，其成分发生 ±15% 的波动时，对熟料的烧成质量不会带来不利的影响。

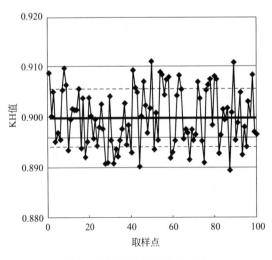

图 2　熟料 KH 值随垃圾成分
波动的变化情况

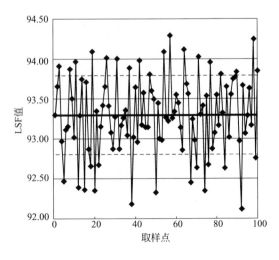

图 3　熟料 LSF 值随垃圾成分
波动的变化情况

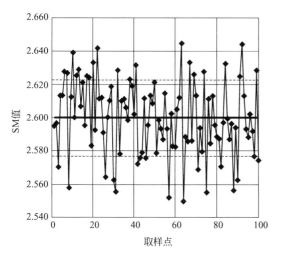

图 4 熟料 SM 值随垃圾
成分的波动情况

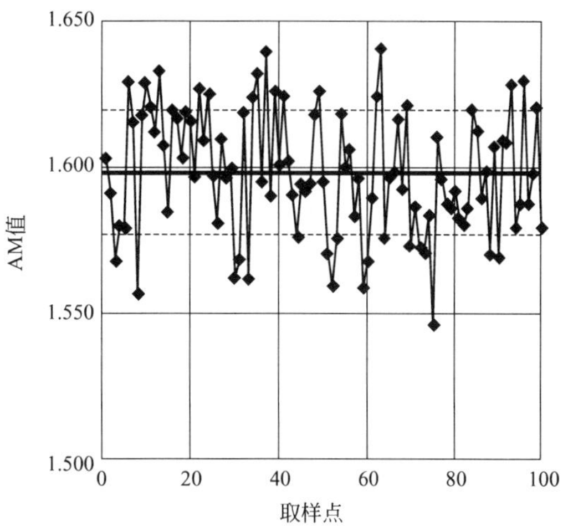

图 5 熟料 AM 值随垃圾
成分的波动情况

表 1 垃圾参与配料时熟料各率值变化

率值	KH	LSF	SM	AM
平均值	0.900	93.292	2.600	1.598
标准误差	0.005	0.493	0.023	0.021

（2）生活垃圾不参与配料

在配料时不考虑生活垃圾的校正问题，当生活垃圾掺入量和率值控制不变的情况下，如果其焚烧后的灰渣成分产生 $\pm15\%$ 的波动，熟料各率值变化情况见表 2。从表 2 可看出，KH 值降低了 0.066，LSF 值降低了 6.14，SM 值增加了 0.018，AM 值降低了 0.159。随着垃圾接纳量的增加，影响和偏差则更大。由此可见，在配料过程中不采取措施对所配生料进行必要调整和配合，将会造成水泥熟料不合格等一系列问题。否则必须降低垃圾的处理量，才能确保水泥熟料质量达到控制要求。

表 2 垃圾不参与配料时熟料各率值变化

率值	KH	LSF	SM	AM
平均值	0.834	87.154	2.618	1.441
标准误差	0.004	0.410	0.022	0.017

比较上述两种计算结果可知：在利用水泥窑协同处置垃圾的过程中，必须考虑焚烧后灰渣参与配料计算问题，除非垃圾接纳量少到一定的规模。同时还要考虑垃圾灰渣成分波动范围可能对熟料烧成带来的影响，达到控制水泥熟料质量的目的。为了提高系统的垃圾处理能力，在垃圾预处理过程中必须对其进行均化处理。

4. 可燃物燃烧对烧成系统的影响及控制

Sinoma 课题组对生活垃圾中 60 余种可燃物的燃烧特性做了大量仔细的研究，三类典型可燃物的热失重曲线见图 6。结果表明：垃圾中各可燃组分在空气中的热失重过程大致可分为三个阶段：干燥阶段、挥发分析出燃烧阶段、固定碳燃烧阶段，其中大多数植物类的热值

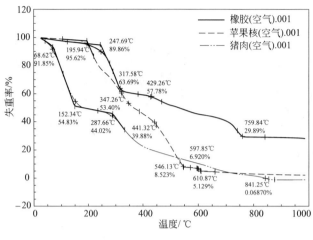

图 6　三类典型可燃物的热失重曲线

为 15～20MJ/kg，动物类的约 20MJ/kg，合成类相对复杂，热值最低的棉纱布只有 6.66MJ/kg，最高的聚乙烯可达 47.4MJ/kg。垃圾中绝大部分可燃物的可燃性指数比煤的可燃性指数高得多，更容易燃烧。

课题组还利用 Fluent 软件平台模拟研究了回转窑内替代燃料用燃烧器的火焰特性及其他各物理场的情况，结果表明：替代燃料热量替代率为 15％时，替代燃料的加入并未给水泥窑热工状态带来不利影响。

5. 重金属含量对烧成系统的影响及控制

水泥生料中常见的重金属种类有 Cu、Zn、Cd、Pb、Cr、Ni、Mn、As 等，大量生产统计数据表明：其含量一般处于 mg/kg 数量级。生活垃圾中常见重金属与生料中的类似，含量也处于同一数量级，因此生活垃圾作为水泥生产替代原燃料时，不会超过安全生产的许可范围。

重金属对烧成系统的影响主要表现在重金属对熟料形成过程以及熟料质量等影响。大量的研究指出：含量低于 0.5％的 Cr、Ni 和 Zn 可以降低 f-CaO 的含量，对于 C_3S 的形成没有任何影响；MnO_2 可以提高 C_3S 的含量，其固溶度大约是 1％；Ni 优先进入铁相，即使很高含量，对于熟料的形成和水化影响都不明显；0.5％的 CuO 至少可以把烧成温度降低 50℃，1％的 CuO 可以降低 60％的 f-CaO。由此可知：生料中的重金属含量只有达到百分数量级上，才会对熟料中 f-CaO 含量、熟料的化学组分和矿物组成等产生不良影响。生活垃圾中的重金属含量均属微量，不会超过 1‰，因此，不会对水泥产品的质量带来不利的影响，相反有些重金属元素还具有助熔剂或者矿化剂的作用，对熟料的煅烧过程有利。

重金属随烟气、粉尘排放到大气中的浓度受其挥发性、在熟料中的固化率以及粉尘中含量等的影响。水泥回转窑内的煅烧温度一般控制在 1400℃以上，难挥发的重金属（如 Zn、Cu、Co、Ni、Cr、Pb、Cd 等）90％以上会发生化合反应，进入熟料相的矿物晶格内，其中即使有一定挥发性的重金属也只在窑和预热器系统内形成动态平衡的内循环，最终被固化在水泥熟料中，很少被带出窑外；极少数挥发性金属（如 Hg）以气相状态或者吸附在微细粉尘上，往复于系统循环，仅有痕量随烟气排出。Sinoma 课题组在入窑重金属总量、重金属逃逸率均取最大值的苛刻情况下，模拟计算了附着在微细粉尘中重金属的排放浓度，技术合作方也分别于 2005 年和 2009 年针对利用水泥窑处置相关废弃物时，检测了废气出口中各种重金属的排放浓度，结果见表 3。

由表 3 可看出，模拟结果和实际生产过程中，各重金属含量的排放浓度处于痕量级别，均远远低于美国、欧盟及我国 GB 18485—2001 和 GB 50295—2008 等规范的限值，不会对环境造成污染。

表 3 模拟计算及实际生产中重金属排放浓度 单位：mg/m³

类别	As	Cd	Cr	Cu	Hg	Ni	Pb	Tl	V	Zn
模拟计算	0.008	1.93×10^{-4}	0.011	0.005	9.85×10^{-5}	0.007	0.059	0.002	0.007	0.091
水泥厂 1	6.1×10^{-5}	9×10^{-6}	2.99×10^{-4}	1.9×10^{-3}	2.15×10^{-2}	1.24×10^{-3}	4.6×10^{-4}	—	—	—
水泥厂 2	0.007	$<3 \times 10^{-6}$	0.009	$<2 \times 10^{-4}$	1.34×10^{-3}	$<3 \times 10^{-6}$	0.020	$<5 \times 10^{-5}$	0.008	—

类别		Cd+Pb	Cd+Tl	Sb+As+Pb+Cr+Co+Cu+Mn+Ni+V	As+Be+Cr	Hg
限值	欧盟	—	0.5	0.5		0.05
	美国	0.67		—	0.063	0.072
	GB 50295—2008		0.05	重金属总量 0.5		0.05
	GB 18485—2001	Pb 1.6	Cd 0.1	—		0.2

四、处置过程对环境的影响及控制要求

在垃圾预处理和利用水泥窑焚烧垃圾的过程中，存在或产生硫化氢、硫醇、胺类等恶臭气体的可能性，同时还可能产生二噁英，以及在烟气中附加的其他有毒有害气体，因此必须采取技术措施消除和尽量降低这些物质，达到环境保护的指标控制要求。一般情况下，城市生活垃圾不会含带超剂量的放射性物质，在水泥生产过程中也不会产生大量焦油，在此对其不做评述。

1. 恶臭气体的控制

Sinoma 课题组开展了有机厨余物发酵及其抑制实验，常见的臭气成分见表 4。结果表明：加入 10% 的抑制剂后，可以在 60h 内明显抑制生活垃圾发酵过程、有效控制臭气的产生，为垃圾的无臭处理提供时间保证。技术研究合作单位某水泥厂于 2009 年 4 月针对水泥窑处置相关废弃物时，检测了废气出口中复合臭气的排放浓度，结果见表 5。

表 4 几种主要臭气成分

化合物	典型分子式	特性	嗅觉阈值[①]/$\times 10^{-6}$
胺类	CH_3NH_2，$(CH_3)_3N$	鱼腥味	0.0001
氨	NH_3	氨味	0.037
二胺	$NH_2(CH_2)_4NH_2$，$NH_2(CH_2)_5NH_2$	腐肉味	—
硫化氢	H_2S	臭鸡蛋味	0.0005
硫醇	CH_3SH，CH_3SSCH_3	烂洋葱味	0.0001
粪臭素	$C_8H_5NHCH_3$	粪便味	3.3×10^{-7}

① 嗅觉阈值指可以嗅觉气味存在的感觉阈值。

表 5 某水泥厂处置废弃物时复合臭气的排放浓度

项　　目	检　测　结　果	
	烟囱高度/m	排放浓度(无量纲)
检测臭气	100	1738
GB 14554—1993 限值	≥60	60000

注：臭气排放浓度是指用无臭的清洁空气对臭气样品连续稀释至嗅辨员阈值时的稀释倍数，是根据嗅觉器官实验法对臭气味的大小予以数量化标志的指标。

由表 5 不难看出，臭气的排放浓度远低于国家标准规定的限值，表明合理的操作和处理方式能有效控制垃圾不发酵或产生臭气，不会对环境造成影响。

2. 固体类污染物的控制

（1）类生料粉尘

现有的水泥生产系统具有先进的除尘系统，实践证明：粉尘的排放浓度完全能够满足 $30mg/m^3$ 的现有控制标准。利用现代干法水泥生产系统焚烧生活垃圾，并没改变原有系统的固体粉尘排放点和排放量。因此，水泥生产系统原有的收尘系统，完全能够有效地满足环保规范的控制要求。

（2）二噁英

利用水泥窑炉焚烧处置垃圾的过程，不具备二噁英产生的条件，从而能有效地抑制二噁英的产生，具体论述如下。

① 从源头上减少了二噁英产生所需的氯源。为了保证窑系统操作的稳定性和连续性，现代干法水泥生产系统常对生料中干扰生产操作的 Cl^- 的含量进行控制。一般情况下，进入烧成系统的 Cl^- 总含量为 $0.015\%\sim0.02\%$。而这部分 Cl^- 在水泥煅烧系统内可以被水泥生料完全吸收，以氯硅钙石（$2CaO\cdot SiO_2\cdot CaCl_2$）的形式存在，最后夹带在熟料矿物中被带出烧成系统。即使在 $900\sim1000℃$ 之间，氯以气态离子状态存在，经冷却后直接形成无机盐，可采用旁路放风系统排出，不会形成有机的多氯联苯物质，即二噁英有机物。

② 高温焚烧确保二噁英不易产生。为确保不产生二噁英，国家标准 GB 18485—2001《生活垃圾焚烧污染控制标准》中规定的焚烧炉技术要求指标为：烟气温度≥850℃，烟气停留时间≥2s，或烟气温度≥1000℃，烟气停留时间≥1s。

在分解炉底部，温度均在900℃以上，气体停留时间大于7s，固体物料的停留时间高达20s以上，而回转窑中气相温度最高可达1800℃以上，物料温度约为1450℃，因此，无论将垃圾的可燃物加入分解炉或回转窑，都完全可以保证有机物的完全燃烧和彻底分解，杜绝了二噁英的产生条件。

此外，在燃烧过程中高温气流与高温、高细度的碱性物料（CaO、$CaCO_3$、MgO、K_2O、Na_2O 等）充分接触，有利于抑制二噁英的产生。

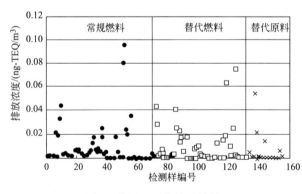

图 7　德国二噁英检测结果

图 7 所示为德国某机构针对常规燃料、替代燃料和替代原料的多条水泥窑检测结果。从大量的检测结果中不难看出，在160个检测样中，二噁英有机物的浓度（标准状态）均在 $0.1ng\text{-}TEQ/m^3$ 以内，大多数情况在 $0.002\sim0.05ng\text{-}TEQ/m^3$，其平均值约为 $0.02ng\text{-}TEQ/m^3$。

技术研究合作方某水泥厂于2009年针对水泥窑处置相关废弃物时，检测了其废气出口中颗粒物粉尘和二噁英排放浓度，结果见表6。

由表6可知，采用现代干法水泥窑系统处置生活垃圾时，能够有效地抑制二噁英的产生，其排放浓度（标准状态）完全能够控制在国标 GB 50295—2008 中 $0.1ng\text{-}TEQ/m^3$ 的限值以下，达到国家规定的环保标准要求。

表6 某水泥厂处置废弃物时固体颗粒物和二噁英排放浓度（标准状态）

项　　目	粉尘/(mg/m^3)	二噁英/$(ng\text{-}TEQ/m^3)$
检测结果1	19	0.0032
检测结果2	5.4	0.083

3. 其他毒害气体的控制

（1）硫的氧化物（SO_x）

水泥生产系统本身就是一种脱硫装置，其燃烧产生的 SO_x 将与生料中的碱性金属氧化物生成相应的钙硅硫酸盐等矿物 [$2(C_2S) \cdot CaSO_4$；$CaSO_4 \cdot 1.75SiO_2$；$2CaSO_4 \cdot K_2SO_4$；$3Na_2SO_4 \cdot CaSO_4$ 等]，随熟料排出窑外。因此随气体排放到大气中的 SO_x，一般情况下低于 $20mg/m^3$（标准状态），完全能够满足现行国家环保要求的 $200mg/m^3$（标准状态）。

（2）氮氧化物（NO_x）

Sinoma 课题组开发设计了新一代的低 NO_x 水泥生产系统，具体如下。

① 采用新型高效多介质煤粉燃烧器，在不降低火焰整体温度的情况下，削弱火焰峰值温度，并在根部产生相当量的还原气氛，以降低高温煅烧过程中的热力 NO_x 的产生。

② 在回转窑窑尾和分解炉之间增设一个有效的脱氮还原区，用于还原高温产生的 NO_x。

以上两项技术综合作用的结果，使得现有的水泥熟料生产系统 NO_x 排放量大大降低。目前的生产实践证明，NO_x 的排放浓度（标准状态，下同）已降至 $500mg/m^3$（以 10% 氧含量为基准）以下，最低可达 $289mg/m^3$，满足欧洲标准 $500mg/m^3$ 的限值要求。

（3）氟化物、氯化物

大量的实践检测数据表明，生活垃圾中的氟化物含量很低，在水泥生产的封闭系统高温条件下，氟化物会发生复合矿化反应，即使有微量的 F^- 存在，也以复合盐类物的形式存在进入熟料，不会单独以氟化物的形式进入大气中。在水泥生产过程中 Cl 不会单独以 HCl 的形式存在，不必担心利用水泥窑炉处置城市生活垃圾时会产生 HCl 对环境造成影响。

技术研究合作单位某水泥厂于 2009 年针对水泥窑处置相关废弃物时，检测了废气出口中有毒有害废气污染物的排放浓度，结果见表7。

表7 废气污染物排放浓度限值及检测结果　　　　　单位：mg/m^3

项目	二氧化硫	氮氧化物	氯化氢	氟化物
检测结果	<3	439	<0.9	<0.06
GB 50295—2008 限值	50	500	10	1
GB 4915—2004 限值	200	800	—	5

由表7不难看出，焚烧废弃物后，各主要有毒有害气体的排放浓度均低于国家相关标准规定的限值，不会对环境造成影响。

4. 有机厨余物处置过程的环境指标控制

（1）低温烘干时的控制情况

经预处理系统分选出来的厨余物，在添加发酵抑制剂后，压制成形，再与原料混合后进入生料粉磨系统，进行低温烘干处理，出磨气体温度控制在 $90\sim110℃$ 。Sinoma 课题组对烘干后的气体进行了多次采样分析，其分析结果见图8。

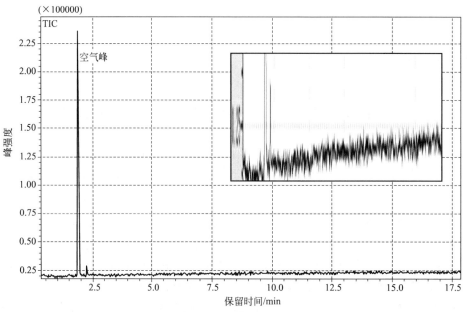

图 8　磨机出口气体 GC-MS 分析

从图8中不难看出，磨机出口气体中只有空气峰，无其他气体峰，可能原因是其他气体含量很少，低于仪器的检测限而无法检出。这表明有机厨余物在立磨内低温烘干过程中无显著有毒有害物质产生。实际生产过程中依靠人的嗅觉也无明显异味存在。

（2）中高温燃烧时的控制情况

Sinoma 课题组针对混入发酵抑制剂后的有机厨余物进行了中高温燃烧实验研究，将混有抑制剂的有机厨余物以堆积态方式置入管式炉内，通过加热至不同温度，测得其产生的气体成分。其结果表明，加热在 $300℃$ 以下时，混有生料的有机厨余物基本无气体产生；加热至 $500℃$ 以上时，产生的气体中仅含有微量的挥发性长链酯类物质。

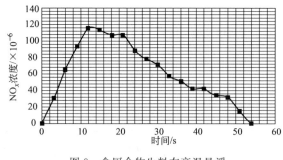

图 9　含厨余物生料在高温悬浮态下 NO_x 的产生规律

将含有厨余物的合格生料粉放入自动控制的高温悬浮实验装置，通过加热至 $532℃$ ，测量了含厨余物生料在高温悬浮态情况下 NO_x 的产生量，其中试样量为 3004mg，空气通入量为 6L/min，结果见图9。

由图9不难看出，在本实验条件下，随着反应时间的增加，NO_x 的浓度出现了先增加再减小的趋势，且其峰值浓度不到 120×10^{-6}（即 120ppm），不会对环境造成不良影响。

5. 渗滤液的处理

垃圾渗滤液是一种成分复杂的高危害有机废水，必须加以处理，才能排入环境，否则会造成严重的污染。城市生活垃圾渗滤液的处置大致可分为两种情形，一是经必要的预处理后汇入城市污水处理厂合并处理，二是在垃圾处理场区内进行专门的现场处理。将垃圾渗滤液直接排入城市污水处理厂合并处理，可节省单独建设渗滤液处理系统的费用，降低处理成本，是最为简单的处理方案，但应严格监控渗滤液特有的水质及变化特点，否则将对城市污水处理造成冲击。

我国垃圾渗滤液的处理已取得丰富的经验，且有很多可参照的成功典例。若采用现场单独处理时，应针对渗滤液水量、水质波动大，成分复杂，有机物含量多，BOD、COD 和氨氮浓度高等特点，详细测定垃圾渗滤液的各种成分，根据实际情况选择合理的工艺组合。

6. 水泥产品中重金属的扩散与渗透

在水泥产品的长期使用过程以及水泥构件作为废弃物处置时，重金属会随着周边环境的变化而发生迁移，不可避免地会对周边环境安全性带来一定的影响，而影响的程度则是人们关心的主要内容。Sinoma 课题组设计了更新浸取液的长期浸出实验，模拟水泥制品在实际应用过程中，雨水尤其酸雨的反复淋滤等较为严格的场景下重金属的浸出特性，长期浸泡的实验结果见图 10，并通过翻转振荡实验，考察了作为废弃物时胶砂样品中重金属浸出迁移性，结果见表 8。

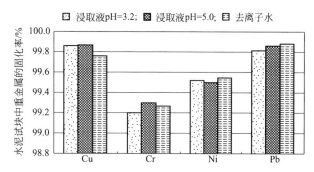

图 10　长期浸泡实验各重金属的固化率

表 8　各种翻转振荡方法实验结果

实验方法	浸出液中重金属浓度/(μg/L)							
	Cu	Zn	Cd	Pb	Cr	Ni	Mn	As
HJ/T 299—2007 (pH=3.2 的酸液)	<0.25	13.0	<0.6	7.10	31.8	7.53	<0.5	46.3
TCLP (pH=2.88,醋酸)	2.93	8.29	<0.6	<1.2	1291.5	35.2	1.09	60.6
HJ/T 300—2007 (pH=2.64,醋酸)	3567.5	5966.0	92.48	472.8	2719.5	1345.9	3117.3	577.6
GB 5085.3—2007 允许最高浓度/(μg/L)	100000	100000	1000	5000	5000[Cr(Ⅵ)] 15000(总 Cr)	5000	—	5000

研究结果表明，各重金属的表面浸出率均小至 10^{-5} cm/d 数量级，浸泡 180d 后，水泥制品对 Cu、Cr、Ni、Pb 的固化率均在 99% 以上，这表明在水泥产品使用过程中，重金属的渗透是一个缓慢而长期的过程，不会发生重金属的渗透污染。由表 8 可知，即使使用 pH=2.64 的醋酸作为浸取液，所有浸出液中的重金属浓度亦远低于 GB 5085.3—2007 危险废物鉴别标准浸出迁移性鉴别的要求，说明水泥构件作为废弃物填埋处理时，重金属不会对环境造成浸出危害。

五、Sinoma 实施的溧阳项目概况

溧阳市目前城市生活垃圾处理量为 450t/d，该市共有垃圾处理场两座，分别是溧阳市生活垃圾卫生填埋场和溧阳垃圾焚烧处理中心，两个垃圾处理场均已处于超负荷运转状态。

溧阳市利用水泥窑无害化协同处置 500t/d 生活垃圾示范线项目，将建于江苏省溧阳市上兴镇，厂址选择拟定在溧阳市生活垃圾填埋场及江苏天山水泥集团有限公司溧阳分公司厂区内，年处理溧阳市城市生活垃圾总量 18.25 万吨。该工程拟分两期投资建设，一期投资约 7200 万元，建设 500t/d 的城市生活垃圾处理线；二期工程投资约 4500 万元，建设有机厨余物发酵、沼气发电系统设施，二期工程是对一期工程分选出的有机厨余物进行深度处理，实现资源的再生利用。

该项目建成后可以消解溧阳市每天产生的 450t 生活垃圾，不需要再规划相应的生活垃圾填埋用地，节约了土地资源。将生活垃圾中可燃物和无机物分别作为水泥生产的替代原料和燃料，提高了生活垃圾资源回收再利用。处理过程不会产生二次污染，确保了生活垃圾处理的"无害化、资源化、集约化"处置目标。该项目的建成有助于溧阳市循环经济的发展，改善城市环境，具有很好的社会效益和环境效益。

六、结束语

理论分析和实践生产检测的结果均表明，在利用水泥窑炉协同处置城市生活垃圾时：

① 能有效地控制粉尘、有毒有害气体的排放，使其排放浓度低于国家相关规范的控制要求限值；

② 系统出口废气中附着的重金属和二噁英的排放浓度均远低于 GB 50295—2008 中的控制要求限值，也满足欧美等发达国家的相关标准的要求；

③ 添加 10% 的发酵抑制剂，可以在 60h 内明显抑制生活垃圾发酵过程，有效地控制臭气产生，为厨余物的有效合理利用提供了条件；

④ 水泥产品在后续使用、再生以及废弃处置过程中，有关重金属的扩散和渗透对环境的影响能满足 GB 5085.3—2007 的要求，不会对环境造成不良影响；

⑤ 长期的研究成果将会在溧阳项目中得到集中展示，也许在以后的生产过程中存在一些预想不到的问题，相信会很快得到彻底解决。

参考文献

[1] 蔡玉良，杨学权，辛美静. 利用新型干法水泥窑系统处置城市垃圾. 中国水泥，2006，3.
[2] 杨学权，蔡玉良，邢涛，陈汉民. 城市生活垃圾减容化和资源化的一种有效途径——利用水泥熟料烧成系统处理城市生活垃圾的可行性研究. 中国水泥，2003，3.
[3] 胡晶琼，江可申，蔡玉良. 循环经济视角下水泥工业和垃圾处理产业的"双赢"选择——利用新型干法窑处理城市生活垃圾. 生态经济，2007，5.
[4] 蔡玉良，辛美静，杨学权. 利用水泥生产技术处置城市生活垃圾的经济运行过程分析. 中国水泥，2001，10.
[5] 俞刚，蔡玉良，李波等. 使用特殊原、燃料对耐火材料与设备的腐蚀问题. 水泥工程，2010，4.
[6] 辛美静，杨学权，李波等. 利用水泥烧成系统处置城市废弃物应该注意的问题. 中国水泥，2009，11.
[7] 辛美静，董益名，蔡玉良等. 城市生活垃圾中主要可燃组分的热解及燃烧特性研究. 水泥工程，2010，1.

［8］ 宁建根，吴建军，蔡玉良等. 可燃替代燃料煤粉燃烧器的数值模拟研究. 水泥技术，2010，5.

［9］ 乔龄山. 水泥厂利用废弃物的有关问题（三）——有害气体与放射性污染. 水泥，2003，2.

［10］ 辛美静，赵宇，杨学权，蔡玉良. 水泥厂处置城市垃圾时渗滤液的处理. 中国水泥，2010，7.

［11］ 赵宇，徐磊，杨学权等. 利用水泥窑处理城市生活垃圾预处理过程中发酵抑制及除臭解决方法. 新世纪水泥导报，2010，4（10）：8-12.

［12］ 李波，蔡玉良，杨学权等. 水泥窑处置城市生活垃圾后续产品中重金属的浸出迁移性研究. 中国水泥，2010，3：45-48.

第二篇 基础实验研究

城市生活垃圾中重金属对水泥性能的影响

辛美静　杨学权

随着经济的增长，城市生活垃圾的产生量日益增多，给社会带来很大的压力。生活垃圾的处置不当会带来侵占土地、污染土壤水体和大气、影响环境卫生等一系列问题。目前我国城市生活垃圾的处理方法主要有卫生填埋、堆肥和焚烧，随着土地资源的消耗，填埋法越来越受到限制；堆肥法由于肥效不高等原因，其发展也受到限制；相对于前两种方法，焚烧法具有很大优势，但其投资费用及运行成本都很高，焚烧过程容易产生二噁英等有毒气体，产生的废气和废渣还需进行处理，极易造成二次污染。

水泥窑的高温及碱性工况使得垃圾处理过程中不易产生有毒气体，重金属通过物理封固、替代、吸附等作用，被固化在水泥熟料的晶体结构中，垃圾焚烧后的灰渣成为水泥熟料的一部分，从根本上做到了垃圾处理的资源化、无害化。同时利用水泥窑处理城市生活垃圾可将垃圾作为原料，减少对矿山资源的耗费，帮助水泥厂解决节能和降耗等问题，减少对不可再生燃料和自然资源的开采，有利于实现资源的再利用和经济的可持续发展。

一、城市生活垃圾中重金属来源及存在方式

城市生活垃圾中的重金属主要来自印刷电路板和废旧电池。印刷电路板上的金属材料主要是铜，为提高抗蚀能力和使用年限，常在铜上镀一层镍，高级精密产品很多再镀一层极薄的金，其含量见表1。废旧电池中也含有大量的重金属，而不同种类、型号的电池其组成成分大不相同，常见电池中的重金属种类与含量见表2。

表1　印刷电路板上重金属含量

成分	Au	Cu	Ni	其他杂质
含量/(mg/g 电路板)	0.3776	403.8507	41.6089	0.7866

由于物理化学性质不同，重金属在生活垃圾中有的以单质形式存在，有的则以氧化物及其他化合物形式存在。生活垃圾化学元素组成的复杂性决定了其测定方法的繁琐，对金属元素含量的测定目前多用原子吸收光度法进行，北京市城市生活垃圾重金属元素测定数据见表3。

表2　各种电池中重金属含量

电池种类		碱性电池	锌碳电池	氧化银电池	空气纽扣电池	氧化汞电池	锂电池
重金属含量 /(mg/kg)	Cr	25～1335	69～677				1.3～12920
	Hg	118～8201	3～4790	629～20800	8225～42600	229300～908000	
	Zn	2090～172500	18000～387000		189200～825000	8140～141000	
	Ni	12.6～4323	13～595	186～30460	47300～53670		17000～41050
	Pb	16～58	14～802				5～37
	Cu	5～6739	5～4539	40720～47110			
	Mn	28800～460000	120000～414000	13830～226000	127～5634		30～395000
	Ag			37590～353600			1～63

表3　北京市生活垃圾中重金属含量

元素名称	铅	汞	铬	镉	砷	铜	镍	锰	锌
元素符号	Pb	Hg	Cr	Cd	As	Cu	Ni	Mn	Zn
含量/(g/kg 垃圾)	0.029	5.24×10^{-5}	0.105	8.84×10^{-6}	0.020	0.074	0.026	0.701	0.173

二、重金属对水泥性能的影响

由于城市生活垃圾中重金属含量很少（每千克生活垃圾中含镉0.004～40mg，铬3.0～96mg，汞0.07～9.5mg，铅2～30mg），利用水泥回转窑处理时，生活垃圾参与水泥配料后，在水泥生料中的含量就更低，因而它们对水泥的强度、水化进程和凝结时间产生不了多大的影响。但当含量增加到一定程度，就会对水泥的性能造成不同的影响，下面就各重金属对水泥性能的不同影响进行简单的介绍。

1. 重金属的添加对熟料主要矿物组成的影响

重金属的添加会在不同程度上影响熟料的矿物组成。表4所示为添加不同量的重金属对熟料组成的影响。从表4可以看出，Zn、Ni的添加对熟料矿物组成的影响很小；Cr的情况比较复杂，当其含量为0.1%时对熟料矿物组成的影响也不大，但当含量增加至2.5%时则明显降低了C_3S，提高了C_2S的百分比，这主要是由于Cr能使C_3S分解为C_2S和f-CaO，这与下文提到的当Cr的含量为2.5%时f-CaO的含量很高相吻合。

表4　重金属添加前后水泥熟料的矿物组成

重金属添加量/%		熟料矿物组成/%			
		C_3S	C_2S	C_3A	C_4AF
0		64.4	16.4	4.3	13.9
Zn	0.1	67.1	15.4	4.4	13.0
Zn	2.5	69.4	10.9	4.5	15.2
Ni	0.1	66.5	14.3	4.3	14.9
Ni	2.5	64.4	16.8	6.8	11.9
Cr	0.1	66.3	16.9	4.2	12.9
Cr	2.5	21.9	61.6	3.6	12.8

2. 重金属的添加对熟料矿物组成化学成分的影响

普通波特兰水泥在添加 2.5％ 的重金属前后对熟料矿物组成的影响见表 5～表 8。

表 5 普通硅酸盐水泥熟料矿物化学组成

熟料矿物	化学组成/%					
	CaO	SiO_2	Al_2O_3	Fe_2O_3	MgO	K_2O
C_3S	69.8	26.5	1.2	0.5	1.5	0.5
C_2S	61.2	33.5	1.7	1.3	0.6	1.7
C_3A	35.2	6.1	30.8	11.4	9.2	3.6
C_4AF	47.3	5.7	22.5	17.8	5.6	0.9

表 6 添加 2.5％Zn 普通硅酸盐水泥熟料矿物化学组成

熟料矿物	化学组成/%						
	CaO	SiO_2	Al_2O_3	Fe_2O_3	MgO	K_2O	ZnO
C_3S	67.8	26.8	1.4	1.1	1.1	0.3	1.6
C_2S	61.5	33.0	1.2	1.6	0.6	1.6	1.3
C_3A	41.5	8.2	22.9	9.0	5.6	2.3	10.4
C_4AF	45.7	4.6	22.3	16.4	4.5	1.5	4.7

表 7 添加 2.5％Ni 普通硅酸盐水泥熟料矿物化学组成

熟料矿物	化学组成/%						
	CaO	SiO_2	Al_2O_3	Fe_2O_3	MgO	K_2O	NiO
C_3S	69.7	26.5	1.2	0.7	0.5	—	1.1
C_2S	60.8	32.9	2.1	1.4	0.5	1.6	0.8
C_3A	50.4	9.5	24.6	9.0	1.3	—	1.9
C_4AF	46.7	6.0	22.4	18.9	1.8	—	3.1
$MgNiO_2$	2.2	0.6	0.6	1.3	39.8	0.3	55.3

表 8 添加 2.5％Cr 普通硅酸盐水泥熟料矿物化学组成

熟料矿物	化学组成/%						
	CaO	SiO_2	Al_2O_3	Fe_2O_3	MgO	K_2O	Cr_2O_3
C_3S	70.4	23.9	1.5	1.2	1.0	0.4	1.7
C_2S	61.5	27.3	2.5	1.5	0.7	1.5	5.2
C_3A	55.8	9.2	21.6	8.3	2.3	1.5	1.9
C_4AF	49.1	5.2	20.1	20.1	3.6	0.1	1.8
$K_2Cr_2O_7/K_2CrO_4$	5.5	3.7	0.0	0.7	0.1	37.5	52.4

（1）Zn

从表 6 中可以看出，普通波特兰水泥中在铝酸盐和铁酸盐同时存在的情况下，当添加 2.5％ 的 Zn 时，Zn 主要结合在 C_3A 中（占铝酸盐组成的 10.4％），其次与 C_4AF 相结合（占铁酸盐组成的 4.7％）。

（2）Ni

表 7 数据表明，当 Ni 的含量为 2.5％时，大多数 Ni 主要与 Mg 相结合，形成 $MgNiO_2$，其次 Ni 主要存在于 C_4AF 中。

经过 X 射线衍射分光光度计观察也发现当水泥生料中含有较多的 Mg 时，重金属 Ni 就会与之反应形成一种新的物质 $MgNiO_2$，当生料中 Mg 含量较少，不足以将 Ni 全部结合成 $MgNiO_2$ 时，Ni 就会和铝酸盐结合形成一种树状的化合物。图 1 所示为 $MgNiO_2$ 的形态。

（3）Cr

从表 8 中可以看出，当 Cr 的含量为 2.5％时，大多数的 Cr 主要和 K 相结合，形成 K_2CrO_4 和 $K_2Cr_2O_7$，其次 Cr 主要存在于 C_2S 中。

同样经过 X 射线衍射分光光度计观察也表明当生料中含有大量的 K 时，Cr 还会与 K 反应形成 K_2CrO_4 和 $K_2Cr_2O_7$。增加 Cr 的含量至 5％，Cr 还会与 C_3A 和 C_4AF 反应生成 $Ca_4Al_6O_{12}CrO_4$ 和 $Ca_6Al_4Cr_2O_{15}$。图 2 所示为经过 X 射线衍射分光光度计观察得到的 K_2CrO_4 和 $K_2Cr_2O_7$ 形态。

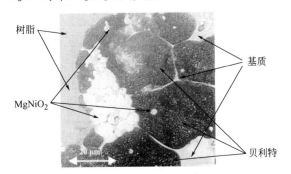

图 1　添加 2.5％的 Ni 时 $MgNiO_2$ 在水泥熟料中的形态

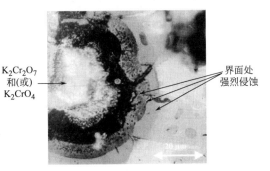

图 2　添加 2.5％的 Cr 时 $K_2Cr_2O_7$／K_2CrO_4 在水泥熟料中的形态

3. 重金属对 f-CaO 含量的影响

f-CaO 是衡量水泥烧结程度的一个重要参数，一般情况下 f-CaO 含量的下降意味着熟料的烧结程度较好，相反当其含量增大时就意味着熟料的烧结程度较差。

图 3 所示为 Zn、Ni、Cr 三种重金属在含量为 0.02％、0.1％、0.5％、2.5％时对普通波特兰水泥 f-CaO 含量的影响。

从图 3 可以看出，Ni 和 Zn 能显著降低 f-CaO 的含量，且随着重金属添加量的增加

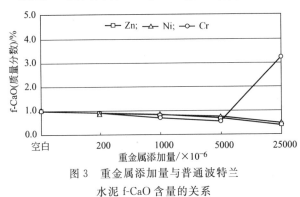

图 3　重金属添加量与普通波特兰水泥 f-CaO 含量的关系

f-CaO 的含量降低得更多。重金属 Cr 对 f-CaO 的影响比较复杂，当 Cr 的含量低于 0.5％时，它对 f-CaO 的影响趋势与 Ni 和 Zn 相同，f-CaO 含量都是随重金属的增大而降低，当重金属的含量相同时 Cr 对 f-CaO 的降低量明显大于 Ni 和 Zn；但当 Cr 的含量大于 0.5％时，f-CaO 含量则随着 Cr 含量的增加而显著升高，从图中可以看出在普通波特兰水泥中，Cr

的含量提高到 2.5% 时，f-CaO 的含量也相应增加到 3.3%（超过 1.5% 的最高限量），这将严重影响水泥性能，带来强度降低、安定性不良等一系列问题，这会使得水泥在水化时体积发生膨胀，导致已硬化的水泥强度降低，甚至开裂。

4. 重金属对抗压强度的影响

水泥强度历来都是水泥的一个重要特性，由于水泥的抗压强度、抗折强度和弹性系数具有一定的相似性，故下面只解释重金属的添加对抗压强度的影响。图 4 和图 5 所示为重金属的添加量为 2.5% 和 5% 时对普通硅酸盐水泥抗压强度的影响。

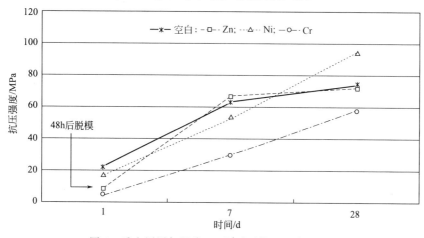

图 4　重金属添加量为 2.5% 时对抗压强度的影响

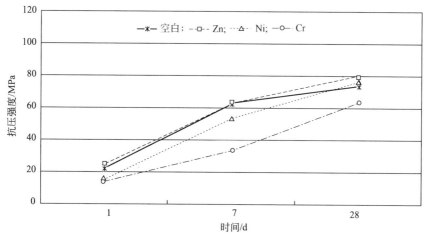

图 5　重金属添加量为 5% 时对抗压强度的影响

（1）Zn

Zn 对强度的影响比较复杂，当 Zn 含量为 5% 时能使各龄期强度都略微提高；当含量为 2.5% 时，随着水化反应的进行，对水化的延缓效果使得水化试体前 7d 强度稍有下降，其他龄期强度都有所提高，因为它能增强 C_3S 的晶格缺陷，提高 C_3S 活性。

（2）Ni

由于 Ni 对水化和初凝的影响很小，只是稍微延迟了水化进程，因而对强度的影响也不大。只是使得前期强度略微降低，后期强度略微升高。

（3）Cr

从图中可以看出，不管是 7d 还是 28d 强度，Cr 的添加都使其降低。这是由于 Cr 使 C_3S 分解为 C_2S 和 f-CaO，造成 C_3S 含量的降低和 C_2S 含量的增加。通常 C_2S 含量的增加会降低早期强度，且由于 f-CaO 的大量存在会在硬化的水泥内部造成局部膨胀应力，从而引起强度的降低。

5. 重金属对水化的影响

重金属对水泥水化的影响与其含量关系很大。当重金属的添加量小于 0.1％时，重金属 Cr、Ni、Zn 对水泥的早期水化几乎没有什么影响。但当它们的含量增加到一定程度时，则会对水泥的水化进程产生不同的影响。图 6 所示为普通硅酸盐水泥在添加了 2.5％的不同重金属前后的水化热曲线。

（1）Zn

当含量达到 2.5％时，Zn 能延长诱导期，从而在水化初期，Zn 能显著延缓水化进程。这是由于 Zn 能在未水化的水泥颗粒表面形成一层含 Zn 的惰性保护膜，阻碍水化反应进行。

Lieber 认为这一保护膜的主要成分是 $Ca[Zn(OH)_3H_2O]_2$，其反应方程式为：

$$2ZnO + Ca(OH)_2 + 4H_2O \longrightarrow Ca[Zn(OH)_3H_2O]_2$$

Arliguie 则认为保护膜的主要成分是无定形的 $Zn(OH)_2$。

（2）Ni

当 Ni 的浓度为 0.1％时，对水化进程无影响。当添加量增加到 0.5％时，Ni 还是影响不了水化进程。继续增加添加量至 2.5％，发现 Ni 生成了一种新的物质 $MgNiO_2$，由于 $MgNiO_2$ 是惰性物质，因而对水化进程的影响还是不大，仅仅稍微降低水化速率，使强度稍微有所提高。

（3）Cr

从图 6 中可以看出，2.5％Cr 的添加缩短了诱导期，从而加速了水化的进程。

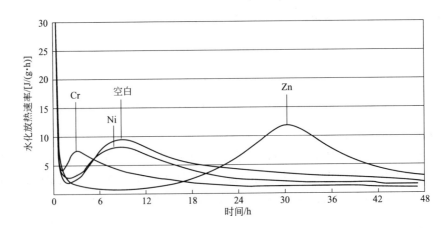

图 6　重金属添加量为 2.5％时对水泥水化热曲线影响

三、其他重金属对水泥性能的影响

（1）Pb

Pb 与 Zn 的情况有些相似，由于生成的化合物覆盖在未水化的硅酸盐水泥颗粒表面，阻碍了水化反应的继续进行，因而 Pb 能延缓水泥的水化。从长期龄期看，Pb 对水泥强度几乎没什么影响，此外 Pb 还能降低 f-CaO 的含量，改善煅烧条件。

（2）Cu

CuO 的添加使得生料的熔融温度降低了大约 50℃，CuO 能加快 C_3S 的形成，显著降低 f-CaO 含量。当加入 1％的 CuO，f-CaO 的含量大约降低了 30％～60％。但 Cu_2O 则恰恰相反，在分解气氛下，它能延缓 C_3S 的形成。

（3）Cd

由于 CdO 能降低熔融温度，因而它的存在会改善煅烧条件。Cd 还能延缓水化进程，水化 24h 后能略微降低抗压强度。

（4）Ba

Ba 能降低液相反应的温度，加快反应的进行，从而显著降低 C_3S 形成的时间和温度，还能使生成的 β-C_2S 更加稳定。当添加 0.3％～0.5％的 BaO 时，将增加水泥的强度。图 7 所示为 BaO 的添加量与 f-CaO 生成量的关系曲线，从中可以看出：当 Ba 的添加量较小（折合 BaO 的含量小于 1.85％）时，f-CaO 的生成量很小；超过 1.85％，f-CaO 的生成量会急剧增加，这是因为当添加量达到 1.85％后，Ba^{2+} 会取代 C_3S 中的 Ca^{2+} 形成 Ba_3SiO_5 晶体，从而导致大量的 f-CaO 生成。Ba 的添加对 C_3S 晶体的尺寸影响不大，但由于 Ba^{2+} 和 Ca^{2+} 的离子尺寸大小不同（半径分别为 1.43Å 和 1.06Å，1Å＝10^{-10}m），会影响 C_3S 的形态，当 BaO 的加入量是 2％时，该晶体的结构呈三斜晶型，加入量是 4％时则呈单斜晶型。

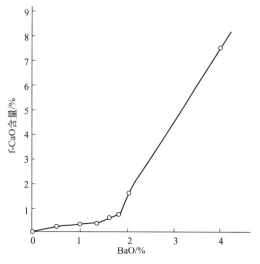

图 7 BaO 的添加量与 f-CaO 含量关系曲线

（5）Ti

由于黏土和页岩的原因，几乎所有的波特兰水泥都含有 0.2％～0.3％的 TiO_2。Ti 对水泥性能的影响取决于它的含量。当生料中含有 1％的 Ti 时，可使生料的熔解温度降低 50～100℃，并能降低 f-CaO 的含量。但当含量超过 1％时则会增加 f-CaO 的含量。Ti 的添加量（换算成 TiO_2 含量）与 f-CaO 含量的关系见表 9。

表 9 Ti 的添加量与 f-CaO 含量的关系

Ti 的添加量/％	0	0.5	1	2	4	5	6
f-CaO 含量/％	0.05	0.04	0.06	0.08	0.10	0.98	1.52

Ti 的添加还会影响 C_3S 的晶体形态，含量不同影响也不一样。当 TiO_2 含量小于 1% 时，C_3S 的晶体尺寸会随着 TiO_2 的增加而增大，超过 1% 后随着 TiO_2 的增加晶体的尺寸反而变小。当 TiO_2 添加量是 2% 时，晶体的结构呈三斜晶型，添加量是 4%~5% 时晶体的结构呈单斜晶型。在 1450℃ 时 C_3S 最多可结合 4.5% 的 TiO_2，超过部分会形成 $CaOTiO_2$。

少量的 TiO_2（含量小于 5% 时）会提高水泥的水化活性。这是因为 Ti^{4+} 会取代 Ca^{2+} 从而造成阿利特和贝利特的晶格缺陷，而加速水化。少量的 Ti 还会提高水泥的强度，但含量过多又会引起强度的降低，最佳的添加量是 4.5%。

四、结论

① 重金属只有在含量达到一定程度后才会对水泥性能产生影响，而生活垃圾中重金属的含量远远低于这一值，因此不会对水泥性能带来影响。

② Zn、Ni 对熟料矿物组成的影响很小。Cr 含量为 0.1% 时，对熟料矿物组成的影响不大；当含量增加至 2.5% 时则明显降低了 C_3S、提高了 C_2S 的百分比。

③ Zn 主要结合在 C_3A 中，其次与 C_4AF 相结合。Ni 主要与 Mg 相结合，形成 $MgNiO_2$，其次 Ni 主要存在于 C_4AF 中。大多数的 Cr 主要和 K 相结合，形成 K_2CrO_4 和 $K_2Cr_2O_7$，其次 Cr 主要存在于 C_2S 中。

④ Ni 和 Zn 能降低 f-CaO 的含量，且随着添加量的增加 f-CaO 的含量降低得更多。当 Cr 的含量低于 0.5% 时，随添加量的增大 f-CaO 的含量降低；当 Cr 的含量大于 0.5% 时，f-CaO 的含量则随着 Cr 含量的增加而显著升高。

⑤ 当 Zn 含量为 5% 时，各龄期强度都略微提高；当含量为 2.5% 时，水化试体前 7d 强度稍有下降，其他龄期强度都有所提高。Ni 对强度的影响不大，只是使得前期强度略微降低，后期强度略微升高。

⑥ 当重金属的添加量小于 0.1% 时，Cr、Ni、Zn 对水泥的早期水化几乎没有什么影响。当含量达到 2.5% 时，Zn 能延长诱导期，从而在水化初期，Zn 能显著延缓水化进程。Ni 添加至 2.5%，能稍微降低水化速率，使强度稍微有所提高。2.5% Cr 的添加缩短了诱导期，从而加速了水化的进程。

参考文献

[1] 朱萍. 从印刷电路板废料中回收金和铜的研究. 稀有金属，2002，3：214-216.

[2] 聂永丰. 三废处理工程技术手册：固体废物卷. 北京：化学工业出版社，2000，578.

[3] 芈振明. 固体废弃物的处理与处置. 第二版. 北京：高等教育出版社，1993，86-90.

[4] D. Stephan. High intakes of Cr, Ni, and Zn in clinker Part Ⅰ. Influence on burning process and formation of fhases. Cement and Concrete Research，29（1999）1949-1957.

[5] W. Lieber. The influence of Lead and Zinc compounds on the hydration of Portland cement. 5th ISCC，paper Ⅱ-22，1969，pp. 444-454.

[6] G. Arliguie. Influence de la composition d'un ciment Portland sur son hydratation en presence de zink. Cem Concr Res，20（1990）517-524.

[7] D. Stephan. High intakes of Cr, Ni, and Zn in clinker Part Ⅱ. Influence on the hydration properties. Cement and Concrete Research，29（1999）1959-1967.

[8] Fernandez Olmo. Influence of lead, zinc, iron（Ⅲ）and chromium（Ⅲ）oxides on the setting time and strength devel-

opment of Portland cement. Cement and Concrete Research, 31 (2001) 1213-1219.

[9] S. K. Ouki. Microstrucure of Portland cement pasyes containing metal nitrate salts. Waste Management, 22 (2002) 147-151.

[10] K. Kolovos. The effect of foreign ions on the reactivity of the $CaO\text{-}SiO_2\text{-}Al_2O_3\text{-}Fe_2O_3$ System Part Ⅱ: Cations. Cement and Concrete Research, 32 (2002) 463-469.

[11] N. K. Katyal. Effect of barium on the formation of tricalcium silicate. Cement and Concrete Research, 29 (1999) 1857-1862.

[12] N. K. Katyal. Influence of titania on the formation of tricalcium silicate. Cement and Concrete Research, 29 (1999) 355-359.

利用水泥回转窑处理城市生活垃圾时重金属渗滤性研究

辛美静　蔡玉良　杨学权

随着经济的增长，城市生活垃圾的产生量日益增加，给环境带来的污染和人体健康带来的损害也日益严重。现代新型干法水泥生产线由于具有温度高、停留时间长、碱性工况、处理量大和不产生酸性气体及灰渣等特有的特点，在垃圾处理方面越来越显示出其独有的优越性。城市生活垃圾在回转窑中焚烧时，垃圾中的重金属通过物理封固、替代、吸附等作用，被固化在水泥熟料的晶体结构中，垃圾焚烧后的灰渣成为水泥熟料的一部分，从根本上做到了垃圾处理的资源化、无害化。

城市生活垃圾经水泥回转窑处理后，固化在水泥熟料中的重金属在水泥产品的使用过程中是否会渗滤到环境中是一个值得关注的问题。本文在结合国内外已有研究现状基础上，进行了大量实验论证，详细介绍如下。

一、国内外研究现状

1. 德国水泥研究所研究结果

（1）1988 年公布的实验结果

该研究所以超量加入可溶性盐类的方法做水泥中重金属元素溶解性和浸出率模拟实验。如用水溶性 $Ti(NO_3)_3$ 以 2000mg/L 的浓度加入水中，在此溶液内加入 $Ca(OH)_2$ 和 KOH 制成含 Ti 碱性水溶液，另外再以 70g/L 的剂量加入 PZ35F 水泥配制出 pH 值为 11.0～13.5 的水泥悬浮液，分别做溶解性实验。

浸出实验是用粒径为 0～2mm 砂和 6%～11%PZ35F 水泥以 16～17mg/kg 的重金属元素含量制成砂浆试体，在 20℃和 100%湿度下养护至 7d 和 28d，用流水做实验。此方法中的溶解性为 2h 后的测试值，浸出率为含 11%水泥的试体 28d 后的测试值，其结果见表 1。

表 1　重金属化合物在 pH 值 12.6～13.0 溶液中的溶解性和在硬化砂浆试体中的浸出率

	元　素	As	Pb	Zn	Cd	Ti
溶解性/%	$Ca(OH)_2$/KOH 溶液	8×10^{-5}	93	1×10^{-4}	1×10^{-4}	90
	水泥悬浮液	4×10^{-5}	7×10^{-3}	2×10^{-6}	$<1\times10^{-6}$	10
浸出率/%		未检测	未检测	未检测	2×10^{-4}	1×10^{-4}

从表 1 中可以看出，Pb、Ti 等在 pH 值为 13 的碱性溶液中是完全溶解的，在水泥悬浮

液中溶解性呈几百倍的下降，砂浆浸出率就更低了。这说明水泥在水化过程中，能以化学结合、物理吸附方式和通过形成密实结构封固重金属，这不仅适用于水泥中有挥发性和挥发性不大的重金属，而且对二次原料中含量较高的水溶性重金属化合物也同样适用。

（2）1996 年公布的实验结果

该研究所 1996 年对 Pb、Cd、Cr、Hg、Ti、Zn 用同样方法做在水泥悬浮液中的溶解性实验，结果为 Pb、Cd、Zn 的溶解率都低于 0.001%，实际上已 100% 地被水泥吸收；Ti 的溶解率为 0.1%；Hg 为 5%；只有 Cr 几乎 100% 溶解，但 Cr 的溶解性会随水化进程迅速下降，因为形成了含 Cr 的钙矾石。

（3）1999 年公布的实验结果

该研究所利用加大剂量做硬化混凝土浸出实验，即用微量元素的可溶性盐，以 100mg/L 的量加到拌和水中配制混凝土，经 28d 养护后测水泥石胶孔溶液中的微量元素含量，溶解在胶孔溶液中的含量：Hg 为 0.15%，Cd 为 0.002%，Cr 为 0.23%，Pb 为 0.033%，Zn 为 0.009%。由此可以看出，99% 以上的微量元素都被固封在水泥石中。

（4）2000 年公布的实验结果

2000 年德国 Weimar 研究所作了浸出实验，用自然混凝土试体和加配微量元素的试体浸泡 200d 测微量元素浸出总量，结果见表 2。

表 2　浸泡 200d 的微量元素浸出量　　　　　　　　　　　　　单位：mg

试体类别	饮用水浸泡			含碳酸水浸泡		
	Cr	Ti	Hg	Cr	Ti	Hg
自然混凝土试体	0.13	0.01	0.001	0.15	0.01	0.001
加微量元素试体	0.14	0.03	0.002	0.44	0.50	0.005

从表 2 中可以看出，即使加大配入量的试体，浸出的微量元素也很少。

该研究所还将实验结果引用到饮用水管上，从理论上计算出达到饮用水标准极限含量时水在管道内的停留时间。直径 100mm 的管道，水的停留时间：Cr 约为 7 个月，Hg 约为 1 年，Ti 约为 10 年以上；200mm 的水管最易浸出的 Cr 也需 2 年以上。而一般饮用水在管道内只停留几天，所以这说明，从重金属溶出的角度看，在最敏感的饮用水应用领域，混凝土也是毫无疑问地可以放心使用。

2. 法国 I. Serclerat，P. Moszkowicz 等人的研究结果

他们比较了在水泥回转窑和高温电炉煅烧生料所形成的熟料的渗透性，结果发现二者没有差别。因为通常法国水泥行业利用的污染性燃料主要是废旧轮胎、石油残渣等，而轮胎中含有大量的 Pb，石油残渣中的 Zn 含量很高，Cr 易生成可溶性的化合物，则着重对这三种元素的渗滤性进行研究。向生料中添加了 Pb、Zn 和 Cr 三种重金属，添加量为普通水泥生料中这三种重金属最高含量的 10 倍，然后将其放到高温电炉中和水泥生料混合煅烧。

煅烧结束后向其中添加一定量的石膏（$CaSO_4$）混合均匀磨成粉末状。按照水泥∶砂子∶水=1∶3∶0.5 的质量比向水泥熟料中添加砂子和水，然后放到柱状模具中在 20℃、98% 的湿度下养护 28d。最后将养护完毕的熟料块放到聚乙烯瓶中，加入渗滤液进行浸渍实验。渗滤液的加入量按下列比例确定：渗滤液体积/熟料块表面积=5cm（例如如果渗滤液

的体积为 $660dm^3$，液固质量比为 4.33），共浸渍 100d，在第 1、2、3、7、14、21、28、42、70、100 天时取出部分液体进行重金属含量的分析。各重金属的可检测极限：Cr 为 $4\mu g/L$，Pb 为 $10\mu g/L$，Zn 为 $3\mu g/L$。

实验中用了三个试样 B、M、H，它们的重金属含量见表 3。

表 3　试样中重金属含量　　　　　　　　　　　　　　　单位：mg/kg

试样编号	$Cr_总$	Pb	Zn	Cr^{6+}
B	180	150	230	100
M	1005	680	1090	610
H	1810	1805	1920	1120

下面对三种重金属的渗滤情况进行详细介绍。

（1）Zn

图 1 所示为熟料块经养护研磨后，试样 H 中的重金属 Zn 在不同 pH 值下的渗滤曲线。该试样中 Zn 的含量为 1920mg/kg 生料。

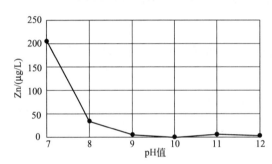

图 1　熟料块粉磨后重金属 Zn
在不同 pH 值下的渗滤曲线

从图 1 中可以看出，Zn 的渗滤量随 pH 值的升高而降低，在 pH 值大于 8 时 Zn 几乎是不渗滤的，并且重金属的渗滤量不受其原始含量的影响。与普通的化合物如氢氧化物及碳酸盐相比，Zn 的渗滤量小得多，这表明 Zn 在固相反应阶段与水泥生料中的物质发生一系列反应，从而降低其渗滤量。未经磨碎处理的熟料块中 Zn 的渗滤量更低，保持在每升微克的数量级。

（2）Pb

图 2 所示为熟料块经养护研磨后，试样 H 中的重金属 Pb 在不同 pH 值下的渗滤曲线。该试样中 Pb 的含量为 1805mg/kg 生料。

从图 2 中可以看出，渗滤液的碱性越强 Pb 的浸出量越多，但在 pH 值低于 12.5 时，Pb 主要结合在熟料中而不易浸出。与 Zn 相同的是，经水泥固化后 Pb 的渗滤量比它的其他化合物要小得多。

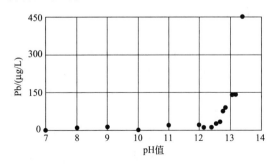

图 2　熟料块粉磨后重金属 Pb
在不同 pH 值下的渗滤曲线

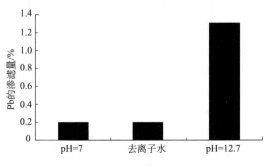

图 3　42d 铅的渗滤量

图 3 所示为 Pb 的渗滤量与其原始含量的比率。图 2 和图 3 同时说明 Pb 在中性和弱碱性的渗滤液中很稳定几乎不会被浸渍出。但当 pH 值上升到一定数值时，Pb 的渗滤量迅速上升，这说明 pH 值对重金属 Pb 的渗滤性影响极大。

（3）Cr

一系列研究证明，Cr 的渗滤量与添加量有直接的关系，Cr 在渗滤液中主要以六价状态存在，三价铬不溶于渗滤液。图 4 所示为试样 H 中的重金属 Cr 在不同 pH 值下的渗滤曲线。该试样中 Cr 的原始含量为 1810mg/kg。

从图 4 中可以看出，Cr 只有在 pH 值低于 10 的情况下才能渗滤出。在 pH 值为 11～13 时 Cr 结合在固相中形成稳定的化合物，不会渗滤出。

图 5 所示为在不同的渗滤液中 Cr 的渗滤量与原始含量的比率。值得注意的是，在 pH 值为 12.7 的碱性条件下 Cr 的渗滤量相当高，但在图 4 中可以看出其浸渍量极低，这说明 Cr 的渗滤量的多少并不仅仅由 pH 值决定，还与其在试样中的原始含量有关。

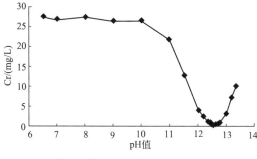

图 4 熟料块粉磨后重金属 Cr
在不同 pH 值下的渗滤曲线

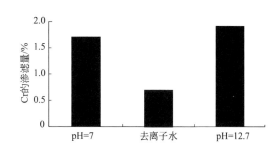

图 5 42d 铬在不同的渗滤液中消
失量占原始量的比率

为进一步研究 Cr 的浸渍量与 Cr 在熟料块中含量的关系，还对试样 B、M、H 进行了对比实验，图 6 所示为三种试样在同样实验条件下试样中 Cr 的消失量随时间变化的曲线。

从图 6 不难看出，Cr 在试样中的渗滤量与其最初在三种试样中的含量有着直接的关系，Cr 的原始含量越高，最终进入到浸渍液中的量也越多。

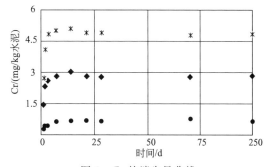

图 6 Cr 的消失量曲线
● 试样B；◆ 试样M；＊ 试样H

3. 中国台湾 K.L.Lin，K.S.Wang 等人的研究结果

K. L. Lin 和 K. S. Wang 等人利用水泥粘接性材料来固化城市生活垃圾焚烧灰和底渣，通过实验验证了经水泥固化后城市生活垃圾焚烧底渣中的重金属的渗滤量远远低于环保规定的最低排放量，进而证明了用水泥窑处理城市生活垃圾底渣是完全可行的。

实验分两部分进行，首先按 TCLP 方法对未经过固化处理的城市生活垃圾焚烧灰渣进行浸渍实验，分析其浸渍量。然后用水泥粘接性材料按一定比例对灰渣进行固化，养护结束后按同样的 TCLP 方法对其进行浸渍实验，分析比较固化前后的浸渍量。

所用实验材料包括水泥、标准砂、城市生活垃圾焚烧飞灰和底渣，其成分分析见表4。

表4　水泥、标准砂、城市生活垃圾焚烧飞灰和底渣的化学成分

材料类别	化学成分/%							
	SiO_2	CaO	Al_2O_3	Fe_2O_3	Na_2O	K_2O	MgO	SO_3
水泥	21.2	63.7	5.3	3.1	<0.01	<0.01	0.95	<0.01
生活垃圾焚烧飞灰	35.8	14.7	9.8	4.9	5.9	5.3	0.8	2.2
生活垃圾焚烧底渣	38.9	27.2	23.2	5.3	11.2	<0.01	2.9	0.2

按照 TCLP 方法对城市生活垃圾焚烧飞灰和底渣中的重金属进行浸渍实验，实验结果见表5。

表5　城市生活垃圾焚烧飞灰和底渣中重金属渗滤量

重金属	渗滤量/(mg/L)		
	生活垃圾焚烧飞灰	生活垃圾焚烧底渣	允许的最高限量
Cd	1.8±0.03	低于检测极限	1.0
Cr	4.3±0.13	0.27±0.01	5.0
Pb	0.7±0.02	0.36±0.02	5.0
Cu	0.6±0.01	3.21±0.05	—
Zn	16.2±0.30	9.10±0.33	—

按0、10%、20%和40%的比例向水泥中添加焚烧灰渣，按水泥和砂子的比例为1∶2.75，水和固体的质量比为0.38∶1对城市生活垃圾焚烧灰渣进行稳定固化实验，养护28d后，按 TCLP 方法进行固化实验，渗滤的重金属量见表6。

表6　城市生活垃圾焚烧灰渣经水泥固化后重金属的渗滤量

水泥替代率/%	重金属/(mg/L)				
	Pb	Cr	Cd	Cu	Zn
0	0.34	0.03	低于检测极限	0.04	0.12
10	0.31	0.33	低于检测极限	0.05	0.13
20	0.35	0.03	低于检测极限	0.05	0.15
40	0.36	0.04	低于检测极限	0.05	0.14
允许的最高限量	5.0	5.0	1.0	—	—

从表6中可以看出，经固化后各重金属的渗滤量都低于环保要求，证明水泥固化重金属是安全有效的。

4. 华南理工大学余其俊等人研究结果

华南理工大学的余其俊等人利用粉煤灰 M、普通波特兰水泥 OPC、标准砂和超纯水，按照水胶（OPC＋M）比 W/C 为 0.5、0.6，粉煤灰置换率为 0、25% 和 40% 制备了 6 种 4cm×4cm×16cm 粉煤灰水泥胶砂试体，采用浸渍溶出法和振动抽出实验法检测了试体中的重金属离子溶出性能。

浸渍溶出实验中，溶媒采用的是纯水和 0.1M 醋酸-醋酸钠缓冲溶液，溶媒与试体的体积比为 3.00，定期更换溶媒，溶出液经适当的前处理后用等离子发射光谱法测定其中重金属离子浓度。

振动抽出实验中，首先将试体破碎至 $1\sim5mm$，60℃ 以下干燥处理后按 10∶1 的液固比投入纯水中，振动抽出 6h（振幅 50mm，频率 250r/min）经离心分离和 $0.45\mu m$ 膜过滤后，分别用分光光度计和等离子发射光谱法测定其中 Cr^{6+} 和其他重金属离子的浓度。

实验结果发现：

① 粉煤灰水泥试体中的确会溶出重金属离子，而且一般随着粉煤灰掺量、水胶比增大而增多。

② 重金属离子的累计溶出量与溶出时间的对数成正比，这说明在浸溶实验中，重金属离子的溶出是受扩散过程控制的。

③ 重金属离子的溶出量随重金属离子的种类而异，并且与其在试体中的绝对含量无直接关系。

④ 与在纯水中相比，在醋酸-醋酸钠缓冲溶液中重金属离子溶出量明显增大，但其增加幅度也因重金属离子的种类而异，例如，Mn 和 Zn 溶出量的增大幅度就较 Pb 和 Cr 的大得多。

⑤ 重金属离子的溶出主要发生在浸渍后的前 30d，其后溶出量明显减少，浸渍 132d 后，其累计溶出量也只占其总量的很少一部分。因此可以认定对于大体积混凝土而言，在其结构未发生劣化破坏前重金属离子的溶出很可能只发生在混凝土的表层，存在于其内部的重金属离子由于扩散阻力大以及水化产物、高 pH 环境等的稳定作用的影响，是难以溶出至环境介质的。

5. 无锡市环境保护局研究结果

利用 $400\sim500$ 号水泥对电镀污泥做固化处理，在干污泥∶水泥∶水 $=(1\sim2)$∶20∶$(6\sim10)$ 的条件下，重金属的溶出浓度非常低，详见表 7。

表 7 重金属的原始浓度与渗滤结果

项 目	Hg	Cd	Pb	Cr	As
溶出浓度/$\times10^{-6}$	<0.0002	<0.002	<0.002	<0.02	<0.01
污泥中原始浓度/$\times10^{-6}$	0.13~1.23	1.0~80.6	165~243	0.3~0.4	8.14~11.0

从表 7 中可以看出，除 Cr 外，其他重金属的溶出率都很小，这主要是由于采用水泥做基材进行固化处理时，污泥中的重金属离子与碱性水泥生成难溶的氢氧化物，并固定到水泥基材中。对含 Cr^{6+} 的污泥采用水泥固化法处理，Cr^{6+} 的溶出率仍然很高，这是因为 Cr^{6+} 被还原成 Cr^{3+}，生成的 Cr $(OH)_3$ 本身不溶解，但是在水泥高碱性条件下，Cr^{3+} 易氧化成 Cr^{6+}。因此，进行水泥固化时，要防止 Cr^{6+} 渗滤。实验证明，污泥与水泥混合时，如果同时投加和污泥等量的石灰，或者 1/5 硫酸亚铁，就能使 Cr^{6+} 的渗滤得到一定程度的控制。如添加高炉矿渣，也能大大降低 Cr^{6+} 的溶出率。当污泥∶水泥∶高炉矿渣＝3∶2∶5 时，固化体 Cr^{6+} 的溶出浓度为 0.1×10^{-6}（ppm），当污泥与水泥的配比为 3∶7 但不添加高炉矿渣时，固化体的 Cr^{6+} 溶出浓度为 0.5×10^{-6}（ppm）。

二、我院实验研究

1. 实验过程介绍

① 按质量称出所需的生料与重金属质量。

② 搅拌均匀，加入适量的蒸馏水制成料球。

③ 将高温炉预热至 1000℃，在铂金坩埚中放入料球，放进炉子中在 1000℃的温度下恒温 0.5h，然后取出放进另一 1450℃的高温炉，煅烧 0.5h。

④ 迅速取出坩埚，急冷至 100℃左右。

⑤ 将熟料从坩埚中倒出，磨碎磨匀。

⑥ 从均匀的生料中取出一部分测得各种重金属含量。

⑦ 按水泥熟料：砂子：石膏：石灰石：水＝1：2.75：0.15：0.05：0.6（质量比）配制成混凝土，在 20℃、100％湿度的条件下放在 5cm（直径）×5cm（高）的柱状塑料模具中养护 28d。

⑧ 28d 后取出固化体，将其放入去离子水、pH＝3 的硫酸溶液中进行浸泡并用磁力搅拌器进行振荡，振荡时间为 5h。

⑨ 将振荡后的固化体和溶液继续放入去离子水、pH＝3 的硫酸溶液中进行浸泡，浸泡时间分别为 20d、30d、60d、110d、1 年，其中液固体积比为 20：1。

⑩ 定期取出浸渍液，测溶液中各重金属的含量。

2. 实验结果分析

（1）重金属在水溶液中的渗出率

实验结果表明，不同的重金属渗滤结果也不同，但主要趋势是随着浸泡时间的增长，重金属的固化率在降低，但都在 99％以上。从图 7 不难看出，除重金属 Cr^{6+} 外，其他重金属从水泥混凝土块中渗透到水中的量非常低，几乎全部被固化在水泥混凝土块中，如经过 110d 的去离子水浸泡的混凝土块中，仍然有 99.5％的重金属留在混凝土块中。

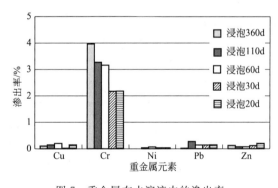

图 7　重金属在水溶液中的渗出率

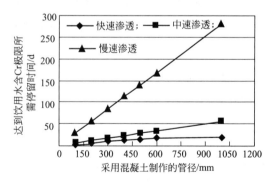

图 8　Cr 达到饮用水极限含量时使用管径与水停留时间的关系

根据现有的实验数据，计算出各重金属在相应的时间内，其平均的扩散通量，针对我国饮用水标准允许的相关重金属含量极限值，推算出采用不同管径混凝土输水管输送饮用水时，水在管道内必需的停留时间。图 8 所示为采用不同管径的混凝土管道输送饮用水时，重金属铬（Cr）从混凝土管壁渗透到水中，且达到饮用水控制标准时，饮用水至少在管道内的停留时间。从图 8 不难看出，随着输送水管管径的不断增大，允许水在管道内的停留时间相应延长。如若采用直径为 450mm 的混凝土输水管输送饮用水，饮用水在管道内的停留时间超过 18d，Cr 才会超过饮用水极限含量。

同理，不难根据混凝土块中各重金属的扩散通量和相应饮用水中的极限含量值要求，计算出 Zn、Cu、Mn、Pb 等重金属从混凝土块中扩散到水中所需的时间。以相应重金属的最快渗透速率计算，Mn 在直径 100mm 的混凝土输水管内的停留时间至少也要 77d；其他重金属需时更长，如铅（Pb）需要 306d，锌（Zn）需要 153d，铜（Cu）需要 557d。而实际中饮用水在管道内的停留时间往往只有几天。如果管径扩大或采用大容量的蓄水或输水工程，其重金属扩散到水中，其含量达到极限的停留时间会更长。

（2）重金属在 pH＝3 的硫酸溶液中的渗出率

同理，以 pH＝3 的硫酸溶液为渗滤液，根据实验结果得出重金属在 H_2SO_4 溶液中的渗出率见图 9，与在水溶液中相同，除 Cr 外，其他重金属的渗出率很低，99％以上的重金属都被很好地固化住了。

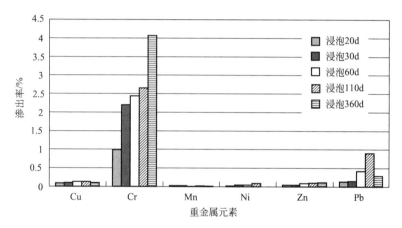

图 9　重金属在 H_2SO_4 溶液中的渗出率

三、结论

① 经过现代新型干法水泥生产系统处理后，城市生活垃圾中的重金属被很好地固化在水泥熟料晶格中，且经过内外循环，逃逸到环境中的重金属量很小，能够达到环保标准要求。

② 重金属渗滤性受到浸泡时间、浸渍液的 pH 值等因素影响。经过水泥回转窑处理后，垃圾中的重金属渗滤到环境中的量很小，固化率基本上在 99％以上。

③ 在常规的自然环境下，重金属几乎不会渗滤到环境中去，即使用于常规的饮水工程中也是安全可靠的。

参考文献

[1]　蒋明麟. 水泥工业处置和利用可燃废弃物技术和政策研究. 水泥，2002，1。
[2]　乔龄山. 水泥厂利用废弃物的有关问题（一）——国外有关法规及研究结果. 水泥，2002，10：3.
[3]　I. Serclerat, P. Moszkowicz. Retention mechanisms in mortars of the trace metals contained in Portland cement clink-

ers. Waste Management，2000，20：259-264.

［4］ K. L. Lin，K. S. Wang. The resuse of municipal solid waste incinerator fly ash slag as a cement substitute, Resources Conservation & Recycling，2003，39：315-324.

［5］ 余其俊. 水泥和粉煤灰中重金属和有毒离子的溶出问题及思索. 水泥，2003，1：8-15.

［6］ 周玉棋. 有害废物水泥固化工艺研究. 环境导报，1994，10：16-17.

水泥窑处置废弃物中重金属迁移行为的研究进展

李　波　蔡玉良　辛美静　杨学权　成　力　王　君

利用水泥窑协同处置废弃物已成为我国废弃物资源化利用技术的重要发展方向之一。大量的工业副产品、固体废弃物、城市生活垃圾等可以作为替代原燃料进入水泥生产中，不仅减轻了环境压力，而且实现了废弃物的资源化利用。然而由于来源的复杂性，在水泥窑处置过程中，废弃物将不可避免地会带入一定量的重金属，汇同原燃料中的重金属一起进入水泥生产系统中。这些重金属在水泥生产及使用过程中是否会对周边环境带来不利影响，便成了人们关注的焦点。

国际上对于金属元素在水泥熟料生产过程中的行为早就有过大量的研究，但主要集中于水泥原燃料所带入的碱金属元素对水泥窑和水泥熟料矿物的影响，以及对熟料矿物不同晶格形态的作用。随着利用水泥窑处理废弃物技术的应用，大量的研究工作转移到重金属在水泥熟料煅烧过程及水泥产品使用过程中的迁移行为。本文主要就目前国内外在该方面的工作进行综述，并在此基础上，进一步明确了尚需开展的工作，以系统评价重金属对环境安全性的影响。

一、水泥产品中重金属的流向

普通硅酸盐水泥熟料由石灰石、黏土、铁矿石等原料经过高温烧结而成，这些原料中本身含有一定水平的重金属。长期的生产实践证明，随着矿石和燃料带入的重金属，并未给水泥生产和环境带来不利影响。由于废弃物来源复杂，人们担心其中的重金属是否会超常影响水泥生产和环境。国外的研究表明，波特兰水泥中超过 80% 的 Pb、As、Cr、Ni 元素以及超过 60% 的 Cd、Cu、Zn 元素均来自于原燃料；因此在大多数情况下，利用水泥窑处置废弃物，并不会显著提高后续水泥产品中重金属的含量。

重金属在水泥生产过程及后续水泥产品使用过程中的迁移行为见图 1。由图 1 可知，在水泥熟料烧成系统中，熟料中重金属的来源由三部分组成：原料、燃料以及废弃物；而重金属的流向也包含三部分：被熟料固化，随窑灰排出，随烟气、粉尘带出；窑灰如入窑回收利用，则不会对环境造成影响，而对环境存在潜在危险的是由烟气、粉尘带出而进入大气的重金属。在水泥生产系统中，重金属来源包括：熟料、混合材、添加剂、缓凝剂；在水泥应用于混凝土建筑物过程中，混凝土中的重金属来源包括：水泥、骨料、掺合料、添加剂。在混凝土建筑物使用过程中，由于风化、老化的影响，重金属随着周围水体的溶解而逐渐迁移进入环境，对环境存在潜在危险；在混凝土建筑物服役完成后，混凝土将被破碎，之后或填埋，或再生处理，其中的重金属也有可能迁移进入环境。

以下重点对熟料煅烧过程中随烟气、粉尘带出的重金属，以及混凝土建筑物使用过程中重金属的迁移特性进行分述。

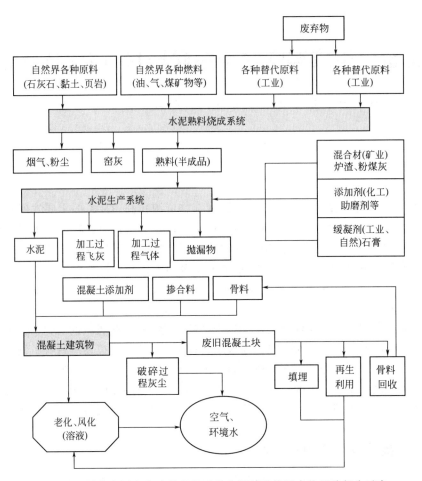

图1 重金属在水泥生产过程以及后续水泥制品使用中的迁移行为示意

二、水泥熟料生产过程中重金属迁移行为

由图1可知，通过各种渠道进入水泥窑煅烧的重金属有三个流向：固结在水泥熟料中；随窑灰排出；随烟气、粉尘排出。随窑灰排出的部分，被收尘器捕获后将再一次进入窑系统，而随烟气排出的重金属，则会对环境造成潜在危险。国内外学者通过室内烧制熟料、工业实地测量等方法，研究了水泥生产过程中重金属的迁移行为。

德国水泥研究所在一条3000t/d的四级旋风预热器窑上实际测量了烟气中的重金属含量，统计了预分解窑系统对各重金属的吸收率，结果见表1。

表1 预分解窑系统中对重金属的吸收率

元素	As	Cd	Cr	Cu	Hg	Ni	Pb	Tl	V	Zn
吸收率/%	83~91	80~99	91~97	80~99	30~50	87~97	72~95	85~97	90~95	74~88

由表1可知，大多数重金属在水泥熟料中的吸收率均能达到或超过90%。即使极具挥发性的Hg，在预分解系统内反复，吸收率也可达到50%。

分析表明：高沸点的不挥发重金属如 Cu、Cr、Ni 等，90％以上都能被生料吸收，直接进入熟料；难挥发的重金属如 Pb 和 Cd 等，在水泥熟料煅烧过程中，首先形成硫酸盐和氯化物，这类化合物在 700～900℃ 温度范围冷凝，在窑和预热器系统形成内循环，很少带出窑系统外，外循环量很少；易挥发的重金属 Tl，一般在 450～500℃ 的温度区冷凝，93％～98％都滞留在预热器系统内，其余部分可随窑灰带入回转窑系统，随废气排放的约占 0.01％。

华南理工大学苏达根等人通过室内模拟煅烧方法，对熟料煅烧过程中重金属 Hg、Pb、Cd、Zn 和 Cu 的逃逸行为进行了研究。结果表明：Hg 及其化合物在 300℃ 时绝大部分已挥发，水泥窑中 Hg 的逃逸率高达 90％～96％。在实验电炉 1400℃ 静烧的条件下，当 Pb、Cd、Zn、Cu 的掺量均为 0.05％ 时，其逃逸率分别达到：Pb 为 94.50％，Cd 为 96.62％，Zn 为 43.61％，Cu 为 36.03％。研究还表明氟会促进 Pb、Cd、Zn、Cu 的逃逸。

此外，他们的研究指出：Pb、Cd、Zn 和 Cu 在不同类型水泥窑中，逃逸率有明显差别，立窑的逃逸率较高，Pb 和 Cd 为 84％～90％，Zn 和 Cu 为 36％～47％；湿法回转窑次之；新型干法窑的逃逸率最低。

中国建筑材料科学研究总院兰明章等人通过掺加不同重金属含量的废弃物，室内模拟煅烧熟料，研究了金属元素在水泥熟料中的固化率。结果表明，重金属在实验室模拟煅烧条件下的固化率：Cr 为 83.8％，Co 为 86.1％，Ni 为 86.5％，Cu 为 74.3％，Zn 为 74.3％，Cd 为 88.1％，Pb 为 86.3％，As 为 89.3％。

武汉理工大学杨雷等人也是通过实验室模拟煅烧熟料，得出重金属以 1.0％ 掺量单掺时的固化率：Mn 为 81.2％，Cr 为 67.3％，Co 为 72.8％，Ni 为 58.5％，Cu 为 61.0％，Zn 为 65.9％，Cd 为 52.7％，Pb 为 63.1％，As 为 78.4％，V 为 80.4％；混掺时的固化率：Mn 为 86.0％，Cr 为 87.7％，Co 为 91.4％，Ni 为 89.5％，Cu 为 80.9％，Zn 为 81.1％，Cd 为 75.1％，Pb 为 79.6％，As 为 88.3％，V 为 87.6％。结果表明：单掺时不同重金属固化率不同，有的较高，有的较低，而复合掺加时互相影响，固化率均比单掺时有所提升。

郑州大学杨俊等人通过掺加污泥烧制水泥，研究得出重金属在模拟煅烧条件下的固化率：Cu 为 89.3％，Zn 为 88.0％，Pb 为 90.1％，Cr 为 93.9％。

由上述研究结果表明：即使都是室内模拟熟料煅烧，每个研究者的结果各不相同，部分元素的逃逸率（或固化率）差别较大。这是因为重金属并非以单质形态，而是以某种易挥发的化合物形态逃逸的。重金属在水泥熟料煅烧过程中形成化合物的特性将直接影响它们在熟料中的固化行为。这些易挥发化合物的生成与原燃料的组成，特别是原燃料中的碱和氯密切相关，重金属容易以挥发性氯化物和碱盐的形式挥发出来。同时，煅烧时的燃烧条件和燃烧气氛也对重金属易挥发化合物的形成有不同程度的影响。

重金属在实际生产中的逃逸率小于实验室模拟煅烧时的逃逸率。在实际生产中，不挥发的元素通过固相反应或经过液相形成熟料矿物相或者进入熟料矿物晶格内，少量挥发性元素则随烟气继续逃逸，在低温区冷凝下来，只有极少部分能以蒸汽状态或附着在微细粉尘上随烟气排出；此外窑系统内有大量 CaCO₃、CaO 和碱存在，形成一个高碱性气氛，有利于吸收废气中的酸性气体，降低某些元素的挥发性并提高其冷凝温度；水泥窑系统还有一套高效的除尘系统和（或）高温废气再利用的粉磨烘干系统，极有利于回收在高温区挥发的微量元素。这些都能提高重金属的吸收率。而实验室模拟煅烧条件下，高温炉中的气流是开放式的，挥发的重金属化合物直接排放，因此，实验室模拟煅烧时重金属的逃逸率偏大。

在实际生产中，由于 Hg 的逃逸率比较大，废弃物入窑时，需严格控制其中 Hg 的含量；不同的窑型，重金属的逃逸率各不相同，处理废弃物时需根据实际情况控制废弃物的添加；对于大部分重金属，随烟气排放至大气中的含量均很低，不会对环境造成危险。

此外，目前的研究主要集中于熟料对重金属的固化率，以此间接评价重金属在熟料煅烧过程中的迁移行为；对于随窑灰排出的重金属部分研究不多，人们对于窑灰中的重金属含量水平缺乏了解；而随烟气、粉尘带出进入大气的重金属部分，其迁移量很大程度上受除尘效率影响，因为有些重金属是随粉尘尤其是微细粉尘带出窑系统，若不收下来回到生产线便会造成污染，为此欧盟已经规定水泥窑协同处置废弃物时的粉尘排放浓度极限，而我国尚缺乏该方面的研究。因此，应对上述问题进行实验研究，为我国制定相关规定提供依据。

三、水泥产品使用过程中的浸出迁移行为

水泥产品在长期的使用过程中，由于风化、老化的影响，重金属会随着周边环境的变化而发生迁移，不可避免地会对周边环境安全性带来一定的影响，而影响的程度则是人们关心的主要内容。不同地区的研究者相继开展了大量的工作，研究内容涉及水泥产品中重金属浸出性、浸出方法的系列问题，通过不同浸出方法的对比，在浸出机制、扩散及迁移、浸出动力学等方面均做了广泛的研究。

法国的 Ligia Tiruta-Barna 等人研究了水泥基材料在不同浸出环境下的释放动力学过程，模拟和鉴定了在某一确定动力学条件下的多孔材料的浸出行为，采用了四种不同的动力学浸出测试，提出了四种主要动力学过程：扩散、对流、后期分解和表面扩散。

法国的 I. Sercle rat，P. Moszkowic 等人研究了 Pb、Zn、Cr、Cr^{6+} 在水泥熟料中的固化机理。结果表明：利用去离子水，对处理废弃物得到的水泥样品进行浸出实验，其重金属的浸出浓度非常低，通常低于现有仪器的检测下限。而加大重金属掺量后的实验结果指出：Zn 被固化在样品中几乎是不溶的；在 pH<12.5 的浸取液中，Pb 的浸出浓度也非常低。

比利时的 Anne-Marie Marion 研究了道路混凝土浸出行为，用去离子水的水槽法测试浸出液中重金属的含量。实验研究了由斑岩骨料、河砂、波特兰水泥或高炉矿渣水泥制成的混凝土中重金属的浸出行为。结果显示：重金属的浸出量很小，远远低于欧洲关于饮用水质量要求的规定参数值，而在延长浸出时间后重金属的浸出浓度可以忽略。研究指出采用替代燃料不会改变其重金属的浸出行为，且重金属的浸出浓度不受重金属总含量的影响。

德国水泥研究所对水泥中重金属的浸出做了大量研究，分别在 1999 年和 2000 年公布了其实验结果。1999 年公布的实验结果表明：水泥熟料中绝大部分重金属是以不溶的形式存在于熟料矿物中，在水化过程中会以很小的浓度释放出来，随即又被包裹起来；仅有少量重金属存留在混凝土孔隙的溶液中，可能通过扩散作用到达混凝土建筑物的表面，但由于受到混凝土密实体的阻碍，所以实际上又被封固在混凝土中。2000 年德国水泥研究所把空白混凝土试体和掺加重金属的试体都浸泡 200d 后，测试重金属的浸出浓度，结果表明，即使加大重金属掺量，浸出液中重金属的浓度也很低。

挪威的 Kare Helge Karstensen 等人采用荷兰 NVN 5432、荷兰 NVN 2508、改进的 DIN 方法、DIN 38414 S4 以及美国 TCLP 等浸出方法，研究了 Ag、As、Cd、Hg、Mn、Ni、Pb、Sn、Ti、Tl、Zn 等元素的浸出迁移特性。结果表明：由于替代燃料的使用，熟料中重金属含量的增加量很小。不同的浸出实验均表明：无论是否使用替代燃料，所得的样品中各

重金属的浸出迁移性是相同的，并没有多大变化。

瑞士 Holcim 公司与德国 GTZ GMbH 联合颁布的《水泥生产过程协同处理废物指南（最后草案）》中指出：圆柱体水泥样品在实验过程中（初次使用或再生使用），所有重金属的浸出浓度均低于或接近大部分分析仪器的检测下限；无论是否使用了二次原燃料，不同种类水泥产品中，重金属的浸出特性并无明显区别；然而某些重金属，比如 Cr、Al、Ba 等，在特殊的浸取条件下，其浸出浓度可能接近饮用水标准的限值；Cr^{6+} 具有水溶性，其浸出迁移性比其他重金属强，因此 Cr 在水泥及混凝土中应该尽量限制其含量；室内实验及现场研究均表明，只要混凝土建筑物保持完整未被破碎，各重金属的浸出浓度就不会超过相关标准限值（如饮用水标准、地表地下水标准）。

清华大学张俊丽等人采用欧洲标准委员会（BCR）提议的三步连续浸出程序和 NEN 7341 浸出实验方法研究了水泥生料、熟料和砂浆中五种重金属的释放潜能和浸出行为，比较了两种实验方法和三种样品中重金属的固化差异。浸出结果显示：所有的元素在水泥制品中的固化要好于在生料中的固化；对于大多数元素，砂浆中的相关金属固化率要高于熟料中的。

李橙等人采取动态浸出实验方法，研究了胶砂试块中 7 种重金属的浸出行为。结果表明：各种重金属的有效扩散系数值均很低，在 10^{-10} cm^2/s 数量级左右，说明水泥固化体中重金属的浸出是缓慢而长期的过程。

中国建筑材料科学研究总院张迪等人通过水泥胶砂试件的浸出实验指出：酸性条件可以抑制 Cr^{3+} 的浸出，促进 Cr^{6+} 的浸出；在各种 pH 值条件下，Cr^{3+}、Cr^{6+} 的浸出速率随着时间延长有不同程度的减小，Pb 和 Cd 的浸出速率不随时间变化，重金属 As、Hg 在酸性条件下的浸出量呈增加的趋势。

中国环境科学研究院的杨玉飞等人通过模拟煅烧实验制取水泥熟料，并选用酸解法、EA NEN-7371 和 pH 静态实验分别测定了混凝土中重金属的全量、有效量和在不同 pH 系列中的释放量。结果表明：全量和有效量之间存在较大差异，但二者间的相关性因元素种类不同而有较大差别，Ni、Cd 的全量和有效量之间相关性较好；而 Cr、As 和 Pb 基本不存在线性相关关系；pH 静态实验中最大释放量与有效量较为接近，而与全量有较大差异；有效量是废物水泥窑共处置产品使用过程中表征其重金属释放潜能的较优指标。

杨昱等人参照 EA NEN 7375 浸出方法，设定 5 种不同 pH 值的浸取液，研究了 pH 值对混凝土样品中重金属 Cr 释放的影响。结果表明，在强酸性条件下，Cr 的累积释放量较大；浸取液 pH 值分别为 5.00、7.35 和 10.00 条件下，Cr 的释放机理为扩散控制；pH 值为 2.00 的浸取液中 Cr 的释放在前期为扩散控制，中、后期出现耗竭现象；pH 值为 3.50 的浸取液中 Cr 的释放在前期同样为扩散控制，但中、后期发生了溶解作用。

北京工业大学富丽等人采用水泥制品研究其中重金属的浸出行为，结果表明：废弃物掺量为 13% 的混凝土中重金属浸出液的含量达到地表水环境质量的二级标准，不会对水体造成污染。

东北师范大学孙胜龙等人通过在水泥回转窑中添加重金属化学试剂的实验研究表明（实验添加质量约为水泥的 0.1%），掺加重金属化学试剂后，含有不同重金属的水泥熟料的 XRD 图谱相似，水泥熟料主要矿物相没有发生大的改变；重金属化学试剂的添加对水泥的 7d、28d 抗压强度的影响较小，符合国家标准；熟料试样在其水化 28d 时各重金属的浸出量都很低，已低于工业固体废物浸出毒性鉴别标准规定的指标，这说明利用水泥回转窑处理废弃化学试剂方法是可行的。

郑州大学管宗甫等人分析了固体废弃物的重金属危害情况、混凝土对重金属离子的固化机理及有害金属离子的溶出方法，考察了水泥混凝土对废弃物中的重金属和有害金属离子的固化状况，提出混凝土劣化后（如碳化或受酸性介质、酸雨等侵蚀后），有害组分的溶出量会增大，但其随 pH 变化的具体关系需要进一步研究。

此外，清华大学的张俊丽以及中国中材国际工程股份有限公司的辛美静等从不同的角度对相关水泥产品用于饮用水系统进行了评价。张的研究结果指出：添加 0.65% 的工业污泥生产的水泥，其重金属的溶出造成的危害中，最大非致癌物风险为 4.82×10^{-9}/年，低于国际辐射防护委员会（ICRP）推荐的最大可接受风险水平 5.0×10^{-5}/年。辛的研究计算出了 Zn、Cu、Mn、Pb 等重金属从混凝土块中扩散到水中，所需的滞留时间，以相应金属的最快渗透速率计算，金属 Mn 在直径 100mm 的混凝土输水管内的停留时间至少要 77d；其他重金属需时更长，如铅（Pb）需要 306d，锌（Zn）需要 153d，铜（Cu）需要 557d。而实际过程，饮用水在管道内的停留时间，往往只有几天的时间。因此在常规的自然环境下，即使将处理废弃物的水泥用于常规的饮水工程中也是安全可靠的。

综合上述研究成果可知：在通常状况下，水泥产品在使用过程中，大部分重金属的浸出迁移性均很小，浸出浓度接近或低于现有分析仪器的检测下限，不会对周边环境造成危险；Cr 元素是水溶性元素，浸出性与其在水泥产品中的含量有关，因此应尽量减少入水泥窑的废弃物中 Cr 的含量。

目前我国尚没有针对水泥材料中重金属浸出行为的实验方法及评价标准；国内学者的前期工作主要是借鉴国外现有的实验方法，研究了在不同 pH 值、浸出方式、浸出时间等实验条件下重金属的浸出行为。我国 2007 年推出了 HJ/T 299—2007 和 HJ/T 300—2007 标准，前者是模拟重金属在酸性降雨的影响下，从样品中浸出而进入环境的过程，后者是模拟样品进入卫生填埋场后，其中的重金属在填埋场渗滤液的影响下的浸出迁移过程。这两个方法的实验条件都是根据我国实际情况而制定，对于水泥制品具有适用性。此外，前期研究大多数集中于水泥样品养护 28d 后重金属的浸出行为；而在水化早期，人们对于重金属的浸出性并不了解。目前的实验方法，多采用振荡方式加速重金属的溶出，对于重金属的长期浸出行为，国内外均缺乏深入的研究。

四、小结

欧美发达国家已经建立起从重金属产生源头到水泥产品中重金属含量的控制体系，相关标准、法规也比较完备，比如，对利用水泥窑协同处理的各种废弃物分门别类，并限定了其中的重金属含量，同时制定了焚烧废弃物的水泥窑大气排放标准，瑞士对熟料和水泥中的重金属含量也做了规定。国外的经验表明：利用水泥窑处置废弃物过程，无论在煅烧过程还是水泥产品的使用过程中，只要控制得当，重金属的迁移、浸出行为均不会对周边环境造成危险。我国对于水泥中重金属问题的研究还处于初步阶段，本课题将针对人们关心的重金属迁移行为问题开展系列研究，为制定水泥窑处置废弃物的相关法规、标准提供依据。

➡ 参考文献

[1]　G Locher. Die Umsetung der europaischen Verbrennungsrichtlinie in der deutschen Zementindustrie. ZEMENT-

KALK-GIPS, 2001, 1: 1-9.

[2] 苏达根, 童爱花, 林少敏. 煅烧水泥熟料过程中重金属逸放的几个问题. 水泥, 2006, 12: 19-20.

[3] 兰明章. 重金属在水泥熟料煅烧和水泥水化过程中的行为研究 [D]. 北京: 中国建筑材料科学研究总院, 2008: 30-31.

[4] I. Sercle rat, P. Moszkowic. Retention mechanisms in mortars of the trace metals contained in Portland cement clinkers. Waste Management, 2000, 20: 259-264.

[5] K Mair. Grundsotze fur die Verwertung von Abfällen in Zementwerken. ZEMENT-KALK-GIPS, 2000, 1: 14-27.

[6] Käre Helge Karstensen. Burning of hazardous wastes as co-fuel in a cement kiln- does it affect the environmental quality of cement? Studies in environmental science, 1994, 60: 433-451.

[7] 李橙. 生态水泥胶砂块中重金属的动态浸出行为研究. 环境科学, 2008, 29 (3): 831-836.

[8] 张迪. 重金属在水泥熟料及水泥制品中驻留行为研究 [D]. 北京: 北京工业大学, 2009, 18-22.

[9] 杨昱. 废物水泥窑共处置产品中重金属的释放特性. 中国环境科学, 2009, 29 (2): 175-180.

[10] 辛美静, 蔡玉良. 水泥工业处理城市生活垃圾时重金属渗滤性研究. 中国水泥, 2006, 3: 54-58.

水泥窑处置城市生活垃圾后续产品中
重金属的浸出迁移性研究

李　波　蔡玉良　杨学权　辛美静　成　力　王　君　张　媛

在精细化预处理的条件下，利用水泥窑处置城市生活垃圾，不但能将垃圾作为原料，以减少矿山资源的耗费，又可利用水泥回转窑内的高温工况、碱性燃烧环境等优点，彻底处理掉垃圾中的有害物质，因此，该方法已成为我国垃圾资源化处置技术的重要发展方向之一，得到越来越广泛的关注。以往的研究主要集中于水泥窑处置废弃物对水泥生产工艺过程的影响以及尾气排放的控制上，对后续水泥产品中重金属的浸出迁移性却关注不够。

水泥熟料生产的原燃料中，本身含有微量重金属元素，长期的生产实践证明，随着矿石和燃料带入的重金属，并未给水泥生产和环境带来不可预测的影响。虽然垃圾中含有一定量的重金属（或重金属盐），在水泥窑处置垃圾过程中，这些重金属（或重金属盐）将汇同原燃料中的重金属一起进入水泥窑，由于垃圾处理掺量的限制，水泥中的重金属元素仍主要来自于原燃料。国外的研究表明：波特兰水泥中超过 80％的 Pb、As、Cr、Ni 元素，以及超过 60％的 Cd、Cu、Zn 元素均来自于原燃料。因此，在大多数情况下，利用水泥窑处置废弃物，并不会显著提高后续水泥产品中重金属的含量。

然而我国城市生活垃圾来源复杂，预处理尚未达到发达国家的精细化水平，难免会在收集过程中混入高含量的各类重金属。在水泥窑处置城市生活垃圾的过程中，这些重金属会对后续水泥产品产生影响；在水泥产品的长期使用过程中，重金属会随着周边环境的变化而发生迁移，不可避免地会对周边环境安全性带来一定的影响，而影响的程度则是人们关心的主要内容。为此，本研究统计了我国垃圾中 Cu、Zn、Cd、Pb、Cr、Ni、Mn、As 八种重金属含量，以此作为依据，配制水泥生料并添加高含量各种重金属，然后烧制熟料；按照 HJ/T 299—2007、HJ/T 300—2007 标准，以及 TCLP 方法要求进行翻转振荡实验，研究了胶砂样品中重金属的浸出迁移性；并考察了浸取液初始 pH 值、养护时间等因素对重金属浸出迁移规律的影响，以对水泥窑处置城市生活垃圾后续产品的环境安全性进行评价。

一、原材料与实验方法

1. 原材料与重金属粉末

所用生料、粉煤灰、石膏等原材料均取自某水泥厂实际生产用料，实验中掺加的重金属均为粉末状，重金属的性能及掺入形式见表1。

2. 熟料烧制及样品制备

采用混料机将各种重金属按照既定比例与生料混合均匀，而后加 6％的蒸馏水用搅拌机

表 1　重金属的性能及掺入形式

重金属	Cu	Zn	Cd	Pb	Cr	Ni	Mn	As
熔点/℃	1083	419.6	320.9	327.5	1857	1453	1244	817.2(27.5 倍大气压)
沸点/℃	2567	907	765	1740	2672	2732	1962	613.8(升华)
相对密度	8.93	7.13	8.65	11.3	7.19	8.91	7.47	5.73
掺入形式	CuO	ZnO	CdO	PbO	CrO_3	NiO	MnO_2	$C_6H_8NO_3As$

搅拌至均匀，压制成 $\phi40mm \times 15mm$ 试饼，105℃烘干后在高温电炉中于 1000℃预热 30min，再转移至 1450℃高温炉中煅烧 30min，空气中急冷至室温；将上述烧制合格的熟料加入质量分数为 5% 的石膏，粉磨至过 200 目筛备用；胶砂样品的制备及养护参照 GB/T 17671—1999，养护好的胶砂样品部分破碎至粒径小于 9.5mm，供翻转振荡实验用。

3. 浸出迁移实验

按 HJ/T 299—2007 的方法模拟重金属在酸性降雨的影响下，从样品中浸出而进入环境的过程；按 HJ/T 300—2007 的方法模拟水泥制品在进入卫生填埋场后，其中的重金属在填埋场渗滤液的影响下的浸出迁移过程，并用 TCLP 的方法对比。

此外，本研究选用了 pH 值为 3.2、5.0、6.6（去离子水）、9.0、11.0、13.0 的溶液作为浸取液，以考察重金属翻转振荡浸出迁移性与 pH 值的关系。为了探明在水泥制品早期水化过程中重金属的浸出特性，本实验也研究了重金属浸出特性与养护时间的关系。具体实验条件设置见表 2。

表 2　毒性浸出实验的实验条件设置

项　目	HJ/T 299—2007	HJ/T 300—2007	TCLP	不同养护时间实验	浸取液不同 pH 值实验
振荡方式	双向式翻转振荡				
试样干基重量/g	150	100	100	150	150
浸取液	硫酸：硝酸＝2:1	冰醋酸	冰醋酸	硫酸：硝酸＝2:1	酸液或 NaOH 溶液
浸取液 pH 值	3.20±0.05	2.64±0.05	2.88±0.05	3.20±0.05	3.2、5.0、6.6、9.0、11.0、13.0
固液比	1:10	1:20	1:20	1:10	1:10
转速/(r/min)	30±2				
振荡时间/h	18±2				
滤液过滤	玻纤滤膜或微孔滤膜,孔径 $0.45\mu m$				
实验温度/℃	23±2				
样品粒径/mm	<9.5				

4. 重金属离子测量方法

对于固体样品，采用微波消解，而后对消解液过滤、酸化处理后，再利用原子吸收光谱仪测量其中的重金属离子含量。

对于浸出液，根据重金属离子浓度的高低，分别采用火焰原子吸收光谱法或石墨炉原子吸收光谱法，测量其中重金属离子的含量；仪器型号为普析通用的 TAS-990；水样的保存及测量参照 GB 5085.3—2007。

二、实验结果与讨论

1. 原材料及水泥产品中的重金属含量水平

（1）垃圾中的重金属含量

本研究对我国城市生活垃圾中重金属含量进行了数据统计，并实验测量了本研究所用生料中的重金属含量，结果见表3。

表3　生料及垃圾中各重金属的含量

样品名称	重金属含量水平	重金属含量/(mg/kg)							
		Cu	Zn	Cd	Pb	Cr	Ni	Mn	As
生料	最大量	92.7	487.0	0.5	414.0	85.8	29.3	587.4	43.5
	最小量	2.50	319.0	0.03	2.10	7.27	3.04	213.9	2.08
	平均值	47.6	399.0	0.12	204.0	49.3	21.1	435.2	22.7
干垃圾	最大量	1075.7	1994.1	199.4	844.4	1906.9	376.2	360.0	60.0
	最小量	0.35	6.43	0.00	0.00	0.44	43.3	170	0.75
	平均值	63.2	363.3	20.4	102.8	172.3	129.9	267.0	6.54
底渣	最大量	2106.5	10761.2	47.1	1147.1	2953.9	2462.6	901.4	1797.0
	最小量	102.0	232.0	0.05	35.9	36.24	27.3	668.8	1.90
	平均值	487.8	3003.3	18.0	320.8	157.8	591.6	701.8	775.6
飞灰	最大量	10662.0	29087.2	658.0	12809.9	5116.0	2520.0	945.1	1954.0
	最小量	113	310	0.08	33.6	28.2	5.71	21.2	15.6
	平均值	1586.7	8727.0	90.9	3210.62	1546.8	173.0	664.5	522.5

由表3可知：干垃圾中大部分重金属含量的平均值与生料中的平均值接近；按照一定的掺量，用水泥窑处置垃圾，窑系统内的重金属含量并不会显著增加，某些重金属还会被稀释；垃圾中 Cd 的含量比生料中的高，有可能引起窑系统内 Cd 的含量增加。

（2）重金属的掺量以及样品中的重金属含量

按照最大统计值的4倍，计算得出重金属掺量，并通过实验测量，得到生料、熟料及胶砂料中的重金属含量，结果见表4。

表4　重金属掺量及各样品中重金属含量

样　　品	重金属含量/(mg/kg)							
	Cu	Zn	Cd	Pb	Cr	Ni	Mn	As
未掺重金属生料	27.4	115.5	10.8	68.0	68.2	39.2	429.3	6.0
重金属掺量	412.7	1125.6	31.0	495.7	295.2	97.5	55.7	75.7
粉煤灰	486.0	96.4	7.2	107.3	155.1	118.1	118.0	10.0
掺重金属生料	448.2	1275.3	48.6	609.5	356.2	143.8	571.3	105.0
煅烧后熟料	616.7	1648.9	25.3	415.2	462.1	191.8	846.8	143.0
胶砂料	134.5	380.5	4.0	74.4	189.4	78.9	282.0	30.0

由表 4 可知：重金属掺入量中，Zn 的掺量最高，Pb、Cu、Cr 的掺量次之；生料中 Mn 含量较高，达到 Mn 掺入量的 7.7 倍，是熟料中 Mn 元素的主要来源。

2. 三种翻转振荡实验结果与分析

翻转振荡实验结果见表 5。

表 5　各种翻转振荡方法实验结果

实验方法	浸出液中重金属浓度/(μg/L)							
	Cu	Zn	Cd	Pb	Cr	Ni	Mn	As
HJ/T 299—2007	<0.25	13.0	<0.6	7.10	31.8	7.53	<0.5	46.3
TCLP	2.93	8.29	<0.6	<1.2	1291.5	35.2	1.09	60.6
HJ/T 300—2007	3567.5	5966.0	92.5	472.8	2719.5	1345.9	3117.3	577.6
GB 5085.3—2007 中允许最高浓度	100000	100000	1000	5000	5000(Cr^{6+}) 15000(总 Cr)	5000	—	5000

由表 5 可知：HJ/T 299—2007 方法下，浸出液中的重金属浓度均很低，其中 Cu、Cd、Mn 低于石墨炉原子吸收光谱法的检测下限，而 Cr^{6+} 浓度也仅有 31.8μg/L，低于 GB 3838—2002 中关于 II 类地表水的最高限制。这表明在酸性降雨的环境下，水泥产品中重金属的迁移性很小，不会对环境安全性造成危害。TCLP 方法下，Cr^{6+} 浓度达到 1291.5μg/L，Ni 离子浓度为 35.2μg/L，分别为 HJ/T 299—2007 方法下相应 Cr^{6+}、Ni 离子浓度的 40.6 倍、4.6 倍。两种方法下，其他重金属元素的浓度相差不大。

HJ/T 300—2007 方法下，各重金属浓度均急剧增大，除 Cr^{6+} 外，其他重金属的浓度比 TCLP 的结果高 2~3 个数量级；各重金属的浸出率见图 1。

由图 1 可知：除 Pb 以外，各重金属的浸出率均超过 20%，其中 Cu 的浸出率达 53.0%，Cd 为 46.2%，As 为 38.5%，Ni 为 34.1%，Zn 为 31.4%。这表明 pH = 2.64 的醋酸作为浸取液，其对重金属的萃取能力，远远超出了 TCLP 方法下 pH = 2.88 的醋酸。然而，即使在 HJ/T 300—

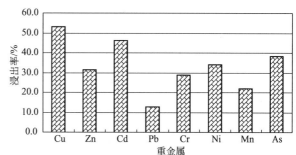

图 1　HJ/T 300—2007 方法下各重金属的浸出率

2007 方法下，相应浸出液中的重金属浓度亦远低于 GB 5085.3—2007 危险废物鉴别标准中的最高限值，说明将水泥产品即使用于环境恶劣的卫生填埋，在本研究的掺量下，重金属的浸出也不会对环境造成危害。

3. 浸取液初始 pH 值对浸出迁移性的影响

为研究不同 pH 值浸取液对重金属浸出迁移性的影响，本文选择了 pH 值分别为 3.2、5.0、6.6（去离子水）、9.0、11.0、13.0 的浸取液进行了研究，实验结果见表 6。

由表 6 可知：当浸取液初始 pH 值从 3.20 增加至 11.0 时，浸出液终了 pH 值基本保持不变；浸取液 pH 值为 13.0 时，浸出液 pH 值为 13.02，这说明水泥胶砂样品是一个碱性的缓冲体系，在实验设置的 pH 值范围内均能保持平衡。

表 6　不同浸取液初始 pH 值的实验结果

浸取液初始 pH 值	浸出液终了 pH 值	浸出液中重金属浓度/(µg/L)							
		Cu	Zn	Cd	Pb	Cr	Ni	Mn	As
3.20	12.65	<0.25	13.0	<0.6	7.10	31.8	7.53	<0.5	46.3
5.00	12.64	<0.25	14.0	<0.6	10.1	131.7	5.77	<0.5	43.5
6.6	12.61	<0.25	11.8	<0.6	7.28	121.7	11.1	<0.5	40.1
9.00	12.64	<0.25	11.8	<0.6	7.80	135.3	6.35	<0.5	36.3
11.00	12.58	184.3	205.8	<0.6	10.8	65.3	12.2	0.90	29.7
13.00	13.02	2.68	57.5	1.24	28.5	225.3	95.2	<0.5	20.6

　　当浸取液初始 pH 值低于 11 时，对应浸出液中 Cu、Cd、Mn 的浓度均低于石墨炉原子吸收仪的检测下限；浸出液中 Cu 的浓度峰值出现在 pH 值为 11.0 的浸取液中，其浓度达到 184.3µg/L，这是因为在 pH 值为 11 时，Cu^{2+} 形成溶解性很强的 CuO_2^{2-} 离子而发生浸出迁移；浸出液中 Cd 的浓度在 pH 值为 13 时的测量结果为 1.24µg/L，这是因为 Cd^{2+} 在 pH 值为 13 时能形成 CdO_2^{2-} 而发生浸出迁移。

　　各重金属的浸出浓度随浸取液初始 pH 值的变化规律见图 2。随着浸取液 pH 值的增加，浸出液中 Zn 的浓度峰值出现在 pH 值为 11.0 的浸取液中，其浓度达到 205.8µg/L，这是因为在 pH 值为 11 时，Zn^{2+} 形成溶解性很强的 ZnO_2^{2-} 离子而发生浸出迁移，当

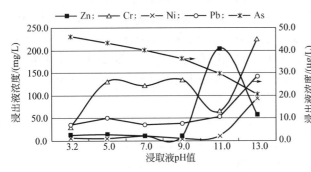

图 2　各重金属离子浓度随浸取液 pH 值的变化

pH 值增大至 13 时，则易形成了 $CaZn_2(OH)_6 \cdot 2H_2O$，而使得 Zn 的浸出迁移性减小。

　　而 Pb、Cr、Ni 的峰值浓度则出现在 pH 值为 13.0 的浸取液中，其浓度分别为 28.5µg/L、225.3µg/L、95.2µg/L；Ni 在 pH 值为 13 时容易形成 $HNiO_2^-$ 而迁移浸出。

　　As 的浸出规律与其他金属不同，其浓度随着浸取液初始 pH 值的增大而减小。这是因为经过煅烧之后，As 元素主要以 As^{5+} 的形式存在，在强碱性的环境中，AsO_4^{3-} 离子非常稳定，且容易被 $Ca(OH)_2$ 吸附、封固；而随着浸取液酸性的增强，AsO_4^{3-} 的迁移性变强。

　　由上述分析可知：在强碱性条件下，大部分重金属的浸出浓度均增加了，但除 Cr^{6+} 以外，其他重金属离子浓度仍低于 GB 3838—2002 中关于Ⅲ类地表水的最高限制。此外，重金属浓度的增加，主要取决于浸取液的初始 pH 值，与浸出液的终了 pH 值关系不大。因此可以认为：水泥产品在通常使用状况中，即使在酸雨的淋漓下，其中重金属的浸出迁移不会对环境造成危害；如在 pH 值≥11 的强碱性环境中使用，则需进一步控制其中的重金属含量，尤其是 Cr^{6+} 的含量。

4. 养护时间对浸出毒性的影响

　　为研究在水泥制品早期水化过程中重金属浸出迁移性，本文将水泥试块分别养护 1d、

3d、7d、28d 后进行浸出实验，实验结果见表 7。

表 7　养护时间对重金属浸出迁移性的实验结果

养护时间 /d	浸出液终了 pH 值	浸出液中重金属浓度/$(\mu g/L)$							
		Cu	Zn	Cd	Pb	Cr	Ni	Mn	As
1	12.44	3.68	20.2	<0.6	25.7	34.4	17.5	<0.5	35.4
3	12.43	2.68	18.5	<0.6	15.0	31.7	17.5	<0.5	35.4
7	12.44	0.68	13.9	<0.6	8.33	27.1	6.94	<0.5	31.6
14	12.46	<0.25	14.0	<0.6	6.93	28.9	8.71	<0.5	35.9
28	12.65	<0.25	13.0	<0.6	7.11	21.8	7.53	<0.5	33.5

由表 7 可知：养护 1d 后，浸出液的终了 pH 值已经能保持在 12.45 附近；养护 28d 后，浸出液的 pH 值增大至 12.65，说明水泥制品在水化过程中，其碱性缓冲体系稳定，水泥制品水化完全后，具有更强的碱性缓冲体系。

在不同养护时间下，浸出液中 Cd、Mn 的浓度均低于石墨炉原子吸收光谱仪的检测下限，说明在水泥制品水化早期，Cd、Mn 浸出迁移性也很弱，这是由于 Cd、Mn 元素主要被水化初期产物中的氢氧化物［$Ca(OH)_2$］所固结，因此浸出迁移性很弱。

浸出液中各重金属离子浓度随养护时间的变化结果见图 3。浸出液中 Cu、Zn、Pb、Ni 的浓度，随着养护时间的增加而逐渐减小，养护时间为 7d 后，浸出液中的浓度基本不变；浸出液中 Cr 的浓度，也随着养护时间的增加而逐渐减小，但在养护 28d 后，才达到最小值；随着养护时间的增加，浸出液中 As 的浓度变化不大。这是因为 Cu、Zn、Pb、Ni 主要被水化中后期的 C-S-H 胶凝相以及 AFm 低硫型水化硫铝酸钙固结，因此养护 7d 后，浸出迁移性已很弱。

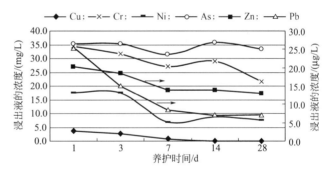

图 3　各重金属离子浓度随养护时间的变化

由以上分析可知：在水化早期，各重金属离子具有更强的浸出迁移性；而水泥样品水化越彻底，其对重金属固化效果越好。此外，所有浸出液中重金属离子的浓度均低于 GB 3838—2002 中关于 II 类地表水的最高限制，说明在本研究的掺量下，即使在水化早期，重金属的浸出迁移也不会对环境造成危害。

三、小结

通过上述的实验分析和研究，可形成如下共识：

① 在酸性降雨的环境下，水泥产品中重金属的迁移性很小，不会对环境安全性造成危害；即使用于环境恶劣的卫生填埋，在本研究的掺量下，重金属也不会对环境造成浸出危害。

② 浸取液初始 pH 值对重金属的浸出迁移性有影响，在强碱性条件下，重金属的浸出迁移性增强，在 pH 值≥11 的强碱性环境中，则需进一步控制水泥产品中的重金属含量，尤其是 Cr^{6+} 的含量。

③ 在水化早期，Cu、Zn、Pb、Cr、Ni 具有更强的浸出迁移性，但其浸出水平均低于 GB 3838—2002 中关于Ⅱ类地表水的最高限制，不会对环境安全性造成危害。

➡ 参考文献

[1] 蔡玉良，辛美静，杨学权. 利用水泥生产技术处置城市生活垃圾的经济运行过程分析. 中国水泥，2006，10：26-30.

[2] E. K. Mantus, K. Kelly, G. A. Pascoe. All fired up-burning hazardous waste in cement kilns. Environmental Toxicology International, Seattle, WA, 1992.

[3] K. H. Karstensen. Burning hazardous waste as co-fuel in a cement kiln-does it affect the environmental quality of cement?. Stud Environ Sci, 1994, 60：433-452.

[4] W. Wdward, Kleppinger. Cement clinker：an environmental sink for residues from hazardous waste treatment in cement kilns. Waste Management, 1993, 13 (8)：553-572.

[5] M. Achternbosch, K. R. Bräutigam, N. Hartlieb, C. Kupsch. Heavy metals in cement and concrete resulting from the co-incineration of wastes in cement kilns with regard to the legitimacy of waste utilisation. Wissenschaftliche Berichte FZKA, 2003, 6923：1-187.

[6] I. SercleÂrata, P. Moszkowicz. Retention mechanisms in mortars of the trace metals contained in Portland cement clinkers. Waste Management, 2000, 20：259-264.

不同 pH 值浸取液对重金属长期浸出行为的影响

李　波　王　君　杨学权　辛美静　蔡玉良

利用水泥窑处置城市生活垃圾已成为我国生活垃圾资源化处置技术的重要发展方向之一。然而我国城市生活垃圾来源复杂，预处理尚未达到精细化水平，难免会在收集过程中混入高含量的各类重金属。经过水泥窑处理后，垃圾中大部分重金属最终会被固化于水泥中。在后续水泥产品的长期使用过程中，重金属可能会随着周边环境的变化而发生浸出迁移，其迁移量对环境的影响程度，已成为人们关注的焦点。

目前国内外主要通过水泥胶砂、混凝土等制品的浸出实验，来评价重金属对环境的影响。各个国家的浸出实验方法在样品粒径、浸取液 pH 值、振荡方式等方面有所不同，但大部分的方法均属于典型实验室条件下的快速浸出实验。比如在我国应用较多的 TCLP 法、SPLP 法，以及我国标准 HJ/T 299—2007、HJ/T 300—2007 等，其浸出时间均不超过 24h，浸出过程一次性完成，这些都与水泥制品的实际使用条件相差甚远。因此，由这些实验方法得到的结果并不能有效反映重金属的长期浸出迁移行为。

为此，本研究在参考 GB 7023—86 的实验方法上，设计了更新浸取液的长期浸出实验。在酸性环境中，金属易形成可溶性氧化物，而溶解性变得更强，pH 值被认为是决定金属浸出性能最重要的影响因素。考虑到水泥制品在实际应用过程中，雨水尤其酸雨的反复淋滤是较为苛刻的场景，因此，本研究根据我国酸雨区降水的酸度和酸雨的类型，选取浓 H_2SO_4：浓 HNO_3＝2：1（质量比）的混合酸，配制了 pH 值为 3.2、5.0 的酸液作为浸取液；通过使水泥胶砂圆柱体试件与浸取液浸泡接触，研究 Cu、Cd、Pb、Cr、Mn、As、Cd 等元素的长期浸出行为。

一、原材料与实验方法

1. 材料与试剂

本研究通过合格水泥生料预混重金属烧制水泥熟料，具体过程如文献［3］所述。按照水泥：砂：水＝1：3：0.5 的配比制备 ϕ50mm×50mm 的圆柱体胶砂试件，标准条件下养护 28d。

浸取液为质量比为 2：1 的浓硫酸与浓硝酸混合液，经去离子水稀释配制成 pH 值为 3.2、5.0 的酸溶液。浓硫酸与浓硝酸均为优级纯试剂。

2. 长期浸泡实验方法

将圆柱体水泥胶砂试件的上下端面用零号砂纸磨光，以适当方式除去粉尘；用尼龙丝将试件悬挂于浸泡容器中，加入浸取液后，应使样品在各个方向上至少被 1cm

厚的浸取液所包围；浸出时不允许搅动溶液，在每个浸出周期内必须将浸泡容器盖严。

按规定的浸泡周期从浸泡容器中取出试件，立即将其转移至放有新鲜浸取液的另一容器中，在转移时样品不预干燥。浸泡周期的设置见表1。

表1 长期浸出实验条件设置

项 目	本实验	GB 7023—86 规范要求
样品尺寸/mm	$\phi=50, H=50$	圆柱体试件，长径比等于或稍大于1
样品表面积/cm²	117.8	10～5000
浸取液	硫酸：硝酸=2：1的酸液；去离子水	去离子水
液固比 $\left[\dfrac{浸取液体积(mL)}{样品几何面积(cm^2)}\right]$	10	10～15
实验温度/℃	室温	25±5

3. 重金属含量测量方法

对于固体样品，先用微波消解仪将其消解，消解液经过滤、酸化处理后，利用原子吸收光谱仪测量其中的重金属含量。

对于各个周期的浸出液，根据重金属离子浓度的高低，分别采用火焰原子吸收光谱法或石墨炉原子吸收光谱法，测量其中重金属离子的含量；仪器型号为普析通用 TAS-990；水样的保存及测量参照 GB 5085.3—2007。

二、结果与分析

1. 浸出液 pH 值随浸泡时间的变化

浸出液 pH 值变化见图1。

由图1可知，浸出液的 pH 值与浸取液初始 pH 值有关，随着浸取液初始 pH 值的增加，浸出液的 pH 值也增大，但变化程度不大。例如当浸泡14d 时，浸取液的 pH 值由3.2增大至6.6，对应的浸出液 pH 值相应增加，分别为11.74、11.81、11.85，增加的幅度不大。这表明水泥胶砂试件是一种强碱性缓冲体系，在实验所设酸度范围内，能够将浸出液维持在比较恒定的 pH 值。

从图1还可看出，随着浸泡周期的延长，浸出液的 pH 值逐渐减小。浸出液最大 pH 值出现在浸泡 3d 时，而浸泡28d 后，浸出液的 pH 值下降较快，到浸泡120d 时达到最低值。这表明在1～3d 的浸泡周期内，OH⁻离子交换的速率大，交换的数量也多，而在 90～120d 的浸泡周期内，OH⁻离子交换的速率和数量少。这表明浸出过程最初发生在试件表面，而后向

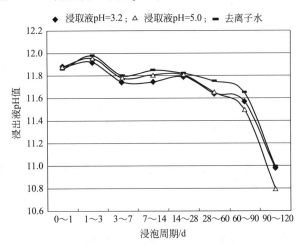

图1 浸出液 pH 值随浸泡周期的变化趋势

试件内部扩散。

2. 重金属离子浸出浓度

（1）Cd、Mn、As

在 pH 值为 3.2 酸液的浸泡下，Cd、Mn、As 三种元素的浓度均低于石墨炉原子吸收仪的检测下限。

（2）Cu

浸出液中 Cu 的浓度随浸泡周期的变化见图 2；图 3 所示为浸出液中 Cu 的累积浸出量随浸泡周期的变化关系。

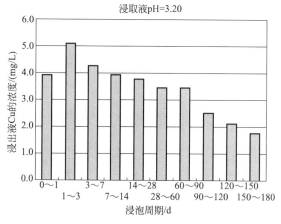

图 2　浸出液中 Cu 的浓度与浸泡
周期的关系

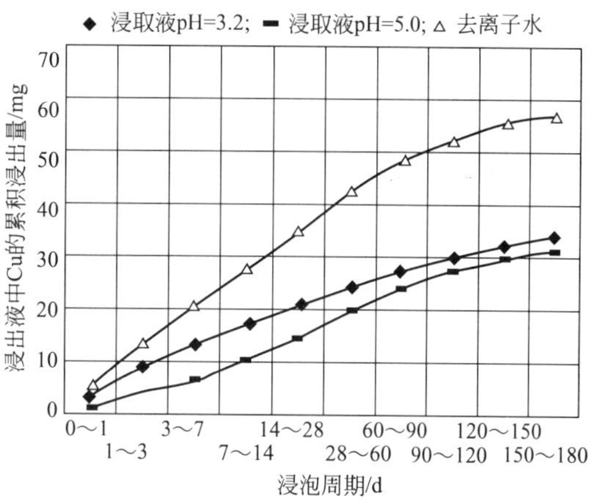

图 3　浸出液中 Cu 的累积浸出量

由图 2 可知，在同一 pH 值的浸取液内，随着浸泡周期的增加，浸出液中 Cu 的浓度出现了先增加后减小的趋势；在浸取液 pH 值为 3.2 时，浸出液中 Cu 的浓度在浸泡 3d 后达到峰值，随后呈现逐渐下降的趋势。由图 3 可知，浸出液中 Cu 的累积浸出量随着浸泡周期的延长而近似线性增大，但在浸泡 180d 后，累积浸出量的增加趋于平缓，说明在浸泡 180d 后，Cu 元素已基本不浸出。由图 3 还可看出，当浸取液的 pH 值为 3.2 与 5.0 时，Cu 的累积浸出量在实验的浸泡周期内均相差不大；当浸取液为去离子水时，Cu 的累积浸出量较大。

（3）Cr

浸出液中 Cr(Ⅵ) 的浓度随浸泡周期的变化见图 4；图 5 所示为浸出液中 Cr(Ⅵ) 的累积浸出量随浸泡周期的变化关系。

由图 4 可知，随着浸泡周期的增加，浸出液中 Cr(Ⅵ) 的浓度与 Cu 的趋势类似，但是 Cr(Ⅵ) 的浓度比 Cu 的高出一个数量级，说明 Cr(Ⅵ) 的浸出性更强；浸出液中 Cr(Ⅵ) 的浓度在浸泡 3d 后达到峰值，随后出现下降的趋势。由图 5 可知，浸出液中 Cr(Ⅵ) 的累积浸出量随着浸泡周期的延长而线性增大；但在浸泡 180d 后，累积浸出量的增加趋于平缓，说明在浸泡 180d 后，Cr(Ⅵ) 元素已基本不浸出；此外，浸取液酸度对 Cr(Ⅵ) 有一定的影响，浸取液 pH 值为 3.2 时，累积浸出量在实验的浸泡周期内均最大；而浸取液 pH 值为 5.0 时，浸出液的 Cr(Ⅵ) 浓度小于浸取液为去离子水时的浓度，但两者相差不大。

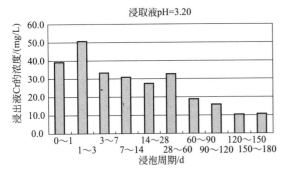

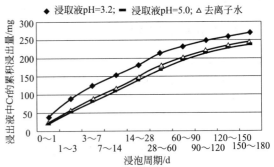

图 4　浸出液中 Cr(Ⅵ) 的浓度与
浸泡周期的关系

图 5　浸出液中 Cr(Ⅵ) 的累积浸出量

（4）Ni

浸出液中 Ni 的浓度随浸泡周期的变化见图 6；浸出液中 Ni 的累积浸出量随浸泡周期的变化关系见图 7。

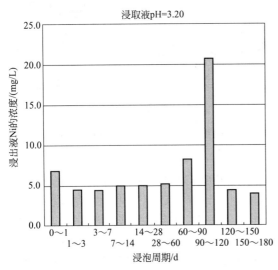

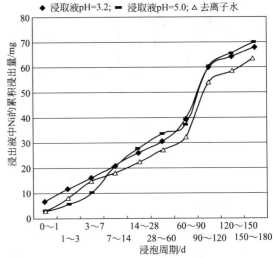

图 6　浸出液中 Ni 的浓度与浸泡
周期的关系

图 7　浸出液中 Ni 的累积浸出量

由图 6 可知，随着浸泡周期的增加，浸出液中 Ni 的浓度开始变化不大，到浸泡 90d 后开始增大，浸泡 120d 后达到峰值，随后浸出浓度又减小。由图 7 可知，在浸泡 90d 内，浸出液中 Ni 的累积浸出量随着浸泡周期的延长而线性增大，在浸泡 120d 后增大较多。此外，浸取液的 pH 值为 3.2 与 5.0 时，Ni 的累积浸出量在试验的浸泡周期内均相差不大；而当浸取液为去离子水时，Ni 的累积浸出量较小，比如在浸泡 120d 后，与浸取液 pH 值为 3.2 的相比，去离子水中 Ni 的累积浸出量减小了 10.8%。

（5）Pb

浸出液中 Pb 的浓度随浸泡周期的变化见图 8；浸出液 Pb 的累积浸出量随浸泡周期的变化关系见图 9。

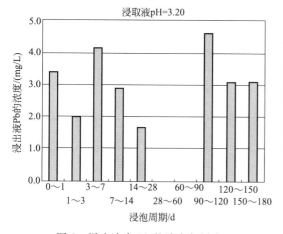

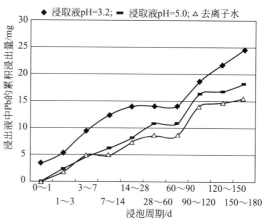

图 8 浸出液中 Pb 的浓度与浸泡
周期的关系

图 9 浸出液中 Pb 的累积浸出量

由图 8 可知：随着浸泡周期的增加，浸出液中 Pb 的浓度变化没有明显的规律性，浸出液中 Pb 的浓度在浸泡 7d 后达到高值，随后出现下降的趋势，在浸泡至 60d 后，浸出液中 Pb 的浓度已经低于石墨炉原子吸收仪的检测下限，但在浸泡 120d 后又增大。由图 9 可知：浸出液中 Pb 的累积浸出量随着浸泡周期的延长先增大，浸泡 60d 后，累积浸出量已经平缓；浸泡 90d 后，Pb 的累积浸出量又继续增大。此外浸取液酸度对 Pb 的浓度有影响，浸取液 pH 值为 3.2 时，Pb 的累积浸出量最大，而浸取液为去离子水时，Pb 的累积浸出量最小。

3. 固化率

重金属的固化率可按式(1) 计算：

$$固化率 = \left(1 - \frac{m_{浸出量}}{m_{试块}}\right) \times 100\% \tag{1}$$

式中　$m_{浸出量}$——浸出液中各重金属离子的累积浸出量，mg；

　　　$m_{试块}$——浸泡试块中重金属含量，mg。

本实验中，试块中重金属含量是通过实验而得，重金属固化率采用浸泡周期截至 180d 的数据，固化率的计算结果见图 10。

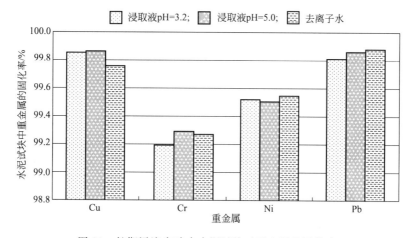

图 10 长期浸泡实验中水泥试块对重金属的固化率

由图 10 还可知：浸泡至 180d 后，水泥试块对各种重金属的固化率均在 99％以上，包括 Cr（Ⅵ），其最小固化率也达到 99.2％。这说明在此掺量下，重金属得到了良好的固化，不会对环境产生危害，而 Cr（Ⅵ）的浸出性较强，最好控制添加量或采取还原、沉淀或吸附等手段减少其危害。

4. 表面浸出率

水泥制品的安全评价中，表面浸出率是一个很重要的参数，表面浸出率越低，安全性越高。表面浸出率按式（2）计算：

$$P_n^i = \frac{\dfrac{m_n^i}{m_0^i}}{\left[\left(\dfrac{S}{V}\right) t_n\right]} \tag{2}$$

式中　P_n^i——第 n 浸出周期第 i 组分的浸出率，cm/d；

　　　m_n^i——第 n 浸出周期内第 i 组分的质量，mg；

　　　m_0^i——试块中第 i 组分的初始质量，mg；

　　　S——试块与浸取液接触的几何面积，cm²；

　　　V——浸泡试块的体积，cm³；

　　　t_n——第 n 浸泡周期的持续天数，d。

Cu、Cr、Ni、Pb 的表面浸出率见图 11～图 14。

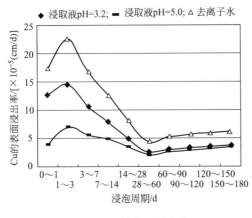

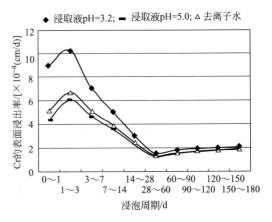

图 11　Cu 的表面浸出率　　　　　图 12　Cr（Ⅵ）的表面浸出率

由图 11～图 14 可知：各种金属在浸泡早期（0～3d），表面浸出率达到最大值，基本都在 10^{-4}cm/d 的数量级，可见，重金属离子在浸泡早期浸出性强，这也与图 1 浸出液 pH 值的分析结果相一致。这是因为在浸泡早期，圆柱体试件表面的机械固封作用弱，在水分子的作用下，试件表层的重金属离子控制着浸出速率，表层的重金属离子逐渐扩散出来，因此浸出速率快，早期的表面浸出率大。

随着浸泡周期的延长，表面浸出率逐渐减小，在浸泡 60d 后，各重金属离子的表面浸出率趋于稳定，处于 10^{-5}cm/d 的数量级。这是因为随着表层的重金属离子的溶解，试件内部的重金属向表面扩散的过程逐步占主导地位；由于试件具有良好的密闭性，重金属向试件表面的扩散是一个极其缓慢的过程，因此在浸泡后期，重金属扩散浸出率减小；当重金属的扩散迁移达到平衡时重金属的浸出率趋于平缓。

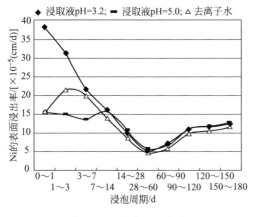

图 13　Ni 的表面浸出率

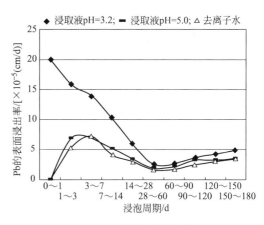

图 14　Pb 的表面浸出率

对 Cu 来说，在实验的浸泡周期内，当浸取液为去离子水时，其表面浸出率最大，浸取液 pH 值为 3.2 时，其值次之，浸取液 pH 值为 5.0 时，其值最小；三种浸泡条件下的最大表面浸出率均出现在 1～3d 的浸泡周期内；当浸泡 60d 后，三种浸泡条件下的表面浸出率均基本稳定。

对 Cr(Ⅵ) 来说，在浸泡周期为 60d 内，当浸取液 pH 值为 3.2 时，Cr(Ⅵ) 表面浸出率最大，浸取液 pH 值为 5.0 时表面浸出率比浸取液为去离子水时的值稍小，但相差不多；三种浸泡条件下的最大表面浸出率均出现在 1～3d 的浸泡周期内。当浸泡 60d 后，三种浸泡条件下的表面浸出率已相差不大，达到稳定。

对 Ni 来说，在浸泡周期为 14d 内，当浸取液 pH 值为 3.2 时，Ni 的表面浸出率最大，且最大值出现在浸泡 0～1d 的浸泡周期内；浸取液 pH 值为 5.0 时的表面浸出率比浸取液为去离子水时的值小；当浸泡 14d 后，三种浸取液条件下的浸出率变化趋势基本一致。

对 Pb 来说，在浸泡周期为 60d 内，当浸取液 pH 值为 3.2 时，Pb 的表面浸出率最大，且最大值出现在浸泡 0～1d 的浸泡周期内；浸取液 pH 值为 5.0 时的表面浸出率比浸取液为去离子水时的值稍大，但相差不多；当浸泡 60d 后，表面浸出率基本稳定，与浸取液的 pH 值关系不大。

三、小结

本文研究了浸取液酸度对重金属长期浸出特性的影响，结果表明：水泥样品是一种强碱性缓冲体系，能够维持浸出液 pH 值的稳定，浸取液的初始 pH 值对浸出液 pH 值影响不大。

本研究中，即使在 pH 值为 3.2 的酸液浸泡下，Cd、Mn、As 三种元素的浓度均低于石墨炉原子吸收仪的检测下限；Cu 在水溶液中仍然具有较强的浸出性；而 Cd、Pb、Cr(Ⅵ) 的累积浸出量和表面浸出率随着浸取液 pH 值的增大而增大，说明浸取液酸度越强，其浸出性也越强。

浸泡至 180d 后，水泥试块对各种重金属的固化率均在 99％以上，包括 Cr(Ⅵ)，其固化率也达到 99.2％，且表面浸出率也由 10^{-4} cm/d 降至 10^{-5} cm/d，这说明水泥产品中重金属离子的迁移是一个长期而缓慢的过程，在此添加量下，重金属离子不会对环境产生危害。

参考文献

[1] 乔龄山. 水泥厂利用废弃物的有关问题（五）——水泥厂利用废弃物的基本准则. 水泥，2003，5：1-9.

[2] K. H. Karstensen. Burning hazardous waste as co-fuel in a cement kiln-does it affect the environmental quality of cement?. Stud Environ Sci，1994，60：433-452.

[3] 李波，蔡玉良等. 水泥窑处置城市生活垃圾后续产品中重金属的浸出迁移性研究. 中国水泥，2010.

[4] 黄健，吴笑梅等. 用城市生活垃圾焚烧炉渣制备水泥其制品的环境安全性评价. 水泥，2008，6：1-5.

养护时间对水泥制品中重金属浸出特性的影响

王　君　李　波　杨学权　辛美静　蔡玉良

水泥的水化是一个极为复杂的过程。加入水后，水泥中的 C_3S、C_2S、C_3A、C_4AF 之间相互作用，不断反应，生成 C-S-H 硅酸盐胶体、CH、AFt 以及 AFm 等。通常认为硅酸盐水泥制品的水化过程在 28d 内基本完成。当生料中掺有微量重金属煅烧时，这些重金属大部分被固化在熟料中。在水泥水化过程中，熟料中的重金属可以通过吸附、化学反应、沉降、离子交换、表面络合等多种方式参与反应，最终以氢氧化物或络合物的形式被水泥的水化产物（如 C-S-H）固化。由于水化产物随着水化的进程而不断生成，因此水泥制品中重金属的浸出特性与其养护时间密切相关。

目前各国开发了多种浸出实验方法，以评价水泥制品中重金属对环境的影响。但大部分方法着重于研究水泥制品养护 28d 后的情况，此时水泥的水化已基本完成，重金属得到良好的固化。然而在水泥水化早期过程中，重金属离子的渗出特性，缺乏相应的研究。为此，本文通过合格水泥生料预混重金属烧制水泥熟料，并制备圆柱体水泥胶砂试件，研究了试件在养护 3d、7d、28d 后，其中 As、Cd、Cu、Cr、Pb、Mn、Ni 等重金属离子的浸出特性，以此来评定水泥制品水化早期过程中的环境安全性。

一、原材料与实验方法

1. 材料与试剂

本研究通过合格水泥生料预混重金属，在实验电炉内烧制了水泥熟料，具体过程如文献 [3] 所述。按照水泥∶砂∶水＝1∶3∶0.5 的配比制备 $\phi50\text{mm}\times50\text{mm}$ 圆柱形水泥胶砂试件，标准条件下分别养护 3d、7d、28d。

浸取液为去离子水。

2. 长期浸泡实验方法

将圆柱体水泥胶砂试件处理后，用尼龙丝将其悬挂于浸泡容器中，具体操作见文献 [3]。

3. 重金属含量测量方法

对于各个周期的浸出液，根据重金属离子浓度的高低，分别采用火焰原子吸收光谱法或石墨炉原子吸收光谱法，测量其中重金属离子的含量；仪器型号为普析通用 TAS-990。水样的处理、保存及测量参照 GB 5085.3—2007。

二、结果与分析

1. 重金属离子浸出浓度

（1）元素浓度

在不同的养护时间、所有的浸泡周期内，三种元素的浓度分别为 Cd<0.6μg/L，Mn<0.5μg/L，As<1.2μg/L，均低于石墨炉原子吸收仪的检测下限。

（2）Cu

浸出液中 Cu 的浓度随浸泡周期的变化见图 1；图 2 所示为浸出液中 Cu 的累积浸出量随浸泡周期的变化关系。

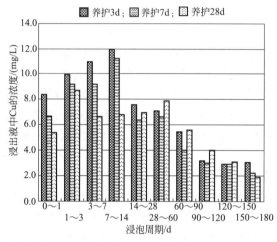

图 1　Cu 的浓度与浸泡周期的关系　　　　图 2　不同养护时间下 Cu 的累积浸出量

由图 1 可知，对同一养护时间的试件，随着浸泡周期的增加，浸出液中 Cu 的浓度出现了先增加后减小的趋势，如在养护时间为 3d 时，浸出液中 Cu 的浓度在浸泡 14d 后达到峰值，随后呈现下降的趋势。

由图 2 可知，浸出液中 Cu 的累积浸出量随着浸泡周期的延长而增大，在浸泡 180d 后趋于平缓，说明在浸泡 180d 时，Cu 元素浸出量已很少。由图 2 还可看出，不同养护时间对 Cu 的浸出性有一定的影响，养护 3d 的试件，其浸出液中 Cu 的累积浸出量最大，养护 28d 的试件，其浸出液中 Cu 的累积浸出量最小。如在浸泡 180d 后，养护 3d、7d、28d 的试件，其浸出液中对应的累积浸出量分别为 70.9μg、61.6μg、57.3μg；养护 3d 的试件，其 Cu 的累积浸出量比养护 7d 的值、养护 28d 的值分别增加了 15.1% 和 23.7%，这说明在水泥试件水化早期，Cu 的浸出性较强。

（3）Pb

浸出液中 Pb 的浓度随浸泡周期的变化见图 3；图 4 所示为浸出液中 Pb 的累积浸出量随浸泡周期的变化关系。

由图 3 可知：随着浸泡周期的增加，浸出液中 Pb 的浓度也出现先增大再减小的趋势，在 0~1d 的浸泡周期内，浸出液中 Pb 的浓度低于石墨炉原子吸收光谱仪的检测下限。

由图 4 可知：浸出液中 Pb 的累积浸出量随着浸泡周期的延长先增大，达到 60d 后，累

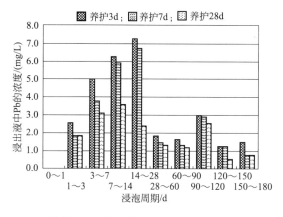

图 3 Pb 的浓度与浸泡周期的关系

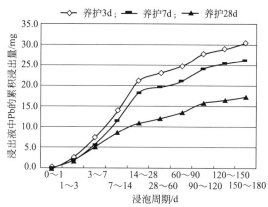

图 4 不同养护时间 Pb 的累积浸出量

积浸出量已经平缓。此外，不同养护时间对 Pb 的浸出性有一定的影响，养护 3d、7d 的试件，其浸出液中 Pb 的累积浸出量较高，养护 28d 的试件，其浸出液中 Pb 的累积浸出量最小。如在浸泡 180d 后，养护 3d、7d、28d 的试件，其浸出液中对应的累积浸出量分别为 30.3μg、26.0μg、17.2μg；养护 3d、7d 的试件，其 Pb 的累积浸出量分别比养护 28d 的值增加了 76.2%和 51.2%，这说明在水泥试件水化早期，Pb 也具有更强的浸出性。

（4）Ni

浸出液中 Ni 的浓度随浸泡周期的变化见图 5；图 6 所示为浸出液中 Ni 的累积浸出量随浸泡周期的变化关系。

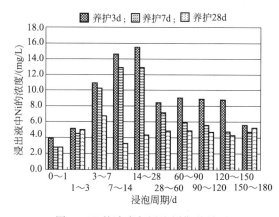

图 5 Ni 的浓度与浸泡周期的关系

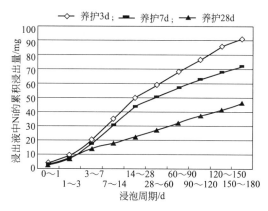

图 6 不同养护时间 Ni 的累积浸出量

由图 5 可知：对于实验中所有试件，其浸出液中 Ni 的浓度出现了先增大后减小的趋势。由图 6 可知：浸出液中 Ni 的累积浸出量随着浸泡周期的延长而增大；在浸泡 180d 后，Ni 的累积浸出量仍呈现增加的趋势；不同的养护时间对 Ni 的浸出有一定的影响，养护 3d、7d 的试件，其浸出液中 Ni 的累积浸出量较高，养护 28d 的试件，其浸出液中 Ni 的累积浸出量最小。如在浸泡 180d 后，养护 3d、7d、28d 的试件，其浸出液中对应的累积浸出量分别为 91.6μg、72.2μg、46.6μg；养护 3d、7d 的试件，其 Ni 的累积浸出量分别比养护 28d 的值增加了 96.6%和 54.9%，这说明在水泥试件水化早期，Ni 也具有更强的浸出性。

（5）Cr(Ⅵ)

浸出液中 Cr(Ⅵ) 的浓度随浸泡周期的变化见图 7；图 8 所示为浸出液中 Cr(Ⅵ) 的累积浸出量随浸泡周期的变化关系。

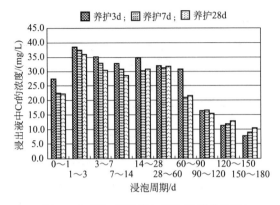

图 7　Cr(Ⅵ) 的浓度与浸泡周期的关系

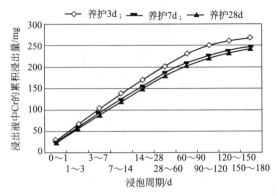

图 8　不同养护时间 Cr(Ⅵ) 的累积浸出量

由图 7 可知：对于同一养护时间下的试件，在浸泡 90d 内，其浸出液中 Cr(Ⅵ) 的浓度变化不大；但是 Cr(Ⅵ) 的浓度比 Cu 的高出一个数量级，说明 Cr(Ⅵ) 具有更强的浸出性。

由图 8 可知：浸出液中 Cr(Ⅵ) 的累积浸出量随着浸泡周期的延长而线性增大；浸泡 180d 后趋于平缓，说明在浸泡 180d 后，Cr(Ⅵ) 的浸出量已很少。此外，试件的养护时间对 Cr(Ⅵ) 的浸出性影响不大，在实验设置的浸泡周期内，养护 3d 的试件，其累积浸出量稍大，养护 7d 与 28d 的试件，其累积浸出量很接近。如在浸泡 180d 后，养护 3d、7d、28d 的试件，其浸出液中对应的累积浸出量分别为 268.4μg、245.8μg、241.9μg；养护 3d 的试件，其 Cr(Ⅵ) 的累积浸出量比养护 7d 的值、养护 28d 的值只分别增加了 9.2% 和 11.0%，这说明即使在水泥制品水化完全的情况下，Cr(Ⅵ) 仍然具有很强的浸出特性。

（6）小结

不同养护时间下各重金属累积浸出量的数据见表 1。

表 1　浸泡 180d 后各重金属累积浸出量对比

重金属类别	累积浸出量/μg			浸出增量/%	
	养护 3d (m_1)	养护 7d (m_2)	养护 28d (m_3)	$\dfrac{m_1-m_3}{m_3}\times100\%$	$\dfrac{m_2-m_3}{m_3}\times100\%$
Cu	70.9	61.6	57.3	23.7	7.5
Pb	30.3	26.0	17.2	76.2	51.2
Ni	91.6	72.2	46.6	96.6	54.9
Cr(Ⅵ)	268.4	245.8	241.9	11.0	1.6

由表 1 可知：Cu 的累积浸出量在养护 3d 后较大，养护 7d 后，其浸出量与养护 28d 的相差不大；Pb、Ni 在养护 3d、7d 后，其浸出量均比养护 28d 的大大增加；而 Cr(Ⅵ) 养护 3d 后，其浸出量与养护 28d 的接近，养护 7d 后，其浸出量与 28d 的相差无几。

2. 表面浸出率

水泥制品的安全评价中，表面浸出率是一个很重要的参数，表面浸出率越低，安全性越高。不同养护时间下重金属的表面浸出率的计算公式见文献［3］，计算结果见图9～图12。

（1）Cu

由图9可知：在实验设置的浸泡周期内，养护3d的试件，Cu的表面浸出率最大，养护7d的次之，养护28d的最小；尤其在浸泡60d内，三种养护时间下的差值比较明显。如养护3d、7d、28d的试件，在浸泡周期为1～3d时，其相应的表面浸出率分别为29.6×10^{-5}cm/d、25.5×10^{-5}cm/d、22.7×10^{-5}cm/d；养护3d的试件，其Cu的表面浸出率比养护7d的值、养护28d的值分别增加了16.1%和30.4%。在浸泡60d后，三种养护时间下的试件，Cu的表面浸出率已相差不大，且趋于平稳。

（2）Pb

由图10可知：在实验设置的浸泡周期内，养护3d的试件，Pb的表面浸出率最大，养护7d的次之，养护28d的最小；养护3d、7d、28d的试件，其相应的最大表面浸出率分别为11.5×10^{-5}cm/d、9.5×10^{-5}cm/d、7.2×10^{-5}cm/d；养护3d、7d的试件，其Pb的表面浸出率分别比养护28d的值增加了59.7%和31.9%，说明在早期水化过程中，Pb离子具有更强的浸出性。在浸泡60d后，三种养护时间下的试件，Pb的表面浸出率均趋于稳定。

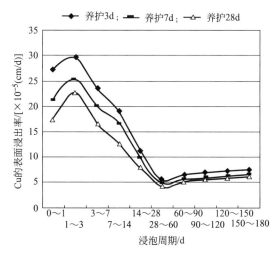

图9 不同养护时间下Cu的表面浸出率

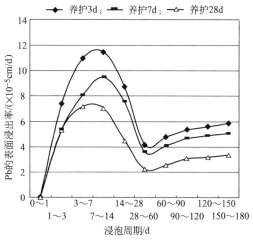

图10 不同养护时间下Pb的表面浸出率

（3）Ni

由图11可知：在浸泡3d后，养护3d的试件，Ni的表面浸出率最大，养护7d的次之，养护28d的最小；养护3d、7d、28d的试件，其相应的最大表面浸出率分别为27.7×10^{-5}cm/d、24.2×10^{-5}cm/d、21.4×10^{-5}cm/d；养护3d、7d的试件，其Ni的表面浸出率分别比养护28d的值增加了29.4%和13.1%，说明在早期水化过程中，Ni离子具有更强的浸出性。在浸泡120d后，三种养护时间下的试件，Ni的表面浸出率趋于平稳。

（4）Cr(Ⅵ)

由图12可知：在实验设置的浸泡周期内，养护3d的试件，Cr(Ⅵ)的表面浸出率稍大，

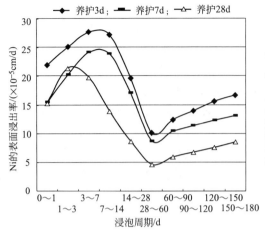
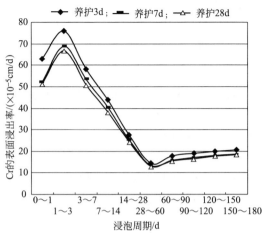

图 11　不同养护时间下 Ni 的表面浸出率　　　　图 12　不同养护时间下 Cr(Ⅵ) 的表面浸出率

养护 7d 的与养护 28d 的相差不多；养护 3d、7d、28d 的试件，其相应的最大表面浸出率分别为 $75.8 \times 10^{-5}\,\text{cm/d}$、$69.0 \times 10^{-5}\,\text{cm/d}$、$66.6 \times 10^{-5}\,\text{cm/d}$；养护 3d 的试件，其 Cr(Ⅵ) 的表面浸出率比养护 7d 的值、养护 28d 的值分别增加了 9.8% 和 13.8%，这说明水泥试件水化完后，Cr(Ⅵ) 仍然具有较强的浸出性。在浸泡 60d 后，三种养护时间下的试件，Cr(Ⅵ) 的表面浸出率已相差不大，且趋于平稳。

（5）小结

不同养护时间下各重金属表面浸出率数据见表 2。

表 2　各重金属最大表面累积浸出率对比

重金属元素	最大表面浸出率/($\times 10^{-5}$ cm/d)			浸出率增值/%	
	养护 3d (P_1)	养护 7d (P_2)	养护 28d (P_3)	$\dfrac{P_1 - P_3}{P_3} \times 100\%$	$\dfrac{P_2 - P_3}{P_3} \times 100\%$
Cu	29.6	25.5	22.7	30.4	12.3
Pb	11.5	9.5	7.2	59.7	31.9
Ni	27.7	24.2	21.4	29.4	13.1
Cr(Ⅵ)	75.8	69.0	66.6	13.8	3.6

由表 2 可知：Cu、Ni 的表面浸出率在养护 3d 后最大，养护 7d 后，其浸出率与养护 28d 的相差不大；Pb 在养护 3d、7d 后，其最大表面浸出均比养护 28d 的大大增加；Cr(Ⅵ) 养护 3d 后，其表面浸出率稍大，养护 7d 后与养护 28d 的接近。这表明在水化早期，Cu、Ni、Pb、Cr(Ⅵ) 均具有更强的浸出特性；Cr(Ⅵ) 在水化完全后仍具有较强的浸出特性。

3. 水化早期固化机理分析

当水泥试件与浸取液接触时，由于浸取液中各化学成分浓度低，水泥试件的化学平衡被打破，易溶解的水化产物会先溶解，以此来维持化学平衡。S. Remond 研究了主要水化产物的溶解能力，指出其溶解顺序为：$Ca(OH)_2 >$ 单硫型盐（AFm）$>$ F 盐（水化氯铝酸钙）$>$ 钙矾石（AFt）＞C-S-H。从溶解度的角度看，钙矾石与C-S-H对重金属的固化起了重要的作用。David L. Cocke研究了水化产物的形成过程，结果见图13。

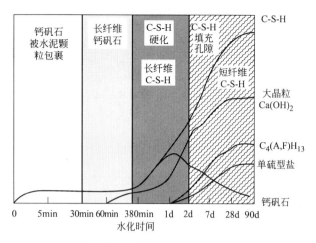

图13 水化产物的形成与水化时间的关系

由图13可知，在380min的水化时间内，水化产物钙矾石与C-S-H的生成量很少；而后C-S-H与钙矾石的量突然增多，钙矾石的量在水化1d后达到峰值，而C-S-H的量在水化28d后才趋于稳定。由此可知：在养护3d、7d后，由于C-S-H的量较少，对重金属的固化作用较弱，因此Cu、Pb、Ni、Cr(Ⅵ)均表现出较强的浸出特性。比如，对Pb来说，养护3d与养护28d的最大表面浸出率分别为11.5×10^{-5}cm/d、7.2×10^{-5}cm/d，前者比后者高出了59.7%；对Ni来说，前者比后者高出了29.4%。

虽然在水化早期各重金属的浸出迁移性增强，但其对应的浸出浓度均处于$\mu g/L$的数量级。比如，对Cu来说，养护3d与养护28d的最大浸出浓度分别为$11.2\mu g/L$、$7.95\mu g/L$；对Pb来说，其对应的浓度分别为$28.0\mu g/L$、$21.6\mu g/L$；这些重金属离子浓度均低于GB 3838—2002中关于Ⅲ类地表水的最高限制，不会对环境造成危害。这表明在水化早期，大部分重金属离子已经被水化产物所固化，其浸出迁移是个缓慢的过程。

三、小结

本文研究了水化早期过程中重金属的浸出特性，结果表明：

① 即使在水化早期，Cd、Mn、As三种元素的浓度分别低于$0.6\mu g/L$、$0.5\mu g/L$、$1.2\mu g/L$。

② 在一定的周期内，养护时间越长，相应试件浸出液中Cu、Pb、Ni的累积浸出量呈现先增后降的单峰特征，随着浸出时间的增加，其浸出量越小；且表面浸出率也越小，说明在水化早期，水泥试件水化不完全时，Cu、Pb、Ni具有更强的浸出特性，随后稳定渐小；Cr(Ⅵ)浸出特性随着养护时间的增加变化不大，说明水泥试件水化完全后，Cr(Ⅵ)仍然具有很强的浸出特性。

③ 在养护3d、7d后，各重金属的浸出浓度仍很低，表面浸出率处于10^{-5}cm/d～10^{-4}cm/d的范围，表明即使在水化早期，重金属离子的迁移是一个缓慢的过程，不会对环境产生危害。

参考文献

[1] 胡宏泰，朱祖培，陆纯煊. 水泥的制造和应用. 济南：山东科学技术出版社，1994.

［2］ 段华波，黄启飞. 危险废物浸出毒性鉴别标准比较研究. 环境科学与技术，2005，12 (28)：1-3.

［3］ 李波，王君等. 不同 pH 值浸取液对重金属长期浸出行为的影响. 中国水泥，2010.

［4］ S. Remond，D. RbentZ，R Pimienta. Effeets of the incorporation of municipal solid waste incineration fly ash in cement pastes and mortars Ⅱ：modeling. Cement and Conerete Research. 2002，32：565-576.

［5］ David L. Cocke. The binding chemistry and leaching mechanisms of hazardous substances in cementitious solidification/stabilization systems. Journal of Hazardous Materials，1990，24：231-253.

城市生活垃圾中主要可燃组分的
热解及燃烧特性研究

辛美静　董益名　蔡玉良　陈　蕾　徐　磊　成　力

对比城市生活垃圾的各种处理方法，预处理措施下的热处理工艺，在严格控制二次污染的情况下，因其占地少、减容性好、热资源化程度高等各种优点，得到应有的应用，如果与其他相关工业结合，可进一步提高资源利用效率、降低投资，能够彻底有效地控制二次污染，将可能成为城市生活垃圾的主流处理工艺。与传统焚烧处理相比，利用水泥窑处理城市生活垃圾时，由于主体设备已存在，无需重新追加该部分的投资；且水泥生产过程中有着完备的收尘系统，能够完全控制粉尘污染，再加上该系统内部处于高温、碱性环境，能彻底避免诸如二噁英等二次污染物的产生，其可行性和优越性已无需赘言。为避免盲目利用水泥窑焚烧生活垃圾，干扰水泥系统的正常生产或降低产品质量，除了需研究城市生活垃圾中各组分物理、化学成分波动带来的负面影响外，其热物理特性研究也是重要的方面。分析和研究生活垃圾中主要成分的热解、燃烧特性，探索热值、热失重规律、热稳定特性，寻找反应起始与终了的特征温度，以及寻求准确评估垃圾综合热值的有效方法，可为垃圾处理工程设计提供必要的参考依据。

一、实验方案

城市生活垃圾成分复杂，据国家计委能源研究所统计，近年来我国城市生活垃圾平均组成见表1。

表 1　我国城市生活垃圾平均组分（湿基）

组分	厨余物	纸类	塑料类	织物类	竹木类	金属	玻璃	渣石	其他
比重/%	55.8	5.5	7.72	2.47	7.89	0.71	2.43	16.3	3.08

城市生活垃圾的成分不仅受地区、季节等影响，还与居民生活水平有直接的关系，上海、北京、广州、南京等经济发达地区，垃圾中可燃成分相对较多。表2所示为中材国际对南京市不同地点垃圾组成采样分析的结果。

从表1、表2不难看出，我国城市生活垃圾中可燃部分含量相当可观，本文将针对表1中所列有机物实际物理成分展开热稳定性与热值分析研究。基于城市生活垃圾的复杂性，单独采用采样的方法来准确分析出其热值是十分困难的，因此利用垃圾基本成分的评估测算方法可能是掌握垃圾热值的最有效方法。为便于分析，现将垃圾中可燃成分按照来源分成三类（植物类、动物类、合成类，其中可燃物分别约为 70%～80%、5%～15%、15%～20%），进行分类实验对比分析。本次实验选取垃圾中常见的 33 种组分，经烘干后进行实验研究，除塑料物料外，大部分原料取自居民区日常生活垃圾，十分接近原始垃圾状态，具有较高的可参照性。

表 2　南京市生活垃圾组成成分（湿基）

采样地点	塑料/%	纸类/%	织物/%	木竹/%	植物/%	动物/%	灰渣/%	砖瓦陶瓷/%	金属/%	玻璃/%	其他/%	容重/(kg/m³)	空隙率/%	含水率/%
转运站	8.0	4.0	0.8	2.1	19.6	8.1	30.7	5.2	0.28	2.17	18.5	404.5	58.3	33.1
垃圾场	13.0	4.5	0.14	3.2	14.4	3.0	58.5	2.6	0	0.52	0	524.1	51.3	50.4
机场	9.4	13.0	1.3	1.4	19.0	0	0	2.7	2.0	23	28.2	66.5	96.5	20.8
火车站	10.8	13.8	1.1	3.2	19.4	3.2	48.3	4.9	10.4	2.0	0	224.0	76.5	52.7
港口	6.2	3.7	2.3	2.6	43.3	7.4	33.6	0	0.83	0	280.5	280.5	68.7	28

热值检测采用长沙 SUNDY 公司生产的 SDACM5000 型氧弹仪。实验时，取样量控制在 1g 以内，若样品无法自燃，需加 0.5～1g 的助燃剂，在 2.8～3.0MPa 的压力下，连续充氧 30～45s。热稳定性实验采用美国 TA 公司生产的 SDTQ 600 型热重分析仪。取样量控制在 10～30mg，起始加热温度为室温，升温速率 20K/min。常温常压下，分别以自配空气和氮气为载气介质进行实验。当利用自配空气作为载气介质时，氮气、氧气流量分别控制在 80mL/min、20mL/min；以氮气为载气介质时，流量控制为 100mL/min。

二、实验结果和分析

本实验分为两部分，一是垃圾中各可燃组分热值检测，二是各物质热稳定性的研究。

热解是指在无氧或缺氧的高温环境下，有机物化学键断裂，由大分子转化为小分子气体、焦油和焦炭的过程；燃烧是指在有氧条件下的化学过程。为了掌握在不同气氛环境下的热解及燃烧性能，为工程设计提供不可或缺的数据，特开展热稳定实验研究。

1. 植物类物质实验结果

植物类主要来自于厨房剩饭剩菜、瓜果皮及庭院垃圾等，这些物质大多含有油脂或粗纤维。本实验精选了垃圾中常见的大量植物进行分析研究，限于篇幅仅择其中 12 种（灌木叶、灌木枝、松枝、杉木、枯草、西瓜皮、苹果核、橘子皮、青菜、米饭、馒头、面条）进行分析。在该类物质中，苹果核是其代表，其果肉中含有粗纤维，果核中又含有油脂，因此被选为特例进行详细分析，其他 11 种成分与之进行对比。苹果核的热稳定性曲线见图 1 和图 2。

从图 1 不难看出，氮气氛下的热失重过程主要有以下两个阶段。

① 脱水阶段：196.55℃之前主要脱除生物结构水，从热流曲线上

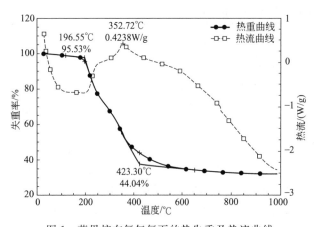

图 1　苹果核在氮气氛下的热失重及热流曲线

不难看出该段为吸热过程。

② 分解阶段：从 196.55℃ 起快速发生反应，至 423.30℃ 结束，剩余物占 44.04％，主要物质为因无氧加热存集的焦炭和灰烬。值得关注的是该段应该为吸热阶段，但从热流曲线可看出，在 352.72℃ 左右出现了一个放热峰，缘于苹果核在吸氮过程中发生吸附放热。总体看来，苹果核在氮气氛下的热解为吸热。

与氮氛下的热失重相比，苹果核在空气中的热失重（图 2）相对复杂，缘于苹果核构成的复杂，果肉和核的燃烧特性存在差异所致。其过程分析如下。

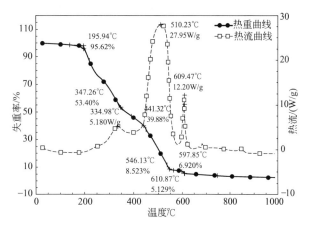

图 2　苹果核在空气气氛下的热失重及热流曲线

（1）脱水阶段

195.54℃ 之前脱除生物结构水，剩余物为 95.62％，而氮气中的对应数据为 196.55℃、95.53％，二者极为接近。

（2）气化分解阶段

195.54℃ 之后，苹果核中部分固态长链物质开始气化，同时分解成短链结构，至 347.26℃ 剩余物为 53.40％。该段在热流线上主要体现为吸热。但在 334.98℃ 左右出现了第一个放热峰，原因同氮气，均由吸附反应导致。

（3）分解与燃烧混合阶段

347.26℃ 之后，开始进入部分分解、部分燃烧阶段。第二阶段分解出的气体开始在氧气中燃烧，苹果核内部还没分解的部位继续分解，直到 441.32℃，反应结束，此时剩余物为 39.88％。正是因为分解与燃烧反应并存，热流曲线表现为前期放热量降低，后期放热量升高。

（4）第一燃烧阶段

从 441.32℃ 开始，进入果肉的全面燃烧阶段，至 546.13℃ 结束，剩余物为 8.523％。此阶段在 510.23℃，出现第二个放热峰，且峰值较高。

（5）第二燃烧阶段

该段反应对象主要是果核。与果肉相比，因油脂比纤维较难燃烧，出现滞后，597.85℃ 反应开始，至 610.87℃ 终止，最终残余物仅占 5.129％。热流曲线上在 609.47℃ 出现放热峰，但峰值相对第一燃烧阶段大为降低。

其他植物类物质与苹果核相比，因构成相对单一热失重过程也略微简单，具体见表 3。

从表 3 可以看出以下几点。

① 植物类物质在氮气中主要发生热解反应，大约在 200～300℃ 开始，300～400℃ 结束，残余物质量在 30％～50％，残余物为焦炭渣和灰烬。

表3　城市生活垃圾中植物类物质热失重过程特征参数与热值

物值类别	通氮气（纯氮气）				通空气（自配空气）						干基热值/（MJ/kg）
	起始热解温度/℃	热解终止温度/℃	残余量/%	放热峰数/个	起始气化分解温度/℃	气化分解终止温度/℃	起始燃烧温度/℃	燃烧终止温度/℃	残余量/%	放热峰数/个	
苹果核	196.55	423.30	44.04	1	195.94	347.26	441.32	610.87	5.129	3	18.0447
灌木叶	233.51	426.32	43.95	0	250.33	374.00	463.54	506.29	11.76	2	19.2104
灌木枝	257.49	407.35	42.34	0	253.90	349.92	453.55	520.51	5.407	2	20.1226
松枝	287.79	409.63	32.73	0	299.81	344.85	410.12	466.70	5.977	2	15.1316
杉木	328.54	411.86	32.31	0	296.16	348.81	421.37	473.54	15.26	2	16.5996
枯草	268.45	388.85	37.13	1	266.03	348.02	426.19	504.32	10.23	2	18.5063
西瓜皮	207.33	313.14	52.64	2	205.62	296.32	389.59	455.61	18.72	3	16.8463
橘子皮	196.11	397.26	36.78	1	195.91	339.60	422.38	487.07	5.770	2	18.9676
蔬菜	186.94	407.49	8.282	1	183.49	281.20	281.20	450.19	6.511	2	18.7283
米饭	298.14	329.31	30.31	1	91.88	182.24	299.30	373.89	10.98	2	10.736
馒头	287.75	344.58	41.29	1	286.61	324.05	431.43	562.36	5.789	2	18.0117
面条	259.06	374.44	43.35	1	261.91	329.62	424.57	554.97	6.879	2	18.9401

② 大多数植物类物质在氮气中的放热峰只有一个，该类物质的表面较为疏松，放热峰主要是由物质吸附氮气分子所致。灌木叶、灌木枝、松枝、杉木等表面致密，很难发生吸附作用，因此在氮气中的整个热解过程均为吸热，无放热峰出现。

③ 植物类物质在空气中的反应主要分为两部分：气化分解和燃烧。除米饭较易分解外，大部分物质气化分解反应开始温度在200～300℃附近，大约到400℃开始进入燃烧阶段，最终剩余物最低的仅有5.129%（苹果核），最高的为18.72%（西瓜皮）。

④ 大多数植物类物质在空气中的放热峰有两个，主要是该类物质组成复杂，相互间燃烧特性不同所致。苹果核和西瓜皮的放热峰有3个，是因为与其他植物类物质相比，它们的构成更为复杂，除了果肉外还有果皮、核及籽。

2. 动物类物质实验结果

在动物中也精选了大量的动物组织进行分析，在此仅择其中6种（猪肉、鱼肠、鱼鳞、鸡肠、鸡骨头、虾皮）给出分析。其中猪肉是新鲜的生猪肉，有一定的含水率，其他几种都经过烘干处理。在这6类物质中，新鲜猪肉的热失重曲线最为复杂，其热失重过程见图3和图4。

比较图1和图3可以看出，氮气氛下，猪肉与植物类物质的热失重曲线趋势基本一致，142.48℃之前是脱水阶段；随后进入脱水与分解的混合阶段；最后至416.04℃热解结束，残余物为18.13%。比较图2和图4可得，两类物质在空气中的热失重曲线有所区别，植物类物质在进入燃烧反应前，有一个气化分解阶段，而猪肉

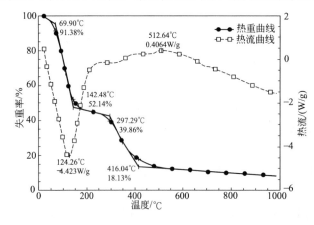

图3　猪肉在氮气氛下的热失重及热流曲线

脱水后直接进入燃烧阶段。其他动物类物质热失重过程中的特征参数与热值见表4。

从表4中可以看出这类物质热失重过程极为相似，两种气氛下开始反应的温度基本上都在300℃左右，结束温度均在500~600℃范围。热值差异较小，基本都在20MJ/kg左右。

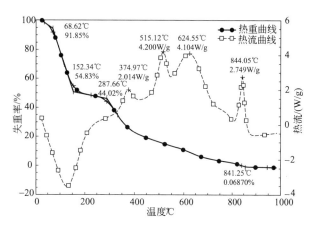

图4　猪肉在空气气氛下的热失重及热流曲线

3. 合成类物质实验结果

现实生活中的合成类物质十分复杂，虽然本实验研究做了大量的分析，也难涵盖整个人类生活中所触及的所有物质。在此，本文仅择垃圾中常见的15类合成物质（帆布、棉纱布、纤维布、毛线、打印纸、牛皮纸、卫生纸、电线板、橡胶、各种塑料颗粒）进行分析。下面以组成较为复杂的橡胶为例进行分析，其热失重过程见图5和图6。

表4　城市生活垃圾中动物类物质热失重过程特征参数与热值

物质类别	通氮气（纯氮气）				通空气（自配空气）				干基热值/(MJ/kg)
	起始热解温度/℃	热解终止温度/℃	残余量/%	放热峰数/个	起始燃烧温度/℃	燃烧终止温度/℃	残余量/%	放热峰数/个	
猪肉	142.48	416.04	18.13	1	287.66	841.25	0.069	4	21.7851
鱼肠	279.73	421.75	22.33	0	272.81	484.96	25.41	2	27.4778
鱼鳞	293.78	425.92	23.71	0	283.25	537.35	17.02	2	23.2246
鸡肠	299.57	428.95	20.89	0	302.66	492.38	19.39	2	25.5532
鸡骨头	297.68	439.21	45.24	0	292.51	612.50	30.56	2	18.7715
虾皮	274.17	429.48	44.63	0	262.69	655.34	21.58	2	17.6158

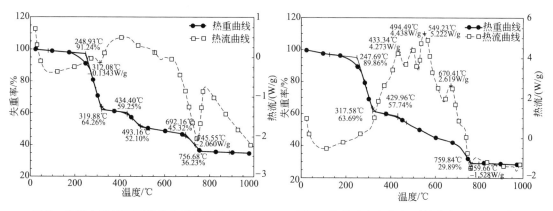

图5　橡胶在氮气气氛下的热失重及热流曲线　　　图6　橡胶在空气气氛下的热失重及热流曲线

合成类物质多为高分子产物，在空气中的热失重曲线也是由分解和燃烧两个阶段组成，与植物类较为接近。不同的是由于其构成复杂，在氮气中热解时会出现多个温度段，在空气中燃烧时会出现多个放热峰，这一点又与动物类物质相似。不难看出，合成类物质的热失重特性介于植物类和动物类之间。该类物质热失重参数与热值详见表5。

表5　城市生活垃圾中合成类物质热失重过程特征

物质类别	通氮气(纯氮气)				通空气(自配空气)						干基热值/(MJ/kg)
	起始热解温度/℃	热解终止温度/℃	残余量/%	放热峰数/个	起始气化分解温度/℃	气化分解终止温度/℃	起始燃烧温度/℃	燃烧终止温度/℃	残余量/%	放热峰数/个	
橡胶	248.93	756.68	36.23	0	247.69	317.58	429.96	759.84	29.89	4	13.1458
帆布	422.49	468.15	28.84	1	417.44	458.95	507.56	532.79	5.554	2	20.6692
牛皮纸	331.34	766.51	18.15	0	305.73	355.69	434.85	627.80	3.193	3	19.6668
卫生纸	327.57	381.32	20.49	0	327.80	352.17	432.72	451.46	5.243	2	16.5406
电线板	260.13	770.44	48.89	0	309.96	399.31	435.82	774.21	49.35	2	9.0911
牛筋鞋底	402.74	487.90	26.38	1	236.49	322.09	400.80	537.39	25.07	2	32.9376
牛皮鞋面	295.58	469.64	35.99	0	272.90	—	272.90	689.40	15.93	2	18.4364
聚乙烯	470.97	500.75	8.423	0			384.16	486.04	4.856	1	47.4099
聚丙烯	438.40	477.87	6.905	0			352.22	438.71	2.587	1	46.9554
聚POE	456.53	491.69	8.581	0			431.51	478.49	3.057	1	47.2598
EVA	457.92	507.72	11.90	1			465.24	519.29	13.91	1	41.9712
棉纱布	351.65	390.22	15.74	0			341.94	492.50	0.373	2	6.6584
纤维布	421.29	469.13	25.11	0			414.31	480.65	19.34	1	23.2708
毛线	317.62	473.16	55.34	2			312.24	694.46	5.134	2	28.6106
打印纸	306.25	742.63	20.45	0			302.72	727.41	16.40	1	11.3750

4. 三类物质实验结果比较

从上述分析中不难看出，植物类、动物类、合成类三类物质的热失重过程既有共同点也有不同点。

（1）共同点

① 垃圾中各可燃组分在空气中的热失重过程比较明确清晰，大致均可以分为三个阶段。

a. 干燥阶段：室温～200℃，在这一阶段，试样中含有的内在水分遇热蒸发溢出。从TGA曲线上看试样质量减少，该减少量取决于试样的含水量和前期干燥处理程度。

b. 挥发分析出燃烧阶段：200～450℃，在这一阶段低分子量的物质开始分解气化，化学键较弱的大分子裂解成为小分子后气化，挥发分析出的同时低燃点物质也开始燃烧，试样出现明显的失重。

c. 固定碳燃烧阶段：450～550℃，残余的固定碳开始燃烧。塑料在此阶段无明显失重是因为塑料基本不含固定碳。

② 在氮气中的热解过程，相对简单，基本上都在脱水后直接进入分解阶段。分解过程除了少数表面疏松物质由于吸附作用放出热量外，其他基本均为吸收热量。

③ 在空气中燃烧时均会放出一定的热量，除了成分单一的塑料外，其他物质由于组成复杂，放热峰大都多于2个。

（2）不同点

① 植物类和动物类物质在氮气中分解时，热失重曲线相对平滑，而合成类物质的热失重曲线则出现多个温度段。这是因为合成类物质大多属于人工合成，其中化学成分较前两种复杂，且各组分的热解性能相差较大。

② 在空气中燃烧时，植物类与合成类大多先进入气化分解阶段，其次才进入燃烧阶段。而动物类物质不经分解直接进行燃烧。这是因为植物类与合成类物质的分子结构为长链，燃烧过程中大分子链先断裂成小分子，然后再进行燃烧反应；而动物类物质，其组成主要是小分子链，无需断裂直接燃烧。

③ 三类物质中前两类热值较为均匀，其中大多数植物类在 $15 \sim 20 \mathrm{MJ/kg}$ 范围，动物类基本都在 $20 \mathrm{MJ/kg}$ 左右。合成类相对复杂，热值最低的棉纱布只有 $6.66 \mathrm{MJ/kg}$，最高的聚乙烯可达 $47.4 \mathrm{MJ/kg}$，两者相差近 8 倍。这主要是因为与植物类和动物类相比，合成类构成复杂，各组分之间热值品位存在较大差异。

三、结束语

本文所提供的物质分析过程，是在特定的实验条件基础上，结合所收集的具体物质，进行测试分析的结果，具有一定的参考价值；所提供的详细数据可为组成复杂的垃圾热值快速评估提供依据；对垃圾主要组分热解及燃烧过程特性和发热特点的详细描述，可更好地组织系统燃烧过程，满足生产系统的稳定和产品质量的要求。

水泥窑焚烧生物质资源过程中产生焦油的研究

——气相色谱质谱法在生物质焦油研究中的应用

赵 宇 徐 磊 王 君 董益名 成 力

随着社会对能源需求的日益增长，作为主要能源来源的化石燃料却迅速地减少，因此开发和利用可持续的替代能源已成为一项全球性的重大课题，生物质能源作为相对稳定的可再生能源已日渐成为世界各国重视的焦点。

水泥烧成系统焚烧处理生物质资源可以帮助水泥厂解决节能和降耗等问题，减少对传统不可再生燃料和自然资源的开采，减少对环境和资源的破坏。生物质焦油是生物质热解和气化过程中产生的副产物，含量虽小，但对环境和生产过程的危害却不容忽视，尤其在非封闭体系焚烧垃圾的升温过程中，由于燃烧不完全，会造成焦油物质的扩散，给环境和人身健康带来一定影响。对于生物质焦油目前尚无统一的定义，各国学者对于它的含义有着不同的理解。在 1998 年 EU/IEA/US-DOE 会议上，研究者 Brussels 提出的焦油测定议案得到了大多数专家的认同，其把焦油定义为分子质量大于苯的有机污染物。在此基础上，中国林业科学研究院孙云娟认为焦油应包括大分子芳香族碳氢化合物以及苯在内的有机污染物。生物质热解焦油的成分非常复杂，目前已能辨别出的组分就有上百种，其主要成分不少于 20 种，大部分是苯的衍生物及多环芳烃，另有很大比例的组分暂时不能检测出来，对其成分和结构进行分析，可为其技术处理及综合利用提供基础数据资料，解决由其带来的环境影响问题，同时也可有目的地提高资源利用率。

气相色谱-质谱（以下简称 GC/MS）法，使具有高分离效能的色谱法和有较强鉴定能力的质谱法完美结合，该方法是目前复杂混合物分析鉴定最为有效的工具和手段。故本文采用 GC/MS 法对实验室生物质热解实验过程中产生的焦油化学成分进行了实验研究，以期为生物质焦油的综合处理及利用提供研究基础。

一、实验部分

1. 实验仪器与试剂

GCMS-QP2010PLUS 气相色谱质谱联用仪（SHIMADZU，日本），配 NIST Mass Spectral Library 2008 谱库；TGL-10B 离心机（安亭，上海）；S20K 精密 pH 计（Mettler-Toledo，美国）；二氯甲烷，氢氧化钠，浓硫酸均为国产分析纯。

2. 分析条件

（1）GC/MS 条件

色谱柱采用 Rtx-5 MS 30m×0.25mm （I.D）×0.25μm 石英毛细管柱；进样口温度控制

在 280℃；采用 He 作为载气，流量为 1mL/min；分流比为 15∶1；进样量为 1μL；柱温控制在 40℃ 保持 4min，以 4℃/min 升温速率升至 250℃，并保持 2min；电离方式为 EI；电子轰击能量为 75eV；质量扫描范围为 30～600amu；扫描间隔为 0.5s；

（2）样品制备及预处理方法

本实验所用焦油为课题组经生物质高温热解实验自制所得，样品中固体杂质及水分含量较多，故必须进行必要的预处理才能满足检测要求，具体预处理方法如下。

① 在两支离心管中分别加入约 25mL 待测焦油，置入离心机中以 8000r/min 速度离心 30min，结束后用胶头滴管小心吸取上层焦油。

② 取离心后焦油 20mL，用 10mL 二氯甲烷进行萃取，静置后分层，将下层收集起来，重复操作，将两次萃取的下层二氯甲烷溶液合并，置于 100mL 烧杯中。

③ 在步骤②中上层液体中加入 2mol/L 的氢氧化钠溶液，调节其 pH 值到 12，再加入 10mL 二氯甲烷进行萃取，静置后分层，将下层溶液收集，重复萃取过程；并将两次萃取所得下层二氯甲烷溶液合并入步骤②中 100mL 烧杯中。

④ 在步骤③中上层液体中加入 2mol/L 的硫酸溶液，调节其 pH 值到 2，再加入 10mL 二氯甲烷进行萃取，静置后分层，将下层溶液收集，重复萃取过程，并将两次萃取所得下层二氯甲烷溶液合并入步骤②中 100mL 烧杯中。

⑤ 将所得的 60mL 溶液倒入 100mL 容量瓶中，定容后所得溶液即为分析试样。

二、结果及分析

1. 生物质焦油 GC/MS 总离子流色谱图

按照上述方法对自制的焦油进行检测分析，生物质焦油 GC/MS 总离子流色谱图（TIC）见图 1，从图谱不难看出焦油组成成分相当复杂，但主要物质均可以分离。

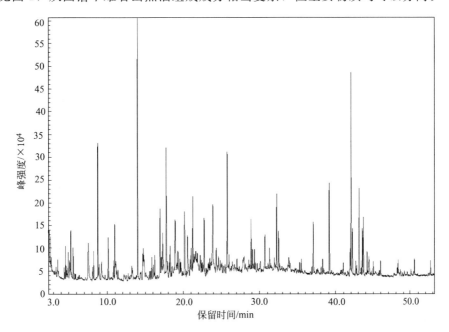

图 1　生物质焦油 GC/MS 总离子流色谱图

2. 生物质焦油成分分析

将图1中各峰依照质谱检索结果（检索相似度均大于90），结合色谱保留时间定性，共定性检测出36种物质。检测出的物质分布广泛，包括脂肪烃、芳香烃、酮、醇、酯、呋喃等，多数集中在 $C_5 \sim C_{20}$ 范围。采用面积归一化法将图1中各峰进行面积归一化积分，得出各物质在焦油中的相对含量（表1），其中已定性的36种化合物相对含量约为81.21%。

表1　生物质焦油 GC/MS 分析结果

序　号	名　　称	CAS	分子式	相对含量/%
1	2-戊酮	78-93-3	$C_5H_{10}O$	0.45
2	吡咯	109-97-7	C_4H_5N	1.60
3	甲苯	108-88-3	C_7H_8	1.11
4	3-呋喃甲醇	4412-91-3	$C_5H_6O_2$	5.88
5	苯乙烯	100-42-5	C_8H_8	1.58
6	2-乙酰呋喃	1192-62-7	$C_6H_6O_2$	1.87
7	苯酚	108-95-2	C_6H_6O	11.84
8	邻甲苯酚	95-48-7	C_7H_8O	3.14
9	2-吡咯烷酮	616-45-5	C_4H_7NO	2.03
10	对甲苯酚	106-44-5	C_7H_8O	6.61
11	氰甲苯	140-29-4	C_8H_7N	4.12
12	2,4-二甲基苯酚	105-67-9	$C_8H_{10}O$	2.45
13	对乙基苯酚	123-07-9	$C_8H_{10}O$	2.84
14	异山梨醇	652-67-5	$C_6H_{10}O_4$	2.63
15	苯代丙腈	645-59-0	C_9H_9N	4.26
16	吲哚	120-72-9	C_8H_7N	6.09
17	3-甲基吲哚	83-34-1	C_9H_9N	2.37
18	十六烷醇	36653-82-4	$C_{16}H_{34}O$	0.71
19	十四烷	629-59-4	$C_{14}H_{30}$	0.96
20	5-异丙基海因	16935-34-5	$C_6H_{10}N_2O_2$	1.66
21	8-甲基十七烷	13287-23-5	$C_{18}H_{38}$	0.86
22	β-瑟林烯	17066-67-0	$C_{15}H_{24}$	3.12
23	十五烷	629-62-9	$C_{15}H_{32}$	1.95
24	十六醇	36653-82-4	$C_{16}H_{34}O$	0.45
25	十六烷	544-76-3	$C_{16}H_{34}$	0.57
26	对乙基苯丙酮	27465-51-6	$C_{11}H_{14}O$	2.95
27	十七烷	629-78-7	$C_{17}H_{36}$	0.66
28	十六烷基-2-甲苯基草酸酯	—	$C_{25}H_{40}O_4$	4.24
29	顺-9-十八烯醇	143-28-2	$C_{18}H_{36}O$	7.87
30	3,7,11,15-四甲基-2-十六烯	14237-73-1	$C_{20}H_{40}$	2.47
31	3,7,11,15-四甲基-2-十六烯醇	102608-53-7	$C_{20}H_{40}O$	4.35
32	十七腈	5399-02-0	$C_{17}H_{33}N$	2.07
33	13-十七炔-1-醇	56554-77-9	$C_{17}H_{32}O$	2.07
34	十六酸甲酯	112-39-0	$C_{17}H_{34}O_2$	0.93
35	二十烷	112-95-8	$C_{20}H_{42}$	0.57
36	二十一烷	629-94-7	$C_{21}H_{44}$	0.67

由表1可知，生物质焦油主要成分中脂肪族化合物17种，占总检测量的31.85%；芳香族化合物13种，占总检测量的51.39%；杂环及其他类化合物6种，占总检测量的

16.76％。这些物质多是二噁英合成的前体物，尤其在铁、铜离子存在，且焚烧温度在250～650℃的不完全燃烧情况下，极易生成二噁英。二噁英是由一些不相关的有机物，在合适的温度、气氛和部分金属催化下，经过一系列复杂的化学反应生成。这些不相关的有机化合物有：

① 脂肪烃类化合物；

② 单环芳香烃类化合物，如苯、苯甲醛、苯甲酸、苯酚和甲苯；

③ 蒽、醌类物质；

④ 其他各类塑料有机物，如聚氯乙烯（PVC）等氯代物聚合塑料等；

⑤ 基本元素在特定条件下合成，如碳、氢、氧、氯或含有这些元素的物质合成。

二噁英在脂肪、油类物质和非极性的溶剂中具有较高的溶解度，被生物吸入后聚集体内，促使机体促畸突变，诱发癌症，其毒性相当于氰化钾的 1000 倍。不难看出，上述物质在合适的条件下易生成二噁英，虽然这些组分的含量相对较低，但如果处理不当，则会对人体健康和环境产生严重影响，因此在焚烧生物质的过程中首先应严格控制焦油的产生。

烃类含氧有机化合物共 20 种（包括酚、醛、酮、酯、呋喃类），占总检测量的72.03％。大量含氧官能团的存在，说明生物质焦油具有较高的含氧量和较强的氧化作用，导致生物质焦油黏稠腐蚀及热不稳定。这使得焦油极易在预热器及后续工序的低温区域内附着聚集，当达到一定程度后，可能会影响设备（如电收尘电极）的正常运行，此外，低温焦油的产生还会增加系统的能耗。但是实践表明，上述焦油物质极易吸附在预热器及后续工序内的碱性粉料中，被再次带入系统进入高温区域分解掉，从而消除了人们的担心。

如果能有效地控制焦油的产生，还可用其生产各种有用的化工原料。从表 1 中不难看出，含量排前 5 位的物质分别为苯酚（11.84％）、顺-9-十八烯醇（7.87％）、对甲苯酚（6.61％）、吲哚（6.09％）、3-呋喃甲醇（5.88％），共占总检测量的38.29％。其中，苯酚主要用于生产酚醛树脂、己内酰胺、双酚A、己二酸、苯胺、烷基酚、水杨酸等，此外还可用作溶剂、试剂和消毒剂等，在合成纤维、合成橡胶、塑料、医药、农药、香料、染料以及涂料等方面具有广泛的应用。顺-9-十八烯醇又名油醇，是重要的化工原料，常用来合成有机物及特种表面活性剂，用于生产油品添加剂、耐寒辅助增塑剂、润滑剂和溶剂等。对甲苯酚用于制造树脂和抗氧化剂、增塑剂、染料、农药等。吲哚及其衍生物在自然界分布很广，常存在于动、植物中，如素馨花香精油及蛋白质的腐败产物中都有含量；在动物粪便中，也含有吲哚及其同系物 β-甲基吲哚；天然植物激素 β-吲哚乙酸，一些生物碱如利血平、麦角碱等都是吲哚的衍生物，它们在动、植物体内起着重要的生理作用。因此，如加强该方面的研究，完全有可能将现有的各种生物质（如农作物秸秆等）用于提取各种化工原料，不仅解决了秸秆等处理难的问题，同时也提高了资源的利用效率。

3. 小结

生物质焦油不仅仅是一类对人类健康和环境产生危害的废弃物，同时也是工业生产应用的重要化工资源。找到合适的处理焦油的方法不仅可以降低焦油对人类健康和环境的危害，还可以使焦油成为对工业生产有用的化工原料和燃料。

随着现代分析技术的发展，GC/MS 技术必将会全面运用到对生物质焦油的成分分析中，将会为全面分析焦油的化学组成以控制焦油进一步生成二噁英，避免对人身健康带来影响，以及更好地利用生物质焦油提供技术支持。

➡ 参考文献

［1］ DAI Lin. The development and prospective of bioenergy technology in China. Biomass and Bioenergy，1998，15（2）：181-186.

［2］ 蔡玉良，辛美静，杨学权. 利用水泥生产技术处置城市生活垃圾的经济运行过程分析. 中国水泥，2006，10：26-30.

［3］ Miline T. A.，Evans R. J. Biomass gasification "tars"：their nature formation and conversion ［D］. NERL Technical Report （NERL/TP-570-25357），1998，11.

［4］ Dayton D. A. Review of the literature on catalytic biomass tar report destruction ［D］. NERL Milestone completion Reprot （NERL/TP-510-32815），2002，12.

［5］ 吴创之，阴秀丽等. 生物质焦油裂解的技术关键. 新能源，1998，20（7）：1-5.

［6］ Lopamudra D.，Krzysztof J. P.，et al. Areview of the primary measures for tar elimination in biomass gasification processes. Biomass and Bioenergy，2003，24（2）：125-140.

［7］ 孙云娟，蒋剑春. 生物质气化过程中焦油的去除方法综述. 生物质化学工程，2006，40（2）：31-35.

［8］ 武海英，薛勇等. 生物质焦油成分分析的国内研究现状及发展. 中国资源综合利用，2008，26（8）：32-34.

［9］ 汪正范，杨树民等. 色谱联用技术. 北京：化学工业出版社，2001.

［10］ 王佩华. 持久性有机污染物二噁英的毒性及其对人类的危害. 生态经济，2009，213（7）：187-189.

［11］ 高鸿宾，任贵忠等. 实用有机化学辞典. 北京：高等教育出版社，1997.

城市生活垃圾中有机质产气及焦化特性研究

辛美静　赵　宇　董益名　陈　蕾　蔡玉良

热解是一项古老的技术，已有近百年历史，是指在缺氧或完全无氧的条件下，根据有机物的热不稳定性，进行加热，使其化学键断裂，形成气态、液态小分子物质和固态残渣的过程。该技术最初用于木材和煤的干馏，随着现代工业的发展，其应用范围逐渐扩大，被广泛应用到重油和煤炭的裂解气化等领域。

近几十年来，随着垃圾产生量的日趋增加，以及采用传统处理方法暴露出来的诸多不能克服的问题，使得垃圾热解处理技术越来越受到人们关注，尤其对于厨余物、塑料、橡胶等含量较高的城市生活垃圾，其热解气化过程越能显现出价值。由于城市生活垃圾组分繁多，热解过程相当复杂，在热解过程中，既有大分子裂解成小分子，又存在小分子聚合成较大分子的可能，一般产物为含有 H_2、CO、CO_2、CH_4、C_2H_4 等短链烷烃气体以及固体残渣和液体焦油。

与简单焚烧法相比，热解法具有诸多优点，主要体现在如下几个方面。

① 燃烧效率高。因垃圾直接燃烧属于气、固非均相反应，垃圾作为固态物质，扩散性、混合性非常差，因而燃烧效率较低，同时燃烧过程中易产生有毒有害物质。而热解产生的气态产物和焦油，属均相燃烧，燃烧充分、效率高。

② 燃烧过程容易控制。垃圾组成复杂，各组分之间理化性能相差很大，若直接燃烧，各组分的着火点、反应速度相差悬殊，难以稳定控制。而垃圾热解后的产物燃烧过程均相稳定、便于控制。

③ 污染低，无需二次处理。垃圾简单焚烧若控制不到位，除了极易产生剧毒物二噁英外，还会排出大量含有毒物质的飞灰和残渣，需二次处理。而热解由于是均相、无氧分解，热解产物再次燃烧后最终产物主要是 CO_2 和 H_2O，同时减容量大，残余炭渣较少，有利于减轻对大气环境的二次污染。

但传统热解过程也存在一些缺陷，热解过程产生焦油，在影响系统热效率的同时低温下焦油冷凝后易附着在设备上，造成设备腐蚀或堵塞，干扰正常生产。因此寻求焦油快速裂解、提高气化气体产率的方法，一直是国内外众多研究机构和学者关注的热点。

一、实验方案

从我国城市生活垃圾的组成中不难看出，垃圾中可热解的组分主要为厨余物类、植物类、合成类（包括塑料、橡胶、织物、纸）等。考虑到垃圾在收集至送达处理厂的过程中，经过人为捡拾，后两类物质含量相应会很少，因此本次实验主要针对厨余类物质进行研究，实验原料主要选用蔬菜混合物。热解实验在英国 Carbolite 公司生产的 902P 型管式炉上进行，该炉子最高工作温度可达 1500℃。

本实验分为原料准备、高温煅烧、产物检测三个阶段。

在原料准备阶段，将新鲜的蔬菜收集后，在阳光下晾晒两天，去除大部分水，再送至烘箱中烘干至恒重，最后按预定比例混合均匀，作为实验原料备用。为避免空气对热解效果的影响，实验环境气氛采用两种方式：一是真空方式，利用真空泵将炉膛抽成真空，二是气载方式，利用氮气驱除炉膛内空气。

在高温煅烧阶段，为研究 CaO、$CaCO_3$ 对有机质焦化的抑制和吸附，以及可能对可燃气体产生的催化作用，实验时首先将原料置于 400℃、500℃、600℃、700℃、800℃、900℃ 的温度下进行平行实验，以便找到焦油产量最高时的温度值。然后在此温度下，向原料中添加 CaO 和 $CaCO_3$，研究水泥生料对有机质焦化的抑制和吸附作用，同时确定抑制效果最佳时催化剂添加量。实验产生的气态产物由蛇形冷凝管冷凝收集，液态焦油被收集在采样瓶中，气体被收集在耐高温采样袋中。

在产物检测阶段，实验产物检测仪器为岛津公司的 GCMS2010PLUS 气质联用仪。主要用于检测不同工况下焦油成分、含量以及气体产物中 CO、CH_4、H_2 等高热值成分的产生情况。

二、实验结果和分析

1. 实验选用的催化剂材料

生物质在热解产气的同时，还会伴生焦油和残炭等副产品。焦油的存在会降低产气率和热效率，更为严重的是在低温时，焦油还会凝结为液态，易于与水和灰尘结合在一起堵塞和腐蚀设备，严重时导致设备无法正常工作，因此要求将焦油的产量降低到最低，以提高热解气的品质。在各种措施中，焦油的催化裂解被认为是最高效的一种工艺过程，该工艺是将焦油转化成小分子的永久性气体，与可燃气一起被利用。焦油催化裂解反应最重要的影响因素是催化剂的选择。常见的催化剂主要有三大类：含钙材料的催化剂、含硅铝酸材料的催化剂和镍基催化剂。

水泥生产最主要的原料是石灰石，因而利用水泥生产线处置城市生活垃圾等富含生物质的废弃物，在促进焦油裂解方面具有得天独厚的条件。本实验选用的石灰石成分见表 1。

表 1　热解实验所用石灰石化学成分　　　　　　单位：%

烧失量	SiO_2	Al_2O_3	Fe_2O_3	CaO	MgO	K_2O	Na_2O	SO_3	Cl^-
43.28	3.30	0.56	0.36	44.30	8.06	0.18	0.03	0.07	0.018

2. 热解产气量结果分析

众多研究结果表明，石灰石煅烧后才具有催化作用，即真正起催化作用的成分是 CaO、MgO。为论证这一结论，本实验分别对这两种物质的催化效果进行对比研究。

图 1 所示为采用 CaO 催化剂、石灰石催化剂以及不添加催化剂时，不同热解终了温度条件下混合蔬菜试样的产气情况。

从图 1 中不难看出以下几点。

① 在没有催化剂的情况下，气体产量随温度升高而显著增加，800℃后增加速度变缓，可见 800℃后温度升高对气体产量的提升空间不大。

② CaO 能显著提高热解产气量，且在 400~900℃的温度范围，对产气过程均具有催化作用，平均能使产气量增大一倍，900℃后随温度升高，气体产量还在不断增大。

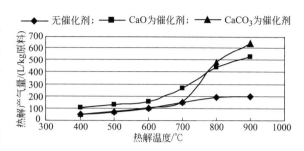

图 1 不同情况下热解产气量随温度变化曲线

③ 石灰石在 800℃之前，几乎没有催化作用，产气量基本与不添加催化剂时相同，800℃后产量急剧增加，且与采用 CaO 催化剂产气量基本持平。由于 $CaCO_3$ 的分解温度在 800℃左右，可以推断出是分解后的 CaO 起着催化作用。

3. 热解气体产物成分分析

不同反应条件下热解气体产物平均组分的分布见表 2。

表 2 热解气体组分

热解终温/℃	气体组分/%														
	无催化剂					CaO 催化剂					$CaCO_3$ 催化剂				
	H_2	CH_4	CO	CO_2	C_nH_m	H_2	CH_4	CO	CO_2	C_nH_m	H_2	CH_4	CO	CO_2	C_nH_m
400	—	—	—	—	—	5.80	1.44	16.68	73.88	2.20	1.58	0.00	10.88	85.51	2.03
500	3.10	1.37	14.98	76.36	4.18	6.50	1.48	18.94	70.36	2.72	4.27	0.00	13.71	79.16	2.85
600	6.20	5.77	15.03	69.97	3.03	7.15	1.41	16.43	71.96	3.06	5.73	1.15	15.12	74.57	3.42
700	6.24	5.65	16.20	68.80	3.12	9.19	2.45	20.04	65.45	2.86	16.07	5.54	38.82	36.24	3.33
800	22.30	6.04	12.26	57.77	1.63	17.58	6.20	18.83	54.81	2.58	19.13	6.32	32.13	39.19	3.24
900	27.22	4.44	8.92	49.55	9.87	25.52	6.78	39.61	25.89	2.21	22.05	9.63	30.75	35.31	2.26

从表 2 不难看出以下几点。

① H_2 含量随热解终了温度的升高而不断增加。这是因为热解终了温度的提高，促进了一次产物的芳香化缩合反应，从而析出更多的 H_2。

② CH_4 来源有三个途径，即低温时的脱甲基反应、更高温时的醚键断裂及热解挥发产物的二次裂解。CH_4 含量随热解温度的提高而不断增大，主要缘于温度的升高，促进了二次裂解反应的进行。

③ 产物中 CO_2 和 CO 的含量比较高，主要基于实验原料中含有大量含氧官能团（羰基、羧基和羟基），较低温度下，各官能团裂解成小分子气体，如羧基分解生成 CO_2，羰基生成 CO，由于 CO_2 产生在低温反应段，因而其含量随着热解终了温度的提高而明显降低。

④ 其他气体成分主要指以 C_2H_4 和 C_2H_6 为代表的短链烷烃，这部分物质的含量随终了温度的升高先增后减，因为更高的热解终了温度导致了该类物质的裂解。

⑤ 催化剂的存在对气体成分稍有影响，但影响不大，且本次实验结果在气体组分方面无明显的规律可循。可见在实验原料为干基的情况下，催化剂只是加快了反应速度，增大了

气体产量，并不能改变反应机理。

4. 热解过程各产物质量分布

图2～图4所示为混合蔬菜原料在不同催化剂，不同温度条件下，气、液、固产物的质量分布。

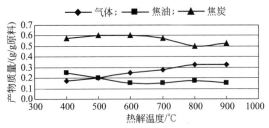

图2　不添加催化剂时热解
产物质量分布曲线

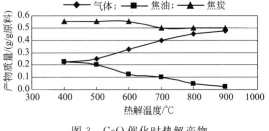

图3　CaO催化时热解产物
质量分布曲线

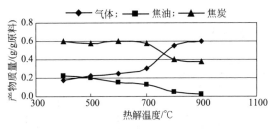

图4　石灰石催化时热解产物
质量分布曲线

从图2～图4中不难看出以下几点：

① 当反应温度升高时，不论何种催化条件，大致上热解燃气产率均会增加，焦油产率和半焦产率均会降低。可见，热解终了温度对热解产物的分布具有较大影响，随着温度的升高，原料中挥发物析出的反应进行得更为彻底，导致半焦（炭）产率降低；同时，大分子焦油通过裂解反应，生成小分子气态产物，使得焦油产率降低，燃气产率显著增加。

② CaO对燃气产率的提高具有明显的催化作用，在400～900℃的温度范围，燃气产率平均提高了37.1%，焦油产率下降了32.6%，半焦产率下降了6.67%，可见CaO能显著提高焦油的二次裂解。

③ 石灰石做催化剂时，低温段的产物分布与无催化剂时的情况相差甚微。800℃后燃气产率大幅度提升，主要是因为石灰石中的$CaCO_3$高温分解成CaO，起到了催化作用，另一方面高温分解还生成CO_2，增加了气体产物的产量。这一结果再次论证了石灰石在低温时不具备催化作用，水泥生产时，回转窑内温度达1450℃以上，完全可以起到催化作用，在促进焦油裂解的同时，回转窑内超细的原料粉末对焦油还具备一定的吸附作用，可防止焦油进入后期低温阶段，引起设备堵塞。

三、结论

① 水泥生产的常规原料为石灰石，在生物质焦油催化裂解方面具有得天独厚的优势。

② 在没有催化剂的情况下，气体产量随温度升高而显著增加，800℃后增加速率变缓。当反应温度上升时，不论何种催化条件，大致上热解燃气产率均增加，焦油产率和半焦产率均降低。CaO对燃气产率的提高具有明显的催化作用，在400～900℃的温度范围，燃气产率平均提高了37.1%，焦油产率下降了32.6%，半焦产率下降了6.67%。石灰石做催化剂

时，在 800℃之前几乎没有催化作用，低温段的产物分布与无催化剂时的情况相差甚微，800℃后燃气产率大幅提升，且与添加 CaO 时的催化效果相似。

③ 热解终了温度对气态产物组成有很大影响。H_2 的含量随热解终了温度的升高而不断增加；CH_4 含量随温度的提高不断增大；CO_2 的生成反应出现在较低温度段，其含量随着热解终了温度的提高而明显降低；C_2H_4 和 C_2H_6 等短链烷烃含量随终了温度的升高先增后减。催化剂的存在对气体成分的影响不大。

④ 水泥生产时，回转窑内温度达 1450℃以上，对焦油裂解完全可以起到催化作用，在促进焦油裂解的同时，回转窑内超细的原料粉末对焦油还具备一定的吸附作用，可防止焦油进入后期低温阶段，引起设备堵塞或腐蚀设备，干扰系统的正常运行。

参考文献

[1] 郭新生等. 焦油的催化裂解对燃气组成的影响. 煤气与热力，2005，8：5-10.

[2] Delgado J, Aznar M P, Corella J, et al. Biomass gasification with steam in fluidized bed: effectiveness of CaO, MgO, and CaO-MgO for hot raw gas cleaning. Industrial and Engineering Chemistry Research, 1997, 36 (5): 1535-1543.

[3] 侯斌等. 生物质热解产物中焦油的催化裂解. 燃料化学学报，2001. 29：70-75.

利用水泥窑处置城市生活垃圾预处理过程
中发酵抑制及除臭解决方法

赵 宇 徐 磊 杨学权 辛美静 蔡玉良

■ 一、概述 ■

随着我国国民经济的飞速发展和人民生活水平的不断提高，城市规模和人口数量迅速扩大和增加，伴随而来的城市生活垃圾也与日俱增，城市生活垃圾的污染已经成为一个非常严重的社会问题。

我国是一个资源相对贫乏的国家，城市生活垃圾处理技术起步较晚，目前，多数城市生活垃圾露天堆放，且绝大部分为混装，成分复杂、热值低、含水率高。由于技术、设备、管理上的问题，城市垃圾对大气、地下水源、土地资源的污染以及垃圾围城现象对城市生活环境构成了严重威胁，垃圾处理问题已经成为各级政府高度重视的问题。传统垃圾处理方法以垃圾简易填埋、堆肥及直接焚烧为主，存在的问题是垃圾处理水平低，严重影响了人们赖以生存的环境。

利用水泥回转窑处理生活垃圾可以很好地解决以上问题，但是生活垃圾在运输、储存过程中，其中的厨余物在微生物的作用下发酵，并产生大量的恶臭气体，同时还会产生渗滤液，对工作人员及周边环境产生影响。若不采取相应的措施加以控制，必将在环境和卫生方面造成诸多隐患。

因此，需要全面了解生活垃圾在堆放和处置过程中发酵产气的规律，并采取相应的技术措施抑制其发酵，减少处理过程中对环境和卫生的危害。

1. 国内外城市生活垃圾的现状

据统计，全世界每年产生垃圾量 450 亿吨左右。2000 年美国的城市生活垃圾产生量为 2.36 亿吨，人均垃圾产量接近 2.07kg/d，而在 1960 年，人均垃圾产量却为 1.17kg/d；最早的工业化国家英国 1999 年垃圾产生总量为 536 万吨，人均垃圾产量为 1.25kg/d；德国 1999 年人均产生生活垃圾 380kg/年，垃圾总量 3000 万吨；日本 1999 年生活垃圾产生总量为 5100 万吨，人均垃圾产量为 1.11kg/d。

目前我国城市人均垃圾产生量达到 440kg/年，1996 年全国城市生活垃圾年产生量就已达到 1 亿吨，1999 年垃圾清运量 1.13 亿吨，至 2000 年我国城市生活垃圾产生量达到 1.5 亿吨/年，并且每年还在以 8%～10% 的速度递增，我国已成为世界上垃圾包袱最重的国家之一。当前，全国 660 座城市中已有 30% 的城市陷入垃圾包围之中。调查显示：1978 年北京生活垃圾年产量为 104 万吨/年，1988 年增至 319 万吨/年，10 年增加了 215 万吨/年，约

2.06 倍，平均每年以 11.9％的速度增加，至 1996 年北京市生活垃圾产量增至 483 万吨/年；20 世纪 70 年代末长春市产生垃圾 70 万～80 万吨/年，而到 2001 年已达 116 万吨/年，并以每年近 3％的速度增长；福州市生活垃圾产生量年增长率已达 9％；上海市垃圾产量也正以 7.8％的速度逐年增加，上海生活垃圾产量已达 1.5 万吨/日；徐州市日产垃圾 550 吨，年产 20 余万吨；1999 年兰州市垃圾产量 105 万吨/年；重庆市主城区日产垃圾约 3500 吨。由上述城市垃圾产生量的调查统计数据可以看出，我国城市垃圾总量的大幅度增长主要集中于城市规模较大、城市人口较多的省会城市及经济较发达的开放城市和直辖市。

由于受城市的规模、性质、地理条件、居民生活习惯、生活水平、能源结构和经济状况等多种因素的影响，不同的国家和地区城市生活垃圾成分也有很大变化（表1）。

表1　部分国家和我国部分地区的城市生活垃圾成分组成　　　　　　单位：％

区　域	有机类					无机类			
	厨余物	纸张	塑料、橡胶	纤维	木草	渣土	玻璃、陶瓷	金属	其他
美国	22.00	47.00	4.50	—		5.00	9.00	8.00	4.50
英国	18.00	33.00	1.50	3.55		19.00	5.00	10.00	—
日本	18.60	46.00	18.30	—		6.10			11.00
北京	56.01	4.20	11.76	2.75	8.56	2.79	3.84	1.60	
上海	58.55	6.68	11.84	2.26	13.71	2.23	4.05	0.68	
南京	27.70	4.00	8.00	0.80	2.10	30.70	7.37	0.28	19.05
哈尔滨	16.62	3.60	1.46	0.50		74.71	2.22	0.88	
大连	73.39	3.37	5.66	1.63	11.81	0.19	0.51	2.56	0.80
深圳	57.00	4.65	14.05	6.55	11.07	3.50	0.35	1.25	1.60
广州	56.63	3.65	13.05	4.55	1.20	5.00	0.35	3.25	12.00
天津	48.42	19.40	20.36	1.35	1.77	2.61	4.04	0.33	
杭州	58.19	3.68	7.63	2.23	1.2	24.00	2.09	0.98	
青岛	42.20	4.00	11.20	3.20	—	36.10	2.20	1.10	
佳木斯	38.43	8.94	12.88	—		29.07	2.93	0.74	
西安	15.74	3.35	7.93	2.48	3.94	63.52	1.84	1.20	

2. 发酵种类及臭气成分

发酵是一个分解的过程。在适宜的环境下，复杂的有机物在微生物作用下分解。发酵一般可描述为无氧或有氧过程。

无氧过程一般在缺氧状态下产生，它的形成如下：

有机物质＋厌氧菌＋二氧化碳＋水 ——→ 气态甲烷(沼气)＋氨＋最后产物

无氧分解后的产物是由喜热细菌活动产生的，其中含有有机脂肪酸、乙醛、硫醇（酒味）、硫化氢气体等会对环境和人体造成严重危害的物质。例如硫化氢，它是一种非常活跃并能致人于死亡的高浓度气体，能很快地与一部分废弃的有机质结合形成黑色有异味的混合物。无氧分解一般发生在掩埋式垃圾处理过程中。

有氧分解过程一般在有氧和有水的情况下产生，它的形成如下：

有机物质＋好氧菌＋氧气＋水 ——→ 二氧化碳＋水(蒸气状态)＋硝酸盐＋硫酸盐＋氧化物

有氧分解后的产物是通过适湿细菌的微妙活动而形成的，适湿细菌吞食有机残渣中的碳元素，在呼吸中消耗氧，产生二氧化碳，二氧化碳实际是一种细菌呼吸及摩擦后所产生的气体。这种反应过程中有害物质产生很少，经过正确处理的好氧发酵所产生的气味很小。国外采用翻堆机进行垃圾堆肥处理，就是典型的有氧发酵消纳城市生活垃圾的技术。

城市生活垃圾，产生臭气的主要成分为硫化物、低级脂肪胺等。几种主要臭气的成分特性见表2。

表2　几种主要臭气成分

化合物	典型分子式	特　性	阈　值
胺类	$CH_3NH_2,(CH_3)_3N$	鱼腥味	1×10^{-10}
氨	NH_3	氨味	3.7×10^{-8}
二胺	$NH_2(CH_2)_4NH_2,NH_2(CH_2)_5NH_2$	腐肉味	—
硫化氢	H_2S	臭鸡蛋味	4.7×10^{-10}
硫醇	CH_3SH,CH_3SSCH_3	烂洋葱味	1×10^{-10}
粪臭素	$C_8H_5NHCH_3$	粪便味	3.3×10^{-7}

恶臭气体会对人们产生心理上的影响，使人食欲不振、头昏脑涨、恶心、呕吐。硫化氢、硫醇、胺类、氨等可直接对呼吸系统、内分泌系统、循环系统及神经系统产生危害，它具有大气污染和有害气体污染的两重性。情况严重时，臭气还可使公众的自尊性受到伤害，使人们对垃圾处理设施投资失去信心，导致市场衰退，土地失去出租价值，税收下降，产值和销售额下降。如美国明尼苏达州和佛罗里达州的生活垃圾堆肥厂因产生恶臭被迫停产，当地政府和公众要求其设置恶臭的封闭、控制系统。

3. 臭气控制方法

控制臭气的方法主要有吸附、吸收、生物分解、化学氧化、燃烧等，按治理的方式可分成物理法、化学法、生物法三类（表3）。

表3　垃圾恶臭治理方法

名　称		方　法	适用范围
物理法	遮掩法	两种发臭气体的物质按一定的比例混合，是混合气体的气味变小	生活源产生的臭气
	扩散法	用烟囱使恶臭气体向大气扩散，以保证下风向和附近不受影响	工业有组织排放源产生的臭气
	活性炭吸附法	利用活性炭吸附法，达到除臭目的	有组织排放、臭气浓度较低的场合
化学法	直接燃烧法	将臭气与油或燃料气混合后，在高温下完全燃烧，以达到脱臭目的	工业有组织排放源、高浓度恶臭物质如炼油厂排气
	催化燃烧法	将臭气和燃烧气混合后在催化剂的作用下燃烧而达到脱臭目的	工业有组织排放源、高浓度恶臭物质如炼油厂排气
	O_3氧化法	O_3具有很强的氧化作用，可将恶臭物彻底氧化分解	工业有组织排放源中、低浓度恶臭气体
	催化氧化法	在催化剂的作用下降恶臭物质氧化成无臭或弱臭物质	工业有组织排放源中、低浓度恶臭气体
	其他氧化法	将恶臭物质通入高锰酸钾、次氯酸盐或过氧水溶液使其氧化分解	工业有组织排放源中、低浓度恶臭气体
	水吸收法	将恶臭物质与水接触，使其溶解于水中达到除臭目的	水溶性物质，有组织排放工业源产生的臭气
	酸吸收法	将恶臭物质与酸溶液接触，使其溶解于酸溶液中达到除臭目的	酸性物质，有组织排放工业源产生的臭气
	碱吸收法	将恶臭物质与碱溶液接触，使其溶解于碱溶液中达到除臭目的	碱性物质，有组织排放工业源产生的臭气

续表

名　　称		方　　法	适用范围
生物法	活性污泥法	利用活性污泥吸附分解,达到除臭目的	有组织排放源产生的臭气
	土壤法	利用土壤中大量微生物吸附和分解恶臭物质,达到除臭目的	高、中、低浓度的恶臭物质
	堆肥法	将堆肥盖在臭气发生源上,臭气分解达到除臭目的	有组织排放源产生的臭气
	填充式微生物法	把除臭微生物附着在天然有机纤维等载体上,利用微生物分解臭气,达到除臭的目的	高、中、低浓度恶臭物质
联合法		几种方法联合使用,以去除恶臭物质	有组织排放,成分复杂的排放源产生的臭气

从表3可以看出,控制臭气的方法很多,但常用的方法是化学法和生物法。化学法具有除臭效率高、停留时间短、占地面积小等优点,但是缺点也是显而易见的,如运行费用相对较高、化学药品消耗量高、部分化学品有危险性、维护管理较复杂、对操作人员要求高等。生物法结构简单,投资及运行费用低,不会造成二次污染,但是该类方法除臭效率较化学法低,停留时间长,占地面积大。

二、利用水泥厂常见中间态物质抑制发酵

水泥厂中常见的中间态物质等具有较强的吸附性和吸水性,并且具有较强的碱性,如使用这些中间态物质来抑制发酵和除臭,不仅兼顾了化学法和物理法除臭的特点,而且可以抑制发酵过程,从源头减少臭气的产生。

1. 实验原料及实验方法

① 选择三种不同成分的典型生活垃圾进行实验,它们分别是瓜果皮、剩菜饭以及树叶杂草,实验条件见表4。

表 4　生活垃圾发酵抑制实验条件

实验条件	瓜果皮	剩菜饭	树叶杂草
1	空白	空白	空白
2	加入10%生料	加入10%生料	加入10%生料
3	加入10%中间态物质1	加入10%中间态物质1	加入10%中间态物质1
4	加入10%中间态物质2	加入10%中间态物质2	加入10%中间态物质2

② 水泥生料、中间态物质均取自水泥厂实际生产用料。

③ He气(BOC,英国),纯度99.999%;标准气体(伟创,南京);$Ca(OH)_2$、CaO均为国产分析纯。

④ GCMS-QP2010PLUS气相色谱质谱联用仪(SHIMADZU,日本),配TCD检测器;S20K精密pH计(Mettler-Toledo,美国);集气袋(德霖,大连),规格为1L、2L、5L;HH-6恒温水浴锅(国华,常州);BT100-1J蠕动泵(兰格,保定);JYL-510电动磨碎机(九阳,济南)。

⑤ 实验装置见图1,采用集气袋收集实验产生的气体。

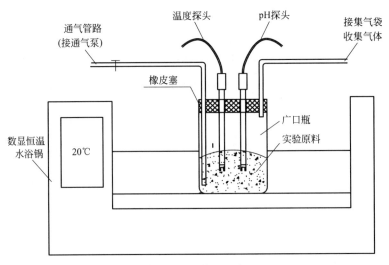

图1　实验装置示意

2. 气体成分检测方法

（1） O_2、N_2、CO_2、CH_4 气体成分检测

4种气体成分检测采用气相色谱法，具体参数设置如下。

色谱柱采用 Rt-Msieve 5A Plot 15m×0.32mm（I.D）×30μm 石英毛细管柱；进样口温度控制在50℃；采用 He 作为载气，流量为3mL/min；分流比为5：1；进样量为20μL；柱温箱温度为50℃；吹扫流量为3mL/min；TCD 检测器温度为200℃，电流为60mA，尾吹流量为8mL。

气体含量计算如下：

$$C_{样品} = \frac{A_{样品}}{A_{标品}} \times C_{标品} \tag{1}$$

式中　$A_{样品}$——待测气体组分峰面积；

　　　$A_{标品}$——相应气体组分标准品峰面积；

　　　$C_{样品}$——待测气体组分体积分数，%；

　　　$C_{标品}$——相应气体组分标准品体积分数，%。

（2） 臭气含量计算方法

为简化气体检测过程，将 NH_3、H_2S 等致臭气体含量合并用 $C_{臭气}$ 表示，用以表征气体的恶臭程度。计算公式如下：

$$C_{臭气} = 100\% - C_{O_2} - C_{N_2} - C_{CO_2} - C_{CH_4} \tag{2}$$

三、实验结果

实验结果见图2～图4和表5。

通过实验分析，不难得出以下几点结论。

① 不同种类生活垃圾由于所含成分不同，其发酵的产气量也是有所差别的，产气量顺序为剩菜饭＞瓜果皮＞树叶杂草。

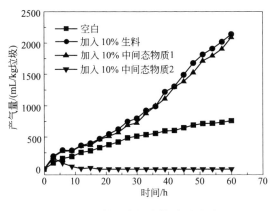

图 2 生料及中间态物质对瓜果
皮发酵产气量的影响

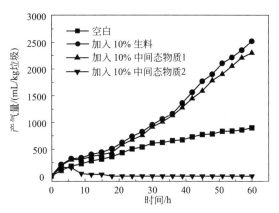

图 3 生料及中间态物质对剩菜
饭发酵产气量的影响

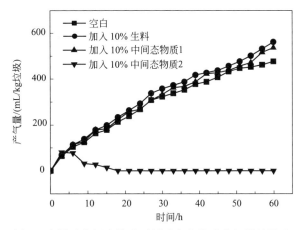

图 4 生料及中间态物质对树叶杂草发酵产气量的影响

表 5 实际生活垃圾发酵抑制实验气体成分分析（60h）

实验分组		产气量 /mL	气体成分及含量/%				
			O_2	N_2	CO_2	CH_4	臭气
瓜果皮	空白	765	2.76	57.35	37.08	0.76	2.05
	加入 10%生料	2140	2.05	37.3	60.35	—	0.30
	加入 10%中间态物质 1	2090	2.14	38.19	59.45	—	0.22
	加入 10%中间态物质 2	0	—	—	—	—	—
剩菜饭	空白	900	2.13	54.89	38.26	0.87	3.85
	加入 10%生料	2520	1.86	34.37	63.29	—	0.48
	加入 10%中间态物质 1	2300	1.79	35.96	61.91	—	0.34
	加入 10%中间态物质 2	0	—	—	—	—	—
树叶杂草	空白	480	12.69	64.13	22.66	—	0.52
	加入 10%生料	565	10.98	61.42	27.38	—	0.22
	加入 10%中间态物质 1	540	9.89	62.14	27.79	—	0.18
	加入 10%中间态物质 2	0	—	—	—	—	—

② 水泥生料及中间态物质 1 的抑制效果相当，加入生料及窑灰后，虽然产生气体体积增大，但从表 5 不难看出增加的气体基本为 CO_2，而对人体有害的臭气含量大幅减少。

③ 中间态物质 2 的抑制效果最好，加入后能够完全抑制发酵过程，阻止臭气的产生。

四、小结

利用水泥回转窑处理城市生活垃圾可以很好地解决目前国内生活垃圾处理难的问题，但是生活垃圾在运输及储存过程中，其中的厨余物较易在微生物的作用下发酵产生大量的恶臭气体，同时还会产生渗滤液，对工作人员及周边环境产生影响。选择水泥厂常见的中间态物质作为发酵抑制剂，可以在 60h 内明显抑制生活垃圾发酵过程，显著减少臭气产生量，为垃圾的无臭处理提供了时间保证。

参考文献

[1] 张瑞久，逢辰生. 美国城市生活垃圾处理现状与趋势. 节能与环保，2007，(11)：11.
[2] 孙立明，黄凯兴. 美国城市生活垃圾处理现状及思考. 工业安全与环保，2004，30 (2)：16.
[3] 李华友，肖学智. 德国城市生活垃圾管理政策分析. 环境保护，2003，(5)：58.
[4] 董锁成，曲红敏. 城市生活垃圾资源化潜力与产业化对策. 生态环境与保护，2001，(6)：49-51.
[5] 王占华，袁星. 长春市城市生活垃圾资源化处理对策. 中国环境管理，2003，22 (6)：59.
[6] 陈锦萍，邓金锋. 福州市城市生活垃圾处理方向研究. 中国环境管理，2004，(1)：61-62.
[7] 杜苏锡，徐州市生活垃圾处置的现状调查. 环境保护，2003，(5)：23-24.
[8] 黄本生，里晓红，王里奥等. 重庆市主城区生活垃圾理化性质分析及处理技术. 重庆大学学报，2003，26 (9)：9-13.
[9] 蔡林. 垃圾分类回收是根治垃圾污染和发展循环经济的必由之路. 中国资源综合利用，2002，(2)：9-10.
[10] H. H. P. Fang, D. W. C. Chung. A anaerobic treatment of proteinaceous under mesophilic and thermophilic conditions . Water Sci. Technol. , 1999, 40 (1)：77-84.
[11] C. Maibaum, V. Kueh. Thermophilic and mesophilic operation of an anaerobic treatment of chicken slurry together with organic residual substances . Water Sci. Technol. , 1999, 40 (1)：231-236.
[12] D. Bolzonella, L. Innocenti, P. Pavan et al. Semi-dry thermophilic anaerobic digestion of the organic fraction of municipal solid waste：focusing on the start-up phase . Bioresource Technol. , 2003, 86：123-129.
[13] J. D. Murphy, E. Mckeogh. Technical, economic and environmental analysis of production from municipal solid waste . Renewable Energy, 2004, 29：1043-1057.
[14] 杨学权，蔡玉良，邢涛，陈汉民. 城市垃圾减容化和资源化的一种有效途径（上）. 中国水泥，2003，(3)：28-30.
[15] 羊寿生，张辰. 污水处理设施中的脱臭技术. 给水排水，1996，22 (6)：14.
[16] 郭小品. 城市生活垃圾堆肥厂臭气的产生及防控技术进展. 环境科学与技术，2007，30 (6)：107-111.
[17] 徐亚同，史家樑，张明. 污染控制微生物工程. 北京：化学工业出版社，2001，157-165.

水泥厂处置城市垃圾时渗滤液的处理

辛美静　赵　宇　杨学权　蔡玉良

随着国民经济的快速发展和人民生活水平的不断提高，生活垃圾的污染问题已日益成为我国经济发展和城市建设的制约性瓶颈。目前，城市生活垃圾的处理方法主要以填埋法、堆肥法和焚烧法为主。填埋法占地大，减容化、资源化程度低，容易对周围环境产生二次污染。堆肥法规模小，周期长，质量不稳定。焚烧法可以达到垃圾处理的"无害化"、"减容化"和"资源化"的目标，如果与其他工业（如水泥生产工业）相结合，又可以实现"集约化"要求。但简单焚烧除了极易产生剧毒物二噁英外，还会排出大量含有有毒物质的飞灰和残渣，必须再进行严格处理，既增加了投资又不利于管理控制，否则将对环境带来严重的污染，垃圾焚烧厂遭到附近居民抵制的情况屡见不鲜。垃圾焚烧后产生的固体废渣也需要进一步处理，增加了投资，也增加了潜在污染的可能性。因此传统垃圾处理方式只是实现了垃圾污染的转移，没有真正达到垃圾处理的"三化"要求。利用新型干法水泥窑系统处置生活垃圾已成为不争的事实。然而垃圾在进入水泥窑系统之前的预处理过程中，会不可避免地产生相当量的渗滤液，因此采用水泥生产线处置城市生活垃圾时必须解决渗滤液的处理问题。

一、垃圾渗滤液的物化特性

垃圾渗滤液主要来源三个方面，一是外来水（降雨、冲洗水等）浸泡垃圾后产生的渗滤液；二是垃圾受挤压后释放出的渗滤液（部分结构水、毛细水等）；三是垃圾在降解过程中，在微生物的作用下转化而释放的渗滤液。渗滤液来源广泛，决定了其成分的复杂性，主要特征如下。

1. 污染物种类繁多，成分复杂

垃圾渗滤液中含有多种重金属和近百种有机物，含量较多的为烃类及其衍生物、酸酯类、醇酚类、酮醛类和酰胺类等有机物。据文献记载，以广州大田山填埋场渗滤液为例，能检测出 77 种有机物，其中芳香烃有 29 种，烷烃、烯烃类 18 种，酸类 8 种，醇、酚类 6 种，脂类 5 种，酮、醛类 4 种，酰胺类 2 种，其他类别 5 种，上述有机物多为可生化降解的有毒有害物质，其中 22 种被列入 EPA 环境优先控制污染物黑名单。可见，垃圾渗滤液是一种成分复杂的高毒害有机废水，若不加处理直接排入环境，会造成严重的污染。

2. 用于衡量有机物含量的 COD 和 BOD 指标高

COD 和 BOD 的值，表征垃圾渗滤液中有机污染物含量的高低，一般情况下渗滤液中这两个值均较高，需进行有效的处理才能满足排放要求。

COD（Chemical Oxygen Demand）又称化学需氧量，指在一定条件下，采用强氧化剂处理水样时，所消耗的氧化剂量，它是衡量试样中还原性物质多少的一个重要指标。BOD（Biochemical Oxygen Demand）又称生化需氧量或生化耗氧量，是衡量水中有机物等污染物含量的一个综合性指标，表征水中有机物在微生物生化作用下进行氧化分解、无机化或气化时消耗水中溶解氧的总量，其值越高，说明水中有机污染物质越多，污染也就越严重。一般情况下，生活垃圾渗滤液 COD 值为 2000～62000mg/L，BOD 值为 60～45000mg/L。

表 1 所示为垃圾渗滤液中转站实测数据及部分填埋场统计数据。其中莫愁新寓和龙江小区属于居民集中地带，垃圾大多为厨余物，BOD 值、COD 值相对较高，诚信大道中转站的垃圾主要来自于周围的高校和企业，厨余物类较少，因此 BOD 值、COD 值明显较低，几个填埋场数据相差不大。可见不同来源的生活垃圾渗滤液物性指数相差较大，在处理时不宜采用单一的处理方法，必须针对垃圾渗滤液的生化特征、组成等特性进行综合考虑。

表 1　不同地区垃圾渗滤液水质分析　　　　　　　　单位：mg/L

类　别	南京部分垃圾中转站自测数据			全国部分垃圾填埋场统计数据			
	莫愁新寓	龙江小区	诚信大道	广州李坑	杭州堡场	北京阿苏卫	河北霸州
COD_{cr}	6.08×10^4	6.65×10^4	956	4000	2320	2000	3059
BOD_5	2.78×10^4	2.17×10^4	475	2500	1720	1000	1217
SS	2.13×10^4	2.56×10^4	16	600	1085	—	260
氨氮	308	290	19.3	1000	61	60	500
pH 值	—	—	6.08	6.5	8.05	6.0～7.0	6.0～7.5

3. 金属含量高

垃圾渗滤液含有 10 多种常见的金属离子和各种重金属，主要来源于居民日常生活丢弃的废旧电池、小型电器元件、金属碎片、植物组织等物质，与周边触及到的土壤在渗滤液的长期浸泡、腐蚀过程中，从中游离出的重金属。表 2 所示为实验室测得的不同来源垃圾渗滤液中的重金属含量，从中可以看出，新鲜垃圾中重金属含量不高，除 Mn 以外，单就重金属一项，其含量能达到饮用水控制标准要求。随着垃圾堆放时间的延长，受自然界风吹雨淋和自身复杂的物理、化学作用下，很多重金属被释放到渗滤液中，水阁填埋场腐殖性渗滤液中重金属含量远超过上述饮用水标准的控制范围，但完全能达到污水综合排放控制的标准要求，因此在进行渗滤液处置时，除非垃圾来源特殊，重金属可不做特殊处理。

表 2　垃圾渗滤液重金属采样分析数据　　　　　　　单位：μg/L

取样点及标准限值	测量元素							
	Cu	Zn	Cd	Pb	Cr	Ni	Mn	As
水阁垃圾场取样点 1	14.8	455	8.4	26.4	292	160.3	215	141.3
水阁垃圾场取样点 2	17.8	414.5	6.8	18.0	270.7	178.8	364.5	147.0
诚信大道垃圾中转站	4.0	230	1.2	<12.0	3.1	<7.0	165.9	—
GB 5479—2006 标准饮用水	1000	1000	5	10	50	20	100	10
GB 8978—1996 污水综合排放标准	500	2000	100	1000	1500	—	2000	500

4. 氨氮含量高，营养比例失调

垃圾渗滤液中 C、N、P 比例严重失调，有机物和氨氮含量太高。渗滤液中的氮多以氨氮形式存在，含量很高，约占总氮 85%～90%，且经常变化，生化处理难度大。随着堆放时间的延长，垃圾渗滤液中氨氮浓度相应增加，最高可达 10g/L。由于氨氮能抑制微生物的活性，且氨氮浓度越高，抑制性越强，针对这一特点，垃圾渗滤液在进行生物法处理前，普遍采用氨氮吹脱工艺，以降低后期处理难度。

同时渗滤液中磷含量较低，一般 BOD/P>300，与微生物生长所必需的磷元素含量要求相差加大，尤其是生物可作用的溶解性磷酸盐浓度更低，若采用生物法处理，过低的磷含量不利于微生物的生长繁殖，会增加生化处理难度。

5. 色度深且有恶臭

垃圾渗滤液一般都呈黑褐色，色度高达 2000～4000 倍，且有极重的腐臭味道。恶臭来源复杂，主要分为 5 类：

① 含硫化合物，如硫化氢、硫醇类、硫醚类等；

② 含氮化合物，如氨、胺类、酰胺、吲哚类等；

③ 卤素及其衍生物，如氯气、卤代烃类等；

④ 烃类，如烷、烯、炔、芳香烃等；

⑤ 含氧有机物，如酚、醇、醛、酮、有机酸等。

从上述分类可见，垃圾渗滤液中的恶臭物质除硫化氢和氨外，其他都为有机物，这些有机物沸点极低，极易散发到空气中，在适合的天气条件下，随风扩散，这是引起垃圾场周边地区恶臭的主因。据广州市环境卫生研究所监测分析，垃圾中产生恶臭的物质主要有 14 种，它们分别是：硫化氢（H_2S）、氨（NH_3）、甲硫醚 $[(CH_3)_2S]$、二氯甲烷（CH_2Cl_2）、二硫化碳（CS_2）、乙酸乙酯（$CH_3COOC_2H_5$）、三氯甲烷（$CHCl_3$）、二甲二硫 $[(CH_3)_2S_2]$、甲苯（$C_6H_5—CH_3$）、正辛烷（C_8H_{18}）、对二甲苯 $[C_6H_4—(CH_3)_2]$、苯乙烯（$C_6H_5—C_2H_3$）、间二甲苯 $[C_6H_4—(CH_3)_2]$、正癸烷（$C_{10}H_{22}$）。这些恶臭物浓度极高，有的甚至高于我国《恶臭污染物排放标准》的控制要求。

二、生活垃圾渗滤液处理工艺简介

生活垃圾渗滤液处理工艺主要分为物化法和生物法两大类。当垃圾渗滤液的 BOD/COD 大于 0.3 时，渗滤液的生化性较好，可采用生物处理法；当 BOD/COD 小于 0.2，或有机物成分平均分子量较小时，生物法处理难度较大，可采用物化法。以下就渗滤液的主要处理方法进行概括性介绍。

1. 物化处理法

物化法主要有混凝-化学沉淀法、化学氧化法、膜渗析分离技术和吸附法等。

（1）混凝-化学沉淀法

化学沉淀法是指在进行其他处理方法的前后，向渗滤液中加入各种混凝剂，进行混合沉淀，以去除悬浮固体物、重金属、浊度、色度和一些有机物。混凝剂的添加原理取决于悬浮物、胶体物质和混凝剂的粒径不同，导致在水中沉降性的差异。目前混凝剂的品种有两三百种，主要分为无机混凝剂和有机混凝剂两大类。无机类混凝剂主要有铝和铁的盐类及其水解聚合物，常用的有 $FeCl_3$、$FeSO_4$、$Al_2(SO_4)_3$ 等。有机类混凝剂品种较多，主要有各种高分子化合物，按带电特性又可分为阳离子型聚合物、阴离子型聚合物、非离子型聚合物、两性聚合物四大类。混凝-化学沉淀法只是一种辅助处理方法，处理后废水的 COD 值一般还会高于国家规定的污水排放标准，必须进行再处理。

（2）化学氧化法

化学氧化法是利用强氧化剂将废水中的有机物氧化分解成小分子的碳氢化合物或完全矿化成 CO_2 和 H_2O，从而降低废水中的 BOD 和 COD，同时有利于废水中有毒有害物质的无害化。H_2O_2、O_3、$K_2(MnO_4)$ 和 $Ca(ClO_3)_2$ 是最常用的几种氧化剂。在使用化学氧化法处理垃圾渗滤液时，若渗滤液中 Cl^- 浓度较高，在氧化有机物的同时，极易产生毒性较大的有机氯代物，非但不能彻底去除渗滤液中有机物污染，而且很大程度上还可能加重水体污染，应该给予重视。

（3）膜渗析分离技术

该技术是指利用特殊膜的筛分、截留和吸附等作用对水中成分进行选择性分离，以去除渗滤液中难降解的有机污染物，主要机理是膜的筛分作用，包括微滤、超滤、纳滤和反渗透等工艺。在各种膜处理技术中，反渗透（RO）分离技术应用最为广泛，它是指在压力作用下使渗滤液中的水分子通过半透膜，其他物质就被截留下。RO 工艺对垃圾渗滤液中 COD 和 NH_3-N 的去除率可达 99％以上，出水水质稳定，该技术在国外应用广泛，但在国内难以推广，主要原因是膜材料成本较高，且在处理污染严重的水体时，膜极易被污染，较难清洗，难以再次利用，因此在使用该工艺时必须对渗滤液进行一定的预处理，以使膜有良好的性能和足够长的使用寿命。

（4）吸附法

吸附法是依靠吸附剂上密集的孔结构和巨大的比表面积，以及通过表面各种活性基团与被吸附物质形成各种化学键，达到有选择性地富集各种有机物和金属离子的目的。吸附法的优势在于对生物法难以处理的金属离子和难降解的有机物有较好的去除效果。目前应用较广的吸附剂有活性炭、硅藻土、蒙脱石、沸石以及各种高分子吸附剂。各种吸附剂对不同渗滤液的吸附效果有很大的差别，一般来说，吸附剂对早期渗滤液的吸附效果要优于老龄渗滤液，对渗滤液中小分子量腐殖质的吸附能力要优于大分子量腐殖质。由于各吸附剂都存在饱和吸附量的限制，吸附法一般仅可作为渗滤液的后续处理方法。

2. 生物处理法

生物处理法是指利用微生物氧化分解污水中的有机污染物，将其转化成 CO_2、H_2O 和 N_2，或者转化为易分离的颗粒状微生物细胞物质，以便在微生物维持自身生存的同时，完成污水的净化作用。在生物处理过程中，氮的脱除主要经历氨化-硝化-反硝化三个步骤。氨化阶段是指有机氮被微生物氧化分解，转化成氨氮；然后经过硝化过程，利用硝化细菌将氨氮氧化为硝酸盐，最后通过反硝化作用使硝酸盐中的氮转化成氮气，最后逸入大气。

（1）好氧生物处理技术

好氧生物处理技术主要借助微生物在好氧条件下，以废水中的有机物为原料进行新陈代谢，合成生命物质，同时将污染物降解的过程。好氧生物操作简单、微生物驯化适应时间短，一般仅需几周即可完成，并具有良好的抗冲击能力，可有效降低废水中 BOD、COD 和氨氮，同时可除去 Fe、Mn 等金属。但需要注意的是由于垃圾渗滤液中 P 含量偏低，需要另外添加磷酸盐才能实现较好的处理效果。且垃圾渗滤液中氨氮浓度过高，会抑制硝化作用，同时能耗过大，污泥产量较多。目前比较流行的好氧处理技术主要有活性污泥法、生物膜法和稳定塘法。其中活性污泥法又分为传统活性污泥法、膜生物法（MBR）、间歇曝气活性污泥法（SBR，又称为序批式活性污泥法）；生物膜法具有代表性的处理技术有生物滤池、生物转盘、生物接触氧化等。

（2）厌氧生物处理技术

厌氧生物处理技术是指在厌氧条件下，利用厌氧微生物将基质中结构复杂的难降解有机物先分解为低级、结构较为简单的有机物，再由甲烷菌将有机物分解为 CH_4、CO_2 和 H_2O 等最终产物。厌氧生物法非常适合作为垃圾渗滤液的预处理单元，特别是新鲜垃圾渗滤液的处理，通过厌氧处理可以去除大量的 BOD、COD 有机污染物，其出水可排入下水道系统与城市污水处理厂合并后进行最终处理，或作为垃圾处理场渗滤液二级处理单元的预处理。目前国内现有的几乎所有渗滤液处理工艺中，前端必定都设置了厌氧处理单元。

三、我国部分垃圾填埋场渗滤液处理工艺情况

垃圾渗滤液来源的复杂性，决定了处理方法的多样性。生产实践证明，采用上述单一的方法，往往难以达到排放要求。因此在实际应用中，常从众多的处理方法中，选择出几种有效方法进行结合，形成复合处理工艺。目前我国垃圾渗滤液多采用生物方法为主、物化方法为辅的组合工艺。以下结合国内部分运转良好的垃圾填埋场渗滤液处理工艺进行介绍。

国内几个填埋场渗滤液的核心处理工艺及进、出水水质情况见表3，从中可以看出，不同地区垃圾渗滤液进水水质特征大致相同，核心处理技术大都为生物处理法，再根据各地区具体的水质、地形、投资等方面的需求，结合不同的辅助处理工艺，出水均能达到国家控制标准要求。详细的工艺流程见图1～图5。

表3 国内部分垃圾填埋场渗滤液处理工艺比较

类别		常州市垃圾填埋场	太原市垃圾填埋场	上海浦东新区黎明生活垃圾填埋场	哈尔滨西南部垃圾填埋场	霸州市垃圾填埋场
处理能力/(m³/d)		247	360	400	200	200
进水水质	COD/(mg/L)	6000～20000	10000	7500～22500	20000	3059
	BOD/(mg/L)	3000～8000	3300	2500～7500	10000	1217
	SS/(mg/L)	500～800	350	400～1200	2000	260
	氨氮/(mg/L)	400～800	1000	12500～3750	2000	500
	pH值	—	7.6	6.0～9.0	—	6.0～7.5
出水水质	COD/(mg/L)	100	300	<20	300	<100
	BOD/(mg/L)	20	150	<5	150	<30
	SS/(mg/L)	70	200	4	25	<15
	氨氮/(mg/L)	15	25	14～77.6	200	<15
	pH值	—	6～9	7.22～7.69	—	
核心处理工艺		MBR（膜生物法）-NF（纳滤）系统	ABR（厌氧折流反应器）-SBR（序批式活性污泥）系统	RO（反渗透）系统	MBR（膜生物法）-NF（纳滤）系统	MBR（膜生物法）

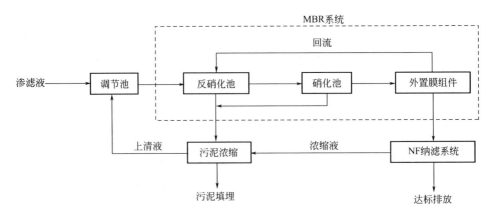

图 1　常州市垃圾填埋场渗滤液处理工艺流程示意

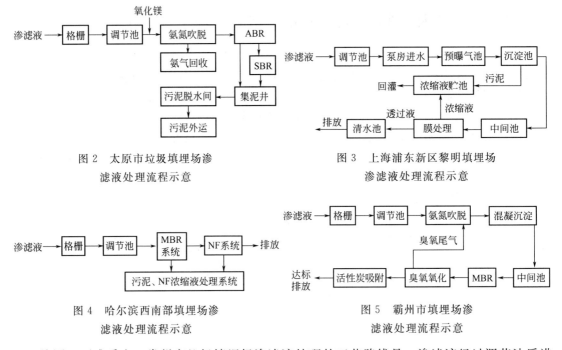

图 2　太原市垃圾填埋场渗
滤液处理流程示意

图 3　上海浦东新区黎明填埋场
渗滤液处理流程示意

图 4　哈尔滨西南部填埋场渗
滤液处理流程示意

图 5　霸州市填埋场渗
滤液处理流程示意

　　从图 1 不难看出，常州市垃圾填埋场渗滤液处理的工艺路线是：渗滤液经过调节池后进入膜生物反应器，膜生物反应器由 1 个反硝化池和 2 个硝化池串联而成，在硝化池内通过高活性的好氧微生物作用，将大部分有机物污染物降解，同时氨氮和有机氮氧化为硝酸盐和亚硝酸盐。污水经膜组件分离后，清液进入 NF 系统，浓液回流到反硝化池，在缺氧环境中还原成氮气排出。在 NF 纳滤系统中，不可生化的大分子有机物和部分金属离子被滤除，清液直接达标排放，浓缩液与硝化池、反硝化池的剩余污泥合并收集后，通过离心脱水机脱水，脱水后的干污泥去填埋场处置，上清液回流至调节池。

　　由图 2 可见，太原市垃圾填埋场渗滤液处理的工艺路线是：渗滤液从调节池出来后，进入氨氮吹脱塔前加入 MgO，进行 pH 调节，然后进入鼓风的吹脱塔脱除其中的氨氮，吹脱出来的氨气回收利用。脱去氨氮的渗滤液对微生物的毒性减弱，再先后进入 ABR 和 SBR 进一步去除其中的有机物。

其他几个填埋场渗滤液处理的工艺路线详见流程图，本文不再详细介绍。

四、适合水泥厂的垃圾渗滤液处理工艺

以上介绍的是各垃圾填埋场渗滤液处理工艺。新鲜垃圾渗滤液组成与填埋场渗滤液并不相同，新鲜渗滤液COD、BOD含量高于老龄渗滤液，氨氮浓度低于老龄渗滤液。利用水泥生产线处置城市生活垃圾时，必须确保不能影响水泥厂的工作环境和生产的正常运行，因此垃圾在厂区的停留时间不宜过长，以防因堆放时间过长，造成垃圾发酵产生出有毒有害物质和恶臭气体，影响人们健康。鉴于这一要求，在进行渗滤液处理时不可生搬硬套。现介绍上海江桥生活垃圾焚烧厂渗滤液处理工艺（图6），以供水泥厂处理垃圾时借鉴，其工艺流程具有以下特点：

① 为防止调节池集泥，在前端增加了混凝沉淀池。

② 采用厌氧池预处理工序，减轻后续MBR系统的负荷。

③ 在厌氧出水后，设置曝气池，通过曝气将水中鸟粪石（$MgNH_4PO_4 \cdot 6H_2O$）成分结晶析出，结合后续混凝沉淀，从系统中排除，避免后续MBR系统的过滤堵塞。

④ 在MBR系统前，设置化学混凝沉淀段，使前端产生的鸟粪石结晶和Ca^{2+}、Mg^{2+}能在进入生化系统前沉淀下来，对后续生化处理有利；同时对进入生化系统的有机污染负荷进行控制，确保生化系统不受冲击。

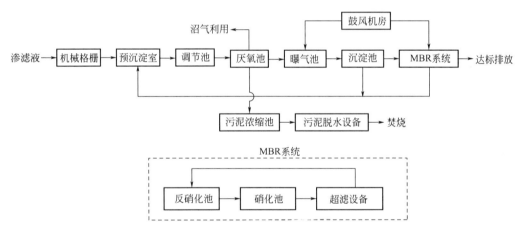

图6 上海江桥生活垃圾焚烧厂渗滤液处理工艺流程示意

五、结束语

城市生活垃圾渗滤液的处置大致可分为两种情形，一是经必要的预处理后汇入城市污水处理厂合并处理，二是在垃圾处理场区内进行专门的现场处理。

将垃圾渗滤液直接排入城市污水处理厂合并处理，可节省单独建设渗滤液处理系统的费用，降低处理成本；污水可对渗滤液起到缓冲、稀释及平衡营养物质的作用，降低单独处理的难度，是最为简单的处理方案。但应注意，由于渗滤液特有的水质及变化特点，若不加控制，则渗滤液中高浓度的有机污染物和NH_3-N物质，易对城市污水处理造成冲击负荷，影响污水处理厂的正常运行。同时要求城市污水处理厂与垃圾处理厂距离不能太远。

我国垃圾渗滤的处理已取得丰富的经验，且有很多可参照的成功典例。若采用现场单独

处理时，应针对渗滤液水量、水质波动大，成分复杂，有机物含量多，BOD、COD 和氨氮浓度高，营养比例失调的特点，详细测定垃圾渗滤液的各种成分，根据实际情况选择合理的工艺组合，并通过小试和中试确定适当的运行参数。新鲜垃圾渗滤液与填埋场老龄渗滤液在组成、物化特性上有很大差别，利用水泥生产线处理城市生活垃圾时，渗滤液的处理可参考上海江桥垃圾焚烧厂的处理工艺。

参考文献

［1］ 郑曼英. 垃圾渗滤液中有机污染物初探. 重庆环境学，2006，18：41-43.

［2］ 吕永. 垃圾转运站恶臭污染物研究. 环境卫生工程，2007，6：22-24.

［3］ 楼紫阳. 渗滤液处理处置技术及工程实例. 北京：化学工业出版社，2007.

［4］ 刘启东. 厌氧折流板反应器处理垃圾渗滤液工艺设计. 工业水处理，2008，8：75-76.

［5］ 陆继来. MBR-NF 工艺在垃圾渗滤液处理中的应用. 中国工程科学，2008，10：61-63.

［6］ 陆宏宇. 霸州市垃圾填埋场渗滤液处理工程设计与运行. 水处理技术，2008，2：86-91.

［7］ 苏也. MBR-NF 工艺在垃圾填埋场渗滤液处理工程中的应用. 给水排水，2007，12：35-39.

［8］ 周新宇. 上海江桥生活垃圾焚烧厂渗滤液处理工程改扩建方案. 给水排水，2008，9：35-38.

水泥生产过程中特殊原燃料使用
对耐火材料与设备腐蚀问题

俞　刚　蔡玉良　李　波　赵美江　杨学权　辛美静

　　水泥烧成系统中与高温气固两相流直接接触的耐火材料内表面和耐热钢以及后续的低温管道的腐蚀，直接影响系统的使用寿命和设备的安全。因此在设计和使用过程中，对其应有的关注尤为重要。由于这些腐蚀过程的起始发生不易被察觉，一旦发生，往往腐蚀较快，需要花大量的时间去维修或修复，这些过程的产生往往与设计者和生产者缺乏相关的经验有着密切的关系。对设计者来说，由于缺乏对未来原燃料的变化、高温环境下的气氛和可能发生的潜在物理化学过程不清，导致材料的选择存在缺陷或缺乏特殊的技术措施，以抑制高温情况下的气固两相流物质与器壁材料间相互渗透、熔合和反应，导致材料的腐蚀、崩溃和脱落。如采用耐受性较好的材料进行隔离或者改变其使用的环境氛围，均可避免相应的腐蚀。对于使用者来说，由于缺乏对现有装置耐受性的了解，选择了一些特殊应回避的原燃料，加之超常规的操作和控制，加剧腐蚀，使得上述材料的使用寿命大打折扣。下面将结合工程应用遇到的具体情况，分别分析耐火材料、预热器内筒、回转窑筒体、烟囱中常常出现的腐蚀问题。

一、腐蚀元素的来源及其循环特性

1. 废弃物中腐蚀元素来源

　　随着水泥工业二次固体废弃原料、燃料利用量的不断增加，其可能存在的腐蚀问题也会在以后的生产过程中逐渐呈现。为避免这些问题，事先的研究是必须的。采用二次固体废弃原料、燃料，在剔除不利于水泥生产的物质后，其灰渣的主要成分仍然是 CaO、SiO_2、Al_2O_3、Fe_2O_3 等，可直接充当水泥原料；含有一定热量的废弃物可作为燃料。目前，可用作水泥生产替代燃料的废弃物主要有：石油焦、石墨粉、焦炭屑、废轮胎、橡胶、塑料、造纸工业废料、生活垃圾、肉骨粉、油面岩、泥炭、电池、农作物的秸秆以及碎木屑、纺织废品、有机有害化工废料、医药废弃物等；可用于替代原料的有：粉煤灰、炉渣、煤矸石、飞灰、污泥、电石渣等。

　　一些废弃物中的化学成分见表 1。从表 1 中的数据不难看出，上述物质中，不可燃垃圾中的钾、钠、硫、氯等腐蚀元素含量大大高于正常原料中的含量，尤其垃圾飞灰中的氯含量较高。如果不加以控制地处置废弃物，该种情况势必会增加水泥生产系统中钾、钠、硫、氯的含量，使其超过控制的目标值要求，由此，除了会造成生产系统不稳定，导致产品质量问题外，还会给生产系统内直接接触的耐火材料、耐热钢构件造成严重的腐蚀问题。

表 1　一些废弃物的化学成分

废弃物	化学成分/%									
	烧失量	SiO_2	Al_2O_3	Fe_2O_3	CaO	MgO	K_2O	Na_2O	SO_3	Cl^-
不可燃垃圾	52.04	26.79	4.25	2.09	8.36	0.71	2.71	1.41	0.63	0.435
垃圾飞灰	—	18.2	6.74	3.65	25.34	2.39	4.34	5.51	13.01	12.29
城市污泥(脱水)	39.9	32.2	11.19	5.52	5.06	4.12	0.44	0.44	1.13	—

2. 腐蚀元素在水泥烧成系统内的循环特性

原料的失衡，或者二次固体废弃原料、燃料的使用，将导致碱、氯和硫在窑内的含量过高。如果它们的浓度未达到平衡，其化合物在预热器较低部和回转窑中形成窑内循环，大量的盐类化合物，尤其是 KCl、NaCl 或 K_2SO_4 等不会从系统中排出，而是逐渐累积、沉淀在耐火衬里的表面，甚至渗透至其内部，表 2 所示为常见的碱、氯、硫等化合物的熔融温度和挥发温度。

表 2　碱、氯、硫化合物的熔点和沸点

化合物	K_2O	Na_2O	Na_2SO_4	K_2SO_4	$CaSO_4$	KCl	NaCl	$CaCl_2$	K_2CO_3	Na_2CO_3
熔点/℃	881	1132	884	1074	1460	770	801	772	891	851
沸点/℃	1477	1275	1404	1689	—	1420	1413	1935	—	1600

由表 2 可知，这些元素化合物的熔点、沸点都处于水泥烧成的温度范围内，对水泥烧成系统的不同部位产生影响。

（1）氯循环

二次燃料尤其是溶剂、塑料、干厨余物等的使用，将带入大量的氯。氯化物的熔融温度一般在 770～810℃，其挥发温度一般低于 1500℃，与硫、碱相比，氯的挥发性最强，因此，氯能够达到预热器的顶部或者更远的区域。

（2）碱循环

碱及其化合物比硫更具挥发性，当它们在较低温度的时候冷凝、固化，可以达到预热器较高的部位。如果碱含量过量，将会损害铝含量高的耐火砖从而导致所谓的"碱裂解"现象。此外，碱也会形成粘接物而损坏耐火砖，尤其易形成硫-碱化合物成分，损坏砖的粘接结构。镁铬砖对碱过量尤其敏感，因为硫-碱化合物会损坏砖中的铬。

（3）硫循环

与碱、氯相比，硫的挥发性最低，但是它对耐火材料及窑的操作过程的影响较大。一方面，它会破坏耐火材料的粘接力，另一方面会在窑、预热器及分解炉内部产生难处理的结皮固体物，如钙明矾石（$2CaSO_4 \cdot K_2SO_4$）、双硫酸盐、硅方解石（$2C_2S \cdot CaCO_3$）、硫硅钙石（$2C_2S \cdot CaSO_4$）、多元相钙盐 $Ca_{10}[(SiO_4)_2 \cdot (SiO_4)_2](OH^-,Cl^-,F^-)$ 以及二次硫酸钙（$CaSO_4$）、氯化钾（KCl）等的一种或多种。通常，这些结皮物的形成取决于腐蚀元素含量的高低，也与温度有关，一些结皮物的形成与分解温度见表 3。

表3 腐蚀元素过量时易形成的结皮物及其产生、分解温度

结皮物的特征矿物	形成温度/℃	分解温度/℃	备 注
双硫酸盐 $3Na_2SO_4 \cdot CaSO_4$ $2Na_2SO_4 \cdot 3K_2SO_4$ $Na_2CO_3 \cdot 2Na_2SO_4$	—	800～950	还原气氛易形成 $K_2SO_4 \cdot Na_2SO_4$
$2CaSO_4 \cdot 3K_2SO_4$	—	＞1000	氧化气氛易形成 $2CaSO_4 \cdot K_2SO_4$
碱的过渡性复盐 $K_2Ca(CO_3)_2$ $Na_2Ca(CO_3)_2$	—	814～817	仅为过渡性矿物,但在预热器温度为850℃以下旋风筒内的结皮中存在
二次硫酸钙$(CaSO_4)$	750	＞1200	在 Fe_2O_3 催化下更易形成二次硫酸钙$(CaSO_4)$
$2C_2S \cdot CaCO_3$	750～850	900	氯化物(Cl^-)的存在易促进硫硅钙石的生成
$2C_2S \cdot CaSO_4$	900	＞1100	
$2CA \cdot CaSO_4$	＞900	＞1300	

二、腐蚀元素对耐火材料的腐蚀机理及过程分析

1. 水泥窑用耐火材料

水泥窑用耐火材料的组分主要是硅、铝、镁、钙、铬等的氧化物,主要分为以下几类。

(1) 铝硅系耐火材料

其主要成分是 SiO_2、Al_2O_3。通常 Al_2O_3 含量控制在 30% 左右的耐碱砖,具有较好的抗碱侵蚀性能,但荷重软化温度约为 1300℃,主要用于预热器、分解炉等碱侵蚀严重的部位。为满足不同部位工况下耐磨、耐碱、耐温度变化的要求,开发出了系列特种高铝砖,如磷酸盐结合高铝砖、磷酸盐结合高铝质耐磨砖、抗剥落高铝砖等,并相继出现了新型渗透 SiC 的高铝质砖。

(2) 镁铬系耐火材料

其主要成分是 MgO、Cr_2O_3。多年来,水泥窑烧成带大量使用直接结合镁铬砖,此类耐火砖具有较高的抗高温性能、抗 SiO_2 侵蚀和抗氧化还原作用及良好的挂窑皮性能。但镁铬砖残砖存在严重的污染水的问题,一些工业化国家已经停止生产和使用。

(3) 镁铝系耐火材料

其主要成分是 MgO、Al_2O_3。镁铝尖晶石砖不但具有较强的挂窑皮能力,而且在抗碱、硫熔融物和熟料液相侵蚀、抗热震和窑体变形产生的机械应力,以及在抗热负荷等方面,具有一系列的优点,性能优于镁铬砖,已成为当今世界碱性砖技术发展的主流,是大型水泥窑的主要窑衬材料。

(4) 隔热耐火材料及浇注料

以我院设计的烧成系统为例,各部位采用的耐火材料及其主要成分见表4。

2. 腐蚀元素对耐火材料的侵蚀机理

耐火材料的损坏主要分为化学侵蚀、热应力、机械应力三大类,腐蚀元素对耐火材料的影响主要是化学侵蚀。化学侵蚀通常是由 Na_2O、K_2O、Cl、SO_3、$NaCl$、Na_2SO_4 等碱盐的渗透造成。在水泥熟料煅烧过程中,当温度合适时,腐蚀元素的化合物渗入耐火材料内的

表 4　烧成系统各部位所用耐火材料及主要成分

<table>
<tr><th colspan="2">部位</th><th>耐火材料</th><th>主要化学成分/%</th></tr>
<tr><td colspan="2">预热器内</td><td>高强耐碱砖、高强耐碱浇注料</td><td>$Al_2O_3:25\sim30$
$SiO_2:65\sim70$</td></tr>
<tr><td colspan="2">分解炉内</td><td>抗剥落高铝砖</td><td>$Al_2O_3:>70$</td></tr>
<tr><td colspan="2">烟室，分解炉锥部，C4、C5 筒锥部与下料管</td><td>SiC 抗结皮浇注料 SA-60S</td><td>$SiC:\geqslant58$</td></tr>
<tr><td rowspan="4">回转窑</td><td>预热分解带</td><td>抗剥落高铝砖</td><td>$Al_2O_3:>70$</td></tr>
<tr><td>过渡带</td><td>镁铝尖晶石</td><td>$MgO:>80$
$Al_2O_3:8\sim12$</td></tr>
<tr><td>烧成带</td><td>镁铬砖</td><td>$MgO:>70$
$Cr_2O_3:\geqslant9$</td></tr>
<tr><td>冷却带</td><td>镁铝尖晶石</td><td>$MgO:>80$
$Al_2O_3:8\sim12$</td></tr>
</table>

孔隙中，其量逐步增加，碱、氯、硫等化合物与耐火材料发生一些非预期的物理化学反应，生成低熔融温度的新化合物。在此过程中，融熔温度高的化合物沉积在耐火砖的热面，而熔融温度低的化合物甚至能渗透至耐火砖冷面，熔融温度适中的化合物，则沉积在耐火砖厚度中间的部位。这些新化合物不仅熔融温度低，而且体积较耐火材料原有体积增大，将改变衬料容重、孔隙率、冷破碎强度、热膨胀率、热传递和弹性系数等物理性能，造成砖体结构粘接力的弱化或丧失，宏观上看来砖结构出现或多或少的裂缝，呈现易碎性。例如，一旦气体中酸性组分（主要是 Cl、SO_3）含量比基本组分（Na_2O、K_2O）高，那么酸性组分就会优先和砖里面的 CaO、MgO 相发生反应，从而导致结构粘接力被侵蚀。在某些特定的气氛下，过高的碱含量也会导致腐蚀，比如发生铬腐蚀。

3. 碱、氯、硫的化合物对烧成系统各部位的侵蚀

碱、氯、硫的化合物对烧成系统主要部位耐火材料的侵蚀过程如下所述。

（1）预分解系统和冷却机衬里耐火材料

利用水泥窑处置废弃物，碱、氯、硫等腐蚀元素容易发生富集现象，在预热器的最高一级，R_2O、SO_3、Cl 的浓度可比正常浓度分别高 5 倍、$3\sim5$ 倍和 $80\sim100$ 倍。碱（Na_2O 和 K_2O）与 SO_3、Cl 发生反应，生成硫酸盐与氯盐的复合盐，其熔点低于 700℃，腐蚀性高于简单盐，在篦冷机或预热器、分解炉中，复合盐通过耐火材料的孔隙扩散，同时与耐火砖发生反应生成新的化合物，如果 R_2O 和氯化物浓度分别大于 1% 和 0.01%，则极易发生体积膨胀的灾难性反应从而导致碱裂解。

预分解系统和冷却机衬里主要采用硅铝系耐火材料，其发生的主要化学反应如下：

$$A_3S_2+16SiO_2+3K_2O \longrightarrow 3KAS_6（正长石）$$
$$A_3S_2+10SiO_2+3K_2O \longrightarrow 3KAS_4（白榴石）$$
$$2A_3S_2+8SiO_2+6K_2O \longrightarrow 6KAS_6（方钾霞石）$$
$$11Al_2O_3+K_2O+Na_2O \longrightarrow (K \cdot Na)A_{11}（\beta 钢玉）$$
$$K_2SO_4 \cdot 2CaSO_4+H_2O \longrightarrow 2CaSO_4 \cdot K_2SO_4 \cdot H_2O（钾石膏）$$
$$2CaSO_4+K_2SO_4 \longrightarrow 2CaSO_4 \cdot K_2SO_4（无水钾石膏）$$

　　反应产物取决于碱浓度和耐火材料中 Al_2O_3、SiO_2 的含量。长石、似长石等的形成会造成体积增加，最终导致碱裂解现象。如形成白榴石的同时体积增加 20%，而形成霞石的同时体积最大可增加 36%。未与氯结合的碱则与硫起反应生成硫酸碱。随着硅酸铝耐火材料中氧化铝比例的增加，在碱蒸气过量时硅酸铝耐火砖的反应剧烈程度也会增加，出现矿物学原因引起的体积膨胀而松散现象（图 1），这是预热器、分解炉耐火材料破裂和失效的主要原因。

(a) 碱盐渗透引起耐火砖松散　　　　　　　(b) 碱盐渗透引起平行开裂

图 1　矿物学原因引起的体积膨胀而松散现象

（2）回转窑里的耐火材料

① 对烧成带耐火砖的侵蚀

a. 烧成带上粘挂一定厚度的窑皮，能减少碱性耐火砖的热冲击。而使用高硫燃料可能出现严重的硫酸盐复合物的挥发现象，从而影响窑皮的稳定。当窑皮脱落时，耐火砖将直接受到热冲击的影响，造成衬里砖内发生热松散；熔融水泥和碱盐的渗透会填充砖受热面的空隙，从而硬化砖的受热面，在温度波动的影响下，造成耐火砖发生结构性散裂。

b. 使用高碱及高硫替代燃料时，碱的氧化物和硫酸盐的直接作用，会显著地改变耐火砖的结构，可能发生由碱渗入耐火砖内冷凝，按渗入的程度而定，耐火砖有可能在碱金属盐的等温线温度下剥离。伊朗 Shaherh-kord 大学的 M. R. Saeri 等利用波长色散 X 射线（WDX）对回转窑镁铬砖耐火材料的侵蚀进行了研究，结果见图 2。

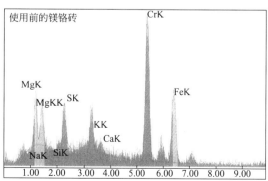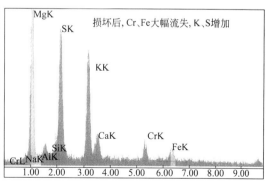

图 2　损坏前后镁铬砖 WDX 谱图对比

由图 2 可知：相比于未受影响的铬酸盐相组成，损坏后的镁铬砖，挂皮界面铬酸盐相退化了，其中铬和铁元素浓度降低，而碱元素（K 和 Na）及硫元素的浓度大大升高。这表明镁铬砖受到了碱的氧化物和硫酸盐的渗透腐蚀。

c. 如果窑气中还含有过量硫的氧化物，可能发生更多不利的反应，如硫的氧化物快速转变成硫的化合物，不仅会发生在窑喂料中，而且也发生在含游离 CaO 的耐火材料中。许多碱性耐火材料中的硅酸钙，也会与气相中硫的氧化物反应，形成低熔点硅酸盐（诸如镁硅钙石或钙镁橄榄石），主要反应如下：

$$2C_2S + MgO + SO_3 \longrightarrow CaSO_4 + C_3MS_2（镁硅钙石）$$
$$C_3MS_2 + MgO + SO_3 \longrightarrow CaSO_4 + 2CMS（钙镁橄榄石）$$
$$CMS + MgO + SO_3 \longrightarrow CaSO_4 + M_2S（镁橄榄石）$$
$$3MgO \cdot Al_2O_3 + 4CaO + SO_3 \longrightarrow 4CaO \cdot 3Al_2O_3 \cdot SO_3 + 3MgO$$

即使是氧化镁（碱性耐火制品的主要组分）也会因硫的氧化物不断作用而被侵蚀，所有的硅酸盐侵蚀都会降低耐火材料的耐火度并且松解其显微结构。

② 对过渡带耐火砖的侵蚀。过渡带内，窑皮反复从耐火砖上黏附、脱落，从而引起过渡带内耐火砖表面温度的波动。由温度波动造成粘接力衰变是该区碱性砖磨损的主要原因。如果使用的燃料硫含量高，过渡带 SO_x 含量会更高，碱性砖内的 MgO 和 CaO 与渗入的 SO_x 反应形成硫酸盐复合物，这些硫酸盐复合物再与 K_2SO_4 或 KCl 反应，形成 $K_2SO_4 \cdot 2CaSO_4$ 等低熔点共融物，这些物质会在受热面温度上升时从窑皮上脱落，其运动会破坏耐火砖的粘接结构，使得受热面一带发生结构衰变。过渡带耐火砖的损害见图 3。

(a) 被碱盐渗透的镁铬砖　　　　　(b) 被碱盐渗透的尖晶石砖

图 3　过渡带耐火砖的损害

三、使用替代燃料时耐火材料的选择

耐火材料的使用寿命受窑气氛、耐火砖材质、砖的铺筑质量、窑的运行操作等多方面因素的影响。本文针对采用特殊原、燃料时，水泥烧成系统内耐火材料所承受的化学侵蚀原理，仅从耐火材料的选用出发，归纳了耐火材料选用措施（表 5）。

使用替代燃料时对耐火材料选择的说明如下。

① 回转窑过渡带一般选用尖晶石砖，若碱硫侵蚀严重，选用硅莫砖（SiC 浸渗高铝砖）。

② 分解带内的热端部位，若砖受侵蚀较快，寿命太短，可采用硅莫砖或尖晶石砖，否

表5 使用替代燃料时耐火材料的选择

预热器、分解炉		工作层:高强耐碱砖、高强耐碱浇注料、高铝质耐碱浇注料; 隔热层:CB隔热砖、硅藻土砖、硅酸钙板
三次风管		工作层:高强耐碱砖、耐碱浇注料 隔热层:CB隔热砖、硅藻土砖、硅酸钙板、隔热浇注料
回转窑	后窑口	钢纤维增强高铝质浇注料、高铝质耐碱浇注料
	分解带	耐碱隔热砖、CB_{20}、CB_{30}隔热砖、特种高铝砖
	过渡带1	抗剥落高铝砖、化学结合高铝砖、磷酸盐结合高铝砖
	过渡带2	尖晶石砖、半直接结合镁铬砖、硅莫砖(SiC浸渗高铝砖)
	烧成带	直接结合镁铬砖、具有挂窑皮性能的尖晶石砖
	冷却带	抗剥落高铝砖、半直接结合镁铬砖、尖晶石砖
	前窑口	钢纤维增强刚玉质耐火材料、刚玉质耐火浇注料、高铝质耐火浇注料、钢纤维增强高铝质耐火浇注料、高铝-碳化硅质耐火浇注料
窑门罩		工作层:抗剥落高铝砖、硅莫砖、高铝质耐碱浇注料 隔热层:耐高温隔热砖、硬硅钙石型硅酸钙板、轻质隔热浇注料
冷却机		工作层:抗剥落高铝砖、碳化硅复合砖、磷酸盐结合高铝质耐磨砖、耐碱浇注料、高铝质耐碱浇注料 隔热层:耐高温隔热砖、硬硅钙石型硅酸钙板、隔热浇注料

则可用特种高铝质砖。

③ 为提高其耐化学腐蚀性能,在三次风管、分解炉、窑门罩、冷却机需要不定形耐火浇注料的部位,可采用高SiC含量的低水泥耐火混凝土。

④ 分解炉、窑头罩、三次风管与分解炉相连的部位、篦冷机高温部分,这些部位温度高,热负荷、化学侵蚀和气流物料磨损比较严重,可使用含有少量SiC的高铝浇注料和耐火砖。

⑤ 隔热层可选择轻质隔热浇注料、轻质隔热喷涂料及隔热砖,适当减少硅酸钙板的使用。

⑥ 各条生产线使用的原燃料成分及性能差别很大,装备经长时期使用后,筒体及壳体变形情况也不一致,因此每条生产线必须按其生产特点及各种应力作用的情况,综合分析判断,选用最合适的耐火材料制品。

四、腐蚀元素对金属的腐蚀

水泥生产工业中,回转窑壳体的损坏已经成为日益严重的问题。全世界每年都花费数百万美元用于窑体的更换。当用高含量氯、硫、碱、金属及其他活跃成分的二次原、燃料时,将扰乱正常生产操作。其腐蚀机理如下。

(1)高温腐蚀

在使用固体废弃物做燃料时,一旦水泥烧成系统内部出现膨胀缝等裂缝或气孔,腐蚀性气体就将渗透进入金属壳体及金属锚部件,形成硫酸盐、硫化物等,从而造成或加速金属壳体、锚部件的高温腐蚀。

当钢板被用作碱性砖的嵌缝料时，如果钢板氧化的不够充分，在硫的作用下会产生 FeO-FeS 低共熔物，这些低共熔物一旦液化，容易在钢板表面形成孔隙，导致钢板逐渐开裂。

（2）常温腐蚀

在停窑时等低温空气环境中，钢材的腐蚀主要是因液态水和氧气导致的钢铁吸氧电化学腐蚀，而氯和硫则能加快腐蚀过程。铁的吸氧腐蚀可用如下过程表示：

$$2Fe + 2H_2O + O_2 = 2Fe(OH)_2$$

$$4Fe(OH)_2 + O_2 + 2H_2O = 2Fe_2O_3 \cdot 6H_2O（铁锈）$$

当锈层处于润湿条件，氧的扩散通路被限制时，$Fe_2O_3 \cdot 6H_2O$ 可以作为氧化剂，在阴极得到电子被还原成 Fe_3O_4，反应式为：

$$4Fe_2O_3 \cdot 6H_2O + Fe = 3Fe_3O_4 + 24H_2O$$

可见，没有水和氧气时，腐蚀过程是不会发生的。相对湿度越高，金属表面水膜越厚，相对湿度达到一定数值时，腐蚀速度大幅上升，这个数值称为临界相对湿度，钢的临界相对湿度约为 70%。

而钢铁吸氧腐蚀过程中，以 SO_3 形式存在的硫，会极大提高烟气露点温度，在较高温度下产生液态水，同时以酸根形式存在的 Cl 和 S 也会大幅增加溶液的电导率，从而加快电化学腐蚀过程。

五、水泥生产过程中的腐蚀案例

1. 回转窑筒体腐蚀的案例分析

YDTN 共有两条 5000t/d 的生产线，自 2006 年投产以来，运行良好，窑熟料产量达标，质量良好。2007 年 3 月，2 号窑窑内发生结圈现象，并在回转窑第一挡砖圈（大约 32m 的位置），由于烧成带耐火砖向窑口串动，在挡砖圈的位置留出了 8～20mm 砖缝隙，导致高温热物流进入缝隙，在回转窑的转动下造成高温磨损；同时也不可避免地造成可挥发性物质进入缝隙内，导致缝隙周边的回转窑筒体腐蚀，双重作用的结果造成筒壁变薄，最终导致回转窑筒体穿孔（图 4）。

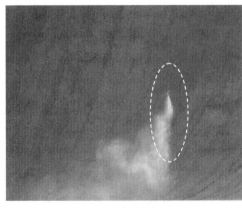 

(a) 穿孔处喷出火苗　　　　　　　　　　(b) 穿孔处内部结构

图 4　回转窑筒体穿孔情况

对窑内结皮、所用原燃料、筒体锈蚀脱离物进行了化学成分分析，由于 YDTN 采用灌了海水的越南煤，对其中氯离子的含量送至质检站检测，结果见表6和表7。

由表6可知：窑内结皮 SO_3、Cl^-、K_2O、Na_2O 中的一种或多种成分含量高出入窑生料中含量的几十甚至上百倍。由表7可知：越南煤中 Cl^- 的含量明显偏高，原来几乎为零。这表明灌海水后，越南煤中的 Cl^- 含量偏高，窑内形成氯的低熔点共熔物，造成了窑内液相在过渡带提前出现，从而形成结皮。

表6　窑内结皮和原燃料及锈蚀物化学成分分析

部位		化学成分/%						
		烧失量	SO_3	Cl^-	K_2O	Na_2O	R_2O	SO_3/R_2O
烟室结皮		1.51	9.77	0.369	0.32	0.06	0.35	27.914
窑内结皮	结圈样 32m	1.10	2.74	0.297	1.36	0.13	1.45	1.890
	结皮 30m	1.96	0.03	1.450	2.08	0.18	2.17	0.014
	砖面向外 40cm	0.32	8.31	1.278	1.78	0.12	1.84	4.516
	砖面向外 20cm	5.17	13.11	4.472	6.74	0.54	7.01	1.870
入窑生料		36.80	0.11	0.000	0.15	0.06	0.18	0.611
筒体锈蚀脱离物		15.52	21.97(全硫)	2.58	—	—	—	—

表7　氯离子分析结果对比

名　称	分析项目	分析结果/%	
		灌海水	原来
越南无烟煤 A		0.014	0.000
越南无烟煤 B	Cl^-	0.015	0.001
越南无烟煤 C		0.012	0.000

此外由表6还可知：筒体锈蚀物中，硫的含量高达 21.97%，氯的含量高达 2.58%，表明回转窑筒体穿孔是系统内硫、氯等腐蚀元素含量增高所致，腐蚀性气体通过耐火砖的缝隙等部位串至筒体内表面，造成了金属壳体的高温腐蚀。

2. 氯对烟囱腐蚀的案例分析

以 SCC 烟囱腐蚀作为案例进行分析。

2009 年 5 月，据 SCC 扩建项目现场反映，出现窑尾烟囱废烟气带出红褐色不明物的现象。为探明原因，现场采集样品并带回国内，委托南京大学现代分析中心进行检测。其结果表明：不明物主要成分是 Fe_3O_4，少量 Fe_2O_3 和 $Fe(OH)_2$，即通常所指的铁锈；同时，检测出较高含量的 Cl 元素和一定量的 S 元素，详细检测结果见表8。根据化验检测结果可知，烟囱表面发生了铁的吸氧电化学腐蚀。

表8　铁锈样品分析结果

元素	Si	S	Cl	Ca	Mn	Fe	总量
含量(质量分数)/%	0.74	0.47	1.74	0.36	1.10	95.60	100.0

SCC 万吨线窑尾烟囱中，氧气是显然存在的，而由于生产操作没有严格按照 Sinoma 的

建议执行，导致烟囱内表面水膜时常出现，尤其在烟囱下面和夜晚时分更为严重，因此满足了发生吸氧电化学腐蚀的两个基本条件，必然发生钢铁腐蚀，同时烟气中存在 S 和 Cl 物质，增加溶液的电导率从而加快了腐蚀过程，也就出现了现场反映的情况。

在实际生产中，C1 筒出口温度为 240～250℃，原料磨开时大布袋出口温度常常不到 90℃，以上数据可由生产中操作画面截图（图 5）而得知。

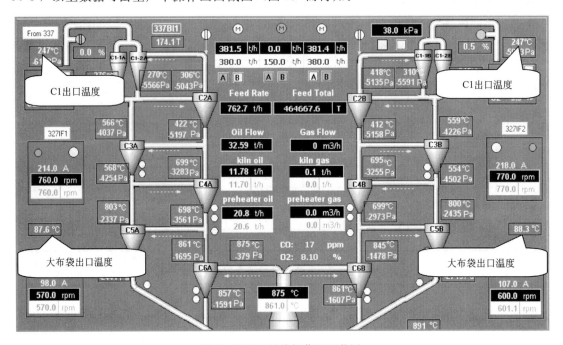

图 5　SCC 7 号线操作画面截图

根据生产操作参数和原燃料成分，不难算出，窑尾烟囱中烟气含水汽量（体积分数）为 12%～15%，最大 18%，露点温度在 50～60℃，70℃左右即达到 70% 的临界相对湿度，也就是说烟囱内表面在 70℃左右时，其腐蚀速度将大大加快，表 9 所示为烟气含水汽量分别为 5% 和 18% 时，不同温度下的相对湿度。

表 9　两种湿含量（体积分数）烟气不同温度下的相对湿度

温度/℃		60	70	80	90	100	110	120	130	140	150	160
相对湿度 /%	湿含量为 18%	91	58	38	26	18	13	9	7	5	4	3
	湿含量为 5%	25	16	11	7	5	4	3	2	1	1	1

在前期的生产中，由于烟囱入口烟气温度常常不到 90℃，根据换热计算，当环境温度 30℃时，烟囱内壁的温度就低于 75℃，接近或达到 70% 的临界相对湿度（图 6），这时就会发生较快的腐蚀。表 10 是不同烟气温度下的烟囱内壁温度计算结果（环境温度取值 30℃）。

表 10　不同烟气温度下烟囱内壁温度

烟囱入口烟气温度/℃	80	90	100	110	120	130	140	150	160
烟囱出口内壁温度/℃	67	75	82	90	97	104	112	119	127

由于烟囱内烟气温度控制的较低，产生了烟囱内壁腐蚀较为严重的后果。

3. 解决方案

很明显，只要消除产生钢铁吸氧电化学腐蚀需要的条件，就能避免电化学腐蚀发生而大大减缓钢铁腐蚀过程，尽管处于大气环境中氧气难以隔绝，但只要提高烟囱内的操作温度，使烟囱内壁处保持较低的相对湿度、避免水膜的形成，即可实现烟囱内壁的防腐，SCC 万吨线上也有实例可以证明。

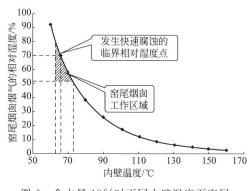

图 6　含水量 18% 时不同内壁温度下窑尾
烟囱内烟气的相对湿度

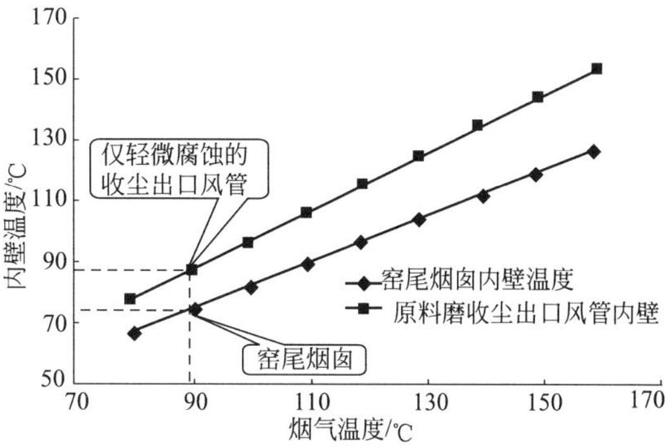

图 7　有无保温材料时内壁温度比较

（1）实例 1——原料磨大布袋收尘出口风管内壁仅轻微腐蚀

原料磨大布袋收尘器出口风管有 100mm 的岩棉外保温，风管内壁比烟囱内壁温度高，烟气温度 90℃ 时，风管内壁温度仍有 87℃（表 11），其相对湿度在 26% 左右，所以其腐蚀程度明显较烟囱内壁要轻得多，仅发生轻微腐蚀。

表 11　有无外保温材料内壁温度比较

烟囱入口烟气温度/℃	80	90	100	110	120	130	140	150	160
烟囱出口内壁（无外保温）温度/℃	67	75	82	90	97	104	112	119	127
大布袋出口内壁（100mm 岩棉保温）温度/℃	78	87	97	106	116	125	135	144	154

从表 11 和图 7 可见在不同温度下有无岩棉保温时内壁温度的差异。

（2）实例 2——旁路放风烟囱内壁几乎无腐蚀

旁路放风烟囱中烟气水分主要来于燃料，其湿含量（体积分数）在 5% 左右，露点温度 30~40℃，而生产中烟气温度基本在 140℃ 左右，内壁温度 110℃（表 12），相对湿度仅有 4%，基本消除了电化学腐蚀产生的条件，因此迄今为止，烟囱内壁几乎没有腐蚀。

表 12　不同程度腐蚀部位操作参数比较

部　位	外保温	烟气温度/℃	内壁温度/℃	湿含量/%	相对湿度/%	腐蚀情况
窑尾烟囱	无	<90	<75	18（最大）	>50	较严重

续表

部　　位	外保温	烟气温度/℃	内壁温度/℃	湿含量/%	相对湿度/%	腐蚀情况
大布袋出口	100mm岩棉	90	87	18(最大)	26	轻微
旁路烟囱	无	140	110	5	4	几乎无腐蚀

表 12 和图 8 所示为旁路烟囱、大布袋出口和窑尾烟囱的操作参数，从中可以清楚看出随着相对湿度的降低，钢铁腐蚀速度大幅降低。

依据 Sinoma 的操作建议，窑尾烟囱中烟气温度达到 160℃，环境温度 30℃时，其内壁温度 127℃，在最大 18% 湿含量下，相对湿度仅有 8%，此时烟囱内壁的电化学腐蚀也应该几乎无法发生，断然不会出现目前的腐蚀情况。

因此，Sinoma 认为将进烟囱烟气温度稳定控制在 160℃，窑尾烟囱内壁腐蚀问题将得到很好的控制；此外，Sinoma 在烟囱外部还采用了涂层保护措施，内壁温度可以保持在 150℃ 以上（表 13 和图 9），此时在最大 18% 湿含量下，相对湿度仅有 4%，达到旁路烟囱的工作状态，从而彻底杜绝内壁腐蚀情况，确保生产安全。

表 13　解决窑尾烟囱腐蚀的工作参数

涂层保护	烟气温度/℃	内壁温度/℃	湿含量/%	相对湿度/%
无	160	127	18(最大)	8
有	160	154	18(最大)	4

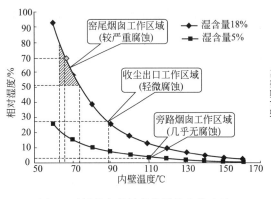

图 8　不同程度腐蚀部位操作参数比较

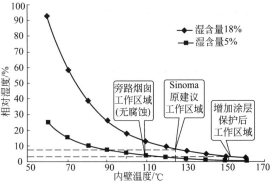

图 9　避免腐蚀的操作参数

六、小结

特殊原燃料的使用，将可能提高水泥生产系统中氯、碱和硫等腐蚀元素的含量，高含量的腐蚀元素化合物在预热器较低部位和回转窑中的累积、循环，形成大量的盐类化合物，这些盐类化合物会与碱性耐火材料、硅铝质耐火材料等发生非预期反应，造成耐火砖和混凝土的结构由于盐的晶化、"碱裂"而被损毁。本文针对采用特殊原、燃料的水泥生产线，分析了系统内耐火材料所经受的化学侵蚀原理，归纳了主要设备内耐火材料选用情况；并结合工程实际，分析了水泥生产系统中筒体、烟囱等金属腐蚀的情况及应对措施，对于利用水泥生产系统处置各类废弃物的企业，有积极的参考价值。

参考文献

[1] Saeri，Nilforoushan. 耐火材料侵蚀 . 世界水泥：中国版，2006，3：69-74.

[2] Makoto Ono，Hisao Kozuka. 耐火材料损坏 . 世界水泥：中国版，2005，3：39-45.

[3] Maria Webb-janich，Serge Lecointe，etc. 耐火材料解决方案 . 世界水泥：中国版，2008 年春刊：69-74.

城市生活垃圾成分及其波动对水泥窑的影响分析

陈　蕾　杨学权　辛美静　潘立群　蔡玉良

近年来，我国的城市生活垃圾排放量以每年 10％以上的速度增长，垃圾堆积成山，既占用土地又污染环境，无害化处理城市生活垃圾是"低碳减排，绿色生活"的倡导下改善环境的重要举措。

焚烧是目前生活垃圾处置的主要方法之一，但焚烧发电所需建设与运营的费用较高，且产生的灰渣需要二次处理。城市生活垃圾单独焚烧后产生的灰渣包括底灰和飞灰，其主要化学成分与水泥原料相似，且具有一定的胶凝活性。利用水泥窑炉焚烧城市生活垃圾，其灰渣直接混入灼烧基生料中，参与熟料煅烧的固相反应，可以避免有害物质的排出。水泥窑处置垃圾具有焚烧、固化有害物质的双重效果，具有广阔的市场潜力。本文就水泥窑处置生活垃圾过程中垃圾灰渣成分波动对熟料率值带来的影响进行分析。

一、城市生活垃圾的特点

城市生活垃圾的组成随地理位置、经济发展状况和季节的不同呈现一定的差异。城市生活垃圾组成较为复杂，根据水泥厂接纳需求，大致可分为有机物、无机物和可回收废品三类（表 1）。有机物垃圾主要有动植物性和合成类废物等；无机物垃圾主要有土、石、瓷、陶和玻璃等；可回收废品主要为金属、橡胶、塑料和废纸等。

表 1　我国部分城市垃圾组成

垃圾组成	北京	无锡	湘潭	厦门	杭州	天津	武汉	备注
无机物/％	60	78	80	75	72	67	66.4	可作水泥替代原料
有机物/％	35	17	17	22	23	26	30.8	可作水泥替代燃料
可回收废物/％	5	5	3	3	5	7	2.8	回收再利用

我国城市生活垃圾的主要特点是垃圾水分含量高，热值低，成分随季节和地区不同变化较大，因此，在应用时必须加以分选控制和调整，以满足水泥生产过程的接纳要求。

二、城市生活垃圾的灰渣性质

城市生活垃圾焚烧后将会产生适量的灰渣，直接用于水泥系统煅烧和单独焚烧其灰渣的形成过程有所差异，为了便于分析研究，先从单独焚烧垃圾过程产生的灰渣来进行分析。生活垃圾单独焚烧后产生的灰渣分为底灰和飞灰，灰渣质量约占原生垃圾的 5％～30％。灰渣的主要化学成分是 SiO_2、Al_2O_3、Fe_2O_3、CaO（表 2），与砂页岩等水泥原料化学成分接近。

表 2 城市生活垃圾灰渣的化学成分

类型	来源	化学成分/%									
		烧失量	SiO$_2$	Al$_2$O$_3$	Fe$_2$O$_3$	CaO	MgO	K$_2$O	Na$_2$O	SO$_3$	Cl$^-$
灰渣	南京		54.54	10.95	4.90	15.34	2.77	1.81	2.24	0.74	0.64
	郑州	24.19	41.27	11.9	4.9	10.93	2.12		4.69		
单独焚烧炉灰渣	底灰 上海	8.81	45.20	11.20	6.48	26.80	1.64			1.57	
	广元	2.21	32.83	11.59	3.06	44.85	1.43			1.98	0.19
	昆明		49.22	14.65	15.33	13.74		1.87	1.03		
	宁波	8.79	51.51	11.46	5.94	12.77	2.23	1.64	2.03	0.67	0.22
	飞灰 上海 1	15.50	27.20	8.63	4.50	29.40	1.76	6.58	3.20	2.44	1.68
	上海 2	22.04	24.50	7.42	4.01	23.37		4.00	4.60	12.03	10.00
	广州		8.12	3.81	1.66	39.64	2.49	4.95	13.55	10.85	22.28
	浙江		48.95	20.42	5.49	12.19	1.87	2.03	1.72		
	宁波	10.66	10.63	6.89	2.82	16.23	4.66	14.38	10.05	13.20	13.85

1. 底灰

底灰是垃圾单独焚烧后残留在炉床上的非均质混合物，约占灰渣质量的 90%～98%。底灰中含 40% 左右的玻璃相，以及熔融产物、金属化合物和其他成分。底灰主要矿物成分为碱金属氧化物、氢氧化物、氯化物及硫化物等，属高碱性物质，其 pH 值为 11.2～12.5。底灰的化学成分除 SiO$_2$、Al$_2$O$_3$、Fe$_2$O$_3$、CaO 和未燃尽的炭以外，还含有微量的重金属和可溶解性无机盐类物质，这些物质如果过量将会对环境带来一定的影响，必须严格加以控制。

电镜扫描分析的结果显示：底灰中晶体形成良好，但不均匀，粗颗粒保持较好的自形，多存在矿物空洞，细颗粒排列疏松，比表面积较大；整体上，底灰粗细颗粒的矿物形态具有多孔、无规则等特点，高度的多孔性为有毒物质浸出提供了活性空间。

焚烧底灰在不同温度下的熔融结果表明，在 1100℃ 下几乎不发生熔融反应，试样中部分颗粒烧结成块，表面粗糙呈不规则的片状、层状，孔隙率较大，大小颗粒呈边界熔结现象；在 1400℃ 下，底灰发生全面熔融，熔融体变得致密，几乎无孔隙存在，少量金属颗粒镶嵌在试样中，矿物间结合紧密。可见垃圾底灰在经过高温熔融后，可进行矿物晶格重融，从而实现各组分固化作用。

底灰中的重金属分布与其自身的特性有关（表 3），Pb、Cd、Cu、Cr 等重金属元素的质量浓度随底灰颗粒尺寸的减小而增大；Hg 在焚烧过程中极易挥发，常以气态的形式存在于烟气中；底灰中质量浓度最高的为 Zn，其次是 Ni、Cu、Pb、Cr、Cd，质量浓度最低的为 Hg。根据 1400℃ 下底灰的熔融试验，多数重金属元素会固化于致密的矿物晶格中，其浸出浓度也远远低于国家限定标准。

表 3 焚烧垃圾底灰中重金属含量　　　　单位：mg/kg

来源	Zn	Pb	Cu	Cd	Cr	Ni	Hg
粗颗粒	1638	162	213.4	<18	125	300.8	6.9
细颗粒	1237	186.3	221.1	24	140	325.2	3.9

2. 飞灰

飞灰是垃圾单独焚烧后随烟气飞出焚烧系统的收集产物，一般呈灰白色，有时会呈黑色，其含量约占灰渣总量的 2%～10%。焚烧飞灰的主要化学元素有 Si、Ca、Na、Al、Cl等，少量重金属元素 Zn、Pb、Cr、Cu 等。飞灰中整齐的结晶体较少，主要以玻璃质和矿物结晶物存在。根据飞灰的 XRD 衍射图谱分析结果表明：飞灰中的结晶矿物类型主要以石英、氯盐和硫酸盐的形式存在，同时还存有少量的方解石，具有与底灰类似的矿物成分和化学成分。

电镜扫描的结果显示：飞灰尘粒细小，基本在 $100\mu m$ 以下，颗粒形态不规则，一般为棉絮状、片状、球状等，常凝聚成团。经熔融后，飞灰熔渣微观结构非常致密，在高温熔融后呈无定形晶相结构，孔隙率减少，密度增加，其中的重金属进入晶格固溶体内被固化，与底灰具有相同的熔融效果。

此外，飞灰的比表面积较大，使 Hg 和 Pb 等易挥发性重金属在其表面易于凝结富集。焚烧飞灰中各种重金属含量约占焚烧飞灰总质量的 1%左右，其中 Zn、Pb、Cr、Cd 和 Cu等有害物质含量较高。实验表明，含有垃圾灰渣的水泥试块经纯净水浸出的浓度远远低于国家固体废物浸出毒性鉴别控制标准要求。

通过对垃圾焚烧灰渣中底灰和飞灰的分析表明：其化学组分与水泥原料中的砂页岩近似。但基于垃圾来源较为复杂，尤其干扰元素氯、碱、硫相对含量较高（表 2），将会限制灰渣在水泥窑中的接纳量。垃圾单独焚烧后的产物中 Cl^- 主要以 NaCl、KCl、和 $CaCl_2$ 的形式存在，SO_4^{2-} 主要是以 $CaSO_4$ 的形式存在。实践表明，飞灰中过高的氯和碱的含量将对窑系统的稳定和水泥熟料产品的性能产生许多不利影响，必须加以控制。

三、新型干法水泥厂处理生活垃圾的应用分析

由于水泥熟料是高温条件下形成的多元素复合矿物，所需原料只要满足熟料组成要求即可，原料本身的来源情况对熟料成分并无直接影响，但可能对煅烧过程产生一些影响。城市生活垃圾燃烧后的灰渣，具有与硅铝质水泥原料相似的化学成分，成分上具有较好的替代性；同时，城市生活垃圾又具有一定的热值，可以提供一部分热能。利用水泥窑处置城市生活垃圾，既有利于废物的综合利用，又可以有效减少化石燃料用量，是一举多得的技术处置方案。

为便于探讨垃圾成分波动对水泥熟料及控制目标值的影响，现以国内某水泥企业的原料、燃料为例（表 4），利用垃圾灰渣参与理论配料计算分析。垃圾灰渣中的氯离子和硫分含量较高，垃圾灰渣中的氯离子主要来源于厨余物和塑料，硫分主要来源于轮胎、皮具等橡胶制品，在焚烧前可适当调控，以提高水泥窑系统接纳城市生活垃圾量。

通过控制 K_2O、Na_2O、SO_3、Cl^- 干扰组分含量来保证系统的稳定性，生料的配料结果显示，垃圾灰渣掺量约占原料总量的 0.78%。因垃圾成分的波动和变化会影响烧成系统正常运行，根据目前掌握的实验数据，对于 5000t/d 熟料的生产线而言，日处理垃圾量约 732t（湿基），垃圾中干扰组分的含量不会对烧成系统带来不利影响。

在垃圾替代原料掺入比例保持不变的情况下，当垃圾灰渣所有化学成分有±25%随机波动时，配料率值等见表 5，熟料控制率值分别为：KH＝0.890，LSF＝92.49，SM＝2.50，

表 4　原料化学成分

原材料	化学成分/%									
	烧失量	SiO_2	Al_2O_3	Fe_2O_3	CaO	MgO	K_2O	Na_2O	SO_3	Cl^-
石灰石	41.50	3.60	0.80	0.67	51.00	0.60	0.20	0.10	0.06	0.005
黏土	5.16	72.37	15.26	4.83	0.53	0.26	0.85			
垃圾灰渣	6.91	35.20	10.44	4.49	34.82	1.51	1.04	1.42	3.108	1.170
泥页岩	5.70	65.27	19.65	4.95	0.61	0.42	3.00			
铁矿粉	9.23	20.37	2.91	58.39	1.23	0.12				
煤灰		57.58	29.59	5.04	3.10	0.90	1.46	0.43	0.70	0.002

表 5　垃圾成分波动时熟料各率值的平均值和标准偏差

率值情况	KH	LSF	SM	AM
平均值	0.890	92.547	2.500	1.595
标准误差	0.004	0.366	0.014	0.011

IM=1.60；垃圾灰渣成分波动后，熟料各率值的变化情况见图 1～图 4。图中粗线为平均

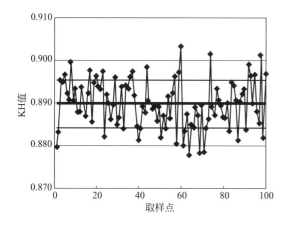

图 1　熟料 KH 值随垃圾成分波动的变化情况

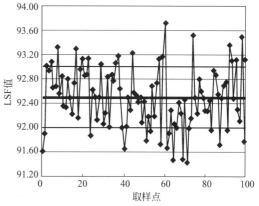

图 2　熟料 LSF 值随垃圾成分波动的变化情况

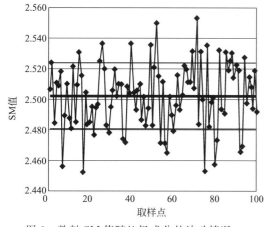

图 3　熟料 SM 值随垃圾成分的波动情况

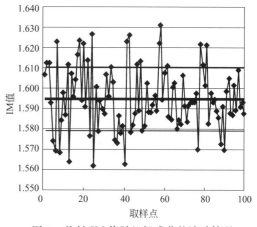

图 4　熟料 IM 值随垃圾成分的波动情况

值，细线为标准偏差线范围，各图中的横坐标为选择取样点（本文选取 100 个随机波动样点）。从图中看出，KH 值处于 0.88～0.91 之间的合格率达 96％，SM 值处于 2.46～2.54 之间的合格达 94％，IM 值处于 1.58～1.62 之间的合格率达 82％。

当垃圾灰渣不参与配料，熟料各率值在配料时不考虑垃圾灰渣对熟料影响的校正，在原正常配料时掺入 732t/d 的城市生活垃圾（湿基），则其相应的熟料各率值为：KH＝0.8730，LSF＝90.70，SM＝2.538，IM＝1.608，可见其熟料率值变化较大，KH 值降低了 0.017，LSF 值降低了 1.79，SM 值升高了 0.038，IM 值降低了 0.008。如果需要满足熟料率值范围（KH＝0.89±0.01，SM＝2.50±0.01，IM＝1.60±0.01），则允许垃圾灰渣的掺入量仅为 0.03％，即相应垃圾掺入量为 28t/d（湿基）。由此可见，在配料过程中若不考虑垃圾灰渣的影响，不采取均化措施对所配生料进行必要调整和配合，将会造成熟料不合格等一系列问题。

从上述分析不难看出，利用均化后的垃圾进行配料，即使化学成分发生一定程度的波动，也不会对熟料的烧成质量带来不利影响；同时，在干扰成分含量满足生料质量控制要求的情况下，可以进一步提高生活垃圾的处理量。

四、结论与展望

① 城市生活垃圾焚烧后的产物主要化学成分为 SiO_2、Al_2O_3、Fe_2O_3、CaO，与水泥生产常用原料砂页岩相似。水泥窑系统具有物料停留时间长、温度高的特点，经水泥窑处理后的垃圾灰渣成分能较好地固化于水泥矿物晶格中。垃圾灰渣中含有重金属，经水泥固化后，其渗透量远低于国家控制标准。利用水泥窑处置生活垃圾，既有利于废物的综合利用，又减少了化石燃料用量，是一举多得的技术处置方案。

② 利用水泥窑处理城市生活垃圾，垃圾掺入量保持一定比例不变的情况下，其化学成分有 ±25％ 的波动不会对水泥熟料质量控制率值产生影响。由于干扰元素（K_2O、Na_2O、SO_3、Cl^-）随垃圾灰渣进入水泥原料，为保证熟料成分的稳定性及垃圾灰渣掺入量，应对垃圾进行适宜的分选、均化等预处理，从而保证系统的稳定性。

参考文献

[1] 李传统，J. D. Herbell 等. 现代固体废物综合处理技术. 东南大学出版社. 2008.
[2] 岳鹏，施惠生，舒新玲. 城市生活垃圾焚烧灰渣胶凝活性的初步研究. 水泥，2003，(5).
[3] 施惠生，袁玲. 垃圾焚烧飞灰胶凝活性和水泥对其固化效果的研究. 硅酸盐学报，2003，31 (11).
[4] 蔡玉良，杨学权，辛美静. 利用水泥生产技术处置城市生活垃圾的经济运行过程分析. 中国水泥，2006，(10).
[5] 杨学权，蔡玉良，邢涛等. 城市垃圾减容化和资源化的一种有效途径（上）. 中国水泥. 2003，(3).
[6] 辛美静，蔡玉良，杨学权. 水泥工业处理城市生活垃圾时重金属渗滤性研究. 中国水泥，2006，(3).
[7] 胡艳军，陈冠益等. 城市固体废弃物焚烧底灰理化特性研究. 太阳能学报，2008，29 (10).
[8] 王学涛，金保升，仲兆平. 城市生活垃圾焚烧底灰的特性研究. 东南大学学报：自然科学版，2005，35 (1).
[9] 潘新潮，严建华等. 垃圾焚烧飞灰的熔融固化试验. 动力工程，2008，28 (2).
[10] 周敏，杨家宽等. 垃圾焚烧飞灰浸出特性及固化试验的研究. 环境工程学报，2007，1 (2).
[11] 陆鲁，赵由才. 生活垃圾焚烧飞灰预处理与稳定化研究. 环境卫生工程，2005，27 (11).

利用水泥回转窑焚烧处理污泥过程中
污泥挥发性有机物成分的分析研究

赵　宇　蔡玉良　洪　旗　潘　洞

一、概述

1. 研究的意义

目前我国每年产生污泥量约有 300 万吨，且年增长率大于 10%，污泥处理问题已十分突出。污泥中含有大量的污染物质，如重金属、病原菌、寄生虫、有机污染物（POPs）及臭气等，如不加以妥善处理和处置，将其简单堆放在城市的周围，不仅占用大量土地，而且成为严重的二次污染源，将会对城市周边的环境和人们健康带来难以挽回的影响。

将有毒有害的废弃物作为资源进行利用，是科学发展观的具体体现，也是建立和谐社会的重要举措。由于水泥窑炉的特殊性，利用水泥窑炉处置各类工业废渣、生活垃圾和城市污泥，不仅能够有效地控制污染物的扩散，满足环境保护要求，还可做到资源的有效利用。利用水泥窑炉处置各种污泥，是现阶段各水泥生产企业竞相开展的应用工作之一。但许多企业在处置污泥的过程中，均由于污泥中含有大量的水分和有毒有害的有机物，在脱水处理的过程中，难免会散发出一些异常的气味，而存有许多的疑虑。一般情况下，污泥的脱水方法有机械压榨脱水法和热烘干脱水法。尤其对于采用热烘干脱水法，在加热烘干的过程中，会挥发出大量的有机污染物，如处理不当散发到环境中去，将会对环境和人们的健康带来严重的影响。为此，在不同温度条件下，对其有机挥发物组分进行测试和分析，为选择合理的污泥处置技术方案提供参考依据。

2. 本文研究的主要内容

许多有机污染物均因其有"三致"（致癌、致畸、致基因突变）作用而日益引起人们的普遍关注和重视。任何进入环境的有机化合物，均可能在污泥中被发现，而污泥中的有机污染物种类和含量与污水的来源密切相关，化工（如纺织、印染、造纸、铸造等）、木材加工、电器、农药等工业污水是污泥中有机污染物的主要来源。长期以来，国内外对农用城市污泥中的重金属进行了较多的研究，并制定了相关的控制标准，而对于城市污泥中的有机污染物研究甚为薄弱。目前已经有一些关于土壤或沉积物中的有机污染物分析方法和标准出台，如美国 EPA8040（土壤中酚类测定方法）、EPA8080（土壤中有机氮农药及 PCBs 测定方法）、EPA8100（土壤中多环芳烃类测定方法）等。一些国家对农用城市污泥中的有机污染物特征及其在农业环境中的行为、生态效应和调控措施等方面进行了一定的研究，例如德国城市污泥中发现了 332 种可能危害人体和环境的有机污染物，其中有 42 种常检测到，很多是属于优先控制污染物。

城市污泥是处理城市工业污水和生活污水产生的产物，污泥的干燥和焚烧都会排放大量的污染气体，本文以造纸及市政污泥为研究对象。

考虑到污泥中既含有有机成分又含有无机成分，污泥在水泥回转窑中焚烧的过程中，有机成分燃烧释放热量，无机成分参与熟料生成的固相和液相反应进入到熟料中。鉴于以上分析，本文主要开展了以下研究：一是在对污泥进行成分分析的基础上，结合水泥回转窑工艺特点分析污泥的热特性；二是利用 GCMS 检测污泥中挥发性有机物的成分。

二、实验原料、仪器及实验方法

1. 实验原料及仪器

实验所用样品为广州市某造纸厂的造纸污泥及南京市某污水处理厂的市政污泥。留足测定含水率实验所需污泥，剩余污泥样品在 50℃ 下烘干至恒重。采用球磨机将烘干后的污泥磨碎，粉末过 200 目筛备用。

实验所需仪器：GCMS-QP2010PLUS 气相色谱质谱联用仪（SHIMADZU，日本，图1），Turbomatix 16 顶空进样器（PE，美国），SDTQ600 热重分析仪（TA，美国，图2），BBK 422-35LA 高精度天平（METTLER TOLEDO 瑞士），DGG-9140B 电热恒温鼓风干燥箱（上海森信，国产）。

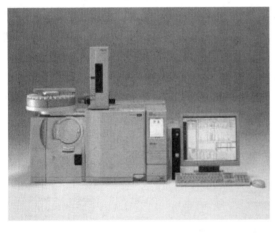
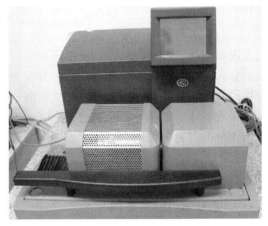

图 1　GCMS-QP2010PLUS 气质联用仪　　　　图 2　SDTQ600 热重分析仪

2. 实验方法

（1）含水率及化学成分检测

称取污泥约 1500g，置于 50℃±2℃ 的鼓风干燥箱内烘干，每间隔 1h 称量其重量，直至恒重，根据公式计算含水率。污泥化学成分分析分别按照各成分相关国家标准方法检测。

（2）热稳定性实验

热稳定性实验采用美国 TA 公司生产的 SDTQ600 型热重分析仪。取样量控制在 10～30mg 以内。起始加热温度为室温，升温速率 20℃/min。常温常压下，以自配空气为载气介质进行实验。氮气、氧气流量分别控制在 80mL/min、20mL/min。

（3）挥发性有机物检测

利用带顶空进样的气相色谱质谱联用仪（GCMS）检测。顶空进样条件为 80℃、120℃、160℃、200℃四个温度分别加热 60min 进样。GCMS 条件为：色谱柱采用 Rtx-5 MS 30m×0.25mm(I.D)×0.25μm 石英毛细管柱；进样口温度控制在 280℃；采用 He 作为载气，流量为 1mL/min；分流比为 15∶1；柱温控制在 50℃保持 4min，以 4℃/min 升温速率升至 250℃，并保持 2min；电离方式为 EI；电子轰击能量为 75eV；质量扫描范围为 30～600amu；扫描间隔为 0.5s。

三、结果及分析

1. 污泥含水率及化学成分分析结果

按照上述方法对污泥的含水率及化学成分进行检测分析。造纸污泥含水率为 38.28%，市政污泥含水率为 78.6%。污泥含水率随烘干时间的变化见图 3。

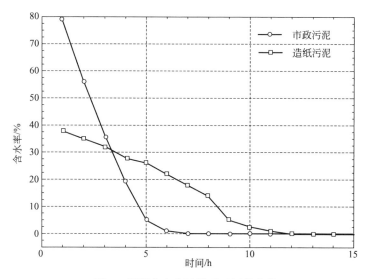

图 3　污泥含水率随烘干时间的变化

污泥的化学成分见表 1，由该表数据可知造纸及市政污泥中的化学成分和砂岩的含量比较接近，可作为水泥生产的原料。但是与常规原料相比，污泥中的 K、Na、Cl、S 等干扰元素含量相对较高，在生产过程中需要针对性地采用特殊放风处理措施。

表 1　污泥的化学成分　　单位:%

试样名称	烧失量(800℃)	SiO_2	Al_2O_3	Fe_2O_3	CaO	MgO	K_2O	Na_2O	全硫	Cl^-
造纸污泥	38.96	38.43	9.98	4.14	3.73	1.50	1.27	0.75	0.45	0.084
市政污泥	40.28	39.00	6.85	3.89	4.27	1.47	1.22	0.88	1.93	0.072
砂岩	2.38	75.89	11.45	4.02	0.48	0.92	3.21	—	—	—
生料	35.51	13.31	3.19	1.94	43.95	0.88	0.39	0.02	0.17	0.000

2. 污泥热重分析结果

污泥热重实验结果见图 4。由 TGA 曲线和 DSC 曲线可以看出，造纸污泥的失重主要分成两段：当温度超过 260℃时，污泥中的有机物开始快速挥发燃烧，至 600℃左右结束，且在 373.35℃时放热最快；在 600℃之后主要是污泥中无机质的分解吸热，771.14℃时吸热最快。市政污泥的失重与造纸污泥相似，同样分成两段：至 600℃之前主要是纤维素一类的可燃物燃烧放热，且在 356.73℃时放热最快；在 600℃之后主要是碳酸钙一类的不可燃物分解吸热，在 763.43℃时吸热最快。

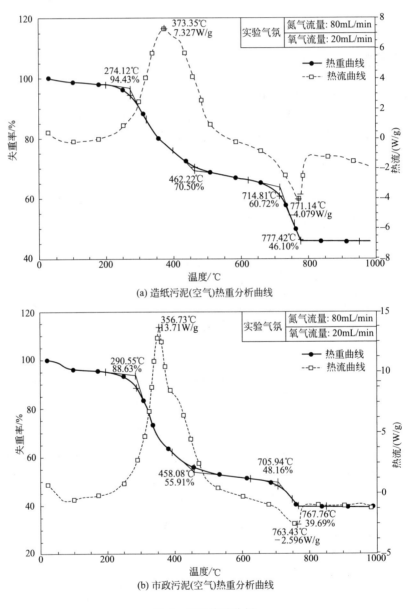

(a) 造纸污泥(空气)热重分析曲线

(b) 市政污泥(空气)热重分析曲线

图 4　污泥热重分析

3. 污泥中挥发性有机物成分 GC/MS 分析结果

本文对污泥在 80～200℃下有机物的挥发情况进行了实验研究，实验结果见图 5。

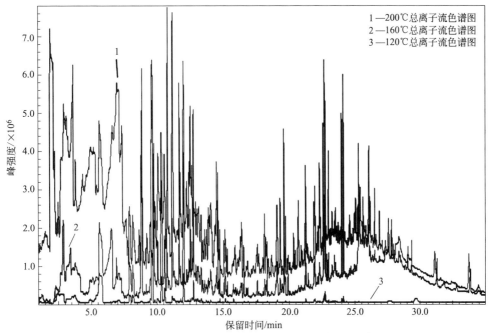

(a) 造纸污泥在不同温度下挥发性有机物GC/MS检测总离子流色图

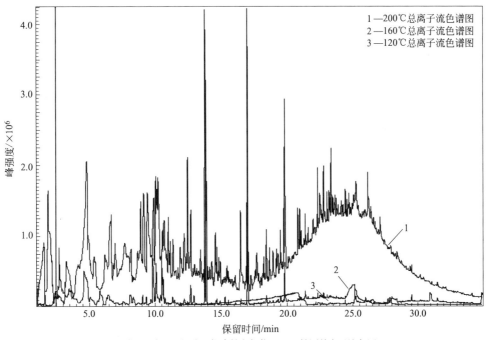

(b) 市政污泥在不同温度下挥发性有机物GC/MS检测总离子流色图

图 5　污泥中挥发性有机物成分 GC/MS 分析

　　图 5 所示为三个不同温度条件下造纸及市政污泥 GC/MS 总离子流色谱图对比。保留时间短的物质为低沸点物质，保留时间长的为高沸点物质。80℃条件下污泥中的挥发性有机物含量较低，低于仪器检测限。

　　由表 2、表 3 分析可知，污泥在 120℃、160℃、200℃均有大量有机物挥发出来，造纸

表 2　造纸污泥不同温度下 GC/MS 分析结果

序号	有机物名称	分子式	相对含量/%			熔点/℃	沸点/℃	燃点/℃
			120℃	160℃	200℃			
1	4-羟基-3-甲基-正丁醛	$C_5H_{10}O_2$	28.44	13.95	5.2	—	—	易燃
2	苯甲醛	C_7H_6O	26.3	21.42	12.31	−26	179	458
3	2-戊基呋喃	$C_9H_{14}O$	10.03	8.45	4.64	—	65	易燃
4	乙酰苯	C_8H_8O	9.42	10.77	7.56	19	202	571
5	辛醛	$C_8H_{16}O$	5.94	4.33		14	171	易燃
6	苯乙烯	C_8H_8	5.37	3.47	2.35	−31	145	490
7	壬醛	$C_9H_{18}O$	4.42	7.18	4.28		93	440
8	2-乙基己醇	$C_8H_{18}O$		4.67	10.59	−76	184	351.9
9	4-甲基己醛	$C_7H_{14}O$		2.61			141	易燃
10	丁酸	$C_4H_8O_2$		2.58	15.31	−4	162	452
11	2,2′,5,5′-四甲基联苯基	$C_{16}H_{18}$		1.37	6.8	50	284	易燃
12	壬酸	$C_9H_{18}O_2$			2.66	9	268	易燃
13	庚醛	$C_7H_{14}O$			2.18	−43	153	易燃
14	5,6,7,8,9,10-Hexahydro-benzocyclooctene	$C_{12}H_{16}$			1.54	—	—	易燃
15	长链有机物	$C_xH_yO_z$	10.08	19.2	24.58	—	—	易燃

表 3　市政污泥不同温度下 GC/MS 分析结果

序号	有机物名称	分子式	相对含量%			熔点/℃	沸点/℃	燃点/℃
			120℃	160℃	200℃			
1	1,2-二氨基丁烷	$C_4H_{12}N_2$	2.20			—	—	易燃
2	叔戊基胺	$C_5H_{13}N$	4.87			—	77	易燃
3	丁醛	C_4H_8O	2.42	2.27		−96	75	易燃
4	3-甲基丁醛	$C_5H_{10}O$	3.75			−60	90	易燃
5	2-甲基丁醛	$C_5H_{10}O$	29.30	15.65		−60	90	易燃
6	a,4-二甲基-3-环己烯基-1-乙醛	$C_{10}H_{16}O$	6.93	3.57			95	易燃
7	2,4-二甲基-1-己烯	C_8H_{16}	5.77	2.28			111	易燃
8	2-庚酮	$C_7H_{14}O$	3.78	2.21	1.12	−35	149	易燃
9	4-甲基己酮	$C_7H_{14}O$	2.31	2.11			141	易燃
10	苯甲醛	C_7H_6O	12.21	11.25	8.52	−26	179	458
11	二甲基三硫	$C_2H_6S_3$	10.10	6.51		−68	58	易燃
12	6-甲基-2-庚酮	$C_8H_{16}O$	0.86			—	171	易燃
13	2-戊基呋喃	$C_9H_{14}O$	7.24	5.33		—	65	易燃
14	3-甲基戊酮	$C_6H_{12}O_2$			3.73	−84	117	易燃
15	对二甲苯	C_8H_{10}		0.51	0.68	12	138	易燃

续表

序号	有机物名称	分子式	相对含量%			熔点/℃	沸点/℃	燃点/℃
			120℃	160℃	200℃			
16	乙酸	$C_2H_4O_2$		4.25	3.18	17	118	易燃
17	3-甲基苯酚	C_7H_8O		5.15	7.13	9	203	易燃
18	4-甲基-3-己酮	$C_6H_{12}O_2$			1.79	—	167	易燃
19	丁烯酸	$C_4H_6O_2$		1.62	1.55	71	180	易燃
20	2-乙基-3-甲基吡嗪	$C_7H_{10}N_2$		5.58	10.70	—	170	易燃
21	3-乙基-2,5-二甲基吡嗪	$C_8H_{12}N_2$		5.22	6.55	—	180	易燃
22	5-甲基-6,7-二氢-5H-环戊并吡嗪	$C_8H_{10}N_2$			1.24	—	97	易燃
23	3-羟基-6-甲基吡啶	C_6H_7NO		1.35	4.35	169	—	易燃
24	2,5-二甲基-6,7-二氢-5H-环戊并吡嗪	$C_9H_{12}N_2$			4.47	110	—	易燃
25	2,6-二甲氧基苯酚	$C_8H_{10}O_3$			4.64	53	261	易燃
26	长链有机物	$C_xH_yO_z$	8.26	25.14	40.35	—		易燃

污泥和市政污泥分析结果近似。其中，沸点较低的有机物为短链醛、醇、酸、酚类，如4-羟基-3-甲基-正丁醛、乙酸、丁酸、苯乙烯、4-甲基-己醛、苯甲醛、3-甲基苯酚等，沸点较高的物质主要为杂环类物质、长链烃、酸、酯，这些有机物对眼、呼吸道和皮肤均有刺激作用，会出现眼痛、流泪、流涕、喷嚏、咽痛、咳嗽、头痛、头晕、恶心、呕吐、全身乏力等现象，长期吸入会出现神经衰弱综合征。但各成分燃点都不高，属于易燃物质，燃烧后生成CO_2及H_2O，对环境影响小。污泥的GC/MS分析结果与热重分析结果基本吻合。

污泥在120℃挥发的物质主要为低沸点有机物，160℃下高沸点长链烷烃含量显著升高；随着物料温度的上升，高沸点物质的相对含量显著增高，低沸点物质相对含量相应减少。

污泥在干化及焚烧过程中会产生大量有机污染物，虽然污泥加热挥发出的有机物毒性较低，但均为刺激性物质，如在生产过程中控制措施不完善，导致外溢，致使POPs浓度较高，一方面长期吸入会对人体产生严重影响，另一方面如果浓度处于爆炸极限浓度范围内，还会导致燃烧和爆炸。这些物质在一定的条件下，还可能转化为一些毒性物质，甚至剧毒物质，如二噁英等物质。

4. 小结

在各种污泥的处理过程中，有关有机污染物（POPs）的挥发成分和扩散控制方面的研究还处于起步阶段，主要由于各种污泥的来源和基质成分过于复杂，给有机污染物的检测和分析以及对环境影响的评估带来较大干扰和困难。尽管如此，作为污泥的使用企业应给予足够的重视和关注。本文针对工程应用中遇到的两种污泥，进行了含水率、热稳定性和挥发性有机物的成分检测、分析和研究，形成如下共识供相关企业参考。

① 无论哪一种污泥，其原生污泥的含水率均较高，首先应选择挤压和化学联合法进行脱水，其次再选择余热低温干燥干化法比较合适。利用水泥生产过程中的低温余热，对污泥进行干化应注意有机污染物控制，以免进入环境中，影响人们的身体健康。

② 污泥的残渣化学成分与砂岩成分相近，可以部分替代水泥生产原料，在物料的配制中要注意控制原料中的K^+、Na^+、Cl^-、S等物质，如果超过控制要求，可以采用旁路放

风的方法加以解决。

③ 不同污泥在加热烘干的过程中，其烘干挥发产物在一定的条件下，易于产生一些新的有毒有害物质，甚至剧毒物质，如二噁英等物质，如果被人吸入体内，会导致机体促畸突变，诱发癌症。因此要严加注意烘干过程中挥发产物的处理问题。

→ **参考文献**

[1] Edward S. R., Cliff I. D. 工程与环境引论. 北京：清华大学出版社，2002.

[2] 马利民，陈玲，吕彦等. 污泥土地利用对土壤中重金属形态的影响. 生态环境，2004，13（2）：151-153.

[3] Stehouwer R. C., Wolf A. M. Chemical monitoring of sewage sludge in pensylvania. J Environment Qual, 2000, 29 (5): 1686-1695.

[4] Harrison E. Z., Eaton M. M. The role of municipalties in regulating the land application of sewage sludge. Nat Res J, 2001, 41 (1): 77-123.

[5] Sonya L. Potenticail utilization of sewage sludge and papermill waste for biosorption of metal from polluted waterways. Bioresource Technology, 2001, 79: 35-39.

[6] Hulsall C., Burnett V., Davis B., et al. PCBs and PAHs in U. K. urban air. ChemosPhere, 1993, 26: 2185-2197.

[7] 汪大翚，徐新华，宋爽. 工业废水中专项污染物处理手册. 北京：化学工业出版社，2000，322-357.

[8] Alcock R. E. and Jones K. C. Polychlorinaged biphenyls in digested UK sewage sludge. Chemosphere, 1993, 26 (12): 2199-2207.

[9] Wang M. J. and Jones K. C. Behavior and fate of chlorobenzenes in spiked and sewage sludge-amended soil. Environ Sci Technol, 1994, 28: 1843-1852.

[10] South S. R. Agricultural recycling of sewage sludge and the environment. Wallingford：CAB International. 1996: 207-236.

[11] Webber M. D. Lesage S Organic contamination municipal sludges. Waste Manage Res, 1989, (7): 63-82.

[12] Webber M. D., Rogers H. R., Watts C. D. et al. Monitoring and prioritization of organic contamitants in sewage sludges using specific chemical analysis and predictive, non-nanlytical methods. Sci Total Environ, 1996, 175: 27-44.

[13] Sewart A., Harrad S. J., Mclachlan M. S., et al. PCDD/Fs and non-o-PCBs in digested UK sewage sludge. Chemosphere, 1994, 28 (6): 1201-1210.

[14] Drescher-Kaden U. Contents of organic pollutants in German sewage sludges. In: Hall J. E. et al. eds Sewage sludge on Soil Fertility, Plants and Animals. Commission of the Europea.

[15] Bodzek D., Janoszka B. Comparison polyclic aromatic compounds and heavy metals contents in sewage sludges from industrialized and non-industrialized region. Water Air and Soil Pollution, 1999, 111 (1-4): 359-369.

复分解反应中添加剂对轻质碳酸钙颗粒形貌的调控

冯冬梅　蔡玉良　戴佳佳　汤升亮

　　轻质碳酸钙是国内外广泛使用的无机填料，用于新材料改性、增强材料性能及降低本体材料的生产成本。不同晶形的轻质碳酸钙其用途和目的也不相同。球状晶体的轻质碳酸钙主要作为橡胶、造纸、油墨、塑料的填充材料，用于改性和增加本体材料的物理化学性能；链状晶体的轻质碳酸钙易添加到橡胶、塑料中，具有补强作用；立方状晶体的轻质碳酸钙主要用于油漆和涂料中，以发挥其分散作用；片状晶体的轻质碳酸钙主要用于造纸工业中，以便增白和平滑纸质，提高纸质的吸墨能力和印刷性能。轻质碳酸钙作为无机盐中的重要工业填充产品之一，其具体应用主要取决于轻质碳酸钙产品的化学组成、颗粒形貌特征及分散性等参数，其中最重要的是粒子的晶型及粒度分布。因此合成不同颗粒微晶形貌和尺寸的轻质碳酸钙的研究显得十分重要，国内外十分重视轻质碳酸钙颗粒晶体形态控制技术的研究工作。

　　轻质碳酸钙的制备方法分为物理法和化学法。物理法是指从原材料到产品的整个制备过程中没有发生化学反应的方法，即对高含量的天然石灰石进行机械粉碎，获得碳酸钙产品的方法，该方法主要用于生产重质碳酸钙微粉产品；化学法碳酸钙合成工艺主要用于轻质碳酸钙微粉的合成与生产过程。具体方法有：含钙离子的溶液与含碳酸根的溶液进行复分解反应制备碳酸钙；以氢氧化钙水乳液作为钙源，通入 CO_2 气体碳化制备碳酸钙；微乳液和凝胶法合成碳酸钙；根据轻质碳酸钙制备的碳化工艺及设备不同，可分为间歇鼓泡式或搅拌式碳化、连续喷雾式碳化及间歇超重力式碳化等。

　　复分解反应法是指将水溶性钙盐（如氯化钙）与水溶性碳酸盐（如碳酸钠和碳酸铵）在适宜条件下反应制得碳酸钙的方法。这种方法可通过控制反应物浓度及生成碳酸钙的过饱和度，并加入适当的添加剂，得到粒径小、比表面积大、溶解性好的轻质碳酸钙。

　　本研究采用复分解法，将不同添加剂应用于轻质碳酸钙的制备过程，合成了球状、棒状、立方状等不同颗粒形貌和粒径大小的轻质碳酸钙，探讨了添加剂对轻质碳酸钙晶体形貌和粒径大小的影响机理。

一、实验部分

1. 实验药品和仪器

　　实验采用的碳酸铵、氯化钙及表面活性剂十二烷基苯磺酸钠等均为化学纯药品。添加剂有化学纯的 ZC、AC、PP、NMP、MA、SA、PG、CA 等。采用的实验设备有：由南京库立科技有限公司生产的 RW20 数显机械搅拌器；国华电器有限公司生产的恒温水浴；上海弘越试验设备有限公司生产的真空干燥箱；保定兰格恒流泵有限公司生产的蠕动泵。

利用扫描电镜（SEM）和粒径分析仪等仪器表征了轻质碳酸钙及其团聚体的表面形态、结构和颗粒特性。采用日本 JEOL 公司的 JSM-5900 高分辨扫描电子显微镜测定样品的形貌和大小，工作电压为 7.0kV，先将样品平铺于导电胶上，蒸金处理后进行样品检测。取少量实验室制备的轻质碳酸钙微粉，利用德国 Sympat 公司生产的 HELOS/RODOS 型粒度分析仪干法测定碳酸钙粉末的粒径及分布。

2. 实验方法

轻质碳酸钙的合成采用碳酸铵和氯化钙的反应溶液，其反应过程的控制条件为：反应液温度控制在 25℃，泵滴加速度 80r/min；将添加剂加入到预先溶有一定量表面活性剂十二烷基苯磺酸钠的乙醇溶液中；将碳酸铵溶液（50mL）和氯化钙溶液（50mL）并流滴加到溶有添加剂的乙醇溶液中。其复分解化学反应式如下：

$$CaCl_2 + (NH_4)_2CO_3 \longrightarrow CaCO_3 + 2NH_4Cl$$

在反应过程和样品干燥过程中，如何控制碳酸钙颗粒形状和大小是过程控制的关键，以防止颗粒的团聚和继续长大。本实验采用真空抽滤对反应生成的碳酸钙溶液进行脱水，然后再用无水乙醇冲洗以置换碳酸钙粉体间残留的水分，最后将制得的轻质碳酸钙放入真空干燥箱中进行干燥，以备实验测试对比用。

二、结果与讨论

1. 添加剂对颗粒形貌及粒径的影响

本实验采用的添加剂主要为低分子量分散剂，该类分散剂主要靠改变粒子表面性质及空间位障来增加排斥力，提高浆料稳定性，添加剂以溶液的形式加入，有利于迅速与反应物混合。颗粒越细，过剩的分子能也就越大，其分子表面能比分子内部更具有活性，这种活性在粒子边缘和表面棱角处更为明显。选择适当的分散剂作为添加剂，可使粒子表面形成一层吸附膜，以便能改变粒子静电位，阻止碳酸钙晶体之间的相互聚合，使其表面的物化性质发生改变。

图 1 所示为以 ZC 为添加剂时制得的轻质碳酸钙微粉颗粒的 SEM 图。从图 1 中轻质碳酸钙晶粒的 SEM 表征结果可以看出，以 ZC 为添加剂时，制得的轻质碳酸钙粒子为球状，粒子表面比较光滑，且具有较好的完整性和光洁度。

图 2 和图 3 所示为以 AC 和 PP 为添加剂时制得的轻质碳酸钙微粉颗粒的 SEM 图。从图 2 和图 3 可以看出，其产品的颗粒形状为立方微晶体。其轻质碳酸钙微粉的粒径范围为 $0.4 \sim 0.5 \mu m$。添加上述两种添加剂均能制备出形貌规整、晶粒完整饱满、粒径大小均匀、分散性好的立方状轻质碳酸钙晶体。

图 4 所示为以 NMP 为添加剂时其合成的轻质碳酸钙微粉颗粒的 SEM 图。从图 4 中可以看出，其轻质碳酸钙产品的颗粒形状为无定形，粒径分布范围为 $0.5 \sim 1 \mu m$。

图 5 所示为以 MA 为添加剂时制得的轻质碳酸钙微粉颗粒的 SEM 图。从图 5 中可以看出其颗粒为立方状和球状颗粒组成的混合体，颗粒的粒径范围在 $1 \sim 2 \mu m$ 之间，其球形颗粒是由许多小颗粒聚集而成。

图 6 所示为以 SA 为添加剂时合成的碳酸钙微粉颗粒的 SEM 图，可以看出，颗粒形状

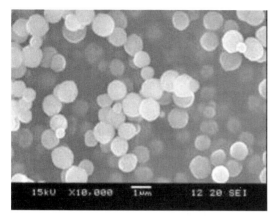

图 1 添加剂为 ZC 时碳酸钙 SEM 图

图 2 添加剂为 AC 时碳酸钙 SEM 图

图 3 添加剂为 PP 时碳酸钙 SEM 图

图 4 添加剂为 NMP 时碳酸钙 SEM 图

图 5 添加剂为 MA 时碳酸钙 SEM 图

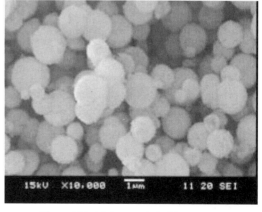

图 6 添加剂为 SA 时碳酸钙 SEM 图

为球状，粒径范围为 $0.5 \sim 0.8 \mu m$，虽然颗粒粒径较大，但颗粒表面呈绒毛状，细小蓬松。

图 7 所示为以 PG 为添加剂时合成的碳酸钙微粉颗粒的 SEM 图。可以看出，颗粒形状为棒状结构，形貌较为规整，其晶体直径约为 $1 \mu m$，长度范围为 $5 \sim 7 \mu m$。

图 8 所示为以 CA 为添加剂合成的轻质碳酸钙微粉颗粒的 SEM 图。从图 8 可以看出，

图7 添加剂为 PG 时碳酸钙 SEM 图　　　　　图8 添加剂为 CA 时碳酸钙 SEM 图

其碳酸钙微粉产品为球状，既有粒径为 $1\sim2\mu m$ 的颗粒，也有粒径在 $5\mu m$ 的大颗粒，以 CA 为添加剂并未达到理想的效果。

2. 粒径分布

图9所示为以 ZC 为添加剂时制备的轻质碳酸钙的粒径分布。从图9可以看出，碳酸钙微粉颗粒粒径分布在 $0.44\sim8.42\mu m$ 之间，碳酸钙微粉颗粒粒径近似服从正态分布；16％的碳酸钙微粉颗粒粒径小于 $0.53\mu m$，50％的碳酸钙微粉颗粒粒径小于 $0.95\mu m$，84％的碳酸钙微粉颗粒粒径小于 $1.76\mu m$，90％的碳酸钙微粉颗粒粒径小于 $2.35\mu m$，其产品具有松软和分布均匀的特点。

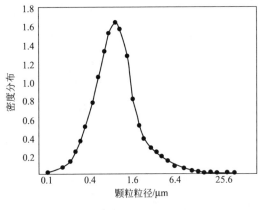

图9 ZC 为添加剂时碳酸钙
产品粒径分布

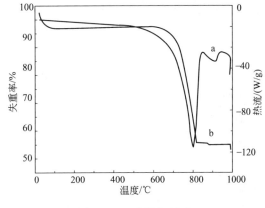

图10 ZC 为添加剂时
碳酸钙 TGA 谱图

3. 热重分析

图10所示为以 ZC 为添加剂时，其轻质碳酸钙的差热和热重分析曲线。碳酸钙的热重分析曲线在 730℃ 左右开始分解，814℃ 时分解率达到最大值。这与普通轻质碳酸钙在 830℃ 以上开始分解，850℃ 分解速率达最大值相比，起始分解温度不同，导致这一差别的原因，说明新生态的轻质碳酸钙微粉活性高以及 ZC 与碳酸钙之间发生了相互作用，影响了碳酸钙的最大热失重的温度。

4. 添加剂对轻质碳酸钙形貌作用机理探讨

在轻质碳酸钙合成过程中，通过对复分解反应中碳酸钙结晶表面的活性位的控制，可以实现控制碳酸钙的晶形及形貌的控制目标。实验表明：在反应液中加入化学添加剂占据结晶表面的活性部位，抑制碳酸钙结晶生长，以改变结晶形态和晶粒大小。

在复分解反应体系中，反应开始时生成的碳酸钙粒子细小，粒子表面具有较高的活性，随着反应的继续进行，粒子逐渐长大，且相互吸引聚集生成大颗粒。加入适量的添加剂后，可以提高碳酸钙的过饱和度，增大碳酸钙的结晶速度，使其表面的物理化学性质发生改变，进而抑制晶体的异向生长，以控制晶体生长的方向。因此利用添加剂能够实现对轻质碳酸钙粒子形状和大小的调控目标。

三、结束语

采用复分解反应方法，加入不同的添加剂时，可以实现对轻质碳酸钙微粉晶体颗粒形状和大小调控的目标要求，以制备出合适形貌、完整性高、分布均匀的轻质碳酸钙微粉填充料产品，满足不同市场的需求。

➜ 参考文献

［1］ 张智宏，沈钟，邵长生. 无机粉体的有机改性及其在橡胶中的应用. 石油化工高等学校学报，1999，12（2）：27-31.

［2］ 曹茂盛. 超微细颗粒制备科学与技术. 哈尔滨：哈尔滨工业大学出版社，1996，139.

第三部分

技术装备过程开发研究

喷雾器的开发设计及其在水泥工业中的应用研究

蔡玉良

一、概述

喷雾器（喷射器）是近几十年来喷射流体力学原理应用研究最活跃的领域之一，其技术产品的应用，覆盖工农业生产的各个方面，例如工业高温化学反应炉用的各种喷雾式燃烧器、降温保护喷雾器、除尘喷雾器、干燥喷雾器、高速粒子切割喷射器、高速喷涂器、清洗及灭火喷射器以及农业中应用的各种农药喷雾装置等，由于其应用的目的不同，操作过程的差异，使其结构存在着较大的差别，但均基于流体喷射原理和过程开发设计的高技术产品。对于建材行业，也有多方面的应用。例如为提高系统的收尘效率而设计的增湿塔喷雾器；为保护水泥产品质量设计的水泥磨内喷雾器；为在突发事故中保护高温设备的安全运行设计的各种喷雾器（篦冷机内的喷雾器、高温设备保护喷雾器等）和提高燃烧效率所设计的各种燃烧器等。这些均以喷射流体流动过程为基础的喷雾器，由于设备的应用目的不同，因此在设计中，也应有所侧重。喷雾器的分类法较多，一般情况下有：用途分类法；喷射介质分类法；结构分类法；介质压力范围大小分类法；射程分类法以及喷雾结构分类法及工作原理分类法等。

1. 增湿塔喷水

增湿塔喷水的主要目的是增加粉尘的比电阻，使其值调节到合适的范围内，达到提高收尘效率的目的，同时也可降低温度，达到保护下游设备的正常安全运行。因此对其雾化粒度大小、均匀性、喷射速率、射程、密度（单位体积内的雾滴数）等都有严格的控制要求，才能达到有效提高和调节比电阻的目的。雾化粒度过粗，其单位体积内的雾滴较少，影响粉尘与雾滴接触的概率，甚至导致增湿塔内部淋水堵塞事故，满足不了调节的要求。如果雾滴过细，很容易被气化，发挥不了应有的作用，据实验研究结果，$10\mu m$ 的雾滴在相对湿度为 90% 的环境中 $4s$ 内即可蒸发完，降低了调节的力度。其喷射的速率和射程应视其空间大小情况而定。具体对应见表1。

表 1　粒度范围

粉尘粒度(d_s)范围/μm	$d_s < 5$	$5 < d_s < 50$
雾滴粒度(d_1)范围/μm	$30 < d_1 < 50$	$50 < d_1 < 150$

2. 水泥磨内喷水和高温设备保护喷水

对于水泥磨内喷水和高温设备保护喷水，其主要目的是降低气体温度，因此喷水后总是希望所喷的水快速蒸发，达到迅速降低气体温度的目的，因此要求所喷出的雾滴尽可能的细，以满足快速蒸发的目的。另外还要求喷雾均匀，以保证最终温度场的分布均匀性，一般情况下，要求喷出的雾滴粒径小于 $80\mu m$。

3. 液体燃料雾化燃烧器

为了加速燃料的着火和快速燃烧，用于液体燃烧的雾化喷头，常采用气液混合式（多用于正常生产操作中），但也有采用机械回流式雾化喷头（多用于点火装置中）。为了达到快速燃烧和减少燃烧过程中 NO_x 浓度，以及加强燃烧过程中的各种物质扩散，多采用气液混合式，以达到提高燃烧效率的目的。

二、目前可用于水泥行业中各种喷头的结构和性能

目前水泥工业中使用的喷头，就其原理有：带回流和不带回流的机械压力式雾化喷头、气液混合（内混式、外混式和中间混合式）气雾式喷雾器、冲击分散式喷头、声波分散式喷头（声源可以由空气流产生或采用电磁振荡产生）。就喷出的雾化形状又有空心锥形和实心锥形两种。为了达到较好的雾化目的和雾滴的空间的分布特性，常常采用组合式喷头。无论是用于调节粉尘比电阻除尘，还是用于设备的降温保护、产品质量控制、液体燃料的燃烧，均需要喷出的雾滴在空间上分布的均匀性和雾化液滴的均匀性。实践与研究结果表明，空心锥喷雾和实心锥喷雾，均可以满足生产过程中的工艺控制和调节的需要，只是不同的应用场合应有所侧重，在开发设计时应依据具体的条件和情况酌情考虑。表2所示为目前技术市场上出现较多的各种喷雾器结构形式及其基本参数和应用环境。

表 2　各种结构的喷头比较与对比分析（均以水为喷射介质）

类别	结构示意图	基本性能参数及描述	结构及应用环境
机械导流压力雾化式喷头	1. 带旋流叶片机械雾化喷头 水流通道	① 供水压力一般为 10～40kg/cm²(bar) ②喷嘴直径 1.5～6.0mm ③喷水量 350～1500kg/h(无回水) ④作用长度 1.200m ⑤雾化角度 45°～75° ⑥雾化粒度 160～350μm	结构简单、喷雾状态为空心锥型，雾化效果受供水压力的影响较大，主要用于要求不高的场所
	2. 离心式空心锥喷头 水流通道 水流通道	① 供水压力一般为 10～40kg/cm² ②喷嘴直径 1.5～6mm ③喷水量 100～820L/h ④作用长度 1.000m ⑤雾化角度 46°～61° ⑥雾化粒度 180～300μm	结构稍复杂，喷雾状态为空心锥型，雾化效果受供水压力的影响，主要用于管道降温及要求不高的场所
	3. 切向式空心锥喷头 水流通道	①供水压力一般为 20kg/cm²(bar)，常为 2～2.5kg/cm² ②喷嘴直径 0.5～8mm ③喷水量 2.4～250L/h ④作用长度 1.000m ⑤雾化角度 15°～135° ⑥雾化粒度 150～400μm	结构稍复杂、喷雾状态为空心锥型，雾化效果受供水压力的影响，主要用于管道降温及要求不高的降温保护场所

续表

类别	结构示意图	基本性能参数及描述	结构及应用环境
机械导流压力雾化式喷头	**4. 导流体半空心锥喷头** 	①供水压力一般为 20～45kg/cm² ②喷嘴直径 2.5～3.5mm ③喷水量 89～146kg/h ④作用长度 1.800m ⑤雾化角度 15°～65° ⑥雾化粒度 150～350μm	结构简单、喷雾状态为空心锥型,雾化效果受供水压力的影响,主要用于要求不高的降温保护场所
	5. 带回水机械式雾化喷头 1 	①供水压力一般为 20～50bar ②喷嘴直径 1.5～7.0mm ③喷水量 350～2100kg/h(无回水时) ④作用长度 1.200m ⑤雾化角度 15°～135° ⑥雾化粒度 80～120μm	结构较复杂、喷雾状态为小空心锥型,用于冷却机、增湿塔、风管内降温及煤粉燃烧器内燃油点火装置
	6. 带回水机械式雾化喷头 2 	①供水压力一般为 20～50bar ②喷嘴直径 1.5～7.0mm ③喷水量 350～2100kg/h(无回水时) ④作用长度 1.000m ⑤雾化粒度 80～120μm	结构较复杂、内部有一旋转体可改善喷雾的形状。用于冷却机、增湿塔及风管内或者其他相关场合
	7. 恒压回水机械式雾化喷头 	①供水压力一般为 20～50bar ②喷嘴直径 1.5～7.0mm ③喷水量 250～2500kg/h(无回水时) ④作用长度 1.000m ⑤雾化粒度 80～125μm	回水压力不影响喷雾效果,但其结构较复杂,用于增湿塔、冷却机及风管内的降温保护,也可用于煤粉燃烧器内燃油点火装置
气液混合式气雾喷头	**8. 内混式气雾喷头** 	①供气、供水压力一般为 2～5kgf/cm² ②喷嘴外直径 4.5～7.0mm ③喷水量 0～2000kg/h(无回水) ④作用长度 1.500m ⑤雾化粒度 100μm	结构较复杂,从导管喷出的水流,冲击到顿体上,形成水花,充满整个混合腔体,然后和高速喷出气流混合喷出混合腔。喷雾成气溶胶状态,用于水泥磨及增湿塔快速降温场所
	9. 外混式气雾喷头 	①供水压力一般为 3～10kgf/cm² ②喷嘴直径 1.5～7.0mm ③喷水量 0～1200kg/h(无回水) ④作用长度 1.200m ⑤雾化粒度 100μm	结构较复杂、喷雾气溶胶状态,用于水泥磨及增湿塔快速降温场所,用于水泥磨内可适当防止因水泥水化造成的堵塞等问题
	10. 中间混合式气雾喷头 	①供水压力一般为 20～50kgf/cm² ②喷嘴直径 1.5～7.0mm ③喷水量 0～1800kg/h(无回水) ④作用长度 1.200m ⑤雾化粒度 120μm	结构较复杂、喷雾角度不随操作过程变化,主要用作燃油系统的烧嘴,同时也可用于水泥磨及增湿塔快速降温场所

续表

类别	结构示意图	基本性能参数及描述	结构及应用环境
声波共振组合式气雾喷头	11. 气动声波式气雾喷头 1 气体共鸣箱 液体通道 气体通道 液体通道	①供气操作压力一般为 2～5kgf/cm² ②水压力一般 2～5kgf/cm² ③喷水量 250～1000kg/h(无回水) ④作用长度 1.500m ⑤雾化粒度 100μm	结构较复杂、需气源和共振腔产生共振源以破坏液体的表面张力达到雾化的目的,操作压力低、喷雾成气溶胶状态,适用于增湿塔喷水和快速降温场所,不宜用于燃烧和高粉尘场合
	12. 气动声波式气雾喷头 2 45°		结构较复杂、气流共振腔在喷头的内部,水流以水膜的形式流经共振腔体。操作压力低、喷雾成气溶胶状态,适用于增湿塔喷水和快速降温场所
	13. 机电声波式气雾喷头 指数型声变幅杆及喷头 流体通道	①供水压力一般为 0～5kgf/cm² ②超声频率范围 10kHz～1MHz ③功率根据喷水量设计 ④雾化粒度可通过频率和功率对雾滴大小及分布进行精确控制和调节	需要专门设计的机电超声换能器和声变幅杆构成,结构较复杂、利用超声波以破坏液体的表面张力、达到雾化的目的。适用于操作控制要求较高的场所。操作压力低、能耗小、不宜堵塞
机械转盘式和冲击式雾化喷头	14. 机械转盘式离心雾化喷头 进水管道 主轴	①供水压力一般为 0～2kgf/cm² ②转盘周线速度大于 5m/s以上,通常为 90～150m/s ③雾化轮在无振荡时应达到 7500～8000r/min	结构一般、由电动机带动的高速旋转的分水鼠笼和喷腔组成喷头。一定压力的水进入高速旋转的分散鼠笼后,水在离心力和鼠笼壁的作用下,分散到所需的空间内以达到雾化的目的。主要用于对雾化要求不高的场所
	15. 机械冲击式雾化喷头 液体通道 气体通道 液体通道	①操作压力水、气一般为 2～8kgf/cm² ②雾化粒度为 150μm ③其他基本和上述气雾喷头相当	冲击式气雾喷头和气动雾化喷头相当,气体和液体同时冲击到顿板上,达到液体雾化的目的。水泥工业中不多用,一般主要用于干燥或其他相关工业中

注：1bar＝10⁵Pa，1kgf/cm²＝98.0665kPa。

三、雾化喷头的基本原理

　　表 2 中各种喷雾器的构造和雾化的过程以及依据的原理是不相同的,但它们均有一个共同的过程,造成需雾化流体强烈的相对运动,从而产生了强大的摩擦力,以克服液体表面的张力,把液体撕成极细微的雾化液滴,达到雾化的最终目的。

1. 离心式喷雾器的原理

　　对于机械压力式雾化喷头,无论雾化结果形成的是空心锥喷头,还是实心锥喷头,均是依靠一定形状的导流体造成流体旋转以形成离心力或喷射造成的圈吸和回流,使得喷出的液体与外界环境中的气体产生强烈的相对运动。从表 2 中的对比分析和研究可知，多数的喷雾头，如带回流和不带回流以及恒压式机械离心雾化喷头，均具有离心旋流的特征。也即在结构设计上，多采用导流体或切向导流方式形成旋流喷射。旋流较强的喷射所形成的雾状结构为空心雾锥形，旋流较弱或无旋的喷射所形成的雾状结构为实心锥形。一般情况下，前者所形成的液滴在垂直喷射方向的平面上分布是不均匀，而后者是均匀的，但实际应用中并不严格要求平面上分布的均匀性，而是要求空间分配的合理性，以有利于空间物理场（浓度场，温度场等）调节的均匀性。

（1）机械离心式雾化喷头的数学模型

离心喷头是喷雾器中的重要结构形式之一，从前面的分析中不难抽象出如图 1 所示的离心雾化喷头的理想结构模型，而后根据质量守恒、能量守恒、动量守恒原理得出如表 3 所示的数学模型和各变量之间的数值图形关系。

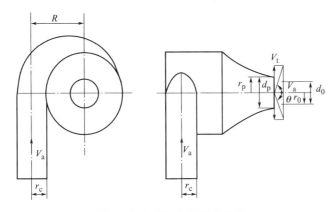

图 1 离心雾化喷头原理示意

表 3 喷雾器各结构参数与操作参数间的关系式

计算式	$w=\dfrac{Q}{\phi\pi r_p^2}$	$\phi=1-\dfrac{r_0^2}{r_p^2}$	$\zeta=\dfrac{Rr_p}{r_c^2}$	$\tan\dfrac{\theta}{2}=\dfrac{V_t}{V_a}$	$\varphi=\dfrac{1}{\sqrt{\dfrac{1}{\phi^2}+\dfrac{\zeta^2}{1-\phi^2}}}$	$w=\varphi\sqrt{\dfrac{2p}{\rho}}$
符号说明	Q 为喷出液体流量；r_p 为喷嘴出口半径；w 为当量流速	r_0 为由旋流造成空气涡半径；ϕ 为有效截面积系数	ζ 为雾化器的几何特征系数，R、r_p、r_c 见图 1	θ 为雾化角；V_t 为喷口处切向速率；V_a 为喷口处轴向速率	φ 为流量系数；其他同前	p 为喷头的操作压力；ρ 为喷射介质密度

阿勃拉莫维奇根据离心雾化器的最大流量理论：

$$\frac{\mathrm{d}\varphi}{\mathrm{d}\phi}=0$$

导出了：

$$\zeta=\frac{1-\phi}{\sqrt{\dfrac{\phi^3}{2}}}$$

$$\varphi=\phi\sqrt{\frac{\phi}{2-\phi}}$$

$$\tan\frac{\theta}{2}=\frac{(1-\phi)\sqrt{8}}{(1+\sqrt{1-\phi})\sqrt{\phi}}$$

式中对应的数值关系如右图所示

上述数学模型是一种纯理论的数学模型，小林清志根据上述原理，对于锐角喷嘴进行了实验研究，经过实验统计分析得出其流量系数 φ 与其旋涡室特性值 $K=\dfrac{1}{\zeta}$ 有如下关系：

$$\varphi=1-\frac{2}{\pi}\arctan\left[2.13\times\frac{K+1.2}{(K+1)^2-1}\exp\left(-0.27\times\frac{R}{2r_c}\right)\right]$$

锐角喷孔喷出的雾滴的雾化角度 θ 也与旋涡室特性参数 K 值有关，根据实验统计结果，雾化角度 θ 可以表示如下：

$$\theta=180°-2\arctan\left\{K\left[1.37+26.9\exp\left(-4.92\times\frac{2r_c}{R}\right)\right]\right\}$$

理论上雾化角 θ 为 $0°\sim180°$，实际上由于喷流扩散和摩擦损失，雾化角 θ 一般在 $0°\sim140°$。

（2）机械离心式雾化喷头的雾化效果模型

前人经过大量的理论分析和实验研究，得出了适合不同情况和结构的机械式离心雾化喷头的效果评估模型，见表 4。

表 4 经各种喷头进行雾化的液滴大小的估算公式汇总

类别	离心压力式雾化喷头效果估算式	常量及参数说明
压力式雾化喷头类	切向引入式喷头的估算式 $d_{vs}=11260\left(\text{d}\dfrac{d_0}{1000}+0.00432\right)\times\exp\left(\dfrac{3.96}{u_0}-0.0308u_t\right)$	u_0 为液体从喷嘴孔喷出的平均流速(m/s) d_0 为喷嘴缩口直径(mm) u_t 为入口的切向平均流速(m/s) d_{vs} 为单位体积表面积平均径(mm)
	旋流叶片式的估算式 $d_{vs}=156.9\left(\dfrac{FN}{\Delta p}\right)^{\frac{1}{7}}$；$FN=293\varphi\cdot A_0$	Δp 为喷嘴压差 A_0 为喷嘴孔截面积(cm²) φ 为流量系数
	空心锥式喷嘴雾化喷头估算式(Orr) $\log\left(\dfrac{d_{nv}}{d_0}\right)=A\cdot Z^2+B\cdot Z+C$ $Z=\log\left[Re_l\left(\dfrac{w_e}{Re_l}\right)^a\left(\dfrac{V_t}{V_a}\right)^b\right]$；$V_a=\dfrac{Q_l}{\frac{\pi}{4}d_0^2}$ $w_e=\dfrac{V_a^2 d_0\rho_g}{\sigma}$；$V_t=V_a\tan\left(\dfrac{\theta}{2}\right)$；$Re_l=\dfrac{d_0 V_a\rho_l}{\mu_l}$	d_{nv} 为以粒数计液滴的体积平均径(m) d_0 为喷嘴缩口直径(m) Q_l 为液体流量(m³/s) ρ_g,ρ_l 为气体及液体密度(kg/m³) μ_l 为液体的动力黏度(Pa·s) σ 为液体的表面张力(N/m) θ 为最大喷雾锥顶角 $A=-0.144,B=0.702,C=-1.26,a=0.2,b=1.2,\sigma=0.0756\sim0.0720\text{N/m}(0\sim25℃)$
	实心锥喷嘴喷出雾滴估算式 $d_m=1.92\left(\dfrac{\sigma}{\rho_g v_r^2}\right)\left(\dfrac{v_r\mu_l}{\sigma}\right)^{\frac{2}{3}}\left(1+\dfrac{1000\rho_g}{\rho_l}\right)\left(\dfrac{d_0\rho_l\sqrt{v_l\mu_g}}{\mu_l^2}\right)$ 使用范围（向高速气流中喷雾所形成的雾滴）： $v_r=60\sim300\text{m/s}$；$\rho_g=0.74\sim4.2\text{kg/m}^3$；$v_l=1.2\sim30\text{m/s}$； $d_m=19\sim118\mu\text{m}$；$\mu_l=(3.3\sim11.3)\times10^{-3}\text{Pa·s}$；$d_0=(1.2\sim5)\times10^{-3}\text{m}$	d_m 为液滴的质量中位粒径(μm) μ_g 为气体的动力黏度(Pa·s) v_r 为气体与液体间的相对速率(m/s) v_l 为液体的喷出速率(m/s) d_0 为喷嘴缩口直径(m) ρ_g,ρ_l 为气体及液体密度(kg/m³)

上述离心式雾化喷头的效果评估模型，均是半理论、半经验的模型，因此在引用时一定要注意其使用范围和有关参数的选择及单位。

（3）模型的探讨

在上述模型研究的基础上，采用非线性规划的方法，结合具体的实例，将其参数图形化，能更直地观察其变化趋势。

目标单元格：$\delta=abs\left(\tan\dfrac{\theta}{2}-\dfrac{(1-\phi)\sqrt{8}}{(1+\sqrt{1-\phi})\sqrt{\phi}}\right)\to0$

约束条件单元格：见表 3 中的有关等式和表 4 中的相关计算式及其适用范围。

采用 office 97 提供的有关非线性规划处理方法，其计算结果见表 5、表 6。

表 5 原始数据及控制目标

流量 m /(t/h)	液体密度 ρ /(kg/m³)	液体黏度 μ /Pa·s	表面张力 σ /(N/m)	$\tan\left(\dfrac{\theta}{2}\right)$	雾化角 θ(°)	特征参数 ζ/m	流量系数 φ	有效截面积系数 ϕ	控制变量 δ
0.5	998.5	8.9×10^{-4}	0.072	0.52057	55	0.5958	0.559839	0.73469522	1.82×10^{-7}

表 6 计算结果

类别	1	2	3	4	5	6	7	8	9	10	11
喷嘴口径/mm	1	1.5	2	2.5	3	3.5	4	4.5	5	5.5	6
工作压力/MPa	508.0	100.3	31.7	13.0	6.3	3.4	2.0	1.2	0.8	0.6	0.4
轴向喷速/(m/s)	240.7	107.0	60.2	38.5	26.7	19.6	15.0	11.9	9.6	8.0	6.7
切向喷速/(m/s)	125.3	55.7	31.3	20.0	13.9	10.2	7.8	6.2	5.0	4.1	3.5
参数 w_e	8.03×10^5	2.4×10^5	1.0×10^5	5.1×10^4	3.0×10^4	1.87×10^4	1.26×10^4	8.82×10^3	6.43×10^3	4.83×10^3	3.72×10^3
雷诺数 Re	2.7×10^5	1.8×10^5	1.4×10^5	1.1×10^5	9.0×10^4	7.7×10^4	6.8×10^4	6.0×10^4	5.4×10^4	4.9×10^4	4.5×10^4
参数 Z	5.19	4.94	4.76	4.63	4.52	4.42	4.34	4.27	4.21	4.15	4.10
理论式 $d_{nv}/\mu m$	32.20	74.18	130.9	200.47	281.46	372.61	472.89	581.39	697.38	820.20	949.27
离心式 $d_{vs}/\mu m$	1.28	12.24	28.96	45.90	62.25	78.61	95.77	114.53	135.69	160.10	188.75
叶片式 $d_{vs}/\mu m$	66.77	94.52	120.95	146.45	171.22	195.41	219.10	242.38	265.29	287.87	310.16

从计算结果（表 6）及图 2 中不难看出，在可行的范围内，由于其模型表达的意义有所差别（表 4），因此其计算结果也有较大差别。在同样的条件下，记数液体平均径大于单位体积表面积平均径（即 $d_{nv}>d_{vs}$），在变化趋势方面，Orr 离心式（空心锥）变化较快，随着喷口直径的增大，其雾化效果，衰减得比较快，而采用切线离心式喷头效果估算模型和采用叶片式评估模型，其变化趋势基本一致，但离心式效果比叶片式要好。

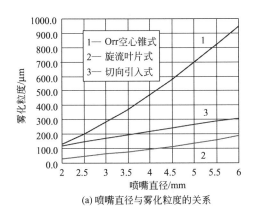

(a) 喷嘴直径与雾化粒度的关系

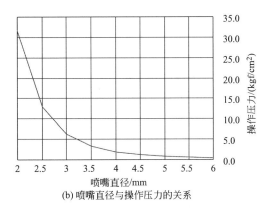

(b) 喷嘴直径与操作压力的关系

图 2 计算结果趋势

2. 气液混合式气雾喷头的原理

对于气液混合式气雾喷头，无论是内混式、外混式还是中间混合式，均是依靠两种流体的相互作用，以克服液体的表面张力，造成液体分散的同时，气体也起到隔离了液滴再次聚合形成较大液滴的可能，以迅速形成气溶胶，达到雾化目的的作用。气液混合式气雾喷头也是喷头中的一种重要喷头形式，除此之外，它多与冲击式原理、离心旋流式原理、叶片导流式原理等一起混合，构成复合式雾化喷头。该种类型喷头的优点是适用范围广、操作弹性极大、制造简单、维修使用方便。但由于该种喷头在喷雾的过程中加入了压缩空气源，从而使得动力消耗有所增加，动力消耗相对稍大。

（1）气体流动及雾化所需空气量的确定

一般情况下，气雾式喷头所用空气均是具有一定压力的可压缩空气，对于喷头的压缩空气的流动其气体的流速一般在100m/s以上，气体在喷头内的流动所经历的时间较短，可以将其看作是一维的绝热流动，同时因气体在喷头内行程的距离也很短，因摩擦造成的影响较小，可近似地认为其过程是可逆的。即将喷头内的气体流动看作是近似的一维等熵流动，采用此种处理方法，已完全能够满足工程设计计算精度的要求。

根据一维等熵流动所遵守的基本方程见表7。

表7　气体一维等熵流动方程组

类别	连续方程	动量方程	能量方程	等熵方程	气态方程
形式1	$\dfrac{\mathrm{d}\rho}{\rho}+\dfrac{\mathrm{d}v}{v}+\dfrac{\mathrm{d}A}{A}=0$	$\dfrac{\mathrm{d}p}{\rho}+v\mathrm{d}v=0$	$\mathrm{d}h+v\mathrm{d}v=0$	$\mathrm{d}s=0$	$p=\rho RT$
形式2	$\rho vA=$常数	$\displaystyle\int\dfrac{\mathrm{d}p}{\rho}+\dfrac{v^2}{2}=$常数	$h+\dfrac{v^2}{2}=$常数	$s=$常数	$\dfrac{p}{\rho^k}=$常数

表7中，A为流管截面积；v为气体流速；p为流管内某一截面上的压力；ρ为介质的密度。

根据上述方程组，不难得出喷口前后两截面间关系：

$$\frac{p_{\text{喷前}}}{p_{\text{喷后}}}=\left(\frac{1+\dfrac{k-1}{2}Ma_{\text{喷后}}}{1+\dfrac{k-1}{2}Ma_{\text{喷前}}}\right)^{\frac{k}{k-1}}; \qquad \frac{A_{\text{喷前}}}{A_{\text{喷后}}}=\frac{Ma_{\text{喷后}}}{Ma_{\text{喷前}}}\left(\frac{1+\dfrac{k-1}{2}Ma_{\text{喷前}}}{1+\dfrac{k-1}{2}Ma_{\text{喷后}}}\right)^{\frac{k+1}{2(k-1)}};$$

$$\frac{\rho_{\text{喷前}}}{\rho_{\text{喷后}}}=\left(\frac{1+\dfrac{k-1}{2}Ma_{\text{喷后}}}{1+\dfrac{k-1}{2}Ma_{\text{喷前}}}\right)^{\frac{1}{k-1}}; \qquad \frac{v_{\text{喷前}}}{v_{\text{喷后}}}=\frac{Ma_{\text{喷前}}}{Ma_{\text{喷后}}}\left(\frac{1+\dfrac{k-1}{2}Ma_{\text{喷后}}}{1+\dfrac{k-1}{2}Ma_{\text{喷前}}}\right)^{\frac{1}{2}}$$

式中　　k——气体的物性参数，$k=\dfrac{\text{气体的定压比热容}(C_p)}{\text{气体的定容比热容}(C_v)}=1.4$；

Ma——马赫数，$Ma=\dfrac{v}{v_a}$；

v_a——理想气体中的音速，根据音速的定义和理想气态方程，不难得出$v_a=\sqrt{\left(\dfrac{\partial p}{\partial \rho}\right)_s}=$

$\sqrt{kRT}$，因而常温（25℃）条件下气体的音速$v_a=20.1\sqrt{T_0}=347$（m/s）。

压缩空气的有效动力功耗定义为：

$$N=p_{\text{喷前}}\cdot Q_g=\lambda\cdot p_{\text{喷后}}\cdot Q_g$$

$$p_{\text{喷后}} = \frac{v_{\text{喷出}}^2}{2}\rho_{\text{喷出}}(1+\xi)$$

$$\lambda = \left(\frac{1+0.2Ma_{\text{喷后}}}{1+0.2Ma_{\text{喷前}}}\right)^{3.5}$$

式中　λ——压力系数;

　　Q_g——雾化所需要的空气量;

　　ξ——局部阻力系数,由具体的结构确定。

在满足雾化要求的条件下,考虑到压缩空气消耗的动力最低,即 $N=\lambda \cdot p_{\text{喷后}} \cdot Q_g \rightarrow$ min。

（2）气雾式喷头的雾化效果评估模型

从表 2 中可以看出,气体雾化式喷头分为内混式、外混式与中间混合式三种,根据研究现状,目前较多应用于评估气体雾化喷头效果的模型见表 8。

表 8　气体雾化式雾化喷头的效果评估模型

	气体内混式雾化喷头的雾化效果估算式	参数说明
气体雾化喷头类	$d_{sv} = \frac{5.86\times10^5}{v_g}\left(\frac{\sigma}{\rho_1}\right)^{0.5} + 53.4\times10^6\left(\frac{\mu_1}{\sqrt{\rho_1\sigma}}\right)^{0.45}\left(\frac{Q_1}{Q_g}\right)^{1.5}$ 使用范围: $\rho_1 = 700\sim1200\text{kg/m}^3$; $\sigma = (19\sim73)\times10^{-3}\text{N/m}$; $\mu_1 = 3\times10^{-4}\sim5\times10^{-2}\text{Pa}\cdot\text{s}$; $v_g = 100\sim300\text{m/s}$	v_g 为气体喷出速率(m/s) Q_1、Q_g 为液体、气体的流量(m³/s) d_{sv} 为雾化粒度(μm) d_m 为液滴的质量中位粒径(μm) M_1、M_g 为液体和气体的质量流量(kg/h) g_m 为气体的质量流率[kg/(m²·s)]
	气体外混式雾化喷头的雾化效果估算式	
	$d_m = 2600\left[\left(\frac{M_1}{M_g}\right)\left(\frac{\mu_g}{g_m\cdot d_1}\right)\right]^{0.4}$	

（3）过程与模型的讨论

同理,采用非线性规划的方法,对其进行讨论如下。

目标函数:$N=\lambda \cdot P_{\text{喷后}} \cdot Q_g \rightarrow$ min

约束条件:$abs(d_{\text{给定}} - d_{\text{模型}}) = 0$;加上述模型的限制条件及其他约束。

结合具体的内混式喷头（结构见表 2）为例,在满足雾化效果的条件下,当喷头喷水量为 0.5t/h 时,其计算结果绘制成曲线见图 3。

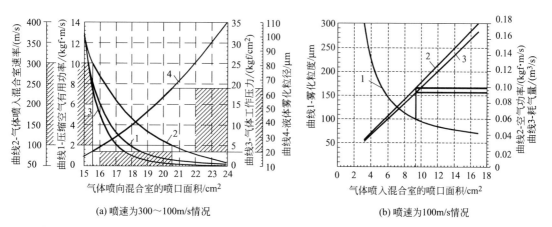

(a) 喷速为 300～100m/s 情况　　　　　　(b) 喷速为 100m/s 情况

图 3　气体雾化式喷头压缩空气量及操作压力确定的关系

　　对于上述内混式喷头，由于其适用条件的限制，因此必须分段处理。图 3(a) 所示为当喷入混合室内的气速在 300～100m/s 时，其雾化粒度比较细（粒径小于 64μm），压缩空气的功耗也较高，对于要求不高的场所，没有必要采用雾化至 64μm 粒径以下。对于水泥工业用途，雾化粒径小于 100μm，就足以满足工程使用的要求，同时也可以节约能量消耗。图 3(b) 所示为喷入混合室内气流速率为 100m/s，操作时有效压力为 1.483MPa 时的雾化效果曲线。从图 3 中不难根据要求，在喷水量为 0.5t/h 时，可确定压缩空气的使用量和有效压力参数及内部气体喷口的大小等，为其结构的设计提供了必要的数据。

3. 声波式气雾喷头的设计

　　声波式气雾喷头又分为气动式声波气雾喷头和机电换能式声波气雾喷头，主要利用了声波的机械机制和声波的空化机制。目前两种气雾喷头尚在发展中，暂缺少理论的或经验的效果评估模型，为该种喷雾器的普及应用带来了一定的难度，特别对于换能式雾化喷头，由于机电换能和超声变幅杆的造价较高，仅用于雾化控制要求较高和附加值较高的技术场合。

　　（1）气动声波振荡式气雾喷头

　　气流声波振荡式气雾喷头和气液混合式气雾喷头就外观形式差不多，但其主要依靠的原理却有本质的区别。气流声波振荡式是依靠高速运动的气流，冲击到一个特制的气流共鸣箱内，造成气流共鸣，以发出声波，同时液流通过声波共鸣区后，造成水流共振，达到破坏水的表面张力，形成雾化的目的。随着气流压力的不断增大，喷出气流速率的提高，导致共鸣频率的增加，声波能力的加剧，其雾化效果越好。但能耗也相应提高。

　　如图 4 所示为 Galton 气动式超声发声器和 Hartman 气动式超声发声器，高速气流冲击到共鸣箱内，造成涡流返回，与来流气体造成剧烈的喷撞和颤动，从而产生一定频率的声

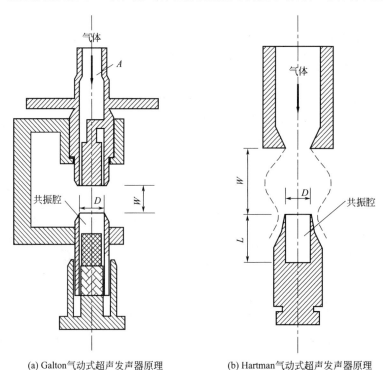

(a) Galton气动式超声发声器原理　　　　　　(b) Hartman气动式超声发声器原理

图 4　气体超声波发生器原理示意

波，一般情况下，该种声波发生器产生最高的频率小于 70kHz。对于水泥工业用声波喷雾器，用于造成声波的气流喷出速率一般控制在亚音速区，基本能够满足生产设计要求。表 2 中列出的两种声波雾化喷头，实际上是 Galton 和 Hartman 气动声波发生器的原理的应用。

（2）机电换能声波气雾喷头

据有关资料介绍，该种喷雾器的喷头结构较为简单，超声变幅杆本身就是喷头，外加机电超声换能器构成，液体由中间的导管供给，并使其浸没过变幅杆的振动端面。该种喷雾器的雾化粒度分布均匀，便于调节和控制。

4. 机械冲击分散和转盘雾化式喷头

机械冲击分散式雾化喷头，是依高速喷射的流体冲击到顿体或特殊结构的挡板上（挡板可以是固定的也可以是高速旋转的多沟槽的挡板），达到破坏水的表面张力和雾化水的目的（表 2）。还有转盘式雾化喷头效果评估模型，该类喷头在水泥工业中用的不多，此处不多作介绍。

四、雾化喷头的开发设计

如何选用和开发设计雾化喷头，应立足于使用的目的、使用的场合、一次性投入成本、操作灵活性、适应性和维修的方便等方面的综合评价上，根据目前的研究和发展趋势，雾化喷头的开发、研究和设计，已由过去的单一原理的形式逐渐向着复合式原理发展，最终的目的就是降低能量的消耗和获得最佳的雾化效果上。

1. 离心式雾化喷头的设计

根据工程设计的要求，需设计一个喷出流量为 500L/h，雾化角度为 55°，雾化粒度小于 $100\mu m$ 的离心机械式雾化喷头，并根据需要确定工作压力。根据前面的程序。其雾化喷头的计算结果见图 5。

从图 5 中不难看出，在喷水量满足设计要求的情况下，要想保证喷出的雾化粒度小于 $100\mu m$，其操作压力不大于 40MPa，其喷嘴的直径为 1.8～2.2mm 比较合适。另外，如果雾化角度尚允许稍大一些，在同样的

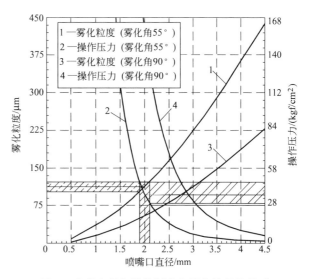

图 5　喷嘴直径与操作压力和雾化效果的关系

操作压力下，还可得到雾化效果更好的雾化喷头。因此，在喷头设计中，要多方综合考虑和设计，才能设计出最为合理的喷头，以满足生产控制的需要。

相应其结构特征参数见表 5。

在操作参数和喷头几何特征参数确定后，其喷头的结构设计就比较容易了。

2. 气液混合式雾化喷头的开发设计

根据工程设计需要，需设计一个喷水量为 500L/h（$1.389 \times 10^{-4} m^3/s$）的内混式气雾化喷头，要求雾化粒度 $\leqslant 100\mu m$，需确定气体的需要量和操作压力以及喷头的结构参数。

根据图 3（b）中 0.5t/h 喷水量的性能曲线，不难得出，当雾化粒度小于 $100\mu m$ 时，相应气体喷入混合室内的喷口面积为 $9.3cm^2$（分两个长方形孔 15mm×31mm 切向进入混合室），有效操作压力 1.483MPa。为了避免气路和液路之间的返流，喷水嘴的有效操作压力也应取为 1.483MPa。通过能量转换原理，可计算出喷入混合室内的水流速率应为 17m/s 左右，从而不难算出喷水口的尺寸（直径）为 3.25mm，混合室的有效直径确定为 40mm，从混合室（腔）内二次喷出的雾化水气流速率为 80～100m/s，根据上述结构参数和表 2（8.内混式气雾喷头）的相关图形结构，就不难设计出气液混合式气雾喷头。同时考虑到流体压力的沿程衰减，最终的设计压力应为 2.5～3.5MPa 比较合适。

3. 气流声波震荡式气雾喷头的开发设计

气动声波式气雾喷头的设计是在 Galton 气动式超声发声器和 Hartman 气动式超声发声器（图 4）的基础上开发设计的。设计的关键是共鸣箱体大小和箱体与气流喷嘴之间的距离，在共振箱体和气流喷嘴之间形成有效合理的超声场，同时让水流在喷出后也应均匀地流经超声场，经过声场声波的作用，达到破坏水流的表面张力，从而形成细小液滴。通过调节气流喷出速率和箱体与气流喷嘴之间的距离，可以控制和调节液体的雾化效果，根据 Galton 和 Hartman 气动声波发生器的原理（图 4）和表 2 所示图例，加上必要的实验测试手段，就不难根据自己的需要开发设计出适合自己要求的声波式气体雾化喷头。

五、实验测试与研究

理论与实验研究结果表明，上述理论设计计算结果，虽与实际结果比较接近，但也存在着一定的偏差，造成这一偏差的主要原因是由于实际过程中受流体黏性、流体与壁面以及流体内部均存在黏性摩擦损失，使得计算结果与实际过程存在着一定的差别（对离心式喷雾器主要表现在参数 φ 和 $\frac{\theta}{2}$ 上）。为了更好地掌握和精确地估算所设计的各种喷头性能和参数，对各种形式的气雾喷头的实验研究是不可缺少的环节，以便通过实验获得第一手资料，特别对于原理组合式气雾喷头和声波式气雾喷头，有些仍在发展和探索阶段，尚缺少一定的技术资料和研究资料，难于掌握和有效的预测，开发设计者在开发设计过程中，应针对具体的喷头、结合不同的使用介质测定其雾化性能指标和有关参数，并通过分析和研究，以寻求结构参数与性能指标之间的关联，为进一步的开发设计工作积累经验，同时对理论计算结果也可进行必要地修正，对喷头进行进一步地优化和性能考核与验证，以求得理想效果的气雾式喷头。

六、结束语

① 本文通过上述的整理、对比分析和相应原理介绍及部分例证的给出，意为广大从事生产与设计的工作人员提供必要的参考资料，并能针对自己的使用条件和要求，加以选择或自行开发设计。

② 系统的喷雾能否满足要求，有一个性能良好的雾化喷头固然是很重要的，但不能忽视系统配套设备的选型与设计，良好的系统设计和设备的选定是保证系统最佳的工作条件。

③ 喷雾器的开发设计，要针对自己的需要，不能过分地追求雾化细度，好的雾化喷头，

即要求有好的雾化效果，有要求有低的能量消耗，以保证系统运行的经济效益。

④ 上述讨论的喷头均为单头，如果要求的喷雾量大，可以进行必要的多头组合，以满足生产设计要求。

➡ 参考文献

［1］ 时钧. 化学工程手册：上卷. 北京：化学工业出版社，1996.

［2］ 严兴忠. 工业防尘手册. 北京：劳动人事出版社，1989.

［3］ 冯伯华. 化学工程：第五卷. 北京：化学工业出版社，1989.

［4］ 江旭昌等. 管磨机. 北京：中国建材工业出版社，1992.

［5］ 化工部工业炉设计技术中心.化学工业炉设计手册. 北京：化学工业出版社，1988.

［6］ 郑洽馀，鲁钟琪. 流体力学. 北京：机械工业出版社，1984.

［7］ 冯若，李化茂. 声化学及其应用. 合肥：安徽科学技术出版社，1992.

［8］ R. Pohlman，K. Heisler，M. Cichos. Powdering aluminium and aluminium alloys by ultrasound. Ultrasonics，1974，12（11）.

滚筒筛内物料运动过程的分析

蔡玉良　杨学权　丁晓龙　翟东波　赵美江

滚筒筛是生活垃圾分选主要机械之一，主要利用内装刀具的筒体回转运动和筒体筛网，将袋装垃圾进行破袋、分级。滚筒筛的破袋功能主要依靠内部长短适宜的破袋刀具；筛分功能主要依靠筒体筛面，该筛面一般由编织网或打孔薄板和框架构成，采用倾斜式安装，被筛分的垃圾随筒体的转动作螺旋翻动，粒度小于筛孔的物料被筛出，大于筛孔的留在筛体上直至从筒体尾部排出。本文着眼于滚筒筛内物料的运动规律及最佳的理论控制参数进行分析研究，以期为滚筒筛的结构设计提供理论依据。

一、滚筒筛内物料的运动分析

1. 物料的运动轨迹

由于滚筒筛筒体倾斜安装，并围绕自身轴线做回转运动，因此物料在滚筒筛内的运动过程较为复杂。在物料层中取某一单元体 P，其在滚筒筛内的运动见图 1。单元体 P 进入滚筒筛后，被旋转的筒体提升至 o 点，在 o 点脱离筛面做抛物运动；当到达最高点 D 处后，落回筛面 B_1 处，如此往复循环运动，直至排出滚筒筛。单元体 P 在滚筒筛内的运动可分解为 xoy 平面内的平面运动和沿 z 轴线方向的直线运动。物料在 xoy 平面内的抛落运动又可以分解为两部分：物料随筛体的圆周运动部分和抛物线运动部分；沿 z 轴线方向的直线运动是由于筛体的倾斜安装而产生的。另外物料作上述运动过程中，与筛体之间还可能存在滑动。

在研究滚筒筛内物料的运动规律时，作了如下假设：

① 物料随筒体的转动沿筒体轴线作螺旋筛分运动，暂不考虑内部刀具对物料运动过程的影响；

② 不考虑物料之间的相互干扰。

（1）单元体 P 在 xoy 平面内的运动和分析

单元体 P 在 xoy 平面内的平面运动见图 2，其运动过程分为两部分：B 点到 o 点的圆周运动、o 点到 D 点再到 B_1 点的抛物线运动，具体的运动方程如下。

圆周运动方程：
$$\begin{cases} x = r\cos\alpha + r\cos\omega t \\ y = -r\sin\alpha + r\sin\omega t \end{cases}$$

抛物线运动方程：
$$\begin{cases} x = vt\sin\alpha \\ y = vt\cos\alpha - \dfrac{1}{2}gt^2 \end{cases}$$

式中 r——单元体 P 在 xoy 平面内距筛体轴线的距离；

$\quad\quad\alpha$——单元体 P 的脱离角；

$\quad\quad v$——在 xoy 平面内单元体 P 脱离时的线速度；

$\quad\quad\omega$——滚筒筛的角速度；

$\quad\quad t$——单元体 P 的运动时间。

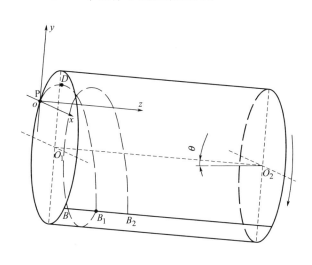 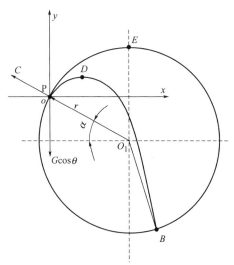

图 1 物料在滚筒筛内运动轨迹　　　　　图 2 物料在 xoy 平面内的运动轨迹

由单元体 P 的运动方程可以得出其运动轨迹方程，具体如下：

圆周运动轨迹方程：$(x-r\cos\alpha)^2+(y+r\sin\alpha)^2=r^2 \quad\quad 0<r\leqslant R$　　　　(1)

抛物线运动轨迹方程：$y=x\cot\alpha-\dfrac{x^2}{2r\sin^3\alpha} \quad\quad 0<r\leqslant R$　　　　(2)

根据式（1）和式（2）不难解出任意圆和抛物线两条曲线的交点坐标分别为原点 $o(0,0)$ 和 $B(4r\sin^2\alpha\cos\alpha,-4r\sin\alpha\cos^2\alpha)$。若 $r=R$（R 为滚筒筛的半径）时，即物料位于筛体的内壁处，两条曲线的交点分别为（0，0）和（$4R\sin^2\alpha\cos\alpha$，$-4R\sin\alpha\cos^2\alpha$）。

为了获得较高的筛分效率，应使物料在筛体内作较大的翻动，使物料在筛体内能够获得最大抛落落差，即要求图 2 中（y_D-y_B）取最大值。将式（2）对 x 求导可得：

$$\frac{\mathrm{d}y}{\mathrm{d}x}=\cot\alpha-\frac{x}{r\sin^3\alpha}$$

若 $\dfrac{\mathrm{d}y}{\mathrm{d}x}=0$，可得 $x_D=r\sin^2\alpha\cos\alpha$

将 x_D 带入式（2），可得：$y_D=\dfrac{1}{2}r\sin\alpha\cos^2\alpha$

而 $y_B=-4r\sin\alpha\cos^2\alpha$，则：

$$(y_D-y_B)=\frac{1}{2}r\sin\alpha\cos^2\alpha+4r\sin\alpha\cos^2\alpha$$

令：$\dfrac{\mathrm{d}(y_D-y_B)}{\mathrm{d}\alpha}=0$，可解得 $\cot\alpha=\sqrt{2}$，$\alpha=35.264°$。

由上述计算可得，当 $\alpha=35.264°$ 时，（y_D-y_B）值最大，物料在滚筒筛内翻动也最充分。

（2）单元体 P 沿 z 轴线的运动和分析

假设单元体 P 在筛体内不发生轴向滑动，则单元体 P 沿 z 轴线运动为间歇式的。由图 1 可知，单元体 P 每完成一个循环，沿 z 轴线方向移动 BB_1 位移。因此，可先计算出单元体 P 每完成一个循环所需的时间和移动的位移，再计算出单元体 P 沿 z 轴线的平均速率。

① 单元体 P 每完成一个循环的时间包括随滚筒筛进行圆周运动的时间 t_1 和抛物运动的时间 t_2。

若假设单元体 P 与筒体之间不存在滑动，则其随滚筒筛进行圆周运动的时间可由 $\angle oO_1B$ 和筒体的转速计算得出。由 B 点的坐标可以计算出：$\angle oO_1B = 4\alpha$，则 $t_1 = \dfrac{2\alpha}{3n}$。

由抛物线运动方程和 B 点坐标，可以得出单元体 P 作抛物运动的时间：

$$t_2 = \frac{120\sin\alpha\cos\alpha}{\pi n}$$

式中　n——滚筒筛的转速。

因此，单元体 P 每完成一个循环的时间 $t = t_1 + t_2$

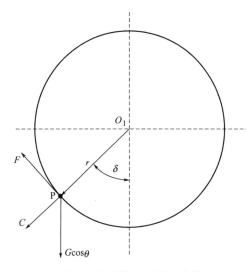

图 3　单元体 P 的受力分析

② 单元体 P 每完成一个循环，沿滚筒筛的 z 轴线移动 BB_1 长度。

由单元体 P 的运动方程和运动时间，可以得出单元体 P 每完成一个循环的位移：

$$l = 4R\sin\alpha\cos\alpha\tan\theta$$

因此，单元体 P 沿 z 轴线方向的平均运动速率 $v = \dfrac{l}{t}$。

（3）单元体 P 在滚筒筛内圆周向的滑动和分析

单元体 P 在滚筒筛内是否出现圆周向的滑动与滚筒筛转速的高低相关，具体分析如下。

单元体 P 在 xoy 平面内受力分析见图 3。

重力 G 在 xoy 平面内的分力为 $G\cos\theta$。

离心力 $C = m\dfrac{v^2}{r}$，而 $v = \dfrac{n\pi r}{30}$，则 $C = \dfrac{m\pi^2 n^2 r}{900}$

摩擦力 $F = f(C + G\cos\theta\cos\delta)$

式中　m——单元体 P 的质量；

　　　θ——滚筒筛轴线与水平面的夹角；

　　　v——单元体 P 的线速度；

　　　f——单元体 P 与筛体或物料层之间的静摩擦系数；

　　　δ——单元体 P 的位置角。

单元体 P 在滚筒筛内刚开始滑动时，则：

$$F = f(C + G\cos\theta\cos\delta) = G\cos\theta\sin\delta$$

将离心力 C 的表达式代入上式，可得：

$$f\left(\frac{\pi^2 n^2 r}{900} + g\cos\theta\cos\delta\right) - g\cos\theta\sin\delta = 0$$

若 $f=0.6$、$\theta=6°$，则可根据上式可求出单元体 P 开始滑动时的位置角与滚筒筛转速、半径之间的关系，见图 4。从图 4 可以看出，在相同的滚筒筛半径下，随着转速的增加，单元体 P 开始滑动时的位置角也随之增加，而且增幅随转速的增加逐渐变大；在相同的转速下，随着滚筒筛直径的增大，单元体 P 开始滑动时的位置角亦随之增加，而且增幅随半径的增加逐渐变大。

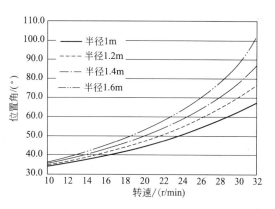

图 4　单元体 P 开始滑动时的位置角
与滚筒筛转速的关系

根据后续的滚筒筛转速计算可知，滚筒筛直径为 3m 时，其适宜转速约为 18~20r/min。对比图 4 中的结果可以看出，当位置角为 50° 左右时，物料在滚筒筛内就出现圆周向的滑动。因此，应在滚筒筛内设置扬料板，用以提升物料，提高筛分效率。

2. 滚筒筛的转速

根据前面的分析可知，滚筒筛的转速直接影响物料在筛体内的运动过程和筛分效率。单元体 P 在 o 点处脱离筛面作抛物线运动，此时其所受的离心力 C 与重力 G 在法向上的分力相等，即：$m\dfrac{v^2}{r} = mg\cos\theta\sin\alpha$。

而 $v = \dfrac{\pi n r}{30}$，则可得：

$$n = \frac{30}{\pi}\sqrt{\frac{g\cos\theta\sin\alpha}{r}}$$

式中　m——单元体 P 的质量，kg；

　　　v——单元体 P 的切向线速率，m/s；

　　　n——滚筒筛的转速，r/min。

当 α 等于 90° 时，单元体 P 到达 E 点尚不会抛落，此时的转速为滚筒筛的临界转速

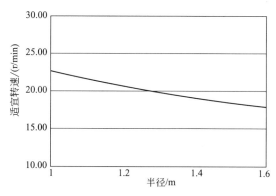

图 5　滚筒筛适宜转速与半径的关系

（n_1），$n_1 = \dfrac{30}{\pi}\sqrt{\dfrac{g\cos\theta}{r}}$。当 α 取 35.264° 时，物料在筛体内可获得最大的抛落落差，此时的转速 $n_s = 0.76 n_1$。

若 $\theta = 6°$，则可得出滚筒筛的适宜转速 n_s 与半径 r 之间的关系，见图 5，从图中可以看出，随着滚筒筛半径的增加，滚筒筛的适宜转速略有降低；当滚筒筛直径为 3m 时，滚筒筛的适宜转速约为 18~20r/min。

二、滚筒筛结构参数的确定

滚筒筛主要由筛筒体、防护罩、进出料斗、传动装置、驱动装置、止推轮等组成。在设计滚筒筛时应考虑筛筒体的直径、长度、安装倾角、内部破袋刀具等结构参数。

1. 滚筒筛的直径

筛筒体的直径 D 是滚筒筛设计中最重要的参数之一。它与滚筒筛的处理能力、处理物料的性质、安装倾角等因素有关。由于生活垃圾滚筒筛处理的物料较为特殊，物理特性不均一，粒径和成分波动很大，因此很难通过计算给出确切的筛筒体直径，可根据已有的滚筒筛直径计算经验公式和国内外已有的滚筒筛规格对筛筒体直径进行评估后确定。

2. 滚筒筛的长度

筛筒体的长度 L 包括筛板开孔段的长度 L_1、进口的缩口长度 L_2、托轮的宽度（$L_3 + L_4$）和出口盲板的长度 L_5。

筛板开孔段的长度 L_1 除了需要考虑筛分效率外，还要考虑筛孔布置和筛板制造的方便，一般取（$3 \sim 5$）D（D 为筛筒体的直径）；增加开孔筛板的长度，可以延长垃圾在筒内的运动时间，提高筛分效率。但已有实践证明，过分增加筛分长度，筛分效果增加并不显著，而且还增大占地面积，增加投资。进口的缩口长度 L_2 和托轮的宽度（$L_3 + L_4$）由设备专业根据支撑的需要和具体的结构要求确定，但不易太长，增加设备的占地面积。出口盲板的长度 L_5 由工艺布置需要确定，主要考虑卸料斗和输送皮带改向滚筒的布置要求。

3. 滚筒筛的安装倾角

滚筒筛筒体的安装倾角 θ 直接影响垃圾在筛筒体内完成一个循环运动时沿轴向前进的距离，从而影响滚筒筛内垃圾的破袋率、停留时间、滚筒筛的产能、筛分效率等。在筛筒体长度和转速一定的情况下，倾角的增加使物料层表面沿物料前进方向的倾斜度增加，从而增大了料床沿前进方向的重量分力，使轴向的抛落分速度或滑落分速度加大，从而使整体的平均截面速度加快，缩短了物料停留时间，提高了物料通过量。但如果安装倾角过大，垃圾在筛筒体内的运动循环次数减少，降低了垃圾的破袋率和筛分效率。倾角较小时，需要提高筒体转速以保证处理能力，垃圾在筛筒体内的循环翻滚次数增多，有利于垃圾的筛分。根据国内外已有的滚筒筛资料，滚筒筛筒体的安装倾角在 $5° \sim 15°$ 较为适宜。

4. 破袋刀具

破袋刀具直接影响到其使用寿命、滚筒筛的筛分效率和处理量。目前国内城市生活垃圾多半采用塑料袋包装收集，可燃的大块物质相对国外较少（$5\% \sim 25\%$），而厨余物、灰尘、土砖块等物质相对较多（$75\% \sim 80\%$），因此必须结合国内的城市生活垃圾的具体情况，进行针对性的设计。

目前通用的破袋刀具的结构形式有多种：柱形锥脯型、三角板型、三角锯齿型。采用柱形锥脯型结构，在滚筒筛截面上遮挡的面积较小，有利于垃圾物料的下泄，对于提高产量有一定的优越性，但在破袋方面，在无其他方向上的受力情况下，仅将袋子锥成圆洞，不易大块垃圾的外泄，尤其是塑料袋装化垃圾的破袋显得更为重要。而三角板型或三角锯齿型的结构，相比柱形锥脯型，在滚筒筛截面上遮挡的面积较大，对大块的垃圾有一定的阻挡作用，不利于垃圾物料的下泄和排除；如果刀具的排布密度得到控制，将不会影响垃圾料的排泄；

但采用该种结构，有利于加大袋装垃圾的破裂度，使得垃圾能够顺利得到排出料袋，有利于提高分选的效率。

三、结论

① 物料的脱离角 $\alpha = 35.264°$ 时，物料在筛体内可获得最大抛落落差，翻动也最充分。

② 在正常工作转速下，物料在滚筒筛内会出现圆周向的滑动。因此应在滚筒筛内设置扬料板，用以提升物料，提高筛分效率。

③ 滚筒筛的适宜转速，理论上约为临界转速的 0.76 倍；随着滚筒筛半径的增加，滚筒筛的适宜转速略有降低。

④ 在确定滚筒筛结构参数时，应充分分析国内生活垃圾的组成和特性，参考国内外已有装备的实际运行情况，开展针对性的开发和设计。

➔ 参考文献

[1] 盛金良，高君. 垃圾滚筒筛参数设计. 建筑机械化，2004，(3).
[2] 钱涌根，顾炜等. 垃圾滚筒筛设计，工程机械，1999，(5).

生活垃圾重力分选机的开发计算

杨学权　蔡玉良　陈　蕾　丁晓龙　穆加会　赵美江

在利用新型干法水泥烧成系统处置城市生活垃圾工艺过程中，为了保证最大限度地发挥水泥烧成系统处置生活垃圾能力的同时，又能确保生产系统的连续稳定和水泥产品的质量，必须对城市生活垃圾进行精细化预处理，将生活垃圾按水泥生产过程的要求分选为可燃物（塑料、纸类等）、不可燃物（渣土、石头等）和厨余物以及渗滤液，分别对其进行针对性较强的处置；将可燃物进行破碎加工后作为替代燃料，将不可燃物作为替代原料，厨余物经过处理后既可作为燃料也可堆肥，渗滤液送至专门的污水处理系统进行净化处理，最终实现生活垃圾处置无污染的控制目标要求。

为了实现上述的控制目标要求，必须对原生态生活垃圾进行一系列的分选处理。在生活垃圾分选处理过程中，各种原理分选机的技术开发是关键，而能将生活垃圾一次分选为轻质可燃物、砖瓦砂石类重物和厨余物的重力分选机更是关键中的关键装备。结合城市生活垃圾中各组分的物理特性，本文将振动原理与流化输送原理相结合，研发出可实现陶瓷、砖头、玻璃和石子、厨余物、塑料和纸张等三类重度不同物料同时分选的重力分选机，以降低混合垃圾后续处置的难度，便于有机物（尤其是厨余物）的有效处置。

一、重力分选机的原理

本重力分选机虽然与现有的振动筛外形相似，但筛分的原理相差较大。在本分选机振动分选过程中，物料不通过筛网，而是利用筛网的振动和上升气流使物料在筛网上面进行分层、分选。

重力分选机的结构见图 1(a)，原理见图 1(b)；物料从进料口 1 进入分选机内，分布在筛网 6 上；分选气流由进风口 4 鼓入；在适当的振动和气流参数的作用下，落在筛面上的物料在气流和筛网振动的共同作用下分层；重质物料落到筛面上，形成自动分级现象，在筛面振动过程中沿着倾斜的筛面向上滑移，从上卸料口 2 排出；相对密度较小的厨余类有机物在重力、惯性力、气流和连续进料的推动下，以浮层滑移至下卸料口 3 排出；塑料、纸张等轻质物在分选气流的带动下由出风口 5 飞出，由分离器收集。

二、重力分选机的开发计算

重质物料在筛面的运动方式有滑移、抛掷和悬浮等多种。滑移运动时，物料始终保持与筛面接触，在筛面的每一个振动周期中，物料将沿筛面的振动方向滑移一个微小距离。抛掷运动时，物料时而与筛面接触，时而与筛面脱离，即物料时而被筛面抛起，形成抛物运动，

(a) 实物

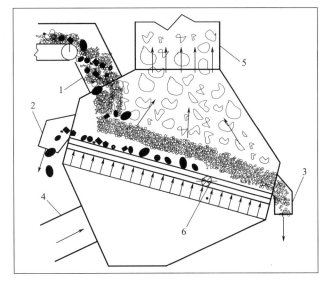

(b) 原理示意

图 1 重力分选机的结构与原理

1—进料口；2—上卸料口（粗料排渣口，小石块、玻璃、大块物料由此排出）；

3—下卸料口（有机质排出口）；4—进风口；5—出风口；6—筛网

时而又回落筛面；物料每次被抛起后，均会沿筛面的振动方向移动一定距离。本分选机拟利用风力将塑料碎片、碎纸片等轻质物从混合物料中分选出，并利用振动和风力的综合作用将厨余物和重质物料（石头、砖块、玻璃等）分离开，再利用筛面的振动将重质物分选出。下面将对分选机筛面和分选机内的重质物料、厨余物、轻质物的运动过程分析如下。

1. 筛面本体的运动过程分析

筛面本体任一质点作直线往复振动时，其运动轨迹见式(1) 和图 2。

$$A = A_m \sin\omega t \tag{1}$$

式中　A——筛面本体的振幅，m；

　　　A_m——筛面本体的最大振幅，m；

　　　ω——角频率，$\omega = \dfrac{2\pi}{T}$；

　　　T——周期；

　　　t——振动时间，s。

将筛面本体质点的振动位移分解到 x 方向（平行于筛面）、y 方向（垂直于筛面），可以得到 x 方向、y 方向的分位移。

$$A_x = A\cos\delta = A_m \cos\delta \sin\omega t$$

$$A_y = A\sin\delta = A_m \sin\delta \sin\omega t$$

式中，δ 为振动方向角，即振动方向与 x 轴的夹角。

筛面本体上质点的速度和加速度可由

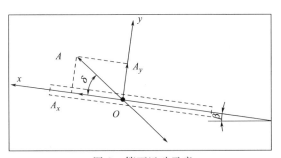

图 2 筛面运动示意

上述两式导出：

$$v_x = \frac{\mathrm{d}A_x}{\mathrm{d}t} = A_{\mathrm{m}}\omega\cos\delta\cos\omega t$$

$$v_y = \frac{\mathrm{d}A_y}{\mathrm{d}t} = A_{\mathrm{m}}\omega\sin\delta\cos\omega t$$

$$a_x = \frac{\mathrm{d}v_x}{\mathrm{d}t} = -A_{\mathrm{m}}\omega^2\cos\delta\sin\omega t$$

$$a_y = \frac{\mathrm{d}v_y}{\mathrm{d}t} = -A_{\mathrm{m}}\omega^2\sin\delta\sin\omega t$$

2. 重质物料在筛面上的运动过程分析

（1）重质物料在筛面上的受力分析

图 3 所示为重质物料在筛面上的受力状态，在筛面上选坐标 xOy。计算过程中假设：筛面为平面冲孔，孔眼法线与筛面垂直；物料之间的压力、摩擦力略去不计。图中：β 为筛面的倾角，α 为支撑杆与水平面的夹角，$\delta = 90 - \alpha - \beta$。

图 3 中重质物料所受的各作用力如下。

物料自身的重力：$G = mg$；

气流作用力：$W = C_{\mathrm{D}}S\dfrac{u^2\rho_{\mathrm{f}}}{2}$；

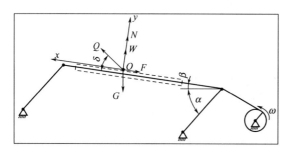

图 3　重质物料在筛面上的受力状态

筛面对重质物料的支撑力：N；

筛面对重质物料的摩擦力：$F = N'\tan\mu_0$。

式中　m——物料质量，kg；

　　　g——重力加速度，9.8N/kg；

　　　S——物体迎着流体方向的投影面积，m^2；

　　　u——气流穿过物料层的速率，m/s；

　　　ρ_{f}——空气密度，$\mathrm{kg/m}^3$；

　　　C_{D}——阻力系数；

　　　N'——重质物料对筛面的压力，$N' = -N$；

　　　μ_0——物料对筛面的静摩擦角。

（2）重质物料在筛面上运动过程分析

重质物料在筛面上的滑移运动可分为正向滑移（x 轴正方向）和反向滑移（x 轴负方向），见图 3。

① 正向滑移。

假设重质物料在筛面上沿 x 方向作正向滑行运动时，重质物料与筛面在 y 方向和 x 方向上的相对位移为 y 和 x，相对速率为 y' 和 x'，相对加速度为 y'' 和 x''。因此，重质物料在筛面上运动时 x 方向上的惯性力和重力分力之和 P 为：

$$P = -m(a_x + x'') - mg\sin\beta \tag{2}$$

而在重质物料与筛面发生相对运动之前，P 与其受到的摩擦力 F 相等，因此：

$$F = -m(a_x + x'') - mg\sin\beta \tag{3}$$

重质物料在 y 方向对筛面的压力为：

$$N' = m(a_y + y'') + mg\cos\beta - W \tag{4}$$

根据上述受力分析式(3)、式(4)，又 $\delta = 90 - \alpha - \beta$，可以得出重质物料在筛面上的运动方程式：

$$mx'' = mA\omega^2\sin(\alpha+\beta)\sin\omega t - mg\sin\beta - F \tag{5}$$

$$my'' = mA\omega^2\cos(\alpha+\beta)\sin\omega t - mg\cos\beta + N' + W \tag{6}$$

重质物料在筛面上作相对滑移运动时，重质物料与筛面始终保持接触，在 y 方向上不发生相对移动，相对加速度 $y'' = 0$，则由式(6)可得：

$$N' = -mA\omega^2\cos(\alpha+\beta)\sin\omega t + mg\cos\beta - W \tag{7}$$

又 $F = N'\tan\mu_0$，将其及式(7)带入式(5)，可得：

$$x'' = A\omega^2\frac{\sin(\alpha+\beta+\mu_0)}{\cos\mu_0}\sin\omega t - g\frac{\sin(\beta+\mu_0)}{\cos\mu_0} + \frac{W}{m}\tan\mu_0 \tag{8}$$

当物料沿 x 方向开始出现滑移时，物料相对筛面的 x 方向相对加速度 $x'' \geqslant 0$，则有：

$$\omega_{正} \geqslant \sqrt{\frac{g\sin(\beta+\mu_0) - \dfrac{W}{m}\sin\mu_0}{A\sin\omega t\sin(\alpha+\beta+\mu_0)}} \tag{9}$$

而 $|\sin\omega t|_{\max} = 1$，则：

$$\omega_{正} \geqslant \sqrt{\frac{g\sin(\beta+\mu_0) - \dfrac{W}{m}\sin\mu_0}{A\sin(\alpha+\beta+\mu_0)}} \tag{10}$$

根据振动频率 n 与角频率 ω 的关系 $n = \dfrac{30}{\pi}\omega$，可得出分选机的振动频率：

$$n_{正} \geqslant \frac{30}{\pi}\sqrt{\frac{g\sin(\beta+\mu_0) - \dfrac{W}{m}\sin\mu_0}{A\sin(\alpha+\beta+\mu_0)}} \tag{11}$$

若以石子为算例，则根据式(11)可得出筛面振幅 A、筛面倾角 β 与正向滑移的最小振动频率 $n_{正}$ 之间的关系（图4）。从图4可以看出，筛面倾角由 4°增加至 8°，石子产生正向滑移的最小频率增加约 20 次/min；而筛面振幅由 2mm 增加至 4mm、6mm，石子产生正向滑移的最小频率分别降低了约 150 次/min、220 次/min。

② 反向滑移。

同理可得，重质物料在筛面上作反向滑移运动时分选机的振动频率：

$$n_{反} \geqslant \frac{30}{\pi}\sqrt{\frac{g\sin(\beta-\mu_0) + \dfrac{W}{m}\sin\mu_0}{A\sin(\alpha+\beta-\mu_0)}} \tag{12}$$

由式(12)可得，若忽略气流对重质物料的作用力，则只有当筛面倾角 β 大于物料的静摩擦角 μ_0 时，式(12)才有解，

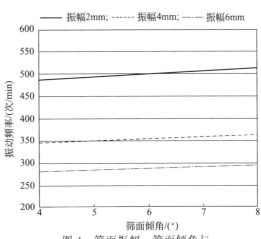

图 4 筛面振幅、筛面倾角与
振动频率之间的关系

即物料此时才会沿筛面反向滑移。重质物料与无孔钢板之间的静摩擦角约为 $29°$，而振动筛分机械或振动输送机械的工作面倾角通常在 $15°$ 以下，因此在本分选机的操作过程中不会出现重质物料沿筛面下滑的现象。

③ 物料的正向滑始角、滑止角和滑移角。

物料滑移开始至滑移终了所经历的时间称为滑移时间，以 t 表示；筛面在滑移时间内振动越过的相位角称为滑移角，以 θ 表示。

若 φ_m 为实际正向滑止角、φ_k 为实际正向滑始角，则正向滑移时的滑移角为：

$$\theta = \varphi_m - \varphi_k = \omega(t_m - t_k)$$

正向滑始角 φ_k 可通过如下计算得出。

物料开始出现滑移之前，物料相对筛面的 x 方向相对加速度 x'' 和 y 方向相对加速度 y'' 为 0，因此由式(8)整理可得：

$$\varphi_k = \omega t_k = \sin^{-1}\left[\frac{g\dfrac{\sin(\beta+\mu_0)}{\cos\mu_0} - \dfrac{W}{m}\tan\mu_0}{A\omega^2\dfrac{\sin(\alpha+\beta+\mu_0)}{\cos\mu_0}}\right]$$

正向滑止角 φ_m 可通过如下计算得出。

当物料开始滑移时，其运动方程为：

$$x'' = A\omega^2\frac{\sin(\alpha+\beta+\mu)}{\cos\mu}\sin\omega t - g\frac{\sin(\beta+\mu)}{\cos\mu} + \frac{W}{m}\tan\mu \tag{13}$$

式中　$\tan\mu$——物料对工作面的动摩擦系数；

　　　μ——动摩擦角。

对式(13)在 (φ_k, φ) 内积分可得物料的相对速率：

$$v_x = x' = \omega A(\cos\varphi_k - \cos\varphi)\frac{\sin(\alpha+\beta+\mu)}{\cos\mu} - \left[g\frac{\sin(\beta+\mu)}{\cos\mu} - \frac{W}{m}\tan\mu\right]\frac{\varphi - \varphi_k}{\omega} \tag{14}$$

当 $\varphi = \varphi_m$ 时，相对速度 $x' = 0$，正向滑移终了。

根据式(14)可以得出：

$$\omega A(\cos\varphi_k - \cos\varphi_m)\frac{\sin(\alpha+\beta+\mu)}{\cos\mu} - \left[g\frac{\sin(\beta+\mu)}{\cos\mu} - \frac{W}{m}\tan\mu\right]\frac{\varphi_m - \varphi_k}{\omega} = 0 \tag{15}$$

将 φ_k 带入式(15)即可以求出正向滑止角 φ_m。

若以石子为算例，则其滑始角 φ_k、滑止角 φ_m 与振幅 A 和筛面倾角 β 的关系见图5、图6。由图可得，筛面倾角和振幅对滑始角、滑止角的影响相同；筛面倾角由 $4°$ 增加至 $8°$，滑始角增加了约 $10°$，滑止角降低了约 $20°$；振幅由 $2mm$ 增加至 $6mm$，滑始角降低了 $5°\sim8°$，滑止角增加了 $10°\sim15°$。由计算得出的滑始角和滑止角可以得出，随着筛面倾角由 $4°$ 增加至 $8°$，石子的正向滑移角降低了约 $30°$，即在相同的振动频率和振幅时，石子在筛面上滑移的时间减少约 30%。

④ 正向滑移的相对位移。

对式(14)在 (φ_k, φ) 内积分，可以得出正向滑移时的相对位移：

$$x = A\cos\varphi_k(\varphi - \varphi_k) - (\sin\varphi - \sin\varphi_k)\frac{\sin(\alpha+\beta+\mu)}{\cos\mu}$$
$$- \frac{1}{2}\left[g\frac{\sin(\beta+\mu)}{\cos\mu} - \frac{W}{m}\tan\mu\right]\frac{(\varphi - \varphi_k)^2}{\omega^2} \tag{16}$$

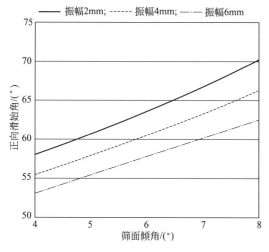

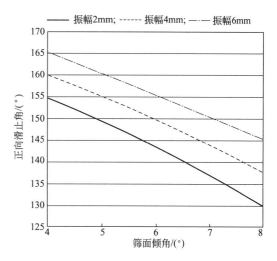

图 5　正向滑始角与筛面倾角、振幅之间的关系　　图 6　正向滑止角与筛面倾角、振幅之间的关系

将正向滑止角 φ_m 带入式(16)，可得出筛面每振动一次时重质物料正向滑移的距离。同时根据重质物料正向滑移距离与振动周期的关系可以计算出物料沿筛面运动的理论平均滑移速率：

$$v_x = \frac{x}{\dfrac{2\pi}{\omega}} = \frac{x\omega}{2\pi}$$

3. 轻质物在分选机内的运动过程分析

轻质物在进入分选机后，在气流的作用下从混合垃圾中分离出来，并随分选气流飞出分选机。为了达到轻质物分离的效果，分选机内的气流速率应高于轻质物的浮游速率（最大流化速率）。

物料在悬浮状态下受到三个力作用（忽略各组分之间的相互作用力）：即向下的重力、向上的空气浮力和气流浮游力。

重力：
$$G = \rho_m g V$$

浮力：
$$F_浮 = \rho_f g V$$

气流浮游曳力：
$$W = C_D S \frac{u^2 \rho_f}{2}$$

当合外力为零时，物体将达到匀速运动状态，此时的运动速率为浮游速率；若再考虑到形状对浮游速率的影响，最终颗粒浮游速率：

$$u_f = k \sqrt{\frac{2V(\rho_m - \rho_f)g}{C_D \rho_f S}} \tag{17}$$

式中　V——物体体积，m^3；

　　　ρ_m——物体密度，kg/m^3；

　　　ρ_f——气体密度；

　　　C_D——阻力系数，对于层流区取 $\dfrac{24}{Re_d}$，对于湍流区取 0.44；

　　　S——物体迎着流体方向上的投影面积，m^2；

k——浮游速率校正系数。

垃圾中的轻质物在进入分选机的抛散过程中能否被气流带走,除了受其形状、风速的影响外,还受气流状态的影响。气流状态对轻质物的影响由阻力系统 C_D 表示,因此必须分析分选机内的气体流动属于层流还是属于紊流状态,从而确定阻力系数 C_D 的取值。

4. 厨余物在筛面上的运动过程分析

根据重力分选机的工作原理可知,石子等重质物沿筛面向上运动,厨余物等以流化状态沿筛面向下运动。为了保证厨余物等处于流化状态,分选机内气流速率应控制在高于厨余物的临界流化速率(最小流化速率)之上,低于厨余物的浮游速率(最大流化速率)。厨余物的最大流化速率计算过程与轻质物的浮游速率(u_f)相同,最小流化速率(u_{min})的计算公式如下:

$$u_{min}=\sqrt{\frac{d_m(\rho_m-\rho_f)g}{24.5\,\rho_f}}=\sqrt{\frac{3V(\rho_m-\rho_f)g}{49S\rho_f}}(Re>1000) \tag{18}$$

式中　d_m——物体直径,m;

　　　ρ_m——物体密度,kg/m³;

　　　ρ_f——气体密度;

　　　V——物体体积,m³;

　　　S——物体迎着气流方向上的投影面积,m²。

四、结束语

本文针对国内生活垃圾预处理的需要,将振动原理与流化输送原理相结合,开发了可实现砖瓦石瓷类、厨余物类、纸塑类等三类重度不同物料同时分选的重力分选机;并通过一系列理论计算和分析,得出重力分选机的振幅、振动方向角、振动频率、筛面倾角、筛面平均风速等参数之间的理论关系式,为重力分选机的开发设计提供理论指导和依据。

参考文献

[1] 王俊发,魏天路等. 比重去石机的原理及工作参数分析. 佳木斯大学学报,2001,(3),19 (1).

[2] 胡道和,徐德龙,蔡玉良. 气固过程工程学及其在水泥工业中的应用. 武汉:武汉理工大学出版社,2003.

可燃替代燃料煤粉燃烧器的数值模拟研究

宁建根　吴建军　蔡玉良　辛美静　杨学权　潘立群

　　水泥工业在消纳城市废弃物、发展循环经济方面正起着日新月异的作用。欧洲一些工业发达国家现几乎没有单纯燃用天然燃料的水泥窑，大多同时共烧多种燃料和替代燃料，其二次燃料替代率一般为 30%～50%，荷兰、德国和瑞士等国水泥工业的二次燃料替代率已超过 50%，最高可达 80%。近年来我国在这方面也进行了有效的试验和试生产，事实证明利用可燃性废弃物作为替代燃料，在技术上是可行的，具有节能、利废、环保、提高经济效益的多重作用，又可为减轻环境负荷做出贡献。

　　当前，欧洲较为流行的替代燃料利用方法，是采用可燃性废弃物制备成高质量的替代燃料，从窑头主燃烧器喂入。其优点是能安全彻底地销毁废物中有害的有机物，以替代宝贵的优质天然燃料。我国水泥工业在这方面的研究才刚刚起步，替代燃料的运用处于尝试阶段，用量较少，尚需安全的工业化应用。窑用煤粉燃烧器作为水泥回转窑烧成系统的一个重要组成部分，不仅对回转窑煅烧过程的优化操作和系统稳定运转起着重要作用，还会对降低燃料消耗、提高熟料产质量、减少 NO_x 气体排放均有显著的影响。本文运用数值模拟方法，针对水泥窑用燃烧器在燃烧部分替代燃料时的燃烧状况进行了数值模拟分析和研究，以期为开发设计和生产操作控制提供一些指导性意见。

一、数学模型的选择

　　回转窑内煤粉的燃烧是一个复杂的物理化学过程，包含挥发分的释放与燃烧、固定碳的燃烧、辐射传热、颗粒运动、对流换热、气固两相流等。本文在计算过程中：气相流动采用标准 k-ε 湍流模型；煤粉颗粒与替代燃料颗粒运动采用随机轨道模型；用组分传输模型（Species Model）模拟气相湍流燃烧；物质传输反应率的控制选用了 Finite-Rate/Eddy-Dissipation 模型；辐射模型采用 P1 辐射模型；颗粒燃烧模型采用 Diffusion-Limited 表面反应模型；通过拟合计算假定煤粉颗粒中的挥发分为 C_2H_5O，替代燃料颗粒中的挥发分为 C_2H_4，挥发率取为常数 $50/s$。基本方程如下所示。

　　（1）流体连续性方程及动量方程

　　流体连续性方程为：
$$\frac{\partial \rho}{\partial \tau} + \nabla \cdot (\rho U) = 0$$

　　雷诺平均 N-S 方程为：
$$\frac{\partial}{\partial t}(\rho u_i) + \frac{\partial}{\partial x_j}(\rho u_i u_j) = -\frac{\partial \rho}{\partial x_i} + \frac{\partial}{\partial x_j}\left[\mu\left(\frac{\partial u_i}{\partial x_j} + \frac{\partial u_j}{\partial x_i} - \frac{2}{3}\delta_{ij}\frac{\partial u_l}{\partial x_l}\right)\right] + \frac{\partial}{\partial x_j}(-\overline{\rho u_i' u_j'})$$

（2）标准 k-ε 湍流模型方程

湍流黏度：
$$\mu_t = \rho C_\mu \frac{k^2}{\varepsilon}$$

湍流动能 k、湍流耗散率 ε 可由下式表示：

$$\frac{\partial}{\partial t}(\rho k) + \frac{\partial}{\partial x_i}(\rho k u_i) = \frac{\partial}{\partial x_j}\left[\left(\mu + \frac{\mu_t}{\sigma_k}\right)\frac{\partial k}{\partial x_j}\right] + G_k + G_b - \rho\varepsilon - Y_M + S_k$$

$$\frac{\partial}{\partial t}(\rho\varepsilon) + \frac{\partial}{\partial x_i}(\rho\varepsilon u_i) = \frac{\partial}{\partial x_j}\left[\left(\mu + \frac{\mu_t}{\sigma_\varepsilon}\right)\frac{\partial\varepsilon}{\partial x_j}\right] + C_{1\varepsilon}\frac{\varepsilon}{k}(G_k + C_{3\varepsilon}G_b) - C_{2\varepsilon}\rho\frac{\varepsilon^2}{k} + S_\varepsilon$$

式中　　　G_k、G_b——速度梯度和浮力的作用项；

　　　　　　Y_M——脉动扩散在可压缩湍流内对整体耗散率的影响；

　　　　　σ_k、σ_ε——普朗特数；

　　　　　S_k、S_ε——用户自定义源项；

$C_{1\varepsilon}$、$C_{2\varepsilon}$、C_μ、σ_ε——常数项，取经验值 $C_{1\varepsilon}=1.44$，$C_{2\varepsilon}=1.92$，$C_\mu=0.09$，$\sigma_\varepsilon=1.3$。

（3）颗粒的运动方程

$$\frac{du_p}{dt} = F_D(u - u_p) + \frac{g_x(\rho_p - \rho)}{\rho_p} + F_x$$

式中　$F_D(u - u_p)$——拖曳力；

　　$\dfrac{g_x(\rho_p - \rho)}{\rho_p}$——重力；

　　　　　F_x——其他力。

（4）颗粒能量方程

$$m_p c_p \frac{dT_p}{dt} = hA_p(T_g - T_p) + A_p\varepsilon_p\sigma(\theta_R^4 - T_p^4) + \frac{dm_p}{dt}h_{fg} - f_h\frac{dm_p}{dt}H_{reac}$$

式中　m_p——颗粒的质量；

　　　c_p——颗粒的比热容；

　　　T_p——颗粒的温度；

　　　h——对流传热系数；

　　　A_p——颗粒的表面积；

　　　T_g——气相温度；

　　　ε_p——颗粒的发射率；

　　　σ——波尔兹曼常数；

　　　θ_R——辐射温度；

　　　h_{fg}——潜热；

　　　f_h——份额常数；

　　　H_{reac}——表面反应所释放的热能。

二、替代燃料及煤粉参数的设定

　　本文在模拟过程中采用了含 3%（质量分数）水分的替代燃料，其主要成分为高热值的聚乙烯和聚丙烯塑料薄片，具体干基成分见表 1，通过计算得出此替代燃料的干基热值为

41.4035MJ/kg，在模拟过程中考虑15％的热量替代率。从表1可看出该替代燃料着火温度、燃尽温度较低，所以在对该替代燃料进行参数拟合时考虑挥发分含量较高，具体拟合参数见表2。在对替代燃料颗粒进行粒径拟合时，考虑聚乙烯和聚丙烯大小为15mm×15mm×0.075mm的薄片，其余成分大小考虑为边长5mm的立方体，根据比表面积相同原则，替代燃料具体拟合值见表3。煤粉颗粒的粒径分布采用某水泥厂的实测值（表3）。窑头燃烧器喂料量见表4。

表1 模拟替代燃料干基成分

参 数	干基成分					
	聚乙烯	聚丙烯	橡胶	帆布	灌木叶	灌木枝
w(质量分数)/％	40	40	5	5	5	5
热值/(MJ/kg)	47.4099	46.9554	13.1458	20.6692	19.2104	20.1226
空气中着火温度/℃	406.72	361.38	429.96	509.37	466.03	457.68
空气中燃尽温度/℃	486.70	437.31	759.84	533.66	509.03	520.33

注：表中热值及温度点为中国中材国际南京水泥工业设计研究院技术中心实验所得。

表2 颗粒的元素分析及工业分析

类 别	工业分析/％				元素分析/％			热值/(kJ/kg)
	挥发分	灰分	固定碳	水分	C	H	O	
煤粉	30	25	45	0	0.8134	0.045	0.1416	5500×4.18
替代燃料	75	14.5	7.5	3	0.84	0.14	0.02	8400×4.18

表3 煤粉颗粒及替代燃料颗粒粒径的 Rosin-Rammler 参数

类 别	颗粒 Rosin-Rammler 参数/μm			n 值	组数
	平均粒径	最大直径	最小直径		
煤粉颗粒	36.5	206	1	0.86	20
替代燃料颗粒	1200	6000	50	1.34	10

表4 窑头燃烧器喂料量

设计产量/(t/d)	热耗/(kJ/kg 熟料)	窑头煤率/％	未加替代燃料窑头喂煤量/(kg/h)	替代燃料热量替代率为15％	
				窑头喂煤量/(kg/h)	窑头喂替代燃料量/(kg/h)
5000	730×4.18	40	11061	9402	1086

三、物理模型及边界条件

本文选用 Sinoma 研发的满足 5000t/d 生产要求的可燃用替代燃料燃烧器，其配套的回转窑规格为 $\phi4.8m×74m$，燃烧器端部结构和坐标系见图1。为了网格划分方便，做了两点简化：

① 设定从燃烧器端面向窑尾方向延伸45m的柱体区域（回转窑内一有效空间，$\phi4.3m×45m$）为计算域，忽略窑皮变化对计算域的影响；

② 去除点火用喷油开孔及拢焰罩。

燃烧器端部各速率出口条件见表5。

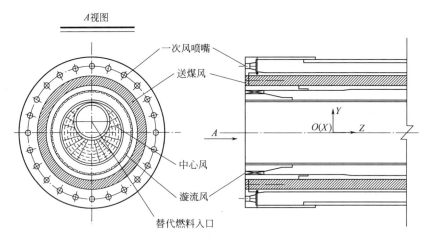

图1　燃烧器端部结构示意

表5　燃烧器各速率出口条件

位　　　置	温度/℃	风量（标准状态）/(m³/h)	断面面积/m²	风速/(m/s)
替代燃料入口	60	1388	0.0152	31
中心风	60	523	0.0024	75
送煤风	60	4961	0.0560	30
一次风喷嘴	90	3443	0.0065	195
漩流风（漩流角25°）	60	2201	0.0047	160
二次风	1050	97192	14.07	9.3

四、网格划分

　　整个计算域均采用四面体网格进行划分，由于燃烧器端头网格比较精细、整个计算域又比较大，在网格划分过程中设定了网格尺寸优化，使得网格在燃烧器端头比较精细，远离燃烧器端头逐渐粗大，并且设定了最大网格尺寸。通过这样的处理不仅大大减少了网格总数量，而且还提高了网格的质量，有利于计算结果的收敛。图2所示为燃烧器端头计算域网格图。

五、结果和分析

1. 流场

　　从图3可以看出，漩流风及一次风喷嘴处速度较大，出口速度的不均匀性，使得在大的速度入口附近形成了一负压区，附近速度较小的气体被卷吸

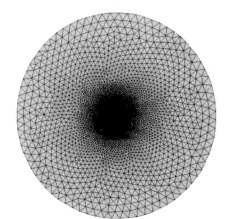

图2　燃烧器端头计算域网格

入该区域而形成局部涡流，涡流的存在使得颗粒与气流充分接触，颗粒在短时间内被二次风

(a) $X=0$ (b) $Y=0$

图 3　燃烧器端头各剖面速度矢量

迅速加热，释放出挥发分，着火燃烧；另外从图中可以看出，漩流风靠近送煤风，有利于煤粉颗粒的分散，提高燃烧效率。

2. 温度场

从图 4 可以看出未加替代燃料时窑内的大致温度分布，在燃烧器端头有一小段黑火头，随着距离的延伸，窑内温度逐步增加至最高点；窑内高温区主要集中在距燃烧器端面 10～27m，窑内最高温度约为 2450℃；随着窑距离的不断延伸，高温区逐渐向窑两侧和顶部扩散，并且温度逐渐降低。可以推测：煤粉颗粒刚进入窑内时温度较低，不可能立即燃烧放出热量，所以出现了黑火头；煤粉颗粒在进入窑后，在燃烧器端口由于气体的卷吸作用，迅速与高温二次风混合，在二次风的加热下，煤粉颗粒中的挥发分迅速析出燃烧；挥发分燃烧放

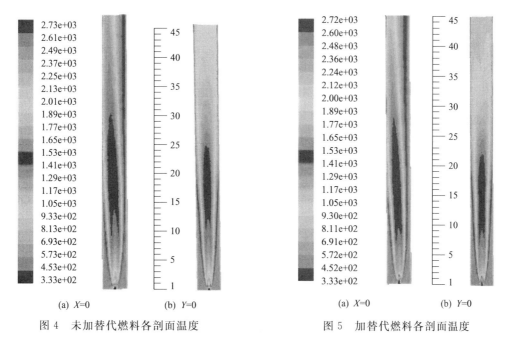

(a) $X=0$　　　(b) $Y=0$ (a) $X=0$　　　(b) $Y=0$

图 4　未加替代燃料各剖面温度   图 5　加替代燃料各剖面温度

出热量后颗粒温度继续升高，当达到固定碳的着火温度后固定碳开始燃烧，放出大量热。

从图5可以看出加替代燃料时窑内的大致温度分布，与图4相比，加替代燃料后窑内温度分布趋势基本与单烧煤粉温度分布一致，最高温度也基本相同，但是加替代燃料后燃烧器端头黑火头略微延长，这是由于：一是替代燃料的加入，带入了一股送替代燃料的一次风；二是替代燃料含有3%的水分，水分的气化需要热量。

另外高温区主要集中在距燃烧器端面8～27m，比未加替代燃料高温区向前移了2m左右，这主要是拟合的替代燃料挥发分较高，挥发分的燃烧就放出了大量的热量。

3. 颗粒的运动轨迹及停留时间

从图6(a)、图6(b)中可以看出，煤粉颗粒随着深入窑内，逐渐向边壁扩散，这就使得煤粉颗粒能与高温二次风充分混合，在氧气充足的情况下充分燃烧放热。从图6(c)中可以看出替代燃料颗粒的运动轨迹与煤粉颗粒基本相同。

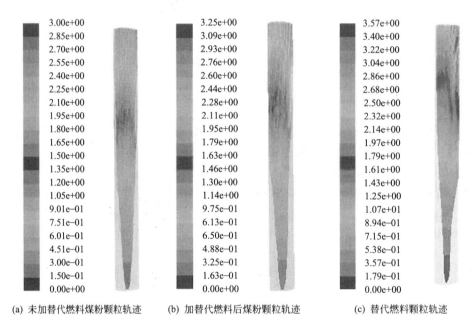

(a) 未加替代燃料煤粉颗粒轨迹　　(b) 加替代燃料后煤粉颗粒轨迹　　(c) 替代燃料颗粒轨迹

图6　用颗粒停留时间表示的轨迹

4. 数值模拟结果值分析

从表6可以看出：

① 替代燃料的加入提高了煤粉颗粒的燃尽率，这是由于替代燃料挥发分极高，在颗粒进入回转窑内后，经过二次风的加热迅速释放出大量挥发分，着火燃烧放出热量，同时煤粉颗粒也被迅速加热燃烧；

表6　模拟结果

颗粒	出口平均温度/℃	煤粉颗粒平均停留时间/s	煤粉颗粒可燃物燃尽率/%	替代燃料平均停留时间/s	替代燃料可燃物燃尽率/%
未加替代燃料	1582	2.532	96.15	0	0
加替代燃料	1517	2.477	98.96	2.472	95.40

② 替代燃料的燃尽率为95.40%，这主要是由于有些替代燃料颗粒比较大，又含有一部

分水分，导致大颗粒内部燃烧比较缓慢；

③ 出口平均温度降低了，这是由于替代燃料的加入带入了一部分额外一次风导致的。

六、小结与展望

通过数值模拟证实，替代燃料的引入并没有给水泥烧成制度带来不利影响，颗粒的运动轨迹及窑内的温度场均在正常范围，废塑料作为替代燃料运用在水泥烧成系统是切实可行的。但是需要注意的是：

① 废塑料的加入延长了黑火头，并且使得出口风温降低了约 65℃，在条件允许的情况下，需尽量降低替代燃料含水量，减小替代燃料颗粒尺寸，提高替代燃料燃尽率。另外替代燃料的加入增加了一次风量，可适当增加燃料量，以稳定窑工况。

② 模拟过程中只考虑了替代燃料在热能方面的影响，并没有考虑替代燃料中所带有其他不利元素对水泥工艺的影响，比如氯元素。

③ 模拟过程中假定替代燃料为一高挥发分煤，在一定程度上减小了替代燃料复杂成分对烧成系统的影响。

参考文献

［1］乔龄山. 水泥厂利废相关问题的探讨. 水泥，2008，（11）：1-4.

［2］王霄京. "鸟巢"水泥供应商领跑环保水泥产业. 中国建材，2008，（9）：17-21.

［3］杨赞标. 稻谷壳在水泥窑中的处理试验. 水泥，2009，（2）：13-14.

［4］张斌生. 废皮革作为替代燃料在 5000t/d 生产线上的应用. 水泥，2008，（8）：17-18.

［5］凌伟煊. AFR 在水泥回转窑替代煤的研究与应用. 水泥技术，2007，（1）：85-87.

［6］乔龄山. 水泥厂利用废弃物的有关问题（五）. 万方数据. 2003，（5）：1-9.

5000t/d 熟料水泥生产线分解炉燃油燃烧器设计开发

刘志国　蔡玉良　肖国先　孙德群　陈汉民

近年来，随着中东地区和非洲经济的发展，大规模基本建设推动其水泥工业的发展，由于这些国家大多是产油大国，水泥工业的能源主要依靠石油，水泥生产线系统的组织燃烧就离不开油的处置和组织燃烧过程，水泥熟料煅烧质量的好坏，直接与燃烧器设计密切相关。国内水泥烧成系统以燃煤为主，但缺乏燃油煅烧水泥的经验，以至目前中材国际的国外EPC项目所用燃油燃烧器一直被国外公司垄断。为了改变这一局面，迫切需要开发设计出具有自主知识产权的燃油燃烧器系统。

本文在分析国内外燃油燃烧器的结构特点和设计方法的基础上，提出 5000t/d 熟料水泥生产线分解炉燃油燃烧器的开发原则及设计参数，并给出计算实例，可作为燃油燃烧器开发的参考。

一、单路压力雾化喷油嘴的设计

1. 概述

燃料油燃烧过程实际是在气相中进行的，为了使燃料油充分燃烧，必须使其快速雾化蒸发，其蒸发速率除了与燃烧物自身的物理化学特性及外部环境有关外，还取决于燃料与周围环境介质之间的接触面积，即燃料油经雾化后，使其能够与空气充分混合，以提高燃烧速率和效率，燃料油雾化质量好坏，直接影响到燃烧速率和效率的高低，而燃料油雾化是借助机械加压方式使其通过喷嘴来实现的。单路压力雾化喷嘴具有结构简单，雾化质量好等优点，完全能够满足燃料油在分解炉内的燃烧需求。

5000t/d 熟料水泥生产线用分解炉共需设置 4 个燃烧器，其布置方式见图 1。单个喷嘴需喷油雾化量为 2.8t/h。

喷油嘴的设计是根据喷嘴流量、

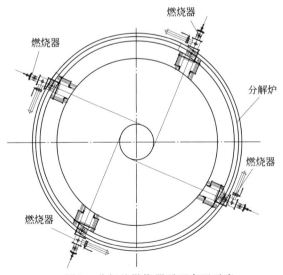

图 1　分解炉燃烧器平面布置示意

雾化压力、雾化角及介质的物性参数等确定的，然后再进行实验测试验证，再进行必要的结构修正，实现最终的设计控制目标。

在一定操作压力下，燃料油流量如下式所示：

$$F = CAp^{0.5} \qquad (1)$$

式中　C——喷嘴的特定无因次系数；

　　　A——喷嘴孔口面积，mm^2；

　　　p——喷嘴的雾化工作压力，MPa。

如果喷嘴工作压力发生变化，则流量与压力关系如下式所示：

$$F_2 = F_1 \cdot \left(\frac{p_2}{p_1}\right)^{0.5} \qquad (2)$$

式中　p_1——喷嘴额定压力，MPa；

　　　p_2——喷嘴实际压力，MPa；

　　　F_1——额定流量，kg/h；

　　　F_2——实际压力下流量，kg/h。

通过调节阀门开度来调整喷油嘴的喷油量，即调节进口油压来改变燃料油的流量，不难由式(2)得出，当油压变化10%时，相应雾化燃料油流量变化30%左右，如果需要大幅度调节流量又不影响雾化质量，需要更换不同流量的喷嘴以满足生产要求。

考虑到分解炉的空间结构、大小和燃料性质及工况等因素，分解炉喷嘴雾化角不宜选择过大，否则将会影响燃料喷雾燃烧后的火焰形状，造成靠近炉壁处温度偏高，不利于炉内的传热和生料分解的进行，同时还会造成结皮和堵塞问题。

根据产地不同，原油黏度差异较大，重油的黏度差异更大，黏度直接影响燃油的雾化效果和雾化质量。黏度越大，燃料油雾化颗粒越大，达到同样的雾化效果需要提高进口的雾化压力，增加动力消耗。一般燃料油的运动黏度应控制在 $20mm^2/s$ 以内，才能实现理想的雾化效果。重油的运动黏度与温度关系见图2，从图中可以看出，当重油加热到100℃以上时，运动黏度才能控制在 $20mm^2/s$ 以内。因此，在运动黏度较高的燃料油雾化前，需要设置一套加热或伴热装置来降低运动黏度，提高流动性和雾化性能。

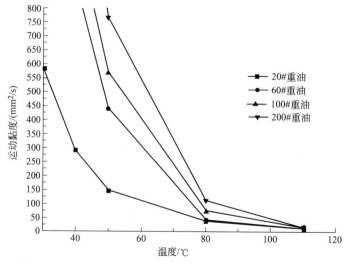

图 2　重油运动黏度与温度关系

2. 设计过程及结果

喷嘴设计所需的原始数据见表1，基本计算过程见表2，其结果见表3；喷嘴结构见图3。

表 1　单路压力雾化喷嘴设计所需的原始数据

序号	项　目	数据来源	数值
1	额定喷油量 B_{cd}/(kg/h)	给定	2800
2	进油压力 P_y/MPa	给定	3.5
3	燃油温度 t_y/℃	给定	30
4	燃油密度(20℃)ρ_{20}/(kg/m³)	给定	962
5	雾化角 θ/(°)	按 50~100 选定	57

表 2　单路压力雾化喷嘴设计计算过程

序号	项　目	数　据　来　源	数值
1	油温度修正系数 β/[kg/(m³·℃)]	$2.5 \times 10^{-3} - 2 \times 10^{-6} \times \rho_{20}$	0.554
2	燃油密度 ρ_y/(kg/m³)	$\rho_{20}/[1 + \beta \times (t_y - 20)]$	956
3	几何特性系数 A	$1.18007 \times 10^{-7} \times \theta^4 - 1.66916 \times 10^{-5} \times \theta^4 + 1.19 \times 10^{-3} \times \theta^2 - 0.02452 \times \theta + 0.13889$	0.72
4	理论流量系数 μ	$0.009 \times A^3 + 0.095 \times A^2 - 0.384 \times A + 0.775$	0.55
5	实际流量系数 μ_{sj}	$\mu + A/30 - 0.125$;适用条件:$A = 0.5 \sim 3.0$,喷油量误差<±6.4%	0.45
6	喷孔流通强度 b/[kg/(s·mm²)]	$5.09 \times (P_y \times \rho_y)^{1/2}$	295
7	喷口截面积 A_p/mm²	$B_{cd}/\mu_{sj}b$	21.4
8	喷口直径 d_p/mm	$1.13A_p^{1/2}$	5.2
9	偏心矩与喷口半径比 R/r_p	矩形切向槽为 2.5~4.0,大容量喷嘴取上限	4
10	切向槽总面积 A_c/mm²	$A_p R/A r_p$	117

表 3　单路压力雾化喷嘴设计计算结果

序号	项　目	设计计算结果	数值
1	切向槽数量 n_c/个	$B_{cd} < 800$kg/h、$n_c = 3$;$B_{cd} > 2000$kg/h、$n_c = 6$;两者之间:$n_c = 4$	6
2	每个切向槽面积 A_{c1}/mm²	A_c/n_c	19.5
3	切向槽宽度 e/mm	铣刀厚度 1.5mm、2mm、2.5mm、3mm、3.5mm、4mm、5mm	3.5
4	切向槽深度 h/mm	A_{c1}/e	5.6
5	旋流室直径 D_x/mm	$d_p R/r_p + e$	24.3

3. 喷油嘴选材及加工要求

由于喷嘴在高温环境下使用，且受到高压、高速冲击，因此多选用优质合金钢作为加工喷嘴的材料，使其具有足够的刚度、硬度、高耐磨性和抗蚀性等特点，以满足喷嘴苛刻的使用要求。

单路压力雾化喷嘴必须精密加工，加工时切向槽与喷口边缘保持锐边。旋流室、雾化片之间结合要严格密封，因此各零件不平行度为 0.01~0.02，表面粗糙度为 0.2~0.4。旋流室与喷口应同心，其不同轴度为 0.01~0.03，切向槽应切于旋流室，保证燃料油分布均匀。燃料油经过的切向槽、旋流室和喷口的内表面光洁度要好，粗糙度为 0.8~1.6。

4. 雾化效果评估

燃料油经过雾化后单位体积表面积平均直径是衡量雾化效果的重要指标,直径越大,油珠越容易碰到壁面,形成积炭和局部过热;直径越小越需要更高的雾化压力,造成能源的浪费。根据式(3)计算,所设计的喷嘴雾化平均粒径与雾化压力关系见图4。

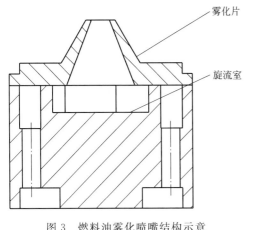

图3 燃料油雾化喷嘴结构示意

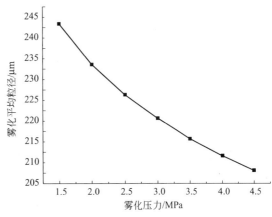

图4 燃料油雾化平均粒径
与雾化压力关系

平均粒径计算公式为:

$$d_{\mathrm{vs}} = 156.9 \times \left(\frac{293 \, \mu_{\mathrm{sj}} \times \frac{\pi}{4} d_{\mathrm{p}}^2}{\Delta p} \right)^{\frac{1}{7}} \tag{3}$$

式中　d_{vs}——平均粒径,μm;

　　　μ_{sj}——实际流量系数;

　　　d_{p}——喷口直径,mm;

　　　Δp——喷嘴压差,Pa。

如图4所示,随着雾化压力增大,燃料油雾化粒径变小。为了达到合理的雾化粒径,保持良好的雾化效果和燃烧效率,实现稳定燃烧,雾化压力应控制在2.0~4.0MPa。

二、燃烧器头部配风喷口设计

1. 设计原则

分解炉内燃料油燃烧所需空气经燃烧器喷入炉膛,并入三次风作为助燃空气。为更好地利用三次风,实现节能降耗,在保证燃料油完全燃烧前提下,尽量降低一次风量,一般一次风量占分解炉燃料油燃烧所需总风量的6%~8%。一次风分成两路从燃烧器内外风道喷出。外风采用旋流叶片形成一定的旋流效果,旋流器采用多个小叶片和大旋流角度的设计方案。旋流叶片角度和高度见图5。在保证旋流器喷口风速不变条件下,为了调整燃烧器的旋流强度,可通过调整旋流片来实现,通常叶片角度设计为25°、30°和35°。中心风出口采用多孔分布板,其结构见图6。中心风即能起稳定火焰的作用,又能对旋流风造成的中心回流区起到一定调节作用,以降低火焰温度峰值,从而达到降低NOₓ浓度的目的。在截面积不变的情况下,可改变开孔数量和孔径大小,调整中心风速均匀性。

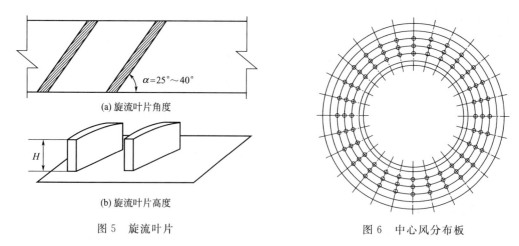

(a) 旋流叶片角度

(b) 旋流叶片高度

图 5　旋流叶片

图 6　中心风分布板

　　燃烧器结构见图 7，由内向外依次为燃料油通道、中心风通道、外风通道。中心风和旋流风喷口速率是燃烧器重要结构设计参数，其速率范围见图 8。燃烧器设计时选取合理的喷口风速，根据一次风量和风速确定燃烧器头部结构尺寸。

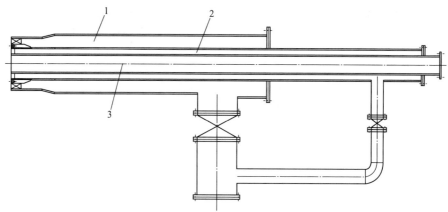

图 7　分解炉燃油燃烧器结构示意

1—旋流风通道；2—中心风通道；3—油枪通道

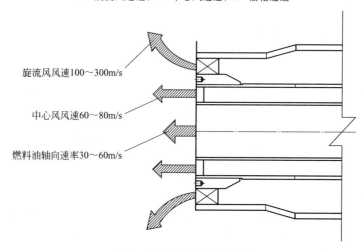

旋流风风速 100～300m/s

中心风风速 60～80m/s

燃料油轴向速率 30～60m/s

图 8　燃烧器喷出速率范围

2. 头部配风喷口设计实例及风机选型计算

根据上述设计原则,不难根据要求,设计出满足 5000t/d 熟料生产线分解炉用单个燃油燃烧器的头部配风喷口,设计参数见表 4。

表 4 头部配风喷口设计参数

项 目	数 值	项 目	数 值
一次风总风率/%	7.0	旋流器叶片厚度/mm	14
一次风总风量(标准状态)/(m³/h)	2000	旋流器叶片角度/(°)	35
旋流风率/%	6.5	中心风率/%	0.5
旋流风量(标准状态)/(m³/h)	1857	中心风量(标准状态)/(m³/h)	143
旋流风速/(m/s)	180	中心风速/(m/s)	70
旋流器截面积/mm²	3020	中心风孔截面积/mm²	570
旋流器叶片数	36	中心风孔径/mm	3.0

中心风和旋流风共用一台风机,风机型式可选用罗茨风机或离心风机,动压计算如下:

$$\Delta p = \rho_0 \times \frac{273.15 + t}{273.15} \times \frac{u^2}{2} \tag{4}$$

式中　ρ_0——标准状态下空气密度,kg/m³;

　　　t——工况下空气温度,℃;

　　　u——喷口空气速率,m/s。

因为旋流风速远大于中心风速,所以风机压头主要由旋流风动压确定。$\Delta p = 23.2 \text{kPa}$。

另外考虑管道阻力损失,风机选型压力为 25kPa;同时还要考虑 10% 富裕量,其风量(标准状态)选为 9000m³/h(四个燃烧器共用)。

3. 燃烧器使用时的配风调节

配风对燃油雾化粒径影响很小,但对油雾与空气的混合及雾化锥的形态影响非常大。若要求火焰变粗变长,应适当增大旋流用风量;若要求火焰变细变短,可适当减小旋流用风量。如果通过调整风量达不到理想的旋流强度和火焰形状,可以采用更换不同叶片角度的旋流器来实现,旋流叶片角度越大,旋流强度越大,反之则越小。中心风的风量也必须适当,以布满燃烧器端面能阻止回流即可。过小起不到稳定火焰的作用,过大将会增加端部中心谷底的轴向速度,缩小与旋流风的速度差,不利于产生涡流,影响燃料油燃烧。

三、小结

本文以满足 5000t/d 熟料水泥生产线分解炉用单个燃油燃烧器为例,介绍了相应喷嘴的具体结构参数、加工要求和相关的工艺控制参数,为水泥工业分解炉用燃烧器的开发提供必要的案例。

参考文献

[1] 侯凌云,侯晓春. 喷嘴技术手册. 北京:中国石化出版社,2002.

[2] 冯良,韩国园. 燃油燃烧器喷嘴的性能分析. 燃烧器技术,2003,(5):29-33.

[3] 蔡玉良. 喷雾器的开发设计及其在水泥工业中的应用(上). 水泥技术,2001,(1):18-24.

NC 型第四代篦式冷却机结构特性及过程控制模型研究

刘　渊　蔡玉良　孙德群　宫　绚　胡步高

近年来，世界各大水泥制造公司相继开发制造了各自的第四代水泥熟料篦式冷却机。在结构上，第四代冷却机均采用槽型篦板构成的篦床、通过密封实现了篦床的无漏料运行，篦板表面始终有与篦板之间几乎无相对运动的熟料层，可有效降低篦床磨损。

中材国际工程股份有限公司（南京）在分析比较了国外几大公司第四代冷却机熟料输送思路和供风理念的基础上，扬长避短，开发研制出了 NC 型第四代冷却机，并已投入使用。该冷却机采用多行输送道梁篦床进行熟料输送，并在风室供风系统中，通过每块篦板独立配置 MGAR 多级重力流量自动调节阀进行单独控制供风。

为了解 NC 型第四代冷却机的技术性能并为配风及生产操作提供指导，本文在探讨国内外各种第四代冷却机特点的同时，结合 NC 型第四代篦式冷却机的结构特点以及工程运行实例，采用数学模型分析，对其进行了过程控制研究。

一、第四代篦式冷却机的结构及特征

第四代篦冷机篦板均采用凹槽型结构，篦床上有相对于篦板几乎固定不动的低温熟料层，提供防磨损的保护垫层，大大降低了篦板磨损；篦下无漏料，因此无需设置集料斗、锁风阀和拉链机，有利于降低窑和预热器的安装高度；在篦床的冷风分配上，国外大部分公司的产品其供风系统均采用了自动控制流量阀。以控制冷却风的供应，避免因料层厚薄和熟料结粒情况导致的供风不均匀问题。另外，第四代冷却机还具有模块化、输送效率高、运转率高等特点。目前国际上第四代篦式冷却机的结构及特征比较见表1。

如图 1 所示，中材国际自主研发的 NC 型第四代冷却机活动篦床采用了特殊槽型料垫篦板构成的篦床、独特的密封实现了篦床的无漏料运行，模块化设计，熟料输送采用了多行相独立的输送道梁篦床，各行由独立的液压缸驱动，整体推进，分批抽回；风室供风系统中，每块篦板均独立配置了自行研发的 MGAR 多级重力流量调节阀控制供风。NC 型第四代冷却机在设计和结构上均达到国际先进水平。

二、代表第四代篦式冷却机用自动调节流量阀的结构与特征

第四代篦式冷却机的一个重要特征就是在篦床下安装了自动调节供风系统，以控制冷风的供给，如 KHD 公司和 F. L. Smidth 公司都采用了机械式恒流量调节阀。目前第四代冷却

表 1 第四代各种篦式冷却机的结构及特征比较

型号	冷却机篦床结构图示	结构特征	共同特点
F. L. Smidth SF Cross Bar	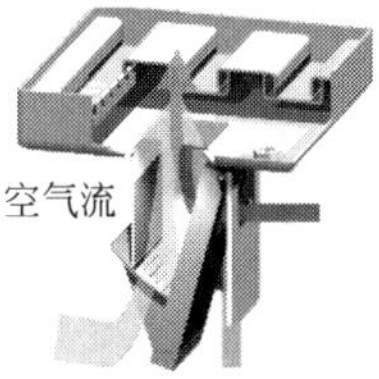  空气流	①采用固定篦床,凹槽型结构篦板; ②篦床与水平方向呈一定的倾角; ③通过推动棒输送熟料; ④每块篦板下配有机械气流调节器(MFR),且同一风室内MFR控制供风量不同	①进料端为固定篦板可控充气系统; ②活动段为槽型料垫篦板构成的篦床; ③具有标准化模块设计,便于设备安装和维护; ④采用密封方式实现了篦床的无漏料运行; ⑤输送道或推动装置运动为慢进快退; ⑥熟料输送程距长; ⑦输送效率高,动力消耗低; ⑧液系统运行平稳,调速方便,对工况适应性强,可靠性高。各列独立的液压缸驱动,控制灵活,可实现不停机维护和更换,有效提高整机的运转率; ⑨料层厚度分布均匀; ⑩风室供风系统中,以冷却风自动控制为特色; ⑪有效避免"红河"现象; ⑫热回收效率高; ⑬冷却效率高; ⑭篦板低磨损; ⑮熟料破碎采用辊式破碎机; ⑯能耗低; ⑰运转率高; ⑱取消了拉链机,简化了装备,降低了标高,减少了土建成本
Polysius Polytrack	 	①固定篦床,箱型(凹槽型)结构篦板; ②风室供风,热回收区域有空气分布开关(air distribution switch),设置不同自重的单板阀; ③位于固定篦床上的推动装置输送熟料; ④配中置辊式破碎机	
KHD Pyrofloor®		①篦床由平行的输送道构成; ②每个输送道配置雷达料位计、热扫描仪(选用)、压力传感器(选用); ③篦板下配有风量自动控制阀	
CP η-cooler		①篦床由平行的输送道构成; ②采用风室供风,沿冷却机宽度方向将风室分成几个小的单元	
FØNS 行进式稳流冷却机	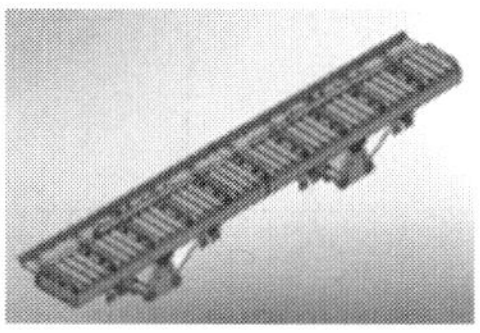 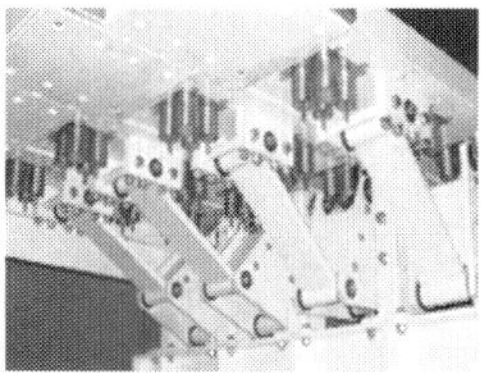	①篦床由平行输送道构成; ②风室供风,配置步进式流量控制器; ③传动部分采用了经典的四连杆机构,上部篦床保持水平的往复运动	

(a) 整体篦冷机

(b) 篦板结构　　　　　　(c) 自调节流量阀

图 1　NC 型第四代冷却机

机使用的各种恒流量调节阀，主要有重力式和弹力式两种。各种调节阀及其特点比较见表2。从表 2 中所列的各种恒流量调节阀可以看出，重力式恒流量调节阀的优势在于免维护，且对材质要求不高，而弹力式恒流量调节阀的优势在于取消了运动元件与固定元件之间的相对摩擦，可减小磨损，同时由于弹簧的连续性作用力，可以使调节阀的灵敏度和调节精度得到提高。

表 2　各种流量调节阀的结构及其特点比较

类型	调节阀名称及图示	调节阀特点	备注
重力式	F. L. Smidth 的重力调节阀	冷却空气通过固定通风口和通风道缝隙以及一个曲线形薄板（调风舌头）上的若干开孔来进行供风，当篦上料层阻力增大时，阀门压差减小，调风舌头趋向铅垂，通风面积增大，反之亦然	调风舌头绕固定轴摆动，存在较大的惯性矩，以及一定的摩擦力，该重力调节阀的灵敏度和精确度较低
重力式	富士摩根步进式流量调节阀	该阀由一个主阀（手动调节）和三个辅阀（压差不同，过流面积变化）组成。该阀可以实现根据篦上料层阻力自动调节辅阀的开闭，进而达到自动调节供风量的功能	该阀的优点在于免维护，使用寿命长，但同时也存在调节精度低的不足
弹力式	KHD 的弹力式流量调节阀	该阀由伸缩弹簧、阀板和一个侧壁开有小孔的阀套组成。依靠压缩弹簧的弹力，实现根据篦上料层阻力自动调节阀门的开度，进而达到自动调节供风量的功能	该阀的设计优点在于结构简单，调节精度高，质量轻，但对弹簧材质要求较高

续表

类型	调节阀名称及图示	调节阀特点	备　注
弹力式	浮动式流量调节阀	国内参考 KHD 设计的浮动式流量调节阀,依靠拉伸弹簧的弹力,实现根据篦上料层阻力自动调节阀门的开度,进而达到自动调节供风量的功能	与 KHD 的弹力式流量调节阀类似,仅改变弹簧弹性力的作用方向
	简易阀板式流量调节阀	简易阀板式流量调节阀,是利用弹簧的作用力改变阀门的过流面积,调节流量	其结构简单,精度不高。只能在较小的压差范围内有效调节流量

　　中材国际自行研发的 MGAR 自调节流量阀主要用于 NC 型第四代冷却机,该阀结合了弹力式和重力式流量阀的优点,采用重力组合式机械结构,利用阀板在流体中的浮力与重力相平衡,自动调节阀体的过流面积。其结构示意见图 2,自调节流量阀流量特性曲线见图 3。从图中不难看出,该阀在一定的工作压力范围内,可实现通过每块篦板的空气流量精确自调节;对料层阻力变化适应性强,反应灵敏;免于维护。

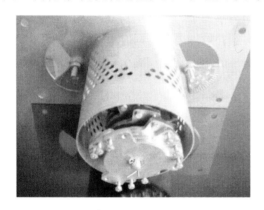

图 2　自调节流量阀结构示意

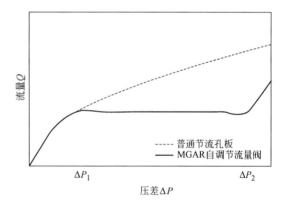

图 3　自调节流量阀流量特性曲线

三、第四代篦式冷却机工艺过程的基础研究与设计控制

　　冷却机内部是以气固两相移动和错流换热为主的过程,若合理控制熟料运动、气流的分布,可实现理想换热效果,在提高二次、三次风温,减少余风风量的同时,还能降低熟料的出口温度。

　　本研究结合第四代篦式冷却机的结构特点及技术要求,对其过程参数进行分析,并与工况数据进行对比,从而对所建立的数学模型及求解方案作出评估,为指导冷却机的配风和生产操作奠定基础。

1. 冷却机内部的熟料运动过程与操作控制

NC 型第四代冷却机箅床是由多行相独立的输送道梁构成，输送道梁之间采用迷宫条密封。在熟料的输送过程中，首先多行输送道梁共同以某一推动速度前移，将熟料向前推移一个程距。然后各道梁逐一交替快速返程。熟料在两侧面的阻碍和惯性力的作用下，向前推移一定的距离。实现了熟料输送的目标要求。

由于采用的平行输送道梁整行式输送，且每行箅速可单独调整，第四代冷却机料层厚度分布十分均匀。箅床向前推进时，熟料受箅床推动力以及进口端熟料的推力，同时，料层还受到箅冷机侧壁阻力的影响（图4）。由于向前的推动力远大于侧壁阻力，熟料层在向前推进的过程中与箅床速度一致，各输送道上料层推进距离也相等。

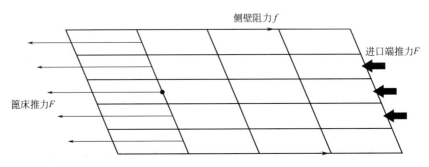

图 4 进程时料层受力状态

各单输送送道梁箅床快速抽回时，熟料受箅床两侧面和末端阻力影响，以及惯性力作用，留在了前端，如图5所示。因此，熟料层随箅床向进料口端移动。在箅床后移的过程中，对于靠近侧壁的熟料输送道，由于受到侧壁阻力的影响，熟料的后移距离 ΔS 较其他列要略小。由于进料端推力的影响，熟料在后移动时会向两侧外溢，同时两侧物料回移时也会有相同量的回流；而靠近侧壁的熟料由于后移量小，相应的外溢量也小，因此两侧输送道物料存在一定的挟带量。

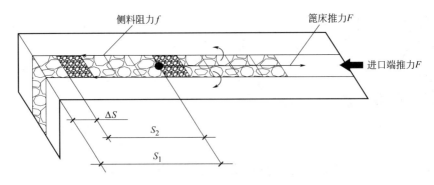

图 5 回程时料层受力状态

冷却机内熟料的输送速率与操作关系为：

$$M_c = \frac{\rho_c H S_1 \left[w_b - \sum_{i=2}^{n-1} w_i \xi_1 - (w_i + w_n)(\xi_2 - \xi_3) \right]}{t_1 + m t_2}$$

推动时间与频次的关系：

$$t_1 + m t_2 = \frac{1}{\omega}$$

输送效率：

$$\xi_0 = \frac{\left[w_\text{b} - \sum_{i=2}^{n-1} w_i \xi_1 - (w_i + w_n)(\xi_2 - \xi_3)\right]}{w_\text{b}}$$

式中　M_c——需输送熟料量，kg/min；

　　　ρ_c——熟料容重，kg/m³；

　　　H——料层厚度，m；

　　　w_b——篦床宽，m；

　　　S_1——篦床推动距离，m；

　　　w_i——第 i 列篦床宽，m；

　　　n——篦板行数；

　　　ξ_0——冷却机输送效率；

　　　ξ_1——第 2 至 $n-1$ 列篦床上物料的保持率（约 0.33）；

　　　ξ_2——第 1 和第 n 列篦床上物料的保持率（约 0.1）；

　　　ξ_3——两侧篦床物料挟带率（约 0.01）；

　　　t_1——篦床向前推进时间，min；

　　　t_2——篦床抽回时间，min；

　　　m——篦床抽回组数；

　　　ω——推动频率，次/min。

NC 型第四代冷却机篦床推动距离、推动频率设计参数和熟料停留时间计算结果及标定值见表3。现场观察到 NC 型冷却机的熟料输送方式以及料层运动轨迹与模型分析一致，从表中可看出，篦床推动频率和熟料停留时间计算值与标定结果相符，冷却机的输送效率较高。

表 3　NC 型第四代冷却机篦床推动频率和熟料停留时间计算值与标定值对比

类别		部分设计参数、计算结果和标定值							
		床长/m	床高/m	推动距离/mm	需输送熟料量/(kg/min)	篦板推动速度/(m/min)	平均推动频率/(次/min)	输送效率	熟料停留时间/min
计算值	固定段	2.3	0.72	255	3646	—	—	—	2.1
	活动段	32	0.65	255	3646	1.45	5.7	0.72	30.7
标定值		32	0.65~0.70	255	3646	—	5.6	0.68~0.73	30~34

2. 冷却机供风系统设计与操作

供风系统的设计直接影响到冷却机的熟料冷却效果和系统电耗。由于整个篦床上熟料层厚度基本保持相同，再加上每块篦板下均配备自动调节流量控制阀，能最大程度地保证熟料床中供风的均匀性，因此冷却风沿篦床方向分布较为平缓。

在冷却机的供风系统中，阻力基本消耗在篦板以及熟料层上，冷却机篦床下的操作压力为篦板的阻力和熟料层的阻力之和。即：

$$P_{\text{篦室}} = P_{\text{篦板}} + P_{\text{料层}}$$

其中，篦板阻力：

$$P_{\text{篦板}} = \frac{\xi \rho_\text{g} u^2}{2}$$

料床的阻力 $P_{\text{料层}}$ 可以根据 ERGUN 方程计算：

$$P_{料层}=\left[150\frac{(1-\varepsilon_0)^2}{\varepsilon_0^3}\times\frac{\mu u}{(\varphi_s d_p)^2}+1.75\frac{1-\varepsilon_0}{\varepsilon_0^3}\times\frac{\rho_g u^2}{\varphi_s d_p}\right]\times H$$

式中　u——冷却空气风速，m/s；

ξ——篦板的阻力系数，其值取决于篦板的结构；

ε_0——熟料床层的平均空隙率；

φ_s——颗粒的形状系数；

μ——气体黏度，Pa·s；

ρ_g——气体密度，kg/m³；

d_p——熟料颗粒的直径，m；

H——床层的厚度，m。

NC 型第四代篦式冷却机风机选型及标定值见表4。冷却机沿篦床的风载及篦下压力分布计算值和标定值见图6和图7。

表4　NC 型第四代篦式冷却机风机选型及标定值对比

	风机号	Fg1	Fg2	Fg3	F1	F2	F3	F4	F5	F6	合计
	数量/台	1	1	1	2	2	2	2	2	2	15
风机选型	全压/kPa	10.9	10.3	10.3	9.7	8.0	5.9	5.1	3.5	3.5	—
	风量/(m³/min)	220	340	340	693	605	727	630	470	463	8077
	工作点轴功率/kW	50	73	73	140	100	90	67	35	34	1126
风机标定	全压/kPa	7.1	6.4	5.8	7.5	6.2	5.0	3.3	2.4	1.9	—
	风量/(m³/min)	910	378	690	400	575	350	283	236	239	6144

从风机标定参数可以看出，固定篦床段的充气梁风机 Fg1、Fg3 用风量过大，超出设计值，这将导致篦冷机内冷却风的分布不均，可能出现局部冷却风短路，冷却空气没有得到充分的热交换即透过料层，从而降低了二次、三次风温。此外第一风室供风量偏低，F1 风机能力达不到铭牌值，这也使得冷却机的冷却效率没有得到充分发挥。

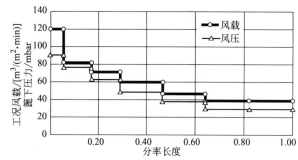

图 6　冷却机工况风载及篦下压力分布计算值

风机的压头计算公式：$P=K_2(P_{篦板}+P_{料层})$，式中 K_2 为安全系数，主要取决于风机的性能和设计控制水平。

3. 熟料冷却过程

熟料在冷却机内的冷却过程可以视为固定床中气固相流之间的热交换过程，研究该热交换过程，主要目的在于了解床层中气体及熟料的温度变化与分布规律，从而实现对熟料冷却

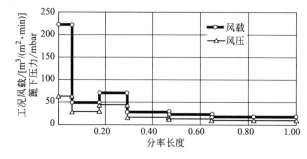

图 7　冷却机工况风载及篦下压力分布标定值

更为有效的控制。为简化问题，在分析冷却机的换热过程、建立冷却机内部熟料与冷却空气之间的热交换模型之前，对整个冷却机系统做如下假设：

① 过程处于稳态；

② 将熟料视为相同直径球体，料层均匀；

③ 气固两相沿床层断面作均匀流动；

④ 气固两相保持各自的热容量不变；

⑤ 物态及物料尺寸在换热过程中不发生变化；

⑥ 料层内换热系数为常数；

⑦ 仅考虑熟料与冷却空气间的换热过程。

将整个熟料床层按图 8 所示进行三维网格划分，充分考虑熟料的物理几何特征，每一个网格作为一个换热单元。

前一换热单元输出值即为后一单元输入值，由此可建立冷却机熟料与空气热交换的整体模型。假设在熟料颗粒为相同直径球体，料层厚度均匀，且熟料沿断面作均匀移动的条件下，则冷却机宽度方向上不存在熟料的质量或热量传递。因此，冷却机内的换热过程可简化为二维模型，即沿熟料物流方向的 y 方向，冷却风流动方向的 z 方向，相应的各单元节点 (i, j) 内熟料与冷却空气的热量传递见图 9。图 9 中，T 为温度，下标 g 表示冷却空气，c 表示熟料，i 与 o 分别表示进入和流出单元网格；(i, j) 表示单元格序号；ΔV 为单元格体积。

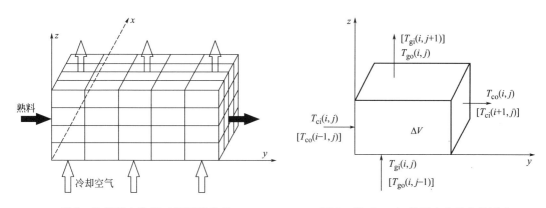

图 8 冷却机内熟料三维网格分布　　　图 9 第 (i, j) 单元内热量传递示意

由于煅烧出的熟料受系统操作、过程控制、原燃料的变化等诸多因素的影响，因此入冷却机内的熟料形态也会有较大的变化。冷却机内熟料的颗粒大小悬殊较大，对于小颗粒熟料，当毕欧准数 $Bi<1$ 时，可以忽略颗粒内部导热过程对气固热交换的影响，其换热过程受颗粒外部对流和辐射过程控制；对于大颗粒熟料，当 $Bi>1$ 时，热量由固体熟料传给气体，不能忽略颗粒内部导热过程对气固热交换过程的影响，其换热受熟料颗粒内部的热传导过程的控制。一般情况下，水泥熟料颗粒较大，毕欧准数在 10 的数量级以上，对于这种情况，目前仍用热阻串联叠加的方法处理，推导其综合换热系数 K_a，以替代对流换热系数 h。

在单元网格内存在的换热量：

$$Q=K_a \Delta V S_a \Delta t_{\mathrm{m}}$$

$$K_a = \cfrac{1}{\cfrac{1}{h} + \cfrac{\varphi_s d_p}{2\lambda_1}}$$

$$S_a = \frac{6(1-\varepsilon_0)}{d_p}$$

$$\Delta t_m = \frac{(T_{ci}-T_{go})-(T_{co}-T_{gi})}{\ln\dfrac{T_{ci}-T_{go}}{T_{co}-T_{gi}}}$$

式中　K_a——综合换热系数，W/(m²·℃)；

$\qquad S_a$——单位体积熟料的有效表面积，m²/m³，堆积态下可根据其空隙率 ε_0 及颗粒直径 d_p 求得；

$\qquad \Delta t_m$——对数平均温度，℃；

$\qquad \Delta V$——单元网格体积，m³；

$\qquad h$——对流换热系数，$h = \dfrac{Nu\lambda_2}{d_p}$，W/(m²·℃)；

$\qquad \varphi_s$——颗粒形状校正系数；

$\qquad \lambda_1$——熟料的热导率，W/(m·℃)；

$\qquad \lambda_2$——空气的热导率，W/(m·℃)；

$\qquad Nu$——努塞尔数。

即在熟料颗粒粒度较大时，应用 K_a 代替 h，一般 $K_a < h$，意味着将大块熟料冷却到同一温度较小块熟料需要更长时间。

对于粗颗粒料层，$Re > 100$。

$$Nu = 2.0 + 1.8 Pr^{\frac{1}{3}} Re^{\frac{1}{2}}$$

$$Re = \frac{u d_p}{\nu}$$

式中，ν 为空气运动黏度（m²/s）；对于空气，$Pr = 0.7$。

根据单元网格内的换热量及气体与物料的热平衡关系：

$$Q = G c_{pg}(T_{go}-T_{gi}) = W c_{pc}(T_{ci}-T_{co})$$

式中　G——单元网格内通过的冷却空气量，标准状态，m³/s；

$\qquad W$——单元网格内熟料量，kg/s；

c_{pg}、c_{pc}——冷却空气和熟料的定压比热容，J/(kg·℃)。

利用上述的热平衡关系，可针对每一个单元网格建立热平衡方程组：

$$\begin{cases} Q = K_a \Delta V S_a \Delta t_m \\ Q = G c_{pg}(T_{go}-T_{gi}) \\ Q = W c_{pc}(T_{ci}-T_{co}) \end{cases}$$

冷却空气初始温度 $T_{gi}(i,0) = 20℃$；入冷却机熟料的初始温度 $T_{ci}(0,j) = 1400℃$。通过程序求解，可得出单元网格内物料与冷却空气的出口端温度以及单元内换热量。对单元沿 y、z 方向进行递推，建立冷却机熟料与空气换交热的整体模型。

熟料产量按 5250t/d，冷却风量（标准状态）为 1.7m³/kg 熟料，冷却机推动频率为 6次/min 时，分别假定熟料颗粒平均粒径为 10mm、25mm 和 40mm，根据模型计算出冷却机内熟料温度随时间变化的曲线见图 10。从图 10 可以看出，颗粒平均直径为 10mm 时，熟料温度能很快得到冷却；颗粒平均直径为 40mm 时，出冷却机的熟料温度接近 300℃；颗粒平均直径为 25mm 时，经过 2000s 的冷却，熟料温度能降低至 70℃ 左右。

根据单颗粒非稳态传热研究，采用毕欧准数（Bi）来描述推动箆式流冷却机内熟料颗粒冷却方程为：

$$\frac{T_a - T_\infty}{T_0 - T_\infty} = \sum_{n=1}^{\infty} \frac{3Bi^2}{\left(\dfrac{Bi^2}{2} - Bi\right)\mu_n^2 + 2\mu_n^4} e^{-\mu_n^2\tau}$$

式中　μ_n——超越方程$\left(\dfrac{\tan\mu}{\mu} = -\dfrac{2}{Bi-2}\right)$的第 n 个解；

$\quad\quad T_a$——颗粒的平均温度，℃；

$\quad\quad T_\infty$——冷却空气的温度，℃；

$\quad\quad T_0$——颗粒的初始温度，℃；

$\quad\quad \tau$——无量纲时间因子。

由此可以计算出不同直径的单颗粒熟料在冷却过程中温度随时间变化的曲线，如图 11 所示（图中数值为颗粒直径）。从图 11 可以看出，粒径对熟料颗粒的冷却影响显著，直径为 10mm 的熟料颗粒约 400s 即可冷却至环境温度 20℃；直径为 25mm 的熟料颗粒经过 1200s 可达到冷却的效果；而粒径为 40mm 的熟料经过 1200s 冷却后温度仍在 300℃ 以上。

对比图 10、图 11 可以看出，冷却机内熟料冷却速度比单颗粒熟料冷却速度要低，但两者变化趋势一致。

现场标定部分参数见表 5。熟料产量约为 3645kg/min，冷却风机的实际操作风量（标准状态）约为 1.7m³/kg 熟料，箆冷机出口熟料温度约为 90℃，二次、三次风温分别为 1109℃ 和 1014℃，可见熟料冷却效果好，冷却机的热回收效率较高。

根据热交换模型，模拟计算的出冷却机熟料温度为 72℃，可见，所建立的热交换模型能较为

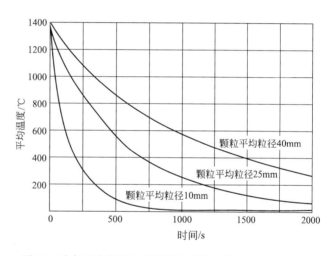

图 10　冷却机内熟料温度随时间变化曲线（$\omega = 6$ 次/min）

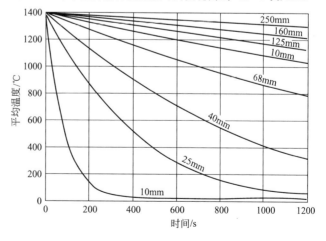

图 11　单颗粒冷却过程中温度随时间变化曲线

有效地反映实际生产状况。由于换热模型是基于本节中几个假设条件建立的理想状态下的数

学模型，而实际工况十分复杂，导致所建立的模型产生误差。且本文建模过程采用的三维分割、微观分析、再递推出宏观模型的思想，会出现误差累积的可能，这将导致换热模型误差变大。

表 5　现场标定部分参数

类　　别	活动段	类　　别	活动段
熟料产量/(kg/min)	3646	三次风温/℃	1014
熟料温度/℃	约 90	二次风温/℃	1109

四、结束语

中材国际自主研发的 NC 型第四代冷却机采用新结构设计，提高了冷却风的分布效果，主要解决了熟料粉料和熟料大颗粒的冷却，以及高温熟料对篦板的磨损问题。此外，取消拉链机使得装备简化，降低了标高，减少了土建成本，设备运转率也得到提高。所建立的料床熟料输送、冷却机供风以及气固热交换模型与实际工况吻合良好，能有效地指导冷却机的配风及生产操作。

➜ 参考文献

[1]　蔡玉良，孙德群，潘泂等. 5000t/d 烧成系统的开发设计及技术指标控制. 水泥工程，2003，2.
[2]　胡道和，徐德龙，蔡玉良. 气固过程工程学及其在水泥工业中的应用. 武汉：武汉理工大学出版社，2003.
[3]　杨世铭. 传热学. 第四版. 北京：高等教育出版社，2006.
[4]　陈友德，刘继开. 四代篦冷机的技术进展. 中国水泥，2007，6.

第四部分

水泥工程设计理念与技术创新的思考

反求工程方法在水泥工业中的应用

胡道和　李昌勇　周　迈　王　伟　蔡玉良

本文以水泥生料分散、预热和预分解系统为主要研究对象，结合实际需要，简单阐述了反求工程的研究目的、依据和一般内容之后，扼要地介绍了研究方法。通过所列举的冷态、热态实物模型实验、计算机模拟实验、计算机程序破译、生产中隐参数计算和设计意图的反求等大量实例，阐明反求工程方法对于深化认识、掌握生产和开创新技术的指导作用。

随着科学技术的不断进步，特别是"三传"（动量、质量、热量传递）和化学反应工程学理论的发展与电子计算机的出现，使人们对于许多技术问题的实质，有了深入认识和灵活掌握的可能条件。近年来许多国家在化工领域中采用这些先进理论和手段来解决实际问题的方面都有了不少的进展，如设计计算方案的优化，CAD辅助设计，相似实物模型实验，电子计算机模拟实验，模拟培训乃至过程仿真等，相继投入了使用。但在水泥行业中，反求工程还刚刚引起重视，国外虽有所报道，但因技术保密，实质性内容了解尚不具体。反求工程的计算和模拟实验方法等的应用正是为适应我国水泥工业技术发展的需要而开始探索研究的。

所谓反求工程，是指对已经投入运行证明效果良好的新产品、新技术、新设备进行全面、系统、深入的科学检测、计算、分析和研究，找出其技术关键和控制方法。"全面"是指对尽可能多的同类产品和技术进行详尽具体的分析和评议；"系统"是研究各技术环节的特点及其相互关系；而"深入"是要求运用近代科学测试与计算手段，分析了解其细节和内在联系。因此，反求工程可以认为是开发研究与设计制造的逆过程，也是当前技术市场竞争中的保密技术关键的一种"破译"手段。

实际上，世界各国70％以上的技术都不是本国独创，而需要由国外引进。要掌握这些技术，了解竞争对手的水平和动向，或者将本国的优秀传统技艺上升为先进技术，正常的、科学的途径都需要通过反求工程方法去研究和探讨。日本的经济振兴就曾经得力于反求工程。如本田公司为了开发新型摩托车，曾对五百多种摩托车进行过反求工程研究，博采众长，开发了具有自己特色的摩托车，从而能垄断国际市场。又如日本各大水泥公司先后引进了洪堡型、维达格型、多波尔型各类旋风预热器窑生产线，并以此为起点，进行反求研究，再认识，再创新，从而开发了水泥预分解新技术而风靡全球；美国的富乐公司引进了日本小野田公司的O-Sepa高效选粉机，经过研究再认识和改进后大量出售；丹麦F.L.史密斯公司对日本卧式旋风筒也做了大量反求工作，揭示了它的弱点，转而开发了高效低阻型旋风筒。我国水泥工业近年来引进了许多先进技术，迫切需要通过反求工程来研究和消化这些引进技术，开发新技术和新设备，在近代理论指导下促进水泥工业的技术进步。

一、反求工程研究的目的

就水泥工业而言，对引进设备、技术乃至生产线系统进行反求工程的研究，其具体目的是：

① 深入认识该项技术功能实质，了解各参数间的变化规律，适应条件波动情况下最佳工况的实现；

② 对同类技术、设备进行对比分析和综合评价，提出科学的改进意见；

③ 提供开发系列化设计的科学依据；

④ 积累大量科学反求资料，集中同类技术的优点，提出新观点，作为开发新技术、新设备的依据。

概言之，消化吸收先进技术可以通过反求工程研究达到认识、掌握、开发和创新的目的。

二、反求工程研究的内容

反求工程是以引进的先进设备、技术、生产线系统为具体研究对象，在正常、稳定的运转情况下，以各给定的生产条件与操作参数（包括原始设计、设备结构与尺寸、在线测定、记录显示、单项测定、全面标定和广泛收集的有关辅助资料与数据等）为依据，而开展研究工作的。

反求工程的研究内容很广泛，大体包括以下内容：

① 系统工艺设计的指导思路和主要意图；

② 关键设备的功能分析和过程原理；

③ 各子系统的最佳匹配；

④ 最佳工况和调节控制方法的分析；

⑤ 条件变化后生产情况预测；

⑥ 根据不同的目标函数，对系统进行科学评议；

⑦ 对已取得的关键性计算机程序进行"破译"，复原原始模型。

以上内容都要求获得定量结果，以便指导生产与开发工作。

三、反求工程研究方法

根据反求的不同要求，可通过以下步骤和方法来实现。

1. 数据处理求统计规律

大量搜集具有代表性的数据，包括原燃料特性、操作参数、设备结构参数和物理化学特性参数等，通过数理统计的方法或借助其他工程数学方法（如集合、映射的对应关系寻求参数间的经验性相关关系和肯定无相关性的独立因素、参数的允许波动范围和约束性条件等）作为生产控制、理论分析、模型实验和计算机模拟时的参考。

2. 冷态和热态的物理、化学模拟实验

为探索设备或系统的工作原理、经验模型、运行规律、确定关联式系数指数或观察实际

现象、描述物料运动状态与轨迹乃至化学反应过程等都需要进行专门的模型实验。

一般来说，冷态模型实验主要解决气、固两相运动的规律问题，包括气流运动类型，气固混合、分散、分离过程和动力消耗之间的关系，以及分析其对换热、反应速率的影响等；热态模型实验是研究换热过程、能量利用和反应动力学的实际规律。

所有的模型实验都要求尽可能模拟实际生产条件，但这是有一定困难的。经验表明，对于水泥生料预热器（SP）系统和预分解（NSP）系统来说，多数情况下用与实物设备几何相似模型，在自模化区域内模拟实物的流动状态和压力损失，有相当的可信度，而热态模型对研究换热能力也很有参考价值。据报道，最近已设计出能完全模拟分解炉反应过程的实验装置，据说所得数据与生产实际吻合得很好，即能表达生料和燃料的反应动力学特征，有很大实用价值。凡此均可说明，随着模型实验方法、装置和手段的不断改进，模型实验的可靠性将更进一步提高。

3. 建立子系统乃至全系统的数学模型进行运行参数的反求

根据系统繁简程度和人们对过程认识的深度，可以分别建立经验模型、半经验模型和理论模型。纯经验模型局限性大。理论模型适应性强但难度大。水泥工业窑炉系统至今还未建立起完备的能实际应用的理论模型，大多还是需要辅以实物模型实验或给予必要的约束条件来推导出半理论模型。

对于复杂的工程问题，在建立数学模型时往往需要根据实际情况作必要的简化假设，这种假设既要使模型简化可解，又要尽可能不失真，因此是很重要的。

对于硅酸盐窑炉系统来说，数学模型一般是建立在现代化工理论（包括传递工程、反应工程、化工热力学与动力学的理论）指导之下。最通用的方法是确定物料平衡、能量平衡、动量平衡的关系以及某些特殊的关联式或反应动力学关联式等。联立方程可求得相应未知数，如系分区或组合系统，则可构成矩阵方程，利用在线显示或易测参数为已知值，在计算机上求解。反算出大量"隐参数"（指不能在线测量或难以测定的重要参数），作为分析讨论、评议对比工作状态及设备性能和技术水平的科学依据，深化对新技术的再认识。当然，很多情况下某些关联式的系数和指数待定，则需要通过物理、化学的模型实验加以确定。

4. 计算机数学模拟实验

利用经过校验修正、比较完善的数学模型可以进行计算机数学模型实验，即人为输入给定的主变量，计算出相应参数的变化值，从而找出变量波动造成的后果，推算出各项指标可能的变化。它可以对全部可变量进行大范围的实验，可取代费时费资甚至不可能进行的中间试验和生产试验，还可进行参数寻优、事故预测、报警、调试、控制以及系列化设计等一些极为有用的工作。

5. 计算机程序的破译

有关生产控制和设计计算的计算机程序，往往是最能集中反映设计思想与方法的重要资料。因此选择关键性的已有程序进行阅读、理解和反复试验，再配合理论分析，复原其程序编制的依据或数学式、数学模型等，对深入认识技术关键也是很重要的。这个工作有一定的难度，并不是所有程序均能深刻理解，这对工作人员素质的要求也很高。

在运用这些反求工程的研究方法解决实际问题时，还会遇到许多困难，这就需要硅酸盐专业人员与计算机应用及仪表自动化方面的技术人员，相互协作，相互渗透，才可能获得圆满解决。

四、反求工程方法的应用

近年来，在有关单位协作下，根据生产、设计中存在的不同问题和要求，开展了一系列的反求研究。以下就此类方法的具体应用成果，列举部分实例，以阐明其对某些新技术认识、掌握、开发与创新的指导作用。

1. 克虏伯型立筒预热器冷态、热态模型实验反求其工作原理

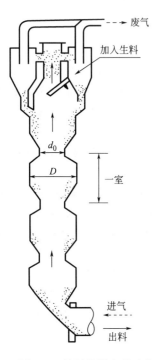

图1 立筒预热器流程示意

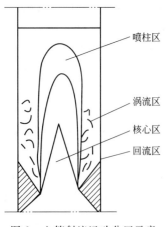

图2 立筒射流运动分区示意

克虏伯型立筒预热器是水泥生料粉的一种悬浮预热设备，具有结构简单、对原料的适应性强、结构上能自承重、投资相对较低等优点，适合在中、小回转窑上使用，在国内已有上百台设备投产。但其运行的效果普遍不理想，多数达不到原定指标。原因固然是多方面的，但未能掌握这一粉体悬浮态换热的运行规律是重要原因之一，为此开展了冷态、热态模型实验。

模型按某厂实际设备的尺寸缩小，相似常数取 12∶1，缩口直径 d_0 与立筒直径 D 之比为 1∶2，两缩口之间称为一室，作为立筒的一个单元，具体见图1。

根据实验结果和生产数据归纳出克虏伯型立筒预热器工作原理的要点如下。

（1）立筒内气体流动图形和生料粉运动规律

冷态气体流畅测定和二维床示踪实验证实，气流经过缩口后形成限制性很强的射流运动，其速度仍具有正态分布的基本特征。按等速线分布可将立筒每室中射流运动划分为若干个区（图2）。

① 核心区，其高度为 $2.2d_0$。

② 喷柱区，其高度为 $8.6d_0$。

③ 涡流区，其高度为 $3.1d_0$。

④ 回流区，气体产生反向运动。

由于生料粉很细（粒径 $40\mu m$ 左右），其运动规律在很大程度上受气体流动所支配，结合高速摄影，观察与分析，粉料在立筒中运动过程可描述如下：

→…→粉料分散（在核心区）→气固分离（在喷柱区与回流区）→粉料堆积（在缩口斜坡上）→料块滑落→…→分散（穿过缩口落入下一室）

如此重复，直至入窑。

粉料运动过程是否正常稳定，决定了立筒主要换热功能发挥的好坏。

（2）立筒内气固换热

在热态模型实验的基础上，经过理论分析与论证，对立筒内气固两相换热给出了某些重要概念：

① 换热类型——对流换热为主；

② 换热方式——同流换热为主，多级串联形成总体料流逆向运动；

③ 换热速率——在固气比＜2、粒径＜$500\mu m$的条件下，按集总热容法处理非稳态换热数学模型，计算换热所需时间＜0.04s；

④ 换热特征——以核心区换热最激烈，说明分散充分是有效换热的前提条件。

（3）立筒内气固分离

气固分离是粉料形成逆向串联运动的必要条件，分离能力直接关系到预热器的热效率。反求实验通过流场测定绘出流线图（图3）表明：立筒内产生气固分离的基本原因是涡流环（封闭流线）的存在。而涡流分离靠的是径向分速度。测定数据给出立筒中径向速度的值与可比条件下离心分离的切向速度相比，前者要小一个数量级，可见立筒的分离效率远不及旋风筒的高。因此立筒不能单独存在，它必须匹配一台分离效率高的旋风筒，以弥补其先天不足。

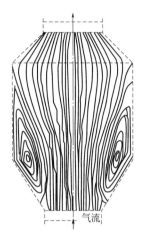

图3 立筒流线图谱

（4）粉料在立筒内的停留时间

随着缩口风速的提高，粉料在立筒内的停留时间相对延长，说明返混程度提高。在可比条件下，粉料在立筒内停留时间比旋风筒长。从表观上看气固换热更充分，但实验证明，粉料真正悬浮在气流中的时间只占总停留时间的3%～5%，因此，对于分散不佳的料块来说，换热时间可能不充分也是立筒预热器效率不高的原因之一。

在对立筒预热器工作原理深入认识的基础上，可以对立筒预热器窑的生产与改进提出以下一些看法。

① 立筒的每一室相当于旋风筒的一级，同样具有分散、换热、分离等过程，并通过室间串联形成粉料宏观逆流运动。因此立筒并不具有如一般资料所强调的逆流换热的潜在优势，对其换热效果极限也不可作过高要求。

② 立筒内气固分离效率很低，因此应以匹配高效旋风筒（η为90%～95%）为其正常运行的前提条件，在设计与生产中应予以充分重视。

③ 立筒预热器窑的操作要稳定，参数配合要合理（主要表现在温度分布和气速分布）。它不适于低温或低负荷下运转，因温度低、产量低、风量小，料块难以分散，粉料悬浮停留时间短，均会恶化换热效果，引起恶性循环。

④ 立筒中物料在斜坡上堆积并随机滑落时，往往成为团块，为使其充分分散，立筒缩口斜坡的几何形状可改为双曲线型，并应装有效的撒料装置。

⑤ 立筒设计不宜留有过多余量，否则换热作用难以充分发挥。

⑥ 实验表明，立筒实际缩口风速以10～12m/s为宜，每一室的高径比在1.1～1.3范围较合适。

2. NHE 型系列旋风预热器冷态模型实验反求工作特性作为系列设计的依据

南京水泥工业设计院参照 FLS 型预热器，结合国情和生产需要，设计了一套具有自己特色的 NHE 型五级高效低阻旋风预热器，并按如图 4 所示流程安排了冷态模型实验，目的是反求其工作特性和机理，供系列设计、制造、调试及生产参考。

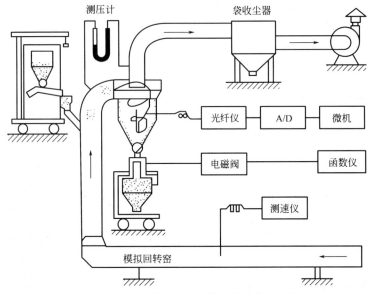

图 4　NHE 型旋风筒冷态模型实验装置示意

模型实验内容包括：旋风筒的三维速度分布、压力分布、分级效率和分离效率；粉料在旋风筒中的平均停留时间及返混程度；旋风筒流体阻力变化规律和粉体浓度分布规律。

根据大量实验结果，对 NHE 型旋风筒的工作特性有如下认识。

（1）NHE 型旋风筒压损的变化规律和数学模型

根据旋风自然长的概念和实测数据归纳推导出各级旋风筒阻力系数 ξ 的数学表达式：

$$\xi = \frac{\Delta p}{\frac{\rho}{2} u_i^2} = \left[(K_1 K_2)^{-2n} - 1\right] + \frac{4\pi f S K_2^2}{d_e (K_1^{-2} - 1)}$$

式中　Δp——旋风筒压力损失，Pa；

ρ——气体密度，kg/m^3；

u_i——旋风筒入口风速，m/s；

K_1——旋风筒内筒（出口风管）无因次直径，$K_1 = \dfrac{d_e}{D}$；

K_2——涡核无因次直径，$K_2 = \dfrac{d_a}{d_e}$；

n——流场分布速度方程指数，表征旋转流动特征，其值由实测回归而得；

f——范宁摩擦系数，一般取 0.005；

S——内筒插入深度，m；

d_e——内筒直径；

D——柱体直径，m；

d_a——旋风筒流场中所测得的兰金涡核的直径。

根据计算，方程中后一项远比前一项小，可见旋风筒阻力主要取决于 u_i、K_1、K_2 和 n 值。而旋风筒尺寸如 D、d_e 等的选择和 n 值有关，故 n 值又受结构形式的制约。

按此式计算结果用实测值校验，误差 12%，NHE 型旋风筒 ξ 值小（2.5～3.0）说明其结构合理、流阻低。

实验结果还表明：NHE 型旋风筒负载时的阻力损失比空载时的小；从动力消耗的角度考虑，$u_i = 18\text{m/s}$ 是合理而可行的选择，五级旋风串联总阻力为 2930Pa。

（2）NHE 型旋风筒的分离效率

实验得出的各级旋风筒的分离效率值见表 1。表 1 表明，在工况条件下，旋风筒分离效率较高且组合也基本合适。这是由于旋风筒内具有良好的主流型和较少的次级干扰流动的结果。

表 1　NHE 型旋风筒分离效率

旋风筒级数	C1	C2	C3	C4	C5(无内筒)
分离效率η/%	95	94	85	85	83

NHE 型旋风筒的分离功能还有如下特点。

① 固气比的波动对 η 影响很小，能适应生产条件的波动。

② 在工况条件下进口风速 u_i 增大，η 会下降，其规律不同一般，取 $u_i = 18\text{m/s}$ 较为有利。

③ NHE 型旋风筒入口旋流室与柱体之间设计成斜面变径过渡，使内筒端面处的气流轴向速度矢量图呈马鞍形特征（图 5）。在图 5 中，中心向下的气流将起到抑制粉尘携出、提高 η 的作用（图中数字 1～5 为不同基准线的编号）。

④ 与轴向速度呈马鞍形分布相呼应，实测 NHE 型旋风筒内粉体浓度的分布也是在内筒端面附近区域比较稀（图 6），这说明了即使内筒直径设计比较大仍能保持较高 η 的原因。

⑤ 根据实测分级效率曲线，归纳出分离效率 η 的计算式：

$$\eta = \frac{P_{1i}}{P_{2i}}\left[1 - e^{-4.082\left(\frac{d_{pi}}{d_c}\right)^{1.054}}\right]$$

式中　P_{1i}——入口料中粒径 d_{pi} 的含量，%；

　　　P_{2i}——回收料中粒径 d_{pi} 的含量，%；

　　　d_c——在给定工况条件下 100% 粒子能分离的粒径（称临界粒径）。

（3）生料粉在 NHE 型旋风筒内停留时间的分布特征

通过实测与计算，各级旋风筒内物料的平均停留时间及方差值见表 2。从表 2 可知，生料粉在旋风

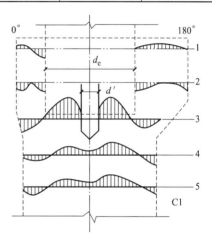

图 5　轴向速度分布

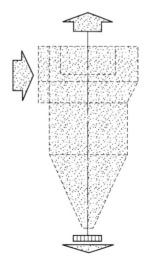

图 6　浓度场分布示意

表 2　NHE 型旋风筒停留时间分布值

参　　数	旋风筒级数				
	C1	C2	C3	C4	C5
平均停留时间 $\bar{\tau}/s$	1.83	1.71	1.63	1.63	1.29
方差值 σ^2	0.032	0.00	0.00	0.00	0.024

筒内分离过程进行得很快，因此气固换热不能主要依靠旋风筒来完成。同时方差值 σ^2 特别小，表示粉料返混程度低，筒内回旋风与入射风几乎不相交，这也是分离效率高的另一原因。

总之，NHE 型旋风筒结构合理，流型理想，体型小，高温下可以取消内筒而仍然能保持全系统低阻降与高效率。这种旋风筒对工况条件波动的敏感性不强，给生产调试带来有利条件。

3. 计算机模拟实验以探讨预分解系统操作规律

由于水泥生产过程复杂，某些规律性的探讨在大型生产设备上进行是困难的，甚至在实验装置上进行，也是费钱费时的。而利用计算机模拟实验的方法，可进行多工况的比较，是现实可行的，唯一的前提是要有能描述过程主要特征的数学模型。

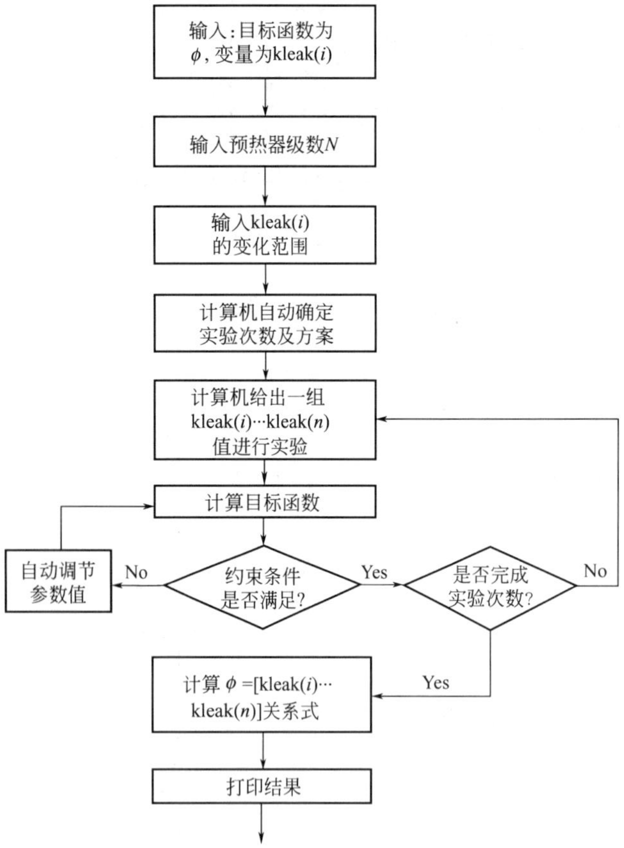

图 7　模拟实验框图
（以各级漏风系数对热效率的影响为例）

对于水泥熟料煅烧系统，由于多组分烧成动力学的问题至今还未能圆满解决，给模型建立造成困难。为此提出建立模型的新思路，即利用预分解系统中的某些约束条件的给定来绕过动力学的困难，同时利用可控变量的"负反馈"调节及过程"自适应"性来保证约束条件的实现，使模型具有动态特点，因此在作必要的简化假设后，建立了预分解系统热力学平衡关系及明确了某些涉及动力学平衡的约束性条件，整理得到三对角矩阵。

模拟实验的安排，采用了回归正交设计方法，可大大减少实验次数。为适应分解炉系统的复杂性，选用可逐步逼近的可变容差法求解。

模拟实验框图见图 7。

根据所编程序可进行庞大数量的预测估算工作，以及模拟各种操作状态甚至事故状态下的生产情况，供分析探讨。

为了说明模拟实验所能提供信息的能力，可举若干计算结果并分析其规律。

以日产 700t 熟料的带 4 级旋风的预分解窑某实际工况条件为依据，进行各级旋风筒分离效率 $\eta(i)$ 变化对系统热效率 φ、热耗 q 和废气量 V 的影响实验。选择 12 组实验，计算结果见表 3，由表 3 可知以下几点。

表 3　旋风分离器分离效率对各相关参数的影响

实验编号	各级分离效率/%				出 C1 气体温度/℃	出 C2 气体温度/℃	出 C3 气体温度/℃	出 C4 气体温度/℃	系统热效率 φ /%	单位热耗 q /(kJ/kg 熟料)	废气量 V(标准状态)/(m³/kg 熟料)
	$\eta(1)$	$\eta(2)$	$\eta(3)$	$\eta(4)$	$t_v(1)$	$t_v(2)$	$t_v(3)$	$t_v(4)$			
1	90	90	90	80	345	536	726	891	49.39	3554	1.66
2	60	90	90	90	286	506	715	891	48.96	3586	1.674
3	90	60	90	90	350	496	710	890	48.86	3593	1.677
4	90	90	60	90	366	561	704	890	48.63	3610	1.683
5	90	90	90	60	369	571	762	890	48.56	3615	1.686
6	70	90	90	90	307	517	719	891	49.1	3676	1.669
7	90	70	90	90	349	511	716	890	49.06	3579	1.671
8	90	90	70	90	359	553	713	891	48.89	3591	1.677
9	90	90	90	70	360	557	748	890	48.89	3591	1.676
10	90	60	60	60	412	553	715	890	46.23	3798	1.756
11	60	60	60	90	279	452	652	891	46.79	3752	1.738
12	80	80	80	80	341	531	720	890	48.5	3620	1.687

① 各级 $\eta(i)$ 对 φ 的影响程度不一，如用 $\eta(i)$ 由 90% 降到 60% 时所引起热耗值增高 Δq_{c1} 表示则得（见实验 2、3、4、5 组）：

$$\Delta q_{c1} = 32 \text{kJ/kg 熟料}$$
$$\Delta q_{c2} = 39 \text{kJ/kg 熟料}$$
$$\Delta q_{c3} = 56 \text{kJ/kg 熟料}$$
$$\Delta q_{c4} = 61 \text{kJ/kg 熟料}$$

可列出 $\eta(i)$ 对 φ 的影响顺序为：

$$\eta(4) > \eta(3) > \eta(2) > \eta(1)$$
$$(\text{C4 筒})(\text{C3 筒})(\text{C2 筒})(\text{C1 筒})$$

这一结论与目前的一般看法有矛盾。这是由于所用模型附有约束条件，考虑了交联作用，并具有动态特性的结果，理应更接近实际。但从降低料耗、减轻净化气体的负荷角度考虑，仍应强调 C1 筒的收尘效率，因此其顺序可调整为：$\eta(1) > \eta(4) > \eta(3) > \eta(2)$，与一般观点一致。

② $\eta(i)$ 降低使高于 i 级的各级（$i-1$，$i-2\cdots$）气体出口温度下降，降低 i 级的（$i+1$，$i+2\cdots$）各级气体出口温度上升，这是由于固气比变化所造成的。

③ 若几级预热器的分离效率同时降低，对系统热耗的影响，不具有简单加和性，而是大于加和的效果，如第 10 组实验所示，即 $\eta(1)=90\%$，$\eta(2)=\eta(3)=\eta(4)=60\%$ 时，总热耗变化 $\Delta q_z = 244 \text{kJ/kg 熟料} > \Delta q_{c2} + \Delta q_{c3} + \Delta q_{c4} = 39+56+61 = 156$（kJ/kg 熟料），可见交联作用显著。

与此类同，凡数学模型中的变量均可按任意步长（现实、必要）进行对目标函数影响的大量模拟实验计算。如各级漏风系数、各级散热损失、二次风温度或分解炉用燃料热值改变等对 φ 和 q 的影响，均可算出大量数据，可据此分析出许多有参考价值的规律和概念。

4. 新型 O-Sepa 选粉机系统软件的破译和补遗，供选型和设计计算之用

在引进 O-Sepa 选粉机系统时未附计算软件，但在技术交流过程中获得了一部分不完整且无任何说明材料的热工计算软件。尽管这份软件程序对于 O-Sepa 系统选型和设计计算都有很重要的应用价值，但也无法使用，为此急需进行反求破译。

该项工作内容包括：计算机操作系统的转换、软件整理、理论分析、补遗、调试，最终破译成原始的可供理解掌握的数学模型。在此基础上经过开拓演绎，其程序可推广用于计算配有旋风式选粉机——Sturfevent 选粉机和 O-Sepa 选粉机的各种闭路粉磨系统的物料恒算和热工参数，如系统沿程产品温度计算及相应的物理量对产品温度影响的曲线图等。

反求破译可得数学模型，此软件具体功能如下。

（1）计算沿程产品与气体温度
① 磨机出料温度 TA；
② 磨机出口气体温度 TL；
③ O-Sepa 出料温度 TF；
④ O-Sepa 出口气体温度 TI。

（2）输出 10 图形表达变量对四种温度（TA、TL、TF、TI）的影响
① 粉磨量（F）对四种温度的影响；
② 磨机内物料通过量（A）对四种温度的影响；
③ 磨机通风量（L）对四种温度的影响；
④ O-Sepa 分级空气量（LB）对四种温度的影响；
⑤ O-Sepa 冷却风量（B）对四种温度的影响；
⑥ 磨机输入功率（N）对四种温度的影响；
⑦ 磨机内喷水量（W）对四种温度的影响；
⑧ 熟料温度（T_m）对四种温度的影响；
⑨ 石膏的温度（T_z）对四种温度的影响；
⑩ 环境温度（T_c）对四种温度的影响。
图形的分辨率可根据需要调整。

根据破译补遗后整理的程序计算结果与原资料所附例图核算，一致性很好，说明达到可以直接应用的目的。

实例：某 $\phi 3.9m \times 11.8m$ 水泥磨采用 O-Sepa 高效选粉机，在给定系统中，运算所得磨内物料通过量（A）和磨内通风量（L）变化时，四种温度变化曲线见图 8、图 9。

引进技术的软件资料，往往包含了某些技术关键，因此破译工作也是消化吸收的重要内容之一。

5. 对引进生产系统进行参数反求计算，以掌握新技术实质并可作为评议的依据

曾经对引进的预分解系统进行过反求计算。建立数学模型时所作的基本假设为：

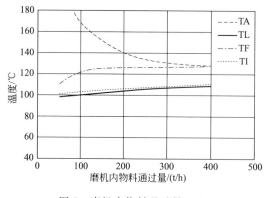

图 8　磨机内物料通过量（A）
对 TA、TL、TF、TI 的影响

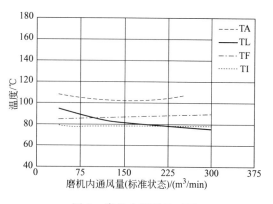

图 9　磨机内通风量（L）
对 TA、TL、TF、TI 的影响

① 生料中物理水在最上一级旋风筒（C1）入口管道中脱除；

② 生料中化合水在 C2 入口管道中脱除；

③ $MgCO_3$、$CaCO_3$ 分别在上升烟道、分解炉和最下一级旋风筒（设为 C4）中分解，但其分解量的分布为需反求的值；

④ 关联使用的旋风筒，设操作对称，不加区别；

⑤ 关于物料、气体的比热容和温度的关系，散热损失的计算式均采用拟合关联式（另列）。

系统进一步划分为若干子系统，根据需要确定。建立各子系统的各类平衡方程，联立成矩阵方程：

$$A \cdot \vec{X} = B$$

式中　A、B——矩阵方程的系数矩阵和常数矩阵，基本上都是温度、原燃料组成和特性（如燃料热值）等参数的函数；

　　　　$\vec{X}$——希望反求的未知量所构成的矢量，如各子系统进出口料流量、气流量、含尘飞灰量、分解量等易求参数，再延伸计算其他需要的参数值。

反求计算的程序框图见图 10。

根据以上方法和步骤曾对某些引进 NSP 系统进行过大量反求计算，所得定量结果对于深化认识，反求出原始设计意图，了解子系统匹配关系以及分析存在问题等均很有帮助，可以认为是消化吸收新技术的一种有效方法，已引起广泛的兴趣。例如对 4000t/d 的 MFC 分解炉引进生产线反求计算结果表明该系统设计思想很有特点。它充分利用生料在 MFC 炉中停留时间长的优势，选用了低炉温（830～

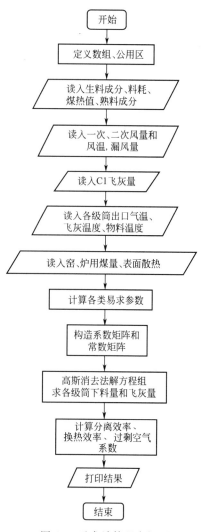

图 10　反求计算程序框图

850℃)、低过剩空气系数（$\alpha < 1.0$）和低风速（管道风速仅 13m/s）的操作方案，其优点是结皮堵塞少，生产稳定性高，NO_x 排放量少，散热少，热效率高。这种操作的结果是分解炉本身的分解率不高（66.5%）。这就要求将上升烟道作为第二分解炉来设计，既要充分利用窑尾气体中过剩的氧气使分解炉出来的未燃物进一步燃烧，又要求进一步提高生料的分解率（分解量占总量的 17.5%），因而上升烟道要既有足够高度（设计高于 15m），又要选取合适的气速（实际为 4.5m/s 左右）。与此同时为了保证系统的低热耗，在旋风预热器结构设计和操作参数的选取上都作了精心的考虑。如各级预热器断面风速偏低而分离效率却很高（>85%），且匹配合理，其具体值为：$\eta(1)(94.5\%) > \eta(4)(89.1\%) > \eta(3)(87.8\%) > \eta(2)(86.7\%)$。所有这些措施的综合效果是：系统单位废气量（标准状态）少（1.59m³/kg 熟料），废气温度低（320℃），压降低（<4000Pa），单位热耗低（<3344kJ/kg 熟料），换热效率高（75%左右），因而全系统的技术经济指标较优。由此也可得到这样的启迪，即子系统的合理组合匹配是总体优化的重要内容，也是优化设计的高层次的发展。可以预见，今后的新技术的开发将更加多种多样、各有追求、各具特色。这就要求科技人员更开拓思想、进行多方案的设计对比，以取得更好的经济效益。

五、结语

通过上述实例足以说明反求工程的研究方法在水泥工业中的应用是有广阔前景的。它既是消化吸收引进先进技术的科学方法，也是提高我国固有传统技艺、进行理论升华的有效途径，已经引起了广泛的兴趣和重视。不言而喻，这种方法不仅可应用于干法回转窑系统，也可应用于湿法窑、立窑系统，甚至均化、粉磨、分级、干燥、冷却等各种工序，以及硅酸盐工业的其他分支。因此可以肯定还有大量工作亟待开展，希望反求工程方法能得到更多的应用，从而能为实现 20 世纪末水泥工业技术进步的总目标作出贡献。

参考文献

[1] 夏禹龙等. 反求工程. 光明日报，1983-4-1.

[2] 胡道和等. 立筒预热器工作原理的研究. 硅酸盐学报，1987，15（2）.

[3] 王伟等. NHE 型高效低阻旋风预热器阻力与分离效率特性测定及其数学模型的建立. 水泥·石灰，1988，2.

[4] 张有卓，胡道和. 预分解窑系统的计算机模拟，南京化工学院学报，1987，（3）.

[5] 蔡玉良. PC 系统的反求 [D]. 南京：南京化工学院，1988.

（胡道和 李昌勇 周迈，南京工业大学）

流化分解炉热态技术分析及系统的最佳配合

蔡玉良　王　伟

流态化技术运用于水泥工业生产过程，源于 20 世纪 70 年代初，它的成功与改进，不仅为新建水泥厂提供了第二代、第三代流化分解炉，也为 SP 窑系统的改造提供了可靠的技术方案。流化分解炉除了在工艺上具有许多优点外，在改造中，还具有很大的灵活性。

淮海水泥厂是我国 20 世纪 70 年代末引进技术的三大厂之一，建成后，由于系统存在着一系列的技术和管理问题，生产一直不正常，运转率很低（30％左右），年总产量在 30 万吨以下，各项消耗指标均超过设计标准。为此，我院与淮海厂进行了技术合作，对该厂预热器系统进行技术改造。经原国家建材局组织的技术论证会多次论证，最后通过了采取增设流化分解炉的技术方案（图 1），目的在于降低窑头热负荷，延长耐火砖的使用寿命，并在此基础上解决老式旋风预热器结构不合理造成的一系列问题，从而达到提高产量的目的。

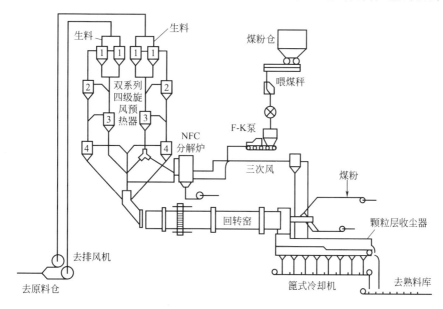

图 1　淮海水泥厂烧成系统工艺流程示意

鉴于淮海水泥厂 SP 系统改造的迫切要求，我院在研究经费和资料不足的情况下组织了专门力量做了大量的冷模实验研究、热态模拟实验研究，对引进的国外技术进行反求消化。在此基础上，综合出一套流化分解炉开发设计的指导思想和技术数据，从而开发设计出适合我国国情和生产要求的新型流态化分解炉（NFC），并率先用于淮海水泥厂 SP 窑的技术改造上，取得很大的成功。

为了更好地分析 NFC 流化分解炉技术的合理性和可靠性，进一步了解其单体操作特性和系统组合特性，有必要结合改造后的生产实测数据对其进行全面的热态分析，以便更好地改进和推广此种技术，发挥更大的经济效益，并为该系统的最佳操作提出指导思想和可行方案。

一、NFC流化分解炉的热态分析

流化分解炉热态过程分析主要包括：流化分解炉的升温特性；燃烧特性；分解特性及系统最佳配合的特性研究。

1. 流化分解炉的升温特性

流化分解炉的升温特性反映了流化分解炉的点火难易及由 SP 过渡到 NSP 系统的快慢程度。图 2 所示为第三级旋风筒下来的热物料投入分解炉时开始计时的流化分解炉的加煤速率和炉内平均温度与时间的关系曲线。从图中可以看出，炉内由于 C3 来的热物料（700℃左右）使炉膛温度达到 350～450℃，通过加煤、加风，温度提高到正常生产温度（850℃），其间仅用 20min，升温速率为 20℃/min。由此可见该种炉型的点火过程很容易控制，仅用第三级旋风筒下来的热物料就能达到点火的目的，不需要其他热源和火种，为缩短炉窑投运时间差奠定了基础。据改造后生产实践来看，流化分解炉和 SP 系统投运时间差仅为 30min，SP 系统很容易过渡到 NSP 系统，比完全分两步投运减少一个过渡的环节，使系统提前 2～3h 进入正常稳定的生产状态。

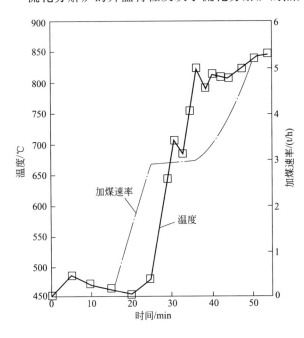

图 2　NFC 流化分解炉的加煤速率和升温速率

2. 分解炉的燃烧特性与传热效率

分解炉内煤粉的燃烧放热、传热、分解等过程之间都有着直接的联系。关于燃烧的速率问题，有关文献已进行了比较详细的分析和计算，此处仅就其综合结果即燃烧效率和空气盈余率进行分析（表1）。由表1可以看出，炉子的燃烧效率与其操作状态有很大的关系，直接反映为空气的盈余率与燃烧效率的关系，由于 $\eta_y < 0$，说明炉内燃烧空气严重不足（其燃烧效率较低），影响了炉内的燃烧及后继过程的进行。

表 1　空气盈余率与燃烧效率的关系

项　目		测　定　日　期			
		1911 年 12 月 8 日	1991 年 12 月 14 日	1992 年 4 月 16 日	1992 年 5 月 27 日
空气盈余率 η_y/%		−6.81	−2.47	−6.365	−16.702
燃烧效率 η_k/%	表观	82.74	93.73	87.35	68.41
	真实	99.14	99.28	99.27	99.28

热效率的高低反映了炉子的工作好坏,是考核炉子的重要指标之一。炉子的传热效率与燃烧速率、传热速率及反应速率有很大的关系,有关这方面的资料已有讨论。关于热效率的计算因出发点不同而不同,在此,本文特对其进行如下的定义:

$$\eta_k = \frac{物料净得热量+内部化学反应耗热}{总热量} \times 100\%$$

如图 3 所示:

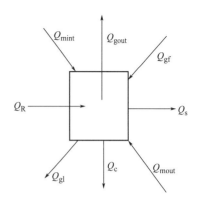

① Q_{mint} 为由 C3B 入炉的物料带入热量;

② Q_{gout} 为出炉气体带出热量;

③ Q_R 为炉内碳酸盐分解热;

④ Q_{gl} 为流化风带入热;

⑤ Q_c 为燃料燃烧热;

⑥ Q_{gf} 为三次风带入热量;

⑦ Q_s 为炉体散热;

⑧ Q_{mout} 为出炉物料带出热。

$$\eta_k = \frac{Q_{mout}-Q_{mint}+Q_R}{Q_c+Q_{gf}+Q_{gl}+Q_{mint}} \times 100\%$$

图 3　分解炉热量平衡示意

NFC 分解炉的热效率见表 2。

表 2　NFC 分解炉的热效率

项　　目	测　定　日　期			
	1911 年 12 月 8 日	1991 年 12 月 14 日	1992 年 4 月 16 日	1992 年 5 月 27 日
表观热效率/%	33.52	35.61	25.72	26.20
真实热效率/%	36.65	38.42	27.56	27.40

比较表 1 和表 2 可知:表观的热效率与空气盈余率也有一定的关系,随着空气的不足,表观热效率降低。

3. 分解炉内物料的分解率

分解炉内物料分解率反映炉子的功率大小,是衡量炉子工作性能的重要参数,也是考核炉子性能的重要指标之一。因选用的计算基准不一,所得结果也不尽相同,故在此对 NFC 分解炉内物料分解率的计算过程介绍如下。

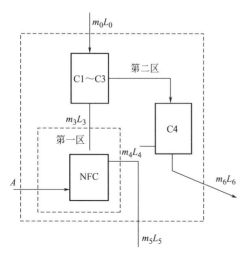

图 4　分解炉内物料分解率计算示意

如图 4 所示:

① m_0 为加入预热器的物料量,kg/s;

② m_3 为由 C3B 进炉的物料量,kg/s;

③ m_4 为出炉物料量,kg/s;

④ m_5 为回转窑的窑尾飞灰量,kg/s;

⑤ m_6 为入窑物料量,kg/s;

⑥ L_i($i=0$,$1 \cdots n$)为相应物料的烧失量,%。

对于第一区,其分解率计算如下:

$$a_1 = 1 - \left[\frac{1-L_0}{1-L_4} + \frac{A}{(1-L_4) \cdot m_0} \right] \cdot \frac{L_4}{L_0}$$

对于第二区，其分解率计算如下：

$$a_2 = 1 - \left[\frac{L_4}{L_0} - K \cdot \frac{L_5}{L_0}\right] \times \frac{(1-L_0)/(1-L_6) + A/(1-L_6) \cdot m_0}{1 - K \times \frac{1-L_5}{1-L_6}}$$

式中　K——m_5/m_6，％，其值为 8％；

　　　A——NFC 炉内煤灰沉入量，一般情况下取 $A/m_0 = 0.014 \sim 0.016$。

各分解率计算值见表 3，可以看出：NFC 炉内物料平均分解率为 48.29％，最高达 58.33％，最低为 42.23％；入窑物料分解率 A 列（出 C4A）为 50.87％，B 列（出 C4B，该列与炉相连）为 66.50％，总平均为 57.07％；NFC 炉的分解能力占全系统分解能力的 41％～43％。

表 3　NFC 炉分解率及其分布

测定日期	测定时间	物料烧失量/%			分解率/%		物料烧失量/%	
		入预热器	C3B 出料	炉出口	相对预热器	相对 C3B	C4A	C4B
1991 年 12 月 8 日	9:30～20:30	35.77	32.80	21.39	50.96	43.59	20.20	16.45
1991 年 12 月 14 日	9:00～12:00	35.84	33.77	17.20	61.99	58.33	21.01	10.81
1992 年 4 月 16 日	8:30～11:35	36.06	32.54	19.46	57.20	49.00①	20.56	17.28
1992 年 5 月 27 日	14:00～20:00	36.13	31.57	20.68	56.81	42.23①	17.85	14.26
平均					56.74	48.29		

测定日期	测定时间	物料烧失量/%	分解率/%			炉工作状态		
		窑尾	C4A	C4B	加权平均	煤量/(t/h)	总风量（标准状态）/(m³/h)	温度/℃
1991 年 12 月 8 日	9:30～20:30	8.06	49.58	61.26	54.31	5.84	33096	835～860
1991 年 12 月 14 日	9:00～12:00	8.16	47.12	77.08	59.02	6.30	37205	830～860
1992 年 4 月 16 日	8:30～11:35	8.68	48.93	59.46	52.89	7.86	44600	830～860
1992 年 5 月 27 日	14:00～20:00	8.31	57.86	68.19	62.05	8.07	44246	830～860
平均			50.87	66.50	57.07			

① 因空气量不足，出炉料含有一定的碳量，实际分解率要比表中计算值高，而炉子的平均加煤量为全系统的 42％左右（设计指标为 30％）。

4. NFC 炉内的热力强度

NFC 分解炉的热力强度也是衡量分解炉的重要指标之一。分解炉的热力强度与其操作状态有着密切的关系（表 4），由表 4 可以看出，炉内各次测定的实际热力强度均比设计值低，其主要原因是缺少燃烧空气。

表 4　NFC 分解炉热力强度

测定日期	入炉物料/(kg/s)	加煤量/(t/h)	实际燃烧煤	出炉料含碳	三次风量（标准状态）/(m³/h)	流化风（标准状态）/(m³/h)	煤风量（标准状态）/(m³/h)	表观热力强度/[kJ/(m³·h)]	实际热力强度/[kJ/(m³·h)]
1991 年 12 月 8 日	36	5.84	5.35①	0.37①	21114	10447	1535	477501	444488
1991 年 12 月 14 日	36	6.30	6.13①	0.13①	25210	10432	1563	512693	502021
1992 年 4 月 16 日	39.8	7.86	6.64①	0.85①	25045	8048	1507	640224	540523
1992 年 5 月 27 日	42.0	8.70	5.30①	2.25①	28899	13067	2280	714437	428662
设计值	39.5	7.00	7.00①		30537	10500	1838		580692

① 根据 1992 年 4 月 16 日测试结果，结合空气盈余量推算而得。

二、设计状态与实际工作状态比较及分析

流化分解炉的工作状态是否最佳，直接与操作状态有关。表 5 所示为其状态比较。

表 5 设计状态与工作状态比较

测定日期	燃烧热值 /(kJ/kg)	物料流率 /(kg/s)	炉膛平均温度 /℃	炉出口温度 /℃	入炉物料温度 /℃	总用风量(标准状态) /(m³/h)	空气过剩系数 α	热力强度 /[kJ/(m³·h)]	出炉物料分解率 /%
设计值	23045	39.53	850±10	850	700	42875	0.989	580692	55~60
1991年12月8日	23154	36.00	835~860	850±5	695	33095	0.932	444488	43.59
1991年12月14日	23158	36.00	835~860	850±5		37205	0.975	502021	58.33
1992年4月16日	23066	39.80	830~860	850±5	750	44600	0.936	540523	49.00
1992年5月27日	23255	42.00	830~860	850±5	733	44246	0.833	428662	42.23

1. 分解率比较及分析

由表 5 可知，就 NFC 分解炉的分解率来说，因限于系统总体最佳操作的要求，NFC 分解炉处于"欠佳"状态下工作，其分解率指标没有稳定到设计指标，但只要其他操作指标能够满足设计要求，分解率即可达到设计的最佳要求，如 1991 年 12 月 14 日的测定结果。

长期导致分解率低的原因不难从以下分析中看出来。

（1）分解炉用气量与设计值差别较大

由表 5 可以得知，影响炉内燃料燃烧的一个重要方面是空气量的不足，除 1991 年 12 月 14 日的测定外，其他各次测定结果均与设计值相差较大，特别是 1992 年 5 月 27 日，炉内的空气过剩系数仅为 0.8330，表现了严重的空气不足，影响了炉内燃料的燃烧、换热和碳酸盐分解，这是导致分解率没有达到设计指标的主要原因。

（2）其他各状态参数与设计值的比较

从表 5 可知，NFC 炉内的热力强度没有达到设计指标，维持不了碳酸盐大量分解对热量的需求，另外，炉内承受的料流量也是影响炉内物料分解率的一个方面。入炉三次风的温度和物料温度等对炉内物料的分解均有一定的影响和作用。

2. 流化分解炉的操作分析

在分解炉操作上没有将其各项技术指标控制在单体最佳值上，这是出于以下几点考虑。

① 单体操作达到最佳状态并不能保证总体（全系统）操作达到最优状态，为满足总体最优操作的要求，炉内采取在 $\alpha<1$ 的强还原性气氛下操作。

② 在炉内没有完全燃烧的炭粒（生料中含碳 0.5%~2.2%），随气流带入上升烟道中继续燃烧，从而充分利用窑尾废气中的氧含量，降低全系统的废气量，使出预热器废气量（标准状态）达到了 1.66m³/kg 熟料。

③ 淮海水泥厂的窑外分解窑系统，不是全增型 NSP 系统，只有一列物料入炉。为了达到提高总体入窑物料的分解率，有必要加强另一未加分解炉到物料的分解。为此，炉内采用较小 α 操作，迫使部分煤粉（1~2.5t/h）以固定碳的形式进入垂直烟道燃烧，从而加强 SP 到物料的分解。这一考虑不难从综合效果及分析中看出。

三、综合效果及分析

为使系统总体操作达到最优，目前作为单体操作的 NFC 分解炉还处于"欠佳"状态，但 NFC 炉在系统中究竟怎样，有必要结合系统的综合效果对其进行分析讨论。表 6 所示为 NFC 炉的作用与系统综合分析比较。由此可以看出，由于增加了流化分解炉，在系统产量提高的同时，回转窑的热负荷大大降低，为原来的 64%，窑筒体温度降低约 100℃，为回转窑的稳定操作提供了良好的环境。如 1992 年 4 月份在回转窑耐火衬砖只有 70mm（最薄处）的情况下坚持运转了一个月，其产量超过 8.2 万吨/月，且窑筒体最高温度未超过 400℃，创造了最好纪录。从表 6 还可看出，随着 NFC 炉内燃料燃烧程度的降低（空气过剩系数减少），由炉内移到垂直烟道的燃料较多，垂直烟道内物料分解率就相应增加，相应炉内的分解率有所降低，但总入窑物料分解率却变化较小，达到了设计指标，为保证系统的产量达到设计要求奠定了基础。同时系统的废气量大幅度下降了，在分解炉投运时，其废气量（标准状态）为 1.6～1.69m³/kg，和国内同类型厂相比，指标比较先进，因此相应的热耗大为降低。这就是单体最优必须服从总体最优的原因，从而使整个系统达到最佳的经济效果。从产量来说，由于增加了分解炉，使得系统由原来长期徘徊在 2500～2600t/d 的生产能力提高到 3500～3600t/d，满足了系统要求，由此可见，对于淮海水泥厂特殊的烧成系统，流化分解炉的操作应以系统达最佳状态为主，其次才是尽可能考虑流化分解炉的最佳操作状态。

从表 6 分解率的分布可以看出，系统分解过程是"两次到位"的过程，这是该种炉型与系统配合的一大特点，这可作为今后开发设计的一个参考实例。

表 6　NFC 炉的综合分析与比较

类　别	回转窑筒体最高温度/℃	系统稳定加料量/(t/h)	入窑料真实分解率/%	废气量（标准状态）/(m³/kg熟料)	α	对A列	对B列	回转窑热负荷/[kJ/(m³·h)]	炉分解率/%
改前(无分解炉)	450～500	2×90	27.5(好)(一般为17.54)	2.492		27.0(一般为20)	28.0(一般为15)	27.53×10⁵	
1991 年 11 月 27 日至 1991 年 11 月 29 日改后(无分解炉)	400～450	2×100	32.25			31.64	32.85	23.05×10⁵	
改后有分解炉(平均)	400℃以下	120+130	58.31			33.96		17.72×10⁵	48.29
改后有分解炉 1991 年 12 月 8 日	380℃以下	2×110	54.31			33.52		18.44×10⁵	43.59
1991 年 12 月 14 日	380℃以下	2×110	62.10			32.94		17.85×10⁵	58.33
1992 年 4 月 16 日	360℃以下	100+125	54.78	1.69	1.24	30.28		17.22×10⁵	49.00
1992 年 5 月 27 日	360℃以下	121+135	62.05	1.61	1.21	40.09		17.43×10⁵	42.23
设计值		2×125	60			30	30		60.00

四、结论

根据上述的分析和讨论，可得如下几点结论。

① NFC 炉的设计能够满足技改要求，为系统稳定操作及达产达标创造了良好的条件。

② NFC 炉的操作，只要其他各项操作指标满足设计要求，分解率足可达到设计要求。

③ 鉴于淮海厂这一特定的烧成系统，单体的最佳操作必须服从总体最优操作，在总体达到最佳状态下，尽可能使单体操作达到最优。

④ 该系统分解率的分配和完成过程，仍依"二次到位"的原则，这是此种炉型与 SP 系统配合的一大特征。

中小型烧成系统开发设计的特点及理论基础

蔡玉良

近几年来，我院在完成大中型水泥厂设计任务的同时，又在进行基础理论研究及实践的基础上，开发设计了适合我国国情的中小型水泥生产工艺系统（300t/d 的 SP 系统、600t/d 的 SP 系统、1000t/d 的 SP 系统和 1000t/d 的 NSP 系统），以满足用户的要求。在这些系统中，均包含着当今水泥工艺过程发展方向的最先进、最有效、最可靠的技术成分，从而确保了新建厂的可靠性、先进性和安全性，为水泥生产企业长期稳定的生产打下了可靠的基础。

本文就我院开发设计工作中所遵循的理论依据及开发设计成果的特点作一介绍。

一、当今水泥烧成工艺过程的发展

纵观当今水泥熟料烧成系统设计及理论研究领域，其研究的课题可以概括以下几个方面：热力学方面的研究（气固换热及反应的效率和可行性问题）；动力学方面的研究（气固换热及反应的速率问题）；设备单体工作机理的研究及设计（设备结构的合理性问题）；设备组合性能的研究及设计（工艺的系统工程问题）；系统对环境适应性及控制问题的研究（优化问题）。

我院的主要任务就是在热力学、动力学这两个领域研究成果的基础上和在系统工程的理论指导下，利用现代化的技术装备及技术手段更有效地研究开发、设计出最优的工艺系统。

目前水泥生产工艺过程存在多种类型，预热器窑系统（SP）和预分解窑系统（NSP）是当前的主流。就系统热效率和运转率及热耗而言，SP 适应于中小型规模的生产，而 NSP 适应于大中型规模的生产，其间明显的划分界限还有待于进一步地研究，但是它们都有一个共同的特点，即具有预热器和回转窑。由于近几十年来对系统研究的不断深入，预热器系统在系统组合性能方面和单体结构设计方面发生了如下的变化。

1. 系统组合性能方面

① 预热器分离效率的分布，由原来的 $\eta_1 > \eta_2 > \eta_3 \cdots > \eta_n$ 发展成 $\eta_1 > \eta_n > \eta_{n-1} \cdots > \eta_2$，即接近窑尾的预热器效率的提高对热效率的贡献最大。

② 在满足生产要求和性能不变的情况下，旋风筒结构形式趋于统一。对于大规模生产系统，小蜗壳三段体（蜗壳段、直筒段、锥体段）发展成了 3~4 心大蜗壳二段体（蜗壳段、锥体段，几乎无直筒段），从而有效地降低了建筑框架的高度，且小规模预热器系统也有这一发展趋势。

③ 由于管道换热理论的发展，加强管道换热就成为人们追求的目标，管道撒料器就是为这一目的而设计的。预热器由原来的四级发展到五级甚至六级，大大提高了系统热效率。

④ 过去人们只认识到外漏风对系统带来的不良影响，而忽视了内串风对系统操作稳定性及热效率的影响，通过一段时间的探索，认识到内串风严重影响了内部物料的分布和换热效率的提高，也是预热器堵塞不可忽视的重要因素之一。

2. 单体结构设计方面

① 预热器单体逐渐趋向低阻高效，如增加导流板、疏流器等。

② 在单体设计过程中，针对物料流动特性及在旋风筒内的行为，采用了适应性的单元设计法，增强了系统的防堵能力。

③ 为了防止系统串风、串料，稳定系统的料流分布，采用了方便灵活的锁风装置，使其达到了理想的效果。

④ 为了提高入窑物料的分解率，通过大量的冷热态模拟研究，开发设计出了强湍流、均分布、高效率的分解炉设备，大大地提高了入窑物料的分解率，减轻了回转窑的热负荷，延长了耐火砖的使用寿命。

⑤ 由于预热器热效率、入窑物料的分解率和操作手段的不断提高，使得回转窑的设计趋向小型化。

⑥ 对于燃料的适应性来说，由原来的单通道发展成多通道燃烧装置，各通道风速相差 $100 \sim 150$ 倍（最大），产生强涡流区，以便有效地组织燃烧。

上述几方面基本上代表了当今水泥烧成工艺过程的发展主流。

二、烧成系统的理论研究与分析

理论研究是开发设计的基础，几年来，我院作了大量的理论研究和实验分析工作，为新系统的开发设计、投产及保证系统长期而又稳定地生产出合格产品打下了坚实的基础。为了更好地分析，将各项研究归纳如下。

1. 系统组合性能的研究

在系统组合性能的研究方面，主要采用了反求工程方法，对引进的各种规模的烧成系统进行了全面的反求和对比分析。其具体方法是在生产实践的基础上和"三传一反"（传热、传质、动量传递及高温化学反应）原理的指导下，建立起能够反映实际过程的数学模型 $(\vec{A} = \vec{B} \cdot \vec{X})$，利用在线显示成易测参数，反求出大量的"隐性参数"，找出内在的规律和原始设计的指导思想，得出 $\eta_1 > \eta_n > \eta_{n-1} \cdots > \eta_2$ 的设计依据。为了进一步证实这一原则的可靠性，采用非线性规划和映射的理论，在追求系统热效率最高的情况下，得出压力分布与分离效率的频布图，见图 1～图 3（图中曲线含义参见本书"预热器系统分离效率参数分布的探讨"一文）。

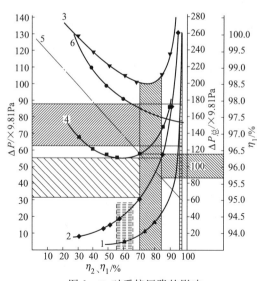

图 1　η_2 对系统压降的影响

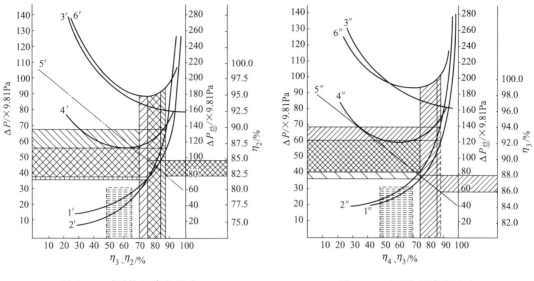

图 2 η_3 对系统压降的影响   图 3 η_4 对系统压降的影响

从图 1~图 3 中不难看出这一设计原则的合理性，南京化工学院通过计算机模拟也得出了类似的结论。在淮海水泥厂的改造工程中，这一原则也得到了运用，取得了良好的效果，国外文献在这方面也有相应的报道数据可供参考。

2. 单体结构的优化设计与研究

在保证系统组合特性的基础上，开发设计出合理的单体结构，以使系统达到最佳，所采用的方法是数学优化设计与实验优化设计相结合的方法。

① 实验性优化设计。通过大量的冷模实验研究与理论分析，归纳出能够反映实际过程的数学模型：

$$\vec{\eta} = f_1(\Delta \vec{P}, \vec{K}, \vec{C}, \vec{P}, \vec{U}) \tag{1}$$

$$\Delta \vec{P} = f_2(\vec{\eta}, \vec{K}, \vec{C}, \vec{P}, \vec{U}) \tag{2}$$

式中 $\vec{\eta}$——系统中各级筒分离效率构成的矢量；

$\Delta \vec{P}$——系统中各级单体的压降构成的矢量；

$\vec{K}$——系统结构参数构成的矢量；

$\vec{P}$——介质与粉体物性参数构成的矢量；

$\vec{C}$——系统的浓度分布构成的矢量；

$\vec{U}$——系统工作状态参数构成的矢量。

图 4、图 5 所示为具体结构的旋风筒实验曲线，从图中可以看出选择合适的参数，对系统的开发设计是至关重要的。

② 借助于现代的工程测试手段对旋风筒流场进行测试和分析，克服局部结构形式不合理的缺点，为后续设计打下基础，图 6 所示为一组系列流场分析。

a. 撒料装置的研究。在研究撒料装置的作用与原理时，我们采用了流场测试与高速摄影相结合的方法。图 7 所示为撒料装置内部流场分布，从图 7 可以看出，由于增加了撒料

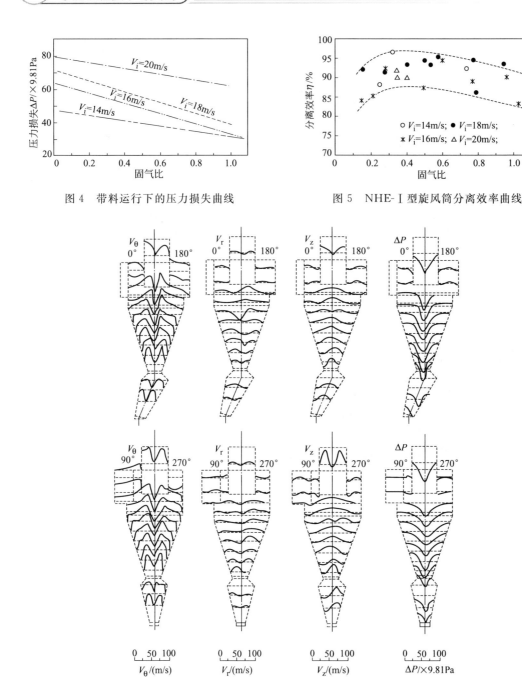

图 4　带料运行下的压力损失曲线　　　　图 5　NHE-Ⅰ型旋风筒分离效率曲线

图 6　NHP 型旋风筒三维速度与压力分布

板，其径向速度分布发生了较大的变化，造成径向湍动，这一结果有利于点流场在径向方向的扩散和分布，增加了管道换热的热效率和速率。图 8 所示为高速摄影观察的结果，从图中可以看出，由于插入撒料板扩大了物料的均匀区域，另外在实验中还观察到了撒料板对物料短路方面的影响，其结果见表 1。

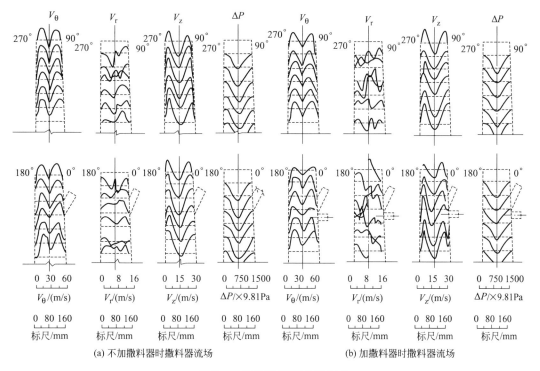

(a) 不加撒料器时撒料器流场　　　　　　(b) 加撒料器时撒料器流场

图 7　撒料装置内部流场分布

表 1　撒料板对物料短路的影响

旋风筒进口风速/(m/s)	9	10	11	12	13	14	15
装撒料板	▲	△	△	△	△	△	△
未装撒料板	▲	▲	▲	▲	▲	△	△

注：▲表示存在料流短路现象；△表示无料流短路现象。

　　b. 旋风筒进口导流板的结构（图 9）及插入深度对旋风筒的性能影响较大，选择一个合理的结构进行设计显得相当重要。模拟工况下的实验结果见表 2。

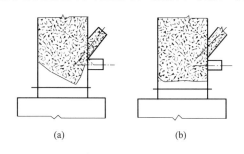

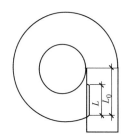

　　(a)　　　　　　　(b)

图 8　高速摄影观察结果示意　　　　　图 9　导流板结构示意

　　实验结果表明，旋风筒进口设置导流板后阻力损失明显下降，但导流板宽度越大，分离效率下降越明显，而当 L/L_0（图 9）为 16% 时，阻力下降约 17%，分离效率基本保持不变。

　　c. 内筒增加整流器。旋风筒在内筒里增加整流器是基于两点考虑，一是防止内筒变形；

表2 导流板对旋风筒性能的影响（进口风速19m/s）

$\frac{L}{L_0}$ /%	固气比为0			固气比为0.4～0.5				
	$\Delta P_筒$ /×9.81Pa	筒体阻力下降		$\Delta P_筒$	筒体阻力下降		分离效率 /%	分离效率下降 /%
		ΔP /×9.81Pa	$\Delta P/\Delta P_筒$ /%		ΔP	$\Delta P/\Delta P_筒$ /%		
100	108	42	28	103	37	26	81.4	13.4
50	91	29	39	102	38	27	84.5	10.1
25	113	37	25	111	29	21	89.9	4.1
16	111	39	26	108	22	17	92～96	
0	150			140			94	

二是降低系统的阻力损失。图10和图11所示为整流器对压力和分离效率的影响关系。从图中可以看出，在一定的范围内，由于增加了整流器，从而可以达到降低后继管道的阻力，但不影响其他特性的变化。

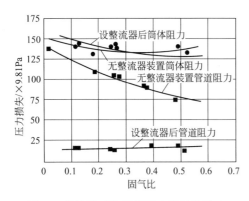

图10 整流器对旋风筒阻力特性的影响

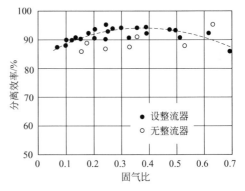

图11 整流器对旋风筒分离效率的影响

d. 设置膨胀仓。在旋风筒下料端设置流化膨胀仓，具有防堵、助流、提高预热器的运行稳定性的功能。这一技术在淮海水泥厂的技术改造中发挥了很大的作用，加上吹扫系统的作用，使该厂频繁堵塞的问题得以解决。

e. 设置锁风装置。为了稳定系统的料流分布，提高系统的分离效率，在每级料管加上了行之有效的锁风装置，从而大大地改善了系统运行的稳定状况。

③ 结构参数的优化设计。在上述工作的基础上，采用非线性规划的方法，结合生产实践提出和建立了一系列合理的约束条件，运用多目标或单目标等方法设计出合理的结构形式，为预热器整体设计奠定了良好的基础。

④ 燃烧器的结构优化与设计。燃烧器是组织燃烧的关键性设备，国内外开发研究的单位较多，形成了形状各异的燃烧器装置，但大多采用多通道形式。其主要理论基础是采用高速（450m/s）、小流量的流体进行喷射，以卷吸大量的热空气，形成回流和旋涡。这一过程的主要优点：一是减少了一次风量（冷风量）；二是稳定了火焰形状；三是加强燃烧与热空气的混合和燃烧需要的各种扩散；四是便于火焰的调节与控制。这些优点为熟料烧成创造了良好条件。我院在引进国外技术的基础上结合国内的客观条件，经过一系列冷试和工业性试验开发设计了二通道大速差燃烧器和三通道系列产品，并在工程运用中取得良好的效果。

3. 分解炉的开发设计与运用研究

分解炉是构成窑外分解窑系统的关键性设备，目前世界上存在多达 40 余种形式的分解炉。但从工作原理来看可以分为三大类：以喷腾为主要过程的分解炉；以流态化为主要过程的分解炉；以涡湍流为主要过程的分解炉。

目前，国内通过大量的引进和自行开发设计，上述各种类型的分解炉均有代表，如 MFC、FLC、RSP、NSF、KSV、DD 等。分解炉与 SP 系统组合构成了 NSP 系统时，又存在着两种方式：在线（串联）方式和离线（并联）方式。

在众多的形式中哪一种形式和哪一种炉型较好，国内有关机构曾组织了专家学者对其进行了全面的测试、反求和评价，认为采用离线的流化分解炉有其独到的优点。其一，内部温度及物料分布均匀，不会过热和产生结皮，操作稳定；其二，物料的停留时间较长（达 2min），有利于劣质煤的燃烧；其三，采用二次到位的离线燃烧方式，有利于降低窑尾的空气过剩系数。因此，我院在前述工作的基础上做了进一步的冷模实验研究和热态模拟研究，获得了第一手技术资料，其结果如下。

（1）流态化分解炉的冷模实验研究

通过测定和分析流化分解炉的特性流动参数、流化分解炉的流场分布、物料在炉内停留时间的分布以及物料的浓度场分布，得出以下结论。

① 为保证物料的正常流态化，空气喷嘴风速必须控制在 35～60m/s（相当于风帽上端风速 0.169～0.289m/s），最低不得低于 31m/s（相当于风帽上端风速 0.149m/s），否则将产生沟流现象，影响布风的均匀性，不利于混合、燃烧、传热作用，严重时造成死床。在实际操作过程中为保证有一定厚度而又稳定的床层，床面上气流速率不要超过 0.61m/s，考虑到温度的影响，风帽上端风速最好控制在 0.19～0.25m/s（相当于喷嘴风速 39～52m/s），此时布风板阻力为 1863～3236Pa。

② 为了保证炉内物料的正常传输和三次风的引入，在流化分解炉的操作过程中，必须保证炉子出口有一定的负压，其值为 784～981Pa。

③ 根据流场测定结果及流体运动形态，流态化分解炉流场变化存在四个区域：底层准稳定流区、旋流区、渐变柱塞流区及出口的涡湍流区，各区的作用是不相同的。

④ 流化分解炉内压力的变化较小，其值为 784～981Pa，在靠近布风板风嘴上端处，压力的变化梯度较大，这有利于布风的均匀性和物料的流化。

⑤ 流化分解炉内物料具有一定的返混作用，其返混主要发生在底层准稳定流区、旋流区和柱塞流区的近壁处，为在低温（820～850℃）下劣质煤的燃烧和碳酸盐的分解提供了充分的条件。由于实际过程存在温度场的影响，其固气停留时间之比值比模型测出的结果大到 3 倍左右。

（2）流态化过程的模拟计算与研究

鉴于流化分解炉冷模实验的局限性，有必要在冷模实验研究的基础上进行热态过程的理论研究和分析，以弥补冷模实验的不足。为此，针对淮海水泥厂的具体条件，在合理假设的基础上，对流化分解炉内部的混合、燃烧、传热、传质及反应过程进行分析研究，通过大量的计算和分析可得如下结论。

① 在流化分解炉内炭粒的燃烧速率和碳酸盐分解速率同等重要，是整个过程的控制因

素，对于该种炉型传热已不是过程的控制因素。从因果关系来看，炭粒的燃烧速率对碳酸盐分解速率还有一定的制约作用。

② 计算结果表明，要达到 60% 以上的分解率，除了受炉内温度的控制外，还受相应温度下 CO_2 饱和压力的影响，由此可见在许可的条件下，提高炉温比延长炉内物料的停留时间更为重要。

③ 对于该种炉型，碳酸盐的分解主要发生在料管入口以上的稀相区内，其分解量占炉内分解量的 90% 左右，在入料口以下的浓相区内，分解量仅占 10% 左右。

④ 当炉用燃料占总燃耗（指 NSP 系统）的 50%～60% 时，对于挥发分较高（20% 以上）、发热量较大（22990kJ/kg 煤）的优质煤，物料在炉内的停留时间为 16～20s，就达到了 CO_2 的饱和压力，此时碳酸盐的分解率为 58%～68%，而物料在该种炉型内的平均停留时间为 1.5～2.0min，这一停留时间有利于劣质煤的燃烧。因此，在生产过程中应该发挥这一特性，对于劣质煤能够适应的程度还有待于结合操作情况进一步研究。

⑤ 流化分解炉对煤种的适应性，主要依赖于物料在炉内的返混程度，返混程度较高的相应的停留时间也较长，低燃速率的劣质煤，必须要有较长的物料停留时间，才能达到既定的碳酸盐的分解率。

（3）流化分解炉的运用与实践

我院在上述研究的基础上，率先在国内开发设计了适合大型水泥厂改造的 NFC 分解炉，并运用于淮海水泥厂的技术改造中，取得了成功，其各项技术指标达到和超过了设计指标。表 3 所示为现场实测结果。

表 3　NFC 炉实例结果

类别	参数	类别	参数
出口温度/℃	850±5	流化风量(标准状态)/(m³/h)	27500
炉内温度/℃	845±5	煤风量(标准状态)/(m³/h)	2050
入炉料温度/℃	700±10	三次风量(标准状态)/(m³/h)	12050
分解率/%	58～62	过剩空气系数	0.975

表 3 所示实测结果与理论计算结果吻合较好，从而进一步说明理论分析的正确性和可靠性。上述这一实践为 NSP 新系统的开发设计及老厂的技术改造提供了可靠的基础数据，为以后新建厂的生产调试奠定了基础。

三、系统的结构参数、特性参数及特点

我院近几年新开发设计的中小型系列产品的主要技术参数见表 4。

目前我院开发设计的 300t/d 生产工艺线，在国内已投产 8 条，各项技术指标基本达到或超过了设计指标，得到厂家和社会各界的好评。继 300t/d 和淮海水泥厂改造工程成功之后，我院又开发设计了 1000t/d 的 SP 和 NSP 系统，目前已向社会广大用户推广实施，为社会创造更好的效益。为了更好地让用户对我院新开发系统中的烧成部分有一个全面的了解，特进行如下介绍。

① 在预热器的设计中，每级旋风筒均增加了利用特殊材料制成的导流板和疏流器，有利于降低系统的阻力；同时每级风管上均装有撒料装置，从而提高了系统的热交换效率。在

表4 中小型规模的烧成系统参数

类型	预热器结构参数 /m	各级旋风筒出口气温 /℃	各级旋风筒分离效率 /%	各级旋风筒压降 /×9.81Pa	回转窑或分解炉 /m	系统总压降 /×9.81Pa	框架高度 /m
300t/d SP	φ2.57	320~330	94.5~95.5	80~90	φ2.5×42	440~480	8.5×7.5×43.9
	φ2.577	440~460	86~88	70~75			
	φ2.577	570~590	87~89	70~75			
	φ2.945	710~740	87~89	75~80			
	φ2.945	830~860	89~91	75~80			
1000t/d SP	φ4.26	315~335	94.5~95.5	70~80	φ3.95×60	440~480	11×12×(62~64)
	φ4.61	420~460	85~87	55~65			
	φ4.61	565~590	86~87	65~70			
	φ5.03	725~750	87~89	67~80			
	φ5.03	845~870	88~91	67~80			
1000t/d NSP	φ4.26	315~335	94.5~95.5	70~80	φ3.2×46(窑) φ3.6×22 (分解炉)	450~460	11×12×(60~61)
	φ4.61	420~460	85~87	55~65			
	φ4.61	565~590	86~87	65~70			
	φ5.03	725~750	87~89	67~70			
	φ5.03	845~870	89~91	67~80			

旋风筒体设计中,吸收当今大蜗壳两段式旋风筒设计方案中的优点,即采用了三心螺旋蜗壳;在易发生堵塞的四级、五级旋风筒锥体部分增加了流化膨胀仓,增强了系统的防堵能力。

② 在流化分解炉的设计中,吸收了为淮海水泥厂设计的成功经验,进行了局部参数的调整,可望获得最佳的结果。1000t/d 的 SP 和 NSP 烧成系统的主要设计指标见表5。

表5 1000t/d 的 SP 和 NSP 烧成系统设计指标

类别	入窑物料的分解率/%		出预热器温度 /℃	系统热耗 /(×4.18kJ /kg 熟料)	系统压降 /×9.81Pa	对于劣质煤有一定的适应性
	旋风预热器内	分解炉内				
1000t/d SP	38~42		320~330	870	380~480	挥发分 >18%
1000t/d NSP	28~32	60~68	315~330	840	400~490	挥发分 >18%
	88~95					

四、结束语

通过上述一系列的理论研究、分析及对新产品性能的介绍，一方面希望能引起同行的兴趣，以达到共同研究、共同提高的目的；另一方面有意向社会广大的用户介绍我院近来的部分工作及相应的中小型产品，为用户提供一系列可供参考和选型的依据，做好自己的决策。

参考文献

[1] Cai Yuliang，Zhang Youzhou，Hu Daohe. Back calculation of technological parameters for PC system. BISCC Ⅱ，1989 (Vol. 1. 1)：114-121.

[2] 蔡玉良. 预热器系统分离效率参数分布的探讨. 水泥·石灰，1989. 2 (总8)：12-15.

[3] 张有卓，胡道和. 预分解窑系统的计算机模拟数学模拟和最优化方法在水泥工业中的应用. 南京化工学院学报，1987，4：11.

[4] 蔡玉良，王伟等. 流化分解炉冷模试验研究. 水泥·石灰，1992，2：11-18.

[5] 蔡玉良. 淮海水泥厂预热器系统局部结构改造——防止系统堵塞的一些措施. 水泥·石灰，1991，4：11-14.

[6] 蔡玉良. 立筒预热器技术改造意见. 水泥·石灰，1991，6：6-12.

[7] 蔡玉良. PC 系统的反求 [D]. 南京：南京化工学院，1988.

[8] 王伟，周迈. NHE 型高效低阻旋风预热器阻力与分离效率特性测定及其数学模型的建立. 水泥·石灰，1988，2.

[9] 蔡玉良. 旋风预热器结构优化设计的探讨——最优化方法在水泥工业工程设计中的运用. 水泥·石灰，1990，1：2-7.

[10] Zhang Youzhuo，Cai Yuliang，Hu Daohe. Multi—Objective decision making method in dynamic interactive decision support system. EPMESC Ⅲ，1990，5 (8)：1-3.

[11] Cai Yuliang，Wang Wei. The calculation and Analysis on Hot state process of the Fluidized Calcining Furnace. BISCC Ⅲ，Vol. 1：134-138.

预分解系统开发研究与设计方法的探讨

蔡玉良

水泥熟料烧成系统的发展主流——预分解系统包括：将气固分离的旋风筒；承担部分燃料燃烧和物料分解的分解炉，起换热作用的连接管道、撒料装置以及防堵和防串漏风等功能的诸多特殊单元体。这些单元体因设计制造者不同而各具风格和特点，并随着人们对减小压力降、提高分离效率和热效率、燃烧劣质燃料、减少环境污染等方面的迫切要求，其结构和性能也发生了较大变化。为此，本文将给予归纳和介绍，以期提供一些预分解系统开发设计的信息。

一、旋风筒的开发设计及其技术指标

1. 旋风筒的发展及其结构的变化

20世纪30年代初水泥工业第一台旋风预热器诞生之后发展迅速，其结构形式和性能也逐步得到了改进和提高。旋风筒按结构形式分类见表1。

表1　旋风筒的结构分类及其他

结构分类	压降 /×9.81Pa	分离效率 /%	在生料预热器上的应用情况
立式	<100	>85	结构优于其他形式,应用广泛
卧式	≤40	70~80	基本满足单元要求,得到一定应用
轴流式	<50	80~90	因存在高温堵塞及内部导向叶片耐高温含尘气体腐蚀等问题没有解决,故暂未应用

目前国外各大著名水泥公司设计生产的预热器，其立式旋风筒的发展概况、结构特征、基本工作参数范围及性能对比见表2。

表2　各主要公司立式旋风筒概况

序号	结构 图例	生产 公司	应用 年代	无因次 参数数量 /个	主要技术指标				结构特征	优缺点
					断面 风速 /(m/s)	分离 效率 /%	压降 /×9.81Pa	应用		
1		H	20世纪 30~40 年代	8	4.0~5.5	80~88	82~120	C2~C4	无特殊结构	阻力较大; 分离效率不 高;高度较高; 适应能力差; 防堵能力差; 内筒易磨损

续表

序号	结构图例	生产公司	应用年代	无因次参数数量/个	主要技术指标				结构特征	优缺点
					断面风速/(m/s)	分离效率/%	压降/×9.81Pa	应用		
2		H	20世纪40~70年代	8~10	4.0~5.5	82~90	80~115	C2~C4	顶盖采用2~3心蜗壳结构	进口气流冲击内筒有所缓解;阻力有所降低;效率稍有提高;内筒磨损现象有所缓解;其他同1
3		H	20世纪80~90年代	12~14	4.0~5.0	82~90	65~80	C2~C5	顶盖采用3~4心蜗壳体;可设有导流板;内筒采用板块结构	阻力有所降低;分离效率有较大提高;适用能力有所增加;内筒磨损较小;防堵能力较4差
4		H	20世纪80~90年代	14~16	3.5~5.0	85~90	60~75	C2~C5	锥体成歪斜体,其他同3	防堵能力较1、2、3好;空间布置较1、2、3优;其他同3
5		S	20世纪80~90年代	12~14	5.0~7.0	82~88	70~90	C2~C5	顶盖形式与H公司产品相同,而直筒段柱体部分则较长,锥体较短	同规模的旋风筒较其他公司的小;其他基本同4
6		S	20世纪80~90年代	14~16	5.0~7.0	82~87	65~85	C4~C5	进口为六棱形,是S公司的专利;顶盖同5;无内筒;蜗壳变化采用等高度变角度方式	无内筒不会因内筒烧坏造成性能变化;阻力较5稍有降低;分离效率也稍有降低
7		F	20世纪80~90年代	12~14	4.0~5.5	85~89	60~75	C2~C5	顶盖形式与4、5基本相同;直筒段与5基本相同;有导向板或减阻措施;蜗壳变化等角度变高	蜗壳形式与上述均不同;相应阻力较上均有降低;分离效率同上;锥体部分也可成斜锥以助物料流动
8		O	20世纪80~90年代	14~16	3.5~5.0	83~89	50~70	C2~C5	顶盖采用4心蜗壳,最大偏心距e=1m;有导流板;内筒有整流设施;柱体段较短;蜗壳变化等角度变高	阻力较低;分离效率同上;直筒段较短,有较好的组合构造特性;防结拱和防堵能力稍强
9		R	20世纪90年代	12~14	4.0~5.0	85~90	60~70	C2~C5	顶盖为斜顶盖,法线与柱体中心轴线成一定夹角;内筒为马蹄形上小下大	体现了该公司的设计特色制作难度可能大些;其他性能与上述各公司相同

2. 旋风筒设计指标的测试、控制及估算

衡量预热器旋风筒性能最常用的两项指标是压力降和物料分离效率。这两项指标的概念和意义较直观，易于测定和估算，在设计工作中备受设计者的重视，但对影响其参数变化的内在微观行为如流场、压力场、湍流度场、浓度场以及温度场等分布是否合理，很少进行讨论。实践证明：这些场合理与否将直接影响上述指标的实现。因此，评定构成预热器的旋风筒设计除考虑上述两项指标外，通过实践总结，人们又提出了反映气固动态行为的返混度和气固停留时间之比的概念。另外，旋风筒自身防串漏风特性和物料流畅特性也是不可缺少的考虑因素。同时，旋风筒的设计还受到空间结构的经济性限制。如何使上述一系列指标均达到最佳，这是设计工作的目标和原则。预热器中各级旋风筒的指标分析如下。

（1）旋风筒分离效率

分离效率不仅取决于旋风筒结构和操作状态，而且还与被分离的粉体特性及其粒度分布有着重要的关系，用数学的语言描述为：

$$\eta_{总} = \int_0^\infty \eta_i(\vec{K}, \vec{\theta}, d_p) \cdot f(d_p) \cdot \mathrm{d}d_p \tag{1}$$

式中　　　$\eta_{总}$——总体分离效率，%；

$\eta_i(\vec{K}, \vec{\theta}, d_p)$——单颗粒径分离效率，%；

$f(d_p)$——颗粒径分布函数；

$\vec{K}$——旋风筒结构参数群构成的集合；

$\vec{\theta}$——操作参数群构成的集合；

d_p——颗粒径。

前人经过大量的理论分析和实验研究，已总结了近十几种理论的、经验的和半理论、半经验的单颗粒径分离效率计算式 $\eta_{总} = \eta_i(\vec{K}, \vec{\theta}, d_p)$，如以 Rosin-Ramber，Shepherd，Lapple 等人为代表建立的转圈理论模型；以 Barth，Stairmand，Terlinden 等人为代表建立的筛分理论模型；以及以 P. W. Dietz 为代表建立的"三区域"理论模型等。然而这些计算模型建立时都有一定的假设条件，故运用时都有其局限性，且粉体粒径分布函数的确定需用逐步逼近的方法求得，困难而又繁琐，因此很难在实际工作中得以充分的运用。为此，人们常常采用某一特征粒径 d_{pt} 运用单颗粒径分离效率公式来近似地估算某种粉体群的总体分离效率。目前最简捷的方法就是采用模型相似理论，制作模型或者采用实物进行冷模实验，并将获得的结果再针对将要运用的条件进行修正。然而此法只能在给定结构的基础上实现操作状态参数的优化，不能实现结构优化设计，是不全面的优化过程，同时采用实验方法进行全面的优化也不可能。因此人们常采用理论分析与实验相结合的方法，以期达到全面优化的目的。

当前人们进行比较多的实验研究内容为固气比（Z_1）与分离效率的关系（仅限于理论实验，实际过程中固气比变化的范围很小）；操作状态（$\vec{\theta}$）与分离效率的关系（如进口风速或断面风速等与分离效率的关系），具体的旋风筒实验数据见图 1。

从图中的数据很容易进行操作状态的判断和优选。有关文献以非线性规划和映射理论为基础，在保证系统总体目标最优的条件下，对四级旋风预热器进行了全面的分析和研究得出，各级旋风筒分离效率以 $\eta_1 > \eta_4 > \eta_3 > \eta_2$ 的顺序设计比较合适，五级预热器则以 $\eta_1 > \eta_5 \geqslant \eta_4 > \eta_3 > \eta_2$ 的顺序设计比较合适，其具体要求见表 3。

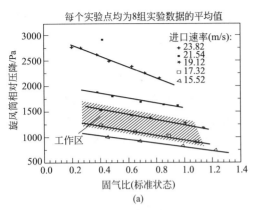

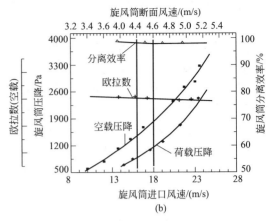

图 1　影响旋风筒分离效率的单因素实验结果

表 3　预分解系统中各级筒分离效率　　　　　　　　　　单位：%

类别	C1	C2	C3	C4	C5
	η_1	η_2	η_3	η_4	η_5
界限	>90	>80	>82	>84	>84
一般取值	92~96	82~84	82~85	84~90	84~92

（2）旋风预热器的压力损失

压力损失的大小直接影响投产后的生产成本。设计时，在保证其他性能指标的条件下，应尽可能设计到最低。同分离效率一样，压力降取决于单体的内部结构及操作状态和所处理的介质性能，用数学语言可以描述如下：

$$\Delta P = \Delta P(\vec{K}, \vec{\theta}, G) \cdot f(c_i) = \varepsilon(\vec{K}, \vec{\theta}) \cdot \rho \cdot \frac{v^2}{2g} \cdot f(c_i) \tag{2}$$

式中　G——物性和介质常数构成的集合；

　　　ρ——介质密度；

　　　v——某一特征工作风速（一般用进口风速）；

　　　g——重力加速度；

　　　$f(c_i)$——物料浓度对压力损失的修正函数。

表 4 所示为有关文献归纳出的 5 种形式的修正函数。

表 4　浓度修正函数

序号	表　达　式	说　明
1	$f(c_i) = 1 - 0.0198\sqrt{c_i}$	c_i 为进口浓度（kg/m³）
2	$f(c_i) = \dfrac{1}{1 + 0.0086\sqrt{c_i}}$	c_i 为进口浓度（g/m³）
3	$f(c_i) = \dfrac{1}{0.013\sqrt{c_i + 1}}$	c_i 为进口浓度（grains/ft³）
4	$f(c_i) = 1 - 0.4\sqrt{\dfrac{c_i}{1000 \times \rho g}}$	c_i 为进口浓度（kg/m³）
5	$f(c_i) = 1 + K_1 \times c_i^n$ $n = K_2 \times c_i^{K_3}$ $K_1 = 0.45；K_2 = 0.0098；K_3 = -3.1$	c_i 为进口浓度（kg/kg气）；K_1、K_2、K_3 为经验常数

$\varepsilon(\vec{K},\vec{\theta})$ 为不同结构的旋风筒在空载状态下的压力损失系数，同样众多的研究者分别在转圈理论、筛分理论、边界层理论的指导下与实践相结合建立了计算式达几十种之多。在相应的运用范围内，这些计算式已能得到近似的描述和估算。但构成预热器的旋风筒不同于普通的旋风收尘器，这些计算式不适用于旋风预热器的压损估算。鉴此，文献［7］已针对预热器系统中旋风筒的结构特征和具体工作状态，对前人建立的各种计算式进行了筛选和修正，使其估算误差＜5％，基本上能够满足工程设计的需要，计算式如下：

$$\varepsilon(\vec{K},\vec{\theta})=\left(\frac{1.82}{K_1}\right)^{2n}-1+\left(\frac{A_i}{A_o}\right)^2\cdot\frac{3(1-K_1^2)}{3-K_1^2}+4\pi f\left(\frac{S}{d_e}\right)\cdot\frac{1}{K_1^{2n}}+$$
$$\frac{4\pi fS[1+K_1^{2(1-n)}]}{a(1-K_1^2)}+\frac{4\pi f(H+L-S)}{a(1-K_1^2)} \tag{3}$$

式中　A_i——进口面积；

　　　A_o——出口面积；

　　　K_1——常数，$K_1=\dfrac{d_0}{D_c}$；

　　　f——范宁系数。

式中其他符号和意义见图2。其中，旋涡指数（n）由实验统计获得，或根据下式估算：

$$n=1-(1-0.673D_c^{0.14})\left(\frac{t}{283}\right)^{0.3} \tag{4}$$

压力损失系数除可采用式(3)进行估算外，也可以采用相似理论，制成模型或直接采用原型，进行测试得到（实验室内的测试需进行相应的修正）。

在实验过程中，使其工作状态达到第二自模化区后，则相应的欧拉数$\left(Eu=\dfrac{\Delta P}{\rho v^2}\right)$基本上不再受雷诺数$\left(Re=\dfrac{D\cdot\rho v^2}{\mu}\right)$的影响，而且其阻力系数$\varepsilon(\vec{K},\vec{\theta})=2\cdot Eu$。

预热器中各级旋风筒的阻力损失基本情况见表5（仅限于旋风筒自身）。

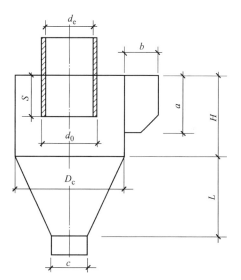

图2　符号意义示意

表5　预分解系统中各旋风筒阻力分布

类　　别	阻力分布/×9.81Pa				
	C1	C2	C3	C4	C5
界限	＜105	＜70	＜75	＜75	＜75
一般取值	65～85	35～65	40～70	45～75	45～70

（3）返混度和固气停留时间

返混度反映了物料在旋风筒内停留时间分布的离散程度，图3所示为物料在某一反应器内的停留时间（τ）密度分布函数。

其返混度常用方差的无因次参数来表示，即：

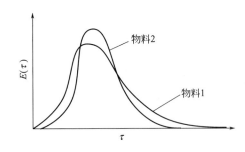

图 3　停留时间密度

$$\sigma = \frac{\sigma_\tau^2}{\bar{\tau}^2} = \frac{\int_0^\infty (\tau - \bar{\tau}) E(\tau) \cdot d\tau}{\int_0^\infty \tau \cdot E(\tau) d\tau} \qquad (5)$$

停留时间分布的测定，南京化工大学硅酸盐工程所胡道和教授就此提出了示踪物化学测试法、电磁在线测试法和光电停留时间测定法三种，同时开发研制了相应的测试仪器，并在实际工程测试中均得到了广泛的运用。

对于用于不同目的的热工设备，其返混度（σ）的值也不相同。对旋风筒来说，返混度的大小直接影响其分离特性。一般情况下，预热器中旋风筒的分离效率越高，越有利于系统的操作和热效率的提高，因此不希望物料在旋风筒内有着较强的返混度。

固气停留时间之比$\left(K_\tau = \dfrac{\tau_m}{\tau_g} \right)$反映了物料在其内部的滞留时间，它包括了气固之间的滑移造成的滞后和物料强烈返混造成的滞后。凡 $K_\tau = \dfrac{\tau_m}{\tau_g}$ 越大，返混度可能越高；$K_\tau = \dfrac{\tau_m}{\tau_g}$ 越小或接近 1 时，相应的返混度也就越小，料流流型则越接近于平推流。图 4 所示为某一特征结构旋风筒（用于 C1 筒）的实验结果。

从图 4 不难看出，在一定范围内，随着进口风速的提高，σ、K_τ 变化较为缓慢；当进口风速越过某一数值后，相应 σ、K_τ 增加较快。因此 σ、K_τ 存在着一个合理的工作临界点，其数值取决于旋风筒的结构和工作状态。一般对用于水泥工业的旋风预热器，其各级旋风筒的适宜返混度值范围见表 6。

（4）旋风筒自身防串漏风特性和物料流畅特性

有关文献报道，当料管内的串风

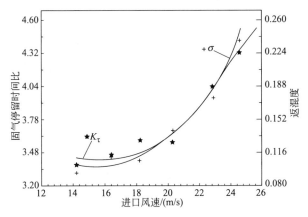

图 4　进口风速与固气停留时间之比和返混度的关系

量或漏风量占总工作风量的 10% 左右，其旋风筒的分离效率将降至零，并影响物料在筒内的流畅特性。因此，设计时对各单体防串漏风和物料的畅通能力必须重视和考虑，在生产操作过程中，则对串漏风必须加以有效控制和克服。

表 6　预热器系统中各级筒返混度情况

类　别	返混度				
	C1	C2	C3	C4	C5
界限	<0.45	<1.2	<1.0	<0.9	<0.9
一般范围	0.05~0.3	0.8~1.0	0.6~0.9	0.45~0.8	0.45~0.8

在实际生产过程中，要想彻底消除料管内的串漏风是十分困难的，因此，在设计过程中，降低因串漏风对分离效率的敏感性十分重要。常用方法是采用特殊结构设计，以设法减

小旋风自然长或隔离串漏风造成的二次飞物。如：增长锥体或柱体的实际长度或增加膨胀型料仓，均可避免旋风尾涡的卷吸。图5所示为某种特征结构的旋风筒串漏风系数对其分离效率的影响实验结果。

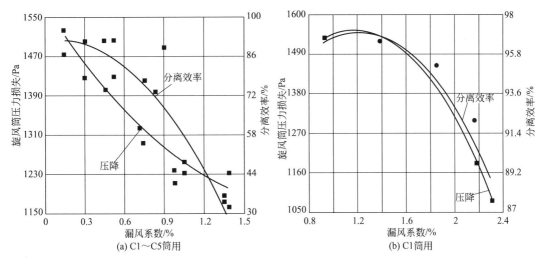

图5　串漏风率对分离效率的影响

由图5可知，料管内的微量串漏风可能有利管道畅通，便于物料流动和排出，分离效率有所提高。当超过某一临界点后，随着串漏风量的增加，分离效率将随之急剧下降。因此应将串漏风严格控制在其许可的最低范围（表7）。

表7　串漏风系数值及运用范围　　　　　　　　　　　　　　　　　　单位:%

类　　别	C1	C2	C3	C4	C5
漏风系数许可值	<1.4	<0.65	<0.70	<0.75	<0.8
一般控制范围	0～0.75	0～0.5	0～0.55	0～0.60	0～0.65

旋风筒下料管的流畅特性，有关文献分析：对于一定的物料流量，当其流距比超过一定的数值后，被捕积的物料能够顺利地被排卸，物料不会出现短期静止而堆积结拱现象，有利效率提高，若将旋风筒的锥部设计成偏心锥体或在锥部增设偏心扩大的膨胀仓，以形成偏心流场，更利于物料的自我流动和排卸。

（5）三维空间流场的合理分布

合理的三维空间流场分布是构成上述良好特性的基本保证。Terlinden 早在1944年就对旋风筒的流场进行了测定和分析，随后国内外的学者针对旋风筒自身结构形状对气流运动的影响，进行过较多的测试、分析和研究。目前国内常采用的测试和研究手段是利用五孔球型探针、三维热线测速仪、激光多普勒测速仪进行测定或者在一定的理论模型指导下利用计算机进行数字模拟计算，以获得理想的流场分布。除了上述各种评价特性和研究过程外，设计时，还需考虑更多的旋风预热器性能，如：反映物料分布特性的浓度场，反映热交换能势和促进热化学反应过程的温度场，以及反映流体湍动的湍流度场等。但是对于一些设计者来说，限于手段和经济条件的制约，往往很难进行较为全面的分析、研究和估算，因此，在设计时可以根据其具体情况和已有的成功经验进行设计，也能基本上满足设计要求。

二、分解炉的开发设计及设计指标

1. 分解炉发展及其类型

自 20 世纪 70 年代第一台分解炉窑诞生以来，经过十几年的大力发展，目前分解护的型式已达 40 多种，就其工作原理（即介质的流动特征）可分为流态化、喷腾式、强涡端旋流式和管道式等几类，就其总体性能说均能满足分解反应的要求，其差别主要表现在对环境的适应性方面，其各自的差别及性能比较见表 8。

表 8　分解炉分类及基本参数

分解炉形式	基本指标参数	基本特征	优缺点
喷腾式	①炉子断面风速为 5.5～9.5m/s ②物料停留时间为 8～17s ③工作温度为 870～920℃ ④炉内物料分解率达 85%～92% ⑤空气过剩系数为 1.05～1.25 ⑥压力降为 588～883Pa ⑦缩口处风速为 26～40m/s	该炉主要依靠喷腾将物料分散到整个炉膛内，内部存在喷腾区和环形区。有些炉子还可引入回旋风，以加强气固的混合换热和反应的进行； 燃料分多点加入； 离线式：燃料在纯空气中燃烧； 在线式：燃料在过剩空气的废烟气中燃烧	①物料分布、温度分布均没有流态化炉、管道式分解炉均匀； ②可进行高温（870～920℃）操作； ③可进行离线和在线设计； ④有些炉型 NO_x 浓度较低； ⑤常因强料流脉冲或三次风不畅造成场料堵塞（针对离线式分解炉）
强涡端旋流式	①炉子断面风速变化较大，风速变化较宽，为 5～20m/s ②物料停留时间为 7～18s ③工作温度为 860～910℃ ④炉内物料分解率达 85%～92% ⑤空气过剩系数为 1.05～1.25 ⑥压力降为 588～883Pa	该炉常分成三个室，即 SB、SC 室和 MC 室，在 SB、SC 室内燃料与纯热空气混合进行预燃烧，炉内具有较强空气的强烈混合的旋流和湍动、空气的强烈预混合，在 MC 室内进行进一步的燃烧、混合和分解反应； 物料和燃料常采用多点加入式	①两室温度分布稍有差别； ②物料分布和喷腾式相当，没有流态化炉和管道式均匀； ③常采用在线设计，局部为离线，即所谓的"离线预燃"、"在线分解"； ④有时因局部过热而产生结皮； ⑤该炉属于高温操作与流态化炉相比
管道式	①炉子断面风速为 8～18m/s ②物料停留时间为 8～20s（顶部采用特殊结构时为 30s） ③工作温度为 880～920℃ ④炉内物料分解率达 85%～90% ⑤空气过剩系数为 1.1～1.20 ⑥压力降为 392～785Pa（顶部有特殊结构为 785～1080Pa）	该种炉型为管道流，为了延长物料在管道内的停留时间，常将管道做得很长，或在管式炉顶增加一特殊结构的分离器，以加强粗物料的再循环。炉中也可设置多缩口，以形成多级喷腾效应，物料及燃料常多点加入	①温度分布较均匀； ②物料分布均匀性介于流态化炉和其他几种炉型之间； ③常采用在线设计或局部离线设计； ④不易结皮
流态化式	①炉子断面风速 稀相区：为 3.5～5.5m/s 浓相区：为 7.5～12m/s ②物料停留时间为 45～140s ③工作温度为 865℃±10℃ ④炉内物料分解率达 60%～75% ⑤空气过剩系数为 0.95～1.05 ⑥压力降为 785～1030Pa	该种炉型靠布风板喷出的流化风进行流化，三次风从中以割向加入。炉内存在着浓相区和稀相区。空气过剩量小，空气过剩系数可以控制在 0.95～1.05，和预热器共同作用，可使系统的废气量小于 $1.55m^3/kg$ 熟料，该炉和垂直烟道一起实现入窑物料分解率的"二次到位"，燃料常多点式加入	①物料在浓相区和稀相区内分布得比较均匀； ②温度分布均匀，炉内温差常在 ±10℃内，不会产生局部过热现象，更不会产生结皮； ③炉子运行比较稳定； ④和窑尾上升管道一起使入窑物料分解率达到 90%～95%； ⑤有利于劣质燃料的燃烧和运用； ⑥低温操作，NO_x 浓度较低

2. 分解炉设计指标的测试分析与控制

分解炉作为预分解系统的核心部分，担负着完成预分解系统内气固的混合、燃烧、传热、传质、分解、动量传递的全部过程。由于分解炉操作过程及其内物料的高温反应过程的复杂性，使得炉体结构设计、系数确定和技术指标估算等难度大，因此分解炉的设计过程是一项复杂的多学科的综合过程。

分解炉的设计程序为：首先确定分解炉与回转窑的连接方式（"在线式"或"离线式"），确定分解炉的类型（喷腾式、流化式、涡端旋流式或管道流式）及燃料加入方式（高温新鲜空气或高温烟气），在此基础上，根据现有技术水平和确保系统优化的原则，完成整体目标的分解和各目标值的确定。

通过长期的生产实践，已总结了一套可参考的国内外公认的衡量分解炉目标值的经验，介绍如下。

（1）分解炉内部气流场、压力场分布要合理，浓度场、温度场分布要均匀

① 气流场及压力场分布合理，不应产生强旋和出现死角。图 6 所示为我院近年来开发研究并投入生产运行的两种分解炉的三维流场分布，均较合理。

② 浓度场分布应趋于均匀，不应在炉内形成过浓和过稀相区，更不应该产生局部堆料。虽然目前对点浓度的测定尚存在着一定的难度和测试方法与手段方面的争议，然而可以利用三维流场和压力场进行浓度场分析，只要内部不产生强旋和强回流区造成物料离析，一般浓度场的分布能够满足工程设计的需要。

③ 反映化学反应过程和传热势能的温度场应均匀，不应有局部过热现象存在。因此分解炉用燃烧器设计时，应采用多个燃烧器，以加强燃料在炉内的合理分布、混合、扩散和燃烧，保证炉内温度分布均匀。

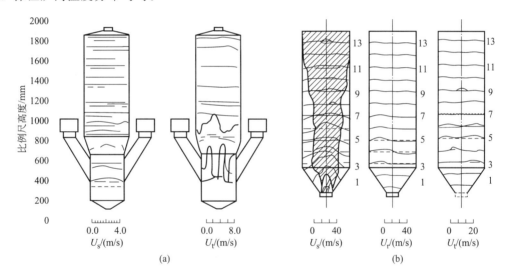

图 6 流场分布示意

（2）分解炉的得率要高

在相同的炉内容积和温度分布的条件下，要求分解炉的得率（包括燃烧效率、传热效率、分解率和物料的处理）要高。

① 提高燃烧效率。燃烧效率的高低，取决于炉型和结构、操作状态、燃料的品位及其在炉内的停留时间。在保证出预热器的 CO、O_2 含量较低和不发生堵塞的情况下，也可以使得部分燃料进入预热器垂直烟道内燃烧，以有利于 O_2 含量的降低和窑内排放 NO_x 浓度的吸收，并仍能获得高的燃烧效益。

② 高分解率。物料的分解是建立在有效的燃烧、良好的换热、传质和化学反应的基础上，分解率的高低取决于炉体的结构和系统的操作状态等。在满足其他生产操作的条件下，一般要求物料有 $85\%\sim95\%$ 的分解率，大型厂应该大于 90%。设计时应注意，既要求单位时间单位体积内处理的物料量大，又应保证投产后系统的安全运行。

（3）降低返混度

在保证较大的固气停留时间之比$\left(K_\tau = \dfrac{\tau_m}{\tau_g}\right)$的条件下，应尽可能地降低物料在炉内的返混度（$\sigma$）。因为较高的$K_\tau$，相应的颗粒与气流间的滑差速率较大，有利传热和物质的扩散以及分解反应的进行；而较低的返混度能保证物料在炉内有均衡的停留时间，使得已分解的物料能够及时排出，没有分解的物料保持相同的炉内停留时间，以避免产生过早地逃离或滞留现象，图7所示为针对某一特殊结构的流化分解炉实验研究结果。从图7不难看出，当断面风速较低时，K_τ较大，随着断面风速的增加，K_τ值趋于减小，但当其越过某一临界点后，K_τ反而增大。对于分解炉来说，K_τ的增大和σ的降低有利于分解炉内"三传一反"过程的进行和完成，但分解炉的操作阻力也相应地增加，因此存在一个合理的选择过程。图8所示为其他各种分解炉的K_τ、σ与相应风速之间的关系。

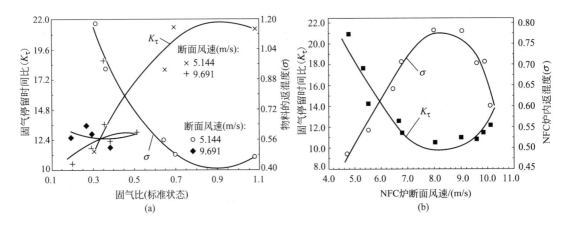

图7　工作状态与固气停留时间和返混度的关系

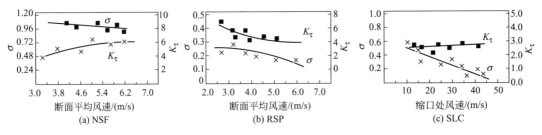

图8　工作状态与气固停留时间之比及返混度之间的关系

（4）物料在炉内的绝对停留时间

不同形式的分解炉，虽具有相同的容积，但由于工作原理、结构形式和操作状态有着较大的差别，固体物料在其内部的停留时间也存在着较大的差异。在掌握原燃料的基本特性的情况下，合理地选择炉型是相当重要的。针对某一选定的炉型，虽然K_τ已定，但是由于空间结构的差异，物料需要的绝对时间也不相同，物料在分解炉内的停留时间应由其过程控制作用的时间来定，"七五"期间，国内有关机构对国内引进技术以及国内自行开发的各生产系统进行了一次全面的反求和标定工作，相应的停留时间见表9。

表 9 各厂分解炉内物料停留时间实测值

厂　别		冀东	宁国	淮海	柳州	万年
规模/(t/d)		4000	4000	3500	3200	2000
炉型		NSF	MFC	NFC	SLC	RSP
K_τ	冷模	5.50	15.60	11.30	2.70	4.60
	实测	3.68	27.10	26.26	4.76	1.45
物料停留时间(τ_m)实测值/s		10.40	84.00	62.50	11.75	5.60

(5) 炉内的湍流度场

湍流度 $\varepsilon = \dfrac{\sqrt{\overline{W^2}}}{\overline{W}}$ (W 为炉内某一空间点脉动速率，$\overline{W}$ 为流体时均速率值)，表征了流

体的湍动程度，ε 值越大，流体脉动程度越高，越有利于燃烧过程中
的介质的混合、扩散和分解反应的进行。图 9 所示针对特定结构的流
化分解炉采用二维热线仪实测的结构，测量时采样频率为 2000Hz，
从整个炉内的湍流度场来看，其湍流度平均值为 35%～45%，而一般
手工业管道其湍流度值仅为 5%～7%。由此可以推测，采用长管道式
分解炉，其湍流度也不会太高，流态化分解炉因具有物料在炉内的停
留时间长、湍流度大等特点，对燃烧劣质煤十分有利。

(6) 炉内的热负荷和料负荷

分解炉内的热负荷（包括容积热负荷和截面积热负荷）、料负荷
（容积料负荷）也是分解炉设计的控制目标。由于不同的生产线使用
的炉种、采用的连接方式、微增型还是全增型、燃料加入的比例等不
同，分解炉的热负荷和料负荷差别很大。即使是同种炉型，因计算方
法不同其结果也有较大的差异。因此在设计比较时，只能对已有的同
类炉型且用相同的计算方法得出的热负荷、料负荷进行比较，才有参
考意义。表 10 所示为我院新近开发设计的两种分解炉的有关性能指标。

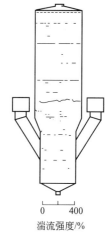

图 9 NEC 流化分解炉
湍流度场分布

表 10 新开发设计的两种分解炉的有关性能指标

性　能	炉　型		
	NDS(双喷腾)	NFC-1 型	NFC-2 型
系统规模(2000t/d)	2000	3500	4000
炉型主体尺寸/m	$\phi5\times17.00$	$\phi4.83\times22$	$\phi6.4\times20.5$
系统配合状况	全 NSP	半 NSP	全 NSP
炉内有效容积/m³	301	319.5	489.4
炉用燃烧比值/%	60	30	55～60
容积热负荷/[×4.18kJ/(m³·h)]	1.32×10^5	1.18×10^5	1.52×10^5
截面积热负荷/[×4.18kJ/(m²·h)]	2.52×10^5	2.59×10^5	2.77×10^5
容积料负荷/[kg/(m³·h)]	450	372	554

三、预分解系统的设计及特征

预分解系统设计是在满足上述单体技术要求和组合性能的条件下所进行的单体和组合体的设计过程。随着 CAD 技术的应用，为这一过程提供了快捷的途径，特别是三维空间立体图的设计，使得设计结果更加形象化，减少了空间设备相互碰撞的概率，使得工艺布置更加紧凑、流畅、合理。

1. 各级旋风预热器结构的设计

旋风预热器结构的开发设计在系统热平衡计算和系统目标分成的基础上进行。设计方法通常是在已知每级旋风筒需处理的气体量、工作温度、负压以及欲达到的技术指标要求的前提下，进行分步设计。设计完成后再进行旋风筒性能的全面估算，若不合适，需进行进一步调整。

（1）旋风筒的直径设计

筒体直径 D 由 $D=\sqrt{\dfrac{4Q}{\pi v}}$ 计算得到。

式中　Q——处理的气体量，m^3/s；

　　　　v——断面风速，m/s，取决于旋风筒的形式和级别，一般取 $2.5\sim8.5m/s$，具体由各设计者和技术开发商依经验确定。

（2）旋风筒顶盖设计

顶盖多心分布见图 10。其中偏心距 e_i 和偏心角 α_i（$i=1$，2，3，$4\cdots n$）及采用几心是关键技术参数，设计者和技术开发商不同，其取值也不同。各联接弧形半径为 $R_j=R_{i-1}+e_i$（R_0 为柱体半径）。

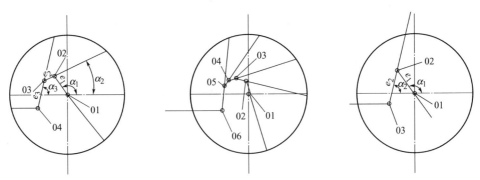

图 10　蜗壳顶部多心分布示意

（3）旋风筒的主体蜗壳、柱体和锥体设计

对 C2～C5 旋风筒存在着两种设计倾向。其一是低风速（进口风速 12～16m/s；断面风速 4～5m/s）、大蜗壳、短柱体结构。该种旋风筒横向尺寸较大，高度较低，属于矮胖型结构。其二是高风速（进口风速 18～22m/s）、小蜗壳、长柱体结构。该种旋风筒横向尺寸较小、高度较高，属长瘦型结构。无论采用哪一种型式，其锥体和柱体总长度要大于旋风自然长，以避免二次扬尘，降低其效率。在没有采用减阻措施的情况下，压力损失前者低于后者，两者分离效率基本相当。旋风筒主体、柱体、锥体设计见图 11。

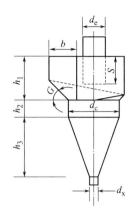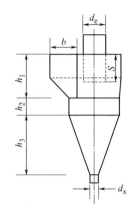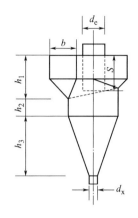

图 11　旋风筒的主体、柱体和锥体设计示意

（4）减阻措施

在设计中，为了进一步降低阻力损失，在确保分离效率没有较大变动的情况下，在蜗壳进口处设置导流板，在出口内筒内设置整流器或者采用特殊的内筒形式（如马蹄形内筒，板块内筒）以及特殊的顶部蜗壳形式（如蜗壳顶盖的法线与柱体的轴线成一定的夹角等）。有关蜗壳与柱体的联接面与水平面的夹角和锥体母线与水平面的夹角应大于相应状态下物料的休止角或物料与内壁的内摩擦角，以保证物料的顺畅排出。

2．连接风管与撒料装置的设计

连接风管与撒料装置是预热器系统进行气固换热的主要空间，其换热量约占总换热量的70％以上，目前管道入料口下端一般均设有撒料装置，其形式见表11。设计中应根据具体条件确定形式，也可将各种形式进行一定的组合，以获得最佳的分散和换热效果。

表 11　撒料装置的型式

示意图	优缺点	示意图	优缺点
物料入口 箱体式撒料器 （气流方向）	①结构简单； ②阻力损失小； ③撒料效果一般； ④撒料效果不能调整	物料入口 导向式可调撒料板 （气流方向）	①撒料板可以调整； ②结构复杂； ③阻力损失较小； ④撒料效果较好
物料入口 固定式弧型撒料板 （气流方向）	①要求弧形板材料耐热耐磨； ②有一定的阻力损失； ③撒料效果稍好； ④不能进行调整	物料入口 孔板式撒料板 （气流方向）	①采用孔板式,结构简单； ②阻力损失影响较大； ③效果取决于操作和一次性设计好坏
物料入口 延伸式可调撒料板 （气流方向）	①对材料要求较高； ②可进行调整以找到最佳效果； ③有一定阻力； ④物料分散较好； ⑤撒料板上可有规律分布小孔	物料入口 高能态气体入口 （气流方向）	①过程比较复杂； ②分散效果可以调节； ③对系统热效率有一定的影响； ④不影响系统阻损

物料在风管内主要是在逆向气流的减速段和反向同流加速段完成换热过程，从完成换热角度和总体布置要求来看，在物料分散良好的状态下，换热所需的管长已不是决定性的因素，而总体布置所需的长度是决定性的，因此，风管的长度应视总体布置和保证物料流管能够顺畅而定，其风速应视物料在管内能合理分散和不产生短路而定，一般最低风速应不小于 $10m/s$。

3. 物料下料管的位置设计

物料下料管的位置以物料不发生短路为好，一般可按式（6）的比值考虑，式（6）中的符号见图 12。

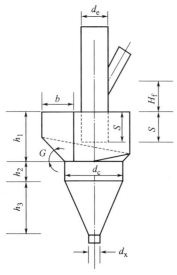

$$k = \frac{H_f + S}{d_e} \tag{6}$$

通过对已投入生产运行的厂家进行大量的统计，其平均值 $k = 2.01$。具体设计时也应根据物料的分散情况进行取值，分散效果好的 k 值可以小些，分散效果差的 k 值取大些。

4. 分解炉的结构设计

分解炉的结构设计是根据其要求处理的气体量、燃料的加入量、物料的加入量、内部的工作温度和要求达到的物料分解率及所需要的气固停留时间等指标而进行的。由于性能改善的需要，设计时往往也考虑在内部采用特征设计。如管道式分解炉，为了降低 NO_x 浓度，可采用多点布置燃烧器；为了延长物料在炉内的停留时间，可在炉中加入特殊的分离循环结构。再如喷腾式分解护，为了加强物料与气体的换热和延长物料的停留时间，可

图 12　符号意义示意

在其内部合适的位置增设缩口效应，以形成二级喷腾或多级喷腾；为了克服塌料现象，也可采用少量高能态气体进行扰动，强制其内部的流场、浓度场趋于均匀等。

5. 整体设计

在各单体结构确定后，可在计算机上利用 CAD 技术实现单体结构设计和总体布置设计。在总体设计时，既要求留有合理的维护空间和保证工艺料流、气流顺畅所需的布置空间，又要求有较小的空间水平面占有量，并要求重力荷载分布合理，以降低系统的建设费用。同时，还应选择密封性能较好的锁风阀及其他辅助设施，以实现整体预分解系统的最优设计。

参考文献

［1］ 陈明绍等. 除尘技术的基本理论与应用. 北京：中国建筑工业出版社，1981.

［2］ P. W. Dietz. Collection Efficiency of Cyclone Separators. AICHE Journal，1981，27（6）.

［3］ CAI Yuliang et al. Back calculation of technological parameters for PC system. In：BISCCⅡ. 1989.

［4］ 蔡玉良. 预热器系统分离效率参数分布的探讨. 水泥·石灰，1989，12.

［5］ 谭天佑，梁凤珍. 工业通风除尘技术. 北京：中国建筑工业出版社，1984.

［6］ 刘寿锦. 低压损旋风筒的应用与研究. 水泥技术，1987.

［7］ 蔡玉良. PC 系统的反求 ［D］. 南京：南京化工学院，1988.

［8］ 蔡玉良. 淮海水泥厂预热器系统局部结构改造——防止系统堵塞的一些措施. 水泥·石灰，1991.

新型预分解系统的研究开发和设计特点

王　伟　蔡玉良

一、概述

　　引导烧成系统发展主流的预分解系统，在近半个多世纪的发展过程中，经历了开创、发展、提高和开拓创新的四个阶段，每一个阶段的发展动力主要集中在如何提高系统的热效率，降低系统的能耗（包括一次、二次能耗）及提高系统的运转率等综合技术经济指标上。

　　自从 20 世纪 30 年代初第一台生料预热器专利诞生以来，以预热器、回转窑、冷却机为主要子系统构成的煅烧系统，开始领导了水泥熟料煅烧工艺过程的主流，使得水泥煅烧工艺迈开了节能的第一步，并为大型干法生产煅烧工艺奠定了基础。1970 年，人们在经过了大量的基础理论研究的基础上，发现，如果将碳酸盐的分解过程从回转窑内移至专门设计的独立单元反应器（分解炉）内完成，不但能够充分发挥现有各设备应有的能力，而且还有利于系统产量、热效率和运转率的提高。自此，第一台新型预分解系统在日本诞生了，为大型干法水泥熟料煅烧工艺开辟了新的途径。随后限于知识产权保护的要求，世界各水泥公司相继以单元操作为特点，分别开发设计了具有各公司特点的新型预分解系统达 40 种之多，竞相出现在当今的水泥熟料煅烧工艺的技术市场上，完成了水泥熟料煅烧工艺技术的发展阶段。

　　随着世界能源危机的出现、加剧和影响，人们在进一步地降低能耗及系统对不同种燃料的适应性方面和长期保证系统稳定运行方面做了大量深入细致的研究工作，并取得了令人满意的结果。这一阶段的主要表现特征如下。

　　① 强调了单元操作的特点，将水泥熟料的煅烧工艺过程按不同的物理、化学过程特征分阶段地完成。例如：各级预热阶段主要是在管道内物料与气流接触的加速段完成的，因而强调了管道内物料分散过程对管道换热的作用，加强了管道换热；旋风筒在整个预热器系统中主要任务是完成气固的分离，这就要求在设计的过程中怎样避轻就重地去实现整体的优化设计，以保证系统有高的分离效率和低的系统阻力；分解炉的任务主要是完成燃料的充分燃烧、换热和物料的分解以及对燃料的适应性，致使人们在分解炉的设计过程中，追求高得率（高燃烧效率、热效率、反应速率和物料的分解率）、均分布、高湍流的分解炉以及与之相适应的燃烧器系统；燃烧器是组织燃烧的重要设备，为了组织好系统的燃烧和劣质煤的运用，该领域已成为近年来较为活跃的研究领域，主要形成了以多通道为特征的各种燃烧器，为回转窑内的组织燃烧及劣质燃料的使用创造了良好的条件；箅冷机的研制方面，已由普通型的箅冷机［用风量（标准状态）为 3.0m³/kg 熟料以上，热效率为 55%～65%］发展成为目前控制流式（阻力箅板）新型箅冷机，其热效率高达 85%，用风量（标准状态）降低至

$2.1m^3/kg$ 熟料以下，为改善窑内的物化过程创造了良好的条件。但就回转窑自身的发展，经过百年的历程，已由长窑变成了短窑，在现有的设备条件下，为了更充分地扩大物料在回转窑内的换热、扩散及化学反应的进行，提出了"薄料快烧"的原则，但在换热和物质扩散方面仍未达到人们所追求的理想值，因此，逐渐将回转窑的部分功能移至于换热效率比较高的上升烟道中，缩短了回转窑的长度，也为取代回转窑的新型设备的开发与研究埋下了伏笔。这些充分体现了单元设备的设计、操作、优化的特征。

② 在单元操作和控制的基础上强调了整体组合特性优化的特征。单元体优化、操作及控制是在保证整体优化的基础上进行的，即在现有的条件下保证整体技术经济满足一定的要求。

随着人们对烧成系统的不断深入细致的研究发现，目前的回转窑作为水泥熟料煅烧的基本设备，无论在换热速率、物质扩散速率，还是化学反应速率的提高方面，均未达到一种理想的极限，尚有待于进一步改善或被其他高效热工设备所替代的趋势。例如：由 KHD 公司提出并成功运用的以 Pyroclon 和超短窑（$L/D=10\sim12$）构成的煅烧系统，就是改善煅烧系统中综合速率的一个例子；丹麦 F. L. Smidth 公司以单级喷腾和多级喷腾为主要过程的喷腾煅烧技术的研究；我国以及日本为代表的以单级或多级流态化为主要过程的沸腾煅烧技术的研究。特别是我国水泥科技工作者在湖北红旗水泥厂进行的沸腾煅烧技术的研究，已取得了初步的研究成果。但是这些新技术尚在理论研究和工业性试验的阶段，其煅烧的工艺过程尚存在着许多控制和实际工程运用的技术问题，离实际运用还有一段距离，有待于进一步深入研究。另外在预热器的研究方面，以 Krupp Polysius 公司为代表提出的一种全新型的气固分离器，使得立式预热器系统变成了无立式框架的水平面布置方式的预热器系统，俗称"地爬式"预热器系统，可望节约因立式预热器系统的高框架带来的高建设费和增加的辅助设备费，以减少新建厂的基本投资。这些研究工作将构成现在及未来预分解系统研究、开发、设计的发展方向。

二、当前水泥熟料煅烧工艺过程的研究及我院近十年来的开发研究工作

纵观当今水泥熟料煅烧工艺过程的研究领域，可概括如下几个方面：
① 热力学方面的研究（气固换热及反应的效率和可行性问题）；
② 动力学方面的研究（气固换热及反应的速率问题）；
③ 设备单体工作机理的研究及设计（设备结构的合理性问题）；
④ 设备组合性能的研究及设计（工艺的系统工程问题）；
⑤ 系统对环境的适应性及控制问题的研究（系统的优化问题）。

我院近十年来，在新型预分解系统研究方面的主要任务，是在硅酸盐工程的"热力学"、"动力学"这两个领域研究成果的基础上和在系统工程理论的指导下，利用现代化的技术装备及技术手段更有效地研究、开发、设计出最优的工艺系统。以下对我院近十年来关于水泥熟料煅烧工艺过程的理论研究分别介绍如下。

1. 工程性实验研究工作

近十年来，我院结合具体工程项目进行了冷模实验、热态模拟、实际工程测试研究等工作 40 多项，并将实验结果与工程实测数据进行了大量的比较、分析和建模工作，为我院的

工程开发、设计提供了一系列可靠的经验数据和实用的模型。在此过程中，利用现代化工程测试手段，完成了小至 300t/d 规模、大至 4000t/d 规模的预分解系统中各单元体设备的工作机理、结构优化等的研究和实际实验研究工作。

① 旋风预热器性能的实验研究与工业实测分析。在实验室内采用相似模拟原理，对实际设计的模型，利用现代化的测试分析手段，进行了大量的分析测试工作，如：旋风筒的流场、湍流度场的测试与分析；旋风筒局部结构对其性能的影响分析及结构的优选；衡量旋风筒各特性参量的测定与分析；以及串漏风特性的研究与分析等。并将实验测试结果与实际工程测试结果进行比较，建立了一系列实用的模型，为工程设计提供了可靠的预测手段，加速了设计工作的进程。

② 各种分解炉的实验研究。分解炉是煅烧设备的核心，同样在分解炉的研究中，针对不同类的炉型进行了大量的对比测试分析工作，如三维流场、压力场、湍流度场等的测定和分析，以便找出合理的炉型结构，以满足高得率、均分布、高湍流度的分解炉型；同时还分析测试了粉体物料在炉内的行为特性，如气固停留时间、返混度等，为炉型的设计和选择提供了依据。

③ 三通道燃烧器的实验研究。通过实验室模拟研究及现场实测研究，获得了大量可靠的实验数据，为三通道的系统化设计奠定了基础。

④ 篦冷机的实验研究。采用了实验室模拟的方法，测试和分析了不同种篦板布风的均匀性与各种粒度分布的关系，为篦板的设计提供了依据。

⑤ 辅助设备的实验研究工作有增湿塔布风板特性和分风的均匀性问题的实验研究、各种喷头的实验研究等。

上述一系列工程实验研究均取得了一定的技术成果，并将其直接运用到实际设计工程中，形成了具有我院特征的预分解系统。

2. 反求及系统计算机模拟优化研究工作

20 世纪 70 年代以后，我国的工作重心转向了以经济建设为主，并逐步实行经济开放政策。在水泥行业，大量地从国外引了一系列的水泥生产装备和工艺，在此阶段，国家为了加速我国水泥工业的发展，全面地开展了对现有技术的反求、消化、吸收和开拓创新工作，为推动我国水泥工业的技术研究和设计工作的迅速发展起到了重要的作用。在此工作中，我院也和其他重点研究设计单位一样，结合具体的引进工程项目进行了大量的反求、消化、吸收和创新工作，并为我院的技术发展奠定了一定的基础。其具体的工作有以引进的 300t/d、600t/d、2000t/d 生产系统中综合技术的反求、消化、吸收和创新工作为基础，并将其工作中的各项研究成果直接运用到了完全国产化的黑龙江鸡西水泥厂 300t/d 设计工程；南京金陵水泥厂的 600t/d 设计工程；铁道部巢湖水泥厂 1500t/d 设计工程；浩良河水泥厂的 2000t/d 设计工程中。随后在国内进行了大面积推广，有些工程技术项目也受到了外国水泥公司的青睐，如现已投产的巴基斯坦 Lucky 水泥厂的两条 2000t/d 的 NSP 生产系统，伊朗的一条 700t/d 的 NSP 生产系统等，并且在引进技术的反求工作中既培养了一批高技术素质的专业技术骨干，又为进一步的开发研究积累了一定的经验和方法。有关这方面的具体工作和研究方法，有关文献已有详细的报道。

在计算机的优化模拟研究方面也做了大量深入细致的研究工作。其具体工作如下。

① 利用非线性规划理论和映射理论进行的预热器组合性能的计算机模拟研究提出了个

体的优化是在保证整体优化的基础上进行的，并提出预热器系统中各级旋风筒分离效率的设计是在保证整体阻力最低和系统高效的情况下，按 $\eta_1 > \eta_n > \eta_{n-1} > \cdots > \eta_2$ 的设计顺序最为合理，即接近窑尾的旋风分离效率越高越有利于系统热效率的提高，澄清了过去设计中的模糊和错误的设计观念。

② 系统参数的优化设计及系统参数的合理分布是进行各子系统设计的关键，我院在这一方面也作了大量的研究和开拓性模拟研究工作。其方法是在生产实践的基础上和"三传一反"原理的指导下，通过建立系统的数学模型和实际工作中的多约束条件，并采用非线性规划的理论，设计成计算机程序，在计算机上进行寻优求解，并将其研究的结果与实测结果进行全面的比较，与实际吻合得很好，为开发工作提供了依据。

③ 优化设计。通过单一的工程性试验比较的方法进行的优化设计都是不完整的优化设计过程，为了实现全面的优化设计，以及将来实现计算机自动化设计，都离不开设计模型和设计方法的探讨和研究，在这一方面，我院也已进行过详细的尝试和研究，为该项工作的研究探索了一条可行的路子。

3. 各单元体计算机的数值模拟研究工作

热工设备的数值模拟研究是建立在计算机发展的基础之上的，特别是多维空间的数值模拟研究更是如此，是在计算机科学之后形成并迅速发展起来的一门新型的综合性学科，并率先在航天航空工业、电力工业及石油化学工业中的机械力学、空气动力学、工程热物理等专业中得到了广泛的运用，然而在水泥行业，到目前为止，仅见有零星的报道。我院在这一方面，与清华大学有关单位进行了广泛的技术合作，并探索性地将该项研究方法直接运用到水泥工程热工设备的研究中，完成了分解炉、旋风筒、燃烧器和回转窑的流场、湍流度场、温度场、压力场的模拟分析工作，取得了初步的研究成果，为工程性实验研究提供了一种行之有效的对比研究方法。

该项研究的工作步骤如下：

① 建立各系统基本的守恒方程组；

② 确定合适的边界条件；

③ 建立或选择模型对系统加以封闭；

④ 将方程进行离散化处理构成离散化方程；

⑤ 选择并制定求解的方案和方法；

⑥ 研究计算技巧；

⑦ 设计计算机程序；

⑧ 调试程序；

⑨ 模拟与实验对比；

⑩ 改进模型与解法。

以上 10 个步骤完成数值模拟的全部计算、研究和分析过程。数值模拟结果的可靠与否，将直接与上述的一系列工作有关，特别是与数学模型及边界条件和封闭性方程的可靠性问题有关，因此，目前的工作尚处于探索阶段，还有待于进一步努力。

上述三个方面的研究过程，并不是相互孤立的，而是起到相互补充、相互验证的作用。在实际工作中，除了进行一些必要的理论研究外，更注重于实践经验的积累和理论研究与实践相结合进行比较、验证和修正工作，使得基础理论的研究更接近于实际，为预分解系统的开发、研究提供了可靠的依据。

三、我院预分解系统的开发与设计特点

在上述一系列开发、研究、实践工作的基础上，我院现已自行开发设计了具有我院特征的一系列不同规模（300～4000t/d）的预分解系统，以满足社会和工程建设的需要。

1. 预热器的开发、设计特点

预热器系统是预分解系统的重要组成部分，早期我院在旋风筒的设计方面主要是沿用高风速（进口风速为 18～24m/s）的长瘦型旋风筒结构或矩形进口的老式洪堡型旋风筒来构成预热器。但随着研究工作的不断深入，目前我院自行开发设计的低风速（进口风速为 14～16m/s）、大蜗壳、短柱体（仅有短短的过渡段）、斜锥体或外加膨胀仓、导流板、整流器、特殊撒料器以及抑制二次扬尘板等构成的预热器系统，具有阻力低、热效率高、适应性宽、系统内物料分布合理、外循环小和防堵塞等优良的特性，为新建厂提供了充分的技术保证。一般情况下的特性参数见表1。在开发设计方面，有关文献对其性能以及各衡量指标已给出了详细的具体要求。

表 1 我院旋风预热器各单体的特性参数范围

类　别	C1 筒	C2 筒	C3 筒	C4 筒	C5 筒
分离效率/%	92～96	82～84	82～85	84～90	84～92
压力损失/Pa	65～85	35～55	40～60	40～65	40～65
抗漏风系数/%	0～0.75	0～0.5	0～0.55	0～0.6	0～0.65
返混度	0.05～0.30	0.80～1.00	0.60～0.90	0.45～0.80	0.45～0.80

2. 分解炉的开发、设计特点

分解炉是构成预分解系统的关键设备，目前达 40 种之多，按其气流工作原理可分为三大类，即以流态化为主要过程的流态化分解炉；以喷腾为主要过程的喷腾式分解炉；以涡湍流及管道流为主要过程的分解炉，以及上述分解炉的组合。限于工程设计的需要，我院在分解炉的选型和设计方面也经历了一个阶段的探索和应用的曲折过程，因而产生了以流态化为主的 NFC 分解炉和以喷腾为主的 NDS 分解炉，以及现在定型的混合型（NMSPC-喷腾管道式）分解炉。其具体特点如下：

① 内部温度场及物料的浓度场分布均匀，不会产生局部过热和结皮，操作稳定；

② 物料的停留时间较长（t_{NFC} 为 45～140s，t_{NMC} 为 12～25s），加上高湍流度以及低返混度，有利于劣质煤的燃烧和物料的分解反应的进行；

③ 对流态化分解炉，可采用二次到位的离线燃烧方式，有利于降低窑尾的空气系数，对 NMSPC 分解炉，其设计结构简单，便于操作和控制。

特别在多点燃烧器的配合使用下，其分解炉的操作参数更加合理，同时也有利于降低窑尾 NO_x 浓度。

在分解炉的开发设计方面，有关文献在结合实际设计经验的同时，做了大量的分析和研究，并给出了分解炉设计的衡量指标要求和应注意的事项。

3. 目前我院最终预分解定型产品

经过了近十年来的生产实践和理论研究以及反复的实践认识过程，逐步形成了具有我院特征的以大蜗壳、低风速（进口风速为 14～16m/s）、低阻力、高效率的旋风筒和混合型分解炉构成的预分解系统，该系统综合了上述所有单体设备的特点，形成了我院水泥熟料烧成系统的设计风格。

除上述定型的技术产品外，我院也完全可以根据客户和业主的需要及现场的具体情况进行其他类型的预分解系统的设计和改造工作。

四、我院的技改工作

"上大改小，改旧换新"曾经是我国水泥工业建设的基本方针，在该方针的指导下，我院在进行开发研究和工程设计的同时，也将一些单项研究的技术成果直接运用到国内的改造工程，为一些老厂的"起死回生"增强了技术经济的竞争实力，同时为其设备技术的现代化和操作管理的科学化创造了良好的条件。以下结合我院近十年来具体工程改造项目情况进行介绍。

1. 淮海水泥厂的改造

淮海水泥厂是我国"六五"期间从国外引进技术的三大（3000t/d）新型干法水泥生产企业之一，1985 年 10 月投入试生产后，由于罗马尼亚提供的成套设备在设计与设备制造质量等方面均存在着较多问题，再加上生产管理经验不足等因素，使得该系统的年运转率仅有30％左右，产量为 2500t/d 左右，严重地影响和制约了该厂经济效益的提高和进一步的发展。为此该厂于 1990 年初正式委托我院对其系统进行全面的技术改造。改造前后的生产技术指标对比见表 2。

表 2　淮海水泥厂技改前后的生产指标对比

类别	预热器型式	生产能力/(t/d)	热耗/(kcal/kg 熟料)	运转率/%	入窑分解率/%	废气温度/℃	熟料温度/℃
改前设计指标	4 级老式洪堡预热器	3000	900	82	15～20	360	环境温度+60
改前运行指标		2500	998	30	10～15	378	165
改造设计指标	4 级改造型预热器外加流化炉	3500	875	82	65	360	环境温度+60
改后运行指标		3653	870	85	65～75	354	91

注：1cal＝4.18J。

由表 2 可见该项技术改造工程是成功的，并获得了原国家建设部及原国家建材局颁发的设计金奖和工程设计一等奖，其中部分设备的研究、开发、设计项目获得国家科学技术进步二等奖，为我国现有老企业的技术改造与革新走出了一条成功之路。

2. 白马山水泥厂的技术改造

1988 年 6 月动工、1990 年 8 月点火试生产的白马山水泥厂 2 号窑节能技改工程是我国"七五"期间由湿法中空长窑改造成半干法的节能示范项目之一。该项工程共耗资 3137.82万元，关键技术设备为 F. L. Smidth 公司的技术产品，这次技改虽然取得了一定的效果，但未达到预期的目的，有些指标与技改设计指标有一定差距。为此，该厂于 1994 年 8 月正式委托我院对该系统实施再改造。再改造工程耗时 2 个月（施工），耗资 1484.45 万元，于

1995 年 5 月中旬点火生产，整个系统运转状态良好，产量最高达到 880t/d，全部指标均已达到和超过了再改造既定的设计目标（表 3）。

表 3   白马山水泥厂 2 号窑节能技改指标比较

类别	型式及说明	实施单位	生产能力 /(t/d)	热耗 /(kcal /kg 熟料)	运转率 /%	废气温度 /℃	熟料温度 /℃	熟料强度 /kPa
原系统情况	φ3.5m×145m 的湿法窑	—	600		90 以上	—	—	—
			600	1200 以上	95	—	—	—
首次技改设计指标	2 级预热器加烘干破碎机及收尘器	合肥水泥设计研究院和丹麦 F.L. Smidth 公司	850	960	82	200±20	环境温度 +60	—
首次技改运行指标			687	1143	约 60	200	180	60.20
再改造设计指标	改造预热器及辅设和更换篦冷机	我院	800	1030	82	200±20	环境温度 +60	—
再改造运行指标			855	980	84.90	180～190	95	63.30

由表 3 比较可知，白马山水泥厂 2 号窑再改造工程是成功的，为国内的湿磨干烧及湿法窑改造再次显示了活力，同时也为我院积累了湿磨干烧系统改造、设计、操作提供了成功的经验。

3. 福建永安水泥厂的改造

福建永安水泥厂是我国东南沿海地区的大型水泥生产企业，年产水泥 100 万吨，限于当地水泥市场的发展态势和当今水泥工业技术的发展形式所迫，在现有的条件下，公司为了增强企业的活力，选择了当前水泥工业新的技术成果，采用耗资少、实施周期短、见效快的技术改造方案，对该厂 3 号 SP 窑进行了全面的技术改造，以期用较少的投资，获得更大的经济效益，以增强企业的活力。为此该公司于 1994 年正式委托我院对其 3 号 SP 窑系统实施了全面的技术改造，具体情况简单比较见表 4。

表 4   福建永安水泥厂技改前后的生产指标对比

类别	预热器型式	生产能力 /(t/d)	热耗 /(kcal/kg 熟料)	运转率 /%	入窑分解率 /%	废气温度 /℃	熟料温度 /℃
改前设计指标	4 级老式洪堡预热器(SP)	1000	950	82	15～20	360	环境温度+60
改前运行指标		840	1050 以上	—	25～30	380	165
改造设计指标	4 级预热器外加 φ3.8m 喷腾炉	1320	900	82	65	360	环境温度+60
改后运行指标		1400	850	90 以上	65～75	360	92

该项改造共耗资 2600 万元，其增产吨投资额为 7 万～8 万元，相比新建厂（吨投资额30 万～45 万元）的吨投资要低许多，加上系统的改善，节约能耗带来的效益，为该厂创造了较大的经济效益的同时，也使得老系统增强了技术活力。

4. 山东水泥实验厂的技术改造

山东水泥实验厂位于济南市党家庄镇，是该省最早的回转窑水泥生产企业，具有较大的生产市场，该厂同永安水泥厂一样，为了寻找发展机遇，用有限的资金增强现有企业的技术经济活力，以求得生产市场。为此该厂于 1996 年 7 月正式委托我院对其现有的 2 号窑自改的半 NSP 系统进行全面的技术改造，以期使产量在现有的基础上提高到 1700t/d。其具体的情况见表 5。

表 5　山东水泥实验厂 2 号窑节能技改指标比较

类别	型式及说明	实施单位	生产能力/(t/d)	热耗/(kcal/kg 熟料)	运转率/%	废气温度/℃	熟料温度/℃	熟料强度/kPa
原系统情况	ϕ4m×60m 带四级预热器的 SP 窑	—	1000		90 以上	—	—	—
			900	1200 以上	85	—	—	—
首次技改设计指标	在现有设备的基础上加一把火	自改	—	960	82	—	环境温度+60	—
首次技改运行指标			1200	1143	约 75	360	180	60.20
再改造设计指标	改造预热器篦冷机辅设增加分解炉	我院	1600	900	82	360	环境温度+60	—
再改造运行指标			1700	<900	83.5	350	95	63.30

整个改造用时 48d，耗资不到 3080 万元，当月达产达标，厂方十分满意。

5. 立筒预热器的改造

自从 1969 年第一台 ϕ2.4m/2.6m×41m 的 Krupp 立筒预热器窑在杭州水泥厂建成投产以后，随后在十年多的时间内，陆续建成该种窑型近 200 台（包括在册和不在册的），最大的为 ϕ4m×60m，设计能力为 35.8t/h；最小的为 ϕ1.9m/1.6m×32.5m，设计能力为 3.5t/h。但是，由于在建设过程中，对其性能及工作原理尚不清楚，以及操作上的种种原因，使相继投产的厂家普遍存在着热耗高，生产能力达不到设计要求。有些厂家即使在立筒内采用了各种有利于物料分散的装置，以改善气固的传热，但效果仍不明显。

我院在这些小型预热器的改造方面也作了大量的工作，就 ϕ2.4m/2.6m×41m 的 Krupp立筒预热器窑来说，设计能力为 7.5～8t/h，而实际操作仅有 6.5t/h，热耗高达 1350kcal/kg 熟料，因此，有必要加以改造。其具体改造方案见表 6。

表 6　立筒预热器窑改造方案

类　别	第一方案	第二方案	第三方案	第四方案
改造实施方法	仍采用原有预热器框架，采用特制的卧式旋风分离器取代部分钵体，加强系统内部气固的换热和系统的密封，采用新型燃烧器改善窑内的燃烧	在第一方案的基础上，继续采用特制的分离器取代第二钵，以构成两级立式、两级卧式、一级立筒的准五级预热器系统。改造高温风机	在前两个方案的基础上，加固框架，再增加一级收尘器，最下一钵改为燃烧室，加一把火（20%燃烧），使入窑物料的分解率提高到 50%左右。其他改造方面见第四方案	拆除现有的立筒预热器，改造成标准的五级旋风预热器，同时尚需改造有关的其他设备，如单筒冷却机，更换高温风机，以及必要的两磨系统
产量指标/(t/h)	8	9.5	12.5	12.5
热耗指标/(kcal/kg 熟料)	1200	1150	980～1050	980～1050
投资情况估算/万元	160	270	930	950

若国家用于投资一个 4000t/d 的水泥厂的资金 16 亿元，全部用于全国 ϕ2.4m/2.6m×

41m 的 Krupp 立筒预热器窑改造上，其经济效果的初步比较见表 7。

表 7 新建一个 4000t/d 水泥厂的资金用于改造 φ2.4m/2.6m×41m 立筒预热器窑简单对比

类别	建 4000t/d 厂	改造 φ2.4m/2.6m×41m 的各种立筒预热器窑
投资额/元	1.6×10^9	1.6×10^9 元可改造 160 个立筒预热器窑系统(每厂投入 1000 万元)
生产水泥熟料量/(t/h)	167	每厂在生产能力的基础上增产 3t/h,共多生产 3×160=480t/h,相当于建一条 11520t/d 的新厂

把建一个 4000t/d 新厂[吨投资:40 万元/(t·d)]的资金用于老厂改造,相当于建了 2.87 个 4000t/d 水泥厂,即 12000t/d 左右的水泥厂[吨投资:14 万元/(t·d)]

从表 7 中的分析数据可以看出，把采用建一个 4000t/d 新厂的资金投入老厂的改造中，既救活了一批中小型水泥企业，也缓解了各地区地方发展建设的需要，体现了我国在水泥行业采用"上大改小，改旧换新"的建设方针的正确性。

从上述的各项技术改造工作中，不难看出我院在老厂改造中，已积累了丰富的经验和显示出了技术实力，完全能够承担国内外各种规模的老生产系统的改造，并能够结合客户或业主的现有的具体情况，充分合理地作出改造，以发挥现有老系统的生产能力，为客户或业主创造出更好的经济效益，愿为国内外的各企业提供全方位的技术服务。

五、结束语

本文通过如此多的介绍，意在为广大的读者提供一些了解我院在某一方面的开发、研究、设计具体信息和情况，以便在技术合作时对我院有一个深入的了解。同时上述的介绍仅是我院全面工作的一个方面，同样在其他领域中，也作了大量的研究、开发、设计工作，并逐步形成了硬件技术产品，例如：在粉磨工艺设备方面、环保工艺设备方面、产品方面以及其他热工设备方面。由于笔者所涉及工作面有限，加上笔者可能的偏见，令热心的读者有所失望，恳切给予谅解。

旋风预热器系统组合性能的研究

王　伟　蔡玉良

旋风预热器作为窑外分解系统的组成部分，其重要性已为同行所公认，近二十年来，所开展的研究也卓有成效，但多半着眼于研究其单体的各项性能，如：阻力、分离效率、热效率等，从实际工程的应用的角度来看，最终追求的应该是整体效益，而单体最优，不一定总体最优，因此系统中各单体间的组合匹配，就成为不可忽视的重要问题。本文基于此认识，考虑到系统的压降总是越小越好，而热效率总是越高越好，故重点探讨旋风预热器组合的分离效率最佳匹配，使之达到总体优化的目的，通过建立数学模型及数学处理，计算出具体的数据，供设计与生产部门参考。

一、旋风预热器分离效率的理论模型

旋风预热器不同于旋风分离器，主要表现有三个方面：

① 预热器所处理的粉尘浓度远大于旋风分离器，达 $1kg$ 料$/m^3$ 气（标准状态）。

② 预热器所处理的气固系统的温度远大于分离器，达 $700 \sim 1000℃$。

③ 预热器往往是多级串联操作。

因为旋风预热器与旋风收尘器存在上述差别，早期对旋风分离器所作的理论研究工作，不宜直接引用到水泥工业用旋风预热器中，否则将会导致较大的偏差，但是旋风预热器毕竟是以旋流运动为基本特征，具有相同的规律性，因此在应用前，必须结合水泥工业中旋风预热器的结构特点和操作状态，对其加以必要的修正，方可得以有效的利用。经过大量的理论研究，其分离效率主要取决于结构、操作和粉体的特性，用数学语言描述为：

$$\eta_{总} = \int_0^\infty \eta_i(\vec{K}, \vec{\theta}, d_p) \cdot f(d_p) \cdot dd_p \tag{1}$$

式中　　　$\eta_{总}$——总体分离效率，%；

$\eta_i(\vec{K}, \vec{\theta}, d_p)$——单颗粒径的分离效率，%；

$f(d_p)$——颗粒分布函数；

$\vec{K}$——旋风筒结构参数群构成的集合；

$\vec{\theta}$——操作参数群构成的数组集合；

d_p——颗粒径。

前人经过大量的理论分析和实验研究，已总结了近十几种理论的、经验的和半理论、半经验的单颗粒径的分离效率数学模型 $\eta_i(\vec{K}, \vec{\theta}, d_p)$，如以 Rosin-Ramber，Sheperd，Lapple 等人为代表建立的转圈理论模型；以 Barth，Stairmand，Terlinden 等人为代表建立的筛分理论模型；以 Leith 和 Licht 为代表建立的边界层理论模型；以 P. W. Dietz 为代表建立的"三区域"理论模型等。然而这些数学模型，建立时都有一定的假设条件，故应用时均有一定的局限性，尤其粉体粒径分布函数 $f(d_p)$ 的确定对实验的依赖性过强，因此在实际工作中难以应用。为此，人们试图选用某一特征粒径 d_p（采用重量平均径），运用单颗粒径分离效率的数学模型来近似地估算某一粉体群的总体分离效率。经过大量的分析和对比实验，筛选如下两种数学模型基本上能够满足要求。

（1）Leith 和 Licht 模型

Leith 和 Licht 模型是在边界层理论的基础上建立起来的，其具体的物理模型见图 1。

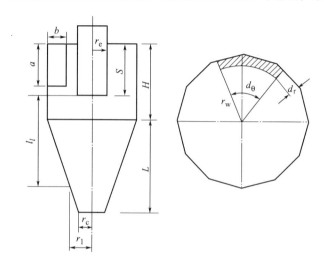

图 1　Leith 和 Licht 模型示意

经过一系列的理论分析和推导，其表达式为：

$$\eta(d_p) = 1 - \exp\left[-2(\psi \cdot C)^{\frac{1}{2n+2}}\right] \qquad (2)$$

式中　　　　　ψ——热效率，$\psi = \dfrac{\rho_p - \rho_g}{18\mu r_c} \cdot d_p^2 \cdot v_i \cdot (n+1)$；

　　　　　　　C——常数，$C = \dfrac{K_c}{K_a \cdot K_b}$；

　　　　　　　r_c——旋风筒底部出口半径；

K_a，K_b，K_c——无因次结构参数，$K_a = \dfrac{a}{2r_c}$，$K_b = \dfrac{K_c}{2r_c}$，$K_c = \left(V_s + \dfrac{1}{2}V_l\right) \cdot \dfrac{1}{(2r_w)^3}$；

　　　　　　　V_s——蜗壳和柱体段的体积；

　　　　　　　V_l——锥体段的体积。

其他符号见图 3。

（2）P. W. Dietz 模型

此模型的特点是将旋风筒内气体流动划分为三个区域：进口区域、环行区域和核心区域

（图2），并假设湍流有利于悬浮颗粒的混合。据此推导的旋风筒分离效率的数学模型表达式为：

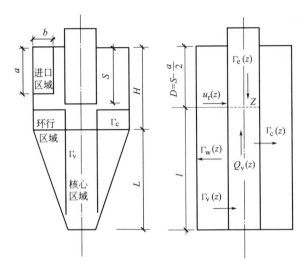

图 2　P. W. Dietz 三区域模型示意

$$\eta=1-\frac{n_{3(z=0)}}{n_0}=1-\left[K_0-(K_1^2+K_2)^{\frac{1}{2}}\right]\exp\left(\frac{-2\pi r_{\mathrm c}\cdot u_{\mathrm{pw}}\cdot D}{Q_{\mathrm{v0}}}\right) \tag{3}$$

式中　K_0，K_1，K_2——常数，$K_0=\dfrac{r_{\mathrm c}\cdot u_{\mathrm{pw}}+r_{\mathrm v}\cdot u_{\mathrm{r0}}+r_{\mathrm v}\cdot u_{\mathrm{pv}}}{2r_{\mathrm v}\cdot u_{\mathrm{pv}}}$，

$K_1=\dfrac{r_{\mathrm v}\cdot u_{\mathrm{pw}}-r_{\mathrm v}\cdot u_{\mathrm{r0}}-r_{\mathrm c}\cdot u_{\mathrm{pv}}}{2r_{\mathrm v}\cdot u_{\mathrm{pv}}}$，　$K_2=\dfrac{r_{\mathrm c}}{r_{\mathrm v}}\cdot\dfrac{u_{\mathrm{pw}}}{u_{\mathrm{pv}}}$；

u_{pw}——旋风筒近壁面区颗粒径向速率，$u_{\mathrm{pw}}=\dfrac{2\rho_{\mathrm p}r_{\mathrm p}u_{\mathrm w}}{9\mu r_{\mathrm c}}$，　$u_{\mathrm w}=\dfrac{Q_{\mathrm{v0}}}{ab}$；

u_{r0}——核心区颗粒径向速率，$u_{\mathrm{r0}}=\dfrac{Q_{\mathrm{v0}}}{2\pi r_{\mathrm v}l}$，　$l=H+L-S+\dfrac{a}{2}$；

u_{pv}——从核心区抛向环道区的颗粒速率，$u_{\mathrm{pv}}=\dfrac{2\rho_{\mathrm p}r_{\mathrm p}u_{\mathrm v}}{9\mu r_{\mathrm c}}$，　$u_{\mathrm v}=\dfrac{Q_{\mathrm{v0}}}{\pi r_{\mathrm e}}$。

$r_{\mathrm v}$——核心区半径；

$r_{\mathrm p}$——颗粒的半径；

Q_{v0}——气体的流量。

其中，$D=S-\dfrac{a}{2}$。

（3）关于分离效率数学模型的修正

① 对于 Leith 和 Licht 分离效率数学模型修正。鉴于旋风预热器功能上的要求不同，导致结构上的差异，表现如下：

$$\because\quad\frac{H_{\mathrm c}}{D_{\mathrm c}}\bigg|_{\text{分离器}}\geqslant\frac{H_{\mathrm c}}{D_{\mathrm c}}\bigg|_{\text{预热器}}；\quad t_1\big|_{\text{分离器}}\geqslant t_1\big|_{\text{预热器}}$$

$$\therefore\quad K_{\mathrm c}\big|_{\text{分离器}}\geqslant K_{\mathrm c}\big|_{\text{预热器}}$$

因此，根据 Leith 和 Licht 模型不难看出，利用原模型估算旋风预热器的分离效率，其结果必然偏低。因此针对预热器的结构特点，经修正后的模型为：

$$\eta(d_p) = 1 - \exp\left[-2\frac{H+L}{H+\dfrac{L}{3}}(\psi \cdot C)^{\frac{1}{2n+2}}\right] \tag{4}$$

② P. W. Dietz 数学模型修正的考虑。P. W. Dietz 在建立数学模型时，设想核心区的半径（r_{vmax}）等于排气管的半径（r_e），这一假设对于高浓度相的预热器而言，是不适用的。根据对大量的流场实验统计的结果，对于用于构成预热器的旋风筒 $r_{vmax} = 0.55 r_e$。

③ 数学模型的校验与推荐。根据上述数学模型，设计成计算机程序。在计算过程中，采用了等效颗粒径（重量平均径）的方法，解决了利用单颗粒模型代替群体颗粒级配函数计算总体颗粒群分离效率的困难，即：凡满足方程 $\eta_{总} = \int_0^{\infty} \eta_i(\vec{K}, \vec{\theta}, d_p) \cdot f(d_p) \cdot dd_p = \eta(\vec{K}, \vec{\theta}, d_p^*)$ 的颗粒径 d_p^* 称为等效颗粒径（经过实验与计算结果对比分析，采用重量平均径比较合适）。其校验计算结果见表 1。

表 1 各模型分离效率的计算及校验（$d_p^* = 28 \mu m$）

模　型	$\eta/\%$			
	C1 旋风筒	C2 旋风筒	C3 旋风筒	C4 旋风筒
P. W. Dietz 模型	89.58	67.29	70.29	74.30
修正 P. W. Dietz 模型	95.06	83.79	86.14	87.88
Leith 和 Licht 模型	70.62	61.80	60.74	61.63
修正 Leith 和 Licht 模型	89.67	79.81	81.77	81.63
实际值（实测反求值）	95.31	84.52	86.52	87.91

比较表中的数据不难看出，修正后的 P. W. Dietz 模型与实际比较接近，最大的误差仅为 1%，完全可以满足工程设计的要求，故予以推荐。

二、旋风预热器的压力损失数学模型

压力损失是气体介质在流经旋风预热器过程中形成的，是动量传递的结果，旋风预热器的压力损失大小直接影响到生产过程的成本和经济效益。开发设计时，在保证其他性能指标和技术参数的条件下，应尽可能设计得最低。同分离效率一样，压力降也取决于旋风筒内部结构及操作状态和所处理的介质性能，其数学模型的通用关系如下：

$$\Delta P = \Delta P(\vec{K}, \vec{\theta}, \vec{S}_p) \cdot f(c_i)$$
$$= \xi(\vec{K}, \vec{\theta}) \cdot \rho \cdot \frac{v^2}{2g} \cdot f(c_i) \tag{5}$$

式中　$\vec{S}_p$——物性和介质常数构成的集合数群；

　　　ρ——介质密度；

　　　v——某一特征工作风速（一般用进口风速）；

　　　$f(c_i)$——物料浓度对压力损失的修正函数，$f(c_i) = 1.0 + 0.45 \times c_i^{0.0098 \times c_i^{-3.1}}$。

$\xi(\vec{K}, \vec{\theta})$ 为不同结构的旋风筒在空载状态下的压力损失系数，同样众多的研究者分别在转圈理论（1932 年）、筛分理论（1956 年）、边界层理论（1972 年）的指导下与实践相结合建立了数学模型达几十种之多。在相应的应用范围内，这些模型已能得到近似的描述和估算。但为了更好地适应用作预热器的旋风筒，文献［3］针对用作预热器的旋风筒结构及实际技术指标，对现有的模型进行了大量的筛选计算和修正后，认为采用如下的模型更能够反映实际情况：

$$\xi(\vec{K}, \vec{\theta}) = \left(\frac{1.82}{K_1}\right)^{2n} - 1 + \left(\frac{A_i}{A_o}\right)^2 \cdot \frac{3(1-K_1^2)}{3-K_1^2} + 4\pi f\left(\frac{S}{d_e}\right) \cdot \frac{1}{K_1^{2n}} +$$

$$\frac{4\pi fS[1+K_1^{2(1-n)}]}{a(1-K_1^2)} + \frac{4\pi f(H+L-S)}{a(1-K_1^2)} \tag{6}$$

式中　A_i——进口面积；

　　　A_o——出口面积；

　　　f——范宁系数；

　　　n——旋涡指数，可根据实测统计，也可用下式估算：$n = 1 - (1 - 0.673D_c^{0.14}) \cdot \left(\frac{t}{283}\right)^{0.3}$。

式中相关符号及意义见图 3。

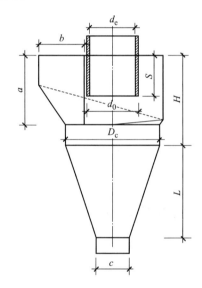

图 3　旋风筒结构参数示意

三、旋气预热器热效率的数学模型

旋风预热器的热效率是衡量预热器的又一重要指标，预热器的热效率与其性能和运行参数有关，为了建立符合实际要求的数学模型，特假设：过程是一个稳定过程，各定位参数均不随时间的变化而变化；并定义预热器单元的热效率为：

$$\psi = \frac{\text{回收粉体获得的净有效能}}{\text{加入系统的总有效能}} = \frac{E_a}{\sum E_e}$$

其中，E_a 为单位时间出预热器产品所净得之能量，$E_a = \eta C_s C_{s0}(T_s - T_{s0})$；$\sum E_e$ 为单

位时间加入系统的总有效能，$\sum E_e = G_{s0} C_s T_s + G_{g0} C_g T_{g0} - T_a (G_{s0} C_s + G_{g0} C_g)$。

则：

$$\psi = \frac{\text{回收粉体获得的净有效能}}{\text{加入系统的总有效能}}$$

$$= \frac{\eta C_s G_s （T' - T_s）}{C_s G_{s0} T_{s0} + C_g G_{g0} T_{g0} - T_a （C_s G_{s0} + C_g G_{g0}）} \tag{7}$$

式中　G——相应的质量流量，kg/s；

　　　C——比热容，kcal/(kg·℃) 或 kcal/(m³·℃)（标准状态）（1cal=4.18J）；

　　　T——温度，℃；

　　　η——预热器分离效率参数，%。

式中各参数关系见图 4；字母下标：s、g 分别代表生料粉和气体，0 表示入系统的初始基本参数，a 表示环境。

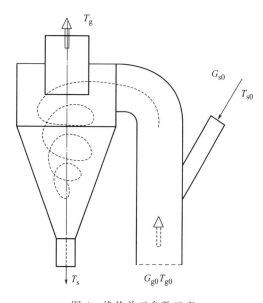

图 4　换热单元参数示意

四、预热器系统组合性能参数的分布

为了探讨旋风预热器系统的组合性能，试以某些引进厂的预分解系统的具体情况为例，以系统的技术经济指标为目标函数，采用非线形规划，函数的映射变换与系统工程的理论，综合各级预热器的分离效率对压力损失、热效率的耦合影响，求出其最佳的匹配参数的选择范围，与实际测量值进行对比与分析，并给出适合预热器系统设计的最佳匹配值。

1. 方法概要

已知旋风预热器的分离效率（η）、压降（ΔP）和热效率（ψ）均受结构参数（$\vec{K}$）和操作参数（$\vec{\theta}$）的制约，并具有如下关系：

$$\Delta P = \Delta P_C + \Delta P_P = \sum_{i=1}^{n} \Delta P_{Ci}(\vec{K}_{Ci}, \vec{\theta}_{Ci}) + \sum_{j=1}^{m} \Delta P_{Pj}(\vec{K}_{Pj}, \vec{\theta}_{Pj})$$

$$\eta_{Ci} = \eta_{Ci}(\vec{K}_{Ci}, \vec{\theta}_{Ci})$$

$$\psi_{Ci} = \psi_{Ci}(\vec{K}_{Ci}, \vec{\theta}_{Ci}, \vec{S}_p)$$

式中 ΔP_C——旋风筒的压力降；

$\quad\quad \Delta P_P$——换热管道的压力降；

$\quad\quad \vec{S}_p$——物性参数构成的集合。

式中字母下标：i 表示旋风筒级数；j 表示换热管道级数；C 表示旋风筒；P 表示换热管道。

对于已知组合方式的系统，当生产能力及所用原燃料一定时，相应的 $\vec{\theta}_{Ci}$、$\vec{S}_p$ 参数已定，那么 ψ_{Ci}、ΔP_C、η_{Ci} 均为 $\vec{K}_{Ci}$ 的函数，为了确定 ψ_{Ci} 与 ΔP_{Ci} 的映射关系，采用了如图 5 所示的变换方法加以变换：在一系列的符合实际的约束条件下，采用 DSFD 方法完成了上述的变换过程，即 η_{Ci} 与 ΔP_C 不是一一的对应关系，经过上述变换后，则 η_{Ci} 与 $\Delta P_{Ci min}$ 成为映射关系。其中"＊"符号表示特定值。

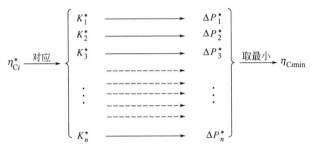

图 5 变换关系示意

2. 结果与分析

在上述变换处理的基础上，同时考虑到为了减少电收尘器的外循环负荷，整个系统的排尘量必须满足一定的要求等特点，经过大量的计算处理，绘制成如下的压力损失与分离效率的频布图。

表 2 图 6 中曲线关系说明

曲线序号	关　系	坐　标
曲线 1	C1 旋风筒分离效率 η_1 与其压降最小值 ΔP_{1min} 的关系	η 与 ΔP
曲线 2	C2 旋风筒分离效率 η_2 与其压降最小值 ΔP_{2min} 的关系	η 与 ΔP
曲线 3	C2 旋风筒分离效率 η_2 与系统管道压力降 ΔP_P 的关系	η 与 ΔP
曲线 4	C2 旋风筒分离效率 η_2 与 $\Delta P_{2min} + \Delta P_P$ 的关系	η 与 ΔP_P
曲线 5	保证 C1 出口浓度不变 η 变化对 η_1 要求的关系	η 与 η_1
曲线 6	η_2 与 $\Delta P_{1min} + \Delta P_{2min} + \Delta P_P$ 的关系	η 与 $\Delta P_{总}$

图 6 所示为 C2 旋风筒的分离效率 η_2 对系统压力降的影响，各曲线对应关系说明见表 2。

从图 6 中可以看出：对于 C1 旋风筒来说，当 $\eta_1 > 95\%$ 时，η_1 与 ΔP_{C1min} 的关系近似直线关系，η_1 提高一点，相应的压降变化较大，即处于急剧上升阶段；当 $\eta_1 < 95\%$ 时，处于缓慢变化阶段。同理可以看到当 $\eta_2 > 85\%$ 时，η_2 的波动对 ΔP_{C2min} 的影响也处于急剧变化区段，当 $\eta_2 < 85\%$，处于缓慢变化区段，由曲线 4 可知当只考虑管道系统和 C2 旋风筒的压降时，η_2 在 $55\% \sim 65\%$ 之间变化，$\Delta P_{C2min} + \Delta P_P$ 值最低。但是，当 $\eta_2 < 65\%$ 时，由曲线 5 可知，要保证 C1 旋风筒出口飞灰损失量适中（0.086kg/kg 熟料），这就要求出 C1 旋风筒的

分离效率$\eta_1 > 96.7\%$，从曲线 1 可以看到，此时 C1 旋风筒的压降在 85×9.81Pa 以上。因此取 $\eta_2 < 65\%$，无论是从系统整体压降上，还是从换热的角度上考虑都是不合理的。曲线 6 是关于 η_2 对 C1 旋风筒及 C2 旋风筒和整体管道系统的压降总和的影响，从图中可以看到 η_2 在 $70\% \sim 84\%$ 之间变化，压降处于最低区域内。但是，一般情况下，从 NSP 整体系统来考虑，在操作过程中，η_2 应靠近上限，事实正是如此（反求值为 84.5%）。η_2 的提高有利于系统热效率的提高，也有利于在保证系统综合性能指标的条件下，降低整个系统的压降，这也可以从图 7 中看出，η_2 靠

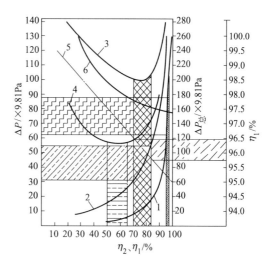

图 6 η_2 对系统压降的影响关系

近上限时，在保证正常生产状态参数的情况下，相应 C3 旋风筒的就比 η_2 靠近下限时低些。因此，η_2 的取值在 $80\% \sim 84\%$ 之间最为合理。

图 7 所示为 η_3 为对系统压降的影响，图中的各个曲线的关系见表 3，同理从图 7 中的曲线 6' 中可以看出，η_2 在 $70\% \sim 87\%$ 之间变化，压降最低。同上，为了兼顾 C4 筒的压降最低，系统热效率高这一特点，设计时，一般 η_3 靠近上限区段取值，这样可以使得系统压降最低，由于 C4 筒和 C3 筒分离效率对热效率贡献大这一事实，因此一般情况下，$\eta_3 > \eta_2$，其意义就在于此，通常 η_3 取值在 $82\% \sim 86\%$ 之间最为合理。

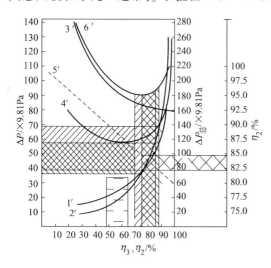

图 7 η_3 对系统压降的影响

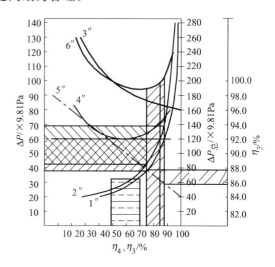

图 8 η_4 对系统压降的影响

图 8 所示为 η_4 对系统压降的影响，图中各曲线说明见表 4，图中的曲线 6″ 表明，在压降最低时，η_4 的取值范围为 $50\% \sim 89\%$，较宽，但是考虑到 η_3 的取值在 $82\% \sim 86\%$ 之间变化，系统压力最低，从而通过曲线 5″ 可得 η_4 的取值范围为 $85\% \sim 88\%$，已落在 $50\% \sim 89\%$ 的范围。由此可得，在设计时，考虑到整个系统操作的经济性和设备投资投入少的情况下，

预热器系统各级分离效率的设计顺序应按 $\eta_1 > \eta_4 > \eta_3 > \eta_2$ 进行更适宜。

表 3 图 7 中曲线关系说明

曲线序号	关　系	坐　标
曲线 1'	C3 旋风筒分离效率 η_3 与其压降最小值 ΔP_{3min} 的关系	η 与 ΔP
曲线 2'	C2 旋风筒分离效率 η_2 与其压降最小值 ΔP_{2min} 的关系	η 与 ΔP
曲线 3'	C3 旋风筒分离效率 η_3 与系统管道压力降 ΔP_P 的关系	η 与 ΔP
曲线 4'	C3 旋风筒分离效率 η_3 与 $\Delta P_{2min} + \Delta P_P$ 的关系	η 与 ΔP_P
曲线 5'	在保证生产时，η_3 变化对 η_2 要求的关系	η 与 η_2
曲线 6'	η_3 与 $\Delta P_{2min} + \Delta P_{3min} + \Delta P_P$ 的关系	η 与 $\Delta P_总$

表 4 图 8 中曲线关系说明

曲线序号	关　系	坐　标
曲线 1″	C3 旋风筒分离效率 η_3 与其压降最小值 ΔP_{3min} 的关系	η 与 ΔP
曲线 2″	C4 旋风筒分离效率 η_4 与其压降最小值 ΔP_{4min} 的关系	η 与 ΔP
曲线 3″	C4 旋风筒分离效率 η_4 与系统管道压力降 ΔP_P 的关系	η 与 ΔP
曲线 4″	C4 旋风筒分离效率 η_4 与 $\Delta P_{4min} + \Delta P_P$ 的关系	η 与 ΔP_P
曲线 5″	在保证生产时，η_4 变化对 η_3 要求的关系	η 与 η_3
曲线 6″	η_4 与 $\Delta P_{3min} + \Delta P_{4min} + \Delta P_P$ 的关系	η 与 $\Delta P_总$

3. 与国内各大水泥厂实测结果比较

与目前国内有代表性的预热器系统分离效率分布的实测值对比分析见表 5。从表 5 中的数据可以看出，实测序号 1～4，预热器的组合性能比较接近理想的推荐值，而后几个实测序号均表现为最下一级分离效率偏低的缺陷，值得进一步的研究和改进。

表 5 目前国内各大水泥厂的预热器各级分离效率的情况

实测序号	型号	各级分离效率/%				
		η_1	η_2	η_3	η_4	η_5
0	推荐值	95	80.0～84.0	82.0～86.0	85.0～88.0	85.0～88.0
1	NG-MFC	94.5	86.7	87.8	89.1	—
2	DX-RSP	95.0	86.0	86.0	86.0	86.5
3	YX-DD	95.7	92.1	89.5	88.0	86.5
4	JD-NSF	94.8	84.7	86.1	86.0	—
5	YF-FCB	93.6	86.5	86.6	87.4	75.7
6	CX-ILC-S	93.8	87.5	81.5	83.5	76.0
7	SC-ILC	93.2	89.0	87.1	86.4	77.2
8	HX-RSP	94.1	89.0	87.0	85.0	79.1

五、结束语

根据数学模型的分析和建立，推荐出了适合预热器系统各级旋风筒特征的数学模型，经计算并与实际测定结果进行比较、分析和验证，可以归纳如下几点结论。

① 预热器各级分离效率的设计顺序应为：

$$\eta_1 > (\eta_5 >) \eta_4 > \eta_3 > \eta_2$$

这与已有的研究成果相一致，可以互为佐证。

② 对于所选系统相近的预热器的分离效率，推荐选用如下的匹配关系（表 6），并与实

测计算值进行比较。

表 6 匹配关系

类别	旋风筒分离效率/%			
	η_1	η_2	η_3	η_4
最佳推荐值	95.0	80.0~84.0	82.0~86.0	85.0~88.0
实测计算值	94.8	84.7	86.1	86.0

从表 6 可以看出，基本符合实际控制值要求，说明该预热器系统处于良好的运行状态。

③ 文中所给出的描述预热器系统各特性参数的数学模型，已能够满足工程设计计算及结果评估、分析的需要，可供参考。

④ 为了掌握各级预热器系统的具体组合最佳匹配，可以根据各自的结构、操作和原燃料的特征，按所介绍的方法进行计算，以求得适用于本系统的控制最佳值，作为评价本厂运行水平和改进系统各设备操作的依据。

➜ 参考文献

［1］ 陈明韶. 除尘技术的基本理论和应用. 北京：中国建筑工业出版社，1981.

［2］ P. W. Dietz. Collection Efficiency of Cyclone Separators，AICHE Journal，1981，27（6）.

［3］ 蔡玉良. PC 系统的反求［D］. 南京：南京化工学院，1988.

［4］ 徐德龙. 悬浮预热器窑的理论与实践［D］. 沈阳：东北大学，1996.

［5］ 蔡玉良. 旋风预热器系统分离效率分布的探讨. 水泥·石灰，1989，2.

［6］ 张有卓，胡道和. 分解窑系统的计算机模拟. 南京化工学院学报，1984，4.

湿磨干烧工程中的理论与技术创新活动

蔡玉良　　陈汉民

水泥生产湿磨干烧工艺在国内应用已有十多年的历史，经历了曲折的历程。大致上，它可分为引进国外技术装备建立示范生产线和仿制创新、开发国产化技术装备，实现推广两个阶段。第一阶段的示范效应由于各种原因未能得到充分体现，曾使国内的湿法厂改造一度受挫。

我院从 20 世纪 90 年代初承担白马山水泥厂 1 号窑的再改造工程开始，即投入了湿磨干烧国产化的工程实践活动，迄今为止，完成了一批不同规模的技改和新建工程。已投入的项目均取得了较好的生产面貌，为湿磨干烧技术增添了新的竞争力，也为湿法老厂的技术改造带来新的希望。

我们认为，这一切不仅得益于日益健全的社会主义市场经济体制下的技术市场，也得益于我院持续不断、生机勃勃的理论开发与技术创新活动。本文简要介绍我院在湿磨干烧技术方面的一些主要技术环节上的研发活动情况。

一、料浆过滤

料浆过滤是一项应用广泛的化工单元操作，包括吸滤和压滤两种工艺，主要差别见表1。一般来说，水泥生料浆采用压滤可获得较吸滤低的滤饼含水量。

表 1　过滤系统的比较

真空吸滤		压　滤		
鼓式真空吸滤	盘式真空吸滤	内压式	外压式	混合式
生料滤饼水分含量为 18%～20%		生料滤饼水分含量为 15%～17%		
可实现连续生产		间歇式生产		
可以连续供料		借助其他设备可连续供料		

料浆的过滤性能和其他相关物理性质（黏度、流动度、过滤特性等）是优化设计工作的基本实验依据。下面结合江山水泥厂工程简单介绍工艺方案的制订过程。

1. 过滤方程及其积分形式

根据料浆过程的理论分析，可得过滤速率的表达式如下：

$$\frac{\mathrm{d}\nu}{\mathrm{d}\tau} = \frac{p}{\mu(R_\mathrm{c} + R_\mathrm{m})}$$

式中　ν——单位面积过滤液量，$\mathrm{m}^3/\mathrm{m}^2$；

　　　p——料浆过滤操作压力，Pa；

μ——过滤介质黏度，Pa·s

R_c——滤饼阻力，1/m，$R_c = \alpha_{av} \cdot \omega$；

α_{av}——Ruth 过滤比阻，m/kg；

ω——单位面积滤饼量，kg/m²，$\omega = \dfrac{\rho \nu s}{1-ms}$；

ρ——过滤介质密度，kg/m³；

s——料浆含固量，kg/kg；

m——料饼湿干质量（kg）之比；

R_m——过滤介质阻力，1/m，$R_m = \dfrac{p_m}{\mu \left(\dfrac{\mathrm{d}\nu}{\mathrm{d}\tau}\right)}$；

p_m——滤液当量压力，Pa。

从而料浆过滤速率可以写成：

$$\frac{\mathrm{d}\nu}{\mathrm{d}\tau} = \frac{p - p_m}{\mu \rho \nu \alpha_{av} s} = \frac{p(1-ms)}{\mu \rho \alpha_{av} s(\nu + \nu_m)}$$

对上式进行积分处理后可得：

$$\frac{\tau}{\nu} = \frac{\mu \rho \alpha_{av} s(\nu + 2\nu_m)}{2p(1-ms)} = \frac{1}{K}(\nu + 2\nu_m)$$

式中 ν_m——介质常数，m³/m²；

K——Ruth 恒压过滤系数，m²/s，$K = \dfrac{2p(1-ms)}{\mu \rho \alpha_{av} s}$，与料浆的种类、浓度高低、过滤压力和固体颗粒分布有关，需经实验检测获得。

2. 料浆过滤性能实验研究

浙江江山水泥厂生料浆若干理化性能实验测定结果见表 2 和表 3。

表 2 江山水泥厂生料料浆化学成分、细度和水分

类别	料浆成分/%						率值			料浆水分/%	细度/%
	烧失量	SiO_2	Al_2O_2	Fe_2O_3	CaO	MgO	KH	SM	IM		
实验室用	36.50	11.88	2.61	2.58	44.78	0.97	—	—	—	34.52	8.4
半工业试验	—	—	—	—	—	—	—	—	—	34.69	10.5
工业试验	36.31	13.49	2.62	1.98	44.24	0.83	1.034	2.94	1.32	34.77	10.1

表 3 生料的固体颗粒分布

粒径/mm	0.001	0.002	0.003	0.005	0.010	0.020	0.030	0.040	0.060	0.080	0.090	0.170
含量/%	8.5	7.7	6.9	8.6	13.4	12.5	10.3	6.3	10	8.4	2.4	5.0
累计含量/%	8.5	16.2	23.1	31.7	45.1	57.6	67.9	74.9	84.2	84.2	92.6	95.0

生料颗粒分布曲线见图 1，经统计得颗粒累计分布函数为：$F = 18.519\ln D + 132.36$。

在专用实验装置上对江山水泥厂生料浆的过滤性能进行了测定，所得数据可按积分形式的过滤方程 $\dfrac{\tau}{\nu} = \dfrac{1}{K}(\nu + 2\nu_m)$ 进行拟合（图 2），并得拟合方程：$\dfrac{\tau}{\nu} = \dfrac{1}{K}(\nu + 2\nu_m) = 2 \times 10^7 \nu - 20009$；由该式可得 $K = 2 \times 10^{-7}$ m²/s、$\alpha_{av} = 1.5753 \times 10^{11}$ m/kg。

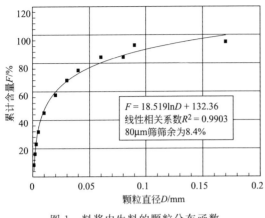

图 1　料浆中生料的颗粒分布函数

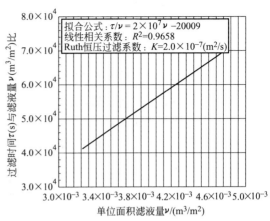

图 2　料浆过滤函数

3. 料浆过滤工艺方案

根据料浆物化性质的实验数据，可直接计算出工艺要求的料饼过滤量，同时根据 Ruth 恒压过滤系数 K 的实验测定值可按下式求得所需的滤饼量。

$$M = \frac{465A(1-J_{H_2O})}{J_{H_2O} - B_{H_2O}} \sqrt{K \cdot n \cdot \varphi}$$

式中　M——滤饼量，kg/h；

　　　A——过滤总面积，m^2；

　　　J_{H_2O}——过滤前料浆水分，%；

　　　B_{H_2O}——过滤后料饼水分，%；

　　　n——过滤机转速，r/min；

　　　φ——过滤机浸没率，%，$\varphi = \dfrac{91}{360}$。

按总的滤饼量可计算出所需总的过滤面积见表 4。

表 4　江山水泥厂 1000t/d 湿磨干烧料浆过滤性能实验室数据及所需过滤机过滤面积推算

类别	整个过程/s	过滤时间/s	脱水时间/s	反吹时间/s	过渡时间/s	料浆水分/%	实验检测结果		
角度	360°	91°	133°	10°	126°		脱水量/g	滤饼量/g	干饼重/g
角比	1.00	0.2528	0.3694	0.0278	0.3500				
实验结果	131.6	33.00	49.00	3.66	46.06	34.52	10.77181	42.42	34.83
	144.3	36.00	54.00	4.01	50.50	34.52	11.01361	42.56	35.08
	165.6	42.00	61.00	4.60	57.97	34.52	11.70542	45.06	37.17
	186.3	47.00	69.00	5.18	65.22	34.52	12.4574	47.79	39.45
	221.7	56.00	82.00	6.16	77.61	34.52	12.92144	49.80	41.07
	258.5	65.00	96.00	7.18	90.47	34.52	14.41459	56.63	46.52
	332.6	84.00	123.00	9.24	116.42	34.52	15.66519	63.84	52.06

续表

类别	说明	折算成过滤机转速/(r/min)	实验滤饼含水量/%	折算滤饼处理量/[kg/(m²·h)]	实验过滤面积（直径64.9mm）/m²	单位面积滤液量 ν/(m³/m²)	比值 $\left[\dfrac{\tau(s)}{\nu(m³/m²)}\right]$	需总过滤面积/m² 理论算法	需总过滤面积/m² 直接算法
推算内容	生料细度<8.4% 真空度为 0.052～0.055MPa Ruth过滤 系数 K 为 $2.0\times10^{-7}\,m²/s$	0.456	17.89	350.809	0.00331	3.3×10^{-3}	4.0×10^{4}	278.98	219.88
		0.416	17.58	320.986	0.00331	3.3×10^{-3}	4.3×10^{4}	296.56	239.38
		0.362	17.51	296.052	0.00331	3.5×10^{-3}	4.7×10^{4}	318.70	259.34
		0.322	17.45	279.082	0.00331	3.8×10^{-3}	4.9×10^{4}	338.97	274.91
		0.271	17.53	244.398	0.00331	3.9×10^{-3}	5.7×10^{4}	368.41	314.22
		0.232	17.85	238.406	0.00331	4.4×10^{-3}	5.9×10^{4}	391.75	323.39
		0.180	18.45	208.867	0.00331	4.7×10^{-3}	7.0×10^{4}	431.54	371.84

从表4的实验数据及推算结果不难看出，对于生料细度为8.4%（80μm筛筛余）的料饼，要满足1000t/d生产要求，不同转速和真空度，其所需的料浆过滤机的过滤面积是不相同的，其结果见图3。

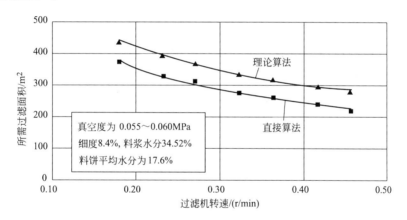

图3　满足1000t/d生产要求的转速与过滤面积的关系

当真空度为0.055～0.06MPa，转速>0.4r/min时，所需料浆过滤面积为300m²。细度放粗时，其料浆的过滤能力将大为改善。表5所示为江山水泥厂料浆不同细度下的两种实验和计算结果。

表5　两种实验条件和细度下实验检测及计算结果

半工业实验装置		工业实验过程	
ϕ1.3m 小型单盘 2m² 仿真过滤机		工业用 ϕ4.0m、8盘 160m² 的过滤机	
转速为 0～1.5r/min		转速为 0.2～1.2r/min	
地点:山东莱芜设备厂		地点:江山水泥厂现场	
料浆水分/%	34.69	料浆水分/%	38.77
真空度/MPa	0.05～0.06	真空度/MPa	0.06～0.084
测试时转速/(r/min)	0.3～0.5	测试时转速/(r/min)	0.33～0.752
料饼水分/%	17.5	料饼水分/%	20.5
所需过滤面积/m²	<250	所需过滤面积/m²	<250

注：Ruth 恒压过滤系数 $K=3.8\times10^{-7}\,m²/s$。

设计方案的制订过程表明，料浆物化性质和过滤特性的实验研究是设计工作的基础。由于生料浆的颗粒分布对其过滤性能有极大的影响，因此在实验过程中，所用料浆试样必须具有代表性。

二、烘干破碎机

烘干破碎机是湿磨干烧系统中重要的热工设备，其结构见图4。

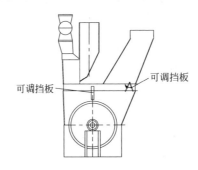

图4 烘干破碎机结构示意

1. 在热平衡计算的基础上确定料饼的烘干破碎能力

为了确定烘干破碎机的烘干破碎能力，设计中，首先要建立烘干破碎机的工艺操作参数与料饼烘干能力之间的关系，反映这一平衡关系的计算见表6。

表6 烘干打散机（烘干破碎机）的热平衡

类别	收入项		类别	支出项	
规模/(t/d)	1000	1100	规模/(t/d)	1000	1100
进气温度/℃	550	550	散热/℃	5.746	5.223
热气/(kcal/kg 熟料)	359.3	355.7	纯烟/t	0.3565	0.3524
漏气/(kcal/kg 熟料)	2.30	2.30	空气/t	0.093	0.093
物料/(kcal/kg 熟料)	6.19	6.19	蒸汽/t	0.17/0.15	0.17/0.15
水分/(kcal/kg 熟料)	7.12	7.12	CO_2/t	0.112	0.1121
飞灰/(kcal/kg 熟料)	40.23	40.23	物料/t	0.357	0.357
—	—	—	蒸发/(kcal/kg 熟料)	226.0/198.0	226.0/198.0
总和/(kcal/kg 熟料)	415.15	411.57	总和/(kcal/kg 熟料)	415.12	411.62
气温(料饼含水量20%)/℃	168.6	166.5	气温(料饼含水量18%)/℃	197.8	195.2

注：1cal=4.18J。

从表6中可以看出，当出C1旋风筒的废气温度为550℃，进烘干破碎机料饼的含水量为20%时，其出口温度为165℃以上，如果料饼含水量为18%，则出口废气的温度可控制在200℃以内。为此，针对料饼烘干过程，利用热平衡的方法，确定系统中料饼的含水量，烘干能力及所需的热量之间的定量关系见图5，从而可以根据出C1旋风筒带入的热量和料饼的含水量，来确定烘干破碎机的实际烘干打散能力。

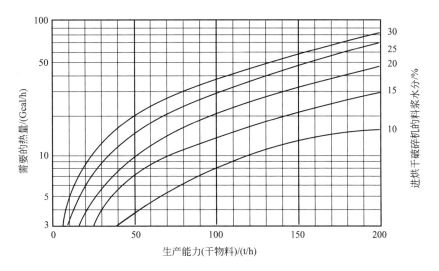

图 5　料浆烘干能力计算曲线

2. 优化结构设计、实现低阻力高效作业

目前国内 1000～1750t/d 级烘干破碎机的规格及工艺参数见表 7。

表 7　国内目前已有烘干破碎机的规格和工艺参数

类别	设备来源	设备型号	生产能力 （干基）/(t/h)	料浆水分 /%	进气温度 /℃	出气温度 /℃	转子速率 /(r/min)
英德厂	KHD	PHM3.0×2.6	106～120	20	530～540	130～150	255
白马山厂	SMIDTH	ET2.5×1.75	50～55	16	525～545	180～195	270
南京院	NCDRI	PCH2.8×1.7	57～71	18～20	550～530	135～175	—

类别	转子线速 /(m/s)	装机功率 /kW	实际功耗 /kW·h	锤头尺寸 /mm	锤头重量 /kg	锤头排数/排	进口尺寸/m
英德厂	40	800	450	450×160×58	29	6	2.78×2.98
白马山厂	35	320	—	490×150×82	43.6	6	1.12×2.50
南京院	40	400	225	450×160×58	29	6	2.450

类别	进口面积 /m²	进口气量 /(m³/s)	进口风速 /(m/s)	出口径 /m	出口面积 /m²	出口气量 /(m³/s)	出口风速 /(m/s)
英德厂	6.240	99.44	15.94	2.000	3.142	80.783	25.714
白马山厂	1.699	53.05	31.221	1.500	1.767	40.249	22.776
南京院	3.431	63.726	18.57	1.680	2.217	50.844	22.937

类别	转子流通面积 /m²	转子处流量 /(m³/s)	转子流通当量风速 /(m/s)	烘干打散机阻力 /Pa	进口管衬砌厚度 /mm
英德厂	3.403+4.253	80.783	23.74～10.55	1800～2000	190＝115+75
白马山厂	1.871	40.249	21.512	2700	140＝115+25
南京院	2.002	46.585	23.269(可调)	<1800	180＝115+65

提高烘干破碎机内的烘干及打散效率，降低自身的阻力，是烘干破碎机开发设计的技术

关键。为此，我院在 1000t/d 级烘干破碎机的开发设计工作中，研究并分析了各种品牌设备的设计资料和生产数据，制定了如下的设计优化措施。

① 合理的转子及机体结构。当时 1000t/d 烘干破碎机转子，国外通常采用 $\phi2.500\text{m}\times1.770\text{m}$，转子流通面积 1.5465m^2，通过分析比较，该种转子的烘干破碎机内部存在物料分布不均匀，易导致内部温度场分布不均匀，致使转子、壳体受热不均匀，出现变形问题，另外出口废气温度偏高，影响了烘干破碎机自身应有的烘干打散能力。鉴此，我院在 1000t/d 烘干破碎机的开发设计过程中，采用了大直径窄转子，以提高其应有的烘干打散能力。具体考虑如下。

a. 烘干打散机的主要目是烘干和烘干后料饼的打散，在热气流的作用下，物料的打散是比较容易的。因此，如何提高烘干打散机内滤饼和热气流的充分接触是相当重要的。在烘干过程中，热气流要想顺利导入，转子必须有一个合理的流通面积要求。

b. 由于滤饼的加料口的长度一般在 1.000m 左右，滤饼在下落的过程中很难分散在整个转子的空间，易导致热气体的旁流现象，因此，通过增加转子的排数来扩充转子的流通面积是不利的。从传热的角度考虑，通过转子扩径来增加流通面积比较合适。另外在提升管道内气流和物料是同流，其滑差速率较小，不利于热交换。因此，希望整个热交换过程和水分的蒸发过程应在烘干打散机内完成比较理想。

c. 在进风口和滤饼混合室的设计中，适当地增加一些料饼冲击杆，让料饼在自由落体和烘干过程中自行打散，以增加破碎机的烘干能力，减少破碎机的实际功耗。

d. 为了使烘干破碎机有一个合理的适应范围，在出口和进口之间应设计一个可调的控制隔板。在出口处也应设计一个出口面积的调控机构，以满足生产调整的需要。为此，1000t/d 规模的设计规格定为 $\phi2.800\text{m}\times1.750\text{m}$ 比较合适。

② 经过理论分析，为了确保烘干破碎机的阻力损失控制在 1850Pa 以内，其转子的流通面积应控制在 2.000m^2 以上。

③ 烘干破碎机内部及其有关部件的线性膨胀量应控制在以 650℃进气、10min 内不发生碰撞为准。

④ 为了加强热交换过程的完成和水分的蒸发，在可能的条件下，适当地加长入口混合室的长度和滤饼入口的分散度。

我院开发设计的烘干破碎机，率先用于浙江江山水泥厂 3 号线、安徽皖维厂废渣综合应用项目和浙江江山厂 7 号窑以及浙江湖州达强水泥厂技改工程中，经过两年来的生产实践证明，该烘干破碎机具有优良的性能。

3. 开发具有自洁功能的料饼喂料锁风装置

为了控制系统的漏风量，在烘干破碎机的喂料口必须加强系统的喂料锁风。目前国外公司多采用三道气动锁风阀或箱式喂料机，上述两种锁风装置的漏风率均较高，除此之外，采用三道气动锁风装置，影响喂料过程的连续性，且故障率较高；采用箱式喂料锁风装置，虽喂料连续性控制比较好，但结构复杂，电耗较高。

我院在根据实践经验的基础上，开发设计了料饼自洁式卸料锁风装置。该装置具有如下一些优点：

① 锁风性能好，漏风可以控制在 2% 以内；

② 能够稳定系统喂料的连续性；

③ 装机功率小，电耗低；

④ 能够自洁，对于黏性较强物料，能够自动清除分格轮内的积料，不影响物料的通过量；

⑤ 机械结构简单，故障率低，维修方便。

三、预分解系统

1. 概述

湿磨干烧预分解系统和一般的干法预分解系统由于喂入系统的物料不同，造成了许多的差别，一般情况下，湿磨干烧预分解系统由 C2～C3 旋风筒、分解炉外加烘干破碎机和旋风收尘器构成，出 C1 筒的废气温度为 500～560℃，以满足物料烘干的需要。如图 6 所示，生料滤饼通过自卸式锁风装置喂入烘干破碎机内，经过烘干破碎后，再经提升管在气流的提升下进入旋风收尘器，而后经过旋风收尘器收下的热物料，像全干法生产工艺一样逐级进入下一级预热器预热、分解，直至窑内烧成熟料。

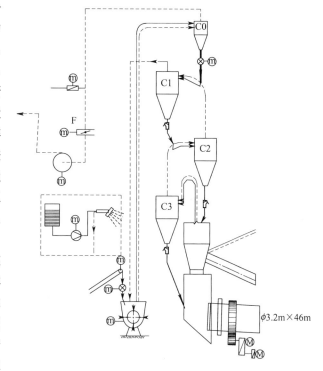

在功能设计上，两种过程存在着诸多差别。出烘干破碎机的气体提升管的设计不同一般风管，要求既能在低负荷调试期保证物料顺利提升进入收尘器，又能在满额生产的情况下，保证系统阻力最低。末级（C0 级）旋风收尘器也不同于一般新型干法 C1 旋风筒，主要表现在以下方面：

图 6　预分解系统流程示意

① 工作负压较一般的干法顶部旋风筒要大，因此，其料管上的锁风尤为重要；

② 废气湿含量较高及易结露和堵塞，因此要有严格的保温和防漏措施；

③ 由于物料在烘干过程中，很难彻底干燥，其流动性较一般的干法预热器顶部差，在此种情况下，提高分离效率达 95％ 以上，是开发设计的关键；

④ C1 筒出口处废气温度要满足烘干物料的需要，必要时可采用物料分流方案。

此外，为了保护非正常情况下，烘干破碎机免于损坏，需在进口管道上安装喷水装置。

2. 技术特点

烧成系统是整个生产工艺过程的核心，不同的料饼含水量，所需要的热量是不相同的，根据理论分析，不同的料饼含水量，所采用的最佳预热器级配见表 8。

表 8 不同的料饼含水量与预热器级数的最佳匹配

滤饼水分/%	<10	10~14	14~22	22~31
预热器级数/级	5	4	3	2
出口温度/℃	<390	390~465	465~585	585~750

结合我院新型干法预分解系统开发、研究、设计等实践经验，对湿磨干烧工程，确定烧成系统采用三级预热一级收尘在线喷腾管道式分解炉工艺设计方案（图6）。

表 9 所示为江山水泥厂一期、二期工程相关设备结构设计值。

表 9 预分解系统的工艺参数及规格参数

类别	C3	C2	C1	烘干破碎机	C0	三次风管	分解炉	窑尾缩口
出口压力/Pa	1850	2550	3250	5200	6300	500	1200	400
出口温度/℃	860	765	600	210	200	750~860	880~920	1000
标况气量/(m³/kg 熟料)	1.644	1.675	1.727	2.324	2.381	0.624	1.489	0.592
工况气量/(m³/s)	80~88	76~83	66~73	50~55	51~56	29~32	75~82	32~35
衬砌厚度/mm	265	230	210	200	—	200	265	200
筒径/m	5.15	5.15	4.90	2.8×1.75	4.80	1.85	3.80	1.85×1.85

我院开发的湿磨干烧预分解系统具有如下的结构特点。

① 采用我院传统的大蜗壳、短柱体、高效率、低阻耗、防结拱的旋风预热器结构（图7）。

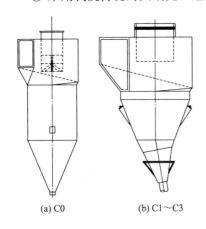

(a) C0   (b) C1~C3

图 7 旋风筒结构示意

为了保证各级旋风筒在低压损下有较高的分离效率，应避免旋风筒内龙卷风尾造成二次扬尘，各旋风筒旋风自然长 $\left[L_z = 7.3 \dfrac{d_{out}}{2} \left(\dfrac{D_c^2}{4A_{in}} \right)^{\frac{1}{3}} \right]$ 和旋风筒进口中心线到料管口的高度 (L_H) 之比 $\left(\dfrac{L_z}{L_H} \right)$ 被控制在一个临界值之下。

旋风筒的阻力损失按下式进行了设计优化：

$$\Delta P = \xi(\vec{\theta}, \vec{K}) \frac{U_{in}^2}{2g} \rho f_i$$

式中 $\vec{\theta}$——工况参数集合；

$\vec{K}$——结构参数集合；

U_{in}——进口风速；

f_i——固体物料浓度校正系数，$f_i = \left(1 - 0.4 \sqrt{\dfrac{C_i}{1000 \rho g}} \right)$；

C_i——旋风筒进口浓度校正函数。

$$\xi(\vec{\theta}, \vec{K}) = \left(\frac{1.82}{K_1} \right)^{2n} - 1 + \left(\frac{A_{in}}{A_{out}} \right)^2 \cdot \frac{3(1-K_1^2)}{3-K_1} + 4\pi f \left(\frac{S}{d_{out}} \right) \cdot \frac{1}{K_1^{2n}} +$$

$$4\pi f S \cdot \frac{1 + K_1^{2(1-n)}}{b} + 4\pi f \cdot \frac{H+L-S}{b(1-K_1^2)}$$

式中 n——旋风筒的旋涡指数，$n = 1 - (1 - 0.673 D_c^{0.14}) \left(\dfrac{t}{283} \right)^{0.3}$；

A_{in}，A_{out}——旋风筒进口、出口面积；

  d_{out}，S——旋风筒出口管径和内筒高度；

    b——进口宽度；

    D_c——旋风筒筒体直径；

  H，L——旋风筒柱体高度和锥体高度；

    f——范宁系数；

    K_1——常数，$K_1 \approx 0.5$。

各级旋风筒分离效率的高低，直接影响系统内部物料的循环量和换热效率，设计中，各级旋风筒分离效率的控制是不相同的，一般情况，为了减少外循环量，最上一级旋风筒分离效率最高（95%），其他各级的分离效率则较低，并按下式分别进行优化设计。

$$\eta = \int_0^\infty \eta_i(\vec{K}, \vec{\theta}, \vec{S}_p) \cdot f(d_p) \cdot \mathrm{d}d_p$$

式中　$\eta_i(\vec{K}, \vec{\theta}, \vec{S}_p)$——单颗粒收尘效率；

      $f(d_p)$——颗粒分布密度函数，由实验确定。

江山水泥厂一期、二期相关工程设计参数见表10。

表 10　各级旋风筒性能参数

类别	分离效率/%	阻力损失/mmH$_2$O	类别	分离效率/%	阻力损失/mmH$_2$O
C0	95	100	C2	87	54.31
C1	86	69.33	C3	88	48.28

② 采用高分散性撒料装置，强化管道换热。为了强化预分解系统各级换热管道的换热效率，物料在管道内的分散均匀性是非常重要的环节。经过多年的生产实践证明，我院开发设计的扩散式撒料装置（图8），具有优良的物料分散和防堵性能。

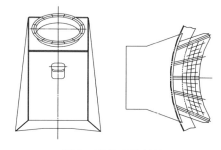

图 8　扩散式撒料箱

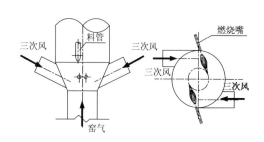

图 9　分解炉进风与燃料分配方式

③ 加强了外漏与内串风的控制，有利于系统内部物料的合理分布和控制，减少系统内部物料的湍动、塌料问题。

④ 分解炉设计中采用多点进气、多点燃烧喷旋混合管道式分解炉（局部见图9），其特点：具有较均匀的流场、浓度场、温度场分布控制能力，不会出现局部过热现象，操作稳定，且有较强的适应能力。

非线性规划在水泥工业工程设计中的应用

蔡玉良

在实际工程设计、生产和管理过程中，人们总是希望以最小的投入获得最大的收入，如何在这些复杂的活动过程中，达到上述的目的，这就是人们常常提及的优化问题。优化过程有三个方面，即最优设计（静态优化问题）、优化控制（动态优化问题）和优化管理（方法问题）。对于水泥工业生产中的工程系统来说，无论是在设计过程中，还是在工业控制过程和生产管理过程中，总是存在许多可供优化的问题。另外，对于一些工程设计中所遇到的不确定的因素或问题，往往也可以借助于非线性规划方法进行解决或定量地分析和处理。因此，非线性规划方法是工程设计中不可缺少的重要方法和手段。为了更好地应用非线性规划方法，解决实际工程中遇到的各类问题，下面拟结合水泥工业设计过程中许多成功应用实例进行介绍，以期推荐一种有效解决实际问题的快捷方法。

一、非线性规划的一般表达式

在实际工程设计中经常所遇到的问题，均是静态优化问题。在欧式空间中，可以概括如下：

目标函数：$f(\overline{x}), \overline{x} \in E^n$

约束条件：$g_i(\overline{x}) \geqslant 0, i=1,2\cdots p$

$h_i(\overline{x})=0, i=p+1, \cdots m$

在水泥工业设计过程所遇到的许多问题中，无论能否采用准确的理论数学模型加以描述，还是采用经验的或半理论、半经验的过程加以控制或约束；或无论是有目标函数的求解，还是无目标的求域，均可以采用规划（非线性和线性）的方法加以描述和解决。

二、基本应用实例

1. 多组分寻优配料过程

对水泥工业过程的配料问题，目前已有比较成熟的配料方法，但多数配料方法，均是依靠代数的方法或试算法加以解决，对于多种组分的原料（三种以上）的配料问题，采用代数的方法或试算法，就显得不够便利，尤其对于有价格因素在内的配料过程中的原料选择问题，更难采用代数的方法或试算法加以快速解决。这时采用规划方法来解决此类问题，则是得心应手之事，特别是在优越的计算软件平台（Excel）的支持下更是方便之至。

该配料程序是借助 Office 软件平台提供的非线规划程序进行设计的,采用该方法可以进行两种以上原料的配料计算,也可以实现当原料达到三种以上时,还可以实现价格优选方案。因此借助于原料和煤灰的化学成分、生料和熟料的化学成分及率值(KH、p、n)的关系,确定基本的计算与约定条件,具体步骤如下。

① 在 Excel 提供的环境中,利用 VB 接口功能定义出有关配料过程中需要的计算和变量间转换的自定义函数如下:

$$KH(SiO_2,Al_2O_3,Fe_2O_3,CaO,SO_3) = \frac{CaO-1.65Al_2O_3-0.35Fe_2O_3-0.7SO_3}{2.8SiO_2}(p>0.64)$$

$$KH(SiO_2,Al_2O_3,Fe_2O_3,CaO,SO_3) = \frac{CaO-1.1Al_2O_3-0.7Fe_2O_3-0.7SO_3}{2.8SiO_2}(p<0.64)$$

$$n(SiO_2,Al_2O_3,Fe_2O_3) = \frac{SiO_2}{Al_2O_3+Fe_2O_3}$$

$$p(Al_2O_3,Fe_2O_3) = \frac{Al_2O_3}{Fe_2O_3}$$

$$基准折算 \ JZS(X,LSS) = \frac{X}{1-LSS}$$

② 在 Excel 的工作表内,布局明细表,并根据各种配料的数值关系或自定义函数,构造数据计算表格(图1),即各种原料的化学成分、烧失量(LSS),进行灼烧基换算等。

③ 根据上述的率值与原料化学组成的关系,采用过剩值的概念,确定过剩值函数。

每一种原料在一定配比的条件下,各主要化学成分相对于设定的合格生料的各主要化学成分,或多或少存在一定的差值,这个差值被定义为过剩值。因此在配料过程中,为了获得合格生料,所有用来配料的原料在一定配比的条件下,所形成的过剩值之和应等于零,即:

$$\Delta CaO = \sum_{i=1}^{m}\{2.8SiO_2(i)\times[KH(i)-KH_0]+1.65Al_2O_3(i)+$$
$$0.35Fe_2O_3(i)+0.7SO_3(i)\}\times K(i)=0$$

$$\Delta SiO_2 = \sum_{i=1}^{m}\{[n(i)-n_0]\times[Al_2O_3(i)+Fe_2O_3(i)]\}\times K(i)=0$$

$$\Delta Al_2O_3 = \sum_{i=1}^{m}\{[p(i)-p_0]\times Fe_2O_3(i)\}\times K(i)=0$$

$$\Delta Fe_2O_3 = \sum_{i=1}^{m}\left[Fe_2O_3(i)-\frac{Al_2O_3(i)}{p_0}\right]\times K(i)=0$$

式中　KH_0,n_0,p_0——合格生料的率值要求;

　　　　$K(i)$——第 i 种原料的灼烧基配比,第 i 种原料的化学成分为 $SiO_2(i)$、$Al_2O_3(i)$、$Fe_2O_3(i)$、$CaO(i)$、$SO_3(i)$。

④ 根据规划的概念与要求,采用 Excel 平台提供的非线性规划方法,以及设定的目标函数、活动变量区域和必要的约束条件,而后即可实现求解计算。

如果配料涉及原料的采购价格,则可以由各种原料的灼烧基配比折算成原料配比和价格权重的乘积之和作为目标,即 $price = \sum_{i=1}^{m}K(i)\times\psi(i)\to\min$ [$\varphi(i)$ 为第 i 种原料的单价];灼烧基配比作为活动变量网格区域,各过剩值及有关条件作为必要的约束条件,即可实现求解计算。如果无价格因素,可以选择一个主要的过剩值控制作为目标函数,如:

$$\Delta CaO = \sum_{i=1}^{m} \{2.8SiO_2(i) \times [KH(i) - KH_0] + 1.65Al_2O_3(i) +$$

$$0.35Fe_2O_3(i) + 0.7SO_3(i)\} \times K(i) \to 0$$

其他相同。

为了能够在完成配料计算后，获得更多的计算信息，因此在完成上述的基本设置后，还必须将各种原料的灼烧基配比换算成原料的配比，同时还必须利用相关的关联式、经验式和有关要求，补充完成熟料的成分、硫碱比、烧成温度及最终的配料率值情况等有用信息。

如图 1 所示，上部分粗线框内的原料化学成分需要配料者给定，下部分粗线框中的数据是配料者应该控制和给定的数据，将数据填完后执行一下"非线性规划程序"即可。采用 Excel 提供的优化方法进行配料程序的编制，程序简单且能满足若干种物料参与配料的需求，比常规的配料计算程序适应范围宽。当所采用的原料成分达不到配料方案的要求时，可以给出需要调整的可能方案（即过剩值情况）。

原料组分	LSS	SiO_2	Al_2O_3	Fe_2O_3	CaO	MgO	K_2O	Na_2O	Cl^-	S^{2-}	总和	原料配比	灼烧基配比
原料-1	41.9	2.31	0.81	0.1	52.3	0.7	0.21	0.23	0.51	0.32	99.39	83.89	71.48
原料-2	6.5	58.9	18.4	5.7	0.4	0.2	0.11	0.21	0.15	0.31	90.88	2.61	3.57
原料-3	0.4	86.7	6.7	0.4	0.4	0.11	0.34	0.45	0.12	0.23	95.85	10.46	15.27
原料-4	10.8	11.4	13.1	61.5	0.3	0.6	0.43	0.22	0.12	0.21	98.68	3.05	3.99
原料-5	0	0	0	0	0	0	0	0	0	0	1	0.00	0.00
原料-6	0	0	0	0	0	0	0	0	0	0	1	0.00	0.00
原料-7	0	0	0	0	0	0	0	0	0	0	1	0.00	0.00
原料-8	0	0	0	0	0	0	0	0	0	0	1	0.00	0.00
煤灰	0	44.5	37.2	6.1	5.9	1.4	0	0	0	0	95.1		5.680
生料	35.69	12.89	2.26	2.15	43.93	0.62	0.23	0.00	0.45	0.31	98.52	100.00	94.320
水泥生料	KH_0	SM_0	IM_0	灰粉	低热值	硫含量	热耗	过剩钙	过剩硅	过剩铝	过剩铁	折算基准	100.00
控制指标	0.91	2.4	1.55	35.5	5500	0.03	880	0.0	−0.0	0.0	0.0	146.7	
水泥熟料	KH	SM	IM	LST	KST	HM	C_3S	C_2S	C_3A	C_4AF	总和		硫碱比
最终结果	0.90	2.38	1.58	93.40	93.55	2.11	54.21	17.45	8.25	10.10	90.00		1.00
熟料组成	LLS	SiO_2	Al_2O_3	Fe_2O_3	CaO	MgO	K_2O	Na_2O	Cl^-	S^{2-}	总和		1.00
最终结果	0.00	20.35	5.24	3.32	61.11	0.94	0.31	0.35	0.62	0.27	92.52		1

图 1　配料例子

2. 喷雾器的设计问题

（1）机械离心式雾化喷头的设计应用

离心喷头是喷雾器中的重要结构形式之一，工程中多有应用，参考有关物理模型，不难根据质量守恒、能量守恒、动量守恒原理得出数学模型和各变量之间的数值图形关系，各图形关系式见表 1。

表1 机械离心式喷雾器各结构参数与操作参数间的关系式

计算式	$w=\dfrac{Q}{\phi\pi r_p^2}$	$\phi=1-\dfrac{r_0^2}{r_p^2}$	$\zeta=\dfrac{Rr_p}{r_c^2}$	$\tan\dfrac{\theta}{2}=\dfrac{v_t}{v_a}$	$\varphi=\dfrac{1}{\sqrt{\dfrac{1}{\phi^2}+\dfrac{\zeta^2}{1-\phi^2}}}$	$w=\varphi\sqrt{\dfrac{2p}{\rho}}$
符号说明	Q为喷出液体流量； r_p为喷嘴出口半径； w为当量流速	r_0为由旋流造成空气涡半径； ϕ为有效截面积系数	ζ为雾化器的几何特征系数； r_c见文献[1]	θ为雾化角； v_t为喷口处切向速率； v_a为喷口处轴向速率	φ为流量系数； 其他同前	p为喷头的操作压力； ρ为喷射介质密度

阿勃拉莫维奇根据离心雾化器的最大流量理论 $\dfrac{\mathrm{d}\varphi}{\mathrm{d}\phi}=0$，导出了：

$$\zeta=\frac{1-\phi}{\sqrt{\dfrac{\phi^3}{2}}}$$

$$\varphi=\phi\sqrt{\frac{\phi}{2-\phi}}$$

$$\tan\frac{\theta}{2}=\frac{(1-\phi)\sqrt{8}}{(1+\sqrt{1-\phi})\sqrt{\phi}}$$

式中对应的数值关系见图2。

根据前人经过大量的理论分析和实验研究，离心式雾化喷头的效果评估模型见表2。

在上述模型研究的基础上，根据

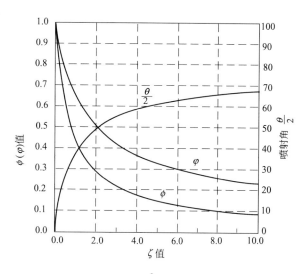

图2 喷射角度 $\dfrac{\theta}{2}$ 及 ϕ、ζ 的对应关系

非线性规划的原理要求构造目标函数和约束条件函数，同理，根据 Excel 模式和非线性规划的求解要求可得：

目标单元格：$\delta=abs\left(\tan\dfrac{\theta}{2}-\dfrac{(1-\phi)\sqrt{8}}{(1+\sqrt{1-\phi})\sqrt{\phi}}\right)\to 0$

约束条件单元格：见表1中有关等式和表2中相关计算式及其适用范围。

在给定物性参数、喷雾能力、雾化角要求及活动单元格区域后不难求解（表3和表4）。

表2 各种喷头进行雾化的液滴大小估算公式汇总

类别	离心压力式雾化喷头效果估算式	常量及参数说明
压力式雾化喷头	切向引入式喷头的估算式 $d_{vs}=11260\left(\dfrac{d_0}{1000}+0.00432\right)\cdot\exp\left(\dfrac{3.96}{u_0}-0.0308u_t\right)$	u_0为液体从喷嘴孔喷出的平均流速(m/s)； d_0为喷嘴缩口直径(mm)； u_t为入口的切向平均流速(m/s)； d_{vs}为单位体积表面积平均径(mm)
	旋流叶片式的估算式 $d_{vs}=156.9\left[\dfrac{(FN)}{\Delta p}\right]^{\frac{1}{7}}$；$FN=293\varphi\cdot A_0$	Δp为喷嘴压差； A_0为喷嘴孔截面积(cm²)； φ为流量系数

续表

类别	离心压力式雾化喷头效果估算式	常量及参数说明
压力式雾化喷头	空心锥式喷嘴雾化喷头估算式（Orr） $$\log\left(\frac{d_{nv}}{d_0}\right) = A \cdot Z^2 + B \cdot Z + C$$ $$Z = \log\left[Re_1\left(\frac{w_e}{Re_1}\right)^a\left(\frac{v_t}{v_a}\right)^b\right], \quad v_a = \frac{Q_1}{\frac{\pi}{4}d_0^2}$$ $$w_e = \frac{v_a^2 d_0 \rho_g}{\sigma}; \quad v_t = v_a \tan\left(\frac{\theta}{2}\right); \quad Re_1 = \frac{d_0 v_a \rho_1}{\mu_1}$$	d_{nv} 为以粒数计液滴的体积平均径（m） d_0 为喷嘴缩口直径（m） Q_1 为液体流量（m³/s） ρ_g、ρ_1 为气体及液体密度（kg/m³） μ_1 为液体的动力黏度（Pa·s） σ 为液体的表面张力（N/m） θ 为最大喷雾锥顶角（°） $A = -0.144; B = 0.702; C = -1.26; a = 0.2; b = 1.2$ σ 为 $0.0756 \sim 0.0720$N/m（$0 \sim 25$℃）
	实心锥式喷嘴喷出雾滴估算式 $$d_m = 1.92\left(\frac{\sigma}{\rho_g v_r^2}\right)\left(\frac{v_r \mu_1}{\sigma}\right)^{\frac{2}{3}}\left(1+\frac{1000\rho_g}{\rho_1}\right)\left(\frac{d_0 \rho_1}{\mu_1^2}\sqrt{v_1\mu_g}\right)$$ 使用范围（向高速气流中喷雾所形成的雾滴）： v_r 为 $60 \sim 300$m/s；ρ_g 为 $0.74 \sim 4.2$kg/m³；v_1 为 $1.2 \sim 30$m/s d_m 为 $19 \sim 118\mu m$；μ_1 为 $(3.3 \sim 11.3) \times 10^{-3}$Pa·s d_0 为 $(1.2 \sim 5) \times 10^{-3}$m	d_m 为液滴的质量中位粒径（μm） μ_g 为气体的动力黏度（Pa·s） v_r 为气体与液体间的相对速率（m/s） v_1 为液体的喷出速率（m/s） d_0 为喷嘴缩口直径（m） ρ_g、ρ_1 为气体及液体密度（kg/m³）

表 3　原始数据及控制目标

流量 m /(t/h)	液体密度 ρ/(kg/m³)	液体黏度 μ/Pa·s	表面张力 σ/(N/m)	$\tan\left(\frac{\theta}{2}\right)$	雾化角度 θ/(°)	特征系数 ζ/m	流量系数 φ	有效截面系数 ϕ	控制变量 δ
0.5	998.5	8.9×10^{-4}	0.072	0.52057	55	0.5958	0.559839	0.73469522	1.82×10^{-7}

表 4　计算结果

类别	1	2	3	4	5	6	7	8	9	10	11
喷嘴口径/mm	1	1.5	2	2.5	3	3.5	4	4.5	5	5.5	6
工作压力/MPa	508.0	100.3	31.7	13.0	6.3	3.4	2.0	1.2	0.8	0.6	0.4
轴向喷速/(m/s)	240.7	107.0	60.2	38.5	26.7	19.6	15.0	11.9	9.6	8.0	6.7
切向喷速/(cm/s)	125.3	55.7	31.3	20.0	13.9	10.2	7.8	6.2	5.0	4.1	3.5
参数 w_e	8.03×10^5	2.4×10^5	1.0×10^5	5.1×10^4	3.0×10^4	1.87×10^4	1.26×10^4	8.82×10^3	6.43×10^3	4.83×10^3	3.72×10^3
雷诺数 Re	2.7×10^5	1.8×10^5	1.4×10^5	1.1×10^5	9.0×10^4	7.7×10^4	6.8×10^4	6.0×10^4	5.4×10^4	4.9×10^4	4.5×10^4
参数 Z	5.19	4.94	4.76	4.63	4.52	4.42	4.34	4.27	4.21	4.15	4.10
理论式 d_{nv}/μm	32.20	74.18	130.9	200.47	281.46	372.61	472.89	581.39	697.38	820.20	949.27
离心式 d_{vs}/μm	1.28	12.24	28.96	45.90	62.25	78.61	95.77	114.53	135.69	160.10	188.75
叶片式 d_{vs}/μm	66.77	94.52	120.95	146.45	171.22	195.41	219.10	242.38	265.29	287.87	310.16

　　从计算结果（表 4）及图 3 不难看出，在可行的范围内，由于其模型表达的意义有所差别（表 2），因此其计算结果也有较大差别。在同样的条件下，记数液体平均径大于单位体积表面积平均径（即 $d_{nv} > d_{vs}$）；在变化趋势方面，Orr 离心式（空心锥）变化较快，随着喷口直径的增大，其雾化评估效果值衰减得比较快，而采用切线离心式喷头效果估算模型和采用叶片式评估模型，其变化趋势基本一致，但离心式效果比叶片式要好。这些数据为其结构的进一步设计奠定了基础。

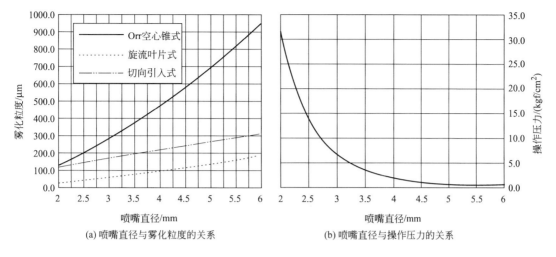

(a) 喷嘴直径与雾化粒度的关系　　　　　(b) 喷嘴直径与操作压力的关系

图 3　计算结果趋势

（2）气液混合式气雾喷头的原理

对于气液混合式气雾喷头，无论是内混式、外混式还是中间混合式均是依靠两种流体的相互作用，以克服液体的表面张力，造成液体分散；同时气体也起到隔离液滴再次聚合形成较大液滴的作用，从而迅速形成气溶胶，达到雾化的目的。对于气体雾化式喷头，要解决的问题是采用怎样的结构和需要最小的压缩空气能耗来满足一定喷雾量大小和雾化粒度要求。

一般情况下，气雾式喷头所用空气均是具有一定压力的可压缩空气，对于喷头雾化用压缩空气的流速一般在 100m/s 以上。气体在喷头内的流动所经历的时间较短，可以将其看作是一维的绝热流动；同时因气体在喷头内行程的距离也很短，因摩擦造成的影响较小，可近似地认为其过程是可逆的，即可以将喷头内的气体流动看作是近似的一维等熵流动。采用此种处理方法，已完全能够满足工程设计计算精度的要求。

一维等熵流动所遵守的基本方程见表 5。

表 5　气体一维等熵流动方程组

类别	连续方程	动量方程	能量方程	等熵方程	气态方程
形式 1	$\dfrac{\mathrm{d}\rho}{\rho}+\dfrac{\mathrm{d}v}{v}+\dfrac{\mathrm{d}A}{A}=0$	$\dfrac{\mathrm{d}p}{\rho}+v\mathrm{d}v=0$	$\mathrm{d}h+v\mathrm{d}v=0$	$\mathrm{d}s=0$	$p=\rho RT$
形式 2	$\rho vA=$常数	$\displaystyle\int\dfrac{\mathrm{d}p}{\rho}+\dfrac{v^2}{2}=$常数	$h+\dfrac{v^2}{2}=$常数	$s=$常数	$\dfrac{p}{\rho^k}=$常数

根据上述方程组，不难得出喷口前后两截面间各参数的关系：

$$\frac{p_{喷前}}{p_{喷后}}=\left(\frac{1+\dfrac{k-1}{2}Ma_{喷后}}{1+\dfrac{k-1}{2}Ma_{喷前}}\right)^{\frac{k}{k-1}}$$

$$\frac{A_{喷前}}{A_{喷后}}=\frac{Ma_{喷后}}{Ma_{喷前}}\left(\frac{1+\dfrac{k-1}{2}Ma_{喷前}}{1+\dfrac{k-1}{2}Ma_{喷后}}\right)^{\frac{k+1}{2(k-1)}}$$

$$\frac{\rho_{\text{喷前}}}{\rho_{\text{喷后}}}=\left(\frac{1+\dfrac{k-1}{2}Ma_{\text{喷后}}}{1+\dfrac{k-1}{2}Ma_{\text{喷前}}}\right)^{\frac{1}{k-1}}$$

$$\frac{v_{\text{喷前}}}{v_{\text{喷后}}}=\frac{Ma_{\text{喷前}}}{Ma_{\text{喷后}}}\left(\frac{1+\dfrac{k-1}{2}Ma_{\text{喷后}}}{1+\dfrac{k-1}{2}Ma_{\text{喷前}}}\right)^{\frac{1}{2}}$$

式中　k——气体的物性参数，$k=\dfrac{\text{气体的定压比热容}}{\text{气体的定容比热容}}=\dfrac{C_p}{C_v}=1.4$。

Ma——马赫数，$Ma=\dfrac{v}{v_a}$。

表 5 和上式中的字母含义：A 为流管截面积；v 为气体流速；p 为流管内某一截面上的压力；ρ 为介质的密度。

根据音速定义和理想气态方程，不难得出理想气体中的音速 $v_a=\sqrt{\left(\dfrac{\partial p}{\partial \rho}\right)_s}=\sqrt{kRT}$，因而常温（25℃）条件下气体的音速 $v_a=20.1\sqrt{T_0}=347$（m/s）。

压缩空气的有效动力功耗定义为：

$$N=p_{\text{喷前}}\cdot Q_g=\lambda\cdot p_{\text{喷后}}\cdot Q_g$$

$$p_{\text{喷后}}=\frac{v_{\text{喷出}}^2}{2}\rho_{\text{喷出}}(1+\xi)$$

$$\lambda=\left(\frac{1+0.2Ma_{\text{喷后}}}{1+0.2Ma_{\text{喷前}}}\right)^{3.5}$$

式中　λ——压力系数；

Q_g——雾化所需要的空气量；

ξ——局部阻力系数，由具体的结构确定。

在满足雾化要求的条件下，考虑到压缩空气消耗的动力最低，即：$N=\lambda\cdot p_{\text{喷后}}\cdot Q_g\to\min$。

另外气雾式喷头的雾化效果评估模型见表 6。

表 6　气体雾化式喷头的效果评估模型

| 内混式雾化喷头的雾化效果估算式

$d_{sv}=\dfrac{5.86\times10^5}{v_g}\left(\dfrac{\sigma}{\rho_1}\right)^{0.5}+53.4\times10^6\left(\dfrac{\mu_1}{\sqrt{\rho_1\sigma}}\right)^{0.45}\left(\dfrac{Q_1}{Q_g}\right)^{1.5}$

使用范围：
ρ_1 为 700～1200kg/m³；σ 为 (19～73)×10⁻³N/m
μ_1 为 3×10⁻⁴～5×10⁻²Pa·s；v_g 为 100～300m/s | v_g 为气体喷出速度 (m/s)
Q_1、Q_g 为液体、气体的流量 (m³/s)
d_{sv} 为雾化粒度 (μm)
d_m 为液滴的质量中位粒径 (μm)
M_1、M_g 分别为液体和气体的质量流量 (kg/h) |
| 气体外混式雾化喷头的雾化效果估算式

$d_m=2600\left[\left(\dfrac{M_1}{M_g}\right)\left(\dfrac{\mu_g}{g_m\cdot d_1}\right)\right]^{0.4}$ | g_m 为气体的质量流率 [kg/(m²·s)] |

同理，根据非线性规划模式要求和 Excel 平台的要求，其单元格内的目标函数、约束条件如下所示。

目标单元格内容：$N = \lambda \cdot P_{\text{喷后}} \cdot Q_g \to \min$。

约束条件：$abs(d_{\text{给定}} - d_{\text{模型}}) = 0$。

再加上述模型的限制条件及其他约束。

结合具体的内混式喷头为例，在满足雾化效果的条件下，当喷头喷水量为 0.5t/h 时，其计算结果绘制成曲线见图 4。

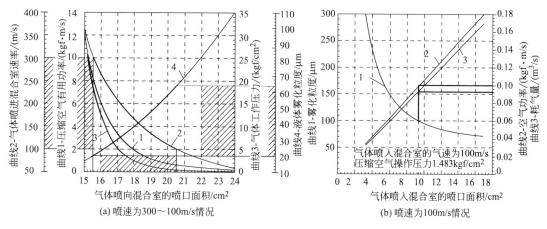

图 4 气体雾化式喷头压缩空气量及操作压力确定的关系

对于上述内混式喷头，由于其适用条件的限制，因此必须分段处理。图 4（a）所示为当喷入混合室内的气速在 300～100m/s 时，其雾化粒度比较细（<64μm），压缩空气的功耗也较高，对于要求不高的场所，没有必要将液体雾化到 64μm 以下。对于水泥工业用喷雾器，雾化粒度小于 100μm，就足以满足工程使用的要求，同时也可节约能量消耗，图 4（b）所示为喷入混合室内气流速率为 100m/s，操作时有效压力为 1.483kgf/cm²（1kgf/cm² = 98.0665kPa）时的雾化效果曲线。在喷水量为 0.5t/h 时，不难从图中确定压缩空气的使用量和有效压力参数及内部气体喷口的大小等，为其结构的设计提供了必要的数据。

3. 预热器系统内分离效率的分布问题

预分解系统内部的参数分布是预分解系统中各单体结构设计的重要控制指标。目前大都参考已有的工程标定结果或估算的方法来确定这一参数的分布，往往带有一定的主观性，达不到精细设计和系统优化的目的。采用非线性规划的方法，进行规划分布计算，使得系统参数的分布更加合理，且更适合于新系统的开发工程项目。

为了探讨旋风预热器系统的组合性能，试以四级预分解系统的具体情况为例，在给定生产规模的情况下，借助坐标轴旋转寻优求解法，采用最低设计投入和后期生产投入，来获得要求的规模产量。其具体的模式如下。

目标函数：$M = f(\vec{K}_1, \vec{K}_2, \cdots \vec{K}_m) \to \min$

$$\Delta P = \Delta P_C + \Delta P_P = \sum_{i=1}^{n} \Delta P_{Ci}(\vec{K}_{Ci}, \vec{\theta}_{Ci}) + \sum_{j=1}^{m} \Delta P_{Pj}(\vec{K}_{Pj}, \vec{\theta}_{Pj}) \to \min$$

$$\eta_{Ci} = \eta_{Ci}(\vec{K}_{Ci}, \vec{\theta}_{Ci}) \to \max$$

$$\psi_{i,j}=\psi_{i,j}(\vec{K}_{i,j},\vec{\theta}_{i,j},\vec{S}_{p})\rightarrow max$$

式中 M——构造系统的总设备的重量;

$\vec{K}_i$——设备结构参数构成的向量($i=1,2\cdots m$);

$\vec{\theta}$——系统操作参数构成的向量;

i——旋风筒级数;

j——换热管道级数;

ΔP_C——旋风筒的压力降;

ΔP_P——换热管道的压力降;

$\vec{S}_p$——物性参数构成的集合;

η——旋风筒分离效率;

ψ——换热单元的热效率。

其中字母的下标:C 代表旋风筒;P 代表换热管道。

约束条件:

① 为了保证预热器系统局部结构不发生积料和堵料问题,需要特殊的结构约束,如为了保证物料的顺畅流动,其带料管道的倾斜角要大于物料的休止角等;

② 对于旋风筒体,为了延长内筒的使用寿命,减少含尘气体对内筒的直接冲刷磨损,其进口内侧要避开内筒;

③ 为了保证预热器和换热管道结构合理,符合实际的经验要求,尚有一系列经验的结构控制参数约束;

④ 系统内热交换过程的一系列准则,如能量传递准则、动量传递准则、质量传递准则和化学反应准则等;

⑤ 参数群的意义准则,如在计算中,所有的结构参数、操作状态参数等应有意义。

上述的过程实际上是一个多目标、多约束的非线性规划问题。为了更好、更形象地讨论问题,下面结合映射变换的方法,对其进行如下的处理。

对于一个预分解系统来说,其系统内各级旋风筒的分离效率(η)、各子系统压降(ΔP)和热效率(ψ)均受结构参数($\vec{K}$)和操作参数($\vec{\theta}$)的影响和制约,当组合方式、生产能力及所用原燃料一定时,相应的 $\vec{\theta}_{Ci}$、$\vec{S}_p$ 参数已定,那么 ψ_{Ci}、ΔP_C、η_{Ci} 均为 $\vec{K}_{Ci}$ 的函数,为了确定 ψ_{Ci} 与 ΔP_{Ci} 的映射关系,采用了如图 5 所示的变换方法加以变换,采用非线性规划的方法,不难完成了上述的变换过程,即 η_{Ci} 与 ΔP_C 不是一一的对应关系,经过上述变换后,则 η_{Ci} 与 ΔP_{Cimin} 成为映射关系。其中"*"符号表示特定值。采用上述方法,各参数相互影响的定量关系见图 6。

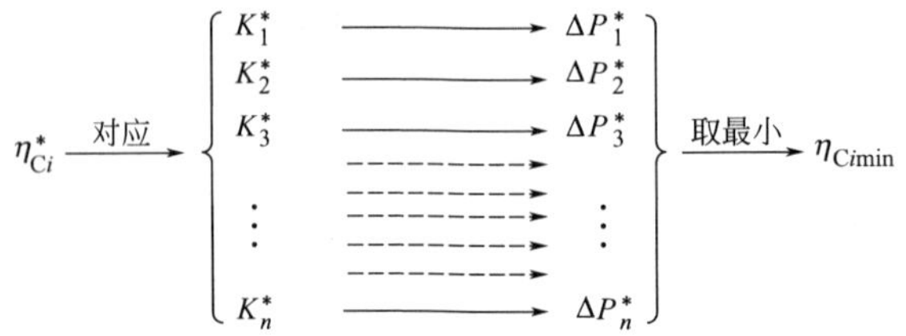

$$\eta_{Ci}^{*}\xrightarrow{\text{对应}}\begin{cases}K_1^{*}\longrightarrow\Delta P_1^{*}\\K_2^{*}\longrightarrow\Delta P_2^{*}\\K_3^{*}\longrightarrow\Delta P_3^{*}\\\text{------}\longrightarrow\\\vdots\qquad\qquad\vdots\\\text{------}\longrightarrow\\K_n^{*}\longrightarrow\Delta P_n^{*}\end{cases}\xrightarrow{\text{取最小}}\eta_{Cimin}$$

图 5 变换关系示意

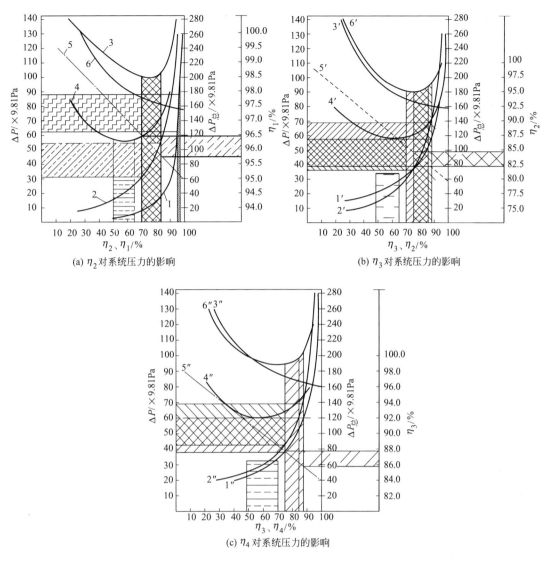

图 6　η_2、η_3、η_4 对系统压降的影响

从图 6（图中曲线含义见文献 [2]）分析可以得出，预热器系统各级分离效率的设计顺序应按 $\eta_1 > \eta_4 > \eta_3 > \eta_2$ 进行更为合理。

4. 预分解系统内部各点温度分布的计算与换热效率

众所周知，温差是传热过程的动力。在预分解系统中，物料与气体以顺流的方式进行换热。当温度较低的物料与温度较高的气体接触时，料温逐渐升高，气温则逐渐降低，温差愈来愈小。要将物料加热到较高的温度，或者要使气体温度降得更低以充分利用其热能，必须采用多级换热或交叉流换热。无论是多级换热还是交叉流换热都可以延长物料在系统中的换热时间，提高系统的换热效率。但是如何根据各自的条件和工作状态进行工程装备的开发设计仍然是一个难点。为此，采用非线性规划方法，在一些符合实际要求的约束条件下针对特定的流程进行各点参数分布的设计计算，以满足各级结构设计的需要，具体做法如下。

结合具体的工艺流程，以 1kg 熟料为计算基准，并在此基础上提出如下的假设：

① 物料在气体中分散均匀，各级预热器出口气体温度均匀，下料温度均匀；

② 入一级预热器物料的化学组分、含水量保持均匀，物料入窑分解率和温度保持恒定；

③ 进入系统的气体流量和温度在计算过程中保持恒定，取值大小应根据实际工程确定；

④ 将各级旋风筒与入口风管合为一个换热单元进行计算，各单元的散热量保持不变；

⑤ 生料中的物理水在一级预热器中蒸发，化学水在二级预热器中蒸发，$MgCO_3$ 在四级预热器中分解。

根据以上的假设，得出规划计算的模式如下。

目标函数：$\psi = \psi(\vec{\theta}, \vec{S}_p) \rightarrow \max$

式中　ψ——系统总热效率；

　　　$\vec{\theta}$——系统操作参数构成的向量；

　　　$\vec{S}_p$——系统物性参数构成的向量。

约束条件：

① 各单元内部热量保持平衡，整个系统的热量平衡；

② 各单元出口物料温度小于出口气体中的含尘温度，而出口气体中的含尘温度小于出口气体温度；

③ 各单元的进口气体物性参数等于前一单元的出口气体物性参数，进口物料物性参数等于后一单元的出口物料物性参数；

④ 来自实际过程的参数情况作为进出口的约束。

根据以上的假设和约束条件，可以借助已有的工程应用软件，结合实际工程应用中的初试条件和物性参数，不难得出在特定流程下的预分解系统中各点的操作参数分布和系统换热效率的关系，为系统优化和提高系统的换热效率提供指导。

5. 旋风预热器单体结构的优化设计

旋风预热器的结构设计得合理与否，直接影响预分解系统的工作性能。过去在设计中，一些工艺参数往往是根据经验选取，或做些粗略的计算，因此只考虑了某些主要的因素，而忽视了其间的相互影响，因而是不全面的。下面利用非线性规划的方法，根据旋风预热器单体设计的特点和需要，建立目标函数和多约束条件的设计方法，以克服上述缺点。

目标函数的选择对系统的最优设计结果有直接关系。本课题针对预分解系统的结构特点，以大量实验规律为依据，在满足预热器性能匹配关系的基础上，从设备的投资、基建、能耗等方面综合考虑，选择与气体接触的设备内表面面积最小为目标函数。因为，设备内表面面积小。所需金属材料少，体形小，相应的建设费用就会降低，同时表面散热损失也相应减少，系统热效率也相应提高。

目标函数：

$$obj = \pi(D_c \cdot H + d_e \cdot S) + \frac{\pi}{4}(D_c^2 - d_e^2) + \frac{\pi}{4}(D_c + c) \cdot \sqrt{(D_c - c)^2 + 4 \cdot L^2} -$$

$$a \cdot D_c \cdot \frac{\pi}{360} \arctan\left[\frac{\sqrt{D_c^2 - (D_c - 2b)}}{D_c - 2b}\right]$$

式中　D_c——旋风筒直径，m；

　　　d_e——内筒直径，m；

  S——内筒长度，m；

  H——旋风筒圆柱段长度，m；

  L——旋风筒锥体长度，m；

  c——旋风筒下料口直径，m；

 a，b——旋风筒进口高度和宽度，m。

约束条件：

① 旋风筒入口截面应该为切除一角的矩形，且长边应该与轴线平行，即 $a > b$；

② 要避免入射气流直接冲刷内筒，在入口内造成死角，则需要满足 $b \leqslant \dfrac{D_c - d_e}{2}$；

③ 内筒的长度对分离效率影响很大，对 C1 旋风筒要求 $0.8 < \dfrac{S}{d_e} < 1.25$，对其他各级筒要求 $0.6 < \dfrac{S}{d_e} < 1.25$；

④ 要避免入射气流的短路，内筒长度应大于旋风筒入口高度，即 $S > a$；

⑤ 气体处理能力必须满足既定要求的最大值，即必须满足 $\dfrac{d_e}{D_c} = 0.5 \pm 0.03$；

⑥ 物料在锥体部分不结拱，其锥体斜坡夹角必须满足一定的要求，即大于物料在热态情况下的休止角 $65°$；

⑦ 应当避免气流在最大切线速率处进入下料口，产生"底吹"现象；防止底部由于旋涡流的稳定性，导致旋涡中心在下料口内摆动，同时考虑物料能及时排出，故料口直径应小于最大切向速度面的直径；

⑧ 考虑到预分解系统的压降应尽可能地低，必须对每级旋风筒的压降给予限定，即

$$\Delta P(\vec{K}, \vec{\theta}) \leqslant \Delta P^*$$

式中 ΔP——旋风筒的压降；

  ΔP^*——限定压降；

  $\vec{K}$——旋风筒无因次结构矢量，$K = \dfrac{L}{D_c} = \dfrac{H}{D_c} = \dfrac{d_e}{D_c} = \dfrac{S}{D_c} = \dfrac{a}{D_c} = \dfrac{b}{D_c} = \dfrac{c}{D_c}$；

  $\vec{\theta}$——状态参量，包括气体处理量、工作温度、等效粒径。

⑨ 考虑到预分解系统中分离效率对系统压降、热效率的影响，各级分离效率有一个合理的分布，因此对每级旋风筒分离效率加以限制，即

$$\eta(K, \theta) \leqslant \eta^*$$

式中 η——旋风筒的分离效率；

  η^*——各级旋风筒要求的分离效率。

⑩ 在计算迭代过程中要保证结构参数为正，即 $K > 0$。

  为了能够获得全局范围中较好的解，同时减少计算工作量，在约束条件构成的自由空间域内，按照某一约定旋风筒各尺寸与其直径的比例的倍数 K^* 散布优化设计的初始点，而后根据目标函数的大小寻找接近全局的最优解作为追求的目标。在设计计算时，状态参数的取值见表 7。

  采用坐标旋转寻优规划方法，在满足上述一系列条件的情况下，对各级单体的结构参数进行优化，其中 C1 旋风筒的计算结果见表 8。

表 7　状态参数

系统	状态参数 θ_{ij}	流量 /(m³/s)	工作温度/℃	压降 /mmH₂O	分离效率/%	等效粒径 /μm
C1	θ_{11}	43.0	345	73	95	28
	θ_{12}	37.0	345	73	95	28
C2	θ_{21}	105.0	545	63	84	28
	θ_{22}	93.0	545	63	84	28
C3	θ_{31}	130.0	743	66	86	28
	θ_{32}	110.0	743	66	86	28
C4	θ_{41}	147.0	894	76	88	28
	θ_{42}	119.0	894	76	88	28

注：1. θ_{ij} 的下标中，i 为旋风筒级数，$j=1$ 代表原设计参数状态，$j=2$ 代表目前实际操作参数状态。

2. 1mmH₂O=9.80665Pa。

表 8　C1 旋风筒结构设计

状态参数	初始点符号	结构参数/m								目标 (obj)值
		L	H	D_c	d_e	S	a	b	c	
设计状态 θ_{11}	原设计值	7.849	3.516	4.600	2.200	2.650	2.190	1.010	0.400	145.60
	2K	7.992	3.269	4.230	2.242	2.802	2.271	0.979	0.385	132.71
	3K	8.450	2.811	4.269	2.262	2.724	2.214	1.000	0.389	130.64
	4K	8.463	2.802	4.232	2.240	2.801	2.240	0.994	0.385	129.90
	5K	6.614	4.634	4.226	2.240	2.799	2.239	0.993	0.385	141.01
	6K	7.243	4.006	4.225	2.239	2.799	2.240	0.993	0.385	137.04
	7K	8.442	2.806	4.225	2.739	2.799	2.240	0.993	0.385	129.55
	8K	5.829	5.498	4.432	2.349	2.465	2.126	1.041	0.402	152.51
操作状态 θ_{12}	2K	8.051	1.986	4.232	2.181	1.982	1.900	1.025	0.375	110.11
	3K	7.238	2.707	3.875	2.050	21.94	2.092	0.912	0.352	104.93
	4K	5.896	3.987	3.747	1.990	2.422	2.172	0.881	0.341	109.26
	5K	7.428	2.461	3.714	1.968	2.461	2.194	0.873	0.338	100.09
	6K	7.425	2.462	3.716	1.969	2.461	2.193	0.873	0.338	100.12
	7K	5.522	4.358	3.722	1.973	2.466	2.191	0.874	0.339	110.79
	8K	6.046	3.481	3.719	1.971	2.464	2.191	0.874	0.339	107.83

从表 8 中可以看出，C1 旋风筒在原设计状态 θ_{11} 下，初始点为 4K、7K 时，目标函数值最小，但初始点为 2K 时，最优设计值与实际结构比较吻合，其目标值略大于初始点为 4K、7K 时的情况。这对工程设计来说，也是可以理解的。相反可知，原设计结构接近了约束空间域中的某一极值点，是比较合理的，但并不是最好、最有效的结构形式。在操作状态 θ_{12} 下，初始点为 5K、6K 时，目标值最小，且无论初始点取在什么位置，其结构均比原设计来得小。这就说明，在现有生产条件下，该设备尚具有一定的富裕能力，有待于进一步的改进和提高。

三、结束语

在实际工作中，能够掌握和熟练地应用一种有效的工程研究和设计的处理方法，对于工作的帮助是很大的。借助这种方法，不仅能够解决工程设计中的一些技术问题，而且还可以借助它对目前尚欠研究、但在工程中已经得到广泛应用的问题进行优化，对于诸如此类的问题能够做到深入地探讨并能做出直观的图形化处理，这就是非线性规划方法所具有的优势。工程设计中所遇到的各种问题，均可以概括为非线性规划（当然部分问题也可以利用线性规划加以解决）问题，并利用这种方法进行相应的处理。对于非线性规划问题，既可以是一个目标或多个目标，也可以是无目标。对于约束条件问题，它可以是符合客观规律的理论模型组构成，也可以是符合实际过程的经验模型组构成，而且在一定程度上目标函数和约束条件之间具有一定的互换性，这就使得这一方法的应用更具有灵活性。

对于无目标函数，而仅有约束条件的问题，实际上是在寻找一个可供执行的有效区域问题。众所周知，对于工程问题，无论是设计过程还是生产过程，其过程的控制目标均是在寻求一个理想的且可供操作的可行范围，而不是一个精确的解。非线性规划所解决的有约束、无目标的可行域求解过程，正是工程师们在实际工作中所追求的目标。

过去，对于工程技术人员来说，要从事一项工程计算或研究，往往需要消耗大量的时间和精力，去构造适合自己应用的计算方法和计算程序，影响了工程技术人员的工作效率。目前随着软件业的不断发展，具有软件设计经验的数学家们，通过他们的努力，为工程技术人员创造了一个良好的数据处理工作环境和研究平台（如：Excel 中的数据及数学处理方法的应用问题，MathCad 的应用等问题），为工程技术人员解决了许多工程计算中的难题，促进了工程技术的不断进步。但是目前作为工程技术人员，如何学会利用这些有效的资源和手段，提高自身的工作和研究效率，是摆在工程技术人员面前的一个重要的问题。

通过上述一系列的介绍，一方面想反映非线性规划方法在水泥工程中的运用情况，另一方面是想将这种行之有效的处理方法，推荐给从事工程技术研究和设计的有关人员，希望能够给他们的工作有所帮助。

参考文献

[1] 蔡玉良. 喷雾器的开发设计及其在水泥工业中的应用. 水泥技术，2001，(1，2).
[2] 蔡玉良. 预热器系统分离效率参数分布的探讨. 水泥・石灰，1989，2 (8).
[3] 蔡玉良. 预分解系统开发与设计方法的探讨. 水泥工程，1996，(3，6).
[4] 王伟，蔡玉良. 对邗江型五级预热器系统热效率的研究——系统计算机热态优化模拟及单体模拟实验结果分析. 水泥・石灰，1989，3.
[5] 蔡玉良. 旋风预热器结构优化设计的探讨——最优化方法在水泥工业工程设计中的运用. 水泥・石灰，1990，1：2-7.

世界水泥工业科技发展现状和趋势

陈汉民　蔡玉良　刘东霞

世界水泥工业在 20 世纪 70 年代初期完成了以干法替代湿法、生产规模大型化、生产过程综合化及自动化为基本特征的技术现代化，适于规模生产的带预分解炉、旋风预热器系统的回转窑烧成工艺和与之相配套的原燃料及水泥成品制备工艺（即新型干法水泥生产技术）成了现代水泥生产的主流技术。这一技术历经 30 年的不断改进已臻于完善。

水泥作为大宗基础建筑材料，是利用地壳丰度前五名的氧硅铝铁钙元素，通过检验尺度为 $70\mu m$ 的均化和 1400℃ 高温处理，以低廉成本生产出来的机械和化学性能堪与天然石材比美的可塑性建筑材料。其"两磨一烧"的基本原理自诞生 100 年以来迄今未发生变化，其技术创新的内在动力始终来源于政府以满足社会发展需求和企业以降低生产成本为终极目标的考虑。

20 世纪 60 年代末的世界能源危机催生了现代水泥工业，干法生产工艺使产品的单位能耗下降 40%。现代社会对水泥需求量的增加，社会基础设施、特别是交通条件的改善，以及劳动力价格上涨为现代水泥工业增添了大规模生产的特色，过去 20 年中，世界水泥生产的平均单机生产规模增加了 5 倍。出于节能考虑，水泥生产两大基本环节——生料制备和煅烧工艺的操作出现了互相依存、互为因果的局面，生产过程自动化遂成为必不可少，飞速发展的计算机技术更使信息处理渗透到了生产控制和管理的每一个角落。

近 20 年来，国际水泥界对现代人类社会面临资源日益短缺危机的思考和地球环境保护意识的觉醒，是引领水泥工业技术创新活动的主要原动力。1995 年，德国水泥界在国内发起了"水泥工业与可持续发展"的宣传活动，并向社会自愿做出了在 1990～2012 年期间减少 CO_2 排放量 28%（燃料基，折合熟料基为 16%）的承诺，这或许可被看作是水泥工业主动承担全球环保责任的首次集体行动。21 世纪初，作为联合国下属非营利性民间组织 WBCSD（全球可持续发展事务委员会）水泥部主要成员的 10 家全球顶级水泥设备商和水泥制造商发起并开展了一项名为"面向可持续发展的水泥工业"的研究课题（课题组于 2001 年底在北京召开了关于中国水泥工业的专题研讨会）。其第一阶段确定水泥工业可持续发展相关技术领域的研究工作于 2002 年上半年结束，发表的报告中介绍了这些领域内技术创新的成功经验；第二阶段第一步各参与活动公司制订的拟实施的可持续发展措施行动计划于 2002 年 7 月公之于众，第二步是打算在 2005 年前发布关于目标达到程度的中间评估报告。可以肯定，由 WBCSD 水泥部发起的这一行动计划在很大程度上影响了国际水泥界技术创新活动的现状和发展趋势。

本文对世界水泥工业创新活动较活跃的 15 个领域的现状和发展趋势进行综述。

1. 熟料冷却技术

熟料冷却是近十年来水泥烧成系统技术创新活动最活跃的领域。20世纪90年代初期出现的第三代篦式冷却机以高阻力篦板和充气梁结构为特征，通过分区域高速射流供风和厚料层作业提高了冷却机热回采区的热回收效率和入窑风温。在20世纪末、21世纪初由F. L. Smidth公司推出、被称为第四代冷却机的推杆式冷却机，把传统篦式冷却机中往复移动篦床承担的推动物料运动和供风的双重功能，分解为由一组具气流自适应调节功能的充气篦板排列组成的静止篦床实现供风，而让设置于其上的一组往复移动推杆推动熟料层前进。这种新的技术组合方式改善了冷却空气分布的均匀性和料层分布的均匀性，进一步提高了冷却机热回收率和操作可靠性，有效地降低了设备制造成本。该项技术有望成为未来水泥熟料冷却工艺的主导技术。

2. 水泥厂替代物料及原燃料资源的利用技术

这一领域大致可分为较传统和较现代的两部分内容。

（1）较传统的内容

扩大原燃料资源是水泥技术发展史上持续活跃的一个技术开发领域。由于水泥熟料本质上是一种具有特定组成的多元素化合物，在混合成满足熟料组成要求的用于煅烧的水泥生料之前，其多品种原料本身的化学成分对熟料的质量并无直接影响。在相对宽松的成分要求范围内寻找价格最低廉的原料资源，通过特定工艺和适当配比制造水泥是水泥厂商降低生产成本的重要措施。水泥工业用低品位石灰石代替优质灰岩做钙质原料，用砂页岩或工业废弃物煤矸石粉煤灰代替农田黏土做硅铝质原料已有久远历史和成熟经验。20世纪90年代，KHD公司和F. L. Smidth公司通过改变煤粉制备工艺和煅烧工艺使无烟煤和劣质煤被成功地应用于传统上只能烧烟煤的预分解窑系统。这一新技术在一些场合具有特殊的价值。

（2）较现代的内容

水泥工业为适应近20年来现代社会对环保的要求开发了这一新技术领域。

水泥窑系统的高温环境和产品特性使它特别适合于处理现代社会中日益增多的各种含或不含热值的垃圾废料，利用这些物料替代天然原燃料。水泥烧成工艺在净化环境的同时，可以降低自身的排放量和对化石燃料的消耗量。2000年欧盟发布的"废物焚烧技术指导意见"第一次在全欧盟范围内拟定了"焚烧炉或兼具焚烧功能的各种装置必须处理与其产量成一定比例的废料"的指令性条款，该条款已先后转为各国相应法规。应对这一形势，欧洲水泥界在这一领域长期工业实践基础上正进一步开展主要包括下述内容的研究开发工作。

① 废料预处理技术。这是确保来源广泛的各种废料在水泥熟料煅烧过程中得到与环境兼容的无污染处理的重要前提条件，包括块状物料（如轮胎）粉碎；粉状物料（如肉骨粉）造粒；湿物料（如市政污泥）烘干；多组分物料（如城市垃圾）分选；易变质物料（如脂肪）的储运等。

② 特殊的过程工艺技术，如可适应上述物料燃烧的喷煤管燃烧技术、适于处理块状可燃物料的预燃室设计等。

③ 窑系统利用替代物料（特别是重金属转移）对水泥产品质量特别是使用安全性的影响。

④ 窑系统使用替代物料（特别是重金属中汞的挥发）对大气排放污染的影响。

3. 回转窑技术

自 1990 年 KHD 公司推出长径比为 11 的两支承短窑技术以来,这一技术以其改善窑体受力状况、简化窑体设备设计、降低设备成本和良好的操作适应性的优点逐渐被国际水泥界接受并得到愈来愈广泛的应用,预分解工艺采用两支承短窑已成为业界共识。

当前正在开展的另一项回转窑技术创新工作是关于其传动方式的革新,即采用辊轮摩擦传动技术代替大小齿轮传动的现有技术以实现进一步设备简化。

4. 预分解窑低 NO_x 燃烧技术

这项技术的开发状况很大程度上取决于政府对 NO_x 污染的关注度。2000 年欧盟发布的"废物焚烧技术指导意见"规定现有兼烧废物水泥厂的 NO_x 排放量(标准状态,下同)限制为 $0.8g/m^3$,新厂 $0.5g/m^3$。该指标已于 2006 年起在水泥工业中实施。此外,欧洲综合污染防控局(EIPPCB)于 2000 年提出的"水泥石灰制造业现有最佳技术"参考文件中认为,利用现有最佳技术可实现 NO_x 排放量为 $0.2\sim0.5g/m^3$,并规定了下述 6 种技术为 NO_x 减排的现有最佳技术(括号中数值为可达到的 NO_x 排放量)。

① 窑头喷水火焰冷却($0.4g/m^3$)。

② 低一次风、低 NO_x 喷煤管($0.4g/m^3$)。

③ 矿化剂($0.4g/m^3$)。

④ 多段燃烧 MSC($0.5\sim1.0g/m^3$)。

⑤ 选择性非催化还原 SNCR($0.2\sim0.8g/m^3$)。

⑥ 选择性催化还原 SCR($0.1\sim0.2g/m^3$)。

鉴于技术⑥实施成本过于昂贵,而其余 5 种技术的效果因工厂条件而异尚不足以使所有水泥厂实现减排指标,目前正积极开发 MSC+SNCR 技术,SCR 技术的降低成本措施也在半工业试验开发阶段。

5. 预热器节能技术

过去 20 年里典型的水泥窑预热器系统已由 4 级增加为 5 级、6 级,借助于更合理的预热器结构设计及气体和物料管路设计,预热器的分离效率和气固传热效果得到了改善,操作可靠性也得以提高,窑系统压降和出Ⅰ级筒气体温度呈现持续下降的趋势。这一预热器单体技术优化工作仍在进行中。

此外,在预热器系统结构设计方面,奥地利 Alpine 公司开发的 Pasec 预热器工艺采用平行气流中物料错流处理的工作原理在预热器系统热回收效率上一直处于领先地位,在要求窑系统不断降低热耗的压力面前,这一技术有望获得推广。

6. 筒辊磨粉磨技术

法国 FCB 公司于 1993 年完成这一新粉磨技术的工业试验,1995 年前为筒辊磨投放市场的第一阶段,实现销售量折合装机功率约 3.5 万千瓦。1995~2000 年为技术消化期,解决了投放市场第一阶段工业实践中的众多问题。2002 年以墨西哥 CEMEX 公司 Tepetzingo 水泥厂两条 2000t/d 生产线上由 4 台相同规格筒辊磨组成的全部(生料和水泥)粉磨能力展示的优异操作业绩,标志了这一新技术第二阶段投放市场具备的强大竞争力。其开发活动的经验已被 WBCSD 在"面向可持续发展的水泥工业"研究课题中用作成功范例予以介绍。

已有的操作业绩显示其综合技术性能居于现有 4 种粉磨技术的前列,有可能成为未来水泥厂粉磨工艺的首选技术。

7. 辊压磨粉磨技术

1985 年德国 KHD 公司和 Polysius 公司将新产品投放市场。随后 10 年的第一期工业实践虽然取得了折合装机功率数十万千瓦的巨大销售业绩，但推广的势头终因轴承和挤压工作面耐磨性这一类机械问题受到了抑制。1995～2000 年期间的开发努力在很大程度上消化了这一阶段工业实践中出现的问题。近些年在生料终粉磨上辊压磨应用势头有增，水泥终粉磨上因其产品水泥性能上的缺陷使辊压磨推广步伐受阻；水泥半终粉磨上辊压磨以领先于立磨和球磨的节能效果取得了稳定的市场地位。

8. 立磨粉磨技术

在生料粉磨领域，近 20 年立磨粉磨技术稳居首选技术的地位，为应对来自新技术的挑战，近来半风扫复合选粉操作原理已被用来作为完善传统全风扫粉磨与选粉一体化技术的新技术措施，从而实现进一步降低粉磨电耗。在水泥粉磨领域，受研磨件磨损和产品水泥质量问题的困扰，已取得的商业成功还只是有限的。目前在磨辊形状和磨内循环料除铁技术上已取得的开发成果有望大幅度提高立磨在水泥粉磨领域的竞争力。

上述三种料层挤压粉磨技术连同传统的基于概率破碎原理的球磨技术预期将在相当一段时间内以各自的优势共存于水泥工业粉磨技术市场上。

9. 选粉技术

面对应用日益广泛的挤压粉磨工艺中粉磨回路半成品粒级分布宽（10～0.1mm）、循环量大（循环负荷 4～10）的新情况，一些具有多段选粉功能但布置较复杂的设计方案一直被用于各种挤压粉磨系统中。近来出现了在一台设计紧凑的装置中完成全部选粉功能的做法。KHD 的 VSK 选粉机采用的静态两相流折流装置完成物料粗分选和离心力场逆流两相流装置，实现物料细分选的技术代表着选粉技术适应挤压粉磨工艺要求的这一最新进展。

10. 除尘技术

与有害气体、噪声、热辐射等技术相比，粉尘治理技术是水泥工业在环境治理方面取得最大成功的一项技术，其技术创新活动持续于新型干法水泥生产技术 30 年的发展史，并为新型干法技术增添了无可争议的亮色。纤维袋除尘器和静电除尘器是除尘技术中的两大主流产品。当前，除尘效率达 99.99% 的高入口粉尘浓度高效除尘器，以其简化工艺的效果已逐渐成为现代水泥厂粉磨系统的标志性技术装备。

11. 高性能混凝土用水泥生产技术

在混凝土已成为水泥最大用户，混凝土配制过程已成为一门规范化工业的现代社会里，与其把水泥当作传统意义上的终产品，还不如把它看作是一种作为混凝土产品主要原材料的中间产品，从而促使人们更多地从混凝土性能角度来评价水泥质量。现代社会对各种超大型、超高层建筑极限的挑战对作为混凝土原材料的水泥性能在强度、耐久性和其他物理化学性能上提出了更高的要求，这一领域的技术创新活动主要分布于下列方面：

① 主要以高 C_3S 熟料和高粉磨细度水泥为手段生产满足制造高性能混凝土要求的高质量高强度等级水泥；

② 开发各种调节混凝土施工和使用性能的添加剂，特别是减水剂和缓凝剂；

③ 开发各种改善水泥脆性的纤维型增强材料；

④ 开发满足不同使用和性能要求的混凝土制备工艺和施工工艺；

⑤ 特别是用分别粉磨加混合工艺替代传统混合粉磨生产多品种水泥的老工艺生产高性能混凝土用水泥。

12. 在线料流成分及料流流量的计量和控制技术

（1）料流成分计量和控制技术

水泥原料混合物获得在小区域（数毫米）内精确而均匀的化学成分是现代水泥制造工艺的关键技术之一，用于生料流成分检测控制的 X 射线分析仪是现代水泥厂不可或缺的装备。

针对现有的 X 射线分析技术必须离线制样才能分析其成分导致控制周期长的缺点，美国 Metrics 公司在 20 世纪 80 年代初开发了在线瞬发中子分析仪产品及其应用技术，在过去 10 年逐渐被国际水泥界所接受，在一些工厂实现了改善生料成分稳定性，降低烧成系统热耗和省却预均化取样站或生料均化库的操作效果。虽然作为其技术最大竞争力的省却生料均化库操作效果尚待进一步评估，其挑战现有技术的潜力仍值得充分重视。

（2）料流流量计量和控制技术

现代新型干法生产技术以颗粒体和粉体为处理对象，节能高效的生产要求导致操作过程的精细化。料流流量遂成为一项居于中心重要地位的过程信息量和控制对象。特别在窑系统中，"风、煤、料匹配" 的操作原则早已不再停留在老技术惯用的定性描述上，而是利用最先进的检测技术和数字信息处理技术，通过精确检测、快速信息处理、短周期反馈控制实现最佳稳定匹配关系。料流流量计量和控制技术的开发活动在这一技术演变进程中起了不可替代的作用。

开发具有短周期稳定料流功能、抗干扰能力强、性价比高以及适用于窑用替代原燃料料流计量的检测技术是这一领域开发活动持续努力的目标。

13. 水泥厂单机大型化装备制造技术

以单机规格大型化为基础的大型化生产方式是现代水泥工业的一大特点。国际上，水泥制造过程中的专用设备都是由相应专用设备制造商供应的，历史上这些制造商是相应工艺的发明人或革新者。现代水泥工业把传统的单机作业模式改变成了多项设备在特定工艺的综合要求下运行的系统作业模式。为适应这一变化，制造商们强化并完善了各自的技术创新实验体系，特别是其中的中间试验和工业试验环节，有效地消解了技术创新及大型化过程中的工程风险。目前，水泥工业 10000t/d 熟料生产线的技术及装备已经成熟并有加速推广之势。

14. 水泥混凝土制造过程中的 CO_2 减排技术

鉴于 CO_2 对地球环境影响的特殊重要性，CO_2 一直被列为大气污染治理之首。2001 年 11 月欧盟总部提出的 "欧盟成员国 CO_2 排放量贸易初步指导意见" 中规定的能量密集型工业开始这一贸易活动的时间为 2005 年。作为高 CO_2 排放低产值型工业的水泥工业面临着严重挑战，要求对该指导意见作修改的呼声相当强烈。因为大致 30 欧元/t 的 CO_2 排放量贸易价将使许多设备较陈旧老水泥厂的生产成本大幅提高，维持生产不如卖指标。这一背景因素已直接刺激了这项技术的开发工作。目前，除水泥生产过程节能技术（减少燃料源 CO_2）外，这项技术的另一开发方向为改变熟料作为水泥单一主组分的传统做法，基于比传统水泥混合材加工工艺更精细的加工手段（目前常用的有高细粉磨和分别粉磨）发掘某些类工业废料（目前常用的是矿渣、粉煤灰）的潜在活性，用以作为水泥主组分，生产所谓的 "多主组分水泥"。

15. 水泥厂过程控制与信息处理技术

在 20 世纪 70 年代中央计算机集中控制系统因在对工厂多变情况下的适应性上屡遭挫折被迅速摒弃后，通过马达中心和可编程序控制器实现车间级分散监控，由中控室计算机借助于数据高速通道与其实现信息交换、储存编辑和对设备实时监控集中管理的集散型计算机控制系统成了现代水泥厂过程控制与信息处理的基本模式。过去 10 年在一些跨国公司中，上述系统已被发展为由过程现场信息采集、设备开闭环控制、过程控制、系统控制、信息评估管理、工厂管理和公司管理等多个功能级别组成的，由下而上信息量逐级减少决策强度逐级增大的水泥厂信息综合管理系统。在不断提高技术效益的总发展趋势下，这一领域的技术创新可分述为以下三个方面。

① 开发各种生产系统的过程控制软件和信息管理软件。几乎所有供应商都开发了各自窑系统的基于操作经验和模糊逻辑原理的自动控制程序；而对于磨或其他系统则较多是基于过程数学模型的数值模拟优化作业程序。

② 开发各种新型检测技术，如在线料流成分计量技术，在线 X 射线衍射仪测定熟料游离钙技术，碱金属发射光谱检测烧成带温度技术等。红外线窑筒体表面温度扫描技术在过去 10 年中获得极大的推广应用。

③ 适应信息技术的发展步伐，硬件装备以 7~8 年的周期不断更新。与软件费用在技术总成本中的比例持续上升的趋势成为对比，硬件费用的比例呈逐年下降趋势。

对水泥工程技术研发设计理念及其变化的思考

蔡玉良

　　基础设施的建设离不开无机材料工业的发展和支撑，水泥作为基础建设不可缺少的大宗材料，尤其在水利、交通、工业设施、民用建筑等重大工程项目中，占有重要地位。水泥用量和国家的基本建设密切相关，随着国民生产总值（GDP）不断提高，国家基本建设也得到前所未有的发展，增加了水泥基材料的需求。据统计，2004 年我国水泥生产总量已达到 9 亿多吨，虽经历近 5 年来新型干法水泥生产技术的大发展，但水泥总产量的 62％仍然是由规模小、工艺落后的系统生产（图 1）。众所周知，随着社会经济的发展，资源短缺和环境恶化日益突出，已成为制约经济发展的重要因素。水泥工业是资源消耗型产业，落后的工艺还会造成资源浪费和环境污染，如果不尽快利用先进的技术对其进行改造升级，提高资源利用率，控制污染，不但适应不了循环经济发展要求，而且难以生存。

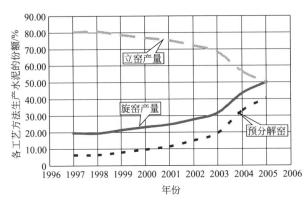

图 1　不同工艺技术的水泥产量份额

　　为了适应"十一五"期间水泥工业结构优化，提高资源利用效率，进一步降低能耗，发展循环经济，增强水泥企业可持续发展后力，作为技术研发和提供方，在技术更新过程中，采用怎样的理念，以引导技术研发设计，才能最大限度地提高系统的资源利用率，降低系统能耗，提高系统对各类工业废渣、城市废弃物等的接纳能力，发挥其应有的作用，走上可持续发展的道路，为社会做出贡献，这是本文要讨论的问题。

一、水泥工程技术研发设计理念及其变化

　　为了最大限度地提高资源利用效率，降低能耗，满足循环经济发展要求，作为水泥工业无论是老系统的改造升级，还是新系统研发设计，提高系统的技术性能，拓展适应范围，发挥应有的作用，关键要立足科学、着眼创新，引导技术研发设计理念的更新。

1. 资源和环境的源头控制优于后期的强化处理

　　提高资源利用效率，降低能耗，实现资源和环境的源头控制技术改变了过去后期强化处理的惯用方法，有利于资源利用的最大化，同时也有利于提高环境污染源的控制容量。

（1）资源合理搭配是提高资源利用率的重要措施

资源合理利用是循环经济的重要内容。过去由于条件限制，在矿山资源开采过程中，往往对低品位资源弃置不用，对高品位中的夹层和覆盖进行大量剥离，以满足后续生产控制要求，违背了资源合理搭配利用原则。随着技术的进步，矿山资源三维控制开采技术及在线组分快速检测技术，为矿山资源合理开采和搭配利用奠定了基础。该技术已得到推广和应用，使原、燃料的均化稳定控制过程前移，为资源综合利用，提高资源综合利用效率奠定了基础。

（2）废渣利用的前端化是提高利用量的有效手段

水泥生产过程接纳工业废渣有两个途径，一是作为原料加入，二是作为混合材加入。在水泥生产过程中，如何提高工业废渣的综合利用率，关系到水泥行业能否真正成为循环经济链的关键。在强化各类废渣应用研究的基础上，采用前端加入为主、末端混入为辅的原则，不仅可提高各类工业废渣的利用量，减少资源开采，而且还可降低能耗，减少 CO_2 排放。

（3）焚烧城市废弃物，预处理是提高接纳量的重要措施

在利用新型干法水泥窑炉焚烧城市废弃物时，为了不影响水泥熟料煅烧质量，提高系统可接纳城市废弃物量，必须设置预处理系统，以满足废弃物分类处理的需要。将废弃物分选为可燃物和不可燃物两部分，并剔除对水泥生产过程和产品质量有干扰和影响的成分，而后送入水泥窑炉焚烧处理，充分发挥现有水泥窑炉系统消解和控制污染源的能力。

（4）污染源控制的源头化是环境保护的必然趋势

环境治理要本着源头控制为主，末端治理为辅的原则。对于资源消耗大和污染严重的落后工艺，采用末端治理的方式，难以达到预期效果，必须进行全面技术改造升级，以控制源头污染。水泥产业结构调整，加快了水泥企业源头污染控制，改变了水泥企业污染严重的公众形象。

2. 资源适应型向系统适应型转变是设计理念变化的必然趋势

资源适应型指的是严格控制自然资源的品质，以适应将要固化的生产系统；而系统适应型指的是尽可能拓展系统技术性能，以适应各种可能的自然资源，两种理念形成两种不同系统，其区别在于适应自然资源的能力强弱。生产实践证明，不同企业在生产同一标准的产品时，却形成了不同的资源控制底限，也构成了资源利用的众多壁垒，一方面限制了资源利用率的进一步提高，另一方面也给受市场支配的企业带来了一些利益限制。因此，拓宽系统的适应能力，降低资源控制底限，有利于资源利用率的提高和企业的发展。资源适应型向系统适应型的转变，是可持续发展观在技术研发活动中的反映，也是研发设计理念变化的必然趋势，必将带来方法的创新和技术的进步。

（1）合理控制系统的各项指标是保证系统长效性的有效方法

技术指标是衡量系统效率的重要参数，按其控制性质分为两类：一类是以约束和控制一次性投资的技术经济指标；另一类是以约束和控制后期运行效益的技术经济指标。在新系统研发控制中，如何把握两类技术经济指标，在其间寻求一个合理的平衡点，使新研发设计的系统具有长效性。技术指标的比较、选择原则是关键，基于系统适应型理念的考虑，在不增加总投资的情况下，以提高系统适应能力为目的，满足可持续发展的技术要求。生产实践证明，为了提高烧成系统对原、燃料及其变化的适应性，除了设计出结构合理的炉型外，适当

降低分解炉的单位容积负荷率，有利于全面改善和提高烧成系统适应能力。

（2）提高系统的适应能力是放宽原燃料控制要求的重要条件

市场的竞争，资源的短缺，势必给资源消耗量大、附加值低的水泥工业带来不利影响，而解决影响的唯一有效办法就是提高系统的适应能力，满足资源利用范围拓展的需要。因此，作为生产企业，应寻求合适的技改方案，通过技改提高原有系统对原、燃料及加工控制放宽后的适应能力，以适应市场变化的需要。作为工程技术提供方，在技术研发设计过程中，要有意识地去改变传统设计理念，积极开拓研究，使新研发设计的系统尽可能宽地适应各种可能的原、燃料资源及其变化，为降低企业生产成本创造出更大空间。

3. 打破套用的传统观念是实现个性化设计的先决条件

水泥生产属重工业范畴，其装置和过程呈现出"傻、大、笨、粗"的特征。因此，在技术研发方面，过去一套装置从研发到应用，要花费众多资金、时间、资源和人力；在技术应用方面，不可能过多地改变系统以适应资源变化的需要。随着技术的进步，研究方法和研发过程的控制手段发生了重大变化，使快速实现个性化设计成为可能。打破一套装置套用天下的传统观念，为快速实现个性化设计创造条件，彻底解决套用带来的各种问题。

（1）澄清基本概念是正确理解个性化设计的途径

人们在技术研发设计过程中，往往遇到诸如优化与放大、复用套用或继承与创新、个性与共性、非标与标准、严控与拓展的关系。事实上这些概念均有其严格的定义，但在实际工作中常常难以把握和控制。之所以如此，是因为对其缺乏应有的理解，形成了认识上的差异。因此，理解概念的内涵，澄清相互关系，是正确理解个性化设计的途径。

（2）技术软件化工作是快速实现个性化设计的关键

过程规范化、控制系统化、组件标准化、装备系列化、研发程序化和技术软件化是快速实现个性化设计的关键，也是技术阶段性固化和防止失真的重要措施。过去由于工程计算和制图工具落后，难以快速实现工程的个性化设计。其传统作法，往往在设定条件下，开展预工程研发设计；承接具体工程后，受时间及进度的限制，复用或套用成了惯用办法，制约了技术的创新，很难结合实际情况，满足个性化设计要求，使新上项目或多或少留有缺陷。随着计算机及软件技术的发展和性能的提高，为快速实现个性化设计奠定了基础。作为工程技术提供和服务方，理应结合行业要求组织完成相应的技术软件化工作，为快速实现个性化设计奠定基础。

（3）系统研发设计既要突出个性又要延伸共性

个性化设计，突出的是特定区域内的自然环境、资源及业主合理要求的具体结合。作为工程技术提供和服务方，在承担工程项目时，应该结合各种条件和要求，在快速优化系统设计基础上，使工程技术具有突出的个性，以满足业主需求。不考虑具体条件，全面简单复用或套用已有的技术与装备将成为历史。拓展系统适应范围，是针对原、燃料及其变化的适应性而言，不是单纯性的系统放大，而是技术研发者的策略和理念的体现，也是企业实现可持续发展的要求，这是技术的共性。这种既突出个性化特点，又展现共性化特征的设计是现代工业技术研发设计的理念，也是技术追求的目标。

4. 优化设计方法是技术研发工作不可缺少的控制手段

在工程项目设计和建设过程中，为了确保技术的合理性，从技术研发到装备设计、从过程控制到生产管理，均离不开系统的优化。优化是工业化过程中不可缺少的重要方法和控制手段。从优化的层面看，优化又分为局部优化和全局优化；从优化过程的性质看，又分为动态优化和静态优化。因此，如何有效利用优化方法去实现理想的工程目标，是研发设计的重要内容。

（1）局部优化服从全局优化是工程优化控制的基本原则

在研发设计过程中，局部优化固然重要，但全局优化更重要，如何在局部优化的基础上，协调系统的功能实现全局优化，是优化成败的关键。水泥生产是"多磨一烧"过程。在不影响水泥熟料煅烧质量情况下，为了使预分解系统装备投资最少，过分追求分解炉容积效率的先进性，势必给原燃料的选择、粉磨系统设计和粉磨控制提出更高要求，不利于总体投资和运行成本控制。相反，如在分解炉单体优化过程中，充分考虑局部优化和全局优化的关系，适当放宽优化控制目标，拓宽分解炉对原燃料的适应性，给粉磨系统设计和原燃料选择留有余地，有利于全系统的优化控制。

（2）发挥水泥工业的循环经济作用是实现全局优化的具体体现

水泥行业步入循环经济发展的轨道，承担着重要的链接作用，这是水泥行业发展的必然趋势，也是优化工业化社会生产的需要，更是局部优化服从全局优化的必然结果。水泥行业的两端分别连接着矿产资源和建筑等产业，消耗大量不可再生资源，同时也给环境带来了不同程度的影响，迫于资源和环境容量控制压力，水泥行业不得不考虑各类尾矿、工业废渣、低品位矿产资源、城市废弃物、构筑物废料的充分循环利用，走上可持续发展之路。事实上水泥工业已在煤炭、电力、冶金、化工、轻工等产业间起到了关键的"链接"作用，初步形成了区域性循环经济模式，但受观念、技术、地域等限制，水泥工业尚未完全发挥出应有的能力和作用，还有待于进一步地开发研究，以提高各类废渣的处理能力，最终实现废渣产生和消纳动态平衡，从而达到实现工业社会的全局优化目标。

（3）超前优化控制模式也是提高系统能力的一项技术措施

一项工业工程的建设及技术装置的采用，仅反映了现阶段的经济技术状态和需求。在固化的技术和变化的环境之间构成的社会经济活动中，目标追求是永恒的，而目标的量值是漂移不定的。怎样使固化的技术适应未来变化的环境，获得理想的目标值，除了拓宽系统的适应能力外，还必须结合具体的工程，酌情考虑技术固化后的超前经济技术优化问题，即根据当前的社会发展趋势，去预测未来若干年后可能出现的需求和变化，提高技术对未来发展的兼顾性。

5. 材料生产与应用各研究环节的结合有利拓宽资源利用范围

水泥基材料与产品应用研究和生产过程技术应用研究，过去由于部门的分割和条块限制，使原本密切的两个领域失去了应有的紧密联系，一方面影响了大宗材料产品的研制、生产、推广和应用，另一方面使工艺与装备技术研发缺乏了针对性和动力，同时也制约了资源利用的拓展和利用率的提高。因此，强化其间的紧密联系和协作，不但有利促进大宗材料发展，也有利于资源的综合利用和技术装备的发展。

（1）提高材料生产与应用的针对性是利用资源的有效措施

根据原材料的品位生产出不同性质和不同要求的产品，以满足不同的用途，既可解决低品位资源利用问题，做到物尽其用，又可缓解资源紧张，防止高标准材料低标准使用的浪费。尤其在采用各类工业废渣和废料生产材料时，更显示出其优越性，例如：对于氯含量较高的污泥，可用来生产路基专用水泥，以避免氯对构筑物中钢筋的腐蚀，也实现了污泥综合使用的目的。

（2）高性能材料的生产和利用需要各研发环节的密切协作

混凝土及制品是水泥产业链的末端产品，提高和改善其产品技术性能，使其呈现出超强、耐久、质轻的特性，不仅与水泥产品改性和加工有关，还与水泥生产技术和工艺过程密切相关。在水泥产业实现可持续发展的总要求下，强化水泥产业链中各研发机构的密切合作，是解决超强、耐久、质轻等特性材料的生产与使用的关键。

二、结束语

水泥工程技术研发设计理念的转变，是技术发展的必然，也是社会生产力发展的需要。变化的是理念，革新的是方法，创造的是成果，追求的是进步；没有理念上的变化，就没有方法上的革新，也就没有创新的成果，更谈不上技术的进步，这也许是工程技术人员的共同感悟。

水泥工业与生物能源生产及应用技术初探

蔡玉良 俞 刚 赵 宇 杨学权 辛美静

一、研究背景

树立科学发展观，合理处理环境与发展的关系，既是政府应该关注的问题，也是企业发展中应该考虑的问题。中国作为《京都议定书》的成员国，政府已在积极推进温室气体减排工作，而水泥生产是温室气体产生和排放的主要产业之一，因此如何减少 CO_2 排放，是水泥生产企业和研究设计单位亟待解决的重要课题。

借助吸收 CO_2 的植物光合作用原理，生产和利用生物质能源，既是减少大气中或排放 CO_2 的一种有效途径，又是一种生产清洁能源的方法。目前利用藻类养殖技术减排 CO_2 的研究，在火力发电领域受到欧洲、美国和日本等发达国家的广泛关注，并取得很大进展，其中已有一些项目投入应用，同时一些较大规模的工程化应用也已提上日程。这种以藻类生物质作为载体、以太阳能为动力的 CO_2 循环利用途径，为水泥生产企业 CO_2 减排，提供了一种选择的可能，应受到水泥工程界的重视。

藻类物质相比传统农作物，几乎不占用耕地，可利用空间场所，如山地、建筑物顶等场所；单位面积的产量高，生长速度快，是普通植物的 $30\sim150$ 倍，例如太湖蓝藻的爆发，就是在特定条件下，藻类快速迅猛生长的结果；尽管藻类物质是水生物种，但耗水量小，并能有效利用污水；在吸收 CO_2 的同时，可吸收 NO_x，有的物种还可吸收 SO_x。目前已知的藻类生物有 3 万多种，如能找到或培养出在高浓度 CO_2 下，快速固碳生长的藻类物质，配套合适的工艺和设备，便能有效地解决水泥生产过程 CO_2 减排问题。

二、基本原理

藻类生物生产原理有自养和异养两种，异养方式是以葡萄糖或乙酸作为碳源，以化学能作为动力，主要用于食品等纯度和安全要求高的藻类物质生产；而为吸收烟道气中 CO_2 的藻类生产，采用的是自养方式，即以 CO_2 为碳源，以太阳能作为动力的藻类光合作用过程，如图 1 所示，显然自养方式相对异养方式，生产成本较低。

自养方式养殖藻类生物吸收烟道气 CO_2 的基本工艺流程见图 2，一般包括烟道气输送，营养物质补给，培养液循环，藻产品分离，藻产品脱水等过程。

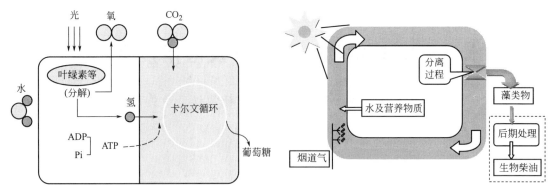

图1 光合作用基本原理示意　　　　　图2 藻类自养生产一般过程示意

三、国内外研究进展

从20世纪开始，由于化石能源危机，尤其是石油、天然气能源的紧张，高效节能生产和开发利用生物质化石替代能源，已成为发达国家共同关注的课题。

1978~1996年，美国能源部开展了从海藻中发展化石替代能源的研究项目——水生项目（ASP）。该项目采用开放式的养殖方式，藻类生物生长在大型狭长式的池塘中，电厂排放的烟气从池塘底部鼓入，在水泵和导流设备搅动下藻类生物在池塘内循环（图3）。ASP的重点是利用燃煤火电厂废气中的CO_2，池塘养殖高油脂含量的藻类生产生物柴油（biodiesel），该项研究声称有超过300种的藻类适合该种工艺。该项目最终因藻类成品的收获困难和循环藻类所需的操作成本高而放弃。

GreenFuel公司与麻省理工大学（MIT）合作，研制出一种使用气力输送的"三角形"生物反应器（图4）。这种生物反应器，采用管状三角形的布置形式，待处理的烟气从反应器底部进入，单向经过反应器后从顶部排出，营养成分和藻类在气力的推动下在其内部流动。据介绍该种形式的生物反应器很大程度地降低了水剪切力，减小对藻类生长的影响，同时大大降低了占地面积，并且流水线式收获成品，降低了操作成本，适合工业规模的应用。

图3 Cyanotech公司在夏威夷的藻类养殖场

图4 GreenFuel公司与MIT合作
开发的"三角形"气力提升生物反应器

据报道，该生物反应器的成效，由第三方CK Environmental Inc.进行了为期一周的测试，结果表明，该系统可同步降低烟气NO_x排放量85.9%（±2.1%，无论天气状况如何）；降低烟气 CO_2 排放量 82.3%（±12.5%，晴天）～50.1%（±6.5%，阴雨或多云）。

Ohio 大学研制出一种有机膜式生物反应器，GreenShift 公司获得了该反应器的专利使用权。这种生物反应器（图 5）结构类似于纱窗，在有机纤维膜中间以发光金属盘间隔，太阳光通过光纤传递到发光盘，藻类喷淋到有机纤维膜上，热烟气用管道输送到反应器中，有机膜的毛细管效应为藻类提供所需的水分及营养物质，藻类生物在膜表面吸收烟气中 CO_2 发生光合作用，当藻类生长成熟后会降落到反应器底部，便于进一步处理。该反应器实验中养殖的是一种"好铁"的藻青菌（cyanobacterium）（该物种由 Montana State University 微生物学家 Keith Cooksey 提供），藻青菌不但可吸收 CO_2，还可以吸收 NO_x 和 SO_x。该反应器采用膜式结构，并使用光纤和发光盘优化光照条件（光照量只需原来的 1/10），可以最大化提供藻类生长所需的面积，减小需水量，并获得最佳的太阳能吸收能力。原型反应器的烟气处理能力为 $140m^3/min$，在 Tennessee 的一个 10MW 的火电厂中，他们计划用表面积 125 万平方米的有机膜生物反应器处理全厂的烟道气。同时 GreenShift 公司已着手该类生物反应器在水泥厂使用的操作和经济可行性研究。

以色列海洋生物技术公司 Seambiotic 的科学家已在以色列西南部的阿什克隆建立了试验性海藻农场。该农场由 8 个海藻池组成，占地 1/4 英亩。附近一家煤发电厂释放出的部分烟道气直接输送到海藻池中，烟道气中的二氧化碳被海藻吸收后，不仅有效地促进了海藻的生长，同时也减少了温室气体。烟尘中的其他有害物质，则通过一个特殊的过滤系统予以净化。

荷兰的 BioKing 公司声称已开发出高效率的培育养殖藻类的生物反应器（图 6），据介绍，在保持合适生长条件情况下，藻类生物只需要在反应器中停留 3.5h，即可生长成熟加以采集。BioKing 公司指出，合适的生长条件包括日照、温度、营养成分的供应，其中特别强调了需要提供良好的 CO_2 气源。在与 BioKing 公司的通讯接触中，BioKing 公司给出了不同规模（1～100t 干基藻类物质/d）工程总承包项目的报价和部分参数（表 1）。

图 5 Ohio 大学设计的有机膜生物反应器

图 6 荷兰 BioKing 公司设计的生物反应器

表 1 BioKing 公司养殖海藻总承包工程报价及部分参数

生产规模/(t/d)	1	25	50	100
项目总投资/百万元	4.8	40	60	100
占地面积/m²	100	2500	10000	40000
管道数/根	25	625	1250	2500
吸收 CO_2 量/(t/d)	2.88	72	144	288
装机功率/kW	25	625	1250	2500

国内利用高 CO_2 浓度烟道气养殖藻类生物的研究还处于实验室阶段。高庆红等人研究小球藻吸收高浓度 CO_2 结果显示，在 10％ CO_2 含量时，藻类生物固碳速率最高。按此计算，处理 CO_2 含量10％，流速15L/h 的烟道气，处理后烟道气 CO_2 含量为 5％，需要小球藻液量约为 185L，处理烟道气/藻液量＝1/13。而按照 GreenFuel 公司报道的数据计算，固碳速率、烟道气/藻液量等参数要卓越许多，国内外报道的实验数据见表2。

表2 两种藻类吸收烟气 CO_2 能力对比

项　　目	小球藻(国内实验数据)	某藻类(GreenFuel 公司数据)
气体进入量/(L/h)	15	36
进入气体 CO_2 浓度/%	10	8
藻类固碳速率/[mg/(h·L)]	6.4～9	126
气体排出量/(L/h)	15	36
排出气体 CO_2 浓度/%	5	2
固定碳量/(mg/h)	1473	4526
需要含藻溶液/L	184.125	30
烟道气/藻液量/(1/h)	1/13	1.2/1

两种藻类吸收 CO_2 能力存在较大差别的原因在于：

① 藻类生物自身的固碳率、生长速率存在较大差别；

② 后者使用较适宜的生物反应器，促进藻类生物生长，规避了不利因素，如水剪切力的影响等；

③ 后者配制使用高效的营养液，促进藻类生物生长。

这也是应用藻类物质循环减排 CO_2 的主要研究内容，即选择合适的藻类生物，摸索最佳的生长条件，设计出合适工艺过程和相关设备。

除此之外，据了解国内清华大学有关科研人员也进行了许多有价值的研究，但可能因为保密的需要，尚未见有价值的公开报道。而国外具有实力的相关公司也在开展类似技术的应用研究，但也未见公开报道。

四、养殖藻类减少水泥生产过程 CO_2 排放的可行性

1. 水泥厂与火电厂烟道气比较

从目前国际研究进展看，养殖藻类生物减排烟道气 CO_2 的研究，广泛关注的是火电厂排放的烟气，但相比之下水泥厂排出的烟气，其 CO_2 浓度更高，同时 SO_x 含量较低，提供给藻类生长的条件相对火电厂更加优越，当然最佳的藻类品种还需要甄别。水泥厂与火电厂烟道气部分成分比较见表3。

表3 水泥厂和火电厂烟道气部分成分比较

类　　别	温度/℃	烟道气(标准状态)部分成分		
		CO_2/%	SO_x/(mg/m³)	NO_x/(mg/m³)
火电厂	120	10～15	100～200	200～400
水泥厂	100	19～25	<100	<800

2. 我国有较丰富的太阳能资源，适合藻类生物养殖的区域很大

自养方式的藻类生产时将太阳能转化为生物能储存在生物分子结构中，因此太阳能资源和强度的分布情况是决定藻类生物生长速度的重要自然因素之一。我国拥有丰富的太阳能资源，2/3 地区年太阳辐射量超过 5000MJ/m²，适合藻类生物养殖的区域很大。例如宁夏北部、甘肃北部、新疆东部、青海西部和西藏等地区，年太阳辐射总量可达 6700MJ/m²；河北西北部、山西北部、内蒙古、宁夏南部、甘肃中部、青海东部、新疆南部等地区，年太阳辐射总量可达 5400～6700MJ/m²；而我国水泥企业分布较密集，基本与我国人口分布密度相一致的地区，主要集中在安徽、广东、福建、山东、江苏、浙江、陕西、河南、河北、辽宁、云南、广西、江西、湖北、湖南等地，年太阳辐射总量均达到 4200～5400MJ/m²；我国太阳能资源最少的地区主要包括四川、贵州两省，年太阳辐射总量也达到 3350～4200MJ/m²。由此可见，除四川、贵州等地区以外，我国水泥生产企业所在地区的年太阳辐射总量达到了 4200～6700MJ/m²（相当于 143～228kg 标准煤燃烧所发出的热量），利用光合作用处理水泥厂烟道气的潜力和市场都是巨大的。

3. 水泥生产企业土地资源充足，为藻类生物养殖提供了空间

由于水泥生产工艺的特点，水泥生产企业拥有较广阔的预均化堆场，而堆场上方的空间完全可以利用，同时一般水泥厂都地处山区，拥有矿山，具有大量的裸露地面，这些均可为藻类生物养殖提供合适的场所。

4. 水泥厂对藻类产品的要求相对单一

利用水泥厂烟道气养殖藻类生物、减少 CO_2 的排放，只需其产品具有较高的热值并含有较少的硫、氯等组分，不影响系统的稳定即可。藻类生物成熟后，经过脱水、烘干处理即可直接作为燃料使用，无需深度加工，相比生物柴油等目标产品，其生产成本要低廉许多。

5. 水泥生产规模配套藻类生物养殖初步估算

按照 BioKing 公司报价资料和技术参数，估算水泥厂烟道气养殖藻类生物、并以藻类生物作为替代燃料的配套工程部分参数。其中藻类物质干基热值假设为 4500～6500kcal/kg，目前国内水泥生产线规模多为 2500t/d、5000t/d 水泥熟料，其相对应的投资计算分析见表 4。从表 4 估算的数据不难看出，其相对投资价格较高，主要基于如下几个原因。

表 4　水泥厂烟道气养殖藻类配套项目部分参数估算

熟料生产规模/(t/d)	2500		5000	
烧成热耗/(kcal/kg 熟料)	750		730	
CO_2 近似排量/(t/d)	1880		3500	
藻类物热值(干基)/(kcal/kg)	4500	6500	4500	6500
藻类物需求量/(t/d)	417	288	811	562
配套藻类物养殖/(t/d)	450	300	850	600
CO_2 减排量/(t/d)	1296	864	2448	1728
装机功率/kW	1125	750	2125	1500
占地面积/亩	270	180	510	360
投资估计/亿元	4.5	3	8.5	6

注：1cal＝4.18J。

① 国际藻类生物养殖工程应用公司对技术的垄断，是造成相关工程造价较高的重要原因。

② 目前国际上主要的合成生物能源公司，均以生物柴油为最终产品，藻类产品的后期处理投资较大。

③ 国外的藻类生物养殖，均以高端产品为目标，对藻类的纯度和毒性控制比较严格，生产和维护成本较高（其副产品主要用作动物饲料）。

五、未来产业发展前景

① 水泥厂拥有不亚于火电厂的自身资源条件，这种以藻类生物为载体循环利用 CO_2 的技术，可以为水泥生产企业的节能减排服务。

② 利用水泥生产过程的废气，生产生物能源，既可减少水泥厂 CO_2 的排放量，又可缓解水泥厂对化石能源的依赖，形成水泥生产企业的绿色循环经济，理应成为水泥工业和技术的开拓方向。

③ 充分利用目前国际上研究和工程应用的成果，加快我国在该领域的研究和工程应用，形成拥有自主知识产权的技术和装备，既能应用于水泥生产企业，也可能应用于其他热能工业如火电、玻璃等工业，可形成一种新兴的高技术产业，为高能耗企业的节能减排带来希望。

参考文献

[1] 岳丽宏等. 利用微藻固定烟道气中 CO_2 的实验室研究. 应用生态学报，2002，13（2）：156-158.

[2] Sheehan J., Dunahay T., Benemann J., et al. A look back at the U. S. Department of Energy's Aquatic Species Program-Biodiesel from Algae. National Renewable Eenergy Laboratory，1998.

[3] Pulz O. Performance summary report：evaluation of greenfuel's 3D matrix Algae growth engineering scale unit. 2007.

[4] Reijnders L. Do biofuels from microalgae beat biofuels from terrestrial plants. Trends in Biotechnol，2008，26（7）：349-350.

[5] Peer M., Schenk, Skype R., et al. Second generation biofuels：high-efficiency microalgae for biodiesel production. Bioenerg. Res.，2008，1：20-43.

中国水泥工业的畅想曲

胡道和　蔡玉良

一、水泥工业在艰难中前行

20 世纪 50～60 年代，中国的水泥厂，黑烟蔽日、粉尘弥漫，立窑是绝对的主流。数量不多的回转窑以湿法生产为主，指标落后，事故频繁，操作全凭经验，曾出现依靠"窑神"处理事故的神话。

社会普遍认为水泥工业是以脏、乱、差、粗、笨为特点的行业。

20 世纪 70～80 年代，国内开始引进了几条湿法生产线，使熟料产量、质量均有所提高；后乘改革开放之风，又引进了各种大型现代化预热预分解窑，并激励了水泥行业消化、吸收先进技术的斗志，焕发了改造与创新的意识，初步改变了生产面貌，但立窑的主流地位仍未动摇。

当时世界舆论有人认为：化工新品不断涌现，未来将用人造新材料（如特种塑料）代替传统的建筑材料（如水泥混凝土），一度水泥工业被贬为"夕阳工业"。

20 世纪 90 年代，随着改革开放大规模建设的需要而推动了水泥工业的技术进步，大型化、国产化取得了辉煌成果，拥有了大批具有自主知识产权的新设备、新工艺、新技术。新型干法窑得到了迅速发展，水泥产量连续居世界首位。相应专业人才也得到锻炼、培养并渐趋成熟。

但按照西方统计规律认为：当时我国人均水泥产量已接近"饱和"，因此没有多大发展空间，加上全行业平均资源和能量消耗都比较大，污染较严重，总体技术经济指标仍然落后，立窑比重仍偏大。

21 世纪第一个十年，我国水泥产量突破了西方所谓"饱和"的规律，继续大幅度增长。工程建设更走出了国门，进军中东地区、欧洲、美洲、非洲等四十余个国家，创出了品牌。尤其引人注目的是先进的新型干法生产线的高速发展，其比重已达到 70% 以上。在回转窑热耗不断降低的同时，又开发了利用废弃物、有害有毒物、城市垃圾等替代化石燃料和纯余热发电等新技术，基本改变了我国水泥工业的落后面貌。

但是能源枯竭的预警，温室气体 CO_2 排放使全球气候变暖，自然灾害频发，引起了全人类的关注。作为"用能大户，排放（CO_2）巨人"的水泥工业，自然又成为众矢之的。

新的挑战摆在面前，形势又迫使我们必须继续前行。在新的十年来临之际，首先需要的就是要有新的大胆的畅想和不懈的追求。

二、新十年的畅想

1. 畅想的动因

毋庸置疑，畅想必然应围绕绿色经济、低碳经济的总方向，以节能减排为目的而开展。鉴于水泥是一种化工产品，其生产必须经过高温煅烧来完成化学反应，过程中除了需要消耗大量热能、因烧煤而排放一定量的 CO_2 气体之外，碳酸盐分解反应还会释放大量 CO_2 气体。按一般情况，设生料料耗为 1.5kg/kg 熟料，干基生料中 CaO 含量为 46％，则 $CaCO_3$ 分解产生的 CO_2 量：$1.5 \times 46\% \times \dfrac{44}{56} \times 1000 = 542$kg/t 熟料。因此，水泥烧成所排放 CO_2 总量与烧成热耗之间有相应的关系，即：

$$窑排放 CO_2 总量 = 542 + \frac{q}{7000} \times 2.7 \times 1000 \text{kg/t 熟料}$$

式中　q——烧成热耗，kcal/kg 熟料；

　　　7000——标准煤发热量，kcal/kg；

　　　2.7——标准煤产生 CO_2 量，kg/kg（国家发改委指定值的平均数）。

由此可见，当烧成热耗为 740kcal/kg 熟料（1cal＝4.18J）时，窑排放 CO_2 总量为825kg/t 熟料，其中煤燃烧排放 CO_2 量283kg/t 熟料，只占总排放的 1/3 左右。因此，近年来虽由于技术改进，熟料热耗明显降低，但其 CO_2 减排效果并不明显。同样，焚烧废弃物（如垃圾等）以替代部分燃料的新技术也得到业内充分肯定，一般节煤 30％对煅烧质量不会有影响，但因为垃圾燃烧也会排放一定量的 CO_2（资料给出：垃圾每产生 1MJ 热量大约排放 0.08kg CO_2），相当 1kg 标准煤热量的垃圾排放 CO_2 约为 $(7000/1000) \times 4.18 \times 0.08 = 2.34$kg CO_2，因此减排的作用也不大。

鉴于以上情况，要想在节能的同时达到相应减排的目的，改变"排放巨人"的局面，还是很困难的。为此就需要跳出行业惯常的思维方向而另辟蹊径。这就是启动畅想的原因。

2. 畅想的思路

遵循大自然的生存规律，受人类与植物界相互依存关系的启发：人类呼出的 CO_2 被植物吸收通过光合作用转化为植物能量，而其释放的 O_2 又为人类吸收转化为体能并赖以生存、延续生命。世界本来就是相互转化，循环无限而生生不息。利用植物吸收 CO_2 的想法，早已有之，而且一直是治理温室气体的主导方法之一，其原理见图 1。

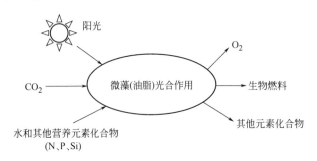

图 1　微藻经光合作用制燃料

1t 微藻可吸收 2t CO_2，释放 1.3t 藻

研究表明：植物界中，低等单细胞藻类繁衍生长速度最快（比一般植物快 140～180 倍）。有专家估计大自然中 40％的 CO_2 是被藻类所吸收。因此，30 年前就有利用藻类吸收 CO_2 并制造生物燃料油（如柴油、乙醇等）的想法与实践，并取得了一定进展，但由于种种原因而中断，直到 21 世纪初才又成为热点研究课题，也引起了水泥行业的

关注。

可以想象，水泥厂采用藻类吸收 CO_2 的方案是一个"一箭双雕"的办法，一方面可以有效地解决部分减排问题，另一方面又能获得相应的燃料替代化石燃料，甚至可以对外"供能"。

根据分析，水泥厂引入藻类吸收 CO_2 制燃料的生物技术，具有以下特殊优势。

① CO_2 气源丰富、稳定。回转窑尾气中 CO_2 浓度（可达 $20\%\sim35\%$）比火力发电厂废气浓度（约 $10\%\sim15\%$）高约 10%。

② 尾气状态参数（如温度、压力、浓度、流量等）基本能够通过调控适应藻类生长，调控方便。

③ 藻类培植成熟后，经采集、脱水、干燥可直接入窑燃烧；也可进一步深加工，生产生物柴油，提高其产品附加值。

④ 藻类燃烧后灰分很少（$2\%\sim3\%$），对窑的操作、控制和熟料质量均无任何影响。

⑤ 微藻热值高（蛋白藻一般为 $4500\sim5000$kcal/kg 藻粉，油脂藻为 $6000\sim6500$kcal/kg 藻粉），完全可以取代化石燃料，保证系统热效率。

3. 畅想的方案

以烧成系统为主，设想的具体方案是综合采用以下四项技术：

① 降低烧成热耗——节能减排；

② 焚烧垃圾替代部分燃煤——吸纳废弃物保护环境并节能；

③ 纯余热发电——节能；

④ 藻类制燃料（藻粉）替代全部烧成用煤——减排节能。

如图 2 所示，畅想方案以日产 5000t 熟料的新型干法生产线为例加以说明。

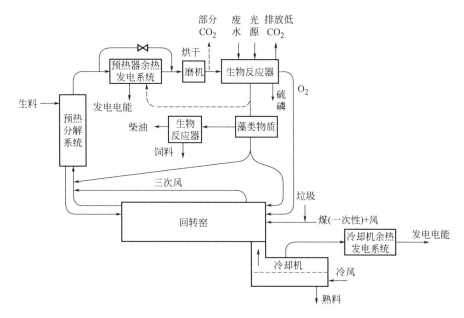

图 2 畅想流程示意

假设当前熟料热耗为 740kcal/kg 或 105.7kg 标准煤/t 熟料，窑总排放 CO_2 量为 825kg/t 熟料。今采取措施节能减排：

① 烧成热耗降至 100kg 标准煤/t 熟料，相应 CO_2 减排量为 $(105.7-100)\times2.7=15.4kg/t$ 熟料。

② 30％热量由焚烧垃圾提供，则相应窑 CO_2 总排放量为 $542+100\times70％\times2.7+100\times30％\times29260/1000\times0.08=802kg/t$ 熟料。

③ 若70％热量由藻粉提供（资料给出：藻粉发热量为 $4500\sim6500kcal/kg$ 藻粉，现取 $5200kcal/kg$），则需藻粉量为 $100\times70％\times7000/5200=94.2kg$ 藻粉/t 熟料，可处理 CO_2 量 $94.2\times2.0=188.4kg/t$ 熟料。

④ 设余热发电 $30kW\cdot h/t$ 熟料，相应减排 CO_2 量 $30\times0.942=28kg/t$ 熟料。

归纳总计，可减少 CO_2 排放量：$15.4+(825-802)+188.4+28=254.8kg/t$ 熟料，大约 $254.8/825\times100％=30.9％$。表 1 所示为 CO_2 排放情况。

表 1 未来 5000t/d 规模熟料生产线的 CO_2 排放情况

熟料产量	CO_2 排放量	需藻量	可处理 CO_2 量	减排 CO_2 总量
208t/h	164t/h	19.5t/h	40t/h	52.3t/h
5000t/d	4000t/d	475t/d	950t/d	1257t/d
160 万吨/年	128 万吨/年	15 万吨/年	30 万吨/年	40 万吨/年

注：1t 微藻约可吸收 $1.8\sim2.0t$ CO_2；$1kW\cdot h$ 电排放 $0.942kg$ CO_2。

显然减排 CO_2 的效果，取决于处理 CO_2 制藻粉的生产规模。如果暂不考虑生物制油，可直接将干基藻粉作为燃料使用，以减少进一步加工的投资。在制油技术成熟后，可再用藻类物质生产生物柴油，提高产品的附加值，实现最佳的经济目标要求，目前多余的 CO_2 仍需排放。至于藻粉燃烧排放的 CO_2 只在系统内循环不再排放至大气中。

近期畅想节能减排的效果是：可以完全替代化石燃料，CO_2 排放减少 30％ 左右（5000t/d 规模新型干法熟料生产线全年减排 40 万吨 CO_2）。至于制藻粉所耗能量，可以通过提高制藻量和深加工获得利益，以补偿相应的消耗，也可直接将部分藻粉供余热锅炉补燃获得补给，对排放不会产生影响。

相信不远的将来，利用水泥厂尾气培养藻类物质技术的进步，生产成本的降低和微藻制油成功，水泥厂的 CO_2 可以达到零排放外，还可以大量供给生物燃料。

4. 畅想不是空想

根据方案可知，水泥窑上所实施的四项新技术，前三项均已成熟，技术层面也无问题，经济性也已过关，在此不做论述。只有利用微藻制燃料一项尚处在引进、研究、开发之中。20 年前美国卡特政府曾经资助过这个项目，计划生产数百万加仑柴油，建立 1.5 万平方英里的藻类农场，最后因采集不及时而失效变质导致项目失败；1996 年，油价下跌至一桶 20 美元，使项目的经济性难以过关，克林顿政府后来关闭了这一计划。21 世纪以来，尤其是近年来，由于不可再生能源枯竭，油价飙升以及减排 CO_2 的压力日益增大，欧美许多国家开始热议并投入大量资金与人力于这一课题，并取得新进展，开发了各类设备，有些公司已生产了相当数量的生物柴油，并在 2008 年圣丹斯电影节上试用了这种柴油驱动汽车，证明油质完全符合要求，市场可以接受。这说明用微藻制油技术路线是畅通的，可行性也有进展，关键正在突破，成功是可以期待的。近几年，我国陆续有一些生物工程或新能源公司和高等院校、研究单位开展微藻选种、培育和制油工艺的实验研究；中材国际也曾做过大量的调查研究与方案评估工作。因此，引进国外成果与经验，组织国内相关单位合作，在水泥厂应用微藻吸纳 CO_2，同时可用干基藻作燃料，待到后续的各种深加工工序日益成熟，也可进一步提高生物质藻产品的附加值。因此畅想不是空想而是科学的、合理的、可期望的。

三、微藻养殖技术的关键问题

1. 优选藻种并深入掌握其生长规律

微藻有很多大类（如油脂藻与蛋白质藻等），其品种达数万种，且有各自组成及习性。脂类藻含油量可达 50％以上。国内外生物界已筛选出一些优质油藻株并有商品出售（据称国外售价达 250～300 美元/立升）。但由于水泥厂尾气中 CO_2 浓度高、温度高，营养液（一般为调制液体）的供给等条件对藻类生长速度有较大影响，同时藻类物质经过一段时期的养殖也可能发生变异，因此需要专业技术人员培育和维护品种，必要时还可通过基因技术改造来达到目的。

2. 光生物反应器的开发设计

根据所选定的高油含量的优质藻种及掌握其生长条件的要求，开发设计高效率光生物反应器，使单位容积或占地面积产量最大化，是目前最为艰巨而又十分关键的任务。

藻类培植成长靠阳光直接照射，阳光的透射深度是有限的（一般 15cm 左右），因此过去采用的跑道池式反应器（图 3）占地面积庞大，动辄数十平方公里，纯属农业生产范畴，无法在工业范围实现，因此必须开发适应工业化生产规模的新型光生物反应器。

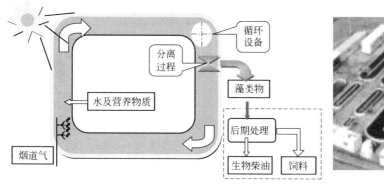

图 3 微藻跑道池培养法

多年来，国际上已有数十家公司如美国的 GreenShift 公司、GreeFuel 公司、SolixBiofuels 公司、Valcent 公司，荷兰 BioKing 公司、Algaelink 公司，以色列 Seambiotic 公司以及加拿大门诺瓦公司等和我国的新奥能源公司均以快速的工作进度开发了许多不同类型的光生物反应器。例如敞开跑道式、管道式、板式、袋式（图 4）、悬浮式、流化床式、填充床式等（由于专利保护，尚不得其详）。值得注意的是，加拿大组织了政府和私营公司共同合作开展生物能源的研究项目，又网罗了以太阳能光热技术为专长的门诺瓦公司和三叉戟探测公司联手合作。据报道，门诺瓦公司近期开发设计了一种叫"功率晶石"的系统，可使太阳光集中在很小区域，并通过光缆传输到需要的地方，使藻类可以高密度生长。这是否意味着藻类养殖可以从平面走向立体，从而无需占有过多的土地面积，如能实现将是养藻技术的重大突破。加拿大政府还提出要开发出能年处理 1 亿吨 CO_2 气体的工业化规模的光生物反应器。

(a) 跑道式　　　　　　　　　　(b) 管道式

(c) 板式　　　　　　　　　　　(d) 袋式

图 4　部分主要生物反应器的型式

3. 关于成本问题

长期以来,生物制燃料的经济性一直受到质疑。由于占地面积大、工艺复杂、设备投资大、运行费用高等,使生物柴油成本曾高达 20～25 美元/立升,因此曾被某些专家认为"用高成本生产低价值产品"是没有竞争力的。但时至今日,形势发生了很大变化:

① 化石类不可再生资源的日益枯竭,开发各类新能源包括绿色能源,不仅是经济问题而是人类生存的必需。

② 石油价格飙升,油价曾高达 125 美元/桶。

③ 生物化工技术水平近年来有极大的提高,催化了藻类制油的技术开发。如基因科学的应用、太阳能采集传输技术的应用等,会大大加速高效光生物反应器的开发,且已出现多处曙光,使畅想可能提早实现。

④ 低碳经济的政策出台,也是指日可待的。如减碳排放补贴,生物能源生产免税等。

⑤ 对水泥厂而言,可直接烧藻粉,省略了微藻破壁、提油、炼制等深加工过程,简化流程必将大大降低成本(有资料认为可降低 2/3)。

⑥ 经深入研究,可能还有若干副产品可以出售,如氧气及磷、藻饼、硫化合物等也可对成本有所补偿。

总之,综合上述有利因素,在规模生产的条件下,成本将有可能大大减低,竞争力大大提升,水泥厂用藻粉做燃料的经济性是有可能过关的。

4. 占地面积问题

这是过去最棘手的问题,显然粗放型的"跑道池"式反应器是不能用于工业化生产的。目前已发表的资料采用新型光反应器其产率也只有 1600～1800 吨藻/(年·公顷),仍然占地偏大。占地面积直接取决于反应器的产率，最近荷兰的 BioKing 公司报价单列出的产率达到 25 吨/(日·公顷)，换算年产量达 9000 吨/公顷，并指出海藻在反应器中只需停留 3.5h 即可成熟。这说明该公司在藻种和反应器设计开发上均可能有所创新。总之，占地面积虽是一个大问题，但随着技术进步是可以解决的。

除此之外，还可利用水泥窑尾气中 CO_2 来制造其他工业原料，如有机化工原料和石化工业原料等，促进水泥工业逐步进入低碳经济时代。

四、水泥厂的美好远景

实现畅想后的水泥厂将是无粉尘、无废渣、无废水，烧成能源完全自给，吸纳城市垃圾，有效减少 CO_2 排放，提供富氧环境，成为节能、环保、绿色、健康、清洁、美丽的花园工厂。徜徉其间，不仅可以观赏现代化工厂的巨型人工伟绩，还可以享受氧吧，健康身心。多么美妙，多么值得自豪的行业。

未来若干年后，在全国推广这些技术使 CO_2 排放降低到零，为绿色革命做重大贡献。同时还可以利用水泥生产过程中产生的各种资源生产有价值或高附加值的工业产品。到那时，水泥厂的功能和产品将从以水泥为主要产品转化为以消纳各类废弃物和自身资源利用为主、水泥为辅的新格局。其经济效益和社会效益均将大幅提升，不仅摘掉"耗能大户、排放巨人"的帽子，还将成为化工、建材、制造业的"骄子"。

五、几点建议

① 希望全行业对于利用尾气培养微藻生产生物质能源和利用 CO_2 合成工业原料等减排 CO_2 技术方面的课题给予足够的重视。

② 水泥行业应积极主动参与国家绿色能源和自身资源开发利用等重点课题。本着先易后难的原则，争取项目向水泥行业倾斜，以便得到较多支持。

③ 希望尽快组织起来与相关单位合作，开展微藻粉生产和 CO_2 合成工业原料的有关关键技术的研究开发利用。

④ 希望有条件的水泥厂积极准备成为该项目的先行实践者，为行业创新做出贡献。

参考文献

[1] 梁镒华. 新型干法回转窑的设计与增产节能. 水泥工程，2009，(3).
[2] 王君伟，李祖尚. 水泥生产工艺计算手册. 北京：中国建材工业出版社. 2001.
[3] 熊会思. 新型干法烧成水泥熟料技术装备设计、制造、安装与使用. 北京：中国建材工业出版社，2004.
[4] 江旭昌. 再论新型超短窑的应用及在我国的发展. 新世纪水泥导报，2006，(3).

（胡道和，南京工业大学）

第五部分

英 文 论 文

Back calculation of technological parameters for PC system

Cai Yuliang，Zhang Youzhuo，Hu Daohe

1 INTRODUCTION

Precalciner (PC) has become a dominant role during the development of the world cement clinker calcining technique for a series of characteristic advantages, since the first generation PC system was put into production in Japan in 1971. Therefore, the scientific research in this field, which evokes everyone widely interests, is very animate. In this paper, our research objects are MFC-PC and NSF-PC systems (Fig. 1 and Fig. 2). Some key parameters, which

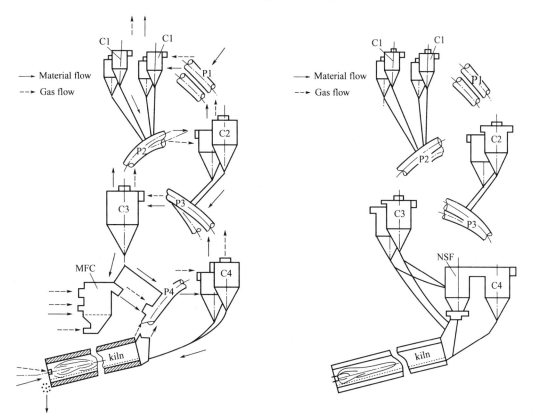

Fig. 1   MFC-PC system   Fig. 2   NSF-PC system

are difficult to measure on line, are computed with those parameters measured on line by back calculation method, the back calculation results may provide basis for design, operation, control and improvement.

2 SUMMARY OF THE METHOD

Precalciner system design always follows a specific guiding principle, which is often shown by means of some specific parameters and interrelation coefficient. Therefore, to find out those parameter and their relationships, a mathematical model must be proposed firstly.

2.1 Division of the system

Fig. 1 shows MFG-PC and Fig. 2 NSF-PC system, which can be divided into some subsystems (see Table 1) separately.

Table 1   Division of the system

Ordinal Number	1	2	3	4	5	6	7	8	9	10
MFC-PC System	C1	P1	C2	P2	C3	P3	C4	P4	MFC	kiln
NSF-PC System	C1	P1	C2	P2	C3	P3	C4	NSF	kiln	—

2.2 Assumption

(1) Physical and chemical changes of raw meal occurred in preheater system are described as follow:

a. Dehydration of physical water and decomposition of organic matter in raw meal are taken place in P1.

b. Chemical bonded water in raw meal is all come off in P2.

c. Carbonate in raw meal decomposes in P3, P4, MFC (or NSF) and the rotary kiln respectively, the separate decomposition fractions will be calculated by back calculation.

(2) The operation conditions in cyclones of parallel connection are identical.

(3) Two series are taken as one part in calculation.

2.3 Preparation of empirical data

The following empirical formulas, which are required in back calculation, are obtained by empirical data fitting. The formula which reflects the relationship between specific heat (C_p) and temperature (T) is given as follows:

$$C_p = a_0 + a_1 T + a_2 T^2 \tag{1}$$

Where a_0, a_1, a_2 are coefficients.

Heat loss through the surface of equipment is formed by convection and radiant, consequently, the heat transfer coefficient of statical equipment is given by:

$$\alpha_s = a_0 + \sum_{i=1}^{3} (a_i \Delta T^i + b_i W^i) \tag{2}$$

And dynamic equipment is given as follows:

$$\alpha_m = a_0 + \sum_{i=1}^{3} (a_i \Delta T^i + b_i W^i) + c(\Delta TW) \tag{3}$$

Where α coefficient of heat transfer $[\text{kcal}/(\text{m}^3 \cdot \text{h} \cdot \text{℃})]$

$W =$ wind speed (m/s)

$\Delta T =$ difference between surface temperature and environment temperature (℃)

a_i, b_j ($i = 0$, 3, $j = 1$, 3) and c are statistical coefficients.

Kiln is a dynamic equipment, where surface temperature is measured usually by a travelling radiant pyrometer, therefore, under stable operation condition, it is easy to find the relationship between temperature and corresponding location (X):

$$T = F(X) = u_0 + \sum_{j=1}^{n} u_j \cdot X^j \tag{4}$$

where n is selected according to required precision by simulating test, then heat loss through the kiln surface is computed by:

$$Q = \frac{\pi D_k}{M} \int_0^{L_k} \left\{ a_0 + \sum_{i=1}^{n} \left[a_i (u_0 + \sum_{j=1}^{n} u_j X^j)^i + b_i \cdot W^i \right] + \right.$$

$$\left. c(u_0 + \sum_{j=1}^{n} u_j X^j) W \right\} (u_0 + \sum_{j=1}^{n} u_j X^j) dX \tag{5}$$

Where $D_k =$ external diameter of kiln (m)

$L_k =$ length of kiln (m)

$dX =$ a finite element at length direction of kiln (m)

2.4 Development of mathematical model

Equations of chemical reaction and material balance and heat balance of each subsystems are set up according to above mentioned assumptions, and are rearranged into a matrix equation as follows:

$$\vec{A} \cdot \vec{X} = \vec{B} \tag{6}$$

$\vec{A}$ is a coefficient matrix, $\vec{B}$ is a constant vector, they are functions of temperature ($\vec{T}$), material composition, fuel composition and low calorific value etc, $\vec{X}$ is a unknown variable vector. If the temperature ($\vec{T}$), material composition, fuel composition and low calorific value etc are all known, and $\vec{A}$, $\vec{B}$ are known too, consequently, $\vec{X}$ can be solved (see Table 2 and Table 3).

Table 2 The back calculation results for MFC-PC system [unit: kcal/kg(cl.)❶ or Nm³/kg(cl.)]

System order	1	2	3	4	5	6	7	8	9	10
Material flow	0.087	1.852	0.262	1.962	0.215	1.596	0.173	1.427	0.896	0.184
Gas flow	1.495	1.495	1.412	1.412	1.344	1.344	1.309	1.309	0.701	0.548
Out material	1.765	—	1.428	—	1.381	—	1.255	—	—	1.000
Heat loss	2.97	2.65	3.13	2.73	2.78	5.93	5.58	4.28	4.28	47.16
Thermal eff.	41.72	39.33	38.92	43.99	40.18	40.57	37.49	34.20	68.08	56.75
Separate eff.	95.31	—	84.52	—	86.52	—	87.91	—	—	—
Excess eff.	1.302	—	1.226	—	1.172	—	1.134	0.982	1.309	1.227
Decomp. fraction	0.000	0.000	0.000	0.000	0.000	0.000	0.920	17.55	66.54	14.99
others	Fuel ratio (kiln) =43.00%				material ratio=9.53%					

Table 3 The back calculation results for NSF-PC system [unit: kcal/kg(cl.) or Nm³/kg(cl.)]

System order	1	2	3	4	5	6	7	8	9
Material flow	0.108	1.913	0.266	2.029	0.243	1.760	0.190	1.535	0.297
Gas flow	1.699	1.699	1.603	1.603	1.514	1.514	1.446	1.446	0.477
Out material	1.804	—	1.573	—	1.517	—	1.344	—	1.000
Heat loss	8.65	3.32	1.72	1.37	3.22	1.43	3.31	6.22	45.63
Thermal eff.	39.26	37.78	38.72	42.97	37.80	38.33	36.87	59.24	40.34
Separate eff.	94.33	—	85.52	—	86.17	—	87.60	—	—
Excess eff.	1.330	—	1.263	—	1.194	—	1.124	1.124	1.119
Decomp. fraction	0.000	0.000	0.000	0.000	0.000	0.000	0.620	85.78	13.60
others	Clinker=0.9808kg(cl.)/kg(cl.) Fuel ratio (kiln) =38.04%								
	Heat loss calculated by the second method=47.95kcal/kg(cl.)								

3 RESULTS OF ANALYSIS AND DISCUSSION

3.1 Material flow

Generally, under normal conditions, the dust content in exit gas is 80-120g/kg(cl.), the dust content with MFC precalcinator is 82.5-135g/kg(cl.) and statistic average value is 99 g/kg (cl.). For MFG-PG system, back calculation in the paper gives 87kg/kg(cl.); for NSF-PC 108g/kg(cl.), all results are in this range, which are satisfactory. Fly ash content in kiln cold end, related to flue gas speed, is normally 12%-15% of material fed into kiln. Calculated result for MFC-PC system is 14.7%; for NSF-PC 22.0%, which is comparatively high. That is due to construction and operation condition. The ratio of fuel measured for MFC-PC system is 43.26% (kiln) and the back calculated result is 43.00%. For NSF-PC 38.00%, the result is 38.04%. They are satisfactory. For NSF-PC system, the clinker that comes out of kiln is given by 1.000kg, the back calculated result is 0.981kg (relative tolerance 1.92%).

---

❶cl. is short for clinker.

3.2 Gas flow

Under ordinary condition, the waste gas volume of preheater is about 1.4-1.5Nm^3/kg(cl.) and the back calculation results for MFC-PC system is 1.495Nm^3/kg(cl.), which is in this normal range. For NSF-PC system, it is 1.669Nm^3/kg(cl.), which is relatively high. This point is also verified by the measured parameters.

3.3 Comment on decomposition fractions of carbonate

Carbonate decomposes at 800DC apparently. It is seen from the measured parameters that the gas temperature is higher than 800℃ exited from the fourth stage of cyclone. Therefore, minor $CaCO_3$ and most of the $MgCO_3$ in P3 have decomposed. According to the back calculation result for MFG-PG system, the decomposed fraction in P3 is 0.92%, in P4 17.55%, in MFC 66.54%, in kiln 14.99%, the relative decomposition fraction of carbonate in raw meal feeding into kiln is 85.0%; For NSF-PC system, the decomposition fraction of carbonate in P3 is 0.62%, in NSF 85.78%, in kiln 13.60%. The relative decomposition fraction of carbonate in raw meal feeding into kiln is 86.40%. Under conditions of same yield (4000 t/d) and the unanimous fuel ratio, the decomposition fraction of carbonate in MFC precalcinator is less than that in NSF, but the total decomposition fraction of carbonate (84.09%) in MFC and vertical flue duct is equal to that (85.78%) in NSF approximately. Compared the MFC-PC with the NSF-PC system, the operation temperature (800-850℃) of the former is less than the later (840-900℃), thus reducing coating, having steady production and reducing the NO_x concentration (391ppm for MFC-PC and 503ppm for NSF-PC).

3.4 Excessive coefficient of air

It is noted that the excessive air coefficient in MFC precalcinator is 0.982, NSF 1.124 (Table 2 and Table 3). This is due to their difference in structure (Fig. 1 and Fig. 2) and working condition. In order to raise the decomposition fraction of raw meal fcd into kiln, to increase fuel ratio in the precalcinator is the only way under the condition that the gas temperature at kiln exit is not very high. For keeping operation temperature of the MFC in suitable range, another part of fuel combustion shall be shifted to P4. It is known that the MFC is operated under lacking oxygen condition according to the measured parameters, thus taking a part of the combustible gas that is produced by thermal cracking in the MFC into P4 to burn continuously, the produced heat quantity may provide for carbonate that needs for decomposing completely, and the ultimate aim, that raise the decomposition of carbonate in raw meal feeding into kiln and the yield of the MFC-PC system, is achieved. The excessive air coefficient in the NSF is more than 1.00 and the process of burning is rather complete. The decomposition fraction of carbonate is also rather thorough and the decomposition fraction of carbonate in the NSF is obviously higher than in the MFC.

3.5 Separation efficiency for various stages of cyclone

The distributions of cyclone separation efficiency of two systems are identical as follows:

$Se_1 > Se_4 > Se_3 > Se_2$

The designer used to take the following sequence in design:

$Se_1 > Se_2 > Se_3 > Se_4$

This sequence is considered unsuitable by theoretical analysis and computed results for not considering the couple relation and pressure drop and heat efficient effecting on the distribution of separation efficiency synthetically. The distribution of cyclone separation efficiency is determinded by the lowest pressure drop and the highest thermal efficiency of the preheater system. The influence of each cyclone separation efficiency upon pressure drop of the system has been discussed in detail in relevant reference material.

4 THE PROSPECTS FOR APPLICATION

The ultimate aim of the back calculation is lain in development. The parameters on line of some imported PC system is not enough, thus timely control couldn't be achieved, some parameters are got by analysis from regular manual samples and it takes a great work and long time and also severe time-lag. Therefore, the method in this paper can be employed and the parameters not in practice can be on line shown and controlled by the following system (Fig. 3).

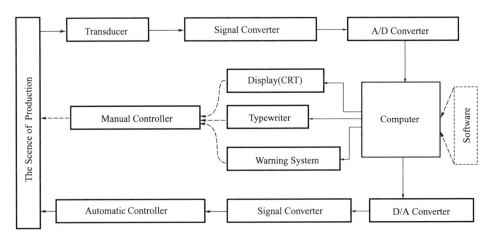

Fig. 3　Monitored control system of PC

The following pictures can be displayed on CRT:

(1) The table type of monitoring picture such as Table 2 and Table 3

(2) The graphic type of monitoring picture

Fig. 4 is the graph of separation efficiency for various cyclones. Its advantage is clear at a glance and easy to observe. All parameters in Table 2 and Table 3 are shown in this way.

(3) The control type of monitoring picture

Fig. 5 is a distribution picture of the separation efficiency on timing. The abscissa stands for time. "▲" represents data acquisition and handling cycle. The ordinate represents the separation efficiency. A, B dotted line stands for safe operation limit of the first stage cyclone separation efficiency, if it were lower than B, it would be probably having clog at discharge pipe or severe air leakage. If so, appropriate measure shall be adopted as soon as the information is obtained by the warning system or CRT. It is beneficial for process control and operation by knowing the variation of various parameters. Other parameters can also be shown in same way.

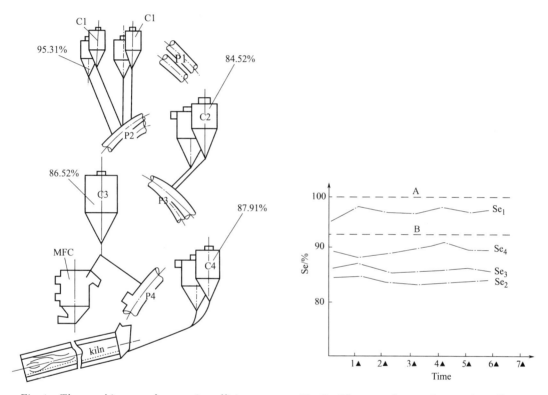

Fig. 4　The graphic type of separation efficiency　　Fig. 5　The control type of separation efficiency

5　CONCLUSIONS

(1) It is known that the back calculation is a useful tool to digest the imported technique and equipment. This method provides scientific basis for the design principle of the back research.

(2) The back calculation result provides the method for on line display of some important parameters in imported system. It may add monitor pictures and is convenient for control and management.

(3) The back calculation results supply a wealth of data for evaluating the actual production

system.

(4) This method lays a foundation for further research such as optimum design and development of the analogue software of the system.

References

［1］ Zhang Youzhuo, Hu Daohe. A computer simulation for the precalcining system——An application of the computer simulation and the optimization method in the cement industry, Journal of Nanjing Institute of Chemical Technology, 1987 , No. 4, P11.

［2］ Xu Delong, Hu Daohe. The characteristics of momentum and heat transfer between gas and particles in a dilute phase pneumatic transport bed, Journal of the Chinese Silicate Society, 1987, No. 4, P295.

［3］ Methods for the calculation of heat balance, heat efficiency and comprehensive energy consumption of cement rotary kiln, GB 4179－84.

［4］ The investigated report of SP and NSP kiln, The Report of the Specific Committed in Fuel of Japan Cement's Association, 1981, 10.

［5］ Cai Yuliang. The research about the distribution of cyclone separation efficiency of preheater system, Journal of Cement and Lime, I989, No. 2, P12.

Multi-objective decision making method in dynamic interactive decision support system

Zhang Youzhuo, Cai Yuliang, Hu Daohe

1 PREFACE

Traditional optimization methods have many limitations. In actual life, for example, many optimization problems are multi-objective. For convenience, they are always treated as single-objective. This treatment results in deviation from practical situation. Goal programming method improves those methods by turning constrained conditions into objective functions and the process of optimizing objective functions into that of approaching certain target values as far as possible. However, this method also has some disadvantages: under circumstances of lacking information, decision maker must subjectively give a set of target values, and the reasonableness of which is directly related to the quality of solution; feedback information from derived solution is so less that it is hard to revise the target values correspondently; and only linear model can be solved.

Based on the idea of IIASA on DSS, we developed a software package concerning Dynamic Interactive Decision Support System for multi-objective decision problem. It overcomes the difficulty in setting expected target values in Goal Programming method. A satisfactory solution suitable to Practical situation can be obtained by constantly readjusting the expected target values using the mode of man-machine interaction. It also overcomes the insufficiency in Goal Programming method, which can be used in linear decision problem. The software is written by Fortran-77 language and run in Dual-68000 small computer. In this paper, an example is given to illustrate the decision process.

2 CASE STUDY

In precalciner kiln process of cement production, 4 stages of cyclone preheater set is important part, where raw material of solid fine particle is heated by flue gas of high temp., thus greatly reducing the system's heat consumption. In recent years, some advanced cement production lines have been imported, however, import aims at digesting them and designing our own production line. At present, digestion has been doing mainly by means of physical model test, which is time-and money-consuming, Furthermore hot model test where more than 1000℃ flue gas is used to heat raw material is hard to do. We intend to explore a way to design the geometric parameters of preheater set by the use of this DSS Designing preheater set is a double decision making problem. First one is to make decision on satisfactory match among preheaters and second on the satisfactory design of separate preheaters. To do this, mathematical model should be set first.

2.1 Modelling

Economizing energy resource, heat and power energy, is our chief goal in designing the preheater set. To achieve this goal, three objective functions, surface area (S), pressure drop (Δp) and separation efficiency (η) are proposed for separate preheaters. Small S implies low heat loss and low construction height, low Δp low power consumption and high η low heat consumption due to the good separation between flue gas and heated raw material. For 2nd decision making problem to obtain a satisfactory design of separate preheaters, effort should be made to reduce each stage's S and Δp and raise η. Three objective function expressions are given by:

Surface area (m²):
$$S_i = F_i(X_{i1}, X_{i2}, \cdots X_{i7}) \qquad i=1,4 \tag{1}$$

Pressure drop (mmH₂O):
$$\Delta p = G_i(X_{i1}, X_{i2}, \cdots X_{i7}) \qquad i=1,4 \tag{2}$$

Separation efficiency (%):
$$\eta_i = H_i(X_{i1}, X_{i2}, \cdots X_{i7}) \qquad i=1,4 \tag{3}$$

where i is stage No, X_{i1}, X_{i2}, $\cdots X_{i7}$ are geometric size variables for stage i and 1st, 2nd, $\cdots$7th sizes respectively. For each stage, there are 7 variables, 3 objective functions and dozens of constrained conditions, proposed on the basis of relevant theory and practice about cyclone preheaters.

In preheater set, the functions of each stage are not exactly identical due to its different position in preheater set. To obtain a satisfactory match among preheaters, they should meet some specific requirements, so a system analysis for preheater set should be done.

2.2 System analysis for prehenter set

The chief goal of this design is to conserve heat and power energy, on which separate efficiency has the great impact among three objective functions. High η suggests high Δp and power consumption, low heat consumption and heat loss. Pressure drop and surface area are correlated with separation efficiency. To obtain a satisfactory design, our attention would be mainly pointed to separation efficiency.

Our computer simulation test indicates that lower preheaters (3rd and 4th stages) have greater impact on heat consumption of the production line. On the other hand, 1st stage (upper one) should have higher η, to reduce raw material of leaving the preheater system. Through comprehensive consideration, it should have the following sequence: $\eta_1 > \eta_3 \approx \eta_4 > \eta_2$. Besides this constraint, many others are given to guarantee smooth production and satisfactory match.

The interactions among objective functions are quite complicated. One change would cause a series of other changes, thus original constraints do not work. In this case, correspondent coordination should be given to guarantee the satisfactory match. To do this, a series of rule sets are generalized based on actual operation data, computer simulation test and human experience. When coordination is required, a suitable rule set is searched for and then correspondent adjustment would be automatically done based on the rule. Through a series of constrained conditions and dynamic adjustment, good match can be guaranteed. Going on this premise, stepwise decision is done to reduce each stage's Δp and S raise η.

2.3 Decision process

2.3.1 Deriving decision support matrix

Optimizing 3 objective functions under constrained conditions respectively, a decision support matrix can be obtained. For 1st stage of preheater, the following matrix is got:

$$
\begin{array}{ccc}
S & \eta & \Delta p \\
\end{array}
$$
$$
\begin{pmatrix}
80.4 & 91.1 & 55 \\
134.7 & 97.9 & 126 \\
95.7 & 88.3 & 39.3
\end{pmatrix}
$$

, where 1st line (80.4, 91.1, 55) is obtained by optimizing surface area, 2nd line separation efficiency, and 3rd pressure drop. The diagonal components 80.4, 97.9 and 39.9 are ideal limit. This matrix offers the information on the possible range of objective function values. For example, the surface area for first stage should be between 80.4 and 134.7.

2.3.2 Proposing reference point

Referring to the decision support matrix, an expected goal is proposed as a reference point $\bar{t}$. For 1st stage, $\bar{t}$ is (110, 96, 60). Then in feasible space, find a point nearest to point $\bar{t}$. Once a set of initial values are given, a correspondent point in vector space can be found. Furthermore, the distance between point $\bar{t}$ and the correspondent point can be easily obtained. Minimizing the distance, point t can be derived. For above given reference point $\bar{t}$, the nearest point t is (133.7, 96.7, 84.7).

In decision process, if the given reference point does not meet some constraint for satisfactory match, it would be automatically adjusted by use of rule set.

2.3.3 Result judgement

Referring to the information from point t, revise the reference point $\bar{t}$ and find a new point t until a satisfactory point t is found. From the derived t, (133. 7, 96. 7, 84. 7), we can see that surface area nearly approaches upper limit 134. 7, and it may be reduced. Relevant result shows that raw material concentration which leaves the preheater set does not surpass the given values, so the separation efficiency can be reduced to decrease pressure drop. Therefore, a new point $\bar{t}$, (125, 95. 1, 75), is proposed. After computation, a new point t, (112, 95. 4, 72), is obtained, which is satisfactory. Input satisfactory message and start decision process for 2nd stage.

2.4 Computational result

Decision support matrixes derived for 4 stages are given by：

$$Ds1: \begin{pmatrix} 80.4 & 91.1 & 55 \\ 134.7 & 97.9 & 126 \\ 95.7 & 88.3 & 39.3 \end{pmatrix} \qquad Ds2: \begin{pmatrix} 84.3 & 85.4 & 78.1 \\ 120.9 & 95.4 & 181.8 \\ 31.2 & 68.8 & 135.9 \end{pmatrix}$$

$$Ds3: \begin{pmatrix} 60.8 & 81.3 & 110.2 \\ 98.7 & 94.5 & 267.9 \\ 25.4 & 66.0 & 180.3 \end{pmatrix} \qquad Ds4: \begin{pmatrix} 68.6 & 84.4 & 106.2 \\ 108.5 & 94.7 & 257.1 \\ 241.0 & 67.1 & 191.6 \end{pmatrix}$$

Partial data in computational process are listed in Table 1.

Table 1　Partial data in computational process

Stage No	No	Reference Point $\bar{t}$			Nearest Point t		
		S	η	P	S	η	P
1	1	110	96	60	133. 7	96. 7	84. 6
	2	125	95. 1	75	112	95. 4	72
2	1	190	85	60	176. 9	84. 4	61. 0
	2	200	86. 5	60	193	85. 7	62. 5
	3	200	85	60	186	84. 7	60. 2
3	1	260	90	60	255. 6	89	74. 8
	2	280	85	60	260. 9	84. 5	65. 7
4	1	240	89	70	226. 2	88. 9	76. 6

Table 2　shows the comparison between computed data (*A*) and that of advanced production line with same capacity (*B*).

Table 2　Comparison between computed data and operation date

Stage No		Geometric parameters of preheaters							Objective functions		
		X_{i1}	X_{i2}	X_{i3}	X_{i4}	X_{i5}	X_{i6}	X_{i7}	S	η	ΔP
1	A	4. 60	2. 20	7. 85	3. 52	2. 65	2. 19	1. 01	122. 5	95. 1	71. 2
	B	4. 29	2. 19	7. 94	3. 43	2. 36	1. 72	1. 21	112. 0	95. 4	72. 0
2	A	6. 62	3. 37	6. 90	4. 64	3. 60	3. 59	1. 42	201. 0	83. 8	61. 5
	B	6. 08	3. 16	7. 00	4. 87	3. 04	3. 28	1. 52	186. 7	84. 7	60. 2
3	A	8. 57	4. 42	8. 85	4. 24	3. 13	3. 37	1. 60	288. 0	86. 1	64. 9
	B	7. 69	4. 08	8. 84	4. 61	2. 31	2. 69	1. 90	260. 9	87. 4	65. 7
4	A	6. 97	3. 27	9. 25	4. 94	3. 00	3. 90	1. 38	245. 6	87. 9	74. 7
	B	6. 45	3. 23	9. 04	5. 16	2. 58	3. 23	1. 53	226. 2	88. 8	76. 5
Sum	A								857. 1		272. 3
	B								785. 8		274. 4

2. 5 **Result analysis**

From Table 2, it may be seen that the computational result is close to the data of advanced production line with same capacity. Both total pressure drops are nearly identical and computed total surface area is slightly better than that of advanced production line. The designed preheater set meets the need for the sequence of separation efficiency, $\eta_1 > \eta_3 \approx \eta_4 > \eta_2$. Through stepwise decision process under a series of constrained conditions and dynamic adjustment of some constraints for satisfactory match, a satisfactory result is obtained.

This method is very convenient and efficient. For example, when production capacity changes, new design can be quickly done by inputting parameter of new capacity and repeat above procedure.

3 **DISCUSSION**

As a decision making method for multi-objective problem, it has many advantages over traditional methods. This DSS offers abundant information in decision making process. First, it presents the message of the range of objective function values, which makes it easier to propose a reasonable reference point. Second, reference point can be revised based on the feedback information of the nearest point t obtained by computation. In this method, a satisfactory solution replaces optimal one, which is, sometimes, deviated from practical situation and also hard to get because mathematical models in actual life are always nonconvex.

Most importantly, this method turns a pure process of mathmatically optimal computation into a man-machine interactive one.

This method turns out to be effective and efficient especially for some decision problems hard to express fully in obvious mathematical model, where "Soft Method", that is, human intuition and judgement : is combined with "Hard Method", purely quantitative method through the mode of man-machine dialogue.

4 **REFERENCES**

［1］ Sang M. Lee: Goal Programming for Decision Analysis, Auerbach PublishersInc. 1972.

［2］ Lewandowski A. et al: Theory, Software and Test Examples for DSS , IIASA, 1985.

［3］ Zhang Youzhuo et al: Computer Simulation for the process of Precalciner Kiln System, p216 Proceedings of 2nd International Conference on EPMESC, 1987.

The calgulation and analysis on hot state process of the fluidized calcining furnace

Cai Yuliang, Wang Wei

INTRODUCTION

In view of the limitation of the cold state experiments which is not satisfactory for discussion and analysis in some way, it is necessary to make theoretical study and analysis based on the cold state experiments for understanding the work state and the main reason affecting carbonate decomposition and compensating the shortage of them. The progress of the mixture, combustion, heat and mass transfer and process of reaction between solid and gas phase in FCF are computed, analyzed and discussed, based on the concrete condition of FCF in Huai Hai Cement Plant and the characters of A, C type powders and thermal nature ($Bi<0.1$). These have provided scientific base for system development and design.

PARAMETERS OF DESIGN AND HYPOTHESES

1 Parameters of design

(1) The design parameters of FCF in Huai Hai Cement Plant are as in Table 1.

Table 1 Design parameters of FCF

Type	Prim. air	Tert. air	Fluid air
Gas volume(Nm^3/h)	1840	30540	10500
Temperature(℃)	20	650	20
Spec. heat[$kJ/(Nm^3 \cdot ℃)$]	1298	1.765	1.295
Type	Coal flow	Raw meal	CO_2
Master. flow(kg/s)	2.0	32.4	8.2
Temperature(℃)	30	700	
Spec. heat[$kJ/(kg \cdot ℃)$]	1.072	1.164	

(2) Basic parameters

$\rho_m=2500(kg/m^3)$ (particle of raw meal), $\rho_c=1650(kg/m^3)$ (particle of coal), $d_{mo}=37$ (μm) (average particle size of raw meal), $d_c=50(\mu$m) (average particle size of coal).

(3) Chemical composition of coal and caloric power see Table 2.

Table 2　Chemical composition of coal and caloric power

C^y	H^y	N^y	O^y	S^y
60. 10%	3. 96%	0. 97%	7. 91%	0. 35%
A^y	W^y	Σ	Q_{dw}	
25. 71%	1. 0%	100. 00%	23408[kJ/kg(coal)]	

2　Hypotheses

For convenience sake on analysis of problems, hypotheses are made as follows according to the results of cold state experiments.

(1) Gas and solid flows in FCF is one-dimension axial flows, other directions flow only affects mutual mixture.

(2) The external surface of FCF is in adiabatic process.

(3) Computed base unit is matter flux.

(4) According to main physical and chemical process in FCF, it is divided into several subsections from its bottom to top as follows:

① The 1st section is heat exchange in the 1st mixture (Heat exchanges among fluid flow, hot material and pulverized coal).

② The 2nd section is that burn of volatile constituents and the temperature of material rises to decomposition of carbonate.

③ The 3rd section is that volatile constituents continue burning and the temperature rise to decomposition of carbonate.

④ The 4th section is the 2nd mixture (tertiary air from cooler) and charcoal particle burns.

⑤ The 5th section is that the charcoal particles continue burning and the temperature of material and gas go up and carbonate continues decomposition.

⑥ The 6th section is that charcoal burn out and carbonate decomposes in temperature drop.

(5) Using average partial pressure of O_2, CO_2 and average temperature, calculate rates of burning, decomposition and heat transfer. On the basis of hypotheses above-mentioned, the computation is as follows.

BASIC CALCULATION AND ANALYSIS

1　Heat exchanges in the 1st mixture (The 1st section)

(1) Temperature of mixture, heat exchange from hot material to fluid flow, coal flow and coal by convection and radiant, average temperature is obtained as $t=618℃$ by heat balance.

(2) When coal burns out, composition of exhaust gas and partial pressure of CO_2 are given in Table 3.

Table 3   Composition of exhaust gas $[Nm^3/kg(coal)$ or $Pa]$

V_{CO_2}	V_{O_2}	V_{N_2}	V_{H_2O}	V_{SO_2}	P_{CO_2}
1.12	0.0	5.36	0.46	0.00245	16225.5

(3) Rate of heat transfer is computed as following in the 1st mixed section

① Taking exhaust gas composition and physical parameters at average temperature into consideration, the moving time can be calculated by the formulae in the reference material as $\tau = 0.0395$ (sec).

② Average slip velocity of particles in the 1st section can be calculated as follows:

$$U_t = \frac{2\mu}{\rho_g \cdot d_p} \cdot \left[\sqrt{9 + \rho_p \cdot \rho_g \cdot g \cdot d_p^3 / 6\mu^2} - 3 \right] = 0.287 \tag{1}$$

(4) Rate of heat transfer can be calculated in the light of revised Ranz & Marshall formula as follows:

$$Nu = 2 \cdot \varepsilon_0 + 0.6 \cdot (\varepsilon_0 \cdot Re_p)^{1/2} \cdot Pr^{1/3} \tag{2}$$

On the basis of the experiment, in the 1st section average void fraction: $\varepsilon = 0.73$, Reynolds number of particle: $Re_{pav} = 0.2085$; therefore, Nusselt number: $Nu_{av} = 1.6678$, corresponding to:

convection:
$$\alpha = \frac{Nu_{av} \cdot K}{d_p} = 2055.4 [J/(s \cdot m^2 \cdot K)] \tag{3}$$

radiant:
$$\alpha_z = \sigma \cdot \frac{T_1^4 - T_2^4}{T_1 - T_2} = 74.12 [J/(s \cdot m^2 \cdot K)] \tag{4}$$

The contact area between cold gas and hot material can be calculated as follows:

$$S = \frac{6 \cdot G_m}{\rho_p \cdot d_p} = 2102 (m^2) \tag{5}$$

The rate of heat transfer between cold gas and hot material is following:

$$q = S \cdot [E \cdot \alpha_r + a] \cdot \Delta T = 1.5165 \times 10^6 (kJ/s) \tag{6}$$

Enthalpy required for raising the temperature of cold state gas and coal from 20-30℃ to 618℃ is $Q = 3971kJ$ by computation, The time of heat transfer between cold phase and hot phase is as follow:

$$\tau = \frac{Q}{q} = 0.00262 (s) \tag{7}$$

The time of heat exchange is much shorter than that of material displace by comparison, that is: the temperature of the mixture between primary air and hot material have reached average temperature before pulverized coal burning, the key is their mixing and homogeneity of distributed air.

2 The 2nd section

(1) Volatile constituents burn and give out heat in this section; as a result, the temperature of material is raised to decomposition of carbonate. As everyone knows: coal burning is complicated for different type of coal. On the same principle, the separation and burning of volatile are complicated too. The separation of volatile is supposed to be completed in the

twinkling for coal particle size about $50\mu m$, while the burning of volatile constituents is main process. The computed results of volatile burning are drawn out, see Fig. 1.

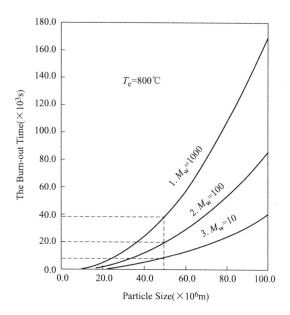

Fig. 1　The relationship of pulverized coal size with volatile constituents and the burning out time

Seeing Fig. 1, when average molecular weights are 10, 100, 1000, the burning out times are 0.01, 0.02, 0.04 (s) correspondingly. Consequently, it is known that volatile burning does not control the process.

On the basis of design parameters, fluid air volume plus primary air volume is $12340Nm^3/h$ and the volume of theoretic air is $43823Nm^3/h$, only $12340/43823=28\%$ air is consumed in fluid-bed, According to composition of fuel which is used in Huai Hai Cement Plant from 1987 to 1989, it is known that 27.66% volatile constituents is in flammable coal (that is 21.405% volatile constituents, 55.98% fixed charcoal). Obviously in this section, 28% total air only provides 21.5% volatile constituents for burning and gives out 13108.48kJ.

(2) Exhaust gas absorbs heat and makes its temperature rise to starting temperature of carbonate decomposition. The four steps of the calculation are as follows:

① Starting temperature of carbonate decomposition is computed out ($t=781℃$) based on decomposition reaction kinetic of carbonate, meanwhile, atmosphere of exhaust gas affecting it is considered.

② Required enthalpy $Q=9446.8kJ$ from $618℃$ to $781℃$ is calculated by heterogeneous heat balance, there is 3661.7kJ used for rising temperature of solid gas and carbonate decomposition by comparing 13108.4kJ with 9446.8kJ.

③ Time and rate of heat transfer of multi-phase heat absorption from $618℃$ to $781℃$ which is given out by burning volatile constituents are calculated as follows:

$$q = S_c \cdot [E \cdot \alpha_r + \alpha] \cdot \Delta T = 7.635 \times 10^4 \text{(kJ/s)} \tag{8}$$

$$\tau = \frac{Q}{q} = 0.1237 \text{(s)} \tag{9}$$

④ Total carbonate decomposed in FCF requires 23449.8kJ enthalpy, according to heat balance and scale of production. Rising temperature of exhaust gas and material requires $45.98\, t - 35270.8$kJ heat. Besides in the light of Müller principle and experience data, the following formulae are given:

$$P_{CO_2}^0 = 1.39 \times 10^{12} \cdot \exp\left\{\frac{-1.6 \times 10^5}{8.314 \times (273+t)}\right\} \tag{10}$$

$$K = 3.053 \times 10^6 \cdot \exp\left\{\frac{-171850}{8.314 \times (273+t)}\right\} \tag{11}$$

$$\tau = \frac{d_p}{2K} \cdot \frac{P_{CO_2}^2 \cdot P_{CO_2}}{P_{CO_2}^0 - P_{CO_2}} \cdot (1 - \sqrt[3]{1-\varepsilon}) \tag{12}$$

Adds the follow equation

$$23449.8 \cdot \varepsilon_1 + 45.98 \cdot t - 35270.84 = 3661.68 \tag{13}$$

For decomposition rate of carbonate (DRC or ε) is so smaller in starting time, ε affecting P_{CO_2} is neglectable. Using iterative method to solve above equations, the solution is $\varepsilon_1 = 0.00829$, $t = 842.5°C$. Consequently, the raw meal is almost not decomposed.

3 Continue decomposition of carbonate before the 2nd mixture.

Taking the influence of limited efflux formed by tertiary air into FCF and material moving up in FCF into consideration, the boundary area is assumed as in Fig. 2.

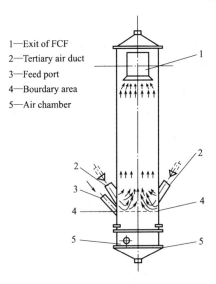

1—Exit of FCF
2—Tertiary air duct
3—Feed port
4—Bourdary area
5—Air chamber

Fig. 2 The boundary area of mixing

Because of no excess air in this section, carbonate continues to decompose and its temperature drops from 842.5°C to t and gives out $37536.4 - 44.3916 \cdot t$ kJ. Therefore the heat equation is obtained as follows:

$$23449.8 \times (1-0.00829) \times \varepsilon_2 = 37536.4 - 44.3916t \qquad (14)$$

Adding equations (10), (11) and (12), the solution is obtained by iterative method as $\varepsilon_2 = 0.07745$, $t = 805°C$.

Variations of particle size are not considered because is so smaller, DRC is $\varepsilon = \varepsilon_1 + \varepsilon_2 = 8.574\%$ corresponding: particle size reduces to $d_p = d_p^6 \cdot \sqrt{1-\varepsilon} = 36(\mu m)$

4 The second mixture and charcoal burning

(1) The temperature of the mixture among material, exhaust gas (850°C) and tertiary air (650°C) is calculated as 775°C.

(2) Rate of heat transfer can be calculated based on many factors affecting it such as physical parameters, void fraction and atmosphere which are regarded as before by the same way above-mentioned. The results are $\varepsilon_3 = 5.20 \times 10^{-6}$, $\tau = 0.003247(s)$. Therefore, DRC and charcoal burning are neglected during the time.

(3) Due to the coming of tertiary air into FCF, charcoal begins to burn. Based on the mathematical model of charcoal burning mechanism, the results are calculated and drawn by computer in Fig. 3, Fig. 4 and Fig. 5 separately.

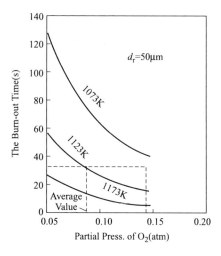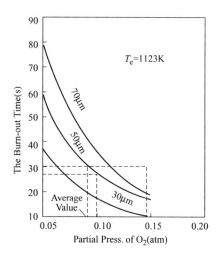

Fig. 3 Relationship between partial pressore of O_2 and the burning out time

See the Fig. 3 the burning out time for $50\mu m$ coal particle size is $18(s)$, when $P_{O_2} = 0.145atm$.

From Fig. 4, surface temperature of charcoal particle is higher than environment temperature; the difference is 6-21°C. As Fig. 5 charcoal burning rate is $q = 1.05 \times 10^5$ [g/(cm^2 · s)] on average partial pressure of O_2 condition.

5 Decomposition of carbonate

Decomposition of carbonate depends on heat transfer process in FCF, two types of compensa-

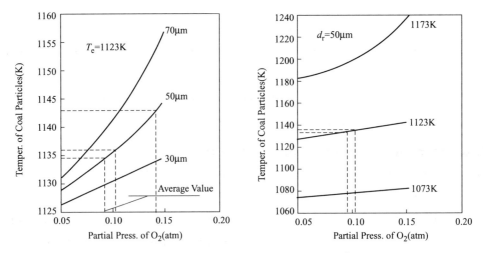

Fig. 4   Relationship between partial pressure of O_2
and surface temperature of coal particle

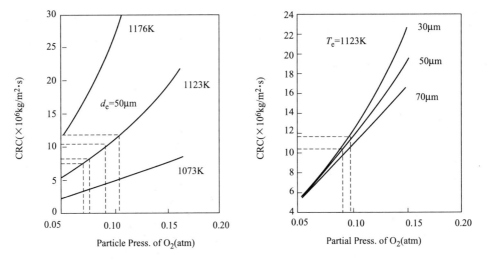

Fig. 5   Relationship between partial pressure of O_2 and burning rate

ted hypothesis are made as follows for convenience sake.

① The 1st hypothesis: heat from charcoal burning is conveyed to exhaust gas around it quickly, making the temperature of charcoal and exhaust gas around it higher than that of material. Thus, combustion, heat transfer, reaction and mass transfer occur between gas with charcoal and material.

② The 2nd hypothesis: the burning charcoal as the high temperature phase, material and exhaust gas as the low temperature phase, the process above-mentioned occur between two phases.

Based on the 1st hypothesis, the process of calculation is as follows:

In this section stage, the partial pressure of O_2 in FCF is reckoned in follows:

$$P_{CO_2} = \frac{4.1752\varepsilon + 2.24}{13.88 + 4.1752\varepsilon} \cdot P_L \tag{15}$$

Heat quantity transferred between two phases is as:

$$q = s \cdot [E \cdot \alpha_r + \alpha] \cdot (t_{g,c} - t_m) = 7703.09(t_{g,c} - t_m) \tag{16}$$

According to beat balance between two phases with heat source, the equations are obtained as follows:

$$7703.09 \times (t_{g,c} - t_m) = 37.62 \times (t_m - 775) + 23449.8 \times (1 - 0.08574)\frac{\varepsilon_4}{\tau} \tag{17}$$

$$18.392 \times (t_{g,c} - 775) + 7703.09 \times (t_{g,c} - t_m) = Q_q \tag{18}$$

In which Q_q is exothermic rate of burning charcoal, surplus charcoal burning can keep 6.696 (s), three equations above-mentioned add equations (10), (11) and (13) are solved by computer, the result is as follows:

$t_{g,c} = 838.27°C$; $t_s = 837.772°C$; $\varepsilon = 0.4712$. Corresponding, the total DRC $\varepsilon = 1 - (1 - \varepsilon_1 - \varepsilon_2) \times (1 - \varepsilon_4) = 0.5165$. The particle size of charcoal reduce to $d_p = d_p^0 \times \sqrt[3]{1-\varepsilon} = 29(\mu m)$, $P_{CO_2} = 27564$ (Pa)

The 2nd stage, based on no heat source (under temperature drop) in the light of heat balance between two phases, equation is as follows:

$$50231.06 - 594814 \cdot t = 23449.80 \cdot (1 - 0.5165) \times \varepsilon_5 \tag{19}$$

Add equations (10), (11) and (12), giving a series of time (t), at $\tau = 7.2(s)$, $\varepsilon_5 = 0.13614$, the partial pressure of CO_2 has reached saturation state and the decomposition reaction of carbonate stops. Then the temperature is 830°C and the final decomposition rate of carbonate is: $\varepsilon = 1 - (1 - \varepsilon_1 - \varepsilon_2) \times (1 - \varepsilon_4) \times (1 - \varepsilon_5) = 58.24\%$ and the final particle size of material is $d_p = d_p^0 \times \sqrt[3]{1-\varepsilon} = 27.65(\mu m)$.

On the basis of the 2nd hypothesis, the process of calculation is as follows:

Ditto, heat balance between two phases:

$$298.06 \times (t_c - t_{g,s}) = 56.179 \times (t_{g,s} - 775) + 23449.8 \times (1 - 0.08574)\frac{\varepsilon_4}{\tau} \tag{20}$$

$$2.174 \times (t_c - 775) + 298.06 \times (t_c - t_{g,s}) = 5033.974 \tag{21}$$

Surplus charcoal burning can keep 6.696(s) and two equations above-mentioned add equations (10), (11), (12) and (15). The solution are obtained as: $t_{g,s} = 836.0773°C$, $\varepsilon_5 = 0.4547204$. The total rate of decomposition is 0.5015 and particle size of material is 29.34 μm. The 2nd stage has no heat source (temperature drop), ditto $P_{CO_2} = 27278$(Pa), heat balance equations:

$$51174.86 - 59.176t = 23449.8 \times (1 - 0.5165) \times \varepsilon_5 \tag{22}$$

add equation (10), (11) and (12), giving a series of time(τ), at $\tau = 7.2(s)$, $\varepsilon_4 = 0.1973$, partial pressure of CO_2 has reached saturation state, decomposition reaction of carbonate stops. Consequently, the final temperature $t=825.8126℃$, the final DRC $ε=60\%$, the final particle size $27.265\mu m$, it is known that the temperature of solid material and exhaust gas has no difference, the temperature of coal particle is $20℃$ more than that of mixture between and material.

The results is identical with the computed results on coal burning model (see Fig. 4), therefore, on the 2nd compensated hypothesis, the results close to the practice. The temperature of material in FCF is controlled at about $840℃$ and DRC in FCF is 58%-60% under 18 (s), it is unmeaning to extend the resident time of material in FCF under unchanged temperature because partial pressure of CO_2 in FCF reaches saturate partial pressure CO_2.

PRACTICE

FCF has been used for over one year, since it was put into production in Huai Hal Cement Plant. The system operates stable and the output of clinker in Huai Hal Cement Plant has increased to 3636 t/d (Semi-NSP system) from 2600t/d (SP system). Heat consumption was decreased greatly after the system was reformed by using FCF in 9. 1990. The results measured in 6. 1992. are listed in Table 4.

Table 4 The measured results

Type	Tem. out FCF/℃	Tem. in FCF/℃	Feed tem/℃	DRC/%
Para.	850±5	845±10	700±10	58. 33
Fluid. air/(Nm³/h)	Coal air/(Nm³/h)	3rd air/(Nm³/h)	Excess air rate	
27500	2050	12050	0. 975	

The results measured are identical with the computed results by comparison; therefore, it is thus clear that the methods of calculation and analyses are useful tools for design and development of FCF.

CONCLUSIONS

Several conclusions can be drawn according to calculation and analysis of mixture, combustion, heat and mass transfer as follows:

(1) The rate of Charcoal in FCF is as important as DRC, it is main control factor. Heat transfer is not a main factor in FCF. From the point of view of causality, the rate of charcoal has some restricted action on decomposition rate of carbonate.

(2) From the computed results, DRC (60%) is controlled not only by the temperature in FCF and but also by saturation partial pressure of CO_2 at this temperature. Therefore, under permitted condition, it is more important to raise the temperature than to extend resident time of material.

(3) For this type of furnace, decomposition reaction of carbonate mainly occurs up in the dilute phase over feed port in FCF. About 90% DRC occur in the dilute phase and 10% DRC occur in dense phase under feed port.

(4) When the fuel used in FCF is 50%-60% total fuel used in whole system (for NSP system), for high-grade coal [volatile constituents over 20% exothermic quantity over 22990kJ/kg(coal)], reaching saturation partial pressure of CO_2 requires resident time of material as 16-20(s) and the total DRC is 58%-68%. However, the total resident time of material in FCF is about 1.5-2(min). This is beneficial for low-grade coal burning, therefore, this advantage of FCF is bringing into play during production.

(5) Adaptability of FCF relying to coal depends on the back mix degree of material in FCF. The higher the back mix degree, the longer the resident time of material. Low grade coal burning in low rate must have long resident time to reach required decomposition rate of carbonate.

(6) The FCF used in Huai Hai Cement Plant is satisfied with requirements under giving condition, DRC in FCF ($T_{av}=840℃$) may reach to about 60%.

REFEREMCES

[1] Cai Yuliang Wang Wei et al: Cement and Lime Journal of Nanjing Design & Research Institute of Cement Industry NO. 2 1992. 4 P11-18

[2] Gelder d., powder Technol. 7. 285 (1973)

[3] Cai Yuliang: Technological material on Calculation and Design of FCF used for Huai Hai Cement Plant reformed. NDRICI Nanjing China 1990. 3

[4] Xu Delong & Hu Daohe: Journal of the Chinese Silicate Society No. 2 1987. P295

[5] John P. Congalid and Christos Georgakis Chemical Engineering Science Vol. 36 No. 9 P1529 - 1546

[6] Auette Müller: Dynamics of calcium carbonate calciination SILIKATTCHNIK No. 1 1977

[7] Chen Xiquan: Cement Technology, Journal of Tianjing Design & Research Institute of Cement Industry N0. 5 1989. P30-32

[8] M. A Field & D. W. Gill & B. B. Morgan, P. G. W. Hawksley, A Chinese translation of Combustion of Pulverized Coal, Published by Publishers of Water and Electricity Ministry 1989. 3

NOTES

A^y——Ash content in coal (%)

Bi——Biot number

C^y——Charcoal content in coal (%)

CRC——Combustion rate of Charcoal

d_c——Average particle size of coal (μm)

d_p——Average particle size of material (μm)

DRG——Decomposition rate of carbonate

E——Radiant rate

G_m——Solid flow (kg/s)

G_c——Ceal flow (kg/s)

H^y——Hydrogen content in coal (%)

K——Coefficient of heat conduct

m_w——Molecular weight

N^y——Nitrogen content in coal (%)

Nu——Nusselt number

O^y——Hydrogen content in coal (%)

P_1——Pressure in FCF

P_{CO_2}, P_{O_2}——Partial pressure of CO_2 and O_2 (Pa)

Pr——Prandtl number

Q——Heat volume (kJ)

q——Heat conduct rate or combustion rate $[kJ/s$ or $g/(cm^2 \cdot s)]$

Q_{dw}——Exothermic volume

S——Contact area (m^2)

S^y——Content in coal (%)

Re——Reynold number

T——Temperature (℃)

T_e——Temperature of surrounding particles (℃)

U_t——Slid velocity of particle (m/s)

U——Gas velocity (m/s)

W^y——Water content in coal (%)

τ——Resident time (s)

ρ——Density (kg/m^3)

e_0——Void fraction (%)

ε_i——DRC (%) $(i=1, 2, 3, \cdots n)$

α, α_r——Coefficient of heat exchange by convection and radiant $[J/(m^2 \cdot K \cdot s)]$

σ——Steffen number $[\sigma=5.67 \times 10^8 J/(m^2 \cdot s \cdot K^4)]$

Analysis of basic operation and control model when disposing MSW by new precalciner production line

Cai Yuliang, Xin Meijing, Yang Xuequan

1 Introduction

With the development of science technology and the enhancement of human living level, each field in daily life including industry, agriculture and residents' daily living will produce much various waste. If that waste can't be disposed effectively in time, it will influence human living environment and even waste natural resource. The disposing of municipal solid waste (MSW) is becoming an important problem in the world, on the same time it is a synthetic and systematic project. Although the disposing method of MSW is various, the final purpose is same: using existing equipments to dispose MSW economically without secondary pollution. The temperature of cement kiln is very high and it is full of solid suspend fine powders, so it supplies advantage condition for MSW disposing and secondary pollution controlling. Foreign production experiences prove disposing MSW with new precalciner production line won't induce new secondary pollution or influence the cement quality. So this method can satisfy the purpose of MSW effective disposal and it lays foundation for using natural resource synthetically by cement enterprise, realizing the capacity of controlling environmental pollution, responding chain joint action on circulatory economy and run along sustainable development road.

2 Classification and appraisal of MSW

The composition of MSW is very complex, which can be divided into three sorts: light combustible part, organic kitchen waste and inorganic mixture according to the synthesis utilization requirement when cement production system accept and incinerate MSW, which can be seen on Fig. 1. Light combustible part is composed of plastic, paper, branch and leaf, textile and rubber etc. Moisture content of light combustible part is relatively low and not easy to ferment, so ash and slag content after incinerating is relatively low, which leads to the high

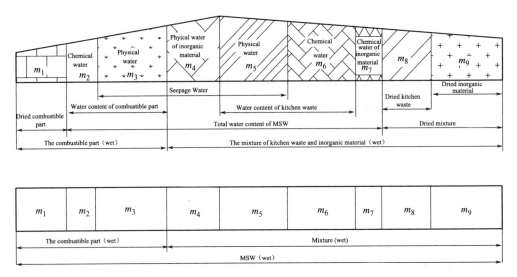

Fig. 1   Classification and composition of MSW

caloric value. Organic kitchen waste is composed of all kinds of vegetables, remain foods and entrails with high moisture, so kitchen waste is easy to ferment and emit odor, and only when water content is relatively low, little caloric heat is existing. Inorganic waste with low moisture includes clays, stones, glass and creams, which doesn't emit odor and almost has no caloric heat. The water content of MSW changes from 60% to 70% in different season, which affects the effective utilization of waste. The water in waste can be sorted to physical water and chemical water. Physical water includes free water and capillary water which can be removed easily; chemical water includes bound water and crystal water which is difficult to remove. The water content is different in different compositions which results in the different contribution of heat to cement system.

3. Confirmation of MSW output and the appraisal model of disposing MSW by new precalciner production line

3.1   Confirmation of MSW output

As the former categorization and definition, the production weight of MSW M (t/d) is relative to the local population density N (person/km^2), radius r (km) and economic level of local area. The estimation formula is:

$$M=K_1 \times N \times \pi \times r^2 \times m/1000(\text{t/d}) \tag{1}$$

Where K_1 is the local living quality factor, m is the average output of MSW (kg/person · d).

Commonly, the more people and the higher level of economy, the more output of MSW is. But the output of MSW is also high in some undeveloped areas, because coal is the main fuel on there and the ash and slag content in the MSW is high accordingly.

Weight of combustible part in MSW (wet basis) is:

$$M_1 = K_2 \times M \quad (\text{t/d}) \tag{2}$$

Where K_2 is the proportion factor of light combustible part which is relative to residents' living level. The higher the living level is the more K_2 will be. Accordingly, the weight of incombustible part (wet basis, kitchen waste with high water content included) is shown as following:

$$M_2 = (1 - K_2) \times M(\text{t/d}) \tag{3}$$

3.2 The criterion whether cement enterprise can propose waste or not

(1) thermal energy substitute proportion and the saturation one

As energy for cement production, the combustible part's contribution for the production system is evaluated by thermal energy substitute proportion P_{fm}^Q. Using the combustible part of waste as substitution fuel, cement production enterprise as the center, within a radius r, P_{fm}^Q is estimated as following:

$$P_{fm}^Q = P_{fm}^m \cdot \frac{Q_{dw}}{Q_{dw}^{coal}} = \frac{M_1 Q_{dw}}{G \times Q_c} = \frac{K_1 \times N \times \pi \times r^2 \times m \times K_2 \times Q_{dw}}{G \times Q_c \times 1000} \times 100\% \tag{4}$$

Where Q_{dw} is net caloric value of the combustible part(kJ/kg); Q_c is heat consumption of the cement production system [kJ/kg(cl.)] [730-740kJ/kg(cl.) for 5000t/d]; G is the output of clinker(t/d); Q_{dw}^{coal} is the net caloric value of the common fuel(kJ/kg); P_{fm}^m is the proportion of substitute fuel [kg (substitute fuel)/kg(coal)].

According to foreign production experiences, when only combustible part acts as substitute fuel, commonly the value of P_{fm}^Q is 30%-65%. On the real operation, max replacement proportion P_{fm}^o (named as saturation replacement proportion) is relative to MSW composition, MSW pretreatment condition, net caloric value of substitute fuel and the disposing capacity of cement production system. The value of P_{fm}^o becomes higher with the increment of substitute fuel net caloric value. The value of P_{fm}^o should be determined by different waste disposal condition. When P_{fm}^Q is more than P_{fm}^o, it means that the combustible part is excess, and the existing cement production system can't accept all the waste completely; when P_{fm}^Q is less than P_{fm}^o, the existing cement production system can dispose all the waste.

(2) raw material substitute proportion and the saturation one

The incombustible part of MSW is accepted by cement production system as substitute raw material and the acceptable quantity is limited to P_{rm}^o, which means the quantity of ash accepted by each ton clinker after raw MSW incinerated. The value of P_{rm} is mainly determined by the chemical constitution of MSW (especially the content of K^+, Na^+, SO_3^{2-}, Cl^- and fluctuation of ash composition).

$$P_{rm} = \frac{K_1 \times N \times \pi \times r^2 \times m / 1000 \times K_3}{G} \tag{5}$$

Where k_3 is ash ratio of incombustible part in MSW after incineration [kg (ash)/kg (waste)], which changes commonly from 5% to 25%. P_{rm} will increase with the stabilization of ash when the interferential components are under the control standard; P_{rm} will decrease with the increasing content of the interferential components which have exceeded the control standard. P_{rm} can reach the max substitute ratio P_{rm}^o when the content of ash is stable and the content of interferential components are under the control standard.

If the value of P_{rm}/P_{rm}^o is more than 1, the substitute is supersaturated and the incombustible part is excess. It will influence the cement production stability and cement production quality if the cement production line disposes all the waste. If the value of P_{rm}/P_{rm}^o is between 0.8 and 1, the substitute is sub-saturated and the cement production line can disposes all the waste which requests better operation of the cement production system and better homogenization of the sorted waste, or it will influence the cement production quality. If the value of P_{rm}/P_{rm}^o is less than 0.8, the substitute is normal and the cement production line can disposes all incombustible parts which have no influence on the operational control of the cement production system.

(3) The relationship of co-processing capacity

MSW is sorted to the incombustible part and combustible part as raw material substitute and fuel substitute respectively for cement plant. When disposing MSW by cement production line, the disposing capacity can't be unconditional and should be limited by the corresponding saturated ratio for the sorted waste. The raw waste which has been sent to the cement plant must be pretreated, and the disposing capacity should choose the minimum of the two capacities according to each saturated ratio. The saturated ratio of the incombustible part is the control factor generally.

4　The control demand when disposing MSW by new precalciner production line

4.1　The content of heavy metal in the raw material, fuel and MSW

Mass data of cement production (Table 1) indicate the content of heavy metal is low in the raw meal and the heavy metal is formed as chemical compound in nature. Long-term productive practices prove that such low content of heavy metal is safe not only during the cement production process but also during the application process of the cement products. Whether in substitue fuel or substitue raw material, the heavy metal contents can't exceed the limitation of safety when disposing MSW with cement production system. On the real production process, the content of heavy metal in raw material and fuel varies with location and it is also for waste. So when waste is disposed by cement production process the disposing capacity must be ensured by heavy metal safety limitation of different location. In reality, the heavy metal content of common MSW (Table 2) except chemical residue and raw meal is in the same magnitude order. When taken as substitute raw material, heavy metal content of clinker won't change much and it's still in the common range.

Table 1　Heavy metal content of raw meal (mg/kg)

Type		As	Be	Cd	Cr	Hg	Ni	Pb	Tl	V	Zn
Raw meal	High	43.5	1.15	0.5	85.8	0.12	29.3	414	18.8	87.4	487
	Middle	22.7	0.58	0.12	49.3	0.04	21.1	204	9.32	53.8	399
	Low	2.08	0.01	0.03	7.27	0.01	3.04	2.1	0.08	21.2	319

Table 2　Heavy metal content of MSW (mg/kg)

Type	Pb	Hg	Cr	Cd	As	Cu	Ni	Mn	Zn
Content	29	0.0524	105	0.00884	20	74	26	701	173

The content of heavy metal permitted into cement production system is limited by fume and dust's emission concentration standard, cement leakage and influence for burning operation stability and cement quality. On disposing process, heavy metal content permitted into environment is limited by its influence on environment and human healthy, so it must be researched.

(1) heavy metal release with fume

The content of heavy metal released into atmosphere with fume is influenced by its content in dust, volatility and its solidification ratio in clinker. Fig. 2 is heavy metal absorption ratio of clinker. Table 3 is heavy metal emission standard defined by GB 16297—1996 《Emission Standard of Air Contaminant》. After waste was fed into clinker burning system, heavy metal which is hard to volatile is absorbed about 90% by raw meal, such as As, Cr, Zn, Ni, Cu, Mn, Pb and Cd etc. Some of these heavy metals with little volatilization can only form dynamical-equilibrium internal circulation in the kiln and preheater system. As difficult to be

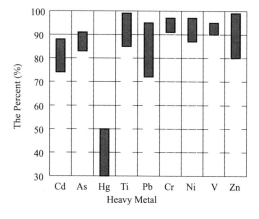

Fig. 2　Heavy metal absorption ratio of clinker

Table 3   Heavy metal emission standard （mg/m³）

Heavy metal	Cr	Pb	Hg	Cd	Ni	Sn	Be
Emission limits	0.080	0.90	0.015	1.0	5.0	10	0.015

frozen and separated in the preheater system, Hg and Tl can only be carried out mainly by the waste gas to generate the extrinsic cycle and discharge. Tl can be frozen between 450℃ and 500℃, 93%-98% of which can be remained in the preheater system, 0.01% of which are discharged in the waste gas, the rest can be feed back to the kiln system in the kiln ash.

According to the common content of heavy metal of MSW (Table 2), it is assumed that the heavy metal distribute homogeneously except some volatile heavy metal, and the possible content of heavy metal in the waste fume is listed in Table 4 after the feed proportioning. Comparing Table 4 and Table 3, it can be easily seen that the concentration of heavy metal in the waste fume is lower than the emission limit.

Table 4   The concentration of heavy metal coming into atmosphere with fume （mg/m³）

Type	Cr	Cu	Cd	Hg	Mn	Ni	Pb	Zn
Low	0.004	0.0012	3×10^{-5}	7×10^{-6}	0.0038	0.0018	0.0028	0.1539
Middle	0.03	0.02	0.00	0.00	0.01	0.02	0.10	0.19
High	0.076	0.0447	0.0008	0.0013	0.0505	0.0229	0.3608	0.235

(2) The infiltration and diffusion behavior in the de-ionized water of the heavy metal solidified and stabilized in the cement products

The infiltration behavior in the de-ionized water of heavy metal in the concrete block is showed in Fig. 3. It can be easily seen that the quantity of heavy metal infiltrating from the concrete block is very low except Cr^{6+}. More than 99.5% of heavy metal still remains in the concrete block after 110-day leach test. The diffusion flux is different for the different heavy metal and becomes less and less with the increasing infiltration time.

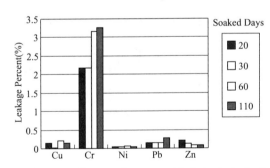

Fig. 3   Diffusion coefficient of concrete block in de-ionized water

Table 5 is heavy metal limitation content of drinking water defined by world related organization and country. According to our institute's heavy metal leakage test, heavy metal content in test block is ten times as that in common cement concrete. It needs at least 18 days and even several years to leak into drinking water standard from concrete pipe

(ϕ450mm) according to the diffusion test. In reality drinking water only takes several days to stay in pipe, so there isn't necessary to worry about the cement with little heavy metal will influence drinking water project except some heavy metal with high diffusion speed (e. g. Cr^+).

Table 5　Heavy metal limitation content of drinking water defined by world related organization and country（mg/L）

Type	Cr	Zn	Cd	Pb	As	Hg	Tl
Germany	0. 05	5. 00	0. 005	0. 04	0. 01	0. 0011	0. 04
China	0. 05	1. 00	0. 01	0. 05	0. 05	0. 001	—
America	0. 10		0. 005				0. 0005
EC	0. 05	—	0. 005	0. 01	0. 001	0. 001	
WHO	0. 05	—	0. 003	0. 01	0. 001	0. 001	—

(3) Influence of heavy metal on burning system

The influence of heavy metal on burning system is mainly in clinker's formation process and quality. It can be seen from Table 2 that the content of heavy metal is relatively low. Many tests indicate micro content heavy metal won't influence cement's quality and system's stabilization. On the other hand, some heavy metal is of great benefit on burning system because it can be acted as fusing agent or mineralizer. Only when heavy metal's content attains a special value it will influence the content of f-CaO, chemical constitution of clinker and cement hydration and force. Table 6 is the influence of Zn, Ni, Cr on cement's performance.

Table 6　The influence of Zn, Ni, Cr on the cement performance

Heavy metal	Variation of heavy metal content	f-CaO %	Variation of mineral composition in clinker	Mineral style	Hydrating capacity (content$>$2. 5%)
Zn	Increase	Decrease	—	C_3A C_4AF	Prolong hydrating process
Ni	Increase	Decrease	—	$MgNiO_2$ C_4AF	Little influence on hydrating process and Reduce hydrating speed a little
Cr	Increase	Decrease (Cr$<$0. 5%) increase (Cr$>$0. 5%)	C_3S%decrease C_2S%increase	K_2CrO_4 $K_2Cr_2O_7$ C_2S	Accelerate hydrating process

It can be easily seen by comparison that the concentration of the heavy should be up to the order of percentage which can influence the quality of the cement products and the kiln system. So from current aggregate analysis and comparison, the last factor isn't the limiting factor for the stability of the clinker burning system and the quality of the cement products. The major factor is the emission concentration and the diffusion control during the application of the cement products because the influence concentration of two factors is microcontent. The minimum permissive concentration of three limiting factors should be fond as the ultimate permissive concentration. The concentration of the heavy metal in the conventional raw meal, fuel and the MSW should be controlled harmoniously to meet the demand of the ultimate permissive concentration. The concentration of the heavy metal can be suitably extended if the concentration of the heavy metal of the conventional raw meal and fuel is lower. Mass detection and analysis have indicated that the concentration of the heavy metal of MSW isn't the limiting factor of the capacity of disposing MSW by cement production line except some special wastes(such as: plating residue).

4.2 The concentration control of the interference component in MSW

(1) The influence of K^+, Na^+, SO_3^{2-}, Cl^-

The interference component is the main factor of the disposing capacity of MSW besides the chemical component of MSW. The general concentration of the interference component of raw meal should be taken into account during determining the disposing capacity of MSW. It is well-known that K_2O, Na_2O, SO_3^{2-}, Cl^- of the raw material are the main factors of affecting the stability of the clinker burning system. Commonly K_2O, Na_2O and SO_3^{2-} interfere the clinker system strongly when they exist singly. The interference will be relatively weak when they exist together. But the total concentration of K_2O and Na_2O should be less than 1.0%, the ratio of Sulfur and Alkali should be between 0.6 and 1.0. The international universal index of the general concentration of Cl^- is less than 0.015% (0.02% is available in some domestic cement plants). For the above, the concentration of the interference component of MSW should be controlled harmoniously with the consideration of the natural Sulfur, Alkali and Chlorine of conventional raw material.

Alkali in MSW mainly comes from slag and ash generated from kitchen waste and plant after burning and its content is about 1.0%. SO_3^{2-} mainly comes from slag, tire and leather and its content is about 0.3%, which is much less than that of coal accepted by cement plant. So when the proposing capacity is small it won't influence clinker's quality. But the chlorinity of waste is much more than that of cement raw material and that will lead to the chlorinity of raw meal coming into kiln approach the highest limitation. The chlorinity has high influence on the proposing capacity of MSW, so maybe it will be the controlling factor when using cement production to dispose MSW. With the increase of chlorinity, the MSW disposing capacity decreases intensely. In order to increase the disposing capacity of MSW, the chlorinity must be controlled or accept bypass technology.

(2) The influence and control of comprehensive water in MSW

After disposing, most water is distributed in incombustible part. Thus water comes into raw mill to be dried, evaporated with incombustible part so it won't influence the operation of burning system. But the comprehensive water of material is limited by raw mill. When the moisture content of raw mill inlet is too high it can't be dried by fume coming from preheater system. So the moisture content of raw mill outlet will be higher than control requirement. That will lead to agglomeration, blocking and influence the operation's stabilization and continuity of raw meal silo. When the moisture content of cement production common raw material is ensured, the comprehensive moisture content of raw mill inlet mat-erial should be lower than that of raw mill and preheater system's dry capacity by extruding and dehydration.

Most water coming into burning system with substitute fuel is plantar water and it will be deprivated easily. Substitute fuel contains certain water, because this part of water needs certain heat to evaporate and heating-up and the quantity of heat just counteract that of heat generated by substitute fuel and the substitute heat of substitute fuel will decrease with the increase of moisture content that leads to the decrease of substitute fuel's contribution to system. So in the pretreatment of MSW, the water coming into substitute fuel must be controlled avoid influencing the effective utilization of system's fuel and substitute fuel.

4.3　the influence and control of composition's fluctuation to burning system

Although MSW has already been storaged and homogenized, the composition still fluctuates for the complex composition before coming into burning system. Now go on blending calculation analysis according to the raw material composition of a 5000t/d clinker production line designed by our institute and local MSW composition. The designed clinker target modular is: KH=0.900, SM=2.45, AM=1.70. The incorporation quantity is 1.915% of total raw material. Table 7 is the variation of clinker modular thinking MSW engaged in blending or not when the composition variation of MSW is±50%. It is easily find from Table 7 that the clinker modular would deviate the target modular greatly and the percent of pass would decrease and not meet the control demand which would affect the quality of clinker and the stability of clinker burning system if chemical component of MSW isn't taken into account during the feed proportioning. The disposing capacity of MSW should be reduced to meet the quality control demand of clinker if chemical component of MSW isn't taken into account

Table 7　Variation of clinker modular with the fluctuation of MSW composition （±50%）

modular	KH	LSF	SM	AM
Target value	0.900	—	2.450	1.700
Engaged in proportion	0.900	93.67	2.452	1.732
Not Engaged in proportion	0.858	89.96	2.485	1.722

during the feed proportioning and the quality of clinker is wanted to be controlled in the ideal range. So besides taking chemical component of MSW into account during the feeding proportion, the pre-homogenization is necessary to enhance the disposing capacity of the clinker burning system and ensure the quality of the clinker and the stability of the clinker burning system.

The clinker modular would fluctuate with the fluctuation of chemical component of MSW which result is showed from Fig. 4 to Fig. 7 when chemical component of MSW is taken into account during the feed proportioning. The bold line represent the average value, the

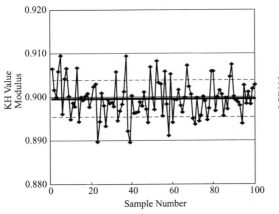

Fig. 4　The fluctuation of clinker's KH　　　Fig. 5　The Fluctuation of clinker's LSF

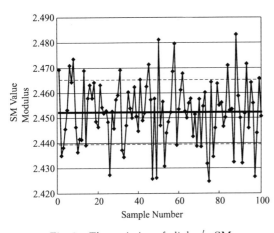
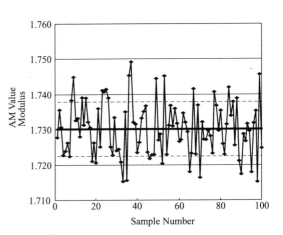

Fig. 6　The variation of clinker's SM　　　Fig. 7　The variation of clinker's IM

dashed represent the range of standard deviation. It is easily find that the percent of pass of clinker modular is 100% for KH from 0.0890 to 0.0910, SM from 2.40 to 2.50, AM from 1.65 to 1.75. The result indicate that the homogenized MSW which is taken into account during the feeding proportion have no influence on the quality of clinker even the fluctuating range of chemical component of MSW is from -50% to $+50\%$. And the disposing capacity of MSW can be enhanced if the concentration of the interference component meets the quality control demand of raw meal.

4. 4 the influence and control of MSW's incineration process to burning system

Usable substitute fuel is mainly plastic, foam, rubber and waste oil etc, and there is much difference in caloric value, incineration characteristic and incineration product between them and common fuel accepted by cement plant. It can be seen from our institute's test result that the incineration characteristic of cement plant's usable substitute fuel is better than that of common fuel and the ignition temperature is low so it is easy to burn completely. The substitute fuel is mainly composed of hydrocarbon so the burning product mostly is CO_2 and H_2O and the quantity of burning ash is very low so the caloric value is relatively high. It can be proved by primary calculation when the quantity of substitute fuel is low, the influence on fume variation is relatively low. When the substitute fuel is plastic, paper or foam and the substitute ratio is 8.5%, the variation of fume is less than 0.5%. When the content of K, Na, S, Cl in substitute fuel is relatively high, it will influence the stabilization of burning system's operation and operation life of refractory. So before use various substitute fuels, it should be researched in detail to decrease the influence to burning system and increase the substitute ratio of common fuel.

5 the control of secondary pollution in the process of disposing MSW

5. 1 the control of kitchen waste ferment

MSW will produce foul gas and poisonous black water on the process of ferment. if no measure is adopted, the environment and sanitation must be influenced. So in the process of pretreatment, ferment must be controlled to avoid air pollution.

In MSW, kitchen waste (including vegetable, flesh, bowels etc.) is easy to ferment. Because of the different composition, fermentation characteristic is different too.

Commonly kitchen waste will ferment in the aerobic or anaerobic situation with the effect of microbe, generate organic acid, alcohol, CO_2, H_2 and distribute irritating smell. Our research has fond a cheap fine fermentation-inhibitor which can effectively inhibit the growth of microbe and the fermentation of kitchen waste. The result of experiment has indicated that the more fermentation-inhibitor, the stronger inhibitor effectiveness. Kitchen waste will begin to ferment after 69 hours when the mixing ratio is 20%, and begin to ferment after 80 hours when the mixing ratio is 50% which is enough to complete the whole disposing process of MSW and meet the demand of no odor.

5. 2 The secondary pollution control during the treatment of MSW

(1) The pollution control of waste gas

The discharging workshop, the pre-treatment workshop and the storage yard should be

closed. The discharging pool and the pre-treatment equipments will be cleaned everyday af
ter operation to avoid the residence and the fermentation of MSW in the discharging pool and
the pretreatment equipments. The germicide and the depurant will be sprayed in the pre-
treatment workshop and the storage yard to avoid the generation of mosquito and fly and
eliminate the influence of the odor on the health of worker and the surrounding environment.
Otherwise, the adsorptive fermentation-inhibitor is mixed into the incombustible part of
MSW to reduce the water infiltrating from MSW and inhibit the ferment of MSW which will
reduce the diffusing of the odor.

The reason of the generation of CO is mostly the incomplete combustion of fuel or the reduc-
ing atmosphere of combustion. Commonly the concentration of CO is controlled below
$125mg/Nm^3$ in the new dry-method cement production line. For SO_x, the clinker burning
system is a desulfurating equipment, where SO_x generated by the combustion of fuel will
react with the alkali metal oxide and generate the sulfate mineral. So no SO_x is detected in
the waste gas of the new dry-method cement production line. The reason of the generation
of NO_x is mostly the fuel itself and the high temperature burning in kiln. The late-model
burner and the new technology of 50%-60% fuel burned in the precalciner can effectively re-
duce the discharging concentration of NO_x.

(2) The pollution of waste water

The waste water generated in the process of discharge, pretreatment and storage is collected
into the sewage tank. The concentration of organic pollutant is lower because the collected
waste water will have an intraday treatment. The discharged waste water must meet the
demand of Environmental Quality Standards for Surface Water and Integrated Wastewater
Discharge Standard, which can be used as the irrigation water of green area in the plant.
Except back flow, the sludge generated on the process of sewage treatment comes into raw
mill to be dried and milled with clay material.

(3) control of dioxin

In order to control the generation of dioxin on the process of MSW incineration, the corre-
sponding measure must be adopted about the matter base, environment condition and forma-
tion mechanics of dioxin generation. The mechanics of control dioxin generation is shown as
following.

① Decrease the chlorine origin from source

For new precalciner production line, in order to keep the stability and continuity of kiln sys-
tem, the chemical constitution (K_2O+Na_2O, SO_3^{2-}, Cl^-) in raw meal which will disturb
production's operation Cl^- should be controlled. Commonly mol ratio of SO_3^{2-} and R_2O is
near 1 and the ratio of Cl^- and SO_3^{2-} is near 1. The total content of Cl^- coming into burning

system with waste (including the inorganic Cl^- generated from organic Cl^- decomposition in high temperature) and common raw meal is less than 0.015%. This part of Cl^- can be absorbed completely by raw meal in cement burning system and it won't influence the system's operation. The absorbed Cl^- comes into kiln with raw meal in the style of $2CaO \cdot SiO_2 \cdot CaCl_2$ (stable temperature is 1084-1100℃), and it will leave burning system brought with aluminate and ferro aluminat's fluxing mineral so it won't be the Cl^- resource of dioxin, that make dioxin lose the first formation condition.

② Incineration with high temperature ensure no generation of dioxin

MSW contains certain dioxin precursor, in order to ensure these precursors decomposed completely and avoid them invert to dioxin on the process of incineration, the burning temperature must be increased. Many tests indicate that dioxin begins to decompose at 500℃, and when the temperature attains 800℃, 2,3,7,8-TCDD can be decomposed completely in 2.1 seconds. If the temperature enhanced again, the decomposing time will be more short. According to GB 18485—2001 《MSW Incineration Pollution Control criteria》, fume temperature should=850℃; fume retention time=2s, or fume temperature=1000℃, fume retention time=1s. Just like former introduction, the selected combustible part is injected to kiln from kiln outlet through burner after pretreatment. The gas phase temperature in kiln can attain 1800℃, and the material temperature is about 1450℃, on the same time the gas retention time is as long as 20 seconds. Those conditions can ensure organic substance burn and decompose completely. The selected combustible part can also be fed to bottom or under uptake flue of calciner, which temperature is about 900-1100℃, and the retention time of gas and material is 7 seconds and longer than 20 seconds separately. The combustible part injected to system is on suspension condition, so wet and unburnt region doesn't exit. Water and organic substance vaporize and gasify rapidly, flow into the precalciner (the temperature of outlet is 860-900℃) and combust completely in oxidizing atmosphere. During the combusting process, the high-temperature gas sufficiently contact alkali substance (CaO, $CaCO_3$, MgO, $MgCO_3$, K_2O, Na_2O, SiO_2, Al_2O_3, Fe_2O_3) which is high temperature, fine (average sizze is 35-40μm), high concentration (solid/gas ratio is $1.0\sim1.5kg/Nm^3$), high absorption, high homogenous distribution, which help to absorb HCl and control the source of Chlorine. The combusting process of the combustible part of MSW will generate water vapor and CO_2, S^{2-} will be transited to SO_2^{2-} or SO_3^{2-} which react immediately with active CaO, MgO generated by the decomposition of raw meal and produce $CaSO_4$, $MgSO_4$, $CaSO_3$. Cl^- will react with CaO and produce $CaCl_2$. All the product will be packed into clinker by the fusible mineral with the form of calcium mineral $Ca_{10}[(SiO_4)_2 \cdot (SO_4)_2]$ $(OH^{-1}, Cl^{-1}, F^{-1})$ or silicate mineral $2CaO \cdot SiO_2 \cdot CaCl_2$. The high-temperature and high-alkali atmosphere can efficiently inhibit the discharge of acid material, help to generate the stable mineral of SO_2^{2-} and Cl^- and avoid the formation of PCDDs and PCDFs.

③ The absorption of alkali material in preheater system

After mixed with ferment-inhibitor, the incombustible part of MSW take part in the feeding proportion and is dried and milled with the conventional raw material in the raw mill. The qualified raw meal is feed into the preheater system after homogenization and weighing. The inlet temperature of C1 is about 530℃, the outlet of C1 is about 330℃. Some organic substance of the incombustible of MSW will combust in C1 and possibly generate little Cl^- which can react easily with mass alkali solid powder (main component is $CaCO_3$, $MgCO_3$, average size is 35-40μm, solid/gas ratio is 1.0-1.5kg/Nm³) and generate $CaCl_2$, which can erase chloride ion and inhibit the formation of PCDDs in C1.

④ The productive practice in domestic and foreign

The productive practice in domestic and foreign have proved that the discharge concentration of PCDDs can be controlled completely below 0.1ng-TEQ/Nm³ and meet the demand of international environmental protection organization when disposing MSW by new precalciner production line. Fig. 8 is the result which some Germany organization detect many cement-production lines applying conventional fuel, substitute fuel and substitute raw material. It is easily find from mass detecting result that only one of 160 samples is more than 0.1ng-TEQ/m³ and most samples is between 0.002 and 0.05ng-TEQ/Nm³ which average value is about 0.02 ng-TEQ/Nm³.

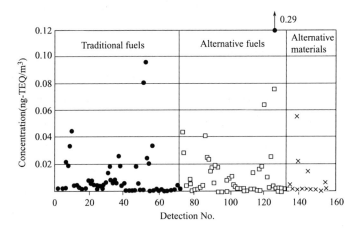

Fig. 8　The test result of Germany (PCDDs/PCDFs)

Otherwise, a special organization in Germany researched on a system, which burned waste oil polychlorinated biphenyl with the amount of 50-1000mg/kg instead of common fuel with ratio of 10%. Research result indicated that waste oil burned completely and didn't exceed the PCDDs/PCDFs standard. When burn common material and incinerate hazard waste with the 2000t/d cement clinker production line of beijing cement plant in china, the detected discharge concentration of dioxin is 0. 006ng-TEQ/Nm^3 and 0. 007ng-TEQ/Nm^3 separately.

It can be seen from analysis, disposing MSW with new precalciner production line has more advantage in controlling dioxin than only adopt combustion furnace. A great deal of comparison analysis and foreign production experience erases human's worry that when dispose MSW with cement kiln will probably generate dioxin pollution.

6 primary operation control model of MSW's treatment

The MSW disposing capacity of certain cement production line has limitation. Accept capacity radium r_c means the disposing radium when the MSW's accept capacity attains saturation on exiting cement production capacity. Economic radium r_e means the disposing radium when finance attains balance of income and outlay. In the limited acceptable extent, how to increase the MSW's disposing capacity and how to turn effective control and operation into reality is human's concern.

6.1 System acceptable capacity covering range and disposing radium

MSW's disposing capacity by cement production system has limitation. The max disposing capacity of light combustible part (wet basis) M'_1 is shown on formula(6). The final disposing capacity M_{r1} is decided by the smaller value between M_1 (formula 2) and M'_1. The max disposing capacity of wet basis incombustible part M'_2 is shown on formula(7), and the final disposing capacity of incombustible part M_{r2} is decided by the smaller value between M_2 [formula(3)] and M'_2. The final MSW disposing total capacity $M_r = M_{r1} + M_{r2}$。

$$M'_1 = \frac{P^o_{fm} \times G \times Q_c}{Q_{dw}} (t/d) \tag{6}$$

$$M'_2 = P^o_{rm} \times G / K_3 (t/d) \tag{7}$$

The disposing capacity of the combustible part of MSW is more than the one of the incombustible. The cement production line can handle all the combustible part of MSW when it can handle all the incombustible. So the calculation of the radius of disposing capacity bases on the complete treatment of the incombustible. Calculating from formula(5):

$$r_c = \sqrt{\frac{P_{rm} \times G \times 1000}{K_1 \times N \times \pi \times m \times K_3}} (km) \tag{8}$$

6.2 The maintenance radius with the support of the government

The plant disposing MSW have to invest once-and-for-all and found the pretreatment system with the separator and shredder to meet the demand of pretreatment. The plant also have to pay for manpower cost, labor protection payment, financial cost, maintenance cost of equipments, operating cost etc. although the combustible part of MSW can substitute part of conventional fuel in the practical operation. The plant with the aim of profit is hard to maintain the continuous operation without the support of government. The support may be the continuous financial allowance or the tax refund or the relative policy. Which require the waste generator to pay for the treatment cost. And the support would help to maintain the necessary treatment consumption, ensure the continuance and validity of the treatment and bring some profit to the cement plant. The stronger support of government, the bigger radius of economical treatment, which would help to extent the area of waste treatment and enhance the disposing capacity.

The total amount of income F with the day-to-day disposing capacity of MSW M_r is calculated by formula(9):

$$F = M_r \times (f_1 - f_3) + \frac{M_{r1} \times Q_{dw}}{Q_{dw}^{coal}} \times P_r - M_r \times \frac{2}{3} r \times f_2 \, (\text{yuan/d}) \qquad (9)$$

Where f_1 is the benefit coming from the government (yuan/t), the total of direct financial allowance, and the tax refund and treatment charge of waste generator. Q_{dw}^{coal} is the caloric of conventional fuel (kJ/kg). P_r is the price of conventional fuel (yuan/t). f_2 is the transport costs per ton (yuan/km·t). r is the radius of disposing capacity (km). f_3 is the treatment costs per ton (yuan/t), including manpower cost, labor protection payment, financial cost, maintenance cost of equipments, operating cost etc.

Calculating from formula (9) with the balance of income and outlay:

$$r_e = \frac{M_r \times (f_1 - f_3) + \dfrac{M_{r1} \times Q_{dw}}{Q_{dw}^{coal}} \times P_r}{\dfrac{2}{3} \times f_2 \times M_r} \quad (\text{km}) \qquad (10)$$

6.3 tendentious analysis of operation

Fig. 9 and Fig. 10 (center is cement plant) shows the relation between r_c and r_e of different disposing radium. When $r_c > r_e$ (Fig. 9), that means cement plant's disposing capacity is enough. But because government hasn't established corresponding policy or the support force is not enough, which leads to cement plant can't exert the max MSW disposing capacity, it is suggested that the government should increase support force so as to enhance the passion and resolve the envieronment problem. When the disposing radium is different, the disposing condition is different either. When $r_1 > r_e$, the existing cement production line can dispose alll the MSW in with payoff. When $r_e < r_2 < r_c$, all the MSW in r_2 can also be disposed completely by existing cement production line. But because government's support force is not enough, when dispose MSW between r_e and r_2, cement plant will be in the red. When operation radium $r_3 > r_c$, the quantity of MSW between r_c and r_3 is beyond the max disposing capacity of exiting cement production line, this part waste is suggested to disposed by

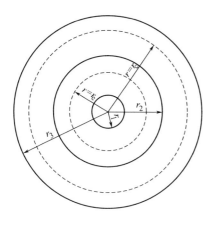

Fig. 9 $r_c > r_e$

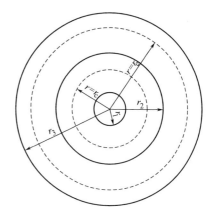

Fig. 10 $r_c < r_e$

incineration, compost and other methods, and cement production scale can also be enhanced with the permission of market and resource.

Fig. 10 indicates the disposing condition when $r_c < r_e$, which means government's supporting force is already enough, MSW disposing capacity is restrained by cement plants themselves. And now it is suggested that cement plant should strengthen waste pretreatment control by system optimization operation or increase the cement production scale to enhance MSW's disposing capacity. It is suggest that the combustibe part of MSW should be the main part because the cement plant the disposing capacity has be enhanced to the maximum. So it is suggest that the combustible part of MSW should be the main part, and separated kitchen waste should be fermented to produce the combustible gas and the residue of fermentation can be used for compost. The mean of combined treatment help to enhance the disposing capacity of MSW and meet the control demand of pollution. When r_1 is less than r_c, current cement production line can handle all the MSW in the area of r_1 and also have some profit. When r_2 is between r_e and r_c, MSW in the area between r_e and r_c can't be handled completely for the production capacity of the cement production line although there are some profit. When r_3 is more than r_e, the cement plant would be negative profit if it handle MSW in the area between r_3 and r_e, so MSW beyond the area of f_e is suggested to be handled by other measures.

6.4 The Example with analyses

Basing on the above analysis and the state of MSW of Nanjing, making Jiangnan Onoda cement plant and Nanjing Conch cement plant as the center, considering the distribution of surrounding resident, the calculating result is showed in Table 8.

As before-mentioned, the disposing capacity of the cement production line depend on the fluctuation of chemical component, the interference component, the water content, the

Table 8 The analysis result of Jiangnan Onoda cement plant and Nanjing Conch cement plant

program	Category	Sign	Value
The calculation of the disposing radius on the base of current production capacity	Average disposing radius(km)	r_c	29.30
	The output of combustible part(wet)(t/d)	M_1	153.6
	The max. disposing capacity of combustible part(wet)(t/d)	M_1'	1980.6
	The max. disposing capacity of incombustible part(wet)(t/d)	M_2'	1382.4
	Final disposing capacity of combustible part(t/d)	M_{r1}	153.6
	Final disposing capacity of incombustible part(t/d)	M_{r2}	1382.4
	Final disposing capacity of MSW(t/d)	M_r	1536
	Substitutable heat energy percent(%)	P_{fm}	4.7
	Adoption percent(%)	P_{rm}	2
	Total income(yuan/d)	F	4882.5
The calculation of the economical radius with the balance of income and outlay	Economical radius(km)	r_e	67.44
	The output of combustible part(wet)(t/d)	M_1	814.0
	The max. disposing capacity of combustible part(wet)(t/d)	M_1'	10495.9
	The max. disposing capacity of incombustible part(wet)(t/d)	M_2'	7325.8
	Final disposing capacity of combustible part(t/d)	M_{r1}	814.0
	Final disposing capacity of incombustible part(t/d)	M_{r2}	7325.8
	Final disposing capacity of MSW(t/d)	M_r	8139.8
	Substitutable heat energy percent(%)	P_{fm}	4.7
	Adoption percent	P_{rm}	0.8
	Total income(yuan/d)	F	0

* the sample of the above parameters: $K_1 = 0.8$, $K_2 = 10\%$, $K_3 = 20\%$, $f_1 = 100$, $f_2 = 0.125$, $f_3 = 80$, $Q_{dw} = 15000$, $P_r = 500$.

pretreatment process etc. The above result is conservative and base on the mass data of sample, analysis, statistic, which aim is offering a calculation means. If the calculation is not conservation and K_1, K_2, K_3, f_1, f_2, f_3 is changed little, r_e and r_c will be very different from the original values. In addition, the above result base on the projected capacity of the cement production line, and the value of r_c will increase because the existing cement production capacity is generally greater than the design scale.

In order to catch the correlation between r_c and r_e more macroscopically, we can enlarge the research range. Now analyze MSW disposing condition of most new precalciner production lines in Jiangsu province. Because cement plants in Yixing, Liyang and Jintan city disturbed relatively centralize, analysis of the three regions can be seen as a whole. Nanjing,

Xuzhou，Yangzhou，Suzhou ，Dongtai and other cities are calculated by cement plant as center. The calculation result of r_c and r_e is shown in Table 9.

Upper calculation is based on raw MSW. The acceptable capacity radium for combustibe part will be much bigger than common fuel. For the place far away from cement plant, MSW separate technology can be accepted to select the combustible part from MSW and send it to cement plant for usage; And after picked out brick，tile，glass and stone，the remained kitchen waste is used for gas making or compost，which will attain the goal of environment synthesis treatment on the way of circulation by using resource completely.

Table 9   Economic analyses of cement plants in Jiangsu province

Cement plant	Type	Symbol	Value	MSW production (t/d)
Jiangnan onoda，China conch	Acceptable capacity radium(km)	r_c	29. 3-37. 8	1536-2560
	Economic radium(km)	r_e	67. 44	8139. 5
	Exiting cement scale(t/d)	G	10000	
Qinglongshan	Acceptable capacity radium(km)	r_c	6. 5-8. 4	96-160
	Economic radium(km)	r_e	67. 44	10228. 2
	Exiting cement scale(t/d)	G	1000	
Leida	Acceptable capacity radium(km)	r_c	17. 6-22. 7	480-800
	Economic radium(km)	r_e	67. 44	7087. 3
	Exiting cement scale(t/d)	G	2×2500	
Jinmao	Acceptable capacity radium(km)	r_c	14. 14-18. 3	480-800
	Economic radium(km)	r_e	67. 44	10920
	Exiting cement scale(t/d)	G	3000	
Dongwu	Acceptable capacity radium(km)	r_c	17-22	480-800
	Economic radium(km)	r_e	67. 44	7849. 1
	Exiting cement scale(t/d)	G	2500	
Zhonglianjulong	Acceptable capacity radium(km)	r_c	20. 21-26. 1	835. 2-1392
	Economic radium(km)	r_e	67. 44	9296. 7
	Exiting cement scale(t/d)	G	8700	
Yangzhou wanglong	Acceptable capacity radium(km)	r_c	8. 18-10. 6	115. 2-192
	Economic radium(km)	r_e	67. 44	7823. 7
	Exiting cement scale(t/d)	G	1200	
Yixing city	Acceptable capacity radium(km)	r_c	51. 31-66. 2	3216-5360
	Economic radium(km)	r_e	67. 44	5555
	Exiting cement scale(t/d)	G	33500	
Liyang city	Acceptable capacity radium(km)	r_c	53. 16-68. 6	3600-6000
	Economic radium(km)	r_e	67. 44	5793. 6
	Exiting cement scale(t/d)	G	37500	
Jintan city	Acceptable capacity radium(km)	r_c	20. 56-26. 5	720-1200
	Economic radium(km)	r_e	67. 44	7749. 2
	Exiting cement scale(t/d)	G	7500	

7 The analyses of MSW disposing capacity within the scope covered by national new precalciner production lines

7.1 The distribution of national cement output of new precalciner production line

The distribution of Chinese cement throughput of new precalciner production line is properly unbalanced and regional which is mainly for the distribution of raw material and market demand. More new precalciner production lines are distributed in the area where mineral resource is abundant and economy is relatively advanced. The distribution of Chinese new precalciner production line in every province and directly-under-the-jurisdiction city is showed in Fig. 11, where it is easily find that the new precalciner production line mainly distribute in the economy- advanced area such as Zhejiang, Anhui, Guangdong, Jiangsu, Shandong is less in the western area. Total throughput of new precalciner production line in China is 590 million ton per year except the statistic omission and increase production.

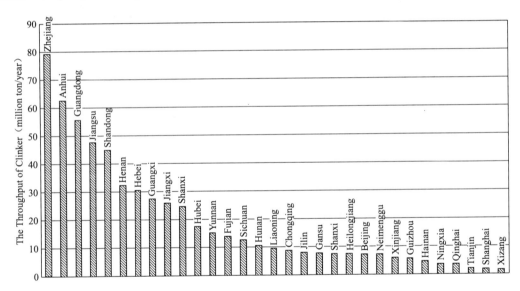

Fig. 11   Clinker capacity distribution chart of new precalciner production line in China

7.2 Distribution of population distribution chart by cement plants on china in the range of r_c

The involved population estimated and considered is on the base of local population density and the possible disposing radius with the center of new precalciner production line in every province and directly-under-the-jurisdiction city is showed in Fig. 12. Compared with Fig. 11, the involved population is more in general in the province with higher cement throughput. But for the different population density, the involved population is more with lower cement throughput such as Jiangsu. The percent of involved population of each province in the area of the disposing radius is showed in Fig. 13. Compared with Fig. 12, the difference of the percent is relatively great for the difference of local population density and total population. It can be seen from chart, population of yunnan province covered in r_c is only on the middle level, but its population percent is on the first level. This is because new precalciner production line only distributes in the district with high population density. All the number of population in r_c is 0.7-2.1hunderd million, and the MSW pollution problem generated by about 10% population can be resolved.

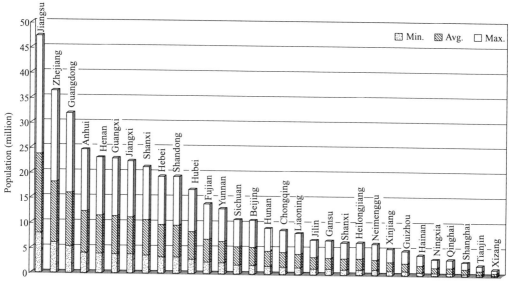

Fig. 12 Population distribution chart covered by cement plants in China within the range of r_c

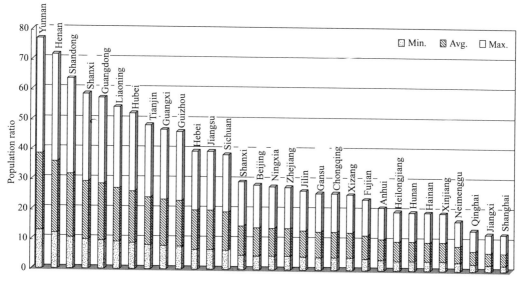

Fig. 13 Population percent distribution chart covered by cement
plants in China within the range of r_c

7.3　Distribution of MSW disposing capacity in china

Basing on the before-mentioned evaluating method and pattern, it is easy to calculate and analyze the disposing capacity of new precalciner production line with the assumption that P_{rm} is 0.5% (min.), 1.0% (average). 1.5% (max.). The disposing capacity of MSW is showed in Fig. 14. It is found that the disposing capacity of MSW is higher in the area with more cement production lines such as Jiangsu, Zhejiang, and the disposing capacity is lower in the western area with less cement production lines. Counted from Fig. 14, total disposing capacity of Chinese would be 22.8 million ton per year (min.), 47.5 million ton per year (average), 68.4 million ton per year (max.). The total throughput is about 146 million ton per year with the increasing rate of 9%. So all the new precalciner production lines could handle 15%-18% percent of domestic MSW. The proportion would increase ulteriorly with the statistic omission of new precalciner production line and the increase production of 10%-20%. Why we still to wait to apply such high disposing capacity of MSW? The key is that the plant need the profit, need the policy support of government.

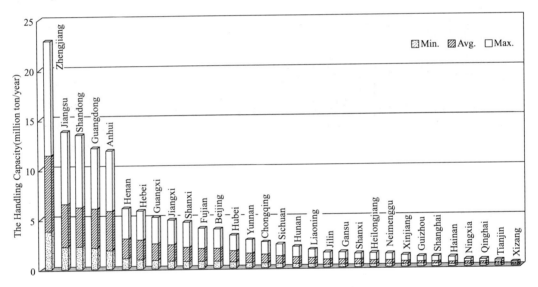

Fig. 14　MSW disposing capacity distribution chart in China

8　End statement and Expectations

8.1　End statement

Optimizing the industrial structure, enhancing the efficiency of resource utilization, decreasing assumption, developing the cyclic economy and constructing the environment-friendly Saving-style society is the emphases of the national 11th-five-year Programme. The cement industry has played important function in the industrial chain, for its special characteristic and the capacity of disposing MSW. But much potential on the treatment of MSW has not displayed. So the cement industry should take the responsibility of the treatment of MSW and add the bright-point into the chain of the cyclic economy. Disposing MSW by new precalciner production line can improve city environment effectively, decrease land fill field and realize comprehensive utilization of resource. So disposing MSW with cement plant has good social, environment and economic efficiency. All the technology detail referred in this paper will be perfected in later production experience.

8.2 several expectations

Disposing MSW by new precalciner production line not only brings economic returns but also gets good environmental efficiency. The government should perform corresponding laws and policies for further extension and orderly development of this technology:

① Enhance social consciousness of environment and legal system. Induct city residents to form correct idea of consume and environment. Establish proper charge system. Collect waste by sort to decrease difficulty of disposing and increase recovery utilization rate of MSW so as to reduce MSW's production quantity.

② Establish corresponding finance support policy and tax preferential policy. Encourage and support cement enterprise to dispose MSW so as to display the capability of cement industry disposing various waste. Ensure enterprises and residents who produce waste pay for waste disposing so as to realize "who makes who pays, and who disposes who earns".

③ Complete corresponding criterions of MSW disposing especially the ones related to cement industry disposing MSW, for example effluent criterion of fume generated from cement system when disposing MSW and quality control criterion of substitute raw material and fuel, so as to ensure the continuity and stability of cement production. Establish corresponding criteria and system to normalize MSW disposing market and coordinate profit of different enterprises. Establish recycle economic chain to ensure the smooth of cash flow and material flow, so as to use cement plant to dispose MSW more stably and effectively.

④ Establish technology assessment demonstration of MSW pretreatment and cement industry synthesis recycling. Establish qualification appraisement of disposing enterprises and MSW disposing permission system. Avoid pollution diversion leading to environment secondary pollution. Accelerate MSW disposing to develop orderly.

REFERENCE

[1] I. Serclerat, P. Moszkowicz, Retention mechanisms in mortars of the trace metals contained in Portland cement clinkers, Waste Management 20 (2000): 259-264.

[2] X. D. Li, C. S. Poon, Heavy metal speciation and leaching behaviors in cement based solidified/ stabilized waste materials, Journal of Hazardous Materials A82 (2001): 215-230.

[3] 乔龄山. 水泥厂利用废弃物的有关问题（二）——微量元素在水泥回转窑中的状态特性. 水泥, 2002, 12, 1-8.

［4］ D. Stephan，High intakes of Cr，Ni，and Zn in clinker Part I. Influence on burning process and formation of fhases，Cement and Concrete Research，29（1999）1949-1957.

［5］ D. Stephan，High intakes of Cr，Ni，and Zn in clinker Part II. Influence on the hydration properties，Cement and Concrete Research，29（1999）1959-1967.

［6］ G. Arliguie，Influence de la composition d'un ciment Portland sur son hydratation en presence de zink，Cem Concr Res 20（1990），517-524.

［7］ 乔龄山. 水泥厂利用废弃物的有关问题（三）——有害气体与放射性污染. 水泥，2003，2：1-7.

The co-disposing technology of municipal solid waste by new precalcining kiln system

Cai Yuliang, Yang Xuequan, Xin Meijing, Li Bo, Zhao Yu

With the improvement of living standards and the growth of urbanization process, the disposal volume generated by Municipal Solid Waste (MSW) is becoming larger and more centralized. The situation of cities surrounded by MSW turns severer. At the same time, the traditional waste management, which can hardly eliminate the negative impact on the environment, still cannot fully meet the requirements of resource utilization and environment protection yet. Therefore it's an urgent problem for governments and enterprises to seek an eco-friendly and cost-efficient disposal methods of MSW.

MSW are generated daily by human being and also are often wanted to be kept a good distance by the same group of people. Due to the complex compositions of the disposal and varieties of disposal methods, it's difficult to come up with a proper solution for MSW disposal. Under the requirements of environment protection, solving the problems of MSW disposal has been one of the government's targets in the twelfth five-year-plan period. Though being appealed for years by many far-sighted experts, the technology of Co-disposing MSW by new precalcining kiln system entirely underwent tough time for application, except only one or two applied cases in mainland. The major reason for this is the doubts about this technology still existed, since the details were not widely known.

The advantage of technology of Co-disposing MSW by new precalcining kiln systems is described as following: It could be used as secondary raw materials and fuels so that the consumption of minerals could be reduced; meanwhile, the MSW could be destroyed completely due to the high temperature in the precalciner and rotary kiln. The third, this technology could lead the cement industry to the sustainable development path and realizes the diversified goals of "harmless, resourcing, intensivism" for MSW disposal. The purpose of this article is to provide reference for governments and cement enterprises, who can work together to put this technology into application. .

1 The basic rules of co-disposing MSW by precalcining kilns

The MSW should be destroyed completely with no extra pollutants when MSW is burned by precalcining kiln, upon the condition that the stable operation of cement production system and the quality of clinker must be maintained. Therefore the following rules should be obeyed:

① Beneficial policies for cement enterprises must be established by governments;

② Normal stable operation of cement production system and the quality of clinker must be maintained.

③ Any extra pollutant emission would not be produced during the disposal process (such as: heavy metals, dioxin, other toxic substances), and no leaching pollution of heavy metals would occur during the serve-life time, recycling service and disposal periods of the cement production.

④ Proper disposing capacity and radius of MSW must be considered for cement enterprises, so as to gain reasonable economic interests under preferential policies.

⑤ All records during disposal process should be able to be tracked; the concentration of pollutants which can't be absorbed by cement production systems should be controlled under standard strictly; MSW couldn't be disposed during unstable periods such as startup and shutdown.

2　Technical route from Sinoma

Pretreatment system is essential for the technology due to the complex compositions of MSW in the mainland of China. According to the requirements from cement production system, MSW must be separated by pretreatment system before further disposal. Pretreatment system need not only make the process meet the requirements of environment protection but also increase the utilization value and economic benefits of MSW.

According to the comprehensive utilization requirements of co-disposing MSW in cement kilns, MSW should be classified into four major sorts: ①light combustible substances (also call Refuse-Derived Fuel, RDF), ②organic kitchen wastes (also call Biomass solid waste, BSW), ③inorganic mixtures and ④MSW leachate. RDF, which are composed of plastic, paper, branched leaf, textile and rubber etc, can be fed into the precalcining kiln system as secondary fuel. BSW refers to all kinds of vegetables, leftover, pluck etc. which can be used as secondary raw materials and fuels after further treatment. Inorganic mixtures contain dregs, blocks, tile, glass, ceramic and concrete etc. which can be used as secondary raw materials directly. The small amount of metals would be selected out during disposal process. MSW leachate can be discharged directly or used for plants irrigation after qualified treatment. Fig. 1 shows the technical route of co-disposal MSW by new precalcining kiln system. Besides, the pretreatment of MSW could be extended and fine treatment could be applied to meet the need for further utilization, if no cement production line was located near the city.

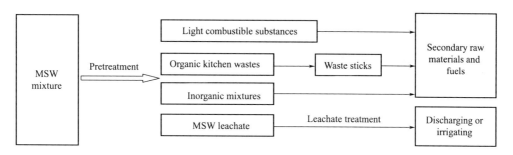

Fig. 1 Technical route of co-disposal MSW by new precalcining kiln system

3 Technical parameters and controlling requirements

It has been proved by plenty of researches and production practices that the determining factors of the co-disposing capacity are water content, interference content, and chemical compositions' fluctuation in MSW, instead of the concentrations of major chemical components.

3.1 Moisture

The moisture is an important factor which would affect the applied volume of MSW, and the water content varied from 40%-70% with seasons. And it must be controlled strictly during MSW disposal by the cement production systems. The permitted limit of the moisture of MSW should be based on the status of waste heat recovery of cement production system. BSW should be dehydrated when necessary. Sinoma research group has finished research works about the impaction of moisture of MSW on the stability running of kiln systems. The results showed that moisture content of MSW must be controlled less than 30% within a proper co-disposal capacity.

3.2 Interference components

It's well-known that K_2O, Na_2O, SO_3^{2-}, Cl^- are the critical factors affecting the running stability of kiln systems. The interference components both in raw materials and fuels must be taken into special account. They could be enriched in kiln systems as time went, which produced the clog inside vertical chamber in the rotary kiln end. The alkalis and chlorinity can be controlled by bypass technology by using high volatily of chemicals. The concentration of sulfur also needs to be controlled, but it cannot be vented by by-pass technology, due to its low volatily and fast phase transition. Moreover, excess volume of all the elements would also cause chemical corrosion to refractory materials. As a result, the interferences mentioned above must be put under synergetic control. The standards are described as following:

$K_2O+Na_2O<1.0\%$; alkalis sulfur ratio: 0.6-1.0; $Cl^-<0.015\%$-0.020% (The content of chloride could be a little higher for the precalcining kiln system with bypass system).

It needs to be noted that the concentration of chlorinity in MSW is much higher than that in raw materials and fuels of cement production. And it has been proved that the chlorinity was the critical factor among the interferences. In order to increase the disposing capacity of MSW, the concentration of the chlorinity must be controlled and if possible, the bypass technology should be utilized.

3.3 Influence and control of MSW residue's fluctuation to burning systems

Taking a 5000t/d cement production line for example, the acceptance capacity in such a line is 450t/d MSW. According to normal controlling requirements, the clinker moduli are designed to be: KH=0.900, LSF=93.29, SM=2.60, AM=1.60. The usage of MSW burning residue has been calculated to be 3.770% of total raw materials. The influence of MSW residue's fluctuation on burning systems has been analyzed according to the following two situations:

(1) Compositions of MSW burning residue being calculated in proportioning

The usage of MSW burning residue is assumed to keep constant. The fluctuations of clinker moduli are shown in Fig. 2-Fig. 5 when the composition variation of MSW burning residue is ±15%. The bold line in the figures represents the average value; the dashed represents the range of standard deviation. As shown in the figures, the probability of KH value within the range of 0.890-0.910 reaches 95%, while the probability of SM value within the range of 2.50-2.70 and AM value within the range of 2.50-2.70 reaching 100%. Table 1 lists the average values and standard deviation of the clinker moduli. The analysis above indicates that there is no negative impact on the quality of clinker when the compositions of MSW burning residue are calculated in proportioning process, even under the condition of the variation of the MSW residue reaches ±15%.

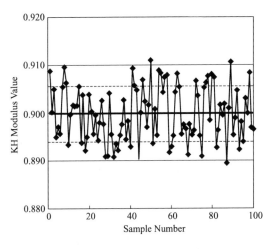

Fig. 2   Variation of KH value

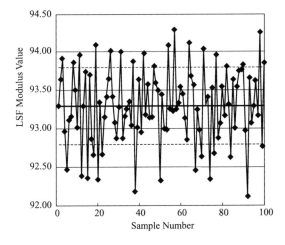

Fig. 3   Variation of LSF value

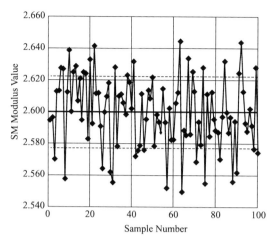

Fig. 4   Variation of SM value

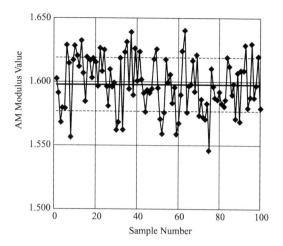

Fig. 5   Variation of IM value

Table 1   Variation of clinker moduli when residue calculated in proportioning

Clinker moduli	KH	LSF	SM	AM
Average value	0. 900	93. 292	2. 600	1. 598
Standard deviation	0. 005	0. 493	0. 023	0. 021

(2) Compositions of MSW burning residue not being calculated in proportioning

The usage of MSW residue and the designed clinker moduli are kept the same. The variations of relative moduli are listed in Table 2 when the variation of the MSW residue is still ±15%. It can be seen from Table 2 that KH value, SM value and AM value decrease 0. 066, 6. 14 and 0. 159 respectively, while SM value increases 0. 018. These large deviations from designed moduli values indicate that clinker would not be qualified if none necessary adjustments was taken into account during the proportioning process. Otherwise the disposing capacity of MSW should be reduced so as to meet the quality control requirements of clinker.

Table 2   Variation of clinker moduli when residue not being calculated in proportioning

Clinker moduli	KH	LSF	SM	AM
Average value	0. 834	87. 154	2. 618	1. 441
Standard deviation	0. 004	0. 410	0. 022	0. 017

The comparison of the two results shows that the compositions of MSW residue must be calculated in proportioning process, for co-disposing MSW by new precalcining kiln system, unless the disposing amount of MSW is small enough. Meanwhile the effect of the fluctuations of MSW residue on clinker incineration process also should be taken into account in order to make the clinker quality under control. The disposing capacity can be enhanced if proper prehomogenizing treatments are taken.

3.4 Influence and control of combustible substances on burning system

Many experiments have been performed about the combustion property of more than 60 sorts of RDF in MSW by Sinoma research group. The heat weight loss curves of three sorts of typical RDF are shown in Fig. 6. The results show that heat weight loss process in air circumstance of all RDF in MSW can be divided into three stages: dehydration, combustion of volatiles and combustion of fixed carbon. The heat value of most plants varies from 15-20 MJ/kg, the heat values of most animal residue is around 20MJ/kg, and the heat values of synthesis substances show higher deviation, for example, gauze is with the lowest heat value of 6.66MJ/kg while polyethylene reaches the highest value of 47.4MJ/kg. Most RDF is much more flammable than coals due to the higher flammability index.

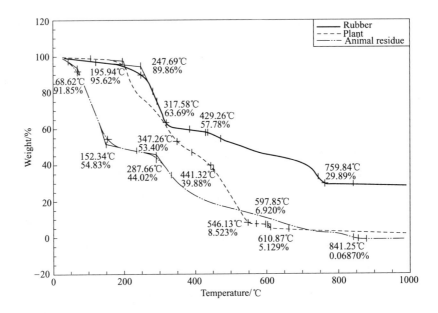

Fig. 6　The heat weight loss curves of three combustible substances

The flame characteristics and other physical fields of alternative fuel burner were also simulated by utilizing the software FLUENT. The results show that there is no negative effect on the thermal condition of cement kiln system when the energy substitution rate of secondary fuels reaches 15%.

3.5 Influence and control of heavy metals on burning system

The common kinds of heavy metals in raw materials for cement production usually include Cu, Zn, Cd, Pb, Cr, Ni, Mn, As etc. Statistical data from cement production reveal that all the concentrations of heavy metals are normally as low as in the order of magnitude of mg/kg. Heavy metals contained in MSW are similar with the heavy metals in raw materials and concentrations are also in the same order of magnitude. As a result, the concentrations of heavy metals would not exceed the permitted limit when MSW are used as secondary raw materials and fuels in cement kiln system.

The influence of heavy metals on burning system is mainly reflected from the formation and quality of clinker. Abundant of previous researches have pointed out that: it can reduce the content of f-CaO and bring no negative effect on the formation of C_3S, when Cr, Ni, and Zn with a concentration of no more than 0.5%. MnO_2 with a solid solubility of 1% can increases the concentration of C_3S. Ni, which is solidified previously by C_4AF, also brings no effect on the formation or hytration process of clinker. CuO with the concentration of 0.5% can reduce the burning temperature by 50℃, 60% of f-CaO can be reduced if the concentration of CuO reaches 1%. It can be concluded that the f-CaO content, mineral compositions and microstructures of clinker would disturbed only if the concentrations of heavy metals in raw materials achieve the order of magnitude of percentage. The concentrations of heavy metals are less than 1‰, so the burning system wouldn't be disturbed. On the opposite, some of heavy metals can play important roles as fluxing agent and (or) mineralizing agent, which can promote the incineration process.

The concentration of heavy metals released into atmosphere with the emission of flue gas and dusts depends on the heavy metals' volatility, the immobilization rate in clinker and the content in dusts. The burning temperature in rotary kiln is usually controlled above 1400℃. More than 90% amount of heavy metals with low volatility (such as Zn, Cu, Co, Ni, Cr, Pb, Cd) will involve in the chemical reactions, and be immobilized into the crystal of clinker mineral. Even a few heavy metals with medium volatility, most of which being immobilized by clinker, will only develop an inner cycle between precalciner kiln and rotary kiln system with a dynamic equilibrium. Another a few heavy metals with high volatility (such as Hg), which is in gaseous state or absorbed by the micro dust, just circle in the kiln system. Only trace amount of these metals can be emitted with flue gas. The emission concentrations of heavy metals absorbed by micro dust have been calculated by Sinoma research group. The maximum value of the total inlet amount and escape rate of heavy metals are utilized in the simulated calculation. The emission concentrations of heavy metals were also measured in 2005 and 2009 by technical cooperation partner for the case that related wastes were co-disposed by new precalcining kiln system. The results are shown in Table 3.

It can be seen from Table 3 that the emission concentrations of heavy metals both from calculation and practice detection are much lower than the permitted limit in related American and European criterion and GB 18485—2001, GB 50295—2008 in the mainland of China. It will bring no pollution to the environment.

Table 3　Emission concentrations of heavy metals（mg/m³）

Results	As	Cd	Cr	Cu	Hg
Calculated	0.008	1.93×10^{-4}	0.011	0.005	9.85×10^{-5}
Measured 1	6.1×10^{-5}	9×10^{-6}	2.99×10^{-4}	1.9×10^{-3}	2.15×10^{-2}
Measured 2	0.007	$<3\times10^{-6}$	0.009	$<2\times10^{-4}$	1.34×10^{-3}
Results	Ni	Pb	Tl	V	Zn
Calculated	0.007	0.059	0.002	0.007	0.091
Measured 1	1.24×10^{-3}	4.6×10^{-4}	—	—	—
Measured 2	$<3\times10^{-6}$	0.020	$<5\times10^{-5}$	0.008	—
Criterion	Cd+Pb	Cd+Tl	Sb+As+Pb+Cr+Co+Cu+Mn+Ni+V	As+Be+Cr	Hg
European	—	0.5	0.5	—	0.05
American	0.67	—	—	0.063	0.072
GB 50295—2008	Cd+Tl 0.05		Total amount 0.5	Hg 0.05	
GB 18485—2001	Pb 1.6	Cd 0.1	—	—	Hg 0.2

4　Effects on environment and controlling requirements during disposing process

Fetor as sulfureted hydrogen, mercaptide and amine would be probably generated during the pretreatment or burning process of MSW, as well as dioxins and other hazardous gases emitted with flue gas. Particular technical measures must be taken to eliminate or reduce the generation of these substances so as to make the pollution emission meet the requirements of environmental protection. Radioactive substances and MSW tar are not discussed herein since there is no excess amount of radioactive substances in MSW or tar generated during the burning process.

4.1　Fetor control

The experiments of fermentation and inhibition of organic kitchen wastes have been finished by Sinoma research group. Typical components of fetor are listed in Table 4. The results show that the fermentation of organic kitchen wastes can be significantly inhibited and the generation of fetor can be effectively controlled in 60hr when 10% amount of inhibitor are mixed with organic kitchen wastes. As a result the time for further treatments of organic kitchen wastes can be guaranteed. The emission concentration of fetor was detected in 2009 by technical cooperation partner when related waste was co-disposed by new precalcining kiln system. The results are listed in Table 5.

It can be seen from Table 5 that odor concentration is much lower than the permitted limit in GB 14554—1993. It means that the fermentation of organic kitchen wastes could be inhibited effectively by sound operation and measure, and wouldn't bring any pollution to the environment.

Table 4　Typical components of fetor

Compound	Molecular formula	Odour	Odor threshold value* (ppm)
Amine	CH_3NH_2, $(CH_3)_3N$	Fishlike	0.0001
Ammonia	NH_3	Ammoniacal	0.037
Diamine	$NH_2(CH_2)_4NH_2$, $NH_2(CH_2)_5NH_2$	Sloughing	—
Sulfureted hydrogen	H_2S	Rotten eggs	0.0005
Mercaptide	CH_3SH, CH_3SSCH_3	Rotten onions	0.0001
Skatole	$C_8H_5NHCH_3$	Fecal odor	3.3×10^{-7}

* Defined as the most minimal concentration of a substance that can be detected by a human nose.

Table 5　Emission concentration of fetor

Program	Detection result	
	Chimney height(m)	Odor concentration* (dimensionless)
result	100	1738
GB 14554—1993	60	60000

* defined as the diluted multiple that an odor is diluted to reach a detection or recognition threshold.

4.2　Solid pollution control

4.2.1　Raw material alike dust

It has been proved practically that the dust emission concentration can completely meet the control requirement of existing criterion with the limit of 30 mg/Nm^3 because of the advanced dust collector equipment in cement production system. No dust emission points would be added or no more dust would be emitted when co-disposing MSW by new precalcining kiln system. Therefore dust emission concentration can be controlled effectively to be under the limit of environmental criterion by dust collector equipment.

4.2.2　Dioxins

Condition for the generation of dioxins during the process of co-incinerating MSW in cement kilns. As a result the generation of dioxins can be inhibited effectively. The control mechanics of the generation of dioxins is described as following:

(1) Reduce Chlorine from initial condition

In order to keep the running of cement production system stable and continuous, the concentration of interference element Cl^- in raw meal is strictly controlled. Generally speaking, total concentration of Cl^- feeding into the burning system is between 0.015%-0.02%. This part of Cl^- can be absorbed fully by raw meal in the form of $2CaO\cdot SiO_2\cdot CaCl_2$, which would be immobilized by clinker minerals and be discharged from burning system with clinker. Even presenting as gaseousion at the temperature of 900-1000℃, the Cl^- can be transformed into inorganic salts after being cooled and can be discharged by bypass technology. There was no Cl^- for the generation of polychlorinated biphenyls (known as dioxins).

(2) Avoid the generation of dioxins by high burning temperature

In order to avoid the generation of dioxins, the technical specifications of incinerator in GB18485—2001 "MSW incineration pollution control criteria" are: fume temperature ≥ 850℃, fume retention time ≥2s or fume temperature≥1000℃, fume retention time≥1s.

At the bottom of calciner, the temperature reaches above 900℃, the retention time of gas is longer than 7s while the retention time of raw materials is even longer than 20s. Meanwhile the gas temperature in rotary kiln reaches as high as 1800℃, and the materials temperature is about 1450℃. Therefore, no matter they are fed into calciner or into rotary kiln, the organic wastes in MSW can be combusted and destroyed completely. The condition of generating dioxins is avoided.

Besides the high temperature gas can fully contact with alkali substances (Such as: CaO, $CaCO_3$, MgO, K_2O, Na_2O etc.) of high temperature and high fineness during the incinerating process, which can be beneficial for inhibiting the generation of dioxins.

Fig. 7 presents the results form a Germany organization which has collected from plenty of cement production lines utilizing traditional fuels, alternative fuels and raw materials. It's easily found that among more than 160 samples, the emission concentrations of dioxins are all below 0. 1ng-TEQ/m^3. Most concentrations are between 0. 002-0. 05ng-TEQ/Nm^3 with an average value of 0. 02 ng-TEQ/Nm^3.

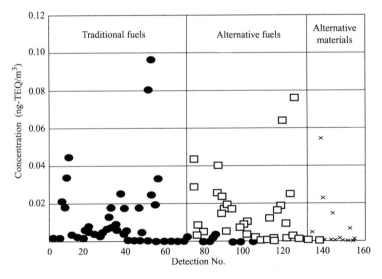

Fig. 7   Dioxins concentration form German

The emission concentration of dioxins was detected in 2009 by technical cooperation partner when related waste was co-disposed by new precalcining kiln system. The results are listed in Table 6.

It can be seen from Table 6 that the generation of dioxins can be inhibited effectively from the results of co-disposing MSW by new precalcining kiln system. The emission concentration of dioxins can be controlled below the limit of 0. 1ng/Nm^3, which matches GB 50295—

2008 and the requirements of environmental criterion.

Table 6   Emission concentration of dioxins

Program	Dust(mg/Nm^3)	Dioxins($ng\text{-}TEQ/Nm^3$)
Result 1	19	0.0032
Result 2	5.4	0.083

4.3   Hazardous gases control

(1) Sulphur oxide (SO_x)

The cement production system works as Flue Gas Desulphurisation (FGD) Equipment itself. The SO_x generated from combustion would react with alkali metal oxides. The corresponding reaction products could be minerals as silicon calcium sulfate (such as $2 C_2S \cdot CaSO_4$, $CaSO_4 \cdot 1.75SiO_2$, $2CaSO_4 \cdot K_2SO_4$, $3Na_2SO_4 \cdot CaSO_4$), which can be discharged from kilns with clinker. Therefore the concentration of SO_x emitted into air with flue gas is normally less than $20mg/Nm^3$, which is much lower than the limit of $200ng/Nm^3$ of current environmental criterion.

(2) Nitrous oxide (NO_x)

A Low NO_x Emission cement production system of new generation has been developed by sinoma research group. The details of this system is described in specific as following:

① A new type of coal powder burner with high efficiency and multi-medium was developed. The peak temperature of flame can be dropped by this burner while the entire flame temperature can be maintained. Furthermore a number of reduction atmospheres are generated at the bottom. As a result the amount of NO_x generated from high temperature burning process can be reduced.

② An effective denitrification reduction zone has been set up creatively between the outlet of rotary kiln and calciner so that the amount of NO_x generated in high temperature can be reduced.

The emission concentration of NO_x would be decreased substantially due to the synthetic function of the two measures mentioned above. The results from practical production show that the emission concentration of NO_x is less than $500mg/Nm^3$ (based on 10% oxygen content). The lowest concentration can reach $289mg/Nm^3$, which meets the limit requirement of less than $500mg/Nm^3$ in European criterion.

(3) Fluoride, Chloride

It has been proved by plenty of research data that the concentration of fluoride in MSW is very low. Fluoride would take part into the mineralization reaction in the closed cement kiln system with high temperature. The possible trace amount of fluoride would be immobilized into clinker in the form of compound salts. No fluorin will be emitted into the air in the form of fluoride. The same situation happens to chloride. No HCl would be released and pollute the environment during the process of co-disposing MSW by new precalcining kiln system, since none of the chlorine exists in the form of HCl.

The emission concentrations of hazardous gases were detected in 2009 by technical cooperation partner when related waste was co-disposed by new precalcining kiln system. The results are listed in Table 7.

Table 7　Limits and test results of hazardous gases (mg/m³)

Program	SO_2	NO_x	HCl	Fluoride
Results	<3	439	<0.9	<0.06
GB 50295—2008	50	500	10	1
GB 4915—2004	200	800	—	5

It can be seen from Table 7 That the emission concentrations of hazardous gases are lower than the limits in the relative criterion and won't pollute the environment.

4. 4　Environmental indicators control during organic kitchen wastes disposing progress

(1) Controlling in low temperature drying condition

Kitchen wastes selected by pretreatment system were pressed and molded into sticks after mixed with fermentation inhibitor. Then the sticks were blended with raw meal and fed into a raw meal mill. The wastes could be dried in the mill and the outlet gas temperature was controlled between 90-110℃. The outlet gases after the drying process have been sampled and analyzed for many times by Sinoma research group. The results are illustrated in Fig. 8.

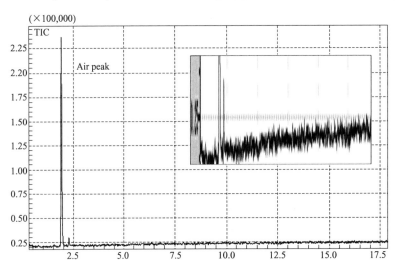

Fig. 8　GC-MS chart of outlet gas

It can be seen from Fig. 8 that only the air peak can be found in the chart and no other peaks exist. It indicates that the concentrations of other gases are too low to be detected by the equipment. Therefore it can be concluded that no hazardous gases were generated when kitchen wastes were dried at low temperature in raw meal mill. Actually there are no signifi cant fetor can be recognized by a human nose during the practical production process.

(2) Controlling in medium and high temperature combusting condition

Sinoma research group also have done combustion experiments at medium and high temperature，in which organic kitchen wastes were mixed with fermentation inhibitor. The mixtures were put into a tube furnace in piles. Then the furnace was heated to different temperatures and the outlet gases were collected for analysis. The results present that no gas was generated from organic wastes mixed with fermentation inhibitor when the heating temperatures are under 300℃. Only trace amount of volatile long chain esters can be detected in the outlet gases when the heating temperatures reach 500℃ or above.

Qualified powders of kitchen wastes mixed with fermentation inhibitor were put into an automatic controlled suspension testing equipment. The powders were heated in suspension condition at the temperature of 532℃ and the concentration of NO_x was measured. The weight of the sample was 3004mg and the air flow rate was 6 L/min. The results are shown in Fig. 9.

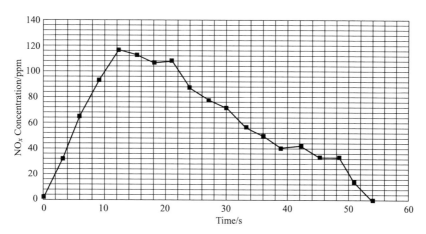

Fig. 9　NO_x Generation of powder in high-temperature and suspension condition

It's easy to see from Fig. 9 that the concentrations of NO_x increase at first 11 sec and then decrease with the heating time under the conditions of this experiment. The peak value of NO_x concentration is less than 120ppm and there is no negative effect on the environment.

4.5 MSW leachate treatment

MSW leachate is a kind of high risk toxic organic waste water with complex compositions. The leachate is forbidden to be discharged into environment without proper treatment. Otherwise serious pollution would be inflicted to the environment.

The treatments of MSW leachate are usually divided into two categories. One treatment is that leachate could join the municipal wastewater treatment system after being pretreated. The other is that particular treatment system for leachate would be built up in MSW disposal plant. The simplest solution is to discharge leachate into the municipal wastewater treatment system. In this way the cost of particular treatment system could be saved and operation cost could be also reduced. The properties of leachate and its variations must be strictly monitored to avoid the severe impact on the municipal wastewater treatment system.

China had a lot of experience on the leachate treatment, and abundant successful samples could be used for consultation. If the leachate is treated by particular treatment system, the components in leachate must be measured specifically to take a proper solution, based on the characteristic of leachate, including big fluctuation of water quality, complex components, rich in organic substances, high concentrations of BOD, COD and ammonia nitrogen etc.

4.6 Diffusion and infiltration of heavy metals in cement products

Heavy metals in cement products would migrate into environment with the changing of environment conditions during the service time or the wastes disposal process of cement products. The safety of environment might be affected. The risk of the diffusion and infiltration change is what people mainly concerned. Long-term leaching test has been designed by renewing the leachant so as to simulate the leaching behavior of heavy metals in cement products during service time, especially under the situation of acid rain flushing. The results of long-term leaching behavior are shown in Fig. 10. The leaching behavior of heavy metals in cement sample during waste disposal was also conducted by rotary vibration tests. The corresponding results are listed in Table 8.

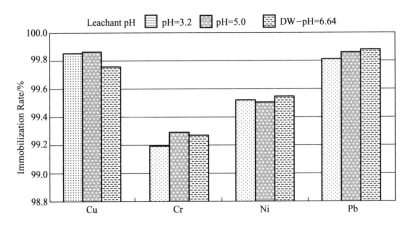

Fig. 10 Immobilization rate of all metals from long-term leaching test

The results show that the surface leaching rates of heavy metals reach the order of magnitude of 10^{-5} cm/d. The immobilization rates of Cu, Cr, Ni, Pb are all above 99% after 180d's immersion. It indicates that the diffusion and infiltration of heavy metals is a slow and long behavior, which brings no heavy metals pollution to the environment. It can be seen from Table 8 that even we took pH=2.64 HAc as leachant, the concentrations of heavy metals in the corresponding leachate are still much lower than the limits in GB 5085.3—2007. It means that there is no leaching pollution of heavy metals even if the cement products are land filled as wastes under severe conditions.

Table 8　Results from rotary vibration tests

Test methods	Leachate concentration/($\mu g/L$)							
	Cu	Zn	Cd	Pb	Cr	Ni	Mn	As
HJ/T299—2007 (pH=3.2)	<0.25	13.0	<0.6	7.10	31.8	7.53	<0.5	46.3
TCLP (pH=2.88HAc)	2.93	8.29	<0.6	<1.2	1291.5	35.2	1.09	60.6
HJ/T300—2007 (pH=2.64HAc)	3567.5	5966.0	92.48	472.8	2719.5	1345.9	3117.3	577.6
GB5085.3—2007 Permitted limit/($\mu g/L$)	100,000	100,000	1,000	5,000	5,000[Cr(VI)] 15,000(total Cr)	5,000	—	5,000

5　Introduction to the applied project in Liyang city

The disposal capacity of MSW in Liyang city is 450t/d. At present there are two MSW treatment facilities in Liyang city named Liyang MSW landfill disposal plant and Liyang MSW Incineration Plant, which are both in overload operation.

This project is named as Liyang Demonstration Project of co-disposing MSW by new precalcining kiln system. The plant locates in Shangxing town, Liyang city. The sites will be built up in Liyang MSW landfill disposal plant and the TIANSHAN cement Co. Ltd, Liyang Branch plant. It can dispose 18.25wt/a MSW from the entire Liyang city. This work item will be finished completely by two projects. The investment of the first phase project reaches 72,000,000RMB for a MSW disposing line with the capacity of 500t/d. The investment of the second project is about 45,000,000RMB for the fermentation of organic kitchen wastes and methane power generation system. The second phase project can realize the regeneration of sources by advanced treatment for the organic waste selected by the first phase project.

All the 450t MSW generated in Liyang city can be disposed fully by this project. The land resource would be conserved since no planning earth is necessary for MSW landfill. The combustible substances and inorganic wastes can be utilized as secondary raw materials and fuels respectively. As a result the recycle rate of MSW would be increased. There is no secondary pollution during the disposing process. This project can guarantee the diversified goal of "harmless, reclamation, intensivism" for MSW disposal. It also can contribute to the economic development and environment improvement for Liyang city with excellent social and environmental benefits.

6　End statements

The following consensus can be concluded based the analysis above:

All results from mechanism analysis or practical tests indicate that following conclusions can be drawn in terms of co-disposing MSW by new precalcining kiln system:

① The emission of dust and hazardous gases can be controlled effectively. The concentrations of hazardous chemicals are lower than the permitted limits in relative criterion.

② The emission concentrations of heavy metals and dioxins absorbed in exhaust gas are much lower than the permitted limits in GB 50295—2008, and the concentration also matches the requirements in American and European criterion.

③ The fermentation of organic kitchen wastes can be inhibited significantly and the generation of fetor can be controlled effectively when 10% amount of inhibitor are mixed into organic kitchen wastes. As a result the time for further treatments of organic kitchen wastes can be guaranteed.

④ The diffusion and infiltration of heavy metals in cement products can meet the requirements in GB 5085.3—2007 and bring no negative effects on the environment during the process of service, recycle and landfill disposal of cement products.

⑤ The research results would be highlighted and demonstrated in Liyang project. Some unexpected problems might occur during the future production process, which could also be solved confidently and quickly as possible.

References

[1]　Cai Yuliang, Yang Xuequan, Xin Meijing. Co-disposing Municipal Solid Waste (MSW) by new precalcining kiln system. China Cement, 2006, 3.

[2]　Yang Xuequan, Cai Yuliang, Xing Tao, Chen Hanmin. One effective measure for volume reduction and resourcing of MSW-feasibility research of co-disposing MSW by new precalcining kiln system. China Cement, 2003, 3.

[3]　Hu Jingqiong, Jiang Keshen, Cai Yuliang. A two-to-win choice of cement industry and MSW disposal industry in the view of cyclic economy-co-disposing MSW by new precalcining kiln system. Ecological Economy, 2007, 5.

[4]　《Investigation report of co-disposing city wastes by cement industry in Europe》, Inner research report of Sinoma International Engineering Co. , Ltd, Nanjing, 2004, 10.

[5]　Cai Yuliang, Xin Meijing , Yang Xuequan. Economic operation analysis of co-disposing MSW by new precalcining kiln system. China Cement, 2001, 10.

[6]　Yu Gang, Cai Yuliang, Li Bo etc. Corrosion analysis of refractory materials and equipment by secondary raw materials and fuels. Cement Engineering, 2010, 4.

[7]　Xin Meijing , Yang Xuequan, Li Bo etc. Critical problems research of co-disposing MSW by new precalcining kiln system. China Cement, 2009, 11.

[8]　Xin Meijing , Dong Yiming, Cai Yuliang etc. Pyrolysis and combustion characteristics of major combustible components in MSW. Cement Engineering, 2010, 1.

[9]　Ning Jiangen, Wu Jianjun, Cai Yuliang etc. Simulation of coal powder burner for alternative fuels. Cement Technology, 2010, 5.

[10]　Basic research report No. 1 out of National Science and Technology Support Program: secondary pollution control of

heavy metals during the process of co-disposing MSW by new precalcining kiln system. 2010.

[11] Zhao Yu, Xu Lei, Yang Xuequan, etc. The research of odor reducing and fermentation inhibition solution based on the pretreatment of MSW disposing with cement kilns. Cement Guide for New Epoch, 2010, 4 (10): 8-12.

[12] Basic research report No. 2 out of National Science and Technology Support Program: Diffusion control of pollutions during the process of co-disposing MSW by new precalcining kiln system. 2010.

[13] Qiao Lingshan. Problems analysis of co-disposing wastes by cement kiln-hazardous gases and radioactive pollution. Cement, 2003, 2.

[14] Research report of Scientific and Technological Achievements Transformation Funding Project: Industrialization research of low NO_x emission technology during the cement production by new precalcining kiln system. 2010.

[15] Xin Meijing, Zhao Yu, Yang Xuequan, Cai Yuliang. Leachate treatment when co-disposing MSW by cement kilns. China Cement, 2010, 7.

[16] Li Bo, Cai Yuliang, Yang Xuequan, etc. Leaching behavior of heavy metals in cement products manufactured by cement kilns co-disposing MSW. China cement, 2010, 3: 45-48.